Six Sigma für organisatorische Exzellenz

K. Muralidharan

Six Sigma für organisatorische Exzellenz

Ein statistischer Ansatz

Springer Spektrum

K. Muralidharan
Department of Statistics
Faculty of Science
M. S. University of Baroda
Vadodara, Gujarat
Indien

ISBN 978-81-322-4000-6 ISBN 978-81-322-4001-3 (eBook)
https://doi.org/10.1007/978-81-322-4001-3

Die Deutsche Nationalbibliothek verzeichnet diese Publikation in der Deutschen Nationalbibliografie; detaillierte bibliografische Daten sind im Internet über https://portal.dnb.de abrufbar.

Dieses Buch ist eine Übersetzung des Originals in Englisch „Six Sigma for Organizational Excellence“ von K. Muralidharan, publiziert durch Springer Nature India Private Limited im Jahr 2015. Die Übersetzung erfolgte mit Hilfe von künstlicher Intelligenz (maschinelle Übersetzung). Eine anschließende Überarbeitung im Satzbetrieb erfolgte vor allem in inhaltlicher Hinsicht, so dass sich das Buch stilistisch anders lesen wird als eine herkömmliche Übersetzung. Springer Nature arbeitet kontinuierlich an der Weiterentwicklung von Werkzeugen für die Produktion von Büchern und an den damit verbundenen Technologien zur Unterstützung der Autoren.

Planung/Lektorat: Shamim Ahmad
Springer Spektrum ist ein Imprint der eingetragenen Gesellschaft Springer Nature India Private Limited und ist ein Teil von Springer Nature.
Die Anschrift der Gesellschaft ist: 7th Floor, Vijaya Building, 17 Barakhamba Road, New Delhi 110 001, India

Vorwort

Organisationen führen erfolgreiches Geschäft nur dann, wenn sie den Verbrauchern Zufriedenheit bieten. Wettbewerbsfähigkeit in Qualität ist nicht nur zentral für die Rentabilität, sondern auch entscheidend für das Überleben des Unternehmens. Verbraucher sollten nicht gezwungen sein, zwischen Preis und Qualität der Produkte zu wählen. Herstellungs- und Dienstleistungsorganisationen existieren, wenn sie lernen, wie man Qualität verwaltet. In der heutigen harten und herausfordernden Geschäftsumgebung ist die Entwicklung und Implementierung einer umfassenden Qualitätsrichtlinie nicht nur wünschenswert, sie ist unerlässlich. ***Six Sigma***ist ein Werkzeug zur Verbesserung von Geschäftsprozessen, um die Kundenzufriedenheit durch einen systematischen Problemlösungsansatz zu erreichen. Es wird einzigartig durch ein enges Verständnis der Kundenanforderungen und die Neuerfindung von Geschäftsprozessen angetrieben. Es fördert sowohl die personelle als auch die technische Exzellenz in Bezug auf Kreativität, Zusammenarbeit, Kommunikation, Hingabe und vor allem erhöht es die Verantwortlichkeit dessen, was man in einer Organisation tut.

Die Six Sigma Philosophie arbeitet nach einem fünfphasigen Verbesserungszyklus, genannt DMAIC, wobei D für definieren, M für messen, A für analysieren, I für verbessern und C für kontrollieren steht. Sie kann sowohl auf Prozessverbesserungen als auch auf Produktverbesserungen oder sogar Design-Neugestaltungen angewendet werden. Eine Six Sigma Initiative beinhaltet Enterprise Resource Planning (ERP), E-Commerce und Dienstleistungen, schlanke Produktion, Customer Relationship Management Systeme, strategische Geschäftspartnerschaften, Wissensmanagement, aktivitätsbasiertes Management, Just-in-Time Inventar und Globalisierung. Organisatorische Exzellenz ist das Ergebnis kontinuierlicher Verbesserung, die nur durch systematische Reduzierung von Fehlern und Variationen in den Prozessaktivitäten erreicht werden kann. Hier kommt die Bedeutung der Six Sigma Methodik ins Spiel.

Wer wird lesen?

Dieses Buch erfüllt drei Hauptzwecke: erstens, ein akademisches Buch für Studenten und Lehrer; zweitens, dieses Buch kann als Referenzmaterial für Ingenieure und Manager, die als Six Sigma-Profis und Black Belt-Trainer arbeiten, verwendet werden; drittens, dieses Buch könnte ein Benutzerhandbuch für Praktiker und Projektberater sein. Der Schwerpunkt liegt auf dem Verständnis und der Anwendung der Konzepte von Qualität durch Projektmanagement und technische Analyse unter Verwendung statistischer Methoden. Die Inhalte sind in einer gebrauchsfertigen Form vorbereitet, wobei die Kontinuität für jede Phase des Six Sigma-Projekts hergestellt wird. Dies wird den Praktikern helfen, die Six Sigma-Projekte ohne Hindernisse umzusetzen. Drei der wichtigsten Aspekte des Six Sigma-Projekts – Sigma-Schätzung, Stichprobengrößenberechnung und Sigma-Level-Schätzung – werden in verschiedenen Kapiteln separat behandelt. Notwendige Tabellen, Diagramme, Beschreibungen und Checklisten werden zur leichteren Referenzierung von Werkzeugen und Techniken bereitgestellt. Die Konzepte werden kritisch bewertet, begründet und erklärt, um ihre Verwendung in der Managemententscheidungsfindung zu ermöglichen. Die Ziele jedes Kapitels und seine Kontinuität mit den nachfolgenden Kapiteln sind ebenfalls klar festgelegt, um ein reibungsloses Lesen zu ermöglichen. Diagramme und Plots, eine Reihe von ausgearbeiteten Beispielen, Fallstudien und notwendige Tabellen werden zur besseren Verständigung der Konzepte bereitgestellt.

Studierende des Grundstudiums, des Aufbaustudiums und Forschungsstudierende können die integrierten Konzepte der Qualitätsingenieurwissenschaft und Managementwerkzeuge der Statistik optimal nutzen. Die Wissenschaft des Six Sigma Projektmanagements, integriert durch Ingenieurkonzepte, wird durch statistische Werkzeuge erklärt und das ist die Einzigartigkeit dieses Buches. Das Buch könnte auch als ein prägnantes Buch für die Ausbildung zum Six Sigma Green Belt, Black Belt und Master Black Belt dienen.

Inspiration

Der Inhalt basiert auf den eigenen Lehrerfahrungen des Autors, Vorlesungsnotizen, Forschungsveröffentlichungen, privaten Kommunikationen, Buchreferenzen, Artikelzitaten und Schulungs- und Beratungsmaterialien. Der Inhalt ist stark inspiriert von einigen verfügbaren Büchern: The Six Sigma Way von Peter S. Pande et al. (2003), Jurans Quality Planning and Analysis for Enterprise Quality von Frank M. Gryna et al. (2008), Lean Six Sigma Statistics von Alastair Muir (2005), The Certified Six Sigma Black Belt Handbook von T.M. Kubiak und Donald W. Benbow (2009), Einführung in die statistische Qualitätskontrolle von Douglas C. Montgomery (2009) und Statistical Process Control von John S. Oakland (2012). Der Autor hat eine Reihe anderer Bücher über Six Sigma, Lean,

Management, Ingenieurwesen und allgemeine statistische Bücher konsultiert, um die Dinge zu integrieren, wie es von Six Sigma-Profis gefordert wird.

Über das Buch

Dieses Buch integriert drei Hauptdisziplinen: Wissenschaft, Ingenieurwesen und Management. Der Autor hat versucht, ein Gleichgewicht zwischen diesen drei Disziplinen aus der Sicht eines Praktikers zu wahren. Kap. 1 ist wie eine Einführung in verschiedene Six Sigma-Konzepte, die von Fachleuten und Organisationen weltweit praktiziert werden. Verschiedene Wahrnehmungen und ihre Umsetzungsstile werden in diesem Kapitel kritisch untersucht. Kap. 2 erläutert die Bedeutung von Six Sigma-Projektmanagementkonzepten. Die Notwendigkeit von modellbasierten Projekten wird statistisch betont. Abgesehen davon werden die Bedeutung des quantitativen Projektmanagements und seine Risikobewertung und kritische Bewertung ebenfalls in diesem Kapitel diskutiert. Die Bedeutung von prozessbasierten Projekten und Modellen wird in Kap. 3 aufgenommen. Dies wird gefolgt von dem Verständnis der Prozessvariation, die ein wesentlicher Bestandteil eines Six Sigma-Projekts ist. Die Quellen zur Identifizierung von Variationen und mögliche Identifizierung von Variationen werden in Kap. 4 diskutiert. Da Sigma als Maß für Variation betrachtet wird, ist die Schätzung von Sigma ein wichtiges Thema in einer statistischen Studie. Dies wird in Kap. 5 ausführlich behandelt. Eine Reihe von Methoden zur Schätzung von Sigma wird in dem Kapitel berücksichtigt. Kap. 6 behandelt eines der wichtigen Themen des Projektmanagements, und das ist die Bestimmung der Stichprobengröße. Aus der Sicht eines Praktikers werden viele einfache und leicht umzusetzende Methoden zur Berechnung der Stichprobengröße in dem Kapitel vorgestellt. Kap. 7–11 diskutieren die Six Sigma-Philosophie systematisch und detailliert mit den notwendigen Werkzeugen und Techniken der Statistik, um ein Projekt durchzuführen. Die in diesen Phasen behandelten Themen zur Verbesserung der Managementqualität sind SIPOC, Stimme des Kunden, Wertstrom-Mapping, Brainstorming, Ursachenanalyse, Fehlermodus-Effektanalyse, sieben Qualitätsinstrumente, Kaizen, 5S, Design für Six Sigma, Qualitätsfunktionseinsatz, Verständnis von Defekt pro Einheit (DPU) und Defekt pro Million Möglichkeiten (DPMO), Sigma-Level-Schätzung, Kosten schlechter Qualität, usw.

Statistische Themen umfassen deskriptive Statistik, die grundlegenden Vorstellungen über Wahrscheinlichkeit und Wahrscheinlichkeitsverteilungen, Punkt- und Intervallschätzung von Parametern, parametrische und nichtparametrische Tests, Korrelations- und Regressionstechniken, Design von Experimenten einschließlich faktorieller Experimente, Kontrollkarten, usw. Es wurde darauf geachtet, jede Methode auf eine einfache und praktische Weise zu zeigen, ohne rigorose theoretische Schritte einzubeziehen. Der SQC/SPC-Teil des Projektmanagements wird besonders betont, da sie natürlich die wesentlichen Werkzeuge zur Verbesserung und Kontrolle der Phase der Philosophie werden. Die meisten

Werkzeuge und Techniken werden durch numerische und illustrative Beispiele erklärt. Die Leistung eines Six Sigma-Projekts wird durch sein Sigma-Level bewertet. Das Verständnis von DPU/DPMO und kurzfristiger und langfristiger Variabilität eines Prozesses usw. sind die Voraussetzungen für die Sigma-Level-Schätzung. Dies wird in Kap. 12 durchgeführt. Man kann sich auch zu Beginn der tatsächlichen Projektausführung auf dieses Kapitel beziehen, um das Ziel festzulegen und es kann zur Grundlinie der Leistungsbewertung verwendet werden. Dieses Kapitel wird für diejenigen nützlich sein, die zu jedem Zeitpunkt während des Projekts mit der Projektevaluierung und Zielsetzung befasst sind.

Die Methoden zur kontinuierlichen Verbesserung werden in Kap. 13 vorgestellt, wo der Autor verschiedene Qualitätsverbesserungsprogramme von Deming, Juran, Feigenbaum, Crosby, Ishikawa, Taguchi usw. diskutiert hat. Kap. 14 bietet die Bedeutung des Six Sigma Marketings, das ein wachsendes Forschungsgebiet in der Six Sigma Philosophie ist. Six Sigma Marketing ist ein faktenbasiertes, datengesteuertes, diszipliniertes Vorgehen zur Steigerung des Marktanteils, indem gezielte Produktmärkte mit überlegenem Wert versorgt werden. Verschiedene mit dem Six Sigma Marketing verbundene Themen, wie strategische, taktische und operative Prozesse des Marketings, werden in dem Kapitel besprochen. Das Kapitel über Green Six Sigma betont die Bedeutung von Six Sigma Projekten aus nachhaltigen Geschäftspraktiken. Green Six Sigma ist nichts anderes als die qualitative und quantitative Bewertung der direkten und letztendlichen Umweltauswirkungen aller Prozesse und Produkte einer Organisation. Die Aktivitäten beinhalten die systematische Nutzung von Infrastruktur und Personal, den optimalen Einsatz von Technologie und die Verantwortlichkeit für nachhaltige Geschäftspraktiken. Die Vorteile von Green Six Sigma werden ebenfalls im Kapitel detailliert beschrieben.

Die Vor- und Nachteile von Six Sigma werden in Kap. 16 vorgestellt. Eine detaillierte Diskussion über Vorteile und Nachteile; verschiedene Einschränkungen, Dos und Don'ts von Six Sigma werden ebenfalls in dem Kapitel besprochen. Die Sorge um die Zukunft von Six Sigma wird auch am Ende des Kapitels gegeben. Kap. 17 ist der Diskussion von Fallstudien gewidmet.

Abgesehen davon wurde am Ende jedes Kapitels eine separate Sitzung zum Thema „Relevanz für Manager" hinzugefügt, um die Nützlichkeit jedes Werkzeugs und jeder Methode zu erhöhen. Die Zitate und Referenzen für jedes Kapitel sind am Ende jedes Kapitels angegeben. Obwohl in dem Buch Microsoft® Excel®, MINITAB® und R® Software zur Erstellung von Diagrammen und Plots verwendet wurden, ist dies keine Voraussetzung für die Nutzung dieses Buches.

Vadodara, Gujarat, Indien K. Muralidharan

Danksagung

Dieses Buch ist dank der Großzügigkeit vieler professioneller Kollegen, Freunde und Wohlwollender zur Vollendung gekommen. Ich drücke meine tiefe Dankbarkeit und meinen Respekt gegenüber allen aus. Ich danke aufrichtig Prof. Subha Chakraborthy (Universität von Alabama), Prof. W.H. Woodall (Virginia Tech University), Prof. D.C. Montgomery (Arizona State University) und Prof. Jiju Antony (Heriot-Watt University) für ihre hilfreichen Beiträge zum Inhalt des Buches. Ich danke aufrichtig dem Leiter der Abteilung für Statistik, Universität von Pune, für die Erlaubnis, die statistischen Tabellen zu verwenden. Bei der Zusammenstellung der professionellen Perspektiven vermerke ich viele Universitätsabteilungsleiter, Kollegen und Bibliothekare für ihre Unterstützung bei Materialien und akademischen Zusammenarbeiten.

Meine Kollegen an der Maharajah Sayajirao Universität von Baroda waren sehr unterstützend und kooperativ bei der Bereitstellung ihrer Hilfe für dieses Projekt. Zwei meiner Kollegen, Dr. (Frau) Khimiya Tinani und Dr. (Frau) Rupal Shah, verdienen eine besondere Erwähnung, da sie hervorragende Arbeit geleistet haben, indem sie die Probleme und ihre Lösungen im Buch überprüft und korrigiert haben. Ich danke aufrichtig Prof. Venkateswarlu und Prof. J.P. Parikh von der Abteilung für Englisch, Maharajah Sayajirao Universität von Baroda, für ihre Unterstützung beim Lesen des Materials hinsichtlich Sprache, Grammatik und Syntax. Ich vermerke auch Dr. Aarti Mujumdar und Dr. Milan Sagar von Cambridge Education für die Bereitstellung ihres professionellen redaktionellen Dienstes.

Ich danke auch Prof. B.K. Kale (Universität von Pune) und Prof. Ashok Shanubhogue (Sardar Patel Universität), da sie für mich eine ständige Inspiration bleiben, um die Aufgaben und Aufträge während meiner beruflichen Laufbahn zu übernehmen. Dank gebührt auch meinen Industriefreunden Herrn Rakesh Singh (von Trendz Process Consulting, Hyderabad), Herrn Rajesh Nambiar (Panacea Software, Baroda) und Herrn Vimal Vyas (Siemens, Vadodara) für ihre Aufklärung über die Bedeutung von Six Sigma Konzepten in Industrie und Fertigungsindustrie.

Ich danke meiner Frau Lathika und meinen Söhnen Vivek und Varun für ihre Geduld und Stille, die sie während des Schreibens des Buches gezeigt haben.

Wenn die Leser feststellen, dass bestimmten Personen, Autoren, Referenzen, Zitaten usw. keine angemessene Anerkennung zuteilgeworden ist, behandeln Sie dies bitte als nicht beabsichtigt und bitten Sie darum, dass Sie mich für zukünftige Erwähnungen darauf aufmerksam machen.

Inhaltsverzeichnis

Über den Autor

K. Muralidharan ist Professor und Leiter des Instituts für Statistik, Fakultät für Naturwissenschaften, Maharajah Sayajirao Universität von Baroda, Vadodara. Ebenso ist er Direktor des Bevölkerungsforschungszentrums der Maharajah Sayajirao Universität. Professor Muralidharan ist ein außerordentlicher Professor am IIT Gandhinagar. Er hat ein Postdoktoranden-Stipendium vom Institut für Statistikwissenschaft, Academia Sinica, Taiwan erhalten. Er ist international zertifizierter Six Sigma Master Black Belt vom Indischen Statistischen Institut, Bangalore.

Abkürzungsverzeichnis

AIAG	Automobilindustrie Aktionsgruppe
AIC	Akaike-Informationskriterium
AMA	American Marketing Association
ANOVA	Varianzanalyse
AP	Aktionsplan
ASQ	Amerikanische Gesellschaft für Qualität
BB	Schwarze Gürtel
BIC	Bayessches Informationskriterium
BIBD	Ausgeglichenes unvollständiges Blockdesign
BIS	Büro für Indische Standards
BSC	Ausgewogene Scorecard
CA	Vergleichende Analyse
C&E	Ursache und Wirkung
CED	Ursache-Wirkungs-Diagramm
CI	Konfidenzintervall
CL	Kontrollgrenze
CLT	Zentraler Grenzwertsatz
CMM	Fähigkeitsreifegradmodell
CMMI	Fähigkeitsreifegradmodell-Integration
COPIS	Kunde-Ausgabe-Prozess-Eingabe-Lieferant
COQ	Kosten der Qualität
COPQ	Kosten schlechter Qualität
COV	Kovarianz
CPM	Kritische Pfad Methode
CRD	Vollständig randomisiertes Design
CRT	Aktueller Realitätsbaum
CSF	Kritische Erfolgsfaktoren
CTC	Entscheidend für die Kosten
CTD	Entscheidend für die Lieferung
CTQ	Kritisch für die Qualität
CTP	Kritisch für den Prozess

CTS	Entscheidend für die Sicherheit
CUSUM	Kumulative Summe
CV	Variationskoeffizient
CVM	Kundenwert-Mapping
DER	Verschuldungsgrad
DFSS	Entworfen für Six Sigma
DIDOV	Definieren-Identifizieren-Design-Optimieren-Verifizieren
DMAIC	Definieren-Messen-Analysieren-Verbessern-Kontrollieren
DMADV	Definieren-Messen-Analysieren-Design-Validieren
DMEDI	Definieren-Messen-Erforschen-Entwickeln-Implementieren
DOE	Experimentgestaltung
DPO	Fehler pro Gelegenheit
DPMO	Fehler pro Million Möglichkeiten
DPU	Defekt pro Einheit
EDA	Explorative Datenanalyse
ELEV	Empirischer begrenzter Erwartungswert
EMAS	Öko-Management und Audit Schema
EMS	Umweltmanagementstandards
ERP	Enterprise-Ressourcenplanung
ESS	Fehlerquadratsumme
EWMA	Exponentiell gewichteter gleitender Durchschnitt
FCF	Freier Cashflow
FMEA	Fehler-Modes-und-Wirkungen-Analyse
FTA	Fehlerbaum-Analyse
GB	Grüngürtel
GOFT	Gütegrad-Test
GRPI	Ziele-Rollen und Verantwortlichkeiten-Prozesse-Verfahren
GSS	Grünes Six Sigma
ID	Interrelationsdiagramm
IDEA	Identifizieren-Definieren-Bewerten-Aktivieren
IPO	Eingabe-Prozess-Ausgabe
IQR	Interquartilbereich
ISO	Internationale Organisation für Normung
IT	Informationstechnologie
ITES	Informationstechnologiegestützte Dienstleistungen
JUSE	Vereinigung der japanischen Wissenschaftler und Ingenieure
KBD	Schlüsselgeschäftstreiber
KMI	Schlüssel-Marketingindikatoren
KPI	Schlüsselleistungsindikatoren
KPIV	Schlüsselprozesseingabevariablen
KPOV	Schlüsselprozess-Ausgabevariablen
LCL	Untere Kontrollgrenze
LER	Verlusteliminierungsverhältnis
LMAD	Starten-Verwalten-Anpassen-Einstellen
LSD	Lateinisches Quadrat Design

LSL	Untere Spezifikationsgrenze
LSS	Lean Six Sigma
MAD	Median absolute Abweichung
MBB	Meister Schwarzgurte
MBO	Management durch Ziele
MD	Mittlere Abweichung
MIS	Managementinformationssystem
MRL	Mittlere Restlebensdauer
MSA	Messsystemanalyse
MSE	Mittlere quadratische Abweichung
MTBF	Durchschnittliche Zeit zwischen Ausfällen
MVLUE	Minimum Varianz Lineare Unverzerrte Schätzung
MVUE	Unverzerrte Schätzung mit minimaler Varianz
NVA	Nicht wertschöpfend
PERT	Projekt- (oder Programm-) Evaluierungs- und Überprüfungstechnik
PBIBD	Teilweise ausgeglichenes unvollständiges Blockdesign
PDCA	Planen–Ausführen–Prüfen–Handeln
PM	Projektmanagement
PPM	Teile pro Million
PVM	Produktwertzuordnung
QC	Qualitätskontrolle
QCI	Qualitätsrat von Indien
QE	Qualitätsingenieurwesen
QFD	Qualitätsfunktionseinsatz
QM	Qualitätsmanagement
QPM	Quantitatives Prozessmanagement
QD	Quartilsabweichung
RBD	Randomisiertes Blockdesign
RCA	Ursachenanalyse
ROI	Rendite
R&R	Wiederholbarkeit und Reproduzierbarkeit
RPN	Risikoprioritätszahl
SC ED	Diagramm zur Ursache und Wirkung der Schichtung
SD	Standardabweichung
SIC	Schartz Informationskriterium
SIPOC	Lieferant-Eingabe-Prozess-Ausgabe-Kunde
SMART	Spezifisch-Messbar-Erreichbar-Relevant-Zeitgebunden
SOP	Standardbetriebsverfahren
SOW	Arbeitsbeschreibung
SPC	Statistische Prozesskontrolle
SQC	Statistische Qualitätskontrolle
SS	Six Sigma
SSM	Six Sigma Marketing
SWOT	Stärken-Schwächen-Chancen-Bedrohungen
TLA	Zeitreihenanalyse

TOP	Gesamtchance
TPM	Gesamtproduktivitätswartung
TQC	Totale Qualitätskontrolle
TQM	Gesamtqualitätsmanagement
TRIZ	Theorie des erfinderischen Problemlösens
UCL	Obere Kontrollgrenze
UMVUE	Gleichmäßig minimale Varianz unverzerrte Schätzung
UAPL	Verstehen-Analysieren-Planen-Starten
UMC	Herstellungskosten pro Einheit
USL	Obere Spezifikationsgrenze
VA	Mehrwert
VAM	Wertanalyse-Mapping
VSM	Wertstrom-Mapping
VIF	Varianzinflationsfaktor
VOC	Stimme des Kunden
VOP	Stimme des Prozesses
WIP	Arbeit in Bearbeitung
WIQ	Arbeit in Warteschlange
WTA	Bereitschaft zu akzeptieren
WTP	Bereitschaft zu zahlen

Kapitel 1
Six Sigma Konzepte

1.1 Einführung

Six Sigma ist ein disziplinierter, projektorientierter, datengesteuerter Ansatz und eine Methodik zur Beseitigung von Defekten in einem Prozess – von der Herstellung bis zur Transaktion und vom Produkt bis zum Service. Es handelt sich um eine Managementphilosophie, die versucht, Effektivität und Effizienz zu verbessern. Sie wird einzigartig durch ein enges Verständnis der Kundenanforderungen und die Neuerfindung von Geschäftsprozessen angetrieben. Der Ansatz stützt sich stark auf fortgeschrittene statistische Methoden, die das Prozess- und Produktwissen ergänzen, um die Variation in Prozessen zu reduzieren [6, 8, 12, 14]. Das Konzept, wenn es richtig umgesetzt wird, hilft, die Defekte erheblich zu reduzieren und das Leistungsniveau außergewöhnlich zu erhöhen. Es ist ein Eckpfeiler der strategischen Planung, um erstklassigen Service und Produkte für die Kunden zu bieten. Detailliertere Überprüfungen und umfangreiche Six Sigma-Bibliographien wurden von Brady und Allen [3] und Nonthaleerak und Hendry [25] bereitgestellt. Für einen aktuellen Überblick über Six Sigma kann man sich auf den Artikel von Montgomery und Woodall [20] beziehen.

Das Hauptziel von Six Sigma besteht darin, Variationen oder Defekte in einem Herstellungs- oder Transaktionsprozess zu identifizieren, zu isolieren und zu eliminieren. Six Sigma ist ein Geschäftsprozesswerkzeug zur Erreichung der Kundenzufriedenheit durch Reduzierung von Variationen. Um ein Produkt fehlerfrei zu machen, ist es unerlässlich, die Variation eines Prozesses zu minimieren. Im Kern dreht sich Six Sigma um einige Schlüsselkonzepte wie die folgenden:

- *Defekt:* Nichterfüllung der Kundenwünsche
- *Variation:* Was der Kunde sieht und fühlt
- *Kritisch für die Qualität:* Die Attribute, die für den Kunden am wichtigsten sind

K. Muralidharan, *Six Sigma für organisatorische Exzellenz*,
https://doi.org/10.1007/978-81-322-4001-3_1

- *Stabile Operationen:* Sicherstellung konsistenter, vorhersehbarer Prozesse zur Verbesserung dessen, was der Kunde sieht und fühlt
- *Prozessfähigkeit:* Was Ihr Prozess liefern kann
- *Design für Six Sigma:* Design, um Kundenbedürfnisse und Prozessfähigkeit zu erfüllen

Six Sigma als Qualitätsverbesserungswerkzeug befürwortet die Praxis, die Variabilität eines Prozesses zu messen, die dann durch kontinuierliche Verbesserung kontrolliert werden kann. Tatsächlich beginnt die Anwendung von Six Sigma mit der Übersetzung eines praktischen Problems in ein statistisches. Eine optimale Lösung wird mit Hilfe geeigneter statistischer Werkzeuge gefunden und dann als praktische Lösung für reale Situationen implementiert [12].

Bei General Electric ist Six Sigma eine Messung. „Die Six Sigma-Qualitätsinitiative bedeutet kurz gesagt, von etwa 35.000 Defekten pro Million Operationen, was für die meisten Unternehmen, einschließlich GE, durchschnittlich ist, auf weniger als vier Defekte pro Million in jedem Element in jedem Prozess, den dieses Unternehmen jeden Tag durchführt, zu gehen" (General Electric Company) [13].

Die anderen Wahrnehmungen des Six Sigma-Konzepts, wie sie von verschiedenen Autoren vorgeschlagen wurden, sind wie folgt:

> „Six Sigma ist eine Qualitätsinitiative, die statistische Messungen verwendet, um 3,4 fehlerhafte Teile pro Million zu erreichen – die praktische Eliminierung von Fehlern" [23].
>
> „Six Sigma ist eine umfassende, statistikbasierte Methodik, die nichts weniger als Perfektion in jedem einzelnen Unternehmensprozess und Produkt anstrebt" [27].
>
> „Six Sigma ändert das Paradigma von der Reparatur defekter Produkte zur Korrektur des Prozesses, so dass perfekte Produkte hergestellt werden" [17].
>
> „Eine Six Sigma-Initiative ist darauf ausgelegt, die Kultur in einer Organisation durch bahnbrechende Verbesserungen in allen Aspekten des Geschäfts zu verändern" [5].
>
> „Six Sigma ist ein Programm, das die effektivsten statistischen und nicht-statistischen Methoden kombiniert, um das gesamte Geschäft zu machen" [28].
>
> „Six Sigma ist ein hochdisziplinierter Prozess, der uns hilft, uns auf die Entwicklung und Bereitstellung nahezu perfekter Produkte und Dienstleistungen zu konzentrieren. Die zentrale Idee hinter Six Sigma ist, dass Sie messen können, wie viele Defekte Sie in einem Prozess haben, Sie können systematisch herausfinden, wie Sie sie eliminieren und so nahe wie möglich an „null Defekte" herankommen. Six Sigma hat die DNA von GE verändert – es ist die Art und Weise, wie wir arbeiten – in allem, was wir tun, in jedem Produkt, das wir entwerfen" (General Electric auf www.ge.com).
>
> „Six Sigma ist ein Geschäftsverbesserungsansatz, der versucht, Ursachen für Fehler oder Defekte in Geschäftsprozessen zu finden und zu eliminieren, indem er sich auf Prozessausgaben konzentriert, die für Kunden von entscheidender Bedeutung sind" [30].

„Six Sigma ist eine nützliche Managementphilosophie und Problemlösungsmethodik, aber es ist kein umfassendes Managementsystem".

„Six Sigma ist eine Methodik mit begleitenden hochstrukturierten Prozessen, die effiziente statistische Ansätze zur Beschaffung, Bewertung und Anwendung von Kunden-, Wettbewerber-, Unternehmens- und Marktinformationen verwenden, um überlegene Produkt-, Prozess- und Unternehmensinnovationen und -designs zu erzeugen, mit dem Ziel, einen nachhaltigen Wettbewerbsvorteil zu schaffen" [19].

Zu dieser Liste von Definitionen möchte ich eine praktische Definition hinzufügen, die die Notwendigkeit einer Six Sigma-Prozessverbesserung unterstreicht.

„Eine Six Sigma-Initiative ist ein kundenorientierter Problemlösungsansatz mit reaktiven und proaktiven Verbesserungen eines Prozesses, der zu nachhaltigen Geschäftspraktiken führt. Die nachhaltigen Geschäftspraktiken beinhalten Innovation, Verbesserung, Wettbewerb, Einhaltung von Umweltvorschriften, Kundenzufriedenheit und Wachstum der Organisation."

Die obige Definition verlangt von der Organisation, einen strukturierten Problemlösungsansatz durch eine ordnungsgemäße Datenerfassung zu durchlaufen und die erwartete Kundenzufriedenheit zu liefern. Das Wachstum der Organisation kann in Bezug auf ihren finanziellen Gewinn, das Vertrauen der Stakeholder, die Mitarbeiterbindung, die Produktivität und die Ressourcennutzung bewertet werden. Diese Definition unterstreicht auch die Bedeutung und Notwendigkeit engagierter Menschen, die einen Prozess mit null Variation verbessern und die Verbesserungen über einen langen Zeitraum aufrechterhalten können, um den Erfolg einer Six Sigma-Initiative zu gewährleisten.

Technisch gesehen wird Six Sigma als datengetriebener Ansatz beschrieben, um Fehler in einem Prozess zu reduzieren oder Kosten in einem Prozess oder Produkt zu senken, gemessen an „sechs Standardabweichungen" zwischen dem Mittelwert und den nächsten Spezifikationsgrenzen. „Sigma" (oder σ) ist der griechische Buchstabe, der verwendet wird, um Variabilität oder Standardabweichung zu beschreiben, wie zum Beispiel Fehler pro Einheit. Abb. 1.1 zeigt

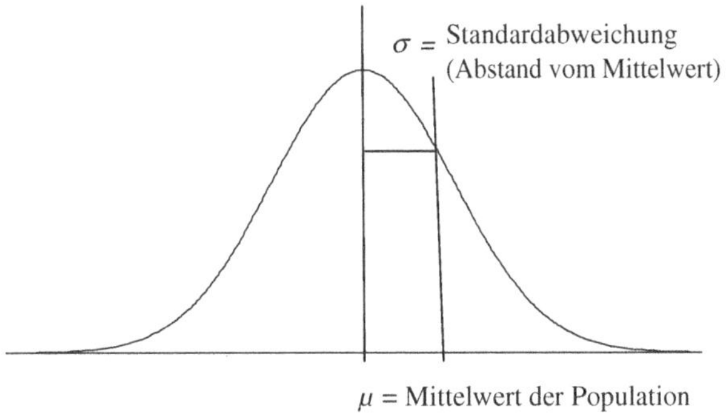

Abb. 1.1 Eine Normalverteilung

eine Normalverteilung einer Population, mit ihrem Mittelwert *(μ)* in der Mitte und einem Datenpunkt auf der Kurve, der eine Standardabweichung (1 σ) rechts vom Mittelwert anzeigt.

Wie gut ein gewünschtes Ergebnis (oder Ziel) erreicht wurde, kann durch seinen Durchschnitt oder Mittelwert *(μ)* beschrieben werden, der nichts anderes ist als die Summe aller Datenpunkte geteilt durch die Anzahl der Datenpunkte. Die Standardabweichung *(σ)* beschreibt, wie viel Variation tatsächlich in einem Datensatz vorhanden ist, die als Quadratwurzel der Abweichung vom Mittelwert berechnet wird. Eine detaillierte Diskussion über die Maßnahmen der Standardabweichung und die Schätzverfahren finden Sie in Kap. 5.

Wenn ein Prozess als „Six Sigma" beschrieben wird, bedeutet dies quantitativ, dass der Prozess weniger als 3,4 Fehler pro Million Möglichkeiten (DPMO) produziert. Das entspricht einer Fehlerquote von 0,0003 %; umgekehrt ist das eine fehlerfreie Quote von 99,9997 %. Beachten Sie, dass das Sigma-Maß Ihre Leistung mit den Kundenanforderungen (definiert als Ziel) vergleicht, und die Anforderungen variieren je nach Art der Industrie oder des Geschäfts.

Der Sigma-Wert eines Prozesses beschreibt das Qualitätsniveau dieses Prozesses. Ein Qualitätsniveau von *K* Sigma existiert in einem Prozess, wenn die halbe Toleranz der gemessenen Produkteigenschaft gleich *K* mal der Standardabweichung des Prozesses ist [14]:

$$K \times \text{process standard deviation} = \text{half tolerance of specification}$$

Diese Definition allein berücksichtigt jedoch nicht die Zentrierung eines Prozesses. Ein Prozess ist zentriert, wenn $X = T$, wobei X der Prozessdurchschnitt oder Mittelwert und T der Zielwert ist, der typischerweise der Mittelpunkt zwischen der oberen Spezifikationsgrenze des Kunden (USL) und der unteren Spezifikationsgrenze (LSL) ist. Ein Prozess ist nicht zentriert, wenn der Prozessdurchschnitt, X, nicht dem Zielwert T entspricht. Die Nicht-Zentrierung eines Prozesses wird in Standardabweichungen oder Sigma gemessen. Tab. 1.1 zeigt die DPMO, die verschiedenen Sigma-Stufen bei verschiedenen Nicht-Zentrierungen des Prozesses entsprechen.

Tab. 1.1 DPMO für verschiedene Sigma-Stufen

Nicht-Zentrierung	3 σ	3,5 σ	4 σ	4,5 σ	5 σ	5,5 σ	6 σ
0	2700	465	63	6,8	0,57	0,038	0,002
0,25	3557	665	99	11,7	1,09	0,0805	0,0047
0,5	6442	1382	236	32	3,4	0,29	0,019
0,75	12,313	2990	578	88,5	11	1,02	0,1
1	22,782	6213	1350	233	32	3,4	0,29
1,25	40,070	12,225	2980	577	88,4	10,7	1
1,5	66,811	22,750	6210	1350	233	32	3,4
1,75	105,651	40,059	12,224	2980	577	88,4	11
2	158,656	66,807	22,750	6210	1350	233	32

Beachten Sie, dass der Wert oder die Anzahl der Fehler eines Prozesses eine Funktion des Sigma-Werts (Qualitätsstufe) des Prozesses ist. Der wahre Wert der Qualitätsstufe eines Prozesses ist die Anzahl der Fehler, die auftreten, wenn der Prozess zentriert ist; das heißt, wenn der Abweichungswert 0 Sigma beträgt. Im Falle von Six Sigma gibt es 0,002 Fehler pro Million oder 2 Fehler pro Milliarde. Andererseits erlaubt „Motorolas Konzept von 6 Sigma eine Verschiebung des Mittelwerts um 1,5 Sigma" [9]. Daher geht Motorolas Wert von Six Sigma von einer zulässigen Verschiebung von 1,5 Sigma aus und zeigt somit auch eine Fehlerquote von nicht mehr als 3,4 pro Million. Der Wert von 3,4 Fehlern pro Million in einem zentrierten Prozess impliziert eine Prozessqualitätsstufe zwischen 4 und 5 Sigma.

Die Rolle der Sigma-Verschiebung ist hauptsächlich akademisch. Der Zweck von Six Sigma besteht darin, die organisatorische Leistung zu verbessern. Es liegt an der Organisation zu bestimmen, basierend auf den Kundenerwartungen, was das geeignete Sigma-Niveau eines Prozesses ist. Der Zweck des Sigma-Werts ist eine Vergleichszahl, um zu bestimmen, ob ein Prozess sich verbessert, verschlechtert, stagniert oder nicht wettbewerbsfähig mit anderen im gleichen Geschäft ist. Es sollte nicht das Ziel aller Prozesse sein. Geoff [10] rechtfertigt, dass nicht jeder Prozess auf lange Sicht so gut funktioniert wie auf kurze Sicht. Daher kann die Anzahl der Sigma, die zwischen dem Prozessmittelwert und der nächsten Spezifikationsgrenze passen, im Laufe der Zeit sinken. Um diese reale Zunahme der Prozessvariation im Laufe der Zeit zu berücksichtigen, wird eine empirisch basierte 1,5-Sigma-Verschiebung in die Berechnung eingeführt. Nach dieser Idee passt ein Prozess, der in einer kurzfristigen Studie 6 Sigma zwischen dem Prozessmittelwert und der nächsten Spezifikationsgrenze passt, auf lange Sicht nur 4,5 Sigma – entweder weil sich der Prozessmittelwert im Laufe der Zeit verschiebt, oder weil die langfristige Standardabweichung des Prozesses größer sein wird als die in der kurzfristigen Beobachtung festgestellte, oder beides. Dies wird in Abb. 1.2 erklärt.

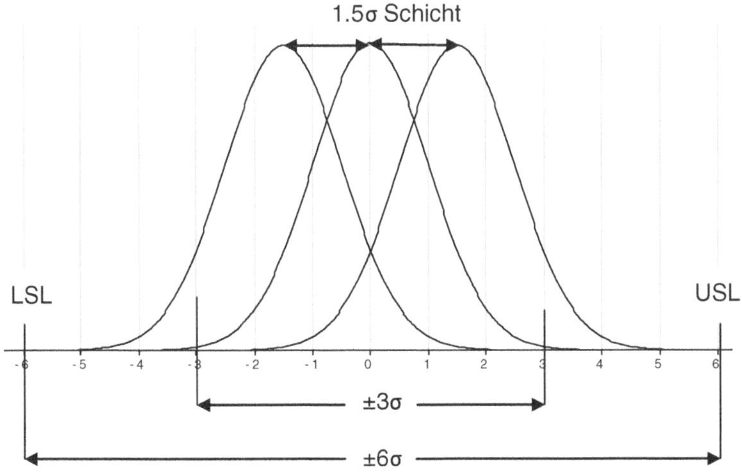

Abb. 1.2 Ein Six Sigma-Prozess mit 1,5 σ Verschiebung

Daher ist die allgemein akzeptierte Definition eines Six Sigma-Prozesses ein Prozess, der 3,4 fehlerhafte Teile pro Million Möglichkeiten (DPMO) produziert. Dies basiert auf der Tatsache, dass ein normal verteilter Prozess 3,4 Teile pro Million über einem Punkt haben wird, der 4,5 Standardabweichungen über oder unter dem Mittelwert liegt. So entsprechen die 3,4 DPMO eines Six Sigma-Prozesses tatsächlich 4,5 Sigma, nämlich 6 Sigma minus die eingeführte 1,5 σ Verschiebung, um die langfristige Variation zu berücksichtigen. Dies berücksichtigt die Tatsache, dass spezielle Ursachen im Laufe der Zeit zu einer Verschlechterung der Prozessleistung führen können und soll eine Unterschätzung der wahrscheinlich im realen Betrieb auftretenden Fehlerlevel verhindern.

Eine erfolgreiche Implementierung eines Six Sigma-Ansatzes erfordert von Unternehmen, Änderungen in den Methoden im gesamten Unternehmen in Betracht zu ziehen, neue Verbindungen und Kommunikationen einzuführen. Drei Benchmark-Beispiele dafür, wie Six Sigma eine Unternehmensphilosophie durchdringt und zu einer Geschäftsinitiative wird, können durch die Untersuchung von Motorola, Allied Signal und General Electric (GE) gefunden werden. Motorola hat Six Sigma als Sammelpunkt geschaffen, um die Unternehmenskultur zu ändern und besser im asiatisch-pazifischen Telekommunikationsmarkt zu konkurrieren. Motorolas Hauptaugenmerk lag auf der Fertigung und der Reduzierung von Fehlern. Allied Signal hat sein Geschäft mit Kosteneinsparungen durch Six Sigma neu aufgebaut. Schließlich hat Allied Signal seine Six Sigma-Implementierung auf seine Geschäfts- und Transaktionsprozesse für die Kostenkontrolle ausgeweitet. GE hat revolutioniert, wie ein ganzes Unternehmen sich über seine Operationen, Transaktionen, Kundenbeziehungen und Produktentwicklungsinitiativen diszipliniert. Sie konnten dies mit einem Ansatz namens Design for Six Sigma (DFSS), einer Methodik für Produkt- und Entwicklung, erreichen.

Die nachgewiesenen Vorteile des Six Sigma-Systems sind so vielfältig wie:

- Reduziert Kosten, Fehler und Zykluszeit
- Erzeugt anhaltenden Erfolg
- Setzt ein Leistungsziel für jeden
- Steigert den Wert für Kunden
- Beschleunigt die Verbesserungsrate
- Fördert die Entwicklung neuer Prozesse, Produkte und Dienstleistungen
- Verbessert den Marktanteil
- Führt strategische Veränderungen durch
- Fördert kulturellen Wandel
- Fördert Lernen und Kreuzbestäubung.

Für eine Dienstleistungsbranche hilft es, beste Dienstleistungen und Fähigkeiten zu vermitteln. Es fördert sowohl die menschliche als auch die technische Exzellenz in Bezug auf Kreativität, Zusammenarbeit, Kommunikation, Engagement und vor allem erhöht es die Verantwortlichkeit für das, was man in einer Organisation tut [14, 22, 26].

1.2 Sechs-Sigma-Methodik

Die Sechs-Sigma-Philosophie arbeitet nach einem strukturierten Problemlösungsansatz. Die Probleme beziehen sich in der Regel auf die Beseitigung von Variabilität, Defekten und Verschwendung in einem Produkt oder Prozess, die alle die Kundenzufriedenheit untergraben. Die Arbeitsphilosophie wird im Allgemeinen als Define-Measure-Analyze-Improve-Control (DMAIC) bezeichnet, wo

- *Definieren* – Definieren Sie das Problem oder die Projektziele, die angegangen werden müssen
- *Messen* – Messen Sie das Problem und den Prozess, aus dem es entstanden ist
- *Analysieren* – Analysieren Sie Daten und Prozess, um die Ursachen von Defekten und Möglichkeiten zu identifizieren
- *Verbessern* – Verbessern Sie den Prozess, indem Sie Lösungen finden, um Probleme zu beheben, zu verringern und zukünftige Probleme zu verhindern
- *Kontrollieren* – Implementieren, kontrollieren und erhalten Sie die Verbesserungen und Lösungen, um den Prozess auf dem neuen Kurs zu halten

Die DMAIC-Philosophie gilt sowohl für die Prozessverbesserung als auch für die Produktverbesserung oder sogar für Design-Redesign-Bemühungen. Die Schlüsselelemente in einem DMAIC-Projekt sind Teamdisziplin, strukturierter Einsatz von Metriken und Werkzeugen und die Ausführung eines gut konzipierten Projektplans, der klare Ziele und Ziele hat. Lean Six Sigma (LSS) modifiziert den DMAIC-Ansatz durch Betonung der Geschwindigkeit. Lean konzentriert sich auf die Straffung eines Prozesses durch Identifizierung und Entfernung von nicht wertschöpfenden Schritten. Ein verschlankter Produktionsprozess beseitigt Verschwendung. Zielmetriken sind null Wartezeit, null Lagerbestand, Planung nach Kundenanforderung, Reduzierung der Losgrößen zur Verbesserung des Flusses, Ausbalancierung der Linie und Reduzierung der Gesamtprozesszeit. Das Ziel von Lean Six Sigma ist es, Qualitätsprodukte zu produzieren, die die Kundenanforderungen so effizient und effektiv wie möglich erfüllen.

Wenn ein Prozess nicht verbessert werden kann, wie er derzeit konzipiert ist, kann ein weiterer bekannter Sechs-Sigma-Problemlösungsansatz angewendet werden. Der DMADV-Prozess wird verwendet, um einen solchen Prozess grundlegend neu zu gestalten. Dieser fünfstufige Ansatz ist wie folgt:

- *Definieren* – Definieren Sie das Problem und/oder die neuen Anforderungen
- *Messen* – Messen Sie den Prozess und sammeln Sie die Daten, die mit dem Problem verbunden sind oder im Vergleich zu den neuen Anforderungen stehen
- *Analysieren* – Analysieren Sie die Daten, um eine Ursache-Wirkungs-Beziehung zwischen Schlüsselvariablen zu identifizieren
- *Design* – Entwerfen Sie einen neuen Prozess, so dass das Problem beseitigt wird oder die neuen Anforderungen erfüllt werden
- *Validieren* – Validieren Sie den neuen Prozess, um die neuen Prozessanforderungen zu erfüllen

Ein zweiter Redesign-Ansatz wurde entwickelt, um Elemente aus einem Lean Six Sigma-Ansatz zu integrieren – der DMEDI-Prozess. Dieser ähnelt DMADV und fügt Werkzeuge aus der Lean-Methodik hinzu, um Effizienz oder Geschwindigkeit zu gewährleisten. Die Schritte sind wie folgt:

- *Definieren* – Definieren Sie das Problem und/oder die neuen Anforderungen
- *Messen* – Messen Sie den Prozess und sammeln Sie die Daten, die mit dem Problem verbunden sind oder im Vergleich zu den neuen Anforderungen stehen
- *Erforschen* – Erforschen Sie die Daten, um eine Ursache-Wirkungs-Beziehung zwischen Schlüsselvariablen zu identifizieren
- *Entwickeln* – Entwickeln Sie einen neuen Prozess, so dass das Problem beseitigt wird oder die neuen Anforderungen erfüllt werden
- *Implementieren* – Führen Sie den neuen Prozess unter einem Kontrollplan aus

Eine weitere Variante von Sechs-Sigma-Verbesserungszyklen ist der Design for Six Sigma (DFSS)-Ansatz. DFSS stellt sicher, dass das neue Produkt oder die neue Dienstleistung den Bedürfnissen der Stakeholder entspricht, eine hohe Leistung bietet und robust gegenüber Prozessvariationen ist. Während DMAIC ein reaktiver Ansatz ist, der vergangene Probleme behebt, wird DFSS proaktiv verwendet, um Probleme von vornherein zu vermeiden. Der DFSS-Ansatz ermöglicht die Einführung neuer Produkte und Dienstleistungen pünktlich und im Budget und zielt darauf ab, früher zusätzliche Einnahmen zu erzielen, einen größeren Marktanteil zu erreichen und sicherzustellen, dass das Unternehmen differenzierte Produkte und Dienstleistungen anbietet, die auf die Bedürfnisse der Kunden und Stakeholder abzielen. DMADV ist eine der wichtigen Methoden, die in DFSS verwendet werden. Diese Methodik arbeitet mit den folgenden fünf Schritten:

- *Definieren* – Identifizieren Sie den Kunden und das Projekt
- *Identifizieren* – Definieren Sie, was die Kunden wollen, oder was sie nicht wollen
- *Design* – Entwerfen Sie einen Prozess, der den Bedürfnissen der Kunden entspricht
- *Optimieren* – Bestimmen Sie die Prozessfähigkeit und optimieren Sie das Design
- *Verifizieren* – Testen, verifizieren und validieren Sie das Design

Das Konzept von Six Sigma bei GE befasst sich mit der Messung und Verbesserung, wie nah das Unternehmen daran ist, das zu liefern, was es geplant hat. Six Sigma bietet eine Möglichkeit zur Verbesserung von Prozessen, damit das Unternehmen effizienter und vorhersehbarer erstklassige Produkte und Dienstleistungen produzieren kann. Insbesondere ist das DMAIC nach Paul [27] wie folgt:

- *Definieren* – Wer sind die Kunden und was sind ihre Prioritäten?
- *Messen* – Wie wird der Prozess gemessen und wie leistet er?
- *Analysieren* – Was sind die wichtigsten Ursachen für Defekte?
- *Verbessern* – Wie entfernen wir die Ursachen der Defekte?
- *Kontrollieren* – Wie können wir die Verbesserungen aufrechterhalten?

1.3 Sechs Sigma Werkzeuge

Die meisten Entscheidungsfindungswerkzeuge für Sechs Sigma stammen aus dem Fachgebiet Statistik. Diese Werkzeuge werden zusammen mit den Management-Inputs systematisch im organisatorischen Prozess verwendet, um den maximalen Ertrag zu erzielen. Einige der Werkzeuge können in zwei oder mehr Phasen integriert werden, um die anfängliche Leistung des Prozesses zu ermitteln, und einige von ihnen werden ausschließlich für bestätigende Analysen und kontinuierliche Verbesserungen verwendet. Die DMAIC phasenweisen Werkzeuge sind in Abb. 1.3 dargestellt. Es wird erwartet, dass ein grundlegendes bis fortgeschrittenes Wissen notwendig ist, um eine ordnungsgemäße Analyse und Interpretation durchzuführen.

Neben den oben genannten Werkzeugen werden einige Werkzeuge in DMADV verwendet, die in DMAIC nicht abgedeckt sind, wie folgt: Multi-Generational Project Plans (MGPP), Analytical Hierarchy Process (AHP), Kano-Analyse,

Abb. 1.3 DMAIC phasenweise Werkzeuge

KANSEI-Engineering, TRIZ (Theorie des erfinderischen Problemlösens), Pugh-Analyse, Taguchi-Optimierung und Capability Maturity Model Integration (CMMI) und Simulationsmethoden usw.

Sechs Sigma wird heutzutage in fast jeder Branche eingesetzt, wie in der Fertigungsindustrie, der Automobil- und Luftfahrtindustrie, der IT/ITES-Entwicklungsindustrie, der Prozessindustrie, der Pharmaindustrie usw. Wie bereits erwähnt, geht es bei Sechs Sigma genauso um die Exzellenz der Menschen wie um die technische Exzellenz. Kreativität, Zusammenarbeit und Hingabe sind unendlich mächtiger als ein Korps von Superstatistikern. Daher kann ein Sechs-Sigma-Prozess bessere Ideen und Leistungen von Menschen inspirieren und motivieren und eine Synergie zwischen individuellen Talenten und technischem Können schaffen. Sehr oft übersteigen die erheblichen finanziellen Einsparungen durch Sechs Sigma den Wert der immateriellen Vorteile. Tatsächlich sind die Veränderungen in der Einstellung und Begeisterung, die aus verbesserten Prozessen und besser informierten Menschen resultieren, oft leichter zu beobachten und emotionaler als Dollar-Einsparungen.

Eine Sechs-Sigma-Initiative umfasst Enterprise Resource Planning (ERP), E-Commerce und Dienstleistungen, Lean Manufacturing, Customer Relationship Management (CRM) Systeme, strategische Geschäftspartnerschaften, Wissensmanagement, Activity-based Management, Just-in-time Inventar und Globalisierung. Damit Sechs-Sigma-Maßnahmen effektiv im gesamten Unternehmen angewendet werden können, müssen strenge Richtlinien eingehalten werden. Andernfalls wird das Messsystem und die Identifizierung von kritischen Qualitätsmerkmalen (CTQ) überflüssig, was letztendlich zu einem totalen Chaos in der Organisation führt.

In den nächsten zwei Unterabschnitten geben wir die Sechs-Sigma-Aufgaben und -Ergebnisse für jede Phase in einer prägnanten Form.

1.4 Six Sigma Aufgaben

Definieren Phase

- Identifizieren Sie Datenquellen
- Sammeln Sie Basisdaten aus dem bestehenden Prozess
- Bestimmen Sie die aktuelle Prozessleistung
- Validieren Sie Messungen und Sammelsystem

Messen Phase

- Führen Sie eine Ursachenanalyse durch
- Validieren Sie Lücken in den Anforderungen im Vergleich zu den aktuellen Metriken
- Quantifizieren Sie die Möglichkeit, Lücken zu schließen

- Priorisieren Sie Ursachen
- Messen und kartieren Sie $y = f(x)$

Analysieren Phase

- Führen Sie eine überarbeitete Ursachenanalyse durch, um die wesentlichen Ursachen zu identifizieren
- Validieren Sie Lücken in den Anforderungen im Vergleich zu den aktuellen Metriken mit wesentlichen Ursachen
- Quantifizieren Sie die Möglichkeit, Lücken zu schließen
- Priorisieren Sie Ursachen und identifizieren Sie die am meisten beitragende
- Etablieren Sie $y = f(x)$ und identifizieren Sie kritische Variablen

Verbessern Phase

- Entwickeln Sie potenzielle Verbesserungen oder Lösungen für Ursachen
- Entwickeln Sie Bewertungskriterien, um
  - Priorisieren Sie Lösungsoptionen für jede Ursache
  - Untersuchen Sie Lösungen mit einem kurz- und langfristigen Ansatz.
  - Wiegen Sie die Kosten und Vorteile von „schnellen Treffern" gegenüber schwierigeren Lösungsoptionen ab
- Wählen Sie den verbesserten Prozess und die Metrik aus und implementieren Sie diese
- Messen Sie die Ergebnisse
- Bewerten Sie, ob Verbesserungen die Ziele erfüllen
- Bewerten Sie das Risiko

Kontrollieren Phase

- Dokumentieren Sie einen neuen oder verbesserten Prozess und Messungen
- Validieren Sie Sammelsysteme und die Wiederholbarkeit und Reproduzierbarkeit von Metriken in einer betrieblichen Umgebung
- Definieren Sie den Kontrollplan und seine unterstützenden Pläne wie folgt:
  - Kommunikationsplan der Verbesserungen und betrieblichen Änderungen an die Kunden und Stakeholder
  - Implementierungsplan
  - Risikomanagementplan
  - Kosten/Nutzen-Plan
  - Change-Management-Plan
- Schulen Sie die betrieblichen Stakeholder
- Etablieren Sie die Verfolgungsverfahren in einer betrieblichen Umgebung:
  - Überwachen Sie die Implementierung
  - Validieren und stabilisieren Sie Leistungsgewinne
  - Prüfen Sie gemeinsam die Ergebnisse und bestätigen Sie die endgültigen Finanzen.

1.5 Six Sigma Lieferungen

Definieren Phase

- Vorbereitung des Projektcharter und der Arbeitsbeschreibung (SOW), die beinhaltet
  - Prozess und Problem
  - Umfang und Grenzen
  - Team, Kunden und kritische Bedenken
  - Verbesserungsziele und Kosten schlechter Qualität (CoPQ)
- Gantt-Diagramm/Zeitplanerstellung
- Prozessdiagramm/Flussdiagramm
- Schrittweise Dokumentation und Nachfolgeschritte
- Abschlussprüfung

Messen Phase

- Erste Sigma-Ebene und Kostenberechnungen
- Prozessfähigkeitsanalyse
- Messsystemanalyse und Gage R&R
- Gantt-Diagramm/Zeitplan
- SIPOC-Diagramm/Prozessübersicht
- Schrittweise Dokumentation und Nachfolgeschritte
- Abschlussprüfung

Analysieren Phase

- Identifizieren der Ursachen mit Hilfe eines Ursache-Wirkungs-Diagramms und durch statistische Analyse
- Validieren der Ursachen
- Schrittweise Dokumentation und Nachfolgeschritte
- Abschlussprüfung

Verbessern Phase

- Auswahl der Ursachen und Gegenmaßnahmen
- Verbesserungsplan implementieren
- Lösungen validieren oder Verbesserungen vorschlagen mit Hilfe statistischer Analyse
- Schrittweise Dokumentation und Nachfolgeschritte
- Abschlussprüfung

Kontrollieren Phase

- Erstellen eines Kontrollplans für
  - Toleranzen, Kontrollen und Maßnahmen
  - Diagramme und Monitor
  - Standardbetriebsverfahren (SOP)

- Entwerfen eines Reaktionsplans, Neugestaltung von Kontrollplänen
- Validierter Prozess und Vorteile für
  - Prozessfähigkeit
  - MSA und Gage R&R
  - Dokumentation
- Schrittweise Dokumentation und Nachfolgeschritte
- Abschlussprüfung

1.6 Lean Six Sigma

Lean Six Sigma ist ein Prozessverbesserungsprogramm, das zwei Ideen kombiniert: *Lean* – eine Sammlung von Techniken zur Reduzierung der für die Bereitstellung von Produkten oder Dienstleistungen benötigten Zeit – und Six Sigma – eine Sammlung von Techniken zur Verbesserung der Qualität durch Kombination der beiden. Lean Six Sigma ist eine bewährte Geschäftsmanagementstrategie, die Organisationen hilft, effizienter zu arbeiten. Wie wir wissen, ist ein Geschäftsprozess eine Reihe von miteinander verbundenen Teilprozessen. Die Werkzeuge und der Fokus von Six Sigma zielen daher darauf ab, Prozesse zu reparieren. Lean konzentriert sich auf die Verbindung zwischen den Prozessen. Das zentrale Thema von Six Sigma ist die Reduzierung von Defekten, wobei die Ursachen der Defekte untersucht und die Verbesserungsbemühungen auf diese Ursachen konzentriert werden.

Bei Lean Six Sigma (manchmal auch als Lean oder Lean Manufacturing bezeichnet) liegt der Schwerpunkt auf der Reduzierung von Kosten durch die Beseitigung von Produkt- und Prozessabfällen [29]. Es konzentriert sich auch auf die Beseitigung von nicht wertschöpfenden Aktivitäten wie die Herstellung defekter Produkte, übermäßige Lagerkosten aufgrund von Work-in-Process und fertigen Warenbeständen, übermäßigen internen und externen Transport von Produkten, übermäßige Inspektion und Leerlaufzeiten von Geräten oder Arbeitern aufgrund schlechter Abstimmung der Arbeitsschritte in einem sequenziellen Prozess. Das Ziel von Lean Manufacturing ist seit langem eines der Ziele des Industrieingenieurwesens [11]. Laut Muir [21] lassen sich die beiden Philosophien wie folgt zusammenfassen: „Reduzieren Sie die Zeit, die benötigt wird, um ein fehlerfreies Produkt oder eine fehlerfreie Dienstleistung an den Kunden zu liefern.“ Es geht nicht darum, ob der Kunde es richtig oder schnell will, sondern beides.

Die Betriebsphilosophie von Lean besteht darin, Abfall durch kontinuierliche Verbesserung zu beseitigen. Dies wird durch das Folgende erreicht:

- Definition des Wertes aus der Perspektive des Kunden
- Identifizierung des Wertstroms
- nur das herstellen, was der Kunde zieht
- den Fluss kontinuierlich in Bewegung halten und
- den Prozess ständig verbessern

Wie bereits gesehen, arbeitet die Six Sigma-Prozessverbesserung mit der Philosophie der DMAIC-Techniken. Bei Lean Six Sigma beginnt es mit der Identifizierung der Probleme und endet mit dem Festhalten der Vorteile des Programms. Die in Lean Six Sigma verfolgten Schritte sind daher R–DMAIC–S, wobei das zusätzliche R für Recognize (Erkennen) und S für Sustain (Aufrechterhalten) steht. Es ist wichtig, die signifikanten Lücken in einem Geschäftsproblem zu identifizieren, indem die Geschäftsstrategie formuliert wird. Dies wird entscheiden, was das Management liefern möchte. Sobald ein Six Sigma-Projekt das DMAIC-Verfahren durchlaufen hat, wird das Management in der Lage sein, die greifbaren Vorteile, die aus dem Projekt hervorgehen, zu identifizieren und deren unmittelbare Auswirkungen können für die Beibehaltung ähnlicher Projekte bewertet werden.

Um das erforderliche Ziel zu erreichen, muss ein Prozessfluss etabliert werden. Ein perfekter Prozess hat einen kontinuierlichen Fluss, da Produkte, Dienstleistungen und Wissen kontinuierlich ohne Verzögerung von Schritt zu Schritt transformiert werden. Ein Fluss wird erzeugt, indem Warteschlangen und Stopps beseitigt und die Prozessflexibilität und -zuverlässigkeit verbessert werden. Die anderen Aspekte der Etablierung des kontinuierlichen Flusses bestehen darin, die wertschöpfenden und nicht wertschöpfenden Aktivitäten in einem Prozess zu identifizieren. Alle Aktivitäten, die dem Kunden keinen Wert hinzufügen, sind per Definition „Abfall". Die Kartierung aller Aktivitäten und Schritte nach ihrer Zeit des Auftretens, die erforderlich sind, um ein Produkt, eine Dienstleistung oder eine Fähigkeit zum Kunden zu bringen, wird als Value Stream Mapping (VSM) bezeichnet.

Die Implementierung von Lean wird Abfall und seine Ursachen angehen. Abfall weist uns auf Probleme innerhalb des Systems hin. Lean konzentriert sich auch auf den effizienten Einsatz von Geräten und Menschen und minimiert Probleme durch Standardisierung der Arbeit. Ein Lean-Kostenmodell besagt, dass eine Kostensenkung immer zu einem erhöhten Gewinn führt. Wenn der Fokus von Six Sigma auf der Reduzierung der Variation in einem Prozess liegt, dann liegt der Fokus von Lean Six Sigma auf der Reduzierung von Abfall. Daher unterscheiden sich die Werkzeuge für beide Philosophien je nach dem zu lösenden Geschäftsproblem.

Interessanterweise folgen beide Methoden dem DMAIC-Problemlösungsansatz, Lean/Kaizen-Events folgen einem schnelleren Verbesserungszyklus als Six Sigma, und Lean strebt eine ständige und kontinuierliche Verbesserung an, bis alle nicht wertschöpfenden Aktivitäten beseitigt sind.

Eigenschaften von Six Sigma

- Tiefgreifende Ursachenanalyse und Lösungen
- Baut hochqualifiziertes und geschultes Personal auf
- Wird zur Lösung komplexerer, größerer Probleme verwendet
- Starke, positive Ergebnisse brauchen länger, um erreicht zu werden
- Robuste Infrastruktur

Eigenschaften von Lean Six Sigma

- Geschwindigkeit und Flexibilität
- Beteiligt alle Mitarbeiter
- Positive Ergebnisse in kurzer Zeit
- Fokussiert auf kleinere Projekte
- Weniger wissenschaftlich: oft Versuch und Irrtum

Laut vielen Geschäftsanalysten und Qualitätsverbesserungsexperten ist Lean Six Sigma die beliebteste Geschäftsleistungsmethodik in der Geschichte der Unternehmensentwicklung von Produkt- und Dienstleistungsqualität, die erheblich zur Steigerung der Kundenzufriedenheit beiträgt. GE unter Jack Welch war ein führender Befürworter von Lean Six Sigma weltweit. Genpact (damals bekannt als GE Capital International Services) war der erste Dienstleister weltweit, der diese Methodik im großen Maßstab für Geschäftsprozesse anwendete und diese Praxis zu einem großen Erfolg machte. Lean Six Sigma durchdringt das, was wir tun, und ist in unseren Operationen, Menschen, Prozessen und Führungsrichtungen sehr sichtbar (http://www.genpact.com/home/about-us/lean-six-sigma-dna).

1.7 Six Sigma: Die Gürtelsysteme

Ein Six Sigma-Projekt wird durch eine koordinierte Anstrengung mit hochverantwortlichen Mitarbeitern von Organisationen ausgeführt. Der Erfolg eines Six Sigma-Projekts hängt auch von diesen Personen ab. Das System übernimmt verschiedene Gürtelschulungen, um dies zu erleichtern. Die Hauptrollen, die mit einem spezifischen Gürtel eines Six Sigma-Projekts verbunden sind, können wie folgt zusammengefasst werden:

Grüner Gürtel (GB): Eine Six Sigma-Rolle, die mit einer Person verbunden ist, die ihre reguläre Position innerhalb des Unternehmens beibehält, aber in den Werkzeugen, Methoden und Fähigkeiten geschult ist, die notwendig sind, um Six Sigma-Verbesserungsprojekte entweder einzeln oder als Teil größerer Teams durchzuführen. GB-Schulungen dauern in der Regel ein oder zwei Wochen, und sie unterstützen in der Regel größere Projektteams oder leiten Teams, die an kleineren, spezifischeren Projekten beteiligt sind.

Schwarze Gürtel (BB): Eine Six Sigma-Rolle, die mit einer Person verbunden ist, die in der Regel Vollzeit damit beauftragt ist, Green Belts zu schulen und zu betreuen sowie Verbesserungsprojekte mit spezifischen Methoden wie Define, Measure, Analyze, Improve und Control (DMAIC); Define, Measure, Analyze, Design und Verify (DMADV); und Desiged for Sigma (DFSS) Tools zu leiten. BBs haben in der Regel mindestens vier Wochen spezialisierte Ausbildung, manchmal über einen Zeitraum von vier Monaten verteilt und in der Regel mit gleichzeitiger Arbeit an einem Six Sigma-Projekt kombiniert. Sie leiten Teams, die sich auf Projekte mit sowohl Qualitäts- als auch Geschäftsauswirkungen für die Organisation konzentrieren. In den meisten Organisationen schulen BBs GBs und arbeiten an anderen Funktionen wie der Identifizierung neuer Projekte. Master Black Belt (MBB): Eine Six Sigma-Rolle, die mit einer Person verbunden ist, die in der Regel Vollzeit damit beauftragt ist, Black Belts zu schulen und zu betreuen sowie die Strategie zu leiten, um sicherzustellen, dass die gecharterten Verbesserungsprojekte die richtigen strategischen Projekte für die Organisation sind. MBBs sind in der Regel die autorisierende Stelle, um Green Belts und Black Belts innerhalb einer Organisation zu zertifizieren. Sie schreiben und entwickeln oft Schulungsmaterialien, sind stark in die Projektdefinition und -auswahl involviert und arbeiten eng mit Geschäftsführern zusammen, die als Champions bezeichnet werden. Die BBs und MBBs haben spezialisierte Ausbildung und Bildung in statistischen Methoden und anderen Qualitäts- und Prozessverbesserungswerkzeugen, die sie dazu befähigen, als Teamleiter, Moderatoren und technische Problemlöser zu fungieren. Heutzutage bieten viele nationale und internationale Organisationen Ausbildung in Six Sigma-Qualitätsschulung an und bieten Gürtelzertifizierungen an. Die American Society for Quality (ASQ) unterhält auf ihrer Website einen Six Sigma Black Belt Wissenskörper (siehe http://www.asq.org/certification/six-sigma/bok.html).

Die Rolle der Champions besteht darin, sicherzustellen, dass die richtigen Projekte identifiziert und bearbeitet werden, dass die Teams gute Fortschritte machen und dass die für den erfolgreichen Abschluss des Projekts erforderlichen Ressourcen vorhanden sind. Champions sind Projektsponsoren. Champions werden in der Regel von Projektmanagern in der Organisation geleitet. Die Ernennungen von höheren Beamten sind ganz und gar eine eigene Angelegenheit der Organisation (für weitere Diskussionen zu diesen Aspekten siehe Kap. 7). Der oben beschriebene Fluss von Beteiligung und Verantwortlichkeiten ist das Wesen, wie Six Sigma bisher implementiert wurde und wie die Implementierung die Organisation in Bezug auf ihr Wachstum und finanzielle Gewinne verändert. Ein aktueller Trend, der mit der Verwaltung von Qualität und bestimmten Managementfunktionen übereinstimmt, besteht darin, die Verantwortung auf niedrigere Ebenen innerhalb von Organisationen zu verlagern. Wie dies auf die Implementierung von Six Sigma angewendet wird, besteht darin, dass eine größere Verantwortung für die Identifizierung von Problemen oder Chancen, die Datenerfassung und -analyse und die Korrekturmaßnahmen auf Green Belts übertragen wird. Um dies zu erleichtern, initiieren viele Organisationen Yellow Belts und sogar White Belts Schulungen für Anfänger, um für größere Rollen in Six Sigma-Projekten und -Aktivitäten bereit zu sein. Sie werden in der Regel für technische Aspekte von Managemententscheidungsmöglichkeiten geschult.

Da Six Sigma sich auf die Reduzierung von Fehlern als oberste Priorität für Qualitätsverbesserungen konzentriert [16], ist es hier wichtig zu beachten, dass die oft großen Einsparungen, die aus Six Sigma-Bemühungen erzielt werden, Einsparungen sind, die durch die Reduzierung der Kosten schlechter Qualität erzielt werden – durch „Goldabbau in der Mine", wie Juran bereits vor 50 Jahren gesagt hat. Darüber hinaus hat der Fokus auf Prozesse und auf die Beseitigung von

Variationen das Wissen über Variationen, einen wichtigen Teil von Demings Profound Knowledge System, sicherlich erhöht [7]. In den letzten Jahren wird auch ein Fokus auf die Reduzierung von Durchlaufzeiten als Nebeneffekt der Prozessverbesserung betont.

Mit diesen Anforderungen sind neue Varianten von Six Sigma-Konzepten aufgetaucht. Einige von ihnen sind FIT SIGMA [2], Ultimate Six Sigma und Strategic Six Sigma. Darüber hinaus ist es von grundlegender Bedeutung zu verstehen, was der Kunde will und braucht und diese Informationen zu verwenden, um die F&E-Bemühungen bei bestehenden Produkten oder dem Design neuer Produkte zu leiten [18]. Während sich eine zunehmende Anzahl von Organisationen mit DFSS beschäftigt, muss betont werden, dass DFSS harte Arbeit erfordert, die ein relativ beeindruckendes Maß an Fachwissen erfordert – und es ist noch relativ neu – so dass es wahrscheinlich „mehr Gerede als Arbeit" gibt in Bezug auf die Anwendung von DFSS.

Hoerl [15] stellt fest, dass „vielleicht die kritischste Frage über die Zukunft von Six Sigma ist, wann es anfangen wird, sich abzuschwächen und vielleicht in etwas anderes zu verwandeln." Während Six Sigma sich im Laufe der Zeit weiterentwickeln wird, wie es bei TQM der Fall ist und sein wird, gibt es einige Kernstärken von Six Sigma, die beibehalten werden, so dass das, was auch immer „das nächste große Ding" ist, zumindest vage an Six Sigma erinnern wird. Einige dieser Kernstärken sind die Nutzung der Infrastruktur, um die Kernpersonen, Geld und andere Ressourcen zu liefern, Top-Talente für die Arbeit an neuen Initiativen freizusetzen und natürlich die Abhängigkeit von dem Engagement der obersten Führung.

Laut Woodall [31] und Montgomery und Woodall [20] ist der Gesundheitsdienst ein potenzielles Gebiet, in dem Six Sigma eine bedeutende Rolle bei der Verbesserung der Dienstleistungen und der Lieferung spielen kann. Für den anhaltenden Erfolg von Six Sigma ist es notwendig, ein breiteres Spektrum von statistischen Methoden zu integrieren, insbesondere solche, die für die zunehmende Menge an Daten in Anwendungen geeigneter sind. Nair et al. [24] wiesen beispielsweise auf die Notwendigkeit von Methoden hin, die die effektive Analyse von funktionalen Daten und raumzeitlichen Daten ermöglichen. Die Analyse von funktionalen Daten in der Prozessüberwachung wurde kürzlich von Woodall et al. überprüft [32]. Es gibt eine zunehmende Anzahl von Anwendungen, in denen etwas ausgefeiltere statistische Methoden, wie diese, in Six Sigma-Anwendungen erforderlich sind.

1.8 Relevanz für Manager

Six Sigma kann je nach Schwerpunkt und Implementierung verschiedene Definitionen über ein breites Spektrum hinweg annehmen. Ein Management kann es entweder als Philosophie, als Werkzeugset, als Methodik oder als Metrikenset wahrnehmen; Six Sigma ist all das. Dieses Kapitel erläutert all diese Punkte auf erschöpfende Weise und hebt die Bedeutung jedes einzelnen aus der Sicht des Projektmanagements hervor. Das Wesen eines Six Sigma-Projekts ist die Notwendigkeit der Fehlerreduktion zur Minimierung der Variation und dann zur Qualitätsverbesserung. Daher werden die für die Implementierung eines Six Sigma-Projekts wesentlichen Werkzeuge, Aufgaben und Lieferergebnisse klar für ein besseres Management und Geschäftsexzellenz vorgeschlagen.

Übungen

1.1. Was ist Six Sigma? Was sind die Ziele von Six Sigma?

1.2. Erklären Sie verschiedene Wahrnehmungen des Six Sigma-Konzepts.

1.3. Nennen Sie verschiedene Aufgaben und Lieferergebnisse, die mit jeder Phase von DMAIC verbunden sind.

1.4. Was sind Fehler pro Million Möglichkeiten? Wie hilft es, das Sigma-Niveau eines Prozesses zu finden?

1.5. Unterscheiden Sie zwischen einem zentrierten und einem nicht zentrierten Prozess? Welche Anpassung wird vorgenommen, um das Sigma-Niveau eines solchen Prozesses zu finden?

1.6. Was sind die Vorteile der Six Sigma-Qualitätsphilosophie?

1.7. Erklären Sie die DMAIC-Philosophie, indem Sie verschiedene statistische Werkzeuge erläutern, die in jeder Phase angewendet werden.

1.8. Unterscheiden Sie zwischen Lean und Six Sigma. Wie unterscheidet sich die Betriebsphilosophie beider?

1.9. Was ist Design für Six Sigma? Erklären Sie, wie die Technik für organisatorische Exzellenz angewendet wird?

1.10. Erklären Sie verschiedene Aufgaben, die mit jeder Phase der DMAIC-Technik verbunden sind.

1.11. Erklären Sie verschiedene Lieferergebnisse, die mit jeder Phase der DMAIC-Technik verbunden sind.

1.12. Was ist die Bedeutung von Lean oder Lean Manufacturing? Nennen Sie wichtige Merkmale der Lean-Philosophie.

1.13. Was ist eine Wertstromanalyse? Wie hilft es, einen Lean-Prozess zu beschleunigen?

1.14. Was sind die Managementrollen eines Six Sigma Black Belt, Six Sigma Master Black Belt und Champion?

Literatur

1. Basu, R.: Six sigma to operational excellence: role of tools and techniques. Int. J. Six Sigma Competitive Advantage **1**(1), 44–64 (2004)
2. Basu, R., Wright, J.N.: Quality Beyond Six Sigma. Butterworth-Heinemann, Oxford (2003)
3. Brady, J.E., Allen, T.T.: Six sigma literature: a review and agenda for future research. Qual. Reliab. Eng. Int. **22**(3), 335–367 (2006)
4. Breyfogle III, F.W.: Implementing six sigma-smarter solutions using statistical methods. Wiley, New York (1999)

5. Breyfogle, F., Cipello, J., Meadows, B.: Managing Six Sigma. Wiley Inter science, New York (2001)
6. Coronado, R.B., Antony, J.: Critical success factors for the successful implementation of six sigma projects in organization. TQM Mag. **14**(2), 92–99 (2002)
7. Deming, W.E.: The New Economics for Industry, Government and Education. MIT Center for Advanced Engineering Study, Massachusetts (1993)
8. Eckes, G.: The Six Sigma Revolution. Wiley, New York (2000)
9. Evans, J.: Letters, Quality Progress (1993)
10. Geoff, T.: Six Sigma: SPC and TQM in Manufacturing and Services. Gower Publishing Ltd., Aldershot (2001)
11. Gryna, F.M., Chua, R.C.H., Defeo, J.: Juran's Quality Planning and Analysis for Enterprise Quality. Tata McGraw-Hill, New Delhi (2007)
12. Harry, M., Schroeder, R.: Six sigma: the breakthrough management strategy revolutionizing the world's top corporations. Doubleday Currency, New York (2000)
13. Hendericks, C., Kelbaugh, R.: Implementing six sigma at GE. J. Qual. Participation (1998)
14. Henderson, K.M., Evans, J.R.: Successful implementation of six sigma: benchmarking general electric company. Benchmarking Int. J. **7**(4), 260–281 (2000)
15. Hoerl, R.: One perspective of the future of six sigma. Int. J. Six Sigma Competitive Advantage **1**(1), 112–119 (2004)
16. Hong, G.Y., Goh, T.N.: A comparison of six sigma and GQM approaches in software development. Int. J. Six Sigma Competitive Advantage **1**(1), 65–75 (2004)
17. Kane, L.: The quest for six sigma. In: Hydrocarbom Processing (International Edn), **77**(2), (1998)
18. Klefsjö, B., Wiklund, H., Edgeman, R.: Six sigma seen as a methodology for total quality management. Measuring Bus. Excellence **5**(1), 31–35 (2001)
19. Klefsjö, B., Bergquist, B., Edgeman, R.L.: Six sigma and total quality management: different day, same soup? Int. J. Six Sigma Competitive Advantage 1–17 (2008)
20. Montgomery, D.C., Woodall, W.H.: An overview of Six Sigma. Int. Stat. Rev. **76**(3), 329–346 (2008)
21. Muir, A.: Lean Six Sigma way. McGraw Hill, New York (2006)
22. Muralidharan, K.: Data mining: a subject to explore for management. Qual. Council Forum India **45**, 1–2 (2010)
23. Murphy, T.: Close enough to perfect. Ward's Auto World **34**(8) (1998)
24. Nair, V.N., Hansen, M., Shi, J.: Statistics in advanced manufacturing. J. Am. Statist. Assoc. **95**(451), 1002–1005 (2000)
25. Nonthaleerak, P., Hendry, L.C.: Six sigma: literature review and key future research areas. Int. J. Six Sigma Competitive Advantage **2**(2), 105–161 (2006)
26. Pande, P.S., Newuman, R.P., Cavanagh, R.R.: The Six Sigma Way. Tata McGraw-Hill, New Delhi (2003)
27. Paul, L.: Practice Makes Perfect, CIO Enterprise **12**(7), Section 2, 15 Jan (1999)
28. Pearson, T.A.: Measure for six sigma success. Quality Progress **34**, 35–40, Feb (2001)
29. Shuker, T.J.: The leap to lean. In: Annual Quality Congress Proceedings, ASQ, Milwaukee, S. 105–112 (2000)
30. Snee, R.: Why should statisticians pay attention to six sigma?: an examination for their role in the six sigma methodology. Qual. Progr. **32**(9), 100–103 (1999)
31. Woodall, W.H.: Use of control charts in health-carer and public-health surveillance (with discussion). J. Qual. Technol. **38**(2), 89–104 (2006)
32. Woodall, W.H., Spitzner, D.J., Montgomery, D.C., Gupta, S.: Using control charts to monitor product quality profiles. J. Qual. Technol. **36**(3), 309–320 (2004)

Kapitel 2
Six Sigma Projektmanagement

2.1 Projektmanagement

Ein *Projekt* ist ein zeitlich begrenztes Unterfangen, um einige spezifische Ziele in einer definierten Zeit zu erreichen [10]. Ein Projekt kann in Größe und Dauer variieren, eine kleine Gruppe von Menschen oder große Zahlen in verschiedenen Teilen der Organisation beteiligen. Es ist inhaltlich meist einzigartig und wird wahrscheinlich nicht noch einmal auf genau die gleiche Weise wiederholt. *Projektmanagement* ist ein dynamischer Prozess, der die geeigneten Ressourcen der Organisation in einer kontrollierten und strukturierten Weise nutzt, um einige klar definierte Ziele zu erreichen, die als strategische Bedürfnisse innerhalb eines definierten Rahmens von Beschränkungen durchgeführt werden. Ein Projekt beinhaltet viele Prozesse und jeder solche Prozess schreitet mit spezifischen Zielen voran (siehe Kap. 3 für Details). Ein Projekt kann einer der folgenden Typen sein:

- *Persönliche Projekte:* Vorbereitungen für das Schreiben einer These, Bücher, Dissertationen; Studentenprojekte; jegliche Familienfunktionen; Durchführung einer Prüfung; Durchführung einer Live-Show, Organisation eines Tourprogramms, usw.
- *Lokale Projekte:* Organisation eines öffentlichen Programms, Organisation einer Konferenz oder eines Seminarprogramms, jegliche freiwillige Projekte, die von NGOs und privaten Organisationen durchgeführt werden, usw.
- *Organisationsprojekte:* Bau von Gebäuden oder einer Autobahn, Planung und Einführung eines neuen Produkts, Einrichtung eines Automobilwerks, Gründung eines neuen Büros, Untersuchung von Ursache und Wirkung von Produktmängeln, Brainstorming-Sitzung, Organisation einer Prüfung, usw.
- *Projekte von nationaler Bedeutung:* Start einer Impfkampagne, Start eines neuen Satelliten, Einführung einer Alphabetisierungskampagne/Armutsbe-

K. Muralidharan, *Six Sigma für organisatorische Exzellenz*,
https://doi.org/10.1007/978-81-322-4001-3_2

kämpfung, Erstellung des Jahresbudgets, Bau von Metroschienen-/Straßentransporten, Durchführung einer nationalen Sportveranstaltung, usw.
- *Projekte von globaler Bedeutung:* Organisation von Friedensmissionen, Weltraumforschungen, Umweltschutzaktionen, Durchführung einer internationalen Sportveranstaltung, usw.

Ein Projekt wird durch einen Projektidentifikationsprozess identifiziert. Dies ist das Stadium, in dem neue Chancen und Bedrohungen, die in der Umgebung auftauchen, untersucht werden und geeignete Vorschläge, die von der Organisation übernommen werden können, generiert werden. Dies geschieht durch die Generierung neuer Ideen durch das Think Tank des Unternehmens. *Brainstorming* ist eine sehr effektive Technik, um diese Übung in einer Gruppe durchzuführen. Das Brainstorming kann strukturiert sein, bei dem jedes Mitglied der Gruppe in einer sequenziellen Weise nach seiner/ihrem Idee gefragt wird. Diese Ideen werden dann auf ihre Durchführbarkeit der Ausführung und Implementierung danach überprüft.

Projektcharakterisierung

- Jedes Projekt beinhaltet verschiedene Prozesse und diese Prozesse sind durch ihre Eingaben und Ausgaben gekennzeichnet
- Die Ausgabe der Geschäftsprozesse hängt von der strategischen Planung, Kundenumfragen, Wettbewerbsanalyse und Benchmarking des Prozesses usw. ab.
- Für den Erfolg in Projekten ist es wesentlich, dass sich alle Beteiligten dazu verpflichten, einen gemeinsamen Satz von Prozessen und Verfahren zu verwenden
- Dies erleichtert den Austausch von Informationen erheblich, insbesondere bei der Arbeit über verschiedene Standorte, Organisationen und Länder hinweg.

2.2 SWOT-Analyse

Nachdem die durch ein Projekt zu erreichenden Ziele identifiziert wurden, ist es im Allgemeinen lohnenswert, eine Stärken-Schwächen-Chancen-Bedrohungen (SWOT) Analyse durchzuführen, damit die Stärken und Schwächen der Organisation hervorgehoben werden und die aus der Umgebung aufkommenden Chancen und Bedrohungen auf objektive Weise betrachtet werden. Der Zweck dieser Analyse besteht darin, Ideen zu generieren, die die aufkommenden Chancen erkunden, sich gegen die Bedrohungen schützen, während die Stärken und Schwächen der Organisation im Auge behalten werden. Die Teilnehmer des Brainstormings können auch Teil dieser Übungen gemacht werden, damit sie sich der Anforderungen und Einschränkungen des Systems, mit dem sie umgehen, bewusst werden. Das Ausmaß der Übereinstimmung der verschiedenen vorgeschlagenen Lösungen mit dem SWOT-Profil könnte auch verwendet werden, um die verschiedenen Ideen zu bewerten, nachdem sie während des Brainstormings vorgeschlagen wurden. Einige der Faktoren, die bei einer SWOT-Analyse berücksichtigt werden sollten, sind folgende:

Stärken

- Erfahrung und Expertise
- Finanzielle Position
- Fähigkeit zur Kapitalbeschaffung
- Industriekontakte
- Ausländische Zusammenarbeit

Schwächen

- Mangel an Erfahrung
- Mangel an geschultem Personal
- Unfähigkeit, mit neueren Technologien umzugehen
- Unfähigkeit, große Investitionen zu tätigen
- Unfähigkeit, Markttrends vorherzusagen

Chancen

- Aufkommende Technologien
- Neue Produkte mit neuen Märkten
- Neue Prozesse mit besseren Eigenschaften
- Spezielle Finanzierungsschemata
- Regierungs- und andere Anreize

Bedrohungen

- Konkurrenten
- Schlechter Zustand der Wirtschaft
- Veralteter Prozess und Technologie
- Unprofessionelle Managementfähigkeiten
- Neue Produkte und Dienstleistungen.

Das Verständnis der Schlüsselkunden, des Marktes und der betrieblichen Bedingungen ist die Eingabe zur Festlegung der strategischen Ausrichtung. Die Identifizierung dieser Komponenten durch eine SWOT-Analyse hilft auch dabei, die „Lücken" in den Projekten zu identifizieren (siehe auch Thompson und Strickland [9]).

2.3 Projektphasen

Wir wissen, dass jedes Projekt verschiedene Prozesse beinhaltet, und diese Prozesse zeichnen sich durch ihre Eingaben und Ausgaben aus. Im vorherigen Kapitel haben wir verschiedene Komponenten und Eigenschaften eines Prozesses besprochen. Das Ergebnis der Geschäftsprozesse hängt von der strategischen Planung, Kundenbefragungen, Wettbewerbsanalysen, Benchmarking des Prozesses usw. ab. Für den Erfolg in Projekten ist es unerlässlich, dass sich alle Beteiligten dazu verpflichten, einen gemeinsamen Satz von Prozessen und Verfahren zu verwenden. Dies erleichtert den Informationsaustausch erheblich, insbesondere bei der Arbeit über verschiedene Standorte, Organisationen und Länder hinweg. Der Prozess kann in eine Reihe von definierbaren Phasen mit Entscheidungstoren zwischen jeder der Phasen unterteilt werden:

- Projektkonzeption
- Projektdefinition
- Projektplanung
- Projektstart und -ausführung
- Projektabschluss
- Nachprojektbewertung.

Diese Aktivitäten werden oft als „Schlüsselstrategien" bezeichnet, da sie mehrere tatsächliche Aufgaben umfassen können, die von mehr als einer Person ausgeführt werden. Es wird auch erwartet, dass jede Phase sequenziell durchgeführt wird, um nützliche Daten für die Entscheidungsfindung zu generieren. Obwohl jede Phase als diskret mit spezifischer zu erledigender Arbeit behandelt wird, bedeutet dies nicht, dass sie „einmalige" Aktivitäten sind. In Wirklichkeit werden die Phasen oft während eines Projekts wiederholt. Sobald ein Projekt eingeleitet ist, besteht immer die Möglichkeit, einige oder alle Arbeiten aus der Definitions- oder Planungsphase zu wiederholen, wenn das Projekt in die Ausführungsphase voranschreitet.

Für viele Organisationen ist das Projektmanagement eine Art des Managements für Veränderungen. Die Idee für ein Projekt wird aus dem Wissen und der Erfahrung der Organisation, den Kundenanforderungen und dem Markttrend geschaffen. Das Klima der Projektausführung hängt von der Organisationskultur, der Organisationsstruktur und der Geschäftsstrategie ab. Es ist unerlässlich, dass leitende Manager ein Klima für Erfolg schaffen und kontinuierlich daran arbeiten, dieses aufrechtzuerhalten. Wenn dies nicht geschieht, wird es eine Katastrophe für die Organisation und die mit den Projekten verbundenen Personen sein. Zusammenarbeit über die gesamte Struktur hinweg ist ein Schlüssel zum Projekterfolg, ebenso wie die Erkenntnis, dass die Zuweisung einer Einzelperson zu einem Projektteam eine engagierte Zuweisung des gesamten Projekts ist.

Projekte sind ein integraler Bestandteil von Six Sigma. Die Auswahl, Verwaltung und erfolgreiche Durchführung von Projekten sind entscheidend für die Umsetzung jeder systematischen Geschäftsverbesserung, nicht nur von Six Sigma. Ein Projekt sollte einen potenziellen Durchbruch darstellen, in dem Sinne, dass es zu einer bedeutenden Verbesserung des Produkts oder Dienstleistung führen könnte. Die Auswirkungen eines Projekts sollten in Bezug auf seinen finanziellen Nutzen für das Unternehmen bewertet werden, wie von der Finanz- oder Buchhaltungsabteilung gemessen und bewertet. Offensichtlich sind Projekte mit hohem potenziellen Einfluss am wünschenswertesten. Diese finanzielle Systemintegration ist Standardpraxis bei Six Sigma und sollte Teil jedes DMAIC-Projekts sein, auch wenn die Organisation insgesamt derzeit Six Sigma nicht verwendet [6].

2.4 Ausrichtung auf die Geschäftsstrategie

Projekte und Programme werden nur ausgewählt, wenn sie die Erreichung der Geschäftsstrategie unterstützen und zum Geschäftswachstum beitragen. Eine sorgfältig erstellte Geschäftsanalyse ist ein wesentliches Dokument, das die Entscheidung unterstützt. Einige der wichtigen strategischen Eingaben sind wie folgt:

- Vorausplanung
- Ressourcenmanagement
- Finanzmanagement
- Portfoliomanagement.

Um ein neues Projekt zu starten, ist es unerlässlich, die Verpflichtungen und Verbindlichkeiten der Organisation im Voraus zu kennen. Dies wird die Zukunft aller laufenden Aktivitäten und deren Erfolge bestimmen. Die Auswahl von Projekten erfordert, dass die Organisation mit Hilfe von ausreichenden Informationen, die vom Markt und den Kunden gesammelt wurden, vorausplant. Dies wird dazu beitragen, die kritischen Bereiche des potenziellen Geschäftswachstums und verlorener Möglichkeiten anzusprechen. Es müssen ausreichende Mittel zur Verfügung stehen, um das Budget aller aktiven Projekte zu decken. Andernfalls ist die Entgleisung der Projekte sicher. Es ist auch wichtig, eine sichtbare, autorisierte Liste der aktiven Projekte und derjenigen, die auf den Start warten, zu führen, um jeden über die Prioritäten und die relative Bedeutung derjenigen auf der Liste zu informieren. Zeitrahmen und Abschlussziele müssen vereinbart werden, um die Geschäfts- und/oder Kundenbedürfnisse zu erfüllen und die effektive Bereitstellung von Ressourcen zu planen.

2.5 Projektbeteiligte

Die Beziehung in einer Projektumgebung kann nur dann zum Erfolg führen, wenn es eine klare Definition von Eigentum auf jeder Ebene in der Organisation mit klar definierten Rollen und Verantwortlichkeiten gibt. Dies vermeidet Verwirrung und klärt, wo die Befugnis besteht, Entscheidungen zu treffen und unnötige Verzögerungen und Verzögerungen in Projekten zu vermeiden. Nach Young [10], können die Personen, die mit einem Projekt verbunden sind, sein:

- Jemand, der die Vorteile benötigt – das obere Management des Unternehmens
- Jemand, der sich verpflichtet, die Ressourcen bereitzustellen – die Linienmanager

- Jemand, der für die Erzielung der Vorteile verantwortlich ist – der Sponsor
- Jemand, der für die Projektarbeit verantwortlich ist – der Projektmanager
- Jemand, der für die Projektarbeit verantwortlich ist – das Projektteam
- Jemand, der die Ergebnisse nutzen, beeinflussen oder davon betroffen ist – Kunde, die Stakeholder.

Zusammen schafft diese ganze Gruppe eine Infrastruktur, die auf die funktionale Hierarchie überlagert ist, und ihr Verhalten kann kollektiv den Grad des Erfolgs bestimmen, der mit allen Projekten erreichbar ist. Der Einfluss der Organisationskultur hat eine erhebliche Auswirkung auf das Klima eines Projekts. Das Verhalten wird stark von den Wahrnehmungen der Menschen über das interne Klima beeinflusst. Einige der anderen offensichtlichen kulturellen Einflüsse sind wie folgt:

- Moral
- gegenseitiges Vertrauen, Unterstützung und Respekt für Entscheidungen, Offenheit und Integrität
- Risikobereitschaft und Optimismus – Anerkennung von Risiken und Teilen des Erfolgs
- Handlungsfreiheit – durch Verantwortlichkeit, Stolz und Beteiligung an Entscheidungsprozessen
- Engagement – ein Zugehörigkeitsgefühl, Vermeidung von Verwirrung durch klare Verantwortlichkeiten
- Zusammenarbeit – geteilte Vorteile, Teamarbeit und gegenseitige Hilfe, Stressminimierung
- Ausbildung – Möglichkeiten zum Lernen sowohl am Arbeitsplatz als auch außerhalb.

Es ist wichtig, diesen Einflüssen besondere Aufmerksamkeit zu schenken, für alle laufenden Projekte. Es reicht nicht aus, das Management zu beschuldigen, wenn das Klima schief läuft. Die Wahrnehmungen des Klimas sind immer stärker beim Personal als beim Management. Dies bedeutet keineswegs, dass das Personal besser ist als das Management, aber für eine kohärente Atmosphäre ist es besser, jedem Einfluss ausreichend Aufmerksamkeit zu schenken.

2.6 Verwaltung der Stakeholder

Es gibt zwei Gruppen von Stakeholdern für jedes börsennotierte Unternehmen [7]. Sie sind die Aktionäre des Unternehmens oder der Projektsponsor und die Kunden. Ein erfolgreiches Unternehmen ist eines, das die Bedürfnisse beider Gruppen versteht und erfüllt. Die erste Gruppe von Kunden sind die Aktionäre des Unternehmens. Sie konzentrieren sich hauptsächlich auf die finanziellen Aspekte des Geschäfts, einschließlich Marktanteil, Wachstum und Gewinn. Die zweite Gruppe sind die Kunden, die für Ihre Geschäftsdienstleistungen oder Produkte bezahlen.

Kunden treffen Entscheidungen auf der Grundlage von Wert und Qualität. Alle Stakeholder haben eine offene und eine geschlossene oder versteckte Agenda darüber, was sie vom Projekt erwarten. Diese Erwartungen werden vor der Abgrenzung des Projekts festgelegt. Diese Aufgabe mag nicht einfach sein, da es viele Druck- und Einflussfaktoren aus allen Bereichen des Projekts geben wird. Das Projektteam sollte die Standhaftigkeit haben, solchen Druck im größeren Interesse des Unternehmens zu widerstehen.

Die Identifizierung von Stakeholdern ist nicht nur Teil des Projektstarts. Da viele später auftauchen, muss der Leiter die Liste in regelmäßigen Abständen überprüfen. Die relative Bedeutung jedes Stakeholders ändert sich mit der Zeit und durch die Phasen des Projekts. Es ist ein ernstes Risiko, mit einem Stakeholder nicht zu kooperieren oder ihn nicht zu erkennen. Legen Sie die Spielregeln von Anfang an fest, um die schlechten Stakeholder zu kontrollieren. Die Stakeholder sind innerhalb und außerhalb der Organisation. Es ist eine gute Idee, mit den Sponsoren und Kunden zu interagieren, um sich an der Identifizierung der Stakeholder zu beteiligen, da einige Stakeholder beide beeinflussen. Sie können aus Abteilungen wie Finanzen, Vertrieb und Marketing, Entwicklung, Produktion, Strategie und Produktion kommen. Sie können Berater, Auftragnehmer, Lieferanten, Regierungsbehörden, öffentliche Vertreter und Lieferkettenpartner sein.

Die Beteiligung des Sponsors während des gesamten Projekts ist ein wesentlicher Erfolgsfaktor für jedes Projekt, da diese Person die Autorität und Macht hat, Entscheidungen über Geld und die Ressourcen zu treffen – die Menschen, die Sie benötigen, um die Arbeit zu erledigen. Der Sponsor kann nicht effektiv sein, wenn die Person keine Autorität in der Organisation hat. Der Sponsor ist für das Projekt verantwortlich und daher der ernannte Hüter des Projekts im Namen der Organisation. Ein effektiver Sponsor kann eine erhebliche Unterstützung durch:

- Schnelles Reagieren auf Probleme, die Entscheidungen des Top-Managements erfordern
- Aufrechterhaltung der vereinbarten Priorität des Projekts in der Organisation
- Sicherstellung, dass das Projekt auf die strategischen Bedürfnisse der Organisation ausgerichtet bleibt
- Aufbau einer Arbeitsbeziehung zum Kunden
- Beeinflussung der Peer-Gruppe, um ressourcen- und dienstleistungsübergreifende Ressourcen und Dienstleistungen rechtzeitig für das Projekt bereitzustellen
- Demonstration der Sorge um den Erfolg durch sichtbare Führung
- Beeinflussung anderer Stakeholder bei der Genehmigung und Abnahme der Phasen des Projekts.

Es ist die Verantwortung der Teammitglieder, eine gute Arbeitsbeziehung zum Sponsor aufzubauen, um von den oben genannten Unterstützungen zu profitieren. Dies kann durch häufige Treffen und Diskussionen erreicht werden, die in der Organisation für kürzere Zeit abgehalten werden.

2.7 Ein Six Sigma Projekt

Das Hauptziel eines Six Sigma Projekts ist es, die Qualität des Prozesses durch Reduzierung der Variation zu verbessern. Es gibt zwei Ansätze zur Auswahl des richtigen Projekts: ein Modell, das *quantitative* Daten erzeugt und ein Modell, das nur *qualitative* Daten erzeugt. Ein Six Sigma Projekt gilt als quantitativ verwaltetes Projekt. Einige der wichtigen Fragen, die bei der Auswahl eines Six Sigma Projekts besondere Aufmerksamkeit erfordern, sind:

- Wird das Projekt die Gewinne maximieren?
- Wird das Projekt den Marktanteil halten?
- Wird das Projekt die Marktposition festigen?
- Wird das Projekt neue Märkte erschließen?
- Wird das Projekt die Gewinne maximieren?
- Wird das Projekt die Nutzung vorhandener Ressourcen maximieren?
- Wird das Projekt das Image des Unternehmens stärken?
- Wird das Projekt das Risiko erhöhen, dem das Unternehmen ausgesetzt ist?
- Liegt der Projektrahmen innerhalb der aktuellen Fähigkeiten und Erfahrungen des Unternehmens?

Die meisten Six Sigma Projekte sind das Ergebnis von Kundenbedürfnissen und -erwartungen, und die Projekte werden aufgrund ihrer potenziellen Auswirkungen auf das Geschäft ausgewählt. Die Wertchance von Projekten muss klar identifiziert werden und die Projekte müssen gut auf die Unternehmensziele auf allen Ebenen abgestimmt sein. Auf höchster Ebene sind in der Regel Aktionäre, Top-Manager, Mitglieder des Aufsichtsrats und Geschäftsanalysten, die Investoren leiten, an Eigenkapitalrendite, Rendite auf investiertes Kapital, Aktienkurs, Dividenden, Gewinne, Produkte und Patente und die Entwicklung zukünftiger Geschäftsführer interessiert. Auf der Ebene der Geschäftseinheit oder des Betriebs sind Manager und Führungskräfte an Fabrikmetriken wie Ausbeute, Zykluszeit und Durchsatz, Kostensenkung, Sicherheit von Mitarbeitern und Kunden, effizienter Nutzung von Vermögenswerten, Einführung neuer Produkte, Vertriebs- und Marketingeffizienz, Entwicklung von Menschen und Leistung der Lieferkette (Kosten, Qualität, Service) interessiert. Die Abstimmung von Projekten mit den Zielen der Geschäftseinheit und den Unternehmenskennzahlen auf Konzernebene hilft sicherzustellen, dass die besten Projekte zur Auswahl in Betracht gezogen werden. Der DMAIC-Ansatz ist ein äußerst effektives Rahmenwerk, um diese Anforderungen zu erfüllen.

Die ersten Arten von Projekten, die Unternehmen in der Regel durchführen, sind darauf ausgelegt, den potenziellen Erfolg einer allgemeinen Verbesserungsanstrengung zu demonstrieren. Die Projekte konzentrieren sich oft auf die Bereiche des Geschäfts, die voller Möglichkeiten sind, aber sie werden auch oft von aktuellen Problemen angetrieben. Probleme, die von Kunden identifiziert werden oder aus dem Feedback zur Kundenzufriedenheit (oder Unzufriedenheit) stammen, wie die Analyse von Feldausfällen und Kundenrückgaben, sind manchmal die Quelle dieser Projekte. Daher ist die Projektauswahl wahrscheinlich der wichtigste Teil eines jeden Geschäftsverbesserungsprozesses. Projekte sollten in einem angemessenen Zeitrahmen abgeschlossen werden können und sollten einen echten Einfluss auf die wichtigsten Geschäftskennzahlen haben. Dies bedeutet, dass viel Nachdenken in die Definition der wichtigsten Geschäftsprozesse der Organisation, das Verständnis ihrer Beziehungen und die Entwicklung geeigneter Leistungsmessungen fließen muss [6, 8].

Die Ergebnisse eines jeden Projekts, (insbesondere eines Six Sigma Projekts) hängen von zuverlässigen und qualitativ hochwertigen Daten ab. Jede gesammelte Datenmenge enthält eine Masse an Informationen. Das Problem besteht darin, den Teil davon zu extrahieren, der für die vom Projekt zu beantwortenden Fragen relevant ist, auf einfachste und verständlichste Weise. Dies beinhaltet im Wesentlichen die Überprüfung auf relevante Muster und Anomalien in den Daten. Dies ist die grundlegende Rolle statistischer Modelle: die Realität auf eine vernünftige und nützliche Weise zu vereinfachen, eine Weise, die Sie empirisch mit den Daten überprüfen können. Kein Modell ist jemals „wahr", aber einige Modelle sind für gegebene Daten und Fragen nützlicher als andere. Unabhängig davon, ob das Modell durch quantitative oder qualitative Daten konstituiert wird, kann das Modell folgendes bieten:

- eine sparsame Beschreibung oder Zusammenfassung der Ergebnisse, die wichtige Merkmale hervorhebt
- eine Grundlage für die Vorhersage zukünftiger Beobachtungen
- biologische oder soziale Einblicke in die untersuchten Prozesse
- einen Test einer vorherigen theoretischen Beziehung
- Vergleich der Ergebnisse aus verschiedenen Studien
- Maßnahmen zur Präzision von interessierenden Mengen.

Six Sigma betont das Modell in Bezug auf $Y = f(X)$. Es fasst mathematisch zusammen, dass das Ergebnis eines Geschäftsprozesses eine Funktion der Entscheidungen ist, die von den Prozesseigentümern getroffen wurden. Ein bestes Modell ist das, welches frei von allen Unregelmäßigkeiten und Inkonsistenzen in den Daten ist und sehr wenig Chance für zuweisbare Ursachen (Mensch, Maschine, Methode, Materialien und Prozesse) Variation lässt. Ein allgemeiner Modellaufbau beinhaltet die folgenden Schritte:

1. Studieren der wichtigen deskriptiven Statistiken, um sich mit den Daten vertraut zu machen
2. Entwicklung eines vernünftigen Modells aus den Ergebnissen von Schritt 1 und aus vorherigem Wissen
3. Anpassung des Modells an die Daten
4. Überprüfung der Güte der Modellanpassung
5. Zurück zu Schritt 2, falls notwendig
6. Verwendung des Modells, um geeignete Schlussfolgerungen zu ziehen.

Der Zweck der Modellierung besteht nicht darin, die beste Anpassung an die Daten zu erzielen, sondern ein Modell zu konstruieren, das nicht nur durch die Daten unterstützt wird, sondern auch mit vorherigem Wissen, einschließlich früherer empirischer Forschung, konsistent ist und auch eine gute Chance hat, zukünftige Beobachtungen vernünftig gut zu beschreiben. Im Allgemeinen wird ein Wahrscheinlichkeitsmodell und ein Regressionsmodell gesucht, um diese Arten von Situationen zu beschreiben (siehe Lindsey [4] für Details).

2.7.1 Projekt basierend auf Wahrscheinlichkeitsmodell

Es wird erwartet, dass die Hauptantwortvariable *(Y)* in dem Protokoll spezifiziert sein sollte. In den meisten Fällen ist sie direkt beobachtbar, aber in einigen experimentellen Versuchen kann sie konstruiert werden – zum Beispiel die Differenz zwischen den Antworten zu Beginn, bevor die Intervention begann, und der endgültigen Antwort nach einer bestimmten Behandlungsdauer. In statistischen Modellen betrachten wir die Antwortvariable in einem bestimmten Sinne als zufällig: Das heißt, wir können nicht im Voraus genau vorhersagen, welche Antwort jeder Befragte geben wird, so dass zufällige Schwankungen nicht reproduzierbar sind. Diese Variabilität entsteht hauptsächlich aus Unterschieden zwischen Menschen, im Gegensatz zu Studien in Physik oder Chemie, wo Messfehler vorherrschen.

Wenn der Wert einer Variablen zufälligen Schwankungen unterliegt, oder wenn es der Wert eines zufällig ausgewählten Mitglieds einer Population ist, dann wird sie als Zufallsvariable bezeichnet. Eine Beschreibung der möglichen Werte einer Zufallsvariable und ihrer entsprechenden Wahrscheinlichkeiten des Auftretens ist die Wahrscheinlichkeitsverteilung oder das Wahrscheinlichkeitsmodell. Eine Wahrscheinlichkeitsverteilung ist eine mathematische Funktion, die das Histogramm der Beobachtungen auf informative Weise glättet, während sie die Grundform beibehält und hervorhebt. Eine Wahrscheinlichkeitsverteilung ist sowohl für qualitative als auch für quantitative Daten definiert. Binomial (für binäre Antworten), Poisson (für Zählungen), geometrisch, hypergeometrisch, usw., sind Wahrscheinlichkeitsmodelle für qualitative und diskrete Daten, und normal, exponentiell, beta, gamma, gleichförmig, Weibull, lognormal Verteilungen, usw., sind die Wahrscheinlichkeitsmodelle für kontinuierliche und quantitative Daten. Die meisten Wahrscheinlichkeitsverteilungen haben einen oder mehrere unbekannte und nicht beobachtbare *Parameter* (nicht erklärende Variablen). Die meisten Verteilungen, die einen Parameter haben, der die Größe der Antworten anzeigt, im Allgemeinen den Mittelwert und einige, die einen zweiten Parameter haben, der mit der Form der Verteilung zusammenhängt, können als Varianz bezeichnet werden. Es gibt auch Verteilungen mit drei Parametern, nämlich Lage-, Skalen- und Formparametern.

Eine detaillierte Diskussion über verschiedene Wahrscheinlichkeitsmodelle wird in verschiedenen Phasen von Six Sigma in den folgenden Kapiteln aufgenommen. Die Relevanz solcher Modelle in Bezug auf die Lieferergebnisse der DMAIC-Phasen wird in den jeweiligen Kapiteln vorgestellt.

2.7.2 *Projekt basierend auf Regressionsmodell*

Die Wahrscheinlichkeitsverteilung beschreibt die zufällige Variabilität in der Antwortvariable. In vielen Studien können diese Variablen jedoch mit *systematischen* Änderungen in der Antwort unter bestimmten Bedingungen kommen. Sie werden die erklärenden Variablen (X's) genannt. Diese Situation kann auch in ein statistisches Modell übersetzt werden, indem man betrachtet, wie die Wahrscheinlichkeitsverteilung der Antwort, oder genauer gesagt die Parameter darin, unter diesen Bedingungen ändern. Dieser Prozess kann einige allgemeine Annahmen über die Variablen im Modell erfordern. Für die Einfachheit nehmen wir an, dass der Mittelwert der Verteilung mit den interessierenden Bedingungen ändert und die Varianz unter allen Bedingungen konstant bleibt. Weiterhin wird durch die Annahme einer linearen Beziehung zwischen der Antwort und den erklärenden Variablen der Modellaufbau zu einer einfachen Aufgabe. Aber in Wirklichkeit wird dies nicht jedes Mal passieren und daher die Notwendigkeit des Regressionsmodells.

Die beiden Bedingungen zusammen ergeben das Standard-(multiple) lineare Regressionsmodell, wobei eine Funktion des Mittelwerts mit den Bedingungen ändert:

$$g(\mu_i) = \beta_0 + \beta_1 x_{i1} + \beta_2 x_{i2} + \cdots \tag{2.1}$$

wo μ_i der Mittelwert für das $i$te Subjekt ist, x_{ij} ist die Beobachtung der $j$ten erklärenden Variable für dieses Subjekt, und β_j ist der entsprechende unbekannte Parameter, der *Regressionskoeffizient,* der geschätzt werden soll. Dieses Modell, das eine Wahrscheinlichkeitsverteilung mit einer linearen Regression kombiniert, ist als *generalisiertes lineares Modell* bekannt geworden. Diese und andere Regressionsmodelle werden in der Analysephase der DMAIC-Methodik später diskutiert.

2.8 Quantitatives Projektmanagement

Ein quantitatives Projektmanagement beinhaltet:

- Festlegung und Aufrechterhaltung der Qualitäts- und Prozessleistungsziele des Projekts
- Identifizierung geeigneter Teilprozesse, die den definierten Prozess des Projekts auf der Grundlage historischer Stabilitäts- und Leistungsfähigkeitsdaten bilden, die in Prozessleistungs-Baselines oder Modellen gefunden wurden
- Auswahl von Teilprozessen innerhalb des definierten Prozesses des Projekts, die statistisch verwaltet werden sollen
- Überwachung des Projekts, um festzustellen, ob die Qualitäts- und Prozessleistungsziele des Projekts erfüllt werden, und Identifizierung geeigneter Korrekturmaßnahmen

- Auswahl von Messungen und analytischen Techniken, die bei der statistischen Verwaltung ausgewählter Teilprozesse verwendet werden sollen
- Aufbau und Aufrechterhaltung eines Verständnisses der Variation ausgewählter Teilprozesse unter Verwendung ausgewählter Messungen und analytischer Techniken
- Überwachung der Leistung ausgewählter Teilprozesse, um festzustellen, ob sie in der Lage sind, ihre Qualitäts- und Prozessleistungsziele zu erfüllen, und Identifizierung von Korrekturmaßnahmen
- Aufzeichnung statistischer und Qualitätsmanagementdaten im Messrepository der Organisation.

Organisationsprozessleistung: Die Prozessleistung ist ein Maß für die tatsächlich erzielten Ergebnisse durch die Befolgung eines Prozesses. Die Prozessleistung wird durch Prozessmaße (z. B. Aufwand, Zykluszeit und Effektivität der Fehlerbeseitigung) und Produktmaße (z. B. Zuverlässigkeit, Fehlerdichte, Kapazität, Reaktionszeit und Kosten) charakterisiert. Die gemeinsamen Maße für die Organisation bestehen aus Prozess- und Produktmaßen, die zur Charakterisierung der tatsächlichen Leistung von Prozessen in den einzelnen Projekten der Organisation verwendet werden können. Durch die Analyse der resultierenden Messungen kann eine Verteilung oder Bandbreite von Ergebnissen festgelegt werden, die die erwartete Leistung des Prozesses charakterisieren, wenn er in einem einzelnen Projekt verwendet wird. Data Mining ist ein solches Thema, das in dieser Phase eingebunden werden kann, um den vorhandenen Datenpool zu analysieren und zu segregieren, um einen Prozessfähigkeitstrend der Vergangenheit zu ermitteln, der es uns ermöglicht, die Veränderungen in der Zukunft abzuschätzen.

Erstellung von Organisations-Baselines: Die erwartete Prozessleistung kann bei der Festlegung der Qualitäts- und Prozessleistungsziele des Projekts verwendet werden und kann als Baseline dienen, gegen die die tatsächliche Projektleistung verglichen werden kann. Diese Informationen werden zur quantitativen Steuerung des Projekts verwendet. Jedes quantitativ gesteuerte Projekt liefert wiederum tatsächliche Leistungsergebnisse, die Teil der Baseline-Daten für organisatorische Prozessressourcen werden.

2.9 Projektrisikobewertung

In Projektarbeiten ist jedes Ereignis, das verhindern könnte, dass das Projekt die Erwartungen der Stakeholder erfüllt, ein *Risiko*. Ein eingetretenes Risiko wird zu einem Problem, das sofortige Aufmerksamkeit erfordert, um den Projektzeitplan einzuhalten. Alle Projekte bergen Risiken, und das *Risikomanagement* ist eine Methode zur Projektsteuerung, die sich auf die Identifizierung und Kontrolle der Bereiche oder Ereignisse konzentriert, die das Potenzial haben, unerwünschte Veränderungen zu erzeugen und zu unerwünschten Ergebnissen zu führen. Aufgrund der Komplexität der Risiken ist es unmöglich, einen universellen Prozess zur

Bewältigung aller Risiken in einem Projekt abzuleiten. Drei wichtige Risiken, die mit jedem Projekt verbunden sind, sind wie folgt:

- *Geschäftsrisiken* – die Rentabilität und der Kontext des Projekts
- *Projektrisiken* – verbunden mit den technischen Aspekten der Arbeit, um die erforderlichen Ergebnisse zu erzielen
- *Prozessrisiken* – verbunden mit dem Projektprozess, den Verfahren, Werkzeugen und Techniken, die zur Steuerung des Projekts eingesetzt werden.

Alle Projekte enthalten von Natur aus Risiken. Der Erfolg hängt davon ab, wie gut Sie die Risiken während des gesamten Projekts managen. Ein effizienter Projektmanager sollte das Potenzial haben, potenzielle Risiken zu identifizieren und zu bewerten und die Fähigkeit haben, Probleme zu lösen, die sich aus Risiken ergeben, die jederzeit während des Projekts auftreten können.

2.9.1 Risikoquantifizierung

Sobald eine Liste von Risiken erstellt wurde, arbeiten Sie mit dem Team zusammen und nutzen Sie deren Erfahrung, um für jedes Risiko die Wahrscheinlichkeit des Auftretens und die Auswirkungen auf das Projekt zu bestimmen, falls es eintritt. Die Wahrscheinlichkeit des Auftretens kann auf einer Skala von 0–1 bewertet werden, wobei nahe Null als gering und am unwahrscheinlichsten zu geschehen und 1 als sehr hoch und im Wesentlichen zu geschehen betrachtet wird. Die Auswirkungen können als 0,1–0,29 als gering eingestuft werden – einige Auswirkungen auf den Zeitplan, geringe Auswirkungen auf die Kosten; 0,3–0,64 wird als mittlere Auswirkung betrachtet – weniger ernsthafte Auswirkung auf den Zeitplan, einige Auswirkungen auf die Kosten und 0,65–1 als hohe Auswirkung – erhebliche Auswirkungen auf den Zeitplan und die Projektkosten. Sobald eine Reihe von Risiken hinsichtlich Auswirkungen und Wahrscheinlichkeit des Auftretens bewertet wurde, kann man sie mit einer Matrix mit den Parametern *Wahrscheinlichkeit* und *Auswirkung* auf das Projekt wie in Abb. 2.1 dargestellt, einordnen.

EINTRETENS WAHRSCHEINLICHKEIT	AUSWIRKUNGEN AUF DAS PROJEKT		
	LOW (0,1 – 0,29)	MEDIUM (0,3 – 0,64)	HOCH (0,65 – 1,0)
NIEDRIG (0,1 – 0,29)	Niedrig	Mittel	Hoch
MITTEL (0,3 – 0,64)	Mittel	Hoch	Inakzeptabel
HOCH (0,65 – 1,0)	Mittel	Hoch	Inakzeptabel

Abb. 2.1 Risikobewertungsmatrix

Die Vorgehensweise kann wie folgt eingeleitet werden:

- *Geringes Risiko* – Es wird nicht erwartet, dass es ernsthafte Auswirkungen auf das Projekt hat. Überprüfen Sie regelmäßig die Einstufung und überwachen Sie sie.
- *Mittleres Risiko* – Erhebliche Auswirkungen auf das Projekt mit möglichen Auswirkungen auf andere Projekte. Es wird nicht erwartet, dass es einen Projektmeilenstein beeinflusst. Überprüfen Sie bei jedem Projektmeeting die Einstufung und bewerten Sie sie. Überwachen Sie regelmäßig, um sicherzustellen, dass es sich nicht zu einem HOHEN Risiko entwickelt.
- *Hohes Risiko* – Große Auswirkungen auf den Projektzeitplan und die Kosten. Ernsthafte nachfolgende Auswirkungen auf andere verwandte Projekte. Wahrscheinlich wird ein Projektmeilenstein beeinflusst. Muss regelmäßig und sorgfältig überwacht werden. Überprüfen Sie mögliche Minderungsmaßnahmen, die Sie ergreifen können, um die Einstufung zu reduzieren oder die Auswirkungen zu minimieren.
- *Inakzeptables Risiko* – Das Projekt kann nicht fortgesetzt werden, ohne sofortige Maßnahmen zur Reduzierung dieser Risikoeinstufung zu ergreifen, um die Wahrscheinlichkeit des Auftretens zu verringern, entweder durch alternative Strategien oder durch bedeutende Entscheidungen über Kosten, Zeitplan oder Umfang.

Offensichtlich ist jedes Projekt, das mit vielen inakzeptablen Risiken fortgesetzt wird, wahrscheinlich spekulativ, mit ernsthaftem Potenzial für ein Scheitern. Durch die Identifizierung solcher Risiken in diesem Prozess können Sie den Sponsor und das Management auf das aufmerksam machen, was Sie für eine sicherere alternative Strategie halten könnten. Sobald Risiken für das Projekt identifiziert wurden, können Aktionspläne abgeleitet werden. Eine enge Überwachung ist eine Schlüsselaktivität zur Erreichung des Erfolgs. Wenn Risiken eintreten, werden sie zu Problemen, die kostenbezogene zeitliche Auswirkungen haben. Ungeklärte Probleme verschwinden nicht; sie häufen sich nur und drohen, das gesamte Projekt zu ertränken.

2.10 Kritische Bewertung eines Projekts

Die kritische Bewertung eines Projekts wird durch die Analyse der kritischen Pfadmethode (CPM) und der Projekt- (oder Programm-) Bewertungs- und Überprüfungstechnik (PERT) erreicht. Der grundlegende Zweck besteht darin, die kürzestmögliche Zeit zu finden, in der das Projekt abgeschlossen werden kann. Dies geschieht durch die Inspektion des *Netzwerkdiagramms* oder *Logikdiagramms*. Geben Sie die Dauer auf Ihre Notizzettel (Knoten) im Netzwerkdiagramm für jede Schlüsselstufe ein. Beginnen Sie bei den START-Knoten und verfolgen Sie jeden möglichen Weg oder Pfad durch das Diagramm zu den FINISH-Knoten, indem Sie die Dauer aller Schlüsselstufen im Pfad addieren. Der Pfad mit der längsten Dauer ist der „kritische Pfad“ des Projekts und benötigt die kürzeste

Zeit, um das Projekt abzuschließen. Alle Schlüsselstufen auf dem kritischen Pfad müssen per Definition pünktlich abgeschlossen werden, sonst wird der Projektzeitplan verschoben.

Beispiel 2.1 Betrachten Sie ein Beispielprojekt mit 14 Aktivitäten und einer Dauer wie folgt (Tab. 2.1):

Die PERT-Methode der kritischen Pfadplanung und -planung ist die am häufigsten verwendete Technik zur Projektmanagementkontrolle. Sie basiert auf der Darstellung der Aktivitäten in einem Projekt durch Kästchen (oder Knoten), die wesentliche Informationen über das Projekt enthalten. Die Abhängigkeiten zwischen den Aktivitäten werden durch Pfeile dargestellt, um den Fluss des Projekts durch seine verschiedenen Pfade im Logikdiagramm zu zeigen. Das PERT-Diagramm entspricht dem Logikdiagramm, wobei jede Notiz für eine Schlüsselstufe einen Knoten darstellt. Die Analyse des Logikdiagramms oder Netzwerkdiagramms ist ein einfacher logischer Prozess, der die ursprüngliche Berechnung, die Sie früher gemacht haben, erweitert, um den kritischen Pfad zu finden (siehe Abb. 2.2 für das Netzwerkdiagramm für das oben genannte Projekt). Die beiden Schritte, die bei den kritischen Pfadberechnungen beteiligt sind, lauten wie folgt:

1. Hinzufügen von Dauern von Anfang bis Ende – der *Vorwärtspass*
2. Subtrahieren der Dauern von Ende bis Anfang – der *Rückwärtspass*

Der kritische Pfad ist der, der den Ereignissen entspricht, bei denen der Start- und Endzeitpunkt übereinstimmt. Für das oben genannte Projekt ist der kritische Pfad 1–3–4–6–8–9. Beachten Sie, dass CPM für deterministische Dauern verwendet wird (d. h., jeder Aktivität wird eine feste Dauer gegeben), während PERT für pro-

Tab. 2.1 Ein Beispielprojekt

Aktivität	Unmittelbare Vorgänger	Dauer (Monate)
A	–	2
B	–	6
C	–	4
D	B	3
E	A	6
F	A	8
G	B	3
H	C, D	7
I	C, D	2
J	E	5
K	F, G, H	4
L	F, G, H	3
M	I	13
N	J, K	7

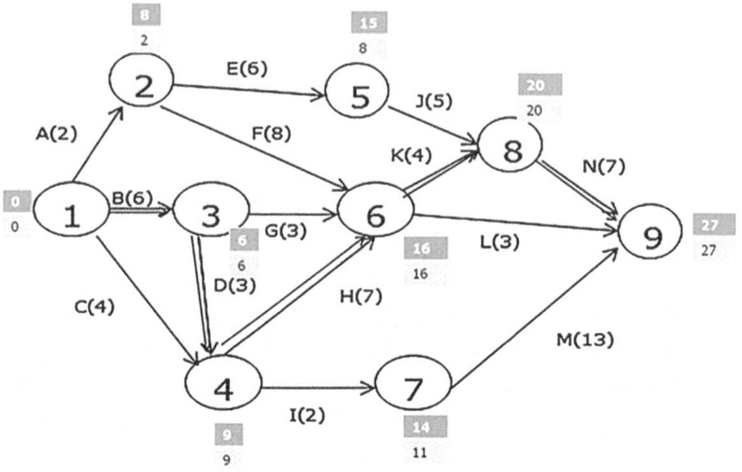

Abb. 2.2 Ein Netzwerkdiagramm

babilistische Dauern verwendet wird (d. h., jede Aktivität wird angenommen, einer logischen Wahrscheinlichkeitsverteilung zu folgen). PERT wurde hauptsächlich entwickelt, um die Planung und Terminierung von großen und komplexen Projekten zu vereinfachen. Es wurde 1957 für das US Navy Special Projects Office entwickelt, um das Polaris-Atom-U-Boot-Projekt der US Navy zu unterstützen [5]. Die Vorteile von PERT sind wie folgt:

- PERT-Diagramm definiert explizit und macht Abhängigkeiten (Vorgängerbeziehungen) zwischen den Elementen der Arbeitsstruktur (WBS) sichtbar
- PERT erleichtert die Identifizierung des kritischen Pfades und macht diesen sichtbar
- PERT erleichtert die Identifizierung von frühem Start, spätem Start und Spielraum für jede Aktivität
- PERT ermöglicht eine potenziell reduzierte Projektdauer aufgrund eines besseren Verständnisses der Abhängigkeiten, was zu einer verbesserten Überlappung von Aktivitäten und Aufgaben führt, wo dies machbar ist
- Die große Menge an Projektdaten kann in einem Diagramm organisiert und für die Entscheidungsfindung dargestellt werden.

Siehe auch Kerzner [2] und Klastorin [3] für Details.

Da sich die Projektpläne regelmäßig ändern, ermöglicht CPM eine kontinuierliche Überwachung des Plans, die es dem Projektmanager ermöglicht, die kritischen Aktivitäten zu verfolgen, und den Projektmanager darauf aufmerksam macht, dass nicht-kritische Aktivitäten möglicherweise über ihren Gesamtspielraum hinaus verzögert werden, wodurch ein neuer kritischer Pfad entsteht und die Fertigstellung des Projekts verzögert wird.

Um Managern zu ermöglichen, Aktivitäten für das effektive Management der Projektabschluss zu priorisieren und den geplanten kritischen Pfad eines Projekts durch Beschneiden kritischer Pfadaktivitäten zu verkürzen, kann man Techniken wie *Fast Tracking* (d. h., Durchführung mehrerer Aktivitäten parallel) und/oder durch *Crashing* des kritischen Pfades (d. h., Verkürzung der Dauern von kritischen Pfadaktivitäten durch Hinzufügung von Ressourcen) verwenden. *Crash-Dauer* ist ein Begriff, der sich auf die kürzestmögliche Zeit bezieht, für die eine Aktivität geplant werden kann [1]. Es wird erreicht, indem mehr Ressourcen auf die Fertigstellung dieser Aktivität verschoben werden, was zu einer verkürzten Zeit und oft zu einer reduzierten Arbeitsqualität führt, da der Schwerpunkt auf Geschwindigkeit liegt. Die Crash-Dauer wird typischerweise als lineare Beziehung zwischen Kosten und Aktivitätsdauer modelliert; in vielen Fällen ist jedoch eine konvexe Funktion oder eine Stufenfunktion anwendbar.

2.11 Rolle der Computertechnologie im Projektmanagement

Die Computertechnologie ist eine wertvolle Hilfe im Projektmanagement. Neben der Bereitstellung von Rechenunterstützung in einer ganzen Reihe von Netzwerkplanungsberechnungen hat sie die Erzeugung und Verteilung von Online-Berichten für eine effektive Überwachung und Kontrolle ermöglicht. Da eine große Anzahl von Aktivitäten und Personen an einem Projekt beteiligt sind, ist es an sich eine schwierige Aufgabe, alle auf dem Laufenden und beteiligt zu halten. Dies wurde durch E-Mail, Intranet und Internet erleichtert. Dies vereinfacht die Koordination zwischen der Zentrale und mehreren Standorten, die in unterschiedlichen Umgebungen arbeiten. Darüber hinaus fördert es die Praxis des grünen Managements von Infrastruktur und Umwelt, was die Notwendigkeit der Stunde ist. Mit diesen einfacheren und kostengünstigeren Methoden kann man die Effizienz des Projekts steigern und eine enorme Menge an Arbeitskräften und Finanzen einsparen. Heutzutage sind viele Computerprogramme verfügbar, die das Projektmanagement ermöglichen. Zwei solche wichtige Programme sind Microsoft Project und Primavera. Die wichtigsten Vorteile solcher Programme sind wie folgt:

- einfaches Sortieren und Auflisten von Aktivitäten
- einfaches Aktualisieren und neue Auflistungen des Projektfortschritts über den Lebenszyklus
- erweiterte Analyse und Berichterstattung können automatisch durchgeführt werden
- Entscheidungen können effektiv gemäß den verfügbaren Ressourcen getroffen werden
- Änderungen und Anpassungen von Einschränkungen können in Übereinstimmung mit der Projekt Priorität vorgenommen werden.

2.12 Start- und Ausführungsprozess

Der Start- und Ausführungsprozess eines Geschäftsprojekts beinhaltet die folgenden Aktivitäten:

- Ableiten der Arbeitspläne für die Schlüsselstufen – Verwendung von WBS, kritischem Pfad usw., um Dauer und Spielraum zu bestimmen
- Erstellen Sie den Meilensteinplan – verwenden Sie ihn, um die Risiken und Probleme zu lösen
- Erstellen Sie einen Kommunikationsplan, um
  - den aktuellen Fortschritt der aktiven Aufgaben zu verstehen
  - die aufgetretenen Probleme zu identifizieren
  - die technischen Schwierigkeiten zu identifizieren, auf die gestoßen wird
- Entscheiden Sie den Besprechungsplan
- Ableiten des Änderungsantragsprozesses
- Halten Sie das Startmeeting ab
- Beginnen Sie mit der Projektausführung.

2.13 Abschluss des Projekts

Das Projektende wird durch folgende Punkte gekennzeichnet:

- Alle abgeschlossenen Aufgaben
- Vereinbarte Lieferergebnisse abgeschlossen
- Tests abgeschlossen
- Schulungsmaterialien vorbereitet
- Ausrüstung installiert und betriebsbereit
- Dokumentationshandbücher fertiggestellt
- Prozessverfahren abgeschlossen und getestet
- Mitarbeiterschulung abgeschlossen.

2.14 Das Klima für Erfolg

Ein erfolgreiches Six Sigma-Projekt hängt von seinem Erfolgsklima ab. Erfolg wird definiert als „Erreichung" eines Ziels oder von Reichtum, Ruhm oder Position. Synonyme für Erfolg sind Sieg, Errungenschaften, Leistung, Wohlstand, Erreichung, Früchte tragen, Gewinnen usw. Der Erfolg hängt davon ab, wer das Projekt misst – Sponsor, Projektmanager, Projektteam, Ressourcenmanager, Kunden usw. Wie jeder dazu beiträgt, Erfolg oder Misserfolg zu erzielen, ist entscheidend für Ihr Projektmanagement.

Das Klima für Erfolg wird im Allgemeinen durch die Organisationskultur, die Organisationsstruktur und die Geschäftsstrategie beeinflusst. Die kulturellen Einflüsse auf den Erfolg hängen jedoch von folgenden Faktoren ab:

- Moral
- gegenseitiges Vertrauen, Unterstützung und Respekt für Entscheidungen, Offenheit und Integrität
- Risikobereitschaft und Optimismus – Anerkennung von Risiken und Teilen des Erfolgs
- Handlungsfreiheit – durch Verantwortlichkeit, Stolz und Beteiligung an Entscheidungsprozessen
- Engagement – ein Gefühl der Zugehörigkeit, Vermeidung von Verwirrung durch klare Verantwortlichkeiten
- Zusammenarbeit – geteilte Vorteile, Teamarbeit und gegenseitige Hilfe und Stressminimierung
- Schulung – Möglichkeiten zum Lernen sowohl am Arbeitsplatz als auch außerhalb.

Neben einem günstigen Klima ist auch die Unterstützung des Sponsors für das erfolgreiche Projektmanagement entscheidend. Sie kann erreicht werden durch

- Schnelle Reaktion auf Probleme, die Entscheidungen des Top-Managements erfordern
- Aufrechterhaltung der vereinbarten Priorität des Projekts in der Organisation
- Sicherstellung, dass das Projekt auf die strategischen Bedürfnisse der Organisation ausgerichtet bleibt
- Aufbau einer Arbeitsbeziehung mit dem Kunden
- Beeinflussung der Peer-Gruppe zur Bereitstellung von Ressourcen und Dienstleistungen für das Projekt über die gesamte Organisation hinweg und rechtzeitig
- Demonstration der Sorge um den Erfolg durch sichtbare Führung
- Beeinflussung anderer Stakeholder bei der Genehmigung und Abnahme der Projektphasen.

Die Wachsamkeit für potenzielle Misserfolge ist eine kontinuierliche Aktivität, die die Verantwortung aller Beteiligten und nicht nur des Projektmanagers sein muss. Risikomanagementprozesse sind ein wesentlicher und integraler Bestandteil des Projektmanagements und helfen, die Wahrscheinlichkeit eines Misserfolgs zu verringern. Die Schaffung der Platinversion des Produkts oder der Dienstleistungen ist ehrgeizig und oft komplexer.

2.15 Relevanz für Manager

Die Verwaltung eines Projekts verschiedener Größe und Volumen erfordert die Aufmerksamkeit und Beteiligung aller Stakeholder. Dieses Engagement sollte während der gesamten Projektlaufzeit von der Projektentwicklung bis zur

Nachprojektbewertung fließen. Damit ein Six Sigma-Projekt relevant ist, ist es unerlässlich, eine angemessene Organisationskultur, Organisationsstruktur, Geschäftsstrategie und Stakeholder-Vertrauen zu haben. Ein Six Sigma-Projekt wird im Allgemeinen in zwei Kategorien eingeteilt: Projekt mit Modellunsicherheiten (Wahrscheinlichkeitsmodelle) und Vorhersagemodelle (regressionsbasierte Modelle). Diese Modelle sind für Manager im Allgemeinen praktisch, da sie sowohl inferentielle als auch prädiktive Ergebnisse erleichtern können.

In diesem Kapitel werden auch die Fragen im Zusammenhang mit der Risikobewertung (Projektrisiko, Prozessrisiko und Geschäftsrisiko), der Quantifizierung der Risiken und der Vorschläge zur Minimierung der Risiken erörtert. Die beiden wichtigen Werkzeuge zur Bewertung des Projekts, nämlich PERT und CPM, sind ebenfalls enthalten, um ein besseres Verständnis des Projekts zu ermöglichen. Diese Werkzeuge sind technisch fundiert und unterstützen viele Managementfragen des Projektmanagements. Die Rolle der Computertechnologie für ein effektives Monitoring und Kontrolle des Projekts ist ebenfalls hier enthalten. Tatsächlich erfordern moderne Geschäfte und Six Sigma-Projekte den Einsatz von Computern und Informationstechnologie in allen Bereichen ihrer Umsetzung.

Übung

2.1. Was ist ein Projekt? Diskutieren Sie verschiedene Arten von Projekten und ihre Eigenschaften.

2.2. Was ist eine SWOT-Analyse?

2.3. Unterscheiden Sie zwischen einem qualitativen Projekt und einem quantitativen Projekt.

2.4. Diskutieren Sie verschiedene Projektphasen, die mit einer Projektstudie verbunden sind.

2.5. Was sind die Methoden zur Verwaltung von Stakeholdern in einem Projekt? Wie wirken sie sich auf den Gesamterfolg des Projekts aus?

2.6. Diskutieren Sie verschiedene Merkmale und Eigenschaften eines Six Sigma-Projekts.

2.7. Was sind die Vorteile von modellbasierten Projekten?

2.8. Was sind die Merkmale eines quantitativen Projektmanagements?

2.9. Was sind die Risiken, die mit einem Projekt verbunden sind? Wie werden sie quantifiziert?

2.10. Diskutieren Sie verschiedene Methoden zur Bewertung eines Projekts.

2.11. Unterscheiden Sie zwischen CPM und PERT.

2.12. Diskutieren Sie die Rolle der Computertechnologie im Projektmanagement.

Literatur

1. Hendrickson, C., Tung, A.: Advanced Scheduling Techniques. Project Management for Construction. cmu.edu. Prentice Hall (2008)
2. Kerzner, H.: Project Management: A Systems Approach to Planning, Scheduling, and Controlling, 8th edn. Wiley, New York (2003)

3. Klastorin, T.: Project Management: Tools and Trade-offs, 3. Aufl. Wiley, New York (2003)
4. Lindsey, J.K.: Revealing Statistical Principles. Arnold Publishers, New York (1999)
5. Malcolm, D.G., Roseboom, J.H., Clark, C.E., Fazar, W.: Application of a technique for research and development program evaluation. Oper. Res. **7**(5), 646–669 (1959)
6. Montgomery, D.C., Woodall, W.H.: An overview of Six Sigma. Int. Stat. Rev. **76**(3), 329–346 (2008)
7. Muir, A.: Lean Six Sigma Way. McGraw-Hill, New York (2006)
8. Snee, R.D., Rodebaugh Jr, W.F.: The project selection process. Qual. Prog. **35**(9), 78–80 (2002)
9. Thompson Jr, A.A., Strickland III, A.J.: Strategic Management, 10th edn. McGraw-Hill, New York (1998)
10. Young, T.: Successful Project Management. Kogan Page, London (2010)

Kapitel 3
Six Sigma Prozess

3.1 Einführung

Ein Prozess ist eine strukturierte, gemessene Reihe von Aktivitäten, auch Eingaben genannt *(X)*, die dazu ausgelegt sind, ein spezifiziertes Ergebnis *(Y)* für einen bestimmten Kunden oder Markt zu erzeugen. Es impliziert eine starke Betonung darauf, wie Arbeit innerhalb einer Organisation ausgeführt wird. Ein Geschäftsprozess ist eine Reihe von logisch zusammenhängenden Aufgaben, die ausgeführt werden, um ein definiertes Geschäftsergebnis zu erzielen.

Prozesse werden im Allgemeinen in Bezug auf Anfangs- und Endpunkte und beteiligte Organisationseinheiten identifiziert, insbesondere die Kundeneinheit. Beispiele für Prozesse sind: Entwicklung eines neuen Produkts, Bestellung von Waren bei einem Lieferanten, Erstellung eines Marketingplans, Bearbeitung und Bezahlung eines Versicherungsanspruchs und so weiter.

Prozesse können auf der Grundlage von drei Dimensionen definiert werden:

- *Einheiten:* Prozesse finden zwischen organisatorischen Einheiten statt: zwischen Organisationen, zwischen Funktionen oder zwischen Personen
- *Objekte:* Prozesse führen zur Manipulation von physischen oder informationellen Objekten
- *Aktivitäten:* Prozesse könnten zwei Arten von Aktivitäten beinhalten: Management (z. B. Erstellung eines Budgets) und Betrieb (z. B. Erfüllung einer Kundenbestellung)

Eine Arbeit innerhalb einer Organisation wird durch einen einzelnen Prozess oder verschiedene Prozesse abgeschlossen. Die Ausstellung einer Bestellung wird mit einem Transaktionsprozess abgeschlossen. Die Aufnahme eines Patienten in ein Krankenhaus wird mit einem Registrierungsprozess abgeschlossen. Da Geschäftsprozesse mehrere wichtige Schritte enthalten, gibt es Möglichkeiten für Ausfälle. Das heißt, die Schritte werden möglicherweise nicht jedes Mal auf die gleiche

K. Muralidharan, *Six Sigma für organisatorische Exzellenz*,
https://doi.org/10.1007/978-81-322-4001-3_3

Weise ausgeführt, wenn der Prozess gestartet wird. Diese Inkonsistenz wird als *Variation* bezeichnet.

Eines der Hauptziele von Six Sigma oder einem anderen Qualitätsverbesserungsprogramm ist es, die Prozessvariation zu reduzieren, das heißt, einen Ansatz zu entwickeln, um die Variation zu begrenzen und den Fokus stärker auf den Prozess zu richten, um über einen langen Zeitraum die gleichen Ergebnisse zu erzielen. Um diese Prozessvariation zu reduzieren, benötigen Sie ein klares Verständnis dafür, was der Prozess ist und wie er funktioniert. Das Mapping eines Prozesses hilft dabei, den Ablauf der Ereignisse im Prozess sowie die Eingaben und Ausgaben in jedem Schritt zu identifizieren. Der einfache Teil besteht darin, zu definieren, was in einen Prozess einfließt und welche Ergebnisse gewünscht sind. Der schwierige Teil besteht darin, herauszufinden, welche Variablen zwischen Eingabe und Ausgabe existieren, die auch Funktionen genannt werden, sagen wir $f(x)$. Eine grafische Darstellung dieser Zuordnung ist in Abb. 3.1 dargestellt.

Ein Six Sigma Prozess ermöglicht es also, herauszufinden, welche der X oder Variablen im Geschäftsprozess und den Eingaben den größten Einfluss auf das Y oder die Ergebnisse haben und dann die Veränderungen in der Gesamtleistung des Prozesses zu nutzen, um das Geschäft anzupassen und es auf einem profitablen Weg zu halten. In der Six Sigma Terminologie haben die X und Y eine Vielzahl von Bedeutungen. Einige Beschreibungen sind wie folgt:

Y kann bedeuten

- ein strategisches Ziel
- jede Kundenanforderung
- Gewinne
- Kundenzufriedenheit
- allgemeine Geschäftseffizienz

X kann bedeuten

- wesentliche Maßnahmen zur Erreichung strategischer Ziele
- Qualität der von dem Unternehmen geleisteten Arbeit
- Schlüsseleinflüsse auf die Kundenzufriedenheit
- Prozessvariablen wie Personal, Zykluszeit, Technologieeinsatz usw., und
- Qualität der Eingaben in den Prozess von den Kunden oder Lieferanten

Abb. 3.1 Ein Six Sigma Prozess

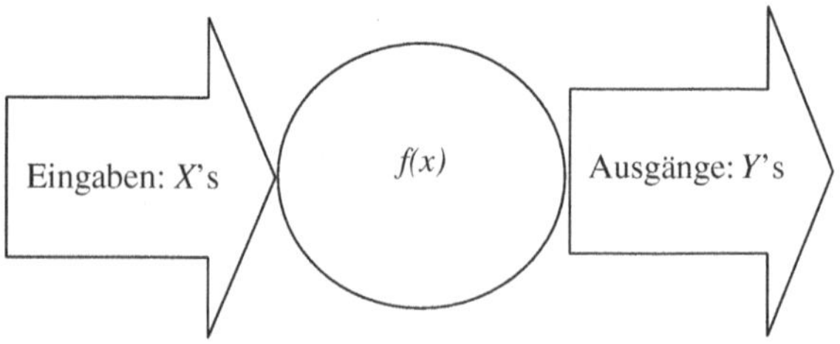

Die Produktergebnisse *(Y)* sind also Funktion (*f*(*x*)) von vielen Prozessvariablen *(X)*. Der Six Sigma Prozess identifiziert die Prozessvariablen, die Variationen in den Produktergebnissen verursachen. Einige dieser Prozessvariablen sind kritisch für die Qualität, werden auf einen bestimmten Wert eingestellt und innerhalb eines spezifizierten Bereichs gehalten (daher der Name steuerbare Variable). Andere Variablen können nicht leicht um einen bestimmten Wert herum gehalten werden und werden als unkontrollierbar betrachtet und als *Rauschen* Variablen bezeichnet (für weitere Details siehe [5]).

Durch die Verwendung von Six Sigma Methoden zum Verständnis des Systems und der Variablen kann ein Unternehmen lernen, das Feedback von seinen Prozessen, Lieferanten, Mitarbeitern, Kunden und Wettbewerbern zu überwachen und darauf zu reagieren, um höhere Leistungs- und Leistungsniveaus zu erreichen.

Einige Beispiele für Transaktionsprozesse sind: Auftragserstellung, Auftragserfüllung, offener Anmeldeprozess, Identifizierung von Kundenanforderungen, Änderungsprozess im Engineering, Geldsammlung, Rechnungsstellung an Kunden, Logistikplanung, Wartungsprozess für Ausrüstung, Akquisition, Aufnahmeprozess, Bestandskontrolle, Krankenhausmanagement und Bibliotheksmanagement.

Die Qualität eines Prozesses hängt vom Umfang des Prozesses und seinen Lieferergebnissen ab. In den oben diskutierten Beispielen kann es entweder ein einzelnes oder mehrere Lieferergebnisse geben und daher wird der Umgang mit einem großen Prozess, der mehrere Aufgaben hat, auf jegliche Art von Unsicherheiten und Ausfällen überwacht. Die Auswahl der Prozesse basiert auf den kritischen Erfolgsfaktoren der Organisation (siehe Abb. 3.2). Beispiele für kritische Erfolgsfaktoren sind die Reduzierung der Produktentwicklungszeit, die erhöhte Wahrnehmung von Wert und höhere Ausbeuten. Kandidatenprozesse können dann durch Bewertung der Bedeutung des Prozesses in Bezug auf die kritischen Faktoren und auch die aktuelle Prozessleistung [2] eingestuft werden.

Die Relevanz jedes Faktors wird in den Körper der Matrix eingetragen (z. B. bedeutet 5 eine hohe Relevanz des Prozesses für den kritischen Erfolgsfaktor, 3 eine moderate und 1 eine geringe Relevanz). Die Summe ist die Gesamtzahl dieser Relevanzbewertungen. Die aktuelle Leistung ist eine Bewertung, wie der Prozess jetzt funktioniert (z. B. bedeutet 1 eine gute Leistung, 3 eine faire und 5 eine schlechte Leistung). Die Summe oder Relevanz wird dann mit den aktuellen Leistungsbewertungen multipliziert, um die Gesamtpunktzahl für den Kandidatenprozess zu ermitteln. Prozesse mit der höchsten Gesamtpunktzahl wären wahrscheinliche Auswahlmöglichkeiten für den formalen Prozessmanagement (PM) Ansatz.

Die Dokumentation ist der andere Bereich der Sorge, wo die Qualität aufgrund von fehlenden zuverlässigen Daten verwässert wird. Ein Qualitätsprozess ist daher derjenige, der die nicht wertschöpfenden Aktivitäten in der Organisation minimiert und dadurch die Kundenzufriedenheit erhöht. Zwei der besten Werkzeuge dafür sind die statistische Prozesskontrolle (SPC) und die statistische Qualitätskontrolle (SQC). Die „Kontrolle“ in beiden oben genannten Werkzeugen beinhaltet eine uni-

Wichtige Geschäfts prozesse	Kritische Erfolgsfaktoren						Zählen	Aktuelle Leistung	Insgesamt
	Qualität des Produkts	Qualität der Lieferanten	Befähigte, qualifizierte Mitarbeiter	Kunden zufriedenheit	Geringste Kosten für schlechte Qualität	Niedrigste Lieferkosten			
	1	2	3	4	5	6			
A									
B									
C									
D									
E									
...									
...									

Abb. 3.2 Kritische Erfolgsfaktoren. (*Quelle* Gryna et al. [2], S. 198)

verselle Abfolge von Schritten: Auswahl des Kontrollgegenstandes, Auswahl einer Maßeinheit, Festlegung eines Ziels, Erstellung eines Sensors, Messung der Leistung, Interpretation der Differenz zwischen tatsächlicher Leistung und Ziel und Maßnahmen zur Differenz. Ein Six Sigma Prozess führt all diese Aktivitäten auf strukturierte Weise durch.

SPC ist die Methode der Datenerfassung und -analyse zur Überwachung von Prozessen, zur Identifizierung von Leistungsproblemen und zur Bestimmung der in dem Prozess vorhandenen Variabilität. Es ist auch eine Strategie zur Reduzierung von Variationen in Produkten, Lieferungen, Prozessen, Materialien, Einstellungen und Geräten. Die SQC hingegen ist auch eine Verbesserungstechnik, die auf analysierten Daten durchgeführt wird, um die Leistung des Prozesses zu verstehen. Die Probleme im Zusammenhang mit der Fähigkeitsanalyse, der Ausbeuteanalyse, den Sigma-Level-Berechnungen werden als Teil der SQC durchgeführt. Beide Techniken helfen uns, die kontrollierbaren Variablen zu identifizieren, die die Qualität des Prozesses beeinflussen.

Ein Six Sigma Prozess wird am besten durch die folgenden Komponenten beschrieben:

- Prozesscharakterisierung
- Prozesswahrnehmung
- Prozessfähigkeit
- Prozessleistung
- Prozessverbesserung
- Prozesskontrolle

Im Folgenden beschreiben wir jede Komponente im Detail in Bezug auf eine Six Sigma Philosophie.

3.2 Prozesscharakterisierung

Ein Prozess beinhaltet die zugrunde liegenden Merkmale eines guten PM. PM ist die Gesamtheit der definierten und dokumentierten Prozesse, die kontinuierlich überwacht werden und sicherstellen, dass Maßnahmen Rückmeldungen über den Fluss und die Funktion eines Prozesses geben. Die Schlüsselmaßnahmen umfassen Finanzen, Prozesse, Menschen, Innovationen usw. Das Ziel von PM ist es daher, die Kosten, Mängel und Zykluszeiten zu reduzieren; Lösungen vorzuschlagen; und Änderungen und Verbesserungen, die für den Gesamtprozess notwendig sind, vorzuschlagen. Die Verbesserung eines Prozesses kann auf folgende Weise vorgeschlagen werden:

- Strukturiertes PM
  - Stimme des Kunden – die Bemühungen einer Organisation, die Bedürfnisse und Erwartungen der Kunden zu verstehen und Produkte und Dienstleistungen anzubieten, die diese wirklich erfüllen
  - Stimme des Prozesses – Die 6σ Streuung zwischen den oberen und unteren Kontrollgrenzen, wie sie aus einem Prozess bestimmt wird
- Strukturierte Problemlösung
  - Total Quality Management – Gesamtverbesserung der Qualität
  - Six Sigma – strukturierte Problemlösung
  - Kaizen – kontinuierliche Verbesserung
  - 5S – Hauswirtschaft und Abfallreduktion.
- Strukturierte Dokumentation
  - Design von Experimenten
  - SQC Techniken
  - SPC Techniken.
- Strukturierte Inhaltsentwicklung
  - Fehlermodus- und Wirkungsanalyse
  - Ursachenanalyse
  - Qualitätsfunktionseinsatz
  - Wertstromanalyse.

PM ist also ein System zur Identifizierung der kritischen Geschäftsprozesse eines Unternehmens, das sich auf die „Kunden“ anforderungen konzentriert, um die Arbeit im Prozess und die Entscheidungen im Prozess zu reduzieren. Das Verständnis der Eingaben und Ausgaben von funktionsübergreifenden Prozessen verbessert weiterhin die Klarheit des Projekts, und man kann eine Einschätzung über die Geschwindigkeit und Flexibilität des laufenden Projekts machen. Es fordert uns heraus, folgendes zu tun:

- Nur die Dinge tun, die einen „Mehrwert“ bieten: aus der „Sicht des Kunden“
- Vom Management von Funktionen zum Management von Arbeitsprozessen wechseln

- Vom Management von Ergebnissen (Ergebnissen) zum Management der Prozesse, die sie produzieren, wechseln
- Vom Stück für Stück Problemlösen zur systemweiten Verbesserung wechseln

Informationen über den Prozess: Einer der ersten Schritte zum Verständnis oder zur Verbesserung eines Prozesses besteht darin, Informationen über die wichtigen Aktivitäten, die in einem Prozess stattfinden, zu sammeln. Dies kann durch eine Prozesskarte oder Flussdiagramme erfolgen. Prozessmapping erstellt ein Bild der Aktivitäten, die in einem Prozess stattfinden. Laut Oakland [4] ist es wichtig, die Informationsquellen über die Prozesse durch einige der Schlüsselthemen wie folgt zu berücksichtigen:

- Definition von Lieferanten-Kunden-Beziehungen
- Definition des Prozesses
- Standardisierung von Verfahren
- Entwurf eines neuen Prozesses oder Modifizierung eines bestehenden
- Identifizierung von Komplexität oder Verbesserungsmöglichkeiten

Der beste Weg, einen Prozess zu verstehen, besteht darin, eine breite Aussage zu haben, die den Bereich der Sorge oder Möglichkeit definiert, einschließlich seiner Auswirkungen und Vorteile für die Organisation. Diese Aussage sollte die Details derjenigen Aktivitäten enthalten, die nicht Teil des Prozesses sein werden, und die potenziellen Verbesserungen, die durch die Einbeziehung einer bestimmten Aktivität erzeugt werden. Sie sollte auch mit den Geschäftsstrategien und den greifbaren Vorteilen in Bezug auf die Qualität des Prozesses verknüpft sein.

3.3 Prozesswahrnehmung

Die Prozesswahrnehmung ist die Methode der tieferen Untersuchung und des Verständnisses, wie Arbeit ausgeführt wird, um Inkonsistenzen, Diskrepanzen oder Problemzonen zu identifizieren, die das Problem verursachen oder dazu beitragen könnten. Um dies zu verstehen, ist es besser, eine Prozesskarte zu zeichnen und dann die möglichen Ursachen von Problemen und Redundanzen zu identifizieren. Auf dieser Reise kann man die wertschöpfenden und nicht wertschöpfenden Prozessaktivitäten identifizieren und somit kann eine Gesamtwahrnehmung des Prozesses vorgebracht werden.

Eine detaillierte Prozesskarte ist spezifisch darüber, was in einem Prozess passiert. Sie erfasst oft Entscheidungspunkte, Nacharbeitsschleifen, Komplexität usw. Zum Beispiel sind die vier verschiedenen Perspektiven auf einen Prozess wie folgt:

- *Wahrgenommener Prozess:* Was Sie denken, dass der Prozess ist
- *Ist-Prozess:* Was der Prozess wirklich ist
- *Soll-Prozess:* Was der Prozess sein sollte
- *Könnte der Prozess:* Was der Prozess sein könnte

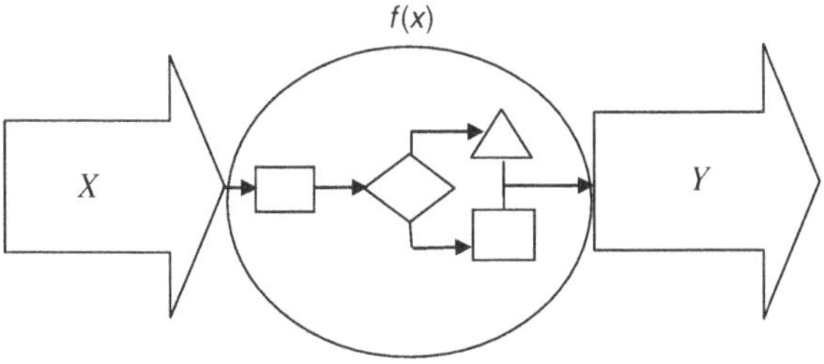

Abb. 3.3 Wahrnehmungen eines Prozesses

Abb. 3.3 beschreibt eine diagrammatische Darstellung eines wahrgenommenen Prozesses. Die anderen Methoden zur Beschreibung von Prozessaktivitäten sind Flussdiagramme, Wertanalyse-Mapping (VAM) und Wertstrom-Mapping (VSM). Diese Konzepte werden in verschiedenen Kapiteln unten ausführlich diskutiert.

3.4 Prozessfähigkeit

Die Prozessfähigkeit ist die Bestimmung, ob ein Prozess, mit normaler Variation, in der Lage ist, die Kundenanforderungen zu erfüllen oder ein Maß für den Grad, in dem ein Prozess die Kundenanforderungen erfüllt/nicht erfüllt, im Vergleich zur Verteilung des Prozesses. Wenn VOC und VOP bekannt sind, dann kann die Prozessfähigkeit als Verhältnis von VOC zu VOP ausgedrückt werden. Ein Prozessfähigkeitsindex [3, 4] ist ein Maß, das die tatsächliche Leistung eines Prozesses in Beziehung zu seiner spezifizierten Leistung setzt, wobei Prozesse als Kombination von Ausrüstung, Materialien, Menschen, Anlagen, Methoden und Umgebung betrachtet werden. Die Mindestanforderung für einen fähigen Prozess ist, dass dreimal die Prozessstandardabweichungen auf jeder Seite des Prozessmittels innerhalb der Spezifikationsgrenzen enthalten sind. Das bedeutet, dass etwa 99,7 % der Ausgabe innerhalb der Toleranz liegen wird. Ein Prozessfähigkeitsindex kann nur berechnet werden, wenn der Prozess unter statistischer Kontrolle ist. Sie sind einfach ein Mittel zur Anzeige der Variabilität eines Prozesses im Verhältnis zur Produktspezifikationstoleranz.

Die Berechnung der Prozessfähigkeit hängt von der Art der zu untersuchenden Daten ab. Für Attributdatensysteme wird die Fähigkeit in Bezug auf nicht defekt/defekt, bestanden/nicht bestanden oder gut/schlecht definiert, je nachdem, wie der Fall liegt. Sie werden in Bezug auf Defekte pro Million Möglichkeiten (DPMO) berechnet, während für kontinuierliche Datensysteme die Fähigkeit in Bezug auf Defekte unter der Kurve und außerhalb der Spezifikationsgrenzen definiert ist. Einige der häufig verwendeten Fähigkeitsindizes sind der Prozesspotenzial (Fähigkeits-) Index und der Prozessleistungsindex. Detaillierte Diskussionen zu diesen Themen werden in Kap. 8 vorgestellt.

3.5 Prozessleistung

Die Prozessleistung ist ein Maß für die tatsächlichen Ergebnisse, die durch die Befolgung eines Prozesses erzielt werden. Die Prozessleistung wird durch Prozessmaße (z. B. Aufwand, Zykluszeit und Defektenfernungseffektivität) und Produktmaße (z. B. Zuverlässigkeit, Defektdichte, Kapazität, Reaktionszeit und Kosten) charakterisiert. Die gemeinsamen Maße für die Organisation bestehen aus Prozess- und Produktmaßen, die verwendet werden können, um die tatsächliche Leistung der Prozesse in den einzelnen Projekten der Organisation zu charakterisieren [1]. Durch die Analyse der resultierenden Messungen kann eine Verteilung oder Bandbreite von Ergebnissen festgelegt werden, die die erwartete Leistung des Prozesses charakterisieren, wenn er in einem einzelnen Projekt verwendet wird. Data Mining oder eine explorative Datenanalyse (EDA) ist ein solches Thema, das in dieser Phase eingebunden werden kann, um den vorhandenen Datenpool zu analysieren, um das Muster der Variation in den Rohdaten zu verstehen. Dies wird helfen, einen Prozessfähigkeitstrend der Vergangenheit zu ermitteln, der es uns ermöglicht, die Veränderungen in der Zukunft abzuschätzen.

Erinnern Sie sich daran, dass die Six Sigma-Messung darauf abzielt, Defekte in einem Prozess zu verfolgen und zu reduzieren. Man kann viel einfachere Rechenkenntnisse für das Verständnis von Defektmaßen für Variation implementieren. Sie können auf jeden Prozess angewendet werden, für den es einen Leistungsstandard oder eine Anforderung gibt, egal ob für kontinuierliche oder diskrete Daten. Man kann sogar die Leistung und Verbesserung über die Projekte und Prozesse hinweg verfolgen. Eine detaillierte Diskussion zu diesen Themen wird ebenfalls in Kap. 8 vorgestellt.

3.6 Prozessverbesserung

Der Begriff Prozessverbesserung bezieht sich auf eine Strategie zur Entwicklung von fokussierten Lösungen, um die Ursachen von Geschäftsleistungsproblemen zu beseitigen. Die Prozessverbesserungsbemühungen zielen darauf ab, ein Problem zu beheben, während die grundlegende Struktur des Arbeitsprozesses intakt bleibt. In der Six Sigma-Philosophie liegt der Schwerpunkt auf der Suche und Ausrichtung von Lösungen, um die „wesentlichen wenigen" Faktoren (die *X*'s) anzusprechen, die das Problem oder den Effekt (die *Y*'s) verursachen. Daher sind die meisten Six Sigma-Projekte auf Prozessverbesserungsbemühungen ausgerichtet.

Prozessverbesserungen werden oft durch spezifische Gelegenheiten, die gemeinhin als Probleme bezeichnet werden, erreicht, die identifiziert oder erkannt werden. Ein Fokus auf Verbesserungsmöglichkeiten sollte zur Bildung von Teams führen, deren Mitgliedschaft durch ihre Arbeit an und detailliertes Wissen über den Prozess und ihre Fähigkeit, Verbesserungsmaßnahmen zu ergreifen, bestimmt wird. Den Teams muss dann eine gute Führung und die richtigen Werkzeuge zur Verfügung gestellt werden, um die Aufgabe zu bewältigen.

Durch die Verwendung zuverlässiger Methoden und die Schaffung einer günstigen Umgebung für teambasiertes Problemlösen kann dies erreicht werden. Einige der grafischen Werkzeuge wie Histogramm, Pareto-Analyse, Streudiagramm und Boxplots, die in früheren Kapiteln diskutiert wurden, sind sehr nützlich bei der Problemidentifikation und -lösung. Auch der Einsatz von SPC und Kontrollkarten stellt die ideale Methode zur Überwachung der aktuellen Prozessleistung, zur Vorhersage der zukünftigen Leistung und zur Anzeige des Bedarfs an Korrekturmaßnahmen dar. Eine detaillierte Diskussion über die Prozessverbesserung wird in Kap. 10 vorgestellt.

3.7 Prozesskontrolle

Eine Prozesskontrolle beinhaltet die Inspektion der Artikel zur Analyse von Qualitätsproblemen und zur Verbesserung der Leistung des Produktionsprozesses, sie wird manchmal als Qualitätsinspektion bezeichnet. Inspektion bedeutet die Überprüfung des Materials, der Komponenten oder der Komponenten selbst in verschiedenen Stadien der Herstellung. Sie beinhaltet oft eine Entscheidung über die Produktakzeptanz, die Regulierung des Herstellungsprozesses, die Bewertung der Gesamtproduktqualität, die Messung der Inspektionsgenauigkeit und das Aussortieren der fehlerhaften oder defekten Artikel. Der Kontroll- und Inspektionsakt beinhaltet die Interpretation einer Spezifikation, die Messung des Produkts und den Vergleich von Spezifikation und Messung. Die Ziele der Inspektion sind wie folgt:

- *Eingangskontrolle:* Inspektion von eingehenden Materialien und gekauften Teilen, um sicherzustellen, dass sie den erforderlichen Spezifikationen entsprechen
- *In-Prozess-Kontrolle:* Inspektion von Rohmaterialien während sie von einer Operation zur nächsten verarbeitet werden
- *Endgutkontrolle:* Inspektion des endgültigen fertigen Produkts zur Erkennung von Defekten und deren Quellen
- *Messgerätewartung:* Kontrolle und Wartung von Messinstrumenten und Inspektionslehren
- *Entscheidung über die Bergung:* Es ist notwendig, eine Entscheidung über die defekten Teile zu treffen. Einige dieser Teile können nach kleineren Reparaturen akzeptabel sein

So fasst ein Six Sigma-Prozess zusammen, dass das Ergebnis eines Geschäftsprozesses eine Funktion der Entscheidungen ist, die von den Prozesseigentümern getroffen werden. Daher müssen wir, bevor wir eine vollständige Kontrolle des Prozesses anstreben, ein bestimmtes Qualitätsniveau durch Inspektion erreichen. In dieser Phase werden die Personen, die mit der Qualität verbunden sind, in der Lage sein, den Prozess so zu steuern, dass er innerhalb eines vorhersehbaren Bereichs von Variationen arbeitet, das heißt, einen Prozess auf ein stabiles und konsistentes Niveau zu bringen. Dies wird letztendlich durch die SQC- und SPC-

Techniken erreicht. Beide Techniken beinhalten die Messung und Bewertung von Variationen in einem Prozess und die Bemühungen, solche Variationen zu begrenzen oder zu kontrollieren. In seinen häufigsten Anwendungen hilft SPC einer Organisation oder einem Prozesseigentümer, mögliche Probleme oder ungewöhnliche Vorfälle zu identifizieren, damit schnell Maßnahmen ergriffen werden können, um sie zu lösen. In Kap. 11 werden wir verschiedene Kontrollmethoden zur Verbesserung von Prozessen und Qualität im Detail diskutieren, nachdem wir die Konzepte der Prozessqualität im nächsten Kapitel und in einigen späteren Abschnitten eingeführt haben.

3.8 Relevanz für Manager

Dieses Kapitel bleibt eines der Kernthemen des Projektmanagements, in dem wir zeigen, dass jedes Projekt eine Abfolge von Prozessen und zugehörigen Aktivitäten ist. Ein Six Sigma-Prozess wird am besten durch Komponenten wie Prozesscharakterisierung, Prozesswahrnehmung, Prozessfähigkeit, Prozessleistung, Prozessverbesserung und Prozesskontrolle beschrieben. Eine Geschäftsorganisation bemüht sich daher, ihre Prozesse zu verbessern, um eine bessere Rendite zu erzielen. Die technische Sprache eines Prozesses in Bezug auf $y = f(x)$, die die Bedeutung verschiedener Wahrnehmungen von y und x betont, wird ebenfalls in diesem Kapitel vorgestellt. Diese Sprache des Prozesses ist die Grundlage für jedes quantitative Modell eines Projekts. Die beiden wichtigsten Techniken zur Bewertung von Variationen, nämlich SQC und SPC und ihre Verbindung zur Prozessleistung, werden in diesem Kapitel in einer peripheren Weise durchgeführt, wobei eine detaillierte Studie in den späteren Kapiteln bleibt.

Übungen

3.1. Was ist ein Prozess? Was sind die Dimensionen eines Prozesses?

3.2. Unterscheiden Sie zwischen einer abhängigen und einer unabhängigen Variablen. Nennen Sie einige Beispiele für jede.

3.3. Wie unterscheidet sich ein Managementprozess von einem Six Sigma-Prozess? Geben Sie Beispiele für einen Six Sigma-Prozess.

3.4. Diskutieren Sie verschiedene Komponenten eines Six Sigma-Prozesses und betonen Sie die Bedeutung jeder Komponente für ein erfolgreiches Projektmanagement.

3.5. Unterscheiden Sie zwischen VOC und VOP. Wie werden sie in einer Projektstudie erfasst?

3.6. Unterscheiden Sie zwischen Prozessfähigkeit und Prozessleistung. Nennen Sie verschiedene Methoden zur Bewertung der Fähigkeit und Leistung eines Prozesses.

3.7. Unterscheiden Sie zwischen SPC und SQC. Wie werden sie zur Identifizierung von Variationen in einem Prozess verwendet?

Literatur

1. Eileen, F.: CMMI for Services (CMMI-SVC): A Tutorial. Software Engineering Institute, Carnegie Mellon University, Pittsburgh (2010)
2. Gryna, F.M., Chua, R.C.H., Defeo, J.: Juran's Quality Planning and Analysis for Enterprise Quality. Tata McGraw-Hill, New Delhi (2007)
3. Montgomory, D.C.: Introduction to Statistical Quality Control. Wiley, India (2003)
4. Oakland, J.S.: Statistical Process Control. Elsevier, New Delhi (2005)
5. Sanders, D., Ross, B., Coleman, J.: The process map. Qual. Eng. **11**(4), 555–561 (1999)

Kapitel 4
Verständnis von Variationen

Das Verständnis von Variation ist der beste Weg, um die Qualität eines Prozesses oder Produkts zu verbessern. Wir alle wissen, dass Variation die Ursache aller Mängel ist und in allen Prozessen in unterschiedlichem Maße inhärent ist. Um ein Produkt fehlerfrei zu machen, ist es unerlässlich, die Variation dieses Prozesses zu minimieren. Daher ist die Quantifizierung der Variation in einem Prozess der erste und entscheidende Schritt zur Verbesserung. Dies wird das Verständnis der Arten von Ursachen weiter verbessern und den Handlungsverlauf zur Reduzierung der Variation bestimmen. Diese Maßnahme wird die Qualität des Produkts dauerhaft verbessern [4].

Die Betrachtung von Variationen hilft dem Management, die tatsächliche Leistung seines Unternehmens und seiner Prozesse vollständig zu verstehen. Es ist üblich, dass Organisationen ihre Bemühungen und Ergebnisse in Bezug auf „Durchschnittswerte" messen und beschreiben: Durchschnittskosten, Durchlaufzeit, Durchschnittsbestand usw. Aber Durchschnittswerte können Probleme tatsächlich verbergen, indem sie Variationen abdecken. Zum Beispiel hat ein Lieferant eine tatsächliche durchschnittliche Lieferzeit von 4 Arbeitstagen für ein Produkt. Auf dieser Grundlage wird einem Kunden versprochen, dass seine Bestellung innerhalb von 6 Arbeitstagen nach Auftragserteilung geliefert wird. Aber es enthüllt nicht die Tatsache, dass aufgrund der großen Variation in den beteiligten Prozessen mehr als 15 % der Bestellungen nach mehr als 6 Tagen geliefert werden! Mit der gleichen Menge an Variation zeigen einfache statistische Berechnungen, dass es notwendig sein wird, einen Durchschnitt von 2 Tagen zu erreichen, um alle Bestellungen innerhalb von 6 Tagen zu liefern. Andererseits würde durch eine erhebliche Reduzierung der Variation mit einer durchschnittlichen Zeit von nur 5 Tagen keine Lieferung über 6 Tage hinaus erfolgen. Tatsächlich ist es weitaus kostengünstiger, eine durchschnittliche Lieferzeit von fünf Tagen zu erreichen, als einen Durchschnitt von zwei Tagen zu erreichen. Mit besserer Kontrolle über die Variation profitieren sowohl Lieferant als auch Kunden, indem sie nicht für unvorhersehbare große Variationen vorsorgen müssen.

K. Muralidharan, *Six Sigma für organisatorische Exzellenz*,
https://doi.org/10.1007/978-81-322-4001-3_4

Laut Montgomery [3] ist die Qualität umgekehrt proportional zur Variabilität. Das heißt, je geringer die Variabilität, desto höher die Qualität. Da Variabilität nur durch statistische Begriffe beschrieben werden kann, spielen statistische Methoden eine zentrale Rolle bei Qualitätsverbesserungsmaßnahmen. Die statistischen Werkzeuge und Techniken bieten eine breite Palette von Qualitätsverbesserungswerkzeugen zur Erkennung von Variationen im Prozess. Im verbleibenden Teil dieses Kapitels werden wir diese wichtigen statistischen Techniken zur Untersuchung und Erkennung von Variationen untersuchen.

4.1 Arten von Variationen

Wie wir wissen, gibt die Menge an Variation in einem Prozess an, was dieser Prozess tatsächlich erreichen kann (Toleranz), während die Spezifikationen uns sagen, was wir von einem Prozess erwarten. Der erste Schritt zum Verständnis von Variation sollte immer darin bestehen, Prozessdaten in zeitlicher Reihenfolge darzustellen. Die zeitliche Reihenfolge kann stündlich, täglich, wöchentlich, monatlich, vierteljährlich, jährlich oder in einem geeigneten Zeitraum sein.

Im Allgemeinen treten zwei Arten von Variationen in einem Prozess auf. Sie sind spezielle Ursachen oder zuweisbare Ursachenvariationen und die zufälligen oder unregelmäßigen Arten von Variationen. Das Ziel eines jeden Prozesses wird dann darin bestehen, die Ursachen zu identifizieren und zu beseitigen, um einen instabilen Prozess in einen stabilen Prozess zu verwandeln. Ein Prozess mit nur gemeinsamen Ursachenvariationen wird als *stabil* bezeichnet.

4.1.1 Spezielle Ursachenvariation

Die Variationen, die relativ groß sind und identifiziert werden können, sind die speziellen Ursachen der Variation oder zuweisbaren Ursachen der Variation. Sie können sporadisch kommen und gehen. Oft gibt ein spezifischer Hinweis auf das Fehlen statistischer Kontrolle ein Signal dafür, dass wahrscheinlich eine spezielle Ursache aufgetreten ist. Daher sind solche Variationen lokal zum Prozess und instabil. Der beste Weg, mit dieser Art von Variation umzugehen, ist wie folgt:

- Beschaffen Sie rechtzeitig Daten, damit das Signal für die spezielle Ursache leicht identifiziert werden kann
- Ergreifen Sie sofort Maßnahmen, um eventuelle Schäden zu beheben
- Suchen Sie sofort nach einer Ursache; finden Sie heraus, was an diesem Anlass anders war; und isolieren Sie die tiefste Ursache, die den Prozess beeinflussen kann

- Entwickeln Sie ein langfristiges Mittel, das verhindert, dass diese spezielle Ursache erneut auftritt, oder behalten Sie diese Lektion bei, wenn die Ergebnisse gut sind
- Verwenden Sie Frühwarnindikatoren in Ihrem gesamten Betrieb. Nehmen Sie Daten in der frühen Phase des Prozesses auf, damit Änderungen so schnell wie möglich erkannt werden können.

4.1.2 Gemeinsame Ursachenvariationen

Diese Art von Variation ist die Summe der Vielzahl von Effekten einer komplexen Interaktion von zufälligen oder gemeinsamen Ursachen. Sie ist allen Anlässen und Orten gemeinsam und in gewissem Maße immer vorhanden. Variationen aufgrund gemeinsamer Ursachen führen fast immer zu Ergebnissen, die statistisch kontrolliert sind. Diese Arten von Variationen sind normalerweise stabil und können mit einer angemessenen Behandlung kontrolliert werden.

Die ideale Methode zur Analyse der speziellen Ursachenvariation und der gemeinsamen Ursachenvariation sind die Kontrollkartentechniken. Eine Kontrollkarte ist ein Gerät, das am Ort des Betriebs verwendet werden soll, wo der Prozess durchgeführt wird und von den Bedienern dieses Prozesses. Für jede Kontrollkarte gibt es drei Zonen, nämlich die stabile Zone (zeigt das Vorhandensein von gemeinsamen Ursachen der Variation), die Warnzone und die Aktionszone (beide zeigen das Vorhandensein von speziellen Ursachen der Variation). Eine statistisch kontrollierte Karte wird als normaler Prozess bezeichnet, dessen Prozessmittelwerte (ein Maß für die Genauigkeit) und Standardabweichung (ein Maß für die Präzision) entsprechend dem vom Kunden vorgeschlagenen Toleranzniveau arbeiten werden.

Eine Kontrollkarte für Mittelwerte (oder $\overline{X}$-Diagramm) ist eine grafische Darstellung von Stichprobenmittelwerten gegen die Stichprobennummern. Es gibt drei Kontrolllinien (CLs) in der Grafik: visuell eine untere Kontrollgrenze (LCL), eine CL entspricht dem Gesamtdurchschnitt, und die obere Kontrollgrenze (UCL). Sie werden unter der Annahme der Normalverteilung konstruiert. Jeder Punkt außerhalb der LCL oder UCL ist ein Hinweis auf einen außer Kontrolle geratenen Prozess.

Als Illustration betrachten Sie ein Beispiel für Messungen des Innenradius eines Pipeline-Kabels, bei dem 10 Proben, jeweils von Größe 5, in regelmäßigen Abständen aus einem Herstellungsprozess entnommen werden. Der Stichprobenmittelwert ($\bar{x}$) und ihre Bereiche *(R)* sind unten angegeben:

Probennummer	1	2	3	4	5	6	7	8	9	10
Mittelwert ($\bar{x}$)	49	45	48	53	39	47	46	39	51	45
Bereich (R)	7	5	7	9	5	8	8	6	7	6

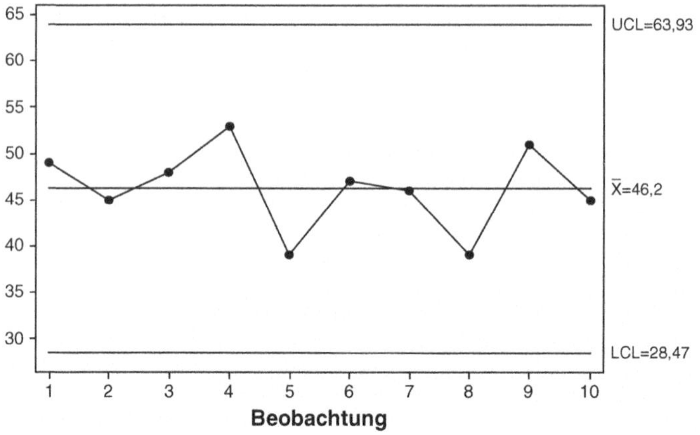

Abb. 4.1 Kontrollkarte für den Innenradius des Kabels

Es wird vorgeschlagen, regelmäßig eine Qualitätskontrolle durchzuführen, um die Ursachen von Schwankungen zu ermitteln. Das Kontrollkartenbild, das den oben genannten Daten entspricht, wird in Abb. 4.1 dargestellt. Da keiner der Stichprobenmittelwerte außerhalb der Kontrollgrenzen liegt und die Punkte innerhalb der Kontrollgrenzen zufällig verteilt sind, wird der Prozess als statistisch kontrolliert bezeichnet. Die jetzt im Prozess verbleibenden Schwankungen sind rein zufälliger Natur.

Ein $\overline{X}$-Diagramm hilft, Änderungen im Prozessdurchschnitt zu erkennen. Wenn die Sorge die Variabilität im Prozess ist, dann kann sie zuerst mit dem Kontrollchart für den Bereich (oder R-Diagramm) überprüft werden. Ein Kontrollchart ist also eine einfache Methode zur Überwachung von Variationen in einem laufenden Prozess hinsichtlich seiner Konsistenz und Qualität. Sie erfordern in der Regel keine rigorosen technischen Berechnungen und sind daher einfach zu implementieren. Weitere Diskussionen über Diagrammtechniken werden in Kap. 10 im Detail wieder aufgenommen.

4.2 Ursachen von Variationen

Es gibt eine gewisse Variabilität in jedem Produkt; folglich sind keine zwei Dinge genau gleich. Beispielsweise variiert ein Prozess von Produkt zu Produkt, von Material zu Material, von Operation zu Operation, von Dienstleistung zu Dienstleistung, von Maschine zu Maschine, von Mensch zu Mensch, von Schicht zu Schicht, von Tag zu Tag usw. Wenn jedoch die Variation sehr groß ist, kann der Kunde die Einheit als unerwünscht und inakzeptabel empfinden. Wie bereits erwähnt, ist die Quantifizierung der Informationen der erste Schritt zur Verbesserung der Qualität. Die Quantifizierung erfolgt auf der Grundlage der zu untersuchenden Merkmale. Die Merkmale können entweder qualitativ (oder Attribute) oder quantitativ (oder Variablen) sein. Wir werden verschiedene Werkzeuge und Techniken zur Analyse dieser Merkmale in den folgenden Kapiteln beschreiben.

Ursachen können durch Brainstorming-Sitzungen identifiziert werden (siehe Abschn. 9.2 für Details). Diese Gruppen können dann als Kategorien des Fischgräten-Diagramms (weiter diskutiert in Abschn. 9.9) bezeichnet werden. Sie werden in der Regel eine der traditionellen Kategorien sein, die oben erwähnt wurden, können aber in einem spezifischen Fall etwas Einzigartiges für die Anwendung sein. Ursachen können mit der 5-Why-Technik auf die Wurzelursachen zurückgeführt werden.

Typische Kategorien von Ursachen sind wie folgt:

- Maschine (Technologie)
- Methode (Prozess)
- Material (beinhaltet Rohmaterial, Verbrauchsmaterial und Informationen.)
- Mensch (körperliche Arbeit, geistige Arbeit usw.)
- Messung (Inspektion)
- Mutter Natur (Umwelt)
- Management (Facilitator)
- Wartung (Reparatur, Nacharbeit usw.)

Die oben genannten Ursachen werden in der Regel in Fertigungs-, Produktions- und Dienstleistungsunternehmen wie Organisationen beobachtet. Einige der spezifischen Ursachen der Marketingbranche sind wie folgt:

- Produkt (oder Dienstleistung)
- Proben (oder Informationen)
- Schemata (oder Pläne)
- Preis (oder Investitionen oder Kosten)
- Ort (oder Oberfläche oder Geographie)
- Förderung (oder Werbung oder Ermächtigung)
- Menschen (oder Mann oder Unterstützung)
- Prozess (oder Methoden oder Mittel)
- Physische Beweise (oder sichtbare Lücken)

4.3 Notwendigkeit der Messung von Variationen

Im Zusammenhang mit einem Six Sigma-Projekt gibt es viele bedeutende Aspekte der Messung von Variationen. Sie beinhalten folgendes:

- Die Messung der Variabilität bestimmt die Zuverlässigkeit eines Durchschnitts, indem sie aufzeigt, wie weit ein Durchschnitt repräsentativ für die gesamten Daten ist.
- Hilft, die Art und Ursache der Variation zu bestimmen, um die Variation selbst zu kontrollieren.
- Ermöglicht den Vergleich von zwei oder mehr Verteilungen hinsichtlich ihrer Variabilität.

Beachten Sie, dass ein qualitativ besseres Produkt immer weniger Nacharbeit, weniger Fehler, weniger Verzögerungen und eine bessere Nutzung von Zeit und Materialien bedeutet. Oft wird ein großer Teil der Zeit einer Organisation für das Finden und Korrigieren von Fehlern und Variationen aufgewendet. Die gesamte Nachfrage und das Angebot an Qualität haben sich in den letzten zwei Jahrzehnten durch den Druck wissenschaftlicher Innovationen auf Kunden und Produzenten stark verändert. Obwohl Gründe aus vielen Blickwinkeln angeführt werden können, sind hier einige der potenziellen Gründe:

- Das Wachstum ausländischer Märkte und die schrumpfende Natur des Transports.
- Die diskriminierende Haltung der Verbraucher, da ihnen mehr Auswahlmöglichkeiten und Präferenzen geboten werden.
- Die Raffinesse der Verbraucher führt zur Nachfrage nach neuen und besseren Produkten und Dienstleistungen.
- Zunehmender globaler Wettbewerb und freie Marktkonzepte aufgrund des Abbaus wirtschaftlicher und politischer Grenzen.
- Innovative Konzepte über die nicht-konventionellen Aspekte von Qualität und deren Praxis.

Die Notwendigkeit von Qualität steigt mit dem Wachstum der Organisation, ihrer Leistung und den Anforderungen ihrer Kunden. Die Dimensionalität der Qualitätsmerkmale beinhaltet daher die Kosten, innovative Produkte, Markteinführungszeit, Vorlaufzeit, Mitarbeitermoral, Wettbewerbsumfeld, Sicherheit, technische Verfahren einschließlich Prozess- und Produktspezifikationen. Für eine detaillierte Diskussion über diese und andere Qualitätsdimensionen siehe Garvin [1] und Montgomery [3]. Da der Kunde der einzige Beurteiler des fertigen Produkts ist, ist es unerlässlich, seine Stimme in allen Aspekten der Qualität einer Organisation zu hören. Sogar die Qualitätsmessungen und die entsprechenden Metriken werden auf der Grundlage der Kundenstimme festgelegt. Ein strukturierter Ansatz zur Behandlung dieses Aspekts der organisatorischen Qualität ist die Stimme des Kunden (VOC) und die Stimme des Prozesses (VOP). Sowohl VOC als auch VOP befürworten stark den Einsatz von Statistiken und werden in verschiedenen folgenden Kapiteln diskutiert.

Für industrielle und kommerzielle Organisationen, die nur dann relevant sind, wenn sie den Verbraucher zufriedenstellen, ist die Wettbewerbsfähigkeit in der Qualität nicht nur zentral für die Rentabilität, sondern auch entscheidend für das Überleben des Unternehmens. Der Verbraucher sollte nicht gezwungen sein, zwischen Preis und Qualität zu wählen, und Produktions- oder Dienstleistungsorganisationen müssen lernen, wie man Qualität managt. In der heutigen harten und herausfordernden Geschäftsumgebung ist die Entwicklung und Implementierung einer umfassenden Qualitätsrichtlinie nicht nur wünschenswert, sondern unerlässlich [2, 5].

Darüber hinaus hängt in einer Organisation die Qualität des Produkts von den folgenden praktizierten Ansätzen ab. Sie sind von passiver oder reaktiver Art und von proaktiver oder präventiver Art. Das Festlegen akzeptabler Qualitätsstufen für das Produkt, das Messen der Übereinstimmung in Bezug auf den Prozess usw. sind reaktive Ansätze. Die proaktiven oder präventiven Ansätze beinhalten die Sicherstellung der Designqualität in Produkten und Prozessen, die Identifizierung von Variationen in Prozessen und Materialien und schließlich die Überwachung der Prozessleistung.

Diese Diskussionen betonen die Tatsache, dass die Qualitätsmerkmale von der Gestaltung und Konstruktion des Produkts abhängen. Sobald ein solches Produkt fertig gestaltet ist, wird es auf der Grundlage von Spezifikationen bewertet. Für ein hergestelltes Produkt sind die Spezifikationen die gewünschten Messungen für die Qualitätsmerkmale an den Komponenten und Unterbaugruppen, die das Produkt bilden, sowie die gewünschten Werte für die Qualitätsmerkmale im Endprodukt. Ein Messwert, der dem gewünschten Wert für diese Qualitätsmerkmale entspricht, wird als Zielwert für dieses Merkmal bezeichnet. Diese Zielwerte sind in der Regel durch einen Bereich von Werten begrenzt, die meist nahe am vorgeschlagenen Nennwert liegen und innerhalb dieses Bereichs variieren. Daher wird der kleinste zulässige Wert für Qualitätsmerkmale als untere Spezifikationsgrenze (LSL) und der größte zulässige Wert für Qualitätsmerkmale als obere Spezifikationsgrenze (USL) bezeichnet. Spezifikationsgrenzen sind in der Regel das Ergebnis des technischen Entwurfsprozesses für das Produkt.

In den nächsten beiden Unterabschnitten werden wir die Bedeutung der Messvariation und verschiedene Arten von Messvariationen diskutieren. Die Notwendigkeit einer Messsystemanalyse (MSA) wird ebenfalls für ein besseres Verständnis der Variation diskutiert.

4.4 Messvariationen

Für jede Entscheidungsfindung sollte man eine gute Messung und das damit verbundene Wissen über die Variationen haben, um sie statistisch zu entfernen. Das Wissen über die Veränderung oder Schwankung einer spezifischen Eigenschaft, die bestimmt, wie stabil oder vorhersehbar der Prozess ist, kann durch Menschen, Maschinen/Ausrüstung, Methoden/Verfahren, Messungen, Materialien und die Mutter Erde (oder Umwelt) und viele andere Variationen beeinflusst werden. Das Wissen über diese ist der beste Weg, die Gründe für Variationen zu untersuchen und zu beseitigen.

Eine Messung hilft uns auch dabei, folgendes zu verstehen:

- Eine Entscheidung zu treffen bezüglich
  - Einhaltung von Standards und Spezifikationen
  - Erkennungs-/reaktionsorientierte Aktivitäten
  - Kurzfristige Ergebnisse
- Kontinuierliche Verbesserung anzuregen, wie zum Beispiel
  - Wo soll verbessert werden?
  - Wie viel soll verbessert werden?

- Ist die Verbesserung kosteneffektiv?
- Präventionsorientiert
- Langfristige Strategie usw.

Erinnern Sie sich an das berühmte Zitat von Taguchi: „Wenn Sie nicht messen können, können Sie nicht verbessern!" Daher sollten wir, um die verschiedenen Komponenten des Messfehlers zu identifizieren und zu definieren und die Fehlerquellen aufzulisten und zu diskutieren, ein gutes MSA-System haben.

4.5 Messsystemeigenschaften

Ein Messsystem besteht aus Messgeräten, Verfahren, Definitionen und Personen. Um ein Messsystem zu verbessern, müssen wir bewerten, wie gut es funktioniert (indem wir fragen: „Wie viel der Variation, die wir in unseren Daten sehen, ist auf das Messsystem zurückzuführen?") und die Ergebnisse bewerten und Verbesserungsstrategien entwickeln. Die häufigsten Probleme bei Messungen sind wie folgt:

- *Verzerrung oder Ungenauigkeit:* Die Messungen haben einen anderen Durchschnittswert als eine „Standard"-Methode
- *Ungenauigkeit:* Wiederholte Messungen am gleichen Material variieren zu stark in Bezug auf die aktuelle Prozessvariation
- *Nicht reproduzierbar:* Der Messprozess ist unterschiedlich für verschiedene Bediener, Messgeräte oder Labore. Dies kann entweder ein Unterschied in der Verzerrung oder Präzision sein
- *Instabiles Messsystem über die Zeit:* Entweder die Verzerrung oder die Präzision ändert sich über die Zeit
- *Mangel an Auflösung:* Der Messprozess kann nicht präzise genug Einheiten messen, um die aktuelle Produktvariation zu erfassen

Die gewünschten Messmerkmale für kontinuierliche Variablen sind wie folgt:

- *Genauigkeit:* Der gemessene Wert weicht wenig vom tatsächlichen Wert ab. Die Genauigkeit wird in der Regel getestet, indem ein Durchschnitt von wiederholten Messungen mit einem bekannten Standardwert für diese Einheit verglichen wird
- *Wiederholbarkeit:* Die gleiche Person, die eine Messung an der gleichen Einheit vornimmt, erhält das gleiche Ergebnis
- *Reproduzierbarkeit:* Andere Personen (oder andere Instrumente oder Labore) erhalten das gleiche Ergebnis wie Sie, wenn sie das gleiche Element oder Merkmal messen
- *Stabilität:* Messungen, die von einer einzigen Person auf die gleiche Weise durchgeführt werden, variieren wenig über die Zeit

- *Auflösung:* Es gibt genügend Auflösung im Messgerät, so dass das Produkt viele verschiedene Werte haben kann
- *Linearität:* Die Messung ist nicht „wahr" und/oder konsistent über den Bereich des „Messgeräts"

Die mit den oben genannten Messproblemen verbundenen Maßnahmen sind wie folgt:

Genauigkeits-/Verzerrungsmaßnahmen

- Kalibrieren bei Bedarf/planmäßig
- Betriebsanweisungen verwenden
- Spezifikationen überprüfen
- Softwarelogik überprüfen
- Betriebsdefinitionen erstellen

Maßnahmen zur Wiederholbarkeit und Reproduzierbarkeit

- Reparieren, ersetzen und einstellen von Geräten
- Standardbetriebsverfahren (SOP) befolgen
- Schulung durchführen

Stabilitätsmaßnahmen

- Komponenten ändern/anpassen
- „Lebensdauer" festlegen
- Kontrollkarten verwenden
- Aktuelles SOP verwenden/aktualisieren

Auflösungsmaßnahmen

- Messen Sie so viele Dezimalstellen wie möglich
- Verwenden Sie ein Gerät, das kleinere Einheiten messen kann
- Leben Sie damit, aber dokumentieren Sie, dass das Problem besteht
- Eine größere Stichprobengröße kann das Problem überwinden
- Prioritäten müssen möglicherweise für andere Überlegungen wie technische Toleranz und Prozessfähigkeit berücksichtigt werden
- Kosten und Schwierigkeiten beim Austausch des Geräts

Linearitätsmaßnahmen

- Nur in eingeschränktem Bereich verwenden
- Wiederaufbau
- Verwendung mit Korrekturfaktor/Tabelle/Kurve
- Komplexe Studie erforderlich und wird in diesem Kurs nicht diskutiert

Die Gage-Studie wird durchgeführt, um die Menge der Variationen in kontinuierlichen Messvariablen zu identifizieren, während bei diskreten Daten die Variation durch eine „Bias"-Studie bewertet wird, die mit einer Kappa-Analyse durchgeführt wird. Eine detaillierte Studie zu diesen Aspekten wird weitergeführt, wenn wir die Messphase des Six Sigma-Projekts diskutieren (siehe Kap. 8, Abschn. 8.7 für Details).

4.6 Messungen von Variationen

Das Ausmaß, in dem numerische Daten dazu neigen, sich um einen Durchschnittswert zu streuen, wird als Streuung oder Variation der Daten bezeichnet. Präzision ist die Genauigkeit, die Sie in einem Prozess planen. Wie im vorherigen Abschnitt gesehen, bezieht sich die Genauigkeit eines Prozesses auf seine Fähigkeit, den Zielwert (oder den Durchschnittswert) zu erreichen. Die Präzision hängt tatsächlich mit der Art der Skala oder dem Detailgrad Ihrer operationellen Definition zusammen, kann aber Auswirkungen auf Ihre Stichprobengröße des Datensatzes haben. Deshalb wird bei mehr Stichprobenbeobachtungen die Streuung in kleineren Nennwerten angezeigt. Wenn die Anzahl der Beobachtungen (Stichprobengröße) groß ist, dann nähert sich das Frequenzpolygon einer symmetrischen Kurve (oder glockenförmig) genannt die Normalverteilung, und daher wird die Verteilung der Daten eine *Normalverteilung* sein. Abb. 4.2 zeigt Normalverteilungen mit gleichem Mittelwert und unterschiedlichen Streuungen.

Eine detaillierte Diskussion über die Normalverteilung wird in Kap. 8 wieder aufgenommen. Es gibt eine Reihe von Maßnahmen zur Messung der Variation (Streuung) in Daten. Bereich, Quartilsabweichung (QD), mittlere Abweichung (MD), Standardabweichung (SD), Variationskoeffizient (CV), etc., sind einige von ihnen und werden unten diskutiert.

Bereich: Der Bereich eines Wertesatzes ist die Differenz zwischen der größten und der kleinsten Zahl im Satz. Wenn $x_{(1)}$ und $x_{(n)}$ die kleinsten und größten Beobachtungen eines gegebenen Datensatzes sind, dann

$$\text{Range} = x_{(n)} - x_{(1)} \tag{4.1}$$

Beispiel 4.1 Finden Sie den Bereich des Datensatzes 28, 54, 45, 30, 44, 20, 38, 37, 49, 50 und 27.

Lösung Hier, $x_{(1)} = 20$ und $x_{(n)} = 54$. Daher,

$$\text{Range} = 54 - 20 = 34$$

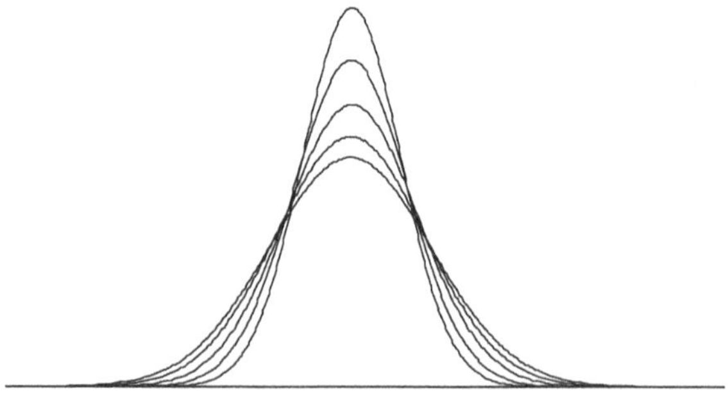

Abb. 4.2 Normalverteilungen mit unterschiedlichen Streuungen

Der Bereich bietet ein Maß für die Streuung, das aufgrund seiner Einfachheit weit verbreitet verwendet werden kann. Es gibt jedoch einige Probleme, die mit der Verwendung dieses Maßes verbunden sind: i) Der Wert des Bereichs hängt von der Anzahl der Beobachtungen in der Stichprobe ab. Der Bereich wird tendenziell zunehmen, wenn die Stichprobengröße zunimmt und ii) die Berechnung des Bereichs verwendet nur einen Teil der erhaltenen Daten. Der Wert bleibt gleich, trotz Änderungen in den Werten, die zwischen den niedrigsten und den höchsten Werten liegen.

Quartilsabweichung oder halber Interquartilbereich: Die QD wird als die Hälfte der Differenz zwischen dem dritten und dem ersten Quartil definiert. Das heißt

$$\mathrm{QD} = \frac{Q_3 - Q_1}{2} \tag{4.2}$$

wo Q_1 und Q_3 als das erste und dritte Quartil definiert sind und sie erklären 25 und 75 % der Beobachtungen. Das Quartil, das die 50 % Beobachtungen erklärt, wird als das zweite Quartil, Q_2, bezeichnet und wird auch als Median der Beobachtungen bezeichnet.

Mittlere Abweichung: Die MD oder durchschnittliche Abweichung einer Zahlenreihe $x_1, x_2, \ldots, x_n$ wird durch das Verhältnis der absoluten Differenz der Beobachtungen vom Mittelwert zur Anzahl der Beobachtungen definiert. Das heißt

$$\mathrm{MD} = \begin{cases} \frac{\sum_{i=1}^{n} |x_i - \overline{x}|}{n}, & \text{for continuous data} \\ \frac{\sum_{i=1}^{n} f_i |x_i - \overline{x}|}{\sum_{i=1}^{n} f_i}, & \text{for grouped frequency distribution} \end{cases} \tag{4.3}$$

wo $\overline{x}$ der arithmetische Mittelwert der gegebenen Daten ist. MD kann auch in Bezug auf Median sowie Modus auf ähnliche Weise definiert werden.

Beispiel 4.2 Finden Sie die MD über dem Mittelwert der Daten: 32, 45, 43, 65, 25, 44, 55, 28, 38 und 40.

Lösung Hier

$$\overline{x} = \frac{\sum_{i=1}^{10} x_i}{10} = 41{,}5$$

Daher,

$$\begin{aligned} \mathrm{MD}_{\overline{x}} &= \frac{|32 - 41{,}5| + |45 - 41{,}5| + \cdots + |40 - 41{,}5|}{10} \\ &= 8{,}9 \end{aligned}$$

Standardabweichung: Dies wird als eine der besten und am häufigsten verwendeten Maße der Streuung angesehen. Die Standardabweichung wird als Quadratwurzel des Verhältnisses der Summe der Quadrate der Beobachtungen, die vom Mittelwert genommen wurden, zur Anzahl der Beobachtungen definiert und wird durch σ bezeichnet. Das heißt

$$\sigma = \begin{cases} \sqrt{\frac{\sum_{i=1}^{n}(x_i-\overline{x})^2}{n}}, & \text{for continuous data} \\ \sqrt{\frac{\sum_{i=1}^{n} f_i(x_i-\overline{x})^2}{\sum_{i=1}^{n} f_i}}, & \text{for grouped frequency distribution} \end{cases} \quad (4.4)$$

Manchmal wird die Standardabweichung einer Stichprobendaten mit $(n-1)$ definiert, die n in den Nennern der Ausdrücke (4.4) ersetzt, da der resultierende Wert eine bessere Schätzung der Standardabweichung einer Population darstellt, aus der die Stichprobe entnommen wird. Für große Werte von n (sagen wir $n > 30$) ist der Unterschied vernachlässigbar. In Kap. 5 haben wir detaillierte Schätzverfahren der Standardabweichung unter normalen und nicht normalen Fällen gegeben.

Varianz: Die Varianz einer Datenreihe wird als Quadrat der Standardabweichung definiert und wird durch σ^2 gegeben. Die Varianz ist niemals negativ und kann nur dann null sein, wenn alle Datenwerte gleich sind.

Beispiel 4.3 Ermitteln Sie die Varianz von 40, 33, 42, 36, 51, 31, 51, 45, 41 und 50.

Lösung Hier ist $n = 10$, und

$$\overline{x} = \frac{\sum_{i=1}^{10} x_i}{10} = 42$$

Daher,

$$\begin{aligned} \sigma^2 &= \frac{\sum_{i=1}^{n}(x_i-\overline{x})^2}{n} \\ &= \frac{(40-42)^2+(33-42)^2+\cdots+(50-42)^2}{10} \\ &= 53{,}11 \end{aligned}$$

Beispiel 4.4 Ein bestimmter Intelligenztest wird den ausgewählten Schülern gegeben und ihre Leistungen, wie durch die Testergebnisse festgestellt, werden wie folgt notiert:

30	33	37	35	39	43	32	24	28	38
32	47	41	51	41	54	32	31	46	15
38	26	50	40	38	44	21	45	31	37
40	33	42	36	51	31	51	45	41	50
46	50	26	15	23	41	38	40	37	40
68	41	30	52	52	61	53	48	21	28

Diskutieren Sie, welcher Prozentsatz der Ergebnisse innerhalb der 1-σ, 2-σ und 3-σ Grenzen liegt?

Lösung Hier ist $n = 60$, und

$$\overline{x} = \frac{\sum_{i=1}^{60} x_i}{60} = 38{,}81667$$

und

$$\sigma = \sqrt{\frac{\sum_{i=1}^{n}(x_i - \overline{x})^2}{n}} = 10{,}68896$$

Daher,

$$(\overline{x} - \sigma, \overline{x} + \sigma) = (28{,}1277,\ 49{,}5956)\text{: covers 66.67 \% observations}$$
$$(\overline{x} - 2\sigma, \overline{x} + 2\sigma) = (17{,}4387,\ 60{,}1946)\text{: covers 93.33 \% observations}$$
$$(\overline{x} - 3\sigma, \overline{x} + 3\sigma) = (6{,}7498,\ 70{,}8836)\text{: covers 100 \% observations}$$

So kann man im Allgemeinen bei einem moderaten normalen Prozess beobachten, dass etwa 68 % der Stichprobenwerte (Beobachtungen) innerhalb der 1-σ-Grenze liegen, 95 % der Stichprobenwerte innerhalb der 2-σ-Grenzen und 99,73 % der Stichprobenwerte innerhalb der 3-σ-Grenzen. Dies wird in Abb. 4.3 erläutert. Die Abbildung zeigt die Wahrscheinlichkeit von Stichprobenwerten in Bezug auf verschiedene Standardabweichungen vom Mittelwert einer standardnormalverteilten Zufallsvariablen.

Relative Streuung: Die bisher diskutierten Maßnahmen sind absolute Maßnahmen. Eine Streuung von 8 in. bei der Messung einer Entfernung von 100 ft hat jedoch eine ganz andere Wirkung als die gleiche Variation von 8 in. bei einer Entfernung von 30 ft. Ein Maß für diesen Effekt wird auf der Grundlage der *relativen Streuung* berechnet, die definiert ist als

$$\text{Relative dispersion} = \frac{\text{absolute dispersion}}{\text{average}}$$

Variationskoeffizient: Er wird definiert als das Verhältnis der Standardabweichung zum Mittelwert. Der CV spielt eine sehr wichtige Rolle bei der Beurteilung der Konsistenz oder Stabilität eines Datensatzes im Vergleich zu anderen Datensätzen. Da der CV normalerweise in Prozent ausgedrückt wird, ist es einfach, den CV verschiedener Sätze zu vergleichen, um die Gleichmäßigkeit des Datensatzes zu beurteilen. Je geringer der CV, desto besser die Konsistenz. Symbolisch kann der CV berechnet werden als

$$\text{CV} = \frac{\sigma}{\overline{x}} \cdot 100 \tag{4.5}$$

Abb. 4.3 Anteil der Stichproben, die von verschiedenen Standardabweichungen abgedeckt werden

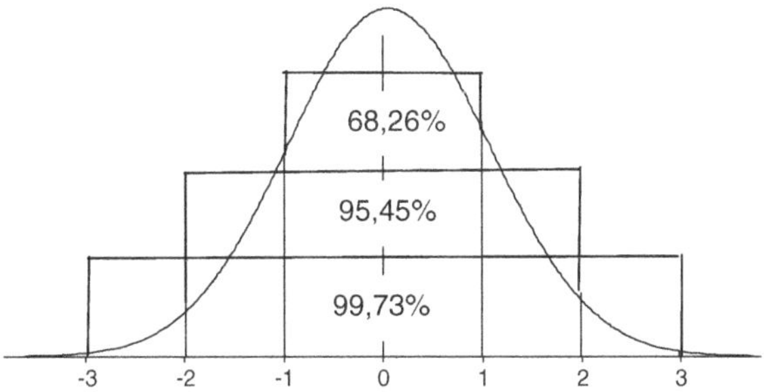

Beachten Sie, dass der CV unabhängig von den verwendeten Einheiten ist und daher zum Vergleich verschiedener Verteilungen verwendet werden kann.

Beispiel 4.5 Die Ausgaben von Messungen werden aus drei Prozessen entnommen, um die Konsistenz der Leistungen zu bewerten. Zehn Messungen aus jedem Prozess sind unten dargestellt. Entscheiden Sie, welcher Prozess konsistent (stabil oder einheitlich) in der Produktion ist?

P-1	74	64	88	76	58	69	73	66	60	73
P-2	65	64	68	74	72	73	69	68	69	74
P-3	70	74	81	65	69	70	74	56	76	66

Lösung Um die Konsistenz des Prozesses zu beurteilen, berechnen wir den CV für jeden der drei Prozesse. Die Mittelwerte und Standardabweichungen der drei Prozesse sind wie folgt:

	P-1	P-2	P-3
Mittelwert ($\overline{x}$)	70,1	69,6	70,1
Standardabweichung (σ)	8,761659	3,565265	6,887186
Variationskoeffizient ($\sigma/\overline{x}$)	0,12498	0,05122	0,098248

Daher beträgt der CV für die drei Prozesse jeweils 12,49, 5,12 und 9,82 %. Da der CV für den zweiten Prozess niedrig ist, wird der Prozess P-2 als stabil betrachtet.

Kovarianz: Wenn $x_1, x_2, \ldots, x_n$ und $y_1, y_2, \ldots, y_n$ zwei Paare von Beobachtungen sind, dann ist die Kovarianz zwischen x und y definiert als

$$\text{COV}(x, y) = \frac{1}{n} \sum_{i=1}^{n} (x_i - \overline{x})(y_i - \overline{y}) \tag{4.6}$$

Die Kovarianz hilft uns, eine Beziehung zwischen zwei Variablen zu finden. Das Ausmaß des Zusammenhangs zwischen zwei Variablen kann mit dem Korrelationskoeffizienten gemessen werden und ist gegeben als

$$\begin{aligned} r &= \frac{\text{COV}(x, y)}{\sigma_x \sigma_y} \\ &= \frac{\sum_{i=1}^{n} (x_i - \overline{x})(y_i - \overline{y})}{\sqrt{\sum_{i=1}^{n} (x_i - \overline{x})^2} \sqrt{\sum_{i=1}^{n} (y_i - \overline{y})^2}} \end{aligned} \tag{4.7}$$

Der Wert von r liegt zwischen -1 und 1. Ein Wert von $r = 0$ impliziert, dass die Variablen unkorreliert sind. Wir werden diese Konzepte in Kap. 9 weiter studieren.

Beispiel 4.6 Betrachten Sie die folgenden Daten zu Messungen der Anzahl von Fehlern in einer bestimmten Software:

33,1639	31,9869	31,3154	34,1101	30,7042	30,8357
33,7121	32,2232	32,1460	32,7959	34,2559	34,3373
32,7708	32,1333	33,1144	31,7009	32,2436	30,8757
33,7269	32,1078	34,0607	32,2813	33,2847	30,5529
31,4589	32,9697	34,1473	32,4434	31,9802	31,4253

Das Histogramm mit normaler Anpassung der Daten ist in Abb. 4.4 dargestellt.

Die deskriptiven Statistiken gemäß Excel-Software sind:

Zusammenfassende Statistiken der Fehlerzählungen	
Mittelwert	32,49546667
Standardfehler	0,205764748
Median	32,26245
Modus	32,1054
Standardabweichung	1,127019939
Stichprobenvarianz	1,270173943
Kurtosis	−0,953573096
Schiefe	0,05827139
Spannweite	3,7844
Minimum	30,5529
Maximum	34,3373
Summe	974,864
Anzahl	30

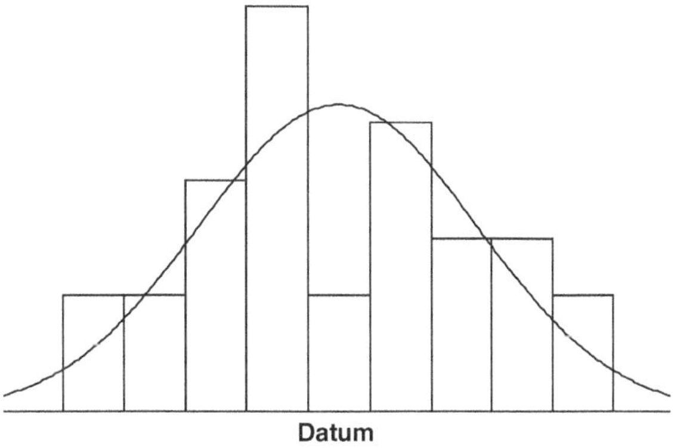

Abb. 4.4 Histogramm mit normaler Anpassung

4.7 Relevanz für Manager

Variation (oder Streuung) ist inhärent in jedem Prozess. Das Verständnis von Variation ist daher entscheidend für das Verständnis der Prozessstabilität und -konsistenz und somit der Prozessqualität. Die Streuung, als Maß für die Variation, ist eine wichtige Eigenschaft, um die Grundlagen eines Prozesses zu verstehen, da sie uns zusätzliche Informationen liefert, die es uns ermöglichen, die Zuverlässigkeit unseres Maßes für die zentrale Tendenz (Maß für den Standort oder das Ziel) zu beurteilen. Vor diesem Hintergrund haben wir in diesem Kapitel verschiedene Arten von Variationen, Ursachen von Variationen und Methoden zur Messung von Variationen ausführlich besprochen. Unter verschiedenen Maßen der Streuung wird die Standardabweichung (σ) als gutes Maß für die Variation angesehen, da sie ein absolutes Maß für die Streuung ist, das die Variation in denselben Einheiten wie die ursprünglichen Daten ausdrückt. Für verschiedene andere Schätzer von σ empfehlen wir den Lesern, zum nächsten Kapitel überzugehen.

Dieses Kapitel verbindet auch die Streuung einer Verteilung mit der Normalverteilung, die die Grundlage aller Stichprobeninferenzen von Daten ist. Es gibt zwei grundlegende Gründe, warum die Normalverteilung einen so prominenten Platz in der Statistik einnimmt. Erstens hat sie einige Eigenschaften, die sie auf viele Situationen anwendbar machen, in denen es notwendig ist, durch Stichproben Rückschlüsse zu ziehen. Zweitens kommt die Normalverteilung der tatsächlich beobachteten Häufigkeitsverteilung vieler Phänomene nahe, einschließlich menschlicher Merkmale (Gewichte, Größen, IQs), Ausgaben von physischen Prozessen (Abmessungen, Erträge usw.) und anderen Maßen, die für Manager in öffentlichen und privaten Sektoren von Interesse sind. Ein mangelndes Verständnis der Bedeutung einer Normalverteilung führt letztendlich zu einem schlechten Verständnis des Standes der Technik. Daher verbessert ein besseres Verständnis der Normalverteilung das Wissen über Variation und umgekehrt.

Übungen

4.1. Erläutern Sie die Aussage: „Variation ist der Feind der Qualität".

4.2. Welche Arten von Variationen treten in einem Prozess auf? Wie werden sie verursacht?

4.3. Besprechen Sie die Methode des Kontrollcharts zur Erkennung von Variationen in einem Prozess.

4.4. Was sind die Merkmale eines guten Messsystems?

4.5. Erläutern Sie die praktische Bedeutung der Normalverteilung bei der Kontrolle der Variation.

4.6. Besprechen Sie verschiedene Maße der Variation. Erläutern Sie die Bedeutung der Standardabweichung für die Entscheidungsfindung im Management.

4.7. Was ist die Quartilsabweichung? Wie unterscheidet sie sich von der mittleren Abweichung?

4.8. Was sind die relativen Maße der Streuung?

4.9. Was sind die Anwendungen des Variationskoeffizienten?

4.10. Angesichts der folgenden Daten:

70	55	51	42	57	45	60	47	63	53
33	65	39	82	55	64	58	61	65	42
50	52	53	45	45	25	36	59	63	39
65	45	49	54	64	75	42	41	52	35
30	35	15	48	26	20	40	55	46	18

Berechnen

i) Mittelwert und Standardabweichung

ii) Welcher Prozentsatz der Beobachtungen ist unter $(\bar{x} \pm \sigma)$, $(\bar{x} \pm 2\sigma)$ und $(\bar{x} \pm 3\sigma)$ abgedeckt

iii) Bereich, Quartilsabweichung, mittlere Abweichung vom Mittelwert

iv) Variationskoeffizient

4.11. Die folgenden Daten zeigen die Nachfrage entsprechend verschiedenen Dimensionen von Kolbenringen:

Dimension der Kolbenringe (in mm)	Nachfrage
10,50–19,50	5
20,50–29,50	45
30,50–39,50	42
40,50–49,50	38
50,50–59,50	32
60,50–69,50	29
70,50–79,50	26
80,50–89,50	20

i) Zeichnen Sie ein Histogramm und beurteilen Sie die Normalität der Daten

ii) Berechnen Sie den Mittelwert und die Standardabweichung

iii) Welcher Prozentsatz der Beobachtungen ist unter $(\bar{x} \pm \sigma)$, $(\bar{x} \pm 2\sigma)$ und $(\bar{x} \pm 3\sigma)$ abgedeckt

iv) Berechnen Sie die Quartilsabweichung und die mittlere Abweichung vom Mittelwert

v) Berechnen Sie den Variationskoeffizienten

4.12. In einer Studie zur latenten Schmelzwärme von Eis wurden zwei Methoden verwendet. Sowohl A als auch B wurden mit den auf $-0{,}72$ °C codierten Proben durchgeführt. Die folgenden Daten repräsentieren die Änderung der Gesamtwärme von $-0{,}72$ °C zu Wasser 0 °C in Kalorien pro Gramm Masse:

Method A: 79,98, 80,02, 80,04, 80,04, 80,03, 80,04, 79,97, 80,05, 80,03, 80,02

Method B: 80,02, 79,94, 79,98, 79,97, 79,97, 80,03, 80,03, 79,95, 79,97, 80,00

Berechnen

i) Variationskoeffizient und entscheiden Sie, welche Methode stabil ist, um die Temperatur zu halten.

ii) Korrelationskoeffizient zwischen den beiden Methoden und entscheiden Sie, inwieweit die Methoden miteinander zusammenhängen.

4.13. Ein Unternehmen erwägt, neue Maschinen zur Montage seines Produkts zu installieren. Das Unternehmen erwägt zwei Arten von Maschinen, wird aber nur eine Art kaufen. Das Unternehmen hat acht Montagearbeiter ausgewählt und sie gebeten, diese beiden Arten von Maschinen zur Montage von Produkten zu verwenden. Die folgende Tabelle gibt die benötigte Zeit (in Minuten) zur Montage einer Einheit des Produkts auf jeder Art von Maschine für jeden dieser 8 Arbeiter an.

Machine I:	23	26	19	24	27	22	20	18
Machine II:	21	24	23	25	24	28	24	23

Berechnen Sie

i) Variationskoeffizient und entscheiden Sie, welche Maschine bei der Montage der Einheit konsistent ist.

ii) Korrelationskoeffizient zwischen den beiden Maschinen und entscheiden Sie, ob es eine Beziehung zwischen ihnen gibt.

4.14. Was ist die Bedeutung der Normalverteilung? Erläutern Sie die betriebswirtschaftliche Bedeutung der Normalverteilung.

Literatur

1. Garvin, D.A.: Competing in the Eight Dimensions of Quality. Harvard business Review, Sept–Oct 1987
2. Gryna, F.M., Chua, R.C.H., Defeo, J.A.: Juran's Quality Planning and Analysis for Enterprise Quality, 5. Aufl. Tata McGraw-Hill, New Delhi (2007)
3. Montgomory, D.C.: Introduction to Statistical Quality Control. Wiley, India (2003)
4. Muralidharan, K., Syamsundar, A.: Statistical Methods for Quality, Reliability and Maintainability. PHI Publications, New Delhi (2012)
5. Oakland, J.S.: Statistical Process Control. Elsevier, New Delhi (2005)

Kapitel 5
Sigma Schätzung

Im vorherigen Kapitel haben wir die Bedeutung eines Prozesses und die mit einem Prozess verbundene Variation gesehen. Die Notwendigkeit, die Standardabweichung zu schätzen, ist immer ein wichtiger Aspekt in der statistischen Studie, einschließlich der Schätzung der Variation, der Bestimmung der Stichprobengröße; Vorbereitung von Kontrollkarten und Schätzung des Sigma-Niveaus. Die Bedeutung der Sigma-Schätzung ist der zentrale Teil der Six-Sigma-Studie, in der Prozessverbesserungen normalerweise in Bezug auf das Sigma-Niveau und dessen Schätzung diskutiert werden. Verschiedene Methoden wie Stichprobenbereich und Stichprobenstandardabweichungen wurden verwendet, um die Standardabweichung zu schätzen. Die offensichtliche Einschränkung all dieser Methoden ist ihre natürliche Sensibilität in Bezug auf die Normalitätsannahme von Stichprobenbeobachtungen. In diesem Kapitel stellen wir einige robuste Schätzungen vor, die rechnerisch einfach sind und je nach Anforderung in praktischen Problemen implementiert werden können.

5.1 Einführung

Wenn der Prozess unter optimalen Bedingungen arbeitet, werden die Messungen am Prozess typischerweise als unabhängige Ziehungen aus einer Normalverteilung mit dem Mittelwert μ und der Standardabweichung σ^2 modelliert. Wie im vorherigen Kapitel erwähnt, sind die $\overline{X}$ und R Diagramme darauf ausgelegt, Mittelwertverschiebungen, Änderungen in der Variabilität und Ausreißer zu erkennen. Um $\overline{X}$ und R Diagramme einzurichten, muss man entweder ein vorheriges Wis-

K. Muralidharan, *Six Sigma für organisatorische Exzellenz*,
https://doi.org/10.1007/978-81-322-4001-3_5

sen über μ und σ haben oder eine Schätzung dieser Parameter durch Beobachtung des Prozesses über einen Zeitraum hinweg. Solche Schätzungen werden in der Regel auf der Grundlage einer Gruppe von Teilproben gemacht, die während einer Initialisierungsperiode gesammelt wurden. Die Schätzung von σ im Kontext der Kontrollkarte ist offensichtlich keine einfache Angelegenheit, angesichts der möglichen Auftreten von Störungen während der Initialisierungsperiode. Der naive Ansatz besteht darin, die Möglichkeit solcher Störungen während der Initialisierungsperiode zu ignorieren und den durchschnittlichen Teilprobenbereich als Grundlage für die Schätzung von σ zu verwenden.

In den letzten Jahren wurden mehrere robuste Schätzer entwickelt, darunter der M-Schätzer, der von Huber [5] vorgeschlagen wurde, die A-Schätzer, die von Hoaglin et al. [4] beschrieben wurden, der S-Schätzer von Rousseau und Yohai [16], und die T-Schätzer von Yohai und Zamar [22]. Einige auf Verteilungen basierende Schätzer sind in Simonoff [20] und Lax [7] verfügbar. Für andere Schätzer und ihre Vergleiche kann man sich auf Tatum [21], Schrader und McKean [17], Schrader und Hettmansperger [18], Rocke [13, 14], Muralidharan und Neha [9] und die darin enthaltenen Referenzen beziehen.

Im nächsten Abschnitt überprüfen wir einige rechnerisch einfache Schätzer der Standardabweichung aus der Perspektive der Prozessverbesserung von Six Sigma. Ein Vergleich der Schätzer in Bezug auf Effizienz und mittleren quadratischen Fehler wird im letzten Abschnitt vorgestellt.

5.2 Einige allgemeine Schätzer der Standardabweichung

Die Stichprobenstandardabweichung für die Beobachtungen $X = (X_1, X_2, \ldots, X_n)$ wird gegeben durch

$$s(X) = \sqrt{\frac{1}{n-1} \sum_{i=1}^{n} (X_i - \overline{X})^2} \tag{5.1}$$

wo $\overline{X} = \frac{1}{n} \sum_{i=1}^{n} X_i$ der Stichprobenmittelwert ist. Gl. (5.1) kann auch wie folgt geschrieben werden:

$$s(X) = \sqrt{\frac{1}{n\,(n-1)} \sum_{i<j} (X_i - X_j)^2} \tag{5.2}$$

Die Stichprobenvarianz $s^2(X)$ ist der minimumvarianzunverzerrte Schätzer für den Varianzparameter σ^2 vorausgesetzt, die Daten sind normal. Es wurde festgestellt, dass dieser Schätzer empfindlich gegenüber Ausreißern ist und daher nicht robust ist. Die Formel (5.2) zeigt, dass die Stichprobenvarianz proportional zum Durchschnitt der quadrierten Punkt-zu-Punkt-Abstände $X_i - X_j$ ist.

Beachten Sie, dass der numerische Unterschied zwischen (5.1 und 5.2) nur bei Proben mit sehr wenigen Beobachtungen von Bedeutung ist und dass in solchen Fällen kein Vertrauen in den genauen Wert einer einzelnen Schätzung gesetzt werden kann. Es ist dann wichtiger, eine Methode zur Bestimmung von oberen und unteren Grenzen zu haben, innerhalb derer σ mit einer erwarteten Konfidenz liegen kann. Darüber hinaus kann die Wahl zwischen (5.1 und 5.2) aus der Sicht des praktischen Arbeiters beurteilt werden, wo die bequemste Form der Definition von Koeffizienten höherer Ordnung der Stichprobenmomente herangezogen werden kann. In dem Fall, in dem eine Schätzung von σ aus einer Reihe kleiner Stichproben gemacht werden soll und daher mit Präzision erlangt werden kann, ist es unerlässlich, den Bias zu vermeiden, der im Falle einer einzigen kleinen Stichprobe vollständig von der allgemeinen Unsicherheit überlagert wird. Ein Korrekturfaktor kann verwendet werden, um die Schätzer in solchen Fällen unverzerrt zu machen (siehe Davies und Pearson [3]).

Für jede zufällige Stichprobe, die aus einer Verteilung mit endlicher Varianz gezogen wird, wird die Stichprobenvarianz ein unverzerrter Schätzer von σ^2 sein. Daraus folgt, dass die Stichprobenstandardabweichung ein verzerrter Schätzer der zugrunde liegenden Bevölkerungsstandardabweichung ist, aber dieser Bias hat einen analytischen Ausdruck, wenn die Daten Gaussian sind. Der erwartete Wert der Stichprobenstandardabweichung im Falle von Gaussian-Daten ist wie folgt:

$$E(s(X)) = \sigma \left[\left(\frac{2}{n-1} \right)^{1/2} \Gamma\left(\frac{n}{2}\right) \right] / \Gamma\left(\frac{n}{2} - \frac{1}{2}\right) \tag{5.3}$$

wo $\Gamma(x)$ die Gamma-Funktion ist. Wenn die Stichproben normal verteilt sind, dann hat für $n = 20$, die Stichprobenstandardabweichung den erwarteten Wert $0{,}9869\sigma$.

Beachten Sie, dass $\Gamma(n)$ wie folgt definiert ist:

$$\Gamma(n) = \int_0^\infty x^{n-1} \mathrm{e}^{-x} \mathrm{d}x$$

und wird durch die rekursive Formel berechnet

$$\begin{aligned} \Gamma(n) &= (n-1)\Gamma(n-1) \\ &= (n-1)! \end{aligned}$$

Außerdem,

$$\Gamma\left(\frac{n-1}{2}\right) = \left(\frac{n-1}{2}\right)\left(\frac{n-3}{2}\right)\cdots\frac{3}{2}\frac{1}{2}\Gamma\left(\frac{1}{2}\right)$$

Mit

$$\Gamma\left(\frac{1}{2}\right) = \int_0^\infty x^{-1/2}\mathrm{e}^{-x}\mathrm{d}x$$
$$= \sqrt{2}\int_0^\infty \mathrm{e}^{-y^2/2}\mathrm{d}y, \text{by taking } x = y^2/2$$
$$= 2\sqrt{\pi}\frac{1}{\sqrt{2\pi}}\int_0^\infty \mathrm{e}^{-y^2/2}\mathrm{d}y$$
$$= \sqrt{\pi}\frac{1}{\sqrt{2\pi}}\int_{-\infty}^\infty \mathrm{e}^{-y^2/2}\mathrm{d}y$$
$$= \sqrt{\pi}$$

Ein vager Schätzer der Prozessstandardabweichung kann in Bezug auf den Bereich als Unterschied zwischen der höchsten und der niedrigsten Beobachtung definiert werden. Leider wird dieser Schätzer stark von den extremen Werten beeinflusst und ist daher weniger nützlich. Der am häufigsten berechnete robuste Skalenschätzer ist wahrscheinlich der Interquartilsabstand (IQR), der den Unterschied zwischen den oberen und unteren Quartilen einer Verteilung misst. Für eine kontinuierliche Zufallsvariable X, mit kumulativer Verteilungsfunktion $F_X(x)$, wird der IQR wie folgt definiert:

$$\mathrm{IQR}(X) = F_X^{-1}(0{,}75) - F_X^{-1}(0{,}25) \tag{5.4}$$

wo $F_X^{-1}(y) = x$ die Gleichung löst $F_X(x) = y$. Das Stichprobenäquivalent von (5.4) wird wie folgt gegeben:

$$\mathrm{IQR}(X) = Q_3(X) - Q_1(X) \tag{5.5}$$

wo $Q_1(X)$ und $Q_3(X)$ sind die Stichprobenunterquartile und -oberquartile, die durch

$$Q_1(X) = X_{(l)} - (l^* - l)\left[X_{(l)} - X_{(l+1)}\right]$$

gegeben sind, wo $X_{(i)}$ die $i$te Ordnungsstatistik der Beobachtungen X ist und $l^* = 1 + \frac{1}{4}(n-1)$ und $l = [l^*]$ und

$$Q_3(X) = X_{(u)} - (u^* - u)\left[X_{(u)} - X_{(u+1)}\right]$$

wo $X_{(u)}$ die $i$te Ordnungsstatistik der Beobachtungen X ist und $u^* = 1 + \frac{3}{4}(n-1)$ und $u = [u^*]$. Eine Schätzung der Standardabweichung kann als die Hälfte des IQR betrachtet werden, auch Quartilsabweichung (QD) genannt. Für mäßig schiefe Verteilungen entspricht dies ungefähr $0{,}8\sigma$.

Manchmal wird der Stichproben-IQR als einfache Technik zur Erkennung von Ausreißern verwendet, da er die extremsten 25 % der Beobachtungen in jedem Schwanz ignoriert. Dies ist der Grund, warum Boxplots oder Whisker-Plots allgemein zur Erkennung inkonsistenter Beobachtungen verwendet werden. Sie werden üblicherweise mit Beobachtungen gezeichnet, die 1,5-mal den IQR über dem oberen Quartil oder unter dem unteren Quartil liegen und als Punkte und nicht in den Whiskern dargestellt werden. Die Punkte, die außerhalb dieses Bereichs liegen, werden als potenzielle Inliers (untere Seite) und Ausreißer (obere Seite) betrachtet, und für eine Zufallsstichprobe aus der Normalverteilung mit großem n würden wir erwarten, dass nur 0,7 % der Beobachtungen auf diese Weise gekennzeichnet werden. Eine weitere Diskussion dieser Technik findet sich bei Hoaglin et al. [4].

Ein Schätzer ähnlich wie (5.2) wird durch *Ginis mittleren Unterschied* gegeben, wie folgt dargestellt:

$$G(X) = \frac{2}{n(n-1)} \sum_{i<j} |X_i - X_j| \tag{5.6}$$

Der Unterschied hier besteht darin, dass die quadrierten Punkt-zu-Punkt-Unterschiede durch absolute Unterschiede ersetzt werden. Aus den oben für die Stichprobenstandardabweichung skizzierten Gründen ist diese Statistik ebenfalls nicht sehr robust. Die Verwendung des Absolutwerts anstelle des Quadrats reduziert jedoch die Auswirkungen großer Unterschiede. Diese Statistik bildet die Grundlage für die robuste Schätzung des Risikos in einem Teil der Finanzliteratur zur Risikoquantifizierung. Shalit und Yitzhaki [19] verwenden jedoch Ginis mittleren Unterschied als alternative Maßnahme zur Risikobewertung. Sie sind hauptsächlich durch die theoretischen Ergebnisse motiviert, die es ermöglicht, und nicht durch Robustheit.

Ein häufig verwendeter robuster Schätzer der Standardabweichung in fortgeschrittener Anwendung wird durch die mittlere absolute Abweichung (MAD) wie folgt gegeben:

$$\mathrm{MAD}(X) = \mathrm{median}_i |X_i - \mathrm{median}_j(X_j)| \tag{5.7}$$

Wenn eine große Zufallsstichprobe aus einer Normalverteilung mit Varianz σ^2 gezogen wird, erwarten wir $E[\mathrm{MAD}(X)] = 0{,}6745\,\sigma$. Die MAD wird oft verwendet, um eine Hilfsschätzung der Skala für andere kompliziertere Skalenschätzer zu geben, und für n groß, wird sie oft so skaliert, dass sie asymptotisch unverzerrt für die Standardabweichung σ für normale Daten ist. Rousseau und Croux [15] stellen zwei Schätzer als Alternativen zur MAD vor, die üblicherweise als S_n und Q_n bezeichnet werden, jeweils wie folgt gegeben:

$$S_n = \mathrm{median}_i\left\{\mathrm{median}_j |X_i - X_j|\right\} \tag{5.8}$$

und

$$Q_n = \left\{|X_i - X_j|;\, i < j\right\}_{(k)} \tag{5.9}$$

Tab. 5.1 Schätzungen für die Batterielebensdauerdaten

Formel	(5.1)	(5.2)	(5.6)	(5.7)	(5.8)	(5.9)	(5.10)
Schätzungen	0,70281	0,70281	0,8766	0,8923	1,0598	1,5730	0,6397
Effizienz (%)	100	100	80,17	78,76	66,31	44,68	109,18

Tab. 5.2 Schätzungen für die simulierten Daten

Formel	(5.1)	(5.2)	(5.6)	(5.7)	(5.8)	(5.9)	(5.10)
Schätzungen	2,8614	2,8614	3,245	3,1349	3,5419	4,8381	2,6178
Effizienz (%)	100	100	88,17	91,28	80,78	59,14	109,31

welches die k größte der $|X_i - X_j|$ für $i < j$ ist, wo $k = \binom{[n/2]+1}{2}$. Daher ist Q_n die $k$te Ordnungsstatistik der $\binom{n}{2}$ Punkt-zu-Punkt-Abstände und ist daher ungefähr das untere Quartil der Punkt-zu-Punkt-Abstände. Im Fall, dass $n = 20$, ist $k = 55$ mit $\binom{n}{2} = 190$ und daher ist k das 100 (55/190) = 28,9te Perzentil der geordneten Punkt-zu-Punkt-Abstände. Die Wahl von k kann manipuliert werden, um die Leistung von Q_n zu optimieren. Die unverzerrten Schätzer von S_n und Q_n sind $1{,}1926\sigma$ und $2{,}2219\sigma$, jeweils (siehe Rousseau und Croux [15]).

Wir definieren nun einen Schätzer für die Skala wie folgt:

$$S_c = \sqrt{\frac{1}{n}\sum_{i=1}^{n}\frac{1}{(1+Z_i^2)}(X_i - M)^2} \tag{5.10}$$

wo $Z_i = \frac{X_i - M}{\sigma_0}$, M ist eine Hilfsschätzung für den Ort, und σ_0 ist eine Hilfsschätzung für die Skala. Dieser Schätzer ist eine Variante des von Lax vorgeschlagenen A-Schätzers [7]. Der bi-gewichtete A-Schätzer wurde gut von Iglev präsentiert [6] und wurde in einer großen Studie von Lax [7] gezeigt, dass er im Vergleich zu anderen robusten univariaten Skalenschätzern gut abschneidet. In den unten gegebenen numerischen Berechnungen wird die Hilfsschätzung von M als Median der Stichprobe angenommen und für σ_0 nehmen wir den Bereich an. Die Effizienz kann verbessert werden, wenn die Schätzung für M als Mittelwert angenommen wird.

In den nächsten Beispielen berechnen wir die oben diskutierten Schätzer und vergleichen die Leistung einiger der Schätzer in Bezug auf Effizienz und mittlere quadratische Fehler. Vier verschiedene Fälle werden diskutiert.

Beispiel 5.1 Die folgenden Daten repräsentieren die Lebensdauer in Jahren von 40 ähnlichen Autobatterien, auf das nächste Zehntel eines Jahres aufgezeichnet. Die Batterien waren garantiert 3 Jahre haltbar. Die Beobachtungen sind wie folgt:

Tab. 5.3 Schätzungen basierend auf der Monte-Carlo-Studie (Normaldaten)

Formel	(5.1)	(5.2)	(5.6)	(5.7)	(5.8)	(5.9)	(5.10)
Schätzungen	3,0696	3,0696	3,1511	3,1203	3,4812	4,2234	3,0012
MSE	0,1731	0,2172	0,2327	0,2297	1,3568	1,8467	0,0913
Effizienz (%)	100	100	97,41	98,38	88,18	72,68	102,79

2,2, 4,1, 3,5, 4,5, 3,2, 3,7, 2,6, 3,0, 3,4, 1,6, 3,1, 3,3, 3,8, 3,1, 3,7, 4,7, 2,5, 4,3, 3,4, 3,6, 2,9, 3,3, 3,1, 3,9, 3,3, 3,1, 3,7, 4,4, 3,2, 4,1, 3,4, 1,9, 4,7, 3,8, 3,2, 2,6, 3,9, 3,0, 3,5 und 4,2.

Die Schätzungen des Skalenparameters sind in Tab. 5.1 dargestellt. Die Effizienz der Schätzer wird mit dem in (5.2) gegebenen Schätzer verglichen.

Beispiel 5.2 Hier betrachten wir einen simulierten Datensatz aus $N(\mu, \sigma^2)$, wo $\mu = 10$ und $\sigma = 3$ ist. Die Beobachtungen sind wie folgt:

12,2048, 11,9512, 8,5437, 6,3199, 7,0613, 8,8032, 9,7866, 6,6632, 8,7732, 10,4411, 13,0881, 11,5009, 15,3758, 11,0275, 12,7046, 13,0466, 9,8773, 13,8293, 12,7339, 7,7721, 14,6086, 2,9966, 9,1037, 6,6746, 6,1749, 8,2308, 8,6594, 9,2295, 10,4622, 6,2878, 5,0673, 9,7718, 6,5258, 9,1063, 6,8511, 9,6787, 10,1887, 14,6555, 7,2044, und 10,5923.

Die Schätzungen des Skalenparameters sind in Tab. 5.2 dargestellt. Die Effizienz in Tab. 5.2 wird mit dem Populationsparameter σ verglichen.

Beispiel 5.3 Eine Monte-Carlo-Studie (Normaldaten)

Tab. 5.3 Schätzungen entsprechen 10.000 Simulationen aus $N(\mu, \sigma^2)$, wo $\mu = 10$ und $\sigma = 3$. Eine Stichprobengröße $N = 30$ wird für jede Simulation generiert. Der mittlere quadratische Fehler (MSE) der Schätzer wird mit der Formel

$$\text{MSE} = \frac{1}{N} \sum_{i=1}^{N} (\hat{\sigma}_i - \sigma)^2,$$

berechnet, wobei $\hat{\sigma}_i$ der Wert des Schätzers in der $i$ten Simulation und N die Simulationsgröße (Versuche) ist. Die Effizienz in Tab. 5.3 wird mit dem Populationsparameter σ verglichen.

Tab. 5.4 Schätzungen basierend auf der Monte-Carlo-Studie (nicht-normalisierte Daten)

Formel	(5.1)	(5.2)	(5.6)	(5.7)	(5.8)	(5.9)	(5.10)
Schätzungen	41,1606	41,1606	49,0867	46,7808	67,2345	72,8649	42,1606
MSE	2600,204	2612,356	3305,84	3027,77	4237,89	5671,21	2578,48
Effizienz (%)	100	100	83,85	87,98	61,22	56,49	97,62

Beispiel 5.4 Eine Monte-Carlo-Studie (nicht-normalisierte Daten)

Hier führen wir eine Simulation 10.000 Mal durch, wobei 29 Beobachtungen unabhängig von $N(\mu, \sigma^2)$ gezogen werden, wobei $\mu = 10$ und $\sigma = 3$, und eine einzelne Beobachtung wird von $N(\mu, \sigma^2)$ gezogen, wobei $\mu = 10$ und $\sigma = 300$ (dies wird als eine wilde Stichprobe bezeichnet, siehe Randal [12] und Morgenthaler und Tukey [8] für Details). Die oben genannte Art der Stichprobenziehung wird selten durchgeführt und in Robustheitsstudien verwendet. Die Schätzungen und MSE werden in Tab. 5.4 präsentiert. Die Effizienz in Tab. 5.4 wird mit dem Populationsparameter $\sigma = 3$ verglichen.

Es wird aus den Tabellen beobachtet, dass die Schätzer (5.1 und 5.2) in allen Fällen fast gleich sind. Daher ist die Verwendung dieser Schätzer (5.1 und 5.2) nur eine Wahl der Konformität. Ein Vorteil der paarweisen Differenzmaße besteht darin, dass sie, da sie keine Maße der Lage beinhalten, es ermöglichen, ein Maß der Streuung zu definieren, bevor ein Maß der Lage definiert wird. Dies scheint die natürliche Reihenfolge zu sein, weil in der Statistik die Variabilität oder Streuung Teil des Problems ist und zusammenfassende Maße der Lage Teil der Lösung sind; es scheint natürlich, das Problem genau zu definieren, bevor die Lösung genau definiert wird.

Der andere Schätzer, der robust bleibt, ist der in (5.10) definierte Schätzer, der effizienter als jeder andere Schätzer gefunden wurde. Der wahrscheinliche Grund könnte seine Verantwortlichkeit für das Maß der Lage und Variabilität gleichzeitig sein. Dies ist in der Score-Funktion enthalten. Obwohl die Spannweite als Hilfsschätzer für σ verwendet wird, wird die Gesamtvariabilität gut durch die Score-Funktion und die quadratische Abweichung im Zähler kontrolliert. Die Wahl bleibt jedoch wieder dem Untersucher für die Hilfsschätzer für M und σ_0. Unter den anderen Schätzern erweisen sich die in (5.7 und 5.6) gegebenen Schätzer in den meisten Fällen als gleich effizient. Die Schätzer (5.8 und 5.9) blieben unabhängig vom Stichprobenschema schlecht. Man kann auch sehen, dass der MSE des robusten Schätzers immer kleiner ist als der der anderen Schätzer.

5.3 Schätzung der Standardabweichung durch Kontrollkarten

Die Bestimmung, ob ein Prozess in oder außer Kontrolle ist, wird durch die Verwendung von Kontrollkarten erheblich erleichtert, die durch zwei Zahlen bestimmt werden – die oberen und unteren Kontrollgrenzen. Um eine solche Karte zu verwenden, werden die durch den Herstellungsprozess erzeugten Daten in Untergruppen eingeteilt und Untergruppenstatistiken – wie der Untergruppendurchschnitt und die Untergruppenstandardabweichung – berechnet. Wenn die Untergruppenstatistiken nicht innerhalb der oberen und unteren Kontrollgrenzen liegen, schließen wir daraus, dass der Prozess außer Kontrolle ist. Eine detaillierte Diskussion der Kontrollkarten für Variablen und Attribute wird in späteren Kapiteln aufgenommen. Wir verwenden diese Technik jetzt, um die Schätzung der Standardabweichung für die weitere Verwendung zu berechnen.

5.3.1 Standardmethode basierend auf individuellen Messungen

Wenn jede Untergruppenprobe eine einzelne Beobachtung enthält (d. h., $n_i = 1$), wird die Prozessstandardabweichung σ geschätzt als $\hat{\sigma} = \frac{\bar{R}}{d_2(2)}$, wo $\overline{R}$ der Durchschnitt der Bewegungsspannen aufeinanderfolgender Messungen in Paaren ist. Dies ist die Methode, die verwendet wird, um σ für individuelle Messungen und Bewegungsspannendiagramme zu schätzen. Wenn die Messungen nicht in Paaren vorliegen, dann ist eine Standardabschätzung für σ wie folgt:

$$\hat{\sigma} = \frac{\bar{R}}{d_2(n)} \tag{5.11}$$

wo $\overline{R}$ der Durchschnitt der Bewegungsspannen ist, n ist die Anzahl aufeinanderfolgender individueller Messungen, die zur Berechnung jeder Bewegungsspanne verwendet werden, und der Entzerrungsfaktor $d_2(n)$ ist so definiert, dass wenn die Beobachtungen normalverteilt sind, der erwartete Wert von R_i ist $E(R_i) = d_2(n_i)\sigma$.

Relativ einfache Schätzer werden durch die Stichprobenmedian erzielt. Sie sind der MAD-Schätzer und der Median-Bewegungsspannen-Schätzer (siehe Boyles 1997 für Details). Der MAD-Schätzer für σ wird wie folgt berechnet:

$$\hat{\sigma} = \frac{1}{0{,}6745} \operatorname{median}\{|x_i - \tilde{x}|,\ 1 \leq i \leq N\}, \tag{5.12}$$

wo $\tilde{x}$ der Stichprobenmedian ist. Ähnlich wird die MMR-Schätzung für σ berechnet als $\hat{\sigma} = \frac{\tilde{R}}{0{,}954}$, wo $\tilde{R}$ der Median der nicht fehlenden Bewegungsspannen ist. Wir diskutieren nun die Sigma-Schätzung für Untergruppen von Beobachtungen.

5.3.2 Sigma-Schätzung für Untergruppen

Wenn Kontrollgrenzen aus den Eingabedaten berechnet werden, dann wird σ geschätzt, indem Untergruppenstandardabweichungen oder Untergruppenbereiche verwendet werden. Wenn Standards unbekannt sind, dann ist eine Schätzung für σ wie folgt:

$$\hat{\sigma} = \frac{1}{N} \sum_{i=1}^{N} \frac{R_i}{d_2(n_i)} \tag{5.13}$$

wo N die Anzahl der Untergruppen ist, für die $n_i \geq 2$ und $R_i = \max_{1<j<n_i}(x_{ij}) - \min_{1<j<n_i}(x_{ij})$ ist der Stichprobenbereich der Beobachtungen $x_{i1}, x_{i2}, \ldots, x_{in_j}$ in der $i$ten Untergruppe. Der Entzerrungsfaktor $d_2(n_i)$ ist so definiert, dass, wenn die Beobachtungen normalverteilt sind, der erwartete Wert von R_i ist $d_2(n_i)\sigma$. Daher ist $\hat{\sigma}$ der ungewichtete Durchschnitt von N unverzerrten Schätzungen von σ.

Wenn Standards bekannt sind, dann ist eine Standard-Schätzung für σ wie folgt:

$$\hat{\sigma} = \frac{1}{N} \sum_{i=1}^{N} \frac{s_i}{c_4(n_i)} \tag{5.14}$$

wo s_i, die Stichprobenstandardabweichung der $i$ten Untergruppe, wie folgt erhalten wird:

$$s_i = \sqrt{\frac{1}{n-1} \sum_{j=1}^{n_i} (x_{ij} - \overline{x}_i)^2}$$

und

$$c_4(n_i) = \frac{\Gamma(n_i/2)\sqrt{2/(n_i - 1)}}{\Gamma((n_i - 1)/2)}$$

hier $\Gamma(.)$ bezeichnet die zuvor diskutierte Gamma-Funktion, und $\overline{x}_i$ bezeichnet den Durchschnitt der $i$ten Untergruppe. Wenn die Beobachtungen normalverteilt sind, ist der erwartete Wert von s_i ist $c_4(n_i)\sigma$. Daher ist $\hat{\sigma}$ der ungewichtete Durchschnitt von$N$ unvoreingenommene Schätzungen von σ. Tab. 5.5 zeigt die Werte von $c_4(n_i)$ für $n = 2, 3, \ldots, 10$.

Wir diskutieren nun einige andere Schätzer von σ, die gute statistische Eigenschaften erfüllen. Ein solcher Schätzer ist die Schätzung mit minimaler Varianz und linearer Unvoreingenommenheit (MVLUE). Im Folgenden beschreiben wir

Tab. 5.5 Der Wert von $c_4(n_i)$

n_i	$c_4(n_i)$
2	0,7978849
3	0,8862266
4	0,9213181
5	0,9399851
6	0,9515332
7	0,9593684
8	0,9650309
9	0,9693103
10	0,9726596

die MVLUE von σ, wenn Untergruppenbereiche und Standardabweichungen gegeben sind (Burr [1, 2]; Nelson [10, 11]).

5.3.3 MVLUE-Methode basierend auf Untergruppenbereichen

Die MVLUE ist ein gewichteter Durchschnitt von N unverzerrten Schätzungen von σ der Form $R_i/d_2(n_i)$, und sie wird wie folgt berechnet:

$$\hat{\sigma} = \frac{1}{\sum_{i=1}^{N} f_i} \sum_{i=1}^{N} \frac{f_i R_i}{d_2(n_i)} \tag{5.15}$$

wo $f_i = \left[\frac{d_2(n_i)}{d_3(n_i)}\right]^2$. Der Entzerrungsfaktor $d_3(n_i)$ ist so definiert, dass, wenn die Beobachtungen normalverteilt sind, der erwartete Wert von σ_{R_i} ist $d_3(n_i)\sigma$. Die MVLUE weist Schätzungen von σ aus Untergruppen mit größeren Stichprobengrößen ein größeres Gewicht zu und ist für Situationen gedacht, in denen die Stichprobengrößen der Untergruppen variieren. Wenn die Stichprobengrößen der Untergruppen konstant sind, reduziert sich die MVLUE auf die Standardabschätzung.

5.3.4 MVLUE-Methode basierend auf Untergruppenstandardabweichungen

Diese Schätzung ist ein gewichteter Durchschnitt von N unverzerrten Schätzungen von σ der Form $s_i/c_4(n_i)$, und sie wird wie folgt berechnet:

$$\hat{\sigma} = \frac{1}{\sum_{i=1}^{N} h_i} \sum_{i=1}^{N} \frac{h_i s_i}{c_4(n_i)} \tag{5.16}$$

wo $h_i = \frac{[c_4(n_i)]^2}{1-[c_4(n_i)]^2}$. Die MVLUE weist Schätzungen von σ aus Untergruppen mit größeren Stichprobengrößen ein größeres Gewicht zu und ist für Situationen gedacht, in denen die Stichprobengrößen der Untergruppen variieren. Wenn die Stichprobengrößen der Untergruppen konstant sind, reduziert sich die MVLUE auf die Standardabschätzung. Man kann auch die $s_i's$ und ihre entsprechenden Freiheitsgrade verwenden, um die folgende Schätzung für σ zu erhalten:

$$\hat{\sigma} = \frac{1}{c_4(n)} \frac{\sqrt{\sum_{i=1}^{N} (n_i - 1) s_i^2}}{\sqrt{\sum_{i=1}^{N} n_i - N}} \tag{5.17}$$

Die Gewichte sind die Freiheitsgrade $n_i - 1$. Wenn die unbekannte Standardabweichung σ über die Untergruppen hinweg konstant ist, ist die Quadratmittel-Schätzung effizienter als die MVLUE. In Prozesskontrollanwendungen wird jedoch im Allgemeinen nicht davon ausgegangen, dass σ konstant ist, und wenn σ über die Untergruppen hinweg variiert, neigt die Quadratmittel-Schätzung dazu, stärker aufgebläht zu sein als die MVLUE.

5.4 Relevanz für Manager

Wie im vorherigen Kapitel besprochen, ist für ein besseres Verständnis der Prozessvariation die Kenntnis von Sigma (σ) (oder der Standardabweichung der Population) unerlässlich. Die Schätzung von Sigma ist entscheidend für jede stichprobenbasierte Forschungsstudie. Darüber hinaus ist für die Berechnung der Stichprobengröße, Signifikanztests, die Schätzung von Konfidenzintervallen, Stichprobenstudien, Kontrollkarten und das Design von Experimenten die Kenntnis von Sigma von entscheidender Bedeutung. Um das Wissen über Sigma zu nutzen, wird im Allgemeinen die Stichprobenstandardabweichung als einfachste Schätzung der Standardabweichung verwendet. Durch eine umfangreiche Literaturübersicht haben wir die Bedeutung verschiedener Schätzer von σ und ihre praktische Relevanz für Entscheidungsträger herausgearbeitet. Die Herausforderung für andere effiziente Schätzer wird auch in vielen Forschungsstudien und bei Entscheidungen gespürt. Daher bietet dieses Kapitel verschiedene rechnerisch einfache und effiziente Schätzer für σ in einer gebrauchsfertigen Form. Die vergleichende Studie der Schätzer für normale und nicht normale Prozesse wird auf der Grundlage einer Simulationsstudie gegeben.

Da Six Sigma ein Satz von Werkzeugen zur Prozessverbesserung durch Defektreduktion und Minimierung von Variationen ist, liegt es nahe, dass eine angemessene Messung für Variationen vorhanden sein sollte. Dies wird am besten durch die Bewertung von Sigma vorgeschlagen. Auch hat dieses Kapitel eine unmittelbare Anwendung im nächsten Kapitel zur Bestimmung der Stichprobengröße. In den folgenden Kapiteln untersuchen wir die Bedeutung von Sigma in verschiedenen statistischen Berechnungen, die in praktischen Situationen diskutiert werden.

Übungen

5.1 Was ist die Managementrelevanz des Sigma (σ) Wertes. Wie beeinflusst der Wert von σ die Entscheidungsfindung?

5.2 Die Anzahl der ATM-Transaktionen einer bestimmten Bank pro Tag wurde an 15 Standorten in einer großen Stadt erfasst. Die Daten sind wie folgt:
135, 149, 129, 150, 130, 112, 126, 156, 198, 167, 98, 170, 183, 195 und 138.
Berechnen Sie
i) Die durchschnittlichen und medianen Transaktionen
ii) s(X), IQR(X), G(X) und MAD(X)

iii) S_n und Q_n und vergleichen Sie die Werte
iv) Ein Schätzer mit Hilfsschätzung des Ortes als Mittelwert

5.3 Die folgende Tabelle zeigt die Durchmesser in Zentimetern einer Stichprobe von 50 Kugellagern, die von einem Unternehmen hergestellt wurden:

1,738	1,729	1,743	1,74	1,736	1,741	1,735	1,731	1,726	1,373
1,728	1,737	1,736	1,735	1,724	1,733	1,742	1,736	1,739	1,735
1,745	1,736	1,742	1,740	1,728	1,738	1,725	1,733	1,734	1,732
1,733	1,730	1,732	1,730	1,739	1,738	1,739	1,727	1,735	1,744
1,32	1,737	1,731	1,746	1,735	1,735	1,729	1,734	1,730	1,740

i) Überprüfen Sie, ob die Daten einem normalen Prozess folgen
ii) Berechnen Sie verschiedene Schätzer für die Stichprobenstandardabweichungen
iii) Berechnen Sie S_n und Q_n und vergleichen Sie die Werte
iv) Berechnen Sie den Gini-Koeffizienten
v) Schlagen Sie einen geeigneten MVLU-Schätzer für die Standardabweichung vor

5.4 Aus einem Herstellungsprozess werden 120 Kolbenringe entnommen und ihre Durchmesser werden wie in den untenstehenden Daten angegeben beobachtet

Ringdurchmesser (in mm)	Anzahl der Kolbenringe
23,980–23,985	6
23,985–23,990	10
23,990–23,995	19
23,995–24,000	23
24,000–24,005	22
24,005–24,010	22
24,010–24,015	13
24,015–24,020	5

i) Berechnen Sie verschiedene Schätzer für die Stichprobenstandardabweichungen
ii) Berechnen Sie S_n und Q_n und vergleichen Sie die Werte
iii) Berechnen Sie den Gini-Mittelwertunterschied und die mediane absolute Abweichung vom Mittelwert und vergleichen Sie die Werte.

5.5 Diskutieren Sie eine Methode zur Schätzung der Stichprobenstandardabweichung mit Hilfe von Kontrollkarten

5.6 Zeigen Sie, dass die Standardabweichung unabhängig von der Änderung des Ursprungs und abhängig von der Änderung der Skala ist.

Literatur

1. Burr, I.W.: Control charts for measurements with varying sample sizes. J. Qual. Technol. **1**, 163–167 (1969)
2. Burr, I.W.: Statistical quality control methods. Marcel Dekker, New York (1976)
3. Davies, O.L., Pearson, E.S.: Methods of estimating from samples the population standard deviation. J. Roy. Stat. Soc. **1**(1), 76–93 (1934)
4. Hoaglin, D., Mosteller, F., Tukey, J. (Hrsg.): Understanding Robust and Exploratory Data Analysis. Wiley, New York (2000)
5. Huber, P.J.: Robust estimation of a location parameter. Ann. Math. Stat. **35**, 73–101 (1964)
6. Iglev, B.: Robust scale estimators and confidence intervals for location. In: Hoaglin, D.C., Mosteller, F., Tukey, J.W. (Hrsg.) Understanding Robust and Exploratory Analysis, S. 404–431. Wiley, New York (1983)
7. Lax, D.A.: Robust estimators of scale: finite-sample performance in long-tailed symmetric distributions. J. Am. Stat. Assoc. **80**, 736–741 (1985)
8. Morgenthaler, S., Tukey, J.W. (Hrsg.): Configural Polysampling: A Route to Practical Robustness. Wiley, New York (1991)
9. Muralidharan, K., Neha, R.: Estimation of process standard deviation. Int. J. Comput. Math. Numer. Simul. **5**(1), 179–186 (2012)
10. Nelson, L.S.: Standardization of shewhart control charts. J. Qual. Technol. **21**, 287–289 (1989)
11. Nelson, L.S.: Shewhart control charts with unequal subgroup sizes. J. Qual. Technol. **26**, 64–67 (1994)
12. Randal, J.: A reinvestigation of robust scale estimation in finite samples. Ph.D. dissertation (2003)
13. Rocke, D.M.: Robust statistical analysis of inter laboratory studies. Biometrika **70**, 421–431 (1983)
14. Rocke, D.M.: Robustness and balance in the mixed model. Biometrics **47**, 303–309 (1991)
15. Rousseau, P.J., Croux, C.: Alternatives to the median absolute deviation. J. Am. Stat. Assoc. **88**, 1273–1283 (1993)
16. Rousseau, P., Yohai, V.: Robust regression by means of s-estimators. In: Robust and Nonlinear Time Series Analysis. Lecture Notes in Statistics, vol. 26. Springer, Berlin (1984)
17. Schrader, R.A., McKean, J.W.: Robust analysis of variance. Commun. Stat. A: Theory Methods **6**, 879–894 (1977)
18. Schrader, R.A., Hettmansperger, T.P.: Robust analysis of variance based upon a likelihood ratio criterion. Biometrika **67**, 93–101 (1980)
19. Shalit, H., Yitzhaki, S.: Mean-Gini portfolio theory and the pricing of risky assets. J. Finance **39**, 1449–1468 (1984)
20. Simonoff, J.S.: Outlier detection and robust estimation of scale. J. Stat. Comput. Simul. **27**, 79–92 (1987)
21. Tatum, L.G.: Robust estimation of the process standard deviation for control charts. Technometrics **39**(2), 127–141 (1997)
22. Yohai, V.J., Zamar, R.: High breakdown-point estimates of regression by means of the minimization of an efficient scale. J. Am. Stat. Assoc. **83**, 406–413 (1988)

Kapitel 6
Bestimmung der Stichprobengröße

Eine *Stichprobengröße* bezieht sich auf die Anzahl der Beobachtungseinheiten. Eine Stichprobengröße kann nur für einen bestimmten Aspekt (Wert von Interesse) der *Population* (die gesamte Einheitensammlung) berechnet werden, der in der Regel mit einer wichtigen Antwortvariable in Zusammenhang steht. Der Wert von Interesse kann Mittelwert, Anteil, Varianz, Korrelation usw. sein. Das Verfahren, eine Stichprobe aus einer Population zu ziehen, wird als *Zufallsstichprobe* oder einfach *Stichprobe* bezeichnet. Da die Stichprobe die Grundlage aller statistischen Entscheidungen bildet, ist es wichtig, eine geeignete Stichprobengröße für jede Untersuchung zu haben. Eine solche Stichprobengröße hängt von vielen Faktoren ab, wie z.B. Populationsgröße, Datentyp (kontinuierlich oder diskret), erforderliche *Präzision* und Konfidenzniveau. Abb. 6.1 zeigt die Abfolge der Aktivitäten von der Datenerhebung bis zur Entscheidungsfindung [4].

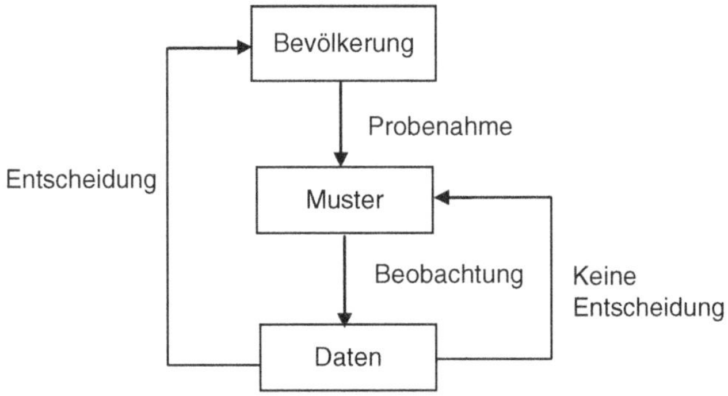

Abb. 6.1 Datenerhebung bis Entscheidungsfindung

K. Muralidharan, *Six Sigma für organisatorische Exzellenz*,
https://doi.org/10.1007/978-81-322-4001-3_6

6.1 Genauigkeit und Präzision

Die Größe der Stichprobe, die benötigt wird, um eine gegebene Präzision für eine solche Schätzung zu erreichen, hängt von der Variabilität der Population und dem Ausmaß ab, in dem es möglich ist, die verschiedenen Komponenten dieser Variabilität im Zufallsstichprobenfehler zu reduzieren. Der gemessene Wert, der wenig Abweichung vom tatsächlichen Wert aufweist, wird als *Genauigkeit* bezeichnet. Die Genauigkeit wird in der Regel getestet, indem ein Durchschnitt aus wiederholten Messungen mit einem bekannten Standardwert für diese Einheit verglichen wird. Mittelwert, Modus, Median usw. sind alle Genauigkeitsmaße. Der *Standardfehler* (Standardabweichung der Stichprobenbeobachtungen), ein grobes Maß für die Präzision einer Schätzung, die aus einer Stichprobe gewonnen wurde, ist genau genug, um die Berechnung der Stichprobengröße vorzunehmen, da er eine Funktion der Stichprobengröße ist.

Lassen Sie uns den Populationswert von Interesse als μ darstellen, und lassen Sie seine Stichprobenschätzung $\bar{x}$ sein. Wenn σ die Standardabweichung der Population ist, dann ist der Standardfehler $\frac{\sigma}{\sqrt{n}}$, wobei n die Stichprobengröße ist. Beachten Sie, dass etwa ein Drittel der beobachtbaren zufälligen Variabilität in einer Schätzung größer sein wird als der Standardfehler und ein Zwanzigstel größer als das Doppelte des Standardfehlers [2]. Eine Schätzung wird im Verhältnis zur Population von Interesse verzerrt sein, wenn die Studie bestimmte Einheiten aufgrund von Abdeckungs- oder Nicht-Antwort-Fehlern nicht einbezieht. Ebenso kann der Standardfehler nur die Variabilität unter den Stichproben aufgrund der Nicht-Einbeziehung der gesamten Population in die beobachtete Stichprobe messen; er berücksichtigt nicht Nicht-Abdeckung und Nicht-Antwort. Ein Mangel an Genauigkeit stellt sofort den Wert aller Ergebnisse und Schlussfolgerungen in Frage, während ein Mangel an Präzision in der Regel nur die Unsicherheit um die exakten berechneten Werte erhöht.

Präzision ist, wie eng Sie den Bereich für eine Schätzung einer Eigenschaft haben möchten. Zum Beispiel machen wir oft folgende Aussagen über einen Prozess: Die Schätzung der Zykluszeit muss innerhalb von zwei Tagen liegen, die Schätzung des Prozentsatzes der Defekte liegt innerhalb von 3 %, die Schätzung des Anteils sollte innerhalb von 5 % des Gesamtwerts liegen, die Schätzung der Standardabweichung kann zwischen ± 2 des Prozessmittelwerts variieren, usw. Was wir also mit diesen Aussagen meinen, ist die Menge an Präzision, die im angegebenen Prozess zugelassen werden kann. Betrachten Sie nun die folgenden Aussagen: Das 95 % Konfidenzintervall (KI) der Zykluszeit beträgt 40 ± 2 Tage [oder das KI ist (38, 42)], das 99 % KI der Stichprobenproportion beträgt 0,6 ± 0,15 [oder das KI ist (0,45, 7,5)], das 98 % ungefähre KI der Populationsvarianz beträgt 12 ± 2,5 h [oder das KI ist (9,5, 14,5)], usw. Das heißt, wir geben die zulässige Präzision (oder Fehlertoleranz) an, die in jeder Situation zusammen mit den Eigenschaften des Wertes von Interesse zulässig ist.

Beachten Sie, dass ein KI im Allgemeinen als a

$$\begin{aligned}\text{Confidence interval} &= \text{Accuracy measure} \pm \text{Precision}\\ &= \text{Point estimate} \pm \text{critical value } X \text{ standard error}\end{aligned} \tag{6.1}$$

geschrieben werden kann und daher die Präzision gleich der halben Breite eines KI ist. Zum Beispiel bedeutet ein 95 % Konfidenzintervall = (38, 42) für die Zykluszeit (in Tagen), dass wir zu 95 % sicher sind, dass das Intervall von 38 bis 42 Tagen die durchschnittliche Zykluszeit enthält. Daher beträgt die Breite des KI = 4 Tage, und daher beträgt die Präzision 2 Tage (d. h., die Schätzung liegt innerhalb von ±2 Tagen). Daher

$$\text{Precision} = \frac{\text{UCL} - \text{LCL}}{2}, \tag{6.2}$$

wo UCL und LCL die obere Konfidenzgrenze und die untere Konfidenzgrenze sind, jeweils.

Angenommen, die interessierende Eigenschaft ist der Prozessdurchschnitt, sagen wir μ, und wenn der Prozess einer Normalverteilung mit bekannter Standardabweichung folgt, sagen wir σ, dann ist das 95 % CI für μ $\bar{x} \pm 1{,}96\frac{\sigma}{\sqrt{n}}$, was äquivalent ist zu $\bar{x} \pm k\frac{1}{\sqrt{n}}$, wo $k = 1{,}96\sigma$. Ebenso ist das 95 % CI für die Populationsproportion p $\hat{p} \pm 1{,}96\sqrt{\frac{\hat{p}(1-\hat{p})}{n}}$, was äquivalent ist zu $\hat{p} \pm k_1\frac{1}{\sqrt{n}}$, wo $k_1 = 1{,}96\sqrt{\hat{p}(1-\hat{p})}$. Daher ist die Präzision eine Funktion der Stichprobengröße und des Standardfehlers. Darüber hinaus ist die Präzision *(d)* umgekehrt proportional zur Quadratwurzel der Stichprobengröße n. Das heißt

$$d \propto \frac{1}{\sqrt{n}} \tag{6.3}$$

Daher kann das Wissen um die Präzision die Berechnung der Stichprobengröße erleichtern. Beachten Sie, dass je kleiner der Wert von d ist, desto präziser wird der Schätzer sein. Für eine gute Präzision benötigen wir also eine große Stichprobengröße. Es gibt keine klare Antwort darauf, wie viel Präzision Sie benötigen; die Antwort hängt von den geschäftlichen Auswirkungen der Verwendung der Schätzung ab. Jede Situation ist einzigartig und sollte nicht von der Entscheidung einer anderen Person beeinflusst werden. Aber es ist immer möglich, eine wilde Vermutung über die Präzision zu machen. Beachten Sie auch, dass Sie zur Verbesserung der Präzision die Stichprobengröße erhöhen müssen (was mehr Kosten verursacht). Das Gegenteil ist möglicherweise nicht wahr.

Der nächste wichtige Aspekt bei der Berechnung der Stichprobengröße ist, einige Kenntnisse über die Standardabweichung zu erlangen. Sie müssen eine Vorstellung von der Menge der Variation in den Daten haben, denn je größer die Variabilität ist, desto größer ist die notwendige Stichprobengröße. Es gibt viele Möglichkeiten dafür:

- Finden Sie vorhandene Daten und berechnen Sie $\hat{\sigma} = s$ oder
- Verwenden Sie ein Kontrollchart (für Einzelpersonen) aus einem ähnlichen Prozess und erhalten Sie $\hat{\sigma} = s$ oder
- Sammeln Sie eine kleine Stichprobe und berechnen Sie $\hat{\sigma} = s$ oder
- Machen Sie eine gebildete Vermutung über s basierend auf Ihrem Prozesswissen und der Erinnerung an ähnliche Daten.

Siehe auch Kap. 5 für verschiedene Methoden der Sigma-Schätzung. Lassen Sie uns nun die Berechnung der Stichprobengröße genauer diskutieren und ihre statistische Bedeutung in Schätz- und Inferenzstudien beantworten.

6.2 Stichprobengröße, wenn die interessierende Eigenschaft der Durchschnitt ist

Wie oben gesehen, wenn das Merkmal von Interesse der Prozessmittelwert ist, sagen wir μ, dann ist das $(1-\alpha)100\,\%$ CI für μ ist $\overline{x} \pm z_{\alpha/2}\frac{\sigma}{\sqrt{n}}$. Hier wird α als Signifikanzniveau bezeichnet und $z_{\alpha/2}$ ist der Cut-off (oder Perzentil) Punkt des Bereichs entspricht $(\alpha/2)$ der Standardnormalverteilung. Speziell, wenn das Konfidenzniveau für 95 % gesucht wird, dann $\alpha = 0{,}05$ und $z_{\alpha/2} = 1{,}96$. Daher,

$$\begin{aligned} d &= 1{,}96\frac{\sigma}{\sqrt{n}} \\ \Rightarrow n &= \left(\frac{1{,}96\hat{\sigma}}{d}\right)^2 = \left(\frac{1{,}96s}{d}\right)^2 \end{aligned} \tag{6.4}$$

Die Praktiker, die an industriellen Anwendungen arbeiten, betrachten in der Regel den ungefähren Wert der Stichprobengröße als $n \cong \left(\frac{2\hat{\sigma}}{d}\right)^2 \cong \left(\frac{2s}{d}\right)^2$. Auch in den meisten Six Sigma-Anwendungen betrachten die Black Belts diese vereinfachte Formel. Diese Anpassung wird nur ein paar zusätzliche Proben erhöhen und wird die Ergebnisse in keiner Weise übertreiben.

Für viele biologische, psychologische und sozialwissenschaftliche Forschungen suchen die Forscher möglicherweise nach mehr Präzision in ihren Schätzungen, da das Erhalten von Stichprobengrößen für sie kein schwieriges Problem sein mag. In diesem Fall kann die Präzision durch Berücksichtigung höherer Standardfehler verbessert werden. Das heißt, wenn die in (6.4) abgeleitete Formel einer Präzision von einem Standardfehler des Mittelwerts entspricht, dann sind die Formeln, die einer Präzision von zwei Standardfehlern (Fehlermarge halbiert) und drei Standardfehlern (Fehlermarge um ein Drittel reduziert) entsprechen, jeweils gegeben durch

$$\begin{aligned} \frac{d}{2} &= 1{,}96\frac{\sigma}{\sqrt{n}} \\ \Rightarrow n &= \left(\frac{2 \times 1{,}96\hat{\sigma}}{d}\right)^{2^2} \\ &= \left(\frac{2 \times 1{,}96s}{d}\right) \end{aligned} \tag{6.5}$$

und

$$\frac{d}{3} = 1{,}96\frac{\sigma}{\sqrt{n}}$$

$$\Rightarrow n = \left(\frac{3 \times 1{,}96\hat{\sigma}}{d}\right)^{2^2} \qquad (6.6)$$

$$= \left(\frac{3 \times 1{,}96s}{d}\right)$$

Beachten Sie, dass für genauere Schätzungen eine größere Stichprobengröße erforderlich ist und umgekehrt. Die Stichprobengrößenformel für verschiedene Konfidenzniveaus kann ähnlich ermittelt werden. Der andere Wert von α, der in der statistischen Forschung allgemein verwendet wird, ist $\alpha = 0{,}01$ (mit $z_{\alpha/2} = 2{,}58$) und $\alpha = 0{,}10$ (mit $z_{\alpha/2} = 1{,}645$). Diese Werte können je nach Bedarf in die oben diskutierte Formel eingefügt werden. Die Tab. 6.1, 6.2 und 6.3 zeigen den Wert der Stichprobengröße entsprechend verschiedenen Konfidenzniveaus, der Schätzung von Sigma und Präzisionsniveaus (alle Einträge entsprechen den tatsächlichen $z_{\alpha/2}$ Werten).

Tab. 6.1 Stichprobengröße für den Mittelwert entspricht einer Präzision

Vertrauens-niveau (%)	$d = 1$		$d = 2$		$d = 4$		$d = 6$		$d = 10$	
	$s = 5$	$s = 10$	$s = 5$	$s = 10$	$s = 5$	$s = 10$	$s = 5$	$s = 10$	$s = 5$	$s = 10$
90	67	272	17	68	4	17	2	8	1	3
95	96	384	24	96	6	24	3	11	1	4
98	136	543	34	136	8	34	4	15	1	5
99	166	666	42	166	10	42	5	18	2	7

Tab. 6.2 Stichprobengröße für das Mittel entspricht zwei Präzisionen

Konfidenz-niveau (%)	$d = 1$		$d = 2$		$d = 4$		$d = 6$		$d = 10$	
	$s = 5$	$s = 10$	$s = 5$	$s = 10$	$s = 5$	$s = 10$	$s = 5$	$s = 10$	$s = 5$	$s = 10$
90	269	1089	68	272	17	68	8	30	3	11
95	384	1537	96	384	24	96	11	43	4	15
98	543	2172	136	543	34	136	15	60	5	22
99	666	2663	166	666	42	166	18	74	7	27

Tab. 6.3 Stichprobengröße für das Mittel entspricht drei Präzisionen

Konfidenz-niveau (%)	$d = 1$		$d = 2$		$d = 4$		$d = 6$		$d = 10$	
	$s = 5$	$s = 10$	$s = 5$	$s = 10$	$s = 5$	$s = 10$	$s = 5$	$s = 10$	$s = 5$	$s = 10$
90	605	2450	153	613	38	153	17	68	6	25
95	864	3457	216	864	54	216	24	96	9	35
98	1222	4886	305	1222	76	305	34	136	12	49
99	1498	5991	374	1498	94	374	42	166	15	60

Beispiel 6.1 Umfangreiche Überwachung eines Computer-Zeitteilungssystems hat vorgeschlagen, dass die Antwortzeit auf einen bestimmten Bearbeitungsbefehl normal verteilt ist mit Standardabweichung 25 ms. Ein neues Betriebssystem wurde installiert, und wir möchten die wahre durchschnittliche Antwortzeit μ für die neue Umgebung schätzen. Angenommen, dass die Antwortzeiten immer noch normal verteilt sind mit $s = 25$, welche Stichprobengröße ist notwendig, um sicherzustellen, dass das resultierende 95 % CI eine Breite von (höchstens) 10 hat?

Lösung Gegeben

$$s = 25 \text{ and } d = \frac{\text{UCL} - \text{LCL}}{2} \frac{10}{2} = 5$$

Daher,

$$n \cong \left(\frac{1{,}96 \times 25}{5}\right)^2 = 96, \text{ Correspond to one standard error precision}$$

$$n \cong \left(\frac{3{,}92 \times 25}{5}\right)^2 = 384, \text{ Correspond to two standard error precision}$$

$$n \cong \left(\frac{5{,}88 \times 25}{5}\right)^2 = 864, \text{ Correspond to three standard error precision}$$

Angenommen, dass die Breite des CI immer noch höchstens 10 beträgt, dann wird die Stichprobengröße, die dem 99 % CI entspricht, wie folgt ermittelt:

$$n \cong \left(\frac{2{,}58 \times 25}{5}\right)^2 \cong 166, \text{ Correspond to one standard error precision}$$

$$n \cong \left(\frac{5{,}16 \times 25}{5}\right)^2 \cong 666, \text{ Correspond to two standard error precision}$$

$$n \cong \left(\frac{7{,}74 \times 25}{5}\right)^2 \cong 1498, \text{ Correspond to three standard error precision}$$

6.3 Stichprobengröße, wenn das Merkmal von Interesse Proportion ist

Wie oben gesehen, wenn die interessierenden Merkmale der Bevölkerungsanteil p sind, dann ist das 95 % CI für p $\hat{p} \pm 1{,}96\sqrt{\frac{\hat{p}(1-\hat{p})}{n}}$. Daher,

$$\begin{aligned} d &= 1{,}96\sqrt{\frac{\hat{p}(1-\hat{p})}{n}} \\ \Rightarrow n &= \frac{(1{,}96)^2\hat{p}(1-\hat{p})}{d^2} \end{aligned} \tag{6.7}$$

Ähnlich werden die Formeln, die einer Genauigkeit von zwei (Fehlermarge halbiert) und drei Standardfehlern (Fehlermarge um ein Drittel reduziert) entsprechen, jeweils wie folgt ermittelt:

$$n = \frac{(2 \times 1{,}96)^2 \hat{p}(1 - \hat{p})}{d^2} \tag{6.8}$$

und

$$n = \frac{(3 \times 1{,}96)^2 \hat{p}(1 - \hat{p})}{d^2} \tag{6.9}$$

Die Stichprobengrößenformel für den Anteil für verschiedene Konfidenzniveaus kann ähnlich ermittelt werden. Die Tab. 6.4, 6.5 und 6.6 zeigen den Wert der Stichprobengröße zur Schätzung des Anteils nach verschiedenen Konfidenzniveaus, der Schätzung des Anteils und der Genauigkeitsstufen (alle Einträge entsprechen den tatsächlichen $z_{\alpha/2}$ Werten).

Beispiel 6.2 Angenommen, der Anteil beträgt etwa 80 % und das CI wird für eine Genauigkeit von 4 % vorgeschlagen, bestimmen Sie die erforderliche Stichprobengröße.

Lösung Gegeben

$$\hat{p} = 0{,}8 \quad \text{and} \quad d = 0{,}04$$

Dann

$$n \cong \frac{4(0{,}8)(0{,}2)}{(0{,}04)^2} = 400, \text{ Correspond to one standard error precision}$$
$$n \cong \frac{16(0{,}8)(0{,}2)}{(0{,}04)^2} = 1600, \text{ Correspond to two standard error precision}$$
$$n \cong \frac{36(0{,}8)(0{,}2)}{(0{,}04)^2} = 3600, \text{ Correspond to three standard error precision}$$

Beispiel 6.3 Für eine binäre Antwortstudienvariable wird der Wert von p die erwartete durchschnittliche Wahrscheinlichkeit unter zwei Behandlungen sein. Angenommen, der Untersucher möchte einen Unterschied in der Wahrscheinlichkeit der Antwort von 10 % feststellen, zwischen 85 % unter Kontrolle und 95 % unter aktiver Behandlung. Bestimmen Sie die Stichprobengröße, die zwei Standardfehlergenauigkeit entspricht.

Lösung Gegeben

$$\hat{p} = 0{,}9 \quad \text{and} \quad d = 0{,}1$$

Tab. 6.4 Stichprobengröße für den Anteil entspricht einer Genauigkeit

Konfidenzniveau (%)	$d = 5\ \%$			$d = 10\ \%$			$d = 20\ \%$			$d = 30\ \%$		
	$p = 0.2$	$p = 0.5$	$p = 0.7$	$p = 0.2$	$p = 0.5$	$p = 0.7$	$p = 0.2$	$p = 0.5$	$p = 0.7$	$p = 0.2$	$p = 0.5$	$p = 0.7$
90	172	269	226	43	67	56	11	17	14	5	7	6
95	246	384	323	61	96	81	15	24	20	7	11	9
98	347	543	456	87	136	114	22	34	29	10	15	13
99	426	666	559	107	166	140	27	42	35	12	18	16

Tab. 6.5 Stichprobengröße für Proportionen entspricht zwei Präzisionen

Konfidenzniveau (%)	$d = 5\ \%$			$d = 10\ \%$			$d = 20\ \%$			$d = 30\ \%$		
	$p = 0.2$	$p = 0.5$	$p = 0.7$	$p = 0.2$	$p = 0.5$	$p = 0.7$	$p = 0.2$	$p = 0.5$	$p = 0.7$	$p = 0.2$	$p = 0.5$	$p = 0.7$
90	689	1076	904	172	269	226	43	67	56	19	30	25
95	983	1537	1291	246	384	323	61	96	81	27	43	36
98	1390	2172	1824	347	543	456	85	136	114	39	60	51
99	1704	2663	2237	426	666	559	107	166	140	47	74	62

Tab. 6.6 Stichprobengröße für Proportionen entspricht drei Präzisionen

Konfidenzniveau (%)	$d = 5\ \%$			$d = 10\ \%$			$d = 20\ \%$			$d = 30\ \%$		
	$p = 0.2$	$p = 0.5$	$p = 0.7$	$p = 0.2$	$p = 0.5$	$p = 0.7$	$p = 0.2$	$p = 0.5$	$p = 0.7$	$p = 0.2$	$p = 0.5$	$p = 0.7$
90	1549	2421	2033	387	605	508	97	151	127	43	67	56
95	2213	3457	2904	553	864	726	138	216	182	61	96	81
98	3127	4886	4104	782	1222	1026	195	305	257	87	136	114
99	3834	5991	5032	959	1498	1258	240	374	315	107	166	140

Dann wird die Stichprobengröße, die zwei Standardfehlergenauigkeit entspricht, wie folgt ermittelt:

$$n \cong \frac{16(0{,}9)(0{,}1)}{(0{,}1)^2} = 144$$

Das heißt, 72 in jeder Behandlungsgruppe. Für eine bessere Schätzung könnte man 64 statt 16 in die Formel einsetzen, wenn Kovariaten in der Studie nicht berücksichtigt werden. Dies wird die Zuverlässigkeit und Konsistenz der Messungen der Antwortvariablen verbessern.

6.4 Stichprobengröße, wenn das Interesse an Zählungen besteht

Wenn das Interesse an durchschnittlichen Zählungen besteht, sagen wir μ, dann könnte $\hat{\sigma}$ geschätzt werden als $\sqrt{\hat{\mu}}$, dann wie in Abschn. 6.2 entwickelt, erhalten wir die Stichprobengröße wie folgt:

$$n = \left(\frac{1{,}96}{d}\right)^2 \hat{\mu}, \text{ Correspond to one standard error precision} \quad (6.10)$$

$$n = \left(\frac{2 \times 1{,}96}{d}\right)^2 \hat{\mu}, \text{ Correspond to two standard error precision} \quad (6.11)$$

und

$$n = \left(\frac{3 \times 1{,}96}{d}\right)^2 \hat{\mu}, \text{ Correspond to three standard error precision} \quad (6.12)$$

Tabellen 6.7, 6.8, und 6.9 zeigen den Wert der Stichprobengröße zur Schätzung von Zählungen nach verschiedenen Konfidenzniveaus, der Schätzung von Zählungen und Präzisionsniveaus (alle Einträge entsprechen den tatsächlichen $z_{\alpha/2}$ Werten).

Beispiel 6.4 Angenommen, die durchschnittliche Anzahl gebildeter Personen in einer Familie beträgt 3 und das vorgeschlagene Intervall liegt innerhalb einer Genauigkeit von 0,4. Ermitteln Sie die Stichprobengröße, um die Bevölkerungscharakteristik gebildeter Personen ungefähr zu bestimmen.

Lösung Gegeben

$$\hat{\mu} = 3 \quad \text{and} \quad d = 0{,}4$$

Tab. 6.7 Stichprobengröße für Zählungen entspricht einer Genauigkeit

Konfidenz-niveau (%)	$d = 5$ %			$d = 10$ %			d = 20 %		
	$\mu = 2$	$\mu = 4$	$\mu = 6$	$\mu = 2$	$\mu = 4$	$\mu = 6$	$\mu = 2$	$\mu = 4$	$\mu = 6$
90	2152	4303	6455	538	1076	1614	134	269	403
95	3073	6147	9220	768	1537	2305	192	384	576
98	4343	8686	13,029	1086	2172	3257	271	543	814
99	5325	10,650	15,975	1331	2663	3994	333	666	998

Tab. 6.8 Stichprobengröße für Zählungen entspricht zwei Präzisionen

Vertrauens-niveau (%)	$d = 5$ %			$d = 10$ %			$d = 20$ %		
	$\mu = 2$	$\mu = 4$	$\mu = 6$	$\mu = 2$	$\mu = 4$	$\mu = 6$	$\mu = 2$	$\mu = 4$	$\mu = 6$
90	8607	17,213	25,820	2152	4303	6455	538	1076	1614
95	12,293	24,586	36,879	3073	6147	9220	768	1537	2305
98	17,372	34,745	52,117	4343	8686	13,029	1086	2172	3257
99	21,300	42,601	63,901	5325	10,650	15,975	1331	2663	3994

Tab. 6.9 Stichprobengröße für Zählungen entspricht drei Präzisionen

Konfidenz-niveau (%)	$d = 5$ %			$d = 10$ %			$d = 20$ %		
	$\mu = 2$	$\mu = 4$	$\mu = 6$	$\mu = 2$	$\mu = 4$	$\mu = 6$	$\mu = 2$	$\mu = 4$	$\mu = 6$
90	19,365	38,730	58,095	4841	9683	14,524	1210	2421	3631
95	27,660	55,319	82,979	6915	13,830	20,745	1729	3457	5186
98	39,088	78,176	117,264	9772	19,544	29,316	2443	4886	7329
99	47,926	95,852	143,778	11,982	23,963	35,945	2995	5991	8986

Dann

$$n = \left(\frac{1{,}96}{0{,}4}\right)^2 3 = 72, \text{ Correspond to one standard error precision}$$

$$n = \left(\frac{2 \times 1{,}96}{0{,}4}\right)^2 3 = 288, \text{ Correspond to two standard error precision}$$

$$n = \left(\frac{3 \times 1{,}96}{0{,}4}\right)^2 3 = 648, \text{ Correspond to three standard error precision}$$

6.5 Stichprobengröße, wenn das Merkmal von Interesse der Unterschied der Mittelwerte ist

Wie wir wissen, wenn das Merkmal von Interesse der Unterschied der Populationsmittelwerte ist $\mu_1 - \mu_2$, dann für gleiche Stichprobengrößen ist das 95 % CI für $\mu_1 - \mu_2$ ist $(\bar{x}_1 - \bar{x}_2) \pm 1{,}96\sqrt{\frac{\sigma_1^2}{n} + \frac{\sigma_2^2}{n}}$. Daher,

$$
\begin{aligned}
d &= 1{,}96\sqrt{\frac{\sigma_1^2}{n} + \frac{\sigma_2^2}{n}} \\
\Rightarrow n &= \frac{(1{,}96)^2(\sigma_1^2 + \sigma_2^2)}{d^2},
\end{aligned}
\tag{6.13}
$$

wo σ_1^2 und σ_2^2 sind die Varianzen der zu betrachtenden Populationen. Ähnlich entspricht die Formel einer Präzision von zwei (Fehlermarge halbiert) und drei Standardfehlern (Fehlermarge um ein Drittel reduziert) sind jeweils wie folgt erhalten:

$$
n = \frac{(2 \times 1{,}96)^2(\sigma_1^2 + \sigma_2^2)}{d^2} \tag{6.14}
$$

und

$$
n = \frac{(3 \times 1{,}96)^2(\sigma_1^2 + \sigma_2^2)}{d^2} \tag{6.15}
$$

Die Stichprobengrößenformel für den Unterschied der Mittelwerte für verschiedene Konfidenzniveaus kann ähnlich ermittelt werden.

Beispiel 6.5 Die folgenden Informationen werden zur Schätzung des Unterschieds der Mittelwerte gegeben: $\sigma_1 = 2{,}0, \sigma_2 = 2{,}5, \alpha = 0{,}01$ und $d = 1.2$. Entscheiden Sie die Stichprobengröße.

Lösung Die Stichprobengröße wird wie folgt ermittelt:

$$
\begin{aligned}
n &= \frac{(2{,}58)^2(\sigma_1^2 + \sigma_2^2)}{d^2} \\
&= \frac{(2{,}58)^2(2^2 + 2{,}5^2)}{1{,}2^2} \\
&= 47{,}38 \cong 47
\end{aligned}
$$

6.6 Stichprobengröße, wenn das Merkmal von Interesse der Unterschied der Anteile ist

Wenn das Merkmal von Interesse der Unterschied der Bevölkerungsanteile ist $P_1 - P_2$, dann ist für gleiche Stichprobengrößen das 95 % CI für $P_1 - P_2$ $(p_1 - p_2) \pm 1{,}96\sqrt{\frac{p_1(1-p_1)}{n} + \frac{p_2(1-p_2)}{n}}$. Daher ist

$$
\begin{aligned}
d &= 1{,}96\sqrt{\frac{p_1(1-p_1)}{n} + \frac{p_2(1-p_2)}{n}} \\
\Rightarrow n &= \frac{(1{,}96)^2[p_1(1-p_1) + p_2(1-p_2)]}{d^2}
\end{aligned}
\tag{6.16}
$$

wo p_1 und p_2 die Stichprobenanteile der Studienpopulationen sind. Ähnlich entspricht die Formel einer Genauigkeit von zwei (Fehlermarge halbiert) und drei Standardfehlern (Fehlermarge um ein Drittel reduziert), die jeweils wie folgt ermittelt werden:

$$n = \frac{(2 \times 1{,}96)^2[p_1(1-p_1) + p_2(1-p_2)]}{d^2} \tag{6.17}$$

und

$$n = \frac{(3 \times 1{,}96)^2[p_1(1-p_1) + p_2(1-p_2)]}{d^2} \tag{6.18}$$

Die Stichprobengrößenformel für den Unterschied der Anteile für verschiedene Konfidenzniveaus kann ähnlich ermittelt werden.

Beispiel 6.6 Ein Marketingfachmann eines Autoherstellers möchte den Unterschied zwischen dem Anteil der Kunden, die ein inländisches Auto bevorzugen, und denen, die ein importiertes Auto bevorzugen, abschätzen. Eine historische Studie schätzt, dass 60 % der Kunden ein inländisches Auto und 40 % ein importiertes Auto bevorzugten. Wie groß sollte die Stichprobe sein, um zu sehen, dass der Unterschied im Anteil der Kundenvorlieben eine Fehlermarge von 2,5 % mit einem Konfidenzkoeffizienten von 99 % hat?

Lösung Gegeben ist $p_1 = 0{,}60, p_2 = 0{,}40, \alpha = 0{,}01, z_{\alpha/2} = 2{,}58$ and $d = 2{,}5\,\%$. Daher wird die Stichprobengröße wie folgt ermittelt

$$\begin{aligned} n &= \frac{(2{,}58)^2[p_1(1-p_1) + p_2(1-p_2)]}{d^2} \\ &= \frac{(2{,}58)^2[0{,}6 \times 0{,}4 + 0{,}4 \times 0{,}6]}{(0{,}025)^2} \\ &= 5112{,}11 \cong 5112 \end{aligned}$$

Bei der Planung von Experimenten zur Überprüfung statistischer Hypothesen sollte man sowohl das gewünschte Signifikanzniveau (α) als auch die gewünschte Teststärke $(1-\beta)$ für die Berechnungen der Stichprobengröße berücksichtigen. Der Wert α ist die Wahrscheinlichkeit, eine wahre Hypothese fälschlicherweise abzulehnen [auch P(Fehler vom Typ-I) genannt], während β die Wahrscheinlichkeit ist, eine falsche Hypothese anzunehmen [auch Fehler vom Typ-II genannt]. Im Allgemeinen kann man beide Mengen durch die Auswahl der Anzahl n der Replikate steuern, wobei die Stärke bei festem α mit zunehmendem n zunimmt. Man kann sich auf Odeh und Fox [6] und Muralidharan [3] für eine detaillierte Studie über die Wahl der Stichprobengröße bei Experimenten mit linearen Modellen und Hypothesentests beziehen.

Bratcher et al. [1] bietet Tabellen mit Stichprobengrößen in der Varianzanalysemodelle. Weitere nützliche Referenzen finden sich in Stein [7] und Neyman und Pearson [5] und den darin enthaltenen Referenzen. Siehe Kap. 9 für eine detaillierte Studie über Hypothesentests und andere Entscheidungshilfen.

6.7 Relevanz für Manager

Wenn alle statistischen Analysen (quantitative Forschung) das Problem der Stichprobenziehung und der stichprobenbasierten Studie behandeln, dann ist das Wissen über die Stichprobengröße entscheidend für jede Untersuchung. Das Studieren von Stichproben ist einfacher als das Studieren der gesamten Bevölkerung. Dieses Kapitel ist daher einzigartig in der Behandlung dieses Konzepts. Diese Studie berücksichtigt die Berechnung der Stichprobengröße für verschiedene Merkmale wie Mittelwert, Anteil, Zählungen, Differenz der Mittelwerte und Differenz der Anteile. In vielen folgenden Kapiteln ist das Wissen über die Stichprobengröße ein integraler Bestandteil, um die anschließende Inferenz zu erleichtern. Zum Beispiel müssen wir bei der Gestaltung eines Kontrollcharts sowohl die zu verwendende Stichprobengröße als auch die Häufigkeit der Stichprobenziehung angeben. Ein weiteres Beispiel ist die Studie der Hypothesentests, bei der die Stichprobengröße entscheidend ist, um die Teststärke zu erhöhen.

Für jede sinnvolle Inferenz wird erwartet, dass eine Projektstudie eine große Stichprobengröße hat. Eine große Stichprobengröße verbessert im Allgemeinen die Genauigkeit und Präzision der Schätzung. Um genauere Schätzer zu erhalten, sind ein ordnungsgemäßer Stichprobenrahmen und Stichprobeneinheiten erforderlich. Daher können die häufig gestellten Fragen wie „Was ist die ideale Stichprobengröße“ und „Wie groß sollte eine Stichprobengröße sein?“ im Kontext der durchgeführten Studie beantwortet werden. In gewissem Maße haben wir dieses Problem in diesem Kapitel vereinfacht. Ohne uns zu sehr auf technische Aspekte wie Entscheidungsfehler, Signifikanzniveau und Konfidenzkoeffizient zu konzentrieren, haben wir die Relevanz der Stichprobengröße aus der Sicht eines angewandten Statistikers untersucht.

Übungen

6.1. Umfassende Überwachungen eines Computer-Zeitteilungssystems haben darauf hingedeutet, dass die Reaktionszeit auf einen bestimmten Bearbeitungsbefehl normalverteilt ist mit einer Standardabweichung von 25 ms. Ein neues Betriebssystem wurde installiert und man möchte die wahre durchschnittliche Reaktionszeit μ für die neue Umgebung schätzen. Angenommen, die Reaktionszeiten sind immer noch normalverteilt mit $\sigma = 25$, welche Stichprobengröße ist notwendig, um sicherzustellen, dass das resultierende 95 % C.I eine Breite von (höchstens) 10 hat?

6.2. Ein Hersteller von Hochschullehrbüchern ist daran interessiert, die Stärke der Bindungen zu schätzen, die von einer bestimmten Bindemaschine produziert werden. Die Stärke kann gemessen werden, indem man die Kraft aufzeichnet, die benötigt wird, um die Seiten aus der Bindung zu ziehen. Wenn die Kraft in Pfund gemessen wird, wie viele Bücher sollten getestet werden, um die durchschnittliche Kraft zu schätzen, die benötigt wird, um die Bindung innerhalb von 0,1lb mit 95 % Vertrauen zu brechen. Angenommen, dass σ bekannt ist, um 0,8 zu sein. Wie groß wird die Größe sein, die zwei Präzisionen entspricht?

6.3. Elf Kaninchen wurden auf den Gesamtfettsäuregehalt ihres Plasmas untersucht, mit den folgenden Ergebnissen (in mg/100 ml):

$$169, 168, 154, 156, 172, 163, 169, 175, 150, 167 \text{ and } 166.$$

Finden Sie ein 90 % Konfidenzintervall für den Mittelwert der Population, aus der diese Stichprobe entnommen wurde, und geben Sie die Bedingungen und Annahmen an, die für diese Berechnung notwendig sind, um gültig zu sein. Ein Experimentator möchte den wahren Fettsäuregehalt des Plasmas auf ± 1 % des wahren Werts mit 90 % Vertrauen schätzen. Wie groß sollte die Stichprobe Ihrer Meinung nach sein?

6.4. Ein Forscher möchte den Mittelwert einer Population schätzen, indem er eine Zufallsstichprobe nimmt und den Stichprobenmittelwert berechnet. Er möchte zu 95 % sicher sein, dass der Fehlerbereich der Schätzung 2 beträgt. Wenn die Standardabweichung der Population 20 beträgt, wie viele Beobachtungen müssen in die Stichprobe einbezogen werden? Schätzen Sie das Gleiche für zwei und drei Präzisionen, jeweils?

6.5. Ein Zeitungsreporter bereitet eine Geschichte über Autoprüfstationen vor und der Reporter möchte die durchschnittlichen Kosten einer staatlichen Inspektion (ohne die Kosten für Reparaturen) schätzen. Der Reporter glaubt, dass die Kosten zwischen \$10 und \$25 variieren werden. Wie viele Prüfstationen sollten befragt werden, wenn der Reporter möchte, dass der Fehlerbereich der Schätzung höchstens \$1 mit 95 % Vertrauen beträgt?

6.6. In einem Fertigungsprozess wird eine Schätzung für den Unterschied zwischen zwei Populationsmitteln gesucht. Angenommen, die Populationsstandardabweichungen sind bekanntermaßen 3 und 3,5. Wie groß sollte die Stichprobe sein, damit mit einer Wahrscheinlichkeit von 99 % die Schätzung innerhalb von 1,5 Einheiten des wahren Werts von $\mu_1 - \mu_2$ liegt.

6.7. Die Mittelwerte von zwei großen Stichproben betragen jeweils 67,5 und 68. Wenn die beiden Stichproben die gleiche Standardabweichung von 2,5 haben, dann bestimmen Sie die Stichprobengrößen, so dass der Unterschied im Populationsmittelwert eine Wahrscheinlichkeit von 95 % hat mit einem Fehlerbereich innerhalb von 2 Einheiten. Schätzen Sie das Gleiche für zwei und drei Präzisionen, jeweils?

6.8. Es wird vorgeschlagen, eine Impfkampagne durchzuführen, um die Unterstützung der Menschen zu beurteilen, die das neue Medikament gegen eine Grippe befürworten. Wie groß sollte die Stichprobe sein, um den Anteil der Menschen mit einem Fehlerbereich von 3 % mit 95 % Wahrscheinlichkeit zu schätzen? Schätzen Sie das Gleiche für zwei und drei Präzisionen, jeweils?

6.9. Ein Marketing-Spezialist eines Teeherstellungsunternehmens möchte den Unterschied zwischen den Anteilen der Kunden schätzen, die zwei bestimmte Teemarken bevorzugen. Eine historische Studie schätzt, dass 45 % der Kunden die erste Marke und 50 % die zweite Marke bevorzugten. Mit einem Konfidenzkoeffizienten von 99 %, wie groß sollte die Stichprobe sein, um zu sehen, ob der Unterschied in der Kundenpräferenz innerhalb eines Fehlerbereichs von 2,5 % liegt?

6.10. Diskutieren Sie die Relevanz der Standardabweichung bei der Bestimmung der Stichprobengröße.

Literatur

1. Bratcher, T.L., Moran, M.A., Zimmer, W.I.: Tables of sample sizes in the analysis of variance. J. Qual. Technol. **2**, 156–164 (1970)
2. Lindsey, J.: Revealing Statistical Principles. Arnold Publishers, London (1999)
3. Muralidharan, K.: On sample size determination. In: International Journal of Computational Mathematics and Numerical Simulations, (to appear) (2014)
4. Muralidharan, K., Syamsundar, A.: Statistical Methods for Quality, Reliability and Maintainability. PHI Publications, New Delhi (2012)
5. Neyman, J., Pearson, E.S.: The use and interpretation of certain test criteria for purpose of statistical inference. Part-I, Biometrika **20a**, 175–240 (1928)
6. Odeh, R.E., Fox, M.: Sample Size Choice: Charts with Experiments with Linear Models. Marcel Dekker, INC, New York (1991)
7. Stein, C.: A two-sample test for a linear hypothesis whose power is independent of the variance. Ann. Math. Statist. **16**, 243–258 (1945)

Kapitel 7
Definierungsphase

7.1 Projektcharta

Eine Projektcharta ist ein Dokument, das die Zwecke des Projekts darlegt. Eine Projektcharta in der Definitionsphase bereitet den Weg für ein erfolgreiches Six Sigma-Projekt, indem sie Ihnen hilft, vier kritische Fragen zu beantworten:

1. Was ist das *Problem* oder die Chance, auf die wir uns konzentrieren werden?
2. Welche *Ergebnisse* möchten Sie erreichen und bis wann (in der Regel die Ziele)?
3. Wer ist der *Kunde,* der von diesem Prozess und Problem bedient und/oder betroffen ist?
4. Was ist der *Prozess,* den wir untersuchen?

Durch die Dokumentation von Projektzielen und -parametern können Verbesserungsteams sicherstellen, dass ihre Arbeit den Erwartungen ihrer Organisationsleiter und des Projektsponsors entspricht. Daher dient eine Projektcharta als informeller Vertrag, der dem Team hilft, auf Kurs mit den Zielen des Unternehmens zu bleiben.

7.1.1 Die Problemstellung

Dies ist eine prägnante und fokussierte Beschreibung von „was falsch ist" – entweder das Leid, das aus dem Problem entsteht, oder die Chance, die angegangen werden muss. In einigen Fällen kann die Problemstellung eine destillierte Version der Projektbegründung sein, aber in der Regel muss ein Team ihr Problem viel spezifischer definieren, da selbst die besten Projektbegründungen ziemlich breit gefasst sein werden.

K. Muralidharan, *Six Sigma für organisatorische Exzellenz*,
https://doi.org/10.1007/978-81-322-4001-3_7

Eine Problemstellung dient in der Regel folgenden Zwecken:

- Validierung der Projektbegründung
- Konsensbildung in Projektteams
- Bewertung der Klarheit der unterstützenden Daten
- Etablierung einer Basislinie, gegen die Fortschritte und Ergebnisse verfolgt werden können.

Eine Problemstellung impliziert niemals eine Ursache oder eine Lösung, sondern identifiziert einen sichtbaren Mangel in einem geplanten Ergebnis. Eine Missionsaussage basiert auf der Problemstellung, gibt aber dem Projektteam eine Richtung. Ein Ziel oder eine andere Messgröße für den Projektabschluss und ein Zieltermin sollten als Mission für ein besseres Ergebnis definiert werden. Wie die Problemstellung sollte auch die Missionsaussage keine Ursache oder Lösung implizieren.

7.1.2 Die Ziel- (oder Ergebnis-) Aussage

Ein *Ziel* ist ein gewünschtes Ergebnis, das in einer bestimmten Zeit erreicht werden soll. Eine Zielaussage definiert „Erleichterung" in Form von konkreten Ergebnissen. Die Struktur der Zielaussage kann in drei Elemente standardisiert werden:

1. Eine Beschreibung dessen, was erreicht werden soll.
2. Ein messbares Ziel für gewünschte Ergebnisse. Das Ziel sollte die gewünschte Kosteneinsparung, Fehlerbeseitigung oder Zeitreduktion usw. in Prozenten oder tatsächlichen Zahlen quantifizieren.
3. Ein Projekttermin und/oder ein Zeitrahmen für Ergebnisse. Der zu Beginn des Projekts festgelegte Datensatz muss möglicherweise später überarbeitet werden, aber die Festlegung eines Termins hilft, Ressourcen und Engagement zu mobilisieren und die Projektlaufzeit zu verkürzen.

Eine Zielaussage sollte SMART sein:

- *Spezifisch:* Eine Zielaussage sollte nicht sehr allgemein und philosophisch sein, sie sollte auf das Ziel eingegrenzt werden
- *Messbar:* Wenn das Team keine messbaren Ziele hat, wird es nicht wissen, ob es Fortschritte macht oder ob es erfolgreich ist
- *Erreichbar:* Das Ziel, das durch Planung und Ausführung erreichbar ist, kann auch aggressiv sein
- *Relevant:* Das Ziel muss spezifisch mit den strategischen Zielen des Unternehmens verknüpft sein
- *Zeitnah:* Das Ziel muss in dem Zeitrahmen, in dem das Team arbeiten muss, sinnvoll sein

Defeo und Barnard [1] identifizieren sieben Bereiche, in denen Ziele mindestens erforderlich sind:

- Produktleistung
- Wettbewerbsleistung
- Qualitätsverbesserung
- Kosten schlechter Qualität
- Leistung von Geschäftsprozessen
- Kundenzufriedenheit
- Kundenloyalität und -bindung

Laut Gryna et al. [2] werden die Qualitätsziele durch eine „unternehmensweite Bewertung der Qualität" identifiziert. Diese Studien identifizieren Stärken, Schwächen, Chancen und Bedrohungen. Weitere Eingaben zur Formulierung von Zielen sind unter anderem:

- Pareto-Analyse von wiederholten externen Alarmsignalen (Ausfälle, Beschwerden, Rücksendungen usw.)
- Pareto-Analyse von wiederholten internen Alarmsignalen (Ausschuss, Nacharbeit, Sortierung, Prüfung usw.)
- Vorschläge von Schlüsselinsidern – Managern, Vorgesetzten, Fachleuten usw.
- Vorschläge aus Vorschlagsprogrammen
- Feldstudie zu den Bedürfnissen und Kosten der Nutzer
- Daten zur Leistung von Produkten im Vergleich zu Wettbewerbern
- Kommentare von Schlüsselpersonen außerhalb des Unternehmens (Kunden, Lieferanten, Kritiker usw.)
- Ergebnisse und Kommentare von Regulierungsbehörden, Reformern usw.

Tab. 7.1 zeigt eine Projektcharta zur Optimierung des Stromverbrauchs in einer Batch-Anlage. Das Geschäftsproblem besteht darin, die Bereiche zu identifizieren, in denen der Stromverbrauch gesenkt oder optimiert werden kann und auch die Verbesserungsbereiche zu identifizieren. Die Zielsetzung zeigt deutlich die aktuelle Anforderung des Unternehmens, den Stromverbrauch um 1000 kWh pro Tag von 3100 kWh zu reduzieren. Diese Reduzierung führt zu Einsparungen von Rs. 80 Lakhs pro Jahr für das Jahr 2014–2015.

7.1.3 Kundenidentifikation

Die Person oder Organisation, die ein Ergebnis aus einem Prozess erhält, wird als Kunde bezeichnet. Sie sind die Menschen, die von dem Produkt oder Prozess betroffen sind. Daher ist die Person oder Organisation, die der Endbenutzer eines Produkts oder einer Dienstleistung ist, auch ein Verbraucher. Die drei breiten Kategorien von Kunden sind wie folgt:

- Externe Kunden – Eine Person oder Organisation, die ein Produkt, eine Dienstleistung oder Informationen erhält, aber nicht Teil der liefernden Organisation ist

Tab. 7.1 Eine Projektcharta zur Optimierung des Stromverbrauchs

Projektcharta			
Allgemeine Projektinformationen			
Projektname	Optimierung des Stromverbrauchs in einer Batch-Anlage		
Projektleiter	Dr. XYZ	Startdatum: 10.01.2013	Enddatum: 10.07.2013
Organisationseinheit	Kraftwerksanlage		
Projektgrundlagen			
Geschäftliche Begründung	Der Stromverbrauch aufgrund des Betriebs der Batch-Anlage beträgt Rs. 53 Lakhs für das Jahr 2013. Daher ist es notwendig, Bereiche zu identifizieren, in denen der Stromverbrauch gesenkt/optimiert werden kann und auch Verbesserungsbereiche zu identifizieren		
Problemstellung	Der durchschnittliche Stromverbrauch der Batch-Anlage beträgt 3100 kWh pro Tag für das Jahr 2013, was Rs. 110 Lakhs entspricht		
Zielsetzung	Reduzierung des Stromverbrauchs um 1000 kWh pro Tag von 3100 kWh (Basisniveau, das als Durchschnitt pro Tag für das Jahr 2013 betrachtet wird), was zu einer Einsparung von Rs 80 Lakhs pro Jahr für das Jahr 2014–2015 führen wird		
Projekt KPOVs	1. Monatlicher Stromverbrauch in der Batch-Anlage		
	2. Anzahl der Batches		
Annahmen	Die Größe der Batches sollte das ganze Jahr über gleich bleiben		
Einschränkungen	Keine		
Projektumfang (im Umfang/außerhalb des Umfangs)	Im Umfang: Anzahl der Batches, Anzahl der Züge		
	Außerhalb des Umfangs: Nutzung des Wassererhitzers, Rezeptur der Batches		
	Wichtige Meilensteine/Zeitpläne	Startdatum	Abschlussdatum
Projektplan	Überprüfung und Umfang	10.01.2013	16.01.2013
	Planung und Kickoff	17.01.2013	20.01.2013
	Definierungsphase	21.01.2013	28.01.2013
	Messphase	29.01.2013	15.02.2013
	Analysephase	16.02.2013	19.03.2013
	Verbesserungsphase	21.03.2013	30.04.2013
	Kontrollphase	01.05.2013	10.06.2013
	Zusammenfassung und Abschluss	11.06.2013	10.07.2013
Projektteam	Herr L. Patel (Champion), Dr. R. Ravi (MBB), Herr Rahul (BB), Herr Vijay Kumar, Herr M. Pawan, Herr Peter Marcos, Frau S. Maiti, Herr K. Malhotra		

- Interne Kunden – Eine Person oder ein Prozess innerhalb der Organisation, der die Ausgabe von einer anderen Person oder einem anderen Prozess innerhalb derselben Organisation erhält. Sie können sowohl Management als auch Stakeholder sein
- Lieferanten als Kunden – Eine Person oder ein Prozess außerhalb der Organisation, der die Eingabe für eine Organisation liefert

Innerhalb jeder Kategorie werden Kunden weiter klassifiziert nach ihren definierten Bedürfnissen und Anforderungen. Daher wird die Art und Weise, wie Sie Ihre Strategie definieren und Ihre Kunden differenzieren, einen großen Einfluss auf die Genauigkeit Ihrer Daten und die benötigten Ressourcen zur Einrichtung des Kundensprachsystems haben. Im Allgemeinen können sie wie folgt klassifiziert werden:

- Aktuelle, zufriedene Kunden – diese Kunden, die dem Unternehmen und seinen Produkten immer treu sind
- Aktuelle, unzufriedene Kunden (einschließlich derjenigen, die sich beschweren und derjenigen, die dies nicht tun) – diese Kunden, die gleichgültig gegenüber Produkt und Dienstleistungen sind
- Verlorene Kunden – diese Kunden, die einmalige Besucher sind
- Kunden der Wettbewerber – diese Kunden, die Dienstleistungen nach Bequemlichkeit genießen und die Loyalität wechseln
- Potenzielle Kunden – d. h., diejenigen, die noch nicht bei Ihnen oder Ihren Wettbewerbern gekauft haben, aber potenzielle Käufer Ihrer Produkte/Dienstleistungen sind

Laut Harrington und Anderson [3] sind die Merkmale zufriedener Kunden wie folgt:

- Der Kunde versteht durch die Handlungen des Produzenten, dass er als Individuum oder Organisation geschätzt wird
- Der Kunde versteht durch Handlungen oder proaktive Pläne, dass der Produzent effektiv in der Lösung jedes Zuverlässigkeitsproblems sein wird, wenn und wenn es auftritt
- Der Kunde ist mit den Aktivitäten des Produzenten, die die Produktleistung überwachen und kommunizieren, zufrieden
- Der Kunde fühlt sich wohl dabei, eine gewisse Partnerschaft zu etablieren und die Verantwortung für Geschäftsinvestitionen und Vorteile zu teilen
- Der Kunde versteht durch Erfahrung, dass der Produzent immer bestrebt ist, die angegebene Zuverlässigkeit zu übertreffen

Warum ist der Kunde wichtig? Angesichts der heutigen Geschwindigkeit des Wandels ist es sehr wahrscheinlich, dass die Organisationen, die ihren Kunden keine Bedeutung beimessen, in Bezug auf die Produktivität stark leiden werden. Darüber hinaus sollte eine Organisation darauf achten, ein umfassendes System zur Sammlung und Nutzung von Kundenfeedback und Markttrends im Einklang mit der Zeit zu erstellen und zu pflegen. Weiterhin,

- Die Kundenidentität bringt ein echtes Erwachen für ein Unternehmen und seine Führungskräfte
- Verbesserungen sollten als kontinuierliche Anstrengung behandelt werden
- Es hat strategische Auswirkungen auf die Genauigkeit der Daten
- Es hilft, die Trends, die auf dem Markt stattfinden, zu identifizieren
- Es hilft, Ihre Schwächen zu adressieren und Sie zu neuen Anstrengungen zu motivieren

Das Versäumnis, kundenorientiertes Wissen in der gesamten Organisation zu verbreiten, kann auch eine ernsthafte Schwäche für einige und praktisch für einige sein. Dennoch sind die Bemühungen, verschiedene Eingaben zu sammeln und die Kundenanforderungen zu verstehen, immer ein kluger Ansatz.

Wie definiert man Kundenbedürfnisse und -anforderungen? Kunden definieren ihre Bedürfnisse nach ihren Ausgabeanforderungen und Dienstleistungsanforderungen. Die Ausgabeanforderungen sind die Merkmale und/oder Eigenschaften des Endprodukts oder der Dienstleistung, die dem Kunden am Ende des Prozesses geliefert werden, während die Dienstleistungsanforderungen Richtlinien dafür sind, wie der Kunde während der Ausführung des Prozesses selbst behandelt oder bedient werden sollte. Speziell hängen die Anforderungen eines Kunden von

- Identifizierung der Ausgabe- oder Dienstleistungssituationen
- Identifizierung des Kunden oder des Kundensegments
- Überprüfung verfügbarer Daten zu Kundenbedürfnissen, Erwartungen, Kommentaren, Beschwerden usw.
- Entwurf einer Anforderungserklärung
- Validierung der Anforderung
- Verfeinerung und endgültige Festlegung der Anforderungserklärung

Siehe Pande et al. [4], für weitere Details.

Bei der Identifizierung von Kernprozessen und Schlüsselkunden wird immer empfohlen, sich auf Aktivitäten zu konzentrieren, die den Kunden direkt einen Mehrwert bieten und eine Mischung von Personen zur Meinungsäußerung einbeziehen. Achten Sie darauf, dass Sie den Prozess nicht mit vielen Eingaben und Ausgaben überladen, ohne drastische Änderungen in Ihren Kernprozessen vorzunehmen.

7.1.4 Prozessmodelle

Dies ist der wichtigste Teil der Aktivität, die in der Definierungsphase durchgeführt wird. Ein Prozess ist eine Reihe von verknüpften oder verwandten Aktivitäten, die Eingaben aufnehmen und in Ausgaben umwandeln, um ein Produkt, Informationen oder eine Dienstleistung für externe oder interne Kunden zu produzieren. Daher ist es unerlässlich, eine Kommunikationsverbindung zwischen den Kundenanforderungen und den Prozessparametern herzustellen. Hier entsteht der Bedarf an Prozessorientierung. Dies kann durch grafisches Darstellen der Sequenz eines Prozesses, Darstellen, wie Schritte in einem Prozess miteinander in Beziehung stehen, Identifizieren von Engpässen, Aufzeigen von Redundanzen und Lokalisieren von Verschwendung im Prozess usw. erfolgen. Auf diese Weise helfen diese Aktivitäten uns, zwei Dinge zu erreichen: i) Dokumentation, wie der Prozess funktioniert und ii) Identifizierung der wertschöpfenden (VA) und nicht wertschöpfenden Aktivitäten. Eine der besten Methoden zur Beschreibung der Prozessorientierung und -kartierung ist das Modell der Lieferanten, Eingaben, Prozesse, Ausgaben und Kunden (SIPOC), das unten beschrieben wird.

Die Lieferanten-Kunden-Beziehung kann am besten mit einem SIPOC-Diagramm beschrieben werden, das eine der nützlichsten und am häufigsten verwendeten Techniken des Prozessmanagements und der Verbesserung ist. Es wird verwendet, um einen „auf einen Blick" Überblick über Arbeitsabläufe zu geben. SIPOC ist ein Akronym für Lieferanten, Eingabe, Prozess, Ausgabe und Kunde.

- *Lieferant* – die Person oder Gruppe, die wichtige Informationen, Materialien oder andere Ressourcen für den Prozess bereitstellt
- *Eingabe* – das „Ding", das bereitgestellt wird
- *Prozess* – die Reihe von Schritten, die die Eingabe transformiert und idealerweise aufwertet
- *Ausgabe* – das Endprodukt des Prozesses
- *Kunde* – die Person, Gruppe oder der Prozess, der die Ausgabe erhält

Ein SIPOC-Diagramm (manchmal auch als High-Level-Prozessdiagramm bezeichnet) ist eine erweiterte Version des Eingabe-Prozess-Ausgabe (IPO) Diagramms, bei dem die Lieferanten-Kunden-Schnittstelle in die gesamten Verbesserungsaktivitäten der Organisation einbezogen wird. Eine solche Beteiligung führt oft zu gemeinsamer wirtschaftlicher Planung, gemeinsamer technologischer Planung und Zusammenarbeit während der Vertragsausführung. Es erzeugt auch Kundenvertrauen und eine gesunde Arbeitsatmosphäre in der Organisation. Ein SIPOC-Diagramm ist in Abb. 7.1 dargestellt.

Je nach Organisation und Projekt kann das Prozessmodell variieren. Zum Beispiel kann anstelle der Identifizierung von Lieferanten zuerst, für eine kundenorientierte Organisation, der kritische Prozessbereich auf Kundenebene beginnen und auf Lieferantenebene fortgesetzt werden. In diesen Fällen kann das Modell

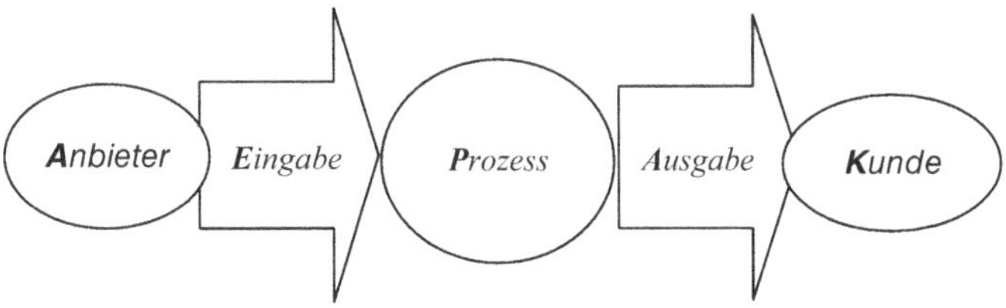

Abb. 7.1 Ein SIPOC-Diagramm

Tab. 7.2 Ein SIPOC-Modell

Lieferanten	Eingaben	Prozess	Ausgaben	Kunden
1. Ventilhersteller (extern und intern) 2. Gehäusehersteller (extern und intern) 3. Planungswerkstatt 4. Lieferanten von Verpackungsmaterialien 5. Drehwerkstatt 6. Produktionsplanung	1. Ventile 2. Gehäuse 3. Verpackungsmaterialien 4. Verschiedene Verbrauchsmaterialien 5. Produktionspläne	1. Montage von Materialien 2. Abteilungsorientierung 3. Ablaufaktivitäten in Sequenz 4. Materialvorbereitung 5. Codierung und Trennung der Materialien 6. Vorbereitung des Materials für die Qualitätskontrolle	1. Montierte und verpackte Ventile 2. Produktionszusammenfassungen 3. Materialverbrauchsberichte 4. Lecktestbericht	1. Lager (intern) 2. Endbenutzer (extern) 3. Produktionsplanung 4. Einkauf 5. Qualitätssicherung

Quelle Muralidharan und Syamsundar [12]

umgekehrt werden zu Kunde, Ausgabe, Prozess, Eingabe und Lieferant (COPIS), um die Prozessabbildung zu zeigen. In beiden Fällen ist es der Denkprozess, der Exzellenz in der Ausgabeeinheit erzeugt. Einige der immateriellen Aspekte des Prozessdenkens sind wie folgt:

- Kundendenken (Kundenspezifikationen)
- Prozessdenken (führende Indikatoren)
- Statistisches Denken (Analyse von Variationen)
- Kausales Denken [normalerweise in der Form:]
- Experimentelles Denken (datengetriebene Hypothesentests)
- Kontrolldenken (Prozessqualitätskontrolle)
- Gemeinsame Sprache/Denkweise über Probleme
- Verantwortungsbewusstes Denken

Ein typisches SIPOC-Modell für eine Montage- und Verpackungseinheit wird in Tab. 7.2 dargestellt.

In Tab. 7.3 stellen wir eine hochrangige Prozesskarte vor, die durch ein SIPOC-Diagramm erstellt wurde. Diese Art von Diagramm zeigt fehlende Verbindungen, Engpässe, unnötige Schritte und Redundanzen im Prozess auf. Ein SIPOC-Diagramm ist ein wesentliches Werkzeug für die Einleitung der Messphase von DMAIC. Dies verknüpft auch die Kundenanforderungen mit der Projektcharta zur Erstellung einer effizienten Prozesskarte. In Abschnitt 7.5 unten gehen wir auf diese Probleme ein.

Laut Pande et al. [4] sind die Vorteile von SIPOC die folgenden:

- Es zeigt einen funktionsübergreifenden Satz von Aktivitäten in einem einzigen und einfachen Diagramm
- Es verwendet ein Rahmenwerk, das für Prozesse aller Größen anwendbar ist
- Es hilft, eine „große Bildperspektive" zu erhalten, zu der zusätzliche Details hinzugefügt werden können.

Tab. 7.3 Ein hochrangiger Prozess, der durch SIPOC abgebildet wurde

Lieferanten		Eingabe	Prozess (hochrangig)		Ausgabe		Kunden	
1	Partnerkunden	Handelskonto und Demat-Formular	Startpunkt Sammlung von Handels- und Demat-Anwendung		1	Aktiviertes Demat-Konto innerhalb definierter TAT	1	Endkunde: Kontoaktivierung innerhalb der gegebenen TAT, Bearbeitung des Formulars mit minimalen Anfragen
		Unterstützende Dokumente	Betriebliche Aktivitäten				2	Partner: Kontoaktivierung innerhalb der TAT, Bearbeitung des Formulars mit minimalen Anfragen, Aktualisierung jedes Status
			1	Anwendung und Dokumentenüberprüfung				
			2	Eingangseintrag				
			3	Persönliche Überprüfung				
			4	Empfang in der Zentrale				
			5	Zweite Überprüfungsebene				
			6	Aktivierung des Demat-Kontos				
			7	Aktivierung des Handelskontos				
			8	Aktivierung/Ablehnung der Anwendung				

7.2 Definition von Teamrollen

Die beiden allgemeinen Arten von Teams sind *informell* und *formell. Formelle Teams* haben ein spezifisches Ziel oder Ziele, die mit den Plänen der Organisation verknüpft sind. Das Ziel wird als Mission oder Zweckbestimmung des Teams bezeichnet. Das formelle Team kann auch eine Charta haben, die seine Missionsaussage, eine Liste der Teammitglieder und eine Unterstützungserklärung des Managements enthält. *Informelle Teams* haben in der Regel keines dieser Dokumente und können eine flexiblere Mitgliedschaft haben, abhängig von ihren Bedürfnissen. Die anderen Teams sind wie folgt:

- *Virtuelle Teams:* bestehen aus Personen an verschiedenen Standorten, die sich möglicherweise nie persönlich treffen. Stattdessen kann das Team Konferenzeinrichtungen nutzen, oder sie führen alle Kommunikation durch geschriebene Worte per E-Mail durch. Diese Teams werden eingesetzt, wenn Fachwissen geographisch oder zeitlich getrennt ist
- *Prozessverbesserungsteams:* gebildet, um Änderungen in spezifischen Prozessen zu finden und vorzuschlagen. Diese Teams sind in der Regel funktionsübergreifend und beinhalten Vertreter aus verschiedenen Gruppen, die wahrscheinlich von den Änderungen betroffen sein werden
- *Selbst-gesteuerte Teams* und *Arbeitsgruppenteams:* haben in der Regel eine breitere und fortlaufendere Mission, die den Tagesbetrieb betrifft. Sie sind in der Regel in der Lage, Entscheidungen über Sicherheit, Qualität, Wartung, Planung, Personal usw. zu treffen

Teams scheinen am besten zu funktionieren, wenn verschiedene Mitglieder zugewiesene Aufgaben und Rollen haben und andere die Teamregeln und -dynamiken verstehen. Die Rollen, die mit verschiedenen Personalmitgliedern bei einem Six Sigma-Projekt verbunden sind, können wie folgt zusammengefasst werden: (Pande et al. [4], Kubiak und Benbow [5]).

Die Führungsgruppe oder der Rat. Sie sind das Top-Management-Team, das die Relevanz des Six Sigma-Projekts versteht, das Projekte delegieren und initiieren kann. Ihr Aufgabenprofil beinhaltet die Festlegung von Rollen und Verantwortlichkeiten anderer Teammitglieder, die Auswahl von Projekten und die Zuweisung von Ressourcen, die Überprüfung des Fortschritts laufender Projekte, die Bewertung des Fortschritts, die Identifizierung von Stärken und Schwächen in der Anstrengung, das Teilen von Best Practices in der gesamten Organisation und die Anwendung der gewonnenen Erkenntnisse auf ihre eigenen individuellen Managementstile.

Der Sponsor oder Champion oder der Prozesseigner. Sie sind die autorisierende Instanz des Projekts. Sie bereiten Ziele, Ziele und den für ein Projekt notwendigen Umfang vor. Sie finden Ressourcen für die Projekte; helfen, Probleme und Überschneidungen, die zwischen Teams oder mit Personen außerhalb des Teams auftreten, zu glätten; arbeiten mit Prozesseignern zusammen, um einen reibungslosen Übergang am Ende eines Verbesserungsprojekts zu gewährleisten;

und wenden ihr erworbenes Wissen über Prozessverbesserung auf ihre eigenen Managementaufgaben an. Sie sind die Personen, die eine neue, funktionsübergreifende Verantwortung übernehmen, um einen „End-to-End"-Satz von Schritten zu verwalten, die einem internen oder externen Kunden einen Mehrwert bieten. Er oder sie erhält die „Übergabe" von Verbesserungsteams oder wird der Eigentümer von neuen und neu gestalteten Prozessen.

Der Moderator. Sie sind die Personen, die die Sitzungen und Sitzungen leiten. Ein Moderator hilft dem Teamleiter, das Team auf Kurs zu halten und stellt sicher, dass alle Mitglieder die gleiche Möglichkeit haben, zu sprechen, beizutragen und zu diskutieren. Er fasst den Fortschritt mit Hilfe von visuellen Hilfsmitteln zusammen, wenn dies angemessen ist, bietet Methoden zur Entscheidungsfindung an und hilft bei der Lösung von Konflikten.

Der Six Sigma Coach. Der Coach bietet Prozesseignern und Six Sigma-Verbesserungsteams fachkundige Beratung und Unterstützung in Bereichen, die von Statistik über Change Management bis hin zu Prozessdesignstrategien reichen können. Der Coach ist der technische Experte, obwohl das Niveau der Expertise von Unternehmen zu Unternehmen variieren wird, abhängig davon, wie die Rollen strukturiert sind und wie komplex das Problem ist. Zu ihren Aufgaben gehört auch die Lösung von Meinungsverschiedenheiten und Konflikten zwischen Teammitgliedern, die Sammlung und Analyse von Daten über Teamaktivitäten und die Unterstützung von Teams bei der Förderung und Feier ihrer Erfolge.

Der Teamleiter oder Projektleiter. Der Teamleiter ist die Person, die die Hauptverantwortung für die Arbeit und die Ergebnisse eines Six Sigma-Projekts übernimmt. Die meisten Teamleiter konzentrieren sich auf Prozessverbesserung oder Design/Neugestaltung, können aber auch Anstrengungen in Bezug auf Kundensysteme, Messungen oder Prozessmanagement übernehmen. Einige seiner spezifischen Verantwortlichkeiten sind wie folgt:

- Überprüfung/Klärung der Projektbegründung mit dem Sponsor
- Entwicklung und Aktualisierung der Projektcharta und des Implementierungsplans
- Hilfe oder Auswahl der Projektteammitglieder
- Identifizierung und Suche nach Ressourcen und Informationen
- Aufrechterhaltung des Projektplans und Fortschreiten in Richtung endgültiger Lösungen und Ergebnisse
- Unterstützung der Übertragung neuer Lösungen oder Prozesse auf den laufenden Betrieb, in Zusammenarbeit mit Funktionsmanagern und/oder dem Prozesseigner
- Dokumentation der endgültigen Ergebnisse und Erstellung einer Executive Summary des Projekts

Die Teammitglieder. Sie sind die Personen, die das Projekt bis zu seinem Entwicklungsabschluss vorantreiben. Sie können auch als das Gehirn und die Muskeln hinter den Messungen, Analysen und Verbesserungen eines Prozesses bezeichnet werden. Sie kommunizieren Ideen und Fachwissen, hören alle Ideen an und erfüllen Aktionsaufträge wie geplant.

Tab.7.4 Rolle gegenüber Titeln

Generische Rolle	„Gürtel“ oder anderer Titel
Führungsrat	Qualitätsrat, Six Sigma Lenkungsausschuss
Sponsor	Champion, Prozesseigner
Implementierungsleiter	Six Sigma Direktor, Qualitätsleiter, Master Black Belt
Coach	Master Black Belt oder Black Belt
Teamleiter	Black Belt oder Green Belt
Teammitglied	Teammitglied oder Green Belt
Prozesseigner	Sponsor oder Champion

Quelle Pande et al. [4]

Beachten Sie, dass diese „generischen“ Rollen nicht alle obligatorisch sind, da es bereits eine gewisse Überschneidung zwischen diesen Verantwortlichkeiten gibt. Da die Six Sigma-Philosophie die Verwendung eines „Gürtel“-Systems (oder Titel) für die an einem Projekt beteiligten Personen befürwortet, werden die Rollen und Verantwortlichkeiten auch entsprechend der Qualifikation der von der Einzelperson erworbenen „Gürtel“ zugewiesen. In Tab. 7.4 stellen wir die Variationen in generischen Rollen und „Gürteln“ dar.

Green Belt (GB). Green Belts sind nahe an den Prozessabläufen und arbeiten direkt mit den Bedienern auf dem Shopfloor und dem Servicepersonal zusammen. Sie sind verantwortlich für die Datenerfassung, machen erste Interpretationen und beginnen, Empfehlungen zu formulieren, die an die Black Belts weitergegeben werden.

Black Belts (BB). Ein Teamleiter, der in den DMAIC-Prozess und in Moderationsfähigkeiten geschult ist, ist verantwortlich für die Führung eines Verbesserungsprojekts bis zur Fertigstellung. Sie sind verantwortlich für die Schulung und Mentoring von GB sowie die Leitung von Verbesserungsprojekten mit spezifischen Methoden. BBs führen in der Regel eine rigorose statistische Analyse mit zusätzlichen Daten und Eingaben aus anderen Quellen durch und machen Empfehlungen an MBBs und Projektchampions.

Master Black Belt (MBB). Sie sind verantwortlich für die Vollzeitschulung und das Mentoring von BB sowie die Leitung der Strategiepersonal, das an einem Six Sigma-Projekt beteiligt ist. Es ist ihre Verantwortung, sicherzustellen, dass die Verbesserungsaktivitäten vorhanden sind und in den richtigen Perspektiven. Ein MBB kann ein geschulter BB oder ein Berater außerhalb der Organisation sein. Sie sollten eine gründliche Expertise in Entscheidungsfindungsthemen und Ingenieurkonzepten haben. Die Verantwortlichkeiten umfassen auch die Implementierung von DMAIC oder DMADV und Design for Six Sigma (DFSS) Konzepten.

Die Ernennungen von Beamten und Vertretern sind ganz und gar eine eigene Angelegenheit der Organisation. In einigen Situationen wird sich die Zusammensetzung des Teams im Laufe des Lebenszyklus des Projekts ändern. Ein Team muss mit den Ressourcen ausgestattet werden, die es benötigt, um die Teamaktivitäten und -aufgaben zu erfüllen. Dies beinhaltet sicherzustellen, dass die Teilnahme der Teammitglieder als Teil der Arbeit eines Teammitglieds angesehen wird und dass ausreichend Zeit für die Fertigstellung der Aufgaben eingeplant ist. Teammitglieder und Teamdynamiken bringen Ressourcen in ein Projekt ein, die Einzelpersonen nicht erbringen könnten. Die besten Teams mit den besten Absichten werden jedoch ohne sorgfältige Vorbereitung suboptimal arbeiten. Es scheint keine standardisierte Liste von Vorbereitungsschritten zu geben, aber mindestens die folgenden Punkte sollten durchgeführt werden [5]:

- Klare Ziele und Ziele setzen, die direkt mit der Projektcharta zusammenhängen. Teams sollten nicht gebeten werden, ihren eigenen Zweck zu definieren, obwohl Zwischenziele und Zeitpläne generiert werden können
- Den Teammitgliedern sollte eine grundlegende Teambuilding-Schulung gegeben werden. Ohne ein Verständnis dafür, wie ein Team funktioniert und welches individuelle Verhalten den Teamfortschritt fördert, wird das Team oft in Persönlichkeitsfragen und Territorialkämpfen gefangen sein
- Ein Zeitplan für die Teammeetings sollte frühzeitig veröffentlicht werden, und die Teammitglieder sollten gebeten werden, sich zu verpflichten, an allen Meetings teilzunehmen
- Teams können nur erfolgreich sein, wenn das Management es will. Die Teammitglieder müssen wissen, dass sie die Befugnis haben, Daten zu sammeln, schwierige Fragen zu stellen und „out of the box" zu denken
- Teammeetings sollten mit einer Überprüfung der Aktivitäten enden, die die einzelnen Teammitglieder vor dem nächsten Meeting abschließen werden. Protokolle, die diese Aktivitäten hervorheben, sollten jedem Meeting folgen
- Alle Teams sollten einen Sponsor haben, der ein berechtigtes Interesse an dem Projekt hat. Der Sponsor überprüft den Fortschritt des Teams, stellt Ressourcen zur Verfügung und beseitigt organisatorische Hindernisse.

7.3 Verwaltung des Projektteams

Wie bereits diskutiert, kann ein Projektteam zu jedem Zeitpunkt mit geringfügigen Änderungen in den Verantwortlichkeiten und Rollen variieren. Eine starke Führung ist notwendig, um ein solches Team zu leiten. Ein wichtiger Teil der Teamführung besteht darin, ein hohes Maß an Motivation zur Projektvollendung zu erzeugen und aufrechtzuerhalten. Die beste Art der Anerkennung besteht in Dankesschreiben, die an Einzelpersonen gesendet und durch öffentliche Anerkennung in Meetings und Newslettern zum Ausdruck gebracht werden. Während der Teammeetings können Moderatoren und andere Teammitglieder die Motivation steigern, indem sie ein Beispiel für Höflichkeit und Ungezwungenheit setzen, außerhalb der Rollen entspannen und eine Bereitschaft zeigen, voneinander zu lernen. Die Teamarbeit kann durch die Feier des Erreichens eines Projektmeilensteins verbessert werden. Laut Kubiac und Benbow [5] durchläuft ein Projektteam Stadien wie:

- *Forming:* Mitglieder bemühen sich, das Ziel und seine Bedeutung für sie individuell zu verstehen
- *Storming:* Mitglieder äußern ihre eigenen Meinungen und Ideen, oft im Widerspruch zu anderen
- *Norming:* Mitglieder beginnen zu verstehen, dass sie als Team und nicht als Gruppe von Einzelpersonen agieren müssen
- *Performing:* Teammitglieder arbeiten zusammen, um ihr gemeinsames Ziel zu erreichen
- *Adjourning:* Ein abschließendes Teammeeting wird abgehalten, in dem Managemententscheidungen bezüglich des Projekts diskutiert und andere lose Enden geklärt werden
- *Recognition:* Der Beitrag des Teams wird anerkannt

Die anderen wichtigen Aspekte des Teammanagements sind wie folgt:

Kommunikation. Ein Mangel an Kommunikation ist eine der am häufigsten genannten Ursachen für das Scheitern eines Teams. In jeder Phase der Teamentwicklung sollte ernsthaft daran gearbeitet werden, die Kommunikation zu verbessern.

Initiierung des Teams. Die Initiierung des Teams sollte in Form eines schriftlichen Dokuments von einer Person auf der Führungsebene der Organisation erfolgen. Ein separates Dokument vom unmittelbaren Vorgesetzten jedes Mitglieds ist ebenfalls hilfreich, um zu erkennen, dass die Teilnahme des Teammitglieds für den Erfolg des Teams wichtig ist. Teamnormen werden oft beim ersten Treffen festgelegt. Sie geben klare Richtlinien darüber, was das Team tolerieren wird und was nicht, und definieren oft die Konsequenzen bei Verstößen gegen die Normen. Ankündigungen von Teammeetings, einschließlich Zeit, Ort, Agenda und dergleichen, müssen so früh wie möglich gemacht werden. Protokolle oder Zusammenfassungen der Sitzung sollten unmittelbar nach der Sitzung zur Verfügung gestellt werden. Nach Abschluss des Projekts sollten Abschlussberichte und Nachfolgememos bezüglich der Disposition von Teamvorschlägen jedem Teammitglied zur Verfügung gestellt werden.

Teamdynamik. Sobald Teams gebildet wurden, müssen sie aufgebaut werden, denn ein echtes Team ist mehr als eine Sammlung von Einzelpersonen. Ein Team beginnt, ein Eigenleben zu entwickeln, das größer ist als die Summe seiner Teile. Der Aufbau des Teams beginnt mit gut ausgebildeten Mitgliedern, die die Rollen und Verantwortlichkeiten der Teammitglieder verstehen und wie sie sich von Rollen außerhalb des Teams unterscheiden können. Das beste Modell für die Teamführung ist der Coach, der sich bemüht, alle Mitglieder zu motivieren, ihr Bestes zu geben. Produktive Teams entstehen, wenn Teamcoaches den Fortschritt erleichtern und gleichzeitig Hindernisse erkennen und bewältigen. Die

Coaching-Funktion kann von Teamleitern oder Teammoderatoren oder beiden ausgeführt werden.

Zeitmanagement. Zeit ist die kritischste Ressource für jedes Team. Obwohl Meetings und Präsentationen als nicht wertschöpfende (NVA) Aktivitäten betrachtet werden, ist das Zeitmanagement ein wesentlicher Bestandteil jedes Projektmanagements. Es liegt am Teamleiter und dem Moderator, jede Minute zu zählen, obwohl auch jedes Teammitglied diese Verantwortung hat. Diese Dinge können durch Gantt-Diagramme, Affinitätsdiagramme und Zeitplanvorbereitungen geplant werden.

Laut Muir [6] hilft das GRPI-Tool (unten beschrieben) dabei, ein erfolgreiches Team über die Dauer des Projekts zu managen. Die Rollen und Verantwortlichkeiten können als Input im GRPI-Modell fortgesetzt werden. Das GRPI-Modell kann auch als Diagnosewerkzeug nützlich sein, wenn das Team nicht gut funktioniert und Sie nicht sicher sind, was falsch ist.

Das GRPI-Modell bewertet regelmäßig den Status des Projekts in Bezug auf:

- *Ziele* – Das Ziel sollte SMART sein, wie oben beschrieben und in der Projektcharta enthalten. Jedes Mitglied des Teams sollte das Projektziel verstehen und in eigenen Worten erklären können
- *Rollen und Verantwortlichkeiten* – Teammitglieder sollten wissen, mit welchen Teilen sie verbunden sind und für welche andere verantwortlich sind
- *Prozesse und Verfahren* – Dies ist der Bereich, in dem eine starke Kommunikation erforderlich ist
- *Zwischenmenschliche Beziehungen* – Es kann notwendig sein, die Verhaltensregeln für das Team aufzulisten. Wie die Kommunikation ist es sehr wichtig für die Herstellung von Transparenz während der gesamten Projektdauer

Zunächst sind die Ziele, Rollen und Prozesse am wichtigsten zu definieren, aber mit Fortschreiten des Projekts kann der zwischenmenschliche Zustand des Teams schnell zur größten Sorge für den anhaltenden Erfolg werden.

7.4 Planungswerkzeuge

Die Planung eines Projekts erleichtert die Etablierung eines Ablaufs im Projekt. Der Planungsprozess erleichtert die Voraussetzungen für das Erreichen und Aufrechterhalten von Verbesserungen in der Geschäftsleistung. Laut DeFeo und Barnard [1] sind die sechs Arten von Durchbrüchen als Voraussetzungen für das Erreichen von Geschäftsleistungen wie folgt: 1) Führung, 2) Organisation, 3) aktuelle Leistung, 4) Management, 5) Anpassungsfähigkeit und 6) Kultur. Die Interaktion, Dynamik und Führung sind alle wichtig für die Steigerung der Leistung einer Geschäftsaktivität. Die Idee für ein Projekt ist oft das Ergebnis einer guten Führung und Erfahrung der Organisation, Kundenbasis oder des Marktes. Dieses technische Wissen wird oft als die perfekte Qualifikation für die Führung eines Projektteams zu einem erfolgreichen Ergebnis betrachtet.

Die Planung kann in drei Kategorien unterteilt werden:

1. *Strategische Aktivitäten:* Ein strategischer Planungsprozess hilft dem Management, den aktuellen Zustand des Prozesses zu studieren, in dem die Organisation tätig ist, den idealen zukünftigen Zustand zu erahnen und den Weg für die Realisierung des Projekts zu planen. Strategische Planung muss eine Priorität des Top-Managements sein. Damit die strategische Planung erfolgreich ist, muss das obere Management aktiv am Prozess beteiligt sein. Es ist nicht etwas, das delegiert werden kann. Darüber hinaus muss erfolgreiche strategische Planung eine Sichtlinie von strategischen zu taktischen zu operativen Aktivitäten schaffen. Dies bedeutet nicht, dass Personen, die Aktivitäten auf der niedrigsten Ebene der Organisation ausführen, die Details des strategischen Plans verstehen müssen.
2. *TaktischeAktivitäten:* Taktische Pläne sind darauf ausgelegt, strategische Pläne zu unterstützen. TRIZ (Theorie des erfinderischen Problemlösens), PUGH-Analyse (eine Entscheidungsmatrix, wenn eine einzelne Option aus mehreren und mehreren Entscheidungen ausgewählt werden muss), usw., sind einige der taktischen Planung der Prozesse.
3. *Operative Aktivitäten:* Der Planungsprozess ist wirklich operative Planung, die auf Produkt- und Prozessplanung ausgerichtet ist. Diese Aktivität steht im Gegensatz zur strategischen Planung, die langfristige Ziele festlegt und den Ansatz zur Erreichung dieser Ziele bestimmt.

Im Kontext der Juran-Trilogie sind DFSS und andere Design-Methoden für die Planung, während Six Sigma, Lean und solche Methoden zur Verbesserung dienen. Für eine detaillierte Diskussion über diese Methoden aus Planungsperspektiven kann man Gryna et al. [2] sehen. Zwei der visuellen Methoden der Planungsprozesse werden unten beschrieben.

7.4.1 Gantt-Diagramm

Gantt-Diagramme oder Zeitachsen sind eine Art Balkendiagramm, das in der Prozess-/Projektplanung und -steuerung verwendet wird, um geplante Arbeit und abgeschlossene Arbeit in Bezug auf die Zeit darzustellen. Die Informationen aus Projekt-Netzwerkdiagrammen wie Project Evaluation and Review Techniques (PERT) und Critical Path Method (CPM) helfen bei der Erstellung von Gantt-Diagrammen. Ein Beispiel für ein Gantt-Diagramm ist in Abb. 7.2 dargestellt.

Gantt-Diagramme wurden als äußerst revolutionär angesehen, als sie erstmals von James [7] in Anerkennung der Beiträge von Henry Gantt eingeführt wurden. Die Henry Laurence Gantt-Medaille wird für herausragende Leistungen im Management und im Gemeinschaftsdienst verliehen. Dieses Diagramm wird auch in der Informationstechnologie verwendet, um gesammelte Daten darzustellen. Moderne Gantt-Diagramme zeigen auch die Abhängigkeitsbeziehungen (d. h., Vorgängernetzwerk) zwischen Aktivitäten und können verwendet werden, um den

Abb. 7.2 Beispiel für ein Gantt-Diagramm

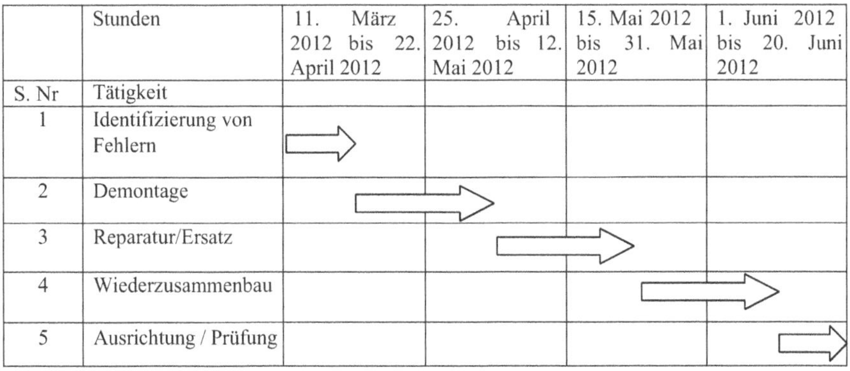

Abb. 7.3 Ein typischer korrektiver Wartungsarbeitsplan für Reparaturen bei Ausfall

aktuellen Zeitplanstatus zu zeigen. Ein Wartungsplan eines industriellen Prozesses kann auch in Form von Gantt-Diagrammen dargestellt werden, wie in Abb. 7.3 gezeigt.

So sind Gantt-Diagramme und Aktivitätsdiagramme leicht zu verstehen und können die Projektaktivitäten in jeder Phase verfolgen. Sie werden manchmal verwendet, um Projektinformationen zu vermitteln, die Änderungen betreffen, die einfacher zu zeichnen oder zu fotografieren sind als in Worte zu fassen. Ein relativ neues Diagramm, das am häufigsten im Arbeitsplatzmanagement (oder *Gemba*-Organisationen) verwendet wird, ist das Affinitätsdiagramm, das unten beschrieben wird.

7.4.2 Affinitätsdiagramm

Affinitätsdiagramme sind die Werkzeuge, die verwendet werden, um Informationen zu organisieren und Ordnung aus dem Chaos zu schaffen, das sich in einer Brainstorming-Sitzung entwickeln kann. Große Mengen an Daten, Konzepten und Ideen werden auf der Grundlage ihrer natürlichen Beziehung zueinander gruppiert. Es ist mehr ein kreativer Prozess als ein logischer Prozess. Es hilft, zahlreiche mögliche Antworten auf ein offenes Problem zu erzeugen, das durch eine Brainstorming-Sitzung initiiert wurde. Dies wird als eines der sieben japanischen Management- und Planungswerkzeuge betrachtet. Die anderen verwandten Werkzeuge sind wie folgt:

- *Baumdiagramm* – Auch systematisches Diagramm genannt und hilft, ein Problem in Teilprobleme und Ursachen zu zerlegen
- *Prozessentscheidungsprogramm-Diagramm* – Bewertet alternative Prozesse, um den besten Prozess auszuwählen
- *Matrixdiagramm* – Zeigt das Vorhandensein oder Fehlen von Beziehungen zwischen gesammelten Paaren von Elementen in einer Problemsituation
- *Interrelationsdiagramm* – Hilft bei der Identifizierung der Schlüsselfaktoren für die Aufnahme in ein Baumdiagramm
- *Priorisierungsmatrix* – Bewertet Optionen durch einen systematischen Ansatz zur Identifizierung, Gewichtung und Anwendung von Kriterien auf die Optionen
- *Pfeildiagramm* – Auch Aktivitätsnetzwerkdiagramm genannt. Es hilft bei der Analyse der Reihenfolge der Aufgaben, die zur Fertigstellung eines Projekts notwendig sind, und bestimmt die kritischen Aufgaben zur Überwachung und zur effizienten Durchführung des Projekts

Für neuere Literatur zu diesen kreativen Methoden des Qualitätsmanagements kann man sich auf Gryna et al. [2] und Wardsworth et al. [8] und die darin enthaltenen Referenzen beziehen.

7.5 Prozesskarte und Flussdiagramm

Prozesskarten und Flussdiagramme gehören zu den zwei wichtigsten Werkzeugen von Six Sigma, bei denen die Verbesserung, Gestaltung, Messung und Verwaltung von Prozessen im Vordergrund stehen. Eine Prozesskarte/Flussdiagramm beinhaltet eine Reihe von Aufgaben (Rechtecke) und Entscheidungen/Überprüfungen (Diamanten), die durch Pfeile verbunden sind, um den Arbeitsfluss zu zeigen. Wenn Sie Prozesskarten für Ihre Six Sigma-Projekte erstellen, werden Sie wahrscheinlich feststellen, dass einige der aufschlussreichsten Informationen direkt in der eigentlichen „Kartenerstellungssitzung" auftauchen, wenn die Leute anfangen zu hören, wie die Arbeit erledigt und Prozesse in anderen Teilen des Unternehmens verwaltet werden. Wenn ein Prozess dokumentiert und validiert ist, können Sie ihn auf einige der folgenden spezifischen Problemzonen analysieren:

- *Diskonnektivitäten:* Punkte, an denen Übergaben von einer Gruppe zur anderen schlecht gehandhabt werden oder an denen ein Lieferant und ein Kunde nicht klar über die Anforderungen des anderen kommuniziert haben.
- *Engpässe:* Punkte im Prozess, an denen das Volumen die Kapazität übersteigt und den gesamten Arbeitsfluss verlangsamt. Engpässe sind das „schwache

Glied“ bei der rechtzeitigen und ausreichenden Lieferung von Produkten und Dienstleistungen an die Kunden.

- *Redundanzen:* Aktivitäten, die an zwei Punkten im Prozess wiederholt werden, können auch mit Aktivitäten parallelisiert werden, die das gleiche Ergebnis duplizieren.
- *Nacharbeitsschleifen:* Orte, an denen ein hohes Arbeitsvolumen „zurück“ in den Prozess geschickt wird, um repariert, korrigiert oder behoben zu werden.
- *Entscheidungen/Inspektionen:* Punkte im Prozess, an denen Entscheidungen, Bewertungen, Kontrollen oder Beurteilungen eingreifen und potenzielle Verzögerungen verursachen. Diese Aktivitäten tendieren dazu, sich im Laufe des Lebens eines Unternehmens und/oder Prozesses zu vermehren.

Der Zweck der Prozesskartierung besteht darin, die für die Abwicklung der Transaktionen vom Kunden in die Geschäftsprozesse und dann zurück zum Kunden notwendigen Prozessschritte zu dokumentieren. Eine detaillierte Prozesskarte hilft auch dabei, die VA- und NVA-Aktivitäten in einem Prozess zu identifizieren. In dieser Phase sollte unser Fokus auf dem Verständnis der Nuancen von VA/NVA-Aktivitäten liegen, nicht auf der Klassifizierung solcher Aktivitäten. In der Messphase diskutieren wir diesen Aspekt im Detail und erstellen entsprechend die VA/NVA-Prozesskarte.

Ein Flussdiagramm stellt in bildlicher Form die Reihenfolge dar, in der Bedingungen geprüft werden sollen und Prozessaktivitäten eine bestimmte Aufgabe ausführen. Abb. 7.4 zeigt das Flussdiagramm für die Auswahl des größten Angebots in einem Bestellprozess. Das Diagramm ermöglicht es, die höchste Angebotsmenge zusammen mit der Angebotsidentifikation aus einer großen Datenbank von Angeboten sequenziell durchzuführen. Flussdiagramme verwenden vier Symbole für Ereignisse: ein Diamant für ein Entscheidungsereignis, ein kleines Quadrat für eine Aktivität, eine Gruppe aufeinanderfolgender Quadrate für eine Nacharbeitsschleife und ein Papiersymbol für ein Dokument oder eine Datenbank (siehe auch Salvendy [9]).

7.6 Qualitätsfunktionseinsatz (QFD)

Eine Technik zur Dokumentation der gesamten Designlogik ist QFD. QFD ist eine Methode zur Übersetzung von Kundenanforderungen in ein geeignetes Unternehmensprogramm und technische Anforderungen in jeder Phase des Produktrealisierungszyklus. Dieser Prozess kann horizontal durch Marketing, Produktplanung, Engineering, Fertigung, Service und alle anderen Abteilungen in einer Organisation, die an der Produkt- oder Serviceentwicklung beteiligt sind, eingesetzt werden [10, 11]. Die Technik wurde von Akashi Fukuhara aus Japan erfunden und erstmals mit sehr guten Ergebnissen bei Toyota und seinen Zulieferern angewendet. Darüber hinaus wurde sie auf andere japanische Hersteller wie Konsumelektronik, Haushaltsgeräte, Kleidung, integrierte Schaltkreise und

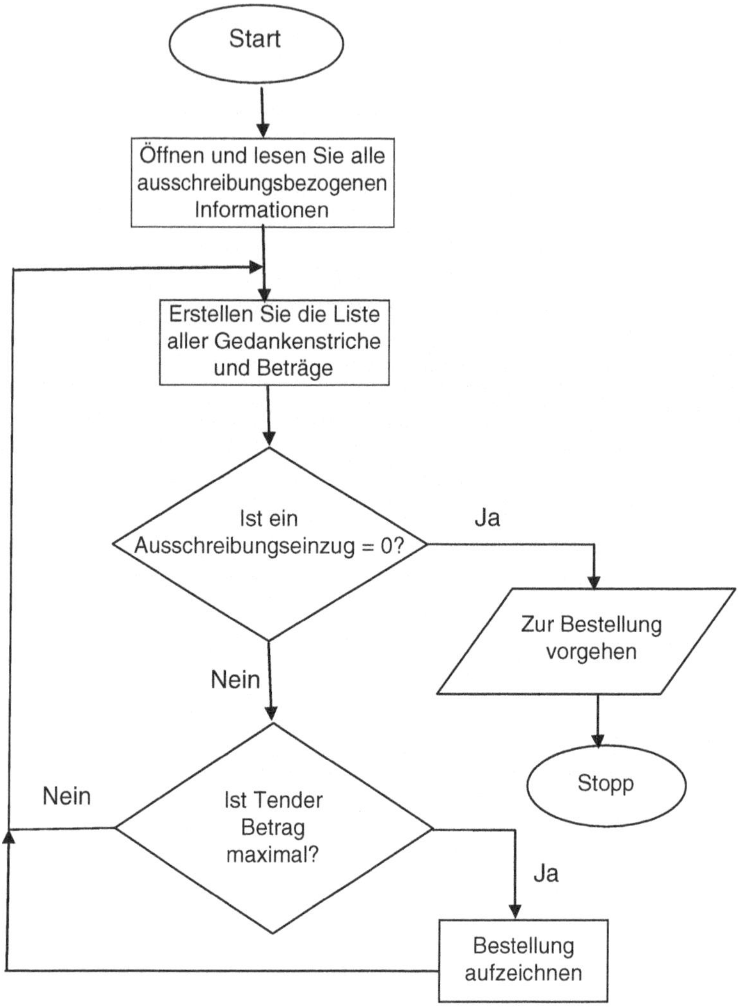

Abb. 7.4 Ein Flussdiagramm für die Angebotsidentifikation

Wohnungslayoutplanung ausgeweitet. Die Technik wurde in den 1980er Jahren von Ford und GM und später von anderen wichtigen Unternehmen wie Hewlett-Packard, AT&T und ITT übernommen.

QFD ist eine systematische Methode zur Dokumentation und Aufschlüsselung von Kundenbedürfnissen in handhabbare und umsetzbare Details. Es ist eine Planungsmethodik, die relevante Informationen organisiert, um eine bessere Entscheidungsfindung zu erleichtern und die Unsicherheit bei der Produkt- und Prozessgestaltung zu reduzieren. Es fördert die teamübergreifende Zusammenarbeit und bringt die richtigen Leute frühzeitig zusammen, um effizient und effektiv auf die Bedürfnisse der Kunden einzugehen. QFD ist eine strukturierte Methodik zur Identifizierung und Übersetzung von Kundenbedürfnissen und -wünschen in technische Anforderungen und messbare Merkmale und Eigenschaften.

7.6.1 Haus der Qualität

Die grundlegende Baueinheit von QFD ist das Haus der Qualität. Es wird in einer mehrdimensionalen Matrix dargestellt, die manchmal als L-Matrix bezeichnet wird und die Korrelation zwischen den „Was" und „Wie" der Prozessstufen zeigt. Abb. 7.5 zeigt die Struktur des Hauses der Qualität. Ein vollständiges QFD-Produktdesignprojekt wird eine Reihe dieser Matrizen umfassen, die von Kunden- und Wettbewerbsbedürfnissen bis hin zu detaillierten Prozessspezifikationen übersetzen. Es hilft, die kritischen Qualitätsmerkmale zu identifizieren. Die Merkmale, die für die Qualität entscheidend sind (CTQ), sind nichts anderes als ein Produktmerkmal oder ein Prozessschritt, der kontrolliert werden muss, um sicherzustellen, dass Sie liefern, was der Kunde möchte. Für eine detaillierte Beschreibung von QFD kann man sich an Sanchez et al. [10], ReVelle et al. [11], Pande et al. [4], Muir [6], Gryna et al. [2], und Kubiak und Benbow [5] wenden.

Wie in Abb. 7.5 zu sehen ist, besteht die QFD-Matrix aus mehreren Teilen. Die Matrix wird zunächst mit den Kundenanforderungen (Bereich 1) gefüllt, die

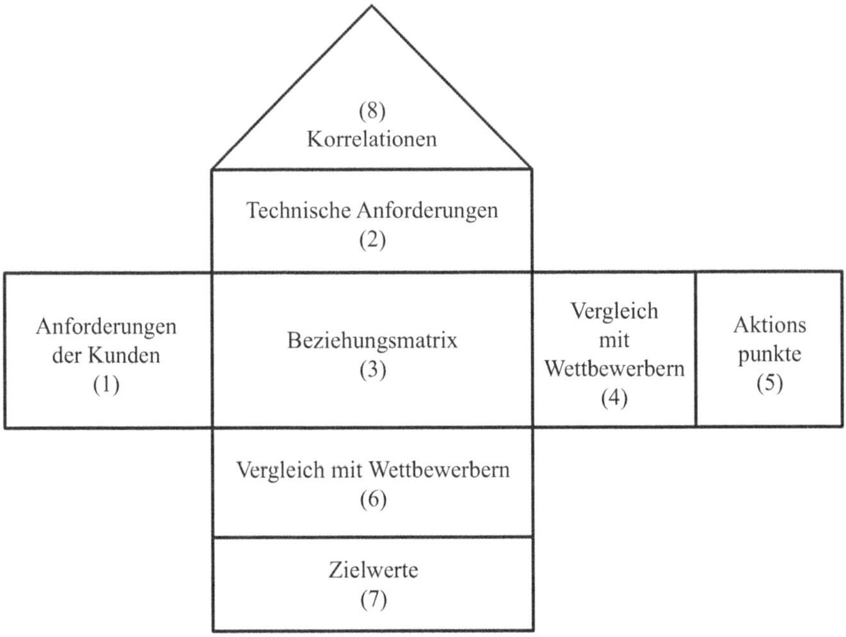

Abb. 7.5 Eine QFD-Matrix. *Quelle* Muralidharan und Syamsundar [12]

aus der Analyse von VOC entwickelt werden. Die technischen Anforderungen werden als Reaktion auf die Kundenanforderungen festgelegt und in Bereich 2 platziert. Der Beziehungsraum 3 zeigt die Verbindung zwischen den technischen Anforderungen und den Kundenanforderungen. Der Vergleich zwischen den Wettbewerbern für die Kundenanforderung wird in Bereich 4 (optional) gezeigt, und Bereich 5 bietet einen Index zur Dokumentation von Verbesserungsaktivitäten. Bereich 6, wie Bereich 4, ist wieder optional und stellt den Vergleich mit dem Wettbewerb für die technischen Anforderungen dar. Bereich 7 listet die Zielwerte für die technischen Anforderungen auf. Bereich 8 zeigt die Korrelationen zwischen den technischen Anforderungen. Eine positive Korrelation zeigt an, dass beide technischen Anforderungen gleichzeitig verbessert werden können. Eine negative Korrelation zeigt an, dass die Verbesserung einer der Anforderungen die andere verschlechtert.

Die fertige Matrix kann eine Datenbank für die Produktentwicklung liefern, als Grundlage für die Planung von Produkt- oder Prozessverbesserungen dienen und Möglichkeiten für neue oder überarbeitete Produkt- oder Prozesseinführungen vorschlagen. Wenn eine Matrix mehr als 25 Kundenstimmlinien hat, wird sie unhandhabbar. In solchen Situationen kann ein konvergentes Werkzeug wie das *Affinitätsdiagramm* (siehe Abschn. 7.4.2 oben) und *Kano's Modell* verwendet werden, um die Liste zu verdichten.

7.6.2 Kano's Modell

Kano's Modell der Kundenzufriedenheit identifiziert mehrere Arten von Anforderungen, die die Kundenzufriedenheit beeinflussen. Es unterteilt Kundenanforderungen in mehrere Kategorien wie:

- *Muss-Anforderungen oder Grundanforderungen:* Dies sind Faktoren, Merkmale oder Leistungsstandards, die die Kunden absolut erwarten, dass sie erfüllt werden. Falls sie nicht vorhanden sind, werden die Kunden unzufrieden sein.
- *Latente Anforderung:* Dies sind solche, bei denen der Kunde ein bestimmtes Maß an Ausreichendkeit erwartet, und alles, was dieses Maß übersteigt, erhöht die Zufriedenheit.
- *Attraktive Anforderungen* sind der Weg, um das Herz des Kunden zu erreichen. Wenn sie vorhanden sind, erhöhen sie die Zufriedenheit, aber ihre Abwesenheit verursacht keine Unzufriedenheit.

In den oben diskutierten Kategorien können die Kunden als zufrieden, glücklich und begeistert eingestuft werden. Ein Bewusstsein für diese Merkmale der Kundenzufriedenheit (und Unzufriedenheit) bietet Einblicke und Anleitung für das Ziel der Organisation, die Kundenzufriedenheit ständig zu verbessern. Es gibt einige Nuancen im Kano-Modell, die wichtigste davon ist, dass Merkmale oder Anforderungen die Kategorien wechseln, manchmal schnell [4]. Diese Veränderungen setzen die Produzenten unter Druck, kundenfreundliche Produkte und

Dienstleistungen zu liefern. Dieser Druck, mehr zu bieten – und die Tendenz der Kunden, mehr zu erwarten – ist einer der Haupttreiber von Wettbewerb und Verbesserung. Die anderen mit QFD verbundenen Werkzeuge sind wie folgt:

- *Pugh-Konzeptauswahl:* Die Pugh-Konzeptauswahl kann in Verbindung mit QFD verwendet werden, um eine vielversprechende Produkt- oder Servicekonfiguration aus einer Liste von Alternativen auszuwählen.
- *Modularer Funktionseinsatz:* Der modulare Funktionseinsatz verwendet QFD, um Kundenanforderungen festzulegen und wichtige Designanforderungen mit besonderem Schwerpunkt auf Modularität zu identifizieren.
- *Hoshin Kanri Prozess:* Der mit QFD verbundene Hoshin Kanri Prozess ähnelt dem Management by Objectives (MBO), fügt aber ein bedeutendes Element im Zielsetzungsprozess hinzu, das „Catchball" genannt wird. Der Einsatz dieser Hoshin-Techniken durch US-Unternehmen wie Hewlett-Packard war erfolgreich bei der Fokussierung und Ausrichtung der Unternehmensressourcen auf die angegebenen strategischen Ziele auf allen Ebenen der Organisationshierarchie. Seit der frühen Einführung von QFD wurde die Technik weiterentwickelt, um den Zeitaufwand zu verkürzen und den erforderlichen Gruppenaufwand zu reduzieren.

Es gibt einige geringfügige Unterschiede zwischen den Anwendungen von QFD im modularen Funktionseinsatz im Vergleich zum Haus der Qualität, zum Beispiel wird der Begriff „Kundenattribut" durch „Kundenwert" ersetzt und der Begriff „Ingenieurmerkmale" durch „Produkteigenschaften". Aber die Begriffe haben ähnliche Bedeutungen in den beiden Anwendungen.

7.7 Verständnis von Defekten, DPU und DPMO

Ein Six Sigma-Projekt wird durch sein Sigma-Level bewertet. Im Allgemeinen wird man in der Definitionsphase nicht an Sigma-Level-Berechnungen interessiert sein, aber für die Überprüfung der Basisleistung kann es notwendig sein, die Bedeutung von Defekten und ihre Verbindungen mit Sigma-Level-Berechnungen zu kennen. Dies wird während der Messphase des Six Sigma-Projekts erforderlich sein, da der Zweck der Projektdurchführung auf der Grundlage des anfänglichen Sigma-Levels entschieden wird. Das Sigma-Level kann durch Fähigkeitsanalysen, Kontrollkartentechniken, Berechnungen von Defekten pro Million Möglichkeiten (DPMO), Z-Score-Analysen usw. berechnet werden.

Die Berechnung des Sigma-Levels durch DPMO beinhaltet das Konzept von Einheit, Möglichkeit und Defekten. Eine *Einheit* ist jedes Produkt, Teil, Baugruppe, Prozess oder Dienstleistung, für die Qualitätsmerkmale gewünscht sind. Eine *Möglichkeit* ist ein VA-Merkmal einer Einheit, das den vom Kunden vorgeschlagenen Spezifikationen entsprechen sollte. Ein *Defekt* ist das Merkmal des Produkts, das die Kundenanforderungen nicht erfüllt, und *fehlerhafte* sind die Gesamtzahl der Einheiten, die verschiedene Arten von Defekten enthalten. Somit sind die Gesamtmöglichkeit (TOP), Defekte pro Einheit (DPU) und Defekte pro Million Möglichkeiten (DPMO) wie folgt definiert:

(7.1)

(7.2)

und

(7.3)

Dann,

(7.4)

und

(7.5)

wo und die langfristigen und kurzfristigen Sigma-Levels sind, und ist die inverse Standardnormalverteilung.

Als Beispiel betrachten Sie 250 Einheiten, die aus einem Produktionsprozess ausgewählt und jede auf 20 mögliche Gelegenheiten getestet werden. Dann ist die . Angenommen, es werden 75 Defekte im Prozess beobachtet, dann wird die DPU als ermittelt. Daher werden die Defekte pro Million Möglichkeiten berechnet als . Das bedeutet, dass der Prozess die Spezifikationen für 15.000 Möglichkeiten von 1000.000 (1 Million) Möglichkeiten nicht erfüllt. Dieses DPMO entspricht einem kurzfristigen Sigma-Level von 3,67σ gemäß Anhangstabelle A.12.

Man kann sich auf Kap. 12 dieses Buches beziehen, für eine detaillierte Diskussion über Defekte und die Sigma-Level-Schätzung von Prozessen unter normalen und nicht-normalen Verteilungen.

7.8 Vorschläge, Verbesserungen und Beschwerden einbeziehen

Bei der Definition eines Six Sigma-Projekts ist es notwendig, alle Arten von Vorschlägen, Verbesserungen und Beschwerden von allen Stakeholdern (Kunden, Lieferanten, Mitarbeitern, Investoren und Gemeinschaften) zu berücksichtigen. Dies wird den zu befolgenden Prozess, die Art der zu vermittelnden Schulung, die Art der einzubeziehenden Personen und das zu verfolgende Modell bestimmen. Beschwerden sollten nicht als negativer Aspekt des Projekts behandelt werden; stattdessen sollten sie als eine der wesentlichen Anforderungen für die Verbesserung des Projekts behandelt werden. Ein Six Sigma-Projekt kann Stakeholder auf folgende Weisen beeinflussen:

- Prozesseingaben können geändert werden, was die Anforderungen an Lieferanten verändert
- Prozessabläufe können geändert werden, die Betreiber und Manager beeinflussen
- Prozessausgaben können geändert werden, was Kunden beeinflusst
- Änderungen an Werkzeugen, vorbeugenden Wartungsplänen usw. wirken sich auf die Lieferanten oder diese Materialien und Dienstleistungen aus

7.9 Bereit für die nächste Phase

Der Erfolg eines Projekts hängt von den Beiträgen der Stakeholder ab, die in Form von Informationen oder Daten kommen. Ein starkes VOC-System ermöglicht dies. Um die Bedürfnisse, Erwartungen und Anforderungen der Kunden besser zu verstehen, sollten geeignete Daten vorhanden sein. Umfragen, Interviews und Fokusgruppen, Beobachtungen usw. sind Methoden zur Datenerfassung. Statistisch gesehen ist das zufällige Auswählen einer angemessen großen repräsentativen Kundengruppe und das Erhalten vollständiger und genauer Daten von jedem Einzelnen das gültigste Verfahren zur Kundendatenerfassung. Schriftliche Umfragen können bei einer zufällig ausgewählten Gruppe von Kunden oder potenziellen Kunden durchgeführt werden, die um ihre Antworten gebeten werden. Sie werden als Fokusgruppen bezeichnet und haben besondere Rechte und Privilegien in der Organisation.

Fokusgruppen sind ein Versuch, die Tiefe und Genauigkeit der Antworten zu verbessern. Sie liefern in der Regel genauere Informationen und haben die Fähigkeit, in Echtzeit tiefer in Probleme oder Bedenken einzudringen. In diesem Fall ist die Stichprobe möglicherweise nicht zufällig und möglicherweise zu klein. Persönliche Interviews ermöglichen eine höhere Antwortrate als schriftliche Umfragen; jedoch neigen die Befragten dazu, selbstbezogen zu sein, und daher ist die Stichprobe möglicherweise nicht zufällig und die Stichprobengröße möglicherweise zu klein. Für eine gültige Analyse und Schlussfolgerung sollten die gesammelten Daten zuverlässig und objektiv sein und dazu dienen, die Kundenanforderungen und Marktanforderungen zu beleuchten. Dies ist sicherzustellen, während die Maßnahmen und Metriken definiert werden. Dies wird im nächsten Kapitel besprochen.

7.10 Prüflisten definieren

Die Prüfliste zur Definition enthält die folgenden Parameter:

- Stellen Sie sicher, dass das Projekt lohnenswert ist und von den Geschäftsführern unterstützt wird

- Erstellen Sie eine klar definierte Projektbegründung, die die potenzielle Auswirkung des Projekts auf Kunden, Gewinne und seine Beziehung zu den Geschäftsstrategien des Unternehmens erklärt
- Erstellen Sie eine klar definierte Problemstellung und mögliche identifizierte Symptome
- Erstellen Sie eine Zielsetzung, die die Ergebnisse definiert, die wir vom Projekt mit einem messbaren Ziel erwarten
- Bereiten Sie andere Schlüsselelemente einer DMAIC-Teamcharta vor, einschließlich einer Liste von Einschränkungen und Annahmen sowie einer Überprüfung von Rollen und Verantwortlichkeiten
- Überprüfen Sie die Projektcharta mit dem Sponsor und stellen Sie deren Unterstützung sicher
- Identifizieren Sie den Hauptkunden und die Schlüsselanforderungen des zu verbessernden Prozesses und erstellen Sie ein SIPOC-Diagramm der betroffenen Bereiche
- Erstellen Sie eine detaillierte Prozesskarte der Bereiche des Prozesses zur Messung und Analyse

7.11 Relevanz für Manager

Die Relevanz dieses Kapitels besteht darin, die Körpersprache eines Six Sigma-Projekts vorzuschlagen. Jedes Verbesserungsprojekt beinhaltet im Allgemeinen eine Projektcharta, eine Problemstellung und eine Zielsetzung, vorzugsweise im SMART-Format. Andere relativ wichtige Aspekte sind die Abgrenzung des Projekts und der Zeitplan des Projekts. Diese Informationen ebnen dann den Weg für die Entwicklung der Prozessmodelle und Mikro- und Makro-Prozesslandkarten. Die Entwicklung des SIPOC-Diagramms ist für diese Schritte entscheidend. Die Teamrollen und Verantwortlichkeiten für die Verwaltung des Projekts werden dann für eine reibungslose Planung und Durchführung des Projekts festgelegt.

Da ein Six Sigma-Projekt strukturierter ist als jedes andere Managementprojekt, wird ein Zeitplan für seine Fertigstellung erstellt. Daher sollten alle geplanten und abgeschlossenen Arbeiten in Bezug auf die Machbarkeit von Zeit und für ein Projekt verfügbaren Ressourcen stehen. Die Einhaltung der Zeit ist für Führungskräfte und Manager, die an einem Projekt beteiligt sind, von größter Bedeutung. Obwohl die meisten Planungstools ihnen bekannt sind, muss man sich vollständig in die Wissensentdeckung des Projekts einbringen. Ein weiterer wichtiger Aspekt des Six Sigma-Projekts ist die Dokumentation und Rechenschaftspflicht des Projekts. Dies wird durch die QFD-Technik erreicht. Ein weiteres Ziel des Six Sigma-Projekts ist die Reduzierung von Fehlern in einem Projekt, wofür die Kenntnis von Fehlern pro Einheit, Fehlern pro Million Möglichkeiten und Ausbeute notwendig ist. Dies wird weiterhin in der Berechnung der Sigma-Level-Schätzung des Prozesses verwendet. Dieses Kapitel führt somit die erste Phase der DMAIC-Philosophie ein.

Übungen

7.1. Was sind die Ziele einer Problemstellung? Beschreiben Sie verschiedene Merkmale einer Problemstellung.

7.2. Diskutieren Sie, wie sich eine Projektcharta von einer Problemstellung unterscheidet.

7.3. Beschreiben Sie verschiedene Arten von Kunden und ihre Prioritätsanforderungen.

7.4. Definieren Sie einen Prozess und nennen Sie verschiedene Komponenten eines Prozesses.

7.5. Was ist SIPOC? Nennen Sie alle Vorteile eines SIPOC-Modells.

7.6. Diskutieren Sie verschiedene Rollen und Verantwortlichkeiten, die mit einem Six Sigma-Projekt verbunden sind.

7.7. Was ist ein Team? Wie wird ein Team zur Erleichterung des Projektmanagements vorbereitet?

7.8. Diskutieren Sie drei Kategorien von Planungsphasen.

7.9. Unterscheiden Sie zwischen einem Gantt-Diagramm und einem Affinitätsdiagramm. Wie werden sie zur Planung eines Projekts verwendet?

7.10. Unterscheiden Sie zwischen einer Prozesslandkarte und einem Flussdiagramm?

7.11. Was ist QFD? Diskutieren Sie verschiedene Komponenten von QFD.

7.12. Wie wird das Kano-Modell effektiv zur Qualitätsverbesserung eingesetzt?

7.13. Was sind DPU, TOP und DPMO? Wie werden sie zur Ermittlung des Sigma-Niveaus eines Prozesses verwendet?

7.14. Ein Prozess produziert 10.000 Bleistifte. Es können drei Arten von Fehlern auftreten. Die Anzahl der Vorkommen jeder Art von Fehlern ist unscharfer Druck – 36, falsche Abmessungen – 118 und gerollte Enden – 11. Berechnen Sie DPU und DPMO. Ermitteln Sie auch das Sigma-Niveau.

Literatur

1. Defeo, J.A., Barnard, W.: Juran's Six Sigma Breakthrough and Beyond. McGraw-Hill, New York (2003)
2. Gryna, F.M., Chua, R.C.H., Defeo, J.: Juran's Quality Planning and Analysis for Enterprise Quality. Tata McGraw-Hill, New Delhi (2007)
3. Harrington, H.J., Anderson, L.C.: Reliability Simplified. McGraw Hill, New York (1999)
4. Pande, P.S., Newuman, R.P., Cavanagh, R.R.: The Six Sigma way. Tata McGraw Hill, New Delhi (2003)
5. Kubiak, T.M., Benbow, D.W.: The Certified Six Sigma Black Belt Handbook, 2. Aufl. Dorling Kindersley Pvt Ltd., India (2010)
6. Muir, A.: Lean Six Sigma way. McGraw Hill, New York (2006)
7. James, J.M.: Gantt charts: a centenary appreciation. Eur. J. Oper. Res. **149**(2), 430–437 (2003)
8. Wardsworth, H.M., Stephens, K.S., Godfrey, A.B.: Modern Methods for Quality Control and Improvement. Wiley, New York (2001)
9. Salvendy, G.: Handbook of Industrial Engineering, 2. Aufl. Wiley, New York (1992)

10. Sanchez, S.M., Ramberg, J.S., Fiero, J., Pignatiello Jr, J.J.: Quality by design. In: Kusaiak, A. (Hrsg.) Concurrent Engineering: Automation, Tools, and Techniques (Chapter 10). Wiley, New York (1993)
11. ReVelle, J.B., Moran, W., Cox, C.A.: The QFD Handbook. Wiley, New York (1998)
12. Muralidharan, K., Syamsundar, A.: Statistical Methods of Quality, Reliability and Maintainability. PHI, New Delhi (2012)

Kapitel 8
Messphase

8.1 Einleitung der Messphase

Dies ist eine der schwierigsten und kritischsten Phasen eines Six Sigma Projektmanagements. Hier verbinden wir die Kundenanforderungen mit der Prozessstimme. Diese Phase beinhaltet die Auswahl von Produkteigenschaften, d. h., abhängigen Variablen, die Kartierung der jeweiligen Prozesse, die Durchführung der notwendigen Messungen, die Aufzeichnung der Ergebnisse und die Schätzung der kurz- und langfristigen Prozess- und Fähigkeiten. Eines der Hauptziele dieser Phase ist es, Leistungsstandards zu etablieren, die auf tatsächlichen Kundeneingaben basieren, so dass die Prozesseffektivität und -fähigkeit genau gemessen werden können. Bei der Zusammenstellung der Projektmetriken wird besonderes Augenmerk auf kritische Qualitätsvariablen wie die folgenden gelegt [8]:

- *Kritisch für Qualität* (CTQ): Sie beschreiben die Anforderungen an die Qualität im Allgemeinen, aber es fehlt die Spezifität, um messbar zu sein. CTQs können physische Messungen wie Zykluszeit, Höhe, Gewicht, Druck, Intensität und Radius sein.
- *Kritisch für Kosten* (CTC): Sie ähneln den CTQs, befassen sich jedoch ausschließlich mit den Auswirkungen der Kosten auf den Kunden. Allerdings können CTQs und CTCs ähnlich sein, werden jedoch vom Kunden aus verschiedenen Gründen angegeben
- *Kritisch für Prozess* (CTP): CTPs sind typischerweise die Schlüsselprozesseingabevariablen (oder unabhängigen Variablen)
- *Kritisch für Sicherheit* (CTS): CTSs sind vom Kunden angegebene Bedürfnisse hinsichtlich der Sicherheit des Produkts oder Prozesses. Obwohl sie identisch mit den CTQ und CTC sind, werden sie durch die Kundenpräferenz zur Qualität identifiziert

K. Muralidharan, *Six Sigma für organisatorische Exzellenz*,
https://doi.org/10.1007/978-81-322-4001-3_8

- *Kritisch für Lieferung* (CTD): CTDs repräsentieren jene Kunden mit angegebenen Bedürfnissen hinsichtlich der Lieferung. Eine pünktliche Lieferung wird immer geschätzt

Projekte, die auf CTxs ausgerichtet sind und anschließend kritische Kundenanforderungen haben, haben den größten Einfluss auf den Kunden und das Geschäft direkt. Daher ist die Messphase wichtig, um die langfristigen Variabilitäten in jeder der oben diskutierten Qualitätsmerkmale zu verstehen. Prozessmapping, VA/NVA-Bewertung, Daten-Erfassungsplan, Gage R&R und Prüflisten sind einige der Techniken, durch die ein gutes Messsystem erreicht werden kann. Auch die Qualitätsfunktionseinsatz (QFD) spielt eine große Rolle bei der Auswahl kritischer Produkteigenschaften.

8.2 Prozessmapping

In Kap. 7, haben wir verschiedene Prozessmodelle und das SIPOC-Diagramm beschrieben, wo wir festgestellt haben, dass die Lieferanten-Kunden-Beziehung durch ein SIPOC-Diagramm gut etabliert ist. Dieses Diagramm hilft dem Prozessmanager, die Kernanforderungen zu identifizieren, die für Prozesse wie die folgenden benötigt werden:

- die Schlüsselmaterialien, Informationen oder Produkte, die für den Prozess bereitgestellt werden
- die absolut notwendigen Komponenten, die für die Durchführung der Arbeit erforderlich sind
- ob die Komponenten während des Prozesses verbraucht oder verwendet werden, oder an den Kunden als Ausgabe weitergegeben werden
- der Anbieter dieser Ausgaben, usw.

Während der Messphase hilft diese Information, die Arbeit im Gange (WIP), Arbeit in der Warteschlange (WIQ), Zykluszeit und Taktzeit zu identifizieren. Man kann diese Werkzeuge auch verwenden, um die Ausbeute, den Durchsatz, die Wertschöpfungs-/Nicht-Wertschöpfungszeit und die Einrichtungszeit zu identifizieren, die zur Bearbeitung einer bestimmten Aktivität im Prozess benötigt werden. So können die Kundenanforderungen sehr gut durch die Eingabe-Ausgabe-Prozesse von SIPOC erklärt werden.

Ein wichtiger Schritt beim Verständnis von Prozessen ist die Entwicklung von Prozesskarten und Flussdiagrammen. Das Format dieser Dokumente variiert je nach Situation, aber im Allgemeinen zeigen Flussdiagramme jeden Schritt in einem Prozess, Entscheidungspunkte, Eingaben und Ausgaben. Eine Prozesskarte enthält in der Regel zusätzliche Informationen über die Schritte, einschließlich Eingaben und Ausgaben, Kosten, Einrichtungszeit, Zykluszeit, Inventar, Arten von Defekten, die auftreten können, Wahrscheinlichkeit von Defekten und andere geeignete Informationen. Prozesskarten und Flussdiagramme ermöglichen eine breitere Perspektive auf potenzielle Probleme und Möglichkeiten zur Prozessverbesserung.

Ein SIPOC-Diagramm zeigt einen funktionsübergreifenden Satz von Aktivitäten in einem einzigen und einfachen Diagramm und hilft, eine „Gesamtbild“-Perspektive zu bewahren. Eine Prozesskartierung in diesem Stadium ist sehr wichtig für die Identifizierung von wertschöpfenden/nicht wertschöpfenden Aktivitäten (VA/NVA). Dies ist das Stadium, in dem wir beginnen, die Kundenanforderungen für den Prozess in Bezug auf seine Interdependenzen, die durch Lieferantenanforderungen kommen, zu identifizieren. Abb. 8.1 ist ein solcher Prozess, bei dem der Lieferant und der Kunde durch einen Prozess verbunden sind.

Wie in der Abbildung beschrieben, sind die Stimme des Kunden (VOC) und die Stimme des Prozesses (VOP) die beiden wichtigen Schnittstellen, die die Eingaben und Ausgaben durch den Prozess verbinden. Da die Qualität vom Kunden definiert wird, werden Änderungen an einem Prozess in der Regel vorgenommen, um die Zufriedenheit der internen und externen Kunden zu erhöhen. Die Kenntnis von VOC und VOP hilft auch, die Fähigkeit als

$$\text{Process capability} = \frac{\text{VOC}}{\text{VOP}} \tag{8.1}$$

Fast jeder Prozess kann durch Reduzierung der Variation verbessert werden. Um dies zu tun, ist es notwendig, immer auf die gleiche Weise vorzugehen. Der beste Weg, um sicherzustellen, dass die Dinge auf die gleiche Weise gemacht werden, ist das Vorhandensein von schriftlichen Verfahren und Arbeitsanweisungen. Ein schriftliches Verfahren ist wie Standardbetriebsverfahren (SOP) und kann jederzeit während der Ausführung eines Projekts verwendet werden. Arbeitsanweisungen sind in der Regel produktspezifisch und enthalten oft Grafiken, die diskrete Schritte zeigen, einschließlich zu vermeidender Defekte, Sicherheitsrisiken, benötigter Werkzeuge und jeglicher Informationen, die sicherstellen, dass die Arbeit auf standardisierte Weise durchgeführt wird. Bei der Erstellung von Arbeitsanweisungen und Verfahren müssen die Personen, die dem Prozess am nächsten sind, beteiligt sein. Wenn mehr als eine Schicht oder Arbeitsstation betroffen ist, sollten die entsprechenden Personen teilnehmen. Der schwierigste Teil der Dokumentation von

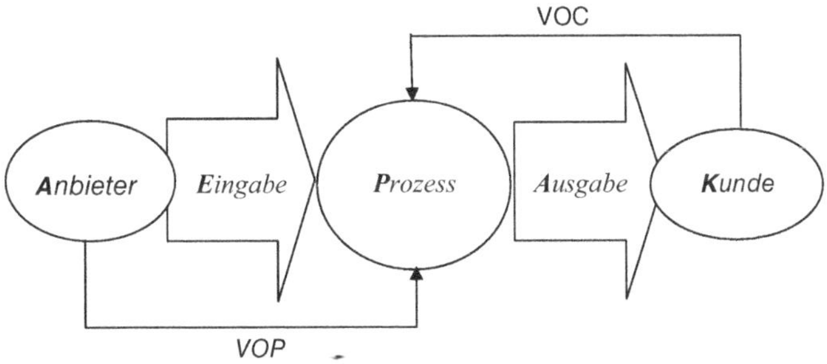

Abb. 8.1 Kartierung von Lieferant und Kunde durch einen Prozess

Anweisungen und Verfahren ist die Aufrechterhaltung aktueller Versionen. Wenn Arbeiter Verbesserungen finden oder Ingenieure Designs ändern, muss die Dokumentation aktualisiert werden, um Probleme, Probleme, Defekte oder Obsoleszenz zu vermeiden. Ein weiteres nützliches Werkzeug zur Analyse von Prozessen ist die sogenannte Wertstromkarte (VSM), die unten in Abschn. 8.4 besprochen wird.

8.2.1 Stimme des Kunden

Die Stimme des Kunden oder Stimme des Klienten (VOC) ist ein kontinuierlicher Prozess der Sammlung von Kundenmeinungen zur Qualität und kann Kundenbedürfnisse, Erwartungen, Zufriedenheit und Wahrnehmung umfassen. Der Schwerpunkt liegt auf eingehendem Beobachten, Zuhören und Lernen. Ein Kunde ist die Person, die maßgeblich die Zukunft der Organisation gestaltet und ein qualitativ hochwertiges Produkt produziert. Für jedes Prozessmanagement und -verbesserung ist es wichtig zu wissen, was Kunden wirklich wollen und wie sich ihre Bedürfnisse, Anforderungen und Einstellungen im Laufe der Zeit ändern. Dieser systematische Ansatz zum Verständnis der Kunden und ihrer Bedürfnisse ist nichts anderes als VOC. Es geht um die Strategie und das System zur kontinuierlichen Verfolgung und Aktualisierung von Kundenanforderungen, Wettbewerbsaktivitäten, Marktveränderungen usw. Pande et al. [17] und Oakland [16] beschreiben die Bedeutung der Kundenstimme in Bezug auf die Datenerhebung als den wichtigsten Aspekt von VOC. Als Teil der Verbesserungsaktivität sollte VOC Folgendes beinhalten:

- Beschreibung spezifischer Leistungsstandards für jede Schlüsselausgabe, wie von den Kunden definiert
- beobachtbare und (wenn möglich) messbare Service-Standards für Schlüsselschnittstellen mit den Kunden
- eine Analyse der Leistungs- und Service-Standards basierend auf ihrer relativen Bedeutung für Kunden und Kundensegmente und ihrer Auswirkung auf die Geschäftsstrategie
- Analyse und Priorisierung von Anforderungen gemäß der Geschäftsstrategie.

Die Merkmaleeiner VOC-Metrik sind wie folgt:

- *Glaubwürdigkeit*:
  - Wie weit ist das Maß akzeptiert?
  - Hat es eine gute Erfolgsbilanz?
  - Basiert es auf einer wissenschaftlich und akademisch rigorosen Methodik?
  - Wird das Management ihm vertrauen?
  - Gibt es Beweise dafür, dass es mit finanziellen Ergebnissen verbunden ist?
- *Zuverlässigkeit*:
  - Ist es ein konstanter Standard, der über den gesamten Kundenlebenszyklus und mehrere Kanäle hinweg angewendet werden kann?

- *Präzision*:
  - Ist es spezifisch genug, um Einblicke zu geben?
  - Verwendet es mehrere verwandte Fragen, um größere Genauigkeit und Einblicke zu liefern?
- *Genauigkeit*:
  - Ist die Messung richtig?
  - Ist es repräsentativ für die gesamte Kundenbasis oder nur für eine lautstarke Minderheit?
  - Erfassen die Fragen die selbstberichtete Bedeutung oder können sie die Bedeutung ableiten, basierend auf dem, was der Kunde sagt?
  - Hat es eine akzeptable Fehlertoleranz und realistische Stichprobengrößen?
- *Handlungsfähigkeit*:
  - Gibt es Einblicke, was getan werden kann, um Kunden zur Treue und zum Kauf zu ermutigen?
  - Priorisiert es Verbesserungen nach größten Auswirkungen?
- *Vorhersagbarkeit*: Kann es das zukünftige Verhalten des Kunden auf der Grundlage ihrer Zufriedenheit projizieren?

Eine der Kernanforderungen an ein VOC-System wird die Fähigkeit sein, Kundenanforderungen zu identifizieren und Trends zu erkennen, um so einen Vorsprung vor Veränderungen in den Marktpräferenzen zu behalten, sich neuer Herausforderungen bewusst zu sein und so weiter. In diesem Prozess, wenn man keinen Zugang zu korrekten Informationen hat, wird man neue Möglichkeiten verpassen und neuen Wettbewerbern ausgesetzt sein. Obwohl es nicht ideal ist, Kunden zu locken, wie es heutzutage Menschen tun, ist es manchmal notwendig, seine Kundenbasis durch Angebote von Verkaufsangeboten, Loyalitäten und Rabatten zu halten. Dies wird ihnen manchmal helfen, ihre vertraulichen Ansichten und Gefühle mit einem zu teilen, durch die man ihre Anforderungen verstehen kann.

Ein Modell, das von einer wachsenden Anzahl von Unternehmen zur Analyse von Anforderungen verwendet wird, basiert auf der Arbeit von Noriaki Kano, einem japanischen Ingenieur und Berater. In der häufigsten Anwendung der *Kano-Analyse*(detailliert besprochen in Abschn. 7.6.2), werden die Anforderungen des Kunden in grundlegende, variable und latente Anforderungen gruppiert. Das Ziel dieser Anforderungen ist es, die Kunden glücklich zu machen und den Puls des Marktes zu verstehen.

In einigen Segmenten des Marktes, wie Einkaufszentren und Mega-Stores, ist es ein Weg zum Erfolg, einen Kunden zu erfreuen. Sie beladen die Kunden mit vielen Angeboten und Rabatten und erhöhen so die Kaufkraft der Kunden. Dieser Drang, mehr anzubieten, und die Tendenz der Kunden, mehr zu erwarten, ist einer der Haupttreiber von Wettbewerb und Verbesserung. Wenn Ihr Unternehmen ein objektiveres und vollständigeres Bild der Kundenanforderungen entwickelt, können Sie auch ein Konzept wie die Kano-Analyse anwenden, um eine bessere Vorstellung davon zu bekommen, was die verschiedenen Funktionen und Fähigkeiten in Bezug auf die Zufriedenheit Ihrer Kunden und Ihren Wettbewerbsvorteil bedeuten.

8.2.2 *Stimme des Prozesses*

In vielen Phasen eines Prozesses ist es notwendig, dass Kunden ihre Bedürfnisse bestimmen oder ihre Reaktion auf vorgeschlagene Änderungen im Prozess geben. Dafür ist es oft nützlich, die Ränder oder Grenzen des Prozesses zu beschreiben. Das ist es, was VOP tut. Ein klar formuliertes VOP ermöglicht es, die Dokumentation der Eingaben und Ausgaben des Prozesses durchzuführen. Dies geschieht durch zwei wichtige Prozessanalysestrategien wie folgt:

1. *Prozessanalyse*: Tiefere Untersuchung und Verständnis, wie die Arbeit ausgeführt wird, um Inkonsistenzen, Diskrepanzen oder Problemzonen zu identifizieren, die das Problem verursachen oder dazu beitragen könnten.
2. *Datenanalyse*: Verwendung von Messungen und Daten, um Muster, Tendenzen oder andere Faktoren über das Problem zu erkennen, die mögliche Ursachen nahelegen oder beweisen/widerlegen.

Wie bereits früher gesehen, ist ein Prozess eine Reihe von verknüpften oder verwandten Aktivitäten, die Eingaben aufnehmen und in Ausgaben umwandeln, um ein Produkt, Informationen oder einen Dienst für externe oder interne Kunden zu produzieren [14]. Daher ist es unerlässlich, eine Kommunikationsverbindung zwischen den Kundenanforderungen und den Prozessparametern herzustellen. Hier entsteht der Bedarf an *Prozessorientierung*. Dies kann durch grafische Darstellung der Sequenz eines Prozesses, Darstellung, wie Schritte in einem Prozess miteinander in Beziehung stehen, Identifizierung von Engpässen, Aufzeigen von Redundanzen und Lokalisierung von Verschwendung im Prozess erfolgen. Auf diese Weise helfen diese Aktivitäten uns, zwei Dinge zu erreichen: (i) Dokumentation, wie der Prozess funktioniert und (ii) Identifizierung der wertschöpfenden und nicht wertschöpfenden Aktivitäten. Eine der besten Methoden zur Beschreibung der Prozessorientierung und -abbildung ist das bereits in der Definitionsphase beschriebene SIPOC-Modell (Kap. 7).

8.3 Wertsteigerung durch Kundenservice

Es gibt viele Möglichkeiten, einem Produkt/Prozess oder Dienstleistung Wert hinzuzufügen. Sie hängen in der Regel von den Bedürfnissen und Anforderungen der Kunden ab. Es ist auch nicht notwendig, dass jede Aktivität Wert zum Service hinzufügt. Es gibt Aktivitäten, die Wert für die Kunden hinzufügen und solche, die das nicht tun. Die Aktivitäten, die Wert für den Kunden hinzufügen, werden als wertschöpfende Aktivitäten (VA) bezeichnet. Dafür sind Kunden bereit, dafür zu bezahlen. Es verändert das Produkt oder die Dienstleistung physisch. Daher ist es in der Regel nicht wertschöpfend, Dinge einfach nur zu bewegen. Es ist also besser, Dinge gleich beim ersten Mal richtig zu machen. Einige Beispiele für wertschöpfende Aktivitäten sind Bestellung aufgeben, Materialien bestellen, Zeichnung vorbereiten, Montage, gesetzlich vorgeschriebene Tests, Verpackung, Versand an den Kunden usw.

Die Aktivitäten, die in der Regel keinen Wert zu den Prozessaktivitäten und -ergebnissen beitragen, werden als nicht wertschöpfende Aktivitäten (NVA) bezeichnet. Sie sind auch nicht unbedingt notwendig, um ein Ergebnis zu erzeugen. Zum Beispiel sind Vorbereitung/Einrichtung, Kontrolle/Inspektion, Defekte, Fehler, Auslassungen, Überproduktion, Verarbeitung, Lagerbestand, Transport, Bewegung, Warten, Verzögerungen, Sortieren, Zählen, Aufzeichnen, Genehmigungen einholen, Testen, Überprüfen, Kopieren, Aktenführung, Überarbeiten/Nacharbeiten, Verfolgen usw. nicht wertschöpfende Aktivitäten.

Laut Bovee und Thill [2] sind einige der möglichen Wege, einem Produkt Wert hinzuzufügen, die folgenden:

- Sei flexibel
- Toleriere Kundenfehler
- Gib persönliche Aufmerksamkeit
- Bereitstellung hilfreicher Informationen
- Erhöhe den Komfort.

Ähnlich können für Bankkontobezogene Dienstleistungen auf folgende Weisen Wert hinzugefügt werden:

- Lassen Sie den Kunden ihre eigenen Schecks gestalten
- Lassen Sie keine Gebühren für Scheckblätter und Überziehungen zu
- Helfen Sie Kunden bei individuellen Steuerfragen
- Veröffentlichen Sie eine Broschüre zur Finanzplanung
- Installieren Sie Geldautomaten nach Bequemlichkeit der Menschen.

Die beste Methode zur Dokumentation der VA/NVA-Aktivitäten ist die Verwendung von Prozessmapping. Es ist so gut wie die Dokumentation der Prozessschritte, die für die Übernahme der Transaktion vom Kunden in die Geschäftsprozesse und dann zurück zum Kunden notwendig sind. Während des Analyseprozesses wird jeder Prozessschritt daraufhin klassifiziert, ob der Prozessschritt Wert für den Service oder das Produkt hinzufügt. Die VA/NVA-Prozesskarte kann dann verwendet werden, um zu klassifizieren und zu dokumentieren, ob ein Prozess gut gestaltet ist, um den Service effizient an den Kunden zu liefern. Das Endergebnis einer VA/NVA-Prozessmapping-Analyse ist eine Liste von nicht wertschöpfenden Prozessschritten, die eliminiert oder automatisiert werden können, um die Gesamtzykluszeit zu verringern. Siehe Muir [12] für weitere Details.

Die Methoden zur Sammlung von Informationen über Kundenbedürfnisse sind vielfältig und unterschiedlich. Einige der gängigen Methoden sind Fokusgruppen, Beobachtungen an Kundensites, Interaktionen von Führungskräften mit Kunden, spezielle Kundenumfragen, Analyse von Beschwerden, Teilnahme an Messen und Vergleich von Produkten mit denen von Wettbewerbern. Auch das Überwachen von Internetnachrichten ist eine gute Methode, um herauszufinden, was Kunden über ein Produkt sagen [4].

8.4 Wertstrom-Mapping

Der *Wertstrom* besteht aus allen Aktivitäten, die erforderlich sind, um ein Produkt von der Konzeption bis zur Kommerzialisierung zu bringen. Er umfasst detailliertes Design, Auftragsannahme, Planung, Produktion und Lieferung. Das Verständnis des Wertstroms ermöglicht es, wertschöpfende Schritte, nicht wertschöpfende, aber benötigte Schritte und nicht wertschöpfende Schritte zu sehen. Eine Wertstrom-Mapping (VSM) ist eine visuelle Darstellung jedes Prozesses im Material- und Informationsfluss. Es hilft, den Fluss von Material und Informationen zu sehen und zu verstehen, während ein Produkt seinen Weg durch den Wertstrom macht.

Ein VSM stellt normalerweise die Aktivitäten in ihrer hierarchischen Form dar. Beispielsweise wird ein kundenorientierter Produktionsprozess Kundeninformationen, Prozessinformationen, Roh- und Fertigmaterialien, Informationsfluss und Zeitplan zur Fertigstellung des Produkts als Hierarchie haben. Typische Tipps für das Wertstrom-Mapping sind folgende:

- Sammeln Sie Informationen, während Sie die tatsächlichen Pfade von Material und Information selbst ablaufen
- Gehen Sie den Pfad einmal ab, um ein Gefühl für den Fluss und die Reihenfolge der Prozesse zu bekommen; gehen Sie dann zurück und beginnen Sie mit der Datenerfassung
- Beginnen Sie am Ende. Starten Sie am nächsten beim Kunden, und Sie werden sich auf Dinge konzentrieren, die am engsten mit dem Kunden verbunden sind
- Bringen Sie eine Stoppuhr mit, sehen Sie es und stoppen Sie es selbst, und vertrauen Sie nicht den Informationen aus dem „System".

Das Wertstrom-Mapping fasst die Verzögerungs- und Ausführungszeiten für eine individuell identifizierbare Einheit zusammen, während sie sich durch den Prozess bewegt, und spiegelt den Prozess zu einem bestimmten Zeitpunkt wider. Alle normalen Rückstände sind in den Verzögerungszeiten enthalten. Die Bestandsniveaus an jedem Schritt können ebenfalls erfasst und auf der Wertstromkarte zwischen den Prozessschritten vermerkt werden.

8.5 Datenerfassungsplan

Daten sind ein numerischer Ausdruck einer Aktivität und sind für alle Arten von Entscheidungsfindungen unerlässlich [14]. Die Datenerhebung ist ein integraler Bestandteil jedes Six Sigma-Projekts. Sie beinhaltet die grundlegenden Definitionen für die zu untersuchenden Konzepte, Anfragen zur Kommunikation, Abgrenzung der Umgebung, in der die Daten erhoben werden, Gestaltung des beteiligten Prozesses usw. Während der Datenerhebung müssen wir die vielfältigen Aufgaben der Zuweisung und Rekrutierung von Personal, Möglichkeiten zur Erhöhung der Antwortraten, Kosten und Verzerrungen, Quellen unter alternativen

Erhebungsansätzen und eine ordnungsgemäße Schulung des Personals berücksichtigen. Die Auswirkungen von jedem dieser Aspekte auf Genauigkeit, monetäre Kosten und zeitliche Beschränkungen müssen bewertet werden. Schließlich muss die Erhebungsphase ebenso überwacht wie geplant werden. Korrekt erhobene Daten helfen uns unweigerlich, den Status der Studie zu kennen und zu quantifizieren, den laufenden Prozess zu überwachen, die Annahme oder Ablehnung der erzeugten Ausgaben zu entscheiden und uns bei der Entscheidung über den weiteren Verlauf zu unterstützen.

Daten können basierend darauf, wie sie erhoben werden, klassifiziert werden: Es gibt Primärdaten und Sekundärdaten. Die *Primärdaten* sind solche, die neu und zum ersten Mal erhoben werden und daher ursprünglich im Charakter sind. Solche Daten werden von Behörden veröffentlicht, die selbst für ihre Erhebung verantwortlich sind. Die Erhebung von Primärdaten erfordert viel Überlegung und Fachwissen. Abhängig von der Art der Informationen kann man eine der folgenden Methoden zur Erhebung von Primärdaten anwenden: Beobachtungsmethode, Fragebogenmethode, per Post verschickte Fragebogenmethode, Telefoninterview, Haustür-Umfrage usw. Einige dieser Methoden erfordern viel Geschick und Wissen und sind sehr teuer und zeitaufwändig.

Andererseits sind die *Sekundärdaten* solche, die bereits von einer anderen Stelle erhoben und verarbeitet wurden. Sie sind Informationen, die zuvor von einer Organisation zur Befriedigung ihrer eigenen Bedürfnisse erhoben wurden, aber von der betreffenden Abteilung aus einem völlig anderen Grund genutzt werden. Zum Beispiel werden die vom Nationalen Informatikzentrum (NIC) in ganz Indien erhobenen Informationen für Forscher, Demographen und andere soziale Organisationen zur Planung und Forschung verbreitet. Daher sind die vom NIC erhobenen Informationen für sie primär und dieselben Daten für die Forscher, Demographen und anderen Organisationen werden Sekundärdaten sein. Selbst wenn eine Organisation daran interessiert ist, Primärdaten zu erheben, ist es notwendig, verschiedene Arten von Sekundärdaten zur Gestaltung und Analyse heranzuziehen. Einige der Quellen für Sekundärdaten sind die Veröffentlichungen von zentralen, staatlichen und lokalen Regierungen; internationale Körperschaften; Fachzeitschriften für Handel, Wirtschaft, Handel, Ingenieurwesen; Bücher; Zeitschriften; und Zeitungen.

Wie bei jeder Projektuntersuchung ist es unerlässlich, ein definiertes Problem (Ziel) und den dazugehörigen Datensatz zu haben. Daher ist ein vollständiges Verständnis aller mit einer Forschung verbundenen Elemente für die richtige Entscheidungsfindung unerlässlich. Zwei solche Elemente sind die Analyseeinheit und die Merkmale von Interesse.

8.5.1 Einheit der Analyse

Die Individuen oder Objekte, deren Eigenschaften gemessen werden sollen, werden als Analyseeinheit bezeichnet [14]. Sie können Personen, Personengruppen, Geschäftseinrichtungen, Transaktionen, Geldbeträge, unbelebte Objekte,

Zykluszeiten oder einfach nur Objekte oder Aktivitäten sein, die eine Person benennen kann. Im Grunde genommen geht es darum: „An welchen Objekten bin ich interessiert?"

Als Beispiel betrachten wir einen Hersteller von kleinen Elektromotoren, der herausfinden möchte, inwieweit seine potenziellen Kunden wissen, dass das Unternehmen existiert. Die potenziellen Kunden sind im Grunde genommen Geschäftseinheiten. Aber die Einheiten der Bevölkerung (Universum) könnten auch als Einkaufsabteilungen, Produktionsabteilungen, Ingenieurabteilungen oder bestimmte Personen innerhalb einer oder mehrerer Abteilungen definiert werden. Wieder kommen wir zu der allgegenwärtigen Frage, welche alternativen Maßnahmen der Hersteller in Betracht zieht. In Bezug auf diese Maßnahmen, wer sollte sich der Existenz des Herstellers bewusst sein? Betrachtet das Unternehmen spezifische Maßnahmen, die das Bewusstsein bestimmter Gruppen erhöhen könnten? Dies sind die Arten von Fragen, die bei der Festlegung der geeigneten Analyseeinheiten berücksichtigt werden sollten.

8.5.2 Merkmale von Interesse

Die Merkmale von Interesse identifizieren den Aufenthaltsort der Einheiten, die für den Entscheidungsträger von Bedeutung sind. Diese Merkmale fallen in zwei Kategorien: die unabhängigen Variablen (normalerweise als Variable *X* bezeichnet) und die abhängigen Variablen (normalerweise als Variable *Y* bezeichnet). Die abhängigen Variablen sind diejenigen, die aus eigenem Interesse von Bedeutung sind. Zum Beispiel beziehen wir uns im Marketing oft auf das Verhalten oder die Einstellung gegenüber einem Angebot eines Unternehmens. Beispiele sind Käufe, Bewusstsein, Meinungen oder Gewinne, die mit Verbraucherverhaltensweisen verbunden sind. Die in der Problemdefinition enthaltenen unabhängigen Variablen sind diejenigen Merkmale, von denen angenommen wird, dass sie mit den abhängigen Variablen zusammenhängen. Diese Variablen können entweder unter der Kontrolle des Unternehmens liegen (*endogen*) – wie Werbung, Preisgestaltung und Bewertung – oder außerhalb der Kontrolle des Unternehmens (*exogen*). Exogene Variablen (*X*'s) von potentiellem Interesse decken eine Vielzahl von Möglichkeiten ab, die von Wettbewerber- und Regierungshandlungen über wirtschaftliche Bedingungen bis hin zu individuellen Verbrauchermerkmalen reichen.

Die Merkmale von Interesse sind für das Management von entscheidender Bedeutung. Ihr Wert dient als Grundlage für die Auswahl der richtigen Variablen unter alternativen Maßnahmen. Die Analyseeinheit bestimmt die Quelle für die Information. In vielen Fällen wird die verwendete Einheit eher durch Bequemlichkeit als durch eine korrekte Problemdefinition bestimmt. Daher ist es besser, ein umfassendes Verständnis über den Unterschied zwischen den beiden für eine bessere Untersuchung zu haben. Zum Beispiel ist ein Arzneimittelhersteller an den Rupienverkaufswerten eines bestimmten generischen Arzneimittels interessiert. Der Hersteller möchte die Rupienverkäufe für eine Gruppe von fünf Staaten im

Zeitraum von Juli 2000 bis Juni 2001 kennen. In diesem Beispiel sind die „Rupienverkaufswerte“ die Merkmale von Interesse, weil sie das Anliegen des Arzneimittelunternehmens sind. Die Analyseeinheit identifiziert „auf was“ oder „auf wen“ das Merkmal von Interesse gemessen wird. Daher könnte die Analyseeinheit für das Arzneimittelunternehmen die „einzelne Drogerie“ sein. Daher besteht die Forschung (Untersuchung) darin, die Rupienverkäufe von den einzelnen Drogerien zu erheben und dann die Gesamtverkäufe in den fünf Staaten zu ermitteln, indem die Informationen aller Geschäfte zusammengefasst oder zusammengetragen werden.

Die Identifizierung der Analyseeinheit und der Merkmale von Interesse ist für jedes Six Sigma-Projekt von entscheidender Bedeutung. Die mit solchen Projekten verbundenen Personen sollten den Unterschied sowie die Bedeutung der Verwendung dieser in dem Datenerhebungsplan klar verstehen. Eine gute Messung in solchen Situationen definiert die notwendigen Werkzeuge für eine gute Analyse und Interpretation.

8.5.3 Datentypen

Datentypen werden im Allgemeinen in zwei Hauptkategorien eingeteilt. Sie sind *diskret* (oder Attribut- oder kategorialer) Typ und *kontinuierlicher* Typ. Anzahl der Telefonanrufe, Anzahl der Defekte, Anzahl der Anrufe, die länger als 30 min in der Warteschleife sind, Anzahl der unterdefinierten Chips, Anzahl der verspäteten Boarding-Vorfälle, Anzahl der leeren (oder vollen) Tanks, Chips außerhalb der Spezifikationen, Schrauben außerhalb der Spezifikationen, Anzahl der bestellten Einheiten, Anzahl der nicht gelieferten Artikel, Draht außerhalb der Spezifikationen usw., sind Beispiele für diskrete Daten. Einige Beispiele für *kontinuierliche* Daten sind Zykluszeit, Verzögerungszeit, Druck, Breite eines Chips, Radius einer Schraube, Kosten pro Einheit, Dicke des Drahtes, Haltezeit/eingehender Anruf, Temperatur, Intensität, Minuten bis zum Boarding des Flugzeugs, Menge des Gases in einem Tank usw.

Attributdaten werden weiter als nominal und ordinal klassifiziert, während der kontinuierliche Typ in Intervall- und Verhältnistyp klassifiziert wird (siehe Abb. 8.2 für Details). Die Attributdaten werden normalerweise in diskreten Formen gemessen. Zum Beispiel sind Einheiten geliefert/Tag, Bewertung von Dienstleistungen, Anzahl von Tippfehlern, Anzahl von Rezepten, Anzahl von Ansprüchen in einem Streit, Füllrate, Anzahl von Unfällen usw., alle diskrete Messungen.

Nominalskala: Es handelt sich um ein System zur Zuweisung von Nummernsymbolen zu Ereignissen, um sie zu kennzeichnen. Es bietet bequeme Möglichkeiten, Objekte, Personen und Ereignisse zu verfolgen, zum Beispiel Kundentypen, Dokumenttypen und Fehlertypen. Nominale Daten klassifizieren Vorkommnisse in ungeordnete Kategorien; zum Beispiel, ob die Farbe des Produkts akzeptabel ist oder nicht, eine Kundenumfrageantwort auf einem

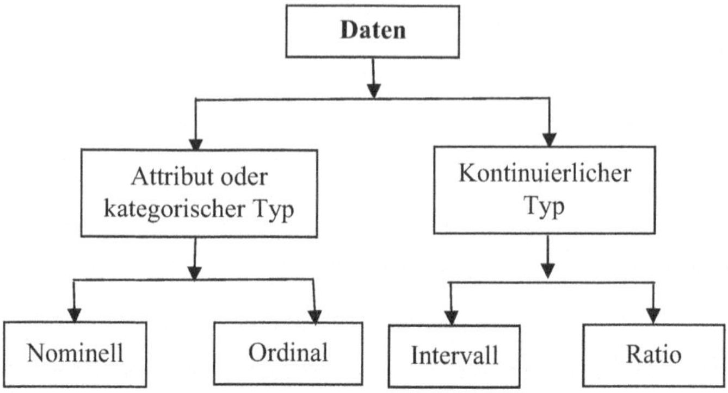

Abb. 8.2 Datentypen

Zufriedenheitsfragebogen ist entweder vom Typ „ja“ oder „nein“, und ein Kundenkontakt wird als akzeptabel oder nicht betrachtet. Das Zählen der Mitglieder in jeder Gruppe ist die einzige mögliche arithmetische Operation in diesen Fällen. Daher ist der *Modus* das beste Maß für die zentrale Tendenz für nominale Datensätze, und der *Chi-Quadrat Test* wird verwendet, um den Zusammenhang auf Signifikanz zu prüfen.

Ordinalskala: Ordinale Daten klassifizieren Vorkommnisse in geordnete Kategorien; zum Beispiel ist eine Kundenantwortumfrage auf einem Fragebogen entweder „ausgezeichnet, sehr gut, gut, durchschnittlich, schlecht“ oder „stimme stark zu, stimme mäßig zu, neutral, stimme mäßig zu, stimme stark zu“, usw.; ein Verkaufslead wird als „unwahrscheinlich“, „wahrscheinlich“ oder „sehr vielversprechend“ betrachtet; ein IT-Ausfall wird als „niedrig“, „mittel“ oder „hoch“ eingestuft; und ein Paket, das geliefert werden soll, wird als akzeptabel, herabgestuft oder abgelehnt eingestuft.

Die Ordinalskala ordnet Ereignisse an und rangiert sie. Daher begegnen wir oft der Verwendung von ordinalen Datensätzen in der Marktforschung, zum Beispiel Schweregradbewertungen, Prioritätsbewertungen und Kundenzufriedenheitsbewertungen. Tatsächlich beinhaltet eine auf einem Fragebogen basierende Stichprobenerhebung normalerweise diese Art von Maßnahmen, und daher wird das *Median* als geeignetes Maß der zentralen Tendenz verwendet, und Quartile oder Perzentile werden zur Messung der Streuung verwendet. Manchmal, wenn es gerechtfertigt werden kann, kann die Skala so verwendet werden, als ob sie kontinuierlich wäre. Die Hypothesentests beschränken sich nur auf *nichtparametrische Tests.*

Intervallskala: Dies ist die mächtigste Messung als Ordinalskala. Intervallskalen haben bedeutungsvolle Unterschiede, aber kein absolutes Null, so sind Verhältnisse nicht nützlich. Zum Beispiel sind Temperatur, Druck, Geschwindigkeit, Zykluszeit, Durchflussrate, Produktivität, Defektdichte und Testzeit alle kontinuierlichen Variablen, die in Intervallskala gemessen werden. Das *Mittel* ist das geeignetste Maß der zentralen Tendenz für diese Art von Maß, während die

Standardabweichung das am häufigsten verwendete Maß der Streuung ist. Es stehen viele statistische Werkzeuge zur Verfügung, um diese Arten von Datensätzen zu studieren.

Verhältnisskala: Die Verhältnisskala repräsentiert die tatsächlichen Mengen von Variablen. Sie haben bedeutungsvolle Unterschiede, und es existiert ein absolutes Null. Zum Beispiel ist die Länge, gemessen in Zoll, eine Verhältnisskala, da eine Länge von Null als keine Länge definiert ist und eine Länge von 30 Zoll doppelt so lang ist wie 15 Zoll. Die Messung auf einer beliebigen kontinuierlichen Skala wie Gewicht, Höhe, Entfernung usw., ist ein Beispiel für eine Verhältnisskala. Im Allgemeinen sind alle statistischen Techniken mit Verhältnisskalen verwendbar und alle Manipulationen, die man mit reellen Zahlen durchführen kann, können auch mit Verhältnisskalen durchgeführt werden.

Somit ist eine Messung eine quantifizierte Bewertung spezifischer Merkmale und/oder Leistungsniveaus auf der Grundlage beobachtbarer Daten. Daher sollte sie in einer idealen Forschungsstudie präzise und eindeutig sein. Allerdings sollte die Datenmessung auch flexibel für die Umwandlung von einer Form in eine andere sein. Aber es ist selten möglich, diskrete Daten in eine kontinuierliche Form umzuwandeln, wegen ihrer inhärenten Natur, während kontinuierliche Daten umgewandelt werden können, um diskrete Daten zu bilden.

Sehr oft sehen wir zwei oder mehr Maße, die miteinander in Beziehung stehen. Sie können entweder eine Kombination aus diskreten oder kontinuierlichen sein oder die gleiche Art von Eigenschaften haben, zum Beispiel Höhe und Gewicht, Druck und Temperatur, Präzision und Effizienz, Blutdruck und Cholesterinspiegel, Radius und Volumen, Farbe und Geruch, Verkauf und Ausgaben, Dicke und Druck, Länge und Breite, und Leistung und IQ. Die Herstellung von Korrelationen und Assoziationen wird in diesen Arten von Variablen von primärem Interesse sein. Ebenso können es Variablen geben, die von vielen anderen assoziierten Maßen abhängen, und daher wird die Studie multidimensional. Viele wichtige Techniken wie multiple Korrelation, multiple Regression, Hauptkomponentenanalyse, Faktorenanalyse und Klassifikationstechniken sind nützliche Werkzeuge für das Studium der Beziehung zwischen zwei oder mehr Variablen. Einige dieser Techniken werden im Detail in Kap. 9 der Analysephase besprochen.

8.6 Taktzeit, Zykluszeit, Ausführungszeit und Verzögerungszeit

Die Zeit, die benötigt wird, um einen Zyklus eines Vorgangs in einem Prozess abzuschließen, wird als *Zykluszeit* bezeichnet, die die tatsächliche Arbeitszeit und Wartezeit einschließt. Die Zykluszeit wird manchmal auch in Bezug auf die Taktzeit beschrieben. Eine *Taktzeit* ist die verfügbare Produktionszeit geteilt durch die Kundennachfrage. Die Arbeit nach der Taktzeit legt das Produktionstempo entsprechend der Kundennachfrage fest. Wenn die Zykluszeit für jeden Vorgang in einem vollständigen Prozess auf die Taktzeit reduziert werden kann, können

Produkte in Einzelstückfluss hergestellt werden. Die tatsächlich aufgewendete Zeit, um etwas am Produkt oder Dienstleistung zu tun, während es auf dem Weg zum Kunden fließt, wird als *Ausführungszeit* bezeichnet, während die Zeit, die das Produkt oder die Dienstleistung auf etwas wartet, was getan werden muss, als *Verzögerungszeit* bezeichnet wird. Die *Rüstzeit* oder *Umrüstzeit* ist die Zeit, die benötigt wird, um von der Produktion eines Produkts auf die Produktion eines anderen umzustellen, sagen wir, auf einer bestimmten Maschine, Prozessschritt usw. Eine weitere mit der Geschwindigkeitslieferung verbundene Zeit ist die *Just-in-Time* Zeit.

Während der Messphase ist es wichtig, den Unterschied zwischen den mit dem Prozess verbundenen Zeiten zu kennen. In den meisten Fällen ist das ultimative Ziel der Untersuchung des Prozessflusses die Implementierung eines Einzelstückflusses anstelle einer Batch- und Warteschlangenoperation. Dies ist notwendig, da die Messung und Modellierung vollständig davon abhängt. Dies hilft auch bei der Beseitigung von doppelten oder unnötigen Aufgaben und beseitigt Nacharbeit oder doppelte Arbeiten während der gesamten Dauer des Prozesses. Daher ist die Zeitanalyse während eines Prozesses sehr wichtig, um die *Leerlaufzeit* zu identifizieren. Da die Verbesserung der Zykluszeit Priorität hatte, war die Zeitanalyse von großem Nutzen, um die Prozessdurchlaufzeit auf Minuten statt Stunden, Tage statt Monate zu reduzieren. Tatsächlich konzentrieren sich viele erfolgreiche Six-Sigma-Projekte auf die Reduzierung der Zykluszeit, aus diesen Gründen.

8.7 Messsystemanalyse

Da der Datenerfassungsplan vorhanden ist und die Messungen verfügbar sind, besteht der nächste Schritt darin, die Gültigkeit und Zuverlässigkeit der Messungen zu überprüfen. Der eigentliche Zweck der Messsystemanalyse (MSA) besteht darin, das Projektteam dazu zu zwingen, die Daten nicht als einen, sondern als zwei Prozesse zu betrachten. Die größten Quellen der Variation in der Messung stammen von schlecht definierten und missverstandenen operationellen Definitionen der Komponenten von Transaktionsprozessen und Annahmen über Daten, die aus historischen Systemen abgeleitet wurden, die nie für die Zwecke der Datenerfassung konzipiert wurden. Der Projektfokus muss immer auf der Reduzierung von Fehlern liegen, wie sie vom Kunden definiert sind, aber seien Sie vorsichtig, den Messprozess nicht aus den Augen zu verlieren, um des Geschäftsprozesses willen.

Während der Messphase des Projekts muss man der Versuchung widerstehen, die Daten zu analysieren, und sich darauf konzentrieren, sie zu verstehen. Wie bereits gesehen, werden die Messungen im Allgemeinen in zwei Arten klassifiziert, nämlich kontinuierliche und diskrete Typen. Daher sollte auch die Bewertung entsprechend durchgeführt werden, um die angegebenen Zwecke zu erreichen. Bei der Ziehung von Schlussfolgerungen über Messfehler lohnt es sich, die Ursachen der Variation in beobachteten Werten zu untersuchen. Wenn die beobachtete

Variation im Prozess auf viele Ursachen zurückzuführen ist und wenn die Ursachen unabhängig voneinander wirken, dann kann die beobachtete Variation ausgedrückt werden als

$$\sigma_{\text{observed}} = \sqrt{\sigma^2_{\text{cause A}} + \sigma^2_{\text{casue B}} + \cdots + \sigma^2_{\text{cause N}}} \tag{8.2}$$

Es ist wertvoll, die numerischen Werte der Komponenten der beobachteten Variation zu finden, da das Wissen darauf hinweisen kann, wo Anstrengungen unternommen werden sollten, um die Variation im Produkt zu reduzieren. Eine Trennung der beobachteten Variation in Produktvariation plus andere Ursachen der Variation kann auf wichtige Faktoren hinweisen, die nicht der Herstellungsprozess sind. So wird festgestellt, dass der *Messfehler* einen großen Prozentsatz der Gesamtvariation ausmacht; dieser Befund muss analysiert werden, bevor mit einem Qualitätsverbesserungsprogramm fortgefahren wird. Das Finden der Komponenten (z. B. Instrument, Bediener, Methoden) dieses Fehlers kann dazu beitragen, den Messfehler zu reduzieren, was wiederum ein Problem vollständig beseitigen kann (siehe [5] für weitere Details).

Beachten Sie, dass jedes Messsystem aus den folgenden Schlüsselkomponenten besteht:

- Messinstrument
- Bewerter (auch als Bediener bekannt)
- Methoden oder Verfahren zur Durchführung der Messung
- Umgebung.

Wenn Beobachtungen aus einem Instrument verwendet werden, um eine Reihe von verschiedenen Einheiten eines Produkts zu messen, dann kann die Gesamtvariation auf (i) die Variation aufgrund der Messmethode und (ii) die Variation im Produkt selbst zurückgeführt werden. Dies wird ausgedrückt als

$$\sigma_{\text{total}} = \sqrt{\sigma^2_{\text{product}} + \sigma^2_{\text{measurement}}} \tag{8.3}$$

Die Komponenten des Messfehlers werden weiter in Wiederholbarkeit und Reproduzierbarkeit (R&R) unterteilt. *Wiederholbarkeit* bezieht sich auf Variationen aufgrund von Messgeräten und -ausrüstung, während *Reproduzierbarkeit* Variationen aufgrund von Menschen (oder Bewertern) betrifft, die die Messgeräte und -ausrüstung verwenden. Studien zur Schätzung dieser Komponenten werden oft als „Gage R&R“-Studien bezeichnet.

Im Folgenden diskutieren wir die Gage R&R-Studie zur Beurteilung von Verzerrungen in kontinuierlichen und diskreten (oder attributiven) Messungen separat. Die Messsystemanalyse für kontinuierliche Variablen verwendet die folgenden Methoden:

- AIAG-Methode: Es handelt sich um eine Organisation namens Automotive Industry Action Group (AIAG) und bietet das tabellarische Verfahren mit spezifischen Richtlinien zur Identifizierung von Variationen, die mit verschiedenen Komponenten verbunden sind.

- ANOVA-Methode: Sie wird als Analyse der Varianz (ANOVA) bezeichnet und verwendet eine rigorose statistische Methode zur Identifizierung von Variationen, die mit verschiedenen Komponenten verbunden sind.
- Kontrollkartenmethode: Es handelt sich um ein grafisches Verfahren zur Identifizierung von Variationen, die mit verschiedenen Komponenten verbunden sind.

8.7.1 Beurteilung von Verzerrungen in kontinuierlichen Messungen

Eine wichtige Methode zur Überprüfung der Wirksamkeit einer kontinuierlichen Messung ist als *Gage R&R* bekannt. Sie wird durchgeführt, um die Genauigkeit, Wiederholbarkeit und Reproduzierbarkeit eines kontinuierlichen Messsystems zu bewerten. Sie wird typischerweise in der Fertigung oder in anderen Anwendungen verwendet, in denen „Messgeräte" oder Geräte verwendet werden, um wichtige physische Eigenschaften zu messen, die kontinuierlich sind, zum Beispiel Dicke, Viskosität, Festigkeit und Druck.

In einer *Gage R&R* Studie des Messsystems messen mehrere Bediener mehrere Einheiten mehrere Male. Zum Beispiel messen 3 Bediener jeweils 7 Einheiten zweimal in einem bestimmten Zeitraum. Ein Blindheitsansatz ist äußerst wünschenswert, so dass die Bediener nicht wissen, dass das Teil, das gemessen wird, Teil eines speziellen Tests ist. Mindestens sollten sie nicht wissen, welches der Testteile sie gerade messen. Dann analysieren Sie die Variation in den Studienergebnissen, um zu bestimmen, wie viel davon aus Unterschieden in den Bedienern, Techniken oder den Einheiten selbst kommt.

8.7.1.1 Gage R&R Studie: Rechnerische Aspekte

- Wählen Sie Einheiten oder Artikel zur Messung aus, die die gesamte Bandbreite der typischerweise im Prozess gesehenen Variation repräsentieren. Messsysteme sind oft in einigen Teilen des Bereichs genauer als in anderen, daher müssen Sie sie über den gesamten Bereich testen.
- Lassen Sie jeden Bediener diese Artikel wiederholt messen. Um die Ergebnisse mit MINITAB zu analysieren, muss jeder Bediener jede Einheit die gleiche Anzahl von Malen messen. Es ist äußerst wünschenswert, die Reihenfolge der Einheiten zu randomisieren und den Bediener nicht wissen zu lassen, welche Einheit gemessen wird.
- Betrachten Sie die gesamte Variation in den gemessenen Artikeln oder Einheiten.
- Schätzen Sie dann den Anteil der gesamten Variation, der auf
  1. *Teil-zu-Teil Variation*: physische oder tatsächliche Unterschiede in den gemessenen Einheiten.

2. *Wiederholbarkeit*: Inkonsistenz in der Art und Weise, wie eine bestimmte Person die Messung vornimmt (viel Inkonsistenz = hohe Variation = geringe Wiederholbarkeit).
3. *Reproduzierbarkeit*: Inkonsistenz in der Art und Weise, wie verschiedene Personen die Messung vornehmen (viel Inkonsistenz = hohe Variation = geringe Reproduzierbarkeit).
4. *Bediener–Teil Interaktion*: Eine Interaktion, die dazu führt, dass Menschen verschiedene Artikel auf verschiedene Weise messen (z. B. können Menschen einer bestimmten Größe Schwierigkeiten haben, bestimmte Teile aufgrund von Beleuchtung, Perspektive usw. zu messen).

Wenn es eine übermäßige Variation in der Wiederholbarkeit oder Reproduzierbarkeit gibt (im Verhältnis zur Teil-zu-Teil-Variation), müssen Sie Maßnahmen ergreifen, um den Messprozess zu beheben oder zu verbessern. Das Ziel ist es, ein Messsystem zu entwickeln, das für Ihre Bedürfnisse ausreichend ist.

Akzeptanzkriterien für MSA

1. Gage R&R <10 %—Das Messsystem ist ausgezeichnet
2. Gage R&R 10–30 %—Das Messsystem ist akzeptabel
3. Gage R&R >30 %—Das Messsystem ist nicht akzeptabel

Interpretation der MSA-Ergebnisse: Es wird erwartet, dass der Fehler bei Wiederholbarkeit und Reproduzierbarkeit gering sein sollte. Wenn beispielsweise die Wiederholbarkeit hoch ist, wird daraus geschlossen, dass (i) das Instrument und die Messmethode unangemessen sind. Eine allgemeine Systemverbesserung ist erforderlich, wenn der R&R-Fehler gering ist. Ebenso, wenn der Reproduzierbarkeitsfehler hoch ist, wird daraus geschlossen, dass eine starke Schulung und Anweisung notwendig ist, um den Bediener und den Inspektor zu schulen.

Beispiel 8.1 Betrachten Sie ein Experiment, bei dem drei Bediener gebeten wurden, zwei Messungen an jeweils 10 verschiedenen Teilen vorzunehmen. Die Ergebnisse sind unten dargestellt:

Teil	Operator 1				Operator 2				Operator 3			
	Messungen		Mittelwert	Bereich	Messungen		Mittelwert	Bereich	Messungen		Mittelwert	Bereich
	A-1	A-2	$\bar{x}_A$	R_A	B-1	B-2	$\bar{x}_B$	R_B	C-1	C-2	$\bar{x}_C$	R_C
1	31.83	31.67	31.75	0.16	32.55	32.07	32.31	0.48	31.99	32.23	32.11	0.24
2	30.31	30.47	30.39	0.16	30.63	30.39	30.51	0.24	30.15	30.15	30.15	0.0
3	29.51	29.83	29.67	0.32	29.83	29.67	29.75	0.16	29.51	29.83	29.67	0.32
4	29.43	29.27	29.35	0.16	29.83	29.35	29.59	0.48	29.27	29.51	29.39	0.24
5	29.91	30.23	30.07	0.32	30.07	29.67	29.87	0.4	29.83	29.27	29.55	0.56
6	30.47	30.31	30.39	0.16	30.87	30.87	30.87	0.0	30.31	30.31	30.31	0.0
7	28.79	28.79	28.79	0.0	29.03	28.71	28.87	0.32	28.23	28.47	28.35	0.24
8	29.99	29.67	29.83	0.32	30.07	29.91	29.99	0.16	29.67	29.83	29.75	0.16
9	28.55	28.63	28.59	0.08	28.95	28.79	28.87	0.16	28.55	28.23	28.39	0.32
10	29.35	29.11	29.23	0.24	29.83	29.59	29.71	0.24	29.59	29.51	29.55	0.08
	$\bar{\bar{x}}_A = 29.806$, $\overline{R}_A = 0.192$				$\bar{\bar{x}}_B = 30.034$, $\overline{R}_B = 0.264$				$\bar{\bar{x}}_C = 29.722$, $\overline{R}_C = 0.216$			

Lösung Wir haben

$$\begin{aligned}\overline{\overline{R}} &= \frac{1}{3}(\overline{R}_A + \overline{R}_B + \overline{R}_C) \\ &= \frac{1}{3}(0.192 + 0.264 + 0.216) = 0.22\end{aligned}$$

Daher ist die Schätzung der Messwiederholbarkeit

$$\hat{\sigma}_{\text{repeatability}} = \frac{0.22}{1.128} = 0.2$$

wo der Wert von d_2 aus Anhangstabelle A.11 für Untergruppengröße 2 entnommen wird. Die Messwiederholbarkeit ist die Variabilität, die aufgrund von Unterschieden zwischen den drei Bedienern entsteht. Um die Messwiederholbarkeit zu schätzen, lassen Sie

$$\begin{aligned}\overline{\overline{x}}_{\text{max}} &= \max(\overline{\overline{x}}_A, \overline{\overline{x}}_B, \overline{\overline{x}}_C) = 30.034 \\ \overline{\overline{x}}_{\text{min}} &= \min(\overline{\overline{x}}_A, \overline{\overline{x}}_B, \overline{\overline{x}}_C) = 29.722 \\ R_{\overline{\overline{x}}} &= \overline{\overline{x}}_{\text{max}} - \overline{\overline{x}}_{\text{min}} = 0.312\end{aligned}$$

Daher ist die Schätzung der Messwiederholbarkeit

$$\begin{aligned}\sigma_{\text{reproducibility}} &= \frac{R_{\overline{\overline{x}}}}{d_2} \\ &= \frac{0.312}{1.693} = 0.184\end{aligned}$$

Daher ist die gesamte Messvariation

$$\begin{aligned}\hat{\sigma}^2_{\text{gage}} &= \hat{\sigma}^2_{\text{repeatability}} + \hat{\sigma}^2_{\text{reproducibility}} \\ &= (0.2)^2 + (0.184)^2 = 0.073\end{aligned}$$

Die ANOVA-Methode der Mess-R&R-Studie, die mit der MINTAB-Software durchgeführt wurde, ist unten dargestellt. Beachten Sie, dass die Schätzung der Messwiederholbarkeit 0.18672 und die Messwiederholbarkeit 0.1825 beträgt, die mit dem durch manuelle Berechnungen erzielten Ergebnis vergleichbar sind. Auch die Schätzung der gesamten Messvariation beträgt 0.06805, was ungefähr gleich 0.073 ist, wie oben ermittelt.

Die obigen Schätzungen sind nützlich für die Bestimmung der Prozessfähigkeit des Prozesses. Nach Montgomery [9], wird das Verhältnis $6\sigma_{\text{gage}}$ zur gesamten Toleranzbandbreite oft als *Präzision-zu-Toleranz-Verhältnis* (oder P/T-Verhältnis) bezeichnet, ein Maß für die Prozessfähigkeit. Aus Sicht des Prozessmodells ist es einfach das Verhältnis von VOC zu VOP. Daher, wenn die Prozessspezifikation für das obige Beispiel LSL = 20 und USL = 40 ist, dann

$$\begin{aligned}\text{Process capability} &= \frac{\text{VOC}}{\text{VOP}} = \frac{6\hat{\sigma}_{\text{gage}}}{\text{USL} - \text{LSL}}\\ &= \frac{6(0.2709)}{40 - 20} = 0.0812\end{aligned}$$

Da das P/T-Verhältnis weniger als 10 % beträgt, wird geschlossen, dass der Prozess über eine ausreichende Fähigkeit verfügt. In Abwesenheit von Spezifikationsgrenzen kann man die Prozessfähigkeit als Prozentsatz der Produktmerkmalsvariabilität berechnen als

$$\text{Process capability} = \frac{\sigma_{\text{gage}}}{\sigma_{\text{product}}} \times 100,$$

Da

$$\sigma^2_{\text{total}} = \sigma^2_{\text{product}} + \sigma^2_{\text{gage}}$$

wir den Wert von σ^2_{total} und σ^2_{gage} aus der gesamten Stichprobe von 60 Beobachtungen unter Ignorierung der Unterschiede zwischen den Bedienern schätzen. Diese Werte sind $\sigma^2_{\text{total}} = 0.947$ und $\sigma^2_{\text{gage}} = 0.076$, jeweils. Daher,

$$\sigma^2_{\text{product}} = \sigma^2_{\text{total}} - \sigma^2_{\text{gage}} = 0.8713$$

Daher ist die Prozessfähigkeit

$$\text{Process capability} = \frac{\sqrt{0.076}}{\sqrt{0.8713}} \times 100 = 29.5341$$

Dieses Fähigkeitsverhältnis ist aussagekräftiger als das oben diskutierte P/T-Verhältnis, da es nicht von den Spezifikationsgrenzen abhängt (Abb. 8.3).

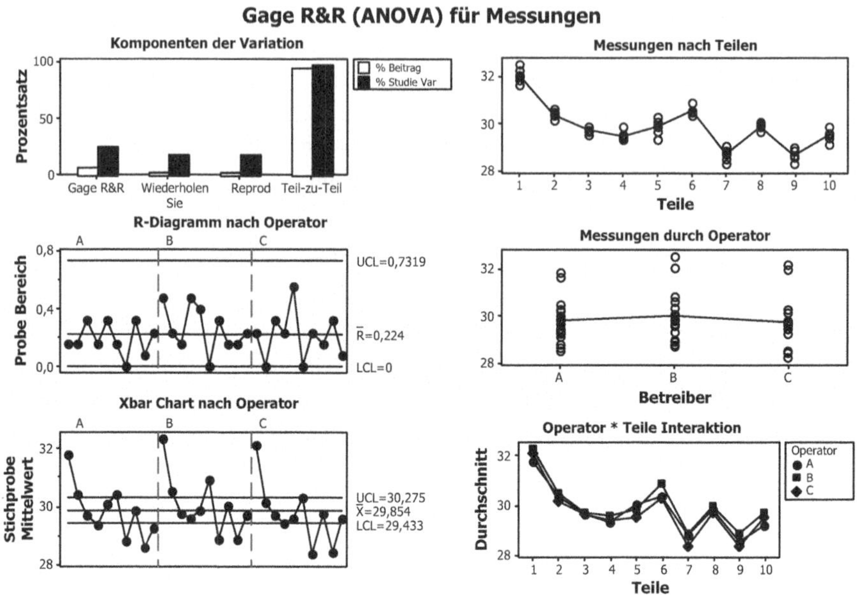

Abb. 8.3 Gage R&R-Studie

MINITAB Gage R&R-Studie - ANOVA-Methode

Zweifache ANOVA-Tabelle mit Interaktion

Quelle	DF	SS	MS	F	P
Teile	9	52,8017	5,86686	108,248	0,000
Betreiber	2	1,0426	0,52128	9,618	0,001
Teile * Bediener	18	0,9756	0,05420	1,540	0,144
Reproduzierbarkeit	30	1,0560	0,03520		
Insgesamt	59	55,8758			

Gage R&R

Quelle	VarComp	%Beitrag (von VarComp)
Total Gage R&R	0,06805	6,56
Reproduzierbarkeit	0,03520	3,39
Reproduzierbarkeit	0,03285	3,17
Betreiber	0,02335	2,25
Bediener*Teile	0,00950	0,92
Teil-zu-Teil	0,96878	93,44
Gesamtabweichung	1,03683	100,00

Quelle	StdDev (SD)	Studie Var (6 * SD)	%Studie Var (%SV)
Total Gage R&R	0,26087	1,56522	25,62
Reproduzierbarkeit	0,18762	1,12570	18,43
Reproduzierbarkeit	0,18125	1,08753	17,80
Betreiber	0,15282	0,91692	15,01
Bediener*Teile	0,09746	0,58478	9,57
Teil-zu-Teil	0,98426	5,90559	96,66
Gesamtabweichung	1,01825	6,10949	100,00

Analyseinterpretation: Aus der Gage R&R (ANOVA) geht hervor, dass die Teile und Bediener hochsignifikant sind, während die Interaktion nicht signifikant ist. Aus dem Gage R&R-Ausdruck können wir sehen, dass die gesamte erklärte Variation 6,56 % beträgt, was viel weniger ist als die Variation von Teil zu Teil, die 93,44 % beträgt. Daher wird geschlossen, dass ein Großteil der Variation auf die Teile zurückzuführen ist. Da die Gesamtvariation weniger als 10 % beträgt, ist das Messsystem akzeptabel.

Beachten Sie, dass die Studienvarianz nach numerischer Berechnung $6\hat{\sigma}_{\text{gage}} = 6(0.2709) = 1.6255$ beträgt, was laut MINITAB-Ausgabe 1.56522 ist. Ebenso beträgt der prozentuale Beitrag nach numerischer Berechnung etwa 7 % $\left(\hat{\sigma}^2_{\text{gage}} = 0.073\right)$ im Vergleich zu 6,56 % in der Ausgabetabelle. Diese Unterschiede sind vernachlässigbar klein und werden die Gesamtschlussfolgerung über den Prozess nicht beeinflussen.

Wiederum ist aus dem Graphikpanel zu erkennen, dass der prozentuale Variation aufgrund von Teil zu Teil im Vergleich zu anderen Variationen sehr hoch ist. Eine ähnliche Schlussfolgerung kann aus der Grafik der Messungen nach Teilen gezogen werden, da die Teile nicht in einer geraden Linie ausgerichtet sind. Die *R*-Karte und die Grafik der Messung nach Bediener zeigen, dass der Bediener B die Beobachtungen leicht über dem Durchschnitt gemessen hat. In der $\overline{X}$ Karte nach Bediener liegen die meisten Punkte in der $\overline{X}$ Karte außerhalb der Kontrollgrenzen, was darauf hinweist, dass die Variation hauptsächlich auf Unterschiede zwischen den Teilen zurückzuführen ist. Die Grafik der Interaktion Bediener* Teil ist eine Visualisierung des *p*-Wertes (in diesem Fall 0,144) – was auf keine signifikante Interaktion zwischen jedem Teil und Bediener hinweist.

8.7.2 Bewertung der Verzerrung von Attributdaten

Beachten Sie, dass die Attributdaten (nominale oder ordinale Daten) oft aus subjektiven Entscheidungen von Beobachtern oder Bewertern resultieren. Diese Subjektivität führt häufig zu Problemen mit Voreingenommenheit, Wiederholbarkeit und Reproduzierbarkeit. Je mehr man die Subjektivität aus dem Bewertungsprozess entfernen kann, desto besser. Studien über Voreingenommenheit erfordern Kenntnisse über das wahre Maß eines Gegenstandes oder Ereignisses. Wie bei kontinuierlichen Daten werden nominale und ordinale Messsysteme hinsichtlich Stabilität, Voreingenommenheit, Wiederholbarkeit und Reproduzierbarkeit bewertet. Ein solches Maß zur Beurteilung des oben genannten Problems für nominale Daten ist *Kappa*.

Nominale Messstudien, die sich mit Wiederholbarkeit und Reproduzierbarkeit befassen, werden oft als *Konkordanz Studien* bezeichnet. In solchen Studien misst die Übereinstimmung innerhalb des Bewerter die Wiederholbarkeit (innerhalb des Bewerter), und die Übereinstimmung zwischen den Bewertern misst die Kombination aus Wiederholbarkeit und Reproduzierbarkeit (zwischen den Bewertern). Und die Wahrscheinlichkeit einer allgemeinen Übereinstimmung unter den Bewertern oder innerhalb eines Bewerter kann mit einem Konfidenzintervall geschätzt werden. Das Maß Kappa (dargestellt durch κ) ist nützlich für die Messung sowohl der Übereinstimmung innerhalb des Bewerter als auch der Übereinstimmung zwischen den Bewertern für nominale Daten und ist definiert als

$$\kappa = \frac{\text{no. of observed agreement} - \text{no. of expected agreement}}{\text{total observations} - \text{no. of expected agreement}} \tag{8.4}$$

Die Stärke der Übereinstimmung wird auf der Grundlage des Wertes von κ bewertet und ist in der Tab. 8.1 dargestellt.

Kappa kann auf Situationen verallgemeinert werden, in denen es mehr als zwei Bewertungen durch einen Bewerter gibt, oder wo es mehrere Bewerter gibt. Kappa lässt sich auch leicht auf eine Situation verallgemeinern, in der die Antwort mehr als zwei Kategorien hat.

Beispiel 8.2 Die Daten in Tab. 8.2 zeigen die Ergebnisse von drei Gutachtern, die auf zwanzig Gegenstände reagierten, die einer Stichprobenprüfung unterzogen wurden. Die Qualität des Gegenstandes wird als „gut“ oder „schlecht“ eingestuft. Untersuchen Sie die Übereinstimmung zwischen den Gutachtern.

Lösung Die unten gezeigte MINITAB-Analyse der Attributübereinstimmungsanalyse zeigt, dass die Gutachter B, C und A jeweils zu 55, 50 und 40 % übereinstimmen (siehe auch Abb. 8.4). Die Fleiss' Kappa-Statistik geht davon aus, dass das Niveau der Uneinigkeit unter den Antworten gleich ist. Da die Kappa-Werte in jedem Fall negativ sind, deutet dies darauf hin, dass das Messsystem nicht akzeptabel ist.

Tab. 8.1 Kappa-Übereinstimmungstabelle

Kappa	Stärke der Übereinstimmung
<0.00	Schlecht oder keine
0.00–0.20	Gering
0.21–0.40	Mäßig
0.41–0.60	Moderat
0.61–0.80	Beträchtlich
0.81–1.00	Fast perfekt

Tab. 8.2 Daten zur Übereinstimmungsanalyse von Attributen

Probe	Gutachter	Antwort	Probe	Gutachter	Antwort	Probe	Gutachter	Antwort	Probe	Gutachter	Antwort
1	A	Gut	6	A	Gut	11	A	Gut	16	A	Schlecht
1	A	Gut	6	A	Gut	11	A	Schlecht	16	A	Gut
1	B	Schlecht	6	B	Gut	11	B	Gut	16	B	Gut
1	B	Gut	6	B	Schlecht	11	B	Gut	16	B	Gut
1	C	Schlecht	6	C	Schlecht	11	C	Gut	16	C	Gut
1	C	Gut	6	C	Schlecht	11	C	Gut	16	C	Gut
2	A	Schlecht	7	A	Schlecht	12	A	Schlecht	17	A	Schlecht
2	A	Gut	7	A	Gut	12	A	Gut	17	A	Gut
2	B	Gut	7	B	Gut	12	B	Gut	17	B	Schlecht
2	B	Gut	7	B	Schlecht	12	B	Gut	17	B	Schlecht
2	C	Gut	7	C	Gut	12	C	Schlecht	17	C	Gut
2	C	Gut	7	C	Gut	12	C	Gut	17	C	Schlecht
3	A	Schlecht	8	A	Schlecht	13	A	Schlecht	18	A	Schlecht
3	A	Gut	8	A	Gut	13	A	Gut	18	A	Gut
3	B	Schlecht	8	B	Schlecht	13	B	Schlecht	18	B	Gut
3	B	Schlecht	8	B	Schlecht	13	B	Gut	18	B	Schlecht
3	C	Gut	8	C	Gut	13	C	Gut	18	C	Gut
3	C	Schlecht	8	C	Schlecht	13	C	Schlecht	18	C	Gut
4	A	Gut	9	A	Gut	14	A	Gut	19	A	Gut
4	A	Gut	9	A	Gut	14	A	Gut	19	A	Gut
4	B	Gut	9	B	Gut	14	B	Gut	19	B	Gut
4	B	Gut	9	B	Schlecht	14	B	Gut	19	B	Gut
4	C	Gut	9	C	Gut	14	C	Schlecht	19	C	Gut

(Fortsetzung)

Tab. 8.2 (Fortsetzung)

Probe	Gutachter	Antwort	Probe	Gutachter	Antwort	Probe	Gutachter	Antwort	Probe	Gutachter	Antwort
4	C	Schlecht	9	C	Schlecht	14	C	Schlecht	19	C	Schlecht
5	A	Schlecht	10	A	Schlecht	15	A	Schlecht	20	A	Schlecht
5	A	Schlecht	10	A	Gut	15	A	Gut	20	A	Schlecht
5	B	Gut	10	B	Gut	15	B	Gut	20	B	Gut
5	B	Schlecht	10	B	Schlecht	15	B	Gut	20	B	Schlecht
5	C	Gut	10	C	Gut	15	C	Gut	20	C	Gut
5	C	Gut	10	C	Schlecht	15	C	Gut	20	C	Gut

Analyse der Attributübereinstimmung für die Antwort

innerhalb der Beurteiler

Bewertungsvereinbarung

Bewerter	# Überprüft	# Abgestimmt	Prozent	95 % CI
A	20	8	40,00	(19,12, 63,95)
B	20	11	55,00	(31,53, 76,94)
C	20	10	50,00	(27,20, 72,80)

Übereinstimmend: Der Bewerter stimmt mit sich selbst über alle Versuche hinweg überein.

Fleiss' Kappa Statistik

Bewerter	Antwort	Kappa	SE Kappa	Z	P(vs > 0)
A	Schlecht	-0,250000	0,223607	-1,11803	0,8682
	Gut	-0,250000	0,223607	-1,11803	0,8682
B	Schlecht	0,040000	0,223607	0,17889	0,4290
	Gut	0,040000	0,223607	0,17889	0,4290
C	Schlecht	-0,098901	0,223607	-0,44230	0,6709
	Gut	-0,098901	0,223607	-0,44230	0,6709

Zwischen Gutachtern

Bewertungsvereinbarung

# Überprüft	#Abgestimmt	Prozent	95 % CI
20	0	0,00	(0,00, 13,91)

Abgestimmt: Alle Beurteiler stimmen in ihren Bewertungen überein.

Fleiss' Kappa Statistik

Antwort	Kappa	SE Kappa	Z	P(vs > 0)
Schlecht	-0,0453333	0,0577350	-0,785196	0,7838
Gut	-0,0453333	0,0577350	-0,785196	0,7838

8.8 Beschreibende Statistik

Die beschreibende Statistik spielt eine sehr wichtige Rolle bei der Untersuchung der grundlegenden Eigenschaften von Prozessdaten. Sie ermöglicht es, das Muster von Variationen in Bezug auf Genauigkeitsmaße oder Lageparameter wie Mittelwert, Median und Modus (auch Maße der zentralen Tendenz genannt) und Präzisionsmaße wie Bereich, Quartilsabweichung, Standardabweichung und Varianz (auch Maße der Streuung genannt) zu verstehen. Das Ziel der Komprimierung der Informationen in eine beschreibende Statistik besteht darin, einen repräsentativen Wert zu finden, der zur Lokalisierung und Zusammenfassung des gesamten Satzes variierender Werte verwendet werden kann. Dieser eine Wert kann zur Entscheidungsfindung bezüglich des gesamten Satzes verwendet werden. Die Maße der zentralen Tendenz ermöglichen es uns auch, zwei oder mehr Datensätze zu

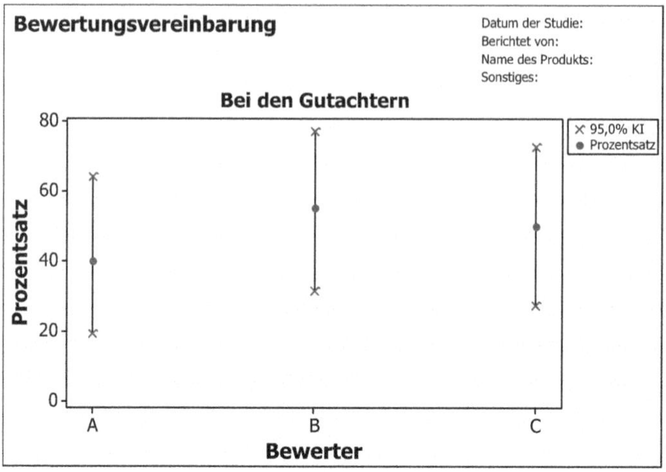

Abb. 8.4 Grafische Ergebnisse der Attributübereinstimmungsanalyse

vergleichen, um den Vergleich zu erleichtern. Welches Maß gut und anwendbar ist, hängt vom Zweck und Ziel der Studie ab. Es wird jedoch erwartet, dass das Maß

- Leicht zu verstehen ist
- Einfach zu berechnen ist
- Auf allen Beobachtungen basiert
- Eindeutig definiert ist
- Für weitere algebraische Behandlung geeignet ist
- Einfach anzuwenden ist

Zwei der besten Methoden zur Beschreibung eines gegebenen Datensatzes sind die Histogramm- und Stamm-Blatt-Diagramm-Methoden. Ein *Histogramm* ist eine visuelle Darstellung der Häufigkeitsverteilung. Es handelt sich dabei um Rechtecke in unterschiedlichen Größen, die nebeneinander gezeichnet werden, entsprechend der Häufigkeit jeder Beobachtung. Ein *Stamm-und-Blatt-Diagramm* ist eine weitere Möglichkeit, eine informative visuelle Darstellung eines Datensatzes zu erhalten, bei dem jede Zahl aus mindestens zwei Ziffern besteht. Als Illustration betrachten Sie das folgende Beispiel:

Beispiel 8.3 Ein bestimmter Intelligenztest wird bei den ausgewählten Schülern angewendet, und ihre Leistungen, wie durch die Testergebnisse bestimmt, sind in Tab. 8.3 vermerkt.

Bereiten Sie ein Blatt-Diagramm und ein Histogramm für die Daten vor.

Lösung Das Stamm-Blatt-Diagramm und das Histogramm sind in den Abb. 8.5 und 8.6 dargestellt.

Tab. 8.3 Intelligenztest-Ergebnisse

32	47	41	51	41	54	32	31	46	15
38	26	50	40	38	44	21	45	31	37
68	41	30	52	52	61	53	48	21	28
30	33	37	35	39	43	32	24	28	38
46	50	26	15	23	41	38	40	37	40
40	33	42	36	51	31	51	45	41	50

Abb. 8.5 Stamm-Blatt-Diagramm der Testergebnisse

Vorbau	Blatt	Zählen Sie
1	55	2
2	1134	4
2	6688	4
3	0011122233	10
3	5677788889	10
4	000011111234	12
4	556678	6
5	0001112234	10
6	18	2

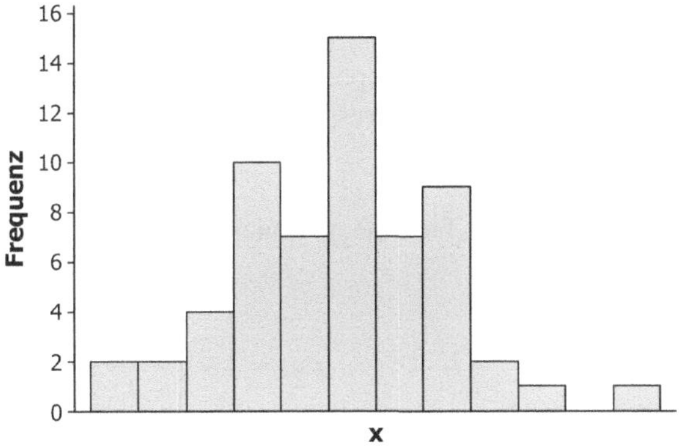

Abb. 8.6 Histogramm der Intelligenztestergebnisse

8.8.1 Messungen der Genauigkeit

Arithmetisches Mittel: Die am häufigsten verwendete Genauigkeitsmaßnahme in Six Sigma-Projekten ist das arithmetische Mittel (AM) oder einfach Mittelwert oder Prozessdurchschnitt. Es ist definiert als das Verhältnis der Summe aller Beobachtungen zur Gesamtzahl der Beobachtungen. Wenn $x_1, x_2, \ldots, x_n$ die Menge der n Beobachtungen sind, dann ist das Mittel symbolisch definiert als

$$\begin{aligned}\bar{x} &= \frac{x_1 + x_2 + \cdots + x_n}{n} \\ &= \frac{1}{n}\sum_{i=1}^{n} x_i\end{aligned} \tag{8.5}$$

Wenn angenommen wird, dass die Stichprobenbeobachtungen $x_1, x_2, \ldots, x_n$ mit verschiedenen Häufigkeiten auftreten, sagen wir $f_1, f_2, \ldots, f_n$, dann wird das entsprechende Mittel wie folgt ermittelt

$$\begin{aligned} \overline{x} &= \frac{x_1 f_1 + x_2 f_2 + \cdots + x_n f_n}{\sum_{i=1}^{n} f_i}, \\ &= \frac{1}{N} \sum_{i=1}^{n} x_i f_i \end{aligned} \tag{8.6}$$

wo $\sum_{i=1}^{n} f_i = N$.

Median: Der Median ist der Wert, der die Verteilung in zwei gleiche Teile teilt. Meist wird diese Maßnahme für Merkmale berechnet, die in Zählungen und Zahlen gemessen werden. Der Median ist der Wert der mittleren Beobachtung, wenn die Reihe in der Reihenfolge der Größe oder Größe angeordnet ist. Daher liegen 50 % der Beobachtungen in den Verteilungen über dem Medianwert und 50 % über dem Medianwert. Wenn die Anzahl der Beobachtungen ungerade ist, dann entspricht der Median der genauen mittleren Beobachtung. Wenn die Anzahl der Beobachtungen gerade ist, dann ist der Median der Durchschnitt der beiden mittleren Beobachtungen. Symbolisch kann es mit der folgenden Formel berechnet werden:

$$x_{\text{Me}} = \begin{cases} \text{the value corresponds to } \left(\frac{n+1}{2}\right)\text{th observation,} & \text{if } n \text{ is odd} \\ \text{the average corresponds to } \left(\frac{n}{2}\right)\text{th and } \left(\frac{n}{2}+1\right)\text{th observation} & \text{if } n \text{ is even} \end{cases} \tag{8.7}$$

Ähnlich kann es für eine gruppierte Häufigkeitsverteilung mit der Formel berechnet werden:

$$x_{Me} = l + \left[\frac{\frac{N}{2} - c}{f}\right] * h, \tag{8.8}$$

wo

N Gesamtzahl der Beobachtungen
l Untere Grenze der Median-Klasse
c Kumulative Häufigkeit vor der Median-Klasse
f Häufigkeit der Median-Klasse
h Klassenintervall der Median-Klasse.

Die kumulative Häufigkeit für eine Stichprobe von numerischen Daten, die einer Zahl x entspricht, ist die Gesamtzahl der Beobachtungen, die kleiner oder gleich x sind. Ein Diagramm, das gruppierte numerische Daten darstellt, in dem die kumulative Häufigkeit gegen die obere Klassengrenze aufgetragen und die resultierenden Punkte durch gerade Linienabschnitte verbunden sind, wird als *Häufigkeitspolygon* bezeichnet.

Quartile, Dezile und Perzentile: Wie das Median sind Quartile, Dezile und Perzentile die verwandten Positionsmessungen der zentralen Tendenz. *Quartile* sind jene Werte, die die Gesamtdaten in vier gleiche Teile teilen. Das erste Quartil, Q_1, ist der Wert, bei dem 25 % der Beobachtungen kleiner und 75 % der Beobachtungen größer sind. Das zweite Quartil Q_2 ist das Median, und das dritte Quartil Q_3 ist der Wert, bei dem 25 % der Werte größer und 75 % der Beobachtungen kleiner sind.

Modus: Der Modus wird als der am häufigsten vorkommende Wert in einem Datensatz definiert. Es ist der Wert, der am häufigsten mit der höchsten Frequenz auftritt. Für die Rohdaten 23, 34, 26, 28, 30, 30, 27, 29 und 30 ist der Modus 30, da er häufig vorkommt. Für eine Häufigkeitsverteilung oder gruppierte Daten ist die Modalklasse die Klasse mit der maximalen Frequenz. Sie wird mit der Formel berechnet:

$$x_{\mathrm{Mo}} = l + \left[\frac{f_1 - f_0}{2f_1 - f_0 - f_2}\right] * h, \tag{8.9}$$

wo

l untere Grenze der Modalklasse
f_1 Frequenz der Modalklasse
f_0 Frequenz vor der Modalklasse
f_2 Frequenz nach der Modalklasse
h Klassenintervall der Mediianklasse

8.8.2 Messungen von Symmetrie und Form

Die Maße der zentralen Tendenz und Variation offenbaren nicht alle Eigenschaften eines gegebenen Datensatzes. Zwei Verteilungen können den gleichen Mittelwert und Standardabweichung haben (siehe Kap. 4 und 5 für eine detaillierte Diskussion über Maße der Variation), können aber stark in der Form ihrer Verteilung variieren. Das heißt, die Daten sind entweder symmetrisch oder nicht symmetrisch. Wenn die Verteilung nicht symmetrisch ist, wird sie als asymmetrisch oder schief bezeichnet. Daher bezieht sich Schiefe auf das Fehlen von Symmetrie in einer Verteilung. Eine symmetrische Verteilung hat eine Schiefe von null und wird daher als Glockenkurve (oder Normalverteilung) bezeichnet. In diesem Fall werden Mittelwert, Median und Modus alle an einem Punkt zusammenfallen (siehe Abb. 8.7). Für einen statistisch kontrollierten Prozess müssen diese Genauigkeitsmaße gleich sein. Jede Abweichung davon wird auf das Vorhandensein von Variation hinweisen und wird das Hauptanliegen für Verbesserungen sein.

Wenn die Verteilung nicht symmetrisch ist, dann sind die anderen beiden Möglichkeiten entweder eine lange Schwanz auf der linken Seite oder auf der rechten Seite. Wenn die Beobachtungen zur unteren Seite hin auslaufen, ist die

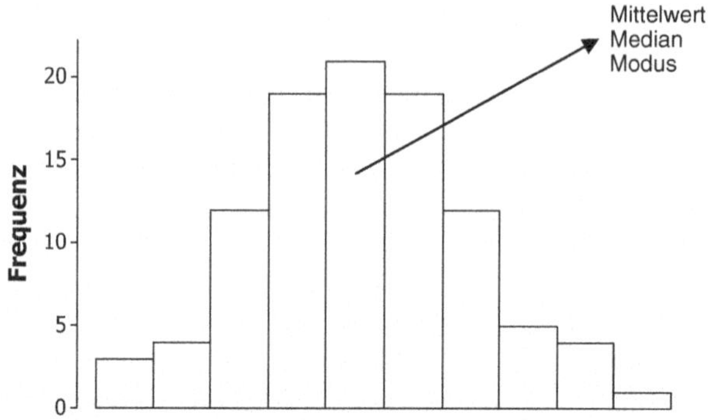

Abb. 8.7 Eine symmetrische Verteilung

Schiefe negativ. Dies geschieht, wenn der Durchschnitt durch einige extrem niedrige Werte verringert wird, wodurch Durchschnitt < Median < Modus entsteht (siehe Abb. 8.8). Ähnlich, wenn die Werte zur rechten Seite hin auslaufen, ist die Schiefe positiv. Dies tritt auf, wenn der Durchschnitt durch einige ungewöhnlich hohe Werte erhöht wird, wodurch Durchschnitt > Median > Modus entsteht (siehe Abb. 8.9).

Eine einfache Messung der Schiefe wird mit der Formel berechnet

$$S_k = \frac{\text{mean} - \text{mode}}{\sigma} \tag{8.10}$$

Falls der Modus für einen Datensatz nicht gut definiert ist, kann die Schiefe mit der Formel berechnet werden:

$$S_k = \frac{3(\text{mean} - \text{median})}{\sigma} \tag{8.11}$$

Abb. 8.8 Eine negativ schiefe Verteilung

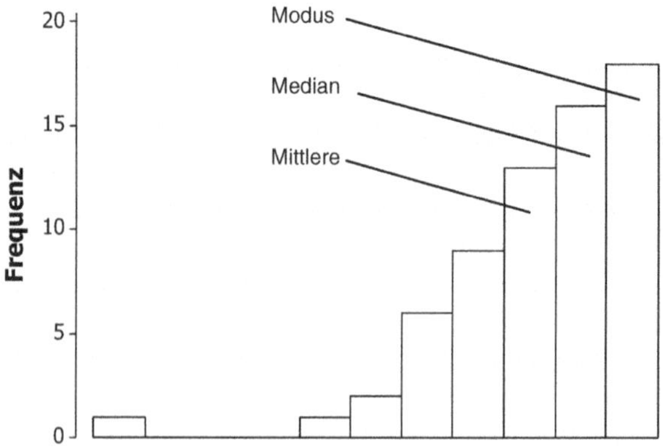

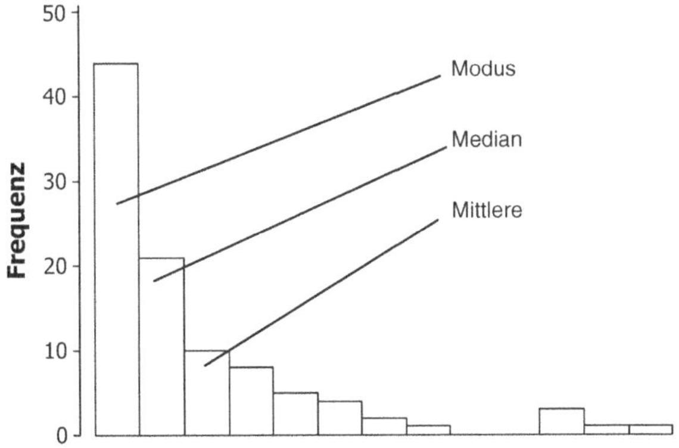

Abb. 8.9 Eine positiv schiefe Verteilung

wo σ die Standardabweichung ist und mit der Formel berechnet wird

$$\sigma = \begin{cases} \sqrt{\frac{\sum_{i=1}^{n}(x_i-\bar{x})^2}{n}}, & \text{for continuous data} \\ \sqrt{\frac{\sum_{i=1}^{n}f_i(x_i-\bar{x})^2}{N}}, & \text{for grouped frequency data} \end{cases} \tag{8.12}$$

Die Standardabweichung ist ein Maß für die Streuung oder Verteilung in der Population, ausgedrückt in der ursprünglichen Einheit. Für verschiedene Schätzer von Sigma, kann man sich auf Kap. 5 für Details beziehen. Wenn $S_k = 0$, dann ist die Verteilung normal, und wenn $S_k > 0$, ist die Verteilung positiv schief; sonst ist sie negativ schief. Wenn die Verteilungen mit offenen Klassen mit extremen Werten gegeben sind, dann kann die Schiefe mit den Positionsmessungen basierend auf Quartilen berechnet werden als

$$S_k = \frac{Q_1 - 2Q_2 + Q_3}{Q_3 - Q_1} \tag{8.13}$$

Die Schiefe kann auch aus den gegebenen Beobachtungen wie folgt berechnet werden:

$$S_k = \begin{cases} \frac{\left[\sum_{i=1}^{n}(x_i-\bar{x})^3\right]^2}{\left[\sum_{i=1}^{n}(x_i-\bar{x})^2\right]^3}, & \text{for continuous data} \\ \frac{\left[\sum_{i=1}^{n}f_i(x_i-\bar{x})^3\right]^2}{\left[\sum_{i=1}^{n}f_i(x_i-\bar{x})^2\right]^3}, & \text{for grouped frequency data} \end{cases} \tag{8.14}$$

Die Form der Verteilung kann weiter untersucht werden, indem man die Höhe (oder Spitzigkeit) der Frequenzkurve der Verteilung betrachtet. Ein Maß für die Spitzigkeit wird Kurtosis genannt. Eine Normalverteilung hat eine Schiefe von 0 und eine Kurtosis von 3, und daher wird sie als mesokurtische Kurve bezeichnet. Eine Normalverteilung spielt daher eine wichtige Rolle bei der Identifizierung der Menge an Variation, die in einem laufenden Messsystem vorhanden ist. Sogar ein Normalwahrscheinlichkeitsplot wird als Qualitätsinstrument zur Beschreibung der in dem Prozess vorhandenen Variation verwendet.

Die Kurtosis kann mit der folgenden Formel berechnet werden:

$$K_u = \begin{cases} \frac{\sum_{i=1}^{n}(x_i-\overline{x})^4}{\left[\sum_{i=1}^{n}(x_i-\overline{x})^2\right]^2}, & \text{for continuous data} \\ \frac{\sum_{i=1}^{n}f_i(x_i-\overline{x})^4}{\left[\sum_{i=1}^{n}f_i(x_i-\overline{x})^2\right]^2}, & \text{for grouped frequency data} \end{cases} \tag{8.15}$$

Wir illustrieren nun die numerische Berechnung der in den verschiedenen Gleichungen oben gegebenen Merkmale für das Beispiel der intelligenten Werte, die in Tab. 8.3 diskutiert wurden.

Beispiel 8.4 Die deskriptiven Statistiken, die den Daten zu intelligenten Werten (Tab. 8.2) entsprechen, werden wie folgt berechnet:

Klasse	f	x	xf	$(x_i - \overline{x})$	$f(x_i - \overline{x})^2$	$f(x_i - \overline{x})^3$	$f(x_i - \overline{x})^3$
10–20	2	15	30	−25.33	1283.56	−32,516.74	823,757.43
20–30	8	25	200	−15.33	1880.89	−28,840.30	442,217.88
30–40	20	35	700	−5.33	568.89	−3034.07	16,181.73
40–50	18	45	810	4.67	392.00	1829.33	8536.89
50–60	10	55	550	14.67	2151.11	31,549.63	462,727.90
60–70	2	65	130	24.67	1216.89	30,016.59	740,409.28
Gesamt	60		2420		7493.33	−995.56	2,493,831.11

Dann

$$\begin{aligned} \text{Mean} = \overline{x} &= \frac{1}{N}\sum_{i=1}^{n} f_i x_i \\ &= \frac{2420}{60} = 40.33 \end{aligned}$$

$$\begin{aligned} \text{Variance} &= \frac{1}{N}\sum_{i=1}^{n} f_i(x_i - \overline{x})^2 \\ &= \frac{7493.33}{60} = 124.89 \end{aligned}$$

$$\begin{aligned} \text{Skewness} &= \frac{\left[\sum_{i=1}^{n} f_i(x_i - \overline{x})^3\right]^2}{\left[\sum_{i=1}^{n} f_i(x_i - \overline{x})^2\right]^3} \\ &= \frac{(-995.56)^2}{(7493.33)^3} = 0.00 \end{aligned}$$

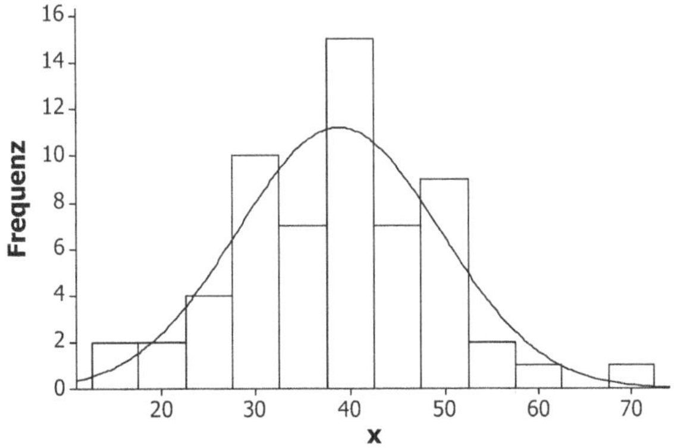

Abb. 8.10 Histogramm mit Normalverteilungskurve für Intelligenzquotienten

$$
\begin{aligned}
\text{Kurtosis} &= \frac{\sum_{i=1}^{n} f_i (x_i - \overline{x})^4}{\left[\sum_{i=1}^{n} f_i (x_i - \overline{x})^2\right]^2} \\
&= \frac{2493831.11}{(7493.33)^2} = 0.04
\end{aligned}
$$

Das Histogramm mit Normalverteilungskurve ist in Abb. 8.10 dargestellt.

8.9 Beschreibung der Ursachen von Variationen

Die Veränderung oder Schwankung einer bestimmten Eigenschaft vom Normalzustand wird als Variation bezeichnet. Variation beeinflusst jeden Prozess, was wiederum die Qualität des Produkts direkt oder indirekt beeinflusst. Nur eine quantitative Messung wie Genauigkeitsmaße, Streuungsmaße und Maße der Schiefe und Wölbung reicht nicht aus, um die Menge der Variation zu erklären, da die Faktoren, die die Variation beeinflussen, nicht immer ausschließlich in einem deskriptiven Maß angezeigt werden. Daher verwenden wir verschiedene Diagramme und grafische Darstellungen, um dies zu erreichen. In diesem Abschnitt diskutieren wir einige der Qualitätsinstrumente, die zur Identifizierung von Variationen in den Daten verwendet werden (siehe auch Kap. 4, für eine detaillierte Diskussion über die Quellen und Arten von Variationen). Im Management-Entscheidungsprozess werden sie in der Regel als 7-QC-Tools bezeichnet, da sie sehr einfach zu studieren und zu interpretieren sind. Einige der am häufigsten verwendeten Tools im Six Sigma-Projekt werden im Folgenden besprochen.

8.9.1 *Pareto-Diagramm*

Das Pareto-Diagramm ist ein Qualitätsinstrument, das zur Verständnis des Musters von Variationen in attributiven oder kategorialen Datensätzen verwendet wird. Es basiert auf dem Pareto-Prinzip, das von Vilfredo Pareto eingeführt wurde und besagt, dass die wenigen wichtigen (20 %) Ursachen einen größeren Einfluss haben als die vielen unwichtigen (80 %) Ursachen mit geringerem Einfluss. Es verwendet Daten mit in absteigender Reihenfolge angeordneten Spalten, wobei die höchsten Vorkommen (höchste Balken) zuerst angezeigt werden, und verwendet eine kumulative Linie, um die Prozentsätze jeder Kategorie/Balken zu verfolgen, die die 20 % der Elemente unterscheidet, die 80 % der Probleme verursachen.

Durch die Unterteilung der Daten in Kategorien beurteilt das Pareto-Diagramm die relative Auswirkung verschiedener Teile eines Problems (Quantifizierung des Problems) und ermittelt den/die größten Beitragenden zu einem Problem. Ein Pareto-Diagramm hilft zu entscheiden, wo Verbesserungsmaßnahmen den größten Nutzen bringen werden. Ein Pareto-Diagramm kann nur verwendet werden, wenn das zu untersuchende Problem in Kategorien unterteilt werden kann und die Anzahl der Vorkommen für jede Kategorie gezählt werden kann. Das Pareto-Diagramm wird im folgenden Beispiel veranschaulicht.

Beispiel 8.5 Die untenstehenden Daten zeigen die Ausfallzeiten, die mit einem bestimmten Herstellungsprozess eines Unternehmens verbunden sind. Es wurden etwa neun Ausfallmuster (D1–D9) für einen Zeitraum von einem Jahr beobachtet. Die Anzahl der Male, die jeder Ausfall aufgetreten ist, wird unten zusammengefasst.

Ausfallmuster	D1	D2	D3	D4	D5	D6	D7	D8	D9
Ausfallzählungen	274	59	19	43	3	4	6	10	5

Das mit den oben genannten Daten verbundene Pareto-Diagramm ist in Abb. 8.11 dargestellt.

So lesen Sie ein Pareto-Diagramm:

- Art der Daten, die zur Erstellung des Diagramms verwendet wurden – basiert das Diagramm auf gültigen Daten?
- Relative Höhen der Balken (einschließlich Höhe der *Y*-Achse) – sicherstellen, dass das Pareto-Prinzip zutrifft.
- Größe der Kategorie „andere“ – sicherstellen, dass aus einigen der „anderen“ Daten keine weitere Kategorie gebildet werden kann.

EinigeInterpretationen des Pareto-Diagramms sind die folgenden:

1. Wenn das Pareto-Prinzip zutrifft und einige Kategorien für die meisten Probleme verantwortlich sind, dann beginnen Sie mit der Arbeit an den größten Balken und beginnen Sie mit der Ursachenanalyse.
2. Wenn alle Balken ungefähr die gleiche Höhe haben und/oder viele Kategorien benötigt werden, um die meisten Probleme zu erklären, müssen die Daten auf eine andere Weise interpretiert werden.

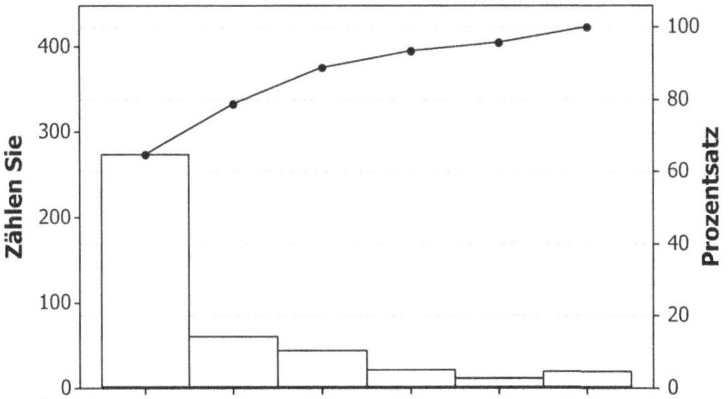

Defekte	D1	D2	D4	D3	D8	Andere
Zählung	274	59	43	19	10	18
In Prozent	64,8	13,9	10,2	4,5	2,4	4,3
Kum %	64,8	78,7	88,9	93,4	95,7	100,0

Abb. 8.11 Ein Pareto-Diagramm

Durch die Verwendung des Pareto-Diagramms können die Problemfelder identifiziert und Anstrengungen unternommen werden, um diese Mängel zu korrigieren, die für den größten Prozentsatz der Mängel verantwortlich sind. In Abb. 8.10 spiegelt die Balkenhöhe die Häufigkeit oder den Einfluss der Ursachen wider. Das Diagramm zeichnet sich durch die Einbeziehung einer kumulativen Prozentsatzlinie aus, die die wichtigsten Möglichkeiten zur Verbesserung identifiziert.

8.9.2 Kontrollkarten

In Kap. 4 haben wir die Quellen der Variation und die Arten von Variationen, die mit einem Messsystem verbunden sind, im Detail besprochen. Wie gesagt, die beste Methode zur Analyse der speziellen Ursachenvariation und der gemeinsamen Ursachenvariation ist durch die Kontrollkartentechniken. Die Kontrollkarte in dieser Phase hilft Projektmitarbeitern, die zuweisbaren Ursachen (Mensch, Maschine, Materialien, Methoden und Management) und Zufallsursachen der Variation (Umwelt, Technologie usw.) im Prozess zu identifizieren.

Eine statistisch kontrollierte Karte wird als normaler Prozess bezeichnet, dessen Prozessmittelwerte (ein Maß für die Genauigkeit) und Standardabweichung (ein Maß für die Präzision) gemäß dem vom Kunden vorgeschlagenen Toleranzniveau arbeiten. Dies wird als statistische Prozesskontrolle (SPC) bezeichnet. SPC beinhaltet die Messung und Bewertung von Variationen in einem Prozess und die Bemühungen, solche Variationen zu begrenzen oder zu kontrollieren. Daher hilft SPC einer Organisation oder einem Prozesseigentümer, mögliche Probleme oder ungewöhnliche Vorfälle zu identifizieren, damit schnell Maßnahmen ergriffen werden können, um sie zu lösen (oder zu kontrollieren). Abb. 8.12 ist die

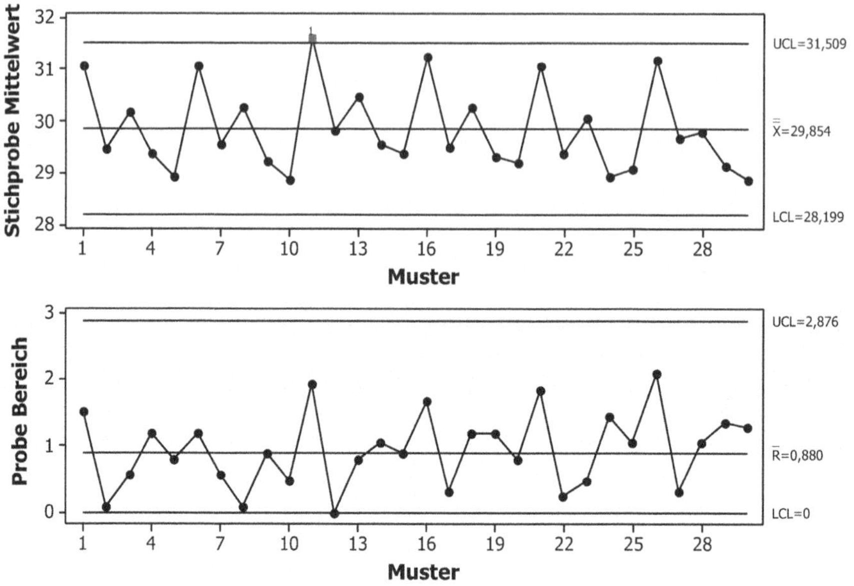

Abb. 8.12 Kontrollkarte der Teilmessungen

Kontrollkarte, die den in Beispiel 8.1 besprochenen Messungen entspricht. Eine detaillierte Diskussion über Kartierungstechniken, die Schritte zur Kontrolle eines Prozesses und andere Fragen im Zusammenhang mit außer Kontrolle geratenen Prozessen usw. wird später in der Kontrollphase in Kap. 11 aufgenommen.

8.9.3 Ursache-Wirkungs-Diagramm

Ein Ursache-Wirkungs-Diagramm (C&E) auch genannt *Ishikava-Diagramm* oder *Fischgräten-Diagramm* eingeführt von Kaoru Ishikawa im Jahr 1976 [7] dient dazu, auf strukturierte Weise eine maximale Anzahl von Ideen bezüglich möglicher Ursachen für ein Problem mithilfe der Brainstorming-Technik zu generieren. Es wird verwendet, wenn es eine große Anzahl von potenziellen Ursachen gibt, dass es schwierig ist, die Analyse zu fokussieren und wenn es an Klarheit über die Beziehung zwischen verschiedenen potenziellen Ursachen mangelt. Es hilft auch

- Das Denken während eines Brainstormings über potenzielle Ursachen anzuregen
- Die Beziehungen zwischen potenziellen Ursachen zu verstehen
- Zu verfolgen, welche potenziellen Ursachen untersucht wurden und welche sich als signifikant für das Problem erwiesen haben.

Wie erstellt man ein C&E-Diagramm?

- Klären Sie das Problem
- Sammeln Sie Mitglieder zur Diskussion
- Führen Sie eine Brainstorming-Sitzung durch
- Gruppieren Sie die Ursachen (Mensch, Material, Maschine, Methode, Umwelt usw.)
- Zeichnen Sie das Ursache-Wirkungs-Diagramm
- Überprüfen Sie auf fehlende Informationen
- Bestimmen Sie die Bedeutung der Ursachen.

Ein allgemeines C&E-Diagramm, das die Hauptursachen und ihre Wirkung zeigt, ist in Abb. 8.13 dargestellt.

Wie identifiziert man potenzielle Ursachen?

- Definieren Sie die „Effekte" für ein Ursache-Wirkungs-Diagramm (CED) klar
- Erstellen Sie ein 5 M, Prozess- oder Schichtungs-Ursache-Wirkungs-Diagramm (SCED) für jeden Effekt. Man kann sich dafür entscheiden, eine Kombination dieser zu verwenden
- Erstellen Sie eine Zeitstrahlanalyse (TLA), wenn das Problem nicht immer vorhanden war. Identifizieren Sie „was hat sich geändert, wann"?
- Führen Sie eine vergleichende Analyse (CA) durch, um festzustellen, ob das gleiche oder ein ähnliches Problem in verwandten Produkten oder Prozessen bestand

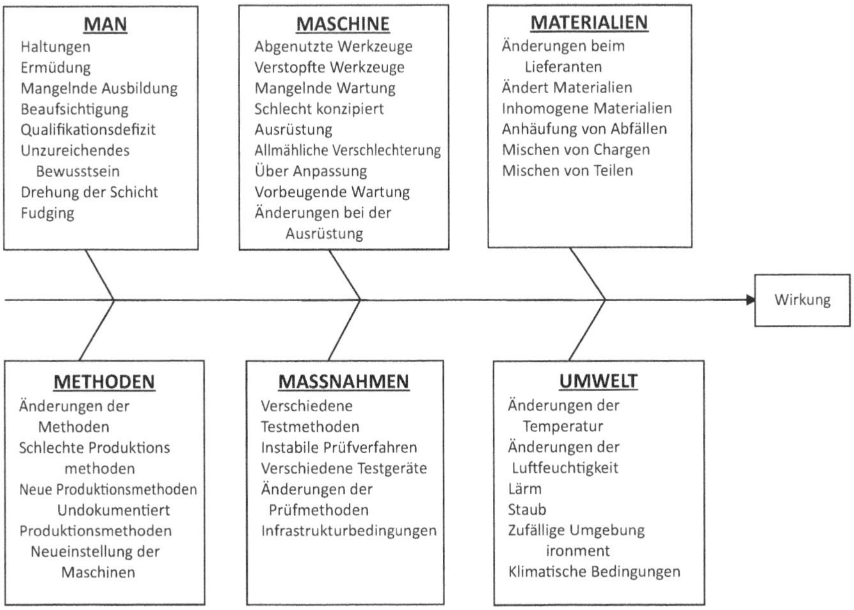

Abb. 8.13 Eine allgemeine Darstellung des C&E-Diagramms

- Identifizieren Sie mehrere potenzielle Ursachen. Entwickeln Sie einen Plan zur Untersuchung jeder Ursache und aktualisieren Sie den Aktionsplan (AP)
- Bewerten Sie eine potenzielle Ursache gegen die Problem Beschreibung.

Einige häufig auftretende Ursachen sind Materialversagen, Montagefehler, falsche Geschwindigkeiten/Zuführungen, falsche Werkzeuge, unzureichende Belüftung, Fehlausrichtung, falsches Drehmoment, unzureichende Messung, Überlastkapazität, Toleranzüberschreitung, Werkzeugschaden/Grate, Klemmen, Verpackungsschaden, Handhabungsschaden, falsche Werkzeugeinstellung, unzureichende Oberflächenvorbereitung, unzureichendes Steuerungssystem, beschädigtes Teil, unzureichende Gießform und unzureichende Halterung usw.

Ein typisches C&E-Diagramm für die Wirkung von „hohem Benzinverbrauch" ist in Abb. 8.14 gegeben.

Wie analysiert man mögliche Ursachen?

- Verwenden Sie einen alternativen Prozess, um jede mögliche Ursache zu analysieren
  - *Hypothesengenerierung*: Wie führt die mögliche Ursache zu dem Problem?
  - *Design*: Welche Art von Daten kann die Hypothese am einfachsten beweisen oder widerlegen?
  - *Vorbereitung*: Beschaffen Sie Materialien und bereiten Sie ein Kontrollblatt vor
  - *Datenerfassung*: Sammeln Sie die Daten
  - *Analyse*: Verwenden Sie einfache, grafische Methoden zur Darstellung der Daten

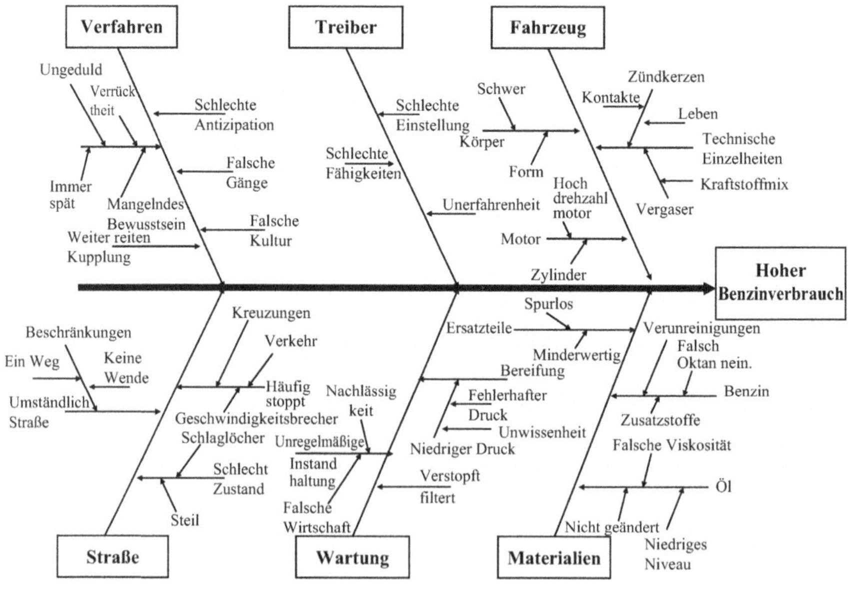

Abb. 8.14 Ursache-Wirkungs-Diagramm für hohen Benzinverbrauch (*Quelle* Six Sigma MBB Vorlesungsnotizen, ISI Bangalore)

- Untersuchen Sie mehrere mögliche Ursachen unabhängig voneinander.
- Verwenden Sie einen Aktionsplan, um den Analyseprozess für jede untersuchte mögliche Ursache zu verwalten.
- Validieren Sie die Grundursachen
- Formulieren Sie die Grundursache(n) klar und identifizieren Sie Daten, die auf einen Schluss hindeuten

Die möglichen Auswirkungen(n) eines Versagens sind

- Schlechte Koordination
- Abrupter Einsatz von Materialien
- Luft-/Wasserleckage
- Bremsversagen
- Kontamination
- Kundendissatisfaction
- Verzögerung bei Lieferung/Zahlung
- Übermäßige Zinsen
- Schlechte Bremsleistung
- Schlechte Ventilleistung
- Ölübertragung
- Unzureichende Lebensdauer
- Nicht montierbar
- Falsches Material
- Falsche Lieferung – zu kurz oder zu viel

Die Anwendungen des Ursache-Wirkungs-Diagramms sind

- Untersuchen und auflisten der Ursache-Wirkungs-Beziehung des untersuchten Problems
- Analysieren Sie das Problem, um die wahre Ursache zu ermitteln
- Hilft bei der Stratifizierung für die Sammlung weiterer Daten zur Bestätigung der Beziehung
- Hilft bei der Entwicklung von Gegenmaßnahmen

Obwohl das C&E-Diagramm von vielen Branchen für Prozessanalysestudien verwendet wurde, erhielt es auch viele Kritiken, da es keinen Unterschied zwischen notwendigen und ausreichenden Bedingungen jeder Ursache und Wirkung macht (siehe [6] für Details).

8.9.4 Priorisierungsmatrix

Der Ansatz zur Messung beginnt mit einer guten Messung von Basisdefekten und der Identifizierung möglicher Ursachen, die damit verbunden sind. Dann wird ein geeigneter Stichprobenplan festgelegt, um das Messsystem mit Hilfe von Gage R&R zu validieren, und dann wird die Analyse der Daten fortgesetzt. In diesem Prozess ist die Auswahl der „richtigen" Maßnahmen der Schlüssel zu einem guten Verständnis des Problems. Dies wird durch zwei Techniken erreicht: *Priorisierungsmatrix* und Fehlermodus- und Auswirkungsanalyse (FMEA). Hier diskutieren wir zuerst die Priorisierungsmatrix und nehmen die FMEA in der nächsten Phase von Six Sigma auf.

Die Priorisierungsmatrix wird verwendet, wenn

- Es gibt zu viele Variablen, die sich auf das Ergebnis des Prozesses auswirken könnten
- Die Datenerfassung über alle möglichen Variablen würde zu viel Zeit und Geld kosten
- Teammitglieder haben unterschiedliche Theorien darüber, was im Prozess passiert

Daher entwickeln wir eine Priorisierungsmatrix, um

- Den Aufwand für die Datenerfassung zu fokussieren
- Theorien über Ursachen und Wirkungen zu formulieren und dann
- Die kritischen wenigen Variablen zu identifizieren, die gemessen und analysiert werden müssen

Eine Priorisierungsmatrix wird auf folgende Weise erstellt:

1. Listen Sie alle Variablen auf
2. Rangieren und gewichten Sie die Ausgabevariablen
3. Listen Sie alle Eingabe- und Prozessvariablen auf
4. Bewerten Sie die Stärke der Beziehung zwischen Ausgabe- und Eingabe-/Prozessvariablen (Korrelationsfaktor)
5. Kreuzmultiplizieren Sie Gewicht und Korrelationsfaktor
6. Heben Sie die kritischen wenigen Variablen hervor

Eine typische Priorisierungsmatrix eines Fertigungsprozesses ist in Tab. 8.4 dargestellt. Gemäß der Tabelle ist die kritische Prozessvariable die Temperatur und die kritischen Eingabevariablen sind die Form und das Schmiermittel, da ihre Gesamtpunktzahl hoch ist.

Tab. 8.4 Eine Priorisierungsmatrix

	Ausgabevariablen	Stärke	Oberflächenqualität	Durchmesser	Guss/Lage	Gesamt
	Gewicht	8	8	7	5	
Prozessvariablen	Geschwindigkeit	2	4	5	2	93
	Temperatur	9	8	2	5	175
	Druck	5	5	2	1	99
	…	…	…	…	…	…
Eingangsvariablen	Stirbt	5	8	8	2	170
	Schmiermittel	8	7	7	2	179
	Auszahlung	5	5	5	3	130
	Draht	4	4	9	3	142
	…	…	…	…	…	…

8.10 Umgang mit Unsicherheit: Wahrscheinlichkeitskonzepte

Unsicherheit ist ein fester Bestandteil des menschlichen Lebens. Die Entscheidungsfindung in solchen Fällen wird durch formale und präzise Ausdrücke für die beteiligten Unsicherheiten erleichtert. Die Wahrscheinlichkeitstheorie bietet uns die Wege und Mittel, um eine solche Aufgabe für Unsicherheiten in verschiedenen Situationen zu erreichen [3, 11, 19]. Wahrscheinlichkeit bezeichnet im allgemeinen Sprachgebrauch die Chance des Auftretens eines Ereignisses oder Geschehens. Diese Ereignisse sind entweder das Ergebnis eines Experiments oder einer Untersuchung.

Der Begriff *Experiment* wird in der Wahrscheinlichkeitstheorie in einem weiteren Sinne verwendet als in anderen Wissenschaftszweigen. Jede Handlung, ob es sich um das Ziehen eines Artikels aus einer Sendung, die Messung einer Produktabmessung zur Qualitätsbestimmung, die Einführung eines neuen Produkts auf dem Markt, die Entscheidung, ob ein Produkt gut oder schlecht ist, die Bewertung eines Dienstes oder das Werfen einer Münze handelt, stellt ein Experiment in der Wahrscheinlichkeitstheorie dar.

Alle Experimente in der Wahrscheinlichkeitstheorie haben drei Dinge gemeinsam:

1. Es besteht immer Unsicherheit über die Ergebnisse
2. Es ist möglich, die Ergebnisse im Voraus zu spezifizieren
3. Es gibt zwei oder mehr Ergebnisse bei jedem Experiment

Die Menge aller möglichen Ergebnisse eines Experiments wird als *stichprobenraum* bezeichnet und als S gekennzeichnet. Jedes Ergebnis wird somit als Stichprobenpunkt im Stichprobenraum visualisiert. Zum Beispiel definiert die Menge {Erfolg, Misserfolg} den Stichprobenraum eines Startexperiments. Ebenso definiert die Menge {Kopf, Zahl} den Stichprobenraum eines Münzwurfexperiments. Ein *Ereignis* in der Wahrscheinlichkeitstheorie stellt ein oder mehrere mögliche Ergebnisse eines Experiments dar. Ein Ereignis ist also eine Teilmenge des Stichprobenraums. Es gibt viele Möglichkeiten, die Wahrscheinlichkeit eines Ereignisses zu definieren. Eine nützliche und praktische Definition von Wahrscheinlichkeit wird durch Axiome definiert. Diese Axiome sind grundlegend für die Wahrscheinlichkeitstheorie und daher wichtig für jede Entscheidungsfindung unter Unsicherheit. Die *Axiome* lauten wie folgt:

(i) Wenn A ein Ereignis ist, dann $0 \leq P(A) \leq 1$
(ii) $P(S) = 1$
(iii) Wenn A und B zwei *sich gegenseitig ausschließende Ereignisse* sind, dann,

$$P(A \text{ or } B) = \mathrm{P}(A) + \mathrm{P}(B)$$

Wenn die Ereignisse jedoch nicht gegenseitig ausschließend sind, dann ist die Wahrscheinlichkeit des Auftretens von entweder A oder B gegeben durch

$$P(A \text{ or } B) = P(A) + P(B) - P(A \text{ and } B)$$

Das heißt, notationsmäßig wird es geschrieben als

$$P(A \cup B) = P(A) + P(B) - P(A \cap B), \tag{8.16}$$

was als Additionstheorem der Wahrscheinlichkeit bezeichnet wird. Die Größe $P(A \cap B)$ wird als gemeinsames Auftreten der Ereignisse A und B bezeichnet. Das Ergebnis kann auf eine beliebige Anzahl von Ereignissen erweitert werden.

Wenn zwei oder mehr Ereignisse zusammen den gesamten Stichprobenraum definieren, werden die Ereignisse als kollektiv *erschöpfende Ereignisse* bezeichnet. Weiterhin, wenn wir daran interessiert sind, Wahrscheinlichkeiten zu berechnen, wenn einige Teile der Information über das Ergebnis des Experiments verfügbar sind, oder sie im Licht zusätzlicher Informationen zu berechnen, dann verwenden wir *bedingte Wahrscheinlichkeit.*

Zum Beispiel, betrachten Sie das Experiment, einen Würfel zweimal zu werfen. Wenn wir (i, j) als das Ergebnis entsprechend dem ersten und zweiten Würfel bezeichnen, dann

$$S = \{(i,j), i = 1,2,3,4,5,6 \text{ and } j = 1,2,3,4,5,6\}$$

Angenommen, der erste Würfel zeigt 4. Dann, gegeben diese Information, wie hoch ist die Wahrscheinlichkeit, dass die Summe der beiden Würfel 8 ergibt? Um diese Wahrscheinlichkeit zu berechnen, definieren wir das Ereignis A und B und die zugehörigen Ergebnisse wie folgt:

A: The first dice shows 4, then $A = \{(4,1),(4,2),(4,3),(4,4),(4,5),(4,6)\}$

und

B: The sum of the dice is 8, then $B = \{(2,6),\ (3,5),\ (4,4),\ (5,3),\ (6,2)\}$

Die Wahrscheinlichkeit von A und B beträgt jeweils 6/36 und 5/36. Beachten Sie, dass ein Ergebnis sowohl zu A als auch zu B gehört, nämlich die Menge $\{(4, 4)\}$. Daher ist $P(A \cap B) = 1/36$. Die gesuchte Wahrscheinlichkeit ist

$$\begin{aligned} P(\text{sum of the face is 8}|\text{first face shows 4}) &= P(B|A) \\ &= P(A \cap B)/P(A) \\ &= 1/6. \end{aligned}$$

Definition 8.1 Wenn A und B zwei Ereignisse sind, dann ist die bedingte Wahrscheinlichkeit von A gegeben B definiert als

$$P(A|B) = \frac{P(A \cap B)}{P(B)}, \quad P(B) \neq 0 \tag{8.17}$$

oder

$$\begin{aligned} P(A \cap B) &= P(A|B)P(B) \\ &= P(B|A)P(A) \end{aligned}$$

Wenn die Ereignisse A und B *unabhängig* sind, dann gilt $P(A|B) = P(A)$ und $P(B|A) = P(B)$. Daher gilt

$$P(A \cap B) = P(A)P(B), \tag{8.18}$$

was als das *Multiplikationstheorem* der Wahrscheinlichkeit bezeichnet wird. Bei jedem Experiment kann die Multiplikationswahrscheinlichkeit von den in dem Experiment verwendeten Stichprobenverfahren abhängen. Bei der *Stichprobe mit Zurücklegen* wird das zufällig gezogene Objekt zurück in die gegebene Menge gelegt und die Menge gründlich gemischt; dann wird das nächste Element zufällig gezogen. Bei der *Stichprobe ohne Zurücklegen* wird das gezogene Objekt beiseite gelegt, und dann wird die nächste Probe zufällig gezogen.

Beispiel 8.6 Scheiben aus Polycarbonat-Kunststoff von einem Lieferanten werden auf Kratz- und Stoßfestigkeit analysiert. Die Ergebnisse von 100 Scheiben sind wie folgt zusammengefasst:

Stoßfestigkeit	Kratzfestigkeit	
	Hoch	Niedrig
Hoch	70	10
Niedrig	16	4

Eine Scheibe wird zufällig ausgewählt. Wie hoch ist die Wahrscheinlichkeit, dass

(i) die Scheibe eine hohe Stoßfestigkeit hat
(ii) die Scheibe eine hohe Stoßfestigkeit hat, vorausgesetzt, sie hat eine hohe Kratzfestigkeit
(iii) die Scheibe eine hohe Stoßfestigkeit hat und auch eine niedrige Kratzfestigkeit hat
(iv) Sind die Ereignisse hohe Stoßfestigkeit und hohe Kratzfestigkeit unabhängig?

Lösung Lassen Sie uns bezeichnen

A: the event that disk has high shock resistance

B: the event that a disk has high scratch resistance

Dann sind die erforderlichen Wahrscheinlichkeiten

(i) $P(A) = \frac{80}{100} = 0.80$

(ii) $P(A|B) = \dfrac{P(A \cap B)}{P(B)}$: According to conditional probability definition

$$= \frac{70}{100} \Big/ \frac{86}{100} = \frac{70}{86} = 0.814$$

(iii) $P(A \cap B') = \frac{10}{100} = 0.10$(direkt aus der Tabelle abgelesen)

Mit der Definition der bedingten Wahrscheinlichkeit kann dies als

$$\begin{aligned} P(A \cap B') &= P(A)P(B'|A) \\ &= P(B' \cap A) = \frac{10}{100} = 0.10 \end{aligned}$$

(iv) Wir haben $P(A \cap B) = \frac{70}{100} = 0.70$, $P(A) = \frac{80}{100} = 0.80$ und $P(B) = \frac{86}{100} = 0.86$ Daher,

$$P(A) \times P(B) = 0.80 \times 0.86 = 0.688$$

Da $P(A \cap B) \neq P(A) \times P(B)$, sind die Ereignisse A und B nicht unabhängig.

8.10.1 Prinzipien der Zählung

Die Situation in dem oben genannten Problem kann durch die Verwendung des *Prinzips der Zählung* vereinfacht werden. Die beiden allgemeinen Prinzipien der Zählung sind Permutationen und Kombinationen. Eine *Permutation* von gegebenen Dingen (Elementen oder Objekten) ist eine Anordnung dieser Dinge in einer Reihe in einer bestimmten Reihenfolge. Zum Beispiel gibt es für drei Buchstaben p, q und r $3! = 1 \times 2 \times 3 = 6$ Permutationen: *pqr*, *prq*, *qpr*, *qrp*, *rpq*, *rqp*. Weiterhin,

(a) Die Anzahl der Permutationen von n verschiedenen Dingen, die alle auf einmal genommen werden, ist

$$n! = 1 \times 2 \times 3 \ldots n \tag{8.19}$$

(b) Wenn n gegebene Dinge in c Klassen von gleichartigen Dingen, die sich von Klasse zu Klasse unterscheiden, unterteilt werden können, dann ist die Anzahl der Permutationen von n verschiedenen Dingen, die alle auf einmal genommen werden,

$$\frac{n!}{n_1!n_2!\ldots n_c!}, n_1 + n_2 + \cdots + n_c = n, \tag{8.20}$$

und n_i ist die Anzahl der Dinge in der i ten Klasse.

(c) Die Anzahl der Permutationen von n verschiedenen Dingen, die r auf einmal ohne Wiederholung genommen werden, ist

$$n(n-1)(n-2)\ldots(n-r+1) = \frac{n!}{(n-r)!} = {}^{n}P_r \tag{8.21}$$

Bei einer Permutation ist die Reihenfolge der ausgewählten Dinge wesentlich. Im Gegensatz dazu bedeutet eine *Kombination* von gegebenen Dingen jede Auswahl von einem oder mehreren Dingen ohne Berücksichtigung der Reihenfolge. Es gibt zwei Arten von Kombinationen, wie folgt:

(a) Die Anzahl der verschiedenen Kombinationen von n verschiedenen Dingen, r auf einmal, ohne Wiederholungen ist

$$\frac{n(n-1)(n-2)\ldots(n-r+1)}{1\times 2\ldots r}=\frac{n!}{r!(n-r)!}={}^{n}C_{r}=\binom{n}{r} \qquad (8.22)$$

(b) Die Anzahl der verschiedenen Kombinationen von n verschiedenen Dingen, r auf einmal, mit Wiederholungen ist

$$\binom{n-r+1}{r} \qquad (8.23)$$

Beispiel 8.7 In einer Menge von 8 Artikeln sind 2 defekt. Finden Sie die Anzahl der verschiedenen Stichproben von 3, wo:

(i) die Anzahl der Stichproben, die keinen Defekt enthalten
(ii) die Anzahl der Stichproben, die 1 Defekt enthalten
(iii) die Anzahl der Stichproben, die 2 Defekte enthalten.

Lösung Da das Los 8 Artikel enthält (2 defekte und 6 nicht defekte), können verschiedene Proben von 3 als Kombination aus der Auswahl von 3 Artikeln aus 8 Artikeln erhalten werden. Daher

$$\text{The number of different samples of 3} = \binom{8}{3} = \frac{8\times 7\times 6}{1\times 2\times 3} = 56$$

Weiterhin

(i) die Anzahl der Proben, die keinen defekten enthalten

$$= \binom{6}{3} = \frac{6\times 5\times 4}{1\times 2\times 3} = 20$$

(ii) die Anzahl der Proben, die 1 defekten enthalten

$$= \binom{2}{1}\binom{6}{2} = \frac{2\times 6\times 5}{1\times 2} = 30$$

(iii) the number of samples containing 2 defectives $= \binom{2}{2}\binom{6}{1} = 6$

Einige andere häufig verwendete kombinatorische Identitäten in der Wahrscheinlichkeitstheorie sind wie folgt:

(i) $\binom{n}{k} + \binom{n}{k+1} = \binom{n+1}{k+1}, k \geq 0$ is an integer

(ii) $\sum_{s=0}^{n-1} \binom{k+s}{k} = \binom{n+k}{k+1}$

(iii) $\sum_{k=0}^{r} \binom{p}{k} + \binom{q}{r-k} = \binom{p+q}{r}$

(iv) $(a+b)^n = \sum_{k=0}^{n} \binom{n}{k} a^k b^{n-k}$

(v) $n! \cong \sqrt{2\pi} n^{n+1/2} e^{-n}$

Hier ist die in (iv) gegebene Identität die binomische Expansion und (v) wird als *Stirling's Approximation* von n bezeichnet. Es gibt eine Reihe von Anwendungen der Identitäten in der Wahrscheinlichkeitstheorie und Modellierung. In einigen Abschnitten in verschiedenen Kapiteln verwenden wir diese Mengen als Teil von Wahrscheinlichkeitsmodellen und Analysezwecken ohne detaillierten Beweis.

Ein wichtiges Theorem, das die bedingte Wahrscheinlichkeit verwendet, ist das *Bayes' Theorem*. Das Bayes' Theorem bietet die Überarbeitung von Wahrscheinlichkeitsschätzungen mit zusätzlichen Informationen in zufälligen Experimenten.

Definition 8.2 *Bayes'sches Theorem*: Angenommen $A_1, A_2, \ldots, A_k$ sind k sich gegenseitig ausschließende und kollektiv erschöpfende Ereignisse und B ist ein weiteres Ereignis, das im Kontext des gleichen Experiments definiert ist und mit dem Auftreten von $A_1, A_2, \ldots, A_k$ assoziiert ist, dann ist die bedingte Wahrscheinlichkeit von A_i gegeben B durch

$$P(A_i|B) = \frac{P(A_i)P(B|A_i)}{\sum_{j=1}^{k} P(A_j)P(B|A_j)} \tag{8.24}$$

Das Bayes'sche Theorem ist nützlich für die Berechnung von Wahrscheinlichkeiten verschiedener Hypothesen $A_1, A_2, \ldots, A_k$, die zum Ereignis B geführt haben. Im Folgenden geben wir ein Beispiel zur Veranschaulichung des Bayes'schen Theorems.

Beispiel 8.8 Ein Herstellungsunternehmen verwendet drei Maschinen zur Herstellung eines bestimmten Artikels. Es stellt sich heraus, dass 60 % der Artikel durch Maschine 1, 20 % durch Maschine 2 und der Rest durch Maschine 3 produziert werden. Es wird festgestellt, dass 5, 3 und 2 % der produzierten Artikel fehlerhaft sind und von den Maschinen 1, 2 und 3 gemeldet werden. Bei einer Qualitätskontrolle wird einer der Artikel aus einer Maschine ausgewählt und als fehlerhaft befunden. Wie hoch ist die Wahrscheinlichkeit, dass der fehlerhafte Artikel aus

(a) Maschine 1 stammt?
(b) Maschine 1 oder Maschine 2 stammt?

Lösung Gemäß dem Bayes'schen Theorem definieren wir zunächst das Ereignis und die entsprechenden Wahrscheinlichkeiten wie folgt: Lassen Sie

$$A_1\text{: drawing Machine-1}$$
$$A_2\text{: drawing Machine-2}$$
$$A_3\text{: drawing Machine-3}$$

So dass

$$P(A_1) = 0.60, \quad P(A_2) = 0.20, \quad P(A_3) = 0.20$$

Beachten Sie, dass die Ereignisse A_1, A_2, und A_3 sind gegenseitig ausschließend und gemeinsam erschöpfend, wie $\sum_{i=1}^{3} P(A_i) = 1$. Definieren Sie jetzt

$$B\text{: The item drawn is defective}$$

Da das Ereignis B mit den Ereignissen A_1, A_2, und A_3 verbunden ist, haben wir

$$P(B|A_1) = 0.05, \quad P(B|A_2) = 0.03, \quad P(B|A_3) = 0.02$$

Dann

(a) Um die Wahrscheinlichkeit zu finden, dass das defekte Teil aus Maschine 1 gezogen wurde, müssen wir $P(A_1|B)$ finden. Das heißt

$$\begin{aligned} P(A_1|B) &= \frac{P(A_1)P(B|A_1)}{\sum_{j=1}^{3} P(A_j)P\big(B|A_j\big)} \\ &= \frac{0.60 \times 0.05}{0.60 \times 0.05 + 0.20 \times 0.03 + 0.20 \times 0.02} \\ &= 0.75 \end{aligned}$$

(b) Um die Wahrscheinlichkeit zu finden, dass das defekte Teil aus Maschine 1 oder Maschine 2 gezogen wurde, müssen wir die Wahrscheinlichkeit $P(A_1|B)$ + $P(A_2|B)$ finden, wo

$$\begin{aligned} P(A_2|B) &= \frac{P(A_2)P(B|A_2)}{\sum_{j=1}^{3} P(A_j)P(B|A_j)} \\ &= \frac{0.20 \times 0.03}{0.60 \times 0.05 + 0.20 \times 0.03 + 0.20 \times 0.02} \\ &= 0.15 \end{aligned}$$

Daher,

$$P(A_1|B) + P(A_2|B) = 0.75 + 0.15 = 0.90$$

In den bisher geführten Diskussionen haben wir die Wahrscheinlichkeit als messbare Größe eines unsicheren Ereignisses angenommen. Der axiomatische Ansatz bietet eine quantitative Messung für die Wahrscheinlichkeit, wenn die Ereignisse sich gegenseitig ausschließen. In der folgenden Diskussion werden wir die Wahrscheinlichkeit nun als Funktion behandeln, die jedem Stichprobenpunkt eines Experiments gemäß den oben genannten Axiomen einen Wahrscheinlichkeitswert P zuweist. Da die Ereignisse für uns von Interesse sind, erweist sich die Berechnung der Wahrscheinlichkeit durch eine der oben genannten Definitionen in vielen Fällen als mühsam. Daher entsteht die Notwendigkeit von Wahrscheinlichkeitsmodellen, allgemein als *Wahrscheinlichkeitsverteilungen* bezeichnet, um die Eigenschaften der zufälligen Phänomene, die mit zufälligen Experimenten verbunden sind, zu studieren. In verschiedenen Abschnitten unten werden wir die Bedeutung von Wahrscheinlichkeitsmodellen untersuchen und zeigen, wie die Unsicherheit von experimentellen Ereignissen in Messsystemen berücksichtigt wird.

8.11 Zufallsvariablen und Erwartungswert

Wenn der Wert einer Variablen zufälligen Schwankungen unterliegt, oder wenn es der Wert eines zufällig ausgewählten Mitglieds einer Population ist, wird es als *Zufallsvariable* bezeichnet. Eine Zufallsvariable ist eine Funktion, die jedem Ergebnis im Stichprobenraum eines zufälligen Experiments eine reale Zahl zuweist. Eine Zufallsvariable wird durch einen Großbuchstaben wie X bezeichnet, und der Wert davon wird durch den Kleinbuchstaben wie x bezeichnet. Eine Zufallsvariable kann diskret oder kontinuierlich sein.

8.11.1 Diskrete Zufallsvariablen

Eine *diskrete Zufallsvariable* ist eine Zufallsvariable mit einem endlichen (oder zählbar unendlichen) Bereich. Zum Beispiel, Anzahl der defekten Teile in einer Charge, Anzahl der Kratzer auf einer Oberfläche, Anzahl der während eines Tages aufgezeichneten Telefonanrufe, Anzahl der Industrieunfälle und Anzahl der Tippfehler auf einer Seite. Daher werden diskrete Zufallsvariablen in der Regel in Bezug auf Zählungen erfasst und die Messungen sind auf Ganzzahlen beschränkt. Eine Beschreibung der möglichen Werte einer Zufallsvariable und ihrer entsprechenden Wahrscheinlichkeiten des Auftretens ist die *Wahrscheinlichkeitsverteilung*.

Definition 8.3 Sei X eine diskrete Zufallsvariable mit möglichen Werten $x_1, x_2, \ldots$. Dann ist die Wahrscheinlichkeitsmassenfunktion (pmf) eine Funktion, so dass

$$\begin{aligned}
&\text{(a)}\, f(x_j) \geq 0 \\
&\text{(b)}\, f(x_j) = P(X = x_j), \quad j = 1, 2, \ldots, \\
&\text{(c)}\, \sum_{j=1}^{n} f(x_j) = 1
\end{aligned} \tag{8.25}$$

So wird für eine diskrete Zufallsvariable die Verteilung oft einfach durch eine Liste der möglichen Werte zusammen mit der Wahrscheinlichkeit jedes einzelnen angegeben. Als Beispiel betrachten wir die folgenden Münzwurfexperimente:

Angenommen, eine Münze wird dreimal geworfen. Die Verteilung der *„Anzahl der Kehrseiten“* kann wie folgt ermittelt werden:

Die möglichen Ergebnisse des Experiments hier sind

$$S = \{HHH, HHT, HTH, HTT, THH, THT, TTH, TTT\}$$

Lassen Sie die Zufallsvariable X die „Anzahl der Kehrseiten“ sein. Dann kann X die Werte 0, 1, 2 und 3 mit entsprechenden Wahrscheinlichkeiten des Auftretens annehmen

$$P(X = 0) = 1/8, P(X = 1) = 3/8, P(X = 2) = 3/8 \text{ and } P(X = 3) = 1/8$$

So ist die Wahrscheinlichkeitsverteilung der “Anzahl der Kehrseiten” in Tab. 8.4.

Das Diagramm der *pmf* der “Anzahl der Kehrseiten” ist in Abb. 8.15 dargestellt. Beachten Sie, dass die pmf ein Liniendiagramm ist, bei dem jede Linie eine Wahrscheinlichkeit darstellt, die den Ergebnissen entspricht.

Manchmal müssen wir an den Wahrscheinlichkeiten interessiert sein, die kleiner oder größer als ein gegebener Wert sind. Dies wird durch die kumulative Verteilungsfunktion der Zufallsvariable realisiert. Eine Verteilungsfunktion wird wie folgt definiert:

Definition 8.4 Die kumulative Verteilungsfunktion oder einfach die *Verteilungsfunktion* $F(x)$ einer diskreten Zufallsvariable ist definiert als

$$F(x) = P(X \leq x) = \sum_{x_i \leq x} f(x_i) \tag{8.25}$$

Für eine diskrete Zufallsvariable, $0 \leq F(x) \leq 1$, und $F(x) \leq F(y)$, wenn $x \leq y$.

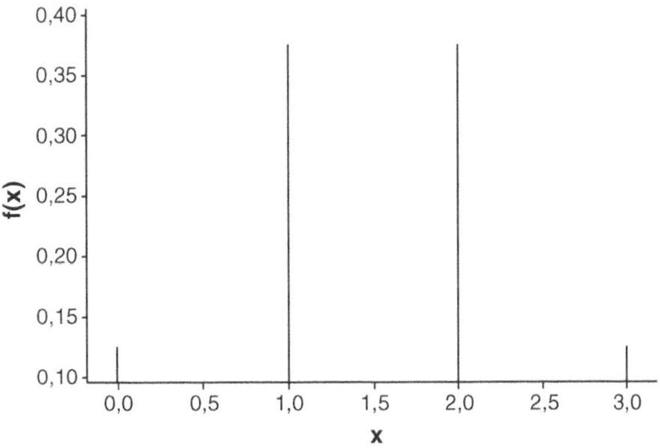

Abb. 8.15 *pmf* der “Anzahl der Kehrseiten”

Beispiel 8.9 Zeigen Sie, dass die folgende Funktion eine pmf ist

$$f(x) = \frac{1+2x}{25}, \quad x = 0, 1, 2, 3, 4$$

Finden Sie auch $P(X \leq 2), P(X \geq 1), P(1 \leq X < 4)$.

Lösung Die Verteilungstabelle kann wie folgt erhalten werden

X	0	1	2	3	4	Gesamt
$P(X = x)$	$\frac{1}{25}$	$\frac{3}{25}$	$\frac{5}{25}$	$\frac{7}{25}$	$\frac{9}{25}$	1
$P(X \leq x)$	$\frac{1}{25}$	$\frac{4}{25}$	$\frac{9}{25}$	$\frac{16}{25}$	$\frac{25}{25}$	

Seit $\sum_{x=0}^{4} P(X = x) = 1$ ist die gegebene Funktion eine *pmf*. Eine Darstellung dieser *pmf* ist in Abb. 8.16 dargestellt.

Auch

$$\begin{aligned} P(X \leq 2) &= P(X = 0) + P(X = 1) + P(X = 2) \\ &= \frac{9}{25} \\ P(X \geq 1) &= P(X = 1) + P(X = 2) + P(X = 3) + P(X = 4) \\ &= \frac{24}{25} \\ P(1 \leq X < 4) &= P(X = 1) + P(X = 2) + P(X = 3) \\ &= \frac{15}{25} \end{aligned}$$

8.11.2 *Kontinuierliche Zufallsvariablen*

Eine *kontinuierliche Zufallsvariable* ist eine Zufallsvariable mit einem Intervall (entweder endlich oder unendlich) von reellen Zahlen als Bereich, zum Beispiel

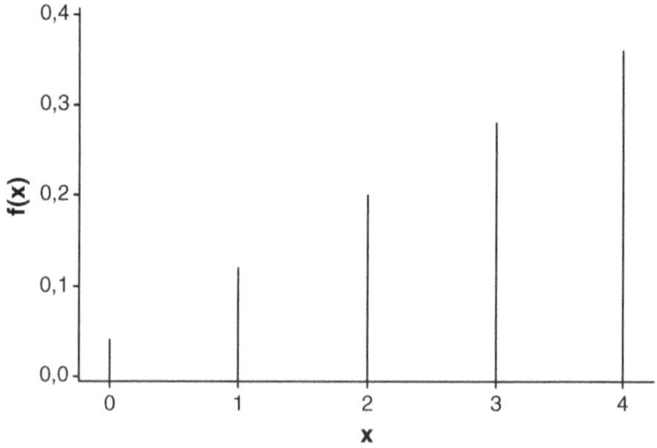

Abb. 8.16 *pmf* der Zufallsvariable X

Temperatur, Druck, Radius, Spannung, Geschwindigkeit, Gewicht und Höhe. Der Bereich einer kontinuierlichen Zufallsvariable umfasst alle Werte in einem Intervall von reellen Zahlen.

Definition 8.5 Sei X eine kontinuierliche Zufallsvariable; dann ist die *Wahrscheinlichkeitsdichtefunktion* (*pdf*) eine Funktion, so dass

$$\begin{aligned}&\text{(a) } f(x) \geq 0\\&\text{(b) } \int_{-\infty}^{\infty} f(x)\mathrm{d}x = 1\\&\text{(c) } P(x_1 \leq X \leq x_2) = \int_{x_1}^{x_2} f(x)\mathrm{d}x, \quad \text{for all } x_1 < x_2\end{aligned} \tag{8.27}$$

Eine Wahrscheinlichkeitsdichtefunktion liefert eine einfache Beschreibung der Wahrscheinlichkeiten, die mit einer Zufallsvariable verbunden sind. Solange $f(x)$ nicht negativ ist und $\int_{-\infty}^{\infty} f(x)\mathrm{d}x = 1$, $0 \leq P(x_1 < X < x_2) \leq 1$, so dass die Wahrscheinlichkeiten richtig eingeschränkt sind. Da, $P(X = x) = 0$ für eine kontinuierliche Zufallsvariable, und für jede x_1 und x_2,

$$P(x_1 \leq X \leq x_2) = P(x_1 < X \leq x_2) = P(x_1 \leq X < x_2) = P(x_1 < X < x_2) \tag{8.28}$$

gilt.

Definition 8.6 Die kumulative Verteilungsfunktion oder einfach die *Verteilungsfunktion* $F(\mathrm{x})$ einer kontinuierlichen Zufallsvariable ist definiert als

$$F(x) = P(X \leq x) = \int_{-\infty}^{x} f(x)\mathrm{d}x, \tag{8.29}$$

so dass $f(x) = \frac{\mathrm{d}}{\mathrm{d}x}F(x)$.

Ein Histogramm ist eine Annäherung an eine Wahrscheinlichkeitsdichtefunktion. Für jedes Intervall des Histogramms entspricht die Fläche der Balken der relativen Häufigkeit der Messungen im Intervall. Die relative Häufigkeit ist eine Schätzung der Wahrscheinlichkeit, dass eine Messung in das Intervall fällt. Ebenso entspricht die Fläche unter $f(x)$ über jedes Intervall der wahren Wahrscheinlichkeit, dass eine Messung in das Intervall fällt (siehe Abb. 8.16 für eine durch ein Histogramm approximierte Wahrscheinlichkeitsdichtefunktion).

Die beiden wichtigen Größen, die jede Wahrscheinlichkeitsverteilung charakterisieren, sind der Erwartungswert und die Varianz der Zufallsvariable. Der *Erwartungswert* einer Zufallsvariable X, der mit $E(X)$ bezeichnet wird, kann als langfristiger Durchschnittswert von X interpretiert werden. Der Erwartungswert kann definiert werden als

$$E(X) = \begin{cases} \sum_j x_j P(X = x_j), & \text{if } X \text{ is discrete} \\ \int_{-\infty}^{\infty} x f(x) \mathrm{d}x, & \text{if } X \text{ is continuous} \end{cases} \tag{8.30}$$

Wenn X und Y zwei Zufallsvariablen sind, dann gelten die folgenden Erwartungswertregeln:

(i) $E(X + Y) = E(X) + E(Y)$
(ii) $E(X - Y) = E(X) - E(Y)$
(iii) $E(aX + b) = aE(X) + b$
(iv) $E(aX + bY) = aE(X) + bE(Y)$
(v) $E\left(\sum_{j=1}^{n} a_j X_j\right) = \sum_{j=1}^{n} a_j E(X_j)$

wo a, b, und a_j alleKonstanten sind. Weiterhin, wenn X und Y unabhängig sind, dann gilt

$$E(XY) = E(X) \ * \ E(Y).$$

Ebenso wird die *Varianz* einer Zufallsvariable als der Erwartungswert der quadrierten Differenz zwischen der Zufallsvariable und ihrem Erwartungswert definiert. Das heißt

$$Var(X) = E\left[\{X - E(X)\}^2\right] = E(X^2) - \{E(X)\}^2 \tag{8.31}$$

Je nachdem, ob die Variable X diskret oder kontinuierlich ist, kann die Varianz definiert werden als

$$\mathrm{Var}(X) = \begin{cases} \sum_j x_j^2 P(X = x_j) - \{E(X)\}^2, & \text{if } X \textit{ is discrete} \\ \int_{-\infty}^{\infty} x^2 f(x) \mathrm{d}x - \{E(X)\}^2, & \text{if } X \textit{ is continuous} \end{cases} \tag{8.32}$$

Die Varianz wird oft durch σ^2 bezeichnet. Für das diskutierte Experiment zur Anzahl der Tails bei drei Münzwürfen (siehe Tab. 8.5), werden der Mittelwert und die Varianz wie folgt ermittelt

$$E(X) = \sum_j x_j P(X = x_j) = \frac{12}{8} = 1.5$$

Tab. 8.5 Verteilung der „Anzahl der Tails“

X	0	1	2	3	Gesamt
$P(X = x)$	$\frac{1}{8}$	$\frac{3}{8}$	$\frac{3}{8}$	$\frac{1}{8}$	1

und

$$\operatorname{Var}(X) = \sum_j x_j^2 P(X = x_j) - \{E(X)\}^2$$
$$= \frac{24}{8} - \left(\frac{12}{8}\right)^2 = 0.75$$

beziehungsweise.

Beispiel 8.10 Angenommen, dass X eine stetige Zufallsvariable ist, deren Wahrscheinlichkeitsdichtefunktion gegeben ist durch

$$f(x) = \begin{cases} C(4x - 2x^2), & 0 < x < 2 \\ 0, & \text{Otherwise} \end{cases}$$

Finden Sie

(i) den Wert von C
(ii) $P(X > 1)$
(iii) $E(X)$ und $Var(X)$

Lösung
(i) Da $f(x)$ eine Dichtefunktion ist, müssen wir $\int_{-\infty}^{\infty} f(x)\mathrm{d}x = 1$ haben. Daher,

$$C\int_0^2 (4x - 2x^2)\mathrm{d}x = 1$$
$$\Rightarrow C\left[2x^2 - \frac{2}{3}x^3\right]_{x=0}^{x=2} = 1$$
$$\Rightarrow C = 3/8$$

Das Diagramm von $f(x)$ ist in Abb. 8.17 dargestellt.

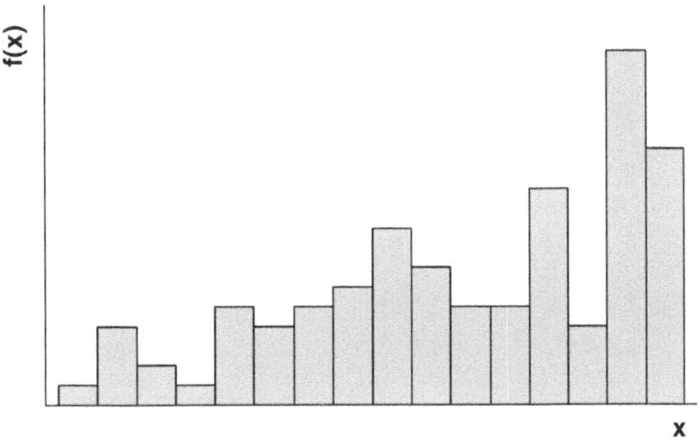

Abb. 8.17 Histogramm approximiert an $f(x)$

(ii) Jetzt

$$f(x) = \begin{cases} \frac{3}{8}(4x - 2x^2), & 0 < x < 2 \\ 0, & \text{Otherwise} \end{cases}$$

Daher

$$\mathrm{P}(X > 1) = \int_1^\infty f(x)\mathrm{d}x = \frac{3}{8}\int_1^\infty (4x - 2x^2)\mathrm{d}x = \frac{1}{2}$$

(iii) $E(X) = \int_0^2 xf(x)\mathrm{d}x = \frac{3}{8}\int_0^2 x(4x - 2x^2)\mathrm{d}x = 1$

und

$$E(X^2) = \int_0^2 x^2 f(x)\mathrm{d}x = \frac{3}{8}\int_0^2 x^2(4x - 2x^2)\mathrm{d}x = \frac{6}{5}$$

Daher,

$$\mathrm{Var}(X) = E\left(X^2\right) - \{E(X)\}^2 = \frac{1}{2}$$

Beispiel 8.11 Wenn $f(x) = kx^2, 0 \leq x \leq 1$ und 0 sonst. Finden Sie k. Finden Sie c_1 und c_2 so dass $P(x \leq c_1) = 0.1$ und $P(x \leq c_2) = 0.9$.

Lösung Da $\int_{-\infty}^{\infty} f(x)\mathrm{d}x = 1$, ist der Wert von k so, dass

$$\int_0^1 kx^2\mathrm{d}x = 1 \Rightarrow k = 3/8.$$

Nun ist der Wert von c_1 und c_2 so, dass

$$P(x \leq c_1) = 0.1 \Rightarrow \int_0^{c_1} \frac{3}{8}x^2\mathrm{d}x = 0.1$$
$$\Rightarrow c_1 = 0.9283$$

und

$$P(x \leq c_2) = 0.9 \Rightarrow \int_0^{c_2} \frac{3}{8}x^2\mathrm{d}x = 0.9.$$
$$\Rightarrow c_2 = 1.9310$$

8.11.3 Gemeinsam verteilte Zufallsvariablen

Für ein gegebenes Experiment sind wir oft nicht nur an der Wahrscheinlichkeitsverteilungsfunktion einzelner Zufallsvariablen interessiert, sondern auch an der Beziehung zwischen zwei oder mehr Zufallsvariablen. Beispielsweise könnte ein Ingenieur an der Beziehung zwischen der Scherfestigkeit und dem Durchmesser einer Punktschweißung in einer gefertigten Stahlblechprobe interessiert sein. Um eine solche Beziehung zwischen zwei Zufallsvariablen zu spezifizieren, definieren wir die gemeinsame kumulative Wahrscheinlichkeitsverteilungsfunktion von X und Y durch

$$F_{XY}(x,y) = P(X \leq x, Y \leq y) \tag{8.33}$$

Eine Kenntnis der gemeinsamen Verteilungsfunktion ermöglicht es, die Wahrscheinlichkeit jeder Aussage über die Werte von X und Y zu berechnen. Beispielsweise wird die marginale (oder kumulative) Verteilung von X und Y gegeben durch

$$\begin{aligned} F_X(x) &= P(X \leq x) \\ &= P(X \leq x, Y \leq \infty) \\ &= F(x, \infty) \end{aligned}$$

Ähnlich,

$$F_Y(y) = F(\infty, y)$$

Wenn X und Y gemeinsam kontinuierlich sind, dann kann die gemeinsame Wahrscheinlichkeitsfunktion von X und Y erhalten werden als

$$f_{XY}(x,y) = \frac{\mathrm{d}^2}{\mathrm{d}x\mathrm{d}y} F(x,y) \tag{8.34}$$

So

Definition 8.7 Eine *gemeinsame Wahrscheinlichkeitsdichte* für die kontinuierlichen Zufallsvariablen X und Y, bezeichnet als $f_{XY}(x,y)$, erfüllt die folgenden Eigenschaften:

$$\begin{aligned} &\text{(a) } f_{XY}(x,y) \geq 0 \quad \text{for all } x, y \\ &\text{(b) } \int_{-\infty}^{\infty}\int_{-\infty}^{\infty} f_{XY}(x,y)\mathrm{d}x\mathrm{d}y = 1 \\ &\text{(c) } P[(X,y) \in C] = \iint_{(x,y)\in C} f_{XY}(x,y)\mathrm{d}x\mathrm{d}y \end{aligned} \tag{8.35}$$

In der Definition ist C ein Bereich des zweidimensionalen Raums. Daher wird $f_{XY}(x,y)$ über den gesamten zweidimensionalen Raum definiert, indem angenommen wird, dass $f_{XY}(x,y) = 0$ für alle Punkte ist, für die $f_{XY}(x,y)$ nicht spezifiziert ist. Das Doppelintegral von $f_{XY}(x,y)$ über einen Bereich C liefert die Wahrscheinlichkeit, dass (X, Y) einen Wert in C annimmt. Dieses Integral kann als das Volumen unter der Oberfläche $f_{XY}(x,y)$ über den Bereich C interpretiert werden.

Die obige Definition der gemeinsamen Wahrscheinlichkeitsdichtefunktion hilft uns, die *Randwahrscheinlichkeiten* von X und Y als

$$f_X(x) = \int_{-\infty}^{\infty} f_{XY}(x,y)\mathrm{d}y \tag{8.36}$$

und

$$f_Y(y) = \int_{-\infty}^{\infty} f_{XY}(x,y)\mathrm{d}x \tag{8.37}$$

zu definieren. Die bedingten Wahrscheinlichkeiten der Zufallsvariablen sind wie folgt definiert:

Definition 8.8 Die bedingte Wahrscheinlichkeit X gegeben Y ist definiert als

$$f_{X|Y}(x|y) = \frac{f_{XY}(x,y)}{f_Y(y)}, \quad f_Y(y) \geq 0 \tag{8.38}$$

und die bedingte Wahrscheinlichkeit Y gegeben X ist definiert als

$$f_{Y|X}(y|x) = \frac{f_{XY}(x,y)}{f_X(x)}, \quad f_X(x) \geq 0 \tag{8.39}$$

Im Fall, dass X und Y beide diskrete Zufallsvariablen sind, deren mögliche Werte $x_1, x_2, \ldots,$ und $y_1, y_2, \ldots,$ sind, definieren wir die *gemeinsame Wahrscheinlichkeitsmassenfunktion* von X und Y als

$$f_{XY}(x,y) = P\{X = x, Y = y\}, \tag{8.40}$$

So dass $\sum_x \sum_y f_{XY}(x,y) = 1$. Die entsprechende marginale pmf von X und Y wird erhalten als

$$f_X(x) = \sum_y f_{XY}(x,y) \tag{8.41}$$

und

$$f_Y(y) = \sum_x f_{XY}(x,y) \tag{8.42}$$

Einige Beispiele für gemeinsame Wahrscheinlichkeitsverteilungen werden unten diskutiert:

Beispiel 8.12 Die gemeinsame Dichtefunktion von X und Y ist gegeben durch

$$f(x,y) = \begin{cases} 2e^{-(x+2y)}, & 0 < x < \infty, 0 < y < \infty \\ 0, & \text{Otherwise} \end{cases}$$

Berechne

(i) $P(X > 1, Y < 1)$
(ii) $P(X < Y)$
(iii) $P(X < k)$
(iv) Mittelwert und Varianz von Y
(v) Sind X und Y unabhängig?

Lösung Die Darstellung der gemeinsamen Dichte ist in Abb. 8.18 dargestellt. Weiterhin

(i) $$P(X > 1, Y < 1) = \int_0^1 \int_1^\infty f(x,y)\mathrm{d}x\mathrm{d}y = \int_0^1 \int_1^\infty 2e^{-(x+2y)}\mathrm{d}x\mathrm{d}y = e^{-1}(1-e^{-2})$$

(ii) $$P(X < Y) = \iint_{(x,y):x<y} f(x,y)\mathrm{d}x\mathrm{d}y = \int_0^\infty \int_0^y 2e^{-(x+2y)}\mathrm{d}x\mathrm{d}y = \frac{1}{3}$$

Abb. 8.18 Gemeinsame Dichtedarstellung von (X, Y)

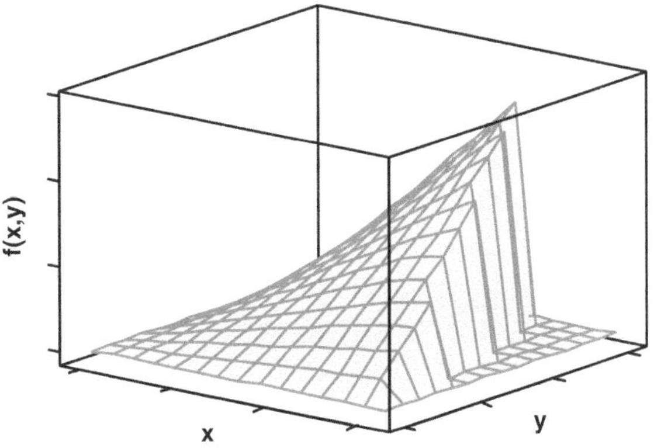

(iii) $$P(X < k) = \int_0^k \int_0^\infty f(x,y)\mathrm{d}x\mathrm{d}y$$

$$= \int_0^k \int_0^\infty 2e^{-(x+2y)}\mathrm{d}x\mathrm{d}y$$

$$= 1 - e^{-k}$$

(iv) Mean of $Y = E(Y) = \int_0^\infty y f_Y(y)\mathrm{d}y$, wo

$$f_Y(y) = \int_0^\infty f(x,y)\mathrm{d}x$$

$$= \int_0^\infty 2e^{-(x+2y)}\mathrm{d}x$$

$$= 2e^{-2y}, \quad 0 < y < \infty$$

Daher,

$$E(Y) = \int_0^\infty y f_Y(y)\mathrm{d}y$$

$$= \int_0^\infty 2ye^{-2y}\mathrm{d}y$$

$$= \frac{1}{2}$$

und

$$E(Y^2) = \int_0^\infty y^2 f_Y(y)\mathrm{d}y$$

$$= \int_0^\infty 2y^2 e^{-2y}\mathrm{d}y$$

$$= \frac{1}{2}$$

Daher

$$\begin{aligned}\text{Variance of } Y &= \text{Var}(Y)\\ &= E(Y^2) - [E(Y)]^2\\ &= \frac{1}{4}\end{aligned}$$

(v) Jetzt

$$\begin{aligned}f_X(x) &= \int_0^\infty f(x,y)\mathrm{d}y\\ &= \int_0^\infty 2e^{-(x+2y)}\mathrm{d}y\\ &= e^{-x}, \quad 0 < x < \infty\end{aligned}$$

Beachten Sie, dass

$$\begin{aligned}f_x(x)f_y(y) &= 2e^{-(x+2y)}\\ &= f_{XY}(xy)\end{aligned}$$

Daher sind die Variablen X und Y unabhängig.

Beispiel 8.13 Ein Produkt wird nach der Anzahl der enthaltenen Fehler und der Fabrik, die es produziert, klassifiziert. Lassen Sie X_1 und X_2 die Zufallsvariablen sein, die die Anzahl der Fehler pro Einheit und die Fabriknummer repräsentieren. Die Einträge in Tab. 8.6 repräsentieren die gemeinsame Wahrscheinlichkeitsmassenfunktion eines zufällig ausgewählten Produkts:

(a) Finden Sie die marginale Wahrscheinlichkeitsverteilung von X_1 und X_2.
(b) Finden Sie $E(X_1), E(X_2), \text{Var}(X_1), \text{Var}(X_2), \text{Cov}(X_1, X_2)$ and $r(X_1, X_2)$.
(c) Sind die Variablen unabhängig?

Lösung Lassen Sie uns bezeichnen

X_1: the random variables that represent the number of defects per unit

X_2: the random variables that represent the factory number.

Tab. 8.6 Gemeinsame Wahrscheinlichkeitsmassenfunktion

X_1	X_2	
	1	2
0	1/8	1/16
1	1/16	1/16
2	3/16	1/8
3	1/8	1/4

Dann

(a) Für die marginale Verteilung von X_1 finden wir Wahrscheinlichkeiten für jedes Ergebnis von X_1 für variierende Werte von X_2. Daher

$$\text{For } X_1 = 0\text{: } f_{X_1}(0) = P(X_1 = 0, X_2 = 1) + P(X_1 = 0, X_2 = 2) = \frac{1}{8} + \frac{1}{16} = \frac{3}{16}$$

$$\text{For } X_1 = 1\text{: } f_{x_1}(1) = P(X_1 = 1, X_2 = 1) + P(X_1 = 1, X_2 = 2) = \frac{1}{16} + \frac{1}{16} = \frac{2}{16}$$

$$\text{For } X_1 = 2\text{: } f_{X_1}(2) = P(X_1 = 2, X_2 = 1) + P(X_1 = 2, X_2 = 2) = \frac{3}{16} + \frac{1}{8} = \frac{5}{16}$$

$$\text{For } X_1 = 3\text{: } f_{X_1}(3) = P(X_1 = 3, X_2 = 1) + P(X_1 = 3, X_2 = 2) = \frac{1}{8} + \frac{1}{4} = \frac{6}{16}$$

Ähnlich, für die marginale Verteilung von X_2 finden wir Wahrscheinlichkeiten für jedes Ergebnis von X_2 für variierende Werte von X_1. Daher

$$\text{For } X_2 = 1\text{: } f_{X_2}(1) = P(X_1 = 0, X_2 = 1) + P(X_1 = 1, X_2 = 1) + P(X_1 = 2, X_2 = 1) + P(X_1 = 3, X_2 = 1) = \frac{1}{8} + \frac{1}{16} + \frac{3}{16} + \frac{1}{8} = \frac{8}{16}$$

$$\text{For } X_2 = 2\text{: } f_{X_2}(2) = P(X_1 = 0, X_2 = 2) + P(X_1 = 1, X_2 = 2) + P(X_1 = 2, X_2 = 2) + P(X_1 = 3, X_2 = 2) = \frac{1}{8} + \frac{1}{16} + \frac{3}{16} + \frac{1}{8} = \frac{8}{16}$$

Tab. 8.7 zeigt die gemeinsamen und marginalen Verteilungen von (X_1, X_2).

Tab. 8.7 Gemeinsame und marginale Verteilungen

X_1	X_2		
	1	2	$f_{X_1}(x_1)$
0	1/8	1/16	3/16
1	1/16	1/16	2/16
2	3/16	1/8	5/16
3	1/8	1/4	6/16
$f_{X_2}(x_2)$	8/16	8/16	1

(b)

$$
\begin{aligned}
E(X_1) &= \sum_{x_0=0}^{3} x_1 f_{X_1}(x_1) \\
&= 0 \times \frac{3}{16} + 1 \times \frac{2}{16} + 2 \times \frac{5}{16} + 3 \times \frac{6}{16} \\
&= \frac{30}{16} \\
E(X_1^2) &= \sum_{x_1=0}^{3} x_1^2 f_{X_1}(x_1) \\
&= 0 \times \frac{3}{16} + 1^2 \times \frac{2}{16} + 2^2 \times \frac{5}{16} + 3^2 \times \frac{6}{16} \\
&= \frac{76}{16}
\end{aligned}
$$

Daher,

$$\mathrm{Var}(X_1) = E(X_1^2) - [E(X_1]^2 = 1.2343$$

Jetzt

$$
\begin{aligned}
E(X_2) &= \sum_{x_2=1}^{2} x_2 f_{X_2}(x_2) \\
&= 1 \times \frac{8}{16} + 2 \times \frac{8}{16} \\
&= \frac{3}{2} \\
E(X_2^2) &= \sum_{x_2=1}^{2} x_2^2 f_{X_2}(x_2) \\
&= 1^2 \times \frac{8}{16} + 2^2 \times \frac{8}{16} \\
&= \frac{5}{2}
\end{aligned}
$$

Daher,

$$\mathrm{Var}(X_2) = E(X_2^2) - [E(X_2]^2 = 0.25$$

Auch

$$
\begin{aligned}
E(X_1 X_2) &= \sum_{x_1=0}^{3} \sum_{x_2=1}^{2} x_1 x_2 f_{X_1 X_2}(x_1 x_2) \\
&= 0 \times 1 \times (1/8) + 0 \times 2 \times (1/16) + \cdots + 3 \times 2 \times (1/4) \\
&= \frac{47}{16} = 2.93
\end{aligned}
$$

Daher,

$$\begin{aligned}\mathrm{Cov}(X_1, X_2) &= E(X_1X_2) - E(X_1)E(X_2)\\ &= 2.93 - 1.875 \times 1.5 = 0.125\end{aligned}$$

Daher

$$\begin{aligned}r(X_1, X_2) &= \frac{\mathrm{Cov}(X_1, X_2)}{\sqrt{\mathrm{Var}(X_1)\mathrm{Var}(X_2)}}\\ &= \frac{0.125}{\sqrt{1.2343 \times 0.25}}\\ &= 0.225\end{aligned}$$

(c) Da $\mathrm{Cov}(X_1, X_2) \neq 0$, die Variablen nicht unabhängig sind.

Hinweis Die Unabhängigkeit von zwei Zufallsvariablen kann auch bewiesen werden, wenn eine der folgenden Beziehungen gilt:

(i) $E(X_1X_2) = E(X_1)E(X_2)$
(ii) $f_{XY}(xy) = f_X(x)f_y(y)$
(iii) $\mathrm{Cov}(X_1, X_2) = 0$

Beachten Sie auch, dass $\mathrm{Cov}(X_1, X_2) = 0$ die Unabhängigkeit der Variablen nicht implizieren kann.

8.12 Wahrscheinlichkeitsmodelle

In den bisher geführten Diskussionen ist offensichtlich, dass ein zufälliges Phänomen sehr gut durch einige Merkmale einer Wahrscheinlichkeitsverteilung erklärt werden kann. Eine Wahrscheinlichkeitsverteilung kann durch eine diskrete oder eine kontinuierliche Zufallsvariable charakterisiert werden. Die Verteilung einer diskreten Variable wird als diskrete Wahrscheinlichkeitsverteilung bezeichnet, und die Verteilung, die einer kontinuierlichen Variable entspricht, ist eine kontinuierliche Wahrscheinlichkeitsverteilung. Einige der am häufigsten verwendeten diskreten Wahrscheinlichkeitsverteilungen sind die Bernoulli-Verteilung, die Poisson-Verteilung, die geometrische Verteilung, die hypergeometrische Verteilung, die rechteckige Verteilung usw. Und einige der kontinuierlichen Unsicherheitsmodelle sind die exponentielle Verteilung, die Normalverteilung, die Gamma-Verteilung, die Weibull-Verteilung, die dreieckige Verteilung, die gleichmäßige Verteilung usw. Wir studieren einige dieser wichtigen Verteilungen, die häufig in Six Sigma-Projekten verwendet werden.

8.12.1 *Binomialverteilung*

Eine Binomialverteilung wird auf der Grundlage eines Bernoulli *Prozesses* definiert. Jede unsichere Situation oder jedes Experiment, das durch die folgenden drei Eigenschaften gekennzeichnet ist, wird als Bernoulli-Prozess bezeichnet.

1. Es gibt nur zwei sich gegenseitig ausschließende und gemeinsam erschöpfende Ergebnisse im Experiment.
2. Bei wiederholten Beobachtungen des Experiments bleiben die Wahrscheinlichkeiten für das Auftreten dieser Ereignisse konstant.
3. Die Beobachtungen sind unabhängig voneinander.

Die Zufallsvariablen, die in diesen Situationen von Interesse sein könnten, sind die folgenden: die Anzahl der Erfolge oder Misserfolge in einer bestimmten Anzahl von Versuchen, die Anzahl der guten oder schlechten Lose in einer Sendung, die Anzahl der akzeptierten oder abgelehnten Einheiten und die Anzahl der Personen, die mit der Qualität des Produkts übereinstimmen oder nicht übereinstimmen. Angesichts des Wissens über die Wahrscheinlichkeit eines Erfolgs (sagen wir p) in einem Versuch und wenn das Experiment n Mal beobachtet wird, dann folgt das zufällige Phänomen der Verteilung der Anzahl der Erfolge, sagen wir r, einer binomialen Verteilung, bezeichnet als $BD(n, p)$, mit der Dichtefunktion:

$$P(X = x) = \binom{n}{x} p^x q^{n-x}, \quad x = 0, 1, 2, \ldots, n; \ 0 \leq p \leq 1, p + q = 1 \tag{8.43}$$

wo $\binom{n}{x} = \frac{n!}{x!(n-x)!}$.

Die binomiale Verteilung hat den Mittelwert np und die Varianz npq. Abb. 8.19 zeigt binomiale Verteilungen für verschiedene Werte von n und p. Die binomiale Verteilungsfunktion kann mit den folgenden Beziehungen berechnet werden

$$P(X \leq i) = \sum_{x=0}^{i} \binom{n}{x} p^x q^{n-x}, \quad i = 0, 1, 2, \ldots, n \tag{8.44}$$

und die binomialen Wahrscheinlichkeiten können leicht mit der Rekursionsbeziehung berechnet werden

$$P(X = x + 1) = \frac{p(n - x)}{(1 - p)(x + 1)} P(X = x), \tag{8.45}$$

Für $x = 0, 1, \ldots, n$, kann man die aufeinanderfolgenden Wahrscheinlichkeiten ermitteln. Die in (8.45) gezeigte Beziehung wird auch als Rekursionsbeziehung zwischen Wahrscheinlichkeiten bezeichnet. Die in (8.44) gezeigten binomialen Wahrscheinlichkeitssummen können auch aus der Anhangstabelle A.1 für verschiedene Kombinationen von n und p gefunden werden.

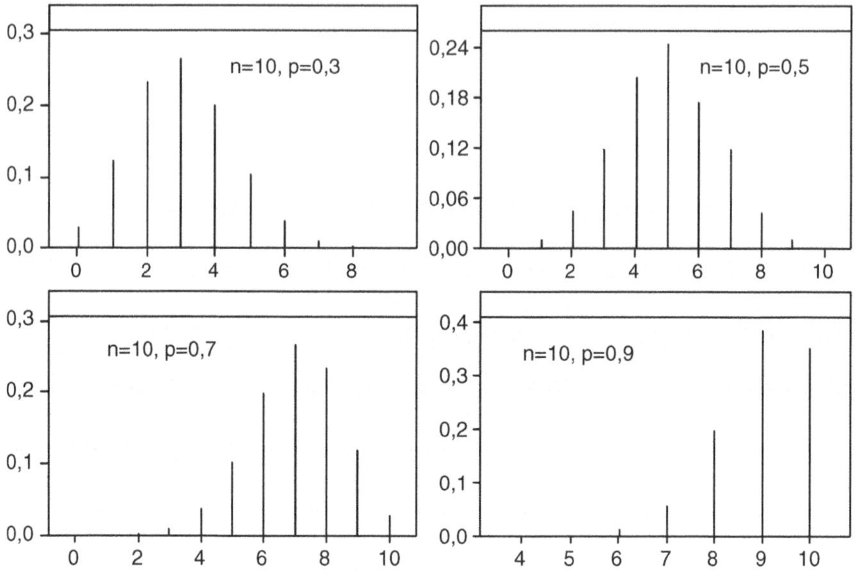

Abb. 8.19 Binomiale Verteilungen

Beispiel 8.14 Eine Maschine produziert 10 % fehlerhafte Artikel. Zehn Artikel werden zufällig ausgewählt. Finden Sie die Wahrscheinlichkeit, dass

(i) 5 fehlerhaft sind und
(ii) Nicht mehr als 2 Artikel fehlerhaft sind.

Lösung Lassen Sie

$$X\text{: the number of defective. Then, } X \sim BD(10, 0.10)$$

(i) $p(X = 5) = \binom{10}{5}(0.10)^5(0.9)^5$

$= 0.0015$

(ii) $P(X \leq 2) = \sum_{r=0}^{2} \binom{10}{r}(0.10)^r(0.90)^{10-r}$

$= \binom{10}{0}(0.10)^0(0.90)^{10-0} + \binom{10}{1}(0.10)^1(0.90)^{10-1} + \binom{10}{2}(0.10)^2(0.90)^{10-2}$

$= 0.9298$

Die oben genannten Werte können auch direkt aus der binomialen Tabelle in Anhangstabelle A.1 abgeleitet werden.

Beispiel 8.15 Ein Satellitensystem besteht aus 4 Komponenten und kann ausreichend funktionieren, wenn mindestens 2 der 4 Komponenten in Betrieb sind. Wenn jede Komponente unabhängig voneinander mit einer Wahrscheinlichkeit von 0,6 in Betrieb ist, wie hoch ist die Wahrscheinlichkeit, dass das System ausreichend funktioniert?

Lösung Lassen Sie

$$X\text{: numberofcomponents.Then}, X \sim BD(4, 0.6)$$

Beachten Sie, dass das System ausreichend funktioniert, wenn mindestens 2 der 4 Komponenten in funktionierendem Zustand sind. Daher ist die erforderliche Wahrscheinlichkeit

$$\begin{aligned}
P(X \geq 2) &= \sum_{x=2}^{4} \binom{4}{x} (0.6)^x (0.4)^{4-x} \\
&= \binom{4}{2}(0.6)^2(0.4)^2 + \binom{4}{3}(0.6)^3(0.4)^1 + \binom{4}{4}(0.6)^4(0.4)^0 \\
&= 0.8208
\end{aligned}$$

Alternativ,

$$\begin{aligned}
P(X \geq 2) &= 1 - P(X \leq 1) \\
&= 1 - \sum_{x=0}^{1} \binom{4}{x} (0.6)^x (0.4)^{4-x} \\
&= 1 - 0.1792 = 0.8208 \text{ (From Appendix Tab. A.1)}
\end{aligned}$$

8.12.2 Poisson-Verteilung

Die Poisson-Verteilung wird verwendet, um eine Reihe von Prozessen zu beschreiben, einschließlich der Verteilung von Telefonanrufen, die durch eine Vermittlungsstelle gehen, der Nachfrage von Patienten nach Dienstleistungen in einer Gesundheitseinrichtung, der Anzahl von Industrieunfällen und der Ankunft von Lastwagen und Autos an einer Mautstelle und der Anzahl von Unfällen an einer Kreuzung. In allen Beispielen wird das Ergebnis durch eine diskrete Zufallsvariable beschrieben, die die ganzzahligen Werte 0, 1, 2, ... und so weiter annimmt. Die Bedingungen, die zu einer Poisson-Wahrscheinlichkeitsverteilung führen, sind wie folgt:

- Das Experiment besteht darin, die Anzahl der Male zu zählen, die ein bestimmtes Ereignis während einer gegebenen Zeiteinheit oder in einem gegebenen Bereich oder Volumen oder Gewicht oder Entfernung auftritt.
- Die Wahrscheinlichkeit, dass ein Ereignis in einer gegebenen Zeiteinheit auftritt, ist für alle Einheiten gleich.

- Die Anzahl der Ereignisse, die in einer Zeiteinheit auftreten, ist unabhängig von der Anzahl, die in anderen Einheiten auftritt.
- Die durchschnittliche Anzahl von Ereignissen in jeder Einheit wird durch λ bezeichnet, sagen wir

Wenn X die Zufallsvariable ist, die dem Poisson-Gesetz folgt, dann wird die Wahrscheinlichkeit von genau x Ereignissen in einer Poisson-Verteilung mit der Massenfunktion berechnet

$$P(X = x) = \frac{e^{-\lambda}\lambda^x}{x!}, \quad x = 0, 1, 2 \ldots \tag{8.46}$$

wo λ eine positive Konstante ist. Die Poisson-Verteilung hat den Mittelwert λ und die Varianz λ. Wenn wir beachten, dass $P(X = 0) = e^{-\lambda}$, dann können aufeinanderfolgende Wahrscheinlichkeiten mit der Rekurrenzrelation berechnet werden

$$P(X = r) = \frac{\lambda}{r} f(x = r - 1) \tag{8.47}$$

Für $r = 1, 2, \ldots$, kann man die aufeinanderfolgenden Wahrscheinlichkeiten der Poisson-Verteilung ermitteln. Wenn λ keine ganze Zahl ist, ist der Modus der Wert der ganzen Zahl r, für die $r - 1 < \lambda < r$. Wenn λ eine ganze Zahl ist, dann $P(X = \lambda - 1) = P(X = \lambda)$ und sowohl λ als auch $\lambda - 1$ sind Modi. Siehe Anhang Tab. A.2 für kumulative Poisson-Wahrscheinlichkeiten für verschiedene Werte von λ. Abb. 8.20 zeigt Poisson-Verteilungen für verschiedene Mittelwerte.

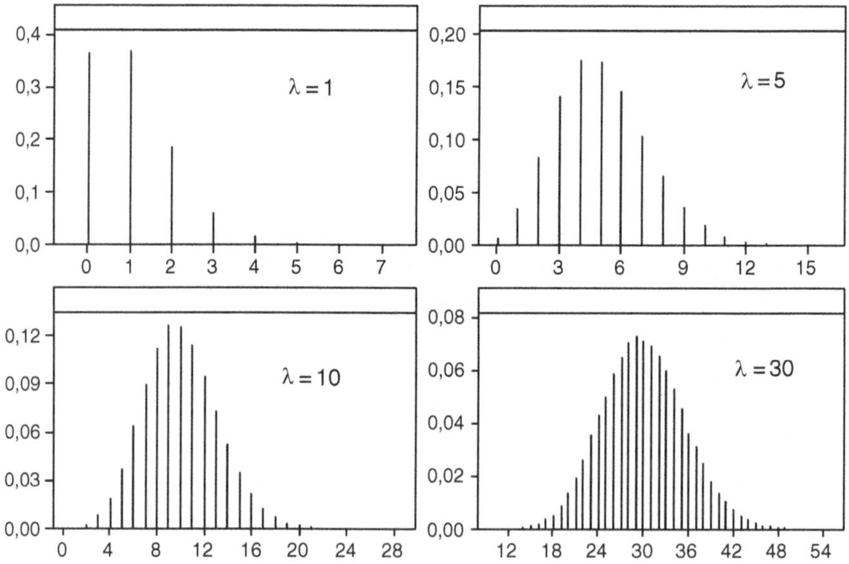

Abb. 8.20 Poisson-Verteilungen für verschiedene Mittelwerte

Wenn $\lambda < 1$ ist, nimmt der Graph der Wahrscheinlichkeitsfunktion stetig ab, während wenn $\lambda > 1$, der Graph stetig bis zum Wert am Modus ansteigt, dann stetig abnimmt und gegen 0 tendiert, wenn $r \to \infty$. Da die Binomialverteilung und die Poisson-Verteilung viele Ähnlichkeiten aufweisen, ist es möglich, eine Beziehung zwischen den beiden herzustellen. Wenn n sehr groß und p sehr klein ist, tendiert die Binomialverteilung zur Poisson-Verteilung. Dies sieht man wie folgt:

Angenommen, dass X eine binomiale Zufallsvariable mit den Parametern (n, p) ist und lassen Sie $\lambda = np$. Dann

$$\begin{aligned} P(X = r) &= \frac{n!}{r!(n-r)!} p^r (1-p)^{n-r} \\ &= \frac{n!}{r!(n-r)!} \left(\frac{\lambda}{n}\right)^r \left(1 - \frac{\lambda}{n}\right)^{n-r} \\ &= \frac{n(n-1)\ldots(n-r+1)}{n^r} \frac{\lambda^r}{r!} \left(1 - \frac{\lambda}{n}\right)^{n-r} \end{aligned}$$

Für große n und kleine p,

$$\left(1 - \frac{\lambda}{n}\right)^n \approx e^{-\lambda}, \frac{n(n-1)\ldots(n-r+1)}{n^r} \approx 1 \text{ and } \left(1 - \frac{\lambda}{n}\right)^r \approx 1$$

Daher, für große n und kleine p,

$$P(X = r) \approx e^{-\lambda} \frac{\lambda^r}{r!},$$

was Poisson mit Parameter λ ist.

Einige Beispiele für Zufallsvariablen, die in der Regel einer guten Annäherung an das Poisson-Gesetz folgen, sind:

- Anzahl der Fehler pro 100 Rechnungen
- Anzahl der Oberflächendefekte in einem Guss
- Anzahl der Isolationsfehler in einer bestimmten Kabellänge
- Anzahl der sichtbaren Defekte in einem Stoffballen
- Anzahl der benötigten Ersatzteile über einen bestimmten Zeitraum
- Die Anzahl der Abwesenheiten in einem bestimmten Zeitraum
- Die Anzahl der Todesfälle in einem Krankenhaus pro Tag
- Die Anzahl der Ausfälle eines Computers pro Monat
- Die PPM von Toxikanten, die in Wasser- oder Luftemissionen aus einer Produktionsanlage gefunden werden.

Weiterhin kann für große n eine Poisson-Verteilung zu einer Normalverteilung approximiert werden. Zum Beispiel, für große n, wenn X nach Poisson-Zufallsvariable und $\lambda \to \infty$, dann folgt $\frac{X-\lambda}{\sqrt{\lambda}}$ einer Standardnormalverteilung.

Beispiel 8.16 Wenn die Preise für Neuwagen im Durchschnitt viermal alle 3 Jahre steigen, dann finden Sie in einem zufällig ausgewählten Zeitraum von 3 Jahren die Wahrscheinlichkeit von

(a) Keine Preiserhöhungen
(b) Zwei Preiserhöhungen
(c) Fünf oder mehr Erhöhungen

Lösung Hier, $\lambda = 4$

(a) P(keine Preiserhöhungen) $= P(X = 0)$

$$= e^{-\lambda} = 0.018$$

(b) P(Zwei Preiserhöhungen) $= P(X = 2)$

$$= \frac{e^{-\lambda}\lambda^2}{2!} = 0.1465$$

(c) P(Fünf oder mehr Erhöhungen) $= P(X \geq 5) = 1 - P(X \leq 4)$

$$= 1 - \sum_{r=0}^{4} \frac{e^{-\lambda}\lambda^r}{r!}$$

$$= 1 - e^{-4}\left(1 + 4 + 8 + \frac{32}{3} + \frac{32}{3}\right)$$

$$= 0.3712$$

Alternativ,

$$P(X \geq 5) = 1 - P(X \leq 4)$$
$$= 1 - 0.629 = 0.371 \text{ (From Appendix Tab. A.2)}$$

Beispiel 8.17 Angenommen, die Wahrscheinlichkeit, dass ein von einer bestimmten Maschine produzierter Artikel defekt ist, beträgt 0,05. Wenn die produzierten Artikel in Packungen zu je 20 auf den Markt geschickt werden, finden Sie die Anzahl der Packungen, die mindestens, genau und höchstens 2 defekte Artikel in einer Sendung von 1000 Packungen enthalten, unter Verwendung von

(i) Binomialverteilung und
(ii) Poisson-Approximation zur Binomialverteilung

Lösung Definieren wir die Zufallsvariable als

X: the item is defective. Then given $p = 0.05$ and $n = 20$.

Nun finden wir die Wahrscheinlichkeiten, die mit jedem Ergebnis verbunden sind, unter der Annahme einer binomialen und Poisson-Verteilung:

(i) nach der *binomialen Verteilung*,

$$\begin{aligned}
P(\text{at least 2 defective items}) &= P(X \geq 2) \\
&= \sum_{x=2}^{20} \binom{20}{x} (0.05)^x (0.95)^{20-x} \\
&= 1 - [P(X = 0) + P(X = 1)] \\
&= 0.2642 \\
P(\text{exactly 2 defective items}) &= P(X = 2) \\
&= \binom{20}{2} (0.05)^2 (0.95)^{20-2} \\
&= 0.1887 \\
P(\text{at most 2 defective items}) &= P(X \leq 2) \\
&= \sum_{x=0}^{2} \binom{20}{x} (0.05)^x (0.95)^{20-x} \\
&= 0.9245
\end{aligned}$$

Daher, in einer Sendung von 1000 Paketen

the packets having at least 2 defective items = $1000 \times P(X = 2) = 264$

the packets having exactly 2 defective items = $1000 \times P(X = 2) = 189$

und

$$\text{the packets having at the most 2 defective items} = 1000 \times P(X \geq 2) = 925$$

Nun

(ii) nach der *Poisson-Verteilung*, $\lambda = np = 1$,

$$\begin{aligned}
P(\text{at least 2 defective items}) &= P(X \geq 2) \\
&= \sum_{x=2}^{\infty} \frac{e^{-1} 1^x}{x!} \\
&= 1 - [P(X = 0) + P(X = 1)] \\
&= 0.2642 \\
P(\text{exactly 2 defective items}) &= P(X = 2) \\
&= \frac{e^{-1}}{2!} \\
&= 0.1839 \\
P(\text{at the most 2 defective items}) &= P(x \leq 2) \\
&= \sum_{x=0}^{2} \frac{e^{-1} 1^x}{x!} \\
&= 0.9197
\end{aligned}$$

Daher, in einer Sendung von 1000 Paketen

$$\text{the packets having at least 2 defective items} = 1000 \times P(X \geq 2) = 264$$

$$\text{the packets having exactly 2 defective items} = 1000 \times P(X = 2) = 184$$

und

$$\text{the packets having at the most 2 defective items} = 1000 \times P(X \leq 2) = 919$$

Beachten Sie, dass beide Wahrscheinlichkeitsmodelle identische Ergebnisse lieferten.

Beispiel 8.18 Wenn X und Y unabhängige Poisson-Verteilungen sind, so dass $P(X = 1) = P(X = 2)$ und $P(Y = 2) = P(Y = 3)$. Finden Sie

(i) die Varianz von $X - 2Y$
(ii) $P(X = 0)$
(iii) $P(0 < Y < 5)$
(iv) $P(0 < X + Y < 5)$

Lösung Nehmen wir an, X und Y sind unabhängige Poisson-Verteilungen mit dem Mittelwert λ und μ, jeweils. Jetzt

$$P(X = 1) = P(X = 2) \Rightarrow \frac{e^{-\lambda}\lambda}{1!} = \frac{e^{-\lambda}\lambda^2}{2!}$$
$$\Rightarrow \lambda = 2$$

und

$$P(Y = 2) = P(Y = 3) \Rightarrow \frac{e^{-\lambda}\mu^2}{2!} = \frac{e^{-\lambda}\mu^3}{3!}$$
$$\Rightarrow \mu = 3$$

Weiterhin

(i) $\mathrm{Var}(X - 2Y) = \mathrm{Var}(X) + 4\mathrm{Var}(Y) = 14$
(ii) $P(X = 0) = \frac{e^{-2}}{0!} = 0.1353$
(iii) $P(0 < Y < 5) = \sum_{y=1}^{4} \frac{e^{-3}3^y}{y!} = 0.7655$

Jetzt sind X und Y unabhängig und $X \sim PD(2)$ und $Y \sim PD(3)$. Daher,

$$Z = X + Y \sim PD(5)$$

(iv) $P(0 < X + Y < 5) = P(0 < Z < 5)$

$$= \sum_{z=1}^{4} \frac{e^{-5}5^z}{z!} = 0.4338$$

8.12.3 Hypergeometrische Verteilung

Betrachten Sie die folgenden Situationen: Wenn eine Box N Schrauben enthält und M davon defekt sind, ist die Wahrscheinlichkeit, bei einem Versuch eine defekte Schraube zu ziehen, $p = \frac{M}{N}$, und die Wahrscheinlichkeit, eine nicht defekte Schraube zu ziehen, ist $q = \frac{N-M}{N} = 1 - p$. Dann ist die Wahrscheinlichkeit, x Defekte in n Versuchen zu ziehen, gegeben durch

$$P(X = x) = \binom{n}{x} \left(\frac{M}{N}\right)^{x} \left(1 - \frac{M}{N}\right)^{n-x}, \quad x = 0, 1, 2, \ldots, n \tag{8.48}$$

was nichts anderes ist als das binomiale Wahrscheinlichkeitsgesetz, da die Stichprobe mit Ersatz gezogen wird und die Versuche unabhängig sind.

Nehmen wir an, die Versuche sind nicht unabhängig; das heißt, nach jedem Zug werden die Schrauben nicht in die Mischung zurückgelegt; dann hat das Wahrscheinlichkeitsgesetz die Massenfunktion:

$$P(X = x) = \frac{\binom{M}{x}\binom{N-M}{n-x}}{\binom{N}{n}}, \quad \max(0, n - N + M) \leq x \leq \min(n, M) \tag{8.49}$$

Das in (8.49) gegebene Wahrscheinlichkeitsgesetz wird als *hypergeometrische Verteilung* bezeichnet und durch $HGD(N, M, n)$ gekennzeichnet. Das Diagramm der hypergeometrischen Verteilung für verschiedene Werte von (N, M, n) ist in Abb. 8.21 dargestellt.

Die Verteilung hat den Mittelwert

$$\mu = n\frac{M}{N} \tag{8.50}$$

und die Varianz

$$\sigma^2 = \frac{nM(N - M)(N - n)}{N^2(N - 1)} \tag{8.51}$$

Beachten Sie, dass der Mittelwert μ der hypergeometrischen Verteilung ähnlich dem Mittelwert einer binomialen Zufallsvariable ist. Auch σ^2 unterscheidet sich vom Ergebnis für eine binomiale Variable nur durch den Term $\frac{N-n}{N-1}$, der oft als *Korrekturfaktor für endliche Populationen* bezeichnet wird. Wenn n im Verhältnis zu N klein ist, ist die Korrektur klein und die hypergeometrische Verteilung ähnelt der binomialen Verteilung.

Ergebnis 8.1 Wenn X und Y unabhängige binomiale Zufallsvariablen mit den jeweiligen Parametern (n,p) und (m, p) sind, dann ist die bedingte pmf von X gegeben, dass $X + Y = k$ eine hypergeometrische Verteilung.

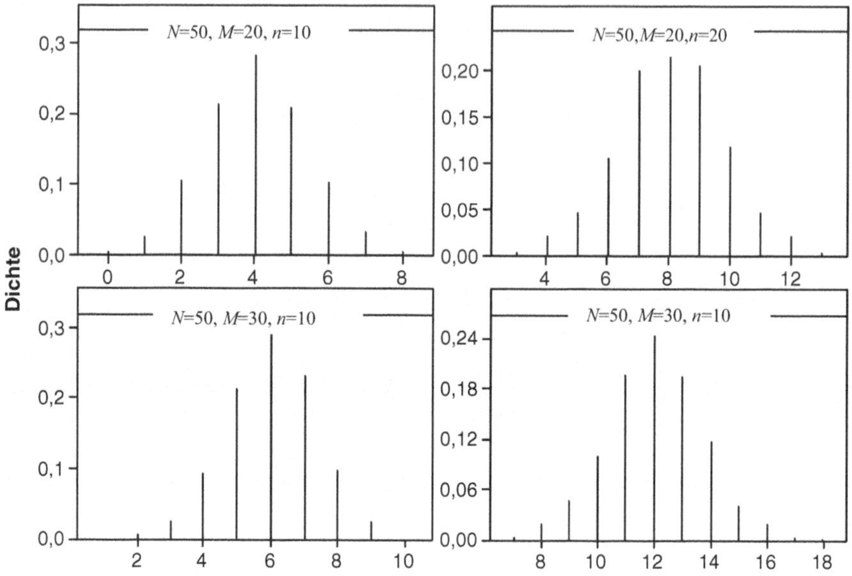

Abb. 8.21 Hypergeometrische Verteilung

Das Ergebnis kann wie folgt bewiesen werden:

$$
\begin{aligned}
P(X = i|x + Y = k) &= \frac{P(X = i, X + Y = k)}{P(X + Y = k)} \\
&= \frac{P(X = i, Y = k - i)}{P(X + Y = k)} \\
&= \frac{P(X = i)P(Y = k - i)}{P(X + Y = k)} \\
&= \frac{\binom{n}{i} p^i (1-p)^{n-i} \binom{m}{k-i} p^{k-i} (1-p)^{m-(k-i)}}{\binom{n+m}{k} p^k (1-p)^{n+m-k}} \\
&= \frac{\binom{n}{i}\binom{m}{k-i}}{\binom{n+m}{k}},
\end{aligned}
$$

was eine hypergeometrische Verteilung mit den Parametern $(n + m, n, k)$ ist. Die hypergeometrische Verteilung wird häufig in Akzeptanzstichprobenplänen und Inspektionen angewendet, bei denen die Stichprobe in der Regel ohne Rückgabe gezogen wird.

Beispiel 8.19 Betrachten Sie eine Sendung, die aus 50 Glühbirnen besteht und die durch Zufallsauswahl von 10 Glühbirnen und deren Prüfung auf defekte oder nicht defekte Glühbirnen inspiziert wird. Wenn die Anzahl der defekten Glühbirnen in der Sendung 10 beträgt, berechnen Sie die folgenden Wahrscheinlichkeiten

(i) P(Probe enthält 2 defekte Glühbirnen)
(ii) P(Probe enthält mindestens 2 defekte Glühbirnen)
(iii) P(Probe enthält höchstens 3 defekte Glühbirnen)

Weiterhin, wenn die Probe von 10 Glühbirnen höchstens 1 defekte Glühbirne enthält, wird die Sendung mit 50 Glühbirnen akzeptiert; andernfalls wird sie abgelehnt. Berechnen Sie die Wahrscheinlichkeit, dass die Sendung mit 50 Glühbirnen akzeptiert wird.

Lösung Gemäß der Notation haben wir $N = 50$, $M = 10$, $n = 10$. Dann

(i) $$P(X = 2) = \binom{10}{2}\binom{40}{8}\Big/\binom{50}{10} = 0.3368$$

(ii) $$\begin{aligned}\Pr\{X \geq 2\} &= \sum_{x=2}^{10}\binom{10}{x}\binom{40}{n-x}\Big/\binom{50}{10}\\ &= 1 - \sum_{x=0}^{1}\binom{10}{x}\binom{40}{n-x}\Big/\binom{50}{10}\\ &= 1 - \left[\binom{10}{0}\binom{40}{10-0}\Big/\binom{50}{10} + \binom{10}{1}\binom{40}{10-1}\Big/\binom{50}{10}\right]\\ &= 0.6513\end{aligned}$$

(iii) $$\begin{aligned}\Pr\{X \leq 3\} &= \sum_{x=0}^{3}\binom{10}{x}\binom{40}{n-x}\Big/\binom{50}{10}\\ &= \binom{10}{0}\binom{40}{10}\Big/\binom{50}{10} + \binom{10}{1}\binom{40}{9}\Big/\binom{50}{10}\\ &\quad + \binom{10}{2}\binom{40}{8}\Big/\binom{50}{10} + \binom{10}{3}\binom{40}{7}\Big/\binom{50}{10}\\ &= 0.9034\end{aligned}$$

Wieder wird die Charge mit 50 Glühbirnen akzeptiert, wenn $P(X \leq 1)$. Daher,

$$\begin{aligned}P(X \leq 1) &= \sum_{x=0}^{1}\binom{10}{x}\binom{40}{n-x}\Big/\binom{50}{10}\\ &= \binom{10}{0}\binom{40}{10}\Big/\binom{50}{10} + \binom{10}{1}\binom{40}{9}\Big/\binom{50}{10} = 0.3487\end{aligned}$$

Daher wird die Charge akzeptiert, wenn $P(X \leq 1) = 0.3487$.

Beispiel 8.20 Die Umweltschutzbehörde hat 40 Präzisionsinstrumente gekauft, um die Luftverschmutzung an verschiedenen Standorten zu messen. Acht davon werden zufällig ausgewählt und auf Defekte getestet. Wenn 4 der 40 Instrumente defekt sind, wie hoch ist die Wahrscheinlichkeit, dass die Stichprobe höchstens ein defektes Instrument enthält? Verwenden Sie die Binomialverteilungsannahme, um die gleiche Wahrscheinlichkeit zu finden und zu vergleichen. Verwenden Sie auch die Poisson-Verteilungsannahme zur Binomialverteilung und vergleichen Sie die Ergebnisse.

Lösung Gegeben $N = 40$, $M = 4$, $n = 8$. Zu finden

$$\begin{aligned} P(X \leq 1) &= \sum_{x=0}^{1} \binom{4}{x}\binom{36}{8-x} \Big/ \binom{50}{8} \\ &= 0.828 \end{aligned}$$

Für die Binomialverteilung nehmen wir an, $p = \frac{M}{N} = 0.1$. Dann ist die erforderliche Wahrscheinlichkeit

$$\begin{aligned} P(X \leq 1) &= \sum_{x=0}^{1} \binom{8}{x} (0.1)^x (0.9)^{8-x} \\ &= 0.813 \end{aligned}$$

Wieder für die Poisson-Verteilung nehmen wir an $\lambda = np = 0.8$. Dann ist die erforderliche Wahrscheinlichkeit

$$\begin{aligned} P(X \leq 1) &= \sum_{x=0}^{1} \frac{e^{-0.8}(0.8)^x}{x!} \\ &= 0.809 \end{aligned}$$

Hinweis Wenn N, M und $N - M$ im Vergleich zu n groß sind, spielt es keine große Rolle, ob wir mit oder ohne Ersetzung stichprobenartig auswählen, und in diesem Fall kann die hypergeometrische Verteilung durch die Binomialverteilung approximiert werden. Daher ist das Stichprobenziehen mit Ersetzung gleichbedeutend mit dem Stichprobenziehen aus einer unendlichen Menge, da der Erfolgsanteil bei jedem Versuch im Experiment konstant bleibt.

8.12.4 Normalverteilung

Die Verteilung, die allen Six Sigma-Prozessen und -Projekten zugrunde liegt, ist die Normalverteilung. Sie ist die vielseitigste aller kontinuierlichen Wahrscheinlichkeitsverteilungen und ist gleichbedeutend mit Qualitätskontrollverteilung. Sie hat sich als nützlich in statistischen Inferenzen, in der Charakterisierung von

Unsicherheiten in vielen realen Prozessen und in der Annäherung an andere Wahrscheinlichkeitsverteilungen erwiesen. Wenn X eine kontinuierliche Zufallsvariable ist, dann ist die Wahrscheinlichkeitsdichtefunktion der Normalverteilung gegeben durch

$$f(x) = \frac{1}{\sqrt{2\pi}\sigma} \exp\left[-\frac{1}{2}\left(\frac{x-\mu}{\sigma}\right)^2\right], \quad -\infty \leq x \leq \infty \tag{8.52}$$

wo μ = Mittelwert, σ = Standardabweichung, und π = 2.14159. Eine Normalverteilung mit einem bestimmten Mittelwert und Varianz wird als $N(\mu, \sigma^2)$ bezeichnet. Abb. 8.22 zeigt verschiedene Normalverteilungskurven für den gleichen Mittelwert und verschiedene Varianzen. Da alle drei zentralen Momente Mittelwert, Median und Modus übereinstimmen, ist die Verteilung symmetrisch und wird als glockenförmig bezeichnet.

Standardnormalverteilung: Wenn die Variable X in Standard-Einheiten ausgedrückt wird, sagen wir $Z = \frac{X-\mu}{\sigma}$, dann ist die Verteilung von Z eine Standardnormalverteilung, die die Form hat

$$f(z) = \frac{1}{\sqrt{2\pi}} \exp\left[-\frac{z^2}{2}\right] \tag{8.53}$$

Eine Standardnormalverteilung hat den Mittelwert null und die Varianz eins; daher wird sie normalerweise durch $N(0, 1)$ bezeichnet. Das Diagramm einer $N(0, 1)$ wird in Abb. 8.23 dargestellt. Die Bedeutung der Standardnormalverteilung liegt in der Tatsache, dass man nicht die Wahrscheinlichkeit (Flächen) unter der Kurve zwischen zwei Linien $x = a$ und $x = b$ für verschiedene Werte von μ und σ tabellieren muss. Nur eine Tabelle von Flächen ist ausreichend für die Standardnormalverteilung, da für diese Kurve der Mittelwert null und die Varianz eins ist.

In Anhangstabelle A.3 wird die Standardnormalfläche für verschiedene Werte von z angegeben. Die Normalverteilung wurde 1733 vom französischen Mathematiker Abraham de Moivre eingeführt und von ihm zur Annäherung von

Abb. 8.22 Normalverteilungen

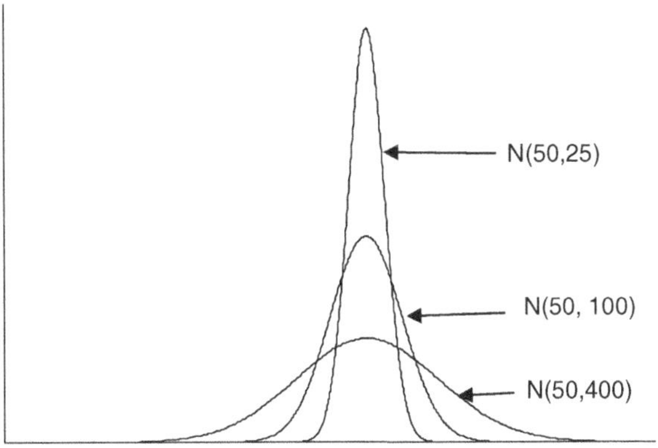

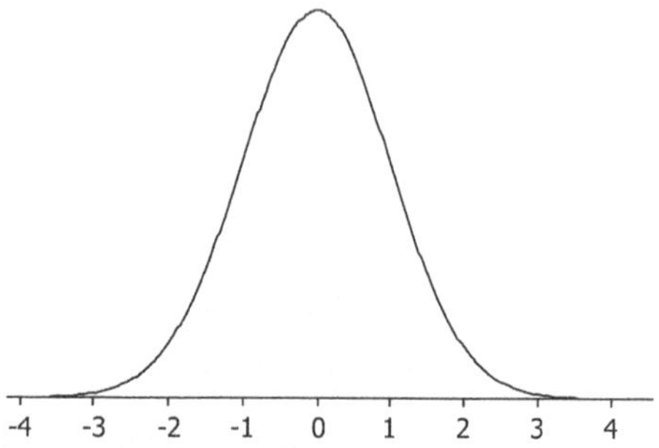

Abb. 8.23 Standardnormalverteilung

Wahrscheinlichkeiten in Verbindung mit binomialen Zufallsvariablen verwendet, wenn der binomiale Parameter *n* groß ist. Dieses Ergebnis wurde später von Laplace und anderen erweitert und ist nun in einem Wahrscheinlichkeitstheorem bekannt als das zentrale Grenzwerttheorem enthalten, das eine theoretische Basis für die großstichprobenartige Annäherung beliebiger zufälliger Phänomene an eine Normalverteilung gibt.

Flächeneigenschaft und Wahrscheinlichkeitsberechnung: Unabhängig von den Werten von μ und σ für eine Normalverteilung ist die Gesamtfläche unter der Normalverteilungskurve eins. Mathematisch ist es wahr, dass

1. ungefähr 68 % aller Werte in einer normalverteilten Population innerhalb von ± 1 Standardabweichung vom Mittelwert liegen,
2. ungefähr 95,5 % aller Werte in einer normalverteilten Population innerhalb von ± 2 Standardabweichung vom Mittelwert liegen, und
3. ungefähr 99,7 % aller Werte in einer normalverteilten Population innerhalb von ± 3 Standardabweichung vom Mittelwert liegen.

Die Flächeneigenschaft wird in Abb. 8.24 beschrieben.

Abb. 8.24 Fläche unter einer Normalverteilungskurve

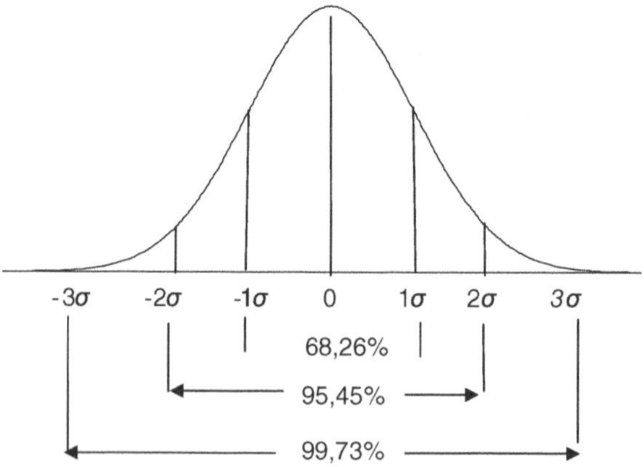

Da die beiden Enden der normalen Wahrscheinlichkeitsverteilung unendlich ausgedehnt sind und die horizontale Achse nie berühren, ist es nicht möglich, verschiedene Tabellen für jede mögliche Normalverteilungskurve zu haben. Die Standardnormalverteilung hilft uns, die Fläche unter jeder Normalverteilungskurve zu finden. Die Tabelle im Anhang A.3 hilft uns, die Fläche und die Ordinate einer normalverteilten Zufallsvariable zu bestimmen. Dies wird durch einige Beispiele unten veranschaulicht:

Beispiel 8.21 Wenn X eine normalverteilte Zufallsvariable mit einem Mittelwert von 3 und einer Varianz von 16 ist, finden Sie

(a) $P(X < 11)$
(b) $P(X > -1)$
(c) $P(2 < X < 7)$

Lösung Hier, $X \sim N(3, 16)$. Dann

(a) $P(X < 11) = P\left(\frac{X-3}{4} < \frac{11-3}{4}\right)$ (siehe Abb. 8.23a)

$= P(Z < 2\} = 0.9772$

(b) $P(X > -1) = P\left(\frac{X-3}{4} > \frac{-1-3}{4}\right)$ (siehe Abb. 8.23b)

$= P(Z > -1\} = P(Z < 1\} = 0.8413$

(c) $P(2 < X < 7) = P\left(\frac{2-3}{4} < \frac{X-3}{4} < \frac{7-3}{4}\right)$ (siehe Abb. 8.23c)

$= P(-0.25 < Z < 1)$

$= 0.4400$

Die oben genannten drei Wahrscheinlichkeiten sind in Abb. 8.25 diagrammatisch dargestellt. Die schattierten Bereiche sind die gesuchten Wahrscheinlichkeiten.

Beispiel 8.22 Ein Produktionsingenieur stellt fest, dass ein Mechaniker in einer Werkstatt im Durchschnitt eine bestimmte Aufgabe in 15 min erledigt. Die Zeit, die benötigt wird, um die Aufgabe zu erledigen, ist annähernd normalverteilt mit

Abb. 8.25 **a** $P(Z < 2\}$, **b** $P(Z > 1\}$, **c** $P(-0.25 < Z < 1)$

einer Standardabweichung von 3 Minuten. Finden Sie die Wahrscheinlichkeiten, dass die Aufgabe erledigt wird

(a) in weniger als 8 Minuten
(b) in mehr als 9 Minuten
(c) zwischen 10 und 12 Minuten.

Lösung Lassen Sie X die benötigte Zeit zur Fertigstellung der Aufgabe sein. Dann, $X \sim N(15,\ 9)$ und

(a) $P(X < 8) = P\left(\frac{X-15}{3} < \frac{8-15}{3}\right)$

$= P(Z < -2.33) = 0.0099$ (from Appendix Tab. A.3)

(b) $P(X > 9) = P\left(\frac{X-15}{3} > \frac{9-15}{3}\right)$

$= P(Z > -2) = 0.9772$ (from Appendix Tab. A.3)

(c) $P(10 < X < 12) = P\left(\frac{10-15}{3} < \frac{X-15}{3} < \frac{12-15}{3}\right)$

$= P(-1.67 < Z < -1)$ (from Appendix Tab. A.3)

Beispiel 8.23 Lassen Sie X normalverteilt sein mit einem Mittelwert von 14 und einer Varianz von 16. Bestimmen Sie c so, dass $P(X \leq c) = 95\ \%$, $P(X \leq c) = 5\ \%$, und $P(X \leq c) = 99.5\ \%$.

Lösung Hier, $X \sim N(14, 16)$. Dann

$$\begin{aligned}
P(X \leq c) = 0.95 &\Rightarrow P\left(\frac{X-14}{4} \leq \frac{c-14}{4}\right) \\
&\Rightarrow P\left(Z \leq \frac{c-14}{4}\right) = 0.95 \\
&\Rightarrow \frac{c-14}{4} = 1.645 \text{ (from Appendix Tab. A.3)} \\
&\Rightarrow c = 20.579
\end{aligned}$$

$$\begin{aligned}
P(X \leq c) = 0.05 &\Rightarrow P\left(\frac{X-14}{4} \leq \frac{c-14}{4}\right) \\
&\Rightarrow P\left(Z \leq \frac{c-14}{4}\right) = 0.05 \\
&\Rightarrow \frac{c-14}{4} = -1.645 \text{ (from Appendix Tab. A.3)} \\
&\Rightarrow c = 7.42
\end{aligned}$$

$$\begin{aligned}
P(X \le c) = 0.995 &\Rightarrow P\left(\frac{X-14}{4} \le \frac{c-14}{4}\right) \\
&\Rightarrow P\left(Z \le \frac{c-14}{4}\right) = 0.995 \\
&\Rightarrow \frac{c-14}{4} = 2.576 \text{ (from Appendix Tab. A.3)} \\
&\Rightarrow c = 24.30
\end{aligned}$$

8.12.5 Verteilungen, die aus der Normalverteilung entstehen

Ein normales Wahrscheinlichkeitsmodell ist für jede Entscheidungsfindung von entscheidender Bedeutung, und durch Standardnormalverteilungstabellen kann man alle Wahrscheinlichkeiten schätzen, die mit einer praktischen Situation verbunden sind. Interessanterweise kann man auch jede Verteilung mit ihrem Mittelwert und ihrer Standardabweichung standardisieren (Grundlage des zentralen Grenzwertsatzes) und zeigen, dass sie einer Normalverteilung folgt, wenn die Stichprobengröße groß ist. Einige der häufig verwendeten Verteilungen, die durch die Normalverteilung abgeleitet werden, sind die Chi-Quadrat-, *t*- und *F*-Verteilungen. Diese Verteilungen werden als Stichprobenverteilungen bezeichnet.

8.12.5.1 Chi-Quadrat-Verteilung

Wenn $Z_1, Z_2, \ldots, Z_n$ unabhängige standardnormalverteilte Zufallsvariablen sind, dann wird X definiert durch

$$X = Z_1^2 + Z_2^2 + \cdots + Z_n^2$$

als eine *Chi-Quadrat-Verteilung* mit *n Freiheitsgraden* bezeichnet. In der Notation schreiben wir es als $X \sim \chi^2_{(n)}$. Die Wahrscheinlichkeitsdichtefunktion der Chi-Quadrat-Verteilung ist gegeben durch

$$f(x) = \frac{1}{2^{n/2}\Gamma(n/2)} x^{n/2-1} e^{-x/2}, \quad x > 0 \tag{8.54}$$

Die Grafik der Dichtefunktion von $\chi^2_{(n)}$ für verschiedene Werte von n ist in Abb. 8.26 dargestellt. Die Chi-Quadrat-Verteilung hat den Mittelwert n und die Varianz $2n$. Für $n \le 2$ liegt der Modus bei null; sonst ist er $n - 2$. Eine Chi-Quadrat-Verteilung ist ein Spezialfall einer Gamma-Verteilung. Der Fall $n = 2$ entspricht der Exponentialverteilung.

Die Chi-Quadrat-Verteilung ist eine der am häufigsten verwendeten Wahrscheinlichkeitsverteilungen in der inferentiellen Statistik. Diese Verteilung wird sowohl beim Hypothesentest als auch beim Aufbau von Konfidenzintervallen

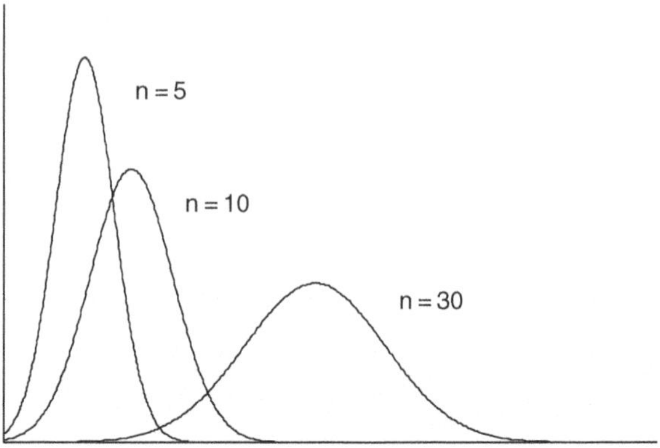

Abb. 8.26 Chi-Quadrat-Dichte mit *n* Freiheitsgraden

verwendet. Insbesondere wird die Chi-Quadrat-Verteilung als Test für die Anpassungsgüte einer beobachteten Verteilung an eine theoretische, die Unabhängigkeit von zwei Kriterien der Klassifikation von qualitativen Daten und bei der Schätzung des Konfidenzintervalls für eine Populationsstandardabweichung einer normalen Population verwendet. Viele nichtparametrische statistische Tests verwenden ebenfalls diese Verteilung, wie zum Beispiel der Kruskal-Wallis-Test und die Friedman-Analyse der Varianz nach Rängen.

Die Prozentsatzpunkte der Chi-Quadrat-Verteilung (siehe Anhang Tab. A.4) werden als kritische Werte bei der Durchführung eines χ^2 Tests auf der Grundlage der Werte von $\chi^2_{\alpha,n}$ für einen festgelegten Signifikanzwert α. verwendet. Daher ist für jedes $\alpha \in (0, 1)$ die Größe $\chi^2_{\alpha,n}$ so definiert, dass

$$P(X \geq \chi^2_{\alpha,n}) = \alpha \tag{8.55}$$

Diese Wahrscheinlichkeit ist in Abb. 8.27 dargestellt. In Anhang A.4 geben wir $\chi^2_{\alpha,n}$ für eine Vielzahl von Werten von *n* und α an.

8.12.5.2 Die *t*-Verteilung

Wenn Z und $\chi^2_{(n)}$ unabhängige Zufallsvariablen sind, wobei Z eine Standardnormalverteilung hat und $\chi^2_{(n)}$ eine Chi-Quadrat-Verteilung mit *n* Freiheitsgraden hat, dann wird die Zufallsvariable T_n definiert durch

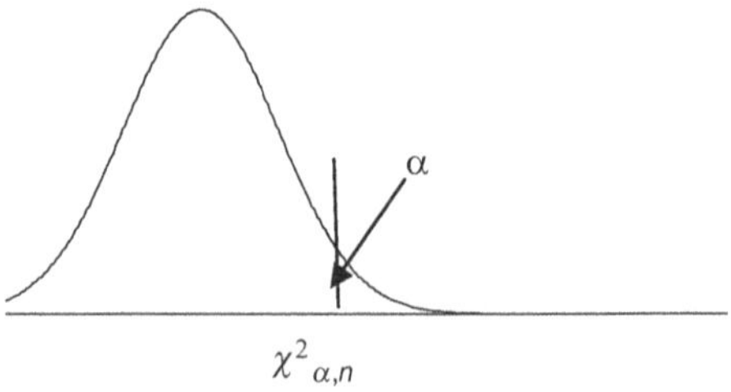

Abb. 8.27 Prozentsatzpunkte der Chi-Quadrat-Verteilung

$$T_n = \frac{Z}{\sqrt{\chi^2_{(n)}/n}} \tag{8.56}$$

als eine t-Verteilung mit n Freiheitsgraden bezeichnet. Eine t-Verteilung hat die Wahrscheinlichkeitsdichtefunktion

$$f(t) = \frac{1}{\sqrt{n}B\left(\frac{1}{2}, \frac{n}{2}\right)}\left(1 + \frac{t^2}{n}\right)^{-(n+1)/2}, \quad -\infty < t < \infty \tag{8.57}$$

wo $B(p, q)$ die Beta-Funktion ist, definiert als

$$B(p, q) = \frac{\Gamma(p)\Gamma(q)}{\Gamma(p+q)} \tag{8.58}$$

Die Grafik der Dichtefunktion von T_n für verschiedene Werte von n ist in Abb. 8.28 dargestellt. Die Student'sche t-Verteilung oder einfach t-Verteilung ist eine Familie von stetigen Wahrscheinlichkeitsverteilungen, die entsteht, wenn man den Mittelwert einer normalverteilten Population schätzt, in Situationen, in denen die Stichprobengröße und die Standardabweichung der Population unbekannt sind. Sie wird in einer Reihe von Situationen verwendet, einschließlich des t-Tests zur Beurteilung der statistischen Signifikanz des Unterschieds zwischen zwei Stichprobenmitteln, der Konstruktion von Konfidenzintervallen für den Unterschied zwischen zwei Populationsmitteln und in der linearen Regressionsanalyse. Die t-Verteilung tritt auch in der Bayesschen Analyse von Daten aus einer normalen Familie auf.

Beachten Sie, dass $E(T_n) = 0$ und $\mathrm{Var}(T_n) = \frac{n}{n-2}, n > 2$. Daher nimmt die Varianz von T_n auf 1 ab und konvergiert gegen die standardnormalverteilte Zufallsvariable, wenn $n \to \infty$. Daher ist die t-Verteilung auch wie die Normalverteilung symmetrisch.

Die Prozentsatzpunkte der t-Verteilung (siehe Anhang Tab. A.5) werden als kritische Werte bei der Durchführung eines t-Tests auf der Grundlage der Werte von

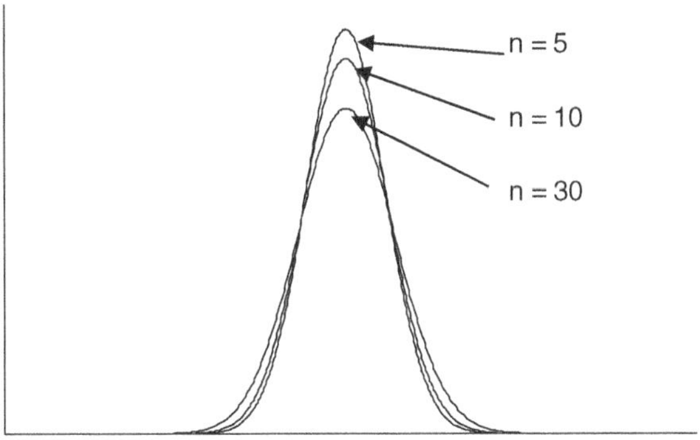

Abb. 8.28 Dichtefunktionen von T_n

t_n für einen festgelegten Signifikanzwert α. Für $\alpha \in (0, 1)$ sei die Menge $t_{\alpha,n}$ so, dass

$$P(T_n \geq t_{\alpha,n}) = \alpha \tag{8.59}$$

Da die Verteilung symmetrisch ist, hat $-T_n$ die gleiche Verteilung wie T_n und daher gilt

$$\begin{aligned}\alpha &= P(-T_n \geq t_{\alpha,n})\\ &= P(T_n \leq -t_{\alpha,n})\\ &= 1 - P(T_n > \ -t_{\alpha,n})\end{aligned}$$

Daher gilt

$$P(T_n \geq \ -t_{\alpha,n}) = 1 - \alpha$$

was impliziert

$$-t_{\alpha,n} = t_{1-\alpha,n} \tag{8.60}$$

Abb. 8.29 zeigt die Prozentsatzpunkte der t-Verteilung. In Anhang A.5 geben wir den rechten Schwanzbereich von $T_{\alpha,n}$ für eine Vielzahl von Werten von n und α an.

8.12.5.3 Die F-Verteilung

Wenn $\chi^2_{(n)}$ und $\chi^2_{(m)}$ unabhängige Chi-Quadrat-Zufallsvariablen mit n und m Freiheitsgraden sind, dann wird die Zufallsvariable $F_{n,m}$ definiert durch

$$F_{n,m} = \frac{\chi^2_{(n)}/n}{\chi^2_{(m)}/m} \tag{8.61}$$

als F-Verteilung mit n und m Freiheitsgraden bezeichnet und wird als $F_{n,m}$ -Verteilung bezeichnet. Die Wahrscheinlichkeitsdichtefunktion der $F_{n,m}$ -Verteilung ist gegeben durch

$$f(x) = \frac{B\left(\frac{n}{2}, \frac{m}{2}\right) n^{n/2} m^{m/2} x^{n/2-1}}{(m + nx)^{(n+m)/2}}, \quad x > 0, \tag{8.62}$$

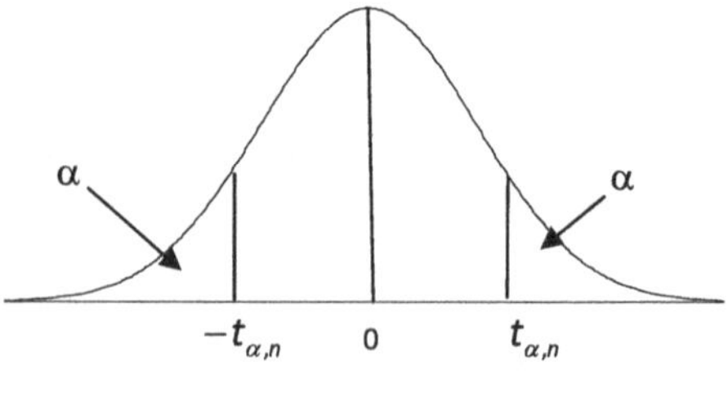

Abb. 8.29 Prozentsatzpunkte der t-Verteilung

wo $x = F_{n,m}$. Die Verteilung hat Mittelwert und Varianz als

$$E(x) = \frac{m}{m-2}, \quad \text{provided that } m > 2 \tag{8.63}$$

und

$$\text{Var}(X) = \frac{2m^2(n+m-2)}{n(m-2)^2(m-4)}, \quad \text{provided that } m > 4 \tag{8.64}$$

Wenn X eine $F_{1,m}$-Verteilung hat, dann hat $\sqrt{X}$ eine t-Verteilung mit m Freiheitsgraden. Der Graph der Dichtefunktion von $F_{n,m}$ für verschiedene Werte von n und m ist in Abb. 8.30 dargestellt. Die F-Verteilung tritt häufig als Nullverteilung einer Teststatistik auf, insbesondere bei der Varianzanalyse (ANOVA).

Die Prozentsätze der $F_{n,m}$ -Verteilung (siehe Abb. 8.31) werden als kritische Werte bei der Durchführung des F-Tests auf der Grundlage der Werte von $F_{n,m}$ für einen festgelegten Signifikanzwert α verwendet. Auch für $\alpha \in (0, 1)$ soll die Größe $F_{\alpha,n,m}$ so sein, dass

$$P(F_{n,m} > F_{\alpha,n,m}) = \alpha \tag{8.65}$$

Abb. 8.30 $F_{n,m}$-Verteilung

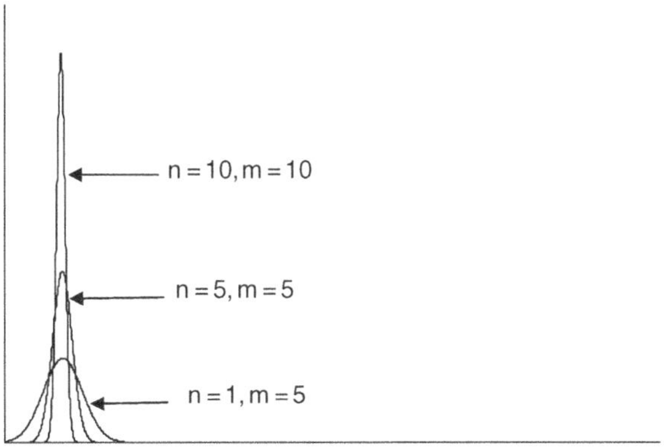

Abb. 8.31 Prozentsätze der F-Verteilung

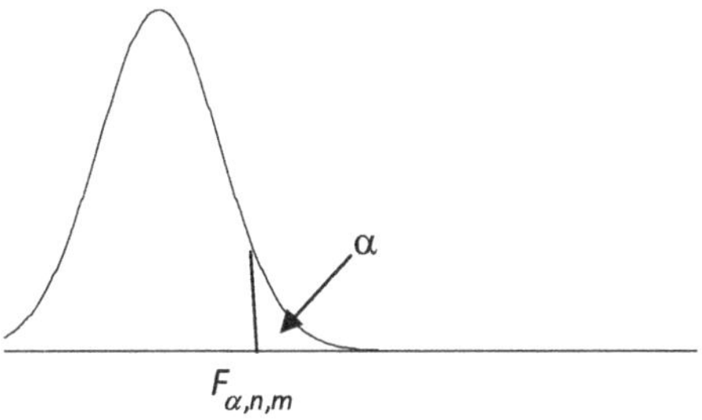

In den Anhangstabellen A.6–A.10 geben wir $F_{\alpha,n,m}$ für eine Vielzahl von Werten von n, m und α an.

Die χ^2-Verteilung, t-Verteilung und F-Verteilung sind auch durch ihre theoretischen Entwicklungen miteinander verbunden. Zum Beispiel tritt die χ^2 -Verteilung in das Problem der Schätzung des Mittelwerts einer normalverteilten Population und das Problem der Schätzung der Steigung einer Regressionslinie über ihre Rolle in der t-Verteilung ein. Die t-Verteilung tritt in alle Analysen von Varianzproblemen über ihre Rolle in der F-Verteilung ein, die die Verteilung des Verhältnisses von zwei unabhängigen Chi-Quadrat-Zufallsvariablen ist, jeweils geteilt durch ihre jeweiligen Freiheitsgrade.

8.12.6 Exponentialverteilung

Die Exponentialverteilung ist das am häufigsten verwendete Produktzuverlässigkeitsmodell. Sie hat sich als nützlich für die Charakterisierung der Unsicherheit in der Lebensdauer einer Maschine, dem Ausfall von Maschinen, der Lebensdauer einer elektronischen Einheit, der Länge von Telefongesprächen usw. erwiesen.

Die Wahrscheinlichkeitsdichtefunktion einer exponentiellen Zufallsvariable X ist wie folgt definiert

$$f(x) = \frac{1}{\theta} e^{-x/\theta}, \quad x \geq 0, \quad \theta > 0 \tag{8.66}$$

Die Exponentialverteilung hat den Mittelwert θ, und die Varianz der Verteilung ist θ^2. In Abb. 8.32 zeigen wir den Plot von $f(x)$ der Exponentialverteilung für verschiedene Werte von θ.

Die Exponentialverteilung hat sich in vielen Bereichen als nützlich erwiesen: In der *Warteschlangentheorie* werden die Servicezeiten oft als exponentiell verteilte

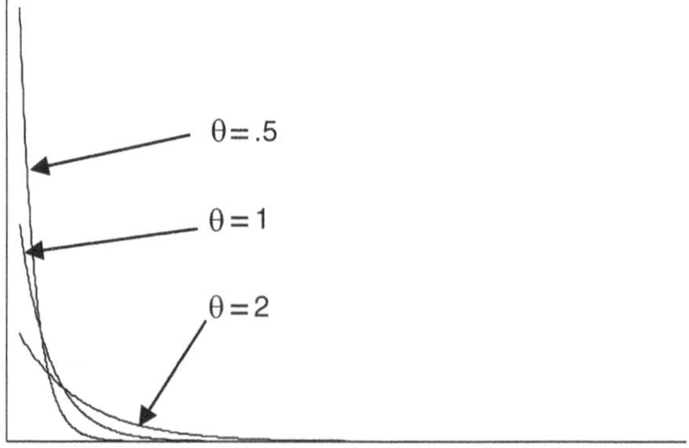

Abb. 8.32 Exponentialverteilung

Variablen modelliert. Auch die Zuverlässigkeitstheorie und die Zuverlässigkeitsingenieurwissenschaften machen umfangreichen Gebrauch von der Exponentialverteilung. Sie ist auch sehr praktisch, weil sie hilft, Ausfallraten in einem Zuverlässigkeitsmodell zu addieren. Für technische Zwecke wird die Zuverlässigkeitsfunktion (oder Überlebensfunktion) wie folgt definiert: die Wahrscheinlichkeit, dass ein Gerät seine beabsichtigte Funktion während eines bestimmten Zeitraums unter angegebenen Bedingungen erfüllt. Mathematisch kann dies ausgedrückt werden als

$$R(t) = \Pr(T > t) = \int_t^{\infty} f(x)\mathrm{d}x \tag{8.67}$$

wo $f(x)$ die Ausfallwahrscheinlichkeitsdichtefunktion und t die Länge des Zeitraums ist, der angenommen wird, dass er von der Zeit Null an beginnt. Die Gefährdungsrate oder die sofortige Ausfallrate eines Elements, das t Zeiteinheiten überlebt hat, wird ausgedrückt als

$$\begin{aligned} h(t) &= \lim_{\Delta \to 0} \frac{F(t + \Delta t) - F(t)}{\Delta P(T > t)} \\ &= \frac{f(t)}{R(t)} \end{aligned} \tag{8.68}$$

Die Funktion $\Lambda(t) = \int_0^t h(x)\mathrm{d}x$ wird als kumulative Gefährdungsfunktion bezeichnet. In reparierbaren Systemmodellen oder Wartungssystemmodellen werden die Funktion $h(t)$ und $\Lambda(t)$ jeweils als Intensitätsfunktion und kumulative Intensitätsfunktion oder Mittelwertfunktion bezeichnet. Für jede Lebensdauer-Zufallsvariable sind die Zuverlässigkeitsfunktion und die Gefährdungsfunktion durch die Beziehung verbunden

$$R(t) = \exp\left\{-\int_0^t h(x)\mathrm{d}x\right\} \tag{8.69}$$

Die Exponentialverteilung hat die Überlebensfunktion

$$\begin{aligned} R(t) &= \int_t^{\infty} \frac{1}{\theta} e^{-x/\theta} \mathrm{d}x \\ &= e^{-t/\theta} \end{aligned} \tag{8.70}$$

und die Gefährdungsfunktion als

$$\begin{aligned} h(t) &= \frac{f(t)}{R(t)} \\ &= \frac{1}{\theta} \end{aligned} \tag{8.71}$$

Somit ist für die Exponentialverteilung die Gefährdungsfunktion konstant.

Die Exponentialverteilung ist jedoch nicht geeignet, um die Gesamtlebensdauer von Organismen oder technischen Geräten zu modellieren, da die „Ausfallraten" hier nicht konstant sind; es treten mehr Ausfälle bei sehr jungen und bei sehr alten Systemen auf. In der Physik folgen, wenn Sie ein Gas bei einer festen Temperatur und einem festen Druck in einem einheitlichen Gravitationsfeld beobachten, auch die Höhen der verschiedenen Moleküle einer ungefähren Exponentialverteilung.

Die Erfüllung von Zuverlässigkeitsanforderungen ist zu einer Notwendigkeit für ein gutes Geschäft geworden, um seine Kunden zu behalten. Dafür sind ausreichend zuverlässige Daten erforderlich. Die Gründe für die Sammlung von Zuverlässigkeitsdaten sind die folgenden [9]:

- Bewertung der Eigenschaften von Materialien über einen Garantiezeitraum oder während der Lebensdauer des Produkts
- Vorhersage der Produktzuverlässigkeit
- Vorhersage der Produktgarantiekosten
- Bewertung der Auswirkungen einer vorgeschlagenen Designänderung
- Bereitstellung der für die Bewertung des Systemausfallrisikos erforderlichen Eingaben
- Bewertung, ob Kundenanforderungen und staatliche Vorschriften erfüllt wurden
- Unterstützung von Programmen zur Verbesserung der Zuverlässigkeit durch die Verwendung von Laborexperimenten, einschließlich beschleunigter Lebensdauertests
- Vergleich von Komponenten von zwei oder mehr verschiedenen Herstellern, Materialien, Produktionsperioden, Betriebsumgebungen usw.
- Überprüfung der Wahrhaftigkeit einer Werbeaussage.

Beispiel 8.24 Die Laufleistung (in Tausenden von Meilen), die Autobesitzer mit einer bestimmten Art von Radialreifen erzielen, ist eine Zufallsvariable mit einer Exponentialverteilung mit einem Mittelwert von 1/40 Meilen. Finden Sie die Wahrscheinlichkeiten, dass einer dieser Reifen hält

(a) mindestens 20.000 Meilen
(b) höchstens 30.000 Meilen

Lösung Lassen Sie X die Kilometerleistung bezeichnen. Dann, $X \sim \text{EXP}(40)$.
Daher,

(a) $$P(X \geq 20) = e^{-20/40} = 0.6065$$

(b) $$P(X \leq 30) = 1 - e^{-30/40} = 0.5276$$

Beispiel 8.25 Eine bestimmte Art von Gerät benötigt im Durchschnitt alle zwei Jahre eine Reparatur. Angenommen, die Zeit zwischen den Reparaturen ist exponentiell verteilt, wie hoch ist die Wahrscheinlichkeit, dass ein solches Gerät mindestens drei Jahre ohne Reparatur auskommt?

Lösung Lassen Sie X die Reparaturzeit bezeichnen. Dann, $X \sim \text{EXP}(2)$.
Dann ist die erforderliche Wahrscheinlichkeit

$$\begin{aligned} P(X \geq 3) &= e^{-3/2} \\ &= 0.2231 \end{aligned}$$

Eigenschaften der exponentiellen Verteilung

1. Eine der Schlüsseleigenschaften einer exponentiellen Verteilung ist, dass sie gedächtnislos ist, wobei wir sagen, dass eine nichtnegative Zufallsvariable X *gedächtnislos* ist, wenn

$$P(X \geq t + s | X > s) = P(X > t), \quad \text{for all } t \geq 0 \tag{8.72}$$

2. Wenn $X_1, X_2, \ldots, X_n$ unabhängige exponentielle Zufallsvariablen mit jeweiligen Parametern $\theta_1, \theta_2, \ldots, \theta_n$ sind, dann ist $\min(X_1, X_2, \ldots, X_n) = X_{(1)}$ exponentiell mit Parameter $\sum_{i=1}^{n} \theta_i$.

Eine exponentielle Verteilung kann auch durch einen Poisson-Prozess wie folgt charakterisiert werden:

Poisson-Prozess: Angenommen, die Ereignisse treten zu zufälligen Zeitpunkten auf, und lassen Sie $N(t)$ die Anzahl der Ereignisse bezeichnen, die im Zeitintervall $[0, t]$ auftreten, und wenn das durchschnittliche Auftreten des interessierenden Ereignisses θ pro Zeiteinheit ist, dann hat die Anzahl der Vorkommen in einer gegebenen Länge der Zeit x eine Poisson-Verteilung mit der pmf

$$P[N(t) = k] = \frac{e^{-\theta t}(\theta t)^k}{k!}, \quad k = 0, 1, \ldots. \tag{8.73}$$

Dann wird die Zeit zwischen zwei aufeinanderfolgenden Vorkommen exponentiell mit Parameter θ sein.

8.12.7 Gamma-Verteilung

Eine Zwei-Parameter-Gamma-Verteilung ist definiert als

$$f(x; \theta, \beta) = \frac{1}{\theta^{\beta}\Gamma(\beta)} x^{\beta-1} e^{-x/\theta}, \quad x > 0 \tag{8.74}$$

Der Parameter θ wird als Skalenparameter bezeichnet, und β ist der Formparameter. Wenn β eine ganze Zahl ist, dann repräsentiert die Verteilung die Summe von β unabhängigen exponentiell verteilten Zufallsvariablen, von denen jede einen Mittelwert von θ hat. Die Gamma-Verteilung hat den Mittelwert $\theta\beta$ und die Varianz $\theta\beta^{2}$. Für $\beta = 1$ reduziert sich die Verteilung auf eine Exponentialverteilung mit dem Mittelwert θ. Die grafische Darstellung der Dichtefunktionen für verschiedene Werte von β ist in Abb. 8.33 dargestellt.

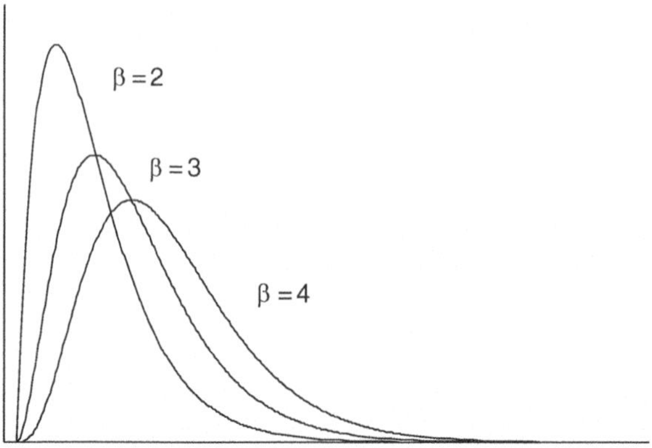

Abb. 8.33 Gamma-Verteilungen für θ = 1

Die Größe $\Gamma\beta$ in (8.71) wird als Gamma-Funktion bezeichnet und ist definiert als

$$\Gamma(\beta) = \int_0^\infty \frac{1}{\theta^\beta} x^{\beta-1} e^{-x/\theta} \mathrm{d}x$$

$$= \int_0^\infty y^{\beta-1} e^{-y} \mathrm{d}y \qquad \text{(by letting } y = x/\theta\text{)}$$

$$= -e^{-y} y^{\beta-1} \Big|_{y=0}^{y=\infty} + (\beta-1) \int_0^\infty y^{\beta-2} e^{-y} \mathrm{d}y \text{ (by integration by parts)}$$

$$= (\beta-1) \int_0^\infty y^{\beta-2} e^{-y} \mathrm{d}y$$

$$= (\beta-1)\Gamma(\beta-1)$$

$$= (\beta-1)(\beta-2)\Gamma(\beta-2)$$

$$= (\beta-1)(\beta-2)(\beta-3)\ldots\Gamma(1)$$

$$= (\beta-1)! \qquad \text{Since } \Gamma(1) = \int_0^\infty e^{-y} \mathrm{d}y = 1$$

Die Gamma-Funktion tritt in verschiedenen Kontexten mathematischer und statistischer Anwendungen auf [1]. Leider haben die Überlebensfunktion und die Gefährdungsfunktion für die Gamma-Verteilung keine geschlossene Form, aufgrund der Anwesenheit von unvollständigen Gamma-Funktionen.

Die Gamma-Verteilung wird häufig als Wahrscheinlichkeitsmodell für Wartezeiten verwendet; zum Beispiel in Lebensdauertests, wo die Wartezeit bis zum Tod eine Zufallsvariable ist, die häufig mit einer Gamma-Verteilung modelliert wird. Gamma-Verteilungen wurden auf Niederschlagsmengen von verschiedenen Stürmen angepasst, und Unterschiede in den Mengen von gesäten und ungesäten Stürmen spiegelten sich in Unterschieden in den geschätzten β und θ Parametern wider.

8.12.8 Weibull-Verteilung

Die Weibull-Verteilung gilt als eine der wichtigsten technischen Verteilungen, die in der Praxis auftreten. Eine Zwei-Parameter-Weibull-Verteilung ist definiert als

$$f(x;\theta,\beta) = \frac{\beta}{\theta}\left(\frac{x}{\theta}\right)^{\beta-1} e^{-(x/\theta)^{\beta}}, \quad x > 0,\ \theta > 0,\ \beta > 0 \tag{8.75}$$

Der Parameter θ wird als Skalenparameter bezeichnet, und β ist der Formparameter. Für $\beta = 1$ reduziert sich die Verteilung auf eine Exponentialverteilung. Für $\beta < 1$ nimmt die Ausfallrate ab, und für $\beta > 1$ nimmt die Ausfallrate zu. Ein Graph der Dichtefunktion der Weibull-Verteilung ist in Abb. 8.34 dargestellt.

Die Weibull-Verteilung hat Mittelwert und Varianz als

$$\mu = \theta\,\Gamma\left(\frac{1}{\beta} + 1\right) \tag{8.76}$$

und

$$\sigma^2 = \theta^2\left[\Gamma\left(\frac{2}{\beta} + 1\right) - \left\{\Gamma\left(\frac{1}{\beta} + 1\right)\right\}^2\right] \tag{8.77}$$

beziehungsweise. Die Gefährdungsfunktion und die Zuverlässigkeitsfunktion werden jeweils als

$$\begin{aligned} h(t) &= \frac{f(t)}{R(t)} \\ &= \frac{\beta}{\theta}\left(\frac{t}{\theta}\right)^{\beta-1} \end{aligned} \tag{8.78}$$

und

$$\begin{aligned} R(t) &= \int_t^{\infty} \frac{\beta}{\theta}\left(\frac{x}{\theta}\right)^{\beta-1} e^{-(x/\theta)^{\beta}}\,\mathrm{d}t \\ &= e^{-(t/\theta)^{\beta}} \end{aligned} \tag{8.79}$$

Die Weibull-Verteilung ist ein Mitglied der Extremwertverteilungen. Diese Verteilungen sind die Grenzverteilungen des kleinsten oder des größten Wertes in

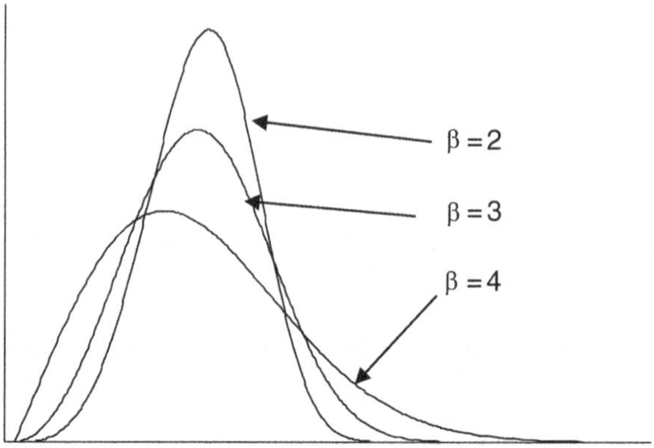

Abb. 8.34 Weibull-Verteilung für $\theta = 1$

einer Stichprobe mit Stichprobengröße $n \to \infty$. Für eine vollständige Darstellung der Entstehung und Untersuchung von Weibull-Modellen kann man sich auf Murthy et al. [15] und Rinne [18] und die darin enthaltenen Referenzen beziehen.

Abgesehen von der Exponentialverteilung sind die anderen Spezialfälle der Weibull-Verteilung wie folgt:

- $\beta = 2$, die Verteilung reduziert sich auf die Rayleigh-Verteilung
- $\beta = 2.5$, die Verteilung reduziert sich auf die Lognormalverteilung
- $\beta = 3.6$, die Verteilung reduziert sich auf die Normalverteilung
- $\beta = 5$, die Verteilung reduziert sich auf die spitz zulaufende Normalverteilung.

Die Weibull-Verteilung wird auch verwendet, um die Partikelgrößenverteilung von Partikeln zu beschreiben, die durch Mahlen, Fräsen und Zerkleinern erzeugt werden. Aufgrund ihrer häufigen Verwendung in Zuverlässigkeit, Lernkurven, Fehlerquoten usw. gilt sie als die beliebteste moderne Verteilung zur Modellierung von Leistungsdaten.

Die *Rayleigh-Verteilung* wird oft verwendet, um das Auftreten von Fehlern über einen Lebenszyklus zu modellieren. Durch Anpassung einer Rayleigh-Kurve an historische Daten über Fehlerankünfte kann man zukünftige Fehlerankünfte mit Vorhersageintervallen prognostizieren. Die Rayleigh-Verteilung hat die Dichtefunktion

$$f(x;\theta) = \frac{2}{\theta}\left(\frac{x}{\theta}\right)e^{-(x/\theta)^2}, \quad x > 0, \theta > 0 \tag{8.80}$$

Einige numerische Eigenschaften von Weibull- und Rayleigh-Verteilungen für $\theta = 10$ sind in Tab. 8.8 dargestellt.

Beispiel 8.26 Während einer Modellanpassung von Lebensdaten, die in Stunden gemessen werden, stellt sich heraus, dass die Daten einer Weibull-Verteilung mit den Parametern $\theta = 4000$ und $\beta = 0.5$ folgen. Dann finden Sie

(a) Die durchschnittliche Zeit, bevor das System ausfällt
(b) $P(T \geq 5000)$

Tab. 8.8 Stichprobencharakteristika der Weibull-Verteilung für $\theta = 10$

Eigenschaften	$\beta = 0.5$	$\beta = 0.8$	$\beta = 1$	$\beta = 2$	$\beta = 3$
Mittelwert	19.9	11.332	10.058	8.854	8.914
Q_1	0.808	2.104	2.877	5.352	6.592
Q_2	4.76	6.293	7.003	8.331	8.854
Q_3	19.20	15.061	13.951	11.760	11.134
Standardabweichung	46.00	14.335	10.050	4.627	3.239

(c) $P(T \geq 10{,}000)$
(d) $P(T < 10{,}000)$

Lösung

(a) The mean time $= \mu = \theta\Gamma\left(\frac{1}{\beta} + 1\right)$

$$= 40{,}000\Gamma\left(\frac{1}{0.5} + 1\right)$$

$$= 4000\Gamma(3) = 8000$$

(b) $P(T \geq 5000) = e^{-(5000/4000)^{0.5}}$

$$= e^{-1.118}$$

$$= 0.3269$$

(c) $P(T \geq 10{,}000) = e^{-(10{,}000/4000)^{0.5}}$

$$= e^{-1.5811}$$

$$= 0.2057$$

(d) $P(T < 10{,}000) = 1 - e^{-(10{,}000/4000)^{0.5}}$

$$= 0.7943$$

8.12.9 *Stichprobenverteilungen*

Viele Verfahren der statistischen Inferenz basieren auf der Verwendung der normalen Wahrscheinlichkeitsverteilung. Dies liegt am *zentralen Grenzwertsatz*. Dieser Satz besagt, dass wenn eine zufällige Stichprobe von n Beobachtungen aus einer Population (jeder Population) mit einem Mittelwert von μ und einer Standardabweichung von σ ausgewählt wird, für große n, die Stichprobenverteilung des Mittelwerts annähernd eine Normalverteilung mit einem Mittelwert von μ und einer Standardabweichung von $\sigma/\sqrt{n}$(Standardfehler des Mittelwerts) ist. Da viele der Schätzer, die verwendet werden, um Schlussfolgerungen über die Eigenschaften einer Population zu ziehen, Summen oder Mittelwerte von Stichprobenmessungen sind, können wir erwarten, dass der Schätzer bei wiederholter Stichprobennahme annähernd normalverteilt ist, wenn n ausreichend groß ist. Und natürlich stellt sich immer die Frage: „Was meinen Sie mit n ist ausreichend groß?"

Für praktische Überlegungen verwenden die Menschen das Konzept der großen und kleinen Stichprobe (basierend auf dem Stichprobenumfang) um ihre Ergebnisse zu untermauern. Daher wird jede Stichprobe, die mehr als 30 ist, als groß angesehen; andernfalls wird die Studie als eine mit kleiner Stichprobe betrachtet. Diese Annahme ist für alle auf Parametern basierenden Inferenzen vernünftig gut. Wie in Kap. 6 besprochen, ist die Bestimmung der Stichprobengröße ein allgemeines Problem in der statistischen Forschung. Für eine ideale Stichprobengrößenberechnung für eine bestimmte Eigenschaft muss man mindestens Kenntnisse über die folgenden Aspekte haben (siehe auch [13]):

- ein gewünschtes Konfidenzniveau $100(1-\alpha)$ %, das den kritischen Wert, $Z_{\alpha/2}$
- einen akzeptablen Stichprobenfehler oder Präzision oder Fehlergrenze, sagen wir d, und
- die Standardabweichung, σ.

Der Wert einer Stichprobengröße spielt eine sehr wichtige Rolle bei der Etablierung der großen Stichprobenapproximation einer Verteilung. Der zentrale Grenzwertsatz kann formal wie folgt formuliert werden:

Zentraler Grenzwertsatz: Wenn $x_1, x_2, \ldots, x_n$ n unabhängige Zufallsvariablen sind, die die gleiche Verteilung mit Mittelwert μ und Standardabweichung σ haben, dann gilt, wenn $n \to \infty$, die Grenzverteilung des standardisierten Mittelwerts

$$\frac{\overline{x}-\mu}{\sigma/\sqrt{n}} \to N(0,1) \tag{8.81}$$

In der Praxis, wenn die Stichprobengröße ausreichend groß ist, müssen wir die Populationsverteilung kennen, weil der zentrale Grenzwertsatz (ZGW) uns versichert, dass die Verteilung von $\overline{x}$ durch eine Normalverteilung approximiert werden kann. Eine Stichprobengröße größer als 30 wird allgemein als ausreichend für diesen Zweck betrachtet. Im Allgemeinen sind in den meisten praktischen Fällen die Stichprobengrößen höher als 30; daher kann die Stichprobenverteilung des Mittelwerts durch eine Normalverteilung approximiert werden. Es ist besser, den ZGW zu verwenden, wenn die Populationsverteilung entweder unbekannt ist oder bekanntermaßen nicht normal ist. Wenn die Populationsverteilung bekanntermaßen normal ist, dann wird $\overline{x}$ auch normal verteilt sein, unabhängig von der Stichprobengröße.

Im Folgenden geben wir einige Illustrationen, um den zentralen Grenzwertsatz zu erklären.

Beispiel 8.27 Wenn X binomial ist mit den Parametern $n = 150$ und $p = 0.6$, berechnen Sie den Wert von $P(X \leq 80)$.

Lösung Da n sehr groß ist, verwenden wir die Approximation für große Stichproben, um die Wahrscheinlichkeit zu berechnen. Wir haben $n = 150$, $p = 0.6$. Daher ist $\mu = np = 90$ und $\sigma^2 = 36$. Daher,

$$\begin{aligned} P(X \le 80) &= P\left(\frac{X-\mu}{\sigma} \le \frac{80-90}{6}\right) \\ &= P(Z \le -1.67) \\ &= 0.0475 \end{aligned}$$

Beispiel 8.28 Das durchschnittliche Gewicht einer Population von Arbeitern beträgt 70 kg und die Standardabweichung 20 kg. Dann

(a) Wenn eine Stichprobe von 36 Arbeitern ausgewählt wird, approximieren Sie die Wahrscheinlichkeit, dass ihr Gewicht zwischen 63 und 73 liegt und
(b) Finden Sie die Wahrscheinlichkeit in Teil (a), wenn die Stichprobe eine Größe von 64 und 81 hat.

Lösung Da wir keine Ahnung von der Population haben, aus der die Proben genommen werden, verwenden wir CLT, um die Wahrscheinlichkeit zu approximieren.

(a) Lassen Sie X das variable Gewicht des Arbeiters sein und $\overline{X}$ sein Mittelwert. Gegeben $n = 36$ und $\sigma = 20$, dann, nach CLT,

$$\overline{X} \sim N\left(\mu, \frac{\sigma^2}{n}\right)$$

d. h., $\overline{X} \sim N\left(70, \frac{400}{36}\right) = N(70, 11.11)$
Daher ist die erforderliche Wahrscheinlichkeit

$$\begin{aligned} P(63 < \overline{X} < 73) &= P\left(\frac{63-70}{3.3} < \frac{\overline{X}-\mu}{\sigma/\sqrt{n}} \le \frac{73-70}{3.3}\right) \\ &= P(-2.12 < Z < 0.909) \\ &= 0.7989 \end{aligned}$$

(b) Wenn $n = 64$ dann $\overline{X} \sim N(70, 6.25)$. Dann ist die erforderliche Wahrscheinlichkeit

$$\begin{aligned} P(63 < \overline{X} < 73) &= P\left(\frac{63-70}{2.5} < \frac{\overline{X}-\mu}{\sigma/\sqrt{n}} \le \frac{73-70}{2.5}\right) \\ &= P(-2.8 < Z < 1.2) \\ &= 0.1125 \end{aligned}$$

Ähnlich, wenn $n = 100$, $\overline{X} \sim N(70, 2)$ und die erforderliche Wahrscheinlichkeit ist

$$\begin{aligned} P(63 < \overline{X} < 73) &= P\left(\frac{63-70}{2} < \frac{\overline{X}-\mu}{\sigma/\sqrt{n}} \le \frac{73-70}{2}\right) \\ &= P(-3.5 < Z < 1.5) \\ &= 0.9329 \end{aligned}$$

Beispiel 8.29 Die Lebensdauer eines bestimmten elektrischen Teils ist eine Zufallsvariable mit einem Durchschnitt von 100 h und einer Standardabweichung von 20 h. Wenn 16 solcher Teile getestet werden, finden Sie die Wahrscheinlichkeit, dass der Stichprobenmittelwert ist

(a) weniger als 104
(b) zwischen 98 und 104 h.

Lösung Gegeben $n = 16, \mu = 100, \sigma = 20$. Dann

(a) $$P(\overline{X} < 104) = P\left(\frac{\overline{X} - 100}{20/4} < \frac{104 - 100}{20/4}\right) = P(Z < 4/5) = 0.7881$$

(b) $$P(98 < \overline{X} < 104) = P\left(\frac{98 - 100}{20/4} < \frac{\overline{X} - 100}{20/4} < \frac{104 - 100}{20/4}\right) = P(-0.4 < Z < 0.8) = 0.4435$$

8.13 Fähigkeitsanalyse

Die Methode zur Bestimmung, inwieweit die langfristige Leistung eines industriellen Prozesses den technischen Anforderungen oder dem Managementziel entspricht, wird als Fähigkeitsanalyse bezeichnet [10]. Oft ist es erforderlich, dass die Ausgabe zwischen oberen und unteren Spezifikationsgrenzen liegen sollte. Es ist wichtig zu erkennen, dass die Informationen über die Fähigkeit und die Anforderungen aus verschiedenen Quellen stammen und völlig unabhängig sind. Die Spezifikation bestimmt nicht die Fähigkeit des Prozesses und die Prozessfähigkeit bestimmt nicht die Anforderungen, aber sie müssen bekannt sein. Abb. 8.35 zeigt die Verbindung zwischen den Spezifikationsgrenzen und der Toleranz eines gegebenen Prozesses.

Ein Prozessfähigkeitsindex [16] ist ein Maß, das die tatsächliche Leistung eines Prozesses mit seiner spezifizierten Leistung in Beziehung setzt, wobei Prozesse

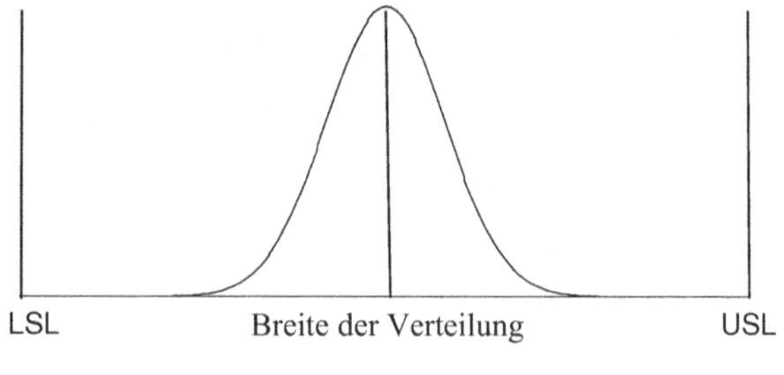

Abb. 8.35 Spezifikationsgrenzen und Toleranz

als Kombination aus Ausrüstung, Materialien, Menschen, Anlagen, Methoden und Umgebung betrachtet werden. Die absolute Mindestanforderung ist, dass drei Prozessstandardabweichungen auf jeder Seite des Prozessmittels innerhalb der Spezifikationsgrenzen enthalten sind. Das bedeutet, dass etwa 99,7 % der Ausgabe innerhalb der Toleranz liegen werden. Ein Prozessfähigkeitsindex kann nur berechnet werden, wenn der Prozess unter statistischer Kontrolle steht. Sie sind einfach ein Mittel zur Anzeige der Variabilität eines Prozesses im Verhältnis zur Produktspezifikationstoleranz.

Die Berechnung der Prozessfähigkeit hängt von der Art der zu untersuchenden Daten ab. Für Attributdatensysteme wird die Fähigkeit in Bezug auf Bestehen/Nichtbestehen oder Gut/Schlecht definiert, wie es der Fall sein mag. Sie werden in Bezug auf Defekte pro Million Möglichkeiten (DPMO) berechnet. Andererseits wird für kontinuierliche Datensysteme die Fähigkeit in Bezug auf Defekte unter der Kurve und außerhalb der Spezifikationsgrenzen definiert. Einige häufig verwendete Fähigkeitsindizes und ihre potenziellen Anwendungen werden unten beschrieben.

8.13.1 Prozesspotenzialindex (C_p Index)

Er wird definiert als das Verhältnis der maximal zulässigen Eigenschaften ($USL - LSL$) zur normalen Variation des Prozesses (6σ) und ist gegeben durch

$$C_p = \frac{USL - LSL}{6\sigma} \tag{8.82}$$

Wenn USL − LSL = $2T$, dann ist der C_p Index einfach das Verhältnis von $2T$ zu 6σ. Hier wird der Zähler durch das Konstruktionsingenieurwesen und der Nenner durch das Prozessingenieurwesen kontrolliert. Für große Werte von C_p wird der Prozess fähig, und für jeden Wert von C_p kleiner als eins ist die Prozessvariation größer als die spezifizierte Toleranz. Also ist der Prozess unfähig. So bietet C_p einen einfachen Vergleich der Gesamtvariation mit den Toleranzen.

8.13.2 Prozessleistungsindex (C_{pk} Index)

Einer der Hauptnachteile des C_p Index ist, dass er die Zentrierung des Prozesses nicht berücksichtigt. C_{pk} berücksichtigt sowohl die Prozessvariation als auch die Zentrierung, die weit verbreitet als Mittel zur Kommunikation der Prozessfähigkeit verwendet wird. Wenn wir definieren

$$C_{pl} = \frac{\overline{X} - \text{LSL}}{3\sigma} \quad \text{and} \quad C_{pu} = \frac{\text{USL} - \overline{X}}{3\sigma}$$

dann

$$C_{pk} = \text{Minimum of } \left(C_{pl}, C_{pu}\right) \tag{8.83}$$

Ein C_{pk} Wert von weniger als oder gleich eins bedeutet, dass die Prozessvariation und ihre Zentrierung so sind, dass mindestens eine der Toleranzgrenzen überschritten wird und der Prozess unfähig ist. Sowohl C_p als auch C_{pk} bewerten die kurzfristige Fähigkeit (siehe Abb. 8.36) des Prozesses und sie helfen uns dabei,

- vorherzusagen, ob Ablehnungen auf der höheren oder auf der niedrigeren Seite stattfinden werden,
- Zentrierungsentscheidungen zu treffen,
- zu entscheiden, ob eine Erweiterung der Toleranzen in Betracht gezogen werden soll,
- Entscheidungen darüber zu treffen, ob neue Maschinen angeschafft werden sollen, und
- das erforderliche Inspektionsniveau zu bestimmen.

Bei der Interpretation der Fähigkeitsindizes muss man ein gründliches Wissen über die Datenquelle und die möglichen Ursachen der Variation haben. Einige der Interpretationen von C_{pk} sind unten aufgeführt:

$C_{pk} < 1$: Eine Situation, in der der Produzent nicht fähig ist und es zwangsläufig zu nicht konformen Ausgaben aus dem Prozess kommen wird

$C_{pk} = 1$: Eine Situation, in der der Produzent nicht wirklich fähig ist (entspricht einem 3σ-Prozess)

$C_{pk} = 1.5$: Fair, aber es wird immer noch nicht konforme Ausgaben geben und die Chancen, diese zu entdecken, sind immer noch nicht gut genug.

$C_{pk} = 1.67$: Vielversprechend, nicht konforme Ausgaben werden auftreten, aber es besteht eine sehr gute Chance, dass sie entdeckt werden.

$C_{pk} = 2$: Hohe Vertrauensstufe in den Produzenten, vorausgesetzt, dass Kontrollkarten regelmäßig verwendet werden (entspricht einem 3σ-Prozess).

Wir werden nun einige Fähigkeitsindizes im Zusammenhang mit der langfristigen Variabilität diskutieren. Langfristige Variabilität (siehe Abb. 8.37) besteht aus kurzfristiger Variabilität und Prozessdrift. Die langfristige Drift wird durch Annahme einer 1,5σ-Verschiebung relativ zum Ziel bestimmt. Ein Konzept der rationalen

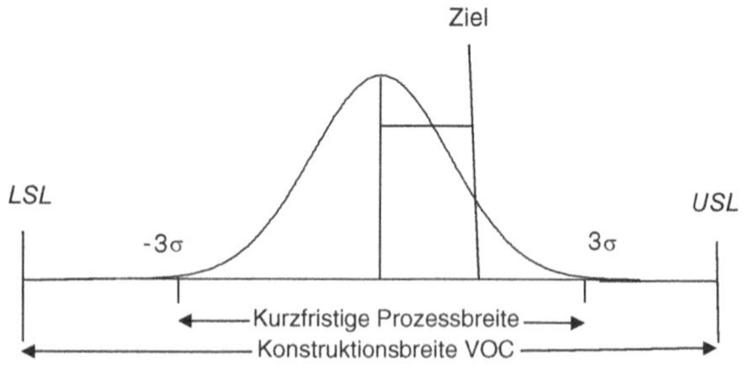

Abb. 8.36 Kurzfristiger Fähigkeitsprozess (*Quelle* Muralidharan und Syamsundar [14])

Abb. 8.37 Langfristiger Fähigkeitsprozess (*Quelle* Muralidharan und Syamsundar [14])

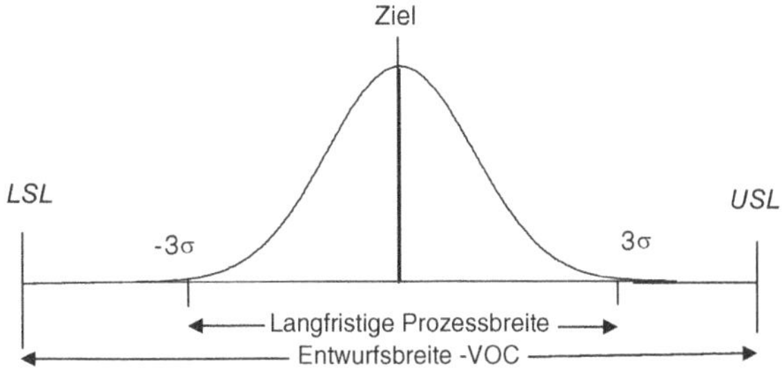

Untergruppe wird normalerweise eingeführt, um die langfristige Variabilität zu bewerten, wobei wir annehmen, dass die Variabilität innerhalb der Gruppe kleiner ist als die Variabilität von Gruppe zu Gruppe ($\sigma^2_{\text{total}} = \sigma^2_{\text{within}} + \sigma^2_{\text{between}}$). Dies ermöglicht die Schätzung der reinen kurzfristigen Variabilität und der langfristigen Drift des Prozesses. Zwei solche Indizes sind P_p und P_{pk}.

P_p basiert auf der gleichen Gleichung wie C_p mit einer Ausnahme; P_p verwendet die langfristige Standardabweichung, während C_p die kurzfristige Standardabweichung verwendet. Es ist definiert als

$$P_p = \frac{\text{USL} - \text{LSL}}{6\sigma_{\text{LT}}} \tag{8.84}$$

Und P_{pk} basiert auf der gleichen Gleichung wie C_{pk} mit einer Ausnahme; P_{pk} verwendet die langfristige Standardabweichung, während C_{pk} die kurzfristige Standardabweichung verwendet. Es wird gegeben durch

$$P_{pk} = \text{Minimum of } \left(P_{pl}\ P_{pu}\right), \tag{8.85}$$

wo

$$P_{pl} = \frac{\overline{X} - \text{LSL}}{3\sigma_{LT}} \text{ and } P_{pu} = \frac{\text{USL} - \overline{X}}{3\sigma_{\text{LT}}}$$

In beiden obigen Formeln ist σ_{LT} der langfristige Sigma-Wert des zuvor diskutierten Prozesses.

Beispiel 8.30 Die Dicke einer gedruckten Schaltplatine ist ein wichtiger Qualitätsparameter. Daten zur Plattendicke (in Zoll) sind in Tab. 8.9 für 25 Proben von jeweils drei Platten angegeben.

Eine Fähigkeitsanalyse mit MINITAB wird durchgeführt und das Ergebnis wird in Abb. 8.38 gezeigt. Das Ergebnis gibt Nichtkonformitätsraten, Fähigkeitsindizes und viele andere Maßnahmen an.

Die Analyse zeigt eine Fähigkeit von weniger als 1 (das heißt $C_{pk} < 1$), und die PPM-Gesamtzahl ist ebenfalls sehr hoch. Daher ist der Prozess nicht fähig. Das Sigma-Niveau, das dieser PPM entspricht, beträgt etwa 2,5.

Tab. 8.9 Dickenmessungen

Probennummer	X_1	X_2	X_3
1	0.0629	0.0636	0.0640
2	0.0630	0.0631	0.0622
3	0.0628	0.0631	0.0633
4	0.0634	0.0630	0.0631
5	0.0619	0.0628	0.0630
6	0.0613	0.0629	0.0634
7	0.0630	0.0639	0.0625
8	0.0628	0.0627	0.0622
9	0.0623	0.0626	0.0633
10	0.0631	0.0631	0.0633
11	0.0635	0.0630	0.0638
12	0.0623	0.063	0.063
13	0.0635	0.0631	0.063
14	0.0645	0.064	0.0631
15	0.0619	0.0644	0.0632
16	0.0631	0.0627	0.063
17	0.0616	0.0623	0.0631
18	0.0630	0.0630	0.0626
19	0.0636	0.0631	0.0629
20	0.064	0.0635	0.0629
21	0.0628	0.0625	0.0616
22	0.0615	0.0625	0.0619
23	0.0630	0.0632	0.0630
24	0.0635	0.0629	0.0635
25	0.0623	0.0629	0.0630

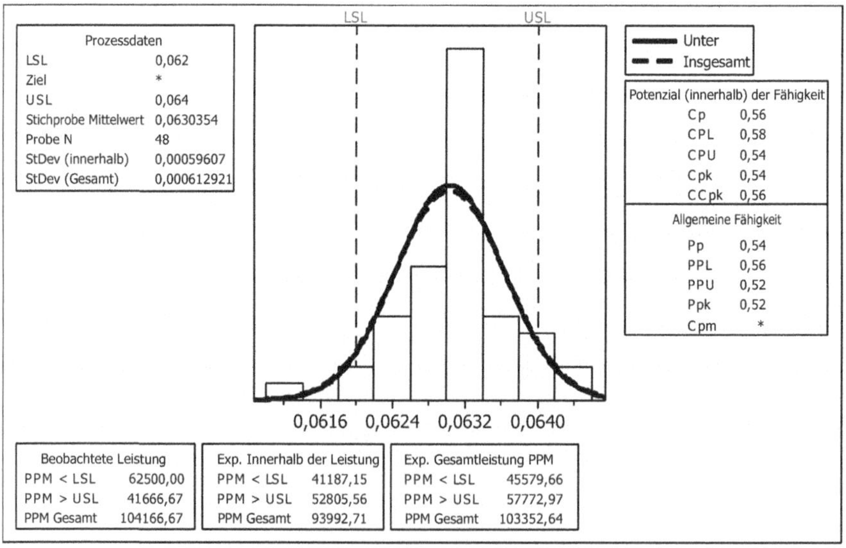

Abb. 8.38 Prozessfähigkeitsanalyse der Dicke

8.14 Leistungsbewertung der Basislinie

Die Werkzeuge und Methoden der Datenerfassung sind wichtig für jede Art von Geschäftsprozessmessung. Bevor wir uns mit den Ursachen und der Analyse der Daten befassen, ist es wichtig, Leistungs-„Basislinien" festzulegen – um zu bestimmen, wie gut die Prozesse derzeit funktionieren – damit wir uns auf die Verbesserung konzentrieren und diese messen können. In der Messphase werden zuerst die Ausgangsmaße betrachtet, gefolgt von den internen Messungen, die die Leistungsergebnisse beeinflussen werden.

In dieser Phase untersuchen wir die deskriptiven Statistiken der Daten zusammen mit den Prozessleistungsmaßen wie Ausbeute, DPMO, Sigma und den Kosten schlechter Qualität (CoPQ), um die problematischen Bereiche zu identifizieren. Dies wird die Grundlage für die Erstellung der *Zielaussage* schaffen, und dann kann man nach Verbesserungen suchen.

Als Beispiel können wir uns an Beispiel 8.25 zur Dicke einer gedruckten Schaltplatine erinnern, das oben besprochen wurde. Die deskriptiven Statistiken sind in Abb. 8.39 dargestellt. Für eine Leistungsbewertung der Basislinie verwenden wir diese Statistiken.

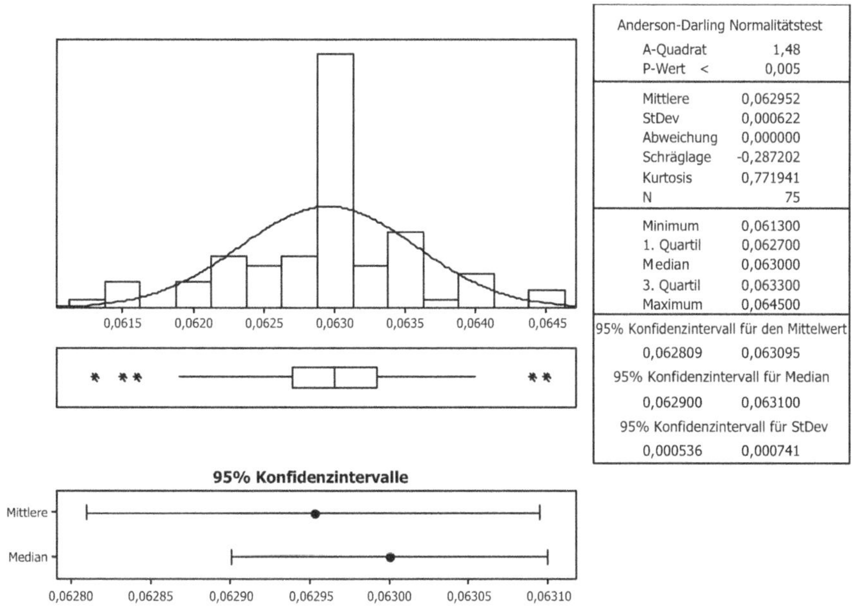

Abb. 8.39 Beschreibende Statistiken der Dicke

Beachten Sie, dass die durchschnittliche Dicke durchschnittliche Dicke 0.062952 beträgt und die minimale Dicke 0.0613 beträgt. Dies wird uns helfen, ein (typisches) Ziel als

$$\begin{aligned}\text{Goal} &= \text{Baseline} - 0.7(\text{baseline} - \text{entitlement})\\ &= 0.062952 - 0.7(0.062952 - 0.0613)\\ &= 0.0618\end{aligned}$$

So bietet eine Zielaussage eine Erleichterung in Bezug auf konkrete Ergebnisse. Der Multiplikator 0.7 ist der zulässige Hebel. Dieser Wert kann je nach Prozessanforderung geändert werden. Eine typische Zielaussage hat die folgenden Komponenten:

- *Eine Beschreibung dessen, was erreicht wird.* Zum Beispiel „Reduzierung der Zykluszeit", „Erhöhung der Verfügbarkeit", Beseitigung von Fehlern durch usw.
- *Ein messbares Ziel für gewünschte Ergebnisse.* Das Ziel sollte die gewünschte Kosteneinsparung, Fehlerbeseitigung oder Zeitreduktion in Prozenten oder tatsächlichen Zahlen quantifizieren
- *Ein Projekttermin und/oder Zeitrahmen für Ergebnisse.* Der zu Beginn des Projekts festgelegte Zeitrahmen kann zu diesem Zeitpunkt auf der Grundlage der Zielaussage überarbeitet werden. Die Fertigstellungszeit des Projekts sollte klar angegeben werden.

8.15 Mess-Checklisten

Bevor Sie zur nächsten Phase von DMAIC übergehen, stellen Sie sicher, dass die folgende Mess-Checkliste vorliegt:

- Bestimmen Sie, was wir über unser Problem und unseren Prozess erfahren möchten und wo im Prozess wir die Antwort bekommen können
- Identifizieren Sie die Arten von Maßnahmen, die wir sammeln möchten, und sorgen Sie für ein Gleichgewicht zwischen Effektivität/Effizienz und Eingabe/Prozess/Ausgabe
- Entwickeln Sie klare und eindeutige operationale Definitionen der Dinge oder Attribute, die wir messen möchten
- Testen Sie die operationellen Definitionen mit anderen, um ihre Klarheit und konsistente Interpretation zu gewährleisten
- Treffen Sie eine klare, vernünftige Wahl zwischen der Sammlung neuer Daten oder der Nutzung vorhandener Daten, die in der Organisation gesammelt wurden
- Klären Sie die Stratifikationsfaktoren, die wir identifizieren müssen, um die Analyse der Daten zu erleichtern
- Entwickeln und testen Sie Datenerfassungsformulare oder Prüflisten, die einfach zu bedienen sind und konsistente, vollständige Daten liefern

- Identifizieren Sie eine geeignete Stichprobengröße, Untergruppe und Stichprobenfrequenz, um eine gültige Darstellung des Prozesses, den wir messen, zu gewährleisten
- Bereiten Sie das Messsystem vor und testen Sie es, einschließlich der Schulung der Sammler und der Bewertung der Stabilität der Datenerfassung
- Verwenden Sie Daten, um Basislinien für die Prozessleistung zu erstellen, einschließlich des Anteils defekter und der Ausbeute.

8.16 Relevanz für Manager

Ein Six-Sigma-Projekt zu managen ist genauso gut wie das Managen von Menschen, Maschinen, Materialien, Methoden, Umgebung usw., da sie die Quellen von Variationen und Problemen in einem Prozess sind. Eine große Menge an statistischem Denken und Temperament sind dafür von entscheidender Bedeutung. Wir können nichts effizient managen, es sei denn, wir haben einen Mechanismus, um die Leistungen und Variationen zu messen. Dieses Kapitel hilft dabei, die kritischen Qualitätsparameter (CTQ) eines Prozesses durch zwei Datenerfassungsmethoden, nämlich VOC und VOP, zu identifizieren. Der Mechanismus hilft auch dabei, die wertschöpfenden und nicht wertschöpfenden Aktivitäten in einem Prozess zu unterscheiden, die durch eine Wertstromkartierung und Prozesskartierung festgelegt werden. Dies ermöglicht die Notwendigkeit von Datenerfassungsmethoden für weitere Behandlung und Erleichterung. Manager benötigen Fähigkeiten, um statistische Daten in Bezug auf Produktion, Marketing, Finanzen und Personalressourcen sowie F&E-Funktionen neben Kunden- und öffentlichen Meinungen kontinuierlich zu sammeln, zu analysieren und zu interpretieren, was zu operativen und strategischen Entscheidungen führen würde.

Statistische Methoden wären von immensem Wert bei der Erforschung der Umgebung, in der sie tätig gewesen sind. Die Methoden erleichtern auch eine bessere Planung, Organisation, Bewertung und Kontrolle der Geschäftsprozesse sowohl qualitativ als auch quantitativ. Die Kenntnis verschiedener Datentypen, nämlich nominal, ordinal, Verhältnis und Skala; verschiedene Zeitmessungen wie Zykluszeit, Taktzeit, Ausführungszeit und Verzögerungszeit helfen dem Six-Sigma-Projektpersonal, geeignete statistische Anwendungsmethoden zu identifizieren. Die Notwendigkeit, eine Messsystemanalyse für Variablen und Attribute durchzuführen, deskriptive Statistiken durchzuführen usw., verbessert das Verständnis für die Variabilität von Messungen. Das am häufigsten verwendete Pareto-Diagramm zur Priorisierung der Quellen von Variationen, die Kontrollkarte zur Analyse der speziellen Ursachenvariation und der gemeinsamen Ursachenvariation, das Ursache-Wirkungs-Diagramm zur Identifizierung der Ursachen für eine Wirkung usw., sind einige der grundlegenden Werkzeuge, die zur Erhöhung der Sichtbarkeit von Prozessvariationen verwendet werden.

In diesem Kapitel werden auch die Fragen im Zusammenhang mit Unsicherheit und der Wahrscheinlichkeitsmodellierung von zufälligen Phänomenen diskutiert, die oft viele Herausforderungen für das Six-Sigma-Projektmanagement darstellen. Die praktische Bedeutung jedes Wahrscheinlichkeitsmodells (diskret oder kontinuierlich) wird im Detail in Bezug auf ein Six-Sigma-Verbesserungsprojekt beschrieben. Zum Beispiel die Verwendung des zentralen Grenzwertsatzes (CLT), durch den die Stichprobenverteilungen von Normalverteilungen (t, F und χ^2) abgeleitet werden, ist eines der Kernergebnisse der Wahrscheinlichkeitstheorie und hat immense Relevanz bei Entscheidungen unter Unsicherheit.

Gemäß den technischen Anforderungen muss jeder Prozess in Bezug auf seine Fähigkeit und Leistung vor und nach der Verbesserung bewertet werden. Das wird den Wert eines Six-Sigma-Projekts beurteilen. Sogar die Machbarkeit eines Projekts kann durch diese einfache Übung festgestellt werden. In diesem Kapitel wird daher die Diskussion über die Schätzung der Prozessfähigkeit und des Potenzials aufgenommen und die Methode zur Festlegung des anfänglichen Ziels für ein Projekt gezeigt. Für Six-Sigma-Profis wird diese Basisleistung der Ausgangspunkt für weitere Verbesserungen und Fortschritte sein.

Übungen

8.1. Was ist Prozessmapping? Beschreiben Sie die Methoden zur Identifizierung von VA/NVA in einem Prozess.

8.2. Unterscheiden Sie zwischen VOC und VOP. Wie werden sie in einem Prozess erfasst?

8.3. Diskutieren Sie verschiedene Merkmale, die mit einem VOC und VOP verbunden sind.

8.4. Was ist Wertstrommapping? Beschreiben Sie, wie ein Prozessfluss durch ein VSM hergestellt wird?

8.5. Unterscheiden Sie zwischen Primärdaten und Sekundärdaten. Geben Sie Beispiele für jede.

8.6. Wie unterscheidet sich eine Analyseeinheit von den Merkmalen von Interesse?

8.7. Beschreiben Sie verschiedene Datentypen und ihre Bedeutung bei der Datenanalyse.

8.8. Schreiben Sie kurze Notizen zu Zykluszeit, Taktzeit, Ausführungszeit und Verzögerungszeit.

8.9. Was ist eine Messsystemanalyse? Nennen Sie verschiedene Komponenten einer guten MSA.

8.10. Was ist Gage R&R? Beschreiben Sie eine Methode zur Beurteilung von Bias in einer kontinuierlichen Messung eines Prozesses.

8.11. Ein Artikel in Quality Engineering 1997 präsentiert Daten für eine Messgerätefähigkeitsstudie basierend auf einem Messgerät namens optischer Vergleicher; zwei Bediener nahmen zwei Messungen (in mm) einer bestimmten Dimension an 10 Getriebeteilen vor. Die Ergebnisse sind unten dargestellt:

Teil	Bediener 1		Bediener 2	
	Test 1	Test 2	Test 1	Test 2
1	3.045	3.041	3.048	3.046
2	3.037	3.038	3.031	3.038
3	3.032	3.024	3.023	3.022
4	3.017	3.012	3.011	3.016
5	3.048	3.049	3.042	3.048
6	3.046	3.045	3.042	3.043
7	3.039	3.034	3.033	3.035
8	3.033	3.035	3.038	3.037
9	3.048	3.041	3.034	3.032
10	3.041	3.049	3.046	3.045

(i) Erstellen Sie ein Wiederholbarkeitsbereichsdiagramm für die Daten. Gibt es außer Kontrolle geratene Punkte, die auf Schwierigkeiten des Bedieners hinweisen?
(ii) Schätzen Sie die Messwiederholbarkeit und -reproduzierbarkeit ab.
(iii) Erhalten Sie eine Schätzung für die prozentuale Messwiederholbarkeit und -reproduzierbarkeit. Wie ist die Beurteilung des Messsystems?
(iv) Wenn die Spezifikationen für die gemessene Dimension 3.035 ± 0.05 sind, was können Sie über die Messfähigkeit in Bezug auf ein P/T-Verhältnis sagen?

8.12. Diskutieren Sie eine Methode zur Beurteilung von Verzerrungen in Attributdaten.

8.13. Die folgende Tabelle zeigt die Ergebnisse von drei Gutachtern, die auf zwanzig Artikel in einer Stichprobenprüfung reagiert haben. Die Qualität des Artikels wird als „Akzeptieren“ oder „Ablehnen“ klassifiziert. Führen Sie eine Kappa-Analyse durch, um die Voreingenommenheit zwischen den Gutachtern zu bewerten.

Probe	Gutachter	Antwort	Probe	Gutachter	Antwort	Probe	Gutachter	Antwort	Probe	Gutachter	Antwort
1	A	Ablehnen	6	A	Ablehnen	11	A	Ablehnen	16	A	Ablehnen
1	A	Ablehnen	6	A	Akzeptieren	11	A	Akzeptieren	16	A	Akzeptieren
1	B	Akzeptieren	6	B	Akzeptieren	11	B	Akzeptieren	16	B	Akzeptieren
1	B	Akzeptieren	6	B	Ablehnen	11	B	Ablehnen	16	B	Ablehnen
1	C	Ablehnen	6	C	Akzeptieren	11	C	Akzeptieren	16	C	Akzeptieren
1	C	Akzeptieren	6	C	Akzeptieren	11	C	Akzeptieren	16	C	Akzeptieren
2	A	Akzeptieren	7	A	Ablehnen	12	A	Ablehnen	17	A	Akzeptieren
2	A	Ablehnen	7	A	Akzeptieren	12	A	Akzeptieren	17	A	Akzeptieren
2	B	Akzeptieren	7	B	Ablehnen	12	B	Akzeptieren	17	B	Ablehnen
2	B	Akzeptieren	7	B	Ablehnen	12	B	Ablehnen	17	B	Ablehnen
2	C	Akzeptieren	7	C	Akzeptieren	12	C	Akzeptieren	17	C	Akzeptieren
2	C	Akzeptieren	7	C	Akzeptieren	12	C	Akzeptieren	17	C	Ablehnen
3	A	Akzeptieren	8	A	Ablehnen	13	A	Ablehnen	18	A	Akzeptieren
3	A	Akzeptieren	8	A	Akzeptieren	13	A	Akzeptieren	18	A	Ablehnen
3	B	Ablehnen	8	B	Akzeptieren	13	B	Ablehnen	18	B	Akzeptieren
3	B	Akzeptieren	8	B	Ablehnen	13	B	Akzeptieren	18	B	Akzeptieren
3	C	Ablehnen	8	C	Akzeptieren	13	C	Akzeptieren	18	C	Ablehnen
3	C	Ablehnen	8	C	Ablehnen	13	C	Ablehnen	18	C	Akzeptieren
4	A	Ablehnen	9	A	Akzeptieren	14	A	Akzeptieren	19	A	Ablehnen
4	A	Akzeptieren	9	A	Akzeptieren	14	A	Akzeptieren	19	A	Ablehnen
4	B	Akzeptieren	9	B	Akzeptieren	14	B	Akzeptieren	19	B	Ablehnen
4	B	Akzeptieren	9	B	Ablehnen	14	B	Akzeptieren	19	B	Akzeptieren
4	C	Ablehnen	9	C	Akzeptieren	14	C	Ablehnen	19	C	Ablehnen
4	C	Ablehnen	9	C	Ablehnen	14	C	Ablehnen	19	C	Ablehnen
5	A	Akzeptieren	10	A	Ablehnen	15	A	Akzeptieren	20	A	Ablehnen
5	A	Akzeptieren	10	A	Akzeptieren	15	A	Akzeptieren	20	A	Akzeptieren
5	B	Ablehnen	10	B	Akzeptieren	15	B	Akzeptieren	20	B	Ablehnen
5	B	Akzeptieren	10	B	Ablehnen	15	B	Ablehnen	20	B	Akzeptieren
5	C	Ablehnen	10	C	Akzeptieren	15	C	Akzeptieren	20	C	Akzeptieren
5	C	Akzeptieren	10	C	Akzeptieren	15	C	Akzeptieren	20	C	Ablehnen

8.14. Was ist die Bedeutung von deskriptiver Statistik in der Entscheidungsfindung von Managern?

8.15. Kolbenringe, die in Automobilen verwendet werden, sind mit harter Chrombeschichtung versehen. Für eine bestimmte Produktionsstufe beträgt die Anforderung an die Beschichtungsdicke 195 ± 20 Mikrometer (μm). Eine zufällige Stichprobe von 50 Kolbenringen wurde mit den folgenden Messungen erhalten:

18 9	181	183	191	180	182	187	188	189	189
177	191	192	180	184	190	179	198	197	179
171	188	165	191	176	172	199	185	183	183
187	189	186	191	185	172	182	184	185	201
189	187	186	183	178	173	172	193	184	183

(i) Erstellen Sie ein Blatt-Diagramm und ein Histogramm,
(ii) Ermitteln Sie alle zusammenfassenden Statistiken (deskriptive Statistiken) der Messung, und
(iii) Berechnen Sie die Schiefe und die Kurtosis und bestimmen Sie die Form der Messung.

8.16. Die Lebensdauer von 60 Glühbirnen in Stunden ist unten angegeben:

511	911	1177	1016	600	777	895	1199	806	950
749	1067	980	923	1314	1108	1137	1262	1027	1081
906	1230	1090	1242	803	1131	918	907	1061	1198
1240	1057	980	997	763	759	1394	991	1155	750
1111	1117	1143	808	948	857	962	813	1139	1127
922	817	1057	665	1171	936	1068	1163	934	515

(i) Bereiten Sie eine Häufigkeitsverteilung vor,
(ii) Zeichnen Sie ein Histogramm,
(iii) Berechnen Sie alle zusammenfassenden Statistiken, und
(iv) Überprüfen Sie die Normalverteilung der Daten

8.17. Welche Arten von Variationen treten in einem Fertigungsprozess auf? Wie werden sie kontrolliert?

8.18. Was ist die Bedeutung des Pareto-Diagramms? Wie wird das Pareto-Diagramm implementiert?

8.19. Die folgenden Mängel wurden bei der Inspektion von Atemschutzmasken in einem bestimmten Zeitraum festgestellt:

Beule	Loch	Gurt	Beule	Loch
Loch	Verfärbung	Beule	Verfärbung	Gurt
Gurt	Beule	Gurt	Gurt	Loch
Gurt	Loch	Verfärbung	Beule	Verfärbung
Verfärbung	Gurt	Verfärbung	Beule	Loch
Beule	Loch	Verfärbung	Loch	Verfärbung
Beule	Verfärbung	Gurt	Loch	Beule
Verfärbung	Gurt	Beule	Verfärbung	Gurt

Erstellen Sie ein Pareto-Diagramm und interpretieren Sie es.

8.20. Diskutieren Sie die Bedeutung von Kontrollkarten.

8.21. Beschreiben Sie die Bedeutung des Ursache-Wirkungs-Diagramms. Wie werden sie zur Identifizierung potenzieller Ursachen von Variationen verwendet?

8.22. Was sind die Auswirkungen potenzieller Fehler? Wie werden sie priorisiert?

8.23. Diskutieren Sie die Bedeutung der Priorisierungsmatrix. Nennen Sie die Methoden zur Erstellung einer Priorisierungsmatrix.

8.24. Definieren Sie die Wahrscheinlichkeit eines Ereignisses. Diskutieren Sie, wie sie als Maß für Unsicherheit verwendet wird?

8.25. Eine Charge von 140 Halbleiterchips wird durch Auswahl einer Stichprobe von fünf Chips überprüft. Nehmen Sie an, dass 10 der Chips nicht den Kundenanforderungen entsprechen. (i) Finden Sie die Anzahl der verschiedenen Stichproben von 5. Finden Sie die Anzahl der Stichproben, die enthalten, (ii) keine defekten, (iii) 1 defekten und (iv) 2 defekte.

8.26. Eine Charge von 100 Eisenstangen besteht aus 15 überdimensionierten, 25 unterdimensionierten und den restlichen Stangen der gewünschten Länge. Wenn zwei Stangen zufällig ohne Ersatz gezogen werden, wie hoch ist die Wahrscheinlichkeit, dass (i) 2 Stangen der gewünschten Länge, (ii) genau 2 Stangen der gewünschten Länge, (iii) 2 Stangen unterdimensioniert und (iv) keine überdimensioniert sind.

8.27. Vier Karten werden zufällig aus einem Stapel von 52 Karten gezogen. Finden Sie die Wahrscheinlichkeit, dass (i) zwei Könige und zwei Königinnen sind, (ii) sie ein König, eine Königin, ein Bube und ein Ass sind, (iii) zwei schwarz und zwei rot sind, und (iv) es zwei Herz-Karten und zwei Diamant-Karten gibt.

8.28. Eine Urne enthält 6 weiße, 4 rote und 9 schwarze Kugeln. Wenn 3 Kugeln zufällig gezogen werden, finden Sie die Wahrscheinlichkeit, dass (i) zwei der gezogenen Kugeln weiß sind, (ii) eine von jeder Farbe, (iii) keine rot ist und (iv) mindestens eine weiß ist.

8.29. Von 25 Tickets, die mit den ersten 25 Zahlen markiert sind, wird eines zufällig gezogen. Finden Sie die Chance, dass (i) es ein Vielfaches von 5 oder 7 ist und (ii) es ein Vielfaches von 3 oder 7 ist.

8.30. Wenn A und B Ereignisse sind, so dass $(P \cup B) = 3/4$, $P(A \cap B) = 1/4$ und $P(A') = 2/3$
Finden Sie (i) $P(A)$, (ii) $P(B)$ und (iii) $P(A \cap B')$.

8.31. Wenn $P(A|B) = 0.4$, $P\ (B) = 0.8$ und $P\ (A) = 0.5$. Sind die Ereignisse A und B unabhängig? Bestimmen Sie auch $P(B|A)$.

8.32. Eine Person bewirbt sich in zwei Firmen X und Y. Die Wahrscheinlichkeit, dass er in Firma X ausgewählt wird, beträgt 0,7 und die Wahrscheinlichkeit, dass er bei Y abgelehnt wird, beträgt 0,5. Die Wahrscheinlichkeit, dass mindestens eine seiner Bewerbungen abgelehnt wird, beträgt 0,6. Wie hoch ist die Wahrscheinlichkeit, dass er in einer der Firmen ausgewählt wird?

8.33. Die Wahrscheinlichkeit, dass ein zufällig ausgewählter Student eines Colleges ein Senior ist, beträgt 0,20 und die gemeinsame Wahrscheinlichkeit, dass der Student ein Informatik-Hauptfach und ein Senior ist, beträgt 0,03.

Finden Sie die bedingte Wahrscheinlichkeit, dass ein zufällig ausgewählter Student ein Informatik-Hauptfach ist, vorausgesetzt, er/sie ist ein Senior.

8.34. Eine Urne enthält 3 rote Bälle, 4 weiße Bälle und 5 grüne Bälle. Vier Bälle werden zufällig aus dieser Urne ausgewählt.

(i) Finden Sie die Wahrscheinlichkeiten der folgenden Ereignisse.
A: Alle Bälle sind von derselben Farbe,
B: Alle Bälle sind von grüner Farbe.
(ii) Sind A und B unabhängig? Begründen Sie Ihre Antwort.

8.35. Kunden werden verwendet, um vorläufige Produktdesigns zu bewerten. In der Vergangenheit erhielten 95 % der sehr erfolgreichen Produkte gute Bewertungen, 60 % der mäßig erfolgreichen Produkte erhielten gute Bewertungen und 10 % der schlechten Produkte erhielten gute Bewertungen. Darüber hinaus waren 40 % der Produkte sehr erfolgreich, 35 % waren mäßig erfolgreich und 25 % waren schlechte Produkte.

(i) Wie hoch ist die Wahrscheinlichkeit, dass ein Produkt eine gute Bewertung erhält?
(ii) Wenn ein neues Design eine gute Bewertung erhält, wie hoch ist die Wahrscheinlichkeit, dass es ein sehr erfolgreiches Produkt wird?

8.36. In einer Stadtschule in Ahmedabad gibt es drei Kandidaten für die Position des Direktors. Herr Patel, Herr Shah und Herr Singh, deren Chancen auf die Ernennung im Verhältnis 4:2:3 stehen, jeweils. Die Wahrscheinlichkeit, dass Herr Patel, falls ausgewählt, Koedukation in der Schule einführen würde, beträgt 0,3. Die Wahrscheinlichkeiten, dass Herr Shah und Herr Singh dasselbe tun würden, betragen jeweils 0,5 und 0,8.

(i) Wie hoch ist die Wahrscheinlichkeit, dass es Koedukation in der Schule geben wird?
(ii) Wenn es Koedukation in der Schule gibt, wie hoch ist die Wahrscheinlichkeit, dass Herr Shah der Direktor ist?

8.37. Der Inhalt von drei Kisten ist wie folgt:
Kiste-1: 4 rote, 5 weiße und 2 gelbe Bälle
Kiste-2: 5 rote, 5 weiße und 5 gelbe Bälle
Kiste-3: 3 rote, 6 weiße und 5 gelbe Bälle.

Eine Kiste wird zufällig ausgewählt und dann wird ein Ball ausgewählt. Es stellt sich heraus, dass er weiß ist. Wie hoch ist die Wahrscheinlichkeit, dass der ausgewählte Ball aus

(i) der ersten Kiste stammt,
(ii) der ersten oder zweiten Kiste stammt, und
(iii) nicht aus der zweiten stammt.

8.38. Der Supervisor für Kundenbeziehungen bei KLM Airlines untersucht das Überbuchungsproblem der Firma. Er konzentriert sich auf drei spätabendliche Flüge vom Flughafen Mumbai aus. Im letzten Jahr wurden 7, 8 und 5 % der Passagiere auf den Flügen nach Heathrow, Hongkong und Detroit jeweils abgewiesen. Weiterhin nehmen 55, 20 und 25 % der spätabendlichen KLM-Passagiere am Flughafen Mumbai die Flüge nach Heathrow, Hongkong und Detroit. Wie hoch ist die Wahrscheinlichkeit, dass ein abgewiesener Passagier für den (a) Flug nach Heathrow, (b) Flug nach Hongkong und (c) Flug nach Hongkong oder Detroit vorgesehen war?

8.39. Eine Werkzeugmaschine ist 15 % der Zeit unbesetzt. Sie beantragen fünfmal im Jahr die sofortige Nutzung des Werkzeugs. Nehmen Sie an, dass Ihre Anfragen unabhängige Ereignisse darstellen. Wie hoch ist die Wahrscheinlichkeit, dass

(i) das Werkzeug zum Zeitpunkt all Ihrer Anfragen unbesetzt ist?
(ii) das Werkzeug zum Zeitpunkt genau vier Ihrer Anfragen unbesetzt ist? und
(iii) das Werkzeug zum Zeitpunkt mindestens drei Ihrer Anfragen unbesetzt ist?

8.40. Definieren Sie den Mittelwert und die Varianz einer Zufallsvariable. Ermitteln Sie den Mittelwert und die Varianz der Anzahl der Köpfe bei vier Würfen einer fairen Münze.

8.41. Entscheiden Sie für das gegebene Zufallsexperiment, ob die Variable diskret oder kontinuierlich ist:

(i) Anzahl der Moleküle in einer Gasprobe,
(ii) Strom in einem elektrischen Stromkreis,
(iii) Außendurchmesser einer bearbeiteten Welle,
(iv) Zeit bis zur Rückkehr des Projektils zur Erde,
(v) Anzahl der Zustandsänderungen eines Transistors in einem Computergedächtnis,
(vi) Anzahl der Risse, die 1,2 cm in 15 km einer Autobahn überschreiten,
(vii) Konzentration des Ausstoßes aus einem Reaktor,
(viii) Gewicht eines spritzgegossenen Kunststoffteils,
(ix) Volumen des Benzins, das beim Befüllen des Tanks verdunstet, und
(x) Durchschnittsalter eines Universitätsstudenten.

8.42. Nehmen Sie an, dass eine Tagesproduktion von 850 hergestellten Teilen 50 Teile enthält, die nicht den Kundenanforderungen entsprechen. Zwei Teile werden zufällig ausgewählt, ohne Ersatz. Lassen Sie die Zufallsvariable X die Anzahl der nicht konformen Teile in der Stichprobe sein. Ermitteln Sie die Verteilung von X und finden Sie auch die kumulative Verteilung, den Mittelwert und die Varianz der Zufallsvariable X.

8.43. Eine kontinuierliche Zufallsvariable X, die Werte zwischen 0 und 4 hat, hat eine Dichtefunktion, die durch $f(x) = \frac{1}{2} - ax$ gegeben ist, wobei a eine Konstante ist. Berechnen Sie (i) den Wert von a, (ii) den Wert von $P(1 < X < 2)$ und $P(X > 2)$, und (iii) den Mittelwert und die Varianz dieser Verteilung.

8.44. Angenommen $f(x) = \frac{3}{4}(1 - x^2), \quad -1 \leq x \leq 1$. Finden Sie a so, dass $P(X \leq a) = 0.95$.

8.45. Eine kleine Tankstelle wird jeden Samstagnachmittag mit Benzin beliefert. Nehmen Sie an, dass ihr Volumen X an Verkäufen in Zehntausenden von Gallonen die Wahrscheinlichkeitsdichte $f(x) = 6x(1 - x), \ 0 \leq x \leq 1$ hat und sonst 0. Bestimmen Sie den Mittelwert und die Varianz.

8.46. Ein Produkt wird nach der Anzahl der enthaltenen Fehler und der Maschine, die es produziert, klassifiziert. Lassen Sie X_1 und X_2 die Zufallsvariablen sein, die die Anzahl der Fehler pro Einheit und die Maschinennummer repräsentieren. Die Einträge in der Tabelle repräsentieren die gemeinsame Möglichkeit Massenfunktion eines zufällig ausgewählten Produkts:

X_1	X_2	
	1	2
0	0.10	0.05
1	0.15	0.08
2	0.20	0.12
3	0.05	0.25

(i) Finden Sie die marginale Wahrscheinlichkeitsverteilung von X_1 und X_2;
(ii) Finden Sie $E(X_1)$, $E(X_2)$, $\mathrm{Var}(X_1)$, $\mathrm{Var}(X_2)$, $\mathrm{Cov}(X_1, X_2)$, und $r(X_1, X_2)$;
(iii) Sind die Variablen unabhängig?; und
(iv) Berechnen Sie $E(X_1|X_2)$ und $\mathrm{Var}(X_1|X_2)$.

8.47. Lassen Sie $f(x, y) = k, \ 4 \leq x \leq 10, \ 0 \leq y \leq 5$ und null anderswo. Finden Sie k. Finden Sie auch $P(X \leq 8, 3 \leq Y \leq 4)$ und $P(9 \leq X \leq 13, Y \leq 1)$.

8.48. Die gemeinsame Dichtefunktion von X und Y ist gegeben durch

$$f(x, y) = \frac{6}{7}(x^2 + xy/2), \quad 0 < x < 1, \ 0 < y < 2$$

(i) Überprüfen Sie, ob dies tatsächlich eine gemeinsame Dichtefunktion ist,
(ii) Berechnen Sie die Dichtefunktion von X,
(iii) Finden Sie $P(X > Y)$,
(iv) Finden Sie Mittelwert und Varianz von Y,
(v) Finden Sie die Kovarianz zwischen X und Y, und
(vi) Finden Sie die Korrelation zwischen X und Y.

8.49. Was sind der mittlere Dicke und die Standardabweichung von Transformator-Kernen, die jeweils aus 50 Schichten Blech und 49 Schichten Isolierpapier bestehen, wenn die Bleche eine mittlere Dicke von 0,5 mm mit einer Standardabweichung von 0,05 mm und die Papierschichten eine mittlere Dicke von 0,05 mm mit einer Standardabweichung von 0,02 mm haben, wenn die Kovarianz zwischen dem Metall und dem Papier -0,001 mm beträgt?

8.50. Lassen Sie X und Y die Durchmesser eines Stifts und eines Lochs sein, respectively. Angenommen, (X, Y) hat gemeinsame Dichte: $f(x, y) = 625, \ 0.98 < x < 1.02, \ 1.00 < y < 1.04$ und 0 sonst. Finden Sie

(i) Die Randverteilungen,
(ii) Die Wahrscheinlichkeit, dass ein zufällig ausgewählter Stift in ein Loch passt, dessen Durchmesser 1,00 beträgt, und
(iii) Sind die Variablen unabhängig?

8.51. Eine Universität hat festgestellt, dass 20 % ihrer Studenten das Einführungsseminar in Statistik abbrechen, ohne es abzuschließen. Nehmen Sie an, dass sich für dieses Quartal 20 Studenten für den Kurs angemeldet haben.

(i) Wie hoch ist die Wahrscheinlichkeit, dass zwei oder weniger abbrechen werden?
(ii) Wie hoch ist die Wahrscheinlichkeit, dass genau vier abbrechen werden?
(iii) Wie hoch ist die Wahrscheinlichkeit, dass mehr als drei abbrechen werden?
(iv) Wie hoch ist die erwartete Anzahl der Abmeldungen?

8.52. Die Telefonleitungen zu einem Flugreservierungssystem sind 50 % der Zeit belegt. Nehmen Sie an, dass die Ereignisse, dass die Leitungen bei aufeinanderfolgenden Anrufen belegt sind, unabhängig sind. Wenn 10 Anrufe bei der Fluggesellschaft eingehen, wie hoch ist die Wahrscheinlichkeit, dass

(i) Für genau drei Anrufe die Leitungen belegt sind?
(ii) Für mindestens einen Anruf die Leitungen nicht belegt sind?
(iii) Wie hoch ist die erwartete Anzahl der Anrufe, bei denen die Leitungen alle belegt sind?

8.53. Mit den üblichen Bezeichnungen finden Sie p für eine binomiale Zufallsvariable x, wenn $n = 6$ und wenn $9\,P(X = 1) = P(X = 2)$.

8.54. Der Mittelwert und die Varianz einer binomialen Verteilung betragen jeweils 3 und 2. Finden Sie die Wahrscheinlichkeit, dass die Variable Werte annimmt.

(i) Kleiner oder gleich 2 und
(ii) Größer oder gleich 7.

8.55. Die Anzahl der monatlichen Ausfälle eines Computers ist eine Zufallsvariable mit einer Poisson-Verteilung und einem Mittelwert von 1,8. Finden Sie die Wahrscheinlichkeit, dass dieser Computer einen Monat lang funktioniert

(i) Ohne Ausfall,
(ii) Mit nur einem Ausfall, und
(iii) Mit mindestens einem Ausfall.

8.56. Wenn die Anzahl der Telefonanrufe, die zwischen 9.00 Uhr und 10.00 Uhr und zwischen 10.00 Uhr und 11.00 Uhr in eine Telefonzentrale eingehen, unabhängig sind und Poisson-Verteilungen mit den Parametern 2 und 6 haben, wie hoch ist dann die Wahrscheinlichkeit, dass zwischen 9 Uhr und 11 Uhr mehr als 5 Anrufe eingehen?

8.57. Ein Auftragnehmer kauft eine Lieferung von 100 Transistoren. Es ist seine Politik, 10 dieser Transistoren zu testen und die Lieferung nur zu behalten, wenn mindestens 9 der 10 in einwandfreiem Zustand sind. Wenn die Lieferung 20 defekte Transistoren enthält, wie hoch ist die Wahrscheinlichkeit, dass sie behalten wird?

8.58. Betrachten Sie eine Charge von 1000 Glühbirnen, die inspiziert wird, indem zufällig 10 Glühbirnen ausgewählt und auf Defekte oder Nicht-Defekte getestet werden. Wenn der Anteil der defekten Glühbirnen in einer Charge von 1000 Glühbirnen 0,06 beträgt, berechnen Sie die in Beispiel 8.2 angegebenen Wahrscheinlichkeiten. Geben Sie die Näherung an, die bei der Berechnung dieser Wahrscheinlichkeiten verwendet wurde.

8.59. Wenn ein Prüfer 5 Rücksendungen aus 15 Rücksendungen auswählt, von denen 9 illegale Abzüge enthalten, wie hoch ist die Wahrscheinlichkeit, dass eine Mehrheit der ausgewählten Rücksendungen illegale Abzüge enthält?

8.60. $X \sim N(50, 10)$, bestimmen Sie die folgenden Wahrscheinlichkeiten

(i) $P(X < 40)$ (ii) $P(40 < X < 65)$ (iii) $P(X > 55)$ (iv) $P(38 \leq X < 62)$

8.61. Angenommen, $X \sim N(0, 1)$, finden Sie

(i) $P(X > 0.14)$ (ii) $P(X < 2.12)$ (iii) $P(0.9 < X < 2)$ (iv) $P(-1.43 < X < 1.43)$

8.62. Nehmen Sie an, die durchschnittliche Größe der Schüler beträgt 35,88 Zoll mit einer Varianz von 5,2 Quadratzoll. Wie viele Schüler in einer Klasse von 100 würden Sie über 35 Zoll und zwischen 30 und 37 Zoll groß erwarten?

8.63. Lassen Sie $X \sim N(25, 10)$, finden Sie die Werte X, die den folgenden Wahrscheinlichkeiten entsprechen:

$$\text{(i) } P(X > x) = 0.1251 \quad \text{(ii) } P(X > x) = 0.9382$$
$$\text{(iii) } P(X < x) = 0.3859 \quad \text{(iv) } P(X < x) = 0.8340$$

8.64. In einer Normalverteilung liegen 55 % der Beobachtungen unter 55 und 25 % liegen über 65. Finden Sie den Mittelwert und die Standardabweichung.

8.65. Der Durchmesser des Punktes, den ein Drucker erzeugt, ist normalverteilt mit einem mittleren Durchmesser von 0,005 cm und einer Standardabweichung von 0,001 cm.
   (i) Wie hoch ist die Wahrscheinlichkeit, dass der Durchmesser eines Punktes 0,0065 cm übersteigt?
   (ii) Wie hoch ist die Wahrscheinlichkeit, dass ein Durchmesser zwischen 0,0035 und 0,0065 cm liegt?
   (iii) Welche Standardabweichung der Durchmesser ist erforderlich, damit die Wahrscheinlichkeit in Teil (ii) 0,995 beträgt?

8.66. In einem Eingangstest für die Zulassung zum MBA-Programm besteht die Anzahl der Kandidaten, die den Test bestehen, 46 % und die derjenigen, die mit Auszeichnung bestehen, 9 %. Schätzen Sie die durchschnittlichen vom Kandidaten erzielten Punkte, wenn die Mindestpunktzahl für das Bestehen und das Erreichen einer Auszeichnung jeweils 40 und 75 beträgt.

8.67. Die Breite eines Schlitzes beim Schmieden ist normalverteilt mit einem Durchschnitt von 0,9 Zoll und einer Standardabweichung von 0,004 Zoll. Die Spezifikationen betragen 0,900 ± 0,005 Zoll. Welcher Prozentsatz der Schmiedeteile wird defekt sein?

8.68. Der Durchschnitt einer Normalverteilung beträgt 50 und 5 % der Werte sind größer als 60. Finden Sie die Standardabweichung?

8.69. In einer normalen Population mit einem Durchschnitt von 15,00 und einer S.D. von 3,5 ist bekannt, dass 647 Beobachtungen 16,25 überschreiten. Wie hoch ist die Gesamtzahl der Beobachtungen in der Population?

8.70. Die Zeit bis zur Wiederaufladung eines Akkus in einem Laptop unter normalen Bedingungen ist normalverteilt mit einem Durchschnitt von 260 min und einer Standardabweichung von 50 min.

(i) Wie hoch ist die Wahrscheinlichkeit, dass ein Akku länger als 4 h hält?
(ii) Was sind die Quantile (die 25 und 75 % Werte) der Akkulaufzeit? und
(iii) Welcher Wert der Lebensdauer in Minuten wird mit % Wahrscheinlichkeit überschritten?

8.71. Die Dauer (in Minuten), die eine bestimmte Dame am Telefon spricht, ist eine Zufallsvariable, die durch die pdf als

$$f(x) = \begin{cases} k\,\mathrm{e}^{-0.2x}, & x \geq 0 \\ 0, & \text{Otherwise} \end{cases}$$

(i) Bewerten Sie A.
(ii) Wie hoch ist die Wahrscheinlichkeit, dass die Anzahl der Minuten, die sie am Telefon verbringt, (a) mehr als 10, (b) weniger als 5 und (c) zwischen 5 und 10 beträgt?

8.72. Eine bestimmte Art von Gerät benötigt im Durchschnitt alle zwei Jahre Reparaturen. Angenommen, die Zeiten zwischen den Reparaturen sind exponentiell verteilt, wie hoch ist die Wahrscheinlichkeit, dass ein solches Gerät mindestens drei Jahre ohne Reparatur auskommt?

8.73. Wenn X ~ EXP(5), ermitteln Sie (a) Zuverlässigkeitsfunktionen bei 2, 5 und 10 und (b) Gefährdungsfunktionen bei 2, 5 und 10. Zeichnen Sie außerdem die Zuverlässigkeitsfunktion und die Gefährdungsfunktion.

8.74. Die Lebensdauer einer mechanischen Baugruppe in einem Vibrationsversuch ist exponentiell verteilt mit einem Durchschnitt von 400 h.

(i) Wie hoch ist die Wahrscheinlichkeit, dass eine Baugruppe im Test in weniger als 100 h ausfällt?
(ii) Wie hoch ist die Wahrscheinlichkeit, dass eine Baugruppe mehr als 500 h vor dem Ausfall funktioniert?
(iii) Wenn eine Baugruppe 400 h ohne Ausfall im Test war, wie hoch ist die Wahrscheinlichkeit eines Ausfalls in den nächsten 100 h?

8.75. Die Lebensdauer von Automobilspannungsreglern hat eine exponentielle Verteilung mit einer durchschnittlichen Lebensdauer von 6 Jahren. Sie kaufen ein sechs Jahre altes Auto mit einem funktionierenden Spannungsregler und planen, es sechs Jahre lang zu besitzen. Wie hoch ist die Wahrscheinlichkeit, dass der Spannungsregler

(i) während Ihrer Besitzzeit ausfällt? und
(ii) seine Lebensdauer auf 8 Jahre überschreitet.

8.76. Angenommen, es ist bekannt, dass die Anzahl der in einer Fabrik während einer Woche produzierten Artikel eine Zufallsvariable mit einem Durchschnitt von 50 ist.

(i) Was kann über die Wahrscheinlichkeit gesagt werden, dass die Produktion dieser Woche 75 Artikel übersteigt?
(ii) Wenn die Varianz einer Wochenproduktion bekanntermaßen 25 beträgt, was kann dann über die Wahrscheinlichkeit gesagt werden, dass die Produktion dieser Woche zwischen 40 und 60 liegt?

8.77. Aus früherer Erfahrung weiß ein Professor, dass die Testpunktzahl eines Studenten bei seiner Abschlussprüfung eine Zufallsvariable mit einem Durchschnitt von 75 ist.

(i) Geben Sie eine obere Grenze für die Wahrscheinlichkeit an, dass die Testpunktzahl eines Studenten 85 übersteigt.
(ii) Wahrscheinlichkeit, dass die Testpunktzahl eines Studenten zwischen 65 und 85 liegt, wenn die Varianz der Punktzahl 36 beträgt.
(iii) Finden Sie a so, dass $P\{|X - 75| < a) \geq 0.90$.

8.78. Daten des Indian Meteorological Department (IMD) zeigen, dass der jährliche Niederschlag in Neu-Delhi normal ist mit einem Durchschnitt von 12,08 Zoll und einer Standardabweichung von 3,1 Zoll.

(i) Finden Sie die Wahrscheinlichkeit, dass der Gesamtniederschlag in den nächsten 2 Jahren 25 Zoll übersteigt.
(ii) Finden Sie die Wahrscheinlichkeit, dass der Niederschlag des nächsten Jahres den des folgenden Jahres um mehr als 3 Zoll übersteigt, unter der Annahme, dass die Niederschlagssummen für die nächsten 2 Jahre unabhängig sind.

8.79. Die folgenden sind die Mittenstärkenmessungen für 100 zufällig ausgewählte sphärische Spiegel (mm). Es wird angenommen, dass die Ziel-Mittenstärke 6,8 mm beträgt und die Spezifikationsgrenzen $\pm 0{,}2$ mm um das Ziel herum liegen.

6.904	6.732	6.610	6.808	6.795	6.802	6.826	6.787	6.665	6.765
6.844	6.706	6.799	6.714	6.767	6.827	6.962	6.702	6.829	6.769
6.767	6.833	6.978	6.713	6.827	6.644	6.853	6.635	6.917	6.761
6.830	6.764	6.832	6.778	6.767	6.711	6.682	6.726	6.891	6.769

6.784	6.922	6.671	6.762	6.977	6.751	6.617	6.822	6.843	6.758
6.785	6.814	6.764	6.773	6.797	6.908	6.715	6.831	6.942	6.781
6.740	6.884	6.820	6.855	6.848	6.797	6.835	6.798	6.832	6.730
6.914	6.829	6.782	6.740	6.999	6.859	6.797	6.802	6.811	6.869
6.910	6.792	6.807	6.870	6.730	6.843	6.773	6.817	6.903	6.767
6.768	6.754	6.668	6.871	6.804	6.776	6.716	6.898	6.858	6.672

(i) Führen Sie Normalitätsprüfungen mit den Daten durch.
(ii) Verwenden Sie die Stichprobenstandardabweichung s als Schätzung für σ, schätzen Sie C_p, C_{pk}, und P_p, P_{pk} und interpretieren Sie die Ergebnisse.
(iii) Ermitteln Sie das kurzfristige Sigma-Niveau des Prozesses

8.80. Ein Hersteller einer Vielzahl von Dichtungen, Dichtungen und O-Ringen, die in einer Reihe von Branchen verwendet werden, wie z. B. Automobil, chemische Verarbeitung, Ölraffinerie, Medizin und Luft- und Raumfahrt. Die O-Ringe werden nach zwei wichtigen Merkmalen klassifiziert: Querschnittsbreite und Innendurchmesser. Der spezielle O-Ring soll eine Querschnittsbreite von 0,275 Zoll und einen Innendurchmesser von 4,725 Zoll haben. Die unteren und oberen Spezifikationen für den Innendurchmesser betragen 4,692 und 4,758 Zoll. Das Unternehmen hat strenge Qualitätskontrollverfahren für alle seine O-Ring-Prozesse festgelegt. Die folgende Tabelle zeigt die Innendurchmesser-Messungen von O-Ring für 30 Untergruppen der Größe 5.

Untergruppen	X_1	X_2	X_3	X_4	X_5
1	4.7227	4.7274	4.7189	4.7201	4.7201
2	4.7204	4.7133	4.7111	4.7335	4.7279
3	4.7129	4.7219	4.7222	4.7384	4.7235
4	4.7275	4.7302	4.7430	4.7183	4.7221
5	4.7346	4.7314	4.7355	4.7237	4.7293
6	4.7228	4.7197	4.7383	4.7188	4.7114
7	4.7235	4.7289	4.7265	4.7290	4.7214
8	4.7253	4.7197	4.7313	4.7312	4.7197
9	4.7293	4.7449	4.7285	4.7369	4.7324
10	4.7268	4.7306	4.7381	4.7279	4.7259
11	4.7213	4.7340	4.7077	4.7353	4.7381
12	4.7224	4.7356	4.7304	4.7166	4.7213
13	4.7357	4.7241	4.7267	4.7288	4.7363
14	4.7229	4.7160	4.7274	4.7295	4.7221
15	4.7145	4.7231	4.7349	4.7288	4.7253
16	4.7311	4.7262	4.7278	4.7322	4.7304
17	4.7096	4.7229	4.7329	4.7201	4.7299
18	4.7231	4.7262	4.7296	4.7289	4.7167
19	4.7386	4.7366	4.7288	4.7321	4.7183
20	4.7251	4.7400	4.7191	4.7162	4.7288
21	4.7297	4.7125	4.7137	4.7262	4.7206

Untergruppen	X_1	X_2	X_3	X_4	X_5
22	4.7223	4.7120	4.7294	4.7372	4.7200
23	4.7242	4.7282	4.7362	4.7401	4.7343
24	4.7233	4.7259	4.7243	4.7275	4.7360
25	4.7236	4.7243	4.7296	4.7225	4.7368
26	4.7319	4.7255	4.7251	4.7283	4.7251
27	4.7100	4.7234	4.7156	4.7233	4.7370
28	4.7275	4.7161	4.7281	4.7256	4.7263
29	4.7212	4.7198	4.7334	4.7225	4.7241
30	4.7263	4.7379	4.7124	4.7308	4.7200

(i) Überprüfen Sie, ob die zu untersuchende Eigenschaft normal ist,
(ii) Führen Sie eine Prozessfähigkeitsstudie durch und interpretieren Sie die Ergebnisse, und
(iii) Finden Sie das kurzfristige Sigma-Niveau des Prozesses

Literatur

1. Abramowitx, M., Stegun, I.A.: Handbook of Mathematical functions. Applied Mathematics Series 55. National Bureau of Standards, Washington (1968)
2. Bovee, C.L., Thill, J.V.: Marketing. McGraw-Hill, New York (1992)
3. Casella, G., Berger, R.L.: Statistical Inference. Thompson Learning, Duxburry (2002)
4. Finch, B.J.: A new way to listen to the customer. Qual. Prog. **30**, 73–76 (1997)
5. Gryna, F.M., Chua, R.C.H., Defeo, J.A.: Juran's Quality Planning & Analysis for Enterprise Quality, 5. Aufl. Tata McGraw-Hill, New Delhi (2007)
6. Hutson, F.G.: Cause, effect, efficiency & soft systems models. J. Oper. Res. Soc. **44**(4), 333–344 (1992)
7. Ishikawa, K: Guide to Quality Control. Asian Productivity Organization (1976). ISBN 92-833-1036-5
8. Kubiak, T.M., Benbow, D.W.: The Certified Six Sigma Black Belt Handbook, 2. Aufl. Dorling Kindersley (India) Pvt. Ltd., New Delhi (2010)
9. Meeker, W.Q., Escobar, L.A.: Statistical methods for reliability data. Wiley, New York (1998)
10. Montgomery, D.C.: Introduction to Statistical Quality Control. Wiley, India (2003)
11. Montgomery, D.C., Runger, G.C.: Applied Statistics and Probability for Engineers. Wiley, New Delhi (2011)
12. Muir, A.: Lean Six Sigma way. McGraw-Hill, New York (2006)
13. Muralidharan, K.: On Sample size calculation. J. Math. Interdisc. Sci. **3**(1) (2014)
14. Muralidharan, K., Syamsundar, A.: Statistical Methods for Quality, Reliability and Maintainability. PHI, New Delhi (2012)
15. Murthy, D.N.P., Xie, M., Jiang, R.: Weibull Models. Wiley Inter Science, New Jersey (2004)
16. Oakland, J.S.: Statistical Process Control. Elsevier, New Delhi (2005)
17. Pande, P.S., Newuman, R.P., Cavanagh, R.R.: The Six Sigma way. Tata McGraw-Hill, New Delhi (2003)
18. Rinne, H.: The Weibull Distribution: A Handbook. Taylor and Francis Group, LLC, New York (2009)
19. Ross, S.M.: Introduction to Probability and Statistics for Engineers and Scientists. Academic Press, Elsevier, Amsterdam (2009)

Kapitel 9
Analysephase

Aufgaben und Liefererergebnisse der Analysephase

- Validieren Sie Lücken in den Anforderungen im Vergleich zu aktuellen Metriken mit wesentlichen Ursachen
- Quantifizieren Sie die Möglichkeit, Lücken zu schließen
- Priorisieren Sie die Hauptursachen und identifizieren Sie die am meisten beitragende
- Erstellen Sie ein angemessenes Prozessmodell in Bezug auf $y = f(x)$
- Schlagen Sie mögliche Beziehungen und Assoziationen zwischen Kontrollvariablen vor
- Identifizieren Sie die am meisten beitragenden KPIVs und KPOVs durch statistische Analyse
- Testen Sie die Bedeutung verschiedener KPIVs auf KPOVs
- Führen Sie eine überarbeitete Ursachenanalyse durch, um die wesentlichen Ursachen zu identifizieren

9.1 Prozessmapping

In jedem Six Sigma Verbesserungsprojekt ist das Verständnis des Prozesses unerlässlich. Die Prozesskarte und das Flussdiagramm sind daher sehr häufig in der Messphase. Sie werden auch in der Analysephase zur Identifizierung von Verbesserungspotenzialen im Vergleich zu ähnlichen Prozessen und in der Kontrollphase zur Institutionalisierung der am Prozess vorgenommenen Änderungen verwendet. Flussdiagramme können in Bezug auf die Komplexität enorm variieren, von den einfachsten bis zu sehr fortgeschrittenen Diagrammen. Bei der Verbesserung der Variation wird oft ein einfaches Flussdiagramm in der Messphase

K. Muralidharan, *Six Sigma für organisatorische Exzellenz*,
https://doi.org/10.1007/978-81-322-4001-3_9

angewendet, um die *X*s (Eingabevariablen) und *Y* (Ausgabevariable) des zu verbessernden Prozesses oder Produkts zu kartieren.

Für Qualitätssysteme ist es vorteilhaft, die Systemstruktur und -beziehungen mit Hilfe von Flussdiagrammen darzustellen. Ein Flussdiagramm bietet ein Bild der Schritte, die zum Verständnis eines Prozesses benötigt werden. Flussdiagramme werden in der Industrie weit verbreitet eingesetzt und sind zu einem Schlüsselwerkzeug in der Entwicklung von Informationssystemen, Qualitätsmanagementsystemen und Mitarbeiterhandbüchern geworden. Der Hauptwert des Flussdiagramms liegt in der Identifizierung und Kartierung von Aktivitäten in Prozessen, so dass die Hauptströme von Produkten und Informationen visualisiert und allen bekannt gemacht werden. Abb. 9.1 zeigt einen solchen Prozess, bei dem der Informationsfluss durch Lieferant und Kunde etabliert wird; während der natürliche Informationsfluss in einer phasenweisen Weise durch S–I–P–O–C erfolgt.

Der Informationsfluss hilft einem, den Prozessfluss durch SIPOC zu verstehen, Zykluszeitprobleme zu bewältigen und Möglichkeiten zur Reduzierung der Prozesskosten zu identifizieren. Eine Alternative (oder Ergänzung) zu einem detaillierten Prozessflussdiagramm ist eine hochrangige *Prozesskarte,* die nur einige wenige wichtige Prozessschritte als Aktivitätssymbole zeigt. Für jedes dieser Symbole werden auf einer Seite des Symbols die Schlüsselprozesseingabevariablen (KPIVs) zur Aktivität aufgelistet, während auf der anderen Seite des Symbols die Schlüsselprozessausgabevariablen (KPOVs) zur Aktivität aufgelistet sind. Beachten Sie, dass ein KPIV ein CTQ_X und ein KPOV ein CTQ_Y sein kann. Die beste Methode zur Identifizierung von Ursachen und Wirkungen eines Problems ist das Prinzip des Brainstormings.

9.2 Brainstorming

Brainstorming ist eine einfache, aber effektive Technik zur Generierung vieler Ideen innerhalb einer Gruppe von Menschen in kurzer Zeit, um ein gegebenes Problem zu lösen [30, 34]. Es hilft auch, die Ursachen eines Problems durch die

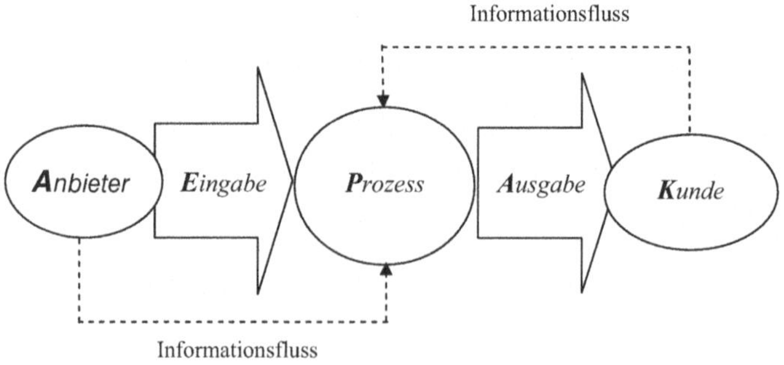

Abb. 9.1 Informationsfluss durch einen Prozess

gemeinsamen Anstrengungen der mit der Problemlösung verbundenen Personen zu ergründen. Brainstorming ist notwendig:

- Um eine Lösung für ein spezifisches Problem zu finden
- Um Gegenmaßnahmen vorzuschlagen, wenn das Ziel nicht erreicht wurde
- Um ein Thema auszuwählen
- Um die Ursachen eines spezifischen Problems zu finden.

Die *Prinzipien des Brainstormings* beinhalten die folgenden Verfahren:

- Das einzigartige Wissen jedes Teilnehmers wird genutzt, um neue Erkenntnisse zu entwickeln
- Die Aufschiebung der Bewertung schafft das geeignete psychologisch sichere Klima für die Ideenfindung
- Die Ideen eines Teilnehmers lösen oft Ideen in den Gehirnen anderer Gruppenmitglieder aus
- Freie Assoziation fördert fruchtbare Ideenfindung
- Der Druck von zeitgebundenen Sitzungen in einer nicht bedrohlichen Atmosphäre ist förderlich für eine hohe Produktivität von Ideen.

Die *Schritte zum Brainstorming* sind

- Wählen Sie das Thema
- Jedes Mitglied wird reihum um Ideen gebeten
- Jedes Mitglied bietet pro Runde nur eine Idee an, unabhängig davon, wie viele es im Kopf hat
- Dies geht so lange weiter, bis alle Ideen ausgeschöpft sind
- Ideen sollen aufgezeichnet und auf transparenten Blättern angezeigt werden.

Ein *effektives Brainstorming:*

- Geben Sie jedem die Möglichkeit zu sprechen
- Kritisieren Sie keine Ideen
- Zeichnen Sie alle Ideen auf
- Erweitern Sie Ideen und verwenden Sie sie, um weitere Ideen zu entwickeln
- Erlauben Sie freie Äußerung in jeder Sprache, in der die Person am bequemsten ist, um die Idee zu geben.

Einige *Schlüsselpunkte,* die besondere Aufmerksamkeit erfordern, sind wie folgt:

- Machen Sie die Teilnehmer mit der Technik des Brainstormings vertraut
- Erhalten Sie das Engagement des Managements, um die Entwicklung und Umsetzung wertvoller Ideen zu fördern
- Legen Sie geeignete Kriterien fest, um die als wertvoll erachteten Ideen zu bewerten
- Screenen Sie alle generierten Ideen
- Halten Sie die Teilnehmer über die endgültige Auswahl der Ideen und die eingeleiteten Maßnahmen auf dem Laufenden.

Die *Vorteile des Brainstormings* können wie folgt zusammengefasst werden

- Einzelne können begrenzte Ideen generieren, und die Gruppe produziert mehr Ideen
- Ideen werden von Mitgliedern verbessert
- Die Anwesenheit anderer erhöht die Kreativität
- Durch das Zusammenkommen als Gruppe wird das Bündeln von Ideen und Ressourcen ermöglicht

Nach einem erfolgreichen Brainstorming haben wir nun viele Ideen und Inputs, die uns helfen, die Ursachen des Problems zu identifizieren. Zur Organisation potenzieller Ursachen können wir ein Ursache-Wirkungs-Diagramm verwenden (siehe Abschn. 8.9.3), FMEA, Baumdiagramm oder ein Affinitätsdiagramm. Als nächstes werden wir die FMEA-Techniken und verschiedene statistische Werkzeuge zur Analyse derselben diskutieren. Am Ende dieses Kapitels werden wir die Ursachenanalyse und ihre praktische Bedeutung in Six Sigma-Projekten diskutieren.

9.3 Fehlermöglichkeits- und -einflussanalyse

Die Fehlermöglichkeits- und -einflussanalyse (FMEA) ist ein Satz von Richtlinien, ein Prozess und eine Form zur Identifizierung und Priorisierung potenzieller Fehler und Probleme, um die Prozessverbesserung zu erleichtern [1, 2, 21, 23, 26]. Diese Richtlinien helfen einem Manager, einem Verbesserungsteam oder einem Prozesseigner, sich auf die Energie und Ressourcen der Prävention zu konzentrieren und die Aktivitäten eines Prozesses zu überwachen, wo sie am wahrscheinlichsten Erfolg haben. Die FMEA-Methode hat viele Anwendungen in einer Six Sigma-Umgebung in Bezug auf die Suche nach Problemen nicht nur in Arbeitsprozessen und Verbesserungen, sondern auch in Datenerfassungsaktivitäten, VOC-Bemühungen und Verfahren.

Es gibt zwei Arten von FMEA: eine ist Design-FMEA und die andere ist Prozess-FMEA. Anwendungen von Design-FMEA umfassen hauptsächlich Komponenten, Teilsysteme und Hauptsysteme. Anwendungen von Prozess-FMEA umfassen Montagemaschinen, Arbeitsstationen, Messgeräte, Beschaffung, Schulung von Bedienern und Tests (Tab. 9.1).

Die wichtigsten Vorteile, die aus einer ordnungsgemäß implementierten FMEA resultieren, sind wie folgt:

1. Sie bietet eine dokumentierte Methode zur Auswahl eines Designs mit hoher Wahrscheinlichkeit für erfolgreichen Betrieb und Sicherheit.
2. Eine dokumentierte einheitliche Methode zur Bewertung potenzieller Ausfallmechanismen, Ausfallmodi und deren Auswirkungen auf den Systembetrieb, was zu einer Liste von Ausfallmodi führt, die nach der Schwere ihrer Systemauswirkungen und der Wahrscheinlichkeit ihres Auftretens geordnet sind.

Tab. 9.1 Eine FMEA-Tabelle

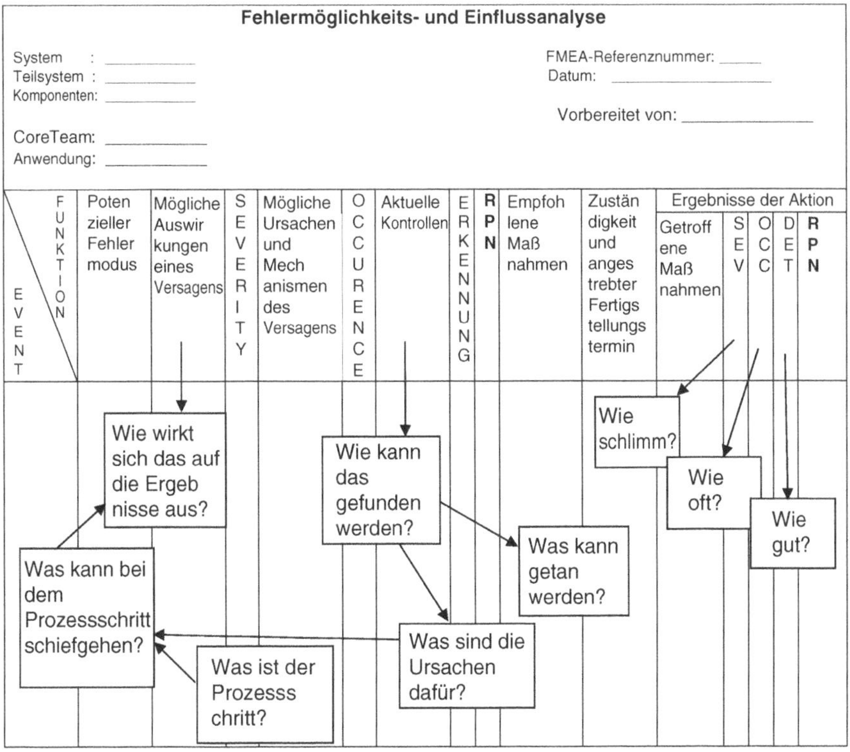

3. Frühe Identifizierung von einzelnen Ausfallpunkten (SFPs) und System-Schnittstellenproblemen, die für den Erfolg und/oder die Sicherheit einer Mission kritisch sein können. Sie bieten auch eine Methode zur Überprüfung, dass das Umschalten zwischen redundanten Elementen nicht durch postulierte Einzelausfälle gefährdet wird.
4. Eine effektive Methode zur Bewertung der Auswirkungen von vorgeschlagenen Änderungen im Design und/oder den Betriebsverfahren auf den Erfolg und die Sicherheit der Mission.
5. Eine Grundlage für In-Flight-Fehlerbehebungsverfahren und für die Positionierung von Leistungsüberwachungs- und Fehlererkennungsgeräten.
6. Ein Kriterium für die frühzeitige Planung von Tests.

Die FMEA sollte aktualisiert werden, wann immer:

- Ein neuer Zyklus beginnt (neues Produkt/Prozess)
- Änderungen an den Betriebsbedingungen vorgenommen werden
- Eine Änderung im Design vorgenommen wird
- Neue Vorschriften eingeführt werden
- Kundenfeedback auf ein Problem hinweist (Tab. 9.2).

Tab. 9.2 Definitionen der Bewertung

Bewertung	Schweregrad	Vorkommen	Erkennung
Hoch 10	Gefährlich ohne Warnung	Sehr hoch und fast unvermeidlich	Nicht nachweisbar oder Nachweis mit sehr geringer Wahrscheinlichkeit
	Verlust der Primärfunktion	Hohe wiederholte Ausfälle	Entfernte oder geringe Wahrscheinlichkeit der Entdeckung
	Verlust der Sekundärfunktion	Mäßige Ausfälle	Geringe Entdeckungswahrscheinlichkeit
	Geringfügiger Mangel	Gelegentliche Ausfälle	Mäßige Entdeckungswahrscheinlichkeit
Niedrig 1	Keine Wirkung	Scheitern unwahrscheinlich	Fast sichere Entdeckung

9.3.1 Design FMEA

Innerhalb einer Design-FMEA ist der Input von Fertigungs- und/oder Prozessingenieuren wichtig, um sicherzustellen, dass der Prozess gemäß den Designspezifikationen produziert. Ein Team sollte in Erwägung ziehen, sachkundige Vertreter aus den Bereichen Design, Test, Zuverlässigkeit, Materialien, Service und Fertigungs-/Prozessorganisationen einzubeziehen. Bei Beginn einer Design-FMEA erstellt der verantwortliche Design-Ingenieur Dokumente, die Einblick in die Designabsicht geben. Die Designabsicht wird als Liste dessen ausgedrückt, was das Design tun soll.

Die Design-FMEA hat die folgenden Komponenten, wie unten beschrieben:

- *Kopfzeileninformationen:* Dokumentiert das System/Untersystem/Komponente und liefert weitere Informationen darüber, wann die FMEA erstellt wurde und von wem.
- *Artikel/Funktion:* Enthält den Namen und die Nummer des analysierten Artikels. Beinhaltet eine präzise, genaue und leicht verständliche Erklärung der Funktion der Artikelaufgabe.
- *Potenzieller Ausfallmodus:* Beschreibt die Wege, auf denen ein Design seine beabsichtigte Funktion nicht erfüllen könnte.
- *Potenzielle Auswirkung des Ausfalls:* Enthält die Auswirkungen des Ausfallmodus auf die Funktion aus Sicht des internen oder externen Kunden.
- *Schweregrad:* Bewertet die Schwere der Auswirkung des potenziellen Ausfallmodus auf die nächste Komponente, das Untersystem oder das System, wenn er auftreten sollte. Die Schätzung basiert in der Regel auf einer Skala von 1–10, wobei 10 am schwersten, 5 niedrig und 0 keine Auswirkung ist.

- *Klassifizierung:* Enthält optionale Informationen wie kritische Merkmale, die zusätzliche Prozesskontrollen erfordern können.
- *Potenzielle Ursache des Ausfalls:* Zeigt eine Designschwäche, die den potenziellen Ausfallmodus verursacht.
- *Auftreten:* Schätzt die Wahrscheinlichkeit, dass eine bestimmte Ursache auftritt. Die Schätzung basiert in der Regel auf einer Skala von 1–10, wobei 10 sehr hoch ist (Ausfall ist fast unvermeidlich), 5 niedrig und 1 entfernt ist (Ausfall ist unwahrscheinlich).
- *Aktuelle Designkontrollen:* Listet Aktivitäten wie Designverifikationstests, Designreviews, DOEs und Toleranzanalysen auf, die die Auftretenskriterien sicherstellen.
- *Erkennung:* Bewertung der Fähigkeit der aktuellen Designkontrolle, den nachfolgenden Ausfallmodus zu erkennen. Die Bewertung basiert auf einer Skala von 1–10, wobei 10 absolute Unsicherheit ist (es gibt keine Kontrolle), 5 moderat ist (moderate Chance, dass die Designkontrolle eine potenzielle Ursache erkennt), 1 fast sicher ist (Designkontrolle wird fast sicher eine potenzielle Ursache erkennen).
- *Risikoprioritätszahl (RPN):* Produkt aus Schweregrad, Auftreten und Erkennungsrang. Die Rangfolge der RPN priorisiert Designanliegen.
- *Empfohlene Aktion:* Die Absicht dieses Eintrags besteht darin, Maßnahmen einzuleiten.
- *Verantwortung für empfohlene Aktion:* Dokumentiert die organisatorische und individuelle Verantwortung für die empfohlene Aktion.
- *Ergriffene Maßnahmen:* Beschreibt die Umsetzungsmaßnahme und das wirksame Datum.
- *Resultierende RPN:* Enthält die neu berechnete RPN, die sich aus Korrekturmaßnahmen ergibt, die die vorherigen Schweregrad-, Auftretens- und Erkennungsrangfolgen beeinflusst haben. Leerstellen deuten auf keine Aktion hin.

9.3.2 Prozess-FMEA

Für eine Prozess-FMEA ist der Input des Design-Engineering wichtig, um einen angemessenen Fokus auf die wichtigen Designanforderungen zu gewährleisten. Ein Team sollte in Erwägung ziehen, sachkundige Vertreter aus Design, Fertigung/ Prozess, Qualität, Zuverlässigkeit, Werkzeugbau und Bedienern einzubeziehen.

Die Vorteile der Prozess-FMEA sind, dass sie

- Die Qualität, Zuverlässigkeit und Sicherheit eines Produkts/Prozesses verbessern
- Das Firmenimage und die Wettbewerbsfähigkeit verbessern
- Die Kundenzufriedenheit erhöhen
- Die Systementwicklungszeit und -kosten reduzieren

- Informationen sammeln, um zukünftige Ausfälle zu reduzieren und technisches Wissen zu erfassen
- Das Potenzial für Garantieprobleme reduzieren
- Frühe Identifizierung und Eliminierung potenzieller Fehlermodi
- Problemverhütung betonen
- Späte Änderungen und damit verbundene Kosten minimieren
- Als Katalysator für Teamarbeit und Ideenaustausch zwischen Funktionen wirken
- Die Möglichkeit der gleichen Art von Ausfall in der Zukunft reduzieren
- Die Auswirkungen auf die Gewinnspanne des Unternehmens reduzieren
- Die Produktionsausbeute verbessern.

Eine FMEA bietet somit eine strukturierte Möglichkeit, alle möglichen Fehlermodi in einem Prozess zu identifizieren. Das heißt, sie identifiziert zunächst alle Möglichkeiten, wie der Prozess versagen kann, das zu tun, was er tun soll. Dann bestimmt die Effektanalyse die Auswirkungen jedes Ausfalls auf andere Aktivitäten und Ergebnisse. Die FMEA ordnet auch die Ursachen und Auswirkungen von Ausfällen nach Priorität und kann sowohl auf ein Produkt oder eine Dienstleistung als auch auf einen Prozess angewendet werden.

Nachdem die Ursachen und Auswirkungen identifiziert wurden, besteht der nächste Schritt darin, die Variablen zu identifizieren, die wirklich kritisch für die Sicherstellung der Qualität des Prozesses sind. Dafür führen wir eine detaillierte Analyse durch statistische Methoden durch. Ab dem nächsten Abschnitt werden wir einige der wichtigen statistischen Werkzeuge und ihre Implementierungsverfahren studieren, um die CTQ_Xs und CTQ_Ys zu identifizieren, die durch die FMEA-Techniken ermittelt wurden. Dieses Kapitel endet mit der Diskussion der Ursachenanalyse, in der wir die Empfehlungen für jedes Analysewerkzeug für weitere Untersuchungen und kritische Analysen vorschlagen. Kap. 10 diskutiert einige andere fortgeschrittene statistische Werkzeuge zur Identifizierung und Verbesserung der CTQ_Xs, die eine Plattform für die Kontrolle und Aufrechterhaltung des Verbesserungsprozesses schaffen werden.

9.4 Histogramm und Normalverteilung

Ein Histogramm fasst Daten aus einem Prozess zusammen und stellt die Häufigkeitsverteilung grafisch in Balkenform dar. Es hilft, die Fragen zu beantworten: Ist der Prozess in der Lage, die Kundenanforderungen zu erfüllen? und Beschreiben die verarbeiteten CTQ_Xs am besten die CTQ_Ys? Ein *Histogramm* besteht aus einer Reihe von Rechtecken, deren Grundflächen auf einer horizontalen Achse (x-Achse) liegen, mit Zentren an den Klassenmarken und Längen gleich den Klassenintervallgrößen und Flächen proportional zu den Klassenfrequenzen (y-Achse). Wenn alle Klassenintervalle eine gleiche Größe haben, sind die Höhen der Rechtecke proportional zu den Klassenfrequenzen und es ist dann üblich, die Höhen numerisch gleich den Klassenfrequenzen zu nehmen. Wenn die Klassenintervalle nicht eine gleiche Größe haben, müssen diese Höhen angepasst werden.

Ein *Frequenzpolygon* ist ein Liniendiagramm der Klassenfrequenz, das gegen die *Klassenmarke* (Mittelpunkt des Klassenintervalls) aufgetragen ist. Es kann erhalten werden, indem die Mittelpunkte der Oberseiten der Rechtecke im Histogramm verbunden werden. Wenn die Mittelpunkte der Rechtecke in einem Histogramm mit einer freihändigen Zeichnung verbunden werden, dann erhalten wir eine Frequenzkurve. Ein Histogramm mit Normalverteilungskurve ist in Abb. 9.2 dargestellt.

9.4.1 Wahrscheinlichkeitsdiagramme

Wahrscheinlichkeitsdiagramme sind ein wichtiges Werkzeug zur Analyse von Prozessdaten und werden insbesondere verwendet, um

- Die Angemessenheit eines bestimmten Verteilungsmodells zu beurteilen (*Güte-der-AnpassungTest*)
- Grafische Schätzungen von Wahrscheinlichkeiten und Verteilungsquantilen zu liefern
- Die Ergebnisse einer parametrischen Maximum-Likelihood-Anpassung zusammen mit den Daten anzuzeigen.

Die Idee des Wahrscheinlichkeitsdiagramms ist folgende: Wenn x_i die $i$te Ordnungsstatistik einer Stichprobe aus einer Verteilung $F(x)$ ist, dann werden die Punkte $\left(F^{-1}\left(\frac{i}{n}\right), x_{(i)}\right), i = 1, 2, \ldots, n$ um eine Gerade mit der Steigung 1 und durch den Ursprung gestreut sein. Im Allgemeinen, wenn die wahre CDF $F\left(\frac{x-\mu}{\sigma}\right)$ ist und ihr $p$tes Fraktil als $x_p = \mu + \sigma F^{-1}(p)$ hat, dann werden die Punkte $\left(F^{-1}\left(\frac{i}{n}\right), x_{(i)}\right), i = 1, 2, \ldots, n$ um eine Gerade mit dem Achsenabschnitt μ und der Steigung σ gestreut sein.

Da der erwartete Wert von $F\left(x_{(i)}\right)$ gleich $i/(n+1)$ ist, wird die Plotposition auf $p_i = i/(n+1)$ gesetzt, entsprechend $x_{(i)}$. Die andere Plotposition könnte

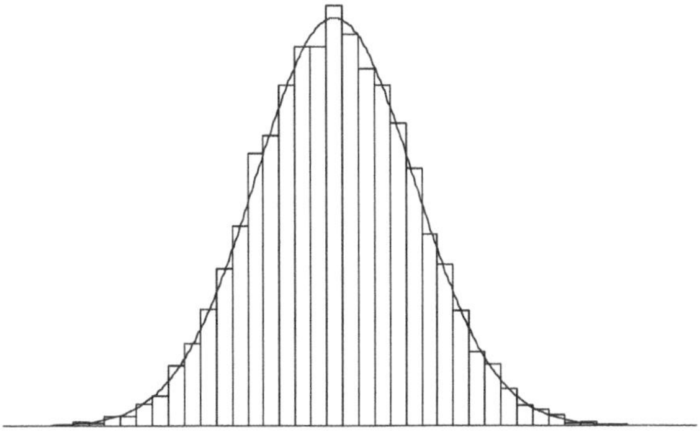

Abb. 9.2 Histogramm mit Normalverteilungskurve

$p_i = (i - 0{,}5)/n$ sein. Für Details siehe [5, 6, 24]. Die Schätzungen von Achsenabschnitt und Steigung helfen weiterhin, die Parameter in einem Wahrscheinlichkeitsmodell grafisch zu schätzen. In Ermangelung anderer Schätzer kann man diese für die Modellierung und Inferenzen verwenden. Das grafische Verfahren hilft auch, die Eignung eines Modells zu beurteilen und wird daher als Güte-der-Anpassungsverfahren verwendet. Insbesondere das Normalverteilungs-Wahrscheinlichkeitsdiagramm ist sehr wichtig für Fähigkeitsstudien und Leistungsstudien in der Qualitätskontrolle, was im Folgenden diskutiert wird.

9.4.2 *Normalverteilungs-Wahrscheinlichkeitsdiagramm*

Das am häufigsten verwendete Wahrscheinlichkeitsdiagramm ist das Normaldiagramm. Wie bereits erwähnt, hilft dieses Diagramm analytisch zu beurteilen, wie angemessen ein bestimmtes Verteilungsmodell ist. Die Quantilsfunktion für die Normalverteilung ist

$$x_p = \mu + \sigma \Phi^{-1}(p), \tag{9.1}$$

wo $\Phi^{-1}(p)$ das $p$te Quantil der Standardnormalverteilung ist. Dann gibt das Diagramm von $x_{(i)}$ gegen $\Phi^{-1}\left(\frac{i}{n}\right), i = 1, 2, \ldots, n-1$ ein Geradendiagramm. Da $\Phi^{-1}\left(\frac{n}{n}\right) = \infty$, ist es besser, die Koordinate $\Phi^{-1}\left(\frac{i}{n+1}\right)$ oder $\Phi^{-1}\left(\frac{i-3/8}{n+1/4}\right)$ zu betrachten (siehe [41]). Die Steigung der Linie auf der Beobachtungs- gegen Quantilskala ist $(1/\sigma)$. Jedes normale CDF wird als Gerade mit positiver Steigung dargestellt.

Beispiel 9.1 Aus einem Herstellungsprozess wird eine Stichprobe von 120 Kolbenringen entnommen und ihre Durchmesser werden wie in den untenstehenden Daten angegeben beobachtet:

Ringdurchmesser (in mm)	Anzahl der Kolbenringe
73.980–73.985	6
73.985–73.990	10
73.990–73.995	19
73.995–74.000	23
74.000–74.005	22
74.005–74.010	22
74.010–74.015	13
74.015–74.020	5

Bereiten Sie ein Normalwahrscheinlichkeitsdiagramm vor.

Lösung Um die Normalität zu überprüfen, erstellen wir die kumulative Häufigkeitstabelle wie folgt:

Ringdurchmesser ($x_{(i)}$)	Anzahl der Kolbenringe	Kumulative Häufigkeit (CF)	CF/(N + 1) * 100
73,9825	6	6	4,958678
73,9875	10	16	13,22314
73,9925	19	35	28,92562
73,9975	23	58	47,93388
74,0025	22	80	66,1157
74,0075	22	102	84,29752
74,0125	13	115	95,04132
74,0175	5	120	99,17355

Dann wird das Diagramm von $x_{(i)}$ gegen $\Phi^{-1}\left(\frac{i}{n}\right) = \frac{\mathrm{CF}}{N+1} \times 100$ in Abb. 9.3 gezeigt.

Fazit. Da alle Punkte auf einer geraden Linie liegen, kann man schlussfolgern, dass der Ringdurchmesser normal verteilt ist.

Ein Normalwahrscheinlichkeitsdiagramm kann auch erstellt werden, indem die entsprechenden Normalwerte wie folgt erzeugt werden:

- Ordnen Sie die Daten von klein nach groß
- Finden Sie Mittelwert und Standardabweichung der Daten
- Berechnen Sie $Z_i = \frac{x_i - \bar{x}}{\sigma}, i = 1, 2, \ldots, n$
- Plotten Sie die Punkte und beurteilen Sie die Linearität

Beispiel 9.2 Eine wichtige Qualitätsmerkmal bei einer Bronzeguss ist der Kupferanteil im Guss. Angenommen, Kupferbestimmungen werden an Proben von drei Güssen durchgeführt, wie in Tab. 9.3 gezeigt.

Führen Sie einen Normalitätscheck für die Daten durch.

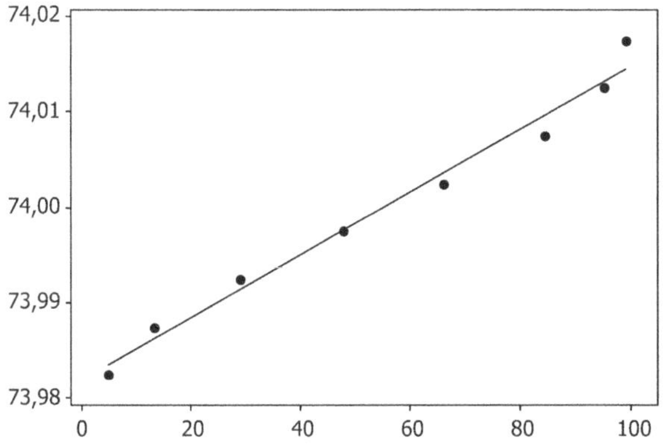

Abb. 9.3 Normalwahrscheinlichkeitsdiagramm für Kolbenringe

Tab. 9.3 Daten zu Kupferbestimmungen

Sup Gruppe	x_1	x_2	x_3
1	87,15	86,97	86,69
2	87,07	87,20	86,95
3	86,58	87,03	86,54
4	87,62	86,89	87,23
5	86,93	87,34	86,81
6	86,58	86,75	86,55
7	87,43	87,06	86,78
8	87,54	87,29	87,45
9	87,16	86,71	86,87
10	87,25	87,38	87,23
11	87,31	86,52	86,27
12	86,60	86,62	87,49
13	87,22	87,51	87,31
14	86,85	87,99	87,28
15	87,29	86,35	87,13
16	86,85	86,90	87,49
17	87,23	86,81	86,95
18	86,90	86,01	86,52
19	87,18	86,96	86,97
20	87,07	87,06	86,99
21	87,13	87,88	86,56
22	86,77	87,34	86,90
23	86,68	87,74	87,30
24	87,52	87,72	86,94
25	86,96	87,45	87,05

Lösung Die Wahrscheinlichkeitsdiagramme in MINITAB sind in Abb. 9.4 dargestellt. Beachten Sie, dass der p-Wert in jedem Fall größer als 0,05 ist. Daher wird die Annahme der Normalität in allen drei Fällen akzeptiert.

9.5 Parameter Schätzung

Der Prozess, Schlussfolgerungen über die Beschaffenheit eines Systems auf der Grundlage von Daten zu ziehen, die zufälligen Schwankungen unterliegen, wird als *statistische Inferenz* bezeichnet. Nach Cox [10], Freedman [16], Casella und Berger [9] und Young und Smith [40] beginnt eine statistische Inferenz mit der Suche nach einer geeigneten Schätzung des interessierenden Parameters. Schätzungen können als deskriptive Zusammenfassung des Datensatzes betrachtet werden. Diese Schätzungen werden verwendet, um Schlussfolgerungen über das zugrunde liegende Wahrscheinlichkeitsmodell zu ziehen. Es gibt zwei Ansätze zur

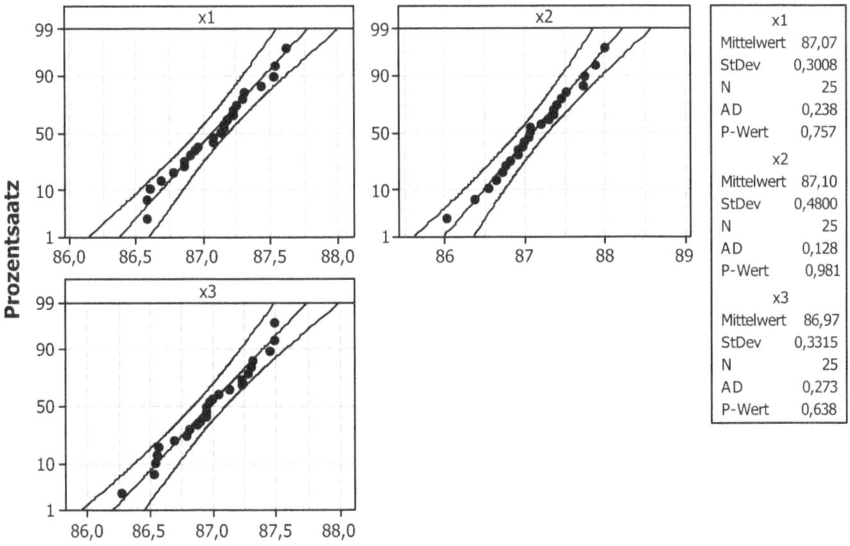

Abb. 9.4 Normalwahrscheinlichkeitsdiagramm für Kupferbestimmungen

Schätzung und mehrere Methoden für jeden von ihnen. Sie sind *Punktschätzung* und *Intervallschätzung*. Bei der Punktschätzung wird ein numerischer Wert für den Parameter θ berechnet. Bei der Intervallschätzung wird ein Bereich so bestimmt, dass dieser Bereich den wahren Vektor θ mit einer festgelegten und vorbestimmten Wahrscheinlichkeit $1 - \alpha$, genannt *Konfidenzniveau,* abdeckt. Dieser Bereich ist ein Intervall, daher der Name Intervallschätzung.

9.5.1 Punktschätzung

Jede Statistik, die verwendet wird, um den Wert eines unbekannten Parameters θ zu schätzen, wird als *Schätzer* bezeichnet. Der beobachtete Wert des Schätzers wird als *Schätzung* bezeichnet. Seien $X_1, X_2, \ldots, X_n$ die Stichprobenvariablen und x_i die Realisierung von X_i in einer gegebenen Stichprobe. Dann wird $T_n = T(X_1, X_2, \ldots, X_n)$ als Schätzer bezeichnet und ist eine Zufallsvariable, und der durch die Realisierung erhaltene numerische Wert, sagen wir $\hat{\theta} = t(x_1, x_2, \ldots, x_n)$, wird als Schätzung bezeichnet.

Es stehen viele Methoden zur Schätzung zur Verfügung. Eine der beliebtesten Methoden zur Schätzung ist die Methode der maximalen Wahrscheinlichkeitsschätzung, da sie eine Reihe von Eigenschaften eines Schätzers erfüllt.

Maximum-Likelihood-Schätzung. Nehmen wir an, dass die Zufallsvariablen $X_1, X_2, \ldots, X_n$, deren gemeinsame Verteilung, $f(x_1, x_2, \ldots, x_n)$ als bekannt angenommen wird, mit Ausnahme eines unbekannten Parameters θ, beobachtet werden sollen. Das Problem von Interesse besteht darin, die beobachteten Werte zur Schätzung von θ zu verwenden. Da θ als unbekannt angenommen wird, schreiben wir $f(.)$ als Funktion von θ. Dann ist die Maximum-Likelihood-Schätzung (MLE) $\hat{\theta}$ definiert als der Wert von θ, der $f(x_1, x_2, \ldots, x_n|\theta)$ maximiert, wobei $x_1, x_2, \ldots, x_n$ die beobachteten Werte sind. Die Funktion $f(x_1, x_2, \ldots, x_n|\theta)$ wird oft als die *Likelihood-Funktion* von θ bezeichnet.

9.5.1.1 Maximum-Likelihood-Schätzung in exponentieller Population

Angenommen $X_1, X_2, \ldots, X_n$ sind unabhängige und identisch verteilte exponentielle Zufallsvariablen, die alle den gleichen unbekannten Mittelwert θ haben. In diesem Fall wird die gemeinsame Dichtefunktion gegeben durch

$$\begin{aligned} f(x_1, x_2, \ldots, x_n) &= f_{X_1}(x_1) f_{X_2}(x_2) \ldots f_{X_n}(x_n) \\ &= \frac{1}{\theta} e^{-x_1/\theta} \frac{1}{\theta} e^{-x_2/\theta} \ldots \frac{1}{\theta} e^{-x_n/\theta} \\ &= \frac{1}{\theta^n} \exp\left\{-\sum_{i=1}^{n} x_i/\theta\right\} \end{aligned} \tag{9.2}$$

Für die Bequemlichkeit der Maximierung betrachten wir die Log-Likelihood-Funktion als

$$\log L(\theta|\text{data}) = -n \log \theta - \frac{1}{\theta} \sum_{i=1}^{n} x_i$$

Dann wird die ML-Schätzung von θ erhalten durch die Lösung von $\frac{\partial \log L}{\partial \theta} = 0$. Und der Schätzer wird gegeben durch

$$\hat{\theta} = \frac{1}{n} \sum_{i=1}^{n} x_i \tag{9.3}$$

Beachten Sie, dass $\frac{\partial^2 \log L}{\partial \theta^2} < 0$. Daher ist $\hat{\theta} = \frac{1}{n} \sum_{i=1}^{n} x_i$ die MLE von θ.

9.5.1.2 Maximum-Likelihood-Schätzung in normaler Population

Angenommen $X_1, X_2, \ldots, X_n$ sind unabhängige und identisch verteilte normale Zufallsvariablen, die alle den gleichen unbekannten Mittelwert μ und unbekannte Standardabweichung σ haben. Die gemeinsame Dichtefunktion wird gegeben durch

$$\begin{aligned} f(x_1, x_2, \ldots, x_n|\mu, \sigma) &= f_{X_1}(x_1) f_{X_2}(x_2) \ldots f_{X_n}(x_n) \\ &= \left(\frac{1}{2\pi}\right)^{n/2} \frac{1}{\sigma^n} \exp\left\{-\frac{1}{2\sigma^2} \sum_{i=1}^{n} (x_i - \mu)^2\right\} \end{aligned} \tag{9.4}$$

Die Log-Likelihood-Funktion ist

$$\log f(x_1, x_2, \ldots, x_n|\mu, \sigma) = -\frac{n}{2}\log(2\pi) - n\log\sigma - \frac{1}{2\sigma^2}\sum_{i=1}^{n}(x_i - \mu)^2$$

Dann sind die ML-Schätzungen von μ und σ die Lösungen der Likelihood-Gleichungen:

$$\frac{\partial \log f(x_1, x_2, \ldots, x_n|\mu, \sigma)}{\partial \mu} = 0 \Rightarrow \frac{1}{\sigma^2}\sum_{i=1}^{n}(x_i - \mu) = 0$$

und

$$\frac{\partial \log f(x_1, x_2, \ldots, x_n|\mu, \sigma)}{\partial \sigma} = 0 \Rightarrow -\frac{n}{\sigma} + \frac{1}{\sigma^3}\sum_{i=1}^{n}(x_i - \mu)^2 = 0$$

Durch das Lösen der obigen Gleichungen erhalten wir die Schätzungen von μ und σ

$$\hat{\mu} = \frac{1}{n}\sum_{i=1}^{n}x_i = \bar{x} \tag{9.5}$$

und

$$\begin{aligned}\hat{\sigma} &= \left[\frac{1}{n}\sum_{i=1}^{n}(x_i - \hat{\mu})^2\right]^{1/2} \\ &= \left[\frac{1}{n}\sum_{i=1}^{n}(x_i - \bar{x})^2\right]^{1/2}\end{aligned} \tag{9.6}$$

Es sollte beachtet werden, dass die MLE der Standardabweichung σ sich von der Stichprobenstandardabweichung

$$s = \left[\frac{1}{n-1}\sum_{i=1}^{n}(x_i - \bar{x})^2\right]^{1/2}$$

Für große n sind diese beiden Schätzer von σ jedoch annähernd gleich.

Beispiel 9.3 Betrachten Sie die folgenden Beobachtungen aus normalen Verteilungen. Ermitteln Sie die ML-Schätzungen der Parameter.

42,5770	37,8522	46,2559	52,3097	47,0930
52,5798	46,2865	53,9004	42,9649	41,2775
63,8564	42,0441	42,9401	55,105	54,6081
58.3437	47,3574	44,6553	53,2667	43,9971

Lösung Die Schätzungen werden wie folgt ermittelt

$$\hat{\mu} = \frac{1}{n}\sum_{i=1}^{n} x_i = 48{,}4635$$

und

$$\begin{aligned}\hat{\sigma} &= \left[\frac{1}{n}\sum_{i=1}^{n}(x_i - \hat{\mu})^2\right]^{1/2} \\ &= \left[\frac{1}{n}\sum_{i=1}^{n}(x_i - 48{,}4635)^2\right]^{1/2} \\ &= 6{,}5146\end{aligned}$$

9.5.2 Schätzung des Konfidenzintervalls

Ein Konfidenzintervall ist ein Bereich plausibler Werte für den Populationsparameter. Das Konfidenzintervall spielt eine sehr wichtige Rolle bei der Parameterschätzung. Anstelle einer Punktschätzung liefert eine Intervallschätzung einen Bereich von Werten des interessierenden Parameters. Die Breite des Konfidenzintervalls ist manchmal sehr wichtig, um die Präzision der Schätzung zu bestimmen. Schmale Intervalle sind wünschenswert, da sie einen engen Bereich von Werten liefern, die wahrscheinlich den interessierenden Parameter enthalten, was bedeutet, dass unser Wissen über den Parameterwert präzise ist. In Abb. 9.5 wird ein typisches Diagramm des Konfidenzintervalls gezeigt. Das Diagramm zeigt 100 simulierte 95 % Konfidenzintervalle für Stichproben der Größe 5 aus einer Population mit Mittelwert $\mu = 3$. Intervalle, die mit fetten Endpunkten markiert sind, haben $\mu = 3$ nicht erfasst.

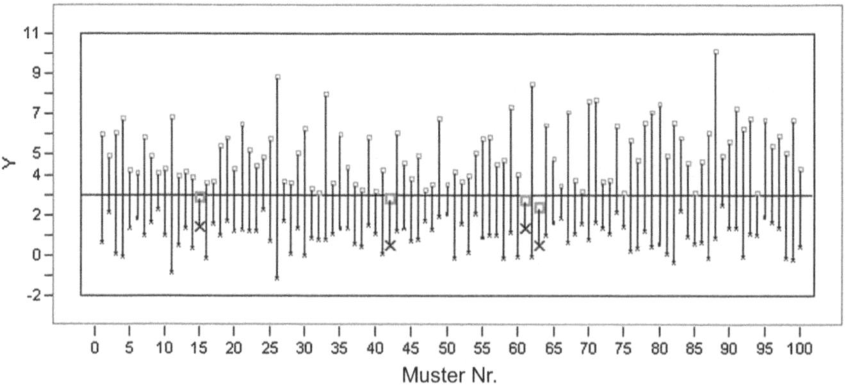

Abb. 9.5 95 % Konfidenzintervall. (*Quelle* Six Sigma MBB Notizen, ISI Bangalore)

Ein Konfidenzintervall hängt von einem festgelegten Konfidenzniveau ab. Um ein Konfidenzintervall vorzuschlagen, müssen wir eine untere und obere Grenze für die Schätzung haben. Je größer das Intervall, desto größer ist unser Vertrauen, dass das Intervall den wahren Populationsmittelwert enthält. Es ist zu beachten, dass der wahre Populationsmittelwert eine Konstante und keine Variable ist. Daher wird das Intervall, das wir angeben, vom Stichprobenmittelwert abhängen. Zum Beispiel, wenn der Stichprobenmittelwert 40 und der Standardfehler des Mittelwerts 5 ist, können wir unsere Intervallschätzung als (35, 45) angeben. Das heißt, das Intervall erstreckt sich um einen Standardfehler des Mittelwerts auf beiden Seiten des Stichprobenmittelwerts. Andererseits, wenn wir die Intervallschätzung als (30, 50) angeben, d. h., zwei Standardfehler des Mittelwerts auf beiden Seiten des Stichprobenmittelwerts umfassend, sind wir zuversichtlicher, dass das letztere Intervall den wahren Populationsmittelwert enthält im Vergleich zum ersteren. Wenn jedoch das Konfidenzniveau zu hoch angesetzt wird, kann das entsprechende Intervall zu breit werden, um von praktischem Nutzen zu sein.

Das Konfidenzniveau kann daher als die Wahrscheinlichkeit definiert werden, dass die Intervallschätzung den wahren Wert des zu schätzenden Populationsparameters enthält. Wenn wir sagen, dass ein 95 % Konfidenzintervall für den Populationsmittelwert durch das Überspannen von 1,96-mal dem Standardfehler des Mittelwerts auf beiden Seiten des Stichprobenmittelwerts erhalten wird, meinen wir, dass wir eine große Anzahl von Stichproben der Größe n, sagen wir 1000, nehmen und die Intervallschätzungen aus jeder dieser 1000 Stichproben erhalten und dann würden 95 % dieser Intervallschätzungen den wahren Populationsmittelwert enthalten. Das 95 % Konfidenzintervall für den Populationsmittelwert μ ist gegeben durch $\bar{x} \pm 1{,}96\frac{\sigma}{\sqrt{n}}$. Ebenso kann man ein Konfidenzintervall für jedes gegebene Konfidenzniveau konstruieren. Um dies zu tun, erinnern wir uns daran, dass z_α so ist, dass

$$P(|Z| > z_\alpha) = \alpha \tag{9.7}$$

wo Z eine standardisierte Normalverteilung ist. Dies impliziert, dass für jede α

$$P(-z_{\alpha/2} < Z < z_{\alpha/2}) = 1 - \alpha \tag{9.8}$$

Als Ergebnis sehen wir, dass

$$P\left(-z_{\alpha/2} < \sqrt{n}\frac{(\bar{x} - \mu)}{\sigma} < z_{\alpha/2}\right) = 1 - \alpha$$

oder

$$P\left(-z_{\alpha/2}\frac{\sigma}{\sqrt{n}} < \bar{x} - \mu < \frac{\sigma}{\sqrt{n}}z_{\alpha/2}\right) = 1 - \alpha$$

oder

$$P\left(\bar{x} - z_{\alpha/2}\frac{\sigma}{\sqrt{n}} < \mu < \bar{x} + \frac{\sigma}{\sqrt{n}}z_{\alpha/2}\right) = 1 - \alpha \tag{9.9}$$

Die obige Wahrscheinlichkeit ist in Abb. 9.6 dargestellt.

Wenn die Varianz unbekannt ist, wird das Konfidenzintervall für einen normalen Mittelwert mit der t-Verteilung konstruiert. In diesem Fall ist das $100(1-\alpha)$ % Konfidenzintervall für den Mittelwert

$$P(\overline{x} - t_{\alpha/2,n-1}\frac{s}{\sqrt{n}} < \mu < \overline{x} + \frac{s}{\sqrt{n}}t_{\alpha/2,n-1}) = 1 - \alpha \qquad (9.10)$$

welches grafisch in Abb. 9.7 dargestellt ist.

Das Konfidenzintervall spielt eine sehr wichtige Rolle bei der Entscheidungsfindung im Management. Wenn Punktschätzungen für statistische Schlussfolgerungen nicht sinnvoll sind, ist es besser, das Konfidenzintervall zu verwenden, da es einen Bereich von Werten eines interessierenden Parameters mit einer gegebenen Konfidenz liefert. Selbst für die Berechnung der Stichprobengröße für ein bestimmtes Stichprobenverfahren (siehe Kap. 6 für Details) verwenden wir die Technik des Konfidenzintervalls. In verschiedenen Tabellen diskutieren wir unten die mit verschiedenen statistischen Testverfahren verbundenen Konfidenzintervalle (Tab. 9.4).

Beispiel 9.4 Angenommen, es wird eine Schätzung für die durchschnittliche Beschichtungsdicke für eine Population von 1000 Leiterplatten benötigt, die von

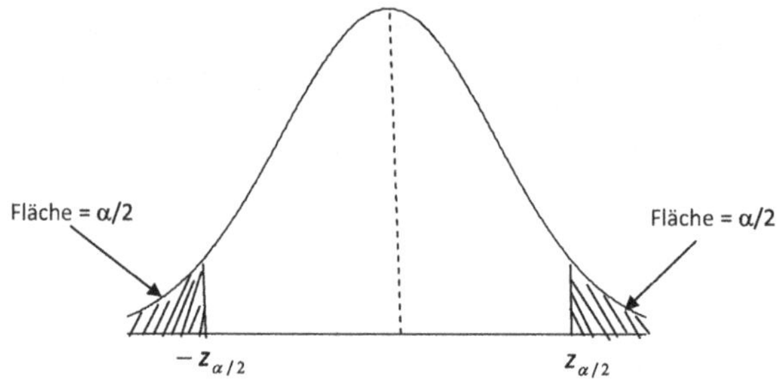

Abb. 9.6 $P(-z_{\alpha/2} < Z < z_{\alpha/2}) = 1 - \alpha$

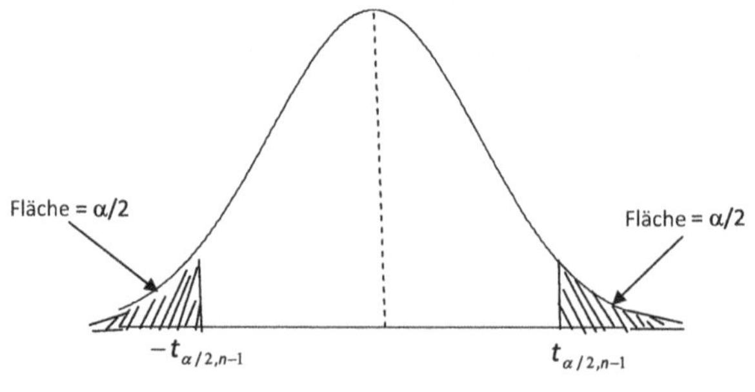

Abb. 9.7 $P(-t_{\alpha/2} < T_{n-1} < t_{\alpha/2,n-1}) = 1 - \alpha$

Tab. 9.4 $100(1-\alpha)\%$ Konfidenzintervalle für den Mittelwert

Testname	Annahme	Konfidenzintervall
z-Test für einen Populationsmittelwert	σ^2 bekannt	$\bar{x} \pm z_{\alpha/2}\frac{\sigma}{\sqrt{n}}$
z-Test für zwei Populationsmittelwerte	$\sigma_1^2 = \sigma_2^2 = \sigma^2$	$(\bar{x}_1 - \bar{x}_2) \pm z_{\alpha/2}\sigma\sqrt{\frac{1}{n_1}+\frac{1}{n_2}}$
z-Test für zwei Populationsmittelwerte	$\sigma_1^2 \neq \sigma_2^2$	$(\bar{x}_1 - \bar{x}_2) \pm z_{\alpha/2}\sqrt{\frac{\sigma_1^2}{n_1}+\frac{\sigma_2^2}{n_2}}$
t-Test für einen Populationsmittelwert	σ^2 unbekannt und kleine Stichproben	$\bar{x} \pm t_{\alpha/2,n-1}\frac{s}{\sqrt{n}}, s = \sqrt{\frac{\sum(x_i-\bar{x})^2}{n-1}}$
t-Test für zwei Populationsmittelwerte	Varianzen unbekannt und gleich	$(\bar{x}_1 - \bar{x}_2) \pm t_{\alpha/2,n_1+n_2-2}s\sqrt{\frac{1}{n_1}+\frac{1}{n_2}}$, $s^2 = \frac{(n_1-1)s_1^2+(n_2-1)s_2^2}{n_1+n_2-2}$
t-Test für zwei Populationsmittelwerte	Varianzen unbekannt und ungleich	$(\bar{x}_1 - \bar{x}_2) \pm t_{\alpha/2,\nu}\sqrt{\frac{s_1^2}{n_1}+\frac{s_2^2}{n_2}}$, $\nu = \frac{\left(\frac{s_1^2}{n_1}+\frac{s_1^2}{n_2}\right)^2}{\frac{(s_1^2/n_1)^2}{n_1-1}+\frac{(s_2^2/n_2)^2}{n_2-1}}$
t-Test für zwei Populationsmittelwerte (gepaarter t-Test)	Beobachtungen sind in Paaren ($d_i = x_i - y_i, i = 1, 2, \ldots, n$)	$\bar{d} \pm t_{\alpha/2,n-1}\frac{s_d}{\sqrt{n}}$, $s_d = \sqrt{\frac{1}{n-1}\sum(d_i - \bar{d})^2}$

Hinweis An verschiedenen Stellen verwenden wir die Tabellenwerte der Normal-, t, Chi-Quadrat- und F-Verteilungen, je nach ihrer Eignung und Relevanz. Diese Werte sind sehr gut tabelliert und werden in verschiedenen Tabellen im Anhang präsentiert. Die Normalwerte (z) finden Sie in Anhangstabelle A.3, Chi-Quadrat-Verteilung $\left(\chi^2{}_{\alpha,n}\right)$ in Anhangstabelle A.4, t-Verteilung $\left(t_{\alpha,n}\right)$ in Anhangstabelle A.5, und $F_{\alpha(m,n)}$ in den Anhangstabellen A.6, A.7, A.8, A.9 und A.10. Für eine ausführliche Diskussion über diese Verteilungen, siehe Abschn. 8.12.5 von Kap. 8

einem Lieferanten erhalten wurden. Eine Stichprobe von 36 Leiterplatten ergab eine durchschnittliche Dicke von 0,003 mit einer Standardabweichung von 0,0005. Die Standardabweichung wird aufgrund früherer Erfahrungen als bekannt angenommen. Bestimmen Sie das 95 % Konfidenzintervall für den wahren Mittelwert.

Lösung Wir haben

$$n = 36, \bar{x} = 0{,}003, \sigma = 0{,}0005 \text{ and } \alpha = 0{,}05. \text{ For } \alpha = 0{,}05, z_{\alpha/2} = 1{,}96,$$

Daher ist das 95 % Konfidenzintervall für den Mittelwert

$$\bar{x} \pm z_{\alpha/2}\frac{\sigma}{\sqrt{n}} = (0{,}00284, 0{,}00316).$$

Beispiel 9.5 Lassen Sie X die Zeit in Sekunden zwischen eingehenden Anrufen in einem Callcenter-Unternehmen sein. Fünfzehn Beobachtungen von X sind

$$82, 42, 185, 66, 384, 27, 334, 545, 650, 127, 35, 45, 285, 133, 120$$

Angenommen, dass X eine exponentielle Verteilung mit dem Mittelwert θ hat, erhalten Sie eine unverzerrte Schätzung von θ. Ermitteln Sie auch das 95 % Konfidenzintervall für θ.

Lösung Hier ist $\sum x_i = 3060$; daher,

$$\hat{\theta} = 204$$

Dann ist das 95 % CI für θ

$$\left(\frac{2 \times \sum x_i}{\chi^2_{\alpha/2,2n}}, \frac{2 \times \sum x_i}{\chi^2_{1-\alpha/2,2n}}\right) = \left(\frac{2 \times 3060}{46{,}9772}, \frac{2 \times 3060}{16{,}7908}\right)$$
$$= (130{,}27{,}364{,}49)$$

Beispiel 9.6 Eine Molkerei lehnt Milch ab, die bei einem Standardtest mehr als 5000 Bakterienkolonien pro Milliliter ergibt. Eine Lieferung von 100 Dosen Milch wird getestet, wobei eine Zufallsprobe von zehn 1-ml-Proben verwendet wird. Die folgenden Daten werden erhalten:

$$5370, 4890, 5100, 4500, 5260, 5150, 4900, 4760, 4700 \text{ and } 4870$$

Berechnen Sie das 95 % Konfidenzintervall für den durchschnittlichen Bakteriengehalt.

Lösung Hier ist die Varianz unbekannt; daher verwenden wir den t-Test zur Konstruktion des Konfidenzintervalls. Das 95 % Konfidenzintervall für den Mittelwert ist $\bar{x} \pm t_{\alpha/2,n-1}\frac{s}{\sqrt{n}}$, wo

$$\bar{x} = 4950 \quad \text{and} \quad s = \sqrt{\frac{\sum (x_i - \bar{x})^2}{n-1}} = 268{,}45$$

Daher ist das 95 % CI für μ (4743,649, 5156,351) (Tab. 9.5).

Beispiel 9.7 Im oben diskutierten Beispiel 9.4 nehmen wir an, dass der Stichprozess vier Defekte ergibt. Bestimmen Sie das 95 % Konfidenzintervall für die wahre Population.

Tab. 9.5 $100(1-\alpha)\%$ Konfidenzintervall für den Anteil

Testname	Annahme	Konfidenzintervall
z-Test für einen gegebenen Anteil p_0	$n \geq 30$	$\hat{p} \pm z_{\alpha/2}\sqrt{\frac{\hat{p}(1-\hat{p})}{n}}, \hat{p} = \frac{X}{n}$
z-Test für die Gleichheit von zwei Anteilen	Unterschiedliche Stichprobengrößen $n \geq 30$	$(\hat{p}_1 - \hat{p}_2) \pm z_{\alpha/2}\sqrt{\frac{\hat{p}_1(1-\hat{p}_1)}{n_1} + \frac{\hat{p}_2(1-\hat{p}_2)}{n_2}}$, $\hat{p}_1 = \frac{X_1}{n_1}; \hat{p}_2 = \frac{X_2}{n_2}$

Lösung Wir haben, für $\alpha = 0{,}05$, $z_{\alpha/2} = 1{,}96$ und $\hat{p} = \frac{4}{36} = 0{,}1111$.

Die 95 % Konfidenzintervalle für den Mittelwert sind daher

$$\hat{p} \pm z_{\alpha/2}\sqrt{\frac{\hat{p}(1-\hat{p})}{n}} \text{ are } (0{,}00844{,}0{,}21376).$$

Beispiel 9.8 Eine Untersuchung der Leistung von zwei Maschinen in einer Fabrik, die große Mengen an Spulen herstellt, ergibt das folgende Ergebnis:

	Anzahl der untersuchten Spulen	Anzahl der defekten Spulen
Maschine 1	375	17
Maschine 2	450	22

Ermitteln Sie das 90 % Konfidenzintervall für den Unterschied in der Leistung der beiden Maschinen.

Lösung Hier,

$$n_1 = 375, n_2 = 450, \hat{p}_1 = \frac{17}{375}, \hat{p}_2 = \frac{22}{450}$$

und für $\alpha = 0{,}10$, $z_{\alpha/2} = 1{,}645$ (Tab. 9.6).

Dann sind die 90 % CI für den Unterschied in der Leistung der Maschinen

$$\left(\hat{p}_1 - \hat{p}_2\right) \pm z_{\alpha/2}\sqrt{\frac{\hat{p}_1(1-\hat{p}_1)}{n_1} + \frac{\hat{p}_2(1-\hat{p}_2)}{n_2}} = (-0{,}01839,\ 0{,}020774)$$

Beispiel 9.9 Im oben diskutierten Beispiel 9.4 nehmen wir an, dass die Varianz nicht bekannt ist und der Stichprozess liefert $s = 0{,}1$. Bestimmen Sie das 95 % Konfidenzintervall für die wahre Varianz.

Tab. 9.6 100(1 − α)% Konfidenzintervalle für die Varianz

Testname	Annahme	Konfidenzintervall
χ^2 Test zwischen einer Stichprobenvarianz und einer angenommenen Populationsvarianz σ_0^2	Die Stichprobe stammt aus einer normalverteilten Population	$\frac{(n-1)s^2}{\chi^2_{\alpha/2,n-1}} \leq \sigma^2 \leq \frac{(n-1)s^2}{\chi^2_{1-\alpha/2,n-1}}$
χ^2 Test zwischen einer Populationsvarianz und einer angenommenen Varianz σ_0^2	Die Stichprobe stammt aus einer normalverteilten Population	$\frac{(n-1)s^2}{\chi^2_{\alpha/2,n-1}} \leq \sigma^2 \leq \frac{(n-1)s^2}{\chi^2_{1-\alpha/2,n-1}}$
F-Test für zwei Populationsvarianzen	Beide Stichproben stammen aus einer normalverteilten Population, μ bekannt	$\frac{s_1^2}{s_2^2} f_{1-\alpha/2,n_2,n_1} \leq \frac{\sigma_1^2}{\sigma_2^2} \leq \frac{s_1^2}{s_2^2} f_{\alpha/2,n_2,n_1}$
F-Test für zwei Populationsvarianzen	Beide Stichproben stammen aus einer normalverteilten Population, μ unbekannt	$\frac{s_1^2}{s_2^2} f_{1-\alpha/2,n_2-1,n_1-1} \leq \frac{\sigma_1^2}{\sigma_2^2} \leq \frac{s_1^2}{s_2^2} f_{\alpha/2,n_2-1,n_1-1}$

Lösung Wir habenn $n = 36$, $\bar{x} = 0{,}003$, $s = 0{,}1$ and $\alpha = 0{,}05$. For $\alpha = 0{,}05$, $\chi^2_{\alpha/2,n-1} = 53{,}203$ and $\chi^2_{1-\alpha/2,n-1} = 20{,}569$

Somit sind die 95 % Konfidenzintervalle für den Durchschnitt

$$\frac{(n-1)s^2}{\chi^2_{\alpha/2,n-1}} \leq \sigma^2 \leq \frac{(n-1)s^2}{\chi^2_{1-\alpha/2,n-1}} = (0{,}00658, 0{,}01702).$$

9.6 Testen von Hypothesen

Ein *statistischer Hypothesentest* ist eine Methode zur Entscheidungsfindung mit Hilfe von experimentellen Daten. Es handelt sich dabei um eine Annahme über einen Populationsparameter. Diese Annahme kann wahr oder falsch sein. Der beste Weg, um festzustellen, ob eine statistische Hypothese wahr ist, wäre die Untersuchung der gesamten Population. Da dies oft nicht praktikabel ist, untersuchen Forscher in der Regel eine zufällige Stichprobe aus der Population. Wenn die Stichprobendaten nicht mit der statistischen Hypothese übereinstimmen, wird die Hypothese abgelehnt. In der Statistik wird ein Ergebnis als *statistisch signifikant* bezeichnet, wenn es unwahrscheinlich ist, dass es durch Zufall aufgetreten ist. Der Ausdruck *„Signifikanztest"* wurde von Ronald Fisher geprägt. Kritische Tests dieser Art können als Signifikanztests bezeichnet werden, und wenn solche Tests verfügbar sind, können wir feststellen, ob eine zweite Stichprobe signifikant von der ersten abweicht.

Hypothesentests werden manchmal als *bestätigende Datenanalyse* bezeichnet, im Gegensatz zur *explorativen Datenanalyse*. In der Frequenzwahrscheinlichkeit werden diese Entscheidungen fast immer mit Null-Hypothesentests getroffen. Eine Anwendung von Hypothesentests besteht darin, zu entscheiden, ob experimentelle Ergebnisse genügend Informationen enthalten, um Zweifel an der herkömmlichen Weisheit zu wecken. Der statistische Hypothesentest ist eine Schlüsseltechnik der frequentistischen statistischen Inferenz und wird weit verbreitet eingesetzt, aber auch stark kritisiert. Andere Ansätze zur Entscheidungsfindung auf der Grundlage von Daten sind über die Entscheidungstheorie und optimale Entscheidungen verfügbar. Beachten Sie, dass wir bei der Annahme einer gegebenen Hypothese nicht tatsächlich behaupten, dass sie wahr ist, sondern vielmehr sagen, dass die resultierenden Daten anscheinend damit übereinstimmen.

Es gibt zwei Arten von statistischen Hypothesen

- *Nullhypothese.* Die Nullhypothese, bezeichnet durch H_0, ist in der Regel die Hypothese, dass Stichprobenbeobachtungen rein zufällig resultieren
- *Alternativhypothese.* Die Alternativhypothese, bezeichnet durch H_1 oder H_a, ist die Hypothese, dass Stichprobenbeobachtungen durch eine nicht-zufällige Ursache beeinflusst werden

Zum Beispiel, nehmen wir an, wir wollten feststellen, ob eine Münze fair und ausgewogen ist. Eine Nullhypothese könnte sein, dass die Hälfte der Würfe zu Kopf und die andere Hälfte zu Zahl führt. Die Alternativhypothese könnte sein, dass die Anzahl der Köpfe und Zahlen sehr unterschiedlich wäre. Symbolisch würden diese Hypothesen als H_0: $p = 0{,}5$ gegen H_1: $p \neq 0{,}5$ ausgedrückt. Nehmen wir an, wir haben die Münze 50 Mal geworfen, was zu 40 Köpfen und 10 Zahlen führte. Angesichts dieses Ergebnisses wären wir geneigt, die Nullhypothese abzulehnen. Wir würden aufgrund der Beweise schlussfolgern, dass die Münze wahrscheinlich nicht fair und ausgewogen war.

Entscheidungsfehler. Zwei Arten von Fehlern können aus einem Hypothesentest resultieren. Sie sind wie folgt

- *Fehler erster Art.* Ein Fehler erster Art tritt auf, wenn der Forscher eine Nullhypothese ablehnt, die wahr ist. Die Wahrscheinlichkeit, einen Fehler erster Art zu begehen, wird als *Signifikanzniveau* bezeichnet. Diese Wahrscheinlichkeit wird auch als *Alpha* bezeichnet und oft durch α dargestellt
- *Fehler zweiter Art.* Ein Fehler zweiter Art tritt auf, wenn der Forscher eine Nullhypothese nicht ablehnt, die falsch ist. Die Wahrscheinlichkeit, einen Fehler zweiter Art zu begehen, wird als *Beta* bezeichnet und oft durch β dargestellt. Die Wahrscheinlichkeit, keinen Fehler zweiter Art zu begehen, wird als *Teststärke* bezeichnet

Entscheidungsregeln. Der Analyseplan enthält Entscheidungsregeln für die Ablehnung der Nullhypothese. In der Praxis beschreiben Statistiker diese Entscheidungsregeln auf zwei Arten – mit Bezug auf einen p-Wert und mit Bezug auf einen Annahmebereich.

- *p-Wert.* Die Stärke der Beweise zugunsten einer Nullhypothese wird durch den *p-Wert* gemessen. Nehmen wir an, die Teststatistik ist gleich S. Der p-Wert ist die Wahrscheinlichkeit, eine Teststatistik zu beobachten, die so extrem ist wie S, unter der Annahme, dass die Nullhypothese wahr ist. Wenn der p-Wert kleiner ist als das Signifikanzniveau, lehnen wir die Nullhypothese ab
- *Annahmebereich.* Der *Annahmebereich* ist ein Bereich von Werten. Wenn die Teststatistik innerhalb des Annahmebereichs liegt, wird die Nullhypothese nicht abgelehnt. Der Annahmebereich ist so definiert, dass die Chance, einen Fehler erster Art zu machen, gleich dem Signifikanzniveau ist

Die Menge der Werte außerhalb des Annahmebereichs wird als *Ablehnungsbereich* oder *kritischer Bereich* bezeichnet. Der kritische Bereich eines Hypothesentests ist die Menge aller Ergebnisse, die, wenn sie auftreten, uns dazu veranlassen, zu entscheiden, dass es einen Unterschied gibt und daher die Nullhypothese abgelehnt wird. In solchen Fällen sagen wir, dass die Hypothese auf dem α-Signifikanzniveau abgelehnt wurde.

Schritte bei einem Hypothesentest. Statistiker folgen einem formalen Prozess, um zu bestimmen, ob eine Nullhypothese auf der Grundlage von Stichprobendaten abgelehnt werden soll. Dieser Prozess, der als *Hypothesentest* bezeichnet wird, besteht aus fünf Schritten.

1. Formulieren Sie die Hypothesen. Dies beinhaltet die Formulierung der Null- und Alternativhypothese. Die Hypothesen werden so formuliert, dass sie sich

gegenseitig ausschließen. Das heißt, wenn eine wahr ist, muss die andere falsch sein.
2. Geben Sie ein geeignetes Signifikanzniveau α an.
3. Formulieren Sie einen Analyseplan. Der Analyseplan beschreibt, wie Stichprobendaten zur Bewertung der Nullhypothese verwendet werden sollen. Die Bewertung konzentriert sich oft auf eine einzige Teststatistik.
4. Analysieren Sie die Stichprobendaten. Finden Sie den Wert der Teststatistik (Mittelwert, Anteil, t-Wert, z-Wert, Chi-Quadrat-Statistik, etc.), der im Analyseplan beschrieben ist.
5. Interpretieren Sie die Ergebnisse. Wenden Sie die im Analyseplan beschriebenen Entscheidungsregeln an. Wenn der Wert der Teststatistik auf der Grundlage der Nullhypothese unwahrscheinlich ist, lehnen Sie die Nullhypothese ab.

Die meisten statistischen Softwareprogramme verwenden den p-Wert-Ansatz zur Ablehnung von Teststatistiken. Ein p-Wert ist ein Maß dafür, wie viel Beweise Sie gegen die Nullhypothese haben. Je kleiner der p-Wert, desto mehr Beweise haben Sie. Man kann den p-Wert mit dem Signifikanzniveau kombinieren, um eine Entscheidung über einen gegebenen Hypothesentest zu treffen. In einem solchen Fall, wenn der p-Wert kleiner ist als ein bestimmter Schwellenwert (üblicherweise 0,05, manchmal etwas größer wie 0,10 oder etwas kleiner wie 0,01), dann lehnen Sie die Nullhypothese ab.

9.6.1 Parametrische Tests

Beachten Sie, dass die grundlegende Annahme aller parametrischen Tests normal ist. Nehmen wir nun an, dass um eine spezifische Nullhypothese H_0 zu testen, eine Stichprobe der Größe n, sagen wir $X_1, X_2, \ldots, X_n$, beobachtet werden soll. Basierend auf diesen Werten müssen wir entscheiden, ob wir H_0 akzeptieren oder nicht. Ein Test für H_0 kann durch Definition eines Bereichs C im n-dimensionalen Raum spezifiziert werden, mit der Vorgabe, dass die Hypothese abgelehnt wird, wenn die Zufallsstichprobe $X_1, X_2, \ldots, X_n$ sich herausstellt, dass sie in C liegt und ansonsten akzeptiert wird. Der Bereich C wird als *kritischer Bereich* oder *Ablehnungsbereich* bezeichnet. Das heißt, der statistische Test, der durch den kritischen Bereich C bestimmt wird, ist derjenige, bei dem

$$\text{accepts } H_0 \quad \text{if } (X_1, X_2, \ldots, X_n) \notin C \tag{9.11}$$

und

$$\text{reject } H_0 \quad \text{if } (X_1, X_2, \ldots, X_n) \in C \tag{9.12}$$

Zum Beispiel sind wir daran interessiert, die Nullhypothese

$$H_0\colon \mu = \mu_0$$

gegen die Alternativhypothese

$$H_1\colon \mu \neq \mu_0$$

zu testen, wo μ_0 eine bestimmte Konstante ist.

Da $\overline{x} = \frac{1}{n}\sum_{i=1}^{n} x_i$ ein vernünftiger Schätzer für μ ist, scheint es vernünftig, H_0 zu akzeptieren, wenn $\overline{x}$ nicht zu weit von μ_0 entfernt ist. Das heißt, der kritische Bereich des Tests hätte die Form

$$C = \{(X_1, X_2, \ldots, X_n) : |\overline{x} - \mu_0| > c\} \tag{9.13}$$

wo c so ist, dass

$$P\{|\overline{x} - \mu_0| > c\} = \alpha$$

Das heißt,

$$P\left\{\left|\frac{\overline{x} - \mu_0}{\sigma/\sqrt{n}}\right| > c\frac{\sqrt{n}}{\sigma}\right\} = \alpha$$

oder äquivalent,

$$2P\left\{Z > c\frac{\sqrt{n}}{\sigma}\right\} = \alpha$$

oder

$$P\left\{Z > c\frac{\sqrt{n}}{\sigma}\right\} = \alpha/2$$

wo Z eine standardisierte normalverteilte Zufallsvariable ist. Denken Sie auch daran, dass

$$P\{Z > z_{\alpha/2}\} = \alpha/2$$

Daher,

$$c\frac{\sqrt{n}}{\sigma} = z_{\alpha/2}$$

oder

$$c = z_{\alpha/2}\frac{\sigma}{\sqrt{n}}$$

Daher ist der Signifikanzniveau α Test zu

$$\text{reject } H_0 \quad \text{if } \frac{\sqrt{n}}{\sigma}|\overline{x} - \mu_0| > z_{\alpha/2} \tag{9.14}$$

und

$$\text{accept } H_0 \quad \text{if } \frac{\sqrt{n}}{\sigma}|\overline{x} - \mu_0| \leq z_{\alpha/2} \tag{9.15}$$

Abb. 9.8 zeigt, dass der kritische Bereich dem Test von H_0 entspricht.

Denken Sie daran, dass der kritische Bereich von der Wahl des Signifikanzniveaus abhängt. Auch das korrekte Signifikanzniveau, das in einer gegebenen Situation verwendet werden soll, hängt von den individuellen Umständen ab, die in dieser Situation vorliegen. Wenn beispielsweise die Ablehnung einer Nullhypothese H_0 zu hohen Kosten führen würde, die somit verloren gingen, wenn H_0 tatsächlich wahr wäre, dann könnten wir uns entscheiden, sehr konservativ zu sein und ein Signifikanzniveau von 0,05 oder 0,01 zu wählen. Wenn wir anfangs stark davon ausgehen, dass H_0 korrekt war, dann würden wir ein sehr niedriges Signifikanzniveau festlegen. In der Praxis wird das Signifikanzniveau oft nicht im Voraus festgelegt, sondern die Daten werden betrachtet, um den resultierenden p-Wert zu ermitteln. Manchmal ist dieses kritische Signifikanzniveau viel größer als das, was wir verwenden, und so kann die Nullhypothese leicht akzeptiert werden. Zu anderen Zeiten ist der p-Wert so klein, dass klar ist, dass die Hypothese abgelehnt werden sollte. Daher ist es interessant, den p-Wert für eine bessere Schlussfolgerung zu berechnen.

In verschiedenen Tabellen unten fassen wir die Tests für Mittelwerte, Proportionen und Varianzen mit ihren entsprechenden kritischen Bereichen zusammen. Tab. 9.7 umfasst die Hypothesentests für Mittelwerte.

Beispiel 9.10 Ein Hersteller liefert die Hinterachsen für Postfahrzeuge. Diese Achsen müssen in Belastungstests 80.000 Pfund pro Quadratzoll aushalten können, aber eine übermäßig starke Achse erhöht die Produktionskosten erheblich. Frühere Erfahrungen zeigen, dass die Standardabweichung der Stärke seiner Achsen 4000 Pfund pro Quadratzoll beträgt. Der Hersteller wählt eine Stichprobe von 100 Achsen aus der Produktion, testet sie und stellt fest, dass die durchschnittliche Belastungsfähigkeit der Stichprobe 79.600 Pfund pro Quadratzoll beträgt. Wenn der Achsenhersteller einen Signifikanzgrad von 0,05 bei den Tests verwendet, werden die Achsen dann seinen Belastungsanforderungen gerecht?

Abb. 9.8 Kritischer Bereich für eine zweiseitige Hypothese

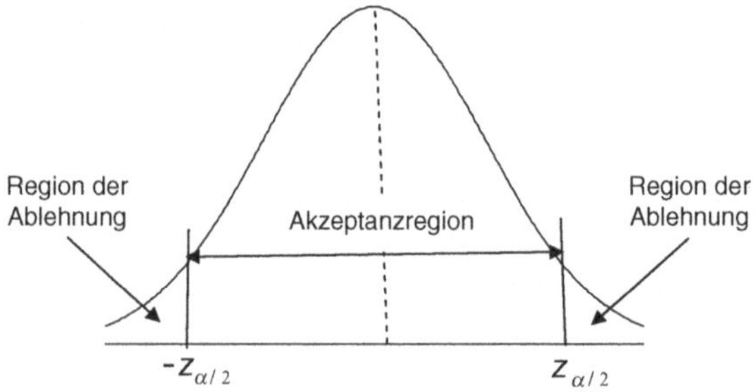

Tab. 9.7 Hypothesentests für Mittelwerte

Testname	Annahmen	Teststatistik	H_0	H_1	Ablehnungskriterien
z-Test für einen Populationsmittelwert	σ^2 bekannt	$z = \frac{\overline{x}-\mu_0}{\sigma/\sqrt{n}}$	$\mu = \mu_0$	$\mu < \mu_0$ $\mu > \mu_0$ $\mu \neq \mu_0$	$z < -z_\alpha$ $z > z_\alpha$ $\lvert z\rvert \geq z_{\alpha/2}$
z-Test für zwei Populationsmittelwerte	$\sigma_1^2 = \sigma_2^2 = \sigma^2$	$z = \frac{(\overline{x}_1-\overline{x}_2)-\delta}{\sigma\sqrt{\frac{1}{n_1}+\frac{1}{n_2}}}$	$\mu_1 - \mu_2 = \delta$	$\mu_1 - \mu_2 < \delta$ $\mu_1 - \mu_2 > \delta$ $\mu_1 - \mu_2 \neq \delta$	$z < -z_\alpha$ $z > z_\alpha$ $\lvert z\rvert \geq z_{\alpha/2}$
z-Test für zwei Populationsmittelwerte	$\sigma_1^2 \neq \sigma_2^2$	$z = \frac{(\overline{x}_1-\overline{x}_2)-\delta}{\sqrt{\frac{\sigma_1^2}{n_1}+\frac{\sigma_2^2}{n_2}}}$	$\mu_1 - \mu_2 = \delta$	$\mu_1 - \mu_2 < \delta$ $\mu_1 - \mu_2 > \delta$ $\mu_1 - \mu_2 \neq \delta$	$z < -z_\alpha$ $z > z_\alpha$ $\lvert z\rvert \geq z_{\alpha/2}$
t-Test für einen Populationsdurchschnitt	σ^2 unbekannt	$t = \frac{\overline{x}-\mu_0}{s/\sqrt{n}}$	$t = \frac{\overline{x}-\mu_0}{s/\sqrt{n}}$	$\mu < \mu_0$ $\mu > \mu_0$ $\mu \neq \mu_0$	$t < -t_{\alpha,n-1}$ $t > t_{\alpha,n-1}$ $\lvert t\rvert \geq t_{\alpha/2,n-1}$
t-Test für zwei Populationsdurchschnitte	Varianzen unbekannt und gleich	$t = \dfrac{(\overline{x}_1 - \overline{x}_2) - \delta}{s\sqrt{\frac{1}{n_1} + \frac{1}{n_2}}}$, $s^2 = \dfrac{(n_1 - 1)s_1^2 + (n_2 - 1)s_2^2}{n_1 + n_2 - 2}$	$\mu_1 - \mu_2 = \delta$	$\mu_1 - \mu_2 < \delta$ $\mu_1 - \mu_2 > \delta$ $\mu_1 - \mu_2 \neq \delta$	$t < -t_{\alpha,n_1+n_2-2}$ $t > t_{\alpha,n_1+n_2-2}$ $\lvert t\rvert \geq t_{\alpha/2,n_1+n_2-2}$
t-Test für zwei Populationsmittelwerte	Varianzen unbekannt und ungleich	$t = \frac{(\overline{x}_1-\overline{x}_2)-\delta}{\sqrt{\frac{s_1^2}{n_1}+\frac{s_2^2}{n_2}}}$	$\mu_1 - \mu_2 = \delta$	$\mu_1 - \mu_2 = \delta$ $\mu_1 - \mu_2 > \delta$ $\mu_1 - \mu_2 \neq \delta$	$t < -t_{\alpha,\nu}$ [a] $t > t_{\alpha,\nu}$ $\lvert t\rvert \geq t_{\alpha/2,\nu}$
t-Test für zwei Populationsmittelwerte (gepaarter t-Test)	Beobachtungen liegen in Paaren vor	$t = \dfrac{(\overline{x}_1 - \overline{x}_2) - \delta}{s_d/\sqrt{n}}$ $s_d = \sqrt{\dfrac{1}{n-1}\sum (d_i - \overline{d})^2}$	$\mu_d = \delta$	$\mu_d < \delta$ $\mu_d > \delta$ $\mu_d \neq \delta$	$t < -t_{\alpha,n-1}$ $t > t_{\alpha,n-1}$ $\lvert t\rvert \geq t_{\alpha/2,n-1}$

[a] $\nu = \dfrac{\left(\frac{s_1^2}{n_1}+\frac{s_1^2}{n_2}\right)^2}{\frac{(s_1^2/n_1)^2}{n_1-1}+\frac{(s_2^2/n_2)^2}{n_2-1}}$

Lösung Gemäß den Anforderungen führen wir einen Test für den Durchschnitt durch, indem wir den z-Test wie folgt verwenden:

1. H_0: $\mu = 80.000$ gegen H_1: $\mu \neq 80.000$
2. Signifikanzniveau, $\alpha = 0{,}05$
3. Teststatistik (da σ hier bekannt ist)

$$z = \frac{\overline{x} - \mu_0}{\sigma/\sqrt{n}},$$

   wo $n = 100, \overline{x} = 79.600, \mu_0 = 80.000$ und $\sigma = 4000$. Bei Substitution, $z = -1$.
4. Für $\alpha = 0{,}05$, $z_{\alpha/2} = 1{,}96$. Da $|z| < z_{\alpha/2}$, lehnen wir die Hypothese nicht ab (siehe auch Abb. 9.8 für die grafische Darstellung des kritischen Bereichs).
5. Da die Hypothese nicht abgelehnt wird, schließen wir, dass es keinen signifikanten Unterschied zwischen dem hypothetischen Durchschnitt von 80.000 und dem beobachteten Durchschnitt der Stichprobenachsen gibt. Daher sollte der Hersteller den Produktionslauf nicht als den Belastungsanforderungen entsprechend ablehnen (Abb 9.9).

Ein 95 % Konfidenzintervall für μ ist (78816, 80384). Der p-Wert kann berechnet werden als

$$p\text{-value} = P(|z| > 1) = 2P(z > 1) = 0{,}3173$$

Beispiel 9.11 Betrachten Sie einen Test von H_0: $\mu \leq 100$ gegen H_0: $\mu > 100$. Nehmen Sie an, dass eine Stichprobe von 20 eine Stichprobenmittelwert $\overline{x} = 105$ hat. Bestimmen Sie den p-Wert dieses Ergebnisses, wenn die Bevölkerungsstandardabweichung bekanntermaßen gleich a) 5; b) 10; und c) 15 ist.

Lösung Gegeben $n = 20, \overline{x} = 105, \mu_0 = 100$.

Um den p-Wert zu berechnen, berechnen wir zunächst den Teststatistikwert mit

$$z = \frac{\overline{x} - \mu_0}{\sigma/\sqrt{n}}$$

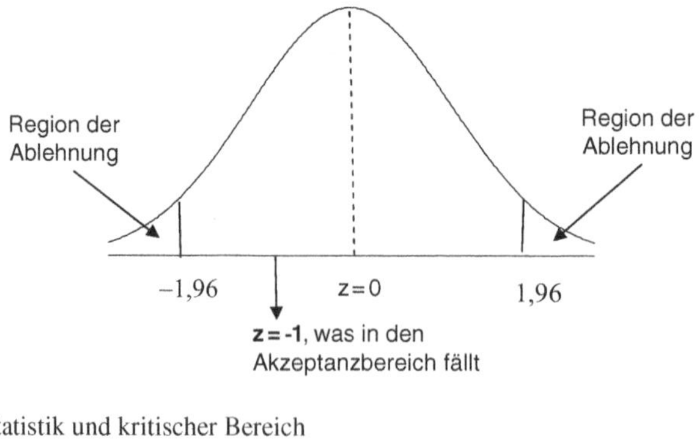

Abb. 9.9 Teststatistik und kritischer Bereich

(a) wenn $\sigma = 5$, $z = \frac{105-100}{5/\sqrt{20}} = 4{,}4721$, und daher,

$$p\text{-value} = P(Z > 4{,}4721) = 3{,}8727 \times 10^{-6}$$

(b) wenn $\sigma = 10$, $z = \frac{105-100}{10/\sqrt{20}} = 2{,}2361$, und daher,

$$p\text{-value} = P(Z > 2{,}2361) = 0{,}0127$$

(c) wenn $\sigma = 15$, $z = \frac{105-100}{15/\sqrt{20}} = 1{,}4907$, und daher,

$$p\text{-value} = P(Z > 1{,}4907) = 0{,}0680$$

Beispiel 9.12 Ein Umweltprüfer behauptet, dass der durchschnittliche Wasserverbrauch in einem Industriebereich 350 Gallonen pro Tag beträgt. Um diese Behauptung zu überprüfen, wurde eine Studie mit 20 zufällig ausgewählten Industrien durchgeführt, mit folgenden Ergebnissen:

340	344	362	375	356
386	354	364	332	402
340	355	362	322	372
324	318	360	338	370

Widersprechen die Daten der Behauptung des Prüfers?

Lösung Um die Behauptung zu prüfen, müssen wir folgendes testen

1. H_0: $\mu = 350$ gegen H_1: $\mu \neq 350$
2. Signifikanzniveau, $\alpha = 0{,}10$
3. Da die Populationsvarianz unbekannt ist, schätzen wir diese durch die Stichprobe und verwenden den t-Test zur Prüfung der obigen Hypothese. So erhalten wir

$$\bar{x} = 353{,}8 \quad \text{and} \quad s = 21{,}8478$$

   Daher ist die Teststatistik

$$t = \frac{\bar{x} - \mu_0}{s/\sqrt{n}} = 0{,}7778,$$

4. Nun, für $\alpha = 0{,}10$, $t_{0{,}05,19} = 1{,}730$. Da $|t| < t_{\alpha/2,n-1}$, akzeptieren wir die Hypothese.
5. Da die Hypothese akzeptiert wird, schließen wir daraus, dass die Behauptung des Prüfers nicht widerlegt wird.

Der p-Wert wird als

$$p\text{-value} = P(|t| > 0{,}7778) = 2P(t > 0{,}7778) = 0{,}4462,$$

erhalten, was darauf hinweist, dass die Nullhypothese auf jedem vernünftigen Signifikanzniveau akzeptiert würde und somit die Daten nicht im Widerspruch zur Behauptung des Prüfers stehen.

Beispiel 9.13 Ein Experiment wird durchgeführt, um die Präzision von zwei Marken von Quecksilberdetektoren bei der Messung der Quecksilberkonzentration in der Luft zu vergleichen. Während des Mittags an einem Tag in einem Innenstadtbereich werden 7 Messungen der Quecksilberkonzentration mit dem Instrument der Marke A und 6 Messungen mit dem Instrument der Marke B durchgeführt. Die Messungen pro Kubikmeter Luft sind wie folgt:

Marke A	0,95	0,82	0,78	0,96	0,71	0,86	0,99
Marke B	0,89	0,91	0,94	0,91	0,90	0,89	

Liefern die Daten starke Beweise dafür, dass Marke B die Quecksilberkonzentration in der Luft genauer misst?

Lösung Da die Populationsvarianzen unbekannt sind und die Stichprobengrößen sehr gering sind, verwenden wir den t-Test für zwei Stichprobenmitteltests.

1. H_0: $\mu_1 = \mu_2$ gegen H_1: $\mu_1 < \mu_2$
2. Signifikanzniveau, $\alpha = 0{,}05$
3. Teststatistik

$$t_{\text{cal}} = \frac{(\overline{x}_1 - \overline{x}_2) - \delta}{s\sqrt{\frac{1}{n_1} + \frac{1}{n_2}}},$$

wo $n_1 = 7, n_2 = 6, \delta = 0, \overline{x} = 0{,}867143, s_1 = 0{,}104198, \overline{y} = 0{,}90667, s_1 = 0{,}018619$ und

$$s^2 = \frac{(n_1 - 1)s_1^2 + (n_2 - 1)s_2^2}{n_1 + n_2 - 2} = 0{,}077972$$

Bei Substitution, $t_{\text{cal}} = -0{,}9111$.
4. Für $\alpha = 0{,}05$, $t_{0{,}05{,}11} = 1{,}795885$. Da $t_{\text{cal}} > -t_{0{,}05{,}11}$, akzeptieren wir die Nullhypothese.
5. Da die Hypothese akzeptiert wird, haben wir keine starken Beweise dafür, dass Marke B die Quecksilberkonzentration in der Luft genauer misst

Der p-Wert dieses Tests wird als

$$p\text{-value} = P(t_{\text{cal}} < -0{,}9111) = P(t_{\text{cal}} > 0{,}9111) = 0{,}1908$$

Die Hypothesentests für Proportionen und Varianzen sind in den Tab. 9.8 und 9.9 angegeben.

Beispiel 9.13 Historische Daten zeigen, dass 4 % der von einem bestimmten Unternehmen produzierten Komponenten defekt sind. Ein besonders erbitterter Arbeitskonflikt wurde kürzlich beigelegt, und das Management ist neugierig, ob dies eine Änderung dieser 4 % zur Folge haben wird. Wenn eine zufällige Stichprobe von 500 Artikeln 16 Defekte aufweist, ist dies ein signifikanter Hinweis, auf dem 5 % Signifikanzniveau, dass eine Änderung eingetreten ist?

Tab. 9.8 Hypothesentests für Proportionen

Testname	Annahme	Teststatistik	H_0	H_1	Ablehnungs-kriterien
z-Test für einen gegebenen Anteil p_0	$n \geq 30$	$z = \frac{p-p_0}{\sqrt{\frac{p_0(1-p_0)}{n}}}$, $p = \frac{x}{n}$	$p = p_0$	$p < p_0$ $p > p_0$ $p \neq p_0$	$z < -z_\alpha$ $z > z_\alpha$ $\lvert z \rvert \geq z_{\alpha/2}$
z-Test zur Gleichheit von zwei Anteilen	Unterschiedliche Stichprobengröße $n \geq 30$	$z = \frac{(p_1 - p_2)}{\sqrt{P(1-P)\left(\frac{1}{n_1} + \frac{1}{n_2}\right)}}$ $P = \frac{n_1 p_1 + n_2 p_2}{n_1 + n_2}$	$p_1 = p_2$	$p_1 < p_2$ $p_1 > p_2$ $p_1 \neq p_2$	$z < -z_\alpha$ $z > z_\alpha$ $\lvert z \rvert \geq z_{\alpha/2}$

Tab. 9.9 Hypothesentests für Varianzen

Testname	Annahme	Teststatistik	H_0	H_1	Ablehnungs-kriterien
χ^2 Test zwischen einer Stichprobenvarianz und einer angenommenen Populationsvarianz σ_0^2	Die Stichprobe wird aus einer normalen Population gezogen	$\chi^2 = \frac{(n-1)s^2}{\sigma_0^2}$	$\sigma^2 = \sigma_0^2$	$\sigma^2 < \sigma_0^2$ $\sigma^2 > \sigma_0^2$ $\sigma^2 \neq \sigma_0^2$	$\chi^2 < \chi^2_{1-\alpha,n-1}$ $\chi^2 > \chi^2_{\alpha,n-1}$ $\chi^2 > \chi^2_{\alpha/2,n-1}$ oder $\chi^2 < \chi^2_{1-\alpha/2,n-1}$
F-Test für zwei Populationsvarianzen	Beide Stichproben stammen aus einer normalen Population	$F = \frac{s_1^2}{s_2^2}$	$\sigma_1^2 = \sigma_2^2$	$\sigma_1^2 < \sigma_2^2$ $\sigma_1^2 > \sigma_2^2$ $\sigma_1^2 \neq \sigma_2^2$	$F < f_{1-\alpha,n_1-1,n_2-1}$ $F > f_{\alpha,n_1-1,n_2-1}$ $F < f_{1-\alpha,n_1-1,n_2-1}$ oder $F > f_{\alpha,n_1-1,n_2-1}$

Lösung Um zu dem Schluss zu kommen, dass eine Änderung stattgefunden hat, müssen die Daten stark genug sein, um die Nullhypothese abzulehnen, für die wir folgendes testen:

1. H_0: $p = 0{,}04$ gegen H_0: $p \neq 0{,}04$
2. Signifikanzniveau, $\alpha = 0{,}05$
3. Teststatistik

$$z = \frac{p - p_0}{\sqrt{\frac{p_0(1-p_0)}{n}}}$$

   wo $n = 500, p = \frac{16}{500} = 0{,}032$. Bei Substitution erhalten wir $z = -0{,}91287$
4. Für $\alpha = 0{,}05$, $z_{\alpha/2} = 1{,}96$. Da $|z| < z_{\alpha/2}$, lehnen wir die Hypothese nicht ab.
5. Da die Hypothese akzeptiert wird, gibt es keine starken Beweise, um die Nullhypothese abzulehnen. Das heißt, es gibt keine Änderung im Herstellungsprozess.

Der p-Wert dieses Tests wird als

$$p\text{-value} = P(|z| > 0{,}91287) = 2P(z > 0{,}91287) = 0{,}3613$$

Beispiel 9.14 Ein kohlebefeuertes Kraftwerk erwägt zwei verschiedene Systeme zur Schadstoffminderung. Das erste System hat die Emission von Schadstoffen 68 % der Zeit auf akzeptable Werte reduziert, wie aus 200 Luftproben ermittelt. Das zweite, teurere System hat die Emission von Schadstoffen 76 % der Zeit auf akzeptable Werte reduziert, wie aus 250 Luftproben ermittelt. Wenn das teure System signifikant effektiver ist als das günstige System bei der Reduzierung von Schadstoffen auf akzeptable Werte, dann wird die Geschäftsleitung des Kraftwerks das teure System installieren. Welches System wird installiert, wenn die Geschäftsleitung ein Signifikanzniveau von 0,10 bei ihrer Entscheidung verwendet?

Lösung Gemäß den Anforderungen führen wir einen Test auf Gleichheit des Anteils wie folgt durch:

1. H_0: $p_1 = p_2$ gegenüber H_0: $p_1 < p_2$
2. Signifikanzniveau, $\alpha = 0{,}10$
3. Teststatistik

$$z = \frac{(p_1 - p_2)}{\sqrt{P(1-P)\left(\frac{1}{n_1} + \frac{1}{n_2}\right)}},$$

   wo $n_1 = 200, p_1 = 0{,}68, n_2 = 250, p_2 = 0{,}76$. Bei Substitution erhalten wir

$$P = \frac{n_1 p_1 + n_2 p_2}{n_1 + n_2} = 0{,}724 \quad \text{and} \quad z = -1{,}89$$

4. Für $\alpha = 0{,}10$, $z_\alpha = 1{,}645$. Da $z < -z_\alpha$, lehnen wir die Hypothese ab.
5. Da die Hypothese abgelehnt wird, schließen wir daraus, dass es einen signifikanten Unterschied zwischen den beiden Systemen gibt. Daher wird empfohlen, das teurere System zur Reduzierung von Schadstoffen auf akzeptable Niveaus zu installieren.

Der p-Wert dieses Tests wird als

$$p\text{-value} = P(z < -1{,}89) = P(z > 1{,}89) = 0{,}0587$$

Beispiel 9.15 Ein Projekt wurde durchgeführt, um die Varianz der Beschichtung auf Leiterplatten von 0,0005 zu reduzieren. Eine Charge von 1000 Leiterplatten wurde zur Inspektion erhalten. Nach dem zufälligen Sampling von 36 Platinen wird beobachtet, dass die durchschnittliche Dicke 0,003 und die Varianz 0,00025 beträgt. Wurde die Varianz reduziert?

Lösung Gemäß den Anforderungen führen wir einen Test auf Varianz wie folgt durch:

1. H_0: $\sigma^2 = \sigma_0^2$ gegen H_0: $\sigma^2 < \sigma_0^2$
2. Signifikanzniveau, $\alpha = 0{,}05$
3. Teststatistik

$$\chi^2 = \frac{(n-1)s^2}{\sigma_0^2},$$

wo $n = 36, s^2 = 0{,}00025, \sigma_0^2 = 0{,}0005$. Bei Substitution erhalten wir

$$\chi^2 = \frac{35 \times 0{,}00025}{0{,}0005} = 17{,}5$$

4. Für $\alpha = 0{,}05$, $\chi^2_{0{,}95{,}35} = 22{,}465$. Da $\chi^2 < \chi^2_{1-\alpha,n-1}$, lehnen wir die Hypothese ab.
5. Da die Hypothese abgelehnt wird, schließen wir daraus, dass es eine Reduzierung der Varianz der Beschichtungsdicke gegeben hat.

Der p-Wert dieses Tests wird als

$$p\text{-value} = P(\chi^2 < 17{,}5) = 0{,}0059$$

Beispiel 9.16 Zwei Stichproben werden aus zwei normalen Populationen gezogen. Testen Sie anhand der folgenden Daten, ob die beiden Stichproben die gleiche Varianz auf dem 5 % Niveau haben:

Stichprobe-1:	60	65	71	74	76	82	85	87		
Stichprobe-2:	61	66	67	85	78	63	85	86	88	91

Lösung Wir verwenden den F-Test, um die Stichprobenvarianzen wie folgt zu testen:

1. H_0: $\sigma_1^2 = \sigma_2^2$ gegen H_1: $\sigma_1^2 \neq \sigma_2^2$
2. Signifikanzniveau, $\alpha = 0{,}05$
3. Teststatistik

$$F = \frac{s_1^2}{s_2^2},$$

wo $s_1^2 = 90{,}857, s_2^2 = 133{,}33$. Bei Substitution erhalten wir $F = 1{,}467$
4. Für $\alpha = 0{,}05$, $F_{0{,}05,(9,7)} = 3{,}68$. Da $F < f_{1-\alpha,n_1-1,n_2-1}$, akzeptieren wir die Hypothese.
5. Da die Hypothese akzeptiert wird, schließen wir, dass zwei Stichproben die gleichen Varianzen haben.

Der p-Wert dieses Tests wird wie folgt ermittelt

$$p\text{-value} = P(F < 1{,}467) = 0{,}3137$$

9.6.2 *Nichtparametrische Tests*

Hier entwickeln wir einige Hypothesentests in Situationen, in denen die Daten aus einer Wahrscheinlichkeitsverteilung stammen, deren zugrunde liegende Form nicht spezifiziert ist. Das heißt, es wird nicht angenommen, dass die zugrunde liegende Verteilung normal, exponentiell oder irgendeine andere gegebene Art ist. Da keine bestimmte parametrische Form für die Verteilung angenommen wird, werden solche Tests als *nichtparametrisch* oder *verteilungsfrei* bezeichnet.

Die meisten der zuvor diskutierten Vertrauensintervallverfahren und Hypothesentestprobleme basieren auf der Annahme, dass die zugrunde liegende Verteilung normal ist, und daher wird das Inferenzverfahren als *parametrische Methoden* bezeichnet. Die Stärke eines nichtparametrischen Tests liegt in der Tatsache, dass er ohne jegliche Annahme zur Form der zugrunde liegenden Verteilung angewendet werden kann. Wenn es eine Rechtfertigung für die Annahme einer bestimmten parametrischen Form gibt, wie zum Beispiel normal, dann sollte der relevante parametrische Test verwendet werden. Nichtparametrische Methoden werden in der Regel auf kleine Stichprobendaten angewendet und machen keinen Gebrauch von den tatsächlichen Beobachtungen. Sie basieren oft auf Rängen und Positionsdaten. Daher wird ein nichtparametrischer Test unter keinen Umständen effizienter sein als ein parametrischer Test [18, 27].

Einige der nützlichen und einfach anzuwendenden nichtparametrischen Tests werden im Folgenden diskutiert. Diese Tests werden manchmal als Alternativen zu den Tests auf Basis von Normal-, t- und F-Tests betrachtet.

9.6.2.1 Test auf Zufälligkeit

Eine grundlegende Annahme in vielen statistischen Analysen ist, dass ein Datensatz eine zufällige Stichprobe aus einer Population darstellt. Es kommt jedoch manchmal vor, dass die Daten nicht durch einen wirklich zufälligen Prozess erzeugt werden, sondern durch einen, der einem Trend oder einer Art von zyklischem Muster folgen könnte. Daher wird ein Test auf Zufälligkeit mit dem *Runs Test* (H_0: Daten sind zufällig) wie folgt durchgeführt.

Nehmen wir an, dass jeder der Datenwerte entweder eine 0 oder eine 1 ist. Das heißt, wir gehen davon aus, dass jeder Datenwert entweder als *Erfolg* oder als *Fehlschlag* dichotomisiert werden kann. Lassen Sie $X_1, X_2, \ldots, X_N$ die Menge der Daten bezeichnen. Eine aufeinanderfolgende Sequenz von entweder 1en oder 0en wird als *Lauf* bezeichnet. Zum Beispiel enthält

1 0 0 1 1 1 0 1 1 0 0 0 0 1 1 0 1 0 1 1 1 1 0 0 0 1

13 Läufe: 7 Läufe von 1en und 6 Läufe von 0en. Nehmen wir an, der Datensatz enthält n 1en und m 0en, so dass $n + m = N$. Lassen Sie R die Anzahl der Läufe bezeichnen. Wenn H_0 wahr ist, dann wäre $X_1, X_2, \ldots, X_N$ genauso wahrscheinlich eine der $\frac{N!}{n!m!}$ Permutationen von 1en und 0en. Daher ist die Wahrscheinlichkeitsmassenfunktion von R unter H_0

$$P_{H_0}(R = 2k) = 2\frac{\binom{m-1}{k-1}\binom{n-1}{k-1}}{\binom{m+n}{n}} \tag{9.16}$$

und

$$P_{H_0}(R = 2k+1) = \frac{\binom{m-1}{k-1}\binom{n-1}{k} + \binom{m-1}{k}\binom{n-1}{k-1}}{\binom{m+n}{n}} \tag{9.17}$$

Es kann gezeigt werden, dass wenn n und m beide groß sind und H_0 wahr ist, R ungefähr eine Normalverteilung mit Mittelwert und Standardabweichung haben wird, die durch

$$\mu_R = \frac{2mn}{m+n} + 1 \tag{9.18}$$

und

$$\sigma_R = \sqrt{\frac{2mn(2mn - m - n)}{(m+n)^2(m+n-1)}} \tag{9.19}$$

gegeben sind.

Daher gilt für eine beobachtete Anzahl von Läufen r und für große n und m,

$$\begin{aligned} P_{H_0}(R \leq r) &= P_{H_0}\left\{\frac{R - \mu_R}{\sigma_R} \leq \frac{r - \mu_R}{\sigma_R}\right\} \\ &= P_{H_0}\left\{Z \leq \frac{r - \mu_R}{\sigma_R}\right\} \\ &= \Phi\left(\frac{r - \mu_R}{\sigma_R}\right) \end{aligned}$$

und ähnlich,

$$P_{H_0}(R \geq r) = 1 - \Phi\left(\frac{r - \mu_R}{\sigma_R}\right)$$

und der p-Wert des Tests ist

$$p\text{-value} = 2\min\left\{\Phi\left(\frac{r-\mu_R}{\sigma_R}\right), 1-\Phi\left(\frac{r-\mu_R}{\sigma_R}\right)\right\} \tag{9.20}$$

Beispiel 9.17 Nehmen wir an, dass eine Sequenz von sechzig 1en und sechzig 0en in 75 Läufen resultierte. Testen Sie, ob die Sequenz zufällig ist.

Lösung Da die Sequenz groß ist, verwenden wir die Normalapproximation, um die Zufälligkeit zu testen, wie folgt:

1. H_0: Daten sind zufällig gegen H_1: Daten sind nicht zufällig.
2. $\alpha = 5\,\%$.
3. Teststatistiken

$$z = \frac{r-\mu_R}{\sigma_R}$$

wo $n = m = 60$, $r = 75$, $\mu_R = 61$ und $\sigma_R = 5{,}454$. Daher, $z = 2{,}5669$.
4. Für $\alpha = 5\,\%$, $z_{\alpha/2} = 1{,}96$. Da $|z| > z_{\alpha/2}$, lehnen wir die Nullhypothese ab.
5. Da die Hypothese abgelehnt wird, schließen wir daraus, dass die Sequenz nicht zufällig ist.

Der p-Wert des Tests ist

$$\begin{aligned} p\text{-value} &= 2\min\{\Phi(2{,}567), 1-\Phi(2{,}567)\} \\ &= 0{,}0102 \end{aligned}$$

Wenn die Anzahl der Läufe gleich 70 statt 75 wäre, dann wäre der Wert der Teststatistik $z = 1{,}650$ gewesen. In dieser Situation, für $\alpha = 5\,\%$, wäre die Nullhypothese akzeptiert worden. Das heißt, Zufälligkeit wäre in dem Datensatz mit einem p-Wert

$$\begin{aligned} p\text{-value} &= 2\min\{\Phi(1{,}65), 1-\Phi(1{,}65)\} \\ &= 0{,}0990 \end{aligned}$$

9.6.2.2 Sign Test

Betrachten Sie eine Zufallsvariable X mit einer kontinuierlichen Verteilung $F(x)$, und lassen Sie $\tilde{\mu}$ das Median der Verteilung sein. Der Sign Test wird verwendet, um das Median $\tilde{\mu}$ einer kontinuierlichen Population zu testen. Das heißt zu testen

$$H_0\colon \tilde{\mu} = \tilde{\mu}_0 \tag{9.21}$$

gegen

$$H_1\colon \tilde{\mu} \neq \tilde{\mu}_0$$

Diese Hypothese kann leicht getestet werden, indem man beachtet, dass jede der Beobachtungen unabhängig voneinander kleiner als $\tilde{\mu}_0$ mit der Wahrscheinlichkeit $p = F(\tilde{\mu}_0)$ ist. Wenn wir definieren

$$I_i = \begin{cases} 1 & \text{if } X_i - \tilde{\mu}_0 > 0 \\ 0 & \text{otherwise} \end{cases} \tag{9.22}$$

dann sind $I_1, I_2, \ldots, I_n$ unabhängige Bernoulli-Zufallsvariablen mit dem Parameter $p = F(\tilde{\mu}_0)$. Wenn die Nullhypothese wahr ist, dann $P(X_i - \tilde{\mu}_0 < 0) = P(X_i - \tilde{\mu}_0 > 0) = 0{,}5$. Ein geeigneter Test ist der von

$$R^+ = \sum_{i=1}^{n} I_i \tag{9.23}$$

der Anzahl der positiven Unterschiede. Daher testen wir bei der Nullhypothese tatsächlich, dass die Anzahl der positiven Zeichen ein Wert einer binomialverteilten Zufallsvariable mit dem Parameter $p = 0{,}5$ ist. Der p-Wert, der diesem Test für die beobachtete Anzahl positiver Zeichen r^+ entspricht, ist so, dass

$$p\text{-value} = \begin{cases} 2P(R^+ \le r^+), & \text{if } r^+ < n/2 \\ 2P(R^+ \ge r^+), & \text{if } r^+ > n/2 \end{cases} \tag{9.24}$$

Wenn der p-Wert kleiner ist als ein vorher festgelegtes Niveau α, wird der Test abgelehnt; andernfalls wird er akzeptiert.

Für eine einseitige Hypothese der Form H_0: $\tilde{\mu} = \tilde{\mu}_0$ gegen H_1: $\tilde{\mu} > \tilde{\mu}_0$, wird die Hypothese abgelehnt, wenn die beobachtete Anzahl positiver Zeichen ausreichend groß ist; das heißt, wenn p-Wert $= P(R^+ \ge r^+)$ kleiner ist als ein vorher festgelegtes Niveau α, wird der Test abgelehnt; andernfalls wird er akzeptiert. Ähnlich wird bei einer linksschwänzigen alternativen Hypothese die Hypothese abgelehnt, wenn p-Wert $= P(R^+ \le r^+)$ kleiner ist als ein vorher festgelegtes Niveau α.

Für eine große Stichprobe kann unter H_0 der Test auf eine Normalverteilungsannahme mit Mittelwert $\mu = n \times p = 0{,}5n$ und Varianz $\sigma^2 = n \times p \times (1-p) = 0{,}25n$ approximiert werden. Daher ist eine Großstichprobenapproximation der Teststatistik gegeben durch

$$Z = \frac{R^+ - 0{,}5n}{\sqrt{0{,}25n}} \tag{9.25}$$

Die Statistik Z kann dann mit den Z_α Werten für das festgelegte Signifikanzniveau α verglichen werden.

Beispiel 9.18 Die folgenden sind die Messungen der Bruchfestigkeit einer bestimmten Art von 2-Zoll-Baumwollbändern in Pfund

163	165	166	161	171	158	151	162	163	139	172	165	148	169

Testen Sie die Hypothese, dass die mittlere Bruchfestigkeit 160 Pfund beträgt, gegen die Alternative, dass sie größer als 160 Pfund ist, auf einem 5 % Signifikanzniveau.

Lösung Hier ist $n = 14$ und $\tilde{\mu}_0 = 160$. Da die Daten keiner Normalverteilung folgen (siehe Abb. 9.10), verwenden wir einen nichtparametrischen Test für diese Daten.

Es ist erforderlich zu testen

1. H_0: $\tilde{\mu} = 160$ gegen H_1: $\tilde{\mu} > 160$
2. $\alpha = 5\,\%$
3. Berechnung der Teststatistik

x_i	163	165	166	161	171	158	151	162	163	139	172	165	148	169
$x_i - 160$	3	5	6	1	11	−2	−9	2	3	−21	12	5	−12	9
I_i	1	1	1	1	1	0	0	1	1	0	1	1	0	1

Jetzt,

$$R^+ = \sum_{i=1}^{n} I_i = 10$$

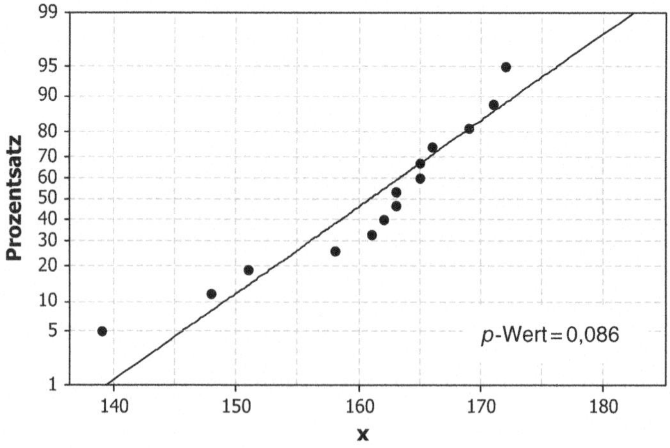

Abb. 9.10 Wahrscheinlichkeitsplot der Daten

4. Die Hypothese wird abgelehnt, wenn die Anzahl der beobachteten positiven Zeichen ausreichend groß ist

$$
\begin{aligned}
p\text{-value} &= P(R^+ \geq 10) \\
&= \sum_{r=10}^{14} \binom{14}{r} (0{,}5)^r (0{,}5)^{14-r} \\
&= 1 - \sum_{r=0}^{9} \binom{14}{r} (0{,}5)^{14} \\
&= 1 - 0{,}91022 \\
&= 0{,}08978 \text{ (From Appendix Table A.1)}
\end{aligned}
$$

5. Da der p-Wert $= 0{,}08978$ ist, der größer als 0,05 ist, wird die Hypothese akzeptiert.

Daher schließen wir, dass die mittlere Bruchfestigkeit größer als 160 Pfund ist.

Alternativ, wenn wir die große Stichprobenapproximation auf das Obige anwenden, erhalten wir

$$
\begin{aligned}
Z &= \frac{R^+ - 0{,}5n}{\sqrt{0{,}25n}} \\
&= \frac{10 - 0{,}5 \times 14}{\sqrt{0{,}25 \times 14}} \\
&= 1{,}6035
\end{aligned}
$$

Wenn wir diesen Z-Wert mit der $Z_{0{,}05} = 1{,}645$ vergleichen, akzeptieren wir die Hypothese.

Ein Zeichentest kann auch auf folgende Weise getestet werden: Angenommen R^+ und R^- sind die Anzahl der positiven und negativen Zeichen in der Stichprobe der Unterschiede vom Medianwert. Lassen Sie $R = \min(R^+, R^-)$. Dann wird ein Test für H_0: $\tilde{\mu} = \tilde{\mu}_0$ gegen H_1: $\tilde{\mu} > \tilde{\mu}_0$ abgelehnt, wenn $r^- \leq r_\alpha$, wo r_α so ist, dass $P(r^- \leq r_\alpha) = \alpha$. Die Werte von r_α sind in Anhangstabelle A.14 gegeben. Wenn die alternative Hypothese H_1: $\tilde{\mu} > \tilde{\mu}_0$ ist, dann wird der Test H_0: $\tilde{\mu} = \tilde{\mu}_0$ abgelehnt, wenn $r^+ \geq r_\alpha$, wo r_α so ist, dass $P(r^+ \leq r_\alpha) = \alpha$. Für eine zweiseitige alternative Hypothese, H_1: $\tilde{\mu} \neq \tilde{\mu}_0$, wird der Test abgelehnt, wenn $r \geq r_\alpha$, wo r_α so ist, dass $P(r \leq r_\alpha) = \alpha$.

Für das oben diskutierte Beispiel, $R = \min(R^+, R^-) = \min(10{,}4) = 4$, und die $r_{0{,}05} = 3$ (für einen einseitigen Test). Da die alternative Hypothese unter Betrachtung H_1: $\tilde{\mu} > 160$ ist, wird die Hypothese H_0: $\tilde{\mu} = 160$ abgelehnt, wenn $r^- \leq r_\alpha$. Hier sind $r^- = 4$ und $r_{0{,}05} = 3$ (aus Anhangstabelle A.14). Da $r^- > r_\alpha$, wird der Test akzeptiert. Dieses Ergebnis stimmt mit dem Schluss überein, der durch den zuvor durchgeführten p-Wert-Vergleich abgeleitet wurde.

Ein Vorzeichentest kann auch zum Testen von zwei Stichproben verwendet werden, indem ihre gemeinsamen Mediane verglichen werden. Dies entspricht dem Vergleich von zwei Mittelwerten von Stichproben mit dem t-Test. Ein

Vorzeichentest vergleicht in diesem Fall nur die Vorzeichen der Unterschiede der Beobachtungen. Wir veranschaulichen dies anhand eines Beispiels unten.

Beispiel 9.19 In einer Grundschule wurden 15 Paare von Erstklässlern auf der Grundlage von Intelligenz- und Familienhintergrundähnlichkeit gebildet. Ein Kind aus jedem Paar wurde nach Methode-I und das andere Kind nach Methode-II zum Lesen unterrichtet. Nach einer Trainingsperiode wurden den Kindern Lesetests mit den folgenden Ergebnissen gegeben.

M-I	65	68	70	65	64	62	73	75	72	78	64	73	79	80	67
M-II	63	68	68	60	65	60	72	75	73	70	66	70	77	78	65

Verwenden Sie den Vorzeichentest, um zu prüfen, ob die beiden Methoden gleichwertig sind oder nicht.

Lösung Das normale Wahrscheinlichkeitsdiagramm von M-I und M-II ist in Abb. 9.11 dargestellt. Obwohl beide Datensätze normal sind, verwenden wir hier das Vorzeichentestverfahren zum Vergleich der beiden Verteilungen.

1. H_0: $\tilde{\mu}_1 = \tilde{\mu}_2$ gegen H_0: $\tilde{\mu}_1 \neq \tilde{\mu}_2$
2. $\alpha = 5\,\%$
3. Berechnung der Teststatistik

X_i	65	68	70	65	64	62	73	75	72	78	64	73	77	80	67
Y_i	63	69	68	60	65	60	72	76	73	70	66	70	79	78	65
I_i	1	0	1	1	0	1	1	0	0	1	0	1	0	1	1

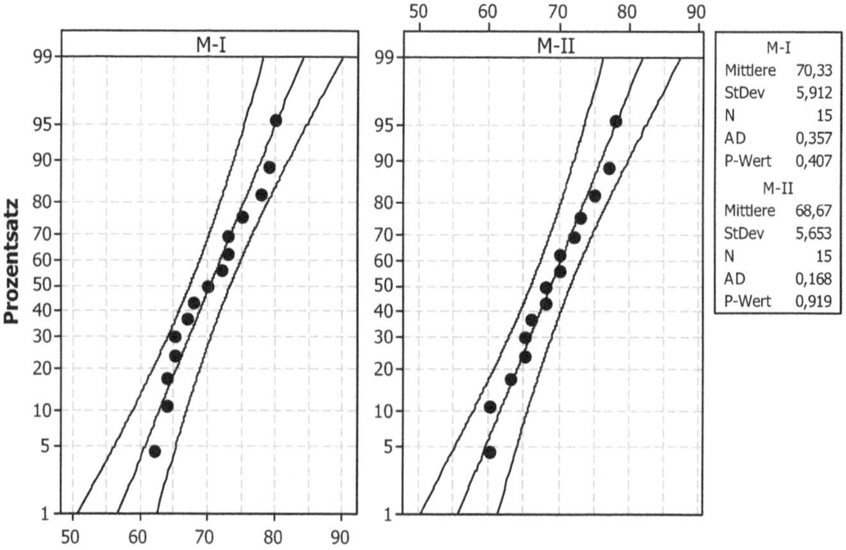

Abb. 9.11 Normales Wahrscheinlichkeitsdiagramm von M-I und M-II

Jetzt,

$$R^+ = \sum_{i=1}^{n} I_i = 9$$

4. Die Hypothese wird abgelehnt, wenn die beobachtete Anzahl positiver Zeichen ausreichend groß ist.

$$\begin{aligned} p\text{-value} &= P(R^+ \geq 9) \\ &= \sum_{r=9}^{15} \binom{15}{r} (0{,}5)^r (0{,}5)^{15-r} \\ &= 1 - \sum_{r=0}^{8} \binom{15}{r} (0{,}5)^{15} \\ &= 1 - 0{,}69638 \\ &= 0{,}30362 \text{ (From Appendix Table A.1)} \end{aligned}$$

5. Da der p-Wert $= 0{,}30362$ ist, was größer als 0,05 ist, wird die Hypothese akzeptiert.
   Daher schließen wir, dass die beiden Methoden gleich sind.

Wenn wir die Näherung für große Stichproben verwenden, dann ist der Wert der standardisierten Statistik $Z = \frac{R^+ - 0{,}5n}{\sqrt{0{,}25n}} = 0{,}7746$, der viel kleiner als der Tabellenwert $Z_{0{,}05} = 1{,}96$ ist, und daher wird die Nullhypothese der Gleichheit der Mediane akzeptiert, was darauf schließen lässt, dass die beiden Methoden gleich sind.

Ein identisches Ergebnis kann gezogen werden, wenn wir einen Zwei-Stichproben-t-Test verwenden (in diesem Fall am geeignetsten), der berechnete Wert des t-Tests beträgt 0,79 (unter der Annahme gleicher Varianzen) mit einem p-Wert $=$ 0,437, was eine starke Unterstützung für die Nullhypothese nahelegt.

Der exakte Test basierend auf den positiven und negativen Rängen legt in diesem Fall einen anderen Schluss nahe. Beachten Sie, dass $R^- = \sum_{i=1}^{n} I_i = 6$; daher $R = \min(R^+, R^-) = 6$. Der Tabellenwert des Tests ist $r_{0{,}05} = 3$ (für einen zweiseitigen Test aus Anhangstabelle A.14). Da die alternative Hypothese unter Berücksichtigung H_1: $\tilde{\mu}_1 \neq \tilde{\mu}_2$ ist, wird die Hypothese H_0: $\tilde{\mu}_1 = \tilde{\mu}_2$ abgelehnt, wenn $r \geq r_\alpha$. Da $r = 6$ größer als $r_{0{,}05} = 3$ ist, wird der Test abgelehnt. Daher schließen wir, dass die Mediane der beiden Stichproben nicht gleich sind. Daher könnten die beiden Methoden unterschiedlich sein.

9.6.2.3 Vorzeichen-Rang-Test

Betrachten Sie eine Zufallsvariable X mit einer kontinuierlichen Verteilung $F(x)$, und lassen Sie μ_0 die Median der Verteilung sein. Der Vorzeichen-Rang-Test dient dazu zu prüfen, ob die Verteilung symmetrisch zum Median μ_0 ist. Das heißt zu prüfen

$$H_0: \mu = \mu_0 \tag{9.26}$$

gegen

$$H_1: \mu \neq \mu_0$$

Lassen Sie $Y_i = X_i - \mu_0, i = 1, 2, \ldots, n$ und ordnen Sie die absoluten Werte $|Y_1|, |Y_2|, \ldots, |Y_n|$. Lassen Sie W^+ die Summe der positiven Ränge sein und W^- die Summe der negativen Ränge. Wenn $W = \min(W^+, W^-)$, dann wird ein Test für $H_0: \mu = \mu_0$ gegen $H_1: \mu \neq \mu_0$ abgelehnt, wenn $w \leq w_\alpha$, wo w die beobachteten Werte von W sind. Weiterhin ist w_α so, dass $P(w \leq w_\alpha) = \alpha$ unter H_0. Für eine einseitige Alternative der Form $H_1: \mu > \mu_0$ wird die H_0 abgelehnt, wenn $w^- \leq w_\alpha$, und wenn die Alternative der Form $H_1: \mu < \mu_0$, wird die H_0 abgelehnt, wenn $w^+ \leq w_\alpha$. Anhangstabelle A.15 liefert die Werte von w_α für verschiedene Kombinationen von n und α. Der Test geht auf Wilcoxon zurück und ist daher auch als Wilcoxon-Rangsummentest bekannt.

Um die Verteilung unter H_0 zu finden, setzen wir $j = 1, 2, \ldots, n$,

$$l_j = \begin{cases} 1 & \text{if the } j\text{th smallest value comes from a data} \\ & \text{value that is smaller than } \mu_0 \\ 0 & \text{otherwise} \end{cases} \tag{9.27}$$

Dann wird die signierte Rangteststatistik als

$$W^* = \sum_{j=1}^{n} j l_j \tag{9.28}$$

geschrieben.

Der Mittelwert und die Varianz der Teststatistik unter H_0 werden als

$$\begin{aligned} E[W^*] = \mu_{W^*} &= E\left[\sum_{j=1}^{n} j I_j\right] \\ &= \sum_{j=1}^{n} \frac{j}{2} = \frac{n(n+1)}{4} \end{aligned} \tag{9.29}$$

und

$$\begin{aligned} \mathrm{Var}[W^*] = \sigma^2_{W^*} &= \mathrm{Var}\left[\sum_{j=1}^{n} j I_j\right] \\ &= \sum_{j=1}^{n} j^2 \mathrm{Var}(I_j) \\ &= \sum_{j=1}^{n} \frac{j^2}{4} = \frac{n(n+1)(2n+1)}{24} \end{aligned} \tag{9.30}$$

ermittelt.

Daher kann man für große Stichproben die Näherung

$$z = \frac{W^* - \frac{n(n+1)}{4}}{\sqrt{\frac{n(n+1)(2n+1)}{24}}} \tag{9.31}$$

verwenden. z ist nun eine Standardnormalverteilung und kann mit Z_α Werten für ein spezifiziertes Signifikanzniveau α verglichen werden.

Beispiel 9.20 Betrachten Sie die Beobachtungen: 4,2, 1,8, 5,3, 1,7, 2,4 und 3,8. Testen Sie, ob die Daten symmetrisch um den Median $\mu_0 = 2$ liegen.

Lösung Da die Sequenz klein ist, gehen wir wie folgt vor:

1. $H_0\colon \mu_0 = 2$ gegenüber $H_1\colon \mu_0 \neq 2$
2. $\alpha = 5\,\%$
3. Berechnung der Teststatistik

x_i	$x_i - \mu_0$	$\lvert Y_i \rvert$	Rang ($\lvert Y_i \rvert$)	I_j
4,2	2,2	2,2	5	1
1,8	−0,2	0,2	1	0
5,3	3,3	3,3	6	1
1,7	−0,3	0,3	2	0
2,4	0,4	0,4	3	1
3,8	1,8	1,8	4	1

Daher,

$$w^+ = 18, \ w^- = 3, \ \text{and } w = \min(w^+, w^-) = 3$$

4. Für $\alpha = 5\,\%$, $w_{0{,}05} = 1$. $w \leq w_\alpha$. Da $w \geq w_\alpha$, akzeptieren wir die Nullhypothese.
5. Da die Hypothese akzeptiert wird, schließen wir, dass die Daten symmetrisch um den Median liegen.

Alternativ, unter Verwendung der Näherung für große Stichproben, erhalten wir

$$z = \frac{W^* - \mu_{W^*}}{\sigma_{W^*}},$$

wo $W^* = \sum_{j=1}^{n} jI_j = 18$, $\mu_{W^*} = 5$, und $\sigma_{W^*} = 4{,}7696$. Daher, $z = 1{,}5724$. Für $\alpha = 5\,\%$, $z_{\alpha/2} = 1{,}96$ für eine zweiseitige alternative Hypothese. Da $|z| < z_{\alpha/2}$, akzeptieren wir die Nullhypothese und schließen, dass die Daten symmetrisch um den Median liegen. Der p-Wert des Tests ist

$$\begin{aligned} p\text{-value} &= 2P(|z| > 0{,}7303) \\ &= 0{,}4652 \end{aligned}$$

9.6.2.4 Mann–Whitney–Wilcoxon-Test

Angenommen, man betrachtet zwei verschiedene Methoden zur Herstellung von Gegenständen mit messbaren Eigenschaften und hat ein Interesse daran zu bestimmen, ob die beiden Methoden statistisch identische Gegenstände erzeugen. Um dieses Problem zu lösen, sei $X_1, X_2, \ldots, X_m$ eine Stichprobe von messbaren Werten von m Gegenständen, die durch Methode 1 hergestellt wurden, und $Y_1, Y_2, \ldots, Y_n$ die entsprechende Stichprobe von messbaren Werten von n Gegenständen, die durch Methode 2 hergestellt wurden. Seien F und G, beide als stetig angenommen, die Verteilungsfunktionen der beiden Stichproben, dann ist die Hypothese, die wir testen wollen, $H_0: F = G$ oder äquivalent, $H_0: \mu_1 = \mu_2$.

Um die obige Hypothese zu testen, definieren Sie

$$Z_{ij} = \begin{cases} 1, & X_i < Y_j \\ 0, & X_i > Y_j \end{cases}, \quad i = 1, 2, \ldots, m; j = 1, 2, \ldots, n \tag{9.32}$$

und schreiben Sie

$$U = \sum_{i=1}^{m} \sum_{j=1}^{n} Z_{ij} \tag{9.33}$$

Beachten Sie, dass $\sum_{j=1}^{n} Z_{ij}$ die Anzahl der Y_j, die größer sind als X_i, und daher ist U die Anzahl der Werte von $X_1, X_2, \ldots, X_m$, die kleiner sind als jeder von $Y_1, Y_2, \ldots, Y_n$. Die Teststatistik U wird als Mann-Whitney U-Test bezeichnet. Dann, um $H_0: F = G$ gegen $H_1: F > G$ zu testen, lehnen wir H_0 ab, wenn $U \geq u_\alpha$, wo u_α so ist, dass $P(U \geq u_\alpha) \leq \alpha$. Für die praktische Bequemlichkeit ist U für kleine Stichprobengruppen von Beobachtungen definiert. Die kritischen Werte, die diesem Test entsprechen, sind in Anhang A.16 für einige ausgewählte Werte von m, n und α gegeben.

Wenn die Nullhypothese wahr ist und daher $F = G$, folgt daraus, dass alle m + n Daten aus der gleichen Verteilung stammen und daher alle $(m + n)!$ möglichen Rangfolgen der Werte $X_1, X_2, \ldots, X_n$ und $Y_1, Y_2, \ldots, Y_m$ gleich wahrscheinlich sind. Daher ist unter H_0 der Mittelwert und die Varianz von U gegeben durch

$$E_{H_0}[U] = \mu_U = \frac{nm}{2}$$

und

$$\mathrm{Var}_{H_0}[U] = \sigma_U^2 = \frac{mn(n + m + 1)}{12}$$

Daher,

$$z = \frac{U - \frac{nm}{2}}{\sqrt{\frac{mn(n+m+1)}{12}}} \quad \sim \quad N(0,1) \tag{9.34}$$

Beispiel 9.21 Ein Experiment wurde entworfen, um zwei Behandlungen gegen Korrosion zu vergleichen. Dabei wurden die folgenden Daten in Drahtstücken ermittelt, die den beiden Behandlungen ausgesetzt waren:

Behandlung-1	59,4	72,1	68.0	66,2	58.5	
Behandlung-2	65,2	67,1	69,4	78.2	74,0	80,3

Die Daten repräsentieren die maximale Tiefe von Gruben in Einheiten von einem Tausendstel Zoll. Zeigen die Daten einen signifikanten Unterschied in der Verteilung?

Lösung Hier, $m = 5$ und $n = 6$.

1. $H_0: F = G$ gegenüber $H_0: F > G$
2. $\alpha = 5\,\%$
3. Teststatistik

$$\begin{aligned} U &= \sum_{i=1}^{m} \sum_{j=1}^{n} Z_{ij} \\ &= 2 + 3 + 4 + 5 + 5 + 5 = 24 \end{aligned}$$

4. Aus Anhangstabelle A.17 ist der kritische Wert u_α für $m = 5$, $n = 6$, und $\alpha = 0{,}01$ ist 27. Da $U < u_\alpha$, wird der Test akzeptiert
5. Da der Test akzeptiert wird, schließen wir, dass es keinen signifikanten Unterschied zwischen den beiden Behandlungskombinationen gibt.

Wir verwenden nun die Näherung für große Stichproben, um zu sehen, ob das gleiche Ergebnis für den Test bestehen bleibt. Für große Stichproben haben wir

$$\begin{aligned} z &= \frac{U - \frac{nm}{2}}{\sqrt{\frac{mn(n+m+1)}{12}}} \\ &= \frac{24 - 15}{\sqrt{30}} = 1{,}6431 \end{aligned}$$

Für $\alpha = 0{,}01$, $z_\alpha = 2{,}33$. Da $z < z_\alpha$, akzeptieren wir die Nullhypothese und schließen, dass die Stichproben aus derselben Population stammen. Der p-Wert des Tests ist

$$\begin{aligned} p\text{-value} &= P(z > 1{,}6431) \\ &= 0{,}0502 \end{aligned}$$

9.6.2.5 Kruskal-Wallis-Test

Der oben diskutierte U-Test ist ein Test zur Entscheidung, ob zwei Stichproben aus derselben Population stammen oder nicht. Eine Verallgemeinerung davon für k Stichproben wird durch den Kruskal-Wallis H-Test oder kurz den H-Test bereitgestellt.

Nehmen wir an, wir haben k Stichproben der Größen $n_1, n_2, \ldots, n_k$, wobei die Gesamtgröße aller zusammen genommenen Stichproben durch $n = n_1 + n_2 + \cdots + n_k$ gegeben ist. Weiterhin nehmen wir an, dass die Daten aus allen zusammen genommenen Stichproben geordnet sind und dass die Summe der Ränge jeder Stichprobe $R_1, R_2, \ldots, R_k$ beträgt. Wenn wir die Statistik

$$H = \frac{12}{n(n+1)} \sum_{i=1}^{k} \frac{R_i^2}{n_i} - 3(n+1) \tag{9.35}$$

definieren, dann folgt unter H_0, dass die Stichprobenverteilung von H einer Chi-Quadrat-Verteilung mit $k - 1$ Freiheitsgraden folgt, vorausgesetzt, dass die Stichprobengrößen mindestens 5 betragen. Falls es zu viele Übereinstimmungen unter den Beobachtungen in den Stichprobendaten gibt, ist der Wert von H, der in (9.35) gegeben ist, kleiner als er sein sollte. In solchen Fällen verwenden wir die korrigierte Version der H-Statistik, die durch H_c bezeichnet wird, indem wir den in der Statistik (9.35) gegebenen Wert durch den Korrekturfaktor

$$1 - \frac{\sum (T^3 - T)}{n^3 - n}$$

teilen, wobei T die Anzahl der Übereinstimmungen entspricht, die jeder Beobachtung zugeordnet sind, und wobei die Summe über alle übereinstimmenden Beobachtungen genommen wird.

Der H-Test bietet eine nichtparametrische Methode, die der Varianzanalyse (ANOVA) für Einwegklassifikationen oder Ein-Faktor-Experimente entspricht.

Beispiel 9.22 Ein Unternehmen möchte eine von fünf verschiedenen Maschinen kaufen: A, B, C, D und E. In einem Experiment, das darauf abzielt zu ermitteln, ob es Leistungsunterschiede zwischen den Maschinen gibt, wurden fünf erfahrene Bediener gebeten, gleich oft an den Maschinen zu arbeiten. Die Daten in Bezug auf die Anzahl der von jeder Maschine produzierten Einheiten sind wie folgt:

A	68	72	77	42	53
B	72	53	63	53	48
C	60	82	64	75	72
D	48	61	57	64	50
E	64	65	70	68	53

Testen Sie die Hypothese, dass es keinen signifikanten Unterschied zwischen den Maschinen auf dem 0,05 Signifikanzniveau gibt.

Lösung Hier, $n_1 = n_2 = n_3 = n_4 = n_5 = 5$. Indem alle Werte in aufsteigender Größenordnung angeordnet werden, sehen die Daten so aus:

$$42, 48, 48, 50, 53, 53, 53, 53, 57, 60, 61, 63, 64, 64, 64, 65, 68, 68, 70, 72, 72, 72, 75, 77, 82.$$

Die Ränge entsprechen jeder Maschine und ihre Summen sind in Tab. 9.10 dargestellt.

Tab. 9.10 Tabelle der Ränge

Maschinen	Ränge					Rangsumme
A	17,5	21	24	1	6,5	70
B	21	6,5	12	6,5	2,5	48,5
C	10	25	14	23	21	93
D	2,5	11	9	14	4	40,5
E	14	16	19	17,5	6,5	73

Daher, um $H_0\colon \mu_1 = \mu_2 = \mu_3 = \mu_4 = \mu_5$ zu testen, verwenden wir die Teststatistik

$$\begin{aligned} H &= \frac{12}{n(n+1)} \sum_{i=1}^{k} \frac{R_i^2}{n_i} - 3(n+1) \\ &= \frac{12}{25(25+1)} \left[\frac{(70)^2}{5} + \frac{(48{,}5)^2}{5} + \frac{(93)^2}{5} + \frac{(40{,}5)^2}{5} + \frac{(73)^2}{5} \right] - 3(26) \\ &= 6.44 \end{aligned}$$

Für $k - 1 = 4$ ist der Tabellenwert für das Signifikanzniveau 0,05 $\chi^2_{(0{,}05)4} = 9{,}49$, der größer ist als der berechnete Wert. Daher können wir die Nullhypothese nicht ablehnen. Daher wird angenommen, dass es keinen signifikanten Unterschied zwischen den Maschinen gibt.

9.6.3 Güte-Fit-Tests

In diesem Abschnitt werden wir eine sehr wichtige Frage bezüglich gesampelter Daten beantworten, angenommen, uns steht ein Datensatz zur Verfügung. Wie man ein gutes Wahrscheinlichkeitsmodell für den Datensatz entscheidet, ist eine sehr relevante Frage, die in den meisten Fällen aufkommt. Wenn man einige Anzeichen für die Verteilung einer Population durch probabilistisches Denken oder auf andere Weise hat, ist es oft möglich, solche theoretischen Verteilungen (auch *Modell* oder *erwartete* Verteilungen genannt) an Häufigkeitsverteilungen anzupassen, die aus einer Stichprobe der Population gewonnen wurden. Die Methode verwendet im Allgemeinen den Mittelwert und die Standardabweichung der Stichprobe, um den Mittelwert und die Standardabweichung der Population zu schätzen. Um zu testen, wie gut die Anpassung sein wird? Wir verwenden den Chi-Quadrat-Test für die *Güte der Anpassung*.

9.6.3.1 Güte-von-Anpassungstests, wenn Parameter angegeben sind

Angenommen, dass n unabhängige Zufallsvariablen $Y_1, Y_2, \ldots, Y_n$ jeweils einen der Werte 1, 2, ..., k annehmen sollen und wir daran interessiert sind, die

Nullhypothese zu testen, dass $\{p_i, i = 1, 2, \ldots, k\}$ die Wahrscheinlichkeitsmassenfunktion der Variablen Y_j ist. Das heißt, wir wollen die Hypothese testen

$$H_0: P[Y = i] = p_i, \quad i = 1, 2, \ldots, k \tag{9.36}$$

gegenüber

$$H_1: P[Y = i] \neq p_i, \quad \text{for some } i = 1, 2, \ldots, k$$

Um die oben genannte Hypothese zu testen, gehen wir wie folgt vor:

Lassen Sie $X_i, i = 1, 2, \ldots, k$ die Anzahl der Y_j's bezeichnen, die gleich i sind. Dann wird jedes Y_j unabhängig gleich i sein mit der Wahrscheinlichkeit $P[Y = i]$. Daher folgt, dass wenn H_0 wahr ist, X_i binomial ist mit den Parametern n und p_i. Daher, $E(X_i) = np_i$ und so wird $(X_i - np_i)^2$ eine Anzeige dafür sein, wie wahrscheinlich es erscheint, dass p_i tatsächlich gleich der Wahrscheinlichkeit ist, dass $Y - i$ ist. Wenn dies groß ist, dann ist es ein Hinweis darauf, dass H_0 nicht korrekt ist. Diese Überlegung hilft uns, die Teststatistik

$$\begin{aligned}\chi^2 &= \sum_{i=1}^{k} \frac{(X_i - np_i)^2}{np_i} \\ &= \sum_{i=1}^{k} \frac{(O_i - E_i)^2}{E_i}\end{aligned} \tag{9.37}$$

zu betrachten, wo $O_i = X_i$ und $E_i = np_i$. Der Test wird abgelehnt, wenn χ^2 groß ist. Um den kritischen Bereich für ein spezifiziertes Signifikanzniveau α zu bestimmen, berechnen wir die Wahrscheinlichkeit

$$P_{H_o}(\chi^2 \geq c) = \alpha$$

Für große k, ist der Wert von c gleich $\chi^2_{\alpha,k-1}$. Der p-Wert eines solchen Tests ist

$$p\text{-value} = P_{H_0}(\chi^2_{k-1} \geq \chi^2) \tag{9.38}$$

Beispiel 9.23 Nehmen Sie an, dass das TCP-Unternehmen verlangt, dass ein Berufseinsteiger, der eine Stelle in dem Unternehmen sucht, von drei ihrer Führungskräfte interviewt wird. Jeder Führungskraft gibt dem Kandidaten entweder eine positive oder negative Bewertung. Die folgende Tabelle fasst die Interviewergebnisse von 100 Kandidaten zusammen:

Positive Bewertung von drei Interviewern	Anzahl der Kandidaten, die jede dieser Bewertungen erhalten
0	18
1	47
2	24
3	11

Der Direktor des Unternehmens ist der Meinung, dass ein Kandidat, der 40 % oder mehr erreicht, für den Job eingestellt werden kann. Unterstützt die obige Information seine Behauptung? (Nehmen Sie $\alpha = 0{,}05$ an).

Lösung Lassen Sie

$$Y\text{: the positive ranking of the interviewers. Then } Y \sim \text{BD}(3, 0{,}40).$$

Dann, um H_0: $p = 0{,}40$ gegen H_1: $p \neq 0{,}40$ zu testen, gehen wir wie folgt vor:

$$P(X = 0) = \binom{3}{0}(0{,}4)^0(0{,}6)^3 = 0{,}216$$

$$P(X = 1) = \binom{3}{1}(0{,}4)^1(0{,}6)^2 = 0{,}4320$$

$$P(X = 2) = \binom{3}{2}(0{,}4)^2(0{,}6)^1 = 0{,}2880$$

$$P(X = 3) = \binom{3}{3}(0{,}4)^3(0{,}6)^0 = 0{,}0640$$

Die Berechnung der Teststatistik wird in der folgenden Tabelle gezeigt:

Y	O_i	p_i	$E_i = np_i$	$(O_i - E_i)^2$	$(O_i - E_i)^2 / E_i$
0	18	0,2160	21,6	12,96	0,6000
1	47	0,4320	43,2	14,44	0,3343
2	24	0,2880	28,8	23,04	0,8000
3	11	0,0640	6,4	21,16	3,3063
					5,0406

Daher,

$$\chi^2 = \sum_{i=1}^{k} \frac{(O_i - E_i)^2}{E_i} = 5{,}0406$$

Für $k = 4$, $\chi^2_{0{,}05,3} = 7{,}815$. Da $\chi^2 < \chi^2_{0{,}05,3}$, lehnen wir H_0 nicht ab. Das heißt, der Direktor des Unternehmens kann mit der Platzierung fortfahren, wenn ein Kandidat 40 % oder mehr auf einem Signifikanzniveau von $\alpha = 0{,}05$ erreicht. Der p-Wert des Tests wird als

$$P\text{−value} = P(\chi^2_{(3)} > 5{,}0406) = 0{,}1688.$$

Beispiel 9.24 Angenommen, die wöchentliche Anzahl von Unfällen über einen Zeitraum von 30 Wochen ist wie folgt:

8	0	0	1	3	4	0	2	12	5
1	8	0	2	0	1	9	3	4	5
3	3	4	7	4	0	1	2	1	2

Testen Sie die Hypothese, dass die Anzahl der Unfälle in einer Woche einer Poisson-Verteilung folgt.

Lösung Lassen Sie

$$Y\text{: the number of accidents in a week. Then } Y \sim PD(\lambda)$$

Dann, um zu testen

$$H_0\text{: the data follow a Poisson distribution versus}$$

$$H_0\text{: the data do not follow a Poisson distribution}$$

zuerst schätzen wir den Parameter

$$\hat{\lambda} = \frac{95}{30} = 3{,}16667. \text{ Hence } Y \sim \text{PD}(3{,}16667)$$

Für rechnerische Einfachheit klassifizieren wir die Anzahl der Unfälle bequem in fünf Gruppen und berechnen die erwarteten Häufigkeiten wie folgt:

Y	O_i	p_i	$E_i = np_i$
0	6	0,04214	1,2642
1	5	0,13346	4,0038
2–3	8	0,43434	13,030
4–5	6	0,28841	8,6523
>5	5	0,10164	3,0492

Beachten Sie, dass die erwarteten Häufigkeiten der ersten und letzten Klassen kleiner als 5 sind. Dies wird mit den Klassen in der Nähe dieser angepasst, und die überarbeitete Berechnungstabelle wird unten gezeigt:

O_i	p_i	$E_i = np_i$	$(O_i - E_i)^2$	$(O_i - E_i)^2 / E_i$
11	0,13346	5,268	32,85582	6,23686864
8	0,43434	13,030	25,3009	1,94174213
11	0,28841	11,7015	0,492102	0,04205463
				8,2206654

Daher,

$$\chi^2 = \sum_{i=1}^{k} \frac{(O_i - E_i)^2}{E_i} = 8{,}2206654$$

Da die beiden Klassen kombiniert werden, werden die Freiheitsgrade jetzt 2 (=5 – 2 – 1), und daher, $\chi^2_{0{,}05,2} = 5{,}9915$. Da $\chi^2 > \chi^2_{0{,}05,2}$, lehnen wir H_0 ab. Das heißt, die Unfalldaten folgen einer Poisson-Verteilung. Der p-Wert dieses Tests wird als

$$p\text{-value} = P(\chi^2_{(2)} > 8{,}2206654) = 0{,}0164.$$

9.6.3.2 Tests der Unabhängigkeit in Kontingenztabellen

Betrachten Sie, dass eine Bevölkerung in zwei unterschiedliche Attribute oder Kategorien eingeteilt ist. Angenommen, es gibt r mögliche Werte der X-Attribute und s mögliche Werte der Y-Attribute. Dann wird Tab. 9.11 als $r \times s$ Kontingenztafel bezeichnet.

Lassen Sie

$$P_{ij} = P\{X = i, Y = j\} \quad \text{for } i = 1, 2, \ldots, r, \quad j = 1, 2, \ldots, s$$

was repräsentiert die Wahrscheinlichkeit, dass ein zufällig ausgewähltes Mitglied der Bevölkerung X-Attribute i und Y-Attribute j hat. Angenommen

$$p_i = P\{X = i\} = \sum_{j=1}^{s} P_{ij}, \quad i = 1, 2, \ldots, r$$

und

$$q_j = P\{Y = j\} = \sum_{i=1}^{r} P_{ij}, \quad j = 1, 2, \ldots, s$$

sind jeweils die Randwahrscheinlichkeiten von X und Y. Dann sind wir daran interessiert, die Hypothese zu testen, dass die beiden Attribute unabhängig sind. Das heißt,

$$H_0 \colon P_{ij} = p_i q_j, \quad \text{for all} \quad i = 1, 2, \ldots, r, \quad j = 1, 2, \ldots, s \qquad (9.39)$$

Tab. 9.11 Eine Kontingenztafel

X	Y			
	1	2	...	s
1	O_{11}	O_{12}	...	O_{1s}
2	O_{21}	O_{22}	...	O_{2s}
...	...	...	...	...
r	O_{r1}	O_{r2}	...	O_{rs}

gegen die Alternative

$$H_0: P_{ij} \neq p_i q_j, \quad \text{for some} \quad i = 1, 2, \ldots, r, \quad j = 1, 2, \ldots, s$$

Um die oben genannte Hypothese zu testen, müssen wir zunächst die Mengen p_i und q_j unter H_0 schätzen. Angenommen, dass n Mitglieder der Bevölkerung beprobt wurden, mit dem Ergebnis, dass n_{ij} von ihnen gleichzeitig für das Attribut X und Y beobachtet wurden. Beachten Sie, dass $\sum_{ij} n_{ij} = n$„ und wenn $n_i = \sum_j n_{ij}$ und $n_j = \sum_i n_{ij}$, dann werden die Schätzungen von p_i und q_j jeweils erhalten als

$$\hat{p}_i = \frac{n_i}{n}, \quad i = 1, 2, \ldots, r$$

und

$$\hat{q}_j = \frac{n_j}{n}, \quad j = 1, 2, \ldots, s$$

Dann wird unter H_0 die Teststatistik erhalten als

$$\begin{aligned} \chi^2 &= \sum_{i=1}^{r} \sum_{j=1}^{s} \frac{\left(n_{ij} - n\hat{p}_i\hat{q}_j\right)^2}{n\hat{p}_i\hat{q}_j} \\ &= \sum_{i=1}^{r} \sum_{j=1}^{s} \frac{\left(n_{ij} - E_{ij}\right)^2}{E_{ij}} \end{aligned} \tag{9.40}$$

wo $E_{ij} = n\hat{p}_i\hat{q}_j = \frac{n_i n_j}{n}$. Wenn H_0 wahr ist, folgt (9.40) einer$\chi^2_{\alpha,(r-1)(s-1)}$. Daher wird die Nullhypothese abgelehnt, wenn $\chi^2 \geq \chi^2_{\alpha,(r-1)(s-1)}$; andernfalls wird sie akzeptiert. Lassen Sie uns ein Beispiel betrachten, um dieses Testverfahren zu veranschaulichen.

Beispiel 9.25 Ein Unternehmen betreibt täglich vier Maschinen in drei Schichten. Die untenstehende Tabelle zeigt die Daten zu den in einem Zeitraum von sechs Monaten gemeldeten Maschinenausfällen:

Schichten	Maschinen				Gesamt
	A	B	C	D	
1	10	12	6	7	35
2	10	24	9	10	53
3	13	20	7	10	50
Gesamt	33	56	22	27	138

Das Problem besteht darin zu überprüfen, ob die Maschinen und Schichten einen Einfluss auf die Ausfälle haben.

Lösung Hier sind wir daran interessiert zu testen, ob die Maschine, die den Ausfall verursacht, und die Schicht, in der der Ausfall aufgetreten ist, unabhängig sind. Das heißt,

H_0: the shift and machines are independent

H_1: the shift and machines are not independent

Die erwarteten Häufigkeiten jeder Zelle werden mit der Formel $E_{ij} = \frac{n_i n_j}{n}$, für jedes $i = 1, 2, \ldots, r$ und $j = 1, 2, \ldots, s$ berechnet. Sie werden in den Klammern jeder Zelle angezeigt.

Schichten	Maschinen				Gesamt
	A	B	C	D	
1	10 (8)	12 (14)	6 (6)	7 (7)	35
2	10 (13)	24 (22)	9 (8)	10 (10)	53
3	13 (12)	20 (20)	7 (8)	19 (10)	50
Gesamt	33	56	22	27	138

Daher,

$$\begin{aligned} \chi^2 &= \sum_{i=1}^{r}\sum_{j=1}^{s} \frac{\left(n_{ij} - E_{ij}\right)^2}{E_{ij}} \\ &= \frac{(10-8)^2}{8} + \frac{(12-14)^2}{14} + \cdots + \frac{(19-10)^2}{10} \\ &= 10{,}0932 \end{aligned}$$

Nun, für $\alpha = 0{,}05$ und $(r-1)(s-1) = 6$ Freiheitsgrade, $\chi^2_{0{,}05,6} = 12{,}592$. Da $\chi^2 < \chi^2_{\alpha,(r-1)(s-1)}$, wird die Hypothese akzeptiert. Der mit diesem Test verbundene p-Wert ist

$$p\text{-value} = P(\chi^2_{(6)} \geq 10{,}0932) = 0{,}1208$$

9.7 Modellierung der Beziehung zwischen Variablen

Ein Modell ist ein formales Rahmenwerk zur Darstellung der grundlegenden Merkmale eines komplexen Systems durch einige zentrale Beziehungen. Sie vereinfachen die Realität durch Variablen des Modells. Für den Problemlösungs- und Problemanalyseprozess benötigen wir ein Modell. Ein mathematisches Modell erklärt am besten die Beziehung zwischen unabhängigen und abhängigen Variablen durch die funktionale Form $y = f(x)$, die das Herzstück von Six Sigma-Projekten ist. Sie definieren im Großen und Ganzen die wesentlichen Merkmale eines physischen Systems oder Prozesses in mathematischen Begriffen. Diagramme, Graphen und Diagramme werden zur Verständnis des Musters eines Modells verwendet und helfen oft, Assoziationen und Korrelationen zwischen Variablen herzustellen. Im Folgenden diskutieren wir einige wichtige Werkzeuge der Modellentwicklung durch Diagramme und Diagramme.

9.7.1 Streudiagramm und Korrelationsstudie

Ein Streudiagramm ist ein Graph (siehe Abb. 9.12), der hilft, die Beziehung zwischen zwei Variablen zu visualisieren. Es kann verwendet werden, um zu überprüfen, ob eine Variable mit einer anderen Variable zusammenhängt und ist eine effektive Möglichkeit, die Beziehung, die Sie finden, zu kommunizieren. Die Streudiagramme können verwendet werden

- Um mögliche Beziehungen zwischen den beobachteten Veränderungen in zwei verschiedenen Variablensätzen zu studieren und zu identifizieren
- Um die Beziehungen zwischen Variablen zu verstehen
- Um herauszufinden, ob zwei Variablen miteinander zusammenhängen
- Um herauszufinden, ob Veränderungen in einer Variable mit Veränderungen in der anderen assoziiert sind

Streudiagramme werden auch verwendet, um eine Ursache-Wirkungs-Beziehung zu testen. Bei der Interpretation einer solchen Beziehung muss man vorsichtig sein. Selbst bei korrelierten Daten kann die tatsächliche Ursache der Variation im Diagramm nicht widergespiegelt werden. Auch das Fehlen von *Korrelation* bedeutet nicht, dass es keine *Kausalität* gibt.

Wenn $x_1, x_2, \ldots, x_n$ und $y_1, y_2, \ldots, y_n$ zwei Paare von Beobachtungen sind, dann wird die Korrelation zwischen x und y wie folgt ermittelt

$$r = \frac{\sum_{i=1}^{n}(x_i - \overline{x})(y_i - \overline{y})}{\sqrt{\sum_{i=1}^{n}(x_i - \overline{x})^2}\sqrt{\sum_{i=1}^{n}(y_i - \overline{y})^2}} \tag{9.41}$$

Ein Wert von $r = 1$ zeigt eine perfekte positive Korrelation und $r = -1$ zeigt eine perfekte negative Korrelation an. Ein Wert von $r = 0$ impliziert, dass die Variablen unabhängig sind und keine Assoziation haben.

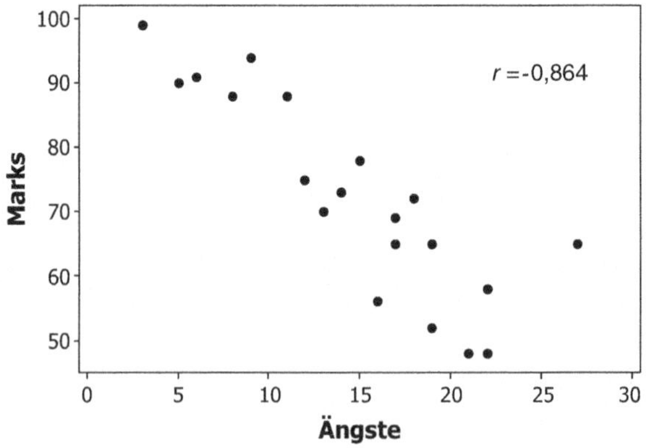

Abb. 9.12 Streudiagramm der Noten gegen Angstpunkte

Anstatt tatsächlicher Beobachtungen, wenn die Beobachtungen in Form von Rängen gegeben sind, dann kann die Rangkorrelation aus der folgenden Formel ermittelt werden

$$\rho = 1 - \frac{6\sum_{i=1}^{n} d_i^2}{n(n^2-1)} \tag{9.42}$$

wo d_i der Unterschied zwischen den Rängen von X und Y ist.

Beispiel 9.26 Im Folgenden sind die Angstpunkte vor einem großen Trainingsprogramm und die Noten in Mathematik in diesem Test für eine Gruppe von 10. Klasse Schülern:

Angst	12	16	6	22	17	14	8	27	18	19
Noten	75	56	91	48	69	73	88	65	72	65
Angst	11	9	21	3	15	17	22	19	13	5
Noten	88	94	48	99	78	65	58	52	70	90

a) Erstellen Sie ein Streudiagramm und beschreiben Sie seine Natur.
b) Berechnen Sie den Korrelationskoeffizienten von Karl Pearson zwischen den beiden Variablen und interpretieren Sie ihn.

Lösung
a) Das Streudiagramm ist in Abb. 9.10 dargestellt, das deutlich eine negative Assoziation zeigt.
b) Der Korrelationskoeffizient von Karl Pearson zwischen den beiden Variablen beträgt −0,864, was besagt, dass der Angstscore stark negativ mit der Leistung assoziiert ist. Das heißt, die Angst kann die Leistung in der Prüfung negativ beeinflussen.

Beispiel 9.27 Berechnen Sie den Spearman'schen Rangkorrelationskoeffizienten für

X	36	56	20	65	42	33	44	50	15	60
Y	50	35	70	25	58	75	60	45	80	38

Lösung Da die tatsächlichen Beobachtungen gegeben sind, müssen wir die entsprechenden Ränge finden. Die Berechnungen sind unten dargestellt:

X	Y	R_1	R_2	d^2
36	50	4	5	1
56	35	8	2	36
20	70	2	8	36

X	Y	R_1	R_2	d^2
65	25	10	1	81
42	58	5	6	1
33	75	3	9	36
44	60	6	7	1
50	45	7	4	9
15	80	1	10	81
60	38	9	3	36
				318

Daher,

$$\begin{aligned}\rho &= 1 - \frac{6\sum_{i=1}^{n} d_i^2}{n(n^2-1)}\\ &= 1 - \frac{6 \times 318}{10(10^2-1)}\\ &= -0{,}9272\end{aligned}$$

9.7.1.1 Korrelation versus Kausalität

Korrelation ist ein Maß für die Stärke der Assoziation zwischen zwei quantitativen Variablen. Es handelt sich um eine gerichtete Größe, während Kausalität nicht gerichtet ist. Viele Ursachen können zu Korrelationen führen, und das Gegenteil ist im Allgemeinen nicht wahr. Wenn eine Handlung eine andere verursacht, dann sind sie mit Sicherheit korreliert. Aber nur weil zwei Dinge zusammen auftreten, bedeutet das nicht, dass das eine das andere verursacht hat, auch wenn es sinnvoll erscheint. Die Idee, dass Korrelation und Kausalität verbunden sind, ist sicherlich wahr; wo es Kausalität gibt, ist wahrscheinlich auch Korrelation. Tatsächlich wird Korrelation verwendet, wenn Kausalität abgeleitet wird; der wichtige Punkt ist, dass solche Schlussfolgerungen nicht immer korrekt sind, weil es andere Möglichkeiten gibt. Statistiker schlagen vor, dass die kürzeste wahre Aussage, die über Kausalität und Korrelation gemacht werden kann, eine der folgenden ist:

- „Empirisch beobachtete Kovariation ist eine notwendige, aber nicht ausreichende Bedingung für Kausalität.“
- „Korrelation ist keine Kausalität, aber sie ist sicherlich ein Hinweis.“

Technisch gesehen misst die Korrelation den Grad der Linearität zwischen zwei Variablen, die als völlig unabhängig voneinander angenommen werden. Korrelierte Ereignisse können auf eine gemeinsame Ursache zurückzuführen sein. Es gibt mehrere Gründe, warum allgemein anerkannte Schlussfolgerungen über Ursache und Wirkung falsch sein könnten. Zum Beispiel ergibt sich die Tatsache, dass rote Haare mit blauen Augen korreliert sind, aus einer gemeinsamen genetischen Spezifikation, die für beide kodiert. Eine Korrelation kann auch beobachtet werden, wenn eine Kausalität dahintersteckt, zum Beispiel ist es gut etabliert, dass das Rauchen von Zigaretten nicht nur mit Lungenkrebs korreliert, sondern ihn tatsächlich verursacht. Aber um eine Ursache festzustellen, müssten wir die Möglichkeit ausschließen, dass Raucher eher in städtischen Gebieten leben, wo es mehr Verschmutzung gibt, oder jede andere mögliche Erklärung für die beobachtete Korrelation.

Eine Handlung oder ein Ereignis kann ein anderes verursachen (wie Rauchen Lungenkrebs verursacht), oder es kann mit einem anderen korrelieren (wie Rauchen mit Alkoholismus korreliert ist). Leider kann uns unsere Intuition in die Irre führen, wenn es darum geht, zwischen Kausalität und Korrelation zu unterscheiden. Zum Beispiel wurde das Frühstücken lange Zeit mit Erfolg in der Schule bei Grundschulkindern korreliert. Es wäre einfach zu schlussfolgern, dass das Frühstücken dazu führt, dass Schüler besser lernen. Es stellt sich jedoch heraus, dass diejenigen, die kein Frühstück essen, auch eher abwesend oder zu spät kommen und es ist die Abwesenheit, die eine bedeutende Rolle in ihrer schlechten Leistung spielt.

Viele Studien sind tatsächlich darauf ausgelegt, eine Korrelation zu testen, deuten aber auf „Gründe" für die Korrelation hin. Es ist möglich zu zeigen, dass „Kinder, die Cartoons schauen, eher Essstörungen haben", eine Korrelation zwischen dem Schauen von Cartoons und Essstörungen, aber dann schließen sie fälschlicherweise, dass das Schauen von Cartoons Kindern Essstörungen verursacht. In vielen Fällen scheint es offensichtlich, dass eine Handlung eine andere verursacht. Es gibt jedoch auch viele Fälle, in denen dies nicht so klar ist. Im Fall von Cartoon-schauenden Anorexikern können wir weder die Hypothese ausschließen noch annehmen, dass das Fernsehen eine Ursache für das Problem ist. Daher ist es in diesen Fällen schwierig, ein überzeugendes Argument für Kausalität zu liefern.

Im Allgemeinen ist es äußerst schwierig, eine Kausalität zwischen zwei korrelierten Ereignissen oder Beobachtungen festzustellen. Im Gegensatz dazu gibt es viele statistische Werkzeuge, um eine statistisch signifikante Korrelation festzustellen. Der effektivste Weg, Kausalität festzustellen, ist durch eine kontrollierte Studie. In einer kontrollierten Studie werden zwei Gruppen von Menschen, die in fast jeder Hinsicht vergleichbar sind, zwei verschiedenen Erfahrungen ausgesetzt (wie eine Gruppe, die Seifenopern schaut, und die andere, die Spielshows schaut), und das Ergebnis wird verglichen. Wenn die beiden Gruppen erheblich unterschiedliche Ergebnisse haben, dann könnten die unterschiedlichen Erfahrungen das unterschiedliche Ergebnis verursacht haben.

Offensichtlich gibt es viele Einschränkungen für kontrollierte Studien: Zum Beispiel, wenn wir wissen wollen, ob das Rauchen von Zigaretten wirklich Lungenkrebs verursacht, dann wäre es problematisch, zwei vergleichbare Gruppen zu nehmen und eine rauchen zu lassen, während man der anderen Zigaretten verweigert, um die Wirkung zu sehen. Ethisch gesehen ist es ein falsches Experiment, das durchgeführt wird. Deshalb sind epidemiologische (oder Beobachtungs-) Studien so wichtig. Dies sind Studien, in denen große Gruppen von Menschen über einen längeren Zeitraum beobachtet werden, und auch ihr Verhalten und Ergebnis werden beobachtet. In diesen Studien ist es äußerst schwierig (obwohl manchmal noch möglich), Ursache und Wirkung gegenüber einer bloßen Korrelation herauszuarbeiten.

Abb. 9.13 zeigt ein Streudiagramm, das eine negative Korrelation zwischen zwei Variablen zeigt. Ein genauer Blick auf die Punkte innerhalb der beiden Linien, die in (20, 30) abgedeckt sind, zeigt, dass es keine Korrelation gibt. Daher muss man die wahren Ursachen hinter Beziehungsmechanismen verstehen, indem man Beobachtungen genau überwacht, um die Korrelation und Kausalität zu verstehen. Eine „lauernde Variable" kann auch die Beziehung zwischen Variablen beeinflussen, für die man Stratifikations- und Klassifikationstechniken verwenden sollte, um die Phänomene zu verstehen. In der Regel kann man nur Korrelation feststellen, es sei denn, die Effekte sind extrem bemerkenswert und es gibt keine vernünftige Erklärung, die die Kausalität in Frage stellt. Wenn die Einsätze hoch sind, sind die Menschen viel eher geneigt, zu kausalen Schlussfolgerungen zu springen. Meistens kann Korrelation ein Hinweis auf Kausalität sein.

Bevor man den Kausalitätseffekt in Betracht zieht, sollte man einige bestätigende Analysen verwenden, um den Effekt der Korrelation zu sehen. Eine mögliche Ablehnung von Hypothesentests über die Populationskorrelation (ρ) gleich null ist die Antwort darauf. Wenn der Korrelationswert von null abgelehnt wird, dann kann man schlussfolgern, dass die Variablen unabhängig sind.

Um die Unabhängigkeit der Variablen zu testen, das heißt zu testen $H_0\colon \rho = 0$ gegen $H_1\colon \rho \neq 0$, verwenden wir einen ungefähren t-Test wie unten gegeben:

$$t = \frac{r}{\sqrt{1 - r^2}} \sqrt{n - 2} \tag{9.43}$$

der einer t-Verteilung mit $n - 2$ Freiheitsgraden folgt. Bei großen Werten von t lehnen wir die Nullhypothese der Unabhängigkeit ab.

Beispiel 9.28 Ein Autohersteller wollte untersuchen, wie der Preis eines seiner Automodelle mit dem Alter abwertet. Die Forschungsabteilung des Unternehmens nahm eine Stichprobe von acht Autos dieses Modells und sammelte die folgenden

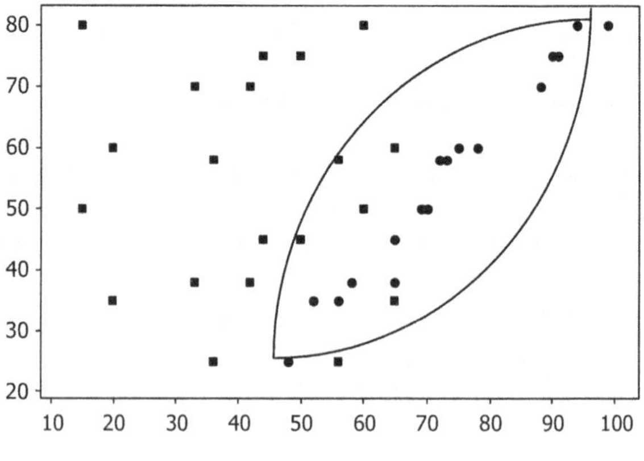

Abb. 9.13 Streudiagramm mit möglicher Kausalität

Informationen über das Alter (in Jahren) und die Preise (in Hunderten von Dollar) dieser Autos.

Alter	8	3	6	9	2	5	6	3
Preis	18	94	50	21	145	42	36	99

Testen Sie die Hypothese, dass das Alter keine Abhängigkeit vom Preis hat für $\alpha = 0{,}01$

Lösung Hier testen wir

1. H_0: $\rho = 0$ gegen H_1: $\rho \neq 0$
2. $\alpha = 0{,}01$
3. Teststatistik

$$t = \frac{r}{\sqrt{1 - r^2}}\sqrt{n-2} = \frac{-0{,}923}{\sqrt{1 - 0{,}923^2}}\sqrt{6} = -5{,}8755$$

4. Wenn $|t| \geq t_{\alpha/2,n-2}$, lehnen wir H_0 ab. Hier, $t_{\alpha/2,n-2} = t_{0{,}005{,}6} = 3{,}7074$. Daher wird der Test abgelehnt.
5. Da der Test abgelehnt wird, wird geschlossen, dass es eine Abhängigkeit zwischen den Variablen gibt. Das heißt, die Abschreibung wird geringer, je älter das Auto wird.

9.7.2 *Regressionsanalyse*

Nachdem die Eingaben und Ausgaben identifiziert wurden, ist die nächste wichtige Frage, mögliche Beziehungen zwischen ihnen zu etablieren. Viele technische und wissenschaftliche Anwendungen suchen im Allgemeinen nach funktionalen Beziehungen zwischen Variablen. Dies ist durch die Studie der Regressionsanalyse möglich. Beispielsweise könnten wir in einem chemischen Prozess an der Beziehung zwischen dem Ausstoß des Prozesses, der Temperatur, bei der er auftritt, und der Menge des verwendeten Katalysators interessiert sein. Die Kenntnis einer solchen Beziehung würde es den Ingenieuren ermöglichen, den Ausstoß für verschiedene Werte der Temperatur und der Menge des Katalysators vorherzusagen.

In vielen Situationen gibt es eine einzelne *Antwort* (Ausgabe) Variable y, auch als *abhängige* Variable bezeichnet, die von dem Wert einer Reihe von *Eingaben*, auch als *unabhängige* Variablen bezeichnet, abhängt $x_1, x_2, \ldots, x_k$. Dies wird ausgedrückt als $y = f(x_1, x_2, \ldots, x_k)$. Die einfachste Art der Beziehung zwischen der Y und der Eingabevariable ist eine lineare Beziehung, die ausgedrückt wird als

$$y = \beta_0 + \beta_1 x_1 + \beta_2 x_2 + \cdots + \beta_k x_k \tag{9.44}$$

wo $\beta_0, \beta_1, \ldots, \beta_k$ einige Konstanten sind. Wenn diese Beziehung für die Kenntnis von $\beta_0, \beta_1, \ldots, \beta_k$, gilt, dann wäre es möglich, die Antwort für jede Reihe von

Eingabewerten genau vorherzusagen. In der Praxis ist jedoch eine solche Präzision fast nie erreichbar, und das Meiste, was man erwarten kann, ist, dass (0,1) gültig wäre, unterliegend einem zufälligen Fehler. Mit diesem Modell wird (9.44) zu

$$y = \beta_0 + \beta_1 x_1 + \beta_2 x_2 + \cdots + \beta_k x_k + \varepsilon \tag{9.45}$$

wo ε angenommen wird, einen Nullmittelwert und eine konstante Varianz zu haben. Eine andere Art, (9.44) auszudrücken, ist in Bezug auf die erwartete Antwort gegeben Eingaben $x = (x_1, x_2, \ldots, x_k)$ als $E(Y|x)$. Daher,

$$E(Y|x) = y = \beta_0 + \beta_1 x_1 + \beta_2 x_2 + \cdots + \beta_k x_k \tag{9.46}$$

Gleichung (9.46) wird als lineare Regressionsgleichung bezeichnet, da sie die Regression von Y auf die Reihe von unabhängigen Variablen $x_1, x_2, \ldots, x_k$ beschreibt. Die Mengen $\beta_0, \beta_1, \ldots, \beta_k$ werden als Regressionskoeffizienten (oder Parameter) bezeichnet und müssen in der Regel aus den gegebenen Daten ge schätzt werden. Eine Regressionsgleichung, die eine einzige unabhängige Variable enthält, das heißt, für die $k = 1$ ist, wird als *einfache Regressions*gleichung bezeichnet, während eine, die viele unabhängige Variablen enthält, als *multiple Regressions*gleichung bezeichnet wird.

Daher vermutet ein einfaches lineares Regressionsmodell eine lineare Beziehung zwischen der mittleren Antwort und dem Wert einer einzigen unabhängigen Variable. Es kann ausgedrückt werden als

$$y = \beta_0 + \beta_1 x + \varepsilon \tag{9.47}$$

wo x der Wert der unabhängigen Variable ist, und ε angenommen wird, einen Nullmittelwert und eine konstante Varianz zu haben. In der Regressionstheorie wird die Linie der besten Anpassung auch als Regressionsgleichung oder Regressionslinie oder Vorhersagegleichung (oder Linie) oder angepasste Linie oder einfach als Modell bezeichnet.

Beispiel 9.29 Die folgenden Daten zeigen die Beziehung zwischen x, der spezifischen Dichte einer Holzprobe, und y, ihrer maximalen Druckfestigkeit in Kompression parallel zur Maserung:

x	0,41	0,46	0,44	0,47	0,42	0,39	0,41	0,44	0,43	0,44
y	1850	2620	2340	2690	2160	1760	2500	2750	2730	3120

Einige der praktischen Fragen, die von Interesse sein könnten, sind folgende: (i) Ist eine lineare Beziehung sinnvoll? (ii) Was ist die genaue lineare Beziehung zwischen den Variablen? (iii) Was ist die Korrelation zwischen den Variablen? und (iv) Was ist die vorhergesagte maximale Druckfestigkeit einer Holzprobe, deren spezifische Dichte 0,43 beträgt? Wir werden diese Fragen nachfolgend einzeln beantworten: Ein Plot von y_i gegen x_i, genannt ein *Streudiagramm*, ist in Abb. 9.14 dargestellt.

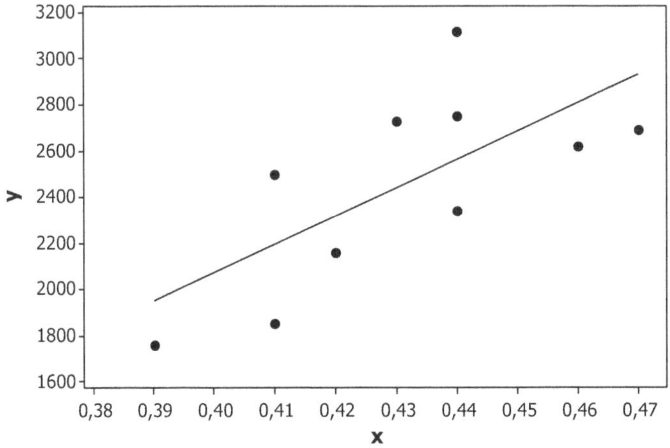

Abb. 9.14 Streudiagramm mit Regressionslinie

Um die tatsächliche Beziehung (oder ein mathematisches Modell) zu konstruieren und diese für Schätzung und Vorhersage zu verwenden, müssen wir die mathematische Theorie der Kurvenanpassung verstehen, wie unten diskutiert.

9.7.2.1 Kleinste Quadrate Schätzer der Regressionsparameter

Um die Schätzer von β_0 und β_1 zu bestimmen, verwenden wir das Prinzip der kleinsten Quadrate (PLS). Wenn A und B die Schätzer von β_0 und β_1 sind, dann ist die Summe der quadrierten Unterschiede zwischen den geschätzten Antworten und den tatsächlichen Antwortwerten - nennen wir sie Fehlerquadratsumme (ESS) - gegeben durch

$$\text{ESS} = \sum_{i=1}^{n} (y_i - \hat{y}_i)^2 = \sum_{i=1}^{n} (y_i - A - Bx_i)^2 \tag{9.48}$$

Dann wählt die Methode der PLS als Schätzer von β_0 und β_1 die Werte von A und B, die die ESS minimieren. Wenn wir also die ESS in Bezug auf A und B minimieren, erhalten wir die folgenden Normalgleichungen:

$$\frac{\partial \text{ESS}}{\partial A} = -2\sum_{i=1}^{n} (y_i - A - Bx_i) = 0 \Rightarrow \sum_{i=1}^{n} y_i = nA + B\sum_{i=1}^{n} x_i \tag{9.49}$$

$$\frac{\partial \text{ESS}}{\partial B} = -2\sum_{i=1}^{n} (y_i - A - Bx_i)x_i = 0 \Rightarrow \sum_{i=1}^{n} x_i y_i = A\sum_{i=1}^{n} x_i + B\sum_{i=1}^{n} x_i^2 \tag{9.50}$$

Wenn wir $\overline{y} = \frac{1}{n}\sum_{i=1}^{n} y_i$ und $\overline{x} = \frac{1}{n}\sum_{i=1}^{n} x_i$ bezeichnen, dann können die Schätzer wie folgt vereinfacht werden:

$$B = \hat{\beta}_1 = \frac{\sum_{i=1}^{n} x_i y_i - n\overline{xy}}{\sum_{i=1}^{n} x_i^2 - n\overline{x}^2} \tag{9.51}$$

und

$$A = \hat{\beta}_0 = \overline{y} - B\overline{x} \tag{9.52}$$

Die Mengen $\hat{\beta}_0$ und $\hat{\beta}_1$ werden als Regressionschätzungen der Gleichung bezeichnet, und $\hat{\beta}_0 + \hat{\beta}_1 x$ wird als geschätzte Regressionslinie bezeichnet. Da $\hat{\beta}_0 + \hat{\beta}_1 x$ eine Gerade darstellt, wird $\hat{\beta}_0$ als Achsenabschnitt und $\hat{\beta}_1$ als Steigung der Linie oder als Regressionskoeffizient von y auf x bezeichnet.

Die Menge $y - \hat{y}$ wird als *Residual* bezeichnet. In Abb. 9.15 sind die Residuen als Abstand zwischen den tatsächlichen Punkten und der Regressionslinie dargestellt. Eine Regressionslinie wird als „beste" bezeichnet, wenn der Residualwert so klein wie null ist. Beachten Sie, dass $\sum_{i=1}^{n} y_i - \hat{y} = 0$.

Für die in Beispiel 9.29 gegebenen Daten erhalten wir die Summe der Quadrate und Schätzungen wie folgt:

Daher,

$$\sum_{i=1}^{n} x_i = 4{,}31, \sum_{i=1}^{n} y_i = 24{,}520, \sum_{i=1}^{n} x_i^2 = 1{,}8629, \sum_{i=1}^{n} y_i^2 = 61{,}761{,}600 \quad \text{and} \quad \sum_{i=1}^{n} x_i y_i = 10{,}632{,}9$$

Daher,

$$\overline{x} = 0{,}431, \quad \text{and} \quad \overline{y} = 2452$$

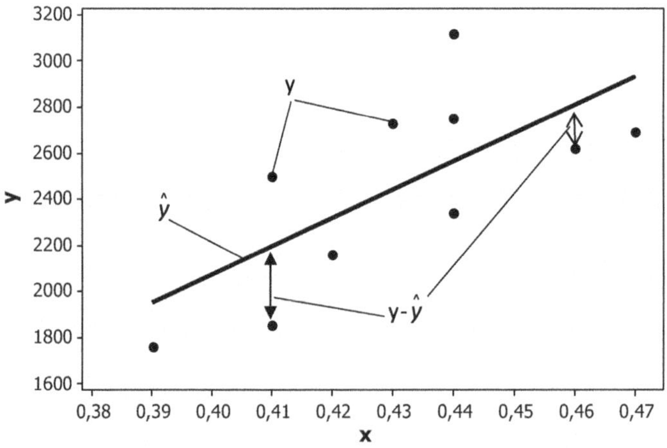

Abb. 9.15 Regressionslinie und Residual

$$\begin{aligned}\hat{\beta}_1 &= \frac{\sum_{i=1}^{n} x_i y_i - n\overline{xy}}{\sum_{i=1}^{n} x_i^2 - n\overline{x}^2} \\ &= \frac{1372{,}8 - 10 \times 0{,}431 \times 2452}{1{,}8629 - 10(0{,}431^2)} \\ &= 12245.75\end{aligned}$$

und

$$\begin{aligned}\hat{\beta}_0 &= \overline{y} - \hat{\beta}_1\overline{x} \\ &= 2452 - 12245.75 \times 0{,}431 \\ &= -2825{,}92\end{aligned}$$

Daher wird die Regressionslinie von y auf x wie folgt erhalten

$$y = -2825{,}92 + 12245{,}75x \tag{9.53}$$

Gleichung (9.53) wird als Regressionsgleichung oder Schätzgleichung (oder Vorhersagegleichung) der Druckfestigkeit auf die spezifische Dichte bezeichnet. Daher beträgt die maximale Druckfestigkeit einer Holzprobe mit einer spezifischen Dichte von 0,43 2439,753 [bei Einsetzen von $x = 0{,}43$ in Gleichung (9.53)]. Auf ähnliche Weise kann man eine Regressionslinie von x auf y konstruieren als

$$x = -0{,}334 + 0{,}000039y \tag{9.54}$$

Gleichung (9.54) ist das Vorhersagemodell zur Vorhersage des Werts der spezifischen Dichte für eine gegebene Druckfestigkeit.

Es gibt eine Reihe von Beziehungen zwischen der Kovarianz, dem Regressionskoeffizienten und dem Korrelationskoeffizienten. Zum Beispiel, wenn der Regressionskoeffizient von y auf x, sagen wir β_{yx} ist

$$\begin{aligned}\hat{\beta}_1 = \beta_{yx} &= \frac{\sum_{i=1}^{n} x_i y_i - n\overline{xy}}{\sum_{i=1}^{n} x_i^2 - n\overline{x}^2} \\ &= \frac{\mathrm{Cov}(X,Y)}{\sigma_x^2} = \frac{r\sigma_y}{\sigma_x}\end{aligned} \tag{9.55}$$

Ähnlich ist der Regressionskoeffizient von x auf y, sagen wir β_{xy} ist

$$\begin{aligned}\beta_{xy} &= \frac{\sum_{i=1}^{n} x_i y_i - n\overline{xy}}{\sum_{i=1}^{n} y_i^2 - n\overline{y}^2} \\ &= \frac{\mathrm{Cov}(X,Y)}{\sigma_y^2} = \frac{r\sigma_x}{\sigma_y}\end{aligned} \tag{9.56}$$

Daher,

$$r = \pm\sqrt{\beta_{xy}\beta_{yx}} \tag{9.57}$$

Für das oben diskutierte Beispiel, da beide Regressionskoeffizienten positiv sind, wird der Korrelationskoeffizient als

$$r = \sqrt{12245{,}75 \times 0{,}000039}$$
$$= 0{,}69$$

Die Regressionskoeffizienten spielen eine sehr wichtige Rolle beim Verständnis des Verhaltens der Assoziationen und des Einflusses der unabhängigen Variable auf die abhängige Variable. Die Anwesenheit des Regressionskoeffizienten in der Gleichung macht die Inferenz aussagekräftiger als dessen Abwesenheit. Daher ist die inferentielle Studie, die mit dem Regressionskoeffizienten verbunden ist, für die Entscheidungsfindung unerlässlich. Insbesondere der Test für $H_0\colon \beta_1 = 0$ gegen $H_1\colon \beta_1 \neq 0$ ist ein wichtiger Hypothesentest für eine lineare Regressionslinie.

9.7.2.2 Statistische Inferenz zu Regressionskoeffizienten

Um eine Inferenz auf Basis der Parameter vorzuschlagen, müssen wir zunächst einige Verteilungsannahmen über die zufälligen Fehler treffen, die im Modell angegeben sind. Der übliche Ansatz besteht darin, anzunehmen, dass die zufälligen Fehler unabhängige normalverteilte Zufallsvariablen mit einem Mittelwert von 0 und einer Varianz von σ^2 sind. Daher, wenn y_i die Antwort entsprechend den Eingabewerten x_i ist, dann $y_i \sim N(0, \sigma^2)$. Beachten Sie, dass die Varianz der zufälligen Komponente nicht von dem Eingabewert abhängt, sondern konstant ist. Dieser Wert σ^2 wird nicht als bekannt angenommen, sondern muss aus den Daten geschätzt werden.

Wenn wir bezeichnen

$$S_{xx} = \sum_{i=1}^{n} (x_i - \overline{x})^2 = \sum_{i=1}^{n} x_i^2 - n\overline{x}^2 \tag{9.58}$$

$$S_{yy} = \sum_{i=1}^{n} (y_i - \overline{y})^2 = \sum_{i=1}^{n} y_i^2 - n\overline{y}^2 \tag{9.59}$$

$$S_{xy} = \sum_{i=1}^{n} (x_i - \overline{x})(y_i - \overline{y}) = \sum_{i=1}^{n} x_i y_i - n\overline{xy} \tag{9.60}$$

und

$$\text{ESS} = \frac{S_{xx}S_{yy} - S_{xy}^2}{S_{xx}} \tag{9.61}$$

dann können die kleinsten Quadratschätzungen ausgedrückt werden als

$$\hat{\beta}_1 = \frac{S_{xy}}{S_{xx}} \tag{9.62}$$

und

$$\hat{\beta}_0 = \overline{y} - B\overline{x} \tag{9.63}$$

Weiterhin sind die Verteilungen von $\hat{\beta}_0$ und $\hat{\beta}_1$ jeweils gegeben als

$$\hat{\beta}_0 \sim N\left(\beta_0, \frac{\sigma^2 \sum_{i=1}^{n} x_i^2}{nS_{xx}}\right) \tag{9.64}$$

und

$$\hat{\beta}_1 \sim N\left(\beta_1, \frac{\sigma^2}{S_{xx}}\right) \tag{9.65}$$

Wie bereits erwähnt, ist ein Test für $H_0\colon \beta_1 = 0$ gegen $H_1\colon \beta_1 \neq 0$ wichtig, da es gleichbedeutend damit ist zu behaupten, dass die mittlere Antwort nicht von der Eingabe abhängt, oder, anders ausgedrückt, dass es keinen Regressionseffekt auf die Eingabevariable gibt, wir verwenden die Teststatistik

$$\frac{\hat{\beta}_1 - \beta_{H_0}}{\sqrt{\frac{\sigma^2}{S_{xx}}}} = \sqrt{S_{xx}}\frac{\hat{\beta}_1 - \beta_{H_0}}{\sigma} \sim N(0{,}1)$$

und ist unabhängig von $\frac{\text{ESS}}{\sigma^2} \sim \chi^2_{(n-2)}$. Daher folgt aus der Definition einer t-Zufallsvariable, dass

$$\sqrt{\frac{(n-2)S_{xx}}{\text{ESS}}}\left(\hat{\beta}_1 - \beta_{H_0}\right) \sim t_{n-2} \tag{9.66}$$

Wenn H_0 wahr ist, dann

$$\sqrt{\frac{(n-2)S_{xx}}{\text{ESS}}}\hat{\beta}_1 \sim t_{n-2}$$

Daher ist ein Signifikanzniveau α Test für $H_0\colon \beta_1 = 0$ abzulehnen, wenn

$$\sqrt{\frac{(n-2)S_{xx}}{\text{ESS}}}|\hat{\beta}_1| > t_{(\alpha/2,n-2)} \tag{9.67}$$

Andernfalls wird der Test akzeptiert. Der p-Wert des Tests wird wie folgt ermittelt

$$p\text{-value} = P\left(|t_{\alpha/2,n-2}| \geq \sqrt{\frac{(n-2)S_{xx}}{\text{ESS}}}|\hat{\beta}_1|\right) \tag{9.68}$$

Interpretation von p-Werten in der Regressionsanalyse

- Wenn der p-Wert $\geq$ 0,05 ist
  - Lehnen Sie die H_0 nicht ab
  - Es gibt nicht genug Beweise, um zu sagen, dass es eine statistisch signifikante Steigung gibt
  - Wenn es eine wahre Steigung gibt, ist entweder die Variation zu groß oder die Stichprobengröße zu klein, um sie zu erkennen
- Wenn der p-Wert < 0,05 ist
  - Lehnen Sie die H_0 ab, schließen Sie daraus, dass H_1 wahr ist
  - Es gibt eine statistisch signifikante Steigung
  - Bewerten Sie die Bedeutung der Beziehung und untersuchen Sie weiter nach Ursachen

Für das zu betrachtende Beispiel nehmen wir an, dass wir $H_0{:}\,\beta_1 = 0$ gegen $H_1{:}\,\beta_1 \neq 0$ testen müssen. Bei der Analyse von Tab. 9.12 erhalten wir

$$\begin{aligned} S_{xx} &= \sum_{i=1}^{n} x_i^2 - n\bar{x}^2 \\ &= 1{,}8629 - 10(0{,}431)^2 \\ &= 0{,}00529 \end{aligned}$$

$$\begin{aligned} S_{yy} &= \sum_{i=1}^{n} y_i^2 - n\bar{y}^2 \\ &= 617{,}61600 - 10(2452)^2 \\ &= 163{,}8560 \end{aligned}$$

Tab. 9.12 Regressionsanalysetabelle

	x	y	X^2	Y^2	xy
	0,41	1850	0,1681	3,422,500	758,5
	0,46	2620	0,2116	6,864,400	1205,2
	0,44	2340	0,1936	5,475,600	1029,6
	0,47	2690	0,2209	7,236,100	1264,3
	0,42	2160	0,1764	4,665,600	907,2
	0,39	1760	0,1521	3,097,600	686,4
	0,41	2500	0,1681	6,250,000	1025
	0,44	2750	0,1936	7,562,500	1210
	0,43	2730	0,1849	7,452,900	1173,9
	0,44	3120	0,1936	9,734,400	1372,8
Gesamt	4,31	24520	1,8629	61,761,600	10632,9

$$\begin{aligned} S_{xy} &= \sum_{i=1}^{n} x_i y_i - n\overline{xy} \\ &= 10632{,}9 - 10(0{,}431)(2452) \\ &= 64{,}78 \end{aligned}$$

und

$$\begin{aligned} \text{ESS} &= \frac{S_{xx}S_{yy} - S_{xy}^2}{S_{xx}} \\ &= \frac{(0{,}00529)(1{,}638{,}560) - 64{,}78^2}{0{,}00529} \\ &= 84{,}5280{,}5 \end{aligned}$$

Daher,

$$\begin{aligned} \sqrt{\frac{(n-2)S_{xx}}{\text{ESS}}}|\hat{\beta}_1| &= \sqrt{\frac{(10-2)(0{,}00529)}{845{,}280{,}5}} \times 12{,}245.75 \\ &= 2{,}740045 \end{aligned}$$

Jetzt wird der Test $H_0\colon \beta_1 = 0$ abgelehnt, wenn $\sqrt{\frac{(n-2)S_{xx}}{ESS}}|\hat{\beta}_1| > t_{(\alpha/2,n-2)}$; andernfalls wird der Test akzeptiert. Aus Anhangstabelle A.5 erhalten wir $t_{(\alpha/2,n-2)} = t_{0{,}025{,}8} = 2{,}306$. Da der berechnete Wert größer als $t_{0{,}025{,}8} = 2{,}306$ ist, wird der Test abgelehnt.

Der p-Wert des Tests wird wie folgt ermittelt

$$\begin{aligned} p\text{-value} &= P\left(|t_{n-2}| \geq \sqrt{\frac{(n-2)S_{xx}}{\text{ESS}}}|\hat{\beta}_1|\right) \\ &= P(|t_{n-2}| \geq 2{,}740045) \\ &= 0{,}02544 \end{aligned}$$

Gemäß der unten angegebenen MINITAB-Ausgabe beträgt der p-Wert des Regressionskoeffizienten 0,025. Alle anderen Schätzungen sind fast ähnlich zu den manuell ermittelten Schätzungen.

MINITAB Regressionsanalyse: y versus x

```
Die Regressionsgleichung lautet
y = - 2826 + 12246 x


Prädiktor    Koef  SE-Koef       T      P
Konstante   -2826     1929   -1,46  0,181
x           12246     4469    2,74  0,025


S = 325,054   R-Sq = 48,4%   R-Sq(adj) = 42,0%


Analyse der Varianz

Quelle             DF       SS      MS     F      P
Regression          1   793279  793279  7,51  0,025
Residualer Fehler   8   845281  105660
Gesamt              9  1638560
```

Die Eignung eines Regressionsmodells kann auch durch den Wert des angepassten R^2, R^2_{adj} beurteilt werden, wo

$$R^2_{\text{adj}} = 1 - \frac{\text{ESS}/(n-p)}{S_{yy}/(n-1)} \tag{9.69}$$

Das Modell, das R^2_{adj} maximiert, wird als guter Kandidat für die beste Regressionsgleichung betrachtet. Da $S_{yy}/(n-1)$ eine Konstante ist, minimiert das Modell, das den R^2_{adj} Wert maximiert, auch den mittleren quadratischen Fehler (siehe [13, 28]). Diese Beurteilung ist am geeignetsten, wenn es mehr als zwei erklärende Variablen im Modell gibt. Im obigen Beispiel beträgt ESS $=$ 845,280,5 und $S_{yy} = 1{,}638{,}560$, und daher,

$$R^2_{\text{adj}} = 1 - \frac{845{,}280{,}5/8}{1{,}638{,}560/9}$$
$$= 0{,}4196$$

welches laut MINITAB-Ausgabe 0,42 beträgt, das heißt, 42 %.

9.7.2.3 Der Bestimmtheitskoeffizient und der Stichprobenkorrelationskoeffizient

In einem der vorherigen Abschnitte haben wir die Methode zur Bestimmung des Ausmaßes der Assoziation zwischen Antwort- und Eingabewerten durch den Korrelationskoeffizienten besprochen. Angenommen, wir wollten die Menge der Variation in der Menge der Antwortwerte $y_1, y_2, \ldots, y_n$ messen, die den Eingabewerten $x_1, x_2, \ldots, x_n$ entsprechen. Die Variation in den Werten von y_i ergibt sich aus zwei Faktoren. Erstens, weil die Eingabewerte x_i unterschiedlich sind, haben die Antwortvariablen y_i alle unterschiedliche Mittelwerte, was zu einer gewissen Variation in ihren Werten führen wird. Zweitens entsteht die Variation auch dadurch, dass selbst wenn die Unterschiede in den Eingabewerten berücksichtigt werden, jede der Antwortvariablen y_i eine Varianz σ^2 hat und somit nicht genau dem vorhergesagten Wert bei ihrer Eingabe x_i entsprechen wird.

Um zu verstehen, wie viel der Variation in den Werten der Antwortvariablen auf die verschiedenen Eingabewerte zurückzuführen ist, erinnern wir uns daran, dass die Menge

$$\text{ESS} = \frac{S_{xx}S_{yy} - S_{xy}^2}{S_{xx}}$$

die verbleibende Menge an Variation in den Antwortwerten misst, nachdem die verschiedenen Eingabewerte berücksichtigt wurden. Dann stellt $S_{yy} - \text{ESS}$ die Menge an Variation in den Antwortvariablen dar, die durch die verschiedenen Eingabewerte *erklärt* wird, und so misst die Menge R^2 definiert durch

$$\begin{aligned} R^2 &= \frac{S_{yy} - \text{ESS}}{S_{yy}} \\ &= 1 - \frac{\text{ESS}}{S_{yy}} \end{aligned} \tag{9.70}$$

den Anteil der Variation in den Antwortvariablen, der durch die verschiedenen Eingabewerte erklärt wird. Hier wird R^2 als *Bestimmtheitsmaß* bezeichnet. Der Wert von R^2 wird zwischen 0 und 1 liegen. Ein Wert von R^2 nahe 1 zeigt an, dass der größte Teil der Variation der Antwortdaten durch die verschiedenen Eingabewerte erklärt wird, während ein Wert von R^2 nahe 0 anzeigt, dass wenig der Variation durch die verschiedenen Eingabewerte erklärt wird. Wenn $R^2 = 0{,}833$, bedeutet dies, dass fast 83 % der Variation in der y-Variable durch die x-Variable erklärt werden können. Etwa 17 % der Variation bleibt unerklärt. Unter diesen Umständen können wir mit einer Vorhersage für die y-Variable recht zufrieden sein.

Der Wert von R^2 wird oft als Indikator dafür verwendet, wie gut das Regressionsmodell die Daten passt, wobei ein Wert nahe 1 auf eine gute Anpassung und einer nahe 0 auf eine schlechte Anpassung hinweist. Mit anderen Worten, wenn das Regressionsmodell in der Lage ist, den größten Teil der Variation in den Antwortdaten zu erklären, dann wird es als gut an die Daten angepasst betrachtet.

Erinnern wir uns noch einmal an den Stichprobenkorrelationskoeffizienten als

$$\begin{aligned} r &= \frac{\sum_{i=1}^{n}(x_i - \bar{x})(y_i - \bar{y})}{\sqrt{\sum_{i=1}^{n}(x_i - \bar{x})^2}\sqrt{\sum_{i=1}^{n}(y_i - \bar{y})^2}} \\ &= \frac{S_{xy}}{\sqrt{S_{xx}S_{yy}}} \end{aligned}$$

Daher,

$$\begin{aligned}
r^2 &= \frac{S_{xy}^2}{S_{xx}S_{yy}} \\
&= \frac{S_{xx}S_{yy} - S_{xx}\text{ESS}}{S_{xx}S_{yy}} \\
&= 1 - \frac{\text{ESS}}{S_{yy}} \\
&= R^2
\end{aligned}$$

Daher,

$$|r| = \sqrt{R^2} \tag{9.71}$$

Das heißt, der Stichprobenkorrelationskoeffizient ist die Quadratwurzel des Bestimmtheitsmaßes. Das Vorzeichen von r ist das gleiche wie das des Regressionskoeffizienten, B. Diese Darstellung von r gibt eine weitere Bedeutung des Stichprobenkoeffizienten r. Zum Beispiel, wenn $r = 0{,}8$, bedeutet dies, dass ein einfaches lineares Regressionsmodell für diese Daten 64 % (da $R^2 = 0{,}64$) der Variation in den Antwortwerten erklärt. Das heißt, 64 % der Variation in den Antwortwerten wird durch die verschiedenen Eingabewerte erklärt.

9.7.2.4 Mehrfache lineare Regressionen

Eine Methode, die die statistische Beziehung zwischen einer Antwort und zwei oder mehr Prädiktoren beschreibt, wird als multiple lineare Regression bezeichnet. Zum Beispiel kann eine Beziehung des Gewichts auf Höhe und Alter untersucht werden. Die Antwortvariable (Y) hier ist das Gewicht, und die Prädiktorvariablen (X's) sind Höhe und Alter. Regression verwendet oft die Methode der kleinsten Quadrate, die die Gleichung für die Gerade bestimmt, die die Summe der quadrierten vertikalen Abstände zwischen den Datenpunkten und der Linie minimiert. Eine multiple lineare Regressionsgleichung in k unabhängigen Variablen kann wie folgt beschrieben werden

$$y_i = \beta_0 + \beta_1 x_{i1} + \beta_2 x_{i2} + \cdots + \beta_k x_{ik} + \varepsilon_i$$

Die obigen Gleichungen können geeignet in Matrixform geschrieben werden als

$$y = X\beta + \varepsilon \tag{9.72}$$

Wie in Abschn. 9.7.2.1 diskutiert, werden die Parameter im obigen Modell auch durch die PLS geschätzt. Die $(k + 1)$ Normalgleichungen können erhalten werden als

$$\sum_{i=1}^{n} y_i = n\beta_0 + \beta_1 \sum_{i=1}^{n} x_{i1} + \beta_2 \sum_{i=1}^{n} x_{i2} + \cdots + \beta_k \sum_{i=1}^{n} x_{ik}$$
$$\sum_{i=1}^{n} x_{i1} y_i = \beta_0 \sum_{i=1}^{n} x_{i1} + \beta_1 \sum_{i=1}^{n} x_{i1}^2 + \beta_2 \sum_{i=1}^{n} x_{i1}x_{i2} + \cdots + \beta_k \sum_{i=1}^{n} x_{i1}x_{ik}$$
$$\cdots \quad \cdots \quad \cdots \quad \cdots \quad \cdots$$
$$\sum_{i=1}^{n} x_{ik} y_i = \beta_0 \sum_{i=1}^{n} x_{ik} + \beta_1 \sum_{i=1}^{n} x_{i1}x_{ik} + \beta_2 \sum_{i=1}^{n} x_{ik}x_{i2} + \cdots + \beta_k \sum_{i=1}^{n} x_{ik}^2$$

Die Matrixäquivalente der obigen Gleichungen sind

$$X'Y = X'X\hat{\beta} \tag{9.73}$$

Daher ist die kleinste Quadratschätzung von β ist

$$\hat{\beta} = (X'X)^{-1}X'Y \tag{9.74}$$

Daher ist die geschätzte Regressionslinie

$$\hat{Y} = X\hat{\beta}$$

und der Rest ist $e = y - \hat{y}$. Wenn wir definieren

$$\text{ESS} = \sum_{i=1}^{n} (y_i - \hat{y}_i)^2 = \sum_{i=1}^{n} e_i^2 = ee'$$

dann wird eine unverzerrte Schätzung von σ^2 erhalten als

$$\hat{\sigma}^2 = \frac{\text{ESS}}{n-k-1} \tag{9.75}$$

und die Kovarianzmatrix von $\hat{\beta}$ ist

$$\text{Cov}(\hat{\beta}) = \sigma^2 (X'X)^{-1} \tag{9.76}$$

Beachten Sie, dass Gleichung (9.72) viele Parameter beinhaltet, von denen einige signifikant sein können und andere nicht. Um den Einfluss der erklärenden Variablen zu entscheiden, muss man Hypothesentests für jeden Parameter durchführen, der mit den Variablen im Modell verbunden ist. Daher kann die Variablenauswahl in diesem Prozess eine mühsame Aufgabe sein, und daher wird das Modellbau zu einer redundanten Aktivität. Mehrere Kriterien können zur Bewertung und zum Vergleich der erhaltenen Regressionsmodelle verwendet werden. Die Verwendung von R^2 und R^2_{adj} Werte helfen auch, die besten Modelle zu entscheiden, die meiste Zeit. Die anderen Kriterien für die Auswahl der besten Regressionsgleichungen werden unten beschrieben.

Schrittweise Regression. Die schrittweise Regression entfernt und fügt Variablen zum Regressionsmodell hinzu, um eine nützliche Teilmenge der Prädiktoren zu identifizieren. MINITAB bietet drei häufig verwendete Verfahren:

- Standard-Schrittweise Regression (fügt hinzu und entfernt Variablen), Vorwärtsauswahl (fügt Variablen hinzu) und Rückwärtseliminierung (entfernt Variablen)
- Es beginnt mit der Auswahl der einzelnen unabhängigen Variable (gesamte Menge der Prädiktoren), das heißt, dem „besten" Prädiktor, der R^2 maximiert. Dann fügt es (eliminiert) Variablen in sequenzieller Weise hinzu, in Reihenfolge ihrer Wichtigkeit und bei jedem Schritt erhöht es R^2
- Wenn Sie die schrittweise Methode wählen, können Sie eine Anfangsmenge von Prädiktorvariablen in den Prädiktoren im Anfangsmodell eingeben. Diese Variablen werden entfernt, wenn ihre p-Werte größer als der α-Eingabewert sind. Wenn Sie Variablen unabhängig von ihren p-Werten im Modell behalten möchten, geben Sie sie in den Prädiktoren ein, die in jedem Modell im Hauptdialogfeld enthalten sein sollen

Beste Teilmengen-Regression. Die beste Teilmengen-Regression identifiziert die am besten passenden Regressionsmodelle, die mit den von Ihnen angegebenen Prädiktorvariablen erstellt werden können. Die beste Teilmengen-Regression ist eine effiziente Methode, um Modelle zu identifizieren, die Ihre Ziele mit so wenigen Prädiktoren wie möglich erreichen. Teilmengenmodelle können tatsächlich die Regressionskoeffizienten schätzen und zukünftige Antworten mit geringerer Varianz als das vollständige Modell unter Verwendung aller Prädiktoren vorhersagen.

Die MINITAB-Software untersucht alle möglichen Teilmengen der Prädiktoren, beginnend mit allen Modellen, die einen Prädiktor enthalten, und dann alle Modelle, die zwei Prädiktoren enthalten, und so weiter. Standardmäßig zeigt MINITAB die zwei besten Modelle für jede Anzahl von Prädiktoren an. Angenommen, Sie führen eine beste Teilmengen-Regression mit drei Prädiktoren durch. MINITAB wird das beste und zweitbeste Ein-Prädiktor-Modell, gefolgt von den besten und zweitbesten Zwei-Prädiktor-Modellen, gefolgt vom vollständigen Modell mit allen drei Prädiktoren, melden.

- Es erzeugt Regressionsmodelle mit dem maximalen R^2-Kriterium, indem es zunächst alle Ein-Prädiktor-Regressionsmodelle untersucht und dann die Zwei-Prädiktor-Modelle auswählt, die das größte R^2 liefern. Es untersucht alle Zwei-Prädiktor-Modelle, wählt die zwei Modelle mit dem größten R^2 aus und zeigt Informationen zu diesen beiden Modellen an. Dieser Prozess wird fortgesetzt, bis das Modell alle Prädiktoren enthält.
- $C_p = \frac{\text{ESS}_p}{\text{MSE}_m} - (n - 2p)$ wo ESS_p ist die Fehlerquadratsumme für das beste Modell mit „p" Parametern, und MSE_m ist der mittlere Quadratfehler für das Modell mit allen „m" Prädiktoren.
- Wir suchen Modelle, bei denen C_p klein ist und auch nahe an p, der Anzahl der Parameter im Modell, liegt.

Umgang mit Multikollinearität. Eine der Annahmen für die Modellgenauigkeit ist, dass die *X*'s nicht korreliert sind. Aber das ist nicht immer der Fall. Der Variance Inflation Factor (VIF) erkennt Multikollinearität oder Korrelation unter den Prädiktoren. Der VIF misst, wie stark die Varianz eines geschätzten Regressionskoeffizienten zunimmt, wenn Ihre Prädiktoren korreliert sind. VIF $=$ 1 zeigt keine Beziehung zwischen den Prädiktoren an; VIF $>$ 1 zeigt an, dass die Prädiktoren korreliert sind; VIF $>$ 5 zeigt an, dass die Regressionskoeffizienten schlecht geschätzt sind. In solchen Fällen sollte man die Optionen in Betracht ziehen, die Multikollinearität aufzubrechen, indem man zusätzliche Daten sammelt, Prädiktoren löscht, verschiedene Prädiktoren verwendet oder eine Alternative zur kleinsten Quadratregression usw. verwendet.

Ein Matrixplot ist eine zweidimensionale Matrix von Einzelplots. Matrixplots eignen sich unter anderem gut dafür, die Zwei-Variable-Beziehungen zwischen einer Reihe von Variablen auf einmal zu sehen. Dies hilft, die bedeutungsvollen Beziehungen mit einem einzigen Graphen zu identifizieren.

Beispiel 9.30 Die Ausfallzeit (y) einer Maschinenkomponente steht in Beziehung zur Betriebsspannung (x_1), der Motordrehzahl in Umdrehungen pro Minute (x_2), und der Betriebstemperatur (x_3). Ein geplantes Experiment wird im R&D-Labor durchgeführt, und die folgenden Daten werden erhalten:

y	x_1	x_2	x_3
2145	110	750	140
2155	110	850	180
2220	110	1000	140
2225	110	1100	180
2260	120	750	140
2266	120	850	180
2334	120	1000	140
2340	130	1000	180
2212	115	840	150
2180	115	880	150

Analysieren Sie die Daten, indem Sie ein multiples Regressionsmodell an die Daten anpassen

Lösung Hier passen wir die multiplen linearen Regressionsmodelle an

$$y = \beta_0 + \beta_1 x_1 + \beta_2 x_2 + \beta_3 x_3 + \varepsilon$$

wo

$$\hat{\beta} = (X'X)^{-1}X'y$$

$$= \begin{bmatrix} 40{,}2168 & -0{,}280855 & -0{,}0051922 & -0{,}0180646 \\ -0{,}2809 & 0{,}002663 & -0{,}0000008 & -0{,}0001727 \\ -0{,}0052 & -0{,}000001 & 0{,}0000091 & -0{,}0000185 \\ -0{,}0181 & -0{,}000173 & -0{,}0000185 & 0{,}0003465 \end{bmatrix} \begin{bmatrix} 22337 \\ 2594430 \\ 20179580 \\ 3530540 \end{bmatrix}$$

$$= \begin{bmatrix} 1109 \\ 8{,}64 \\ 0{,}261 \\ -0{,}711 \end{bmatrix} = \begin{bmatrix} \hat{\beta}_0 \\ \hat{\beta}_1 \\ \hat{\beta}_2 \\ \hat{\beta}_3 \end{bmatrix}$$

Somit ist die Regressionsgleichung

$$\hat{y} = 1109 + 8{,}64x_1 + 0{,}261x_2 - 0{,}711x_3$$

Die MINITAB-Ausgabe der Regressionsanalyse ist unten angegeben:

MINITAB Regressionsanalyse: y gegen x1, x2, x3

```
Die Regressionsgleichung lautet
y = 1109 + 8,64 x1 + 0,261 x2 - 0,711 x3

Prädiktor      Koef   SE-Koef      T       P  VIF
Constant     1108,7     175,9   6,30   0,001
x1            8,639     1,431   6,04   0,001  1,0
x2          0,26077   0,08361   3,12   0,021  1,1
x3          -0,7114    0,5162  -1,38   0,217  1,2

S = 27,7328   R-Sq = 88,7%   R-Sq(adj) = 83,0%

PRESSE = 14409,9  R-Sq(Vorhersage) = 64,66%

Analyse der Varianz

Quelle             DF     SS     MS      F      P
Regression          3  36159  12053  15,67  0,003
Residualer Fehler   6   4615    769
Gesamt              9  40774
```

Interpretation der Analyse Der R^2 Wert zeigt an, dass die Prädiktoren 88,7 % der Varianz in der Ausfallzeit erklären. Der angepasste R^2 beträgt 83 %, was die Anzahl der Prädiktoren im Modell berücksichtigt. Beide Werte zeigen an, dass das Modell die Daten gut anpasst. Der vorhergesagte R^2 Wert beträgt 64,66 %, was nicht nahe an den R^2 und angepassten R^2 Werten liegt. Das Modell scheint nicht gut für die Vorhersage geeignet zu sein. Möglicherweise führt die Anwesenheit der Variablen x_3, die bei $\alpha = 0{,}05$ nicht signifikant ist, dazu, dass das Modell für die Vorhersage ungeeignet ist. Die Größe „PRESS" steht für „prediction error sum of squares" und ist ein Maß dafür, wie gut das Modell für ein Experiment wahrscheinlich in einem neuen Experiment vorhersagen wird. Kleine PRESS-Werte sind wünschenswert. Die PRESS und der vorhergesagte R^2 stehen in folgender Beziehung zueinander:

$$R^2_{\text{predicted}} = 1 - \frac{\text{PRESS}}{S_{yy}} = 1 - \frac{14{,}409{,}9}{40{,}774} = 0{,}6466$$

Der p-Wert in der Varianzanalysetabelle (0,003) zeigt, dass das durch das Regressionsverfahren geschätzte Modell bei einem α-Niveau von 0,05 signifikant ist. Dies zeigt an, dass mindestens ein Koeffizient von null verschieden ist. Die p-Werte für die geschätzten Koeffizienten von x_1 und x_2 sind beide kleiner als 0,05, was darauf hinweist, dass sie signifikant mit der Ausfallzeit der Komponente zusammenhängen. Auch der VIF in jedem Fall liegt nahe bei 1, und daher ist die Multikollinearität nicht sehr ernst.

Interpretation von Graphen Das in Abb. 9.16 dargestellte Normalwahrscheinlichkeitsdiagramm zeigt, dass die Residuen ungefähr linear sind und mit der Normalverteilung übereinstimmen. Obwohl der unterste Extrempunkt ein Ausreißer sein könnte, wird seine Gesamtwirkung nicht signifikant sein. Die Abb. 9.17a ist das Residuum gegen den angepassten Wert der Ausfallzeit, und es zeigt, dass die Varianz der beobachteten Ausfallzeit mit der Größe der Ausfallzeit zunehmen wird. Die Residuenplots gegen x_1 und x_2 deuten darauf hin, dass die Ausfallzeit mit steigender Betriebsspannung (x_1) und der Motordrehzahl in Umdrehungen pro Minute (x_2) ansteigen kann, während die Betriebstemperatur (x_3) möglicherweise keinen signifikanten Einfluss auf die Ausfallzeit hat.

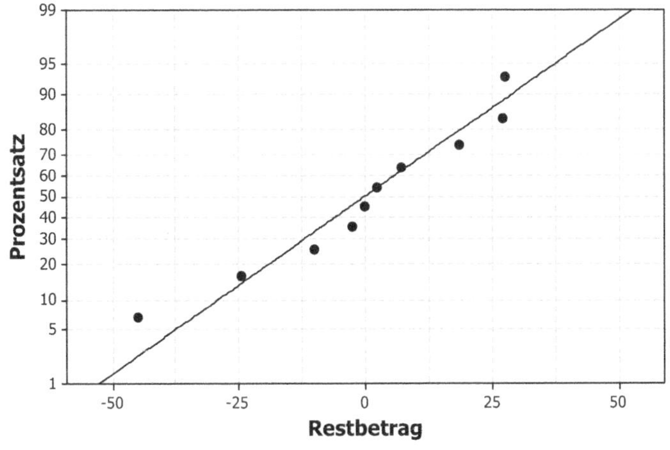

Abb. 9.16 Normalwahrscheinlichkeitsdiagramm der Residuen

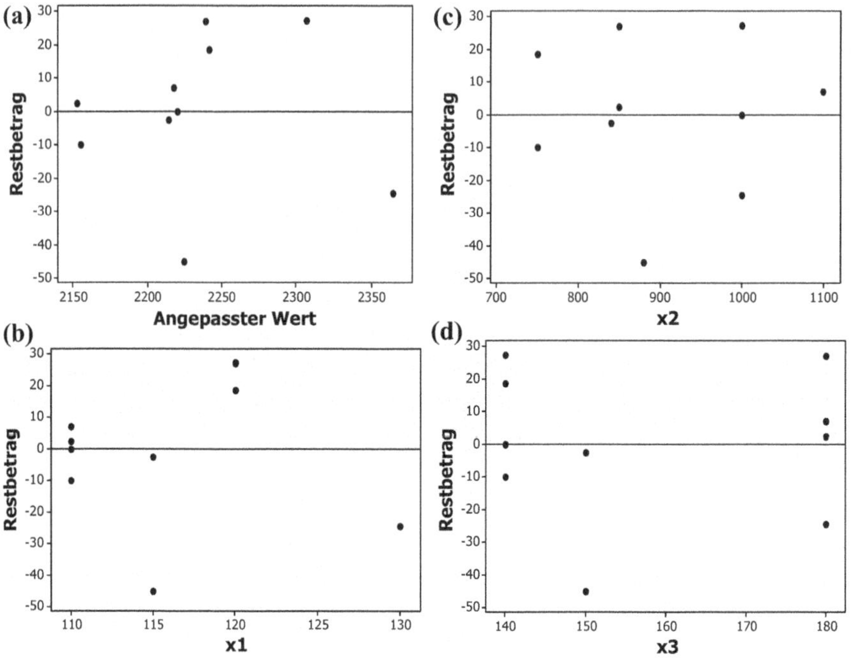

Abb. 9.17 Residuenplots

MINITAB Regressionsanalyse: y gegen x1, x2

```
Die Regressionsgleichung lautet
y = 1072 + 8,28 x1 + 0,223 x2


Prädiktor       Koef  SE Koef     T      P  VIF
Konstante     1071,6    184,6  5,80  0,001
x1             8,285    1,495  5,54  0,001  1,0
x2           0,22289  0,08387  2,66  0,033  1,0


S = 29,4601   R-Sq = 85,1%   R-Sq(adj) = 80,8%

PRESSE = 16558,6   R-Sq(pred) = 59,39%


Analyse der Varianz

Quelle             DF     SS     MS      F      P
Regression          2  34699  17349  19,99  0,001
Residualer Fehler   7   6075    868
Gesamt              9  40774
```

Sowohl die deskriptive als auch die grafische Analyse unterstützen den Ausschluss der Variablen x_3 aus dem Modell. Daher könnte ein Modell mit nur x_1 und x_2 zur Vorhersage der Lebensdauer der Komponente geeigneter sein.

MINITAB Best Subsets Regression: y gegen x1, x2, x3

Antwort ist y

Vars	R-Sq	R-Sq(adj)	Mallows C-p	S	x 1	x 2	x 3
1	70,1	66,3	9,9	39,058	X		
1	19,8	9,7	36,5	63,949		X	
2	85,1	80,8	3,9	29,460	X	X	
2	70,3	61,9	11,7	41,571	X		X
3	88,7	83,0	4,0	27,733	X	X	X

Interpretation der Analyse Wir suchen nach Modellen, bei denen C_p klein ist und ebenfalls nahe an p ($= 4$), der Anzahl der Parameter im Modell, liegt. Hier ist C_p klein, wenn x_1 und x_2 im Modell enthalten sind. Der C_p Wert ist ebenfalls niedrig für alle drei im Modell enthaltenen Variablen. Daher wird ein Regressionsmodell mit x_1 und x_2 oder ein Modell mit allen enthaltenen Variablen wird das erwartete Ergebnis in diesem Beispiel liefern.

Überprüfung eines Regressionsmodells
Die Regressionsanalyse endet nicht, sobald das Regressionsmodell angepasst ist. Sie sollten Restplots und andere diagnostische Statistiken untersuchen, um zu bestimmen, ob Ihr Modell angemessen ist und die Annahmen der Regression erfüllt sind. Wenn Ihr Modell unzureichend ist, wird es Ihre Daten nicht korrekt darstellen. Zum Beispiel,

- Die Standardfehler der Koeffizienten könnten verzerrt sein, was zu falschen t-Werten und p-Werten führt
- Koeffizienten könnten das falsche Vorzeichen haben
- Das Modell könnte übermäßig von einem oder zwei Punkten beeinflusst werden
- VIF könnte zu groß sein
- p-Werte sind signifikant, aber niedriger R^2 Wert

In Tab. 9.13 stellen wir einige der Merkmale eines guten Regressionsmodells und seine möglichen Lösungen vor.

Bei jedem anderen Problem muss man möglicherweise überprüfen, ob die Daten korrekt eingegeben wurden, insbesondere Beobachtungen, die als ungewöhnlich identifiziert wurden, dann versuchen, die Ursache des Problems zu ermitteln, usw., und dann fortfahren. Eine geeignete Transformation hilft auch dabei, gute Modelle in solchen Situationen zu erstellen.

9.7.3 Nichtlineare Regression

In Situationen, in denen die funktionale Beziehung zwischen der Antwort y und der unabhängigen Variable x nicht ausreichend durch eine lineare Beziehung

Tab. 9.13 Merkmale eines guten Regressionsmodells

Merkmale eines Modells	Mögliche Lösungen	Tools zur Überprüfung
Lineare Beziehung zwischen Antwort und Prädiktoren	• Höheren Ordnungsterm zum Modell hinzufügen • Variablen transformieren	• Reste gegen Variablen-Plot
Reste sind unabhängig voneinander (nicht korreliert)	• Neuen Prädiktor hinzufügen • Zeitreihenanalyse verwenden • Verzögerte Variable hinzufügen	• Durbin-Watson-Statistik • Reste gegen Ordnungs-Plot
Reste haben konstante Varianz	• Variablen transformieren • Gewichtete kleinste Quadrate verwenden	• Reste gegen Fit-Plot
Reste sind normalverteilt	• Variablen transformieren • Auf Ausreißer prüfen	• Histogramm der Reste • Reste gegen Fit-Plot • Normalitätstest

approximiert werden kann, müssen wir nach nichtlinearen Beziehungen wie polynomialen, exponentiellen, logarithmischen oder anderen geeigneten Beziehungen suchen. Insbesondere, wenn die Form der Beziehung bestimmt werden kann, ist es manchmal möglich, sie durch eine Änderung der Variablen in eine lineare Form zu transformieren. Beispielsweise, wenn die Intensität einer Lebenskomponente in Bezug auf die Zeit t durch die funktionale Form

$$h(t) = \exp(\alpha + \beta t) \tag{9.77}$$

Bei der Anwendung des Logarithmus kann dies ausgedrückt werden als

$$\log h(t) = \alpha + \beta t$$

Wenn wir $y = \log h(t)$ setzen, dann kann das obige Modell ausgedrückt werden als

$$y = \alpha + \beta t + \varepsilon$$

Die Parameter können nun durch die übliche Methode des kleinsten Quadratansatzes geschätzt werden. Ähnlich kann man für jede Art von nichtlinearer Beziehung durch geeignete Transformation der Variablen zur Linearität zurückkehren und mit der Schätzung der im Modell beteiligten Parameter fortfahren. In den nächsten beiden Unterabschnitten diskutieren wir die Anpassung von nichtlinearen Modellen an eine gegebene Situation.

9.7.3.1 Polynomiale Regression

Eine allgemeine polynomiale Regression zwischen zwei Variablen kann ausgedrückt werden als

$$y = \beta_0 + \beta_1 x + \beta_2 x^2 + \cdots + \beta_k x^k + \varepsilon \tag{9.78}$$

wo $\beta_0, \beta_1, \beta_2, \ldots, \beta_k$ Regressionskoeffizienten sind, die durch das Modell geschätzt werden müssen. Wenn der Datensatz aus n Paaren $(x_i, y_i), i = 1, 2, \ldots, n$

besteht, dann sind die kleinsten Quadratschätzer von $\beta_0, \beta_1, \beta_2, \ldots, \beta_k$—nennen wir sie $B_0, B_1, B_2, \ldots, B_k$—diejenigen Werte, die

$$\sum_{i=1}^{n} (y_i - B_0 - B_1 x_i - \cdots - B_k x_i^k)^2$$

minimieren.

Die Normalgleichungen, die mit der obigen Minimierung übereinstimmen, führen zu den folgenden $(k + 1)$ Gleichungen:

$$\begin{aligned}
\sum_{i=1}^{n} y_i &= nB_0 + B_1 \sum_{i=1}^{n} x_i + B_2 \sum_{i=1}^{n} x_i^2 \cdots - B_k \sum_{i=1}^{n} x_i^k \\
\sum_{i=1}^{n} x_i y_i &= B_0 \sum_{i=1}^{n} x_i + B_1 \sum_{i=1}^{n} x_i^2 + B_2 \sum_{i=1}^{n} x_i^3 \cdots - B_k \sum_{i=1}^{n} x_i^{k+1} \\
&--- \qquad --- \qquad --- \\
\sum_{i=1}^{n} x_i^r y_i &= B_0 \sum_{i=1}^{n} x_i^r + B_1 \sum_{i=1}^{n} x_i^{r+1} + B_2 \sum_{i=1}^{n} x_i^{r+2} \cdots - B_k \sum_{i=1}^{n} x_i^{2k}
\end{aligned} \tag{9.79}$$

Bei der Anpassung eines Polynoms an einen Satz von Datenpunkten ist es oft möglich, den notwendigen Grad des Polynoms durch eine Untersuchung des Streudiagramms zu bestimmen. Daher sollte man versuchen, zuerst ein Polynom niedrigeren Grades anzupassen und die Notwendigkeit von Polynomen höheren Grades zu verstehen. Im Gegensatz zur linearen Regression ist es äußerst riskant, eine polynomiale Anpassung zu verwenden, um den Wert einer Antwort auf einer Eingabestufe x_0 vorherzusagen, die weit entfernt von den Eingabestufen $x_i, i = 1, 2, \ldots, n$ liegt, die bei der Bestimmung der polynomiellen Anpassung verwendet wurden.

Beispiel 9.31 Führen Sie eine polynomiale Regression für die folgenden Daten durch:

x	1	2	3	4	5	6	7	8	9	10
y	20,6	30,8	55	71,4	97,3	131,8	156,3	197,3	238,7	291,7

Lösung Hier ist $n = 10$, und die Summen und Summen der Quadrate für die Anpassung verschiedener Polynome werden aus der untenstehenden Tabelle ermittelt.

x	y	x^2	x^3	x^4	xy	x^2y
1	20,6	1	1	1	20,6	20,6
2	30,8	4	8	16	61,6	123,2
3	55	9	27	81	165	495
4	71,4	16	64	256	285,6	1142,4

x	y	x^2	x^3	x^4	xy	x^2y
5	97,3	25	125	625	486,5	2432,5
6	131,8	36	216	1296	790,8	4744,8
7	156,3	49	343	2401	1094,1	7658,7
8	197,3	64	512	4096	1578,4	12,627,2
9	238,7	81	729	6561	2148,3	19,334,7
10	291,7	100	1000	10,000	2917	29,170
55	1290,9	385	3025	25,333	9547,9	77749,1

Daher,

$$\sum_{i=1}^{10} x_i = 55, \sum_{i=1}^{10} x_i^2 = 385, \sum_{i=1}^{10} x_i^3 = 3025, \sum_{i=1}^{10} x_i^4 = 25{,}333$$

$$\sum_{i=1}^{10} y_i = 1291{,}1, \sum_{i=1}^{10} x_i y_i = 9549{,}3, \sum_{i=1}^{10} x_i^2 y_i = 77{,}758{,}9$$

Mit den in (9.79) gegebenen Normalgleichungen erhalten wir die folgenden drei Normalgleichungen für ein Polynom zweiten Grades:

$$10B_0 + 55B_1 + 385B_2 = 1291{,}1$$
$$55B_0 + 385B_1 + 3025B_2 = 9549{,}3$$
$$385B_0 + 3025B_1 + 25{,}333B_2 = 77{,}758{,}9$$

Bei der Lösung der kleinsten Quadratgleichungen erhalten wir

$$B_0 = 12{,}593, B_1 = 6{,}326, B_2 = 2{,}123$$

Die geschätzte quadratische Regressionsgleichung ist daher

$$y = 12{,}593 + 6{,}326x + 2{,}123x^2$$

Ebenso hat ein kubisches Diagramm für die obigen Daten die Gleichung

$$y = 5{,}157 + 12{,}94x + 0{,}685x^2 + 0{,}08726x^3$$

Und die an die Daten angepasste lineare Regressionsgleichung ist

$$y = -34{,}1 + 29{,}7x$$

Die angepassten Liniendiagramme sind in Abb. 9.18 dargestellt. Beachten Sie, dass die quadratischen und kubischen Diagramme fast gleich sind.

Die MINITAB-Ausgabe ist unten gegeben. Beachten Sie, dass der R^2 sehr hoch ist und daher die Modellanpassung sehr gut ist. Auch der p-Wert beträgt 0,0, was zeigt, dass die Regressionskoeffizienten hochsignifikant sind.

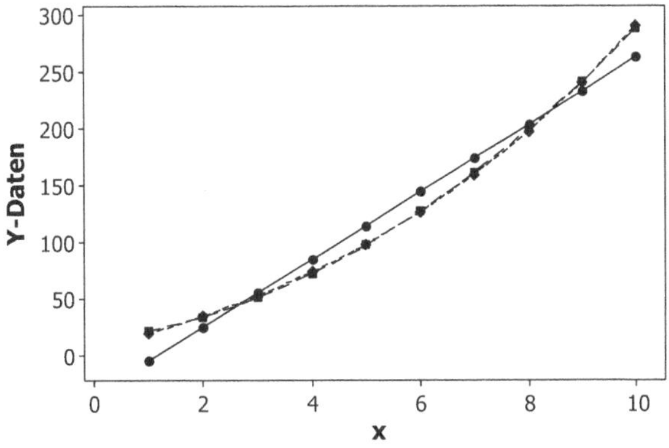

Abb. 9.18 Angepasste Liniendiagramme

MINITAB Polynomiale Regressionsanalyse: y gegen x

```
Die Regressionsgleichung lautet
y = 12,64 + 6,297 x + 2,125 x**2

S = 3,69652   R-Sq = 99,9%   R-Sq(adj) = 99,8%

Analyse der Varianz

Quelle       DF        SS        MS        F      P
Regression    2   75020,1   37510,1  2745,12  0,000
Fehler        7      95,6      13,7
Gesamt        9   75115,8

Sequentielle Analyse der Varianz

Quelle      DF        SS       F      P
Linear       1   72635,9  234,32  0,000
Quadratisch 1    2384,3  174,49  0,000
```

9.7.3.2 Logistische Regressionsmodelle für binäre Ausgabedaten

Häufig kann man in Six Sigma-Projekten die Ausgabedaten in Form von binären Ausgaben beobachten, wie zum Beispiel (0, 1), (Erfolg, Misserfolg), (positiv, negativ), (nicht defekt, defekt), (beobachtet, nicht beobachtet), (wahr, falsch), (ja, nein), (vorhanden, abwesend) und (bestätigt, nicht bestätigt). Wenn wir annehmen, dass die Experimente auf verschiedenen Ebenen durchgeführt werden können und dass ein auf Ebene x durchgeführtes Experiment mit einer Wahrscheinlichkeit $p(x)$, $-\infty < x < \infty$ erfolgreich sein wird. Wenn $p(x)$ die Form

$$p(x) = \frac{e^{a+bx}}{1 + e^{a+bx}} \tag{9.80}$$

hat, dann wird gesagt, dass die Experimente aus einem *logistischen Regressionsmodell* stammen und $p(x)$ wird als *logistische Regressionsfunktion* bezeichnet. Wenn $b = 0$ ist, dann ist $p(x)$ eine Konstante; wenn $b > 0$ ist, dann ist $p(x)$ eine ansteigende Funktion, die gegen 1 konvergiert, wenn $x \to \infty$, und wenn $b < 0$ ist, dann ist $p(x)$ eine abnehmende Funktion, die gegen 0 konvergiert, wenn $x \to \infty$. Ein typisches logistisches Regressionsmodell ist in Abb. 9.19 dargestellt.

Die Größe $\frac{p(x)}{1-p(x)}$ wird als *Odds Ratio* bezeichnet und als $o(x)$ bezeichnet. Das heißt,

$$\begin{aligned} o(x) &= \frac{p(x)}{1-p(x)} \\ &= e^{a+bx} \end{aligned} \tag{9.81}$$

Somit, wenn $b > 0$ ist, steigen die Chancen exponentiell mit dem Eingabewert x; wenn $b < 0$ ist, sinken die Chancen exponentiell mit dem Eingabewert x. Die Log-Chancen (*logit*) sind eine lineare Funktion:

$$\log\left[o(x)\right] = a + bx \tag{9.82}$$

Ein weiteres damit verbundenes Modell ist das *Probit*-Modell, bei dem $p(x)$ gleich der Wahrscheinlichkeit ist, dass eine standardnormalverteilte Zufallsvariable kleiner ist als $(a + bx)$. Das heißt,

$$p(x) = \Phi(a + bx) = \frac{1}{\sqrt{2\pi} \int\limits_{-\infty}^{a+bx} e^{-y^2/2} dy} \tag{9.83}$$

Beispiel 9.33 Die Daten in Tab. 9.14 repräsentieren die BMI-Messung von 50 Diabetikern, die in einer klinischen Studie gesammelt wurden. Passen Sie eine binäre logistische Regression an und schlagen Sie die Abhängigkeit des BMI vom Geschlecht vor.

Abb. 9.19 Logistische Regression

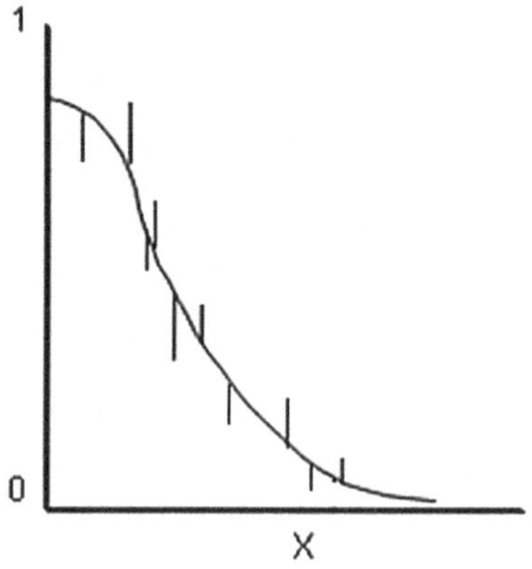

Tab. 9.14 Daten zu Diabetikerpatienten

Geschlecht	Alter	BMI	Geschlecht	Alter	BMI
M	30	23,92	M	38	24,54
F	40	19,71	F	44	24,74
F	55	14,20	M	45	20,07
M	65	27,92	M	85	20,90
M	63	18,75	M	15	23,32
M	26	24,89	F	25	17,96
F	28	27,06	F	35	14,53
F	59	24,03	M	65	16,05
F	63	21,34	F	58	24,92
F	57	19,13	M	48	33,73
M	24	25,04	M	42	29,90
M	45	35,21	M	52	27,99
M	44	34,72	M	56	27,24
F	34	20,93	F	57	17,96
F	33	19,15	M	62	17,11
M	29	29,40	M	86	20,55
F	58	19,47	M	16	31,98
F	45	20,32	F	85	17,31
F	56	21,14	M	29	21,34
F	49	28,67	F	27	17,01
M	24	31,89	M	43	20,66
M	26	32,46	F	27	25,86
M	29	29,67	M	65	27,24
M	35	24,09	M	68	29,44
F	37	23,71	F	74	24,45

Lösung Hier modellieren wir das Geschlecht (Antwortvariable) auf Alter und BMI-Messung. Da das Geschlecht eine binäre Variable ist, verwenden wir die binäre logistische Regression. Die MINITAB-Ausgabe davon ist unten dargestellt.

MINITAB Binäre logistische Regression: Geschlecht_2 versus Alter, BMI

```
BMI Link-Funktion: Logit


Antwort-Informationen

Variable  Wert   Anzahl
Geschlecht M         28  (Ereignis)
          F          22
          Gesamt     50


Logistische Regressionstabelle

                                                    Odds      95% CI
Prädiktor          Coef    SE Coef      Z       P Quotient  Untere Obere
Konstante    -5,40883    2,18020  -2,48  0,013
Alter       0,0071136  0,0183123   0,39  0,698    1,01     0,97   1,04
BMI          0,227152  0,0767057   2,96  0,003    1,26     1,08   1,46


Log-Likelihood = -28,175
Test, ob alle Steigungen gleich Null sind: G = 12,244, DF = 2, P-Value = 0,002


Goodness-of-Fit-Tests

Verfahren         Chi-Quadrat DF       P
Pearson               46,3791  47  0,498
Abweichung            56,3491  47  0,165
Hosmer-Lemeshow       13,7359   8  0,089


Maße der Assoziation:
(zwischen der Antwortvariable und den vorhergesagten Wahrscheinlichkeiten)

Paare           Number  Percent  Summary Measures
Übereinstimmend   466     75,6   Somers' D              0,52
Nicht übereinstimmend 148  24,0  Goodman-Kruskal Gamma  0,52
Krawatten           2      0,3   Kendall's Tau-a        0,26
Insgesamt         616    100,0
```

Analyseinterpretation Es gibt 28 männliche und 22 weibliche Patienten in der Studie. Die logistische Tabelle zeigt, dass der Regressionskoeffizient des BMI signifikant ist ($p < 0{,}05$) und daher nicht null ist. Das Odds Ratio für BMI ist etwas mehr als 1, was darauf hinweist, dass der BMI eine gewisse Abhängigkeit vom Geschlecht hat. Die Variable Alter zeigt keine Signifikanz auf das Geschlecht. Die Log-Likelihood zeigt an, dass der Regressionskoeffizient einer der Faktoren nicht null ist (p-Wert $= 0{,}004$). Alle Güte-of-Fit-Tests haben einen p-Wert größer als 0,05, und daher ist das Modell für die gegebenen Daten angemessen. Zwei der Zusammenfassungsmaße zeigen mehr als 50 % Zusammenhang zwischen der Antwort und den vorhergesagten Wahrscheinlichkeiten. Abb. 9.20 zeigt die

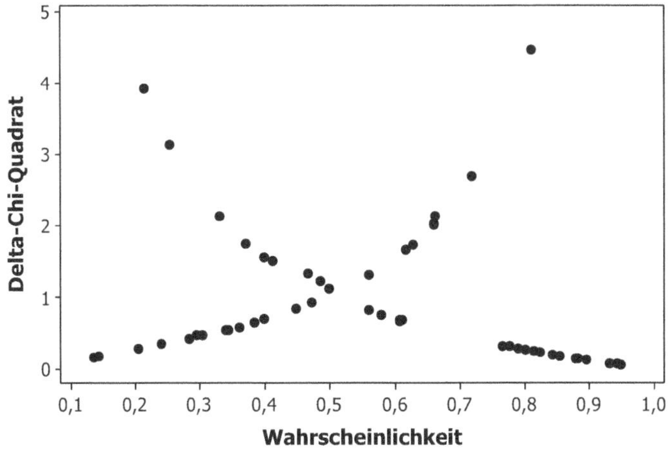

Abb. 9.20 Delta-Chi-Quadrat gegen Wahrscheinlichkeit

Delta-Chi-Quadrat- gegen Wahrscheinlichkeitsanalyse der Daten, die zeigt, dass eine Beobachtung einen hohen Delta-Chi-Quadrat-Wert hat und es entspricht der Beobachtung 20 (Frau im mittleren Alter mit einem BMI von 28,67). Möglicherweise ist die Frau im mittleren Alter übergewichtig.

Beispiel 9.34 Tab. 9.15 zeigt die Daten von 60 Fliegern zusammen mit ihrer Leistungsbewertung für verschiedene Fluggesellschaften. Die folgenden Codes werden für die Datenerfassung verwendet:

Geschlecht:	1 = Männlich, 2 = Weiblich
Fluggesellschaft:	1 = Jet, 2 = Spice, 3 = Indigo
Klasse:	1 = Economy, 2 = Business
Fliegertyp:	1 = Häufig, 2 = Gelegentlich, 3 = Erstflieger

Führen Sie eine nominale logistische Regression durch, um den Flugzeugtyp zu modellieren.

Lösung Da die Variable Fluggesellschaft ein nominaler Typ ist, führen wir eine nominale logistische Regression unter Berücksichtigung der anderen Variablen durch. Die MINITAB-Ausgabe davon wird unten präsentiert:

Tab. 9.15 Daten zur Fluggesellschaft gegen Fliegertyp und Ranglisten

Geschlecht	F_Typ	R-1	R-2	Fluggesellschaft	Klasse	Geschlecht	F_Typ	R-1	R-2	Fluggesellschaft	Klasse
1	1	40	36	1	1	1	1	52	65	2	2
1	1	28	28	1	1	1	1	70	80	2	2
2	2	36	30	1	1	1	3	73	79	2	2
1	3	32	28	1	1	1	1	72	88	2	2
1	1	60	40	1	1	1	2	73	89	2	2
1	1	12	14	1	1	1	1	71	72	2	2
1	1	32	26	1	1	2	2	55	58	2	2
1	2	36	30	1	1	1	1	68	67	2	2
1	3	44	38	1	1	2	1	31	85	2	2
2	2	36	35	1	1	2	1	78	80	2	2
2	2	40	42	1	2	1	2	92	95	3	1
1	2	68	49	1	2	1	1	56	60	3	1
2	1	20	24	1	2	1	1	64	70	3	1
1	1	33	35	1	2	1	1	72	78	3	1
1	1	65	40	1	2	2	1	48	65	3	1
1	1	40	36	1	2	1	1	52	70	3	1
1	2	51	29	1	2	1	1	64	79	3	1
1	3	25	24	1	2	1	1	68	81	3	1
2	1	37	23	1	2	1	2	76	69	3	1
1	2	44	41	1	2	2	2	56	78	3	1
1	3	56	67	2	1	1	1	88	92	3	2

(Fortsetzung)

Tab. 9.15 (Fortsetzung)

Geschlecht	F_Typ	R-1	R-2	Fluggesellschaft	Klasse	Geschlecht	F_Typ	R-1	R-2	Fluggesellschaft	Klasse
1	2	48	58	2	1	2	2	79	85	3	2
1	1	64	78	2	1	1	1	92	94	3	2
1	2	56	68	2	1	2	2	88	93	3	2
2	3	28	69	2	1	1	2	73	90	3	2
2	1	32	74	2	1	2	2	68	67	3	2
2	3	42	55	2	1	1	1	81	85	3	2
1	3	40	55	2	1	2	2	95	95	3	2
1	3	61	80	2	1	1	1	68	67	3	2
1	1	58	78	2	1	1	3	78	83	3	2

MINITAB Nominale logistische Regression: F_Typ versus Geschlecht, Rating-1, ...

```
Antwort-Informationen

Variable      Wert   Count
Fluggesellschaft 3      20   (Referenzereignis)
              2         20
              1         20
              Total     60


Faktor Information

Faktor Levels Werte
Geschlecht     2  1, 2


Logistische Regressionstabelle

                                                               Odds          95% CI
Prädiktor              Coef     SE Coef       Z       P  Verhältnis Untere   Obere
Logit 1: (2/3)
Konstante           3,47172     2,78021    1,25  0,212
Geschlecht-2      -0,405095    0,846254   -0,48  0,632      0,67     0,13     3,50
Bewertung-1      -0,0777531   0,0431199   -1,80  0,071      0,93     0,85     1,01
Bewertung-2       0,0143592   0,0527084    0,27  0,785      1,01     0,91     1,12
flugzeug_type      0,434364    0,503451    0,86  0,388      1,54     0,58     4,14

Logit 2: (1/3)
Konstante           110,111     14531,4    0,01  0,994
Geschlecht-2       -1,61167     4556,57   -0,00  1,000      0,20     0,00        *
Bewertung-1        0,648952     276,176    0,00  0,998      1,91     0,00        *
Bewertung-2        -2,69989     281,963   -0,01  0,992      0,07     0,00        *
flugzeug_type      -1,51026     4515,07   -0,00  1,000      0,22     0,00        *


Log-Likelihood = -22,865
Prüfen Sie, ob alle Steigungen gleich Null sind:G = 86,103, DF = 8, P-Wert = 0,000


Goodness-of-Fit-Tests

Methode     Chi-Quadrat  DF      P
Pearson         35,8823  106  1,000
Abweichung      42,9576  106  1,000
```

Analyseinterpretation Es gibt 20 Reisende jeweils von Jet, Spice und Indigo. Da das Referenzereignis der „Indigo"-Flug ist, werden die Ausgaben als *Logit*-Funktionen von „Spice und Indigo" und „Jet und Indigo" angegeben. Die hohen *p*-Werte für die Logit-1-Funktion deuten darauf hin, dass es ausreichende Beweise dafür gibt, dass Geschlecht-2 ($p = 0{,}632$) oder Fluggasttyp ($p = 0{,}388$) die Wahl des Fluges Spice über Indigo beeinflusst haben. Auch der Koeffizient −0,40509 für Geschlecht-2 (= weiblich) mit einem Odds Ratio von 0,67 deutet darauf hin, dass weibliche Fluggäste weniger wahrscheinlich Spice über Indigo bevorzugen. In der Logit-2-Funktion zeigt der Koeffizient −1,61167 für Geschlecht-2 (= weiblich) mit einem Odds Ratio von 0,2 an, dass weibliche Fluggäste eher Jet über die Fluggesellschaft Indigo bevorzugen. Ähnlich zeigt der Koeffizient −1,51026 für den Fluggasttyp mit einem Odds Ratio von 0,22 an, dass die Fluggesellschaft Jet für häufige und andere Arten von Fluggästen wichtig ist.

Der niedrige p-Wert des Log-Likelihood-Tests deutet darauf hin, dass es ausreichende Beweise dafür gibt, dass mindestens ein Regressionskoeffizient ungleich null ist. Auch beide Gütepassungstests haben einen p-Wert, der deutlich höher als 0,05 ist, was darauf hinweist, dass das Modell die Daten angemessen anpasst.

Beispiel 9.35 Für die Daten in Beispiel 9.34 führen wir nun eine ordinale logistische Regression durch, um die Fluggesellschaft auf den beiden Bewertungen zu modellieren. Die MINITAB-Ausgabe davon wird unten präsentiert:

MINITAB Ordinale logistische Regression: Fluggesellschaft versus Rating-1, Rating-2

```
Link-Funktion: Logitv


Antwort-Informationen

Variabel        Wert  Zählen Sie
Fluggesellschaft   1          20
                   2          20
                   3          20
         Insgesamt            60


Logistische Regressionstabelle

                                                       Quoten      95% CI
Prädiktor          Coef     SE Coef       Z       P    Ratio   Unter  Obere
Konst(1)        7,20041     1,57142    4,58   0,000
Konst(2)        10,9536     2,08090    5,26   0,000
Bewertung-1  -0,0052650   0,0286377   -0,18   0,854     0,99    0,94   1,05
Bewertung-2   -0,138464   0,0326776   -4,24   0,000     0,87    0,82   0,93


Log-Likelihood = -32,849
Prüfen Sie, ob alle Steigungen gleich Null sind: G = 66,135, DF = 2,
P-Value = 0,000

Goodness-of-Fit-Tests

Methode   Chi-Quadrat   DF      P
Pearson       61,5002  106  1,000
Abweichung    59,1064  106  1,000


Maßnahmen der Assoziation:
(zwischen der Antwortvariablen und den vorhergesagten Wahrscheinlichkeiten)

Paare         Nummer Prozentsatz  Zusammenfassende Maßnahmen
Konkordant      1072        89,3  Somers' D                 0,79
Diskordant       124        10,3  Goodman-Kruskal Gamma     0,79
Krawatten          4         0,3  Kendall's Tau-a           0,54
Insgesamt       1200       100,0
```

Analyseinterpretation Es gibt 20 Reisende jeweils von Jet, Spice und Indigo. Der hohe p-Wert von Bewertung-1 und der niedrige p-Wert von Bewertung-2 deuten darauf hin, dass die Bewertungen für den Flugzeugtyp nicht einheitlich (oder signifikant) sind. Die Bewertung-2 ist hoch signifikant ($p = 0{,}000$), was darauf hinweist, dass die Erfahrung des Reisens mit einer bestimmten Fluggesellschaft die Bewertungspräferenz ändert. Dies wird weiter durch die Durchführung eines gepaarten t-Tests auf den beiden Ranglisten bestätigt und wir erhielten den t-Wert $= -2{,}85$, mit einem p-Wert $= 0{,}006$. Der niedrige p-Wert des Log-Likelihood-Ratio-Tests deutet darauf hin, dass einer der Regressionskoeffizienten nicht null ist. Beide Gütepassungstests haben einen hohen p-Wert, der die Eignung des Modells anzeigt. Ebenso deutet der höhere Wert der Zusammenfassungsmaße auf die bessere Vorhersagbarkeit des Modells hin.

9.8 Varianzanalyse

Betrachten Sie diese Situation: Ein Fertigungsunternehmen erwägt den Kauf, in großen Mengen, eines von vier verschiedenen Computerpaketen, die zur Modellierung einer neuen Programmieraufgabe entwickelt wurden. Eine Gruppe von Führungskräften in diesem Unternehmen hat behauptet, dass diese Pakete im Grunde austauschbar sind, in dem Sinne, dass die gewählte kaum Auswirkungen auf die endgültige Kompetenz des Benutzers haben wird. Um diese Hypothese zu testen, hat das Unternehmen beschlossen, 60 seiner Führungskräfte auszuwählen und sie in vier Gruppen von je 15 Personen aufzuteilen. Jedes Mitglied in Gruppe i erhält dann das Softwarepaket i, $i = 1, 2, 3, 4$, um die neue Aufgabe zu erlernen. Wenn alle Führungskräfte ihr Studium abgeschlossen haben, wird eine umfassende Prüfung abgelegt. Das Unternehmen möchte die Ergebnisse dieser Prüfung verwenden, um zu bestimmen, ob die Computer-Softwarepakete wirklich austauschbar sind oder nicht.

Um zu dem Schluss zu kommen, dass die Softwarepakete tatsächlich austauschbar sind, sollten die durchschnittlichen Testergebnisse in allen Gruppen ähnlich sein, und um zu dem Schluss zu kommen, dass die Pakete im Wesentlichen unterschiedlich sind, sollte es eine große Variation unter diesen durchschnittlichen Testergebnissen geben. Ähnlich, was könnte man schließen, wenn die Mitglieder der ersten Gruppe deutlich besser abschneiden als die der anderen Gruppen? oder, ist Softwarepaket 1 überlegen gegenüber jedem anderen Softwarepaket? Sind die Führungskräfte in Gruppe 1 bessere Programmierer? Um zu solch einem Schluss zu kommen, sollte die Methode der Aufteilung der 60 Führungskräfte in vier Gruppen völlig zufällig erfolgen. Also, nehmen wir an, dass die Aufteilung der Führungskräfte tatsächlich zufällig war. Es ist jetzt wahrscheinlich vernünftig anzunehmen, dass die Testergebnisse eines gegebenen Individuums ungefähr eine normalverteilte Zufallsvariable mit Parametern sein sollten, die von dem Paket abhängen, mit dem er unterrichtet wurde. Auch ist es wahrscheinlich vernünftig anzunehmen, dass, während der durchschnittliche Testergebnis eines Akademikers von dem Softwarepaket abhängen wird, dem er/sie ausgesetzt war, die Variabilität in den Testergebnissen aus der inhärenten Variation von 60 verschiedenen Personen resultieren wird und nicht aus dem speziellen Paket, das verwendet wurde.

Daher, wenn wir $X_{ij}, i = 1, 2, 3, 4, j = 1, 2, \ldots, 15$ als den Testscore des $j$ten Vorstandsmitglieds in Gruppe i bezeichnen, könnte ein vernünftiges Modell davon ausgehen, dass die X_{ij} unabhängige Zufallsvariablen sind, mit X_{ij} die eine Normalverteilung mit unbekanntem Mittelwert μ_i und unbekannter Varianz σ^2 haben. Die Hypothese, dass die Softwarepakete austauschbar sind, entspricht dann der Hypothese $H_0: \mu_1 = \mu_2 = \mu_3 = \mu_4$. Die Technik, die verwendet wird, um eine solche Hypothese für eine Vielzahl von Parametern in Bezug auf Populationsmittelwerte zu testen, ist bekannt als die *Varianzanalyse* (ANOVA). Wenn der Hypothesentest für zwei Populationen durchgeführt wird, kann man den z-Test oder den t-Test entsprechend der praktischen Bedeutung verwenden.

9.8.1 Einfachklassifikation oder Ein-Faktor-Experimente

Bei einer Einwegklassifizierung werden Messungen (oder Beobachtungen) für r unabhängige Gruppen von Proben (oder Behandlungen) erhoben, wobei jede Behandlung s Mal wiederholt wird. Daher haben wir Tab. 9.16. Im obigen Beispiel ist $r = 4$ und $s = 15$. Daher bezeichnet $X_{ij}, i = 1, 2, \ldots, r, j = 1, 2, \ldots, s$ die Messung in der $i$ten Zeile und $j$ten Spalte.

Modell der ANOVA In Tab. 9.14 wird angenommen, dass jede Spalte eine Zufallsstichprobe der Größe s aus der Population für diese spezielle Behandlung ist. Wenn μ_i der Durchschnitt der $i$ten Behandlung ist, dann werden die Beobachtungen X_{ij} vom Populationsdurchschnitt μ_i durch einen *Zufallsfehler* (oder *zufälligen Fehler*) abweichen, der durch ε_{ij} bezeichnet wird. Daher gilt

$$X_{ij} = \mu_i + \varepsilon_{ij}$$

Diese Fehler werden angenommen, normalverteilt zu sein mit einem unbekannten Mittelwert 0 und Varianz σ^2. Wenn μ der Durchschnitt der Population für alle Behandlungen ist und wenn wir $\alpha_i = \mu_i - \mu$ setzen, so dass $\mu_i = \mu + \alpha_i$, dann wird das Modell zu

$$X_{ij} = \mu + \alpha_i + \varepsilon_{ij} \tag{9.84}$$

wo $\sum_i \alpha_i = 0$. Dann wird die Nullhypothese, dass alle Behandlungsmittelwerte gleich sind, durch

$$H_0: \alpha_1 = \alpha_2 = \cdots = \alpha_r = 0$$

Tab. 9.16 Einwegklassifizierung

Behandlung-1	Behandlung-2	...	Behandlung-r
X_{11}	X_{21}	...	X_{r1}
X_{12}	X_{22}	...	X_{r2}
...	...	...	...
X_{1s}	X_{2s}	...	X_{rs}

oder äquivalent

$$H_0: \mu_1 = \mu_2 = \cdots = \mu_r = \mu$$

gegeben. Wenn H_0 wahr ist, werden alle Behandlungspopulationen die gleiche Normalverteilung haben. In einem solchen Fall gibt es nur eine Behandlungspopulation. Das heißt, es gibt keinen signifikanten Unterschied zwischen den Behandlungen. Um die oben genannte Hypothese zu testen, verwenden wir den F-Test für gleiche Mittelwerte, und die Teststatistik ist gegeben als

$$F = \frac{\hat{S}_B^2}{\hat{S}_W^2}, \quad \text{which has } F\text{-distribution with } r-1 \text{ and } r(s-1) \text{ degrees of freedom.}$$

wo $\hat{S}_B^2$ die mittlere quadratische Abweichung zwischen den Behandlungen ist, und $\hat{S}_W^2$ die mittlere quadratische Abweichung innerhalb der Behandlungen ist. Die Hypothese der gleichen Mittelwerte wird abgelehnt, wenn $F > F_{\alpha,(r-1,r(s-1))}$.

ANOVA-Tabelle Um die ANOVA-Tabelle vorzubereiten, verwenden wir die folgenden Notationen:

Lassen Sie

$$T = \sum_{i=1}^{r}\sum_{j=1}^{s} X_{ij}, \ \overline{X} = \frac{T}{rs}, T_{i.} = \sum_{j=1}^{s} X_{ij} \quad \text{and} \quad \overline{X}_{i.} = \frac{T_{i.}}{s}$$

Dann,

$$\begin{aligned} \text{total variation} = V &= \sum_{i=1}^{r}\sum_{j=1}^{s} (X_{ij} - \overline{X})^2 \\ &= \sum_{i=1}^{r}\sum_{j=1}^{s} X_{ij}^2 - \frac{T^2}{rs} \end{aligned} \tag{9.85}$$

Da,

$$X_{ij} - \overline{X} = (X_{ij} - \overline{X}_{i.}) + (\overline{X}_{i.} - \overline{X})$$

daher,

$$\begin{aligned} \sum_{i=1}^{r}\sum_{j=1}^{s} (X_{ij} - \overline{X})^2 &= \sum_{i=1}^{r}\sum_{j=1}^{s} (X_{ij} - \overline{X}_{i.})^2 + \sum_{i=1}^{r}\sum_{j=1}^{s} (\overline{X}_{i.} - \overline{X})^2 \\ &= \sum_{i=1}^{r}\sum_{j=1}^{s} (X_{ij} - \overline{X}_{i.})^2 + s\sum_{i=1}^{r} (\overline{X}_{i.} - \overline{X})^2 \end{aligned}$$

das heißt,

$$\text{total variation} = \text{variation within treatments} + \text{variation between treatments}$$

$$V = V_W + V_B \tag{9.86}$$

wo

$$V_W = \sum_{i=1}^{r} \sum_{j=1}^{s} (X_{ij} - \overline{X}_{i.})^2 \tag{9.87}$$

und

$$\begin{aligned} V_B &= s \sum_{i=1}^{r} (\overline{X}_{i.} - \overline{X})^2 \\ &= \frac{1}{s} \sum_{i=1}^{r} T_{i.}^2 - \frac{T^2}{rs} \end{aligned} \tag{9.88}$$

Die Einweg-Analyse der Varianz für eine gleiche Anzahl von Beobachtungen wird in Tab. 9.17 dargestellt. In der Tabelle wird die mittlere Quadratsumme ermittelt, indem die Quadratsumme durch ihre entsprechenden Freiheitsgrade geteilt wird.

In der oben dargestellten ANOVA hat jede Behandlung gleich viele Beobachtungen. Das heißt, r Behandlungen haben s Anzahl von Beobachtungen. Angenommen, jede Behandlung hat eine ungleiche Anzahl von Beobachtungen, sagen wir $n_1, n_2, \ldots, n_r$, $\left(\sum_{i=1}^{r} n_i = n\right)$, dann werden die oben genannten Ergebnisse wie folgt modifiziert:

$$\begin{aligned} V &= \sum_{i=1}^{r} \sum_{j=1}^{n_i} (X_{ij} - \overline{X})^2 \\ &= \sum_{i=1}^{r} \sum_{j=1}^{n_i} X_{ij}^2 - \frac{T^2}{n} \end{aligned} \tag{9.89}$$

$$\begin{aligned} V_B &= \sum_{i=1}^{r} n_i (\overline{X}_{i.} - \overline{X})^2 \\ &= \sum_{i=1}^{r} \frac{T_{i.}^2}{n_i} - \frac{T^2}{n} \end{aligned} \tag{9.90}$$

Tab. 9.17 Einweg-ANOVA für eine gleiche Anzahl von Beobachtungen

Quelle der Variation	Freiheitsgrade	Quadratsumme	Mittlere Quadratsumme	F-Verhältnis
Zwischen den Behandlungen	$r - 1$	$V_B = s \sum_{i=1}^{r} (\overline{X}_{i.} - \overline{X})^2$	$\hat{S}_B^2 = \frac{V_B}{r-1}$	$\hat{S}_B^2 / \hat{S}_W^2$
In den Behandlungen	$r(s - 1)$	$V_W = \sum_{i=1}^{r} \sum_{j=1}^{s} (X_{ij} - \overline{X}_{i.})^2$	$\hat{S}_W^2 = \frac{V_W}{r(s-1)}$	
Gesamt	$r(s - 1)$	$V = \sum_{i=1}^{r} \sum_{j=1}^{s} (X_{ij} - \overline{X})^2$		

und

$$V_W = V - V_B \tag{9.91}$$

Entsprechend wird die ANOVA-Tabelle für eine ungleiche Anzahl von Beobachtungen in Tab. 9.18 dargestellt.

Beispiel 9.36 Ein Unternehmen möchte eine von fünf Maschinen A, B, C, D oder E kaufen. In einem Experiment, das darauf abzielt zu testen, ob es einen Unterschied in der Leistung der Maschinen gibt, sammelten jeder der fünf verschiedenen Bediener die folgenden Daten gleich oft. Die untenstehende Tabelle zeigt die Anzahl der pro Maschine produzierten Einheiten.

A	B	C	D	E
68	72	60	48	64
72	53	82	61	65
77	63	64	57	70
42	53	75	64	68
53	48	72	50	53

Testen Sie die Hypothese, dass es keinen signifikanten Unterschied zwischen den Maschinen auf dem 5 % Signifikanzniveau gibt.

Lösung Hier gilt $r = s = 5$, und wir wollen testen

H_0: $\mu_A = \mu_B = \mu_C = \mu_D = \mu_E$ versus

H_1: at least one of the machine performances is not the same.

Das Boxplot jeder Behandlung ist in Abb. 9.21 dargestellt. Daher gibt es keinen Einfluss von Ausreißern oder Inliern in dem Datensatz.

Tab. 9.18 Varianzanalysetabelle für ungleiche Anzahl von Beobachtungen

Quelle der Variation	Freiheitsgrade	Summe der Quadrate	Mittelwert der Quadratsumme	F-Verhältnis
Zwischen den Behandlungen	$r-1$	$V_B = \sum_{i=1}^{r} n_i(\overline{X}_{i.} - \overline{X})^2$	$\hat{S}_B^2 = \frac{V_B}{r-1}$	$\hat{S}_B^2/\hat{S}_W^2$
In den Behandlungen	n - r	$V_W = \sum_{i=1}^{r} \sum_{j=1}^{n_i} (X_{ij} - \overline{X}_{i.})^2$	$\hat{S}_W^2 = \frac{V_W}{n-r}$	
Gesamt	$n-1$	$V = \sum_{i=1}^{r} \sum_{j=1}^{s} (X_{ij} - \overline{X})^2$		

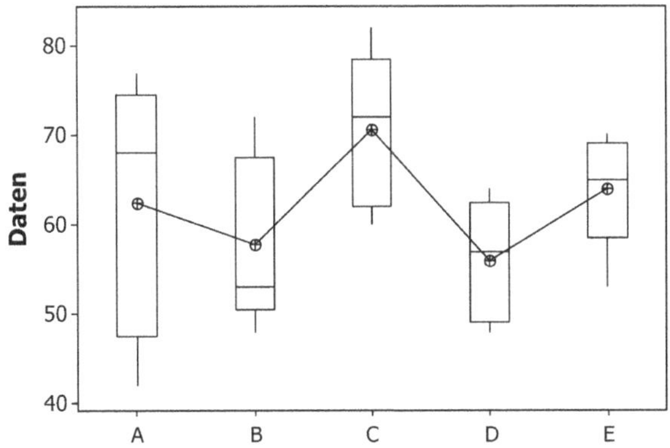

Abb. 9.21 Boxplot zur Maschinenleistung

Die vollständige Analyse ist unten dargestellt:

	A	*B*	*C*	*D*	*E*	Gesamt
	68	72	60	48	64	312
	72	53	82	61	65	333
	77	63	64	57	70	331
	42	53	75	64	68	302
	53	48	72	50	53	276
$T_{i.}$	312	289	353	280	320	1554
$T_{i.}^2$	97,344	83,521	124,609	78,400	102,400	486,274

Jetzt,

$$T = \sum_{i=1}^{r} \sum_{j=1}^{s} X_{ij} = 1554$$

$$\overline{X} = \frac{T}{rs} = \frac{1554}{25} = 62{,}16$$

$$V = \sum_{i=1}^{r} \sum_{j=1}^{s} X_{ij}^2 - \frac{T^2}{n} = 99{,}138 - \frac{1554^2}{25} = 2541{,}36$$

$$V_B = \frac{1}{s} \sum_{i=1}^{r} T_{i.}^2 - \frac{T^2}{rs} = \frac{486{,}274}{5} - \frac{1554^2}{25} = 658{,}16$$

und

$$V_W = V - V_B = 1883{,}2$$

Die Varianzanalyse der Maschinenleistung ist in Tab. 9.19 dargestellt.

Aus Anhangstabelle A.7 ergibt sich, dass der F-Tabellenwert für 4 und 20 Freiheitsgrade bei einem Signifikanzniveau von 0,05 $F_{0{,}05,(4,20)} = 2{,}87$ beträgt.

Tab. 9.19 Varianzanalyse für Maschinenleistung

Quelle der Variation	Freiheitsgrade	Quadratsumme	Mittlere Quadratsumme	F-Verhältnis
Zwischen den Behandlungen	$r-1=4$	$V_B = 658{,}16$	$\hat{S}_B^2 = 164{,}54$	$\hat{S}_B^2/\hat{S}_W^2 = 1{,}7475$
In den Behandlungen	$r(s-1)=20$	$V_W = 1883{,}2$	$\hat{S}_W^2 = 94{,}16$	
Gesamt	$r(s-1)=24$	$V = 2541{,}36$		

Da $F < F_{0,05,(4,20)}$, können wir H_0 nicht ablehnen und schließen daraus, dass die Maschinenleistung durchgehend gleich ist. Der p-Wert des Tests ist

$$p\text{-value} = P(F_{(4,20)} \geq 1{,}7475) = 0{,}179$$

MINITAB Einweg-ANOVA

```
Quelle  DF      SS     MS     F      P
Faktor   4   658,2  164,5  1,75  0,179
Fehler  20  1883,2   94,2
Gesamt  24  2541,4

S = 9,704   R-Sq = 25,90%   R-Sq(adj) = 11,08%

                                Individuelle 95%-KI für den Mittelwert
                                auf der Grundlage von
                                Gepoolte StDev
Ebene  N  Mittlere   StDev  ---+---------+---------+---------+------
A      5   62,400  14,502         (---------*---------)
B      5   57,800   9,628     (---------*---------)
C      5   70,600   8,764                 (---------*---------)
D      5   56,000   6,892   (---------*---------)
E      5   64,000   6,595           (---------*---------)
                            ---+---------+---------+---------+------
                              50        60        70        80

Gepoolter StDev = 9,704
```

Beispiel 9.37 Die untenstehenden Daten zeigen die Lebensdauer in Stunden von Proben aus drei verschiedenen Arten von Fernsehröhren, die von einem Unternehmen hergestellt wurden.

Probe 1	407	411	409		
Probe 2	404	406	408	405	402
Probe 3	410	408	406	408	

Entscheiden Sie, ob es einen Unterschied zwischen den drei Arten von Röhren auf dem 0,01 Signifikanzniveau gibt.

Lösung Hier sind die Stichprobengrößen ungleich und $r = 3, n_1 = 3, n_2 = 5, n_3 = 4$, und $n = 12$. Wir sind daran interessiert, zu testen

H_0: $\mu_1 = \mu_2 = \mu_3$ versus

H_1: the lifetime of at least one of the tube is not the same.

Die vollständige Analyse wird unten gezeigt:

	Beispiel 1	Beispiel 2	Beispiel 3	Gesamt
	407	404	410	1221
	411	406	408	1225
	409	408	406	1223
		405	408	813
		402		402
$T_{i.}$	1227	2025	1632	4884
$T_{i.}^2$	1,505,529	4,100,625	2,663,424	8,269,578

Jetzt,

$$n = 12, T = \sum_{i=1}^{3}\sum_{j=1}^{n_i} X_{ij} = 4884 \quad \text{and} \quad \overline{X} = \frac{T}{n} = \frac{4884}{12} = 407$$

$$V = \sum_{i=1}^{3}\sum_{j=1}^{n_i} X_{ij}^2 - \frac{T^2}{n}$$

$$= 1{,}987{,}860 - \frac{4884^2}{12} = 72$$

$$V_B = \sum_{i=1}^{3} \frac{T_{i.}^2}{n_i} - \frac{T^2}{n}$$

$$= \left(\frac{1{,}505{,}529}{3} + \frac{4{,}100{,}625}{5} + \frac{2{,}663{,}424}{4}\right) - \frac{4884^2}{12}$$

$$= 1{,}987{,}824 - 1{,}987{,}788 = 36$$

und

$$V_W = V - V_B = 36$$

Die Varianzanalyse für die Lebensdauer des Rohres ist in Tab. 9.20 dargestellt.

Aus Anhangstabelle A.6 ergibt sich, dass der F-Tabellenwert für 2 und 9 Freiheitsgrade für das Signifikanzniveau 0,01 $F_{0{,}05,(2,9)} = 4{,}26$ beträgt. Da $F > F_{0{,}05,(2,9)}$, lehnen wir H_0 ab und schließen daraus, dass die Lebensdauer der Maschinen nicht gleich ist. Der p-Wert des Tests ist

$$p\text{-value} = P(F_{(2,9)} \geq 4{,}5) = 0{,}044$$

Tab. 9.20 ANOVA für die Lebensdauer der Röhre

Quelle der Variation	Freiheitsgrade	Quadratsumme	Mittlere Quadratsumme	F-Verhältnis
Zwischen den Behandlungen	$r-1=2$	$V_B=36$	$\hat{S}_B^2=18$	$\hat{S}_B^2/\hat{S}_W^2=4{,}5$
In den Behandlungen	$n-r=9$	$V_W=36$	$\hat{S}_W^2=4$	
Gesamt	$n-1=11$	$V=72$		

MINITAB Einseitige ANOVA für Lebenszeiten

```
Quelle    DF     SS     MS     F      P
Faktor     2  36,00  18,00  4,50  0,044
Fehler     9  36,00   4,00
Insgesamt 11  72,00

S = 2   R-Sq = 50,00%   R-Sq(adj) = 38,89%

                                Individuelle 95%-KI für den Mittelwert
                                auf der Grundlage von
                                Gepoolte StDev
Ebene      N Mittlere  StDev   --------+---------+---------+---------+-
Muster 1   3  409,00   2,00                       (---------*---------)
Muster 2   5  405,00   2,24    (-------*-------)
Muster 3   4  408,00   1,63                   (--------*--------)
                               --------+---------+---------+---------+-
                                    405,0     407,5     410,0     412,5

Gepoolter StDev = 2,00
```

9.8.2 *Zweifache Klassifikation oder Zwei-Faktoren-Experimente*

Die zweifache Klassifikation ist nur eine Verallgemeinerung der einfachen Klassifikation, bei der wir annehmen, dass es einen experimentellen Wert gibt, der jeder Behandlung und jedem Block entspricht. Daher werden in diesem Modell zwei experimentelle Variationen aufgrund von Behandlungen und Blöcken identifiziert. Lassen Sie X_{ij} die Beobachtung entsprechend der $i$ten Behandlung und dem $j$ten Block sein. Daher ist ein $r \times s$ Zwei-Faktoren-Experiment kann wie in Tab. 9.21 dargestellt werden.

Das Modell eines Zwei-Faktoren-Experiments kann wie folgt geschrieben werden

$$X_{ij} = \mu + \alpha_i + \beta_j + \varepsilon_{ij} \tag{9.92}$$

wo $\sum_i \alpha_i = 0$ und $\sum_j \beta_j = 0$. Hier ist μ der Gesamtbevölkerungsdurchschnitt, α_i ist der Behandlungseffekt, β_j ist der Effekt aufgrund von Blöcken, und ε_{ij} ist der

Tab. 9.21 Zweifache Klassifikation

Behandlungen	Blöcke				
	1	2	...	s	Gesamt
1	X_{11}	X_{12}	...	X_{1s}	$X_{1.}$
2	X_{21}	X_{22}	...	X_{2s}	$X_{2.}$
...	...	...	...	...	...
r	X_{r1}	X_{r2}	...	X_{rs}	$X_{r.}$
Gesamt	$X_{.1}$	$X_{.2}$	...	$X_{.s}$	T

Effekt aufgrund von zufälligen (Zufalls- oder Fehler-) Variationen. Wir nehmen an, dass ε_{ij} normalverteilt ist mit dem Mittelwert 0 und der Varianz σ^2, so dass X_{ij} normalverteilt ist mit dem Mittelwert μ und der Varianz σ^2. Hier sind wir daran interessiert, zwei Hypothesen zu testen, nämlich,

(i) Alle Behandlungs- (Reihen-) Mittelwerte sind gleich: Das heißt, $H_0^{(1)}: \alpha_1 = \alpha_2 = \cdots = \alpha_r = 0$ und
(ii) Alle Block- (Spalten-) Mittelwerte sind gleich: Das heißt, $H_0^{(2)}: \beta_1 = \beta_2 = \cdots = \beta_s = 0$

Zum Testen der oben genannten Hypothese verwenden wir eine Zwei-Wege-ANOVA-Tabelle. Für die Berechnung der Quadratsummen und Varianzen, die mit Behandlungen und Blöcken verbunden sind, verwenden wir die Notationen: $T = \sum_{i=1}^{r}\sum_{j=1}^{s} X_{ij}$, $\overline{X} = \frac{T}{rs}$, $\overline{X}_{i.} = \frac{1}{s}\sum_{j=1}^{s} X_{ij}$, $\overline{X}_{.j} = \frac{1}{r}\sum_{i=1}^{r} X_{ij}$ und fahren wie zuvor bei der Einweg-Faktorenanalyse fort. Die Varianzanalysetabelle wird in Tab. 9.22 dargestellt.

Die kritischen Regionen für die Hypothesen (1) und (2), die oben gezeigt wurden, sind wie folgt gegeben:

(1) Verwerfen Sie $H_0^{(1)}$ wenn $\hat{S}_T^2/\hat{S}_E^2 \geq F_{\alpha,(r-1,(r-1)(s-1))}$ und
(2) Verwerfen Sie $H_0^{(2)}$ wenn $\hat{S}_B^2/\hat{S}_E^2 \geq F_{\alpha,(s-1,(r-1)(s-1))}$

In der oben diskutierten Zwei-Wege-Klassifikation haben wir nur eine Replikation für jede Behandlung und jeden Block berücksichtigt. Wenn wir das Experiment jedoch t Mal replizieren, dann gibt es einen Interaktionseffekt aufgrund der

Tab. 9.22 Zwei-Wege-ANOVA-Tabelle

Quelle der Variation	Freiheitsgrade	Quadratsumme	Mittlere Quadratsumme	F-Verhältnis
Zwischen Behandlungen	$r-1$	$V_T = s\sum_{i=1}^{r}(\overline{X}_{i.} - \overline{X})^2$	$\hat{S}_T^2 = \frac{V_T}{r-1}$	$\hat{S}_T^2/\hat{S}_E^2$
Zwischen Blöcken	$s-1$	$V_B = r\sum_{j=1}^{s}(\overline{X}_{.j} - \overline{X})^2$	$\hat{S}_B^2 = \frac{V_B}{s-1}$	$\hat{S}_B^2/\hat{S}_E^2$
Fehler oder Rest	$(r-1)(s-1)$	$V_e = V - V_T - V_B$	$\hat{S}_E^2 = \frac{V_e}{(r-1)(s-1)}$	
Gesamt	$rs-1$	$V = \sum_{i=1}^{r}\sum_{j=1}^{s}(X_{ij} - \overline{X})^2$		

Behandlung und der Blöcke. In einer solchen Situation wird das Zwei-Wege-Modell wie folgt modifiziert

$$X_{ijk} = \mu + \alpha_i + \beta_j + \gamma_{ij} + \varepsilon_{ijk} \tag{9.93}$$

wo die Menge γ_{ij} der Interaktionseffekt ist, so dass $\sum_i \gamma_{ij} = 0$ und $\sum_j \gamma_{ij} = 0$. Mit der Interaktion im Modell gibt es drei Hypothesen, die im Modell zu testen sind. Sie sind

(i) Alle Behandlungs- (Reihen-) Mittelwerte sind gleich: Das heißt, $H_0^{(1)}$: $\alpha_1 = \alpha_2 = \cdots = \alpha_r = 0$
(ii) Alle Block- (Spalten-) Mittelwerte sind gleich: Das heißt, $H_0^{(2)}$: $\beta_1 = \beta_2 = \cdots = \beta_s = 0$, und
(iii) Es gibt keine Interaktion zwischen Behandlungen und Blöcken: Das heißt $H_0^{(3)}$: $\gamma_{ij} = 0, \forall i, j$

Die modifizierte Varianzanalysetabelle mit dem Interaktionseffekt ist in Tab. 9.23 dargestellt.

Die kritischen Regionen für die oben diskutierten Hypothesen (1), (2) und (3) sind wie folgt gegeben:

(1) Verwerfen Sie $H_0^{(1)}$ wenn $\hat{S}_T^2/\hat{S}_E^2 \geq F_{\alpha,(r-1,rs(t-1))}$
(2) Verwerfen Sie $H_0^{(2)}$ wenn $\hat{S}_B^2/\hat{S}_E^2 \geq F_{\alpha,(s-1,rs(t-1))}$ und
(3) Verwerfen Sie $H_0^{(3)}$ wenn $\hat{S}_I^2/\hat{S}_E^2 \geq F_{\alpha,((r-1)(s-1),rs(t-1))}$

Beispiel 9.38 Hier erinnern wir uns an die in Beispiel 9.36 diskutierten Daten, bei denen wir den Blockeffekt als Operator-Effekt (oder Spalteneffekt) zusammen mit dem Behandlungseffekt (Reiheneffekt) betrachten und ihn dann als Zwei-Wege-Klassifikationsmodell behandeln. Tab. 9.24 stellt die zweifach klassifizierten Daten mit den notwendigen Berechnungen dar.

Tab. 9.23 Zwei-Wege-ANOVA-Tabelle mit Interaktion

Quelle der Variation	Freiheitsgrade	Summe der Quadrate	Mittelwert der Quadratsumme	F-Verhältnis
Zwischen Behandlungen	$r-1$	$V_T = st\sum_{i=1}^{r}(\overline{X}_{i..} - \overline{X})^2$	$\hat{S}_T^2 = \frac{V_T}{r-1}$	$\hat{S}_T^2/\hat{S}_E^2$
Zwischen Blöcken	$s-1$	$V_B = rt\sum_{j=1}^{s}(\overline{X}_{.j.} - \overline{X})^2$	$\hat{S}_B^2 = \frac{V_B}{s-1}$	$\hat{S}_B^2/\hat{S}_E^2$
Wechselwirkung	$(r-1)(s-1)$	$V_I = t\sum_{j=1}^{s}(\overline{X}_{ij.} - \overline{X}_{i..} - \overline{X}_{.j.} - \overline{X})^2$	$\hat{S}_I^2 = \frac{V_I}{(r-1)(s-1)}$	$\hat{S}_I^2/\hat{S}_E^2$
Fehler oder Rest	$rs(t-1)$	$V_E = V - V_T - V_B - V_I$	$\hat{S}_E^2 = \frac{V_W}{r(s-1)}$	
Gesamt	$rs(t-1)$	$VV = \sum_{i=1}^{r}\sum_{j=1}^{s}\sum_{k=1}^{t}(X_{ijk} - \overline{X})^2$		

Tab. 9.24 Daten- und Analysetabelle

Behandlungen	O-1	O-2	O-3	O-4	O-5	$T_{i.}$	$T_{i.}^2$
A	68	72	77	42	53	312	97,344
B	72	53	63	53	48	289	83,521
C	60	82	64	75	72	353	124,609
D	48	61	57	64	50	280	78,400
E	64	65	70	68	53	320	102,400
$T_{.j}$	312	333	331	302	276	1554	486,274
$T_{.j}^2$	97,344	110,889	109,561	91,204	76,176	485,174	

Jetzt,

$$T = \sum_{i=1}^{r}\sum_{j=1}^{s} X_{ij} = 1554$$

$$\overline{X} = \frac{T}{rs} = \frac{1554}{25} = 62{,}16$$

$$V = \sum_{i=1}^{r}\sum_{j=1}^{n_i} X_{ij}^2 - \frac{T^2}{rs} = 99{,}138 - \frac{1554^2}{25} = 2541{,}36$$

$$V_T = \frac{1}{s}\sum_{i=1}^{r} T_{i.}^2 - \frac{T^2}{rs} = \frac{486{,}274}{5} - \frac{1554^2}{25} = 658{,}16$$

$$V_B = \frac{1}{r}\sum_{j=1}^{s} T_{.j}^2 - \frac{T^2}{rs} = \frac{485{,}174}{5} - \frac{1554^2}{25} = 438{,}16$$

und

$$V_W = V - V_T - V_B = 1445{,}04$$

Die Varianzanalyse ist in Tab. 9.23 dargestellt.

Aus Anhangstabelle A.8 ist der F-Tabellenwert für 4 und 16 Freiheitsgrade für das Signifikanzniveau 0,05 $F_{0{,}05,(4,16)} = 3{,}0069$. Da $F < F_{0{,}05,(4,16)}$, in beiden Fällen, können wir die Hypothese nicht ablehnen und schließen daher, dass die Leistung der Maschine und die Bediener gleichbleibend sind. Der p-Wert des Tests für den Behandlungseffekt ist p-Wert $= P(F_{(4,16)} \geq 1{,}822) = 0{,}1739$ und für den Blockeffekt ist $P(F_{(4,16)} \geq 1{,}213) = 0{,}3438$ (Tab. 9.25).

Tab. 9.25 Variationsanalysetabelle für die Maschinenleistung

Quelle der Variation	Freiheitsgrade	Quadratsumme	Mittlere Quadrat-summe	F-Verhältnis
Zwischen den Behandlungen	4	$V_T = 658{,}16$	$\hat{S}_T^2 = 164{,}54$	$\hat{S}_T^2/\hat{S}_E^2 = 1{,}822$
Zwischen den Blöcken	4	$V_B = 438{,}16$	$\hat{S}_B^2 = 109{,}54$	$\hat{S}_B^2/\hat{S}_E^2 = 1{,}213$
Fehler	16	$V_e = 1445{,}04$	$\hat{S}_E^2 = 90{,}315$	
Gesamt	24	$V = 2541{,}36$		

Um die Daten in MINITAB zu analysieren, ordnen wir die oben gezeigten Daten wie unten dargestellt neu an. Das Einzelwertdiagramm (Abb. 9.22) und die Analyseausgabe sind unten dargestellt:

Reihe	Bediener	Maschine	Ertrag	Reihe	Bediener	Maschine	Ertrag
1	1	1	68	14	3	4	57
2	1	2	72	15	3	5	70
3	1	3	60	16	4	1	42
4	1	4	48	17	4	2	53
5	1	5	64	18	4	3	75
6	2	1	72	19	4	4	64
7	2	2	53	20	4	5	68
8	2	3	82	21	5	1	53
9	2	4	61	22	5	2	48
10	2	5	65	23	5	3	72
11	3	1	77	24	5	4	50
12	3	2	63	25	5	5	53
13	3	3	64				

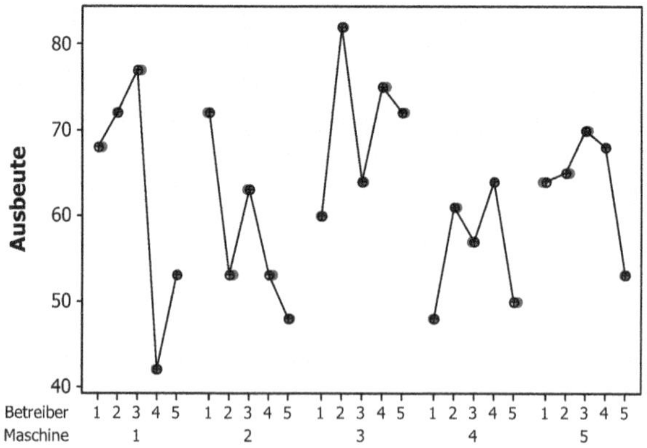

Abb. 9.22 Einzelwertdiagramm der Ausbeute im Vergleich zu Maschine und Bediener

MINITAB Zweiwege-ANOVA: Ertrag versus Maschine, Block

```
Quelle     DF       SS        MS      F      P
Maschine   4    658,16   164,540   1,82  0,174
Betreiber  4    438,16   109,540   1,21  0,344
Fehler    16   1445,04    90,315
Insgesamt 24   2541,36

S = 9,503   R-Sq = 43,14%   R-Sq(adj) = 14,71%

                 Individuelle 95%-KI für den Mittelwert auf der
                 Grundlage von
                 Gepoolte StDev
Maschine Mittlere  ---+---------+---------+---------+------
1        62,4               (--------*--------)
2        57,8           (--------*--------)
3        70,6                        (--------*--------)
4        56,0         (--------*--------)
5        64,0                (--------*--------)
                   ---+---------+---------+---------+------
                     50        60        70        80

                      Individuelle 95%-KI für den Mittelwert auf
                      der Grundlage von
                      Gepoolte StDev
Block Mittlere  --+---------+---------+---------+-------
1      62,4                (----------*----------)
2      66,6                     (----------*-----------)
3      66,2                    (-----------*----------)
4      60,4             (----------*-----------)
5      55,2      (----------*----------)
                --+---------+---------+---------+-------
                48,0      56,0      64,0      72,0
```

Beispiel 9.39 (Zweifache Klassifizierung mit Wiederholung). Tab. 9.26 gibt die Anzahl der von vier verschiedenen Bedienern an zwei verschiedenen Maschinentypen, I und II, an verschiedenen Wochentagen produzierten Artikel an. Bestimmen Sie auf dem 0,05-Signifikanzniveau, ob es Unterschiede gibt (a) zwischen den Bedienern und (b) zwischen den Maschinen.

Lösung Hier führen wir eine Zwei-Faktoren-ANOVA mit Wiederholung durch, wobei Faktor I als der Bediener und Faktor II als der Maschinentyp behandelt wird. Dementsprechend ordnen wir die Daten für die Analyse in MINITAB wie unten gezeigt an:

Tab. 9.26 Maschine gegen Bediener

Bediener	Maschine I					Maschine II				
	Mon.	Die.	Mit.	Don.	Fre.	Mon.	Die.	Mit.	Don.	Fre.
A	15	18	17	20	12	14	16	18	17	15
B	12	16	14	18	11	11	15	12	16	12
C	14	17	18	16	13	12	14	16	14	11
D	19	16	21	23	18	17	15	18	20	17

Zeile	Bediener	Maschine	Artikel	Zeile	Bediener	Maschine	Artikel
1	1	1	15	21	3	1	14
2	1	1	18	22	3	1	17
3	1	1	17	23	3	1	18
4	1	1	20	24	3	1	16
5	1	1	12	25	3	1	13
6	1	2	14	26	3	2	12
7	1	2	16	27	3	2	14
8	1	2	18	28	3	2	16
9	1	2	17	29	3	2	14
10	1	2	15	30	3	2	11
11	2	1	12	31	4	1	19
12	2	1	16	32	4	1	16
13	2	1	14	33	4	1	21
14	2	1	18	34	4	1	23
15	2	1	11	35	4	1	18
16	2	2	11	36	4	2	17
17	2	2	15	37	4	2	15
18	2	2	12	38	4	2	18
19	2	2	16	39	4	2	20
20	2	2	12	40	4	2	17

MINITAB Zweiwege-ANOVA: Artikel gegen Bediener, Maschine

```
Quelle        DF     SS       MS      F      P
Bediener       3  129,8  43,2667   7,98  0,000
Maschine       1   19,6  19,6000   3,61  0,066
Interaktion    3    5,4   1,8000   0,33  0,802
Fehler        32  173,6   5,4250
Insgesamt     39  328,4

S = 2,329   R-Sq = 47,14%   R-Sq(adj) = 35,57%

                Individuelle 95%-KI für den Mittelwert auf
                der Grundlage von
                Gepoolte StDev
Betreiber Mean  ---------+---------+---------+---------+
1         16,2              (-------*-------)
2         13,7  (------*-------)
3         14,5     (-------*------)
4         18,4                         (-------*-------)
                ---------+---------+---------+---------+
                      14,0      16,0      18,0      20,0

               Individuelle 95%-KI für den Mittelwert auf
               der Grundlage von
               Gepoolte StDev
Maschine Mean  -+---------+---------+---------+--------
1        16,4                (----------*----------)
2        15,0   (----------*----------)
               -+---------+---------+---------+--------
         14,0      15,0      16,0      17,0
```

Die Haupteffekt- und Interaktionsdiagramme sind in den Abb. 9.23 und 9.24 dargestellt. Abb. 9.24 zeigt keine Interaktion zwischen dem Bediener und der Maschine (siehe auch die ANOVA-Tabelle, der *p*-Wert ist nicht signifikant auf 0,05 Niveau). Die Bediener 1 und 2 sind konstant in der Produktion der Artikel, während Bediener 3 und 4 nicht konstant sind. Bediener 1 ist mehr oder weniger nahe am Ziel, und Bediener 4 liegt über dem Durchschnitt der Artikelproduktion. Die Bediener 2 und 3 liegen jedoch unter dem Durchschnitt der Produktion. Obwohl die Maschinentypen signifikant sind, sind die Interaktionseffekte der Bediener konstant.

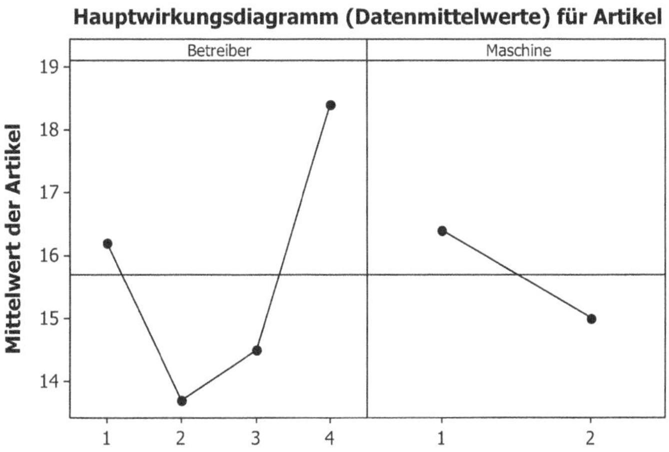

Abb. 9.23 Haupteffekt-Diagramm

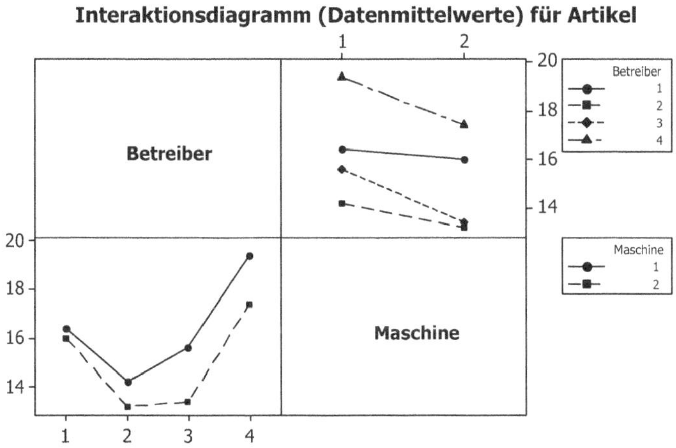

Abb. 9.24 Interaktionsdiagramm

9.8.3 *Dreifache Klassifikation*

Wir betrachten nun eine dreifache Klassifikation von Daten, die oft als Kombination von Spalte, Zeile und Behandlungen eines Prozesses auftritt. Das Modell eines dreifachen Faktorenexperiments kann wie folgt geschrieben werden

$$X_{ijk} = \mu + \alpha_i + \beta_j + \gamma_k + \varepsilon_{ij} \begin{cases} i = 1, 2, \ldots, s \\ j = 1, 2, \ldots, s \\ k = 1, 2, \ldots, s \end{cases} \tag{9.94}$$

wo $\sum_i \alpha_i = 0$, $\sum_j \beta_j = 0$ und $\sum_k \gamma_k = 0$. Hier ist μ der Gesamtdurchschnitt der Population, α_i bezeichnet die Zeileneffekte, β_j ist der Effekt aufgrund der Spalte, γ_k ist der Effekt aufgrund der *k*ten Behandlung, und ε_{ij} ist der Effekt aufgrund zufälliger (Zufalls- oder Fehler-) Variation. Wir nehmen an, dass ε_{ij} normalverteilt ist mit dem Mittelwert 0 und der Varianz σ^2, so dass X_{ij} normalverteilt ist mit dem Mittelwert μ und der Varianz σ^2. Da die Anordnung der Beobachtungen nach einem Quadrat erfolgt, kann das Setup auch als lateinisches Quadratarrangement von Beobachtungen bezeichnet werden, und das Design, das mit einem solchen Design verbunden ist, wird als lateinisches Quadratdesign (LSD) bezeichnet.

Hier sind wir daran interessiert, drei Hypothesen zu testen, nämlich

(i) Alle Zeilenmittelwerte sind gleich: Das heißt, $H_0^{(1)}: \alpha_1 = \alpha_2 = \cdots = \alpha_s = 0$

(ii) Alle Spaltenmittelwerte sind gleich: Das heißt, $H_0^{(2)}: \beta_1 = \beta_2 = \cdots = \beta_s = 0$, und

(iii) Alle Behandlungsmittelwerte sind gleich: Das heißt, $H_0^{(3)}: \gamma_1 = \gamma_2 = \cdots = \gamma_s = 0$

Die Varianzanalysetabelle für die Dreifachklassifikation wird in Tab. 9.27 dargestellt.

Beispiel 9.40 Ein Ingenieur möchte die Auswirkungen von vier verschiedenen Behandlungen (A, B, C und D) auf die Ausbeute eines chemischen Prozesses testen. Um die Fehlerquellen aufgrund von Variabilität im Prozess zu eliminieren, verwendet er eine lateinische Quadratanordnung von Beobachtungen zusammen mit

Tab. 9.27 Dreifach-ANOVA-Tabelle mit Interaktion

Quelle der Variation	Freiheitsgrade	Quadratsumme	Mittlere Quadratsumme	F-Verhältnis
Zeilen	$s - 1$	$V_R = \frac{1}{s}\sum_{i=1}^{s} x_{i..}^2 - \frac{T^2}{s^2}$	$\hat{S}_R^2 = \frac{V_R}{s-1}$	$\hat{S}_R^2/\hat{S}_E^2$
Spalten	$s - 1$	$V_C = \frac{1}{s}\sum_{j=1}^{s} x_{.j.}^2 - \frac{T^2}{s^2}$	$\hat{S}_C^2 = \frac{V_C}{s-1}$	$\hat{S}_c^2/\hat{S}_E^2$
Behandlungen	$(s - 1)$	$V_T = \frac{1}{s}\sum_{k=1}^{s} x_{..k}^2 - \frac{T^2}{s^2}$	$\hat{S}_T^2 = \frac{V_T}{(s-1)}$	$\hat{S}_T^2/\hat{S}_E^2$
Fehler	$(s - 1)(s - 2)$	$V_E = V - V_R - V_C - V_T$	$\hat{S}_E^2 = \frac{V_E}{(s-1)(s-2)}$	
Gesamt	s^2 - 1	$V = \sum_{i=1}^{s}\sum_{j=1}^{s}\sum_{k=1}^{s} X_{ijk}^2 - \frac{T^2}{s^2}$		

den Summen, wie in Tab. 9.28 dargestellt. Führen Sie eine Varianzanalyse durch, um zu bestimmen, ob es einen Unterschied zwischen den Behandlungen auf den Signifikanzniveaus 0,05 und 0,01 gibt?

Lösung Hier ist $s = 4$. $T = 295$. Die Behandlungssummen sind

$$
\begin{aligned}
A &= 18 + 20 + 15 + 17 = 70 \\
B &= 15 + 12 + 10 + 11 = 48 \\
C &= 22 + 21 + 23 + 19 = 85 \\
D &= 22 + 21 + 25 + 24 = 92
\end{aligned}
$$

Daher,

$$
\begin{aligned}
V_R &= \frac{1}{s}\sum_{i=1}^{s} x_{i...}^2 - \frac{T^2}{s^2} = \frac{1}{4}(75^2 + 68^2 + 82^2 + 70^2) - \left(\frac{295}{4}\right)^2 = 29{,}19 \\
V_C &= \frac{1}{s}\sum_{j=1}^{s} x_{.j.}^2 - \frac{T^2}{s^2} = \frac{1}{4}(77^2 + 74^2 + 73^2 + 71^2) - \left(\frac{295}{4}\right)^2 = 4{,}69 \\
V_T &= \frac{1}{s}\sum_{k=1}^{s} x_{..k}^2 - \frac{T^2}{s^2} = \frac{1}{4}(70^2 + 48^2 + 85^2 + 92^2) - \left(\frac{295}{4}\right)^2 = 284{,}19
\end{aligned}
$$

und

$$
V = \sum_{i=1}^{s}\sum_{j=1}^{s}\sum_{k=1}^{s} x_{ijk}^2 - \frac{T^2}{s^2} = (18^2 + 21^2 + \cdots + 17^2) - \left(\frac{295}{4}\right)^2 = 329{,}94
$$

Die Varianzanalyse des chemischen Prozesses wird in Tab. 9.29 dargestellt.

Da $F_{0{,}95,(3,6)} = 4{,}76$, lehnen wir auf dem 0,05-Signifikanzniveau ab, dass die Zeilenmittelwerte gleich sind, während die Hypothese des Spaltenmittels akzeptiert wird und wir schlussfolgern, dass es keinen signifikanten Unterschied in den Spalten gibt. Ähnlich wird die Hypothese des Behandlungseffekts auch abgelehnt, was eine hohe Signifikanz zwischen den Behandlungen zeigt. Nun, da $F_{0{,}99,(3,6)} = 9{,}78$, werden sowohl Zeilen- als auch Spalteneffekte nicht signifikant. Die MINITAB-Datenstruktur (Tab. 9.30) und Analyse sind unten dargestellt:

Tab. 9.28 Beobachtungen eines chemischen Prozesses

	Beobachtungen				Gesamt
	A (18)	*C* (21)	*D* (25)	*B* (11)	75
	D (22)	*B* (12)	*A* (15)	*C* (19)	68
	B (15)	*A* (20)	*C* (23)	*D* (24)	82
	C (22)	*D* (21)	*B* (10)	*A* (17)	70
Gesamt	77	74	73	71	295

Tab. 9.29 Dreifache ANOVA-Tabelle mit Interaktion

Quelle der Variation	Freiheitsgrade	Quadratsumme	Mittlere Quadrat-summe	*F*-Verhältnis
Zeilen	3	29,19	9,73	4,92
Spalten	3	4,69	1,563	0,79
Behandlungen	3	284,19	94,73	47,9
Fehler	6	11,87	1,978	
Gesamt	15	329,94		

Tab. 9.30 Datenstruktur

Zeilen	Spalten	Behandlung	Ertrag
1	1	1	18
1	2	3	21
1	3	4	25
1	4	2	11
2	1	4	22
2	2	2	12
2	3	1	15
2	4	3	19
3	1	2	15
3	2	1	20
3	3	3	23
3	4	4	24
4	1	3	22
4	2	4	21
4	3	2	10
4	4	1	17

MINITAB: Allgemeines lineares Modell: Ertrag versus Zeilen, Spalten, Behandlung

```
Faktor      Typ    Ebenen  Werte
Zeilen      fest        4  1, 2, 3, 4
Rubriken    fest        4  1, 2, 3, 4
Behandlung  fest        4  1, 2, 3, 4


Varianzanalyse für den Ertrag, unter Verwendung von angepassten SS für Tests

Quelle      DF   Seq SS   Adj SS  Adj MS      F      P
Zeilen       3   29,188   29,188   9,729   4,92  0,047
Rubriken     3    4,688    4,687   1,562   0,79  0,542
Behandlung   3  284,188  284,188  94,729  47,86  0,000
Fehler       6   11,875   11,875   1,979
Insgesamt   15  329,938


S = 1,40683   R-Sq = 96,40%   R-Sq(adj) = 91,00%


Ungewöhnliche Beobachtungen bei der Rendite

Obs Ausbeute      Fit  SE Fit  Restbetrag  St Residieren
  3  25,0000  23,1250  1,1122      1,8750         2,18 R
```

Die Restplots und Haupteffektplots sind jeweils in den Abb. 9.25 und 9.26 dargestellt. Es gibt keine ungewöhnlichen Muster in den Restplots. Die Haupteffektplots zeigen deutlich, dass der Behandlungseffekt hochsignifikant ist.

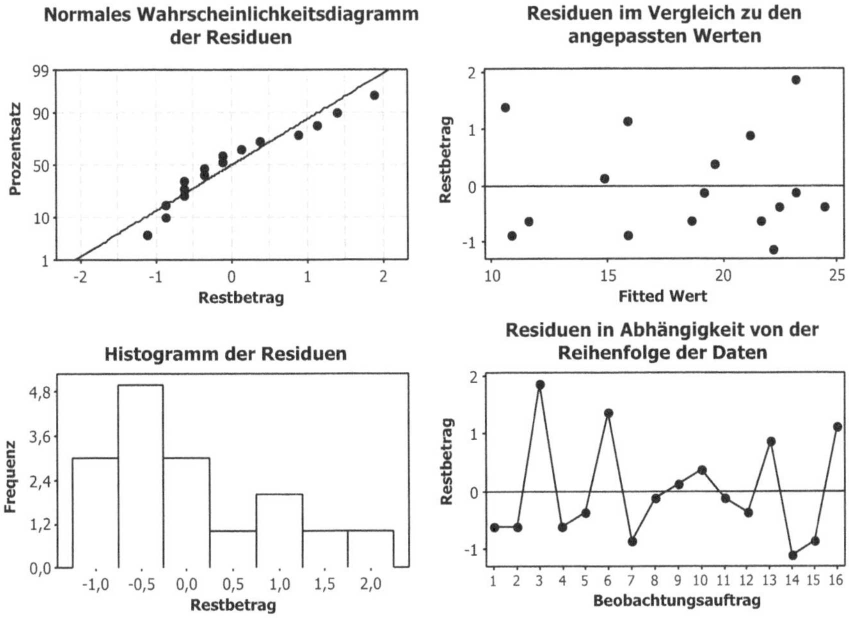

Abb. 9.25 Restplots für den Ertrag

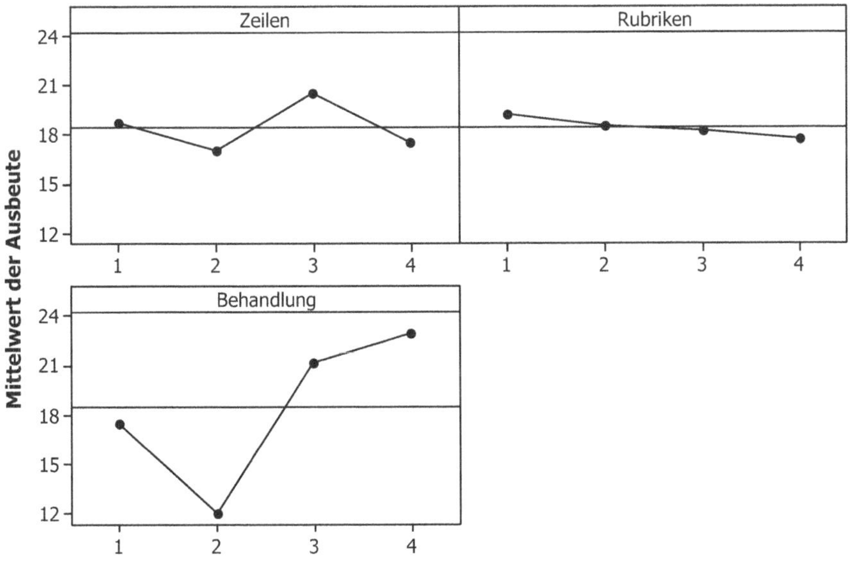

Abb. 9.26 Haupteffektplot (angepasste Mittelwerte) für den Ertrag

Die oben diskutierten Probleme sind das Ergebnis von industriellen, ingenieurtechnischen und Laborversuchen, die unter genauer Überwachung des Prozesses durchgeführt wurden. In vielen Situationen beinhaltet die Experimentierung die Aktivitäten der Suche nach geeigneten Behandlungskombinationen, Faktorenauswahl und Einstellung der Stufen, je nach Fall. Daher muss das Experiment sorgfältig geplant werden, um den Prozess zu verstehen, und dies wird durch die Techniken des Versuchsplans (DOE) erreicht. Die *Versuchspläne* werden allgemein als bestätigende Analyse oder als Methode zur Verbesserung von Prozessen verwendet. In Kap. 10 werden wir diese Fragen im Detail zur Verbesserung der Prozessaktivitäten behandeln.

9.9 Ursachenanalyse

Um ein Problem zu lösen, muss man zunächst erkennen und verstehen, was das Problem verursacht. Laut Wilson et al. [39] ist eine Ursache der grundlegendste Grund für einen unerwünschten Zustand oder ein Problem. Wenn die eigentliche Ursache des Problems nicht identifiziert wird, dann behandelt man nur die Symptome und das Problem wird weiterhin bestehen. Aus diesem Grund ist die Identifizierung und Beseitigung von Ursachen von Problemen von größter Bedeutung [14, 37]. Die Ursachenanalyse ist der Prozess der Identifizierung von Ursachenfaktoren mit Hilfe eines strukturierten Ansatzes mit Techniken, die darauf abzielen, einen Fokus für die Identifizierung und Lösung von Problemen zu bieten.

Die häufig verwendeten Werkzeuge zur Ursachenanalyse sind das Ursache-Wirkungs-Diagramm (CED) (siehe Abschn. 8.9.3), Pareto-Analyse (siehe Abschn. 8.9.1), FMEA (siehe Abschn. 9.3), FTA (siehe Abschn. 9.9.1), 5-Why's-Werkzeuge (siehe Abschn. 9.9.2), usw. Einige andere verwandte Werkzeuge sind das Beziehungsdiagramm (ID) und der aktuelle Realitätsbaum (CRT). Eine separate Behandlung dieser Methoden wird in Anderson und Fagerhaug [3], Arcaro [4], Brassard [7], Brassard und Ritter [8], Cox und Spencer [11], Dettmer [12], Lepore und Cohen [22], Moran et al. [29], Robson [33], Scheinkopf [35], Smith [36] und den darin enthaltenen Referenzen diskutiert.

Ishikawa [20] befürwortete das CED als Werkzeug zur Aufschlüsselung potenzieller Ursachen in detailliertere Kategorien, so dass sie in Faktoren organisiert und als solche in Beziehung gesetzt werden können, die helfen, die Ursachen zu identifizieren. Im Gegensatz dazu unterstützte Mizuno [25] das ID als Werkzeug zur Quantifizierung der Beziehungen zwischen Faktoren und zur Klassifizierung potenzieller kausaler Probleme oder Treiber. Schließlich befürwortete Goldratt [18] den CRT als Werkzeug zur Identifizierung logischer, voneinander abhängiger Ketten von Beziehungen zwischen unerwünschten Effekten, die zur Identifizierung der Kernursache führen. Ein grundlegendes Problem für diese Werkzeuge besteht darin, dass Einzelpersonen und Organisationen wenig Informationen haben, um sie miteinander zu vergleichen. Fredendall et al. [17] verglichen das CED und den CRT anhand zuvor veröffentlichter Beispiele für ihre separate Wirksamkeit, während Pasquarella et al. [31] alle drei Werkzeuge anhand eines Ein-Gruppen-Posttest-Designs mit qualitativen Antworten verglichen. Es gibt wenig veröffentlichte Forschung, die das CED, ID und CRT quantitativ misst und vergleicht.

Das CED und ID können mit wenig formeller Schulung verwendet werden, aber der CRT erfordert eine umfassende Anleitung aufgrund seines Logiksystems und seiner Komplexität. Allerdings scheinen sowohl das CED als auch das ID eine Art von ergänzender Anleitung in kritischen Bewertungs- und Entscheidungsfindungsmethoden zu benötigen. Der CRT beinhaltet das Bewertungssystem, aber das CED und ID haben keinen solchen Mechanismus und sind stark abhängig von der Gründlichkeit der Gruppe, die sie verwendet. Ernstzunehmende Praktiker sollten in Betracht ziehen, während der Ursachenanalyse Moderatoren einzusetzen. Beobachtungen haben ergeben, dass die meisten Gruppen Individuen hatten, die den Prozess dominierten oder leiteten. Wenn die Führung das Projekt beherrscht, wurden die individuellen Beiträge sorgfältig mit einer Mischung aus Diskussion und Anfrage betrachtet. Gruppenleiter versuchten nicht, andere von ihrer überlegenen Expertise zu überzeugen, und Konflikte wurden nicht als bedrohlich angesehen. Im Gegensatz dazu förderten von Einzelpersonen dominierte Gruppen keine Diskussion, und Meinungsverschiedenheiten wurden als störend angesehen. Ein erfahrener Moderator könnte Gruppenmitglieder ermutigen, schwierige und potenziell konfliktträchtige Standpunkte vorzubringen, so dass die besten Ideen zum Vorschein kommen würden. Diese Werkzeuge können mit wiederholter Praxis zu ihrem größten Potenzial genutzt werden. Wie bei anderen entwickelten Fähigkeiten, je mehr die Gruppen die Werkzeuge verwenden, desto besser werden sie damit.

9.9.1 Fehlerbaum-Analyse

Eine FTA bietet eine grafische Möglichkeit, die Beziehungen zwischen verschiedenen Teilen des Systems zu bewerten. FTA ist ein Baumdiagramm (siehe Abb. 9.27, zugänglich über http://en.wikipedia.org/wiki/files/fault_tree.png), das Ausfälle und/oder Defekte in zunehmenden Detailstufen zeigt. Es hilft, die Ursache einzugrenzen und sich auf Präventionen zu konzentrieren. Diese Modelle beinhalten Vorhersagen, die auf Teilezählfrequenzen basieren, die aus historischen Daten entnommen wurden. Obwohl die Vorhersagen oft nicht absolut genau sind, sind sie wertvoll, um relative Unterschiede in Designalternativen zu bewerten.

Die FTA wurde ursprünglich 1962 in den Bell Laboratories von H.A. Watson entwickelt, im Rahmen eines Vertrags der US Air Force Ballistics Systems Division zur Bewertung des Minuteman I Interkontinentalraketen (ICBM) Launch Control System (siehe [15, 32, 38]) für weitere Details. FTA versucht, Ausfallprozesse von technischen und biologischen Systemen zu modellieren und zu analysieren. FTA besteht im Grunde aus Logikdiagrammen, die den Zustand des Systems anzeigen und wird mit grafischen Designtechniken erstellt. Ursprünglich

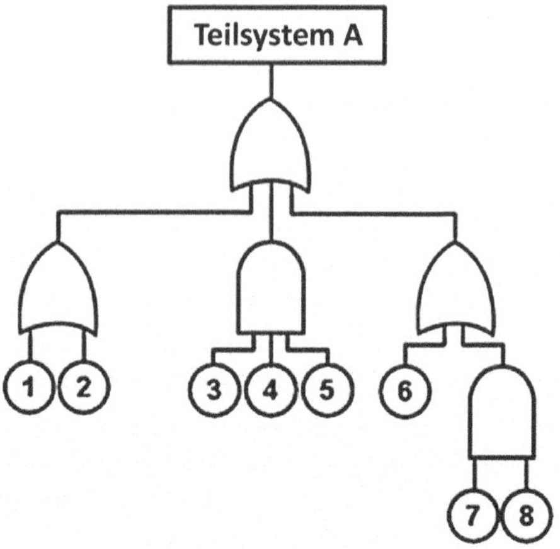

Abb. 9.27 Ein Fehlerbaumdiagramm

waren Ingenieure für die Entwicklung der FTA verantwortlich, da ein tiefes Wissen über das zu analysierende System erforderlich ist.

Im Diagramm wird der Ausfall von Komponenten durch Kreise dargestellt. Der Ausfall kann aufgrund einer oder mehrerer Komponenten in einem System oder aufgrund des Ausfalls aller Komponenten auf einmal auftreten, wobei die Komponenten parallel oder in Serie angeordnet sein können. FTA ist eine prominente Methode zur Präsentation von Informationen. Die überzeugende Botschaft von FTA-Präsentationen ist, dass das gesamte Spektrum der Ausfälle untersucht wurde. Das Defizit bei FTA-Präsentationen besteht darin, dass die präsentierten Daten möglicherweise nicht ausreichend analysiert und verstanden wurden. FTA von Ausfällen sollte Anfragen zu den Quelldaten auslösen. Die Beteiligung und Kommunikation von Produktzuverlässigkeitsexperten sind in diesem Prozess entscheidend.

FTA ist ein logisches Werkzeug, das bei der Aufdeckung potenzieller Ursachen von Defekten oder äquivalenten Ausfällen hilft. Das Ergebnis der FTA ist das Ergebnis verschiedener Ebenen von beitragenden Faktoren oder potenziellen Ursachen für Ausfälle. FTA verwendet UND- und ODER-Funktionstore, um Symptome von Ausfällen bis hin zu echten Ursachen darzustellen.

Schritte zur FTA:

1. Schreiben Sie den Ausfall als Ausgabe für das oberste oder Tor (Ebene 1)
2. Bestimmen Sie, welcher Eingang (Symptome) als beitragendes Element (Ebene 2) betrachtet werden könnte
3. Fahren Sie fort, den Ausfall mit zusätzlichen Gate-Ebenen (Ebene 3, 4 oder mehr) zu zerlegen
4. Fragen Sie immer: Kann diese Gate-Ausgabe mit irgendeinem Eingang (oder Funktion) wahr sein, oder muss der gesamte Eingang für eine wahre Gate-Ausgabe (und Funktion) vorhanden sein?
5. Finalisieren und datieren Sie das Diagramm

Anwendung der FTA

- Um einen rückwärtigen Ansatz zu ermöglichen, um systematisch die potenziellen Ursachen von Ausfällen zu identifizieren
- Um einen Überblick über die Zusammenhänge zwischen Ursachen und Ausfällen zu geben
- Um Ausfallanzeigen in detailliertere Eingangsäste zu zerlegen

9.9.2 5-Why's-Techniken

Die 5-Why's ist eine Technik, die verwendet wird, um durch die Schichten von Ursache und Wirkung zu bohren, um zur Wurzelursache zu gelangen. Es besteht darin, ein unerwünschtes Ergebnis zu betrachten und zu fragen, warum ist das passiert? Wenn die Frage beantwortet ist, wird die nächste Frage gestellt, wie, wann, usw., auf eine willkürliche Weise. Zum Beispiel, angenommen, das Problem ist „Ein Kunde ist nicht zufrieden." Dann wird das 5-Why's so vorgehen:

- Warum ist der Kunde nicht zufrieden?—Weil die Bestellung zu spät ankam.
- Warum kam die Bestellung zu spät?—Weil sie zu spät verschickt wurde.
- Warum wurde sie zu spät verschickt?—Weil die Endmontage nicht rechtzeitig abgeschlossen wurde.
- Warum war das Teil von der Formlinie zu spät?—Weil es zu spät aus der Designabteilung kam.
- Warum kam es zu spät aus der Designabteilung?—Weil die Designmaschine ein anderes Teil der gleichen Bestellung bearbeitete.

Die meiste Zeit wird jemand für die Dinge verantwortlich sein, die passieren. Der oben genannte Ansatz hilft einem, diese 5-W's (wer, wann, wo, was, warum) zu identifizieren, die die meisten der oben genannten Fragen beantworten und durch die man sehr leicht die wirkliche Ursache und Wirkung einer Aktion eingrenzen kann.

9.10 Bereitstellung für die Verbesserungsphase

Die gesamte Arbeit des Definierens, Messens und Analysierens von Prozessproblemen zahlt sich in der Verbesserungsphase aus, wenn Ihr Team und Ihre Organisation es gut handhaben. Das Projektteam, das mit jeder Phase verbunden ist, sollte seine Verantwortung in Koordination mit dem Verbesserungsteam abschließen. Mangel an Kreativität, unvollständige Aufgaben, Versäumnis, außerhalb der Box-Lösungen zu denken, nachlässige Identifizierung von KPIV's, unüberlegte Implementierung, organisatorischer Widerstand usw., werden den Erfolg des Six Sigma-Projekts beeinflussen. Bevor man zur Verbesserungsphase übergeht, sind einige der Bereiche, die besondere Aufmerksamkeit benötigen, wie folgt:

- Welche möglichen Aktionen oder Ideen helfen uns, die Wurzelursache des Problems zu adressieren und das erforderliche Ziel zu erreichen?
- Welche dieser Ideen bilden umsetzbare potenzielle Lösungen?
- Welche Lösung wird am ehesten unser Ziel mit den geringsten Kosten und Störungen erreichen?
- Wie testen wir unsere ausgewählte Lösung, um ihre Wirksamkeit zu gewährleisten und sie dann dauerhaft zu implementieren?

Ein Projektleiter sollte sich zu diesem Zeitpunkt auf die Ursachen und Wirkungen beschränken, bei denen die Verbesserung wahrscheinlich sicher und umsetzbar ist. Sporadischer Einsatz von technischen Werkzeugen und Abhängigkeit von Managementethik können die Vorteile von Six Sigma zunichte machen, wenn Verbesserungen nicht an die Anforderungen des Kunden angepasst sind.

9.11 Checklisten analysieren

Bevor Sie zur Verbesserungsphase von DMAIC übergehen, prüfen Sie, ob Folgendes vorhanden ist:

- Untersuchen Sie den Prozess und stellen Sie sicher, dass die Engpässe identifiziert sind; Trennungen und Redundanzen werden ordnungsgemäß behandelt
- Führen Sie eine Wert- und Zykluszeitanalyse durch und lokalisieren Sie Bereiche, in denen Zeit und Ressourcen für Aufgaben aufgewendet werden, die für den Kunden nicht kritisch sind
- Analysieren Sie Daten über den Prozess und seine Leistung, um das Problem zu stratifizieren, Gründe für Variationen zu verstehen und potenzielle Ursachen zu identifizieren
- Bewerten Sie, ob das Projekt sich auf Prozessdesign oder -neugestaltung konzentrieren sollte, im Gegensatz zur Prozessverbesserung, und beschränken Sie die Entscheidung auf die Projektcharta
- Stellen Sie sicher, dass die Schlüsselarbeiten des Prozesses so ausgeführt werden, dass ein neuer Prozess zur effizienten und effektiven Erfüllung der Kundenbedürfnisse vorhanden ist
- Entwickeln Sie eine Ursachenhypothese, um das zu lösende Problem zu erklären
- Untersuchen und überprüfen Sie die Ursachenhypothese, um die „wesentlichen wenigen" Variablen zu beheben

9.12 Relevanz für Manager

Das Herzstück jedes Six Sigma-Projekts ist seine fundierte Analyse und seine Fähigkeit, das festgelegte Ziel zu erreichen. Die Anwendung statistischer Methoden und die Übernahme von Werkzeugen und Techniken ermöglichen und befähigen Manager/Administratoren zu einer besseren Nutzung von Ressourcen, erhöhter Produktivität und Qualitätskontrolle in der Fertigung, im Automobilbereich oder im Dienstleistungssektor gleichermaßen. Neben technischem Wissen und Managementfähigkeiten ist auch die Analysefähigkeit für jedes Six Sigma-Projekt notwendig. Man kann von einfachen zu harten statistischen Werkzeugen und Methoden für die Festlegung von Standards und Leistungen übergehen. Dies ist die Essenz dieses Kapitels.

Obwohl die explorative Datenanalyse (EDA) zur Ermittlung von Beziehungen zwischen Variablen durch grafische Techniken (Boxplot, Streudiagramm, Pareto-Diagramme, Wahrscheinlichkeitsdiagramme usw.) verwendet wird, ist es auch notwendig, Wissen über Faktoren zu erwerben, die Leistungen und Variationen in Bezug auf Markterwartungen und Kundenanforderungen beeinflussen. Sie können effektiv durch inferentielle Statistik (Punktschätzung, Konfidenzschätzung, Varianzanalyse, multivariate Analyse usw.), Prognose- und Trendanalyse (Korrelations- und Regressionsstudien usw.) und schließlich durch die bestätigende Analyse (Hypothesentest, DOE und Validierung von Ursachen) untersucht werden. Die Notwendigkeit, die funktionale Form eines Six Sigma-Projekts, das heißt $y = f(x)$, zu etablieren, wird in diesem Kapitel erfüllt.

Das Wissen über statistische Methoden allein funktioniert oft nicht. Man sollte auch die unterstützenden Werkzeuge haben, um die Ursachen und Wirkungen zu belegen, was durch einige der effektiven Managementwerkzeuge erfüllt wird. Dazu gehören einige der häufig verwendeten Techniken wie Brainstorming, Prozessmapping, Fehlermodus- und Wirkungsanalyse usw. Da das Ziel der Analysephase darin besteht, die Eingaben (x) zu identifizieren, die den Prozessausgang (y) beeinflussen, sollten die Fachleute sehr klar über den angemessenen Einsatz von statistischen und Managementwerkzeugen in dieser Phase sein. Nur dann kann der Erfolg eines Six Sigma-Projekts sichergestellt werden. Es wird darauf hingewiesen, dass der übermäßige Einsatz eines dieser Werkzeuge das Projekt jederzeit entgleisen lassen kann. All diese Fragen werden in diesem Kapitel diskutiert.

Übungen

9.1. Diskutieren Sie die verschiedenen Schritte, die beim Brainstorming involviert sind. Nennen Sie die Vorteile einer solchen Übung.

9.2. Was ist FMEA? Diskutieren Sie verschiedene Arten von FMEA und deren Vorteile.

9.3. Was ist die Risikoprioritätszahl? Wie wird sie verwendet, um die wesentlichen wenigen von den kritischen vielen zu identifizieren?

9.4. Was ist ein Normalwahrscheinlichkeitsdiagramm? Nennen Sie die Schritte, die beim Erstellen eines Normalwahrscheinlichkeitsdiagramms involviert sind.

9.5. Diskutieren Sie die verschiedenen Schritte, die bei der Maximum-Likelihood-Schätzung involviert sind.

9.6. Lassen Sie X eine Zufallsvariable mit der folgenden Wahrscheinlichkeitsverteilung sein:

$$f(x) = \begin{cases} (\theta + 1)x^{\theta}, & 0 \leq x \leq 1 \\ 0, & \text{otherwise} \end{cases}$$

Finden Sie den ML-Schätzer von θ, basierend auf einer Zufallsstichprobe der Größe n. Ermitteln Sie auch den Punktschätzer von θ für die Stichproben: 0,13, 0,54, 0,63, 0,44, 0,12, 0,78, 0,59 und 0,39.

9.7. Lassen Sie $X \sim N(\mu, \sigma^2)$ die Länge in (Zentimetern) bestimmter Fischarten sein, wenn sie im Frühling gefangen werden. Eine zufällige Stichprobe von $n = 15$ Beobachtungen von X ist

15,2	5,1	18,0	8,7	16,5	9,8	6,8	
12,0	17,8	25,4	19,2	15,8	23,0	13,1	19,0

Finden Sie die Schätzung von μ und σ^2.

9.8. Zwanzig Personen mit normalem Gehör wurden auf Reaktionszeit zu einem auditiven Reiz getestet, und $\overline{X}$ wurden als 0,145 s gefunden. Wenn die Standardabweichung der Reaktionszeit bekannt ist und 0,025 s beträgt, dann werden 99 % Konfidenzgrenzen für die durchschnittliche Reaktionszeit von Menschen mit normalem Gehör auf diesen Reiz ermittelt. Wie groß ist die Stichprobe, wenn wir mindestens 99 % sicher sein wollen, dass der Fehler bei der Schätzung des wahren Wertes des Mittelwerts weniger als 0,01 ist?

9.9. Fünfzehn Stahlstangen, die durch Prozess-I hergestellt wurden, haben eine durchschnittliche Bruchfestigkeit von 62,2 mit einer Standardabweichung von 8,7, während 12 Stangen, die durch Prozess-II hergestellt wurden, eine durchschnittliche Bruchfestigkeit von 57,5 mit einer Standardabweichung von 11.6 haben. Es gibt nicht genug Grund zu sagen, dass die Populationsstandardabweichungen gleich sind. Erhalten Sie 95 % Konfidenzgrenze für den Unterschied zwischen zwei Populationsmitteln.

9.10. Die folgenden Daten sind die Lebensdauern in Stunden von 2 Chargen von Glühlampen. Finden Sie 95 % Konfidenzgrenze für den Unterschied zwischen den Chargen hinsichtlich der durchschnittlichen Lebensdauer. Nehmen Sie an, dass die Populationsvarianzen unbekannt und gleich sind.

Charge 1	1505, 1556, 1801, 1629, 1644, 1607, 1825, 1748
Charge 2	1799, 1618, 1604, 1655, 1708, 1675, 1728

9.11. In einer zufälligen Stichprobe von 85 Kurbelwellenlagern von Automotoren haben 10 eine Oberflächenbeschaffenheit, die rauer ist als die Spezifikationen erlauben. Erhalten Sie ein 95 % Konfidenzintervall für den Anteil der Rauheitsspezifikationen. Wie groß ist die Stichprobe, wenn wir mindestens 95 % sicher sein wollen, dass der Fehler bei der Schätzung des wahren Wertes von p weniger als 0,02 ist?

9.12 Ein Niet soll in ein Loch eingefügt werden. Eine zufällige Stichprobe von $n = 15$ Teilen wird ausgewählt, und der Lochdurchmesser wird gemessen. Die Stichprobenstandardabweichung der Lochdurchmessermessungen beträgt $s = 0{,}008$ mm. Konstruieren Sie eine 99 % Konfidenzgrenze für σ^2.

9.13 Der Prozentsatz an Titan in einer Legierung, die in der Luft- und Raumfahrtgussteilen verwendet wird, wird in zufällig ausgewählten Teilen gemessen. Die Stichprobenstandardabweichung beträgt $s = 4{,}8$ mg. Berechnen Sie ein 95 % zweiseitiges Konfidenzintervall für σ.

9.14. Lassen Sie X die Zeit in Sekunden zwischen Telefonanrufen bei der Domino's Pizza Company sein. Fünfzehn Beobachtungen von X sind wie folgt: 82, 42, 185, 66, 384, 27, 334, 545, 650, 127, 35, 45, 285, 133, 120. Angenommen, dass X eine exponentielle Verteilung mit dem Mittelwert θ hat, ermitteln Sie eine unverzerrte Schätzung von θ. Ermitteln Sie auch ein 95 % Konfidenzintervall für θ.

9.15. Der Anteil defekter integrierter Schaltkreise, die in einem Fotolithographieprozess hergestellt werden, wird untersucht. Eine zufällige Stichprobe von 350 Schaltkreisen wird getestet, wobei 15 defekte gefunden werden. Berechnen Sie das 98 % Konfidenzintervall für den Anteil defekter Schaltkreise, die von diesem speziellen Werkzeug produziert werden.

9.16. Unterscheiden Sie zwischen

(i) Null- und Alternativhypothese
(ii) Parametrischen und nichtparametrischen Tests
(iii) Fehler 1. und 2. Art
(iv) Signifikanzniveau und Konfidenzkoeffizient

9.17. Eine einzelne Beobachtung einer Zufallsvariablen mit einer exponentiellen Verteilung wird verwendet, um die Nullhypothese zu testen, dass der Mittelwert der Verteilung $\theta = 2$ gegen die Alternative ist, dass es $\theta = 5$ ist. Die Nullhypothese wird akzeptiert, wenn der beobachtete Wert der Zufallsvariablen kleiner als 3 ist. Finden Sie die Wahrscheinlichkeit für einen Fehler 1. und 2. Art.

9.18. Eine einzelne Beobachtung einer Zufallsvariablen mit einer geometrischen Verteilung wird verwendet, um die Nullhypothese $p = 1/3$ gegen die Alternativhypothese $p = 1/2$ zu testen. Die Nullhypothese wird abgelehnt, wenn $X \geq 2$. Finden Sie die Wahrscheinlichkeit für einen Fehler 1. Art und die Teststärke.

9.19. Aus einer Population mit Poisson-Verteilung mit dem Parameter θ wird der Test für die Hypothese H_0: $\theta = 2$ gegen H_1: $\theta = 1$ abgelehnt, wenn $X \leq 3$. Finden Sie die Größe und die Teststärke.

9.20. Diskutieren Sie die verschiedenen Schritte, die bei der Überprüfung einer Hypothese beteiligt sind.

9.21. Die Ergebnisse eines standardisierten IQ-Tests sind normalverteilt mit einer Standardabweichung von 15. In der gesamten Bevölkerung beträgt der Mittelwert dieser Verteilung 100. Ein Unternehmen hat einen eigenen Auswahltest, von dem es behauptet, dass er Menschen auswählt, deren IQ über dem Durchschnitt liegt. Zwanzig seiner Mitarbeiter, die mit diesem Test ausgewählt wurden, machen auch den standardisierten IQ-Test und erzielen dabei einen Durchschnittswert von 104,2. Überprüfen Sie die Behauptung des Unternehmens.

9.22. Ein Forschungsteam geht davon aus, dass der systolische Blutdruck in einer bestimmten männlichen Bevölkerungsgruppe annähernd normalverteilt ist mit einer Standardabweichung von 16. Eine einfache Zufallsstichprobe von 64 Männern aus der Bevölkerung hatte einen durchschnittlichen systolischen Blutdruckwert von 133. Liefern diese Daten auf dem 0,05 Signifikanzniveau ausreichende Beweise dafür, dass der Bevölkerungsmittelwert größer als 130 ist?

9.23. Die Analyse einer zufälligen Stichprobe bestehend aus $m = 20$ Proben von kaltgewalztem Stahl zur Bestimmung der Streckgrenzen ergab eine durchschnittliche Stichprobenstärke von $\overline{x} = 29{,}8$ ksi. Eine zweite zufällige Stichprobe von $n = 25$ Proben von beidseitig verzinktem Stahl ergab eine durchschnittliche Stichprobenstärke von $\overline{y} = 34{,}7$ ksi. Angenommen, die beiden Streckgrenzenverteilungen sind normal mit $\sigma_1 = 4{,}0$ und $\sigma_1 = 5{,}0$ ksi, deuten die Daten darauf hin, dass die entsprechenden wahren durchschnittlichen Streckgrenzen μ_1 und μ_2 unterschiedlich sind? Verwenden Sie $= \alpha = 0{,}01$.

9.24. Zwei Marken von LKW-Reifen werden von einer Speditionsfirma verglichen. Eine zufällige Stichprobe von 50 Reifen der Marke X (Gruppe-1) hatte eine durchschnittliche Lebensdauer von 45.000 Meilen, während die durchschnittliche Lebensdauer einer zufälligen Stichprobe von 40 Reifen der Marke Y (Gruppe-2) 46.500 Meilen betrug. Es wird angenommen, dass die Bevölkerungsstandardabweichung für beide Marken von LKW-Reifen 2000 Meilen beträgt. Gibt es einen signifikanten Unterschied in der Qualität auf dem 0,01-Niveau? Konstruieren Sie ein 95 % Konfidenzintervall für den Unterschied zwischen den durchschnittlichen Lebensdauern der beiden Marken von LKW-Reifen.

9.25. In einer Stichprobe von 400 Teilen, die von einer Fabrik hergestellt wurden, wurde die Anzahl der defekten Teile auf 30 festgestellt. Das Unternehmen behauptet jedoch, dass nur 5 % ihrer Produkte defekt sind. Ist diese Behauptung haltbar?

9.26. Eine Untersuchung der Leistung von zwei Methoden in einer Fabrik, die große Mengen von Spulen herstellt, ergibt folgende Ergebnisse:

	Stichprobe der untersuchten Spulen	Anteil der als defekt befundenen Spulen
Methode 1	300	0,20
Methode 2	250	0,32

Testen Sie, ob es einen signifikanten Unterschied in der Leistung der beiden Methoden gibt.

9.27. Betrachten Sie den Fall eines pharmazeutischen Herstellungsunternehmens, das zwei neue Verbindungen testet, die dazu bestimmt sind, den Blutdruck zu senken. Die Verbindungen werden zwei verschiedenen Gruppen von Labortieren verabreicht. In Gruppe eins reagieren 71 von 100 getesteten Tieren auf Medikament 1 mit niedrigeren Blutdruckwerten. In Gruppe zwei reagieren 58 von 90 getesteten Tieren auf Medikament 2 mit niedrigeren Blutdruckwerten. Das Unternehmen möchte auf dem 0,05-Niveau testen, ob es einen Unterschied in der Wirksamkeit dieser beiden Medikamente gibt.

9.28. Eine Maschine wird verwendet, um Behälter mit einem flüssigen Produkt zu füllen. Es kann davon ausgegangen werden, dass das Füllvolumen normal verteilt ist. Eine zufällige Stichprobe von 10 Behältern wird ausgewählt und der Nettoinhalt beträgt

120,03 120,04 120,05 11,96 120,05 120,01 120,02 11,98 120,02 11,99

Der Hersteller möchte sicher sein, dass der durchschnittliche Nettoinhalt 12,00 übersteigt. Welche Schlussfolgerungen können aus diesen Daten auf dem 5 % Signifikanzniveau gezogen werden?

9.29. Ein Forscher untersuchte die Aufnahmen in die Notaufnahme einer psychiatrischen Klinik an Tagen, an denen der Mond voll war. Für die 12 Tage mit Vollmond von August 1971 bis Juli 1972 war die Anzahl der aufgenommenen Personen wie folgt:

5 13 14 12 6 9 13 16 25 13 14 20

Nehmen Sie an, dass die obigen Daten normal verteilt sind. Es wurde beobachtet, dass die durchschnittliche Anzahl der Aufnahmen an anderen Tagen 11,2 beträgt. Testen Sie die Hypothese, dass an Vollmondtagen die durchschnittliche Anzahl der Aufnahmen höher ist als an anderen Tagen.

9.30. Lassen Sie μ_1 und μ_2 die wahren durchschnittlichen Laufleistungen für zwei konkurrierende Marken von Radialreifen bezeichnen. Testen Sie: H_0: $\mu_1 - \mu_2 = 0$ gegen H_1: $\mu_1 - \mu_2 \neq 0$ auf dem Niveau 0,05 mit den folgenden Daten:

$$m = 45, \bar{x} = 42{,}500, s_1 = 2200, n = 45, \bar{y} = 40{,}400, s_2 = 1900.$$

9.31. Zugfestigkeitstests wurden an zwei verschiedenen Drahtstärken durchgeführt, was zu begleitenden Daten führte:

Stärke	Probengröße	Stichprobenmittelwert (kg/mm^2)	Stichproben sd.
AISI 1064	$m = 129$	$\bar{x} = 107{,}6$	$s_1 = 1,3$
SISI 1078	$n = 129$	$\bar{y} = 123{,}6$	$s_2 = 2,0$

Liefert die Daten überzeugende Beweise dafür, dass die wahre durchschnittliche Festigkeit für die 1078er Stärke die der 1064er Stärke um mehr als 10 kg/mm^2 übersteigt. Verwenden Sie $\alpha = 0{,}05$.

9.32. Zwei Experimente, A und B, nehmen wiederholte Messungen an der Länge eines Kupferdrahts vor. Auf der Grundlage der unten angegebenen Daten, testen Sie, ob B's Messungen genauer sind als A's auf einem 1 % Signifikanzniveau (Es kann angenommen werden, dass die von beiden genommenen Messungen unvoreingenommen sind).

A's Messungen (in mm)		B's Messungen (in mm)	
12,47	12,44	12,06	12,34
11,90	12,13	12,23	12,46
12,77	11,86	12,46	12,39
11,96	12,25	11,98	
12,78	12,29	12,22	

9.33. In einer Stichprobe von 8 Beobachtungen betrug die Summe der quadrierten Abweichungen der Elemente vom Mittelwert 94,5. In einer anderen Stichprobe von 10 Beobachtungen betrug der Wert 101,7. Testen Sie, ob der Unterschied auf einem 5 % Niveau signifikant ist.

9.34. Über einen Zeitraum von 6 aufeinanderfolgenden Tagen wurden die Eröffnungspreise (in Rupien) von zwei bekannten Aktien beobachtet und wie folgt aufgezeichnet:

Aktie #1	390,9	397,0	417,7	389,6	414,2	422,6
Aktie #2	423,3	391,6	421,0	409,2	464,7	450,2

Testen Sie, ob die Schwankungen in den Eröffnungspreisen der beiden Aktien auf einem 10 % Niveau gleich sind.

9.35. Eine Maschine, die automatisch die Menge an Band auf einem Band steuert, wurde kürzlich installiert. Diese Maschine wird als effektiv angesehen, wenn die Standardabweichung der Menge an Band auf einem Band weniger als 0,15 cm beträgt. Wenn eine Stichprobe von 20 Bändern eine Stichprobenvarianz von $s^2 = 0{,}025\ \text{cm}^2$ ergibt, sind wir berechtigt zu dem Schluss, dass die Maschine ineffektiv ist?

9.36. Die Gewichte von 10 Studenten in kg sind wie folgt: 38, 40, 45, 53, 47, 43, 55, 48, 52 und 49. Können wir sagen, dass die Varianz der Gewichtsverteilung aller Studenten, aus denen die Stichprobe der Studenten gezogen wurde, gleich 20 kg^2 ist?

9.37. Ein Hersteller von Frühstückscerealien verwendet eine Maschine, um zufällig eines von zwei Arten von Spielzeugen in jede Schachtel einzufügen. Das Unternehmen möchte Zufälligkeit, damit nicht jedes Kind in der Nachbarschaft das gleiche Spielzeug bekommt. Tester wählen Stichproben von 60 aufeinanderfolgenden Schachteln aus, um zu sehen, ob die Maschine die beiden Arten von Spielzeugen richtig mischt. Mit den Symbolen A und B, um die beiden Arten von Spielzeugen darzustellen, berichtete ein Tester, dass eine solche Charge so aussah:

B, A, B, B, B, A, A, A, B, B, A, B, B, B, B, B, A, A, A, A, B, A, B,
A, A, B, B, B, A, A,B, A, A, A, A, B, B, A, B, B, A, A, A, A, B, B,
A, B, B, B, B, A, A, B, B, A, B, A, A, B,B.

9.38. Die folgenden sind 15 Messungen der Oktanzahl einer bestimmten Art von Benzin:

97,5	95,2	97,3	96	96,8	100,3	98,2	98,5	94,9
94,9	97,4	95,3	93,2	99,1	96,1	97,6	98,2	98,5

Verwenden Sie den Signed-Rank-Test auf dem 0,05-Signifikanzniveau, um zu prüfen, ob die durchschnittliche Oktanzahl der gegebenen Benzinsorte 98,5 beträgt oder nicht.

9.39. Testen Sie anhand der unten angegebenen Daten die Hypothese, dass die mittlere Länge einer Reissorte 13 mm beträgt, gegen die Alternative, dass sie es nicht ist, auf dem 5 % Signifikanzniveau mit (i) dem Vorzeichentest und (ii) dem Wilcoxon Signed-Rank-Test:

9,62	14,46	10,19	15,02	15,92	10,27
14,16	12,26	13,55	11,13	13,00	16,26

9.40. Folgendes sind Messungen der Bruchfestigkeit einer bestimmten Art von 2-Zoll-Baumwollband in Pfund:

163	165	166	161	171	158	151
162	163	139	172	165	148	169

Verwenden Sie (i) den Vorzeichentest und (ii) den Wilcoxon-Vorzeichen-Rang-Test, um die Hypothese zu prüfen, dass die mediane Bruchfestigkeit 160 Pfund beträgt, gegen die Alternative, dass sie größer als 160 Pfund ist, auf einem 5 % Signifikanzniveau.

9.41. Im Folgenden sind vier Sätze von jeweils acht Messungen der Glätte einer bestimmten Papiersorte aufgeführt, die in vier verschiedenen Laboren ermittelt wurden:

Labor	Messungen der Glätte							
A	38,7	41,5	43,8	44,5	45,5	46,0	47,7	58,0
B	39,2	39,3	39,7	41,4	41,8	42,9	43,3	45,8
C	34,0	35,0	39,0	40,0	43,0	43,0	44,0	45,0
D	34,0	34,8	34,8	35,4	37,2	37,8	41,2	42,8

Nehmen Sie an, dass die Messungen aus den verschiedenen Laboren gleich variabel sind und testen Sie die Hypothese, dass es keine systematischen Unterschiede zwischen den Laboren gibt. Verwenden Sie $\alpha = 0{,}05$.

9.42. Stellen Sie die praktische Relevanz von Anpassungstests dar.

9.43. Die folgenden Daten zeigen das Ergebnis von 4096 Mal Würfeln mit 12 Würfeln, wobei ein Wurf von 4, 5 oder 6 als Erfolg bezeichnet wird *(x)*.

x	0	1	2	3	4	5	6	7	8	9	10	11	12
f	0	7	60	198	430	731	948	847	536	257	71	11	0

Passen Sie eine geeignete Verteilung an und testen Sie die Güte der Anpassung.

9.44. Ein Satz von 8 Münzen wurde 256 Mal geworfen und die beobachteten Häufigkeiten der Würfe waren wie folgt:

Anz. der Köpfe	0	1	2	3	4	5	6	7	8
Häufigkeit der Würfe	2	6	24	63	64	50	36	10	1

Passen Sie eine geeignete Verteilung an und testen Sie die Güte der Anpassung (Münze ist nicht unvoreingenommen).

9.45. In einem 72-stündigen Zeitraum an einem langen Feiertagswochenende gab es insgesamt 306 tödliche Autounfälle. Die Daten sind wie folgt:

Anz. der tödlichen Unfälle/h	0	1	2	3	4	5	6	7	8
Anz. der Stunden	0	4	10	15	13	12	6	5	7

Passen Sie eine geeignete Verteilung an und testen Sie die Güte der Anpassung.

9.46. Passen Sie eine Poisson-Verteilung an die folgenden Daten an, bezogen auf die Anzahl der roten Blutkörperchen (x) pro Zelle.

x	0	1	2	3	4	5
Anzahl der Zellen	142	156	69	27	5	1

9.47. Die folgende Tabelle gibt die von 180 gleichaltrigen Schülern geworfene Scheibendistanz an. Es wird angenommen, dass die von der Scheibe zurückgelegte Entfernung exponentiell verteilt ist. Testen Sie die Güte der Anpassung für die folgenden Daten (verwenden Sie $\alpha = 2\ \%$).

Entfernung in (m)	10–25	25–40	40–55	55–70	70–85
Anzahl der Schüler	6	64	94	14	2

9.48. Gegeben sind die folgenden Daten:

2,483757	0,68226	−0,66346	1,157925	−0,83395
0,098728	0,046796	0,181101	1,769654	0,890532
0,88203	0,318287	1,412159	0,067944	0,73047
0,79096	2,276302	0,600866	1,452486	0,7941
0,81216	1,9146	1,727667	0,6284	0,04634
0,08444	0,03164	−0,81461	0,417698	0,1145
0,202217	1,909366	−0,09212	0,434873	0,06059
1,69556	0,366229	0,407952	0,63167	0,66537
0,45837	0,28793	0,703662	0,035159	1,744934
0,03003	0,91154	−0,90242	0,026739	0,37434

Verwenden Sie den Anpassungstest, um eine geeignete Verteilung zu bestimmen

9.49. Betrachten Sie die unten angegebenen Daten

x	1	2	3	4	5	6	7	8	9
y	9	8	10	12	11	13	14	16	15

(i) Zeichnen Sie ein Streudiagramm und interpretieren Sie es anschließend
(ii) Passen Sie eine Regressionslinie von y auf x und x auf y an
(iii) Prognostizieren Sie den Wert von y für die gegebenen Werte von x, wenn $x = 10$ und 20 ist
(iv) Testen Sie die Signifikanz des Regressionskoeffizienten.

9.50. Die folgenden Ergebnisse stehen aus einer linearen Regressionsstudie zur Verfügung:
Regressionsgleichungen: $6y = 5x + 90$ und $15x = 8y + 130$; $\sigma_x^2 = 4$
Finden Sie $\overline{x}, \overline{y}, \sigma_y$ und r_{xy}.

9.51. Die folgenden Daten beziehen sich auf das Mol-Verhältnis und die intrinsische Viskosität eines experimentellen Prozesses:

Verhältnis	1,0	0,9	0,8	0,7	0,6	0,5	0,4	0,3
Viskosität	0,45	0,20	0,34	0,58	0,70	0,57	0,55	0,44

(i) Erstellen Sie ein Streudiagramm. Ist eine lineare Beziehung sinnvoll?
(ii) Schätzen Sie die Regressionskoeffizienten
(iii) Vorhersage des Mol-Verhältnisses, wenn die Viskosität 0,43 beträgt.

9.52. Die folgenden Berechnungen wurden für Schlusskurse (x) von 12 Aktien an der Bombay Stock Exchange an einem bestimmten Tag zusammen mit dem Volumen der Verkäufe (in '000) von Aktien (y) durchgeführt: $\Sigma x = 580$, $\Sigma y = 370$, $\Sigma xy = 11{,}494$, und $\Sigma x^2 = 41{,}658$. Finden Sie die Regressionslinie von y auf x und schätzen Sie das Verkaufsvolumen einer Aktie, wenn der Schlusskurs einer Aktie 19 beträgt.

9.53. Unterscheiden Sie zwischen dem Bestimmtheitsmaß und dem Stichprobenkorrelationskoeffizienten.

9.54. Die folgenden sind Beispieldaten, die von einem Umzugsunternehmen über das Gewicht von Sendungen, die Entfernungen, über die sie bewegt wurden, und den dabei entstandenen Schaden bereitgestellt wurden.

Gewicht (1000 lb)	4,0	3,0	1,6	1,2	3,4	4,8
Entfernung (1000 Meilen)	1,5	2,2	1,0	2,8	0,8	1,6
Schaden (Dollar)	160	112	69	90	123	186

(i) Identifizieren Sie abhängige und unabhängige Variablen.
(ii) Passen Sie eine geeignete Gleichung an, um den Schaden zu schätzen, wenn eine Sendung mit einem Gewicht von 2400 Pfund über 1200 Meilen bewegt wird.

(iii) Berechnen Sie den partiellen und multiplen Korrelationskoeffizienten und interpretieren Sie diese.
(iv) Berechnen Sie den Bestimmtheitskoeffizienten des oben genannten Regressionsmodells und interpretieren Sie diesen.
(v) Berechnen Sie den Bestimmtheitskoeffizienten, wenn der Einfluss der Entfernung aus dem Regressionsmodell entfernt wird, und kommentieren Sie diesen.
(vi) Berechnen Sie den Bestimmtheitskoeffizienten, wenn der Einfluss des Gewichts aus dem Regressionsmodell entfernt wird, und kommentieren Sie diesen.

9.55. Die folgende Tabelle gibt die 15 künstlichen Daten von drei erklärenden Variablen und einer Antwortvariable an.

Beobachtung	X_1	X_2	X_3	Y
1	10,1	19,6	28,3	9,7
2	9,5	20,5	28,9	10,1
3	10,7	20,2	31,0	10,3
4	9,9	21,5	31,7	10,0
5	10,3	21,1	31,1	10,0
6	10,8	20,4	29,2	10,0
7	10,5	20,9	29,1	10,8
8	9,9	19,6	28,8	10,3
9	9,7	20,7	31,0	9,6
10	9,3	19,7	30,3	9,9
11	12,0	26,0	34,0	0,7
12	11,0	34,0	34,0	0,1
13	3,1	2,2	0,3	0,6
14	2,3	1,6	2,0	0,0
15	0,8	2,9	1,6	0,1

(i) Erstellen Sie die Streudiagramme von Y gegen X_1, Y gegen X_2 und Y gegen X_3 und interpretieren Sie diese.
(ii) Schlagen Sie ein geeignetes Regressionsmodell mit notwendigen Annahmen vor.
(iii) Berechnen Sie die vorhergesagten Werte mit der in (ii) ermittelten angepassten Gleichung.
(iv) Erhalten Sie eine unverzerrte Schätzung der Residualvarianz.
(v) Erstellen Sie eine Varianzanalysetabelle und testen Sie auf einem 5 % Signifikanzniveau die Hypothese, dass die Variablen X_1, X_2 und X_3 linear zu Y stehen.
(vi) Berechnen Sie den Bestimmtheitskoeffizienten (R^2) und interpretieren Sie ihn. Berechnen Sie den angepassten R^2.
(vii) Testen Sie, ob die Variable X_2 aus dem Modell entfernt werden kann.
(viii) Testen Sie, ob die Variablen X_2 und X_3 aus dem Modell entfernt werden können.

(ix) Berechnen Sie die geschätzte Varianz und Kovarianz der Stichprobenregressionskoeffizienten.
(x) Führen Sie individuelle Tests zur Signifikanz der Regressionskoeffizienten durch.
(xi) Berechnen Sie die individuellen 95 % Konfidenzintervalle für die Regressionskoeffizienten im in (ii) beschriebenen Modell.
(xii) Erstellen und interpretieren Sie die Graphen von
  a. Residual gegen die vorhergesagten Werte.
  b. Residual gegen jede erklärende Variable.
(x) Für eine Einzelperson in einer Studie mit $X_1 = 10{,}5$, $X_2 = 20{,}0$ und $X_3 = 29{,}5$, berechnen Sie den Standardfehler von
  a. Die Schätzung des Populationsmittelwerts.
  b. Die Vorhersage von Y fr eine neue Einzelperson.

9.56. Eine Verbraucheragentur möchte überprüfen, ob die durchschnittlichen Lebensdauern von vier Marken von Außenbatterien, die zu fast dem gleichen Preis verkauft werden, gleich sind. Die Agentur hat zufällig einige Batterien jeder Marke ausgewählt und getestet, und die folgende Tabelle gibt die Lebensdauern dieser Batterien in Tausenden von Stunden an.

Marke A	Marke B	Marke C	Marke D
74	53	57	56
78	51	81	51
51	47	77	49
56	59	68	43
65		71	

Identifizieren Sie das Design und führen Sie folgendes aus:

(i) Testen Sie auf einem 5 % Signifikanzniveau, ob die durchschnittliche Lebensdauer jeder dieser vier Batteriemarken gleich ist?
(ii) Testen Sie auf einem 5 % Signifikanzniveau, ob die durchschnittliche Lebensdauer der Batterien der Marke B und der Marke D gleich ist?

9.57. Drei Techniker verwendeten jeweils vier Thermometer, um den Schmelzpunkt von Hydrochinon zu messen. Die aufgezeichneten Schmelzpunkte (in °C) sind unten dargestellt:

Thermometer	Techniker		
	1	2	3
1	174,0	173,0	173,5
2	173,0	172,0	173,0
3	171,5	171,0	173,0
4	173,5	171,0	172,5

Identifizieren Sie das Design, spezifizieren Sie das Modell und analysieren Sie es.

9.58. Richten Sie ANOVA für die folgenden Informationen bezüglich Bogenschützen ein. Jeder schießt drei Pfeile auf jede von drei Entfernungen, 30, 40 und 50 Yards. Die Punktzahlen für jeden Bogenschützen auf jeder Entfernung sind unten angegeben:

Bogenschützen	30 Yards	40 Yards	50 Yards
1	70	51	27
	65	56	44
	90	69	30
2	92	65	50
	100	63	40
	104	75	30
3	93	68	56
	94	93	55
	123	98	77
4	118	116	76
	141	108	70
	98	110	67

Testen Sie auf dem 5 % Signifikanzniveau die Hypothese, dass

i) Es gibt keinen Unterschied aufgrund der drei Entfernungen
ii) Es gibt keinen Unterschied aufgrund der Bogenschützen
iii) Die Bogenschützen und die Entfernungen interagieren nicht

9.59. Dreifach klassifizierte Daten zusammen mit ihren Erträgen sind wie folgt gegeben:

B (220)	F (98)	D (149)	A (92)	E (282)	C (160)
A (74)	E (238)	B (163)	C (228)	F (48)	D (168)
D (188)	C (279)	F (118)	E (278)	B (176)	A (133)
E (295)	B (242)	A (640)	D (104)	C (213)	F (163)
C (187)	D (90)	E (242)	F (96)	A (66)	B (188)
F (90)	A (124)	C (195)	B (109)	D (79)	E (211)

Die sechs verschiedenen Arten von Behandlungseffekten (A, B, C, D, E und F) wirken sich zeilen- und spaltenweise aus. Stellen Sie das Modell klar dar und analysieren Sie die Daten, um herauszufinden, ob es Unterschiede zwischen den Behandlungen gibt.

9.60. Diskutieren Sie die praktische Bedeutung der Durchführung einer Ursachenanalyse. Welche Werkzeuge werden in dieser Analyse verwendet?

9.61. Was ist eine Fehlerbaumanalyse? Wie werden sie angewendet?

9.62. Diskutieren Sie kurz die 5-Why's-Technik.

Literatur

1. AIAG.: Potential Failure Mode and Effect Analysis. Automotive Industry Action Group, (1993)
2. AIAG.: Potential Failure Mode and Effect Analysis, 4. Aufl. Automotive Industry Action Group, (2008) ISBN: 9781605341361
3. Anderson, B., Fagerhaug, T.: Root Cause Analysis: Simplified Tools and Techniques. ASQ Quality Press, Milwaukee (2000)
4. Arcaro, J.S.: TQM Facilitator's Guide. St. Lucie Press, Boca Raton (1997)
5. Barnett, V.: Convenient Plotting Positions for The Normal Distribution. Marcel Dekker, New York (1976)
6. Blom, G.: Statistical estimates and transformed beta variables. Wiley, New York (1958)
7. Brassard, M.: The Memory Jogger Plus+: Featuring the Seven Management and Planning Tools. Goal/QPC, Salem (1996)
8. Brassard, M., Ritter, D.: The Memory Jogger II: A Pocket Guide of Tools for Continuous Improvement and Effective Planning. GOAL/QPC, Salem (1994)
9. Casella, G., Berger, R.L.: Statistical Inference. Duxbury Press, Pacific Grove (2001)
10. Cox, D. R.: Principles of Statistical Inference. CUP, Cambridge (2006)
11. Cox III, J. F., Spencer, M. S.:The Constraints Management Handbook. St. Lucie Press, Boca Raton (1998)
12. Dettmer, H.W.: Goldratt's Theory of Constraints. ASQC Press, Milwaukee (1997)
13. Draper, N., Smith, H.: Applied Regression Analysis, 3. Aufl. Wiley, New York (1998)
14. Dew, J.R.: In search of the root cause. Qual. Prog. **24**(3), 97–107 (1991)
15. Ericson, C.: Fault tree analysis—a history. In: Proceedings of the 17th International Systems Safety Conference (1999). Retrieved 2010-01-17
16. Freedman, D. A.: Statistical Models: Theory and Practice (revised edition), Cambridge University Press, Cambridge (2009)
17. Fredendall, L.D., Patterson, J.W., Lenhartz, C., Mitchell, B.C.: What should be changed? Qual. Prog. **35**(1), 50–59 (2002)
18. Goldratt, E.M.: It's not luck. North River Press, Great Barrington (1994)
19. Hollander, M., Wolfe, D.A.: Non-parametric statistical methods. Marcel Dekker, New York (2003)
20. Ishikawa, K.: Guide to Quality Control, 2nd edn. Asian Productivity Organization, Tokyo(1982)
21. Kmenta, S., Ishii, K.: Scenario-based failure modes and effects analysis using expected cost. J. Mech. Des. **126**(6), 1027 (2004)
22. Lepore, D., Cohen, O.: Deming and Goldratt: The Theory of Constraints and the System of Profound Knowledge. North River Press, Great Barrington (1999)
23. Marvin, R., Arnljot, H.: System Reliability Theory, Models, Statistical Methods, and Applications. Wiley Series in probability and statistics, 2. Aufl., S. 88 (2004)
24. Meeker, W.Q., Escobar, L.A.: Statistical Methods for Reliability Data. Wiley, New York (1998)
25. Mizuno, S. (Hrsg.): Management for Quality Improvement: The Seven New QC Tools. Productivity Press, Cambridge (Original work published in 1979) (1988)
26. Muralidharan, K., Syamsunder, A.: Statistical Methods for Quality, Reliability and Maintainability. PHI India Ltd, New Delhi (2012)
27. Montgomery, D.C., Runger, G.C.: Applied Statistics and Probability for Engineers, 5. Aufl. Wiley, India (2011)
28. Montgomery, D.C., Peck, E.A., Vining, G.G.: Introduction to Linear Regression Analysis, 4. Aufl. Wiley, New York (2006)
29. Moran, J.W., Talbot, R.P., Benson, R.M.: A Guide to Graphical Problem-Solving Processes. ASQC Quality Press, Milwaukee (1990)

30. Osborn, A.F.: Applied Imagination: Principles and Procedures of Creative Problem Solving, 3. Aufl. (revised). Charles Scribner's Sons, New York (1963)
31. Pasquarella, M., Mitchell, B., Suerken, K.: A comparison on thinking processes and total quality management tools. In: 1997 APICS Constraints Management Proceedings: Make Common Sense a Common Practice, Denver, CO, APICS, Falls Church, S. 59–65 (1997)
32. Rechard, R.P.: Historical relationship between performance assessment for radioactive waste disposal and other types of risk assessment in the United States. Risk Anal. **19**(5), 763–807 (1999). 10.1023/A:1007058325258. SAND99-1147 J. Retrieved 2010-01-22
33. Robson, M.: Problem Solving in Groups, 2. Aufl. Gower, Brookfield (1993)
34. Santanen, E., Briggs, R.O., de Vreede, G.-J.: Causal Relationships in Creative Problem Solving: Comparing Facilitation Interventions for Ideation. J. Manag. Inf. Syst. **20**(4), 167–198 (2004)
35. Scheinkopf, L.J.: Thinking for a Change: Putting the TOC Thinking Processes to Use. St. Lucie Press, Boca Raton (1999)
36. Smith, D.: The Measurement Nightmare: How the Theory of Constraints can Resolve Conflicting Strategies, Policies, and Measures. St. Lucie Press, Boca Raton (2000)
37. Sproull, B.: Process Problem Solving: A Guide for Maintenance and Operations Teams. Productivity Press, Portland (2001)
38. Vesely, W. et al.: Fault Tree Handbook with Aerospace Applications. National Aeronautics and Space Administration (2002). Retrieved 2010-01-17
39. Wilson, P.F., Dell, L.D., Anderson, G.F.: Root Cause Analysis: A Tool for Total Quality Management. ASQC Quality Press, Milwaukee (1993)
40. Young, G.A., Smith, R.L.: Essentials of Statistical Inference. CUP, Cambridge (2005)
41. Zacks, S.: Introduction to Reliability Analysis. Springer, New York (1992)

Kapitel 10
Verbesserungsphase

Verbessern Sie Phasenaufgaben und Lieferergebnisse

- Schlagen Sie einen Verbesserungsimplementierungsplan vor
- Entwickeln Sie potenzielle Verbesserungen oder Lösungen für Ursachen
- Entwickeln Sie Bewertungskriterien
  - Priorisieren Sie Lösungsoptionen für jede Ursache
  - Untersuchen Sie Lösungen mit einem kurzfristigen und langfristigen Ansatz
  - Wiegen Sie die Kosten und Vorteile von „Schnellschuss“ gegenüber schwierigeren Lösungsoptionen ab
- Wählen Sie den verbesserten Prozess und die Metrik aus und implementieren Sie diese
- Messen Sie die Ergebnisse und führen Sie ein geplantes Experiment durch
- Validieren Sie Lösungen zur Verbesserung mit statistischer Analyse
- Bewerten Sie, ob Verbesserungen die Ziele erfüllen
- Bewerten Sie das Risiko
- Dokumentieren Sie die Nachfolgeschritte
- Abschlussprüfung

Die Bühne ist nun bereit für die Vorschläge von inkrementellen Änderungen und Lösungen zur Beseitigung oder Reduzierung von Defekten, Kosten oder Zykluszeiten ohne Änderung der grundlegenden Struktur des Prozesses. Alle Ursachen werden einer Prüfung und Validierung mit starker statistischer Analyse unterzogen. Die Ergebnisse werden durch Management-Inputs und die Erfahrung des Six Sigma-Personals im Umgang mit den gesetzten Zielen und Zielen unterstützt. Wir diskutieren nun einige der inkrementellen Werkzeuge, die erforderlich sind, um die unten aufgeführten Lieferergebnisse zu erzielen.

K. Muralidharan, *Six Sigma für organisatorische Exzellenz*,
https://doi.org/10.1007/978-81-322-4001-3_10

10.1 Balanced Scorecard (BSC)

Das Konzept einer Balanced Scorecard wurde nach Forschungsstudien, die in den Harvard Business Review-Artikeln von Kaplan und Norton veröffentlicht wurden und schließlich zur Veröffentlichung des Standard-Business-Buches zum Thema im Jahr 1996 führten, populär. Die Autoren definieren die Balanced Scorecard (BSC) als „organisiert um vier verschiedene Leistungsperspektiven – finanziell, Kunde, intern und Innovation und Lernen. Der Name spiegelt das Gleichgewicht zwischen kurzfristigen und langfristigen Zielen, zwischen finanziellen und nicht-finanziellen Maßnahmen, zwischen nachlaufenden und führenden Indikatoren und zwischen externen und internen Leistungsperspektiven wider." Da Daten an verschiedenen Punkten im gesamten Unternehmen gesammelt werden, wird das Bedürfnis, viele Maßnahmen zusammenzufassen – damit die Führungsebene eine effektive Vorstellung davon bekommt, was im Unternehmen passiert – kritisch. Eines der beliebtesten und nützlichsten Werkzeuge, die wir zur Erreichung dieser hochrangigen Ansicht verwenden können, ist die BSC. Die BSC ist ein flexibles Werkzeug zur Auswahl und Anzeige von „Schlüsselleistungsindikator"-Maßnahmen über das Geschäft in einem leicht lesbaren Format. Viele Organisationen, die nicht in Six Sigma involviert sind, einschließlich vieler Regierungsbehörden, verwenden die BSC, um gemeinsame Leistungsmaßnahmen zu etablieren und ein engeres Auge auf das Geschäft zu haben.

Die Schlüsselleistungsindikatoren (KPIs) sind sowohl finanzielle als auch nicht-finanzielle Metriken, die die Schlüsselgeschäftstreiber (KBDs) einer Organisation widerspiegeln, die auch als kritische Erfolgsfaktoren (CSFs) bekannt sind. Die KPIs werden im Sinne des SMART-Akronyms wie folgt definiert:

- *Spezifisch* – KPIs sollten laserfokussiert und prozessbasiert sein
- *Messbar* – KPIs müssen quantitativ und leicht bestimmbar sein
- *Erreichbar* – KPIs müssen in Bezug auf Benchmarking-Ebenen festgelegt werden, aber dennoch erreichbar bleiben
- *Relevant* – KPIs sollten mit den Strategien, Zielen und Zielen der Organisation verknüpft sein
- *Zeitgebunden* – KPI-Ebenen sollten einen bestimmten Zeitraum widerspiegeln, und sie sollten niemals offen sein. Ein zeitgebundener KPI kann die Konzentration der Mitarbeiter verbessern

Als Teil der Verbesserungsaktivität sollten die KPIs adressieren:

- Leistungsstandards für jede Schlüsselausgabe, wie von den Kunden definiert
- Beobachtbare und (wenn möglich) messbare Service-Standards für Schlüsselschnittstellen mit Kunden
- Analyse von Leistungs- und Service-Standards basierend auf ihrer relativen Bedeutung für Kunden und Kundensegmente und ihrer Auswirkung auf die Geschäftsstrategie
- Analyse und Priorisierung von Anforderungen gemäß der Geschäftsstrategie

Beachten Sie, dass ein großer Teil der Anstrengung in einem SS-Projekt zur Verbesserung der wertschöpfenden Aktivitäten für das Projekt dient. Lean Thinking konzentriert sich auf nicht-wertschöpfende Aktivitäten – jene Aktivitäten, die in jedem Unternehmen auftreten, aber keinen Wert für den Kunden hinzufügen. Im Folgenden diskutieren wir einige der Werkzeuge zur Identifizierung und Beseitigung oder Reduzierung von Verschwendung aller Art.

10.2 Kaizen-Veranstaltungen

Die kontinuierliche Verbesserung von Kaizen ist das Fundament des japanischen Managements. Das Konzept wurde von Masaoki Imai aus Japan eingeführt und hat weltweit Ruhm und Akzeptanz bei der Verbesserung bestehender Produkte und Prozesse erlangt [33]. Die Kaizen-Philosophie geht davon aus, dass unser Lebensstil – sei es unser Arbeitsleben, unser soziales Leben oder unser Privatleben – ständig verbessert werden sollte. Sie bezieht alle ein, sowohl Manager als auch Arbeiter, um eine kontinuierliche Verbesserung zu erreichen. Das Konzept hat japanischen Unternehmen geholfen, eine prozessorientierte Denkweise zu entwickeln und Strategien zu entwickeln, die eine kontinuierliche Verbesserung mit Beteiligung von Menschen auf allen Ebenen der Organisationshierarchie gewährleisten. Die Botschaft der Kaizen-Strategie ist, dass kein Tag vergehen sollte, ohne dass irgendwo im Unternehmen eine Verbesserung vorgenommen wird.

Kaizen ist ein Überbegriff, der diese „einzigartig japanischen" Praktiken wie Kundenorientierung, QC-Kreise, Vorschlagswesen, Automatisierung, Disziplin am Arbeitsplatz, Total Productivity Maintenance (TPM), Just-in-Time, Null-Fehler, Kleingruppenaktivitäten, kooperative Arbeitsbeziehungen und neue Produktentwicklung abdeckt. Nach Kaizen hat das Management zwei Hauptkomponenten: Wartung und Verbesserung. Wartung bezieht sich auf Aktivitäten, die auf die Aufrechterhaltung der aktuellen technologischen, betrieblichen und betrieblichen Standards abzielen, und Verbesserung bezieht sich auf diejenigen, die auf die Verbesserung der aktuellen Standards abzielen. Im Rahmen seiner Wartungsfunktionen führt das Management seine zugewiesenen Aufgaben aus, damit jeder im Unternehmen das festgelegte Standardbetriebsverfahren (SOP) befolgen kann. Das bedeutet, dass das Management zunächst Richtlinien, Regeln, Anweisungen und Verfahren für alle wichtigen Operationen festlegen und dann dafür sorgen muss, dass jeder das SOP befolgt. Wenn die Menschen in der Lage sind, den Standard zu befolgen, aber dies nicht tun, muss das Management Disziplin einführen. Wenn die Menschen nicht in der Lage sind, den Standard zu befolgen, muss das Management entweder Schulungen anbieten oder den Standard überprüfen oder ändern, damit die Menschen ihn befolgen können.

Top Management

- Entschlossenheit, Kaizen als Unternehmensstrategie einzuführen
- Unterstützung und Ausrichtung für Kaizen durch Bereitstellung von Ressourcen

- Richtlinien für Kaizen und übergreifende Ziele festlegen
- Realisierung von Kaizen-Zielen durch Policy Deployment und Audits
- Aufbau von Systemen, Verfahren und Strukturen, die Kaizen fördern

Mittleres Management

- Umsetzung und Implementierung von Kaizen-Zielen gemäß den Vorgaben des Top-Managements
- Einsatz von Kaizen in funktionalen Fähigkeiten
- Standards festlegen, aufrechterhalten und verbessern
- Mitarbeiter durch intensive Schulungsprogramme für Kaizen sensibilisieren
- Mitarbeitern helfen, Fähigkeiten und Werkzeuge zur Problemlösung zu entwickeln

Vorgesetzte

- Einsatz von Kaizen in funktionalen Rollen
- Formulierung von Plänen für Kaizen und Bereitstellung von Anleitung für die Arbeiter
- Verbesserung der Kommunikation mit den Arbeitern und Aufrechterhaltung einer hohen Moral
- Unterstützung von Kleingruppenaktivitäten und dem individuellen Vorschlagswesen
- Einführung von Disziplin am Arbeitsplatz
- Bereitstellung von Kaizen-Vorschlägen

Arbeiter

- Beteiligung an Kaizen durch das Vorschlagswesen und Kleingruppenaktivitäten
- Disziplin in der Werkstatt üben
- Beteiligung an kontinuierlicher Selbstentwicklung, um bessere Problemlöser zu werden
- Verbesserung der Fähigkeiten und der Arbeitsleistung durch Querausbildung

Die Wartung und Verbesserung der Standards ist somit eines der Hauptziele des japanischen Managements. Nun kann die Verbesserung zwischen Kaizen und Innovation aufgeteilt werden. Kaizen bezeichnet kleine Verbesserungen des Status quo als Ergebnis laufender Bemühungen. Innovation beinhaltet eine drastische Verbesserung des Status quo als Ergebnis einer großen Investition in neue Technologie und/oder Ausrüstung.

Lee et al. [13] sind der Meinung, dass Kaizen sehr effektiv in industriellen Technologie-Curricula sein kann und nicht nur unseren Absolventen in zukünftigen Beschäftigungsverhältnissen zugute kommen könnte, sondern auch das Verständnis dieser Technik in Fertigungsumgebungen in den gesamten USA verbessern könnte. Da die Zusammenarbeit zwischen Industrie und Bildungseinrichtungen zunimmt, könnte diese Art von Unterricht auch dazu beitragen, die Lücke zwischen Bildungspraxis und industriellen Bedürfnissen weiter zu verringern.

Kaizen kann am besten durch den 5S-Ansatz erreicht werden, der als eines der Werkzeuge zur Abfallbeseitigung gilt und unten beschrieben wird.

10.3 5S-Implementierung

Eine geplante, systematische Nachverfolgung von Aktivitäten wird zu einem wichtigen Merkmal jedes Qualitätsmanagementprozesses, der dazu beiträgt, das organisatorische Engagement für Qualitätsverbesserung kontinuierlich zu betonen. Daher ist ein umfassender Ansatz zum Qualitätsmanagement unerlässlich. Dies wird durch den 5S-Ansatz geboten. Die 5S stehen für fünf japanische Wörter: Seiri (strukturieren), Seiton (systematisieren), Seiso (säubern), Seiketsu (standardisieren) und Shitsuke (Selbstdisziplin). Diese Praktiken sind nicht nur nützlich, um ihre physische Umgebung zu verbessern, sondern auch, um ihre Denkprozesse zu verbessern.

- *Seiri* bedeutet, die für die Arbeit notwendigen Dinge von den nicht notwendigen zu trennen und die Anzahl der ersteren so gering wie möglich zu halten und an einem bequemen Ort aufzubewahren.
- *Seiton* bedeutet, die Dinge in Ordnung zu bringen. Die Dinge müssen so geordnet sein, dass sie bei Bedarf einsatzbereit sind. Dies kann erreicht werden, indem entschieden wird, wo die Dinge hingehören, der Status quo analysiert wird, die Dinge an ihren Platz zurückgebracht werden, usw.
- *Seiso* bedeutet, den Arbeitsplatz sauber zu halten. Jeder in der Organisation ist dafür verantwortlich.
- *Seiketsu* bedeutet, kontinuierlich und wiederholt für Ordnung und Sauberkeit in der Organisation zu sorgen.
- *Shitsuke* bedeutet, die Fähigkeit zu vermitteln, die Dinge so zu tun, wie sie getan werden sollen.

Das 5S-System ist oft der Ausgangspunkt für die Implementierung von Lean-Operationen, daher ist es wichtig, dass es richtig und regelmäßig durchgeführt wird. Denken Sie daran, dass Shitsuke, das fünfte „S“, im Wesentlichen dazu aufruft, die ersten vier S's kontinuierlich durchzuführen. Der Erfolg der 5S-Praktiken hängt nicht nur vom Management ab, sondern auch von den Menschen, die Teil des gesamten Qualitätsprozesses sind. Es ist das Engagement und die treibende Kraft, die eine gute Praxis von Ordnung, Sauberkeit und Standardisierung in einer Organisation ermöglicht. Deshalb befürwortet Kaizen die Praxis von 5S am Arbeitsplatz.

10.4 Die 3*M*-Technik

Die drei M's gelten als Teil der Kaizen-Aktivitäten, die dazu dienen, Abfall zu reduzieren und häufig auftretende Abfälle und Inkonsistenzen im Prozess zu stoppen. Die drei miteinander verbundenen Abfallkomponenten des Toyota Produktionssystems (TPS) sind *Muda* (Abfall), *Muri* (Überlastung) und *Mura* (Unausgeglichenheit).

Muda sind wertlose, verschwenderische Aktivitäten, die zu langen Zykluszeiten und übermäßigen Lagerbeständen eines Produktionsprozesses führen. Es gibt sieben Arten von Muda:

- Überproduktion – Mehr (Ausstoß, Vorräte usw.) zur Hand zu haben, als zur Erfüllung der Kundennachfrage benötigt wird
- Warten – Der Prozess stoppt, wenn ein Input, eine Entscheidung usw. nicht verfügbar ist
- Transport oder Beförderung – Bewegung von Personen, Informationen, Dokumenten usw.
- Verarbeitung – Durchführung unnötiger Verarbeitung, die der Kunde nicht wünscht
- Defekte – Überprüfung von Eingaben, Ausgaben oder Zwischenschritten, die mit dem Kunden (intern oder extern) übereinstimmen
- Lagerbestand – Aufrechterhaltung einer Nachfrage/Versorgung, die nicht mehr verwendet wird
- Bewegung – Unnötige Bewegung von Lagerbeständen, Dateien, Transporten

Muda ist das Ergebnis von Mura. Mura (Unausgeglichenheit) in der Produktion führt zu übermäßigen Lagerbeständen und Überlastung der Produktionspläne. Wenn verschiedene transaktionale Projekte gleichzeitig bearbeitet werden, dann können die Folgen von sich ändernden Prioritäten von Transaktionen während ihrer Bearbeitung und die Notwendigkeit, Fehler in Transaktionen durch Nacharbeit zu korrigieren, zu Unausgeglichenheit im Prozess führen. Diese Verhaltensweisen schaffen genügend Probleme im System, dass spezialisierte Expediteure möglicherweise dafür verantwortlich sind, Notaufträge durch das System zu tragen. Obwohl diese speziellen Aufträge schnell bearbeitet werden, geschieht dies auf Kosten jeder anderen Transaktion im System.

Muri ist nichts anderes als die Überlastung von Menschen, Maschinen oder Prozessen, die zu Qualitäts- oder Sicherheitsproblemen führen. Das Nichtberücksichtigen von Schwankungen in der Kundennachfrage kann zu Schwankungen von Über- und Unterproduktion führen. Die Betonung der Produktion in Zeiten hoher Nachfrage kann auf Kosten von Überstunden, abgesagten Schulungen oder System-Upgrades erfolgen. Diese Faktoren können Stress für die Arbeiter verursachen. Das Ergebnis kann Ungeduld mit Kunden, abgesagte Transaktionen oder eine Zunahme von Fehlern und Muda sein.

Durch die systematische Implementierung von 5S ist es möglich, die Auswirkungen von Muda, Mura und Muri zu minimieren. Obwohl diese Techniken recht gut funktionieren, sollten sie am besten auf die Bereiche angewendet werden, in denen Sie die Probleme während der Mess- und Analysephasen Ihres Projekts identifiziert haben.

10.5 Kanban

Ein *Kanban* ist ein visuelles Signal für Überproduktion. Es beseitigt Abfälle auf kontrollierte Weise. Ein Kanban ist ein System, das das Bedürfnis signalisiert, Lagerbestände oder Materialien aufzufüllen oder mehr von einem Artikel zu produzieren. Diese Philosophie hilft auch den Herstellern, Abfall in ihrem Prozess zu reduzieren. Dieses Prinzip arbeitet auf einem „Pull"-System im Gegensatz zum traditionellen „Push"-System. In einem Pull-System entnimmt der Kundenauftragsprozess die benötigten Artikel aus einem Supermarkt, und der Lieferprozess produziert, um das, was entnommen wurde, zu ersetzen.

Ein Kanban-System muss nicht aufwendig, ausgefeilt oder sogar computerisiert sein, um effektiv zu sein. Ein System wird am besten kontrolliert, wenn Material und Informationen in einem glatten und rationalen Muster in den Prozess ein- und aus ihm herausfließen. Wenn Prozesseingaben eintreffen, bevor sie benötigt werden, treten in der Regel unnötige Verwirrung, Lagerbestände und Kosten auf. Wenn die Prozessausgaben nicht mit den nachgelagerten Prozessen synchronisiert sind, ist das Ergebnis oft Verzögerungen, enttäuschte Kunden und damit verbundene Kosten. Ein Kanban-System kann verwendet werden, um Nachfüllverfahren zu vereinfachen und zu verbessern.

Wenn ein Geschäftsprozess einen perfekten Ein-Stück-Fluss hat, erzeugt jeder Geschäftsprozess ein „Pull"-Signal an den vorgelagerten Geschäftsprozess, um einen Artikel zur Verarbeitung zu liefern. Dies ist äußerst schwierig zu erreichen, daher wird normalerweise eine kleine Charge Material „gezogen" anstatt eines einzelnen Artikels. Diese Einheit, genannt *Kanban,* ist nicht dasselbe wie die Größe der Pitch-Einheit. Wenn der Zwischenbestand eines Artikels auf einen vorbestimmten, minimalen Betrag (Sicherheitsbestand) abnimmt, wird ein Kanban-Signal stromaufwärts gesendet, um eine Charge von Zwischenmaterial zu erzeugen. Der nachgelagerte Prozess kann den Sicherheitsbestand weiter verwenden, bis die nächste Charge eintrifft. Die Berechnung dieser Parameter hängt von einigen wirtschaftlichen Parametern, der Größe der Charge, den Kosten für den Ausfall von Lagerbeständen, der Nachfüllzykluszeit usw. ab. Variationen in der Lieferzykluszeit des Lagerbestands, Rabatte für große Chargen beim Vorkauf und Änderungen in der Verbrauchsrate erschweren die Berechnung. Wenn der Bestand dieser Zwischenartikel zunimmt, wird die Möglichkeit, wirtschaftlich schnell Designänderungen vorzunehmen, unmöglich. Die Auswirkungen von Schwankungen in der Kundennachfrage können in Fertigungsprozessen durch Änderungen im Lagerbestandsniveau ausgeglichen werden. Mit einem richtig konzipierten deterministischen Lagermodell kann man das optimale Niveau der Zykluszeit finden, das die Gesamtvariation im Prozess reduziert.

10.6 Design von Experimenten

Eines der besten und statistisch bewährten Verbesserungswerkzeuge ist das Design von Experimenten (DOE).

Das DOE ist der Prozess der Planung von Experimenten, so dass geeignete Daten gesammelt werden, eine minimale Anzahl von Experimenten durchgeführt wird, um die notwendigen technischen Informationen zu erhalten, und geeignete statistische Methoden zur Analyse der gesammelten Daten verwendet werden. Ein DOE wird von Forschern oder Ingenieuren in allen Studienfeldern durchgeführt, um die Auswirkungen mehrerer Bedingungen zu vergleichen oder etwas Neues zu entdecken. Wenn ein Experiment am effizientesten durchgeführt werden soll, muss ein wissenschaftlicher Ansatz zur Planung in Betracht gezogen werden. Der statistische Ansatz zum experimentellen Design ist notwendig, wenn wir aussagekräftige Schlussfolgerungen aus den Daten ziehen wollen. Daher gibt es zwei Aspekte bei jedem experimentellen Design: das Design des Experiments und die statistische Analyse der gesammelten Daten. Sie sind eng miteinander verbunden, da die Methode der statistischen Analyse vom verwendeten Design abhängt.

Wie bereits an vielen Stellen in diesem Buch diskutiert, betont ein Six-Sigma-Projekt die Beziehung zwischen Eingabe und Ausgabe in der Form $y = f(x)$, wobei y die für die Kunden wichtige Antwortvariable darstellt und x die Eingabevariablen darstellt, die in DOE als Faktoren bezeichnet werden. Die Frage ist, welche der Faktoren wichtig sind, um gute Werte auf der Antwortvariable zu erreichen und wie die Ebenen der Faktoren bestimmt werden. Das DOE spielt eine große Rolle in vielen Ingenieuraktivitäten. Zum Beispiel wird DOE verwendet für

1. Verbesserung der Leistung eines Fertigungsprozesses. Die optimalen Werte der Prozessvariablen können wirtschaftlich durch Anwendung von DOE bestimmt werden.
2. Die Entwicklung neuer Prozesse. Die Anwendung von DOE-Methoden früh in der Prozessentwicklung kann zu reduzierter Entwicklungszeit, reduzierter Variabilität der Zielanforderungen und verbesserten Prozessausbeuten führen.
3. Screening wichtiger Faktoren.
4. Ingenieurdesign-Aktivitäten wie Bewertung von Materialalternativen, Vergleich von grundlegenden Designkonfigurationen und Auswahl von Designparametern, so dass das Produkt robust gegenüber einer Vielzahl von Feldbedingungen ist.
5. Empirisches Modellbau, um die funktionale Beziehung zwischen x und y zu bestimmen.

Laut Montgomery [19], beinhalten einige Anwendungen von experimentellen Designs im Ingenieurwesen folgendes:

- Bewertung und Vergleich von grundlegenden Designkonfigurationen
- Bewertung von Materialalternativen
- Auswahl von Designparametern, damit das Produkt unter einer Vielzahl von Feldbedingungen gut funktioniert, damit das Produkt robust ist

- Bestimmung der Schlüsselprodukt-Designparameter, die die Produktleistung beeinflussen.

Betrachten Sie nun einige Beispiele:

Beispiel 10.1 Die Ausbeute eines bestimmten chemischen Prozesses wird untersucht. Die beiden wichtigen Variablen sind Druck und Temperatur. Zwei Stufen jedes Faktors werden ausgewählt und jeweils dreimal repliziert. Die Daten zur Ausbeute lauten wie folgt:

Temperatur (°C)	Druck (psi)	
	100	200
150	90,4	90,7
	90,2	90,6
	90,1	90,5
250	90,3	90,6
	90,5	90,8
	90,7	90,9

Hier ist $y =$ Ertrag und die Faktoren sind Temperatur (x_1) und Druck (x_2). In diesem Problem möchten die Ingenieure die folgenden Fragen beantworten:

1. Welche Auswirkungen haben x_1 und x_2 auf y?
2. Welche Auswirkungen haben die 250 °C von x_1 und 100 psig von x_2 auf y?
3. Gibt es eine Wahl von x_2, die einen gleichmäßigen Ertrag unabhängig von x_1 liefern würde?
4. Gibt es eine Wahl von x_2, die einen gleichmäßigen y unabhängig von x_1 liefern würde?

Einige dieser Fragen werden wir nach der Entwicklung der Idee von DOE unten beantworten. Betrachten Sie nun ein weiteres Beispiel:

Beispiel 10.2 Die Zündzeit von explosiven Schaltern hängt von drei Faktoren ab:

A das verwendete Metall
B die Menge des primären Initiators und
C der Packdruck des Sprengstoffs

Zwei Ebenen jedes Faktors werden für die Herstellung der Schalter in Betracht gezogen. Dazu gehören zwei Metallzusammensetzungen für Faktor A, sagen wir a_0(=soft) und a_1(=hard); zwei spezifische Mengen von Initiatoren für Faktor B, sagen wir b_0(=10 mg) und b_1(=15 mg); und zwei Packdrücke für Faktor C, sagen wir c_0(= 12.000 psi) und c_1(= 20.000 psi). Für jede dieser acht Kombinationen werden zwei Schalter hergestellt und getestet. Die Reihenfolge der Herstellung und Prüfung der Schalter wurde vollständig randomisiert. Die Daten zur Zeit in Sekunden sind unten angegeben:

$a_0b_0c_0$	$a_0b_0c_1$	$a_0b_1c_0$	$a_0b_1c_1$	$a_1b_0c_0$	$a_1b_0c_1$	$a_1b_1c_0$	$a_1b_1c_1$
40	35	29	27	32	25	16	11
39	30	34	28	30	26	12	13

In diesem Problem könnten die Ingenieure daran interessiert sein, die folgenden Fragen zu beantworten:

1. Welche Auswirkungen hat jeder Faktor auf die Zündzeit des Schalters?
2. Welche Auswirkungen hat das Hartmetall auf die Zündzeit des Schalters?
3. Wie beeinflusst die Menge des 10 mg Primärinitiators und der 2000 psi Packungsdruck die Variation in der Herstellung?
4. Wie beeinflusst der Metalltyp gemeinsam den Packungsdruck und die Menge des Initiators?
5. Gibt es eine Metallauswahl, die die Zündzeit unabhängig vom Packungsdruck reduzieren würde?
6. Gibt es eine Metallauswahl, die zu einer bestimmten Auswahl an Initiatoren passen würde?
7. Gibt es eine Auswahlkombination aus Metall, Menge des Primärinitiators und Packungsdruck, die die Herstellungszeit reduzieren würde?

In beiden oben genannten Beispielen sind die Ingenieure entweder an einem bestimmten Niveau der Einstellungen oder der optimalen Kombination von Variablen interessiert, die die Qualität und die allgemeine Verbesserung des Prozesses beeinflussen werden. In solchen Situationen ist ein geplantes Experiment unterstützt durch eine gute Datenanalyse und Interpretation unerlässlich. Dies wird durch die Verwendung von DOE erreicht. Im ersten Beispiel gibt es zwei Faktoren (Temperatur und Faktoren), die jeweils auf zwei Ebenen verwendet werden, und daher wird das Design als 2^2 Faktoriell-Design bezeichnet. Im zweiten Fall gibt es drei Faktoren (A, B und C), die jeweils auf zwei Ebenen verwendet werden, und daher wird das Design als 2^3 Faktoriell-Design bezeichnet. Somit wird ein Design mit m Faktoren, die jeweils auf n Ebenen verwendet werden, als n^m Faktoriell-Design bezeichnet.

Um das Konzept von DOE besser zu verstehen, werden wir zunächst einige grundlegende Definitionen liefern:

- Ein *Experiment* ist ein Mittel, um Antworten auf eine wissenschaftliche Frage zu erhalten. Ein Experiment kann entweder vergleichend oder absolut sein. In vergleichenden Experimenten vergleichen wir die Auswirkungen von zwei oder mehr Faktoren auf einige Populationsmerkmale, zum Beispiel den Vergleich verschiedener Behandlungskombinationen, Sorten von Pflanzen, verschiedene Diäten oder Medikamente in einem Ernährungsexperiment. In einem absoluten Experiment bestimmen wir den absoluten Wert einiger Populationsmerkmale, zum Beispiel den IQ einer Gruppe von Schülern.

- Eine *experimentelle Einheit* ist die kleinste Einheit, die eine bestimmte Behandlung erhält, die einen Wert der Antwortvariablen liefert.
- Eine *Behandlung* ist die spezifische Einstellung oder Kombination von Faktorstufen für eine experimentelle Einheit.
- Ein *Faktor* ist eine unabhängige Variable oder zuweisbare Ursache, die die Antworten beeinflussen kann und von der verschiedene Stufen im Experiment enthalten sind. Faktoren sind auch bekannt als erklärende Variablen, Prädiktorvariablen oder Eingabevariablen.
- Die *Antwortvariable* ist die Ausgabevariable, die die beobachteten Ergebnisse oder den Wert einer experimentellen Behandlung zeigt. Sie wird manchmal als abhängige Variable bezeichnet. Es kann mehrere Antwortvariablen in einem experimentellen Design geben.
- Der *beobachtete Wert* ist ein bestimmter Wert einer Antwortvariablen, der als Ergebnis eines Tests oder einer Messung bestimmt wird.
- Eine *Stufe* ist die Einstellung oder Zuweisung eines Faktors auf einen spezifischen Wert.
- Ein *Effekt* ist die Beziehung zwischen einem Faktor und einer Antwortvariablen. Beachten Sie, dass es viele Faktoren und Antwortvariablen geben kann. Dazu gehören Haupteffekt, Streuungseffekt und Interaktionseffekt.
- Ein *Störfaktor* ist eine unabhängige Variable, die schwer oder zu teuer zu kontrollieren ist als Teil der standardmäßigen experimentellen Bedingungen. Daher werden sie auch als Zufallsfaktoren bezeichnet.
- Ein *experimenteller Fehler* ist die Variation, die in der Antwortvariablen auftritt, über das hinaus, was durch die Faktoren, Blöcke oder andere zuweisbare Quellen erklärt wird.
- Ein *experimenteller Lauf* ist eine einzelne Durchführung des Experiments für eine spezifische Reihe von Behandlungskombinationen.

10.6.1 Prinzipien der Experimentierung

Das Werkzeug, DOE, wurde in den 1920er Jahren vom britischen Wissenschaftler Sir Ronald A. Fisher (1890–1962) als Werkzeug in der landwirtschaftlichen Forschung entwickelt. Die erste industrielle Anwendung wurde durchgeführt, um Faktoren zu untersuchen, die zu einem verbesserten Gerstenwachstum für die Dubliner Brauerei führen. Nach seiner ursprünglichen Einführung in die Brauereiindustrie begann das faktorielle Design, eine Klasse von Design in DOE, in Branchen wie Landwirtschaft, Baumwolle, Wolle und Chemie angewendet zu werden. Box (1919–), ein amerikanischer Wissenschaftler, und Taguchi (1924–2012), ein japanischer Wissenschaftler, haben erheblich zur Nutzung von DOE beigetragen, wo Variation und Design die zentralen Überlegungen sind. Große Fertigungsindustrien in Japan, Europa und den USA haben DOE seit den 1970er Jahren angewendet. Allerdings blieb DOE ein Spezialwerkzeug, und es war mit Six

Sigma, dass DOE erstmals der obersten Führungsebene als mächtiges Werkzeug zur Erzielung von Kosteneinsparungen und Einkommenswachstum durch Verbesserungen in Variation, Zykluszeit, Ausbeute und Design aufmerksam gemacht wurde. DOE ist nun ein integraler Bestandteil des Six Sigma Trainingsprogramms.

Für die Gültigkeit der statistischen Analyse und die Verbesserung der Präzision der Experimente ist es wichtig, die folgenden Prinzipien der Experimente zu identifizieren und kritisch zu untersuchen:

- *Replikation*. Replikation bedeutet die Wiederholung der gleichen Behandlung in einer Anzahl von Parzellen, mit dem Ziel, eine Schätzung der Fehlerstreuung des Experiments zu erhalten. Jede Wiederholung des Experiments wird als Replikat bezeichnet. Replikation erhöht die Präzision der Schätzungen der Effekte in einem Experiment.
- *Randomisierung*. Randomisierung wird verwendet, um Behandlungen auf experimentelle Einheiten zuzuweisen, so dass jede Einheit eine gleiche Chance hat, eine bestimmte Behandlung zugewiesen zu bekommen, wodurch der Effekt der Variation von unkontrollierten Störfaktoren minimiert wird. Ein vollständig randomisiertes Design (CRD) ist eines, bei dem die Behandlungen zufällig auf die gesamte Menge der experimentellen Einheiten verteilt werden. Bei einem CRD sind keine Blöcke beteiligt.
- *Blockbildung oder lokale Kontrolle*. Ein Block ist eine Sammlung von experimentellen Einheiten, die homogener sind als die gesamte Menge der experimentellen Einheiten. Blöcke werden in der Regel ausgewählt, um spezielle Ursachen zu berücksichtigen, zusätzlich zu denen, die als zu untersuchende Faktoren eingeführt wurden. Blockbildung bezieht sich auf die Methode, Blöcke in ein Experiment einzubeziehen, um die Anwendbarkeit der Schlussfolgerungen zu erweitern oder die Auswirkungen ausgewählter zuweisbarer Ursachen zu minimieren. Die Randomisierung des Experiments ist eingeschränkt und erfolgt innerhalb von Blöcken. Der Blockeffekt ist der resultierende Effekt aus einem Block in einem experimentellen Design. Das Vorhandensein eines Blockeffekts bedeutet in der Regel, dass die Methode der Blockbildung angemessen war und dass eine zuweisbare Ursache gefunden wurde. Ein Design, das Blockbildung und Randomisierung verwendet, ist das randomisierte Blockdesign (RBD).
- *Reihenfolge*. Bezieht sich auf die Reihenfolge, in der die Durchläufe eines Experiments durchgeführt werden. In der Regel werden zwei Arten von Durchläufen in einem Experiment beobachtet. Sie sind Standardreihenfolge und Durchlaufreihenfolge. Die Standardreihenfolge zeigt, welche Reihenfolge die Durchläufe in einem Experiment hätten, wenn das Experiment in Yate's Reihenfolge durchgeführt würde. Die Durchlaufreihenfolge zeigt, welche Reihenfolge die Durchläufe in einem Experiment hätten, wenn das Experiment in zufälliger Reihenfolge durchgeführt würde. Zufällige Reihenfolge dient dazu, die Auswirkungen von Störvariablen zu verteilen.
- *Verwirrung*. Verwirrung oder *Aliasbildung* ist eine Design-Technik zur Anordnung eines vollständigen faktoriellen Experiments in Blöcken, wobei die Blockgröße kleiner ist als die Anzahl der Behandlungskombinationen in einem

Replikat. Verwirrung tritt auf, wenn Faktoren oder Interaktionen nicht voneinander unterscheidbar sind. Es gibt zwei Arten von Verwirrung: *totale Verwirrung* und *teilweise Verwirrung*. Wenn ein Effekt von geringem oder keinem Interesse ist, kann dieser Effekt mit den Unterschieden der unvollständigen Blöcke in allen Replikaten verwirrt sein. Es wird dann totale Verwirrung für den betreffenden Effekt genannt. Wenn ein Effekt in einem oder einigen Replikaten mit Unterschieden unvollständiger Blöcke verwirrt ist, ein anderer Effekt in einem anderen oder einigen anderen Replikaten verwirrt ist und so weiter, dann sind die Effekte teilweise mit Blockunterschieden verwirrt.

- *Auflösung*. Im Kontext des experimentellen Designs bezieht sich Auflösung auf das Niveau der Verwirrung in einem fraktionierten faktoriellen Design. Auflösungen werden mit römischen Ziffern nummeriert. Die gängigen Auflösungen sind wie folgt:
  - Auflösung III: wo keine Haupteffekte mit einem anderen Haupteffekt verwirrt sind und Haupteffekte mit Zwei-Faktor-Interaktionen verwirrt sind
  - Auflösung IV: wo keine Haupteffekte mit einem anderen Haupteffekt verwirrt sind, und keine Haupteffekte mit Zwei-Faktor-Interaktionen verwirrt sind, Haupteffekte sind mit Drei-Faktor-Interaktionen verwirrt, und Zwei-Faktor-Interaktionen können mit anderen Zwei-Faktor-Interaktionen verwirrt sein
  - Auflösung III: wo keine Haupteffekte mit einem anderen Haupteffekt verwirrt sind, und keine Haupteffekte mit Zwei-Faktor-Interaktionen verwirrt sind, Haupteffekte sind mit Vier-Faktor-Interaktionen verwirrt, keine Zwei-Faktor-Interaktionen sind mit anderen Zwei-Faktor-Interaktionen verwirrt, und Zwei-Faktor-Interaktionen können mit anderen Drei-Faktor-Interaktionen verwirrt sein

Viele Designs werden nach den oben genannten Merkmalen klassifiziert. Im nächsten Abschnitt diskutieren wir einige in der statistischen Literatur häufig verwendete Designs.

10.6.2 Klassifizierung von Versuchsplanungen

Es gibt viele verschiedene Arten von DOE. Sie können nach der Zuordnung von Faktorkombinationen und dem Grad der Randomisierung von Experimenten klassifiziert werden.

- *Faktorieller Versuchsplan:* Dies ist ein Versuchsplan zur Untersuchung aller möglichen Behandlungskombinationen, die aus den zu berücksichtigenden Faktoren gebildet werden. Die Reihenfolge, in der mögliche Behandlungskombinationen ausgewählt werden, ist völlig zufällig. Einfaktorielle, zweifaktorielle und dreifaktorielle Versuchspläne gehören zu dieser Klasse, ebenso wie 2^k (*k* Faktoren auf zwei Ebenen) und 3^k (*k* Faktoren auf drei Ebenen) faktorielle Versuchspläne.

- *Fraktionierte faktorielle Versuchsplanung:* Dies ist ein Versuchsplan zur Untersuchung eines Bruchteils aller möglichen Behandlungskombinationen, die aus den zu untersuchenden Faktoren gebildet werden. Versuchspläne, die Tabellen von orthogonalen Arrays, Plackett-Burman-Versuchspläne und lateinische Quadratversuchspläne (LSDs) verwenden, sind fraktionierte faktorielle Versuchspläne. Diese Art von Versuchsplan wird verwendet, wenn die Kosten für das Experiment hoch sind und das Experiment zeitaufwändig ist.
- *Randomisierte vollständige Blockversuchsplanung, Split-Plot-Versuchsplanung und geschachtelte Versuchsplanung:* In diesen Versuchsplänen werden alle möglichen Behandlungskombinationen getestet, aber eine Art von Einschränkung wird auf die Randomisierung auferlegt. Zum Beispiel wird ein Versuchsplan, in dem jeder Block alle möglichen Behandlungen enthält und die einzige Randomisierung der Behandlungen innerhalb der Blöcke erfolgt, als randomisierte vollständige Blockversuchsplanung bezeichnet.
- *Unvollständige Blockversuchsplanung:* Wenn nicht jede Behandlung in jedem Block einer randomisierten vollständigen Blockversuchsplanung vorhanden ist, handelt es sich um eine unvollständige Blockversuchsplanung. Dieser Versuchsplan wird verwendet, wenn wir aufgrund von Mangel an experimenteller Ausrüstung oder unzureichenden Einrichtungen möglicherweise nicht alle Behandlungen in jedem Block durchführen können.
- *Response-Surface-Versuchsplanung und Mischversuchsplanung:* Dies ist ein Versuchsplan, bei dem das Ziel darin besteht, ein Regressionsmodell zu erforschen, um eine funktionale Beziehung zwischen der Antwortvariable und den beteiligten Faktoren zu finden, und die optimalen Bedingungen der Faktoren zu finden. Zentral zusammengesetzte Versuchspläne, drehbare Versuchspläne, Simplex-Versuchspläne, Mischversuchspläne und Versuchspläne für evolutionäre Operationen (EVOP) gehören zu dieser Klasse. Mischversuchspläne werden für Experimente verwendet, bei denen die verschiedenen Komponenten in Proportionen gemischt werden, die auf die Summe zu eins beschränkt sind.
- *Robuste Versuchsplanung:* Taguchi [30] entwickelte die Grundlagen der robusten Versuchsplanung, die oft als Parameterdesign und Toleranzdesign bezeichnet werden. Das Konzept der robusten Versuchsplanung wird verwendet, um einen Satz von Bedingungen für Designvariablen zu finden, die robust gegenüber Störungen sind und die kleinste Variation in der Funktion eines Produkts um einen gewünschten Zielwert erreichen. Tabellen von orthogonalen Arrays werden ausgiebig für robuste Versuchsplanung verwendet. Für Referenzen im Zusammenhang mit robuster Versuchsplanung, siehe Taguchi [30], Park [23], Logothetis und Wynn [16].
- *Ausgeglichene Versuchsplanung:* Bei einer ausgeglichenen Versuchsplanung haben alle Behandlungskombinationen die gleiche Anzahl von Beobachtungen. Wenn in einem Versuchsplan eine Replikation vorhanden ist, wäre sie nur dann ausgeglichen, wenn die Replikation über alle Behandlungskombinationen hinweg konsistent wäre.

Es gibt viele Versuchspläne, die in Kombinationen beider verwendet werden können. Zum Beispiel ausgeglichene unvollständige Blockversuchsplanung (BIBD), teilweise unvollständige Blockversuchsplanung (PBIBD), usw., entworfen mit verschiedenen Kombinationen von Versuchsplänen. Ein randomisierter (vollständiger) Blockversuchsplan (RCBD) ist ein Spezialfall der Zwei-Wege-Analyse, und LSD ist ein Spezialfall der Drei-Wege-Klassifikation, die in Kap. 9 durchgeführt wird. Im Folgenden studieren wir die Konzepte der faktoriellen Versuchsplanung im Detail.

10.6.3 Allgemeiner Zwei-Faktoren-Faktorieller Versuchsplan

Ein allgemeiner Fall eines Zwei-Faktoren-Faktoriellen Versuchsplans kann wie folgt erklärt werden: Lassen Sie y_{ijk} die beobachtete Reaktion sein, wenn Faktor A auf der $i$ten Ebene ($i = 1, 2, \ldots, r$) und Faktor B auf der $j$ten Ebene ($j = 1, 2, \ldots, s$) für die $k$te Replikation ($k = 1, 2, \ldots, t$) ist. Wenn also die Beobachtungen alle zufällig sind, dann wird die Gesamtzahl der Beobachtungen ($=rst$) gemäß Tab. 10.1 angeordnet sein.

Die oben genannten Beobachtungen können in einem Modell wie folgt beschrieben werden

$$y_{ijk} = \mu + \alpha_i + \beta_j + (\alpha\beta)_{ij} + \varepsilon_{ijk}, \quad \begin{cases} i = 1, 2, \ldots, r \\ j = 1, 2, \ldots s \\ k = 1, 2, \ldots, t \end{cases} \tag{10.1}$$

wo μ der Gesamtdurchschnittseffekt ist, α_i ist der Effekt der $i$ten Stufe des Zeilenfaktors A, β_j ist der Effekt der $j$ten Stufe des Spaltenfaktors B, und ε_{ijk} ist der Effekt aufgrund zufälliger (Zufalls- oder Fehler-) Variation. Beide Faktoren werden als fest angenommen und $\sum_i \alpha_i = 0$ und $\sum_j \beta_j = 0$. Wir nehmen an, dass ε_{ij} normalverteilt ist mit einem Mittelwert von 0 und einer Varianz von σ^2. Hier sind wir an der Überprüfung von drei Hypothesen interessiert, nämlich

Tab. 10.1 Ein allgemeines Zwei-Faktoren-Faktoriendesign

		Faktor – B			
		1	2	…	S
Faktor – A	1	$y_{111}, y_{112}, \ldots, y_{11t}$	$y_{121}, y_{122}, \ldots, y_{12t}$	…	$y_{1s1}, y_{1s2}, \ldots, y_{1st}$
	2	$y_{211}, y_{212}, \ldots, y_{21t}$	$y_{221}, y_{222}, \ldots, y_{22t}$	…	$y_{2s1}, y_{2s2}, \ldots, y_{2st}$
	…	…	…	…	…
	r	$y_{r11}, y_{r12}, \ldots, y_{r1t}$	$y_{r21}, y_{r22}, \ldots, y_{r2t}$	…	$y_{rs1}, y_{rs2}, \ldots, y_{rst}$

i) Alle Zeilenbehandlungseffekte sind gleich: Das heißt, $H_0^{(1)} : \alpha_1 = \alpha_2 = \cdots = \alpha_r = 0$

ii) Alle Spaltenbehandlungseffekte sind gleich: Das heißt, $H_0^{(2)} : \beta_1 = \beta_2 = \cdots = \beta_s = 0$, und

iii) Alle Zeilen- und Spaltenbehandlungsinteraktionseffekte sind gleich: Das heißt, $H_0^{(3)} : (\alpha\beta)_{ij} = 0$ für alle i und j.

Wenn wir $y_{i..}$ als die Summe aller Beobachtungen unter der $i$ten Stufe des Faktors A bezeichnen, $y_{.j.}$ als die Summe aller Beobachtungen unter der $j$ten Stufe des Faktors B, $y_{ij.}$ als die Summe aller Beobachtungen unter der ijten Zelle der Faktoren A und B, und $y_{...}$ als die Gesamtsumme aller Beobachtungen. Dann kann die Quadratsumme in der ANOVA-Tab. 10.2 wie folgt berechnet werden:

$$SS_T = \sum_{i=1}^{r}\sum_{j=1}^{s}\sum_{k=1}^{t} y_{ijk}^2 - \frac{y_{...}^2}{rst} \tag{10.2}$$

$$SS_A = \frac{1}{st}\sum_{i=1}^{r} y_{i..}^2 - \frac{y_{...}^2}{rst} \tag{10.3}$$

$$SS_B = \frac{1}{rt}\sum_{j=1}^{s} y_{.j.}^2 - \frac{y_{...}^2}{rst} \tag{10.4}$$

$$SS_{AB} = \frac{1}{t}\sum_{i=1}^{r}\sum_{j=1}^{s} y_{ij.}^2 - \frac{y_{...}^2}{rst} - SS_A - SS_B \tag{10.5}$$

und

$$SS_E = SS_T - SS_A - SS_B - SS_{AB} \tag{10.6}$$

Tab. 10.2 Zweifaktorielle Faktorenanalyse der Varianztabelle

Quelle der Variation	Freiheitsgrade	Quadratsumme	Mittlere Quadratsumme	F-Verhältnis
A Behandlungen	$r-1$	SS_A	$MS_A = \frac{SS_A}{r-1}$	$\frac{MS_A}{MS_E}$
B Behandlungen	$s-1$	SS_B	$MS_B = \frac{SS_B}{s-1}$	$\frac{MS_B}{MS_E}$
AB Interaktion	$(r-1)(s-1)$	SS_{AB}	$MS_{AB} = \frac{SS_{AB}}{(r-1)(s-1)}$	$\frac{MS_{AB}}{MS_E}$
Fehler oder Rest	$rs(t-1)$	SS_E	$MS_E = \frac{SS_E}{rs(t-1)}$	
Gesamt	$rst-1$	SS_T		

Für große Werte des F-Verhältnisses lehnen wir die Hypothese ab. Wir untersuchen nun zwei spezielle Fälle des Zwei-Faktoren-Faktor-Designs und führen deren Analyse durch.

10.6.4 2^2 Faktorielles Design

Dies ist ein spezieller Fall des in Tab. 10.1 diskutierten Zwei-Faktoren-Faktor-Experiments, bei dem $r = s = 2$, d. h. die Faktoren A und B werden auf zwei Ebenen verwendet und das Experiment wird t-mal repliziert. Für ein solches Design haben wir $2^2xt = 4t$ Beobachtungen. Speziell, wenn $t = 4$, haben wir 16 Beobachtungen. Für das in 10.1 diskutierte Beispiel (Ausbeute eines bestimmten chemischen Prozesses) haben wir $r = s = 2$ und $t = 3$, und daher gibt es 12 Beobachtungen. Lassen Sie die Ebenen der Faktoren (A = Temperatur und B = Druck) beliebig „niedrig“ und „hoch“ genannt werden, und die natürliche Reihenfolge der Behandlungskombinationen des 2^2 Designs sei (1), *a, b, ab*. Dann wird das vollständige Experiment mit allen Behandlungskombinationen zusammen mit den Replikationen wie folgt beschrieben:

Faktor			Behandlungskombinationen		Replikate			Gesamt
A	B	AB	Beschreibung	Etiketten	1	2	3	
−	−	+	A niedrig, B niedrig	(1)	90,4	90,2	90,1	270,7
+	−	−	A hoch, B niedrig	*a*	90,3	90,5	90,7	271,5
−	+	−	A niedrig, B hoch	*b*	90,7	90,6	90,5	271,8
+	+	+	A hoch, B hoch	*ab*	90,6	90,8	90,9	272,3

Die durchschnittlichen *Haupteffekte* von A und B können wie folgt berechnet werden:

$$\mathrm{A} = \frac{1}{2t}[ab + a - b - (1)] \tag{10.7}$$

$$\mathrm{B} = \frac{1}{2t}[ab - a + b - (1)] \tag{10.8}$$

und der durchschnittliche *Interaktionseffekt* AB wird wie folgt ermittelt:

$$\mathrm{AB} = \frac{1}{2t}[ab - a - b + (1)] \tag{10.9}$$

Für das in 10.1 diskutierte Beispiel schätzen wir die durchschnittlichen Haupteffekte für Faktoren wie folgt:

$$\begin{aligned}A &= \frac{1}{2(3)}[272{,}3 + 271{,}5 - 271{,}8 - 270{,}7]\\ &= 0{,}216667\end{aligned}$$

$$\begin{aligned}B &= \frac{1}{2(3)}[272{,}3 - 271{,}5 + 271{,}8 - 270{,}7]\\ &= 0{,}316667\end{aligned}$$

und

$$\begin{aligned}AB &= \frac{1}{2(3)}[272{,}3 - 271{,}5 - 271{,}8 + 270{,}7]\\ &= -0{,}05\end{aligned}$$

Hier sind sowohl die Haupteffekte A und B positiv und signifikant. Der Interaktionseffekt AB ist negativ und sehr klein. Dies deutet darauf hin, dass eine Erhöhung der Temperatur von 150 auf 250 °C und des Drucks von 100 auf 200 psi die Ausbeute verbessern könnte.

Mit der Summe der Quadrate für A, B und AB können wir den *Kontrast* für A, B und AB wie folgt berechnen:

$$\begin{aligned}\text{Contrast}_A &= ab + a - b - (1)\\ \text{Contrast}_B &= ab - a + b - (1)\end{aligned}$$

und

$$\text{Contrast}_{AB} = ab - a - b + (1)$$

Außerdem sind diese drei Kontraste *orthogonal*. Diese Kontraste werden auch als *Gesamteffekt* von A, B und AB bezeichnet. Die Kontraste helfen uns, die Summe der Quadrate wie folgt zu ermitteln:

$$SS_A = \frac{(\text{contrast}_A)^2}{2^2 t} = \frac{1}{4t}[ab + a - b - (1)]^2 \tag{10.10}$$

$$SS_B = \frac{(\text{contrast}_B)^2}{2^2 t} = \frac{1}{4t}[ab - a + b - (1)]^2 \tag{10.11}$$

und

$$SS_{AB} = \frac{(\text{contrast}_{AB})^2}{2^2 t} = \frac{1}{4t}[ab - a - b + (1)]^2 \tag{10.12}$$

Für das untersuchte Beispiel erhalten wir die Summe der Quadrate wie folgt:

$$SS_A = \frac{1}{4(3)}[272{,}3 + 271{,}5 - 271{,}8 - 270{,}7]^2 = 0{,}140833$$

$$SS_B = \frac{1}{4(3)}[272{,}3 - 271{,}5 + 271{,}8 - 270{,}7]^2 = 0{,}300833$$

und

$$SS_{AB} = \frac{1}{4(3)}[272{,}3 - 271{,}5 - 271{,}8 + 270{,}7]^2 = 0{,}0075$$

Die SS_A, SS_B, und SS_{AB} können auch mit der in (10.2–10.6) oben diskutierten Formel berechnet werden. Die Gesamtsumme der Quadrate wird wie folgt ermittelt:

$$\begin{aligned} SS_T &= \sum_{i=1}^{r}\sum_{j=1}^{s}\sum_{k=1}^{t} y_{ijk}^2 - \frac{y_{...}^2}{rst} \\ &= 90{,}4^2 + 90{,}3^2 + \cdots + 90{,}9^2 - \frac{1086{,}3^2}{12} \\ &= 0{,}6425 \end{aligned}$$

Daher,

$$SS_E = 0{,}193$$

Die vollständige ANOVA-Tab. wird in Tab. 10.3 dargestellt.

Der Tabellenwert der F-Verteilung ergibt $F_{0{,}05(1{,}8)} = 5{,}32$, für ein Signifikanzniveau von 5 %. Da das F-Verhältnis für A und B größer als der Tabellenwert ist, wird die Hypothese abgelehnt. Das heißt, die Temperatur- und Druckstufen sind signifikant. Da das F-Verhältnis für AB kleiner als der Tabellenwert ist, wird geschlossen, dass es keinen Interaktionseffekt zwischen Temperatur und Druck gibt.

Das oben genannte Experiment kann passend in einem Regressionsmodell wie folgt ausgedrückt werden: Lassen Sie x_1 der *kodierte Wert* der Temperaturmenge sein und lassen Sie x_2 der *kodierte Wert* der Druckmenge sein. Dann wird die Ausbeute eines bestimmten chemischen Prozesses in einem Regressionsmodell wie folgt ausgedrückt:

$$y = \beta_0 + \beta_1 x_1 + \beta_2 x_2 + \varepsilon$$

wo β_0 der Durchschnitt aller Beobachtungen ist, und β_1 und β_2 die entsprechenden Schätzungen der Faktoreffekte sind. Man kann auch Wechselwirkungseffekte in das Modell einfügen, vorausgesetzt, sie sind signifikant.

Tab. 10.3 VarianzanalyseTab. für die chemischen Prozessdaten

Quelle der Variation	Freiheitsgrade	Summe der Quadrate	Mittelwert der Quadratsumme	F-Verhältnis
A	1	0,140833	0,14083	5,8276
B	1	0,300833	0,30083	12,4483
AB	1	0,0075	0,00750	0,31035
Fehler	8	0,193	0,02417	
Gesamt	11	0,6425		

Tab. 10.4 2^2 Vollfaktorielles Design für chemischen Prozess mit drei Wiederholungen

Std-Reihen-folge	Durchlauf-reihenfolge	Mittelpunkt	Blöcke	Temperatur	Druck	Ausbeute
12	1	1	1	250	200	90,6
1	2	1	1	150	100	90,4
3	3	1	1	150	200	90,7
8	4	1	1	250	200	90,8
4	5	1	1	250	200	90,9
6	6	1	1	250	100	90,3
5	7	1	1	150	100	90,2
2	8	1	1	250	100	90,5
10	9	1	1	250	100	90,7
11	10	1	1	150	200	90,6
7	11	1	1	150	200	90,5
9	12	1	1	150	100	90,1

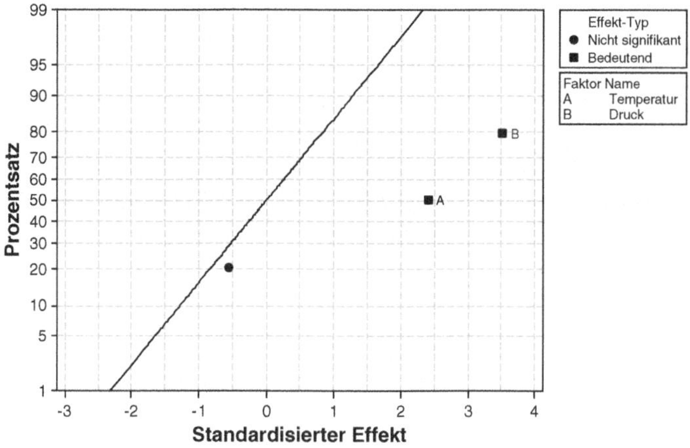

Abb. 10.1 Normalwahrscheinlichkeitsdiagramm der standardisierten Effekte

Die MINITAB-Ausgabe der oben genannten Analyse wird unten präsentiert: Tab. 10.4 zeigt das vollfaktorielle Design mit ihren Durchlaufreihenfolgen.

Das Normalwahrscheinlichkeitsdiagramm der Effekte ist in Abb. 10.1 dargestellt. Das Diagramm zeigt deutlich, dass die Effekte A und B signifikant sind.

MINITAB Vollfaktorieller Entwurf

```
Faktoren:  2   Basis-Design:                2, 4
Läuft:    12   Replikate:                      3
Blöcke:    1   Zentrumspunkte (insgesamt):     0
```

Faktorielle Anpassung: Ausbeute versus Temperatur, Druck

```
Geschätzte Effekte und Koeffizienten für Ausbeute (kodierte Einheiten)

Begriff               Wirkung     Coef  SE Coef        T      P
Konstante                      90,5250  0,04488  2017,21  0,000
Temperatur             0,2167   0,1083  0,04488     2,41  0,042
Druck                  0,3167   0,1583  0,04488     3,53  0,008
Temperatur*Druck      -0,0500  -0,0250  0,04488    -0,56  0,593


S = 0,155456    R-Sq = 69,91%    R-Sq(adj) = 58,63%


Varianzanalyse für den Ertrag (kodierte Einheiten)

Quelle                    DF    Seq SS    Adj SS    Adj MS      F      P
Wichtigste Auswirkungen    2  0,441667  0,441667  0,220833   9,14  0,009
2-Wege-Interaktionen       1  0,007500  0,007500  0,007500   0,31  0,593
Residualer Fehler          8  0,193333  0,193333  0,024167
  Reiner Fehler            8  0,193333  0,193333  0,024167
Insgesamt                 11  0,642500
Geschätzte Koeffizienten für den Ertrag unter Verwendung von Daten in
nicht codierten Einheiten

Begriff                    Coef
Konstante               89,3167
Temperatur           0,00366667
Druck                0,00516667
Temperatur*Druck   -1,00000E-05
```

Abb. 10.2 zeigt das Pareto-Diagramm für standardisierte Effekte. Es ist offensichtlich, dass der Faktor B die maximale Variation erklärt, gefolgt vom Faktor A. Dies wird durch die Haupteffekt-Diagramme in Abb. 10.3 unterstützt. Das Interaktionsdiagramm ist in Abb. 10.4 dargestellt.

Das Interaktionsdiagramm zeigt, dass es keine Interaktion zwischen den Faktoren gibt, da die Linien mehr oder weniger parallel sind. Darüber hinaus ist der Effekt der Temperaturstufen fast gleich dem Effekt der Druckstufe.

Ein Regressionsmodell zu diesem Beispiel kann durch Schätzung des Regressionskoeffizienten aus den Faktoreffekten angepasst werden. Dementsprechend werden die Schätzungen jeweils als $\hat{\beta}_0 = 90{,}525$, $\hat{\beta}_1 = 0{,}1083$, und $\hat{\beta}_2 = 0{,}1583$ erhalten (siehe auch die MINITAB-Ausgabe zu geschätzten Effekten und Koeffizienten). Da der Interaktionseffekt nicht signifikant ist, wird er nicht in das Modell aufgenommen. Daher ist das Regressionsmodell basierend auf der codierten Beobachtung wie folgt:

$$y = 90{,}525 + 0{,}1083x_1 + 0{,}1583x_2 \tag{10.13}$$

Abb. 10.2 Pareto-Diagramm der standardisierten Effekte

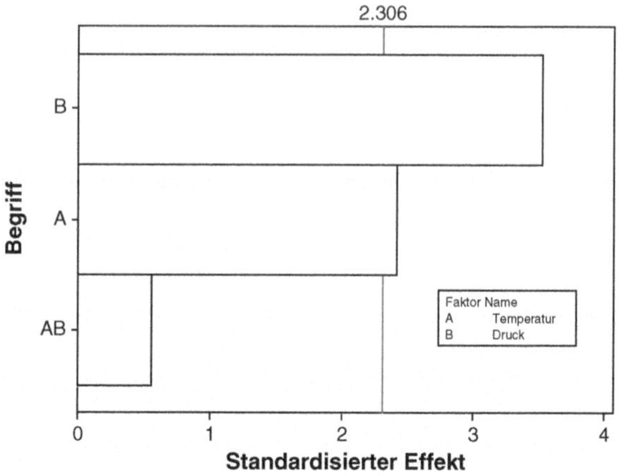

Abb. 10.3 Haupteffekt-Diagramm (Datenmittelwerte) für die Ausbeute

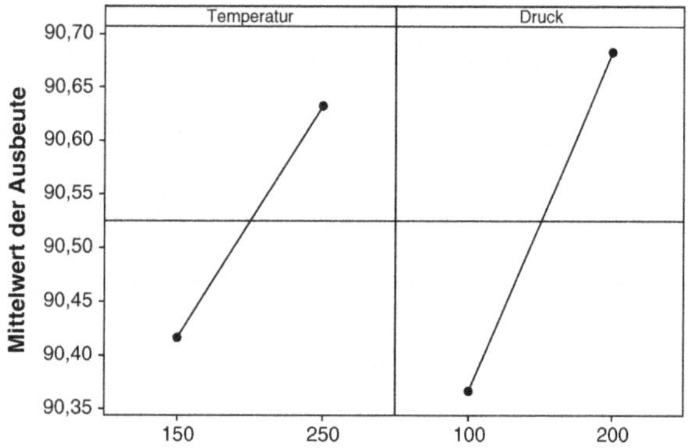

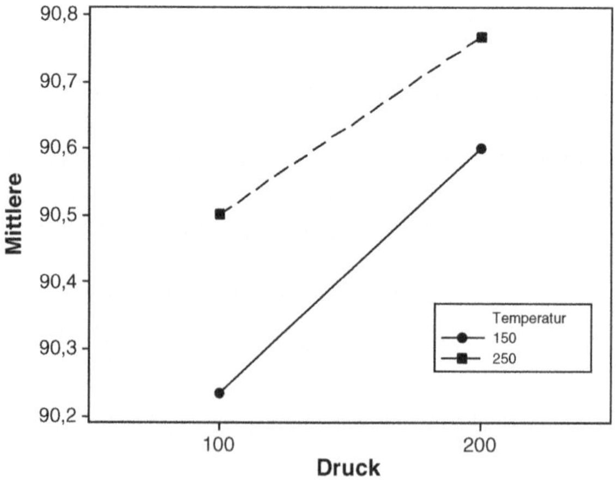

Abb. 10.4 Interaktionsdiagramm (Datenmittelwerte) für die Ausbeute

Tab. 10.5 Geschätzte Antworten und Residuen

A	B	Replikate			$\hat{y}$	Residuen jeder Replikate		
		y_1	y_2	y_3		$y_1 - \hat{y}$	$y_2 - \hat{y}$	$y_3 - \hat{y}$
−	−	90,4	90,2	90,1	90,2584	0,1416	−0,0584	−0,1584
+	−	90,3	90,5	90,7	90,475	−0,175	0,025	0,225
−	+	90,7	90,6	90,5	90,575	0,125	0,025	−0,075
+	+	90,6	90,8	90,9	90,7916	−0,1916	0,0084	0,1084

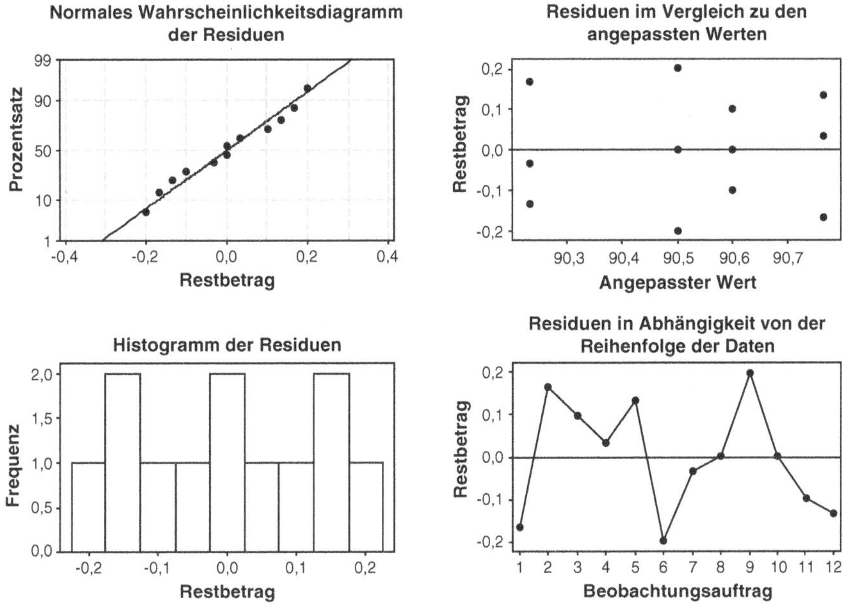

Abb. 10.5 Residualanalyse der Ausbeute

Das äquivalente uncodierte Modell basierend auf den Originaldaten kann wie folgt erhalten werden:

$$y = 89{,}3167 + 0{,}003666667x_1 + 0{,}00516667x_2 \tag{10.14}$$

Der geschätzte Wert der Antwort basierend auf dem codierten Regressionsmodell (10.13) ist in Tab. 10.5 angegeben. Die Residualanalyse wird in Abb. 10.5 präsentiert.

Die Residualanalyse zeigt keine Art von ungewöhnlichen Beobachtungen. Die Residuen sind normal und die Laufaufträge sind ebenfalls zufällig. Das Antwortflächen-Diagramm und das Konturdiagramm der Antwort gegen Druck und Temperatur sind in Abb. 10.6a, b, dargestellt. Sowohl das Oberflächendiagramm als auch das Konturdiagramm zeigen, dass die Ausbeute mit steigender Temperatur und Druck zunimmt.

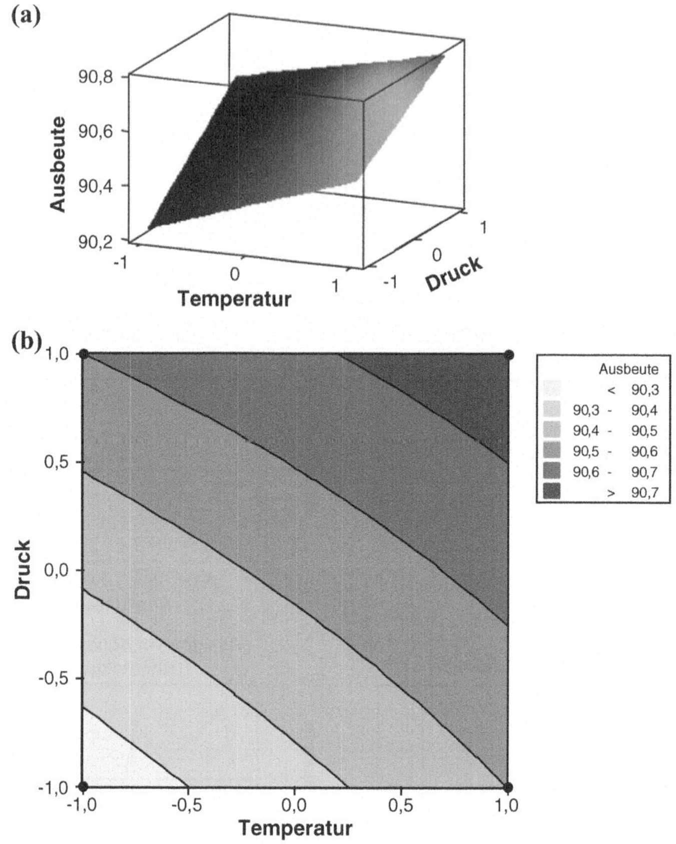

Abb. 10.6 **a** Antwortflächen-Diagramm, **b** Konturdiagramm

10.6.5 2^3 Faktorieller Entwurf

Ein 2^3 faktorieller Entwurf hat 3 Faktoren, A, B und C, die jeweils auf 2 Ebenen verwendet werden. Die acht Behandlungskombinationen in natürlicher Reihenfolge sind (1) *a, b, ab, c, ac, bc, abc*. Lassen Sie die Ebenen der Faktoren können willkürlich als „niedrig (−)" und „hoch (+)" bezeichnet werden. Dann wird das vollständige Experiment mit allen Behandlungskombinationen zusammen mit *n* Beobachtungen in Tab. 10.6 beschrieben.

Der durchschnittliche *Haupteinfluss* von A, B und C kann wie folgt berechnet werden:

$$A = \frac{1}{4n}[abc - bc + ac - c + ab - b + a - (1)]$$

Tab. 10.6 2^3 Faktorielle Designanordnung

Durchlauf	A	B	C	Behandlungs-kombinationen	1	2	…	n	Gesamt
1	−	−	−	(1)	…	…	…	…	…
2	+	−	−	a	…	…	…	…	…
3	−	+	−	b	…	…	…	…	…
4	+	+	−	ab	…	…	…	…	…
5	−	−	+	c	…	…	…	…	…
6	+	−	+	ac	…	…	…	…	…
7	−	+	+	bc	…	…	…	…	…
8	+	+	+	abc	…	…	…	…	…

$$\mathrm{B} = \frac{1}{4n}[abc + bc - ac - c + ab + b - a - (1)]$$

$$\mathrm{C} = \frac{1}{4n}[abc + bc + ac + c - ab - b - a - (1)]$$

und der durchschnittliche *Interaktionseffekt* AB, AC, BC und ABC wird wie folgt ermittelt:

$$\mathrm{AB} = \frac{1}{4n}[abc - bc - ac + c + ab - b - a + (1)]$$

$$\mathrm{AC} = \frac{1}{4n}[abc - bc + ac - c - ab + b - a + (1)]$$

$$\mathrm{BC} = \frac{1}{4n}[abc + bc - ac - c - ab - b + a + (1)]$$

$$\mathrm{ABC} = \frac{1}{4n}[abc - bc - ac + c - ab + b + a - (1)]$$

Mit der Summe der Quadrate für A, B und AB können wir den *Kontrast* für A, B und AB wie folgt berechnen:

$$\mathrm{Contrast}_A = abc - bc + ac - c + ab - b + a - (1)$$

$$\mathrm{Contrast}_B = abc + bc - ac - c + ab + b - a - (1)$$

und

$$\mathrm{Contrast}_C = abc + bc + ac + c - ab - b - a - (1)$$

Außerdem sind diese drei Kontraste *orthogonal*. Diese Kontraste werden auch als die *Gesamtwirkung* von A, B und AB bezeichnet. Die Kontraste helfen uns, die Summe der Quadrate wie folgt zu ermitteln:

$$SS_A = \frac{(\text{contrast}_A)^2}{2^3 n} = \frac{1}{8n}[abc - bc + ac - c + ab - b + a - (1)]^2$$

$$SS_B = \frac{(\text{contrast}_B)^2}{2^3 n} = \frac{1}{8n}[abc + bc - ac - c + ab + b - a - (1)]^2$$

und

$$SS_C = \frac{(\text{contrast}_C)^2}{2^3 n} = \frac{1}{8n}[abc + bc + ac + c - ab - b - a - (1)]^2$$

Ähnlich können auch andere Summen der Quadrate ermittelt werden (Tab. 10.7).

Wir entwerfen jetzt ein2^3 Faktorieller Entwurf für das in 10.2 beschriebene Beispiel (Zündzeit von Sprengschaltern). In Tab. 10.8 werden die gleichen Daten in einem geplanten Experiment mit drei Faktoren auf jeweils zwei Ebenen und zwei Wiederholungen präsentiert.

Dies ist ein Beispiel für2^3 Faktorieller Entwurf mit $r = 3$, $s = 2$ und $t = 2$, wobei Faktor A das verwendete Metall ist, B die Menge des primären Initiators und C der Packdruck des Sprengstoffs. Tab. 10.9 zeigt das 2^3 Faktorielle Datenerfassungsblatt zusammen mit der durchschnittlichen Antwortvariable Zündzeit in Sekunden.

Das Haupteffektdiagramm für die Ausbeute (Zündzeit) ist in Abb. 10.7 dargestellt. Faktoren A (das verwendete Metall) und B (die Menge des primären Initiators) beeinflussen die Zündzeit erheblich, während Faktor C (der Packdruck des Sprengstoffs) möglicherweise nicht zu stark beeinflusst.

Tab. 10.7 Ein 2^3 Faktorieller Versuchsplan zeigt Wechselwirkungseffekte

Behandlungskombinationen	A	B	C	AB	AC	BC	ABC
(1)	−	−	−	+	+	+	−
a	+	−	−	−	−	+	+
b	−	+	−	−	+	−	+
ab	+	+	−	+	−	−	−
c	−	−	+	+	−	−	+
ac	+	−	+	−	+	−	−
bc	−	+	+	−	−	+	−
abc	+	+	+	+	+	+	+

Tab. 10.8 Daten zur Zündzeit von explosiven Schaltern

	Faktor A			
	a_0(=soft)		a_1(=hard)	
	Faktor B		Faktor B	
Faktor C	b_0(=10 mg)	b_1(=15 mg)	b_0(=10 mg)	b_1(=15 mg)
c_0(=12,000 psi)	40	29	32	16
	39	34	30	12
c_1(=20,000 psi)	35	27	25	11
	30	28	26	13

Tab. 10.9 Ein 2^3 Faktorieller Entwurf zusammen mit den Antworten

Std Reihenfolge	Lauf Reihenfolge	Mittelpunkt	Blöcke	A	B	C	Zündzeit
11	1	1	1	Weich	15	12,000	34
10	2	1	1	Hart	10	12,000	32
14	3	1	1	Hart	10	20,000	25
7	4	1	1	Weich	15	20,000	27
8	5	1	1	Schwer	15	20,000	11
2	6	1	1	Schwer	10	12,000	30
16	7	1	1	Schwer	15	20,000	13
3	8	1	1	Weich	15	12,000	29
1	9	1	1	Weich	10	12,000	40
13	10	1	1	Weich	10	20,000	35
4	11	1	1	Schwer	15	12,000	16
12	12	1	1	Schwer	15	12,000	12
6	13	1	1	Hart	10	20,000	26
5	14	1	1	Weich	10	20,000	30
9	15	1	1	Weich	10	12,000	39
15	16	1	1	Weich	15	20,000	28

Das Pareto-Diagramm der standardisierten Effekte ist in Abb. 10.8 dargestellt. Es ist sehr klar, dass der Faktor A gefolgt von Faktor B die Variation weitgehend beiträgt. Die Varianzanalyse in der MINITAB-Ausgabe zeigt, dass die Faktoren A, B, C und AB hochsignifikant sind, da ihr p-Wert kleiner als 0,05 ist.

MINITAB Vollfaktorieller Entwurf

Faktoren: 3	Basisdesign:	3, 8	
Läuft: 16	Replikate:	2	
Blöcke: 1	Zentrumspunkte (insgesamt):	0	

Geschätzte Effekte und Koeffizienten für die Brenndauer (kodierte Einheiten)

Begriff	Wirkung	Coef	SE Coef	T	P
Konstante		26,688	0,5484	48,66	0,000
Typ	-12,125	-6,062	0,5484	-11,05	0,000
Initiator	-10,875	-5,438	0,5484	-9,91	0,000
Druck	-4,625	-2,313	0,5484	-4,22	0,003
Typ*Initiator	-4,375	-2,188	0,5484	-3,99	0,004
Typ*Druck	0,875	0,437	0,5484	0,80	0,448
Initiator*Druck	1,625	0,813	0,5484	1,48	0,177
Typ*Initiator*Druck	0,125	0,063	0,5484	0,11	0,912

S = 2,19374 R-Sq = 96,98% R-Sq(adj) = 94,34%

Varianzanalyse für die Brenndauer (kodierte Einheiten)

Quelle	DF	Seq SS	Adj SS	Adj MS	F	P
Wichtigste Auswirkungen	3	1146,69	1146,69	382,229	79,42	0,000
2-Wege-Interaktionen	3	90,19	90,19	30,063	6,25	0,017
3-Wege-Interaktionen	1	0,06	0,06	0,063	0,01	0,912
Residualer Fehler	8	38,50	38,50	4,813		
Reiner Fehler	8	38,50	38,50	4,813		
Insgesamt	15	1275,44				

Geschätzte Koeffizienten für die Feuerungszeit unter Verwendung von Daten in nicht codierten Einheiten

Begriff	Coef
Konstante	79,3750
Typ	4,3750
Initiator	-3,47500
Druck	-0,00159375
Typ*Initiator	-0,975000
Typ*Druck	0,000031250
Initiator*Druck	8,12500E-05
Typ*Initiator*Druck	6,25000E-06

Abb. 10.9 zeigt die vollständigen Interaktionsdiagramme der Faktoren entsprechend ihren Ebenen. Dieses Diagramm unterstützt auch den Nachweis der Interaktion zwischen den Faktoren, Art des verwendeten Metalls und Initiator. Der Druck zeigt keine Abhängigkeit von der Art des verwendeten Metalls und dem Initiator. Außerdem gibt es absolut keine höheren Interaktionen zwischen den Variablen.

Ein Regressionsmodell für dieses Beispiel kann durch Schätzung des Regressionskoeffizienten aus den Faktoreffekten angepasst werden. Wir beziehen uns zunächst auf die von MINITAB codierte Ausgabe zu geschätzten Effekten und Koeffizienten. Da A, B, C und AB signifikant sind, schließen wir diese Variablen in das Modell ein. Dementsprechend ist das Regressionsmodell basierend auf *codierten* Beobachtungen wie folgt:

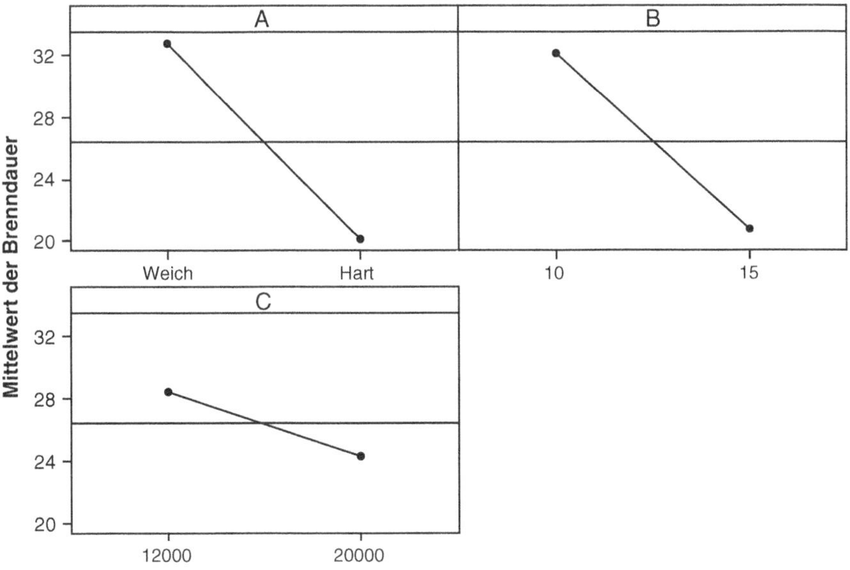

Abb. 10.7 Haupteffektdiagramm (Datenmittelwerte) für die Zündzeit

Abb. 10.8 Pareto-Diagramm der standardisierten Effekte

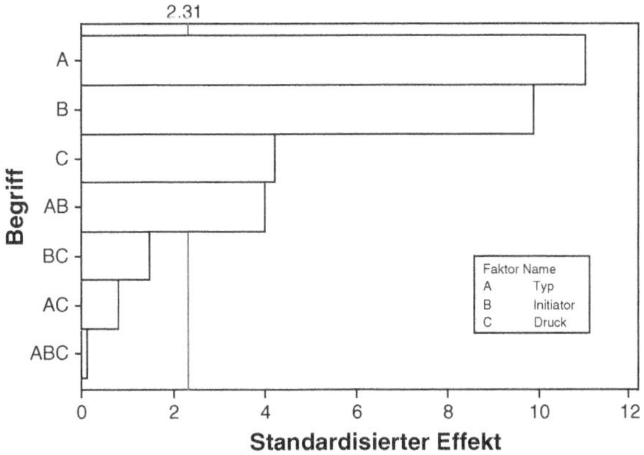

$$\hat{y} = 26{,}688 - 6{,}0625x_1 - 5{,}438x_2 - 2{,}313x_3 - 2{,}188x_{12} \qquad (10.15)$$

Das äquivalente *unkodierte* Modell basierend auf den Originaldaten kann wie folgt erhalten werden:

$$\hat{y} = 79{,}375 + 4{,}375x_1 - 3{,}475x_2 - 0{,}00159375x_3 - 0{,}975x_{12} \qquad (10.16)$$

Die Vorhersage basierend auf der kodierten Beobachtung wird wie folgt erarbeitet: Angenommen $x_1 = -1$, $x_2 = -1$, und $x_1 = +1$, dann ist der vorhergesagte Wert von y wie folgt:

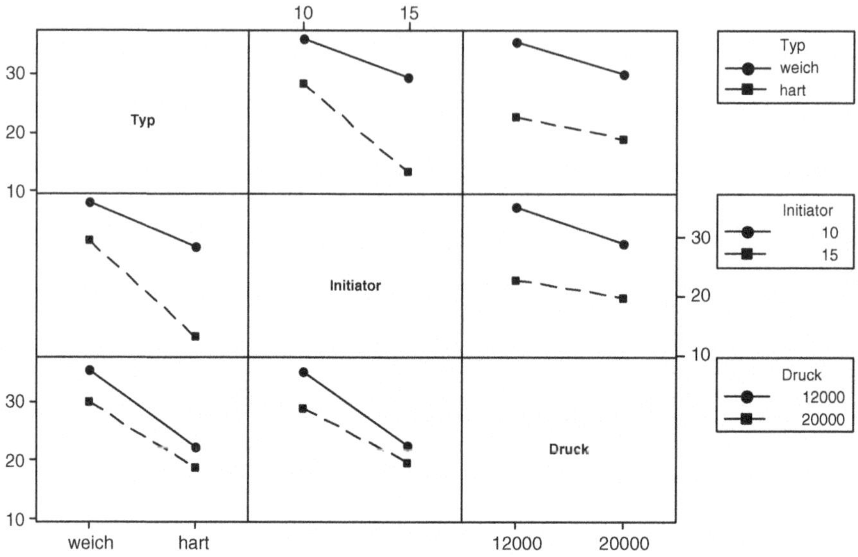

Abb. 10.9 Interaktionsdiagramm (Datenmittelwerte) für die Zündzeit

$$\begin{aligned} y &= 26{,}688 - 6{,}0625(-1) - 5{,}438(-1) - 2{,}313(+1) - 2{,}188(-1)(-1) \\ &= 33{,}6875. \end{aligned}$$

Der tatsächliche Wert von y bei dieser Einstellung beträgt 35. Ebenso, wenn $x_1 = +1$, $x_2 = -1$, und $x_1 = +1$, dann ist der vorhergesagte Wert von y wie folgt:

$$\begin{aligned} y &= 26{,}688 - 6{,}0625(+1) - 5{,}438(-1) - 2{,}313(+1) - 2{,}188(+1)(-1) \\ &= 25{,}9385, \end{aligned}$$

und der tatsächliche Wert von y bei dieser Einstellung beträgt 25.

Wir betrachten nun ein Beispiel für ein 2^4 Faktoriellen Experiment und führen die Analyse basierend auf vollfaktoriellen, für transformierte Variable und einem fraktionalen Replikationsplan Experimenten durch.

Beispiel 10.3 Ein Ingenieur hat ein Experiment durchgeführt, um den Einfluss von vier Faktoren auf die Oberflächenrauheit eines bearbeiteten Teils zu untersuchen. Die Faktoren (und ihre Stufen) sind A = Werkzeugwinkel (12°, 15°), B = Schneidflüssigkeitsviskosität (300, 400), C = Vorschubgeschwindigkeit (10 in/min, 15 in/min), und D = Verwendung eines Schneidflüssigkeitskühlers (nein, ja). Die Daten aus diesem Experiment (mit den Faktoren kodiert auf die üblichen −1, +1 Stufen) sind in Tab. 10.10 dargestellt.

Wir versuchen, die folgenden Fragen zu beantworten:

1. Schätzen Sie die Faktoreffekte. Zeichnen Sie die Effektschätzungen auf einem normalen Wahrscheinlichkeitsdiagramm und wählen Sie ein vorläufiges Modell aus

Tab. 10.10 Daten zur Oberflächenrauheit

Durchlauf	A	B	C	D	Oberflächenrauheit
1	−	−	−	−	0,00340
2	+	−	−	−	0,00362
3	−	+	−	−	0,00301
4	+	+	−	−	0,00182
5	−	−	+	−	0,00280
6	+	−	+	−	0,00290
7	−	+	+	−	0,00252
8	+	+	+	−	0,00160
9	−	−	−	+	0,00336
10	+	−	−	+	0,00344
11	−	+	−	+	0,00308
12	+	+	−	+	0,00184
13	−	−	+	+	0,00269
14	+	−	+	+	0,00284
15	−	+	+	+	0,00253
16	+	+	+	+	0,00163

2. Passen Sie das in Teil (1) identifizierte Modell an und analysieren Sie die Residuen. Gibt es Anzeichen für eine Modellunzulänglichkeit?
3. Wiederholen Sie die Analyse aus den Teilen (1) und (2) mit 1/y als Antwortvariable. Gibt es Anzeichen dafür, dass die Transformation nützlich war?
4. Passen Sie das Modell in Bezug auf codierte Variablen an, die zur Vorhersage der Oberflächenrauheit verwendet werden können. Konvertieren Sie diese Vorhersagegleichung in ein Modell in den natürlichen Variablen.
5. Führen Sie einen Halb-Replikationsplan dieses Experiments durch und ziehen Sie Schlussfolgerungen.

Lösung

1. 2^4 Fraktionierte Faktorenversuch (Tab. 10.10)

MINITAB Faktorielle Anpassung: Rauheit in Abhängigkeit von Werkzeugwinkel, Viskosität, Vorschubgeschwindigkeit und Kühlmittel

Geschätzte Effekte und Koeffizienten für y (kodierte Einheiten)

Begriff	Wirkung	Coef	SE Coef	T	P
Konstante		0,002693	0,000007	359,00	0,002
Winkel des Werkzeugs	-0,000462	-0,000231	0,000007	-30,83	0,021
Viskosität	-0,000877	-0,000439	0,000007	-58,50	0,011
Vorschubgeschwindigkeit	-0,000507	-0,000254	0,000007	-33,83	0,019
Verwendeter Kühler	-0,000032	-0,000016	0,000007	-2,17	0,275
Werkzeugwinkel*Viskosität	-0,000600	-0,000300	0,000007	-40,00	0,016
Werkzeugwinkel*Vorschubgeschwindigkeit	0,000070	0,000035	0,000007	4,67	0,134
Werkzeugwinkel*Verwendeter Kühler	-0,000015	-0,000007	0,000008	-1,00	0,500
Viskosität*Fördermenge	0,000140	0,000070	0,000008	9,33	0,068
Viskosität*Verwendeter Kühler	0,000065	0,000033	0,000007	4,33	0,144
Vorschubgeschwindigkeit*Verwendeter Kühler	0,000000	0,000000	0,000008	0,00	1,000
Werkzeugwinkel*Viskosität*Vorschubgeschwindigkeit	0,000083	0,000041	0,000007	5,50	0,114
Werkzeugwinkel*Viskosität*Verwendeter Kühler	0,000008	0,000004	0,000008	0,50	0,705
Werkzeugwinkel*Vorschubgeschwindigkeit*Verwendeter Kühler	0,000033	0,000016	0,000008	2,17	0,275
Viskosität*Fördermenge*Verwendeter Kühler	-0,000013	-0,000006	0,000008	-0,83	0,558

Die geschätzten Faktoreffekte von A, B, C und AB sind signifikant, da ihr p-Wert kleiner als 0,05 ist. Der Faktor BC ist ebenfalls signifikant, etwa auf 0,06 Niveau. Dies stimmt mit dem normalen Wahrscheinlichkeitsdiagramm der standardisierten Effekte (Abb. 10.10) überein, in dem signifikante Faktoren in dunklen Quadratkästchen dargestellt sind. Daher kann ein gutes Modell mit den Faktoren A, B, C und AB formuliert werden.

2. Analyse der Residuen für das angepasste Modell. Hier wird die Residuenanalyse mit den signifikanten Effekten durchgeführt, die durch das Faktorenexperiment in Frage (1) oben identifiziert wurden. Das in Abb. 10.11 dargestellte Residuenplot zeigt keine Art von ungewöhnlichen Mustern, und daher ist das Modell angemessen.

Faktorielle Anpassung: y gegen Werkzeugwinkel, Viskosität, Vorschubgeschwindigkeit

Geschätzte Effekte und Koeffizienten für y (kodierte Einheiten)

Begriff	Effect	Coef	SE Coef	T	P
Konstante		0,002693	0,000030	91,25	0,000
Winkel des Werkzeugs	-0,000462	-0,000231	0,000030	-7,84	0,000
Viskosität	-0,000877	-0,000439	0,000030	-14,87	0,000
Vorschubgeschwindigkeit	-0,000507	-0,000254	0,000030	-8,60	0,000
Werkzeugwinkel*Viskosität	-0,000600	-0,000300	0,000030	-10,17	0,000

S = 0,000118023 R-Sq = 97,66% R-Sq(adj) = 96,81%

Varianzanalyse für y (kodierte Einheiten)

Quelle	DF	Seq SS	Adj SS	Adj MS	F	P
Wichtigste Auswirkungen	3	0,00000497	0,00000497	0,00000166	118,83	0,000
2-Wege-Interaktionen	1	0,00000144	0,00000144	0,00000144	103,38	0,000
Residualer Fehler	11	0,00000015	0,00000015	0,00000001		
Mangelnde Passform	3	0,00000013	0,00000013	0,00000004	11,93	0,003
Reiner Fehler	8	0,00000003	0,00000003	0,00000000		
Insgesamt	15	0,00000656				

3. 2^4 Fraktionierte Faktorenversuch für transformierte Variable ($1/y$)

Faktorielle Anpassung: (1/y) in Abhängigkeit von Werkzeugwinkel, Viskosität, Vorschubgeschwindigkeit und verwendetem Kühler

Geschätzte Effekte und Koeffizienten für 1/y (kodierte Einheiten)

Begriff	Wirkung	Coef	SE Coef	T	P
Konstante		397,807	0,4225	941,62	0,001
Winkel des Werkzeugs	103,212	51,606	0,4225	122,15	0,005
Viskosität	149,488	74,744	0,4225	176,92	0,004
Vorschubgeschwindigkeit	68,488	34,244	0,4225	81,06	0,008
Verwendeter Kühler	1,656	0,828	0,4225	1,96	0,300
Werkzeugwinkel*Viskosität	117,398	58,699	0,4225	138,94	0,005
Werkzeugwinkel*Vorschubgeschwindigkeit	0,404	0,202	0,4225	0,48	0,716
Werkzeugwinkel*Verwendeter Kühler	-0,590	-0,295	0,4225	-0,70	0,612
Viskosität*Fördermenge	1,700	0,850	0,4225	2,01	0,294
Viskosität*Verwendeter Kühler	-8,305	-4,152	0,4225	-9,83	0,065
Vorschubgeschwindigkeit*Verwendeter Kühler	0,548	0,274	0,4225	0,65	0,634
Werkzeugwinkel*Viskosität*Vorschubgeschwindigkeit	2,193	1,096	0,4225	2,59	0,234
Werkzeugwinkel*Viskosität*Verwendeter Kühler	-1,499	-0,749	0,4225	-1,77	0,327
Werkzeugwinkel*Vorschubgeschwindigkeit*Verwendeter Kühler	-3,723	-1,862	0,4225	-4,41	0,142
Viskosität*Fördermenge*Verwendeter Kühler	-0,435	-0,218	0,4225	-0,52	0,697

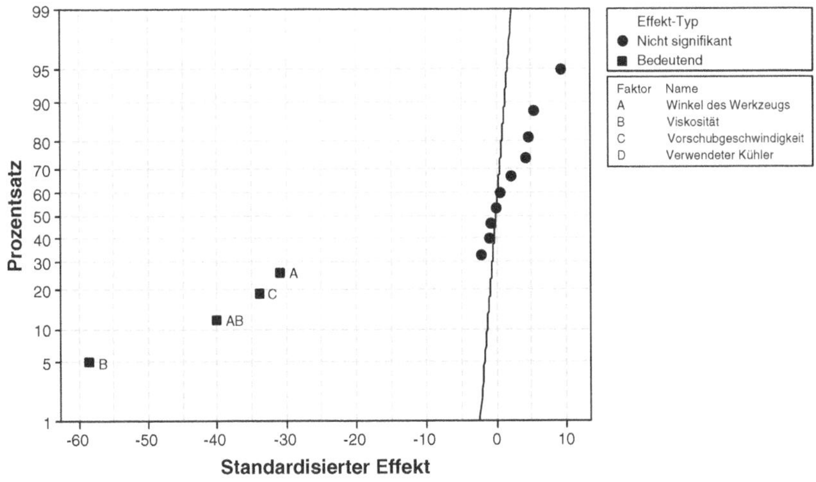

Abb. 10.10 Normalwahrscheinlichkeitsdiagramm der standardisierten Effekte

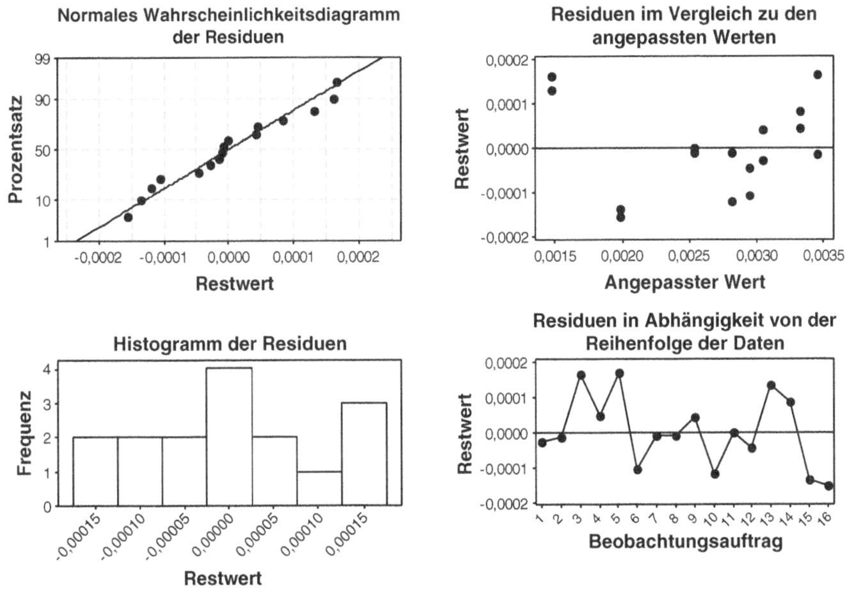

Abb. 10.11 Residuenplots für das geschätzte Modell

Die Faktoreneffektgrafik und Pareto-Diagramme sind in den Abb. 10.12 und 10.13 dargestellt. Sowohl die Faktorenanpassung als auch die standardisierte Darstellung zeigen die Faktoren A, B, C und AB als signifikant. Daher gibt es keinen Vorteil, es mit einer transformierten Variable zu experimentieren.

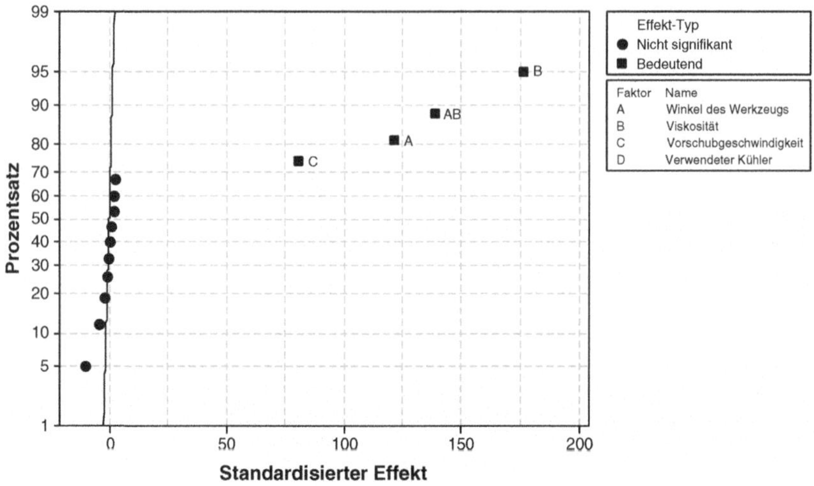

Abb. 10.12 Normalwahrscheinlichkeitsdiagramm der standardisierten Effekte für (1/Rauheit)

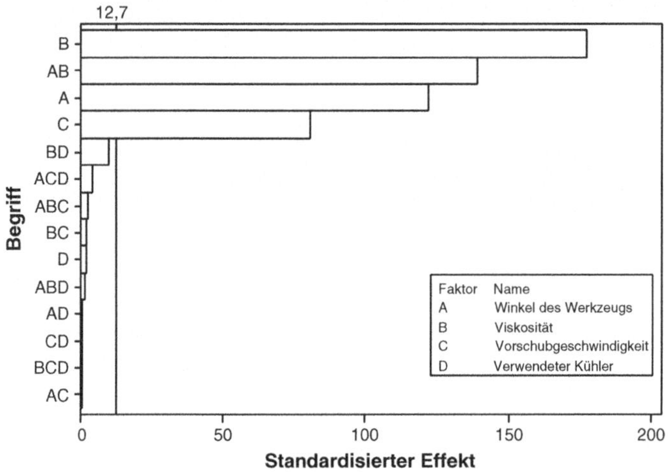

Abb. 10.13 Pareto-Diagramm der standardisierten Effekte

4. Aus allen Analysentabellen und den Diagrammen der Faktoreneffekte lässt sich ein Modell mit den Faktoren A, B, C und AB ableiten, da sie auf dem 0,05-Niveau signifikant sind. Daher lautet das Regressionsmodell in kodierter Form wie folgt:

$$\hat{y} = 397{,}807 + 51{,}606x_1 + 74{,}744x_2 + 34{,}244x_3 + 58{,}699x_{12}$$

5. 2^{4-1} Fraktionierte Faktorenversuch (Tab. 10.11; Abb. 10.14)

MINITAB Faktorielle Anpassung: Rauheit gegen A, B, C

```
Geschätzte Auswirkungen und Koeffizienten für den Ertrag (kodierte Einheiten)

Begriff      Wirkung        Coef   SE Coef      T      P
Konstante              0,002709  0,000049  55,56  0,011
A          -0,000448  -0,000224  0,000049  -4,59  0,137
B          -0,000943  -0,000471  0,000049  -9,67  0,066
C          -0,000508  -0,000254  0,000049  -5,21  0,121
A*B        -0,000608  -0,000304  0,000049  -6,23  0,101
A*C         0,000037   0,000019  0,000049   0,38  0,766
B*C         0,000153   0,000076  0,000049   1,56  0,362

S = 0,000137886    R-Sq = 99,46%    R-Sq(adj) = 96,20%

Varianzanalyse für den Ertrag (kodierte Einheiten)

Quelle                     DF      Seq SS      Adj SS      Adj MS      F      P
Wichtigste Auswirkungen    3  0,00000269  0,00000269  0,00000090  47,20  0,106
2-Wege-Interaktionen       3  0,00000079  0,00000079  0,00000026  13,81  0,195
Residualer Fehler          1  0,00000002  0,00000002  0,00000002
Insgesamt                  7  0,00000350
```

Tab. 10.11 (1/2)-Fraktionierte Faktorenversuch von 2^4 Design

Std-Reihenfolge	Laufreihenfolge	Mittelpunkt	Blöcke	A	B	C	D	Rauheit
6	1	1	1	1	−1	1	−1	0,00290
4	2	1	1	1	1	−1	−1	0,00182
1	3	1	1	−1	−1	−1	−1	0,00340
5	4	1	1	−1	−1	1	1	0,00280
2	5	1	1	1	−1	−1	1	0,00362
8	6	1	1	1	1	1	1	0,00160
7	7	1	1	−1	1	1	−1	0,00252
3	8	1	1	−1	1	−1	1	0,00301

Hier unterstützen die Faktorenanpassungsanalyse und die Haupteffektdiagramme nur einen Faktor, nämlich Faktor B, als signifikant, während die anderen Faktoren nicht signifikant sind. Auch Interaktionseffekte sind nicht sehr ernst. Um besser zu verstehen, muss man möglicherweise das Experiment mit verschiedenen Durchläufen und Standardreihenfolgen durchführen.

10.7 Robuste Designs

Das grundlegendste Produktmerkmal ist die Leistung, d. h. der Output – die Bildklarheit einer Kamera, die Ausrichtung der Räder, die Farbdichte eines Fernsehgeräts, der Wendekreis eines Autos usw. Um einen solchen Output zu erzeugen,

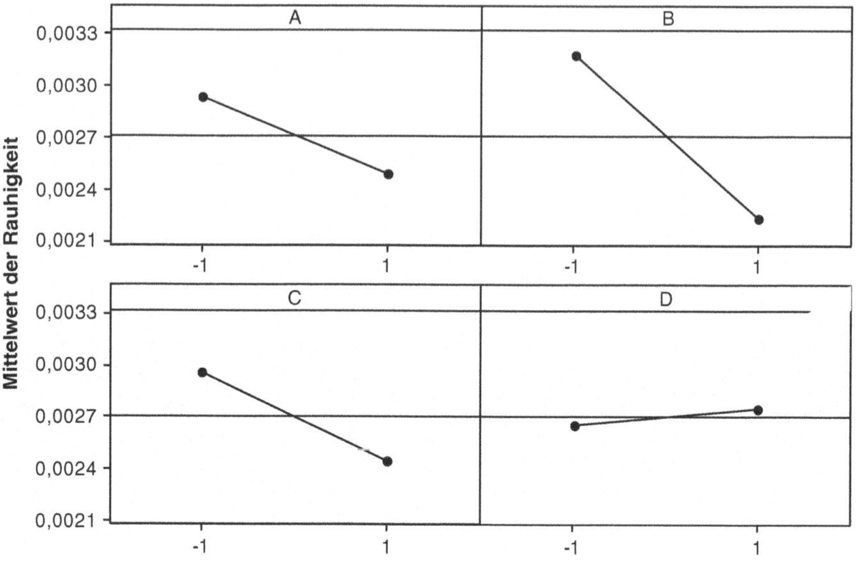

Abb. 10.14 Haupteffekt-Diagramm (Datenmittelwerte) für Rauheit

verwenden Ingenieure technische Prinzipien, um Eingaben von Materialien, Teilen, Komponenten, Baugruppen, Einstellungen usw. zu kombinieren. Für jeden Eingang identifiziert der Ingenieur Parameter und gibt numerische Werte an, um den erforderlichen Output des Endprodukts zu erreichen. Für jeden Parameter geben die Spezifikationen einen Ziel- (oder Nenn-) Wert und einen Toleranzbereich um das Ziel an. Der Prozess wird als „Parameter- und Toleranzdesign" bezeichnet. Bei der Auswahl dieser Zielwerte ist es nützlich, Werte so festzulegen, dass die Leistung des Produkts im Feld nicht durch Schwankungen in der Fertigung oder den Feldbedingungen beeinträchtigt wird. Ein solches Design wird als *robustes Design* bezeichnet. Robuste Designs bieten optimale Leistung gleichzeitig mit Variationen in der Fertigung und den Feldbedingungen.

Die Situation, in der das Design eines Produkts/Prozesses trotz einer breiten Palette von sich ändernden Kunden- und Fertigungsbedingungen eine konstante, hohe Leistung erbringt, wird als Zustand der *Robustheit* bezeichnet. Robustheit ist gleichbedeutend mit hochwertiger Funktion. Das bedeutet, dass das Ziel eines Ingenieurs darin besteht, „robuste" Designs für Produkte und Prozesse zu suchen und zu erreichen. Nur durch das Erreichen dieses Zustands können Ingenieure ihre technologischen Fähigkeiten verbessern und damit den Unternehmensgewinn steigern. Genichi Taguchi war die erste Person, die eine Methode zur Bestimmung der optimalen Zielwerte von Produkt- und Prozessparametern entwickelte, die die Variation minimieren und gleichzeitig den Mittelwert auf dem Ziel halten (siehe [19, 30–32]). Dies wird durch eine dreiphasige Designstrategie erleichtert, nämlich Systemdesign, Parameterdesign und Toleranzdesign.

Die Phase des *Systemdesigns* erfordert das technische Wissen und die Erfahrung von Ingenieuren und Wissenschaftlern, um die Schaffung eines Produkts oder Prozesses zu visualisieren, der die Funktion bietet, die der Kunde erwartet. In dieser Phase sind Innovation, Einfallsreichtum, Kreativität und Kenntnisse über neue Technologien entscheidend für die Konzeption eines neuen Designs. Dies ist die Phase, in der die Konzeptauswahl bestimmt wird und die Suche nach der besten verfügbaren Technologie zur Erzeugung der gewünschten Funktion beabsichtigt ist.

Die Phase des *parametrischenDesigns* ist der wichtigste Schritt im Off-Line-Qualitätsengineering, und hier kann der Ingenieur die technologische Fähigkeit erlangen, die Qualität der Funktion zu verbessern, während er die Kosten beibehält oder reduziert. Diese Fähigkeit führt zur Produktion eines hochwertigen, kostengünstigen Produkts, das die Stimme des Kunden (VOC) erfüllt. Im parametrischen Design besteht das Ziel darin, „wie" man Produkt- oder Prozessparameterwerte ermittelt, die eine robuste Funktion erzeugen, die geeignet um den Lärm herum entworfen ist, anstatt ihn zu kontrollieren oder zu eliminieren. Die Strategie dieser Phase besteht darin, mit der Experimentierung am Design zu beginnen, indem man kostengünstige, minderwertige Materialien und Komponenten verwendet. Auf diese Weise wird, wenn Robustheit erreicht wird, festgestellt, dass sie trotz der Tatsache, dass kostengünstige Alternativen verwendet wurden, die Kosten reduziert.

Die Phase des *Toleranzdesigns* bringt weitere Verbesserungen für das optimierte Design und konzentriert sich auf den Trade-off zwischen Qualität und Kosten. Mit anderen Worten, das Toleranzdesign bewertet die Kostenimplikationen hinter der Kontrolle von Lärm. Daher kann das Toleranzdesign als „rationale" Manipulation von Toleranzen, Materialien und Komponenten betrachtet werden. Das Schlüsselwort hier ist rational, denn der Ingenieur sollte nur in Betracht ziehen, Toleranzen zu straffen oder Materialien und Komponenten aufzurüsten für Faktoren, die sich als signifikant auf die Qualität auswirkend herausgestellt haben durch parametrisches Design-Experimentieren. Obwohl sowohl das parametrische Design als auch das Toleranzdesign als Optimierungsphasen betrachtet werden, sind die Einstellungen erheblich unterschiedlich. Im parametrischen Design besteht die Strategie darin, den Effekt von Lärm (Variabilität) zu reduzieren, ohne die Kosten zu erhöhen, während im Toleranzdesign die Strategie darin besteht, den Lärm selbst durch Erhöhung der Kosten zu beseitigen.

10.7.1 Robustes Parameterdesign

Das Ziel des Parameterdesigns besteht darin, zu bestimmen, wie man Ebenen für Produkt- oder Prozessparameter synthetisiert, um Robustheit zu geringsten Kosten zu erreichen. Im Taguchi-Ansatz wird das DOE verwendet, um Kontrollfaktoren in Gegenwart von Störfaktoren zu untersuchen. *Kontrollfaktoren* sind Faktoren, die während der Gestaltung eines Produkts oder Prozesses kontrolliert werden können. Während des Designs möchte man ihre Werte für eine optimale Produktleistung und minimale Variation festlegen. *Störfaktoren* sind Faktoren, die nicht leicht kontrolliert werden können (z. B. Umgebungstemperatur, Variation und Verschlechterung von Materialien), aber man möchte sie minimieren. Taguchi empfiehlt die Verwendung von fraktionalen Faktorialexperimenten und orthogonalen Designs, um die kritischen Kontrollfaktoren zu identifizieren und ihre Ebenen zur Minimierung der Variation festzulegen.

Die Einbeziehung dieser beiden Arten von Faktoren ist erforderlich, damit ihre Interaktion bewertet werden kann. Es ist durch diese Bewertung, dass der Zustand der Robustheit erreicht wird. Das Maß, das zur Bewertung dieser Interaktion in Bezug auf Robustheit verwendet wird, ist das Signal-zu-Rausch-Verhältnis (S/N-Verhältnis). Dieses Verhältnis ist eine Funktion der beiden Stichprobenstatistiken, nämlich Mittelwert und Varianz. Einer der ersten Schritte in einer Parameterdesign-Studie besteht darin, die Arten von Qualitätsmerkmalen zu identifizieren, die gemessen werden sollen, um die Leistung der Funktion zu verbessern. Sie sind wie folgt:

- Nominal-das-Beste – Dimension, Viskosität, Rauheit, usw.
- Kleiner-das-Bessere – Verschleiß, Schrumpfung, Verschlechterung, usw.
- Größer-das-Bessere – Stärke, Lebensdauer, Effizienz, usw.
- Klassifizierte Attribute – Aussehen, Geschmackstypen (gut oder schlecht), Noten (erste, zweite usw.)
- Dynamische Merkmale – Geschwindigkeit, Beschleunigung, Übertragungsrate, usw.

Ein nominal-das-beste Merkmal ist ein Merkmal, das einen spezifizierten Zielwert hat und eine Toleranz um den idealen Wert gegeben ist. Ein kleiner-das-bessere Merkmal hat seinen idealen Wert null, und ein größer-das-bessere Merkmal hat seinen Wert unendlich. Klassifizierte Attributmerkmale sind solche, die sich nicht auf einer kontinuierlichen Skala darstellen lassen. Daher wird ein subjektives Urteil verwendet, um die Qualität auf einer diskret abgestuften Skala zu klassifizieren. Schließlich sind dynamische Merkmale solche, bei denen der Output aus dem System erwartet wird, dass er sich ändert, wenn der Input in das System ändert.

Dynamische Eigenschaften drücken am besten die ingenieurtechnische Absicht der Produkt- oder Prozessfunktion aus. Daher empfiehlt Dr. Taguchi nachdrücklich, dass alle Produktsysteme und Herstellungsprozesse als dynamische Systeme behandelt werden, um die größte Optimierung und Vorteile zu erzielen. Obwohl weltweit, einschließlich Japan, nur wenige Praktiker den „dynamischen" Ansatz für robuste Designs nutzen, wird das Konzept schnell als das effizienteste und effektivste Mittel zur Entwicklung von Produkten und Prozessen anerkannt. Tatsächlich hat Dr. Taguchi oft gesagt, dass „die Annahme und fortgesetzte Nutzung des dynamischen Ansatzes den Weg darstellt, den praktisch alle Weltklasse-Organisationen einschlagen werden, um sich als Führer in ihren Branchen zu etablieren, unabhängig von ihrem geografischen Standort" (Six Sigma MBB Vorlesungsnotizen, ISI Bangalore). Im Folgenden diskutieren wir ein technisches Problem, um die Parameterdesignstrategie zu veranschaulichen, bei der wir die größere-die-bessere-Eigenschaft des Prozesses verwenden.

Beispiel 10.4 Wir verwenden die Daten, die in Beispiel 10.3 oben diskutiert wurden, mit einer zusätzlichen Messung der Rauheit. Die Kontrollfaktoren und ihre Ebenen sind wie folgt:

Faktorcode	Faktorbeschreibungen	Ebenen
A	Werkzeugwinkel	12°, 15°
B	Schneidflüssigkeitsviskosität	300, 400
C	Vorschubrate	10, 15 in/min
D	Schneidflüssigkeitskühler verwendet	Nein, ja

Hier betrachten wir die Rauschfaktoren als die Rauheitsmessung. Das Layout des Experiments ist ein L_8 orthogonales Array, mit einem Rauschfaktor auf zwei Ebenen (innen und außen). Daher haben wir das experimentelle Layout wie in Tab. 10.12 gezeigt.

Das S/N-Verhältnis für die größere-die-bessere Charakteristik des Prozesses wird mit der Menge berechnet.

$$S/N = 10x\log_{10}\left[\text{sum}\left(\frac{1}{y^2}\right)/n\right] \tag{10.17}$$

Wie bereits erwähnt, liegt der Fokus hier auf der Bewertung der Interaktion zwischen Kontroll- und Störfaktoren. Um zu bestimmen, welche Faktoren die Variabilität beeinflussen und welche Faktoren die Fähigkeit haben, den Durchschnitt anzupassen, verwenden wir das S/N-Verhältnis, das mit der Formel (10.17) berechnet wird. Die S/N-Verhältnis-AntwortTab. wird vervollständigt, indem das

Tab. 10.12 L_8 orthogonales Array und S/N-Verhältnis

A	B	C	D	Rauheit		$\bar{y}$	s	S/N-Verhältnis
				Innen (y_1)	Außen (y_2)			
12	300	10	Nein	0,00340	0,00323	0,003315	0,00012	49,5989
12	300	15	Ja	0,00269	0,00292	0,002805	0,000163	51,06325
12	400	10	Ja	0,00308	0,00291	0,002995	0,00012	50,48256
12	400	15	Nein	0,00252	0,00269	0,002605	0,00012	51,69772
15	300	10	Ja	0,00344	0,00315	0,003295	0,000205	49,66813
15	300	15	Nein	0,00290	0,00322	0,00306	0,000226	50,32121
15	400	10	Nein	0,00182	0,00230	0,00206	0,000339	53,89991
15	400	15	Ja	0,00163	0,00162	0,001625	7,07E−06	55,78306

durchschnittliche S/N-Verhältnis für jede Stufe jedes Faktors berechnet wird. Zum Beispiel ist das durchschnittliche S/N-Verhältnis für Faktor A auf Stufe -1 (d. h. bei einem Winkel von 12°) wie folgt:

$$A_{-1} = \frac{49{,}5989 + 51{,}06325 + 50{,}48256 + 51{,}69772}{4}$$
$$= 50{,}71061$$

und das durchschnittliche S/N-Verhältnis für Faktor A auf Stufe +1 (d. h. bei einem Winkel von 15°) ist wie folgt:

$$A_{+1} = \frac{49{,}66813 + 50{,}32121 + 53{,}89991 + 55{,}78306}{4}$$
$$= 52{,}41808$$

Ebenso kann das S/N-Verhältnis für andere Faktoren berechnet werden. Tab. 10.13 zeigt die AntwortTab. für das S/N-Verhältnis und den absoluten Unterschied der Faktorstufen für alle Faktoren. Der Unterschied (Δ) repräsentiert die relative Bedeutung jedes Faktors für die Maximierung der Robustheit. Auch die bevorzugte Stufe jedes Faktors wird identifiziert. Somit sind die Faktoren nach ihrer relativen Bedeutung (basierend auf $|\Delta|$) B, A, C und D, und die Faktorstufen nach ihrer Bedeutung sind B_{+1} und A_{+1}.

Ebenso präsentieren wir in Tab. 10.14 die AntwortTab. für den Durchschnitt für verschiedene Stufen der Faktoren A, B, C und D. Diese Tab. zeigt, dass die Faktoren B und A den stärksten Einfluss auf die Anpassung oder Abstimmung des Durchschnitts auf den Zielwert haben. Die Faktorstufen, die den Prozessdurchschnitt beeinflussen, sind B_{-1} und A_{-1}. Siehe auch das untere Panel der unten ge-

Tab. 10.13 AntwortTab. für das S/N-Verhältnis

Stufe	A	B	C	D
−1	50,71061	50,16287	50,91237	51,37943
+1	52,41808	52,96581	52,21631	51,74925
Δ = Unterschied	−1,70747	−2,80294	−1,30393	−0,36981
$\|\Delta\|$	1,70747	2,80294	1,30393	0,36981
Rang	2	1	3	4

Tab. 10.14 AntwortTab. für Durchschnitt

Stufe	A	B	C	D
−1	0,00293	0,003119	0,002916	0,00276
+1	0,00251	0,002321	0,002524	0,00268
Δ = Differenz	0,00042	0,000798	0,000393	0,00008
$\|\Delta\|$	0,00042	0,000798	0,000393	0,00008
Rang	2	1	3	4

zeigten MINITAB-Ausgabe. Beachten Sie, dass alle Werte der AntwortTab. mit den numerischen Berechnungen übereinstimmen.

Beachten Sie, dass die Faktoren C und D im Hinblick auf die Reduzierung der Variabilität und die Anpassung des Prozessdurchschnitts relativ unbedeutend sind. In diesem Fall werden diese Faktoren zu potenziellen Kostenreduktionsfaktoren. Mit anderen Worten, die Einstellungen für diese Faktoren könnten durch Berücksichtigung der kostengünstigsten Alternative bestimmt werden.

Basierend auf der optimalen Kombination wird der vorhergesagte S/N-Verhältniswert (η) wie folgt berechnet:

$$
\begin{aligned}
\hat{\eta} &= (B_{+1} - \bar{T}_{SN}) + (A_{+} - \bar{T}_{SN}) + \bar{T}_{SN} \\
&= (52{,}96581 - 51{,}56434) + (52{,}41808 - 51{,}56434) + 51{,}56434 \\
&= 53{,}81955
\end{aligned}
$$

Ebenso ist der vorhergesagte Prozessdurchschnitt (μ) wie folgt:

$$
\begin{aligned}
\hat{\mu} &= (B_{-1} - \bar{T}_{y}) + (A_{-} - \bar{T}_{y}) + \bar{T}_{y} \\
&= (0{,}003119 - 0{,}00272) + (0{,}00293 - 0{,}00272) + 0{,}00272 \\
&= 0{,}003329
\end{aligned}
$$

Wir haben auch eine MINITAB-Analyse für das oben genannte technische Problem durchgeführt. Die AusgabeTab. zeigt die lineare Analyse, ANOVA und Antworttabellen für das S/N-Verhältnis und den Durchschnitt.

MINITAB Taguchi-Analyse: Rauhigkeit-I, Rauhigkeit-O gegenüber A, B, C, D

Geschätzte Modellkoeffizienten für SN-Verhältnisse

Begriff	Coef	SE Coef	T	P
Konstante	-51,5643	0,08762	-588,512	0,000
A 12	0,8537	0,08762	9,744	0,010
B 300	1,4015	0,08762	15,995	0,004
C 10	0,6520	0,08762	7,441	0,018
D No	0,1849	0,08762	2,110	0,169
A*B 12 300	-1,0219	0,08762	-11,664	0,007

S = 0,2478 R-Sq = 99,6% R-Sq(adj) = 98,7%

Varianzanalyse für SN-Verhältnisse

Quelle	DF	Seq SS	Adj SS	Adj MS	F	P
A	1	5,8309	5,8309	5,8309	94,94	0,010
B	1	15,7130	15,7130	15,7130	255,85	0,004
C	1	3,4005	3,4005	3,4005	55,37	0,018
D	1	0,2735	0,2735	0,2735	4,45	0,169
A*B	1	8,3548	8,3548	8,3548	136,04	0,007
Residualer Fehler	2	0,1228	0,1228	0,0614		
Insgesamt	7	33,6955				

Lineare Modellanalyse: Mittelwerte gegenüber A, B, C, D

Geschätzte Modellkoeffizienten für Mittelwerte

Begriff	Coef	SE Coef	T	P
Konstante	0,002720	0,000022	126,371	0,000
A 12	0,000210	0,000022	9,757	0,010
B 300	0,000399	0,000022	18,526	0,003
C 10	0,000196	0,000022	9,118	0,012
D No	0,000040	0,000022	1,858	0,204
A*B 12 300	-0,000269	0,000022	-12,486	0,006

S = 0,00006088 R-Sq = 99,7% R-Sq(adj) = 99,0%

Varianzanalyse für Mittelwerte

Quelle	DF	Seq SS	Adj SS	Adj MS	F	P
A	1	0,000000	0,000000	0,000000	95,19	0,010
B	1	0,000001	0,000001	0,000001	343,21	0,003
C	1	0,000000	0,000000	0,000000	83,13	0,012
D	1	0,000000	0,000000	0,000000	3,45	0,204
A*B	1	0,000001	0,000001	0,000001	155,90	0,006
Residualer Fehler	2	0,000000	0,000000	0,000000		
Insgesamt	7	0,000003				

Antworttabelle für Signal-Rausch-Verhältnisse
Größer ist besser

Ebene	A	B	C	D
1	-50,71	-50,16	-50,91	-51,38
2	-52,42	-52,97	-52,22	-51,75
Delta	1,71	2,80	1,30	0,37
Rang	2	1	3	4

Antworttabelle für Mittelwerte

Ebene	A	B	C	D
1	0,002930	0,003119	0,002916	0,002760
2	0,002510	0,002321	0,002524	0,002680
Delta	0,000420	0,000798	0,000393	0,000080
Rang	2	1	3	4

Hinweis Das S/N-Verhältnis für die nominell-beste Charakteristik des Prozesses lautet wie folgt:

$$S/N = 10x\log_{10}\left(\frac{\overline{y}^2}{s^2}\right) \tag{10.18}$$

und das S/N-Verhältnis für die kleinere-die-bessere Charakteristik des Prozesses lautet wie folgt:

$$S/N = 10x\log_{10}\left[\mathrm{sum}\left(y^2\right)/n\right] \tag{10.19}$$

Wie bereits diskutiert, ermöglicht die robuste Designphilosophie, die auf die grundlegende Technologie hinter Produkt- und Prozessdesigns angewendet wird, dem Ingenieur, die Technologie so zu verstehen, dass sie flexibel genug ist, um für eine Vielzahl von Produkten oder Prozessen verwendet zu werden. Um Robustheit für die zugrunde liegende Technologie von Produkt-/Prozessdesigns zu erreichen, besteht die erste Herausforderung für die Ingenieure darin, die ideale Funktion (einen Zustand perfekter Aktion) zu definieren, die damit verbunden ist. Dies wird durch die VOC realisiert. Um zu garantieren, dass der Kunde die Produkt-/Prozessfunktion als ideal ansieht, muss der Ingenieur die Funktion aus einer technischen Perspektive betrachten. Der Ingenieur muss die VOC in einige bedeutungsvolle und messbare technische Begriffe übersetzen. Um dies zu erreichen, muss der Ingenieur die Absicht des Kunden in Eingabe oder Signal und das wahrgenommene Ergebnis in Ausgangsantwort übersetzen.

Sobald die ideale Beziehung zwischen dem Signal- und Ausgangsfaktor für das System identifiziert ist, muss die tatsächliche Funktion des Systems gezwungen werden, sich der idealen anzunähern. Diese Aufgabe, die tatsächliche Funktion des Designs dem idealen Zustand anzunähern, ist die Verantwortung des Ingenieurs. Er/Sie muss das beste Niveau des Produkt-/Prozessparameters identifizieren, das eine tatsächliche Leistung ermöglicht, die sich dem Ideal nähert. Um dieses Ziel zu erreichen, muss der Designer Experimente am konstruierten System durchführen. Das konstruierte System besteht aus vier Schlüsselelementen, nämlich dem Signal- und Steuerfaktoren, den Störfaktoren und der Ausgangsantwort. Diese vier Ziele können erreicht werden, wenn der Ingenieur Parameterdesignexperimente durchführt.

Neben der Bedeutung von Taguchi-Designs und Qualitätsingenieurwesen gibt es auch viele Kritiken. Für vollständige Details über die „Triumphe und Tragödien" der Methodik, siehe Pignatiello und Ramberg [24], Montgomery [18] und andere.

10.8 Prozessmapping zur Verbesserung

Prozesskarten sind die wichtigsten Werkzeuge von Six Sigma, bei denen das Design, die Messung, das Management und die Verbesserung von Prozessen im Vordergrund stehen. Das Prozessmapping in dieser Phase hilft dabei, die *Eng-*

pässe und *Diskonnektivitäten* zu identifizieren, die die Verbesserung innerhalb der Prozessaktivitäten beeinflussen. *Diskonnektivitäten* sind die Punkte, an denen Übergaben von einer Gruppe zur anderen schlecht gehandhabt werden, oder wo ein Lieferant und Kunde nicht klar über die Anforderungen des anderen kommuniziert haben. *Engpässe* sind die Punkte im Prozess, an denen das Volumen die Kapazität überwältigt und den gesamten Arbeitsfluss verlangsamt. Engpässe sind das „schwache Glied" bei der rechtzeitigen und ausreichenden Lieferung von Produkten und Dienstleistungen an die Kunden.

Wie Sie wissen, besteht der Zweck von DOE darin, die Auswirkungen von kontrollierten Faktoren und Störfaktoren durch verschiedene faktorielle Designs zu identifizieren. Wir haben einige reale Situationen experimentiert, Faktoreffekte und Interaktionseffekte identifiziert. Abb. 10.15 zeigt ein verbessertes Prozessmodell mit der Ausrichtung der Prozessausgangsfaktoren. Solche Modelle sind wichtig für die Implementierung von Modellen und die Prognose zukünftiger Produktionen und Bestände. Wir haben auch gesehen, dass die durch geplante Experimente identifizierten Faktoren für den Aufbau von Regressionsmodellen verwendet werden können. So ermöglicht ein verbessertes Prozessmodell-Mapping, nach wenigen wichtigen Komponenten unter einer großen Menge von kritischen Komponenten zu suchen, die wirklich zur Effizienz des Prozesses beitragen.

Die anderen Probleme, die mit dem Prozessmapping während der Verbesserungsphase verbunden sind, bestehen darin, die Redundanzen zu identifizieren und die Nacharbeitsschleifen zu koordinieren und den geeigneten Zeitpunkt für Entscheidungen/Inspektionen vorzuschlagen. *Redundanzen* sind Aktivitäten, die an zwei Punkten im Prozess wiederholt werden, können auch parallele Aktivitäten sein, die das gleiche Ergebnis duplizieren. *Nacharbeitsschleifen* sind die Bereiche, in denen ein hohes Arbeitsvolumen zur Korrektur, Korrektur oder Reparatur wieder nach oben im Prozess geschickt wird. Die *Entscheidung* ist notwendig, um potenzielle Verzögerungen im Prozess zu identifizieren, bei denen Entscheidungen, Bewertungen, Kontrollen oder Bewertungen eingreifen und den Prozess schlecht ausführen lassen. Mit dem geeigneten Satz statistischer Werkzeuge kann man diese Probleme überwinden.

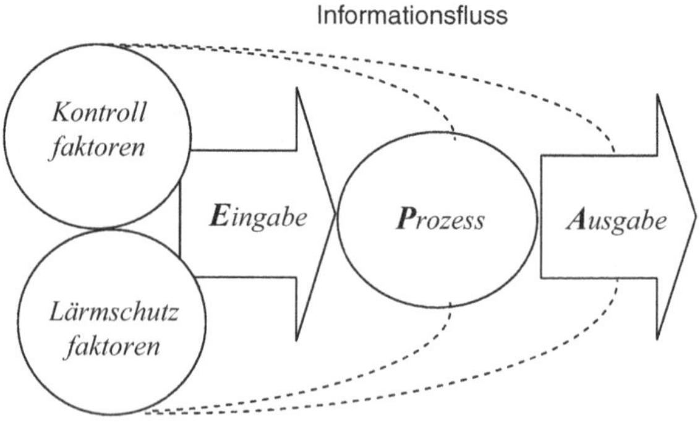

Abb. 10.15 Faktoren, die durch einen verbesserten Prozess identifiziert wurden

10.8.1 Verbesserung eines Prozessdaten

Es wurde beobachtet, dass wissenschaftlich verarbeitete Daten zu guten statistischen Schlussfolgerungen führen. Während der Probenzubereitung ist es möglich, dass die Variabilität auf das Etikettierungsverfahren aufgrund verschiedener physischer Eigenschaften der Proben zurückzuführen ist. Der Prozess der Datenbereinigung transformiert den ursprünglichen Datensatz, indem er Aufgaben wie das Entfernen von Fehlern, das Anpassen von Ausreißern, das Schätzen fehlender Werte, das Codieren kategorialer Variablen und das Standardisieren von Variablen durchführt. Die Transformation von Daten in eine für die Analyse geeignete Skala dient dazu, die Auswirkungen systematischer Variationen so weit wie möglich zu entfernen. Der Prozess der Minimierung der Auswirkungen systematischer Variationen wird als *Normalisierung* bezeichnet. Der einzige Zweck der Normalisierung der Daten besteht darin, sicherzustellen, dass die Variation in den Ausdruckswerten tatsächlich auf biologische Unterschiede und nicht auf experimentelle Artefakte (Geräusche) zurückzuführen ist (siehe [6, 20] für Details).

Wir wissen, dass die meisten statistischen Verfahren ein additives Modell für die Daten annehmen, wie folgt:

$$\text{Data} = \text{Model} + \text{Noise (or Error)} \tag{10.20}$$

Die Transformation der Daten kann manchmal dazu beitragen, eine additive Struktur zu fördern, indem sie Interaktionseffekte zwischen dem Modell und dem Fehler entfernt und die Fehlervarianz stabilisiert. Tatsächlich entspricht die Annahme gleicher Varianzen im Varianzanalysemodell einer Bewertung des Streuungsgegen Niveau-Diagramms.

Lärmvariablen: Variablen, die die Ausgabe beeinflussen können, von denen wir jedoch annehmen, dass sie nur geringe Auswirkungen haben. Diese Annahme kann auf unserer C&E-Matrix basieren oder einfach auf einer Übersehen. Lärmvariablen sind solche, die nicht vollständig kontrolliert werden können. Die Lärmvariation kann in drei Hauptfamilien von Variationen eingeteilt werden:

- *Positional* – Unterschiede in der Variation aufgrund ähnlicher Prozesse entlang einer Produktionslinie
  - Unterschiede von Reaktor zu Reaktor
  - Unterschiede von Linie zu Linie
  - Unterschiede von Presse zu Presse
  - Unterschiede von Produktionsstandort zu Produktionsstandort
  - Unterschiede von Bediener zu Bediener

- *Temporal* – Unterschiede in der Variation eines Prozesses über die Zeit
  - Unterschiede von Schicht zu Schicht
  - Unterschiede von Tag zu Tag
  - Unterschiede von Woche zu Woche

- *Sequentiell* – Unterschiede über eine Reihe von Prozessen
  - Wenn die Ausgabevariable von mehreren verschiedenen Prozessen beeinflusst wird, testen wir die Prozess-zu-Prozess-Variabilität.

Im Wesentlichen besteht der Zweck der Transformation (T), Standardisierung (S) und Normalisierung (N) darin, die Daten für rechnerische Aspekte und deren Interpretationen verantwortlicher zu machen. Einige häufige Gründe für die Verwendung von entweder T oder S oder N sind folgende:

- Es gibt einen Streuungs-Level-Effekt über Chargen von Proben,
- Die Verteilung einer Variable ist stark schief,
- Die Residuen aus einem angepassten Modell zeigen ein systematisches Muster, und
- Die Daten erfüllen nicht die Annahmen eines statistischen Verfahrens.

Die Hauptproblematik, die in diesen Situationen auftritt, ist das Vorhandensein von Nichtlinearität, die die Komplexität der statistischen Analyse erheblich erhöhen kann. Ein weiteres Problem, das hier auftreten kann, ist die *Multikollinearität* aufgrund der abhängigen Struktur der beobachteten Zufallsvariablen. Durch Anwendung einer nichtlinearen Transformation auf die Daten können wir diese Probleme in hohem Maße lindern und eine aussagekräftige Analyse erstellen.

In einem Six Sigma-Projektkontext ist es sehr wichtig, die systematischen Variationen in den Datensätzen zu identifizieren. Um die in den Daten vorhandenen Muster aufzudecken, müssen die Muster in den Daten erkannt und Assoziationen und Beziehungen müssen untersucht und bestätigt werden, was manchmal als explorative Datenanalyse (EDA) bezeichnet wird. Tatsächlich ist EDA eine Visualisierungstechnik und wird verwendet, um die Zuverlässigkeit der Informationen zu erhöhen. Die Notwendigkeit von TSN kann auf der Grundlage einer vorläufigen Datenanalyse wie dem Erstellen eines Histogramms oder durch ein Boxplot beurteilt werden. Sie sind die Geräte zur Kommunikation der in einem Datensatz enthaltenen Informationen. Boxplots sind besonders effektiv für die Darstellung von Vergleichen zwischen Beobachtungsreihen. Nebeneinander liegende Boxplots können Unterschiede und Ähnlichkeiten im Datensatz aufzeigen. Wir betrachten nun ein Beispiel, in dem wir den Nutzen von Boxplot und TSN veranschaulichen.

Beispiel 10.5 Die Daten in Tab. 10.15 entsprechen einer Messsystemanalyse, bei der jede Beobachtung auf der Grundlage eines gemeinsamen Ortwertes aufgezeichnet wird. Identifizieren Sie das Problem ungewöhnlicher Beobachtungen und verarbeiten Sie es weiter für zukünftige Analysen.

Lösung Um die ungewöhnlichen Beobachtungen zu identifizieren, führen wir zunächst ein Boxplot durch. Die Abb. 10.16 zeigt, dass es viele ungewöhnliche Beobachtungen in drei Messungen gibt. Die Beobachtungen, die unter der Leiste liegen, werden als *Inliers* bezeichnet und außerhalb des Plots als *Outliers*.

Die Normalwahrscheinlichkeitsplots der Daten sind in Abb. 10.17 dargestellt. Es ist interessant zu sehen, dass die Variablen x_1 und x_4 ungewöhnliche Be-

Tab. 10.15 Chemische Messdaten

*x*1	*x*2	*x*3	*x*4	*x*5
1.847	−0,291	−0,245	1,681	−0,714
1.176	−1,482	−0,414	0,268	0,004
0,675	0,802	0,138	0,241	1,653
0,303	1,200	0,162	0,177	−0,244
0,574	0,705	−0,253	−0,655	3,002
−0,302	2,854	0,585	1,397	−1,109
−0,754	0,192	−1,312	0,164	0,043
−0,187	2,366	0,149	−0,281	−0,250
−0,205	−1,250	3,662	−1,018	−0,953
−0,051	−0,623	3,055	0,244	−0,436
−0,983	−0,297	−1,190	0,423	0,013
0,125	−0,796	−0,087	0,174	3,161
−1.030	−0,696	0,965	−0,072	−0,304
0,349	0,720	0,317	−1,914	2,016
2.910	0,460	1,155	0,809	−1,521

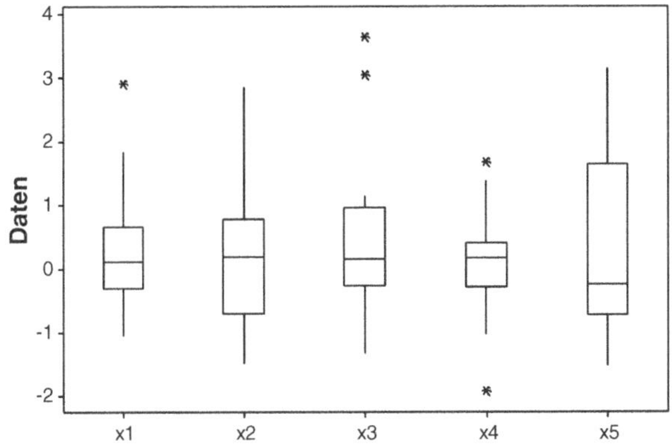

Abb. 10.16 Boxplot der Messungen

obachtungen haben, aber sie sind normal (siehe *p*-Wert ist größer als 0,05), während die Variable x_5 keine ungewöhnlichen Beobachtungen hat, aber die Normalität wird nicht akzeptiert (*p*-Wert ist 0,010). Im Falle von x_3 hält die Normalitätsannahme aufgrund vieler ungewöhnlicher Beobachtungen nicht stand. Daher ist der Prozess im Allgemeinen nicht stabil. Daher ist es besser, die Messungen vor einer weiteren Analyse mit einer Transformation oder Standardisierung zu verarbeiten.

Die einfachste Transformation, die man anwenden kann, ist die Logarithmentransformation. Wenn Histogramm und Boxplot eine starke Häufung bei niedrigen Werten und einen sehr langen Schwanz bei höheren Werten zeigen, dann ist

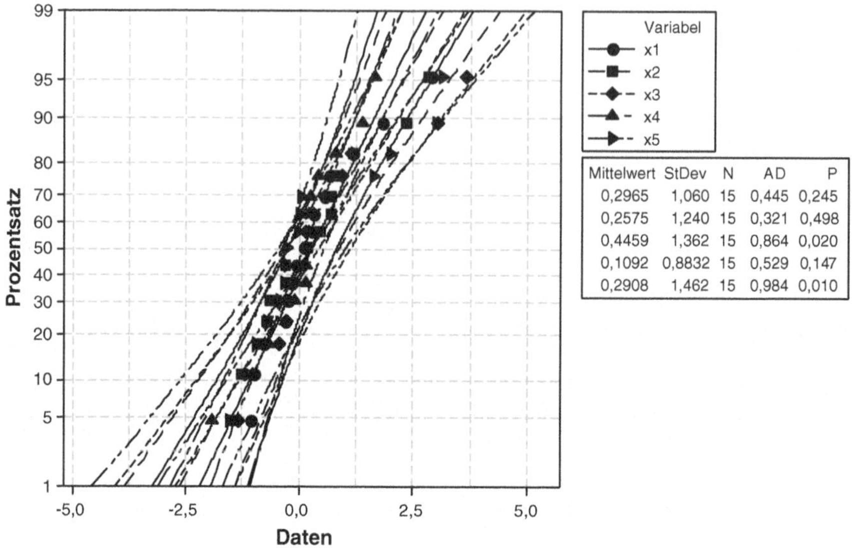

Abb. 10.17 Normalwahrscheinlichkeitsplot der Messungen

eine Logarithmentransformation mit einer geeigneten Basis sehr geeignet, um den Effekt von extremen Werten und deren Streuung zu reduzieren. Die Klasse der Potenztransformation, manchmal auch Box-Cox-Klasse der Potenztransformationen genannt, ist die andere am weitesten verbreitete Technik zur Neuformulierung eines Datensatzes, der aus positiven Werten besteht. Diese Transformation beinhaltet die oben diskutierte logarithmische Transformation als Spezialfall, der nützlich ist, um die Eigenschaften verschiedener Transformationen zu vergleichen. Wenn X_i, $i = 1, 2, \ldots, n$ die ursprünglichen Beobachtungen sind, dann hat eine Potenztransformation die Form

$$Y_i = \begin{cases} \frac{1}{c}\left(X_i^c - 1\right), & c \neq 0 \\ \log_e(X_i), & c = 0 \end{cases} \tag{10.21}$$

Für verschiedene Werte von c, erhält man die entsprechend transformierten Daten. Für $c = 0$ wird die Transformation logarithmisch sein, und für $c = 0, 5, 1, 2$ wird die Transformation Wurzel, Identität und Quadrattransformation sein, jeweils. Der Zweck der Transformation besteht darin, eine Symmetrie in der Verteilung der transformierten Daten zu versuchen. Für eine ausführlichere Diskussion über Transformationen können wir uns auf Cabrera und McDougall [6] beziehen. Tatsächlich hat eine Transformation zur Symmetrie die wünschenswerte Eigenschaft, einem Datensatz ein natürliches Zentrum zu geben, was Schätzungen des Ortes konzeptionell leichter verständlich macht. Neben seinem praktischen Nutzen hat es auch einige theoretische Vorteile, die mit der Arbeit mit Ortschätzungen auf der

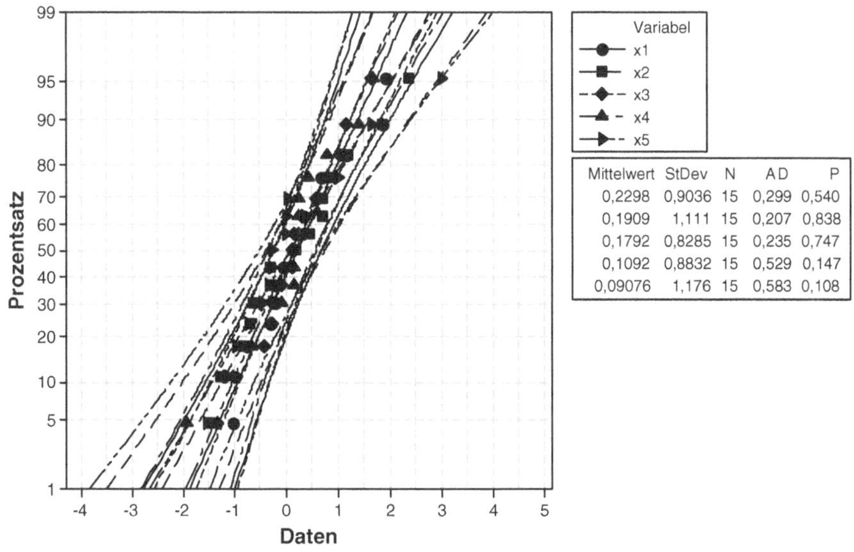

Abb. 10.18 Wahrscheinlichkeitsdiagramm der transformierten Variablen

Grundlage symmetrischer Verteilungen verbunden sind. Zum Beispiel kann das Anwenden einer Potenztransformation auf eine oder beide Variablen es ermöglichen, ein Geradenmodell anzupassen, das einfacher zu analysieren und für Vorhersagezwecke zu verwenden ist.

Für das oben diskutierte Beispiel funktionieren logarithmische Transformationen und Quadratwurzeltransformationen nicht, da es negative Mengen in den Daten gibt. Eine geeignete Transformation, die hier möglich ist, besteht darin, alle Daten in ihre entsprechenden Standardwerte umzuwandeln und dann zu untersuchen. Abb. 10.18 zeigt das Wahrscheinlichkeitsdiagramm der transformierten Variablen. Beachten Sie, dass alle p-Werte nun größer als 0,05 sind und daher überall Normalität akzeptiert wird.

Die Box-Cox-Transformation leitet sich aus ihrem Verfahren zur Auswahl von c ab, unter der Annahme, dass die transformierten Daten normalverteilt sind. In Bezug auf EDA hat Hinkley [9] eine Methode zur Auswahl einer geeigneten Transformation zur Symmetrie eines Datensatzes entwickelt, basierend auf der einfachen Theorie, dass die Transformation die Maße von Mittelwert und Median relativ gleich macht. Die Transformation wird gegeben durch

$$Z_c = \frac{\text{mean}(Y_i) - \text{median}(Y_i)}{\text{spread}(Y_i)} \tag{10.22}$$

Die Auswahlmöglichkeiten für spread(Y_i) sind die Standardabweichung oder der Interquartilsabstand. Wenn $Z_c = 0$, dann ist die Verteilung symmetrisch. Ein Diagramm von Z_c gegen c wird dann als diagnostischer Test verwendet.

Im Kontext eines Six Sigma-Projekts haben die oben genannten Methoden der Datenvorverarbeitung ihre eigene Relevanz. Es kann Techniken wie *Glättung, Aggregation, Generalisierung, Normalisierung* und *Attributkonstruktion* beinhalten. Glättung ist eine Form der Datenbereinigung, während Aggregation und Generalisierung als Formen der Datenreduktion dienen. Normalisierung ist besonders nützlich für Klassifikationsalgorithmen, die neuronale Netzwerke oder Distanzmessungen wie die nächste-Nachbar-Klassifikation und Clustering beinhalten. Die hier angewendeten Methoden zur Datennormalisierung sind Min-Max-Normalisierung, Normalisierung durch Dezimalskalierung und z-Score-Normalisierung (oder Standardisierung, wie oben diskutiert).

10.8.2 Verbesserung eines stabilen Prozesses

Wenn Sie ein stabiles System verbessern, heben Sie nicht ein oder zwei Datenpunkte hervor. Sie müssen sich alle Daten ansehen – nicht nur Hochpunkte oder Tiefpunkte – nicht nur die Punkte, die Sie nicht mögen – nicht nur den neuesten Punkt. Alle Daten sind relevant. Die Verbesserung eines stabilen Prozesses ist komplexer als die Identifizierung einer speziellen Ursache. Mehr Zeit und Ressourcen werden im Allgemeinen im Entdeckungsprozess benötigt. Gemeinsame Ursachen für Variationen können kaum durch Versuche reduziert werden, den Unterschied zwischen einzelnen Punkten zu erklären, wenn der Prozess statistisch kontrolliert wird. Bei der Behandlung von speziellen Ursachen konzentrieren Sie sich auf einige Datenpunkte. Für die gemeinsame Ursachenvariation müssen Sie sich alle Datenpunkte ansehen, um das Muster vollständig zu verstehen. Sie sollten sich die gesamten Systemprozesse in statistischer Kontrolle ansehen, die normalerweise grundlegende Änderungen zur Verbesserung erfordern.

10.9 Simulationstechniken

Simulation ist eine Methode zur Lösung von Entscheidungsproblemen, indem ein Modell des realen Systems entworfen, konstruiert und manipuliert wird. Sie dupliziert das Wesen eines Systems oder einer Aktivität, ohne tatsächlich die Realität zu erlangen. Eines der besten Modelle der Simulation ist die Monte-Carlo-Simulation. Die Monte-Carlo-Simulation ist anwendbar auf Geschäftsprobleme, die Zufall oder Unsicherheit aufweisen. Die Grundlage der Monte-Carlo-Simulation ist die Experimentierung mit den probabilistischen Elementen/Eingaben durch Zufallsstichproben. Sie wird mit probabilistischen Variablen verwendet. Bei der Simulation eines Systems oder Prozesses sollte man die beiden Zustände des Systems, nämlich diskret oder kontinuierlich, im Auge behalten. Ein *diskretes System* ist eines, bei dem die Zustandsvariablen nur an zählbaren Punkten in der Zeit ändern (z. B. eine Bank, bei der die Zustandsvariablen nur ändern, wenn ein Kunde ankommt oder geht) und ein *kontinuierliches System* ist eines, bei dem die Zustandsvariablen kontinuierlich über die Zeit ändern (z. B. ein chemischer Prozess und Mischprozess). Ein Simulationsmodell kann statisch (ein einzelner Zeitpunkt) oder dynamisch (Änderungen über die Zeit) sein.

Schritte der Simulationsmodellierung

- Entwicklung eines Flussdiagramms oder mathematischen Ausdrucks des Problems oder Aufbau des Modells
- Charakterisierung aller Schritte des Prozesses
- Bestimmung der Eingabewerte und Wahrscheinlichkeitsschätzungen und kumulative Wahrscheinlichkeitsverteilung
- Generierung von Zufallszahlen
- Bestimmung des geeigneten Messschemas und Durchführung von Simulationsversuchen.

Vorteile der Simulation

- Ermöglicht die Analyse großer, komplexer Probleme, für die keine analytischen Ergebnisse verfügbar sind
- Ermöglicht es dem Entscheidungsträger, mit vielen verschiedenen Richtlinien und Szenarien zu experimentieren, ohne tatsächlich das tatsächliche System zu ändern oder damit zu experimentieren.
- Ermöglicht es, Zeit zu komprimieren und Interaktionen zu studieren
- Kann wenig oder keine komplexe Mathematik erfordern und daher intuitiv verständlicher sein.

Nachteile der Simulation

- Numerische Ergebnisse basieren auf dem spezifischen Satz von verwendeten Zufallszahlen. Diese Werte repräsentieren nur eines von vielen möglichen Ergebnissen
- Um genauere Ergebnisse zu erzielen und die Wahrscheinlichkeit einer falschen Entscheidung zu minimieren, sollten Sie eine große Anzahl von Versuchen in jeder Simulation verwenden und/oder die gesamte Simulation eine große Anzahl von Malen wiederholen
- Eine große Anzahl von Wiederholungen kann erhebliche Mengen an Computerzeit erfordern
- Jede Simulation erfordert ihr eigenes spezielles Design, um das tatsächliche Szenario zu imitieren, das untersucht wird, und ihr eigenes zugehöriges Computerprogramm. Dies kann erheblichen Entwicklungsaufwand erfordern
- Erzeugt keine optimalen Lösungen, da es sich um einen Versuch-und-Irrtum-Ansatz handelt
- Erfordert von Managern, alle Bedingungen und Einschränkungen des realen Problems zu generieren
- Jedes Modell ist einzigartig und in der Regel nicht auf andere Probleme übertragbar.

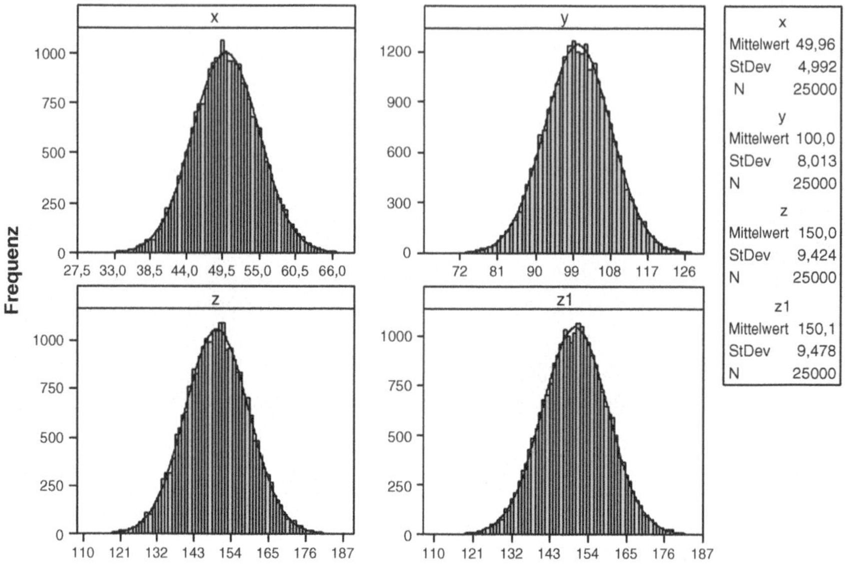

Abb. 10.19 Histogramm von *X, Y, Z* und *Z*1 mit Normalverteilung

Wir präsentieren nun unten ein paar Beispiele, um die praktische Bedeutung des Monte-Carlo-Simulationsansatzes zu verstehen.

Beispiel 10.6 Hier nehmen wir an, dass zwei Normalverteilungen mit unterschiedlichem Mittelwert und Varianz vorliegen und zeigen dann, dass die Summe der Variablen wieder normal ist. Das heißt

$$\text{If } X \sim N(50{,}25) \text{ and } Y \sim N(100{,}64), \text{ then to show that } X + Y \sim N(150{,}89)$$

Lösung Wir verwenden MINITAB, um diese Analyse durchzuführen. Wir haben zunächst zwei normalverteilte Zufallsvariablen X und Y mit den jeweiligen Mittelwerten und Varianzen wie oben angegeben 25.000 Mal generiert. Die Variable X + Y wird dann berechnet und in Z als resultierende Variable gespeichert. Abb. 10.19 zeigt das Histogramm mit Normalverteilung dieser Zufallsvariablen. Die Grafik für Z1 entspricht $N(150{,}89)$. Es ist sehr klar, dass $Z = X + Y \sim N(150{,}89)$.

10.9.1 Modellauswahl und -validierung

In der statistischen Forschung und im Management ist das Problem der Modellauswahl immer entscheidend für jede Entscheidungsfindung. Unter der Auswahl von vielen konkurrierenden Modellen ist es noch entscheidender für Forscher, das beste zu entscheiden. Es wird oft angenommen, dass nur ein vernünftiges Modell für ein gegebenes Entscheidungsproblem in der Marktforschung konstruiert werden kann. In empirischen Studien kann man alternative Modelle konstruieren, die mit der Hypothese der Ziele konsistent sind [4, 7]. Viele Kriterien können verwendet werden, um quantitative Marketingmodelle zu vergleichen. Diese Kriterien beinhalten Dinge wie zugrunde liegende Annahmen, Datenanforderungen und theoretische Implikationen [14, 15, 22, 25].

In den letzten drei Jahrzehnten wurden viele Methoden zum Vergleich struktureller Formen von quantitativen Modellen vorgeschlagen. Diese Methoden können hinsichtlich der methodologischen Betonung als Supermodel-Methoden [2, 10], Kreuzvalidierungsmethoden [17, 28], Wahrscheinlichkeitsmethoden [1, 8] oder Bayesianische Methoden [5, 25, 26] klassifiziert werden. Die Modellvalidierung ist ein Verfahren des Modellvergleichs, bei dem die konkurrierenden Modelle geschätzt und dann Fehlerstatistiken zu den anderen erstellt werden [17, 28]. Die Verflechtung der oben genannten Methodenkategorien wird durch die Tatsache veranschaulicht, dass Smith und Spiegelhalter [27] unter Verwendung von Bayesschen Argumenten Kriterien erhielten, die eng mit denen von Akaike [1] und den Schwarz-Informationskriterien verwandt sind.

Betrachten Sie den folgenden Datensatz ($n = 40$) (siehe [3]):

85, 90, 92, 5, 10, 17, 54, 55, 58, 55, 58, 32, 33, 32, 82, 68, 34, 36, 92, 102, 103, 106, 146, 124, 142, 195, 65, 66, 68, 54, 55, 58, 143, 151, 158, 195, 114, 114, 116, und 57.

Das Problem besteht darin, das beste Wahrscheinlichkeitsmodell zu bestimmen, das mit den Daten verbunden ist. Die Stichprobenstatistiken sind Durchschnitt = 83, Median = 68, Modus = 55, Standardabweichung = 47,58, und Schiefe = 0,614. Die Daten sind definitiv nicht normal, da sie nach rechts verzerrt sind. Der Anpassungstest (MINITAB-Ausgabe) der in Tab. 10.16 gezeigten Daten identifiziert vier konkurrierende Modelle für die Daten, da ihr p-Wert größer als 0,05 ist. Es handelt sich dabei um Weibull-, 3-Parameter-Weibull-, größte Extremwert- und Gamma-Verteilungen. Das Problem besteht nun darin, das Beste aus diesen vier zu bestimmen. Durch drei verschiedene Ansätze unten werden wir das beste Modell zur Beschreibung der Daten bestimmen und die Bedeutung der Simulation in solchen Situationen vorschlagen.

Tab. 10.16 Anpassungstest von Lebensdaten

MINITAB Goodness of Fit Test

Distribution	AD	P	LRT P
Normal	0.633	0.092	
Lognormal	1.050	0.008	
3-Parameter Lognormal	0.313	*	0.002
Exponential	3.186	<0.003	
2-Parameter Exponential	2.812	<0.010	0.027
Weibull	0.317	>0.250	
3-Parameter Weibull	0.308	>0.500	0.823
Smallest Extreme Value	1.486	<0.010	
Largest Extreme Value	0.313	>0.250	
Gamma	0.432	>0.250	
3-Parameter Gamma	0.303	*	0.254
Logistic	0.593	0.083	
Loglogistic	0.589	0.085	
3-Parameter Loglogistic	0.352	*	0.056

10.9.1.1 Modellauswahl: Informations-theoretischer Ansatz

Ein sehr wichtiges Problem im Zusammenhang mit der Modellauswahl ist die Anpassung des wahrscheinlichen Modells an die Daten. Um ein Modell an Daten anzupassen, müssen wir die Parameter schätzen. Dies kann mit verschiedenen Methoden wie der Perzentilabgleichmethode, der Momentenmethode, der Mindestabstandsmethode, der Mindest-Chi-Quadrat-Methode und der Maximum-Likelihood-Methode erfolgen. Die ersten beiden sind grobe Methoden und können leicht umgesetzt werden, erzeugen aber minderwertige Schätzungen. Die anderen drei Methoden sind formellere Verfahren mit gut definierten statistischen Eigenschaften. Obwohl sie zuverlässige Schätzer liefern, können sie manchmal komplex sein. Die Maximum-Likelihood-Schätzer der Modelle (MINITAB-Ausgabe) sind in Tab. 10.17 dargestellt.

Das Akaike-Informationskriterium (AIC) ist ein Maß für die relative Anpassungsgüte eines statistischen Modells und wurde erstmals von Akaike [1] veröffentlicht. Es basiert auf dem Konzept der Informationsentropie und bietet im Wesentlichen ein relatives Maß für den Informationsverlust, wenn ein bestimmtes Modell zur Beschreibung der Realität verwendet wird. Es kann als Beschreibung des Trade-offs zwischen Bias und Varianz in der Modellkonstruktion oder locker gesprochen zwischen Genauigkeit und Komplexität des Modells angesehen werden. Zwei andere Informationskriterien, die dem AIC ähnlich sind, sind das Bayessche Informationskriterium *(BIC)* und das Schwarz-Informationskriterium (SIC), da sie als Kriterium für die Modellauswahl unter einer Klasse von parametrischen Modellen mit unterschiedlicher Anzahl von Parametern verwendet werden. Die Wahl eines Modells zur Optimierung des BIC ist eine Form der Regularisierung. Bei der Schätzung von Modellparametern mit der Maximum-Likelihood-Methode ist es möglich, die Wahrscheinlichkeit durch Hinzufügen von Parametern zu erhöhen, was zu einer Überanpassung führen kann. Das BIC löst dieses Problem durch Einführung eines Strafterms für die Anzahl der Parameter im Modell. Diese Strafe ist im BIC größer als im verwandten AIC. Das BIC wurde von

Tab. 10.17 Maximum-Likelihood-Schätzer von Lebensdaten

Distribution	Location	Shape	Scale	Threshold
Normal*	83.00000		47.58636	
Lognormal*	4.20502		0.76126	
3-Parameter Lognormal	4.98178		0.30774	-69.73051
Exponential			83.00000	
2-Parameter Exponential			78.05000	4.95000
Weibull		1.80328	93.12422	
3-Parameter Weibull		1.86288	95.42587	-1.82214
Smallest Extreme Value	107.70310		50.63953	
Largest Extreme Value	60.92960		38.63130	
Gamma		2.49243	33.30081	
3-Parameter Gamma		4.67124	22.26230	-20.99262
Logistic	79.53017		27.02753	
Loglogistic	4.28257		0.39303	
3-Parameter Loglogistic	4.81433		0.21261	-47.91801

* Scale: Adjusted ML estimate

Schwarz [29] entwickelt, der ein Bayessches Argument für seine Annahme gab. Es steht in engem Zusammenhang mit dem AIC und wird daher auch als Akaike's Bayessches Informationskriterium (ABIC) bezeichnet. Das BIC ist ein asymptotisches Ergebnis, das unter der Annahme abgeleitet wird, dass die Datenverteilung in der exponentiellen Familie liegt. Eine weitere eng verwandte Informationsfunktion ist das Hannan-Quinn-Informationskriterium (HQIC).

Die AIC, SIC, BIC und HQIC sind jeweils gegeben durch

$$\mathrm{AIC} = -2\log L(\hat{\Theta}) + 2p \tag{10.23}$$

$$\mathrm{SIC} = -2\log L(\hat{\Theta}) + p\log(n) \tag{10.24}$$

$$\mathrm{BIC} = -\log L(\hat{\Theta}) + \frac{0{,}5p\log(n)}{n} \tag{10.25}$$

und

$$\mathrm{HQIC} = -\log L(\hat{\Theta}) + p\log(\ln(n)) \tag{10.26}$$

wo $\log L(\hat{\Theta})$ die Maximum-Likelihood-Funktion ist und p die Anzahl der freien Parameter ist, die unter dem Modell geschätzt werden müssen. Schwarz [29] verwendete das oben genannte Kriterium zur Schätzung der Dimension eines gegebenen Modells. Dieses Kriterium unterscheidet sich leicht von Akaike [1], bei dem Schwarz's Verfahren stärker als Akaike's zu niedrigerdimensionalen Modellen tendiert. Bei einer großen Anzahl von Beobachtungen unterscheiden sich die Verfahren deutlich voneinander.

Gegeben zwei geschätzte Modelle, ist das Modell mit dem niedrigsten BIC-Wert vorzuziehen, wenn der Vergleich auf BIC basiert. Die BIC ist eine steigende Funktion von σ_e^2 (Varianz) und eine steigende Funktion von p, wobei p die Anzahl der Parameter der untersuchten Population ist. Das heißt, unerklärte Variation in der abhängigen Variable und die Anzahl der erklärenden Variablen erhöhen den Wert von BIC. Daher impliziert ein niedrigerer BIC entweder weniger erklärende Variablen, eine bessere Anpassung oder beides. Die BIC bestraft freie Parameter im Allgemeinen stärker als die AIC, obwohl dies von der Größe von n und der relativen Größe von n und k abhängt. Es ist wichtig zu beachten, dass die BIC nur zum Vergleich geschätzter Modelle verwendet werden kann, wenn die numerischen Werte der abhängigen Variable für alle verglichenen Schätzungen identisch sind. Die zu vergleichenden Modelle müssen nicht getestet werden, im Gegensatz zu dem Fall, wenn Modelle mit einem F-Test oder Likelihood-Ratio-Test verglichen werden.

In Tab. 10.18 präsentieren wir die Informationskriteriumswerte für die vier in Betracht gezogenen Modelle. Beachten Sie, dass die Informationskriteriumswerte, die dem Weibull-Modell entsprechen, im Vergleich zu den Informationskriteriumswerten der anderen Verteilungen die niedrigsten sind, was eine starke Unterstützung für die Weibull-Verteilung nahelegt. Das zweite konkurrierende Modell ist der größte Extremwert, da die Informationswerte sehr nahe an Weibull liegen.

Tab. 10.18 Informationskriteriumswerte

Modell	AIC	SIC	BIC	HQIC
Weibull	420.6829	424.0607	208.3876	210.9521
3-Weibull	422.6330	427.6997	208.3892	212.2325
Gamma	422.6819	426.0597	209.3871	211.9516
Größter Extremwert	422.0297	425.4075	209.0610	211.6255

Die letzten beiden Modelle in der Präferenz sind das 3-Parameter-Weibull und dann die Gamma-Verteilung. Wir verwenden nun einen semi-parametrischen Ansatz, um die Modellpräferenz zu entscheiden.

10.9.1.2 Modellauswahl: Semi-parametrischer Ansatz

Angenommen, X ist die zu untersuchende Entscheidungsvariable und $f(x)$ die entsprechende Wahrscheinlichkeitsdichtefunktion, dann ist die Funktion des begrenzten Erwartungswertes (LEV) oder der eliminierten erwarteten Verlust wie folgt definiert:

$$E[X;d] = \int_0^d xf(x)dx + d[1 - F(d)] \tag{10.27}$$

wo $F(x)$ die Verteilungsfunktion der Variable X ist. Eine andere Sichtweise auf E[X; d] ist, dass es der erwartete Wert von $Y = \min(X, d)$ ist, das heißt, der Mittelwert einer bei d zensierten Zufallsvariable. Eine andere interessante Größe ist das Verlusteliminierungsverhältnis (LER), das das Verhältnis des eliminierten erwarteten Verlusts zum erwarteten Wert von X ist, das heißt, LER $= E[X; d]/E(X)$, vorausgesetzt $E(X)$ existiert [12]. Beachten Sie, dass $E[X; d]$ immer existiert. Eine Größe, die mit $E[X; d]$ verglichen werden muss, ist die empirische Funktion des begrenzten Erwartungswertes (ELEV) für eine Stichprobe als

$$E_n(d) = \frac{1}{n}\sum_{i=1}^{n} \min(x_i, d) \tag{10.28}$$

Um jedes Modell als eine vernünftige Beschreibung des Entscheidungsprozesses zu akzeptieren, sollten wir überprüfen, ob E[X; d] und $E_n(d)$ im Wesentlichen für alle Werte von d übereinstimmen. Dies liegt daran, dass $d \to \infty E[X; d] \to E(X)$, wenn es existiert und $E_n(d) \to \overline{X}$. Daher ist der Vergleich von $E[X; d]$ und $E_n(d)$ wie eine Methode der Momentenansatz in einer einschränkenden Weise.

In Lebensdauertests kann d manchmal als Verkürzungszeit oder Zensierungszeit bezeichnet werden. In dieser Hinsicht sind eine weitere wichtige Eigenschaft von Lebensdauermodellen das mittlere Restleben (MRL) im Alter $d > 0$, das der bedingte Mittelwert von $X - d$ ist, gegeben $X \geq d$, nämlich

Tab. 10.19 Empirische Schätzungen der Erwartungswerte

X	$E_n(x)$	Begrenzte Erwartungswertfunktion			
		Weibull	3-Weibull	Gamma	Größter Extremwert
5	5,00	4,78	4,80	4,88	4,78
10	7,50	8,45	8,45	9,78	8,33
20	11,67	10,98	10,12	12,43	10,76
40	18,75	20,21	22,14	25,98	21,04
80	31,00	33,28	43,56	44,56	35,02
120	45,83	49,32	50,18	54,64	49,98
150	60,71	62,12	63,43	66,19	63,05
200	71,88	70,17	73,25	75,02	71,25

$$e(d) = E[X - d|X \geq d] = \int_d^\infty (x - d)\frac{f(x)}{P(X \geq d)}dx \tag{10.29}$$

Dann sind $E[X; d]$ und e(d) durch die Gleichheit verbunden

$$E(X) = E[X; d] + e(d)[1 - F(d)] \tag{10.30}$$

Ein Plot von e(d) kann auch einige Hinweise auf die Art der Verteilung geben, die die Daten modellieren wird.

Für das oben diskutierte Beispiel berechnen wir die empirische und angepasste LEV-Funktion, wie sie in den Gl. (10.27) und (10.28) für die vier konkurrierenden Verteilungen gegeben ist, und sehen die Übereinstimmung zwischen (10.27) und (10.28). In Tab. 10.19 präsentieren wir diese empirischen Schätzungen unter Berücksichtigung des Wertes von d als 150. Aus der Tab. geht hervor, dass für die Weibull-Verteilung die empirische Erwartung näher an der LEV für alle Werte von d liegt. Daher scheint eine Weibull-Verteilung ein gutes Modell zu sein.

Wie bereits erwähnt, kann die Verwendung der $e(d)$ Funktion auch zu einem ähnlichen Schluss führen. Da $e(d)$ ein Teil der LEV-Funktion ist, reicht es aus, nur mit der LEV-Funktion zu arbeiten. Auch andere Methoden wie die Mindestabstandsschätzung und der Bayes-Faktor-Ansatz können zur Identifizierung der besten unter vielen Alternativen verwendet werden (siehe [21] für Details). Im Allgemeinen sind diese Methoden mathematisch nicht handhabbar, und daher wird die Visualisierung schwierig. Im Folgenden diskutieren wir den Simulationsansatz, um mit diesen Arten von Situationen umzugehen.

10.9.1.3 Modellauswahl: Simulationsansatz

Hier führen wir eine nicht normale Prozessfähigkeit für jedes Modell durch, indem wir die Verteilungen mit ihrem geschätzten Wert der Parameter simulieren, die in Tab. 10.17 angegeben sind. Das heißt, indem wir eine große Anzahl von Proben

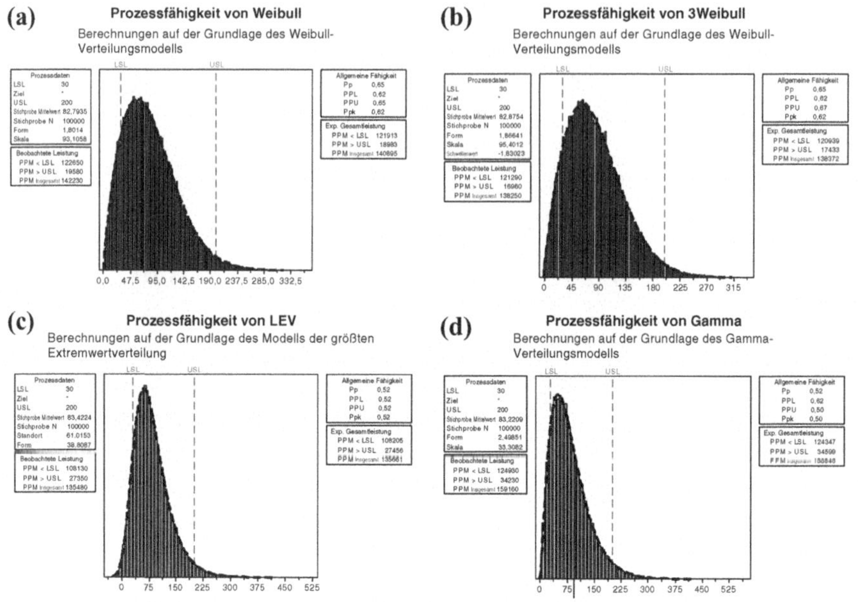

Abb. 10.20 **a** Prozessfähigkeit der Weibull-Verteilung, **b** Prozessfähigkeit der 3-Parameter-Weibull-Verteilung, **c** Prozessfähigkeit der größten Extremwertverteilung, **d** Prozessfähigkeit der Gamma-Verteilung

Tab. 10.20 Modell gegenüber Prozessfähigkeit

Modell	Gesamtfähigkeit		Prozessdurchschnitt	Erwartete PPM-Gesamtzahl
	P_p	P_{pk}		
Weibull	0,65	0,62	82,7935	140,895
3-Weibull	0,65	0,62	82,8754	138,372
LEV	0,52	0,52	83,4224	135,661
Gamma	0,52	0,50	82,2209	158,946

aus Weibull (93,12422, 1,80328), 3-Parameter-Weibull (−1,82214, 95,42587, 1,86288), Gamma (33,30081, 2,49243) und größtem Extremwert (38.6313, 60,9296) generieren, berechnen wir die Prozessfähigkeit für gegebene Spezifikationsgrenzen LSL = 30 und USL = 200. Das Modell mit dem großen Wert der Prozessfähigkeit wird als das beste Modell ausgewählt. Die modellweise Prozessfähigkeitsanalyse wird in Abb. 10.20a–d gezeigt.

Die zusammengefasste Prozessfähigkeit und die erwarteten PPM-Gesamtzahlen jedes Modells sind in Tab. 10.20 dargestellt. Die Fähigkeitsanalyse gibt auch einen klaren Vorteil für Weibull-Modelle (sowohl zwei- als auch dreiparametrische), da ihre Fähigkeit größer ist als die der beiden anderen Modelle.

10.10 Implementierung und Validierung

Es ist sehr wichtig für jedes Six Sigma-Projekt, potenzielle Lösungen zu entwickeln und Verbesserungsalternativen für ein höheres Sigma-Niveau vorzuschlagen. Dies wird durch die Implementierung von Pilottests, Prototypentests, DOE und Simulationstechniken erreicht. Jede Lösung unterliegt einer bestätigenden Analyse, um die bestmöglichen optimalen Lösungen auszuwählen. Bei der Bewertung eines Lösungssets ist es wichtig, dass spezifische Kriterien festgelegt werden. Diese Kriterien beinhalten die Kosten der Implementierung, die Einfachheit der Implementierung, die Wartbarkeit, die Zuverlässigkeit, die organisatorische Akzeptanz, die Auswirkungen auf den Kunden, die Auswirkungen auf das Endergebnis und so weiter. Die Kriterien sollten relevant, gut definiert und das Ergebnis eines Teamkonsenses sein.

Eine typische Rangmatrix mit gewichteten Kriterien ist in Tab. 10.21 dargestellt. Die Gewichte werden entsprechend ihrer Priorität und Bedeutung zugeteilt. Die potenziellen Lösungen werden nach ihrer Relevanz und Machbarkeit eingestuft, wobei die beste die höchste Zahl und die schlechteste die niedrigste Zahl ist. Die potenzielle Lösung mit dem höchsten gewichteten Wert wird zur Fokussierung für die Implementierung.

Sobald das Team sich auf eine bestimmte Lösung festgelegt hat, muss es dann eine Implementierungsstrategie festlegen. Ein Feedback des Teams bezüglich seiner Unterstützung und Ablehnung einer bestimmten Strategie wird während dieses Prozesses bewertet. Dies wird in die Implementierungsstrategie integriert, um sicherzustellen, dass die Kräfte, die die Implementierung unterstützen, beibehalten oder gestärkt werden und diejenigen, die sich widersetzen, beseitigt oder gemildert werden. Beachten Sie, dass die Implementierung jeder Initiative zur Verbesserung mit Sorgfalt und unter Berücksichtigung der Kultur der Organisation durchgeführt werden muss. Dies wird die folgenden Punkte beinhalten:

- *Infrastruktur* – Dies beinhaltet alles Notwendige, um eine erfolgreiche Implementierung zu gewährleisten, wie Software, Hardware, Schulungen, Talentakquisition, organisatorische Veränderungen und Einrichtungen

Tab. 10.21 Rangmatrix mit gewichteten Kriterien

Kriterien	Gewicht	Mögliche Lösung				
		A	B	C	D	E
% Prozessverbesserung	0,30	3	5	4	2	1
Kosten der Implementierung	0,15	3	4,5	2	4,5	1
Zuverlässigkeit	0,05	2	1	4	5	3
Wartbarkeit	0,10	5	4	3	2	1
Installationsressourcen	0,20	2,5	2,5	4	1	5
Auswirkungen und Folgen	0,20	4	1,5	3	5	1,5
Gesamt		3,25	3,425	3,4	2,925	2

- *Kommunikationsplan* – Ein Kommunikationsplan sollte spezifisch sein in Bezug auf
  - Wer, was, wann und wo es kommuniziert
  - Anforderungen an mehrfache Kommunikationen, falls notwendig
  - Kommunikationen sollten verstärken und logisch fortschreiten
  - Rechtzeitige Kommunikationen sollten erfolgen, bevor eine Phase ausgeführt wird, nicht später

- *Wettbewerb um Zeit, Energie und Ressourcen* – Wie in den meisten Organisationen ist die Verbesserungsinitiative des Teams nicht die einzige kritische Aktivität in der Organisation, die Ressourcen erfordert. Daher ist es wesentlich, die Anforderungen für die Implementierung im Voraus zu skizzieren und die Genehmigung durch das Management zu sichern.
- *Engagement des Managements* – Dies ist entscheidend für jede erfolgreiche Implementierung. Ohne die Unterstützung und das Engagement des Managements wird nichts erreicht. Das Management muss sichtbar, aktiv und engagiert sein, um eine erfolgreiche Implementierung zu gewährleisten.

10.11 Verbesserung von Prüflisten

Die Verbesserungsprüflisten sollten Folgendes beinhalten:

- Erstellen Sie eine Liste mit innovativen Ideen für potenzielle Lösungen
- Verwenden Sie die Verengungs- und Screening-Techniken, um qualitativ hochwertige potenzielle Lösungen weiter zu entwickeln
- Erstellen Sie eine Lösungsaussage für mindestens zwei mögliche vorgeschlagene Verbesserungen
- Treffen Sie eine endgültige Lösungswahl auf der Grundlage von Erfolgskriterien
- Überprüfen Sie die aktuelle Lösung mit der erwarteten
- Entwickeln Sie einen Plan für das Testen und Testen der Lösung, einschließlich eines Aktionsplans, einer Ergebnisbewertung und eines Zeitplans
- Bewerten Sie die Pilotergebnisse und bestätigen Sie, dass die Ergebnisse mit der Zielsetzung übereinstimmen
- Identifizieren und implementieren Sie Verbesserungen der Lösung auf der Grundlage von Erkenntnissen aus der Pilotstudie
- Berücksichtigen Sie potenzielle Probleme und unbeabsichtigte Folgen der Lösung und entwickeln Sie präventive und kontingente Maßnahmen, um diese zu bewältigen.

10.12 Relevanz für Manager

Die in den vorherigen Kapiteln diskutierten Methoden sind im Allgemeinen leicht anzuwenden und betrieblich umsetzbar. Ein minimales Verständnis der Prozessparameter und Designspezifikationen reicht aus, um Kundenanforderungen und Geschäftsziele zu identifizieren. Dieses Kapitel behandelt viele wichtige Probleme im Zusammenhang mit der Ingenieurwissenschaft, wie das Design von Experimenten, Simulationsmethoden, Modellauswahl usw., die als die effizientesten und wirtschaftlichsten Methoden zur Erreichung gültiger und relevanter Schlussfolgerungen aus dem Experiment angesehen werden. Die Bedeutung von randomisierten Designs, faktoriellen Designs, orthogonalen Arrays und robusten Designs sowie ihre praktischen Bedeutungen werden ausführlich anhand von realen Beispielen diskutiert. Die Bedeutung des Taguchi-Designs für das Qualitätsengineering und Designs für optimale Stufenauswahl werden ebenfalls hier vorgestellt. Taguchi fordert Offline-Qualität und Online-Qualitätskontrolle als zwei Kernexperimentdesigns zur Verbesserung von Qualität und Kosten.

Es wird oft festgestellt, dass Daten einige modellbasierte und lärm- (oder fehler-) basierte Informationen enthalten. Daher ist die Verbesserung solcher Daten durch Entfernen der Präsenz von Lärmvariationen eine Herausforderung für jede Verbesserung. Verschiedene Methoden zur Stabilisierung der Lärmvariation durch Normalisierung, Standardisierung und Transformationen werden für ein besseres Verständnis eines Prozesses diskutiert. Durch Simulation haben wir auch viele modellbasierte Eigenschaften eines Prozesses untersucht. Ein umfassender Bericht über die Modellauswahl und -validierung mit parametrischen und nichtparametrischen Methoden wird ebenfalls für die sofortige Anwendung vorgestellt. Die Implementierung und Validierung von Ursachen von Variationen wird auch angesprochen, um die Aktivität der Verbesserungsphase abzuschließen. Daher ist die Verbesserung der Qualität genauso gut wie die Verbesserung eines Prozesses, bei dem ein verbesserter Prozess weniger Variationen aufweist und alle Redundanzen entfernt werden.

Übungen

10.1. Diskutieren Sie verschiedene Aufgaben und Liefererergebnisse der Verbesserungsphase.

10.2. Was ist eine Balanced Score Card? Diskutieren Sie verschiedene Leistungsindikatoren, die mit der Balanced Score Card verbunden sind.

10.3. Diskutieren Sie die Bedeutung von Kaizen-Events für Qualitätsverbesserungen. Wie ist es mit dem Six Sigma Projektmanagement verbunden?

10.4. Was sind die Anwendungen des 5S-Ansatzes? Diskutieren Sie jede Komponente in Bezug auf ein Six Sigma Projektmanagement.

10.5. Diskutieren Sie verschiedene Methoden zur Abfallbeseitigung. Zeigen Sie, wie die Kanban-Philosophie verwendet wird, um Abfälle in einem Prozess zu identifizieren?

10.6. Was ist das Design von Experimenten? Diskutieren Sie verschiedene Prinzipien, die mit einem Design von Experimenten verbunden sind.

10.7. Unterscheiden Sie zwischen
i) Experimenteller Fehler und Lärmfaktor
ii) Randomisierung und Replikation
iii) Teilweise Verwirrung und totale Verwirrung
iv) Faktorielle Designs und vollständige Blockdesigns

10.8. Ein 2^2-Faktorenexperiment wurde durchgeführt, um zu bestimmen, ob das Volumen von zwei Reagenzien einen Einfluss auf die Fähigkeit einer Assay-Methode hat, die Konzentrationen eines spezifischen Medikaments im Serum zu messen. Das Serum für jeden Test wurde aus einem mit einer Einzeldosis des Medikaments angereicherten Serum-Pool entnommen. Die Daten sind in einer Tab. mit den Reagenzienvolumina in ml dargestellt.

Reagenz		% zurückgewonnenes Medikament
A	*B*	
10	20	32
40	20	44
10	50	51
40	50	68
25	35	53

i) Schätzen Sie die lineare Reaktionsgleichung ab. Sind die linearen Effekte beider Reagenzien signifikant?
ii) Testen Sie auch die Angemessenheit der angepassten Gleichung und geben Sie Ihre Schlussfolgerungen über reine quadratische Begriffe und Interaktionsterme ab?
iii) Führen Sie eine Residualanalyse durch.

10.9. In einer Studie zum Verhalten eines Wirbelschichtreaktors für die katalytische Oxidation von Benzol zu Maleinsäureanhydrid wurde ein 2^4-Faktoriendesign verwendet, um die Auswirkungen von X_1 = Temperatur in Grad Celsius (°C); X_2 = Benzol/Luft-Verhältnis; X_3 = Durchflussrate der Reaktanden in m^3/h; und X_4 = Höhe des katalytischen Partikelbetts im Ruhezustand in cm auf die Umwandlungsreaktion *Y*, nämlich den Prozentsatz des verbrauchten Benzols im Verhältnis zur Menge der eingeführten Benzolmoleküle, zu bestimmen. Die ursprünglichen Faktorstufen A_1, A_2, A_3, A_4 sind in der untenstehenden Tab. angegeben.

Faktoren	Eingangsvariable	Niedrig	Hoch
A_1	Temperatur, X_1 (°C)	420	460
A_2	Benzol/Luft-Verhältnis, X_2	1.5	2.5
A_3	Durchflussrate, X_3 (m^3/h)	4	6
A_4	Höhe, X_4	4	6

Das experimentelle Design und die Prozentsätze der Umwandlungswerte sind unten angegeben:

x_1	x_2	x_3	x_4	Y	
				Rep-1	Rep-2
420	1,5	4	4	63,03	65,83
460	1,5	4	4	62,19	63,77
420	2,5	4	4	64,01	64,57
460	2,5	4	4	61,60	60,23
420	1,5	6	4	58,95	59,78
460	1,5	6	4	78,34	79,45
420	2,5	6	4	45,75	48,79
460	2,5	6	4	72,66	71,12
420	1,5	4	6	46,36	49,56
460	1,5	4	6	68,62	68,78
420	2,5	4	6	35,16	36,47
460	2,5	4	6	59,24	60,32
420	1,5	6	6	71,62	70,45
460	1,5	6	6	84,01	86,45
420	2,5	6	6	61,18	60,18
460	2,5	6	6	77,78	76,56

i) Führen Sie die vollständige Varianzanalyse dieses Designs durch.
ii) Schätzen Sie die Faktoreffekte. Zeichnen Sie die Effektschätzungen auf einem normalen Wahrscheinlichkeitsdiagramm und wählen Sie ein vorläufiges Modell aus.
iii) Passen Sie das in Teil (ii) identifizierte Modell an und analysieren Sie die Residuen. Gibt es Anzeichen für eine unzureichende Modellierung?
iv) Wiederholen Sie die Analyse aus den Teilen (ii) und (iii) mit $1/y$ als Antwortvariable. Gibt es Anzeichen dafür, dass die Transformation nützlich war?
v) Führen Sie einen Halb-Replikationsplan dieses Experiments durch und ziehen Sie Schlussfolgerungen.

10.10. Diskutieren Sie, wie ein Design „Robust" gemacht werden kann.
10.11. Was ist die Bedeutung von parametrischem Design und Toleranzdesign? Stellen Sie ihre grundlegenden Unterschiede heraus.
10.12. Was sind die Merkmale eines robusten parametrischen Designs?
10.13. Diskutieren Sie, wie eine Prozesskarte zur Verbesserung eines Prozesses verwendet werden kann?
10.14. Diskutieren Sie die Notwendigkeit von Transformation, Standardisierung und Normalisierung zur Verbesserung von Prozessdaten.
10.15. Betrachten Sie die folgenden Daten:

43	34	43	32	87	35	71	65	12	52	19	48	17	24
52	65	40	54	62	45	2	13	18	49	57	21	64	71

45	81	52	40	35	78	43	45	44	55	79	37	19	14
31	71	51	35	27	74	22	8	22	15	20	23	35	37
17	21	52	48	9	22	12	12	85	40	39	30	42	8
66	74	19	4	30	6	19	31	25	33	32	51	68	43

Führen Sie das Folgende aus:

i) Zeichnen Sie ein Box-Diagramm und prüfen Sie auf Abnormalitäten
ii) Erstellen Sie ein Normalwahrscheinlichkeitsdiagramm und entscheiden Sie über die Qualität der Daten
iii) Verwenden Sie eine logarithmische Transformation und entscheiden Sie dann über die Qualität der Daten
iv) Verwenden Sie die MINITAB-Software und entscheiden Sie alle wahrscheinlichen Modelle für die Daten
v) Verwenden Sie den Likelihood-Ansatz, um das beste Modell zu bestimmen (nehmen Sie Normal-, Lognormal-, Gamma-, Weibull- und logistische Wahrscheinlichkeitsverteilungen an).

10.16 Die folgenden Informationen wurden durch ein geplantes Experiment für einen chemischen Prozess erhalten:

Leistung (W)	Temperatur (°C)	Feuchtigkeit (% nach Gewicht)	Durchflussrate (L/min)	Partikelgröße (mm)	Ölausbeute (l)
415	25	5	40	1,28	63
550	25	5	40	4,05	21
415	95	5	40	4,05	36
550	95	5	40	1,28	99
415	25	15	40	4,05	24
550	25	15	40	1.28	66
415	95	15	40	1,28	71
550	95	15	40	4,05	54
415	25	5	60	4,05	23
550	25	5	60	1,28	74
415	95	5	60	1,28	80
550	95	5	60	4,05	33
415	25	15	60	1,28	63
550	25	15	60	4,05	21
415	25	15	60	4,05	44
550	25	15	60	1,28	96

Diskutieren Sie, ob die Prozessausbeute normal ist oder nicht. Wenn der Prozess nicht normal ist, diskutieren Sie die Methoden, um ihn zu normalisieren. Schlagen Sie auch andere geeignete Modelle für die variable Ölausbeute vor.

10.17. Was ist eine Simulation? Nennen Sie die Vor- und Nachteile der Simulation.

10.18. Simulieren Sie für die in Frage 10.15 gegebenen Daten ein geeignetes statistisches Modell und studieren und vergleichen Sie die Eigenschaften der Daten.

10.19. Simulieren Sie für die in Frage 10.16 gegebenen Daten zur Ölausbeute ein geeignetes statistisches Modell und studieren und vergleichen Sie die Eigenschaften der Daten.

10.20. Diskutieren Sie den informationstheoretischen Ansatz der Modellauswahl.

10.21. Diskutieren Sie für die in Frage 10.16 gegebenen Daten zur Ölausbeute den informationstheoretischen Ansatz der Modellauswahl und studieren Sie die Eigenschaften der Daten.

10.22. Diskutieren Sie den semi-parametrischen Ansatz der Modellauswahl.

10.23. Diskutieren Sie den simulationsbasierten Ansatz der Modellauswahl.

10.24. Wenn $X \sim \text{gamma}(10,3)$ und $Y \sim \text{Weibull}(10,3)$. Verwenden Sie die Simulationsmethode, um die Verteilung von $X+Y$ zu studieren. Versuchen Sie auch, die Verteilung von $X+Y$ zu studieren, wenn $X \sim \text{gamma}(10,1)$ und $Y \sim \text{Weibull}(10,1)$.

Literatur

1. Akaike, H.: A new look at the statistical identification model. IEEE Trans. Auto. Control **19**, 716–723 (1974)
2. Atkinson, A.C.: A method for discriminating between models. J. Roy. Stat. Soc. (B) **32**, 323–353 (1969)
3. Bain, L.J., Engelhardt, M.E.: Statistical Analysis of Reliability and Life-testing Analysis. Marcel Dekker, New York (1991)
4. Bass, F.: A simultaneous equation regression study of advertising and sales of cigarettes. J. Mark. Res. **6**, 291–300 (1969)
5. Blattberg, R.C., Sen, S.K.: An evaluation of the application of minimum Chi-square procedures to stochastic models of brand choice. J. Mark. Res. **10**, 421–427 (1975)
6. Cabrera, J., McDougall, A.: Statistical Consulting. Springer, Berlin (2002)
7. Carmone, F.H., Green, P.E.: Model misspecification in multi-attribute parameter estimation. J. Mark. Res. **18**, 87–93 (1981)
8. Cox, D.R.: Further results on tests of separate families of hypothesis. J. Roy. Stat. Soc. (B) **24**, 406–424 (1962)
9. Hinkley, D.: On quick choice of power transformations. Appl. Stat. **26**, 67–69 (1977)
10. Johnson, N.L., Kotz, S.: Urn Models and Their Applications. Wiley, New York (1977)
11. Kaplan, R.S., Norton, D.P.: The Balanced scorecard. Harvard Business School Press, Boston (1996)
12. Klugman, S.A., Panjer, H.H., Willmot, G.E.: Loss Models: From Data to Decisions, 3rd edn. Wiley Series in Probability and Statistics, Wiley, New York (2008)
13. Lee, S.S., Dugger, J.C., Chen, J.C.: Kaizen: an essential tools for inclusion in industrial technology curricula. J. Ind. Technol. **16**(1), 1–7 (2000)
14. Larreche, J.C., and Montgomery, D.B.: Framework for the comparison of marketing models: a Delphi study. J. Market. Res. **14**, 487–498 (1977)

15. Little, J.D.: Models and managers: the concept of a decision calculus. Manage. Sci. **16**, B466–B485 (1979)
16. Logothetis, N., Wynn, H.P.: Quality Through Design, Experimental Design, Off-Line Quality Control and Taguchi 's Contributions. Clarendon Press, Oxford (1989)
17. Mosteller, F., Tukey, J.W.: Data analysis, including statistics. In: Lindzey, F., Aronson, E., (eds.) Handbook of Social Psychology, vol. 2. Addison-Wesley, Reading (1968)
18. Montgomery, D.C.: Introduction to Statistical Quality Control, 3rd edn. Wiley, New York (1997)
19. Montgomery, D.C.: Design and Analysis of Experiments. Wiley India, New Delhi (2009)
20. Muralidharan, K.: A note on transformation, standardization and normalization. Int. J. Oper. Quant. Manage. IX(1 & 2), 116–122 (2010)
21. Muralidharan, K.: A teaching note for model selection and validation. Math. J. Interdiscip. Sci. **1**(2), 55–62 (2013)
22. Narasimhan, C., Sen, S.K.: New product models of test market data. J. Market. **47**, 11–24 (1983)
23. Park, R.: Value Engineering. St. Lucie Press, Boca Raton (1999)
24. Pignatiello, J.J., Ramberg, J.S.: Top ten triumphs and tragedies of Genichi Taguchi. Qual. Eng. **4**(2), 211–225 (1992)
25. Rust, R.T.: A probabilistic measure of model superiority. Working Paper 81–23. Graduate school of Business, University of Texas, Austin (1981)
26. Smith, A.F.M.: A general Bayesian linear model. J. Roy. Stat. Soc. (B) **2**, 213–220 (1973)
27. Smith, A.F.M., Spiegelhalter, D.J.: Bayes Factors and Choice Criteria for Linear Models. J. Roy. Stat. Soc. Ser. B (Methodol.) **42**(2), 213–220 (1980)
28. Stone, M.: Cross-valedictory choice and assessment of Statistical predictions. J. Roy. Stat. Soc. (B) **36**, 111–147 (1974)
29. Schwarz, G.: Estimating the dimensionality of a model. Ann. Stat **6**(2), 461–464 (1978)
30. Taguchi, G.: System of Experimental Design: Engineering methods to Optimize Quality and Minimize Cost. UNIPUB, White Plains, New York (1987)
31. Taguchi, G.: Introduction to Quality Engineering, Asian Productivity Organization. UNIPUB, White plains, New York (1991)
32. Taguchi, G., Wu, Y.: Introduction to Off-line Quality Control. Central Japan Quality Control Association, Nagoya (1980)
33. Womack, P., Jones, D.T.: Lean Thinking. Simon and Schuster, New York (1996)

Kapitel 11
Kontrollphase

Aufgaben und Liefererergebnisse der Kontrollphase

- Dokumentieren Sie einen neuen oder verbesserten Prozess und Messung
- Verwenden Sie statistische Prozesskontrolle (SPC) zur Validierung von Erfassungssystemen
- Verwenden Sie SPC, um die Wiederholbarkeit und Reproduzierbarkeit von Metriken in einer Betriebsumgebung zu ermitteln
- Definieren Sie den Kontrollplan und seine unterstützenden Pläne wie den Kommunikationsplan der Verbesserungen und betrieblichen Änderungen für die Kunden und Stakeholder, erstellen Sie einen Implementierungs- und Risikomanagementplan, konsolidieren Sie Kosten-Nutzen und Änderungsmanagementplan
- Richten Sie Verfolgungsverfahren in einer Betriebsumgebung ein: Überwachen Sie die Implementierung, validieren und stabilisieren Sie Leistungsgewinne und prüfen Sie gemeinsam die Ergebnisse und bestätigen Sie die Finanzen
- Richten Sie Kontrollpläne für Toleranzen, Kontrollen, Maßnahmen und Standardbetriebsverfahren ein
- Validieren Sie den kontrollierten Prozess und die Vorteile für die Prozessfähigkeit, MSA und Gage R&R und Dokumentation
- Dokumentieren Sie und die Nachfolgeschritte
- Abschlussprüfung

K. Muralidharan, *Six Sigma für organisatorische Exzellenz*,
https://doi.org/10.1007/978-81-322-4001-3_11

11.1 Kontrollpläne

Bisher war unser Versuch, die wichtigsten beitragenden Variablen des Prozesses zu identifizieren. Durch die abgeschlossenen fünf Phasen haben wir versucht, das beste Prozessmodell frei von allen Arten von Variationen zu etablieren. Die bisherige Methode ermöglichte es uns, ein tragfähiges Modell zu identifizieren und uns zu helfen, die Art der Beziehung zwischen den wichtigen Variablen des Prozessausgangs zu quantifizieren. Die statistische Prozesskontrolltechnik kann nun mit erheblicher Wirksamkeit für die Überwachung und Überwachung des Prozesses eingesetzt werden. Techniken wie Kontrollkarten und Fähigkeitsbewertung können verwendet werden, um den Prozessausgang zu überwachen und zu erkennen, wann Änderungen in den Eingaben erforderlich sind, um den Prozess wieder in einen kontrollierten Zustand zu bringen. Die Modelle, die die einflussreichen Eingaben mit den Prozessausgängen in Beziehung setzen, erleichtern die Art und Größe der Anpassungen, die für einen solchen kontrollierten Prozess erforderlich sind. Abb. 11.1 zeigt ein solches Prozessmodell, bei dem der Informationsfluss von einem kontrollierten System überwacht wird. Dieses System ermöglicht die notwendige Anpassung im Prozess, so dass zukünftige Werte der Produktparameter ungefähr auf Ziel sein werden.

Ein Kontrollplan ist wie ein lebendes Dokument, das kritische Eingabe- oder Ausgabevariablen und zugehörige Aktivitäten identifiziert, die durchgeführt werden müssen, um die Kontrolle über die Prozessvariation, Produkte und Dienstleistungen zu behalten, um die Abweichung von den bevorzugten Werten zu minimieren. Das oben vorgestellte S-I-P-O-C-Modell hilft, den Geist der DMAIC-Philosophie unter verantwortlichen und rechenschaftspflichtigen Kontrollplänen aufrechtzuerhalten.

Die routinemäßige Anpassung wird oft als technische Kontrolle, automatische Kontrolle oder Feedback-Kontrolle bezeichnet [14]. Statistische Prozesskontrollmethoden können erfolgreich in ein Fertigungssystem integriert werden, in dem

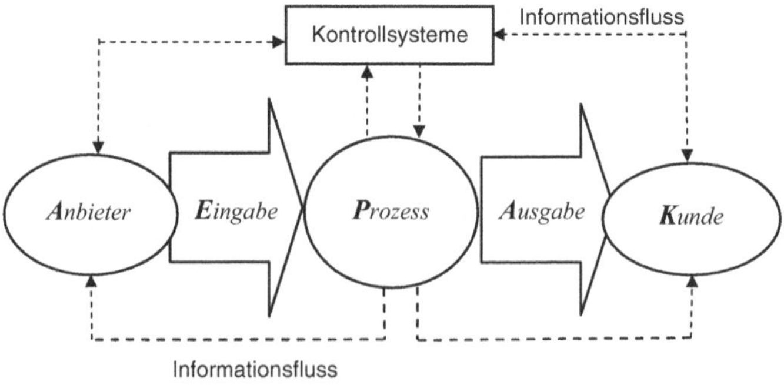

Abb. 11.1 Ein kontrolliertes Systemprozessmodell

die technische Kontrolle vollständig genutzt werden kann. In diesem Stadium sollte das Six Sigma-Projekt alle Dimensionen der Qualitätsaspekte ansprechen, da eine effektive Qualitätsverbesserung dazu beitragen kann, die Produktivität zu steigern und die Kosten zu senken. Die acht Dimensionen der Qualität sind wie folgt:

- Leistung
- Zuverlässigkeit
- Haltbarkeit
- Servicefähigkeit
- Ästhetik
- Merkmale
- Wahrgenommene Qualität
- Konformität mit Standards

Obwohl die Qualitätsverbesserung eine unternehmensweite Aktivität ist und jede organisatorische Einheit aktiv teilnehmen muss, liegt es in der Verantwortung des Six Sigma-Projektpersonals, die Verbesserung und Kontrolle über einen langen Zeitraum aufrechtzuerhalten. Sie sind auch verantwortlich für die Bewertung und Nutzung von Qualitätskosteninformationen zur Identifizierung von Verbesserungsmöglichkeiten im System und zur Bekanntmachung dieser Möglichkeiten beim höheren Management. Im verbleibenden Teil dieses Kapitels untersuchen wir die Aufgaben und Lieferergebnisse der Kontrollphase aus der Perspektive der Qualitätsverbesserung.

11.2 Statistische Prozesskontrolle

Wir alle wissen, dass Variation die Ursache für alle Defekte ist und in allen Prozessen in unterschiedlichem Maße inhärent ist. Um ein Produkt fehlerfrei zu machen, ist es unerlässlich, die Variation eines Prozesses zu minimieren. Daher ist die Quantifizierung der Menge an Variation in einem Prozess der erste und kritische Schritt zur Verbesserung. Dies wird das Verständnis für die Art der Ursachen weiter verbessern und den Kurs der Maßnahmen zur Reduzierung der Variation bestimmen. Diese Maßnahme wird die Qualität des Produkts nachhaltig verbessern.

Das ultimative Ziel eines Six Sigma-Projekts ist die Verbesserung durch Reduzierung der Variation. Die reduzierte Variabilität führt letztendlich zur Qualität. Nach Montgomery [30] ist Qualität umgekehrt proportional zur Variabilität. Das heißt, je geringer die Variabilität, desto höher die Qualität. Da Variabilität nur durch statistische Begriffe beschrieben werden kann, spielen statistische Methoden eine zentrale Rolle bei den Bemühungen zur Qualitätsverbesserung. Die statistischen Werkzeuge und Techniken bieten eine breite Palette von Qualitätsverbesserungswerkzeugen für die Erkennung von Variationen im Prozess.

In jedem Produkt gibt es eine gewisse Menge an Variabilität; folglich sind keine zwei Dinge genau gleich. Beispielsweise wird ein Prozess von Produkt zu Produkt, von Material zu Material, von Operation zu Operation, von Service zu Service, von Maschine zu Maschine, von Mensch zu Mensch, von Schicht zu Schicht, von Tag zu Tag usw. variieren. Wenn jedoch die Variation sehr groß ist, kann der Kunde die Einheit als unerwünscht und inakzeptabel empfinden. Wie bereits erwähnt, ist die Quantifizierung der Informationen der erste Schritt zur Verbesserung der Qualität. Die Quantifizierung erfolgt auf der Grundlage der zu untersuchenden Merkmale. Die Merkmale können entweder qualitativ (oder Attribute) oder quantitativ (oder Variablen) sein. Wir werden verschiedene Werkzeuge und Techniken zur Analyse dieser Merkmale in den kommenden Kapiteln beschreiben.

Bedeutung der Messung von Variation

- Die Messung der Variabilität bestimmt die Zuverlässigkeit eines Durchschnitts, indem sie darauf hinweist, wie weit ein Durchschnitt repräsentativ für die gesamten Daten ist.
- Hilft, die Art und Ursache der Variation zu bestimmen, um die Variation selbst zu kontrollieren.
- Ermöglicht den Vergleich von zwei oder mehr Verteilungen hinsichtlich ihrer Variabilität.

Das Verständnis der Variation in den Werten einer Qualitätsmerkmal ist von primärer Bedeutung in der statistischen Prozesskontrolle (SPC). SPC, ein Teilbereich der statistischen Qualitätskontrolle (SQC), besteht aus Methoden zum Verstehen, Überwachen und Verbessern der Prozessleistung im Laufe der Zeit. In diesem Kapitel studieren wir verschiedene Prozesskontrolltechniken im Detail.

11.2.1 Beschreibung von Variationen

Wie wir wissen, gibt uns die Menge an Variation in einem Prozess Auskunft darüber, was dieser Prozess tatsächlich leisten kann (Toleranz), während die Spezifikationen uns sagen, was wir von einem Prozess erwarten. Der erste Schritt zum Verständnis von Variationen sollte immer darin bestehen, Prozessdaten in zeitlicher Reihenfolge darzustellen. Die zeitliche Reihenfolge kann stündlich, täglich, wöchentlich, monatlich, vierteljährlich, jährlich oder in einem beliebigen geeigneten Zeitraum sein.

In der Regel treten in einem Prozess zwei Arten von Variationen auf. Es handelt sich dabei um *spezielle Ursachen* oder *zuweisbare Ursachenvariationen* und die *zufälligen* oder *unregelmäßigen Arten von Variationen*. Das Ziel eines jeden Prozesses besteht dann darin, die Ursachen zu identifizieren und zu beseitigen, um einen instabilen Prozess in einen stabilen Prozess zu verwandeln. Ein Prozess, der nur durch gemeinsame Ursachen variiert, wird als stabil bezeichnet. Ein Zweck der Kontrollkarten, dem Hauptwerkzeug der SPC, besteht darin, zwischen diesen beiden Arten von Variationen zu unterscheiden, um eine Überreaktion und Unterreaktion auf den Prozess zu verhindern. Der Unterschied zwischen gemeinsamen

Ursachen und zuweisbaren Ursachen ist kontextabhängig. Eine gemeinsame Ursache heute kann morgen eine zuweisbare Ursache sein. Die Bezeichnung könnte auch mit einer Änderung des Stichprobenschemas ändern. Man möchte jedoch nur dann reagieren, wenn eine Ursache einen ausreichenden Einfluss hat, dass es praktisch und wirtschaftlich ist, sie zu entfernen, um die Qualität zu verbessern.

Spezielle Ursachenvariation: Die Variationen, die relativ groß sind und identifiziert werden können, sind die speziellen Ursachen der Variation oder zuweisbaren Ursachen der Variation. Sie können sporadisch auftreten und verschwinden. Oft gibt ein spezifischer Hinweis auf das Fehlen statistischer Kontrolle ein Signal dafür, dass wahrscheinlich eine spezielle Ursache aufgetreten ist. Daher sind solche Variationen lokal zum Prozess und instabil. Der beste Weg, mit dieser Art von Variation umzugehen, ist

- Erhalten Sie rechtzeitig Daten, damit das Signal für die spezielle Ursache leicht identifiziert werden kann.
- Ergreifen Sie sofort Maßnahmen, um eventuelle Schäden zu beheben.
- Suchen Sie sofort nach einer Ursache. Finden Sie heraus, was bei dieser Gelegenheit anders war. Isolieren Sie die tiefste Ursache, die Sie beeinflussen können.
- Entwickeln Sie ein langfristiges Abhilfemaßnahme, die verhindert, dass diese spezielle Ursache erneut auftritt oder, wenn die Ergebnisse gut sind, behalten Sie diese Lektion bei.
- Verwenden Sie Frühwarnindikatoren in Ihrem gesamten Betrieb. Nehmen Sie Daten in den frühen Prozessstadien auf, damit Sie so früh wie möglich erkennen können, wenn sich etwas geändert hat.

Gemeinsame Ursachenvariationen: Diese Art von Variation ist die Summe der Vielzahl von Effekten einer komplexen Interaktion von zufälligen oder gemeinsamen Ursachen. Sie ist allen Anlässen und Orten gemeinsam und in gewissem Maße immer vorhanden. Variationen aufgrund gemeinsamer Ursachen führen fast immer zu Ergebnissen, die statistisch kontrolliert sind. Diese Arten von Variationen sind normalerweise stabil und können mit einer angemessenen Behandlung kontrolliert werden. Dies wird letztendlich durch die SQC- und SPC-Techniken erreicht. Beide Techniken beinhalten die Messung und Bewertung von Variationen in einem Prozess und die Bemühungen, solche Variationen zu begrenzen oder zu kontrollieren. In ihren häufigsten Anwendungen hilft SPC einer Organisation oder einem Prozesseigentümer, mögliche Probleme oder ungewöhnliche Vorfälle zu identifizieren, damit schnell Maßnahmen ergriffen werden können, um sie zu beheben.

Die beste Methode zur Analyse der speziellen Ursachenvariation und der gemeinsamen Ursachenvariation sind die Kontrollkartentechniken. Eine Kontrollkarte ist ein Gerät, das am Ort der Operation verwendet werden soll, wo der Prozess von den Betreibern dieses Prozesses durchgeführt wird. Für jede Kontrollkarte gibt es drei Zonen, nämlich die stabile Zone (zeigt das Vorhandensein von gemeinsamen Ursachen der Variation), die Warnzone und die Aktionszone (beide zeigen das Vorhandensein von speziellen Ursachen der Variation). Eine statistisch kontrollierte Karte wird als normaler Prozess bezeichnet, dessen Prozessmittelwerte (ein Maß für die Genauigkeit) und Standardabweichungen (ein Maß für die Präzision) gemäß dem vom Kunden vorgeschlagenen Toleranzniveau arbeiten.

11.2.2 Kontrollkarten

Wie an verschiedenen Stellen in den vorherigen Kapiteln erwähnt, besteht das Hauptziel von Six Sigma darin, die Variation, die dem Prozess zugrunde liegt, zu identifizieren und dann zu kontrollieren, um eine bestimmte Qualität zu erreichen. Wir verwenden Kontrollkarten, um die gemeinsame Ursache und die spezielle Ursache der Variation in einem Prozess zu trennen. Eine Kontrollkarte hat drei Zonen: eine Zone, in der keine Maßnahmen ergriffen werden sollten (Vorhandensein von gemeinsamen Ursachen); eine weitere Zone, die darauf hinweist, dass mehr Informationen eingeholt werden sollten, und eine dritte Zone, in der Maßnahmen ergriffen werden müssen (Vorhandensein von speziellen Ursachen). Kontrollgrenzen sind statistische Grenzen, die auf ± 3 Standardabweichungen vom Mittelwert gesetzt sind. Daher hat es keine Beziehung zu Spezifikationsgrenzen, kann aber gleich oder nahe daran sein. Jeder Punkt, der außerhalb der statistischen Grenzen liegt, signalisiert eine spezielle Ursache. Die Kontrollkartentechnik wurde erstmals 1920 von Shewart in den Bell Telephone Laboratories eingeführt. Sie bietet eine gemeinsame Sprache zur Diskussion über die Prozessleistung und kann für fast jede Art von Daten verwendet werden, die über die Zeit gesammelt werden.

Eine Kontrollkarte sollte verwendet werden, um (1) die Leistung über die Zeit zu verfolgen, (2) den Fortschritt nach Prozessänderungen/Verbesserungen zu bewerten und (3) die Aufmerksamkeit auf das Erkennen und Überwachen von Prozessvariationen über die Zeit zu lenken. Beachten Sie, dass die Kontrollgrenzen keine einfache Beziehung zu oberen und unteren Spezifikationsgrenzen haben. Sie beziehen sich auf die Ziele der Diagrammerstellung, um zuweisbare Ursachen zu identifizieren und eine Überkontrolle von Systemen zu verhindern. Außerdem beinhalten die Diagrammerstellungsmethoden in der Regel eine *Startphase*, in der Daten gesammelt und die Diagrammkonstanten berechnet werden. Einige Leute verwenden Kontrollkarten für 30 Start- oder Testperioden und einige verwenden 25 als Testperioden. Darüber hinaus beinhalten alle Diagrammerstellungsmethoden auch eine stationäre Phase, in der die Grenzen festgelegt sind und das Diagramm hauptsächlich durch (i) Identifizierung der gelegentlichen zuweisbaren Ursache und (ii) Abschreckung von Personen, die die Prozesseingabeeinstellungen ändern, beiträgt. Wenn die in der Karte dargestellten Mengen außerhalb der Kontrollgrenzen liegen, beginnt die Detektivarbeit, um zu untersuchen, ob etwas Ungewöhnliches und Behebbares vor sich geht. In einigen Fällen wird die Produktion heruntergefahren, in Erwartung der Detektivarbeit und der Behebung aller entdeckten Probleme.

Kontrollkarten sind ein wesentliches Werkzeug der kontinuierlichen Verbesserung und daher ist es notwendig, Daten regelmäßig zu erfassen. Die Art der Kontrollkarte hängt dann von der Art der erfassten Variablen ab. Für kontinuierliche Daten haben wir $\overline{X}$, Bereichs- (R) und s-Diagramme, während wir bei Attributdaten Attributkontrollkarten verwenden. Der Wegweiser zur Diagrammauswahl ist in den Abb. 11.2 und 11.8 dargestellt, jeweils für Variablen und Attribute. Laut Montgomery [31] gibt es fünf Gründe für die Verwendung von Kontrollkarten. Sie sind wie folgt:

1. Kontrollkarten sind eine bewährte Technik zur Steigerung der Produktivität
2. Kontrollkarten sind wirksam bei der Verhinderung von Defekten
3. Kontrollkarten verhindern unnötige Prozessanpassungen
4. Kontrollkarten liefern diagnostische Informationen
5. Kontrollkarten liefern Informationen über die Leistungsfähigkeit

Kontrollkartentechniken: Angenommen, eine Qualitätsmerkmal ist normalverteilt mit dem Mittelwert μ und der Standardabweichung σ. Wenn $x_1 x_2, \ldots, x_n$ eine Stichprobe der Größe n ist, dann ist $\bar{x}$ normalverteilt mit dem Mittelwert μ und der Standardabweichung $\sigma/\sqrt{n}$. Angenommen, der Standardmittelwert und die Standardabweichung sind für jeden Prozess bekannt, dann werden die Kontrollgrenzen für den Mittelwert mit dem 3σ -Grenzprinzip wie folgt konstruiert:

$$\begin{aligned} \mathrm{LCL} &= \mu - 3\frac{\sigma}{\sqrt{n}} = \mu - A\sigma, \quad A = \frac{3}{\sqrt{n}} \\ \mathrm{CL} &= \mu \\ \mathrm{UCL} &= \mu + 3\frac{\sigma}{\sqrt{n}} = \mu + A\sigma, \quad A = \frac{3}{\sqrt{n}} \end{aligned} \tag{11.1}$$

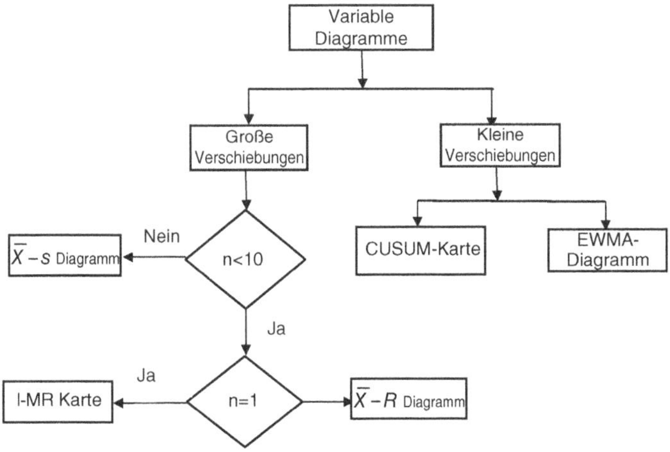

Abb. 11.2 Wegweiser für die Variable Kontrollkarte

Für jedes gegebene Signifikanzniveau α kann man die Kontrollgrenzen für den Mittelwert mit den Formeln konstruieren

$$\begin{aligned} \text{LCL} &= \mu - z_{\alpha/2}\frac{\sigma}{\sqrt{n}} \\ \text{CL} &= \mu \\ \text{UCL} &= \mu + z_{\alpha/2}\frac{\sigma}{\sqrt{n}} \end{aligned} \tag{11.2}$$

Wenn ein Stichprobenmittelwert außerhalb dieser Grenzen fällt, ist dies ein Hinweis darauf, dass der Prozessmittelwert nicht mehr gleich μ ist. Darüber hinaus sind die oben genannten Ergebnisse immer noch ungefähr korrekt, selbst wenn die zugrunde liegende Verteilung nicht normal ist, aufgrund des zentralen Grenzwertsatzes. In der Praxis werden wir normalerweise μ und σ nicht kennen. In diesem Fall müssen wir sie aus der Stichprobe der Beobachtungen schätzen. Diese Schätzungen sollten in der Regel auf mindestens 20–25 Stichproben basieren. Dies und andere Aspekte der Kontrollkartentechniken werden in den folgenden Abschnitten diskutiert.

Wie von Woodall und Montgomery [58] hervorgehoben, umfasst die Prozessüberwachung zwei Phasen. In Phase I sammelt der Praktiker eine Stichprobe von zeitlich geordneten Daten aus dem Prozess von Interesse. Diese Phase-I-Daten werden verwendet, um das Prozessverständnis zu erlangen. Der Praktiker muss nach ungewöhnlichen oder überraschenden Ergebnissen suchen. Darüber hinaus muss der Praktiker die Stabilität des Prozesses beurteilen, ein geeignetes In-Control-Modell auswählen, die Parameter dieses Modells schätzen und die Designparameter bestimmen, die in Phase II verwendet werden sollen. Die Überwachungsmethode wird dann mit Daten implementiert, die in Phase II nacheinander über die Zeit gesammelt werden, um Änderungen im Prozess vom angenommenen In-Control-Modell zu erkennen.

In vielen Anwendungen ist es möglich, Prozesse mit Hilfe von Vorsteuerungs- oder Rückkopplungssteuerung anzupassen. Um dies zu tun, muss es eine Anpassungsvariable geben, über deren Auswirkung auf die interessierende Antwort Informationen verfügbar sind. Für Informationen und Perspektiven zu diesem Thema kann man sich auf del Castillo [11], Box et al. [8], Box und Narasimhan [9] und Qin [42] beziehen. Es gab einige allgemeine Übersichten über die statistische Prozessüberwachung. Stoumbos et al. [49] lieferten einen Übersichtsartikel über die traditionelleren Methoden zur statistischen Prozesskontrolle (SPC) und zur Erkennung von Änderungspunkten. Kürzlich haben Woodall und Montgomery [58] einige aktuelle Richtungen in der Theorie und Anwendung der statistischen Prozessüberwachung überprüft. Nair et al. [35] und Woodall [56] identifizierten zwei Bereiche, die seitdem erhebliche Aufmerksamkeit erhalten haben, d. h. die Überwachung von Funktionen, die nun als „Profilüberwachung" bezeichnet wird, und die Überwachung mit raumzeitlichen Daten. Darüber hinaus lieferte Frisén [20] einen hervorragenden Überblick über Methoden, Bewertungskriterien und Anwendungsbereiche.

11.2.3 Kontrollkarten für Variablen

Wann immer eine oder zwei kontinuierliche Variable oder Schlüsselausgabevariable die Qualitätsmerkmale von Einheiten oder einem System zusammenfassen, ist es ratsam, einen variablen Diagrammansatz zu verwenden. Um einen Prozess mit variablen Daten zu steuern, ist es notwendig, den aktuellen Zustand der Genauigkeit (Durchschnitt) und Präzision (Streuung) der Verteilung der Daten zu überprüfen. Die $\overline{X}$ -Karte und R-Karten sind die am häufigsten verwendeten Kontrollkarten für Variablen. Obwohl sie sowohl in administrativen als auch in Fertigungsanwendungen verwendet werden, sind sie die erste Wahl in vielen Fertigungsanwendungen. Die möglichen Gründe sind wie folgt:

- Empfindlichste Karten zur Verfolgung und Identifizierung von zuweisbaren Ursachen der Variation
- Basiert auf Kontrollkartenfaktoren, die eine Normalverteilung innerhalb von Untergruppen annehmen
- Untergruppen ermöglichen eine genaue Schätzung der „lokalen" Variabilität
- Änderungen in der Prozessvariabilität können von Änderungen im Prozessdurchschnitt unterschieden werden
- Kleine Verschiebungen im Prozessdurchschnitt können sehr leicht erkannt werden

Die Vorteile einer $\overline{X}$ -Karte und R-Karte verschwinden, wenn in jeder Untergruppe systemische Sonderursachen auftreten. Nehmen Sie zum Beispiel an, Sie zählen Fehler in telefonisch eingegangenen Bestellungen und Sie haben vier Bediener, die Bestellungen entgegennehmen. Es wäre natürlich, Untergruppen von 4 bilden zu wollen, indem man ein Bestellformular von jedem Bediener nimmt. Aber wenn ein Bediener konsequent besser oder schlechter ist als die anderen, würden Sie Sonderursachen- und Gemeinschaftsursachenvariation in den Daten mischen. Die Karte wäre nutzlos, Unterschiede zwischen den Bedienern verschleiernd und es schwer machend, Änderungen im Prozess oder in der Variabilität zu erkennen. Wenn Daten in rationalen Untergruppen gesammelt werden, macht es Sinn, eine $\overline{X}$ -Karte und R-Karte zu verwenden. In der rationalen Untergruppe hoffen wir, alle Gemeinschaftsursachen der Variation und keine der Sonderursachen der Variation repräsentiert zu haben. $\overline{X}$ -Karte und R-Karten ermöglichen es uns, kleinere Verschiebungen als individuelle Karten zu erkennen. Außerdem ermöglichen sie es uns, Änderungen im Prozessdurchschnitt klar von Änderungen in der Prozessvariabilität zu trennen.

Wenn die $\overline{X}$ -Karte eine Darstellung der Untergruppendurchschnitte ist, dann ist die R-Karte eine Darstellung der Untergruppenbereiche. Anstatt die Untergruppenbereiche zu plotten, wenn wir die Untergruppenstandardabweichung zusammen mit der $\overline{X}$-Karte plotten, erhalten wir die $\overline{X}$-s Karte. Sowohl $\overline{X}$-R Karten als auch $\overline{X}$-s Karten sind zwei separate Karten der gleichen Untergruppendaten. Sie gelten als die empfindlichsten Karten zur Verfolgung und Identifizierung von zuweisbaren Ursachen der Variation, basierend auf Kontrollkartenfaktoren, die eine Normalverteilung innerhalb von Untergruppen annehmen.

Die Kontrollgrenzen für $\overline{X}$ und R-Diagramm werden wie folgt berechnet: Wenn die Stichprobennummer k ist und die Größe jeder Stichprobe n ist, dann

$$\overline{\overline{X}} = \frac{1}{nk}\sum_{i=1}^{n}\sum_{j=1}^{k} x_{ij}$$

und

$$\overline{R} = \frac{1}{k}\sum_{j=1}^{k} R_j$$

Dann ist die Kontrollgrenze für $\overline{X}$ -Diagramm

$$\begin{aligned} \mathrm{LCL} &= \overline{\overline{X}} - A_2\overline{R} \\ \mathrm{CL} &= \overline{\overline{X}} \\ \mathrm{UCL} &= \overline{\overline{X}} + A_2\overline{R} \end{aligned} \tag{11.3}$$

und die Kontrollgrenze für R-Diagramm ist

$$\begin{aligned} \mathrm{LCL} &= D_3\overline{R} \\ \mathrm{CL} &= \overline{R} \\ \mathrm{UCL} &= D_4\overline{R} \end{aligned} \tag{11.4}$$

wo die Konstanten A_2, D_3 und D_4 in Anhangstabelle A.11 für verschiedene Werte von n angegeben sind. Beachten Sie, dass die Mittellinie des $\overline{X}$ -Diagramms $\overline{\overline{X}}$ und für das R-Diagramm ist es $\overline{R}$.

Weiterhin, wenn wir $\overline{\overline{X}}$ als Schätzer für μ und $\frac{\overline{R}}{d_2}$ als Schätzer für σ verwenden, dann sind die 3σ -Kontrollgrenzen gemäß (11.1) für das $\overline{X}$ -Diagramm

$$\begin{aligned} \mathrm{LCL} &= \overline{\overline{X}} - 3\frac{\overline{R}}{d_2\sqrt{n}} = \overline{\overline{X}} - A_2\overline{R}, \quad A_2 = \frac{3}{d_2\sqrt{n}} \\ \mathrm{CL} &= \overline{\overline{X}} \\ \mathrm{UCL} &= \overline{\overline{X}} + 3\frac{\overline{R}}{d_2\sqrt{n}} = \overline{\overline{X}} + A_2\overline{R}, \quad A_2 = \frac{3}{d_2\sqrt{n}} \end{aligned} \tag{11.5}$$

Für das R-Diagramm schätzen wir die Schätzungen der Standardabweichung von R als $\hat{\sigma}_R = d_3\frac{\overline{R}}{d_2}$. Dies führt letztendlich zu den Kontrollgrenzen für das R-Diagramm, wie in (11.4) angegeben. Die Konstanten A, A_2, D_3, D_4, d_2, und d_3 sind für verschiedene Werte von n tabelliert (siehe Anhang Tab. A.11 für Details).

Beachten Sie, dass die in (11.3) und (11.4) gezeigten Kontrollgrenzen *Versuchskontrollgrenzen* sind. Sie ermöglichen es uns zu bestimmen, ob der Prozess unter Kontrolle war, als die n anfänglichen Proben genommen wurden. Um die Hypothese der vergangenen Kontrolle zu testen, tragen Sie die Werte von $\overline{X}$ und R aus jeder Probe auf den Diagrammen ein und analysieren Sie das resultierende Diagramm. Wenn alle Punkte innerhalb der Kontrollgrenzen liegen und kein systematisches Verhalten erkennbar ist, dann können wir schlussfolgern, dass der Prozess in der Vergangenheit unter Kontrolle war, und die Versuchskontrollgrenzen sind geeignet für die Kontrolle der aktuellen oder zukünftigen Produktion. Diese Analyse von vergangenen Daten wird manchmal als Phase I-Analyse bezeichnet (siehe Montgomery [31]).

In der praktischen Anwendung wird zuerst das R-Diagramm gezeichnet. Nur wenn das R-Diagramm unter Kontrolle ist, ist es sinnvoll, mit dem $\overline{X}$ -Diagramm fortzufahren. Das heißt, das Ziel (Mittelwertdiagramm) wird nur dann kontrolliert, wenn die Variation (R-Diagramm) unter Kontrolle ist. Wenn das R-Diagramm außer Kontrolle gerät, eliminieren wir oft die außer Kontrolle geratenen Punkte und berechnen einen überarbeiteten Wert von $\overline{R}$. Dieser Wert wird dann verwendet, um neue Grenzen für das $\overline{X}$ -Diagramm und das R-Diagramm zu bestimmen. Dies wird die Grenzen auf beiden Diagrammen enger ziehen, so dass sie mit einer Prozessstandardabweichung σ übereinstimmen. Diese Schätzung von σ könnte als Grundlage für eine vorläufige Analyse der Prozessfähigkeit verwendet werden. Die effektive Nutzung eines Kontrolldiagramms erfordert eine periodische Überarbeitung der Kontrollgrenzen und Mittellinien. Bei der Überarbeitung der Kontrollgrenzen wird dringend empfohlen, mindestens 25 Proben oder Untergruppen zur Berechnung der Kontrollgrenzen zu verwenden.

Interpretation$\overline{X}$ -R-Diagramm

- Verwenden Sie die Signale von speziellen Ursachen auf beiden Diagrammen
- Schauen Sie sich zuerst das R-Diagramm an
  - Wenn das Bereichsdiagramm instabil ist (spezielle Ursachen hat), sind die Grenzen auf dem $\overline{X}$ -Diagramm nutzlos
  - Wenn das Bereichsdiagramm instabil ist, ist es unsicher, Schlussfolgerungen über die Variation im Prozessmittelwert zu ziehen.
  - Wenn das Bereichsdiagramm stabil ist, fahren Sie mit der Inspektion des $\overline{X}$ -Diagramms fort
- Suchen Sie nach positiven oder negativen Korrelationen zwischen den Datenpunkten auf dem $\overline{X}$ und dem R-Diagramm (beide bewegen sich in die gleiche Richtung oder in entgegengesetzte Richtungen für jeden Punkt). Dies geschieht, wenn die Daten eine schiefe Verteilung haben, und einige Schlussfolgerungen können beeinflusst werden.

Beispiel 11.1 Die Dicke einer gedruckten Schaltplatine ist ein wichtiger Qualitätsparameter. Daten zur Plattendicke (in Zoll) sind in Tab. 11.1 zusammen mit ihren Stichprobenmitteln, Bereichen und Standardabweichungen für 25 Stichproben von jeweils drei Platten angegeben. Untersuchen Sie, ob die Daten unter Kontrolle sind oder nicht. Ermitteln Sie auch die Prozessfähigkeit des Prozesses, wenn die Spezi-

Tab. 11.1 Daten zur Dicke der gedruckten Schaltplatine

Probennummer	X_1	X_2	X_3	$\overline{X}_i$	R_i	s_i
1	0,0629	0,0636	0,0640	0,0635	0,0011	0,00055678
2	0,0630	0,0631	0,0622	0,06277	0,0009	0,00049329
3	0,0628	0,0631	0,0633	0,06307	0,0005	0,00025166
4	0,0634	0,0630	0,0631	0,06317	0,0004	0,00020817
5	0,0619	0,0628	0,0630	0,06257	0,0011	0,00058595
6	0,0613	0,0629	0,0634	0,06253	0,0021	0,00109697
7	0,0630	0,0639	0,0625	0,06313	0,0014	0,00070946
8	0,0628	0,0627	0,0622	0,06257	0,0006	0,00032146
9	0,0623	0,0626	0,0633	0,06273	0,001	0,00051316
10	0,0631	0,0631	0,0633	0,06317	0,0002	0,00011547
11	0,0635	0,0630	0,0638	0,06343	0,0008	0,00040415
12	0,0623	0,0630	0,0630	0,06277	0,0007	0,00040415
13	0,0635	0,0631	0,0630	0,0632	0,0005	0,00026458
14	0,0645	0,064	0,0631	0,06387	0,0014	0,00070946
15	0,0619	0,0644	0,0632	0,06317	0,0025	0,00125033
16	0,0631	0,0627	0,0630	0,06293	0,0004	0,00020817
17	0,0616	0,0623	0,0631	0,06233	0,0015	0,00075056
18	0,0630	0,0630	0,0626	0,06287	0,0004	0,00023094
19	0,0636	0,0631	0,0629	0,0632	0,0007	0,00036056
20	0,0640	0,0635	0,0629	0,06347	0,0011	0,00055076
21	0,0628	0,0625	0,0616	0,0623	0,0012	0,0006245
22	0,0615	0,0625	0,0619	0,06197	0,001	0,00050332
23	0,0630	0,0632	0,0630	0,06307	0,0002	0,00011547
24	0,0635	0,0629	0,0635	0,0633	0,0006	0,00034641
25	0,0623	0,0629	0,0630	0,06273	0,0007	0,00037859

fikationsgrenzen 0,0631 $\pm$ 0,00047 betragen. Ermitteln Sie auch das langfristige Sigma-Niveau des Prozesses.

Lösung Gemäß der oben gegebenen Formel werden die Kontrollgrenzen für $\overline{X}$ und R-Diagramm wie folgt berechnet:

$$\overline{\overline{X}} = \frac{1{,}5738}{25} = 0{,}063035$$

und

$$\overline{R} = \frac{0{,}023}{25} = 0{,}000975$$

und aus Anhangstabelle A.11 für Untergruppengröße $k = 3, A_2 = 1{,}023, D_3 = 0$ und $D_4 = 2.575$. Dann erhalten wir gemäß den in (11.3) und (11.4) gegebenen Formeln

Kontrollgrenzen für $\overline{X}$ -Diagramm: LCL = 0,062038 und UCL = 0,063035
Kontrollgrenzen für R-Diagramm: LCL = 0 und UCL = 0,0025106

Das Kontrolldiagramm ist in Abb. 11.3 dargestellt. Beim Betrachten des R-Diagramms zuerst, können wir sehen, dass die Variation unter Kontrolle ist. Es gibt keine ungewöhnlichen Muster im Diagramm. Das $\overline{X}$ -Diagramm zeigt ebenfalls an, dass der Prozess unter Kontrolle ist, da die einzelnen Mittelwerte zufällig um die Mittellinie variieren und nicht außerhalb der Kontrollgrenzen fallen.

Obwohl $\overline{X}$ und R-Diagramme weit verbreitet sind, ist es gelegentlich wünschenswert, die Prozessstandardabweichung direkt anstatt indirekt durch die Verwendung der Spannweite R zu schätzen. Denken Sie daran, dass die Spannweitenmethode zur Schätzung der Standardabweichung bei mittleren bis großen Stichproben an statistischer Effizienz verliert. Daher wird die Verwendung von $\overline{X}$ und s-Diagramm in diesen Situationen empfohlen. Selbst für variable Stichprobengrößen ist dieses Diagramm vorzuziehen.

Wenn wir die Stichprobenstandardabweichung definieren als (siehe auch Kap. 5 für eine detaillierte Schätzung der Standardabweichung)

$$s = \sqrt{\frac{1}{n-1}\sum_{i=1}^{n}(X_i - \overline{X})^2}$$

Dann,

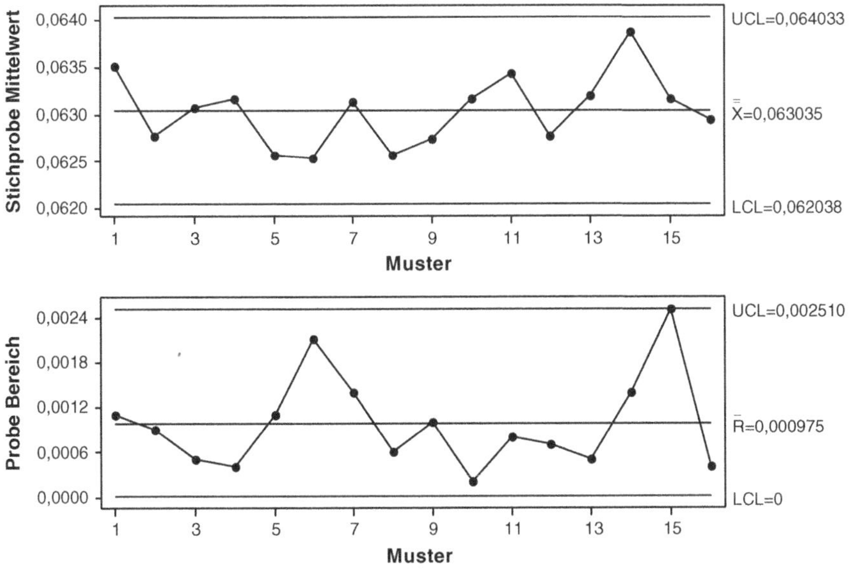

Abb. 11.3 $\overline{X}$ und R-Diagramm für Dicke

$$\begin{aligned} E(s) &= \sigma \left[\left(\frac{2}{n-1} \right)^{1/2} \Gamma\left(\frac{n}{2}\right) \right] \Big/ \Gamma\left(\frac{n}{2} - \frac{1}{2}\right) \\ &= c_4 \sigma \end{aligned}$$

wo

$$c_4 = \left[\left(\frac{2}{n-1} \right)^{1/2} \Gamma\left(\frac{n}{2}\right) \right] \Big/ \Gamma\left(\frac{n}{2} - \frac{1}{2}\right)$$

Daher sind die Kontrollgrenzen für das s-Diagramm wie folgt:

$$\begin{aligned} \text{LCL} &= c_4\sigma - 3\sigma\sqrt{1 - c_4^2} = \left(c_4 - 3\sqrt{1 - c_4^2}\right)\sigma = B_5\sigma \\ \text{CL} &= c_4\sigma \\ \text{UCL} &= c_4\sigma + 3\sigma\sqrt{1 - c_4^2} = \left(c_4 + 3\sqrt{1 - c_4^2}\right)\sigma = B_6\sigma \end{aligned} \tag{11.6}$$

Die Werte von c_4, B_5 und B_6 sind für verschiedene Stichprobengrößen in Anhangstabelle A.11 aufgeführt. Wenn keine Standards für σ gegeben sind, dann muss es durch Analyse von vergangenen Daten geschätzt werden. Nehmen wir an, dass n vorläufige Stichproben verfügbar sind, jede von der Größe k, und lassen Sie s_i die Standardabweichung der ith Stichprobe sein. Dann ist der Durchschnitt von n Standardabweichungen

$$\bar{s} = \frac{1}{n} \sum_{i=1}^{n} s_i$$

Dann ist die Statistik $\bar{s}/c_4$ ein unverzerrter Schätzer von σ. Daher sind die Parameter des s-Diagramms wie folgt:

$$\begin{aligned} \text{LCL} &= \bar{s} - 3\frac{\bar{s}}{c_4}\sqrt{1 - c_4^2} = \left(1 - \frac{3}{c_4}\sqrt{1 - c_4^2}\right)\sigma = B_3\bar{s} \\ \text{CL} &= \bar{s} \\ \text{UCL} &= \bar{s} + 3\frac{\bar{s}}{c_4}\sqrt{1 - c_4^2} = \left(1 + \frac{3}{c_4}\sqrt{1 - c_4^2}\right)\sigma = B_4\bar{s} \end{aligned} \tag{11.7}$$

Beachten Sie, dass $B_3 = B_5/c_4$ und $B_4 = B_6/c_4$. Da $\bar{s}/c_4$ verwendet wird, um σ zu schätzen, können wir die Kontrollgrenzen auf dem entsprechenden $\bar{x}$ -Diagramm definieren als

$$\begin{aligned}
\text{LCL} &= \bar{\bar{x}} - 3\frac{\bar{s}}{c_4\sqrt{n}} = \bar{\bar{x}} - A_3\bar{s}, \quad A_3 = \frac{3}{c_4\sqrt{n}} \\
\text{CL} &= \bar{\bar{x}} \\
\text{UCL} &= \bar{\bar{x}} + 3\frac{\bar{s}}{c_4\sqrt{n}} = \bar{\bar{x}} + A_3\bar{s}, \quad A_3 = \frac{3}{c_4\sqrt{n}}
\end{aligned} \tag{11.8}$$

Die Konstanten A_3, B_3, B_4 undc_4 sind im Anhang Tab. A.11 verfügbar.

Für das oben diskutierte Beispiel,

$$\bar{s} = \frac{0{,}01195427}{25} = 0{,}000478$$

und daher sind die Kontrollgrenzen für $\overline{X}$ -Diagramm wie folgt:

$$\begin{aligned}
\text{LCL} &= \bar{\bar{x}} - A_3\bar{s} = 0{,}063 - 1{,}954(0{,}000478) = 0{,}062066 \\
\text{CL} &= 0{,}063035 \\
\text{UCL} &= \bar{\bar{x}} + A_3\bar{s} = 0{,}063 + 1{,}954(0{,}000478) = 0{,}063934
\end{aligned}$$

Für Untergruppengröße 3, aus Anhang Tab. A.11, sind die Werte von B_3 und B_4 sind 0 und 2,568, respectively. Daher sind die Kontrollgrenzen für s-Diagramm wie folgt:

$$\begin{aligned}
\text{LCL} &= B_3\bar{s} = 0 \\
\text{CL} &= \bar{s} = 0{,}000478
\end{aligned}$$

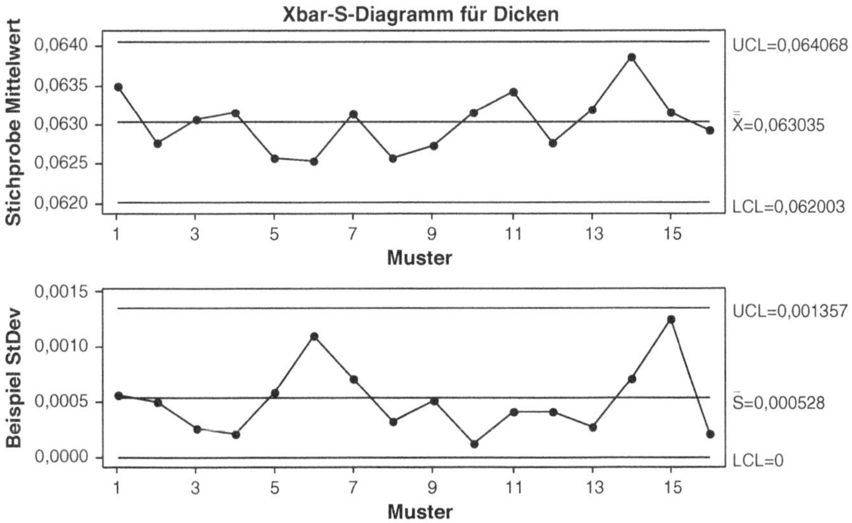

Abb. 11.4 $\overline{X}$ und s-Diagramm für Dicke

und

$$\text{UCL} = B_4\bar{s} = 0{,}00128$$

Die Darstellung von $\overline{X}$ und s-Diagramm zur Beurteilung der Anwesenheit von zuweisbaren Ursachen der Variation ist in Abb. 11.4 gegeben. Das s-Diagramm zeigt auch deutlich, dass die Prozessvariation unter Kontrolle ist. Daher ist der gesamte Prozess statistisch unter Kontrolle.

Prozessfähigkeit des Prozesses. Um die Prozessfähigkeit des Prozesses zu ermitteln, müssen wir die Schätzung der Variation wie folgt ermitteln:

$$\hat{\sigma} = \frac{\overline{R}}{d_2} = \frac{0{,}000975}{1{,}693} = 0{,}000576$$

Daher folgt die Dicke einer Normalverteilung mit dem Mittelwert $\mu = 0{,}063035$ und $\sigma = 0{,}000576$. Jetzt sind die Spezifikationsgrenzen gegeben als $0{,}0631 \pm 0{,}00047$ (d. h., LSL $= 0{,}06263$ und USL $= 0{,}06357$). Daher sind die Wahrscheinlichkeiten für nicht konforme Dickenmessungen wie folgt:

$$\begin{aligned}
P(X < \text{LSL}) &= P(X < 0{,}06263)\\
&= P\left(Z < \frac{0{,}06263 - 0{,}063035}{0{,}000576}\right)\\
&= P(Z < -0{,}70312)\\
&= 0.24099
\end{aligned}$$

und

$$\begin{aligned}
P(X > \text{USL}) &= P(X > 0{,}06357)\\
&= P\left(Z > \frac{0{,}06357 - 0{,}063035}{0{,}000576}\right)\\
&= P(Z > 0{,}928819)\\
&= 0.176491
\end{aligned}$$

Daher

$$P(\text{non-confirming thickness measurements}) = 0{,}24099 + 0{,}176491 = 0{,}41748.$$

Das heißt, es gibt etwa 42 % nicht konforme Einheiten außerhalb der Spezifikationsgrenzen. Man kann auch die in Kap. 8 diskutierten Fähigkeitsindizes finden (siehe Abschn. 8.13 für Details) als

$$\begin{aligned}
C_p &= \frac{\text{USL} - \text{LSL}}{6\sigma}\\
&= \frac{0{,}06357 - 0{,}06263}{0{,}000576} = 1{,}63
\end{aligned}$$

Da C_p größer als 1 ist, liegen die natürlichen Toleranzen gut innerhalb der unteren und oberen Spezifikationsgrenzen. Folglich kann eine relativ geringe Anzahl von nicht konformen Dickenmessungen erzeugt werden. Das langfristige Sigma-Niveau, das diesem C_p Wert entspricht, beträgt 3,4.

Wenn Messungen nicht nach der Untergruppe aufgezeichnet werden, kann man *IMR*-Diagramme zur Darstellung einzelner Daten verwenden. *IMR*-Diagramme sind zwei separate Diagramme der gleichen Daten. *IMR*-Diagramme sind eine Darstellung der Einzeldaten, und das *MR*-Diagramm ist eine Darstellung des laufenden Bereichs der vorherigen Einzeldaten. Diese Diagramme sind empfindlich für Trends, Zyklen und Muster und am nützlichsten für zerstörende Tests und Chargenverarbeitung.

Angenommen, x_i ist die interessierende Eigenschaft, dann wird die Bewegungsspanne wie folgt ermittelt:

$$MR_i = |x_i - x_{i-1}|, \quad i = 2, 3, \ldots$$

Dann werden die Kontrollgrenzen für *IMR*-Diagramme wie folgt berechnet:

$$\begin{aligned} \text{LCL} &= \bar{x} - 3\frac{\overline{MR}}{d_2} \\ \text{CL} &= \bar{x} \\ \text{UCL} &= \bar{x} + 3\frac{\overline{MR}}{d_2} \end{aligned} \tag{11.9}$$

Wir veranschaulichen nun das Konzept des Bewegungsspannendiagramms anhand unseres laufenden Beispiels. Abb. 11.5 zeigt das Boxplot der Proben x_1, x_2 und x_3. Beachten Sie, dass die Proben x_2 und x_3 ungewöhnliche Beobachtungen aufweisen. Weiterhin ist x_1 normal (siehe Abb. 11.6) und x_2 und x_3 nicht normal (hier nicht gezeigt). Daher haben wir ein *IMR* Kontrolldiagramm für x_1 erstellt.

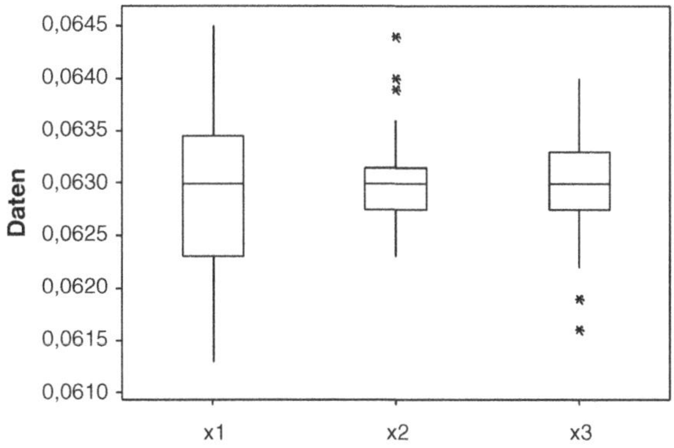

Abb. 11.5 Boxplot der Dickenmessungen

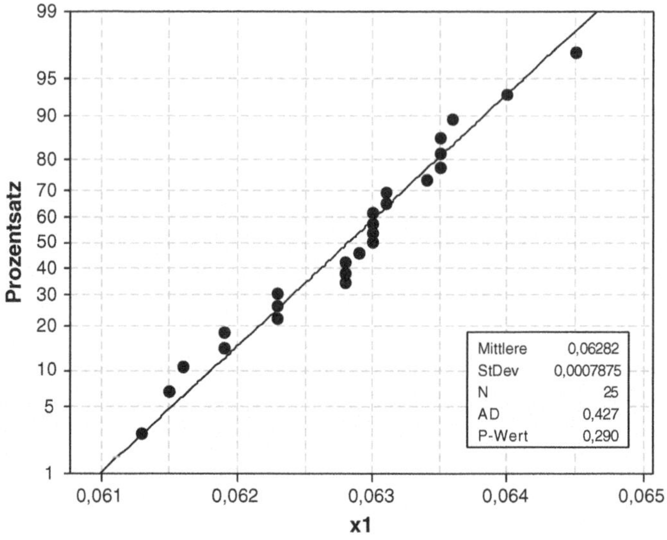

Abb. 11.6 Normalwahrscheinlichkeitsplot von x_1

Die Kontrollgrenzen für den Durchschnitt sind wie folgt:

$$\mathrm{LCL} = 0{,}06284 - \frac{3 \times 0{,}000975}{1{,}128}$$

$$\mathrm{CL} = \bar{x} = 0{,}06284$$

$$\mathrm{UCL} = 0{,}06284 + \frac{3 \times 0{,}000975}{1{,}128} = 0{,}065433$$

und für die gleitende Spannweite sind die Kontrollgrenzen wie folgt:

$$\mathrm{LCL} = 0$$

$$\mathrm{CL} = \overline{MR} = 0{,}000975$$

$$\mathrm{UCL} = D_4\overline{MR} = 3{,}267 \times 0{,}000975 = 0{,}003185$$

Abb. 11.7 zeigt das *IMR*-Diagramm für die Dicke basierend auf der ersten Stichprobe (x_1) der Beobachtungen. Dieses Diagramm zeigt, dass der Prozess unter Kontrolle ist, während das *IMR*-Diagramm basierend auf x_2 und x_3 statistisch nicht unter Kontrolle ist, da es einige Punkte gibt (entsprechend den *Ausreißern*), die außerhalb der Kontrollgrenzen liegen.

Es ist wichtig, die Normalverteilungsannahme zu überprüfen, wenn das Kontrolldiagramm für Einzelwerte verwendet wird. Wenn ein Normalverteilungsdiagramm irgendeine Art von Abnormalität zeigt, dann kann diese durch Verwendung einer transformierten Variable korrigiert werden, um sie normal zu machen. Dann fahren Sie mit dem Diagramm der gleitenden Spannweite fort.

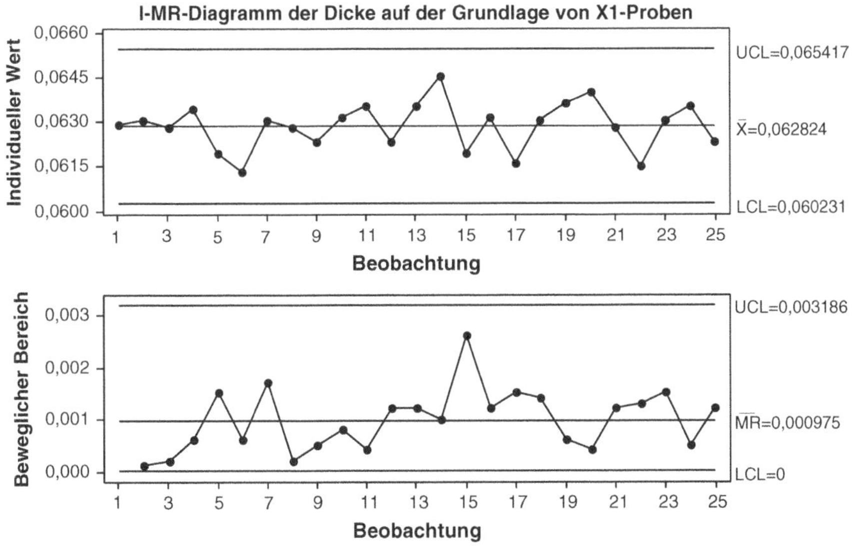

Abb. 11.7 *I-MR*-Diagramm basierend auf x_1 Stichproben

Als allgemeine Überprüfung für alle Kontrollkarten muss untersucht werden, ob alle Arten von Mustern, die in einer Kontrollkarte angezeigt werden, bevor der Prozess als statistisch kontrolliert abgeschlossen wird. Es ist möglich, dass spezielle Ursachen für Variationen vorhanden sein können, auch wenn der Prozess unter Kontrolle ist. Einige der Tests, die weitere Untersuchungen erfordern, sind wie folgt:

- Sechs Punkte in einer Reihe, alle steigend oder alle fallend
- Neun Punkte in einer Reihe auf der gleichen Seite der Mittellinie
- Vierzehn Punkte in einer Reihe, abwechselnd auf und ab
- Zwei von drei Punkten mehr als 2σ 's von der gleichen Seite der Mittellinie
- Vier von fünf Punkten mehr als 1σ von der gleichen Seite der Mittellinie
- Acht Punkte in einer Reihe mehr als 1σ von beiden Seiten der Mittellinie
- Fünfzehn Punkte in einer Reihe innerhalb von 1σ von beiden Seiten der Mittellinie

Die Automotive Industry Action Group (AIAG) identifiziert sechs Regeln in ihrem SPC-Handbuch:

1. Punkte außerhalb der Kontrollgrenzen
2. Sieben Punkte in einer Reihe auf einer Seite des Durchschnitts
3. Sieben Punkte in einer Reihe, die konstant zunehmen (gleich oder größer als die vorherigen Punkte) oder konstant abnehmen
4. Über 90 % der gezeichneten Punkte befinden sich im mittleren Drittel des Kontrollgrenzbereichs (für 25 oder mehr Gruppen)

5. Weniger als 40 % der gezeichneten Punkte befinden sich im mittleren Drittel des Kontrollgrenzbereichs (für 25 oder mehr Gruppen)
6. Offensichtliche nicht-zufällige Muster wie Zyklen

Es ist auch wahr, dass die meisten der oben genannten Diagramme zwei Sätze von Kontrollgrenzen für einzelne Merkmale selbst erzeugen. Wenn es zwei kontinuierliche Qualitätsmerkmale gibt, wird es vier Diagramme geben. Daher sollte man für die Überwachung von mehr als zwei Qualitätsmerkmalen eine *multivariate Kontrollkartierung* Methode mit *Hotelling'sT*^{2} -Statistiken verwenden.

11.2.4 Kontrollkarten für Attribute

Attribute sind individuelle Qualitätsmerkmale, die akzeptable oder inakzeptable Ergebnisse widerspiegeln. Diese Bewertung erfolgt mit Hilfe von Go-No-Go-Tests. Die Go-No-Go-Tests behandeln einzelne Einheiten oder Serviceanwendungen ähnlich wie Go-No-Go-Entscheidungen Designkonzepte behandeln. Wenn alle Merkmalswerte konform sind, ist die Einheit ein „Go" und besteht die Inspektion. Andernfalls ist die Einheit ein „No-Go" und die Einheit wird nachgearbeitet oder verschrottet. Wenn ein Artikel nicht einem bestimmten Merkmal entspricht, bedeutet das, dass es sich um einen defekten Artikel handelt. Ein *defekter* (*nicht-konformer*) Artikel kann eine oder mehrere Nicht-Konformitäten aufweisen, die als *Mängel* (*Nicht-Konformitäten*) bezeichnet werden. Daher konzentriert sich die Inspektion eines Artikels hauptsächlich auf die Identifizierung dieser Mängel.

Ein *Mangel* ist jede Abweichung eines erforderlichen Merkmals des Produkts (oder seiner Teile) oder Dienstleistungen oder Prozessausgabe, die weit genug von ihrem Zielwert entfernt ist, um das Produkt daran zu hindern, die physischen und funktionalen Anforderungen des Kunden/Unternehmens zu erfüllen, wie sie durch die Augen des Kunden/Unternehmensmanagers gesehen werden.

Typischerweise gibt es zwei Arten von Attributdiagrammen. Es handelt sich dabei um defekte Diagramme (*p* und *np*-Diagramme) und Mängeldiagramme (*c*-Diagramm und *u*-Diagramm). Das *p*-Diagramm zeigt den prozentualen Anteil der Defekte pro Untergruppe an, und das *np*-Diagramm zeigt die Anzahl der Defekte pro Los an. Das *c*-Diagramm zeigt die Anzahl der Mängel pro Untergruppe an, und das *u*-Diagramm zeigt die Anzahl der Mängel pro Einheit an. Das Ziel beider Diagrammtypen ist es, spezifische Ursachen von Variationen zu identifizieren und Maßnahmen zu ergreifen, ohne den Prozess zu übersteuern (Manipulation). Die Zusammenfassung der Kontrollkarte für Attribute ist in Abb. 11.8 dargestellt.

Da *p*-Diagramme und *np*-Diagramme den Anteil der Nicht-Konformen darstellen, wird erwartet, dass die Stichprobenziehung durch eine angemessene Stichprobengröße und Verteilung erfolgt, um die erforderliche Fähigkeit zu erreichen. Die Diagrammerstellung basierend auf beiden Anteilen erfordert in der Regel die Inspektion eines wesentlich höheren Anteils der Gesamteinheiten, um die System-

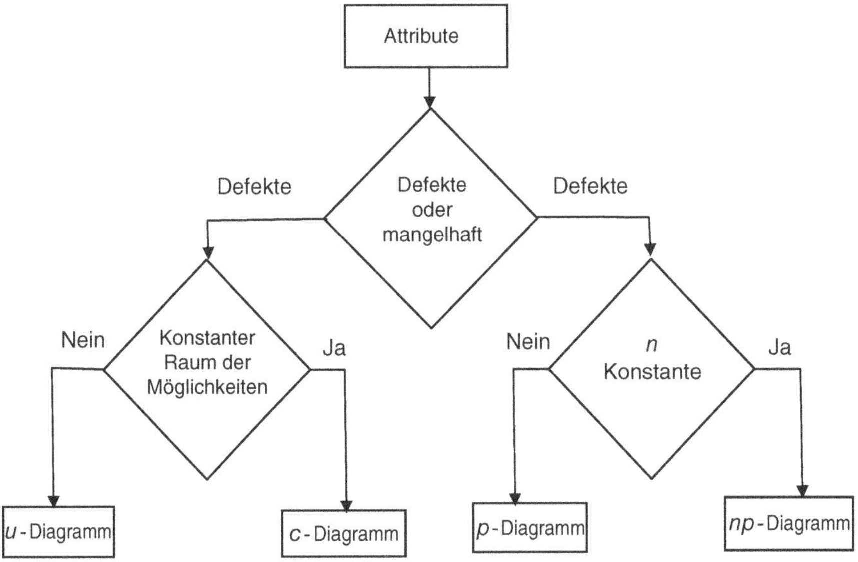

Abb. 11.8 Roadmap der Attributkontrollkarte

bewertung und Überwachungsziele effektiv zu erreichen. Für die Analyse wird empfohlen, 20 oder mehr Untergruppen zu haben. Das mit diesen Diagrammen verbundene Wahrscheinlichkeitsgesetz wird mit der Binomialverteilung durchgeführt (siehe Abschn. 8.12.1 für Details).

11.2.4.1 *p*-Diagramme

Die Methode des p-Diagramms beinhaltet das Auftragen von Ergebnissen aus mehreren Go-No-Go-Tests. Es erfordert im Allgemeinen die Inspektion eines viel höheren Anteils der Gesamteinheiten, um die erforderliche Ausgabe zu erreichen. Intuitiv folgt dies, weil Go-No-Go-Ausgabewerte im Allgemeinen weniger Informationen auf einer pro Einheit Basis liefern als Zählungen von Nichtkonformitäten oder kontinuierlichen Qualitätsmerkmalswerten. Die Kontrollgrenzen für das p-Diagramm werden auf der Grundlage des binomialen Wahrscheinlichkeitsgesetzes berechnet. Wenn $\hat{p} = \frac{x}{n}$ der Anteil der nicht konformen Einheiten ist, dann ist die Anzahl der defekten $X \sim BD(n, p)$, mit Mittelwert und Varianz als np und $np(1-p)$, jeweils. Daher,

$$\begin{aligned}\operatorname{Var}(\hat{p}) &= \operatorname{Var}\left(\frac{X}{n}\right)\\ &= \frac{np(1-p)}{n^2} = \frac{p(1-p)}{n}\end{aligned}$$

Daher sind die Grenzen, wenn Standards gegeben sind, wie folgt:

$$\begin{aligned} \mathrm{LCL} &= p - 3\sqrt{\frac{p(1-p)}{n}} \\ \mathrm{CL} &= p \\ \mathrm{UCL} &= p + 3\sqrt{\frac{p(1-p)}{n}} \end{aligned} \tag{11.10}$$

Wenn keine Standards gegeben sind, dann muss es aus den Daten geschätzt werden. Wenn p_i, x_i, n_i sind, jeweils der Anteil der defekten, die Anzahl der defekten und die Größe der ith Untergruppe, aus der die Einheiten genommen werden, dann $p_i = \frac{x_i}{n_i}$. Daher,

$$\overline{p} = \frac{1}{k}\sum_{i=1}^{k} p_i$$

Daher sind die Kontrollgrenzen wie folgt:

$$\begin{aligned} \mathrm{LCL} &= \overline{p} - 3\sqrt{\frac{\overline{p}(1-\overline{p})}{n}} \\ \mathrm{CL} &= \overline{p} \\ \mathrm{UCL} &= \overline{p} + 3\sqrt{\frac{\overline{p}(1-\overline{p})}{n}} \end{aligned} \tag{11.11}$$

Eine ideale Stichprobengröße für diese Diagrammerstellung kann mit der Ungleichung $n * p_0 > 5$ geschätzt werden, wo p_0 der wahre Anteil der nicht konformen Einheiten ist, wenn nur die gemeinsame Ursachenvariation vorhanden ist. Da die Untergruppengröße für das p-Diagramm nicht konstant sein muss, können die Kontrollgrenzen von Untergruppe zu Untergruppe variieren, abhängig von der Untergruppengröße. Wenn die Untergruppengröße konstant ist, dann sind die Kontrollgrenzen konstant. Auch wenn die LCL negativ ist, kann die untere Kontrollgrenze auf null gesetzt werden.

Die oben gezeigten Kontrollgrenzen können als Versuchskontrollgrenzen behandelt werden. Wenn der Prozess unter Kontrolle ist, dürfen sie nur dann für zukünftige Planung und Entscheidungsfindung verwendet werden. Andernfalls können die Grenzen je nach Anforderungen überarbeitet werden. Als Illustration betrachten wir zuerst ein Beispiel für einen Bruchteil der Nichtkonformität mit konstanter Stichprobengröße, der in einem Prozess beobachtet wird.

Beispiel 11.2 Die in Tab. 11.2 gegebenen Daten geben die Anzahl der nicht konformen Schalter in einer festen Stichprobengröße von 150 an, die für 20 Tage beobachtet wurden. Erstellen Sie ein Diagramm für den Bruchteil der Nichtkonformität für diese Daten. Scheint der Prozess statistisch unter Kontrolle zu sein? Wenn nicht, nehmen Sie an, dass zuweisbare Ursachen für alle Punkte außerhalb der Kontrollgrenzen gefunden werden können und berechnen Sie die überarbeiteten Kontrollgrenzen.

Tab. 11.2 Daten zur Anzahl der nicht konformen Schalter

Tag	x_i	p_i
1	8	0,05
2	1	0,01
3	3	0,02
4	0	0,00
5	2	0,01
6	4	0,03
7	0	0,00
8	1	0,01
9	10	0,07
10	6	0,04
11	6	0,053
12	0	0,007
13	4	0,020
14	0	0,000
15	3	0,013
16	1	0,027
17	15	0,000
18	2	0,007
19	3	0,067
20	0	0,040

Lösung Hier ist $n = 150$ und $\overline{p} = 0{,}023$. Daher,

$$\text{LCL} = \overline{p} - 3\sqrt{\frac{\overline{p}(1-\overline{p})}{n}} = 0$$

und

$$\text{UCL} = \overline{p} + 3\sqrt{\frac{\overline{p}(1-\overline{p})}{n}} = 0{,}059718$$

Das p-Diagramm ist in Abb. 11.9 dargestellt. Beachten Sie, dass zwei Punkte, die den Tagen 9 und 17 entsprechen, über die obere Grenze hinausgehen. Wir nehmen an, dass sie auf einige zuweisbare Ursachen zurückzuführen sind, und dann entfernen wir diese beiden Punkte aus der Stichprobe und überarbeiten die Kontrollgrenzen. Die überarbeiteten Kontrollgrenzen sind LCL $= 0$, CL $= 0{,}0163$ und UCL $= 0{,}04731$. Dementsprechend ist das Diagramm in Abb. 11.10 dargestellt.

Das überarbeitete Kontrolldiagramm zeigt immer noch einige zuweisbare Ursachen, die dem Tag 1 entsprechen. Wir überarbeiten die Kontrollgrenze erneut, indem wir diesen Punkt ebenfalls aus den Proben ausschließen. Abb. 11.11 zeigt die überarbeitete Kontrollgrenze basierend auf 17-tägigen Stichprobenbeobachtungen. Da nun alle Punkte innerhalb der Grenze liegen, können wir schlussfolgern, dass der Prozess unter Kontrolle ist.

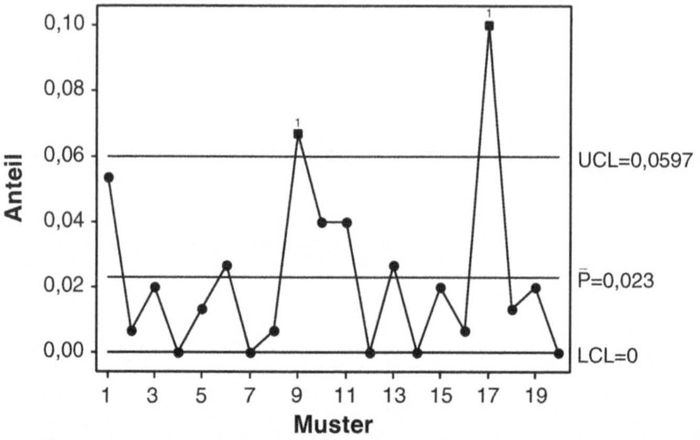

Abb. 11.9 p-Diagramm für nicht konforme Schalter

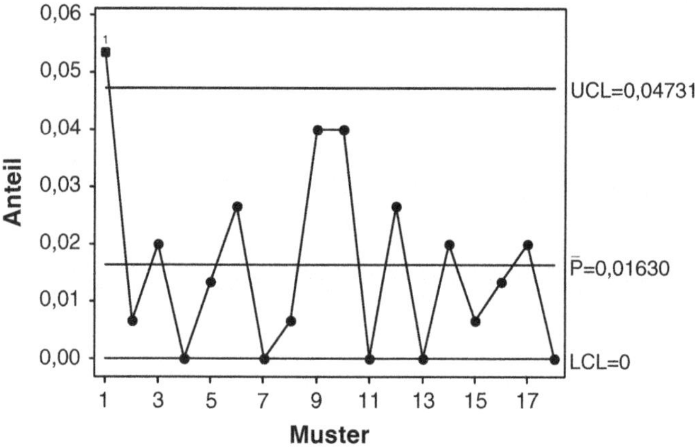

Abb. 11.10 Überarbeitetes p-Diagramm für nicht konforme Schalter

Beispiel 11.3 Eine Papierfabrik verwendet ein Kontrolldiagramm, um die Unvollkommenheiten in fertigen Papierrollen zu überwachen. Die Produktionsausgabe wird für 20 Tage inspiziert, und die resultierenden Daten sind in Tab. 11.3 dargestellt. Verwenden Sie diese Daten, um ein Kontrolldiagramm für Nicht-Konformitäten pro Papierrolle einzurichten. Scheint der Prozess statistisch unter Kontrolle zu sein?

Lösung Hier sind keine Standards gegeben und die Stichprobengrößen sind nicht konstant für jede Untergruppe. Auch,

$$\overline{p} = \frac{0{,}667 + 0{,}778 + \cdots + 0{,}810}{20} = 0{,}699315$$

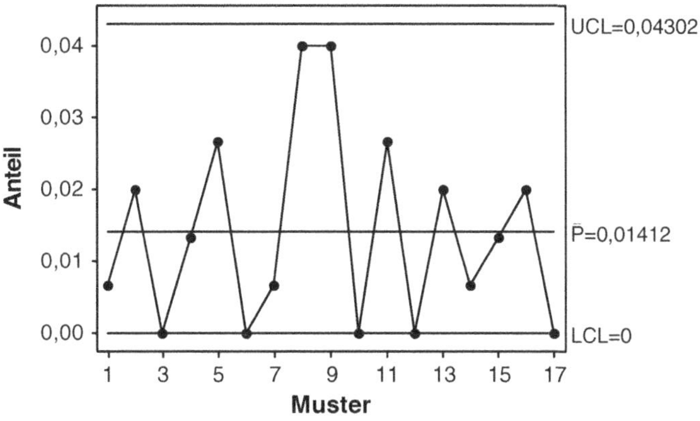

Abb. 11.11 Zweites überarbeitetes p-Diagramm für nicht konforme Schalter

Tab. 11.3 Die Daten über Unvollkommenheiten in fertigen Papierrollen

Probennummer	Anzahl der produzierten Rollen (n_i)	Anzahl der Unvollkommenheiten (x_i)	$p_i = \frac{x_i}{n_i}$	LCL	UCL
1	18	12	0,667	0,376879	1,097298
2	18	14	0,778	0,376879	1,067878
3	24	20	0,833	0,420263	0,937903
4	22	18	0,818	0,407793	0,994521
5	22	15	0,682	0,407793	0,955428
6	22	12	0,545	0,407793	0,997298
7	20	11	0,550	0,393497	1,114933
8	20	15	0,750	0,393497	1,055428
9	20	12	0,600	0,393497	1,097298
10	20	10	0,500	0,393497	1,135151
11	18	18	1,000	0,376879	1,024521
12	18	14	0,778	0,376879	1,067878
13	18	9	0,500	0,376879	1,158651
14	20	10	0,500	0,393497	1,135151
15	20	14	0,700	0,393497	1,067878
16	20	13	0,650	0,393497	1,081739
17	24	16	0,667	0,420263	0,944164
18	24	18	0,750	0,420263	0,924521
19	22	20	0,909	0,407793	0,997903
20	21	17	0,810	0,4009	1,033909

Die Kontrollgrenzen werden für verschiedene Untergruppen unterschiedlich sein und können mit der unten gegebenen Formel gefunden werden

$$\mathrm{LCL} = \overline{p} - 3\sqrt{\frac{\overline{p}(1-\overline{p})}{n_i}} \text{ and } \mathrm{UCL} = \overline{p} + 3\sqrt{\frac{\overline{p}(1-\overline{p})}{n_i}}$$

Da die Proben variieren, werden auch die Kontrollgrenzen für verschiedene Proben unterschiedlich sein (siehe auch Tab. 11.3 für Kontrollgrenzenberechnungen). Beachten Sie, dass in einigen Fällen die obere Kontrollgrenze 1 übersteigt. Da die Wahrscheinlichkeit des Nichtkonformen nicht 1 übersteigen kann, kann die Kontrollgrenze in diesen Fällen auf 1 gesetzt werden. Das Diagramm ist in Abb. 11.12 dargestellt.

11.2.4.2 *np*-Diagramme

Wenn p den Anteil der fehlerhaften Artikel in einer Gruppe von Artikeln bezeichnet, dann messen np-Diagramme die Anzahl der nicht konformen Einheiten in der Stichprobe. Wie im p-Diagramm ist hier auch jeder Anteil eine Untergruppe von Proben. Vorzugsweise ist eine große konstante Untergruppe erforderlich, um eine gute Entscheidung zu treffen. In diesem Fall werden die Kontrollgrenzen konstant sein. Die Kontrollgrenzen für das np-Diagramm werden auch auf der Grundlage des binomischen Wahrscheinlichkeitsgesetzes berechnet, und die Grenzen werden wie folgt ermittelt:

$$\begin{aligned} \mathrm{LCL} &= n\overline{p} - 3\sqrt{n\overline{p}(1-\overline{p})} \\ \mathrm{CL} &= n\overline{p} \\ \mathrm{UCL} &= n\overline{p} + 3\sqrt{n\overline{p}(1-\overline{p})} \end{aligned} \tag{11.12}$$

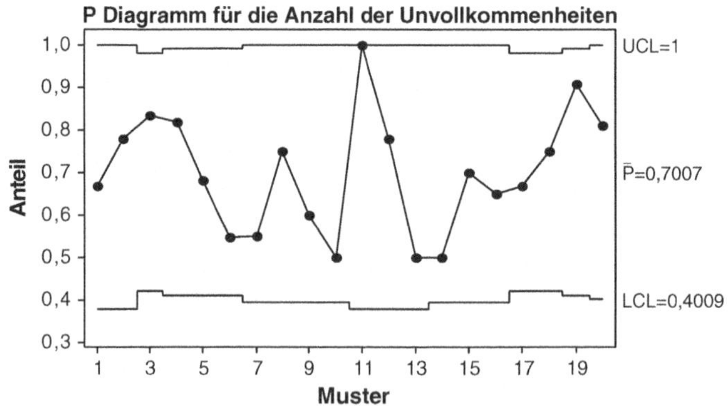

Abb. 11.12 p-Diagramm für die Anzahl der Unvollkommenheiten

wo

$$\overline{p} = \frac{\text{total number of defective items}}{n} = \frac{\sum_{i=1}^{k} x_i}{n}$$

Das *np*-Diagramm überwacht die Anzahl der fehlerhaften Artikel und nicht den Anteil der fehlerhaften Artikel. Es wird von vielen als vorzuziehen über das *p*-Diagramm angesehen, weil die Anzahl der fehlerhaften Artikel für Qualitätsfachleute und Bediener leichter zu verstehen ist als der Anteil der fehlerhaften Artikel. Die Mittellinie des *np*-Diagramms ist festgelegt auf $n\overline{p}$.

Beispiel 11.4 Betrachten Sie die in Tab. 11.2 oben gegebenen Daten über die Anzahl der nicht konformen Schalter. Wir haben $n = 150$ und $\overline{p} = 0{,}023$. Daher sind die Kontrollgrenzen wie folgt:

$$\text{LCL} = n\overline{p} - 3\sqrt{n\overline{p}(1-\overline{p})} = 150(0{,}023) - 3\sqrt{150(0{,}023)(0{,}977)} = -2{,}0578$$

und

$$\text{UCL} = n\overline{p} + 3\sqrt{n\overline{p}(1-\overline{p})} = 150(0{,}023) + 3\sqrt{150(0{,}023)(0{,}977)} = 8.957799$$

Das *np*-Diagramm ist in Abb. 11.13 dargestellt. Da LCL negativ ist, wird es auf null gesetzt. Hier gehen auch zwei Punkte, die den Tagen 9 und 17 entsprechen, über die obere Grenze hinaus, und daher ist der Prozess nicht unter Kontrolle. Man muss möglicherweise die Kontrollgrenzen überarbeiten, indem man diese außer Kontrolle geratenen Punkte aus der Studie entfernt. Beachten Sie, dass sowohl das *p*-Diagramm als auch das *np*-Diagramm identische Diagramme liefern, und daher bleibt die Methode zur Kontrolle der Variation die gleiche und wird daher hier nicht diskutiert.

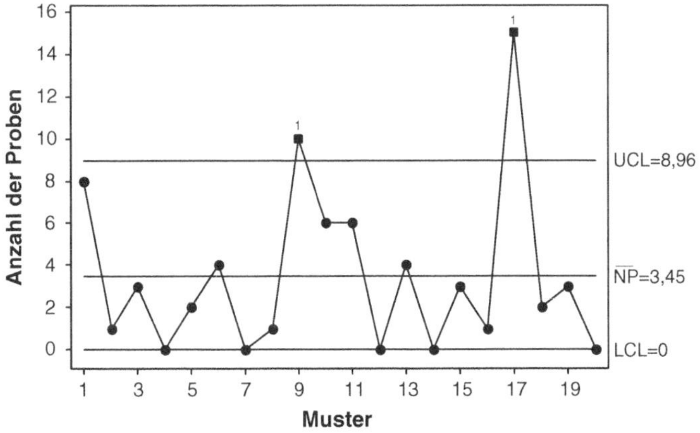

Abb. 11.13 *np*-Diagramm der nicht konformen Schalter

Beispiel 11.5 Ein Prozess, der Titan-Schmiedeteile für Turbolader-Räder von Automobilen produziert, soll durch die Verwendung eines Diagramms für nicht konforme Bruchteile kontrolliert werden. Eine Stichprobe von 150 wird jeden Tag für 20 Tage genommen, und die unten gezeigten Ergebnisse werden beobachtet. Erstellen Sie ein Diagramm für nicht konforme Bruchteile für diese Daten (Tab. 11.4). Scheint der Prozess unter Kontrolle zu sein?

Lösung Hier ist $n = 150$.

$$\overline{p} = \frac{50}{150 * 20} = 0{,}0167 \text{ and}$$

$$\text{CL} = n\overline{p} = 2.5. \text{ The LCL and UCL are } -2.2036 \text{ and } 7.2036 \text{ respectively.}$$

Da *LCL* negativ ist, wird es auf null festgelegt. Das *np*-Diagramm ist in Abb. 11.14 dargestellt. Der im Graphen angezeigte *UCL*-Wert ergibt sich aus der Näherung im $\overline{p}$ Wert.

Hier zeigt das *np*-Diagramm keine Art von außer Kontrolle geratenen Situationen. Daher ist der Prozess statistisch unter Kontrolle.

Man kann auch ein *p*-Diagramm mit den durchschnittlichen Stichprobengrößen erstellen, wenn die Stichprobengrößen nicht einheitlich sind. In diesem Fall sind die Kontrollgrenzen für alle Stichproben konstant. Wenn jedoch eine besonders große Variation in der Größe einer bestimmten Stichprobe vorliegt oder wenn ein

Tab. 11.4 Daten zu nicht konformen Schmiedeteilen

Tag	x_i
1	3
2	2
3	4
4	2
5	5
6	2
7	1
8	2
9	0
10	5
11	2
12	4
13	1
14	3
15	6
16	0
17	1
18	2
19	3
20	2

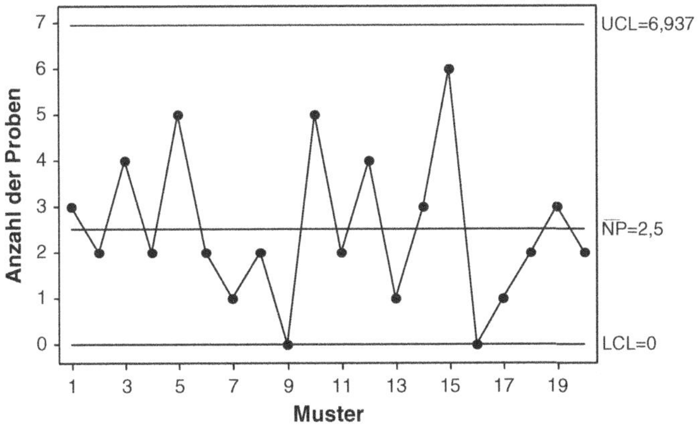

Abb. 11.14 *np*-Diagramm für nicht konforme Einheiten

Punkt nahe den ungefähren Kontrollgrenzen gezeichnet wird, dann sollten die genauen Kontrollgrenzen für diesen Punkt bestimmt und der Punkt in Bezug auf diesen Wert untersucht werden. Bei variierenden Stichprobengrößen kann man ein *np*-Diagramm mit der Standardisierungstechnik erstellen. Im standardisierten Diagramm werden die Kontrollgrenzen in Standardabweichungseinheiten gezeichnet. Tab. 11.5 zeigt die Berechnungen für das standardisierte *p*-Diagramm für das in Beispiel 11.3 oben diskutierte Beispiel.

Für eine standardisierte Kontrollkarte liegt die Mittellinie bei null und die unteren und oberen Kontrollgrenzen liegen bei -3 bzw. 3. Die standardisierte *p*-Karte in Abb. 11.15 zeigt kein ungewöhnliches Muster und ist daher statistisch unter Kontrolle. Beachten Sie, dass wir den Prozess mit den oben diskutierten ursprünglichen Kontrollgrenzen nach ein paar Mal Überarbeitung der Grenzen unter Kontrolle bringen könnten. Daher gibt es einen gewissen Vorteil bei der Verwendung einer standardisierten Kontrollkarte für *p*, wenn die Daten auf der Grundlage variierender Proben gesammelt werden.

11.2.4.3 *c*-Diagramme

Betrachten Sie die Situationen, in denen die Anzahl der Ereignisse, Fehler, Fehler oder Nichtkonformitäten gezählt werden kann, aber keine Informationen über ihre Anwesenheit vorliegen, dann ist die Binomialverteilung möglicherweise kein gutes Modell, um sie anzupassen. Wenn wir die Anzahl der nicht konformen Fehler wie Löcher in einem Stoff, Anzahl der erkannten Flecken in einer Filmbeschichtung, Anzahl der Unvollkommenheiten an einer lackierten Tür, Fehler in einem getippten Dokument, Anzahl der Verkaufsgespräche usw. messen, wird die geeignete Anwendung auf diese Fälle die Poisson-Verteilung sein (für Details siehe Abschn. 8.12.2). *c*-Diagramm stellt die Anzahl der Fehler pro Untergruppe

Tab. 11.5 Berechnung für standardisiertes Kontrolldiagramm für p, $\overline{p} = 0{,}699315$

Stichprobennummer	n_i	x_i	$p_i = \frac{x_i}{n_i}$	$\sigma_p = \sqrt{\frac{\overline{p}(1-\overline{p})}{n_i}}$	$\sigma_p = \frac{p_i - \overline{p}}{\sigma_{pi}}$
1	18	12	0,667	0,108	−0,299
2	18	14	0,778	0,108	0,728
3	24	20	0,833	0,094	1,428
4	22	18	0,818	0,098	1,214
5	22	15	0,682	0,098	−0,177
6	22	12	0,545	0,098	−1,579
7	20	11	0,550	0,103	−1,457
8	20	15	0,750	0,103	0,494
9	20	12	0,600	0,103	−0,969
10	20	10	0,500	0,103	−1,944
11	18	18	1,000	0,108	2,782
12	18	14	0,778	0,108	0,728
13	18	9	0,500	0,108	−1,844
14	20	10	0,500	0,103	−1,944
15	20	14	0,700	0,103	0,006
16	20	13	0,650	0,103	−0,481
17	24	16	0,667	0,094	−0,346
18	24	18	0,750	0,094	0,541
19	22	20	0,909	0,098	2,145
20	21	17	0,810	0,100	1,106

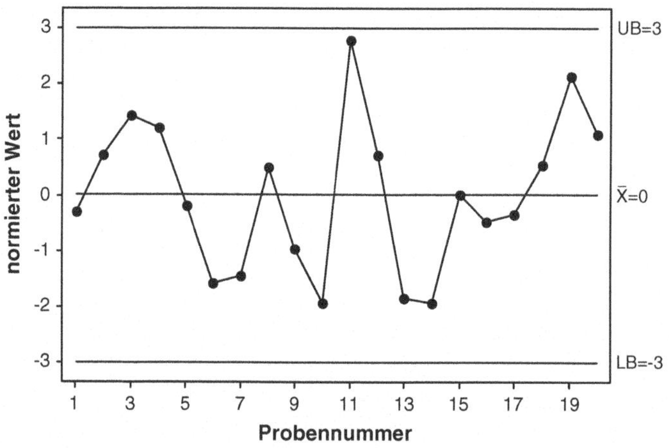

Abb. 11.15 Standardisierte Kontrollkarte für p

dar. Jede Zählung ist eine Untergruppe von Proben und die Chance muss konstant sein (Los, Einheit, Rechnung usw.). Daher werden die Kontrollgrenzen konstant sein.

Das Design des *c*-Diagramms ähnelt dem *np*-Diagramm. Die Mittellinie des Diagramms ist festgelegt auf $\overline{c} = \frac{1}{k}\sum_{i=1}^{k} c_i$, wo c_i die Anzahl der Fehler auf der *i*ten Einheit und *k* ist die Anzahl der untersuchten Einheiten ist. Die Kontrollgrenzen sind jeweils gegeben durch

$$\begin{aligned} \mathrm{LCL} &= \overline{c} - 3\sqrt{\overline{c}} \\ \mathrm{CL} &= \overline{c} \\ \mathrm{UCL} &= \overline{c} + 3\sqrt{\overline{c}} \end{aligned} \tag{11.13}$$

Wie im *np*-Diagramm wird die LCL auf null festgelegt, wenn $\overline{c} - 3\sqrt{\overline{c}} < 0$. Wenn Standards gegeben sind, kann die Mittellinie durch den Mittelwert der Poisson-Verteilung ersetzt werden. In Abb. 11.16 präsentieren wir das *c*-Diagramm für die in Beispiel 11.5 oben betrachteten Nichtkonformitäten. Hier ist die Mittellinie auf $\overline{c} = 2{,}5$ eingestellt. Das Diagramm zeigt keine Abnormalitäten, obwohl zwei Punkte auf der LCL liegen. Daher ist die Variation statistisch unter Kontrolle.

11.2.4.4 *u*-Diagramme

u-Diagramm stellt die Anzahl der Fehler pro Einheit dar. Zum Beispiel können die Länge von Materialstücken und die untersuchte Fläche variieren, und das *u*-Diagramm zeigt die Anzahl der Fehler pro Flächeneinheit, entweder pro Quadratmeter oder eine andere geeignete Maßeinheit. Daher ist das *u*-Diagramm geeignet für die Kontrolle der Anzahl der Fehler oder Nichtkonformitäten pro Einheit oder Zeitraum, und die Stichprobengröße kann variieren. Das Ziel sowohl des *c*-Diagramms als auch des *u*-Diagramms ist es, spezifische Ursachen der Variation zu

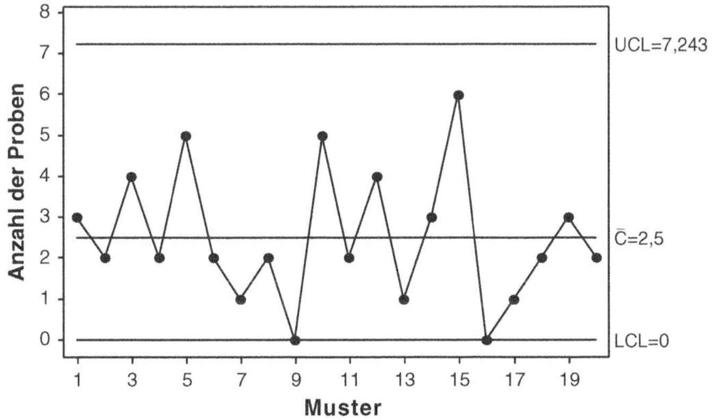

Abb. 11.16 *c*-Diagramm für Nichtkonformitäten

identifizieren und Maßnahmen zu ergreifen, ohne den Prozess zu übersteuern (Manipulation).

Da die Fehler pro Einheit einer Poisson-Verteilung folgen, arbeitet das u-Diagramm nach dem Prinzip des Poisson-Gesetzes. Das Design des u-Diagramms ähnelt dem p-Diagramm für den Anteil der Defekte. Die Kontrollgrenze variiert je nach Stichprobengröße und die Mittellinie wird bei

$$\overline{u} = \frac{\text{Total number of defects}}{\text{total sample inspected}} = \frac{\sum_{i=1}^{k} x_i}{\sum_{i=1}^{k} n_i}, \tag{11.14}$$

gehalten, wo x_i die Anzahl der Fehler in der $i$ten Stichprobe ist. Wenn die Stichprobengrößen für jede Einheit variieren, dann werden die LCL und UCL für jede Einheit unterschiedlich sein. Daher könnten wir sie für praktische Zwecke konstant halten, wenn die Stichprobengrößen innerhalb von 25 % auf beiden Seiten der durchschnittlichen Stichprobengröße $\overline{n}$ bleiben.

Die *LCL* und *UCL* werden jeweils durch

$$\begin{aligned} \text{LCL} &= \overline{u} - \frac{3\sqrt{\overline{u}}}{\sqrt{\overline{n}}} \\ \text{CL} &= \overline{u} \\ \text{UCL} &= \overline{u} + \frac{3\sqrt{\overline{u}}}{\sqrt{\overline{n}}} \end{aligned} \tag{11.15}$$

gegeben. Ein Plot u-Diagramm für die Anzahl der Unvollkommenheiten, die in der Beispiel-Tabelle 11.3 berücksichtigt wurden, ist in Abb. 11.17 dargestellt. Das Diagramm zeigt, dass der Prozess unter Kontrolle ist.

Attributdaten finden sich häufig auch in nicht-produzierenden Aktivitäten (Burkom et al. [10]; Dubrawski [17]; Schuh et al. [46]). Sie können bei der Analyse von Fehlzeiten, Rechnungsfehlern, Fehlern auf technischen Zeichnungen, Fehlern

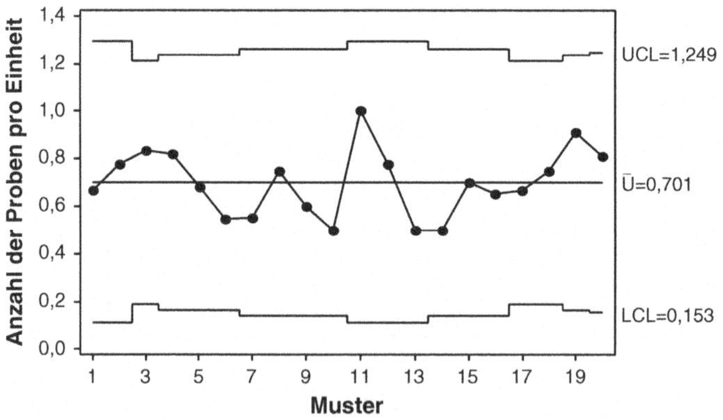

Abb. 11.17 u-Diagramm für die Anzahl der Unvollkommenheiten

auf Plänen und Dokumenten usw. nützlich sein. Die Aktivitätsstichprobe ist eine Technik, die auf der Binomialtheorie basiert und dazu dient, ein realistisches Bild der auf bestimmte Aktivitäten verwendeten Zeit zu erhalten. Zum Beispiel sind wir bei Aktivitäten wie der Unterscheidung des Artikels als gut oder schlecht, abgelehnt oder akzeptiert, defekt oder nicht defekt, daran interessiert, den Anteil der nicht konformen Artikel und deren Analyse zu finden, für die das p-Diagramm und das np-Diagramm geeignet erscheinen. Wenn wir uns mit der Anzahl der Nichtkonformitäten oder Fehlern in einem Produkt beschäftigen, anstatt einfach zu bestimmen, ob das Produkt defekt oder nicht defekt ist, verwenden wir ein c-Diagramm oder ein u-Diagramm. Sowohl das c-Diagramm als auch das u-Diagramm verwenden die Poisson-Verteilung, um die Nichtkonformitäten zu modellieren.

Beispiel 11.6 Ein Automobilhersteller möchte die Anzahl der Nichtkonformitäten in einem Unterbaubereich, der manuelle Getriebe produziert, kontrollieren. Die Inspektionseinheit wird als vier Getriebe definiert und Daten aus 20 Stichproben sind in Tab. 11.6 dargestellt.

Führen Sie die folgende Analyse durch

(a) Richten Sie ein Kontrollchart für Nichtkonformitäten pro Einheit ein
(b) Stammen diese Daten aus einem kontrollierten Prozess? Wenn nicht, überarbeiten Sie die Kontrollgrenzen

Tab. 11.6 Daten zu Nichtkonformitäten in manuellen Getrieben

Stichprobennummer	Anzahl der Nichtkonformitäten (x_i)	$u_i = \frac{x_i}{4}$
1	1	0,25
2	3	0,75
3	2	0,50
4	1	0,25
5	0	0,00
6	2	0,50
7	1	0,25
8	3	0,75
9	5	1,25
10	2	0,50
11	1	0,25
12	0	0,00
13	1	0,25
14	1	0,25
15	3	0,75
16	2	0,50
17	4	1,00
18	2	0,50
19	1	0,25
20	2	0,50

(c) Angenommen, die Inspektionseinheit wird als acht Übertragungen neu definiert. Entwerfen Sie ein geeignetes Kontrollchart zur Überwachung zukünftiger Produktionen

Lösung

(a)

$$\overline{u} = \frac{\sum_{i=1}^{20} u_i}{20} = \frac{9,25}{20} = 0,4625$$

Daher

$$\text{LCL} = \overline{u} - \frac{3\sqrt{\overline{u}}}{\sqrt{n}} = -0.558$$

und

$$\text{UCL} = \overline{u} + \frac{3\sqrt{\overline{u}}}{\sqrt{n}} = 1.483$$

(b) Das Kontrollchart ist in Abb. 11.18 dargestellt. Da alle Punkte innerhalb der Kontrollgrenzen liegen, ist der Prozess unter Kontrolle.

(c) Das Kontrollchart ist in Abb. 11.19 dargestellt und basiert auf Nichtkonformitäten pro Einheit von acht Übertragungen. Auch hier liegen alle Punkte innerhalb der Kontrollgrenzen, und der Prozess ist unter Kontrolle.

Attributkontrollcharts haben viele Vorteile, da mehrere Qualitätsmerkmale gemeinsam betrachtet werden können und die Einheit als konform oder nicht konform eingestuft werden kann. Andererseits, wenn mehrere Qualitätsmerkmale als Variablen behandelt werden, dann muss jedes einzelne gemessen werden, und ein

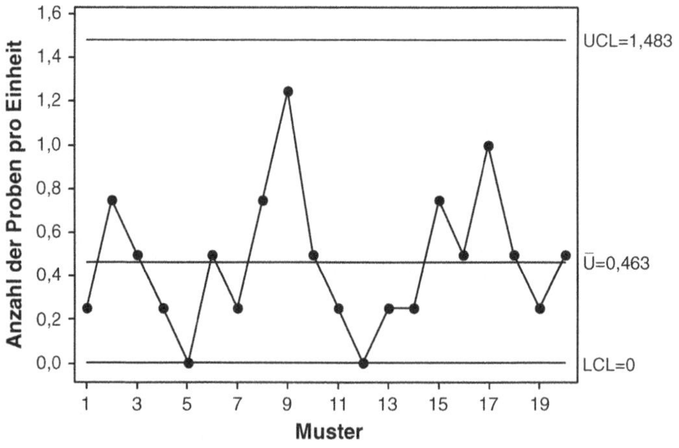

Abb. 11.18 u-Diagramm der Nichtkonformitäten

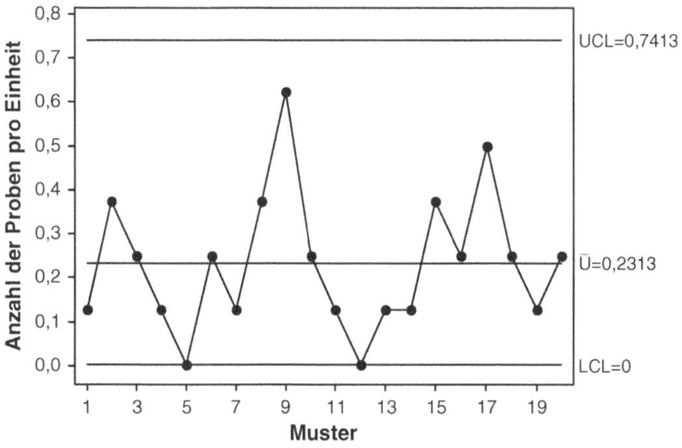

Abb. 11.19 *u*-Diagramm der Nichtkonformitäten (basierend auf 8 Übertragungen)

Variablenkontrollchart muss verwendet werden, um jedes einzelne zu kontrollieren. Dennoch liefert das Variablenkontrollchart nützlichere Informationen über die Prozessleistung als ein Attributdiagramm.

Kontrollcharts, die auf den geometrischen und exponentiellen Verteilungen basieren, wurden nicht als Teil des grundlegenden Werkzeugkastens für Qualitätspraktiker aufgenommen, aber die Trends ändern sich. Es gibt immer mehr Anwendungen, bei denen man mit einem „seltenen Ereignis" zu tun hat, und die Verwendung des traditionelleren *p*-Charts und *c*-Charts ist ineffektiv ([58]). MINITAB 16 beinhaltet zum Beispiel jetzt das *g*-Chart und eine Kontrollchart-Methode für Zeit-zwischen-Ereignis-Daten basierend auf der Weibull-Verteilung, einer Verallgemeinerung der exponentiellen Verteilung, hauptsächlich um Bedürfnisse in der Gesundheitsüberwachung zu erfüllen.

11.2.5 Kumulative Summen-Diagramm

Die bisher diskutierten Diagramme sind sehr effektiv, um scharfe, intermittierende Änderungen eines Prozesses zu erkennen. Wenn man jedoch an einer kleinen, anhaltenden Verschiebung in einem Prozess interessiert ist, können andere Arten von Kontrollcharts bevorzugt werden, zum Beispiel das kumulative Summen (CUSUM) Diagramm. Es handelt sich um eine chronologische Darstellung der CUSUM der Abweichungen einer Stichprobenstatistik von einem Referenzwert (oder Nenn- oder Zielwert). Der CUSUM-Wert konzentriert sich auf den Zielwert und nicht auf den tatsächlichen Durchschnitt der Prozessdaten. Ein weiteres Diagramm ist das *gleitende Durchschnitt*-Diagramm. Dieses Diagramm ist eine chronologische Darstellung des gleitenden Durchschnitts, der als Durchschnittswert berechnet wird, der durch das Herausnehmen der ältesten Einzelmessung und das Hinzufügen der neuesten Einzelmessung aktualisiert wird. So wird mit jeder Einzelmessung ein neuer Durchschnitt berechnet. Bei exponentiellem Anstieg kann ein Diagramm des exponentiell gewichteten gleitenden Durchschnitts (EWMA) angemessen verwendet werden (siehe Champ und Woodall [12] und Montgomery [31]). Diese Diagramme werden auch als zeitgewichtete Kontrollcharts bezeichnet.

Lassen Sie x_i der Wert von Interesse für die $i$te Untergruppe (Stichprobe) sein. Lassen Sie T der Zielwert, $T = \mu_0$ (der mittlere Prozesslevel) für das Mittelwertdiagramm und $T = d_2\sigma$ für das Bereichsdiagramm sein, wenn der Prozess unter Kontrolle ist. Die kumulative Summe der ersten k Abweichungen der interessierenden Variablen vom Zielwert ist wie folgt:

$$C_k = \sum_{i=1}^{k} (x_i - T) \tag{11.16}$$

Das CUSUM-Diagramm ist ein Plot von C_k Werten gegen die Stichprobennummer k. Nun, für $r < s$,

$$\begin{aligned} C_s - C_r &= \sum_{i=1}^{s} (x_i - T) - \sum_{i=1}^{r} (x_i - T) \\ &= \sum_{i=r+1}^{s} x_i - (s - r)T \end{aligned} \tag{11.17}$$

Daher,

$$\begin{aligned} \frac{\sum_{i=r+1}^{s} x_i}{s - r} &= \frac{C_s - C_r}{s - r} + T \\ &= \beta(s, r) + T \end{aligned} \tag{11.18}$$

Das ist der durchschnittliche Wert von Interesse von der Stichprobennummer $(r + 1)$ bis s ist gleich der durchschnittlichen Steigung des CUSUM-Diagramms zwischen diesen beiden Stichprobennummern plus dem Ziel (T). Wenn der Produktionsprozess unter Kontrolle bleibt, dann wird der durchschnittliche Wert der interessierenden Variablen nahe bei T, sein und daher wird die Steigung $\beta(s, r)$ nahe Null für alle (s, r) sein. Wenn der Prozess aufgrund der Zunahme oder Abnahme der interessierenden Variablen außer Kontrolle gerät, wird das CUSUM-Diagramm eine positive oder negative Steigung zeigen. Die durchschnittliche Steigung $\beta(s, r)$ des CUSUM-Diagramms kann verwendet werden, um das Ausmaß der Abweichung vom Zielwert zu schätzen.

Beispiel 11.7 Eine Maschine produziert Speichen für Fahrradräder. Wenn der Prozess unter Kontrolle ist, produziert die Maschine Speichen, deren Längen normalverteilt um den Mittelwert 25 cm und die Standardabweichung 0,02 cm sind. Die

Tab. 11.7 Daten zu Maschinenspeichen

Beispiel (i)	x_i	$x_i - 25$	$C_k = \sum_{i=1}^{k} (x_i - 25)$
1	24,998	−0,002	−0,002
2	25,016	0,016	0,014
3	25,024	0,024	0,038
4	25,022	0,022	0,06
5	24,984	−0,016	0,044
6	25,012	0,012	0,056
7	25,024	0,024	0,08
8	24,978	−0,022	0,058
9	25,012	0,012	0,07
10	25,017	0,017	0,087
11	25,024	0,024	0,111
12	25,026	0,026	0,137
13	25,027	0,027	0,164
14	25,028	0,028	0,192
15	25,028	0,028	0,21

Stichprobenwerte zusammen mit den kumulativen Summen für die fünfzehn Maschinen sind in Tab. 11.8 dargestellt. Verwenden Sie das CUSUM-Diagramm, um zu untersuchen, ob die Maschine korrekt eingestellt ist.

Lösung Gemäß den bereitgestellten Informationen ist $T = 25$ cm. Die kumulativen Summen werden dann berechnet und in Tab. 11.7 dargestellt. Der CUSUM-Plot von C_k gegen k ist in Abb. 11.20 dargestellt.

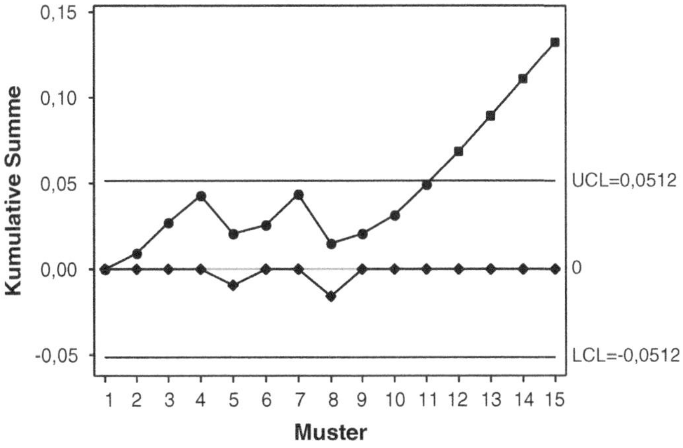

Abb. 11.20 CUSUM-Diagramm der Maschinenspeichen

Aus dem Diagramm geht hervor, dass ab etwa der achten Datenserie eine gewisse Linearität zu erkennen ist. Danach entwickelt sich der Trend aufwärts, was auf eine Verschiebung des Prozessdurchschnitts hinweist. Die Änderung des erwarteten Wertes der Speichenlänge von seinem Zielwert kann durch Gl. (11.18) geschätzt werden. Das heißt, die durchschnittliche Speichenlänge nach der achten Datenserie wird wie folgt geschätzt:

$$\frac{C_s - C_r}{s - r} + T = \frac{0{,}210 - 0{,}058}{15 - 8} + 25$$
$$= 25{,}022$$

Da in diesem Diagramm keine Berechnung von Kontrollgrenzen erfolgt, wird das CUSUM-Diagramm nicht als vollständiges Kontrolldiagramm betrachtet. Daher können die Entscheidungsregeln auf Basis kumulativer Summen durch einige subjektive Überlegungen erreicht werden. Im Allgemeinen werden die tabellarischen und grafischen oder *V-mask*-Verfahren zur Entscheidungsfindung in diesem Diagramm verwendet. Wir erklären das tabellarische Verfahren unten:

Schreiben

$$\begin{aligned} C_k &= \sum_{i=1}^{k} (x_i - T) \\ &= \sum_{i=1}^{k-1} (x_i - T) + (x_k - T) \\ &= C_{k-1} + (x_i - T) \end{aligned} \tag{11.19}$$

Dann funktioniert das tabellarische Verfahren, indem Abweichungen von T, die über dem Ziel liegen, mit einer Statistik C^+ und Abweichungen von T, die unter dem Ziel liegen, mit einer Statistik C^- angesammelt werden, wo

$$C_k^+ = \max\{0,\ x_k - (T + H) + C_{k-1}^+\} \tag{11.20}$$

und

$$C_k^- = \max\{0,\ (T - H) - x_k + C_{k-1}^-\} \tag{11.21}$$

wo die Startwerte $C_0^+ = C_0^- = 0$ sind. Die Statistiken C^+ und C^- werden die einseitigen oberen und unteren CUSUMs genannt. Die Größe H wird normalerweise als *Referenzwert* (oder *Zulage*, oder *Spielraum* Wert) bezeichnet und wird oft etwa auf halbem Weg zwischen dem Ziel T und dem außer Kontrolle geratenen Wert des Mittelwerts μ_1 gewählt, den wir schnell erkennen möchten. Wenn also die Verschiebung in Standardabweichungseinheiten als $\mu_1 = T + \delta\sigma$ (oder $\delta = |\mu_1 - T|/\sigma$) ausgedrückt wird, dann ist H die Hälfte der Größe der Verschiebung oder

$$H = \frac{\delta}{2}\sigma = \frac{|\mu_1 - \mu_0|}{2} \tag{11.22}$$

Wenn entwederC_k^+ oder C_k^- überschreitet das Entscheidungsintervall L, wird der Prozess als außer Kontrolle betrachtet, wobei L eine Funktion der Prozessstandardabweichung ist, normalerweise als fünffache der Prozessstandardabweichung genommen (σ). Wir illustrieren nun die tabellarische CUSUM für das in Tab. 11.8 diskutierte Beispiel.

Für die Berechnung der Statistiken C_k^+ und C_k^- in den Gl. (11.20) und (11.21) verwenden wir die folgenden Spezifikationen:

$$T = 25$$
$$\sigma = 0{,}02$$
$$\mu_1 = T + 1\sigma = 25 + 0{,}02 = 25{,}02$$
$$H = \frac{\sigma}{2} = 0{,}01$$
$$L = 5\sigma = 0{,}1$$

Die vollständigen Berechnungen sind in Tab. 11.8 dargestellt.

Da keiner der C_k^+ oder C_k^- Wert die Entscheidungsebene $L(=0{,}1)$ überschreitet, scheint der Prozess unter Kontrolle zu sein. Beachten Sie, dass bei der Probennummer der Wert von C_k^+ zum ersten Mal null wird, was auf eine Änderung des Prozessdurchschnitts hinweist.

11.2.6 EWMA-Diagramm

In den Mittelwert- und Bereichsdiagrammen hängt das erhaltene Entscheidungssignal weitgehend vom zuletzt gezeichneten Punkt ab. Das Diagramm der exponentiell gewichteten gleitenden Durchschnitte (EWMA) ist eine Art von gleiten-

Tab. 11.8 Tabellarische CUSUM-Analysetabelle

Probe (i)	$\bar{x}_i - 25{,}01$	C_k^+	N^+	$24{,}99 - \bar{x}_i$	C_k^-	N^-
1	−0,012	0	0	−0,008	0	0
2	0,006	0,006	1	−0,026	0	0
3	0,014	0,02	2	−0,034	0	0
4	0,012	0,032	3	−0,032	0	0
5	−0,026	0,006	4	0,006	0,006	1
6	0,002	0,008	5	−0,022	0	0
7	0,014	0,022	6	−0,034	0	0
8	−0,032	0	0	0,012	0	1
9	0,002	0,002	1	−0,022	0	0
10	0,007	0,009	2	−0,027	0	0
11	0,014	0,023	3	−0,034	0	0
12	0,016	0,039	4	−0,036	0	0
13	0,017	0,056	5	−0,037	0	0
14	0,018	0,074	6	−0,038	0	0
15	0,018	0,092	7	−0,038	0	0

dem Mittelwertdiagramm, in dem jedes Mal, wenn ein neues Ergebnis verfügbar wird, ein „exponentiell gewichteter Durchschnitt" berechnet wird. Das heißt, wenn $x_1, x_2, \ldots$ die unabhängigen Stichprobenbeobachtungen sind, dann

$$z_t = \lambda x_t + (1 - \lambda) z_{t-1} \tag{11.23}$$

wo $0 < \lambda \leq 1$ und $z_0 = \mu_0$. Manchmal wird der Durchschnitt der vorläufigen Daten als Startwert des EWMA-Diagramms verwendet, so dass $z_0 = \overline{x}$. Dieses Diagramm wurde von Roberts [43] eingeführt.

Nun erhalten wir aus (11.23)

$$\begin{aligned} z_t &= \lambda x_t + (1 - \lambda) z_{t-1} \\ &= \lambda x_t + (1 - \lambda)[\lambda x_{t-1} + (1 - \lambda) z_{t-2}] \\ &= \lambda x_t + \lambda(1 - \lambda) x_{t-1} + (1 - \lambda)^2 [\lambda x_{t-2} + (1 - \lambda) z_{t-3}] \\ &= \ldots \\ &= \lambda \sum_{k=0}^{t-1} (1 - \lambda)^k x_{t-k} + (1 - \lambda)^t z_0 \\ &= \lambda \sum_{k=0}^{t-1} (1 - \lambda)^k x_{t-k} + (1 - \lambda)^t \mu_0 \end{aligned} \tag{11.24}$$

Im EWMA-Diagramm werden den neuesten Daten beim Gewichten das höchste Gewicht gegeben. Wenn $\lambda = 0{,}4$, dann ist das Gewicht, das der aktuellen Stichprobenmittelwert zugewiesen wird, 0,4 und die Gewichte, die den vorhergehenden Mittelwerten gegeben werden, sind 0,24, 0,144, 0,0864, und so weiter. Somit nimmt das Gewicht $\lambda(1 - \lambda)^t$ geometrisch mit dem Alter der Stichprobenmittelwerte ab.

Wenn x_1 unabhängige Zufallsvariable mit dem Mittelwert μ_0 und der Varianz σ^2 sind, dann

$$\begin{aligned} E(Z_t) &= \lambda \sum_{k=0}^{t-1} (1 - \lambda)^k E(x_{t-k}) + (1 - \lambda)^t \mu_0 \\ &= \lambda \sum_{k=0}^{t-1} (1 - \lambda)^k \mu_0 + (1 - \lambda)^t \mu_0 \\ &= \lambda \mu_0 \sum_{k=0}^{t-1} (1 - \lambda)^k + (1 - \lambda)^t \mu_0 \\ &= \lambda \mu_0 [1 + (1 - \lambda) + (1 - \lambda)^2 + \cdots + (1 - \lambda)^{t-1}] + (1 - \lambda)^t \mu_0 \\ &= \lambda \mu_0 \frac{[1 - (1 - \lambda)^t]}{[1 - (1 - \lambda)]} + (1 - \lambda)^t \mu_0 \\ &= \mu_0 \end{aligned} \tag{11.25}$$

und

$$\begin{aligned}
\mathrm{Var}(Z_t) &= \mathrm{Var}\left[\lambda \sum_{k=0}^{t-1} (1-\lambda)^k E(x_{t-k}) + (1-\lambda)^t \mu_0\right] \\
&= \mathrm{Var}\left[\lambda \sum_{k=0}^{t-1} (1-\lambda)^k E(x_{t-k})\right] \\
&= \sum_{k=0}^{t-1} \left[\lambda(1-\lambda)^k\right]^2 \mathrm{Var}(x_{t-k}) + 2 \sum_{k}^{t-1} \sum_{l}^{t-1} \lambda(1-\lambda)^k \mathrm{Cov}(x_{t-k}, x_{t-l}) \\
&= \sum_{k=0}^{t-1} \left[\lambda(1-\lambda)^k\right]^2 \sigma^2 \\
&= \lambda^2\sigma^2 \sum_{k=0}^{t-1} (1-\lambda)^{2k} \\
&= \lambda^2\sigma^2[1 + (1-\lambda)^2 + \cdots + (1-\lambda)^{2(t-1)}] \\
&= \sigma^2\left(\frac{\lambda}{2-\lambda}\right)[1 - (1-\lambda)^{2t}]
\end{aligned} \tag{11.26}$$

Daher sind die Kontrollgrenzen für das EWMA-Diagramm wie folgt:

$$\begin{aligned}
\mathrm{LCL} &= \mu_0 - L\sigma\sqrt{\left(\frac{\lambda}{2-\lambda}\right)\left[1 - (1-\lambda)^{2t}\right]} \\
\mathrm{CL} &= \mu_0 \\
\mathrm{UCL} &= \mu_0 + L\sigma\sqrt{\left(\frac{\lambda}{2-\lambda}\right)\left[1 - (1-\lambda)^{2t}\right]}
\end{aligned} \tag{11.27}$$

wo der Faktor L die Breite der Kontrollgrenzen ist. In Beispiel 11.8 illustrieren wir das EWMA-Diagramm.

Beispiel 11.8 Die folgenden Daten stellen einzelne Beobachtungen des Molekulargewichts dar, die stündlich aus einem chemischen Prozess entnommen wurden.

1045	1055	1037	1064	1095	1008	1050	1087	1125	1146
1139	1169	1151	1128	1238	1125	1163	1188	1146	1167

Der Zielwert des Molekulargewichts beträgt 1050, und die Prozessstandardabweichung wird auf etwa 25 geschätzt. Verwenden Sie ein EWMA-Diagramm mit $\lambda = 0{,}2$ und $L = 2{,}7$ und analysieren Sie die Daten.

Lösung Hier haben wir $\mu_0 = 1050$, $\sigma = 25$, $\lambda = 0{,}2$, und $L = 2{,}7$. Die Berechnung von z_t, LCL und UCL ist in Tab. 11.9 dargestellt.

Beachten Sie, dass die Kontrollgrenzen in der Breite zunehmen, wenn t von $t = 1, 2, \ldots$ zunimmt, bis sie sich bei $t = 7$ stabilisieren (siehe Tab. 11.10). Dies liegt daran, dass der Begriff$[1 - (1 - \lambda)^{2t}]$ nähert sich der Einheit, wenn t größer wird. Das bedeutet, dass das EWMA-Kontrollchart über mehrere Zeiträume läuft und die Kontrollgrenzen sich den stabilen Werten nähern, die durch

$$\mathrm{LCL} = \mu_0 - L\sigma\sqrt{\left(\frac{\lambda}{2-\lambda}\right)}$$

Tab. 11.9 EWMA-Analyse für das Molekulargewicht

t	x_t	$z_t(=0{,}2x_t + 0{,}8z_{t-1})$	LCL	UCL
1	1045	1049,000	1036,500	1063,500
2	1055	1050,200	1032,712	1067,288
3	1037	1047,560	1030,673	1069,327
4	1064	1050,848	1029,474	1070,526
5	1095	1059,678	1028,742	1071,258
6	1008	1049,343	1028,287	1071,713
7	1050	1049,474	1028,000	1072,000
8	1087	1056,979	1027,819	1072,181
9	1125	1070,583	1027,704	1072,296
10	1146	1085,667	1027,630	1072,370
11	1139	1096,333	1027,583	1072,417
12	1169	1110,867	1027,553	1072,447
13	1151	1118,893	1027,534	1072,466
14	1128	1120,715	1027,522	1072,478
15	1238	1144,172	1027,514	1072,486
16	1125	1140,337	1027,509	1072,491
17	1163	1144,870	1027,506	1072,494
18	1188	1153,496	1027,504	1072,496
19	1146	1151,997	1027,502	1072,498
20	1167	1154,997	1027,501	1072,499

Tab. 11.10 FAR und ARL_0 eines Zeichenkontrollcharts für verschiedene Werte von n und t

n	5	6	7	8	9	10
t	5	6	7	8	9	10
$P(T \geq t \mid IC)$	0,0312	0,0156	0,0078	0,0039	0,0020	0,0010
FAR(α)	0,0624	0,0312	0,0156	0,0078	0,0040	0,0020
ARL_0	16	32	64	128	256	512

Quelle Chakraborti und Graham [15]

und

$$\mathrm{UCL} = \mu_0 + L\sigma\sqrt{\left(\frac{\lambda}{2-\lambda}\right)}$$

gegeben sind. Für dieses Problem sind die stabilen Werte 1027,5 und 1072,5. Das EWMA-Diagramm und das gleitende Durchschnittsdiagramm sind in den Abb. 11.21 und 11.22 dargestellt. Aus der Abbildung geht hervor, dass das Diagramm nicht unter Kontrolle ist.

Die Leistung des EWMA-Diagramms ist ungefähr gleichwertig mit der des CUSUM-Diagramms und in gewisser Weise ist es einfacher einzurichten und

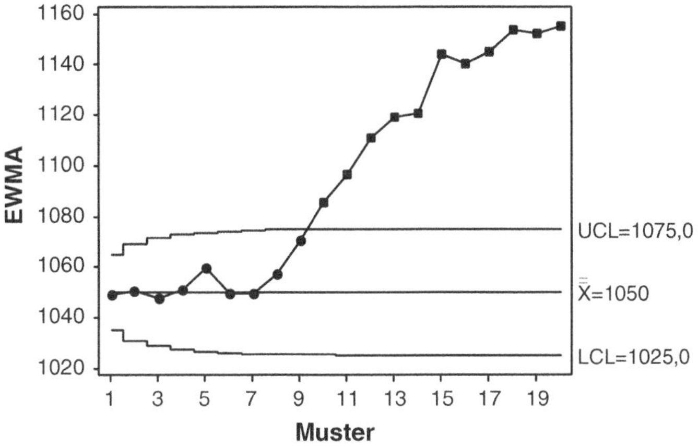

Abb. 11.21 EWMA-Diagramm des Molekulargewichts

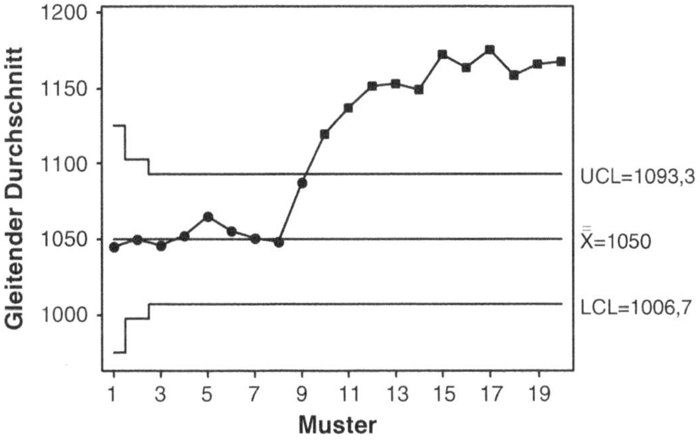

Abb. 11.22 Gleitender Durchschnitt Diagramm des Molekulargewichts

zu bedienen [14]. Die Designparameter des Diagramms sind das Vielfache von Sigma, das in den Kontrollgrenzen verwendet wird, und der Wert von λ. Das EWMA-Kontrolldiagramm wird oft mit Einzelmessungen verwendet. Wenn jedoch rationale Untergruppen der Größe $n > 1$ genommen werden, dann ersetzen Sie einfach x_t durch $\overline{x}_t$ und σ mit $\sigma/\sqrt{n}$. Für eine weitere Diskussion über das EWMA-Diagramm und die Berechnung der optimalen Ebenen dieser Parameter, kann man sich auf Lucas und Saccucci [27] und Montgomery [31] und darin enthaltene Referenzen beziehen.

11.2.7 Wirtschaftliche Gestaltung von Kontrollkarten

Kontrollkarten werden allgemein verwendet, um statistische Kontrolle eines Prozesses zu etablieren und aufrechtzuerhalten. Sie sind auch effektive Geräte zur Schätzung von Prozessparametern, insbesondere bei Prozessfähigkeitsstudien. Die Verwendung einer Kontrollkarte erfordert, dass der Ingenieur oder Analyst eine Stichprobengröße, eine Stichprobenfrequenz oder ein Intervall zwischen den Stichproben und die Kontrollgrenzen für die Karte auswählt. Die Auswahl dieser drei Parameter wird normalerweise als die Gestaltung der Kontrollkarte bezeichnet [14]. Traditionell wird die Kontrollkarte nur in Bezug auf statistische Kriterien gestaltet. Dies beinhaltet normalerweise die Auswahl der Stichprobengröße und Kontrollgrenzen, so dass die durchschnittliche Laufzeit der Karte zur Erkennung einer bestimmten Verschiebung in der Qualitätscharakteristik und die durchschnittliche Laufzeit des Verfahrens, wenn der Prozess unter Kontrolle ist, gleich bestimmten Werten sind. Die Häufigkeit der Stichprobenentnahme wird selten analytisch behandelt, und normalerweise wird dem Praktiker geraten, solche Faktoren wie die Produktionsrate, die erwartete Häufigkeit von Verschiebungen in und aus dem Kontrollzustand und die möglichen Folgen solcher Prozessverschiebungen bei der Bestimmung des Stichprobenintervalls zu berücksichtigen.

Wenn p die Wahrscheinlichkeit ist, dass ein Punkt die Kontrollgrenzen überschreitet, dann wird die durchschnittliche Laufzeit (ARL) einer Kontrollkarte wie folgt berechnet:

$$\text{ARL} = \frac{1}{p} \tag{11.28}$$

Wenn zum Beispiel für die $\overline{x}$ -Karte mit 3σ Grenzen, die Wahrscheinlichkeit, dass ein einzelner Punkt außerhalb der Grenzen fällt, wenn der Prozess unter Kontrolle ist, wie folgt ist:

$$\begin{aligned} p &= P(x < \text{LCL}) + P(x > \text{UCL}) \\ &= P\left(x < \overline{x} - 3\frac{\sigma}{\sqrt{n}}\right) + P\left(x > \overline{x} + 3\frac{\sigma}{\sqrt{n}}\right) \\ &= P(z < -3) + P(z > 3) = 0{,}0027 \end{aligned}$$

Daher ist die ARL der $\bar{x}$ -Karte, wenn der Prozess unter Kontrolle ist, wie folgt:

$$\text{ARL} = \frac{1}{p} = \frac{1}{0{,}0027} = 370$$

Das bedeutet, dass selbst wenn der Prozess unter Kontrolle ist, im Durchschnitt alle 370 Proben ein Signal für eine Kontrollabweichung erzeugt wird. Es ist auch praktisch, die Leistung der Kontrollkarte in Bezug auf ihre durchschnittliche Signalzeit (ATS) auszudrücken. Wenn Proben in festen Zeitintervallen genommen werden, die k Stunden auseinander liegen, dann ist ATS $= k * \text{ARL}$.

Die Gestaltung der Kontrollkarte hat wirtschaftliche Konsequenzen, da die Kosten für die Probenahme und Prüfung, die Kosten, die mit der Untersuchung von Kontrollabweichungssignalen und möglicherweise der Korrektur von zuweisbaren Ursachen verbunden sind, und die Kosten, die entstehen, wenn nicht konforme Einheiten den Verbraucher erreichen, alle durch die Wahl der Parameter der Kontrollkarte beeinflusst werden. Daher ist es logisch, die Gestaltung einer Kontrollkarte aus wirtschaftlicher Sicht zu betrachten. Für mehrere solcher Modelle und ihre praktischen Implikationen kann man sich auf Montgomery [31] beziehen.

11.2.8 Rolle der Prozessüberwachung

Innerhalb des DMAIC-Prozesses spielt die Prozessüberwachung eine sehr wichtige Rolle. Sie ist nützlich in der Messphase, um die aktuelle Leistung zu bewerten und die Leistung von Messsystemen zu überwachen. Sie ist auch nützlich in der Kontrollphase, um Eingangsvariablen zu überwachen, damit die Gewinne aus der Verbesserungsphase über die Zeit aufrechterhalten werden können. Aus praktischer Sicht ist es wichtig, Überwachungsmethoden so zu gestalten, dass es eine vernünftig niedrige Anzahl von Fehlalarmen gibt. Wenn ein Schema zu oft signalisiert, dass eine Prozessänderung stattgefunden hat, aber entweder keine Prozessänderung oder eine unwichtige Änderung stattgefunden hat, dann wird es eine Tendenz geben, dass der Benutzer die Signale völlig ignoriert. Die Aktion nach einem Signal von einer Kontrollkarte kann variieren, abhängig vom Feld und der Anwendung. In einigen Fällen könnte man einfach mehr Aufmerksamkeit auf den Prozess richten, und in anderen könnte man Geräte zurücksetzen und neu kalibrieren. Viele Unternehmen haben Aktionspläne für den Fall, dass die Kontrolle außer Kontrolle gerät, die die Maßnahmen festlegen, die nach einem Signal ergriffen werden sollen.

Im Gesundheitswesen liegt der Schwerpunkt in der Regel auf der Überwachung der Gesundheit einzelner Patienten oder der Leistung von Ärzten oder Krankenhäusern. Ein Teil der Literatur zur Überwachung von Gesundheitsmerkmalen einzelner Patienten mit chronischen Gesundheitsproblemen, wie Asthma, wurde von Tennant et al. [50] überprüft. Thor et al. [51], andererseits, überprüften einen Teil der Literatur zur Verwendung von Kontrollkarten zur Verbesserung der

Gesundheitsversorgung. Ein allgemeiner Überblick über gesundheitsbezogene Überwachung, einschließlich risikoadjustierter Überwachung, wurde in Woodall et al. [57] vorgestellt. Für Informationen über die Verwendung von Kontrollkarten in der Gesundheitsüberwachung kann man sich auf die Bücher von Winkel und Zhang [54] und Faltin et al. [18] beziehen. Das Buch von Faltin et al. [18] enthält ein Kapitel über die Verwendung von Six Sigma in der Gesundheitsverbesserung.

Woodall und Montgomery [58] unterstützen stark die Verwendung von Six Sigma im Gesundheitswesen, finden aber derzeit, dass es viel weniger Fokus auf die Verwendung von Metriken im Gesundheitswesen als mit Six Sigma in der Industrie gibt. In der öffentlichen Gesundheitsüberwachung ist man oft daran interessiert, Krankheits- oder Sterblichkeitsraten zu überwachen. Sonesson und Bock [47] gaben eine ausgezeichnete Übersicht über die prospektive öffentliche Gesundheitsüberwachung, aber seitdem wurde viel Arbeit geleistet. Eine aktualisierte Übersicht wurde von Sparks [48] gegeben. Darüber hinaus gaben Tsui et al. [52] eine Übersicht über zeitliche und räumlich-zeitliche Überwachungsmethoden für die Krankheitsüberwachung in der öffentlichen Gesundheit.

In der syndromischen Überwachung werden Daten aus unterschiedlichen Quellen, einschließlich nicht-traditionellen Quellen, kombiniert, um Bioterrorismus oder einen Krankheitsausbruch zu erkennen (Lombardo et al. [28]; Fricker [19]). Zum Beispiel könnte man Daten über den Verkauf von rezeptfreien Medikamenten, die Abwesenheitsrate und Notaufnahmebesuche in Betracht ziehen, um eine frühzeitige Warnung vor einem Angriff oder Ausbruch zu erhalten. Räumlich-zeitliche Daten bestehen aus Ereignissen über die Zeit, aber jedes Ereignis ist mit einem Ort in einer Region von Interesse verbunden. Manchmal ist der genaue Ort bekannt, aber meistens weiß man nur, in welchen von mehreren Teilregionen die Ereignisse stattfinden. Der Großteil der Arbeit zur prospektiven räumlich-zeitlichen Überwachung wurde in Anwendungen zur Erkennung von öffentlichen Gesundheitsclustern durchgeführt, wo das Ziel ist, aufkommende Cluster zu erkennen, in denen die Krankheitsraten höher sind als erwartet [siehe zum Beispiel die Bücher von Lawson und Kleinman [25] und Rogerson und Yamada [45], und das Übersichtspapier von Robertson et al. [44].

Daten werden oft mit Laserscannern und Koordinatenmessmaschinen auf Produkten gesammelt. Daher sind zahlreiche Messungen an jedem Artikel an verschiedenen Orten verfügbar. Einige der Probleme bei der Überwachung mit diesen Arten von Daten wurden von Wells et al. [53] diskutiert. Es kann sehr hilfreich sein, Ingenieurwissen zu nutzen, um besser zu überwachen und die Ursachen von Veränderungen in den Variationen zu finden. Apley und Lee [5] diskutierten einige der damit verbundenen Probleme und lieferten einige nützliche Referenzen. Ein verwandter Bereich ist die Verwendung von Bildern für die Prozessüberwachung. Meistens wurden Bilder in der Industrie für die Produktinspektion verwendet, wo nicht-konforme Artikel von den konformen Artikeln getrennt werden, aber wir sehen Möglichkeiten, subtilere Qualitätsänderungen zu erkennen, bevor nicht-konforme Artikel produziert werden. Megahed et al. [29] überprüften Arbeiten zur Verwendung von Kontrollkarten mit Bilddaten.

In einer wachsenden Anzahl von industriellen Anwendungen wird die Qualität eines Prozesses oder Produkts am besten durch eine Funktion beschrieben, die als „Profil" bezeichnet wird. In diesen Anwendungen steht eine Antwortvariable in Beziehung zu einer oder mehreren erklärenden Variablen. In diesen Fällen sind Veränderungen im Profil über die Zeit von Interesse ([55, 56]). Verschiedene Arten von Modellen wurden verwendet, um Profile darzustellen, einschließlich einfacher linearer Regression, nichtlinearer Regression, multipler Regression, nichtparametrischer Regression, gemischter Modelle und Wavelet-Modelle. Für einen aktuellen Überblick über Profilüberwachungsstudien kann man sich auf das Buch von Noorossana et al. [37] und die darin enthaltenen Referenzen beziehen.

Für industrielle Anwendungen, die mehrere Anwendungen und Prozesse umfassen, wird die Überwachung auf der Grundlage von Zeit-zu-Ereignis-Daten durchgeführt. In solchen Fällen sind die Beobachtungen eher auto-korreliert. Knoth und Schmid [23], Psarakis und Papaleonida [41], und Prajapati und Singh [39] überprüften die umfangreiche Literatur zur Prozessüberwachung mit autokorrelierten Daten. Ein Großteil der Forschung zur Überwachung mit auto-korrelierten Daten basiert auf der Annahme eines bekannten Zeitserienmodells (Ledolter und Bisgaard [26]). Für weitere Forschungen und Fragen zur Profilüberwachung empfehlen wir den Artikel von Woodall und Montgomery [58]. Einer der sich entwickelnden Bereiche in der Profilüberwachung sind die nichtparametrischen Kontrollkartierungsverfahren, die im Folgenden ausführlich beschrieben werden.

11.2.9 Nichtparametrische Kontrollkarten

Statistische Qualitäts- (Prozess-) Kontrollmethoden (SQC/SPC) helfen, die Qualität von Produkten zu verbessern, indem sie identifizierbare und möglicherweise reduzierbare Quellen von Variationen aufdecken, die vorhanden sein könnten. In diesem Zusammenhang wird oft angenommen, dass die Verteilung von Zufalls- (gemeinsamen) Ursachen einer parametrischen Verteilung wie der Normalverteilung folgt. Daher werden sie als parametrische SQC/SPC bezeichnet. In der parametrischen SPC werden die Wahl der Darstellungsstatistik und die Berechnung der Kontrollgrenzen aus den Daten berechnet, die Einzel- oder Untergruppen (Stichproben) von Beobachtungen sein können. Wenn Unsicherheit über die zugrunde liegenden Verteilungen besteht, werden die Eignung und Leistung dieser Methoden fraglich. Daher besteht ein Bedarf an flexiblen und robusten Kontrollkarten, die keine Normalverteilung oder andere spezifische Verteilungsannahmen erfordern. Nichtparametrische (oder verteilungsfreie) Kontrollkarten können diesem breiteren Zweck dienen und können daher nützliche Alternativen zu parametrischen Kontrollkarten bieten.

Bakir und Reynolds [7] ist wahrscheinlich die erste Arbeit, die nichtparametrische Verfahren zur Prozesskontrolle für innergruppige Stichproben diskutiert. Seit den frühen 2000er Jahren gibt es einen Anstieg von nichtparametrischen Kontrollkartentechniken für verschiedene Prozessmerkmale. Chakraborti et al. [1] wird die Ehre zuteil, einen Überblick über solche Studien gegeben und nichtparametrische Kontrollkarten bis zum Jahr 2000 zum ersten Mal überprüft zu haben. Chakraborti und Graham [15] und Chakraborti et al. [12] haben die Literatur bis 2010 weiter überprüft. Es gibt jetzt eine große Sammlung von nichtparametrischen Kontrollkarten in der Literatur, einschließlich nichtparametrischer Kontrollkarten, die der Shewhart-Typ-Karte, der CUSUM-Karte, der EWMA-Karte und anderen Varianten dieser Karten entsprechen. Es wurde auch gezeigt, dass diese Methoden im Vergleich zu ihren parametrischen Gegenstücken gut abschneiden.

Eine nichtparametrische Kontrollkarte wird in Bezug auf ihre In-Control (IC) Run-Length-Verteilung definiert. Wenn die IC Run-Length-Verteilung für jede kontinuierliche Verteilung gleich ist, wird die Karte als nichtparametrisch oder verteilungsfrei bezeichnet. Das bedeutet, dass die IC-Eigenschaften von nichtparametrischen Karten die gleichen sind wie bei allen kontinuierlichen Verteilungen. Zwei der wichtigsten Probleme in der parametrischen SPC sind die Überwachung des *Prozessmittelwerts* und/oder der *ProzessVariation* (Bereich/Standardabweichung). Im nichtparametrischen Kontext wird ein breiterer Ansatz verfolgt, um das Zentrum oder den Ort und/oder den Skalenparameter einer *Prozessverteilung* zu überwachen. Daher wird im Allgemeinen der Median zur Kontrolle des Ortsparameters in der nichtparametrischen Einrichtung verwendet. Auch in der nichtparametrischen SPC (NSPC) wird angenommen, dass die zugrunde liegende Verteilung entweder (i) ein Ortsmodell hat, mit einer kumulativen Verteilungsfunktion als $F(x - \theta)$, wo θ der Ortsparameter ist oder (ii) ein Skalenmodell hat, mit einer kumulativen Verteilungsfunktion als $F(x|\tau)$, wo $\tau > 0$ der Skalenparameter ist oder (iii) ein Orts-Skalen-Modell hat, mit einer kumulativen Verteilungsfunktion als $F[(x - \theta)/\tau]$, wo θ und τ der Orts- und Skalenparameter sind. Das Ziel ist es, den Parameter θ oder τ (oder beide) zu überwachen, basierend auf Einzelmessungen oder Zufallsstichproben (rationale Untergruppen), die normalerweise zu gleichmäßig verteilten Zeitpunkten genommen werden.

Eine nichtparametrische Kontrollkarte arbeitet in zwei Phasen:

- Phase I oder die *rückblickende Phase*: Hier wird eine vorläufige Analyse durchgeführt, um sicherzustellen, dass der Prozess in IC ist. Das bedeutet, dass der Prozess auf oder nahe einem akzeptablen Zielwert arbeitet, zusammen mit einer natürlichen Variation und keine besonderen Ursachen für Bedenken vorhanden sind. Sobald dieser Zustand erreicht ist, werden Referenzdaten gesammelt, unbekannte Parameter geschätzt und die SPC geht in die nächste Phase über.
- Phase II oder die *prospektive Phase* oder *Überwachungsphase*: Hier wird die Prozessüberwachung auf der Grundlage neuer eingehender Daten fortgesetzt, unabhängig davon, ob das Prozessmerkmal bekannt oder unbekannt ist.

Die nichtparametrischen Karten basieren in der Regel auf den Zeichen (SN) und den Wilcoxon Signed-Rank (SR) Teststatistiken [1]. Diese bekannten verteilungsfreien Tests haben ihre eigenen Vorteile. Zum Beispiel kann der einfache SN-Test unter den minimalsten Annahmen verwendet werden, um Schlussfolgerungen über irgendein Perzentil einer kontinuierlichen Verteilung zu ziehen, aber der SR-Test kann nur für das Median einer symmetrischen kontinuierlichen Verteilung verwendet werden (siehe Abschn. 9.6.2 von Kap. 9 für weitere Details dieser Tests). Der SR-Test ist fast so effizient wie der t-Test, auch unter der Normalverteilungsannahme, aber der SN-Test ist effizienter als der SR-Test, wenn die Verteilung schwerer und symmetrisch ist, wie zum Beispiel die doppelte Exponentialverteilung. Die Teststatistiken dieser und anderer verteilungsfreier Tests werden als Bausteine verwendet, um geeignete Plottstatistiken für die nichtparametrischen Kontrollkarten zu erstellen. Im Folgenden stellen wir zwei nichtparametrische Kontrollkarten für den Ortsparameter vor, nämlich Shewhart-Typ-Zeichenkarten und Shewhart-Typ-Signed-Rank-Karten.

11.2.9.1 Shewhart-Typ-Zeichenkarten

Schildsteuerungsdiagramme basieren auf dem bekannten *Vorzeichentest* (siehe Abschn. 9.6.2.2 für Details). Der Vorzeichentest ist einer der einfachsten und am weitesten anwendbaren nichtparametrischen Tests, die für statistische Inferenzen auf jedem Perzentil einer kontinuierlichen Verteilung verwendet werden können. Angenommen, der Median θ eines kontinuierlichen Prozesses muss auf einen IC-Wert gehalten werden, der als θ_0 angegeben ist. Amin et al. [4] betrachteten Shewhart-Typ-Diagramme für dieses Problem unter Verwendung von sogenannten „innerhalb-Gruppe-Vorzeichen“-Statistiken: Dies wird als SN-Diagramm bezeichnet und funktioniert wie folgt:

Lassen Sie $X_{i1}, X_{i2}, \ldots, X_{in}$ für $i = 1, 2, \ldots$ die $i$te Stichprobe unabhängiger Beobachtungen der Größe $n(n > 1)$ sein. Die Darstellungsstatistik für das SN-Diagramm lautet wie folgt:

$$SN_i = \sum_{j=1}^{n} \text{sign}(X_{ij} - \theta_0) \tag{11.29}$$

wo

$$\text{sign}(x) = \begin{cases} -1, & \text{if } x < 0 \\ 0, & \text{if } x = 0 \\ 1, & \text{if } x > 0 \end{cases}$$

Wenn $T_i =$ die Summe der positiven Zählungen (Anzahl der Stichprobenbeobachtungen größer als θ_0), dann $SN_i = 2T_i - n$. Da T_i einer Binomialverteilung mit den Parametern n und $p = 0{,}5$ folgt, folgt daraus, dass die IC-Verteilung von SN_i symmetrisch um 0 ist und daher die Kontrollgrenzen des zweiseitigen nichtparametrischen Shewhart-Typ-Vorzeichendiagramms gegeben sind durch

$$\begin{aligned} \text{LCL} &= -c \\ \text{CL} &= 0 \\ \text{UCL} &= c \end{aligned} \tag{11.30}$$

wo c die kleinste Ganzzahl ist, so dass

$$P(SN_i \geq c|IC) \leq \alpha/2 \tag{11.31}$$

Wenn die Darstellungsstatistik SN_i auf oder außerhalb einer der Kontrollgrenzen fällt, das heißt, wenn $SN_i \leq -c$ oder$SN_i \geq c$, der Prozess wird als außer Kontrolle (OOC) erklärt. Die Diagrammkonstante c wird für eine spezifizierte ARL_0 ermittelt, die gleich dem Kehrwert der nominalen Falschalarmrate (FAR) ist, bezeichnet durch α. In Tab. 11.10 reproduzieren wir einige Werte von $P(T \geq t|IC)$ zusammen mit den Werten von FAR(α) und ARL_0. Die Diagrammkonstante c wird mit der Beziehung $c = 2t - n$ ermittelt. Das Verfahren wird anhand eines Beispiels von Montgomery [31] unten veranschaulicht.

Beispiel 11.9 Hier betrachten wir Daten von Montgomery [31] (Tab. 5.1 und 5.2) über die Innendurchmesser von Kolbenringen, die durch ein Schmiedeverfahren hergestellt wurden. Die Proben 1–25 der Tab. 5.1 werden als statistisch kontrolliert gezeigt. Die verbleibenden Proben, von 26–40, gelten als die prospektiven Proben (Tab. 5.2) mit jeweils fünf Beobachtungen in unserer Analyse. Nehmen Sie an, dass die zugrunde liegende Verteilung symmetrisch ist mit einem bekannten Median $\theta_0 = 74$ mm. Die Proben zusammen mit den Sign-Test-Statistiken sind in Tab. 11.11 dargestellt.

Lösung Hier ist $n = 5$, $t = 5$, und daher $c = 5$. Das Vorzeichen-Diagramm ist in Abb. 11.23 mit Kontrollgrenzen bei ± 5 dargestellt. Beachten Sie, dass die Beobachtungen 12, 13 und 14 auf der Obergrenze liegen, was darauf hinweist, dass der Prozess ab Beobachtung 12 (d. h., Probe 37) außer Kontrolle ist, was darauf hinweist, dass der Prozessmedian von dem in-Kontrolle-Wert von 74 mm nach oben verschoben hat.

Tab. 11.11 Innendurchmessermessungen (mm) an geschmiedeten Kolbenringen

Probe	Beobachtungen					SN_i Werte	SR_i Werte
26	74,012	74,015	74,030	73,986	74,000	2	8
27	73,995	74,010	73,990	74,015	74,001	1	4
28	73,987	73,999	73,985	74,000	73,990	−4	−14
29	74,008	74,010	74,003	73,991	74,006	3	7
30	74,003	74,000	74,001	73,986	73,997	0	−3
31	73,994	74,003	74,015	74,020	74,004	3	9
32	74,008	74,002	74,018	73,995	74,005	3	10
33	74,001	74,004	73,990	73,996	73,998	−1	−6
34	74,015	74,000	74,016	74,025	74,000	3	12
35	74,030	74,005	74,000	74,016	74,012	4	14
36	74,001	73,990	73,995	74,010	74,024	1	4
37	74,015	74,020	74,024	74,005	74,019	5	15
38	74,035	74,010	74,012	74,015	74,026	5	15
39	74,017	74,013	74,036	74,025	74,026	5	15
40	74,010	74,005	74,029	74,000	74,020	4	14

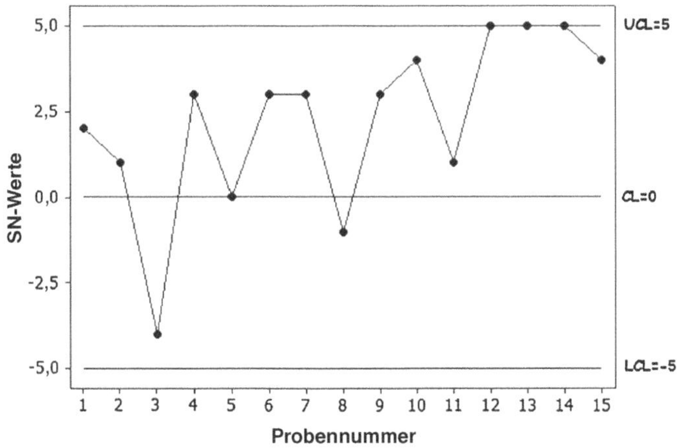

Abb. 11.23 Shewhart-Typ Vorzeichen-Kontrollkarte für Montgomery [31] Kolbendaten

Um die Sensitivität und Leistung der nichtparametrischen Kontrollkarten zu untersuchen, haben viele Autoren Signallimiten, Laufregeln und Signalregeln für außer Kontrolle Zustände durch Konstruktion von Warnlimiten untersucht. Eine Laufregel ist eine Signalregel, die auf einer Laufzeit der Darstellungsstatistik basiert und beschreibt, wann eine Kontrollkarte eine außer Kontrolle Situation signalisieren sollte [15, 31]. In der nichtparametrischen SPC haben Amin et al. [4] Shewhart-Typ Vorzeichenkarten mit Warnlimiten und Laufregeln betrachtet. Die zweiseitige Kontrollkarte hat die CL bei 0 und symmetrisch platziert bei $\pm a$. Die Warnlimiten sind gezogen bei $\pm w$ mit $0 \leq w < a$. Ein Signal wird angezeigt, wenn r aufeinanderfolgende Darstellungsstatistiken in der Region oder Zone $[w, a)$ oder in der Zone $(-a, -w]$ fallen oder wenn irgendeine Darstellungsstatistik auf oder außerhalb $\pm a$ fällt. Die ARL der zweiseitigen Karte kann aus den ARLs für die beiden einseitigen (obere und untere) Karten berechnet werden. Man kann sich auf Amin et al. [4], und Chakraborti und Graham [15] für weitere Details zu diesen Aspekten beziehen.

Zusätzlich zu den Warnlimiten oder -zonen wurden auch Laufregeln verwendet, um die Leistung von Kontrollkarten zu verbessern. Die berücksichtigten Regeln umfassen folgende:

(a) Eine einzelne Darstellungsstatistik wird auf oder außerhalb der Kontrollgrenzen dargestellt (die *1-von-1* Regel)
(b) k aufeinanderfolgende Darstellungsstatistiken werden auf oder außerhalb der Kontrollgrenzen dargestellt (die *k-von-k* Regel)
(c) k der letzten w ($k \leq w$) Darstellungsstatistiken werden auf oder außerhalb der Kontrollgrenzen dargestellt (die *k-von-w* Regel)

Die *1-von-1* Regel in (a) ist die einfachste, die der Grundform einer Kontrollkarte entspricht. Regeln (a) und (b) sind Spezialfälle der Regel (c). Beachten Sie, dass die Regeln (b) und (c) auch im Kontext der Ergänzung der Shewhart-Typ Karten mit Warnlimiten und -zonen verwendet wurden. Human et al. [22] betrachteten eine Klasse von einseitigen und zweiseitigen nichtparametrischen Shewhart-Typ Karten basierend auf Vorzeichenstatistiken und Laufregeln. Diese Karten können verwendet werden, um jedes Perzentil (einschließlich des Medians) von Interesse zu überwachen. Chakraborti und Eryilmaz [14] verbesserten Bakir's [1] SR-Karte durch Einbeziehung von Laufregeln. Sie schlugen vor, zwei Arten von *2-von-2* Karten zu verwenden, beide basierend auf der SR-Statistik und einer *k-von-k* Signalregel.

Amin et al. [4] betrachteten ein nichtparametrisches CUSUM (NPCUSUM) Diagramm zur Überwachung des Medians einer kontinuierlichen Verteilung mit einem bekannten IC-Wert θ_0, basierend auf der SN-Statistik aus einer Untergruppe der Größe n.

11.2.9.2 Shewhart-Typ Signed-Rank Diagramme

Dieser Test wurde von Bakir [1] vorgeschlagen. Lassen Sie $|X_{i1} - \theta_0|, |X_{i2} - \theta_0|, \ldots, |X_{in} - \theta_0|$ die absoluten Abweichungen der Beobachtungen vom bekannten IC-Wert des Medians, θ_0 für die $i$te Untergruppe bezeichnen und lassen Sie $R_{ij}, j = 1, 2, \ldots$ den Rang von $|X_{ij} - \theta_0|$ unter den n absoluten Abweichungen bezeichnen. Dann wird die Darstellungsstatistik für das Shewhart-Typ SR-Diagramm gegeben durch

$$\mathrm{SR}_i = \sum_{j=1}^{n} \mathrm{sign}(X_{ij} - \theta_0) R_{ij}, \quad i = 1, 2, \ldots \tag{11.32}$$

wo

$$\mathrm{sign}(x) = \begin{cases} -1, & \text{if } x < 0 \\ 0, & \text{if } x = 0 \\ 1, & \text{if } x > 0 \end{cases}$$

Beachten Sie, dass die Statistik SR_i die Differenz zwischen der Summe der positiven und negativen Abweichungen ist und linear mit der bekannten Wilcoxon Signed-Rank Statistik W^+ durch die Beziehung $\mathrm{SR}_i = 2W^+ - n(n+1)/2$ verbunden ist, wo W^+ die Summe der Ränge der absoluten Werte entspricht, die den positiven Abweichungen entsprechen (siehe Abschn. 9.6.2.3 für Details). Da die IC-Verteilung von SR_i symmetrisch um 0 ist, werden die Kontrollgrenzen des zweiseitigen nichtparametrischen Shewhart-Typ Zeichendiagramms gegeben durch

$$\begin{aligned} \mathrm{LCL} &= -d \\ \mathrm{CL} &= 0 \\ \mathrm{UCL} &= d \end{aligned} \tag{11.33}$$

wo d eine positive ganze Zahl zwischen (und einschließlich) 1 und $n(n + 1)/2$ ist. Wenn die Darstellungsstatistik SR_i auf oder außerhalb einer der Kontrollgrenzen fällt, das heißt, wenn $SR_i \leq -d$ oder$SR_i \geq d$, der Prozess wird als OOC erklärt. Die Diagrammkonstante d wird für eine spezifizierte ARL_0 ermittelt, die gleich dem Kehrwert der nominalen FAR ist. Bakir [1] berechnete die FAR (p_0^+) und die durchschnittliche Laufzeit in der Kontrolle (ARL_0^+) des oberen einseitigen Shewhart-Typ-gezeichneten Rang (SR^+) Kontrollchart unter Verwendung der Nullverteilung der Wilcoxon SR-Statistik. Für das zweiseitige SR-Diagramm können die FAR und die ARL_0 aus $p_0 = 2p_0^+$ und $ARL_0 = ARL_0^+/2$ ermittelt werden, jeweils.

In Tab. 11.11 präsentieren wir die Werte von SR_i für jede Probe. Für $n = 5$ sind die Kontrollgrenzen auf ± 5 festgelegt. Dementsprechend wird das Schewart-Typ-gezeichnete Rangkontrollchart in Abb. 11.24 gezeigt. Beachten Sie, dass dieses Diagramm auch die Änderung des Medians bei Beobachtungsnummer 12 (d. h., Probe 27) signalisiert. Für eine weitere Diskussion anderer nichtparametrischer Diagramme basierend auf gezeichneten Rängen und Falschalarmrichtlinien kann man sich auf Chakraborti et al. [12] beziehen. Die Autoren diskutieren auch eine Reihe von Vorteilen des nichtparametrischen Kontrollcharts gegenüber ihren parametrischen Gegenstücken.

11.2.9.3 Nichtparametrische Kontrollkarten für Skalen

Wie sowohl Chakraborti et al. [1] als auch Chakraborti und Graham [15] festgestellt haben, gibt es derzeit nicht viel Arbeit zu nichtparametrischen Karten für Skalen. In ihrem Papier von 1995 betrachteten Amin et al. [4] eine nichtparametrische Shewhart-Typ-Zeichenkarte für die Variabilität, basierend auf der Anzahl der Beobachtungen, die zwischen oder außerhalb des ersten und des dritten Quar-

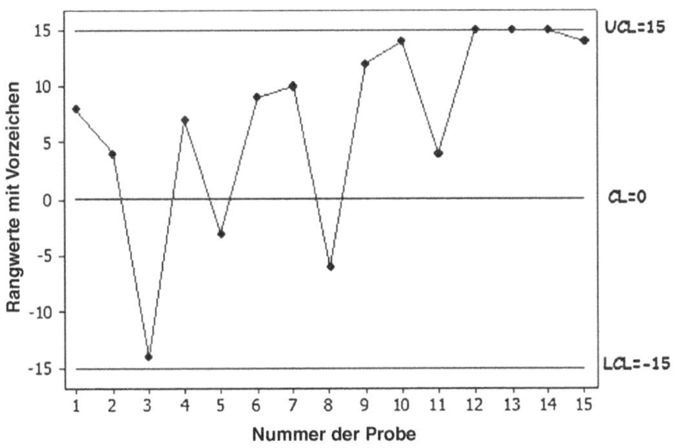

Abb. 11.24 Shewhart-Typ-gezeichnetes Rangkontrollchart für Montgomery [30] Kolbendaten

tils fallen, die als bekannt angenommen werden. Sie verglichen ihre Karte mit der parametrischen S^2 Karte; die allgemeine Schlussfolgerung ist, dass die nichtparametrische Karte eine nützliche Alternative bieten kann, wenn die Normalität in Zweifel ist.

Im Allgemeinen sind nichtparametrische Kontrollkarten einfacher zu erstellen, falls die Standards bekannt sind, da die IC-Verteilung der Plottstatistiken oft bekannt oder einfach zu ermitteln ist. In der Praxis sind die Prozessparameter jedoch oft unbekannt oder nicht spezifiziert. In solchen Fällen wird typischerweise eine Phase-I-Analyse verwendet, um den Prozess IC zu bringen und Phase-II-Kontrollgrenzen werden mit einem Datensatz berechnet, der aus dem IC-Prozess entnommen wurde (siehe Beispiele oben). Solche IC-Daten werden als *Referenzdaten* oder *Kalibrierungsdaten* bezeichnet. Normalerweise sind die Kriterien zur Gestaltung von Phase-I- und II-Kontrollkarten unterschiedlich. In Phase I wird die Falschalarmwahrscheinlichkeit (FAP), die Wahrscheinlichkeit von mindestens einem Falschalarm, auf einen kleinen Nennwert kontrolliert, während in Phase II ein großer Nennwert der ARL_0 normalerweise als Metrik verwendet wird.

Es gab andere Arbeiten zu nichtparametrischen Kontrollkarten. Unter diesen haben Albers und Kallerberg [1] Bedingungen und Abhilfemaßnahmen untersucht, unter denen die nichtparametrischen Karten zu praktikablen Alternativen zu ihren parametrischen Gegenstücken werden. Sie betrachten Phase-II-Karten für Einzelbeobachtungen, falls die Prozessparameter unbekannt sind, basierend auf empirischen Quartilen oder Ordnungsstatistiken. Das grundlegende Problem besteht darin, dass für die sehr kleine FAR, die typischerweise in der Industrie verwendet wird, normalerweise eine sehr große Referenzstichprobengröße erforderlich ist, um die Karte aufzustellen.

Ein weiterer Bereich, der einige Aufmerksamkeit erhalten hat, sind Kontrollkarten für variable Stichprobenintervalle (VSI). In einer typischen Kontrollkarten-Umgebung ist das Zeitintervall zwischen zwei aufeinanderfolgenden Proben festgelegt, und dies wird als festes Stichprobenintervall (FSI) bezeichnet. VSI-Schemata ermöglichen es dem Benutzer, das Stichprobenintervall zwischen den Proben zu variieren. Diese Idee hat einen intuitiven Reiz, da es sinnvoll erscheint, häufiger zu probieren, wenn eine oder mehrere Kartierungsstatistiken nahe an einer der Kontrollgrenzen liegen, aber nicht ganz außerhalb, während wenn Kartierungsstatistiken näher an der Mittellinie plotten, keine Aktion notwendig ist und nur wenige Proben ausreichen könnten. Amin und Widmaier [1] verglichen die Shewhart $\overline{X}$ -Karten mit Zeichenkontrollkarten, unter den FSI- und VSI-Schemata, auf der Grundlage von ARL für verschiedene Verschiebungsgrößen und mehrere zugrunde liegende Verteilungen wie die Normalverteilung und Verteilungen, die schwerfällig und/oder asymmetrisch sind, wie die doppelte Exponential- und die Gamma-Verteilung. Es zeigt sich, dass die nichtparametrischen VSI-Zeichenkarten effizienter sind als die entsprechenden FSI-Zeichenkarten.

Neben der Erkennung von Verschiebungen oder Änderungen in bestimmten Parametern einer Verteilung wie dem Ort oder der Skala haben einige Autoren die Erkennung von Änderungen in der gesamten Verteilung in Betracht gezogen. Ein nichtparametrischer Anpassungstest, der in der Lage ist, Änderungen allgemeiner

Art in einer Verteilung zu erkennen, wurde angepasst, um eine Kontrollkarte für solche Probleme zu entwickeln. Für eine allgemeine Einführung in solche Tests kann man sich an Gibbons und Chakraborti [1] und Zou und Tsung [59] wenden.

Laut Chakraborti et al. [1] sind die Vorteile von nichtparametrischen Kontrollkarten wie folgt:

- Einfach und leicht zu kartieren
- Keine Notwendigkeit, eine bestimmte Verteilung für den zugrunde liegenden Prozess anzunehmen
- Die IC-Laufzeitverteilung ist für alle kontinuierlichen Verteilungen gleich
- Robuster und resistenter gegen Ausreißer
- Mehr Effizienz bei der Erkennung von Änderungen, wenn die wahre Verteilung deutlich nicht normal ist
- Keine Notwendigkeit, die Varianz bei der Erstellung von Karten für den Ortsparameter zu schätzen

11.3 Prozessfähigkeitsstudien

Während der Analysephase haben wir eine detaillierte Prozessfähigkeitsanalyse durchgeführt (siehe Abschn. 8.13 für Details) und die Bedeutung der gemeinsamen Ursachen untersucht, die die Stärke des Prozesses beeinflussen. Eine Prozessfähigkeit zeigt, ob die verbleibenden Variationen akzeptabel sind und ob der Prozess Produkte oder Dienstleistungen erzeugen wird, die den spezifizierten Anforderungen entsprechen. In der Kontrollphase konzentrieren sich die Fähigkeitsstudien auf die kontrollierten Prozesse und ihre Relevanz für die Aufrechterhaltung gemeinsamer Ursachen von Variationen für zukünftige Maßnahmen.

Beachten Sie, dass die allgemeinen Ursachenvariationen im Prozess inhärent sind und spezielle Ursachenvariationen auf tatsächliche Änderungen im Prozess zurückzuführen sind. Meistens treten diese Variationen aufgrund einer Verschiebung im Prozessdurchschnitt und einer Streuung in den Daten auf (siehe Abb. 11.25 für langfristige Variabilität und Abb. 11.26 für kurzfristige Variabilität). Langfristige Variation ist die Kombination aus kurzfristiger Variation, Prozessverschiebungen und langfristigen Prozessdriften. Um diese Verschiebungen zu analysieren, verwenden wir die Kontrollkarte, um Änderungen in der Leistung eines Prozesses zu erkennen. Kontrollkarten mit Grenzwerten können zur Interpretation von Daten verwendet werden (siehe Oakland [38] für weitere Erklärungen zur langfristigen und kurzfristigen Variabilität, die in einem Prozess auftreten).

Laut Alwan [1] gibt es Fälle, in denen die Autokorrelation innerhalb von Datensätzen dazu führt, dass die in der Grafik dargestellten Mengen außerhalb der Kontrollgrenzen liegen, was oft darauf hinweist, dass die Standardbetriebsverfahren (SOP) entweder nicht vorhanden sind oder nicht befolgt werden. Wie SOPs fördern Diagramme Konsistenz, die nur indirekt mit der Erzeugung von Ausgaben

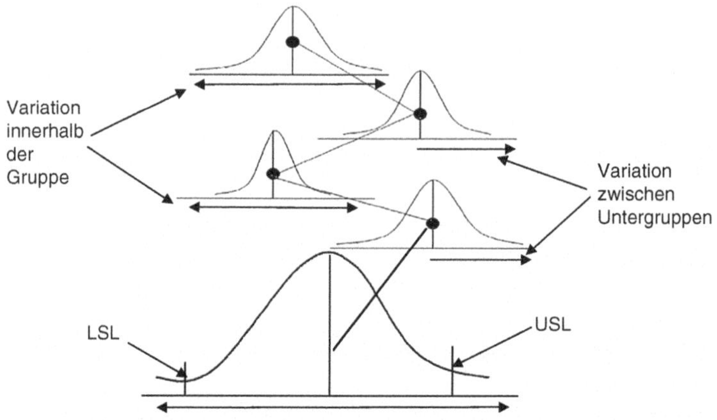

Abb. 11.25 Kumulative langfristige Fähigkeit. *Quelle* Muralidharan und Syamsundar [34]

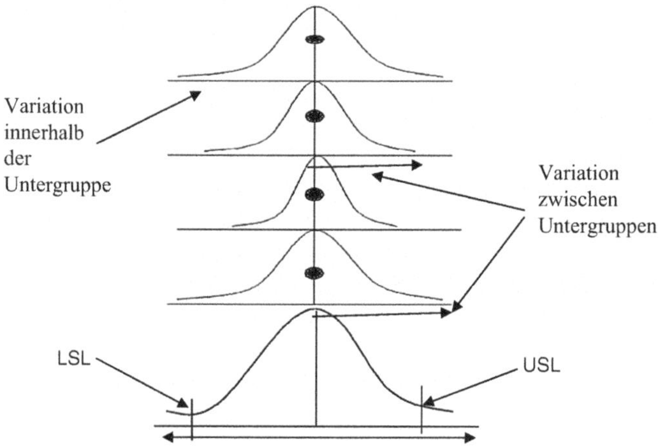

Abb. 11.26 Kumulative kurzfristige Fähigkeit. *Quelle* Muralidharan und Syamsundar [34]

in Übereinstimmung mit den Spezifikationen zusammenhängt. Wenn ein Prozess mit in der Grafik dargestellten Mengen innerhalb der Kontrollgrenzen verbunden ist, wird gesagt, dass er *„unter Kontrolle*" ist, auch wenn er einen kontinuierlichen Strom von Nichtkonformitäten erzeugt.

Für Prozessfähigkeitsstudien werden variable Kontrollkarten immer bevorzugt gegenüber Attributkontrollkarten. Ein sehr wichtiger Vorteil von $\overline{X}$ und R-Diagrammen besteht darin, dass sie oft einen Hinweis auf bevorstehende Probleme geben und es dem Betriebspersonal ermöglichen, korrigierende Maßnahmen zu ergreifen, bevor tatsächlich fehlerhafte Produkte hergestellt werden. Daher sind $\overline{X}$ und R-Diagramme Frühindikatoren für Probleme, während p-Diagramme (oder c und u-Diagramme) nicht reagieren, es sei denn, der Prozess hat sich bereits so verändert, dass mehr nicht konforme Einheiten produziert werden (siehe Montgomery [31] für weitere Details).

Ein C_p Index wird als das Verhältnis der maximal zulässigen Eigenschaften zur normalen Variation des Prozesses (6σ) definiert und wird durch

$$C_p = \frac{\text{USL} - \text{LSL}}{6\sigma} = \frac{2T}{6\sigma} = \frac{T}{3\sigma} \tag{11.34}$$

gegeben, wobei T die natürliche Toleranz des Prozesses ist. Die Fähigkeit des Prozesses wird durch den Wert von C_p bestimmt. Der Wert von $C_p = 1$ entspricht einem kurzfristigen Sigma-Level von 3, bei dem die natürlichen Toleranzen mit den Spezifikationsgrenzen übereinstimmen. Und $C_p = 2$ entspricht einem kurzfristigen Sigma-Level von 6 (siehe Anhang Tab. A.12). Abb. 11.27 zeigt den

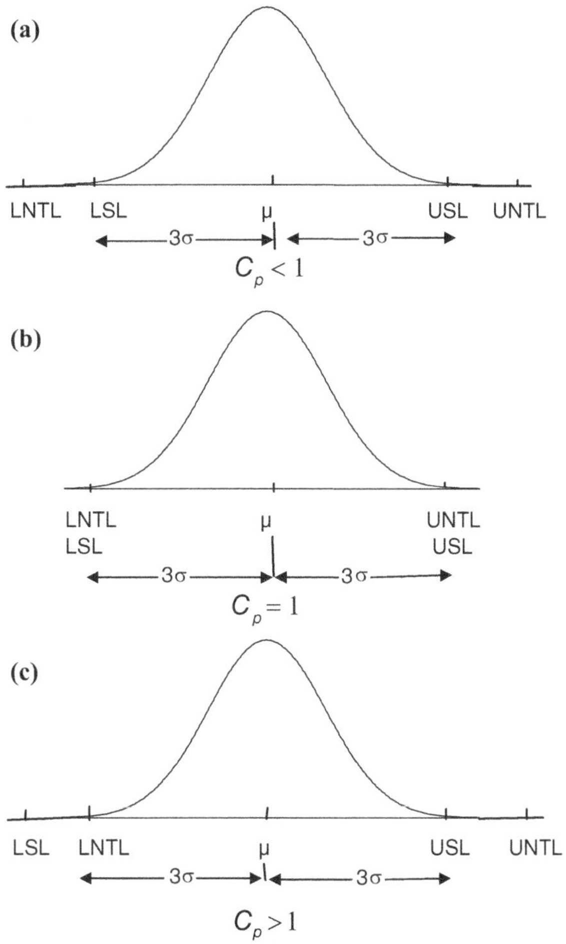

Abb. 11.27 Prozessausfall und die Prozessfähigkeit. **a** $C_p < 1$, **b** $C_p = 1$, **c** $C_p > 1$

Prozessausfall und die C_p Werte eines normalen Prozesses. Beachten Sie, dass C_p einen einfachen Vergleich der Gesamtvariation mit den Toleranzen bietet.

Wie im vorherigen Abschnitt besprochen, liefern $\overline{X}$ und R-Diagramm Informationen über die Leistung oder Fähigkeit des Prozesses. Für die Berechnung der C_p Statistik müssen wir die Standardabweichung schätzen, was durch $\overline{R}$ erfolgen kann. Eine Schätzung der Standardabweichung ist $\hat{\sigma} = \frac{\overline{R}}{d_2}$. Als Beispiel betrachten Sie die folgenden Informationen, die von einem kontrollierten Prozess bereitgestellt werden: Die Spezifikationsgrenzen betragen $74 \pm 0{,}05$ mm und der durchschnittliche Bereich ist $\overline{R} = 0{,}023$. Dann ist $\hat{\sigma} = \frac{0{,}023}{2{,}326} = 0{,}0099$, und der geschätzte Fähigkeitsindex ist $\hat{C}_p = \frac{74{,}05-73{,}95}{6(0{,}0099)} = 1{,}68$. Dieser Wert zeigt an, dass die natürlichen Toleranzgrenzen im Prozess gut innerhalb der unteren und oberen Spezifikationsgrenzen liegen. Folglich wird eine relativ geringe Anzahl von nicht konformen Kolbenringen produziert.

Beispiel 11.10 Die folgenden Daten wurden von einem Prozess zur Herstellung von Stromversorgungen gesammelt. Die Variable von Interesse ist die Ausgangsspannung und $n = 5$.

Probenummer	$\overline{x}$	R
1	103	4
2	102	5
3	104	2
4	105	8
5	104	4
6	106	3
7	102	7
8	105	2
9	106	4
10	104	3
11	105	4
12	103	2
13	102	3
14	105	4
15	104	5
16	105	3
17	106	5
18	102	2
19	105	4
20	103	2

1. Berechnen Sie die Mittellinie und Kontrollgrenzen zur Steuerung zukünftiger Produktion.
2. Nehmen Sie an, dass die Qualitätsmerkmale normal verteilt sind und schätzen Sie die Prozessstandardabweichung ab.

3. Was sind die natürlichen Toleranzgrenzen des Prozesses?
4. Schätzen Sie den Prozessanteil nicht konform, wenn die Spezifikationen für das Merkmal 103 ± 4 wären?
5. Ermitteln Sie die Leistungsfähigkeit des Prozesses

Lösung

1. Die Kontrollgrenzen für das $\overline{x}$ -Diagramm sind CL $= \overline{\overline{x}} = 104{,}05$, LCL $= 99{,}01$, und UCL $= 109{,}09$, und die Kontrollgrenzen für das R -Diagramm sind CL $= \overline{R} = 3{,}8$, LCL $= -2{,}36$, und UCL $= 9{,}96$.
2. $\hat{\sigma} = \frac{3{,}8}{2{,}326} = 1{,}6337$
3. Die natürlichen Toleranzgrenzen des Prozesses sind $\overline{\overline{x}} \pm 3\hat{\sigma} = 104{,}05 \pm 4{,}9011$
4. Lassen Sie p den Anteil nicht konform sein. Dann, um

$$
\begin{aligned}
p &= P(X < \text{LSL}) + P(X > \text{USL}) \\
&= P(X < 99) + P(X > 107) \\
&= P\left(Z < \frac{99 - 104{,}05}{1{,}6337}\right) + P\left(Z > \frac{107 - 104{,}05}{1{,}6337}\right) \\
&= P(Z < -3{,}09114) + P(X > 1{,}805717) \\
&= 0{,}0365 = 0{,}0365
\end{aligned}
$$

zu finden

Das heißt, etwa 3,5 % der Zeit wird die Spannungseinheit außerhalb der Spezifikationen liegen.

5. Die Leistungsfähigkeit des Prozesses ist

$$\hat{C}_p = \frac{107 - 99}{6(1{,}6337)} = 0{,}81614$$

Da $\hat{C}_p < 1$, ist der Prozess nicht in der Lage, die Spezifikationen zu erfüllen. Das Sigma-Niveau, das diesem Wert entspricht, beträgt 2,4 Sigma.

Abb. 11.28 zeigt die Binomial-Prozessfähigkeitsanalyse der Daten über Unvollkommenheiten in fertigen Papierrollen, die in Tab. 11.3 gegeben sind.

Der oben diskutierte C_p Wert ist die Fähigkeit, Kundenspezifikationsgrenzen hinsichtlich der Stimme des Prozesses zu erfüllen. Daher kann die Fähigkeit des Prozesses in einfachen Begriffen als

$$C_p = \frac{\text{USL} - \text{LSL}}{6\sigma} = \frac{\text{VOC}}{\text{VOP}} \tag{11.35}$$

ausgedrückt werden. Für einen kontrollierten Prozess ist es besser, die Menge C_{pk} (siehe Abschn. 8.13 für Details) anstelle von C_p zu verwenden, da C_{pk} die Zentrierung des Prozesses in Bezug auf die Spezifikationsgrenzen berücksichtigt. Außerdem kann das Sigma-Niveau des Prozesses leicht als

$$\sigma_{level} = 3C_{pk} \tag{11.36}$$

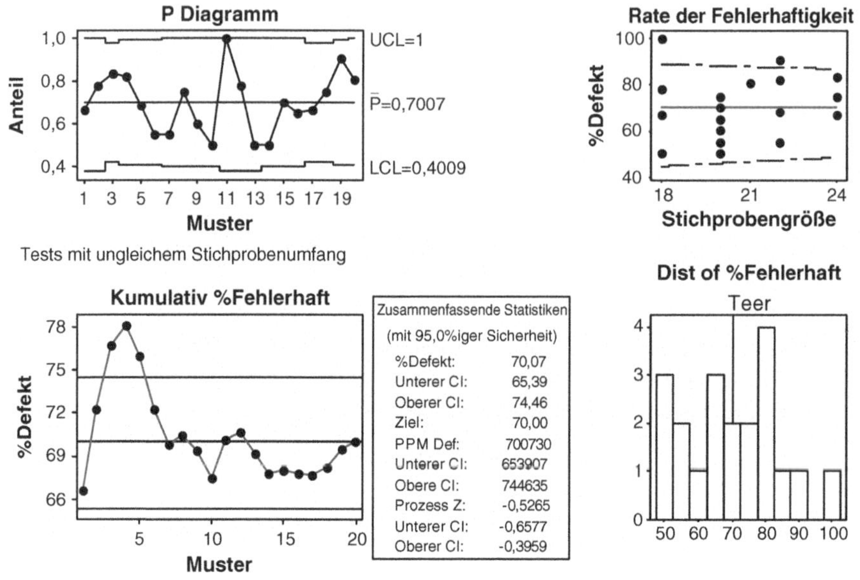

Abb. 11.28 Binomial-Prozessfähigkeitsanalyse von Unvollkommenheiten

berechnet werden. Die Mengen C_p und C_{pk} repräsentieren die langfristige Fähigkeit (siehe Abb. 11.20). Für die kurzfristige Fähigkeit berechnen wir die Leistungsindizes wie P_p und P_{pk}. Die Leistungsindizes repräsentieren die Fähigkeit des Prozesses, Kundenspezifikationsgrenzen für interessierende Merkmale zu erfüllen. Der Unterschied zwischen der Verwendung von C_p (oder C_{pk}) und P_p (oder P_{pk}) besteht darin, dass das Prozessmerkmal im ersteren Fall als kontrolliert nachgewiesen wird, während dies im letzteren Fall nicht der Fall sein kann.

Sobald der Prozess verbessert wurde, muss er genau überwacht werden, um den Gewinn zu halten. Zwei Werkzeuge zur Aufrechterhaltung des Gewinns sind die Total Productive Maintenance (TPM) und *visuelle Kontrollen*. TPM ist eine Methode, die bei der Toyota-Gruppe entwickelt wurde und sicherstellt, dass jede Maschine in einem Produktionsprozess immer in der Lage ist, ihre erforderlichen Aufgaben auszuführen, sodass die Produktion nie unterbrochen wird. TPM maximiert die Geräteeffektivität durch ein vorbeugendes Wartungsprogramm während der gesamten Lebensdauer der Ausrüstung. Ein TPM-System verwendet historische Daten, Herstellerempfehlungen, Diagnosetests und andere Techniken, um Wartungsaktivitäten zu planen, sodass die Maschinenstillstandszeiten minimiert werden können. Ein effektives TPM-System beinhaltet kontinuierliche Verbesserungsinitiativen, da es effektivere und effizientere Wege zur Vorhersage und Diagnose von Wartungsproblemen sucht.

Visuelle Kontrollen sind Ansätze und Techniken, die es ermöglichen, den Status eines Systems, einer Fabrik oder eines Prozesses auf einen Blick visuell zu bestimmen und Prozessvariationen zu verhindern oder zu minimieren. Visuelle Kontrollen arbeiten daran, einen ständigen Fokus und Aufmerksamkeit auf den Prozess zu bieten. Das Maß an Aufmerksamkeit kann dazu beitragen, die Variation auf dem verbesserten Niveau eines Prozesses zu stabilisieren. Diese Kontrolle kann mit dem Poke-Yoke-System integriert werden, das unten diskutiert wird.

11.4 Poke Yoke

Poke Yoke wird auch als „Fehlervermeidung“ bezeichnet, eine weitere wirksame Methode zur Abfallbeseitigung und Kontrolle der für einen Prozess benötigten Bestände. Diese Philosophie ermöglicht es, Qualität in den Prozess einzubauen und die Identifizierung der Ursachen eines bestimmten Problems zu vereinfachen.

> Mängel entstehen, weil Fehler gemacht werden; die beiden haben eine Ursache-Wirkungs-Beziehung.... Doch Fehler werden nicht zu Mängeln, wenn Rückmeldungen und Maßnahmen bereits in der Fehlerphase stattfinden
> Shigeo Shingo

Poke Yoke erkennt, dass solange Menschen in den Prozess involviert sind, Fehler auftreten werden und dass, wenn eine ordnungsgemäße Analyse durchgeführt wird, Sie Poke-Yoke implementieren können, um den Fehler zu verhindern. Andernfalls glauben Sie entweder, dass Menschen unfehlbar sind oder dass Sie nichts gegen Fehler tun können.

Poke Yoke-Systeme schaffen einen Prozess, in dem ein Arbeiter keinen Fehler machen kann. Teile und/oder Prozesse sind so gestaltet, dass gewünschte Ergebnisse unvermeidlich sind. Wahre Poke Yoke-Systeme sind solche, die erkennen, wo ein Fehler in einem Prozess am wahrscheinlichsten auftritt, und eine Lösung einführen, die den Fehler verhindert, unabhängig davon, was der Mensch tut.

Einige der Poke Yoke-Systeme Art von Fehlern und ihre *Sicherheitsvorkehrungen* sind wie folgt:

- *Vergesslichkeit*: Vergessen eines Schrittes oder eines Teils (Sicherheitsvorkehrungen: Verwendung von Checklisten, visuellen Standardbetriebsverfahren usw. zur Erinnerung)
- *Fehler durch Missverständnisse*: Nicht sehr vertraut mit der erforderlichen Operation (Sicherheitsvorkehrungen: kontinuierliche Schulung, visuelles SOP usw.)
- *Identifikationsfehler*: Probleme bei der Identifizierung oder Klarheit der erforderlichen Schritte oder Teile (Sicherheitsvorkehrungen: Schulung, visuelle Schulung, Standardisierung usw.)
- *Fehler aufgrund mangelnder Erfahrung*: Neue Mitarbeiter (Sicherheitsvorkehrungen: Fähigkeiten aufbauen und schulen, Arbeitsstandardisierung usw.)
- *Fehler aufgrund mangelnder Standards*: Keine klare Art, die Aufgabe oder Arbeit auszuführen (Sicherheitsvorkehrungen: Standardoperationen, visuelle Anweisungen usw.)
- *Fehler aufgrund der Maschinenlesbarkeit*: Maschine außerhalb der Spezifikationen (Sicherheitsvorkehrungen: TPM, kritische Teileliste, Wartung der Ausrüstung, Historienliste usw.)

Die Hauptprinzipien von Poke Yoke sind wie folgt:

- Qualität in den Prozess einbauen
- Alle unbeabsichtigten Fehler und Mängel können beseitigt werden
- Hören Sie auf, es falsch zu machen und fangen Sie jetzt an, es richtig zu machen
- Denken Sie nicht an Ausreden, denken Sie daran, es richtig zu machen
- Eine 80 % Chance auf Erfolg ist gut genug—Fokus auf Implementierung
- Gehen Sie Mängel und Fehler als Team an
- Zehn Köpfe sind besser als einer—Brainstorming von Ideen, Diskussion und Nachdenken
- Suchen Sie nach der Ursache, verwenden Sie die 5 „Warums“

So ermöglichen Poke Yoke-Aktivitäten die Prozesskontrolle, indem sie die Quelle der Variation eliminieren und auch dazu beitragen, das Auftreten seltener Ereignisse zu reduzieren. Neben den oben genannten Werkzeugen gibt es viele andere einfache Techniken, die dazu beitragen können, Abfall in einem Prozess zu reduzieren. Auch das *Pull-* und *Push*-System hilft dem Management, die Bestände auf eine ausgeglichene Weise zu produzieren und einen Zustand ohne Abfall zu erreichen. Die größere Bedeutung von Abfallreduzierungsmethoden hat sich nun zu Lean Thinking in der Fertigung entwickelt.

11.5 Für Six Sigma konzipiert

„Designed for Six Sigma“ (DFSS) beschreibt die Anwendung von Six Sigma-Tools bei Produktentwicklungs- und Prozessgestaltungsbemühungen mit dem Ziel, die Leistungsfähigkeit von Six Sigma „in das Design einzubauen“. DFSS ist eine Methodik, mit der neue Produkte und Dienstleistungen entworfen und implementiert werden können. In vielen unserer bisherigen Diskussionen haben wir Six Sigma als eine Philosophie und Methodik zur Prozessverbesserung gesehen, während DFSS auf die Gestaltung neuer Produkte und Dienstleistungen ausgerichtet ist. Darüber hinaus konzentriert sich Six Sigma auf ein oder zwei CTQ-Metriken, betrachtet Prozesse und zielt darauf ab, die CTQ-Leistung um etwa ein Prozess-Sigma auf einmal zu verbessern. Im Gegensatz dazu konzentriert sich DFSS auf jede einzelne CTQ, die für jeden Kunden wichtig ist, betrachtet Produkte und Dienstleistungen sowie die Prozesse, durch die sie bereitgestellt werden, und zielt darauf ab, ein neues Produkt/eine neue Dienstleistung mit einer Leistung von etwa 4,5 Sigma oder besser hervorzubringen.

Weitere Unterschiede bestehen darin, dass DFSS-Projekte oft viel größer sind und eine längere Dauer haben und oft auf einem langfristigen Geschäftsbedarf nach neuen Produkten basieren, anstatt auf einem kurzfristigen Bedarf, ein Kundenproblem zu beheben. Wenn Six Sigma mit der Philosophie von DMAIC arbeitet, dann arbeitet DFSS mit der Philosophie von DMADV (definieren, messen, analysieren, designen und verifizieren).

- *Definieren* Sie die Projektziele und die Anforderungen der Kunden (intern und extern).
- *Messen* und bestimmen Sie die Kundenbedürfnisse und Spezifikationen; Benchmarking von Wettbewerbern und Industrie.
- *Analysieren* Sie die Prozessoptionen, um die Bedürfnisse des Kunden zu erfüllen.
- *Designen* (detailliert) Sie den Prozess, um die Bedürfnisse des Kunden zu erfüllen.
- *Verifizieren* Sie die Designleistung und die Fähigkeit, die Bedürfnisse des Kunden zu erfüllen.

Es gibt viele andere Versionen von DFSS, nämlich DCCDI (definieren, Kundenkonzept, designen und implementieren). Hier werden Kundenanforderungen verwendet, um Ideen zu generieren. Diese Ideen werden in die Praxis umgesetzt, um die Kunden- und Geschäftsspezifikationen zu erfüllen und das Produkt/die Dienstleistung zu kommerzialisieren. Identify, Design, Optimize und Validate (IDOV) ist eine weitere bekannte Designmethodik, die insbesondere in der Fertigungswelt verwendet wird. Hier werden nach der Identifizierung der Kunden und ihrer Spezifikationen in der Designphase die Kunden-CTQs in funktionale Anforderungen und in Lösungsalternativen übersetzt. Eine beste Lösung wird ausgewählt, um das Design und die Leistung durch rigorose und fortschrittliche statistische Werkzeuge zu optimieren. Die Validierungsphase stellt sicher, dass das von Ihnen entwickelte Design die Kunden-CTQs erfüllt. Define, Measure, Explore, Develop und Implement (DMEDI) ist eine weitere Art von DFSS-Methodik. Damit DFSS erfolgreich funktioniert, ist es wichtig, dass es den gesamten Lebenszyklus eines neuen Produkts oder einer neuen Dienstleistung abdeckt. Dies beginnt, wenn die Organisation formell der Anforderung nach etwas Neuem zustimmt und endet, wenn das neue Produkt/die neue Dienstleistung in voller kommerzieller Lieferung ist.

Während des DFSS-Prozesses ist es wichtig, dass die folgenden Punkte beachtet werden:

- Ist das Produktkonzept gut identifiziert?
- Sind Ihre Kunden real?
- Werden Kunden Ihr Produkt kaufen?
- Kann das Unternehmen dieses Produkt zu einem wettbewerbsfähigen Preis herstellen?
- Sind die finanziellen Renditen akzeptabel?
- Passt dieses Produkt zur Gesamtgeschäftsstrategie?
- Ist die Risikobewertung akzeptabel?
- Kann das Unternehmen dieses Produkt besser herstellen als der Wettbewerber?
- Können die Ziele für Produktzuverlässigkeit und Wartbarkeit erreicht werden?
- Wurde ein Plan für die Übertragung an die Fertigung entwickelt und verifiziert?

Für weitere Informationen zu DFSS können Sie sich an Perry und Bacon [1] und Montgomery und Woodall [15] wenden.

11.6 Quality Function Deployment

Quality Function Deployment (QFD) ist eine „Methode zur Umwandlung von Benutzeranforderungen in Designqualität, zur Bereitstellung der Funktionen, die Qualität bilden, und zur Bereitstellung von Methoden zur Erreichung der Designqualität in Subsysteme und Komponententeile und letztendlich in spezifische Elemente des Fertigungsprozesses". QFD ist darauf ausgelegt, Planern dabei zu helfen, sich auf Merkmale eines neuen oder bestehenden Produkts oder Dienstes aus der Sicht von Marktsegmenten, Unternehmen oder Technologieentwicklungsbedürfnissen zu konzentrieren. Die Technik liefert Diagramme und Matrizen. QFD hilft dabei, die Kundenstimme (VOC) in technische Merkmale (und geeignete Testmethoden) für ein Produkt oder eine Dienstleistung zu transformieren, jedes Produkt- oder Dienstleistungsmerkmal zu priorisieren und gleichzeitig Entwicklungsziele für das Produkt oder die Dienstleistung festzulegen.

Das Konzept wurde ursprünglich 1966 von Dr. Yoji Akao in Japan entwickelt, der seine Arbeit in Qualitätssicherung und Qualitätskontrollpunkten mit der Funktionserfüllung in der Wertanalyse kombinierte. QFD wird in einer Vielzahl von Dienstleistungen, Konsumgütern, militärischer Technik und aufkommenden Technologieprodukten angewendet. Die Technik ist auch in der neuen ISO 9000:2000-Norm enthalten, die sich auf die Kundenzufriedenheit konzentriert. Dieses Konzept zieht auch Parallelen zum Konzept des QFD-assoziierten *Hoshin Kanri-Prozesses*. Es ähnelt eher dem Management by Objectives (MBO), fügt aber im Zielsetzungsprozess ein bedeutendes Element hinzu, das „Catchball" genannt wird. Der Einsatz dieser Hoshin-Techniken durch US-Unternehmen wie Hewlett Packard war erfolgreich bei der Fokussierung und Ausrichtung der Unternehmensressourcen auf die angegebenen strategischen Ziele auf allen Ebenen der Organisationshierarchie (Informationen aus Wikipedia). Seit der frühen Einführung von QFD wurde die Technik weiterentwickelt, um den Zeitaufwand zu verkürzen und den erforderlichen Gruppenaufwand zu reduzieren.

QFD macht Gebrauch von den folgenden Techniken und Werkzeugen:

- *House of Quality.* Das House of Quality ist ein Werkzeug zur Darstellung der Beziehung zwischen Qualitätsmetriken. Die Matrix umfasst alle Aspekte der Qualitätsparameter, die über die technologischen Lösungen hinausgehen, bis hin zu den Managementanforderungen, die auf einem bestimmten Leistungsbarometer untergebracht sind. Zum Beispiel sind Qualität zu Kosten, Technologie, Zuverlässigkeit, Funktion, Teile, Technologie, Fertigung und Serviceeinsätze mit ihrer Bedeutung für die Qualität verbunden. Darüber hinaus kann die gleiche Technik die Methode in die konstituierenden Produktsysteme, Konfigurationselemente, Baugruppen und Teile erweitern. Aus diesen detaillierten Komponenten können Fertigungs- und Montageprozess-QFD-Diagramme entwickelt werden, um statistische Prozesskontrolltechniken zu unterstützen.
- *Pugh-Konzeptauswahl.* Die Pugh-Konzeptauswahl kann in Verbindung mit QFD verwendet werden, um eine vielversprechende Produkt- oder Dienstleistungskonfiguration aus den aufgelisteten Alternativen auszuwählen.

- *Modular Function Deployment.* Modular Function Deployment verwendet QFD, um Kundenanforderungen zu ermitteln und wichtige Designanforderungen zu identifizieren, wobei ein besonderer Schwerpunkt auf Modularität liegt.

Es gibt auch andere kleinere Unterschiede zwischen den Anwendungen von QFD in Modular Function Deployment im Vergleich zum House of Quality, zum Beispiel wird der Begriff „Kundenattribut" durch „Kundenwert" ersetzt und der Begriff „technische Merkmale" wird durch „Produkteigenschaften" ersetzt. Aber die Begriffe haben ähnliche Bedeutungen in den beiden Anwendungen.

11.7 Standardisierung

Jedes erfolgreiche Six Sigma-Projekt führt letztendlich zu einigen Standards im Prozess. Sie können sowohl greifbar als auch nicht greifbar sein. Der Standard kann eine Aussage, Spezifikation oder Menge an Material sein, gegen die gemessene Ausgaben aus einem Prozess als akzeptabel oder inakzeptabel beurteilt werden können. Standardisierung ist daher eine Methode zur Schaffung von Best Practices, die in der Organisation befolgt werden. Eine Standardarbeit (auch standardisierte Arbeit genannt) beinhaltet die Spezifikation von Zykluszeit, Aufgabenzeit, Aufgabensequenz und den minimalen Bestand an Teilen, der zur Durchführung der Aktivität erforderlich ist.

Es wird erwartet, dass die Verbesserungen in der Zykluszeitreduktion, Reduzierung der Kosten schlechter Qualität (CoPQ) und Konstanz in der Vorlaufzeit und Erhöhung der Investitionsrendite gemäß den VOC-Anforderungen erreicht werden. Mit einem guten Daten- und Leistungsstandard kann man diese Ebenen für zukünftige Standards nutzen. Der Erfolg eines Six Sigma-Projekts hängt von der Fähigkeit ab, flexible statt starre Standards der Spezifikationen zu liefern, wie sie von den Stakeholdern erwartet werden.

11.8 Standardbetriebsverfahren und Arbeitsanweisungen

Laut EPA QA/G-6 (April 2000) ist ein Standardbetriebsverfahren (SOP) ein Satz schriftlicher Anweisungen, der eine Routine- oder Wiederholungsaktivität dokumentiert, die von einer Organisation befolgt wird. Die Entwicklung und Verwendung von SOPs sind ein integraler Bestandteil eines erfolgreichen Qualitätssystems, da sie den Einzelpersonen die Informationen zur ordnungsgemäßen Durchführung einer Aufgabe liefern und die Konsistenz in der Qualität und Integrität eines Produkts oder Endprodukts erleichtern. Der Begriff „SOP" ist möglicherweise nicht immer angemessen, und Begriffe wie Protokolle, Anweisungen, Arbeitsblätter und Laborbetriebsverfahren können ebenfalls verwendet werden. Für dieses Dokument wird „SOP" verwendet.

SOPs können den Mitarbeitern auch einen Bezug zu gängigen Geschäftspraktiken, Aktivitäten oder Aufgaben bieten. Neue Mitarbeiter verwenden ein SOP, um Fragen zu beantworten, ohne die Vorgesetzten unterbrechen zu müssen, um zu fragen, wie eine Operation durchgeführt wird. Der internationale Qualitätsstandard ISO 9001 erfordert im Wesentlichen die Bestimmung von Prozessen (dokumentiert als Standardbetriebsverfahren), die in jedem Herstellungsprozess verwendet werden, der die Qualität des Produkts beeinflussen könnte.

Die Entwicklung und Verwendung von SOPs minimiert Variationen und fördert die Qualität durch eine konsistente Implementierung eines Prozesses oder Verfahrens innerhalb der Organisation, auch wenn es vorübergehende oder dauerhafte Personaländerungen gibt. SOPs können die Einhaltung organisatorischer und staatlicher Anforderungen anzeigen und können als Teil eines Personalschulungsprogramms verwendet werden, da sie detaillierte Arbeitsanweisungen liefern sollten. Es minimiert die Möglichkeiten für Missverständnisse und kann Sicherheitsbedenken ansprechen. Wenn historische Daten für den aktuellen Gebrauch ausgewertet werden, können SOPs auch wertvoll sein, um Projektaktivitäten zu rekonstruieren, wenn keine anderen Referenzen verfügbar sind. Darüber hinaus werden SOPs häufig von Inspektoren als Checklisten verwendet, wenn sie Verfahren prüfen. Letztendlich sind die Vorteile eines gültigen SOP reduzierter Arbeitsaufwand sowie verbesserte Vergleichbarkeit, Glaubwürdigkeit und rechtliche Verteidigungsfähigkeit.

Die Personen, die an einem Six Sigma-Projekt beteiligt sind, sollten sich nun hinsetzen, diskutieren und einen gründlichen Arbeitsplan für die Betriebsverfahren ihres Projekts formulieren. Alle Qualitätskontrollaktivitäten (QC) sollten ein Teil davon sein. Es sollte auch die Selbstüberprüfung der Qualität und Konsistenz der Arbeit ermöglichen. Spezifische Kriterien für jede sollten enthalten sein, die erforderlich sind, um die erfolgreiche Durchführung der Methode zu demonstrieren. Beschreiben Sie die Häufigkeit der erforderlichen Kalibrierung und Qualitätskontrollprüfungen und diskutieren Sie die Begründung für Entscheidungen. Schließlich sollte es auch die Grenzen/Kriterien für QC-Daten/Ergebnisse und erforderliche Maßnahmen beschreiben und die Verfahren zur Berichterstattung von QC-Daten und Ergebnissen beschreiben.

11.9 Prozess-Dashboards

In Managementinformationssystemen ist ein *Dashboard* (oder *Kontrollpanel*) „eine leicht zu lesende, oft einseitige, Echtzeit-Benutzeroberfläche, die eine grafische Darstellung des aktuellen Status (Schnappschuss) und historische Trends der Schlüsselleistungsindikatoren einer Organisation zeigt, um sofortige und informierte Entscheidungen auf einen Blick zu ermöglichen.“

Ein Produktions-Dashboard kann beispielsweise Schlüsselleistungsindikatoren im Zusammenhang mit der Produktivität anzeigen, wie die Anzahl der hergestellten Teile oder die Anzahl der fehlgeschlagenen Qualitätsinspektionen pro Stunde. Ähnlich kann ein Personal-Dashboard KPIs im Zusammenhang mit Personalbeschaffung, -bindung und -zusammensetzung anzeigen, beispielsweise die Anzahl offener Stellen oder durchschnittliche Tage oder Kosten pro Einstellung. Dashboards bieten oft auf einen Blick Ansichten von KPIs, die für ein bestimmtes Ziel oder Geschäftsprozess relevant sind (z.B. Vertrieb, Marketing, Personal oder Produktion). Der Begriff Dashboard stammt vom Armaturenbrett des Autos, wo die Fahrer die Hauptfunktionen auf einen Blick über das Instrumentencluster überwachen. Dashboards geben Zeichen über ein Geschäft ab, die Ihnen mitteilen, ob etwas falsch oder richtig ist. Die Unternehmenswelt hat jahrelang versucht, eine Lösung zu finden, die ihnen sagen würde, ob ihr Geschäft Wartung benötigt oder ob die Temperatur ihres Geschäfts über dem Normalwert liegt. Dashboards sind in der Regel darauf beschränkt, Zusammenfassungen, Schlüsseltrends, Vergleiche und Ausnahmen anzuzeigen. Es gibt vier Schlüsselelemente für ein gutes Dashboard.

1. Einfach und kommuniziert leicht
2. Minimale Ablenkungen, sonst könnte es Verwirrung stiften
3. Unterstützt organisiertes Geschäft mit bedeutenden und nützlichen Daten
4. Wendet menschliche visuelle Wahrnehmung auf die visuelle Präsentation von Informationen an

Es gibt viele Arten von Dashboards. Unter allen dominieren die digitalen Dashboards den Geschäftsaustausch. Digitale Dashboards können so gestaltet sein, dass sie die in den überwachten Geschäftsprozessen inhärenten Flüsse verfolgen. Grafisch können Benutzer die High-Level-Prozesse sehen und dann in Low-Level-Daten einsteigen. Diese Detailtiefe ist oft tief im Unternehmensunternehmen verborgen und sonst den leitenden Führungskräften nicht zugänglich.

Drei Haupttypen von digitalen Dashboards dominieren heute den Markt: eigenständige Softwareanwendungen, Webbrowser-basierte Anwendungen und Desktop-Anwendungen, auch bekannt als Desktop-Widgets. Die letzten werden von einem Widget-Engine angetrieben. Spezialisierte Dashboards können alle Unternehmensfunktionen verfolgen. Beispiele sind Personal, Rekrutierung, Vertrieb, Betrieb, Sicherheit, Informationstechnologie, Projektmanagement, Kundenbeziehungsmanagement und viele weitere Abteilungs-Dashboards.

Digitale Dashboard-Projekte beinhalten Geschäftseinheiten als Treiber und die IT-Abteilung als Ermöglicher. Der Erfolg digitaler Dashboard-Projekte hängt oft von den Metriken ab, die zur Überwachung ausgewählt wurden. Schlüsselleistungsindikatoren, Balanced Scorecards und Verkaufsleistungszahlen sind einige der Inhalte, die in Geschäfts-Dashboards geeignet sind.

Wie das Armaturenbrett (oder Kontrollpanel) eines Autos liefert ein Software-Dashboard den Entscheidungsträgern die notwendigen Eingaben, um das Geschäft zu „steuern". Daher kann eine grafische Benutzeroberfläche entworfen werden, um Zusammenfassungen, Grafiken (z.B. Balkendiagramme, Tortendiagramme und Bullet-Graphen) und Messgeräte (mit Farben ähnlich wie Verkehrsampeln) in einem Portal-ähnlichen Rahmen hervorzuheben, um wichtige Informationen zu betonen.

Digitale Dashboards ermöglichen es Managern, den Beitrag der verschiedenen Abteilungen in ihrer Organisation zu überwachen. Um genau zu messen, wie gut eine Organisation insgesamt abschneidet, ermöglichen digitale Dashboards das Erfassen und Berichten spezifischer Datenpunkte aus jeder Abteilung innerhalb der Organisation und bieten so einen „Schnappschuss" der Leistung.

Die Vorteile der Verwendung digitaler Dashboards umfassen

- Visuelle Darstellung von Leistungsmaßnahmen
- Fähigkeit, negative Trends zu identifizieren und zu korrigieren
- Effizienzen/Ineffizienzen messen
- Fähigkeit, detaillierte Berichte zu erstellen, die neue Trends zeigen
- Fähigkeit, fundiertere Entscheidungen auf Basis gesammelter Geschäftsinformationen zu treffen
- Strategien und organisatorische Ziele ausrichten
- Zeitersparnis im Vergleich zum Ausführen mehrerer Berichte
- Gesamtüberblick über alle Systeme sofort gewinnen
- Schnelle Identifizierung von Daten-Ausreißern und Korrelationen

11.10 Change Management und Widerstand

Die Stakeholder-Analyse ist ein gutes Werkzeug, um Widerstand von außerhalb Ihres Teams zu managen. Laut Muir [12] hilft das GRPI-Tool (Ziele, Rollen und Verantwortlichkeiten; Prozesse und Verfahren; und zwischenmenschliche Beziehungen) dabei, ein erfolgreiches Team über die Dauer des Projekts zu managen. Das GRPI-Modell kann auch als Diagnosewerkzeug nützlich sein, wenn das Team nicht gut funktioniert und Sie nicht sicher sind, was falsch ist. Anfangs sind die Ziele, Rollen und Prozesse am wichtigsten zu definieren, aber mit Fortschreiten des Projekts kann der zwischenmenschliche Zustand des Teams schnell zur größten Sorge für den anhaltenden Erfolg werden.

Beachten Sie, dass Widerstand ein menschliches Verhalten ist und aus keinem Grund unterdrückt werden sollte. Bei der Implementierung eines Six Sigma-Projekts helfen sie den Stakeholdern, ihre eigenen Fehler und Schwächen zu erkennen. Wenn Sie ein Projektteam steuern, werden Sie auf allen Ebenen auf Widerstand stoßen. Sie werden wahrscheinlich nicht den gleichen Widerstand von den gleichen Personen erhalten, während Sie durch Ihr Projekt fortschreiten, daher müssen Sie ihn weiterhin überwachen und managen. Dies wird den Weg für Informationsklarheit ebnen und eine gute Kommunikation etablieren. Dies wird letztendlich zum Erfolg führen.

Muir [12] gibt die folgenden Widerstandstypen und Strategien:

- *Kognitiv.* Personen, die selbstproklamierte Gründe für den Erfolg/Misserfolg des Projekts haben
- *Ideologisch.* Personen, die glauben, dass die vorgeschlagene Änderung grundlegende Werte verletzt, die die Organisationen zu dem gemacht haben, was sie sind

- *Machtgetrieben.* Personen, die wahrnehmen, dass die vorgeschlagene Änderung für sie zu einem Verlust an Macht, Autonomie, Status und Selbstkontrolle führen wird
- *Psychologisch.* Personen, die Schwierigkeiten haben, neue Konzepte und Verhaltensweisen zu lernen, anzunehmen oder zu assimilieren
- *Angst.* Neue Situationen und unbekannte Prozesse können zu einer allgemeinen, nicht verbalisierten Angst vor Veränderungen führen. Wenn sie nicht richtig angegangen wird, wird sie schließlich zu einem der oben genannten Typen führen

Es ist wahr, dass der Widerstand jederzeit während der DMAIC-Phasen auftreten kann. Häufig führt er zur Verbesserung des Prozesses, wenn der Widerstand positiv aufgenommen wird. Die Chancen, das Problem, seine Ursachen und die Auswirkungen zu kennen, verringern die Belastung bei der Verbesserung und Kontrolle des Prozesses. Daher sollte man zur Aufrechterhaltung des Gesamterfolgs einigen Widerstand von den Stakeholdern erwarten.

11.11 Dokumentation

Die oben diskutierten SOPs sind Dokumente und Verfahren, die für die Durchführung eines bestimmten Prozesses mit minimaler Variation notwendig sind. Der Zweck dieser Dokumente besteht darin, sicherzustellen, dass die Aktivität über einen langen Zeitraum auf die gleiche Weise durchgeführt wird. Dies ist besonders wichtig, wenn mehrfach qualifizierte, cross-trainierte Mitarbeiter in eine Vielzahl von Positionen wechseln. Die Entwicklung und Aktualisierung dieser Dokumente bezieht die Personen ein, die die Arbeit ausführen. Der Dokumentationsprozess beginnt mit der Auflistung der wichtigsten Schritte, dann wird die Anpassungsfähigkeit und Nützlichkeit geprüft, dann wird in Unterprozesse zerlegt und dann fortgesetzt, bis der maximale Nutzen erreicht ist.

Sobald der Prozess verbessert wurde, muss er überwacht werden, um sicherzustellen, dass die Gewinne erhalten bleiben und um zu bestimmen, wann weitere Verbesserungen erforderlich sind. Mehrere Werkzeuge und Methoden stehen zur Verfügung, um in dieser Hinsicht zu helfen. Dazu gehören

- *Kontrollkarten.* Sie werden verwendet, um die Stabilität des Prozesses zu überwachen und zu bestimmen, wann eine besondere Ursache vorliegt und wann geeignete Maßnahmen zu ergreifen sind. Die Wahl einer bestimmten Karte hängt von der Art des Prozesses ab. Die Kontrollkarte ist das Ergebnis von VOP.
- *Prozessfähigkeitsstudien.* Sie bieten uns die Möglichkeit zu verstehen, wie das VOP (Kontrollgrenzen) mit dem VOC (Spezifikationsgrenzen) verglichen wird und helfen uns zu bestimmen, ob der Prozessdurchschnitt verschoben oder neu zentriert werden muss oder die Variation reduziert werden muss.
- *Prozessmetriken.* Dazu gehören eine Vielzahl von In-Prozess- und End-of-Prozess-Metriken, die die Gesamteffizienz und -effektivität des Prozesses messen. Beispiele sind Zykluszeiten, Taktzeit, Antwortrate, Arbeit im Prozess, Rückstand, Fehlerquoten, Nacharbeitsquoten und Ausschussquoten.

Insgesamt helfen uns diese Werkzeuge und Methoden, die allgemeine Gesundheit eines Prozesses zu beurteilen und Auslöser für die erneute Bewertung eines Prozesses für weitere Verbesserungen zu liefern (siehe auch Kubiac und Benbow [24]).

11.12 Kontroll-Checklisten

- Stellen Sie sicher, dass die Datenanalyse die Zielsetzung gemäß der Projektcharta unterstützt
- Wählen Sie laufende Maßnahmen aus, um die Leistung des Prozesses zu überwachen und die Wirksamkeit unserer Lösungen zu bestätigen
- Bereiten Sie alle wesentlichen Dokumente des überarbeiteten Prozesses vor, einschließlich der wichtigsten Verfahren und Prozessabläufe
- Identifizieren Sie einen „Eigentümer" des Prozesses, der die Verantwortung für unsere Lösung und für das Management der laufenden Operationen übernehmen wird
- Entwickeln Sie Prozessmanagement-Diagramme, die Anforderungen, Maßnahmen und Reaktionen auf Probleme im Prozess detailliert darstellen
- Bereiten Sie ein Storyboard vor, das die Arbeit des Teams und die während des Projekts gesammelten Daten dokumentiert
- Weitergeleitete andere Probleme und Möglichkeiten, die wir nicht in der Lage waren zu adressieren, an das obere Management
- Feiern Sie die harte Arbeit und die erfolgreichen Bemühungen des Teams

11.13 Relevanz für Manager

Die abschließenden Phasenaktivitäten eines Six Sigma-Projekts werden in diesem Kapitel besprochen. Statistische Prozessqualitätskontrolle wird zur Validierung von Sammlungssystemen verwendet, um die Wiederholbarkeit und Reproduzierbarkeit von Metriken in einer Betriebsumgebung zu gewährleisten, die Implementierung zu überwachen und Leistungsgewinne zu validieren und zu stabilisieren. Wir verwenden Kontrollkarten, um die Leistung im Laufe der Zeit zu verfolgen, den Fortschritt nach Prozessänderungen/Verbesserungen zu bewerten und die Aufmerksamkeit auf die Erkennung und Überwachung von Prozessvariationen im Laufe der Zeit zu lenken. Sowohl variable Karten ($\overline{X}, R$, und σ) als auch Attributkontrollkarten (p, np, c, und u) werden in diesem Kapitel ausführlich behandelt. Diese Karten haben eine große statistische Bedeutung bei der Entscheidungsfindung von Managern. Es gibt Karten, die kleine und anhaltende Verschiebungen in einem Prozess erkennen können. Zwei solche Arten von Kontrollkarten sind die Kumulative Summe (CUSUM) Karte und Exponentiell Gewichtete Moving Average (EWMA) Karten.

Das zugrunde liegende Prinzip jeder Kontrollkarte ist, dass die Daten aus einem normalen Prozess stammen. Dies stellt sicher, dass jedes außer Kontrolle geratene Signal auf zuweisbare Ursachen der Variation zurückgeführt wird. Außerdem verwenden die meisten der oben diskutierten Diagramme entweder einige Prozessparameter oder einige Prozessmerkmale. Fehlen diese beiden Annahmen, können die oben genannten Kontrollkarten nicht zur Überwachung der Variation verwendet werden. Daher wird die Verwendung von nichtparametrischer Kontrolle empfohlen, die im Allgemeinen in Bezug auf ihre in-Kontrolle (IC) Laufzeitverteilung definiert ist. Dies ist ein relativ neues Forschungsgebiet und hat großes Potenzial in der industriellen Anwendung. Dieses Kapitel befasst sich mit einer detaillierten Diskussion über nichtparametrische Kontrollkarten und viele neue Richtungen in diesem Bereich. Die Literatur in diesem Bereich erweitert sich nun.

Die Prozessfähigkeitsstudie, die als wesentliche Managementanforderung betrachtet wird, wird ebenfalls im Detail vorgestellt. Die Philosophie von Poke Yoke, um Qualität in den Prozess zu integrieren und Quality Function Deployment zur Erreichung von Designqualität in Subsystemen und Komponententeilen, wird ebenfalls in diesem Kapitel integriert. Die Verwendung von Standardisierung, Arbeitsplatzmanagement, Prozess-Dashboards und vielen anderen Managementtools zur Dokumentation der Qualität wird in Bezug auf ein Six Sigma-Projekt diskutiert.

Übungen

11.1. Was sind die acht Dimensionen der Qualität?

11.2. Was ist die Bedeutung der Messung von Variationen? Diskutieren Sie verschiedene Methoden zur Beschreibung von Variationen.

11.3. Erklären Sie die verschiedenen Komponenten einer Kontrollkarte. Diskutieren Sie, wie außer Kontrolle geratene Punkte in einer Kontrollkarte erkannt werden?

11.4. Diskutieren Sie die Bedeutung und Anwendungen der Variablenkontrollkarte. Erklären Sie, wie die Kontrollgrenzen für eine Variablenkarte erstellt werden?

11.5. Was ist eine Testkontrollkarte? Wie werden sie implementiert?

11.6. Erklären Sie das Verfahren zur Erstellung von Kontrollgrenzen für $\overline{X}$ -Diagramm und R-Diagramm.

11.7. Proben von Größe 5 werden jede Stunde aus einem Prozess entnommen. Die $\overline{X}$ und R Werte für ein bestimmtes Qualitätsmerkmal werden bestimmt. Nachdem 25 Proben gesammelt wurden, wurde festgestellt $\overline{X} = 20$ und $\overline{R} = 4{,}56$. Nehmen Sie an, dass das Qualitätsmerkmal normal verteilt ist.

(i) Berechnen Sie 3-Sigma-Kontrollgrenzen für $\overline{X}$ und R-Diagramme.

(ii) Beide Diagramme werden als kontrolliert angenommen. Schätzen Sie die Prozessstandardabweichung.

(iii) Wenn die Prozessstandardabweichung konstant ist, wenn der Prozessmittelwert auf 24 Einheiten verschoben wird. Wie hoch ist die Wahrscheinlichkeit, dass (a) eine Verschiebung bei der ersten nachfolgenden Probe nicht erkannt wird (b) eine Verschiebung bei der dritten nachfolgenden Probe erkannt wird?

(iv) Was wären die geeigneten Kontrollgrenzen für das $\overline{X}$ -Diagramm, wenn die Wahrscheinlichkeit für einen Fehler vom Typ I 0,05 betragen sollte.

(v) Erhalten Sie 2-Sigma-Kontrollgrenzen für $\overline{X}$ und R-Diagramme.

(vi) Angenommen, ein s-Diagramm soll anstelle eines R-Diagramms verwendet werden, was wären die geeigneten Kontrollgrenzen des s-Diagramms?

11.8. Das Nettogewicht (in oz) eines trockenen Bleichprodukts soll durch $\overline{X}$ und$R$-Kontrollkarten mit einer Stichprobengröße von $n = 5$. Daten für 20 Stichproben sind wie folgt dargestellt.

Stichprobennummer	x_1	x_2	x_3	x_4	x_5
1	15,8	16,3	16,2	16,1	16,6
2	16,3	15,9	15,9	16,2	16,4
3	16,1	16,2	16,5	16,4	16,3
4	16,3	16,2	15,9	16,4	16,2
5	16,1	16,1	16,4	16,5	16,0
6	16,1	15,8	16,7	16,6	16,4
7	16,1	16,3	16,5	16,1	16,5
8	16,2	16,1	16,2	16,1	16,3
9	16,3	16,2	16,4	16,3	16,5
10	16,6	16,3	16,4	16,1	16,5
11	16,2	16,4	15,9	16,3	16,4
12	15,9	16,6	16,7	16,2	16,5
13	16,4	16,1	16,6	16,4	16,1
14	16,5	16,3	16,2	16,3	16,4
15	16,4	16,1	16,3	16,2	16,2
16	16,0	16,2	16,3	16,3	16,2
17	16,4	16,2	16,4	16,3	16,2
18	16,0	16,2	16,4	16,5	16,1
19	16,4	16,0	16,3	16,4	16,4
20	16,4	16,4	16,5	16,0	15.8

(a) Richten Sie $\overline{X}$ und R-Kontrollkarten mit diesen Daten ein. Zeigt der Prozess statistische Kontrolle? Überarbeiten Sie die Kontrollgrenzen, wenn nötig.

(b) Schätzen Sie den Prozessmittelwert und die Prozessstandardabweichung.

(c) Wenn die Spezifikationen bei 16,2 ± 0,5 oz liegen, welche Schlussfolgerungen würden Sie über die Prozessfähigkeit ziehen?

(d) Welcher Anteil der von diesem Prozess produzierten Behälter ist wahrscheinlich unterhalb der unteren Spezifikationsgrenzen von 15,7 oz?

11.9. Die untenstehenden Daten sind $\overline{X}$ und R Werte für 24 Proben der Größe $n = 5$, die aus einem Prozess zur Herstellung von Lagern entnommen wurden. Die Messungen werden am Innendurchmesser (in mm) des Lagers vorgenommen, wobei nur Abweichungen von 0,50 in Vielfachen von 10,000 aufgezeichnet werden.

Probennummer	$\overline{X}$	R
1	34,5	3
2	34,2	4
3	31,6	4
4	31,5	4
5	35,0	5
6	34,1	6
7	32,6	4
8	33,8	3
9	34,8	7
10	33,6	8
11	31,9	3
12	38,6	9
13	35,4	8
14	34,0	6
15	37,1	5
16	34,9	7
17	33,5	4
18	31,7	3
19	34,0	8
20	35,1	4
21	33,7	2
22	32,8	1
23	33,5	3
24	34,2	2

(i) Richten Sie $\overline{X}$ und R-Diagramme für diesen Prozess ein. Scheint der Prozess statistisch kontrolliert zu sein? Überarbeiten Sie bei Bedarf die Kontrollgrenzen des Versuchs. Schätzen Sie den Prozessmittelwert und die Prozessstandardabweichung.

(ii) Wenn die Spezifikationen für diesen Durchmesser $0{,}5030 \pm 0{,}0010$ betragen, ermitteln Sie den Prozentsatz der nicht konformen Lager, die von diesem Prozess produziert werden. Gehen Sie davon aus, dass der Durchmesser normal verteilt ist.

11.10. Diskutieren Sie die Relevanz der Tests der Automotive Industry Action Group (AIAG) zur Identifizierung von Kontrollpunkten außerhalb der Kontrolle in einem Kontrolldiagramm.

11.11. Unterscheiden Sie zwischen einem Defekt und einem fehlerhaften Produkt. Geben Sie Beispiele für jedes.

11.12. Diskutieren Sie die Anwendungsbereiche des Attributkontrolldiagramms. Erklären Sie, wie die Kontrollgrenzen für ein Attributkontrolldiagramm erstellt werden?

11.13. Diskutieren Sie, wie die Binomial- und Poisson-Verteilungen beim Erstellen von Attributkontrolldiagrammen verwendet werden?

11.14. Diskutieren Sie die Methoden zur Erstellung von p- und np-Diagrammen.

11.15. Daten zur Anzahl der Nichtkonformitäten in Stichproben von 100 gedruckten Schaltkreisen sind unten angegeben:

Stichprobennummer	Anzahl der Nichtkonformitäten
1	21
2	24
3	16
4	12
5	15
6	5
7	28
8	20
9	31
10	25
11	20
12	24
13	16
14	19
15	10
16	17
17	13
18	22
19	18
20	39
21	30
22	24
23	16
24	19
25	17
26	15

Erstellen Sie ein p-Diagramm und ein np-Diagramm und interpretieren Sie diese.

11.16. Die Daten für ein Kontrollchart für nicht konforme Anteile mit variabler Stichprobengröße sind unten angegeben:

Stichprobennummer (*i*)	Stichprobengröße (n_i)	Anzahl der nicht konformen Einheiten (*Di*)
1	100	12
2	80	8
3	80	6
4	100	9
5	110	10
6	110	12
7	100	11
8	100	16
9	90	10
10	90	6
11	110	20
12	120	15
13	120	9
14	120	8
15	110	6
16	80	8
17	80	10
18	80	7
19	90	5
20	100	8
21	100	5
22	100	8
23	100	10
24	90	6
25	90	9

Erstellen Sie ein *p*-Diagramm und interpretieren Sie die Ergebnisse.

11.17. Diskutieren Sie die Methoden zur Erstellung von *c*- und *u*-Diagrammen.

11.18. Daten zur Anzahl der Nichtkonformitäten in Personalcomputern sind unten angegeben:

Probennummer, *i*	Probengröße *n*	Gesamtzahl der Nichtkonformitäten, (c_i)
1	5	10
2	5	12
3	5	8
4	5	14
5	5	10
6	5	16

Probennummer, i	Probengröße n	Gesamtzahl der Nichtkonformitäten, (c_i)
7	5	11
8	5	7
9	5	10
10	5	15
11	5	9
12	5	5
13	5	7
14	5	11
15	5	12
16	5	6
17	5	8
18	5	10
19	5	7
20	5	5

Erstellen Sie ein c-Diagramm, u-Diagramm und interpretieren Sie es.

11.19. Was ist ein CUSUM-Diagramm? Wie wird es implementiert?

11.20. Im Prozess der Herstellung von Wellendichtungen, die in Automotoren verwendet werden, wird Fett auf den Bereich der Dichtungsfläche aufgetragen, der in Kontakt mit der Welle sein wird. Die Menge an Fett ist kritisch, da sie die anfängliche Schmierung beim Start eines neuen Motors bietet, bevor das Öl die Chance hat, vollständig zu zirkulieren. Für den korrekten Betrieb sollte die Menge an auf die Dichtung aufgetragenem Fett 0,10 Gramm betragen. Zu viel Fett kann dazu führen, dass die Dichtung vulkanisiert und dadurch nicht funktioniert, während zu wenig Fett dazu führen kann, dass die Dichtung trocken läuft und dadurch beschädigt wird. Abweichungen vom Mittelwert um mehr als 0,01 g gelten als wichtig genug für sofortige Korrekturmaßnahmen. Um den Prozess der Fettauftragung zu überwachen, ist es üblich, zwei vorgewogene saubere (fettfreie) Dichtungen zu nehmen, sie durch die Maschine laufen zu lassen und dann erneut zu wiegen. Die Gewichtsänderung spiegelt die Menge an Fett auf der Dichtung wider. Die Fettauftragung wird stündlich routinemäßig überwacht. Die folgende Tabelle zeigt die Ergebnisse von 35 aufeinanderfolgenden stündlichen Proben der Größe 2.

Probennummer	X_1	X_2
1	0,091	0,096
2	0,108	0,105
3	0,117	0,079
4	0,105	0,12
5	0,114	0,083
6	0,11	0,108

Probennummer	X_1	X_2
7	0,087	0,097
8	0,109	0,099
9	0,105	0,094
10	0,1	0,117
11	0,089	0,091
12	0,076	0,091
13	0,119	0,101
14	0,093	0,111
15	0,115	0,101
16	0,125	0,107
17	0,101	0,107
18	0,093	0,093
19	0,108	0,104
20	0,109	0,112
21	0,092	0,105
22	0,092	0,098
23	0,096	0,075
24	0,082	0,081
25	0,106	0,083
26	0,088	0,104
27	0,085	0,076
28	0,069	0,098
29	0,094	0,099
30	0,073	0,092
31	0,097	0,095
32	0,077	0,087
33	0,084	0,093
34	0,108	0,088
35	0,091	0,098

(i) Implementieren Sie ein tabellarisches CUSUM-Schema für den Prozessmittelwert mit $h = 4{,}77$. Interpretieren Sie die Diagrammergebnisse.
(ii) Wenn das CUSUM-Diagramm eine Kontrollabweichung signalisiert, gibt es einen Vorschlag zur Erhöhung oder Verringerung der Anwendung von Schmierfettmenge.
(iii) Wenn das CUSUM-Diagramm eine Kontrollabweichung signalisiert, schätzen Sie den Zeitpunkt des Beginns der Verschiebung und schätzen Sie auch den neuen mittleren Schmierfettpegel.
(iv) Entwerfen Sie ein äquivalentes V-Masken-Schema zum tabellarischen Diagramm. Zeichnen Sie die kumulativen Summen und platzieren Sie die V-Maske auf dem Probenahmezeitraum, der zuerst mit dem tabel-

larischen Diagramm außer Kontrolle geraten ist. Zeigen Sie, dass die V-Maske auch in diesem gleichen Probenahmezeitraum außer Kontrolle gerät.

11.21. Diskutieren Sie die Bedeutung des exponentiell gewichteten gleitenden Durchschnitts (EWMA) Diagramms. Erklären Sie die Methode zur Erstellung des EWMA-Diagramms.

11.22. Die untenstehenden Daten sind Temperaturmessungen eines chemischen Prozesses in Grad Celsius, die alle zwei Minuten aufgenommen wurden. (Lesen Sie die Beobachtung von links nach unten)
953 952 972 945 975 970 969 973 940 936 985 973 955 950 948 957 940 933 965 973 949 941 966 966 934 937 946 952 935 941 937 946 954 935 941 933 960 968 969 956
(i) Schätzen Sie den Mittelwert und die Standardabweichung des Prozesses.
(ii) Richten Sie ein EWMA-Kontrolldiagramm für diese Daten ein und wenden Sie es an, wobei $\lambda = 0{,}1$ und $L = 3$.
(iii) Wenden Sie ein Kontrolldiagramm für den gleitenden Durchschnitt mit $\omega = 4$ an.

11.23. Viskositätsmessungen eines Polymers werden alle 10 Minuten von einem Online-Viskosimeter durchgeführt. Sechsunddreißig Beobachtungen sind unten angegeben (von links nach unten lesen). Die Zielviskosität für diesen Prozess ist $\mu_0 = 3200$.

3169	3205	3185	3188
3173	3203	3187	3183
3162	3209	3192	3175
3154	3208	3199	3174
3139	3211	3197	3171
3145	3214	3193	3180
3160	3215	3190	3179
3172	3206	3183	3175
3175	3203	3197	3174

(i) Schätzen Sie die Prozessstandardabweichung.
(ii) Richten Sie eine EWMA-Kontrollkarte für diese Daten ein und wenden Sie sie an, wobei $\lambda = 0{,}1$ und $L = 2{,}7$.

11.24. Unterscheiden Sie zwischen durchschnittlicher Laufzeit (ARL) und durchschnittlicher Zeit bis zum Signal (ATS).

11.25. Diskutieren Sie, wie die Prozessüberwachung durch nichtparametrische Kontrollkarten erfolgt?

11.26. Nennen Sie die Vorteile von nichtparametrischen Kontrollkarten.

11.27. Beschreiben Sie die Implementierung von Shewhart-Typ-Zeichendiagrammen.

11.28. Beschreiben Sie die Implementierung von Shewhart-Typ-Signed-Rank-Diagrammen.

11.29. Konstruieren Sie für die in 11.22 gegebenen Daten variable Kontrollkarten basierend auf den ersten 30 Beobachtungen. Implementieren Sie auch ein Shewhart-Typ-Zeichendiagramm für die letzten 10 Beobachtungen.

11.30. Für die in 11.9 gegebenen Daten führen Sie Folgendes aus:
   (i) Berechnen Sie die Mittellinie und Kontrollgrenzen zur Steuerung zukünftiger Produktion.
   (ii) Nehmen Sie an, dass die Qualitätsmerkmale normal verteilt sind, schätzen Sie die Prozessstandardabweichung.
   (iii) Was sind die natürlichen Toleranzgrenzen des Prozesses?
   (iv) Schätzen Sie den Prozessanteil der Nichtkonformität, wenn die Spezifikationen für das Merkmal 103 ± 4 wären?
   (v) Ermitteln Sie die Leistungsfähigkeit des Prozesses

11.31. Was ist Poke-Yoke? Diskutieren Sie die Hauptprinzipien von Poke-Yoke.

11.32. Was ist Designed for Six Sigma (DFSS)? Wie wirkt sich dessen Implementierung auf die Qualität eines Six Sigma-Projekts aus?

11.33. Unterscheiden Sie zwischen Quality Function Deployment (QFD) und Modular Function Deployment (MFD).

11.34. Unterscheiden Sie zwischen Standard Operating Procedure (SOP) und Management by Objectives (MBO).

11.35. Diskutieren Sie, wie ein Prozess-Dashboard bei der Identifizierung von Schlüsselprozesseingaben eines Six Sigma-Prozesses hilft?

11.36. Was sind die Schlüsselelemente von Prozess-Dashboards? Was sind die Vorteile von Dashboards?

Literatur

1. Albers, W., Kallenberg, W.C.M.: Empirical nonparametric control charts: estimation effects and corrections. J. Appl. Stat. **31**, 345–360 (2004)
2. Alwan, L.C.: Effects of autocorrelation on control charts. Commun. Stat. Theory Methods **21** (1992)
3. Amin, R.W., Widmaier, O.: Sign control charts with variable sampling intervals. Commun. Stat. Theory Methods **28**, 1961–1985 (1999)
4. Amin, R.W., Reynolds Jr, M.R., Bakir, S.T.: Nonparametric quality control charts based on the sign statistic. Commun. Stat. Theory Methods **24**, 1597–1623 (1995)
5. Apley, D.W., Lee, H.Y.: Simultaneous identification of premodeled and unmodeled variation patterns. J. Qual. Technol. **42**(1), 36–51 (2010)
6. Bakir, S.T.: A distribution-free Shewhart quality control chart based on signed-ranks. Qual. Eng. **16**, 613–623 (2004)
7. Bakir, S.T., Reynolds Jr, M.R.: A nonparametric procedure for process control based on within-group ranking. Technometrics **21**, 175–183 (1979)
8. Box, G., Luceño, A., Paniagua-Quiñones, C.: Statistical Control by Monitoring and Feedback Adjustment, 2nd edn. Wiley, Hoboken, NJ (2009)
9. Box, G.E.P., Narasimhan, S.: Rethinking Statistics for Quality Control. Qual. Eng. **22**, 60–72 (2010)

10. Burkom, H.S., Elbert, Y., Feldman, A., Lin, J.: Role of Data Aggregation in Biosurveillance Detection Strategies with Applications from ESSENCE. Morbidity and Mortality Weekly Report **53** (Suppl), 67–73 (2004)
11. Castillo, D.E.: Statistical Process Adjustment for Quality Control. Wiley, Hoboken, NJ (2002)
12. Champ, C.W., Woodall, W.H.: Exact results for Shewhart control charts with supplementary runs rules. Technometrics **29** (1987)
13. Chakraborti, S., Van der Laan, P., Bakir, S.T.: Nonparametric control charts: an overview and some results. J. Qual. Technol. **33**, 304–315 (2001)
14. Chakraborti, S., Eryilmaz, S.: A nonparametric Shewhart-type signed-rank control chart based on runs. Commun. Stat. Simul. Comput. **36**, 335–356 (2007)
15. Chakraborti, S., Graham, M.A.: Nonparametric control charts. In: Encyclopedia of Statistics in Quality and Reliability, vol. 1, pp. 415–429. Wiley, New York (2007)
16. Chakraborti, S., Human, S.W., Graham, M.A.: Nonparametric (distribution-free) quality control charts. In: Balakrishnan, N. (ed.) Handbook of Methods and Applications of Statistics: Engineering, Quality control, and physical sciences, pp. 298–329. Wiley, New York (2011)
17. Dubrawski, A.: The Role of Data Aggregation in Public Health and Food Safety Surveillance. In: Biosurveillance—Methods and Case Studies, Kass-Hout, T., Zhang, X. (eds.), Boca Raton (chapter 9), FL: CRC/Taylor & Francis Group (2011)
18. Faltin, F.W., Kenett, R.S., Ruggeri, F. (eds.): Statistical Methods in Healthcare. West Sussex, UK, Wiley (2012)
19. Fricker Jr, R.D.: Introduction to Statistical Methods for Biosurveillance with an Emphasis on Syndromic Surveillance. UK, Cambridge University Press, Cambridge (2013)
20. Frisén, M.: Optimal Sequential Surveillance for Finance, Public Health, and Other Areas (with Discussion). Sequential Analysis **28**, 310–337 (2009)
21. Gibbons, J.D., Chakraborti, S.: Nonparametric Statistical Inference, 4th edn (Revised and expanded). Marcel Dekker, New York (2003)
22. Human, S.W., Chakraborti, S., Smit, C.F.: Nonparametric Shewhart-type control charts based on runs. Commun Stat. Theory Methods **39**, 2046–2062 (2010)
23. Knoth, S., Schmid, W.: Control charts for time series: a review. In: Lenz, H.-J., Wilrich, P-Th (eds.) Frontiers in Statistical Quality Control, vol. 7, pp. 210–236. Physica-Verlag, Heidelberg, Germany (2004)
24. Kubiak, T.M., Benbow, D.W.: The Certified Six Sigma Black Belt Handbook, 2nd edn. Dorling Kindersley Pvt Ltd., India (2010)
25. Lawson, A.B., Kleinman, K. (eds.): Spatial & Syndromic Surveillance for Public Health. Wiley, Hoboken, NJ (2005)
26. Ledolter, J., Bisgaard, S.: Challenges in constructing time series models from process data. Qual. Reliab. Eng. Int. **27**(2), 165–178 (2007)
27. Lucas, J.M., Saccucci, M.S.: Exponentially weighted moving average Control Schemes: Properties and Enhancements. Technometrics, **32** (1990)
28. Lombardo, J. et al.: A Systems Overview of the Electronic Surveillance System for the Early Notification of Community-Based Epidemics (ESSENCE II). Journal of Urban Health: Bull. N. Y. Acad. Med. 80(Supplement 1), pp. i32–i42 (2003)
29. Megahed, F.M., Wells, L.J., Camelio, J.A., Woodall, W.H.: A spatiotemporal method for the monitoring of image data. Qual. Reliab. Eng. Int. **28**, 967–980 (2012)
30. Montgomery, D.C.: Introduction to Statistical Quality Control, Wiley, India (2003)
31. Montgomery, D.C.: Introduction to Statistical Quality Control. Wiley, India (2004)
32. Montgomery, D.C., Woodall, W.H.: An overview of Six Sigma. Int. Stat. Rev. **76**(3), 329–346 (2008)
33. Muir, A.: Lean Six Sigma Way. McGraw Hill, New York (2006)
34. Muralidharan, K., Syamsundar, A.: Statistical Methods for Quality. Reliability and Maintainability. PHI, New Delhi (2012)
35. Nair, V., Hansen, M., Shi, J.: Statistics in Advanced Manufacturing. J. Am. Stat. Assoc. **95**, 1002–1005 (2000)

36. Nelson, L.S.: The Shewhart control chart: tests for special causes. J. Qual. Technol. **16**, 237–239 (1984)
37. Noorossana, R., Saghaei, A., Amiri, A. (eds.): Statistical Analysis of Profile Monitoring. Wiley, Hoboken, NJ (2011)
38. Oakland, J.S.: Statistical Process Control. Elsevier, New Delhi (2005)
39. Prajapati, D.R., Singh, S.: Control charts for monitoring the autocorrelated process parameters: a literature review. Int. J. Prod. Qual. Manag. **10**, 207–249 (2012)
40. Perry, R.C., Bacon, D.W.: Commercializing Great Products with Design for Six Sigma. Prentice-Hall, Upper Saddle River (2007)
41. Psarakis, S., Papaleonida, G.E.A.: SPC procedures for monitoring autocorrelated processes. Qual. Technol. Quant. Manag. **4**, 501–540 (2007)
42. Qin, S.J.: Statistical Process Monitoring: Basics and Beyond. J. Chemom. **17**, 480–502 (2003)
43. Roberts, S.W.: Control chart tests based on Geometric moving average. Technometrics **1**(23), 134–145 (1959)
44. Robertson, C., Nelson, T.A., MacNab, Y.C., Lawson, A.B.: Review of Methods for Space-Time Disease Surveillance. Spatial and Spatiotemporal Epidemiology **1**, 105–116 (2010)
45. Rogerson, P., Yamada, I.: Statistical Detection and Surveillance of Geographic Clusters. FL, CRC Press, Boca Raton (2009)
46. Schuh, A., Woodall, W.H., Camelio, J.A.: The Effect of Aggregating Data When Monitoring a Poisson Process J. Qual. Technol. **45**(3), 260–271 (2013)
47. Sonesson, C. Bock, D.: A Review and Discussion of Prospective Statistical Surveillance in Public Health. J. Roy. Stat. Soc. A **166**, 5–21 (2003)
48. Sparks, R.: Challenges in designing a disease surveillance plan: What we have and what we need. IIE Trans. Healthc. Eng. **49**, 794–806 (2013).
49. Stoumbos, Z.G., Reynolds, M.R., Jr., Ryan, T. P., Woodall, W.H.: The State of Statistical Process Control as We Proceed into the 21st Century. J Am. Stat. Assoc. **95**, 992–998 (2000)
50. Tennant, R., Mohammed, M.A., Coleman, J.J., Martin, U.: Monitoring Patients Using Control Charts: A Systematic Review. International Journal for Quality in Health Care **19**, 187–194 (2007)
51. Thor, J., Lundberg, J., Ask, J., Olsson, J., Carli, C., Hãrenstam, K.P., Brommels, M.: Application of Statistical Process Control in Healthcare Improvement: Systematic Review. Quality and Safety in Health Care **16**, 387–399 (2007)
52. Tsui, K.-L., Wong, S.Y., Jiang, W., Lin, C.-J.: Recent Research and Developments in Temporal and Spatiotemporal Surveillance for Public Health. IEEE Trans. Reliab. **60**(1), 49–58 (2011)
53. Wells, L.J., Megahed, F.M., Camelio, J.A., Woodall, W.H.: A Framework for Variation Visualization and understanding in Complex Manufacturing Systems. J. Intell. Manuf. **23**, 2025–2036 (2012)
54. Winkel, P., Zhang, N.F.: Statistical Development of Quality in Medicine. Wiley, Hoboken, NJ (2007)
55. Woodall, W.H.: Use of Control Charts in Health-Care and Public-Health Surveillance (with Discussion). J. Qual. Technol. **38**(2), 89–104 (2006)
56. Woodall, W.H.: Current Research in Profile Monitoring. Producão **17**, 420–425 (2007)
57. Woodall, W.H., Marshall, J.B., Joner Jr., M.D., Fraker, S.E., Abdel-Salam, A.G.: On the use and evaluation of prospective scan methods in health-related surveillance. J. Roy. Stat. Soc.: Ser. A **171**(1), 223–237 (2009)
58. Woodall, W.H., Montgomery, D.C.: Some Current Directions in the Theory and Application of Statistical Process Monitoring. J. Qual. Technol. **46**(1), 78–94 (2014)
59. Zou, C., Tsung, F.: Likelihood ratio-based distribution-free EWMA control charts. J. Qual. Technol. **42**, 174–196 (2010)

Kapitel 12
Sigma Level Schätzung

Gemäß der Six Sigma-Philosophie bestimmt das, was Sie jeden Tag im Geschäft tun, direkt, was die Kunden sehen. Wenn Y die Ausgabe des Prozesses und X die Geschäftsprozesse sind, dann liegt der Fokus des Six Sigma-Projekts darauf, die mathematische Beziehung zwischen den von einem Geschäftsprozess erzeugten Fehlern und den Ursachen dieser Fehler zu ermitteln. Dies wird ausgedrückt als

$$Y = f(x_1, x_2, \ldots, x_n)$$

Beachten Sie, dass die Anzahl der Fehler, die durch den aktuellen Prozess erzeugt werden, durch Zählen (für diskrete Daten) oder durch eine physische Messung (für kontinuierliche Daten) gemessen und dann die Verteilung der Daten untersucht und die Prozessfähigkeit berechnet wird. Die Prozessfähigkeit hängt von der oberen Spezifikationsgrenze (USL) und der unteren Spezifikationsgrenze (LSL) des Kunden ab. Ein Prozessfähigkeitsindex [7] ist ein Maß, das die tatsächliche Leistung eines Prozesses mit seiner spezifizierten Leistung in Beziehung setzt, wobei Prozesse als Kombination aus Ausrüstung, Materialien, Menschen, Anlagen, Methoden und Umgebung betrachtet werden.

12.1 Sigma-Level für normalen Prozess

Die Berechnung der Prozessfähigkeit hängt von der Art der zu untersuchenden Daten ab. Für das Attributdatensystem wird die Fähigkeit in Bezug auf Bestehen/Nichtbestehen oder Gut/Schlecht definiert, wie es der Fall sein mag. Sie werden in Bezug auf Fehler pro Million Möglichkeiten (DPMO), oft auch Teile pro Million (PPM) genannt, berechnet. Während für das kontinuierliche Datensystem die Fähigkeit in Bezug auf Fehler unter der Kurve und außerhalb der Spezifikationsgrenzen definiert ist. Die Prozessfähigkeit des Fehlerlevels, ausgedrückt in DPMO,

K. Muralidharan, *Six Sigma für organisatorische Exzellenz*,
https://doi.org/10.1007/978-81-322-4001-3_12

ist das Sigma-Level (oder Z-Einheiten oder Sigma-Bewertung). Entsprechend jedem DPMO haben wir eine Sigma-Level-Tabelle zur Verfügung und können konsultiert werden. Es gibt zwei Arten von Sigma-Bewertungen – das *kurzfristige Sigma*und das *langfristige Sigma*. Es ist ein Maß, das die Prozessvariabilität im Vergleich zu den Anforderungen vergleicht [1, 5]. So können wir durch Kenntnis der Sigma-Bewertung die Ablehnungen feststellen, die vom Prozess zu erwarten sind. Der Durchschnitt, die Standardabweichung und die Spezifikationsgrenzen sind erforderlich, um die Sigma-Bewertung zu erhalten.

Der Sigma-Wert eines Prozesses beschreibt das Qualitätsniveau dieses Prozesses. Ein Qualitätsniveau von K Sigma existiert in einem Prozess, wenn die halbe Toleranz der gemessenen Produktcharakteristik gleich K mal der Standardabweichung des Prozesses ist:

$$K * \text{process standard deviation} = \text{half tolerance of specification} \quad (12.1)$$

Diese Definition allein berücksichtigt jedoch nicht die Zentrierung eines Prozesses. Ein Prozess ist zentriert, wenn $X = T$, wobei X der Prozessdurchschnitt oder Mittelwert und T der Zielwert ist, der typischerweise der Mittelpunkt zwischen der USL und der LSL des Kunden ist. Ein Prozess ist nicht zentriert, wenn der Prozessdurchschnitt, X, nicht gleich dem Zielwert Tist. Die Nicht-Zentrierung eines Prozesses wird in Standardabweichungen oder Sigma gemessen.

Nun die Berechnung von DPMO, die angibt, wie viele Fehler auftreten würden, wenn es eine Million Möglichkeiten gäbe, die in die Berechnung von Fehlern pro Gelegenheit (DPO) einbezogen werden. DPO drückt das Verhältnis von Fehlern zur Gesamtzahl der Gelegenheiten in einer Gruppe aus. Das heißt,

$$\text{DPO} = \frac{\text{Number of defects}}{\text{\# of units} * \text{\# of opportunities}}$$

Wenn Fehler pro Einheit (DPU) das Verhältnis von Fehleranzahl zur Einheitenanzahl ist, dann

$$\text{DPO} = \frac{\text{DPU}}{\text{\# of opportunities}}$$

In Tab. 12.1 stellen wir die Sigma-Umrechnungstabelle mit einer 1,5 Sigma-Verschiebung entsprechend den verschiedenen DPMO dar.

Beispiel 12.1 Bei der Inspektion von 500 Kaufaufträgen stellt sich heraus, dass 10 von ihnen fehlerhaft sind. Angenommen, es gibt 5 Möglichkeiten für das Auftreten von Fehlern, dann

$$\begin{aligned} \text{DPU} &= \frac{\text{Number of defects}}{\text{\# of units}} \\ &= \frac{10}{500} = 0,020 \end{aligned}$$

Tab. 12.1 Six Sigma-Umrechnungstabelle (beinhaltet eine 1,5 Sigma-Verschiebung)

Sigma-Level	DPMO	Sigma-Level	DPMO	Sigma-Level	DPMO
0,00	933,193	4,05	5386	5,05	193
0,50	841,345	4,10	4661	5,10	159
0,75	773,373	4,15	4024	5,15	131
1,00	691,462	4,20	3467	5,20	108
1,25	401,294	4,25	2980	5,25	89
1,50	500,000	4,30	2555	5,30	72
1,75	401,294	4,35	2186	5,35	59
2,00	308,537	4,40	1866	5,40	48
2,25	226,627	4,45	1589	5,45	39
2,50	158,655	4,50	1350	5,50	32
2,75	105,650	4,55	1144	5,55	26
3,00	66,807	4,60	968	5,60	21
3,25	40,059	4,65	816	5,65	17
3,50	22,750	4,70	687	5,70	13
3,60	17,865	4,75	577	5,75	11
3,70	13,904	4,80	483	5,80	9
3,75	12,225	4,85	404	5,85	7
3,80	10,724	4,90	337	5,90	5
3,90	8198	4,95	280	5,95	4
4,00	6210	5,00	233	6,00	3,4

$$\begin{aligned}\text{DPO} &= \frac{\text{DPU}}{\text{\# of opportunities}}\\ &= \frac{0,02}{5} = 0,004\end{aligned}$$

Dann ist DPMO

$$\text{DPMO} = \text{DPO} \times 10^6 = 4000$$

Diese 4000 DPMO entsprechen einem Sigma-Level von 4,15.

Beispiel 12.2 Angenommen, von 350 bearbeiteten Kreditanträgen weisen 45 von ihnen einige Fehler auf. Wenn 8 Möglichkeiten pro Antrag möglich sein können, dann

$$\text{DPU} = \frac{45}{350} = 0,12857$$
$$\text{DPO} = \frac{0,12857}{8} = 0,016$$

und

$$\text{DPMO} = \text{DPO} \times 10^6 = 16,000$$

Diese 16.000 DPMO entsprechen einem Sigma-Level von 3,65.

Betrachten Sie nun ein Beispiel, das auf einer kontinuierlichen Variablen basiert.

Beispiel 12.3 Kolbenringe, die in Automobilen verwendet werden, sind mit harter Chrombeschichtung überzogen. Für eine bestimmte Produktionsstufe beträgt die Anforderung an die Beschichtungsdicke 195 ± 20 mm. Eine zufällige Stichprobe von 50 Kolbenringen ergibt sich als

189	181	183	191	180	182	187	188	189	189
177	191	192	180	184	190	179	198	197	179
171	188	165	191	176	172	199	185	183	183
187	189	186	191	185	172	182	184	185	201
189	187	186	183	178	173	172	193	184	183

(a) Führen Sie Normalitätsprüfungen mit den Daten durch.

(b) Berechnen Sie das Sigma-Niveau des Prozesses, wenn LSL = 168 und USL = 198.

Lösung

(a) Das Wahrscheinlichkeitsdiagramm unterstützt eindeutig eine Normalverteilung, da $p > 0{,}05$ (Abb. 12.1).

(b) Der Mittelwert ($\bar{x}$) und die Standardabweichung (σ) der Variablen hier sind 184,58 und 7,52, jeweils. Jetzt

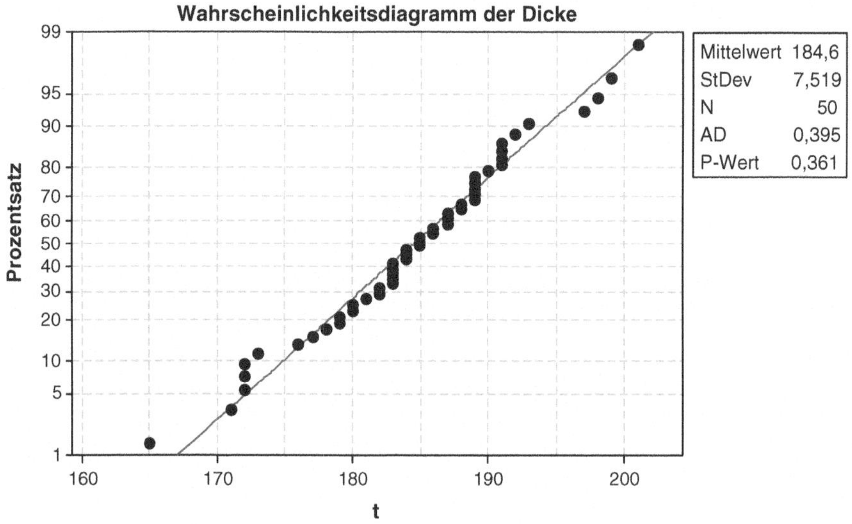

Abb. 12.1 Wahrscheinlichkeitsdiagramm der Dicke

$$
\begin{aligned}
Z_L &= \frac{\text{LSL} - \bar{x}}{\sigma} \\
&= \frac{168 - 184,58}{7,52} = -2,2
\end{aligned}
$$

$$
\begin{aligned}
Z_U &= \frac{\text{USL} - \bar{x}}{\sigma} \\
&= \frac{198 - 184,58}{7,52} = 1,78
\end{aligned}
$$

Daher,

$$
\begin{aligned}
P(\text{non conformance}) &= P(Z < Z_L) + P(Z > Z_U) \\
&= 0,0139 + 0,0375 \text{ (according to standard Normal table)} \\
&= 0,0514
\end{aligned}
$$

Die P(Nicht-Konformität) = 0,0514 entspricht 1,63 gemäß der inversen Standardnormalverteilung, was das langfristige Sigma-Niveau (Z_{LT}) des Prozesses ist. Das kurzfristige Sigma-Niveau (Z_{ST}) wird als $Z_{LT} + 1,5 = 3,13$ermittelt. Daher beträgt das Sigma-Niveau des Prozesses 3,13.

Abb. 12.2 zeigt die Prozessfähigkeit der Dicke gemäß der MINITAB-Software. Die PPM-Gesamtzahl, die der Gesamtleistung entspricht, beträgt 52009,27, was laut DPMO-Tabelle (Anhang Tab. A.13) einem Sigma-Niveau von 3,13 entspricht.

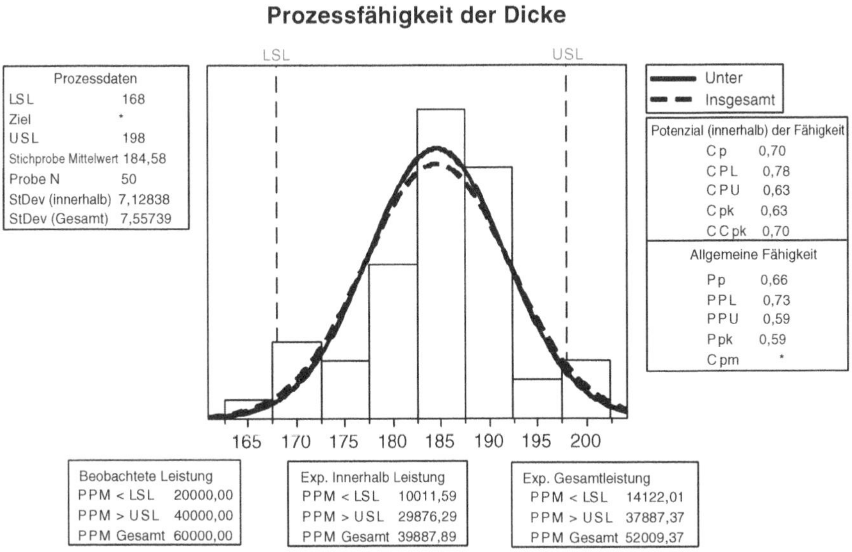

Abb. 12.2 Prozessfähigkeit des Prozesses

12.2 Sigma-Level für nicht-normalen Prozess

Im obigen Beispiel folgte die Plattierungsstärke einem normalen Prozess und daher konnten wir manuell die DPMO mithilfe der Normalverteilungstabellen ermitteln. Wenn das Projekt auf die Reduzierung der Zykluszeit abzielt, dann haben wir eine USL für die Zykluszeit für den einzelnen Prozess. Diese Grenzen können aus Wettbewerbsbenchmarking-Studien, VOC-Umfragen oder den strategischen Plänen des Unternehmens stammen. In diesen Fällen berechnen wir die DPMO, indem wir andere positive schiefe Verteilungen wie exponentielle, Weibull-, Gamma- und Lognormalverteilungen annehmen. Im nächsten Beispiel betrachten wir eine solche Situation.

Beispiel 12.4 Betrachten Sie die (Seite 118 von Muir) folgenden Daten zur Messung der Lebensdauer eines elektronischen Artikels. Der Wert Null zeigt an, dass der Artikel bei der Installation ausgefallen ist.

34,35	2,28	16,15	0,88	0,22	146,39
12,91	398,79	66,83	102,72	0,0	0,75
0,46	1,64	21,11	58,44	3923,66	0,0
0,05	26,31	1638,8	11,58	21,01	4,27
72,2	247,41	1895	0,1	71,64	18,32

Führen Sie eine Fähigkeitsstudie durch.

Lösung Da die Daten keiner Normalverteilung folgen, führen wir zunächst einen Verteilungsidentifikationstest durch. Es stellt sich heraus, dass die Weibull-Ver-

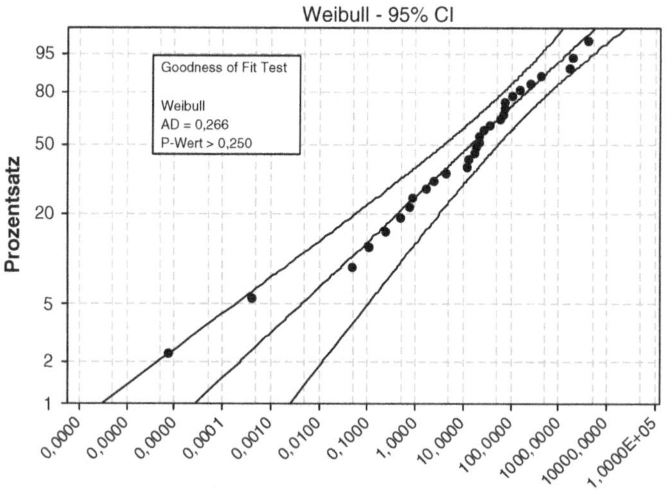

Abb. 12.3 Weibull-Diagramm der Lebenszeitdaten

teilung gut zu den Daten passt und daher wird in Abb. 12.3 ein Weibull-Diagramm präsentiert.

Darüber hinaus haben wir eine Fähigkeitsanalyse unter der Annahme einer nicht-normalen Verteilung durchgeführt. Abb. 12.4zeigt die Fähigkeitsanalyse der Lebenszeitdaten unter der Johnson-Transformation. Das Sigma-Level und die zugehörigen PPM-Gesamt- und Fähigkeitsindizes sind in der Abbildung angegeben. Das Benchmark-Sigma-Level dieses Prozesses beträgt 1,89.

12.3 Langfristiges versus kurzfristiges Sigma

Wenn nur die inhärente Variabilität des Prozesses verwendet wird, um den Sigma-Wert zu bestimmen, unter der Annahme, dass das Mittel im Ziel zentriert ist, wird dies als kurzfristiges Sigma bezeichnet. Dies ist das Beste, was der Prozess leisten kann und wird auch als *Prozessanspruch*bezeichnet. Es ist ein Maß für die inhärente Variation des Prozesses.

Abb. 12.5 zeigt die vier Blockanalysen der Prozessverschiebung und die damit verbundenen Probleme. Wenn über einen Zeitraum hinweg zuweisbare Ursachen einfließen, verringert sich die Fähigkeit des Prozesses, die Anforderungen zu erfüllen. Dieses Sigma, das die Fähigkeit des Prozesses repräsentiert, die Anforderungen über einen Zeitraum hinweg zu erfüllen, unter Berücksichtigung

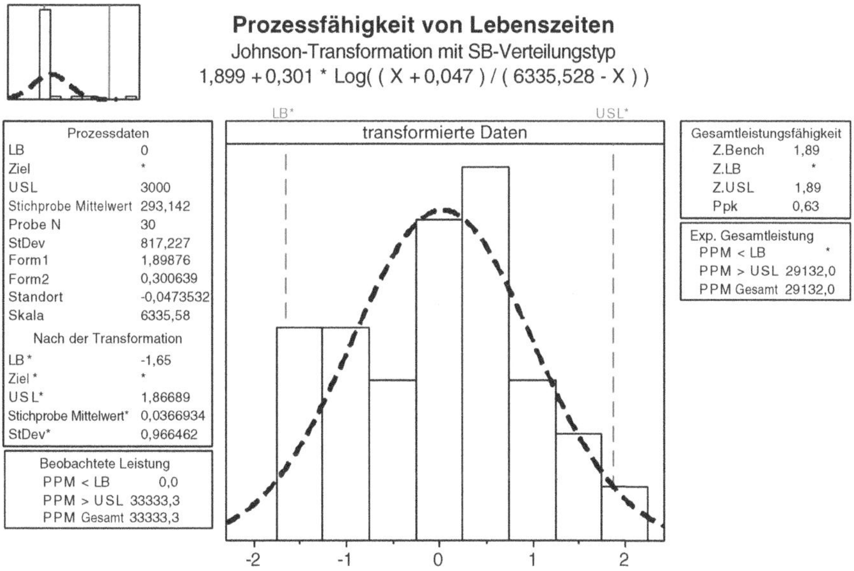

Abb. 12.4 Prozessfähigkeit der Lebenszeiten

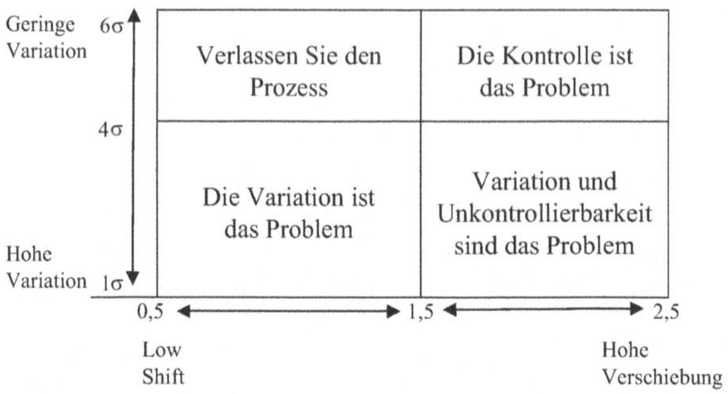

Abb. 12.5 Variation gegen Kontrolle

der Tatsache, dass äußere Bedingungen Prozessverschiebungen von dem Punkt verursachen, an dem er eingestellt wurde, wird als Langzeit-Sigma bezeichnet, bezeichnet als Z_{LT}. Um die unvermeidlichen Konsequenzen, die mit Prozesszentrierungsfehlern verbunden sind, zu kompensieren, wird der Verteilungsmittelwert um 1,5 Standardabweichungen verschoben. Diese Anpassung gibt eine realistischere Vorstellung davon, wie die Prozessfähigkeit über wiederholte Zyklen sein wird, und daher wird das Kurzzeit-Sigma, bezeichnet als Z_{ST}, ermittelt. Es ist ein Maß für die inhärente Variation plus Kontrolle des Prozesses. Daher ist $Z_{\mathrm{ST}} = Z_{\mathrm{LT}} + 1,5$ (siehe Muir [6], Pande et al. [8] und Oakland [7]).

In Tab. 12.2 präsentieren wir die DPMO, die verschiedenen Sigma-Ebenen entsprechen, wenn der Prozess Verschiebungen erfährt und nicht verschiebt.

Prozessausbeute. Die Gesamtzahl der Einheiten, die korrekt durch die Prozessschritte bearbeitet werden, wird als *Ausbeute* bezeichnet. Die Ausbeute eines Prozesses wird niemals zu jeder Zeit hundertprozentig sein. Dies kann durch Transaktionen verursacht werden, die verzögert, abgebrochen, verloren, nachgearbeitet oder einem anderen Prozess zugewiesen werden. Die Erstausbeute oder die klassische Ausbeute (Y_{FT}) ist das Maß für die Prozesseffizienz und wird in Bezug auf das Verhältnis von Ausgabe zu Eingabe bewertet. Wenn wir q als den Anteil der Defekten bezeichnen, dann ist die Ausbeute einfach $p = 1 - q$. Daher klassifiziert die Erstausbeute Transaktionen als fehlerfrei oder nicht defekt. Das ist

Tab. 12.2 Sigma-Ebenen gegen DPMO (vor und nach einer Verschiebung)

Sigma-Ebenen	Fehler pro Million Möglichkeiten (DPMO)	
	Ohne Verschiebung	Mit Verschiebung von 1,5 Standardabweichungen
1	317,400	697,700
2	45,400	308,537
3	2700	66,807
4	63	6210
5	0,57	233
6	0,002	3,4

die Anzahl der Transaktionen (sagen wir X) folgen einer Bernoulli-Zufallsvariable mit Parameter $p =$ Pr(keine defekten Transaktionen). Wenn n Anzahl von Transaktionen verarbeitet wird, dann folgt dic Variablc X cincr Binomialverteilung mit Parameter (n, p).

Sehr oft kann der Prozess verschiedenen Nacharbeiten unterzogen werden, um den Prozess zu optimieren, was zusätzliche Kosten für Personal, Material, Handhabung, Schaffung von Überkapazitäten usw. mit sich bringt. Oft wird es bevorzugt, die Rollausbeute anstelle der klassischen Ausbeute zu verwenden. In diesem Fall kann das Ausmaß der Nacharbeit, das der Prozess erzeugt, auch ein Maß für die Effizienz des Prozesses sein und wird als *Roll-Throughput-Ausbeute*(Y_{RT}) bezeichnet.

Wenn Fehler in Form von diskreten Zählungen berechnet werden, dann folgt die Anzahl der Zählungen einer Poisson-Verteilung mit DPU als Mittelwert. Dann ist die Effizienz (oder Ausbeute) des Prozesses einfach die Wahrscheinlichkeit von keinen Fehlern im Nacharbeitungsprozess und wird als

$$\begin{aligned} Y_{\text{RT}} &= \text{Pr(there is no defective)} \\ &= P(X = 0) \\ &= e^{-\text{DPU}} \end{aligned}$$

Tab. 12.3 zeigt das Sigma-Niveau, das verschiedenen Ausbeuten entspricht, und das äquivalente DPMO.

Beispiel 12.3 Es gibt 6 Kisten, jede mit 10 Tassen. Drei Tassen haben eine Kratzmarke. Wie hoch ist die Wahrscheinlichkeit, dass eine Kiste keine Kratzmarke hat? Ermitteln Sie auch die entsprechende Ausbeute.

Lösung

n Anzahl der Tassen pro Box = 10
q P(Kratzer pro Tasse) = 3/60 = 0,05
p P(kein Kratzer pro Tasse) = 1 – 0,05 = 0,95

Somit folgt die Anzahl der defekten Tassen (sagen wir X) einer Binomialverteilung mit dem Parameter $n = 10$ und $p = 0{,}95$.

Daher,

$$\begin{aligned} \text{Yield} &= P(\text{none of the cups having a scratch}) \\ &= \Pr(X = 0) \\ &= \binom{10}{10}(0,95)^{10}(0,05)^{10-10} \\ &= 0,95^{10} = 0,5987 \end{aligned}$$

Alternativ, wenn wir annehmen, dass die Anzahl der Kratzer auf einer Tasse als Poisson mit dem Mittelwert als

Tab. 12.3 Ausbeute gegenüber Sigma-Niveau

Ausbeute (%)	DPMO	Sigma-Niveau	Ausbeute (%)	DPMO	Sigma-Niveau
6,68	933,200	0	94,79	52,100	3,125
8,455	915,450	0,125	95,99	40,100	3,25
10,56	894,400	0,25	96,96	30,400	3,375
13,03	869,700	0,375	97,73	22,700	3,5
15,87	841,300	0,5	98,32	16,800	3,625
19,08	809,200	0,625	98,78	12,200	3,75
22,66	773,400	0,75	99,12	8800	3,875
26,595	734,050	0,875	99,38	6200	4
30,85	691,500	1	99,565	4350	4,125
35,435	645,650	1,125	99,7	3000	5,25
40,13	598,700	1,25	99,795	2050	4,375
40,025	549,750	1,375	99,87	1300	4,5
50	500,000	1,5	99,91	900	4,625
54,975	450,250	1,625	99,94	600	4,75
59,87	401,300	1,75	99,96	400	4,875
64,565	354,350	1,875	99,977	230	5
69,15	308,500	2	99,982	180	5,125
73,405	265,950	2,125	99,987	130	5,25
77,34	226,600	2,25	99,992	80	5,375
80,92	190,800	2,375	99,997	30	5,5
84,13	158,700	2,5	99,99767	23,35	5,625
86,97	130,300	2,625	99,99833	16,7	5,75
89,44	105,600	2,75	99,999	10,05	5,875
91,545	84,550	2,875	99,99966	3,4	6
93,32	66,800	3			

DPU = die durchschnittliche Anzahl der Fehler in einer gegebenen Box = 10 * 0,05 = 0,5

Daher,

$$\begin{aligned}\text{Yield} &= P(\text{none of the cups having a scratch})\\ &= e^{-\text{DPU}} = e^{-0,5}\\ &= 0,606\end{aligned}$$

was ähnlich ist wie das durch die binomiale Annahme erhaltene. Das Sigma-Niveau entspricht dieser Ausbeute ist 1,75. Wenn wir das Sigma-Niveau durch DPMO-Umwandlung entsprechend einer einzigen Gelegenheit (d. h., DPU = DPO = 0,5) ermitteln, beträgt das DPMO 500,000, was einem 1,5-Sigma-Niveau entspricht. Der Unterschied im Sigma-Niveau ist auf die Annäherung der Binomialverteilung an die Poisson-Verteilung zurückzuführen. Wenn die Stichprobengröße groß ist (d. h., $n \to \infty$) und der Wert von p klein ist, dann kann in beiden Fällen das gleiche Sigma-Niveau erreicht werden.

Weiterhin, wenn wir annehmen, dass es etwa 6 Möglichkeiten gibt, die Boxen auszuwählen, dann kann das Sigma-Niveau wie folgt ermittelt werden:

$$\text{DPU} = 0,5$$
$$\text{DPO} = \frac{0,5}{6} = 0,0833$$

und

$$\text{DPMO} = \text{DPO} \times 10^6 = 83333,33$$

Dieses 83333,33 DPMO entspricht einem 2,9 Sigma-Niveau.

Beispiel 12.4 Ein Transaktionsprozess umfasst 1000 Einheiten, die am Ende des Prozesses mit 994 Einheiten abgeschlossen wurden. Eine Nacharbeit wurde eingeleitet, um den Prozess zu optimieren und ergab die folgenden Ergebnisse:

Defects:	0	1	2	3
No. of units				
Processed:	818	164	16	2

Berechnen Sie die klassische Ausbeute, die Erstausbeute und die Durchlaufausbeute. Ermitteln Sie auch das Sigma-Niveau, wenn die Anzahl der Möglichkeiten zur Bearbeitung des Transaktionsprozesses (i) 1 und (ii) 4 beträgt.

Lösung

$$\text{Classical yield} = \frac{\text{output}}{\text{input}} = \frac{994}{1000} = 99,4\,\%$$

$$\text{First time yield} = \frac{\text{number with zero defects}}{\text{total number of defects}} = \frac{818}{1000} = 81,8\,\%$$

$$\text{DPU} = \text{mean} = \frac{0(818) + 1(164) + 2(16) + 3(2)}{1000} = \frac{202}{1000} = 0,202$$

und

$$\text{Rolled throughput yield} = e^{-\text{DPU}} = e^{-0,202} = 81,7\,\%$$

was einem 2.3 Sigma-Niveau entspricht.

Jetzt

(i) Sigma-Niveau, wenn die Anzahl der Möglichkeiten zur Bearbeitung des Transaktionsprozesses 1 beträgt:

$$\text{DPO} = \text{DPU} = 0,202$$

und

$$\text{DPMO} = \text{DPO} \times 10^6 = 202{,}000,$$

welches einem 2,3 Sigma-Niveau entspricht.

(ii) Sigma-Niveau, wenn die Anzahl der Möglichkeiten zur Bearbeitung des Transaktionsprozesses 4 beträgt:

$$\text{DPO} = \frac{\text{DPU}}{4} = \frac{0,202}{4} = 0,0505$$

und

$$\text{DPMO} = \text{DPO} \times 10^6 = 50{,}500,$$

welches einem 3,14 Sigma-Niveau entspricht.

In Abwesenheit einer Sigma-Umrechnungstabelle kann das Sigma-Qualitätsniveau für ein gegebenes DPMO (oder PPM) auch ungefähr mit der Gleichung bestimmt werden (Schmidt und Launsby [9]):

$$\text{Sigma level} = 0,8408 + \sqrt{29,.37 - 2,221 \times \ln(\text{DPMO})}$$

12.4 Kosten schlechter Qualität

Eine wichtige Leistungsdimension, die nicht durch Defekte oder Sigma-Maßnahmen erfasst wird, ist die Kostenwirkung von Defekten, oft als Kosten schlechter Qualität (CoPQ) bezeichnet. Die CoPQ quantifiziert das durch Defekte und Probleme verlorene Geld. Es handelt sich im Wesentlichen um die Kosten des Defekts oder Problems, das im Prozess identifiziert wurde. Es bezieht sich auch auf die Gesamtkosten aller im Prozess vorhandenen Defekte. Im Gegensatz zu Sigma oder DPMO spricht CoPQ eine Sprache, die fast jeder versteht: Geld. CoPQ-Maßnahmen helfen dabei, Probleme mit klaren Bottom-Line-Vorteilen auszuwählen. Zum Beispiel: Angenommen, ein bestehender Prozess hat 400 Einheiten an Möglichkeiten zur Durchführung und jede kostet $10 pro Einheit. Angenommen, die anfängliche Prozessausbeute wird auf 0,35 berechnet. Dann betragen die aktuellen Herstellungskosten für eine Einheit $1400 (=400 × 10 × 0,35). Wenn nach einem Verbesserungsprozess die Ausbeute auf 0,67 verbessert wurde, dann betragen die Herstellungskosten für eine Einheit \$2680 (=400 × 10 × 0,35). Die mit diesem Prozess verbundenen CoPQ betragen \$1280.

Die CoPQ liefert die Rechtfertigung für Investitionen zur Verbesserung des Prozesses, indem sie die unsichtbaren Kosten für den Betrieb des Prozesses in seiner aktuellen Leistung quantifiziert. Diese Daten sind entscheidend, denn viele Menschen neigen dazu zu denken, dass die Dinge so optimal sind, wie sie sind, und wehren sich gegen Investitionen zur Veränderung. Mit guten Daten und Prozessleistungsmessungen – wie DPMO, Sigma, Ausbeute und CoPQ – kann die Organisation nach Bereichen mit der größten „Lücke" oder Sorge suchen. Außerdem sind diese Maßnahmen ein guter Ausgangspunkt, um Verbesserungen auf der Strecke zu verfolgen, und ermöglichen es Ihnen, Gewinne und Leistungsverbesserungen auf der Grundlage harter Daten im Vergleich zu Anekdoten zu dokumentieren.

Die Hauptkomponenten der CoPQ sind daher wie folgt:

- Kosten von Nicht-Konformitäten (oder Qualitätskosten)
  - Interne Fehlerkosten – die Kosten von Mängeln, die vor der Lieferung entdeckt werden und die mit dem Nichterfüllen expliziter Anforderungen oder impliziter Bedürfnisse der Kunden verbunden sind.
  - Externe Fehlerkosten – die Kosten, die mit Mängeln verbunden sind, die erst nach Erhalt des Produkts durch den Kunden festgestellt werden. Ebenfalls enthalten sind verpasste Umsatzmöglichkeiten.
  - Bewertungskosten – Kosten, die anfallen, um den Grad der Übereinstimmung mit Qualitätsanforderungen zu bestimmen.
  - Verhütungskosten – Kosten, die anfallen, um Fehler- und Bewertungskosten auf ein Minimum zu reduzieren.
- Kosten ineffizienter Prozesse
- Kosten verpasster Umsatzmöglichkeiten

In Defeo und Barnard [3] wird die CoPQ passenderweise als Kosten schlecht funktionierender Prozesse (CoP^3) umbenannt. Damit soll betont werden, dass die CoPQ nicht auf Qualität beschränkt ist, sondern im Wesentlichen die Kosten der Verschwendung im Zusammenhang mit schlechter Prozessleistung darstellt. Man kann sich auf Gryna et al. [4] und Campanella [2] beziehen, um verschiedene andere Aspekte dieser Fehlerkomponenten und -kategorien zu betrachten.

12.5 Relevanz für Manager

Der Erfolg jedes Six Sigma-Projekts wird in Bezug auf sein Sigma-Niveau gemessen. Wie die Sigma-Schätzung zur Messung der Variation zeigt die Sigma-Niveau-Schätzung die potenzielle Fähigkeit eines Prozesses. Der Sigma-Wert (oder die Bewertung) eines Prozesses beschreibt das Qualitätsniveau dieses Prozesses, das die Prozessvariabilität im Vergleich zu den Anforderungen vergleicht.

Im Allgemeinen unterscheiden sich diese Spezifikationen für normale und nicht normale Prozesse. Dieses Kapitel betont diese Aspekte und bietet eine Sigma-Niveau-Berechnung für normale und nicht normale Prozesse. Es macht auch eine Einschätzung über die langfristige und kurzfristige Fähigkeit eines Prozesses. So können wir mit Kenntnis der Sigma-Bewertung die Ablehnungen feststellen, die vom Prozess zu erwarten sind. Um die Sigma-Bewertung zu erhalten, sind Prozessdurchschnitt, Standardabweichung und Spezifikationsgrenzen erforderlich.

Eine wichtige Leistungsdimension, die nicht durch Defekte oder Sigma-Maßnahmen erfasst wird, ist die Kostenwirkung von Defekten, oft als CoPQ bezeichnet. Die CoPQ quantifiziert das durch Defekte und Probleme verlorene Geld. Sie liefert die Rechtfertigung für Investitionen zur Verbesserung des Prozesses, indem sie die unsichtbaren Kosten für den Betrieb des Prozesses in seiner aktuellen Leistung quantifiziert. Mit diesem Wissen ist das Management nun in der Lage zu entscheiden, ob ihr Projekt wirklich zur Qualität und Verbesserung ihrer Organisation beigetragen hat.

Übungen

12.1. Unterscheiden Sie zwischen
  (i) Toleranzgrenzen und Spezifikationsgrenzen.
  (ii) Langfristiges Sigma und kurzfristiges Sigma.
  (iii) Fehler pro Einheit und Fehler pro Gelegenheit.

12.2. Die Effizienzmessung (gemessen in Prozent) von 50 Arbeitern während eines Workouts ist unten angegeben:

94	83	78	76	88	86	93	80	91	82
89	97	92	84	92	80	85	83	98	103
87	88	88	81	95	86	99	81	87	90
84	97	80	75	93	95	82	82	89	72
85	83	75	72	83	98	77	87	71	80

  (i) Führen Sie eine Normalitätsprüfung der Daten durch.
  (ii) Berechnen Sie das Sigma-Niveau des Prozesses, wenn die unteren und oberen Effizienzniveaus als 76 und 93 angegeben sind.
  (iii) Berechnen Sie verschiedene Prozessfähigkeitsmaße.

12.3. Diskutieren Sie, wie die Ausbeute mit DPMO und dem Sigma-Niveau eines Prozesses zusammenhängt?

12.4. Ein Herstellungsprozess wird gefunden, um 4 % fehlerhafte Teile der Gesamtprodukte zu produzieren. In einer Stichprobe von 30 produzierten Artikeln, ermitteln Sie die DPU, DPMO und die Ausbeute. Bewerten Sie das Sigma-Niveau des Prozesses.

12.5. Die Anzahl der fehlerhaften Artikel, die von einem Herstellungsprozess produziert werden, ergibt sich nach der Poisson-Verteilung mit einem Durchschnitt von 6. Wie hoch ist die Wahrscheinlichkeit, dass ein zufällig ausgewählter Artikel (i) nicht defekt ist und (ii) zwei Defekte aufweist? Ermitteln Sie auch die Ausbeute des Prozesses.

12.6. In der oben genannten Frage, wenn der fehlerhafte Artikel, der von einem Herstellungsprozess produziert wird, nach der Binomialverteilung erfolgt, dann in einer Stichprobe von 20 Artikeln, wie hoch ist die Wahrscheinlichkeit, dass ein zufällig ausgewählter Artikel (i) nicht defekt ist und (ii) zwei Defekte aufweist? Ermitteln Sie auch die entsprechende Ausbeute. Ermitteln Sie auch das Sigma-Niveau des Herstellungsprozesses.

12.7. Was ist CoPQ? Diskutieren Sie verschiedene Komponenten von CoPQ.

Literatur

1. Breyfogle, III F.W.: Implementing Six Sigma-Smarter Solutions Using Statistical Methods. Wiley, Inc, London
2. Campanella, J.: Principles of Quality Costs, 3. Aufl. ASQ, Milwaukee (1999)
3. Defeo, J.A., Barnard, W.: Juran's Six Sigma Breakthrough and Beyond, McGraw Hill, New York (2004)
4. Gryna, F.M., Chua, R.C.H., and Defeo, J. (2007). Juran's Quality Planning & Analysis for Enterprise Quality, Tata McGraw-Hill, New Delhi
5. Hahn, G.J., Doganaksoy, N., Hoerl, R.: The Evolution of six sigma. Qual. Eng. **12**(3), 317–326 (2000)
6. Muir, A.: Lean Six Sigma way. McGraw-Hill, New York (2006)
7. Oakland, J.S.: Statistical Process Control. Elsevier, New Delhi (2005)
8. Pande, P.S., Newuman, R.P., Cavanagh, R.R.: The Six Sigma Way. Tata McGraw Hill, New Delhi (2003)
9. Schmidt, S.R., Launsby, R.G.: Understanding Industrial Designed Experiments. Air Academy Press, Colorado Springs, CO (1997)

Kapitel 13
Kontinuierliche Verbesserung

Unter allen Qualitätsverbesserungsrahmen ist das älteste Managementsystem das Total Quality Management (TQM), eine Strategie zur Implementierung und Verwaltung von Qualitätsverbesserungsaktivitäten in Organisationen. TQM begann in den frühen 1980er Jahren, beeinflusst von den Philosophien von W. Edward Deming, Joseph Juran und anderen. Es entwickelte sich zu einem breiteren Spektrum von Konzepten und Ideen, einschließlich partizipativer Organisationen und Arbeitskultur, Kundenfokus, Lieferantenqualitätsverbesserung und vielen anderen Aktivitäten, um alle Elemente der Organisation auf das Ziel der Qualitätsverbesserung zu fokussieren. Typischerweise beschäftigen Organisationen, die TQM implementiert haben, Qualitätsräte oder hochrangige Teams, die sich mit strategischen Qualitätsinitiativen befassen, Belegschaftsteams, die sich auf routinemäßige Produktions- oder Geschäftsaktivitäten konzentrieren, und funktionsübergreifende Teams, die sich mit spezifischen Fragen zur Qualitätsverbesserung befassen.

Viele Organisationen sahen die Mission von TQM als eine Schulung zur Reduzierung der Variabilität eines Prozesses. Daher erzielte TQM aus verschiedenen Gründen wie den folgenden [1] nur mäßigen Erfolg:

- Fehlendes Engagement und Beteiligung des Top-Down-Managements
- Unzureichende Verwendung statistischer Methoden und unzureichende Anerkennung der Reduzierung der Variabilität als Hauptziel
- Allgemeine, im Gegensatz zu spezifischen, auf Geschäftsergebnisse ausgerichtete Ziele
- Zu viel Betonung auf umfassende Schulung im Gegensatz zu fokussierter technischer Bildung.

Ein weiterer Grund für den unregelmäßigen Erfolg von TQM ist, dass viele Manager und Führungskräfte es nur als ein weiteres „Gimmick“ zur Qualitätsverbesserung betrachteten. In den 1950er und 1960er Jahren wurden Programme wie

K. Muralidharan, *Six Sigma für organisatorische Exzellenz*,
https://doi.org/10.1007/978-81-322-4001-3_13

„Null Fehler“ und „Wertanalyse“ weit verbreitet eingesetzt, hatten jedoch wenig Auswirkungen auf die Verbesserung von Qualität und Produktivität.

Prozessverbesserungen konzentrieren sich oft auf inkrementelle Änderungen oder Lösungen zur Beseitigung oder Reduzierung von Fehlern, Kosten oder Zykluszeiten. Sie lassen das grundlegende Design und die Annahmen eines Prozesses intakt. Dies wird durch spezifische Möglichkeiten, sogenannte Probleme, erreicht, die identifiziert oder erkannt werden. Ein Fokus auf Verbesserungsmöglichkeiten sollte zur Bildung von Teams führen, deren Mitgliedschaft durch ihre Arbeit an und detailliertes Wissen über den Prozess und ihre Fähigkeit, Verbesserungsmaßnahmen zu ergreifen, bestimmt wird. Dem Team muss dann eine gute Führung und die richtigen Werkzeuge zur Bewältigung der Aufgabe zur Verfügung gestellt werden.

Dies kann durch die Verwendung einer zuverlässigen Methode und die Schaffung einer günstigen Umgebung für teambasierte Problemlösungen erreicht werden. Einige der grafischen Werkzeuge wie Histogramm, Pareto-Analyse, Streudiagramm und Boxplots, die in vorherigen Kapiteln besprochen wurden, sind sehr nützlich bei der Problemidentifikation und -lösung. Selbst die Verwendung von SPC und Kontrollkarten stellt die ideale Methode zur Überwachung der aktuellen Prozessleistung, zur Vorhersage zukünftiger Leistungen und zur Anzeige des Bedarfs an Korrekturmaßnahmen dar. Im Folgenden diskutieren wir einige spezifische Methoden zur Qualitätsverbesserung im Detail, aus ihrer philosophischen und technischen Beitragsperspektive.

13.1 Demings Qualitätsphilosophie

Die wichtigste und am weitesten verbreitete Theorie der Qualitätsverbesserung ist die von W. Edwards Deming (14. Oktober 1900–20. Dezember 1993) in den frühen 1920er Jahren eingeführte Qualitätsphilosophie. Die meisten seiner Theorien basieren auf der Logik, dass die meisten Produktfehler auf Managementmängel zurückzuführen waren und nicht auf nachlässige Arbeiter und dass die Inspektion nach der Tatsache minderwertig war, im Vergleich zu Prozessen, die eine bessere Qualität produzieren würden. Er argumentierte, dass die Bemühungen williger Arbeiter, Dinge beim ersten Mal richtig zu machen und ihnen die richtigen Werkzeuge zu geben, die wahren Geheimnisse zur Verbesserung der Qualität waren und nicht das Team der Inspektoren.

Obwohl der Kern seiner Methode zur Verbesserung der Qualität die Verwendung von Statistiken zur Erkennung von Fehlern in Produktionsprozessen war, entwickelte er eine breitere Managementphilosophie, die auf kooperativer Problemlösung basierte. Er forderte Manager auf, „Angst auszutreiben“, damit sich die Arbeiter frei fühlen würden, Verbesserungen am Arbeitsplatz vorzunehmen. Diese Philosophie wird in vier verschiedenen Stadien umgesetzt, nämlich Planen–Tun–Prüfen–Handeln, die die grundlegende Logik des datenbasierten Prozessmanagements beschreiben [3].

- *Planen* Überprüfen Sie die aktuelle Leistung auf Probleme und Lücken. Sammeln Sie Daten zu Schlüsselproblemen. Identifizieren und zielen Sie auf die Hauptursachen von Problemen. Entwickeln Sie mögliche Lösungen und planen Sie eine Testimplementierung der Lösung mit dem höchsten Potenzial
- *Tun* Pilotieren Sie die geplante Lösung
- *Prüfen* (oder studieren) Messen Sie die Ergebnisse des Tests, um zu sehen, ob die beabsichtigten Ergebnisse erzielt werden. Wenn Probleme auftreten, untersuchen Sie die Barrieren, die Ihre Verbesserungsbemühungen behindern
- *Handeln* Basierend auf der Testlösung und Bewertung, verfeinern und erweitern Sie die Lösung, um sie dauerhaft zu machen, und integrieren Sie den neuen Ansatz, wo immer anwendbar

Unternehmen, die versuchten, ihre Qualität durch die Übernahme von Demings Methoden zu verbessern, stellten oft fest, dass sie ihre gesamte Kultur ändern mussten. Um die Arbeiter davon zu überzeugen, dass die Manager sie wirklich als Partner gewinnen wollten, schafften viele Unternehmen geschätzte Managementvorteile wie spezielle Parkplätze und Führungskräfte-Esszimmer ab, weil die Arbeiter auf dem Shopfloor sie als beleidigend empfanden. Deming ist am bekanntesten für die Formulierung der Ideen, die in seinen vierzehn Punkten und sieben tödlichen Krankheiten festgehalten sind. Die Punkte wurden erstmals in seinem Buch *Out of the Crisis* vorgestellt. Obwohl Deming den Begriff in seinem Buch nicht verwendet, wird ihm die Einführung der TQM-Bewegung zugeschrieben. Er überarbeitete seine vierzehn Punkte im Jahr 1990 von der ursprünglichen Version, die 1986 veröffentlicht wurde. Die überarbeiteten vierzehn Versionen seiner Qualitätsphilosophie sind unten detailliert aufgeführt:

1. Erstellen und veröffentlichen Sie für alle Mitarbeiter eine Erklärung der Ziele und Zwecke des Unternehmens oder einer anderen Organisation. Das Management muss ständig sein Engagement für diese Erklärung demonstrieren.
2. Lernen Sie die neue Philosophie, das Top-Management und alle anderen.
3. Verstehen Sie den Zweck der Inspektion, zur Verbesserung der Prozesse und Reduzierung der Kosten.
4. Beenden Sie die Praxis, Geschäfte auf der Grundlage des Preisschilds allein zu vergeben.
5. Verbessern Sie ständig und für immer das System der Produktion und des Service.
6. Führen Sie Schulungen durch.
7. Unterrichten und etablieren Sie Führung.
8. Vertreiben Sie die Angst. Schaffen Sie Vertrauen. Schaffen Sie ein Klima für Innovation.
9. Optimieren Sie die Bemühungen von Teams, Gruppen und Mitarbeiterbereichen in Richtung der Ziele und Zwecke des Unternehmens.
10. Beseitigen Sie Aufforderungen für die Belegschaft.
11. a. Beseitigen Sie numerische Quoten für die Produktion. Lernen Sie stattdessen Methoden zur Verbesserung kennen und setzen Sie diese um.

b. Beseitigen Sie das Management by Objectives (MBO). Lernen Sie stattdessen die Fähigkeiten des Systems kennen und wie man sie verbessert.
12. Entfernen Sie Barrieren, die dem Stundenarbeiter sein Recht nehmen, stolz auf seine Arbeit zu sein.
13. Fördern Sie Bildung und Selbstverbesserung für alle.
14. Ergreifen Sie Maßnahmen im Unternehmen, um zu arbeiten und die Transformation zu vollziehen. Die Transformation ist die Aufgabe aller.

Laut Deming beinhalten die „Sieben Tödlichen Krankheiten" folgendes:

1. Fehlen von Beständigkeit des Zwecks
2. Schwerpunkt auf kurzfristigen Gewinnen
3. Bewertung durch Leistung, Leistungsbeurteilung oder jährliche Leistungsüberprüfung
4. Mobilität des Managements
5. Ein Unternehmen nur auf der Grundlage sichtbarer Zahlen führen
6. Übermäßige medizinische Kosten
7. Übermäßige Garantiekosten, angeheizt durch Anwälte, die auf Erfolgsbasis arbeiten.

„Eine geringere Kategorie von Hindernissen" beinhaltet folgendes:

1. Vernachlässigung der langfristigen Planung
2. Verlassen auf Technologie zur Problemlösung
3. Suchen nach Beispielen zum Nachahmen anstatt nach Lösungen zu suchen
4. Ausreden, wie „unsere Probleme sind anders"
5. Veraltetes Denken in der Schule, dass Managementfähigkeiten in Klassen gelehrt werden können
6. Verlassen auf Qualitätskontrollabteilungen anstatt auf Management, Vorgesetzte, Einkaufsmanager und Produktionsarbeiter
7. Schuldzuweisungen an Arbeitskräfte, die nur für 15 % der Fehler verantwortlich sind, während das von der Geschäftsleitung entworfene System für 85 % der unbeabsichtigten Folgen verantwortlich ist
8. Verlassen auf Qualitätsinspektion anstatt auf Verbesserung der Produktqualität.

Deming stellt fest, dass Unternehmen, die jährliche Bewertungen ihrer Mitarbeiter durch ihre Vorgesetzten durchführen, versucht sind, für sich selbst und nicht für das Unternehmen zu arbeiten. Belohnungen und Strafen motivieren die Menschen nicht dazu, ihr Bestes zu geben; tatsächlich bewirken sie genau das Gegenteil, und der Stolz auf die Arbeit geht verloren. Manager sind im Grunde genommen Manager von Defekten, und die Organisation wird zum Verlierer. Die Aufgabe des Managements ist untrennbar mit dem Wohl des Unternehmens verbunden. Wenn Einzelpersonen gemeinsam auf ein gemeinsames Ziel hinarbeiten sollen, benötigen sie Zeit, um Vertrauen und Synergie aufzubauen. Teamarbeit – zusammen mit der Effektivität des Teams – entwickelt sich im Laufe der Zeit. Laut Deming stellen medizinische Kosten für Unternehmen, die eine Krankenversicherung anbieten, die größte Einzelausgabe dar. Beispielsweise haben medizinische Kosten für jedes Unternehmen einen Multiplikatoreffekt, da sie in den Kosten der Produkte und Dienstleistungen jedes anderen Unternehmens, mit dem es Geschäfte macht, eingebettet sind.

13.2 Crosbys Qualitätsphilosophie

In den Qualitätsmanagement (QM) Kreisen ist Philip Crosby (18. Juni 1926–18. August 2001) als erfolgreicher Befürworter der Qualitätsimplementierung bekannt. Crosby förderte das Konzept der „Null Fehler" und der „Kosten der Qualität (COQ)". Crosby legt Wert auf die Lieferung von fehlerfreien Produkten und Dienstleistungen, die den Spezifikationen entsprechen, und definierte Qualität als Konformität mit den Anforderungen. Crosbys Antwort auf die Qualitätskrise war das Prinzip des *„es beim ersten Mal richtig machen."* Er wurde von Unternehmen auf der ganzen Welt (insbesondere in den USA und Europa) als QM-Guru, Geschäftsphilosoph und Innovator anerkannt. Er fügt hinzu, dass die Qualität durch die COQ gemessen wird, die durch eine einfache Formel gegeben ist: COQ = (Prävention + Bewertung + Fehler) Kosten, das sind die Kosten der Nicht-Konformität, die Kosten des falschen Handelns. Crosbys Qualitätsphilosophie kann wie folgt zusammengefasst werden [2]:

1. Machen Sie deutlich, dass das Management sich für Qualität einsetzt.
2. Bilden Sie Qualitätsverbesserungsteams mit leitenden Vertretern aus jeder Abteilung.
3. Messen Sie Prozesse, um festzustellen, wo aktuelle und potenzielle Qualitätsprobleme liegen.
4. Bewerten Sie die COQ und erklären Sie ihre Verwendung als Managementinstrument.
5. Erhöhen Sie das Qualitätsbewusstsein und die persönliche Sorge aller Mitarbeiter.
6. Ergreifen Sie Maßnahmen zur Behebung von Problemen, die in den vorherigen Schritten identifiziert wurden.
7. Richten Sie eine Fortschrittsüberwachung für den Verbesserungsprozess ein.
8. Schulen Sie Vorgesetzte, um ihren Teil des Qualitätsverbesserungsprogramms aktiv durchzuführen.
9. Veranstalten Sie einen Tag der Null Fehler, um das Engagement des Managements zu bekräftigen.
10. Ermutigen Sie Einzelpersonen, Verbesserungsziele für sich selbst und ihre Gruppe festzulegen.
11. Ermutigen Sie Mitarbeiter, das Management über Hindernisse für die Qualitätsverbesserung zu informieren.
12. Erkennen und schätzen Sie diejenigen, die teilnehmen.
13. Richten Sie Qualitätsräte ein, um regelmäßig zu kommunizieren.

14. Machen Sie alles noch einmal, um zu betonen, dass der Qualitätsverbesserungsprozess nie endet.

Crosby glaubt, dass QM darum geht, auf systematische Weise zu garantieren, dass organisierte Aktivitäten so ablaufen, wie sie geplant sind. Daher ist seine Medizin für das Management zur Verhinderung schlechter Qualität folgende:

- *Integrität*: Behandeln Sie Qualität in der gesamten Geschäftsorganisation von oben bis unten ernst, damit die Zukunft des Unternehmens an seiner Qualitätsleistung gemessen wird.
- *Systeme*: Geeignete Maßnahmen und Systeme sollten für Qualitätskosten, Bildung, Qualität, Leistung, Überprüfung, Verbesserung und Kundenzufriedenheit eingerichtet werden.
- *Kommunikation*: Die Kommunikationssysteme sind von größter Bedeutung, um Anforderungen und Spezifikationen sowie Verbesserungsmöglichkeiten im gesamten Unternehmen zu kommunizieren. Kunden und Betreiber wissen, was zur Verbesserung umgesetzt werden muss, und ihnen zuzuhören wird Ihnen den Vorteil verschaffen.
- *Operationen*: Arbeiten Sie mit Lieferanten zusammen und entwickeln Sie diese weiter. Prozesse sollten leistungsfähig sein und eine Verbesserungskultur sollte die Norm sein.
- *Richtlinien*: Müssen im gesamten Unternehmen klar und konsistent sein.

Als Autor ist Crosby im Managementbereich berühmt. Einige seiner Bücher sind auch heute noch Bestseller. Drei davon sind „*Quality without tears: the art of Hassle free management,*“ „*Quality is free: The Art of Making Quality Certain,*“ und „*Managing the Quality Revolution.*“ Die weiteren Details seiner Beiträge (zugänglich über die Online-Bibliothek von Wikipedia) sind

1. *Cutting the COQ*. Boston, Industrial Education Institute OCLC 616899 (1967).
2. *Die Strategie des Situation Managements*. Boston, Industrial Education Institute OCLC 13761 (1969).
3. *Quality is Free*. New York: McGraw-Hill. ISBN 0-07-014512-1 (1979).
4. *Die Kunst, seinen eigenen süßen Weg zu gehen*. McGraw-Hill. ISBN 0-07-014527-X (1981).
5. *Quality Without Tears*. New York: McGraw-Hill. ISBN 0-07-014511-3 (1984).
6. *Dinge leiten*. New York: McGraw-Hill. ISBN 0-07-014513-X (1986).
7. *Die ewig erfolgreiche Organisation*. New York: McGraw-Hill. ISBN 0-07-014533-4 (1988).
8. *Lass uns über Qualität sprechen*. New York: McGraw-Hill. ISBN 0-07-014565-2 (1989).
9. *Führen, die Kunst, ein Executive zu werden*. New York: McGraw-Hill. ISBN 0-07-014567-9 (1990).
10. *Vollständigkeit: Qualität für das 21. Jahrhundert*. Plume. ISBN 0-452-27024-3. (1994).

11. *Philip Crosbys Gedanken zur Qualität.* McGraw-Hill. ISBN 0-07-014525-3 (1995).
12. *Quality is still free: Making Quality Certain in Uncertain Times.* McGraw-Hill. ISBN 0-07-014532-6 (1996).
13. *Die Absoluten der Führung (Warren Bennis Executive Briefing).* ISBN 0-7879-0942-4 (1997).
14. *Quality and Me: Lessons from an Evolving Life.* ISBN 0-7879-4702-4 (1999).

13.3 Jurans Qualitätsphilosophie

Im Bereich der Qualität ist Dr. Joseph M. Juran (24. Dezember 1904–28. Februar 2008) als „der Architekt der Qualität" bekannt. Er vertrat den universellen Ansatz des „Qualitätsmanagements" durch seine „Qualitätstrilogie"-Philosophie. Er ist eine der Schlüsselfiguren in Japans Qualitätstransformation nach dem Zweiten Weltkrieg. Das zugrunde liegende Konzept der Qualitätstrilogie besteht darin, dass das Qualitätsmanagement aus drei grundlegenden qualitätsorientierten Prozessen besteht: Qualitätsplanung, Qualitätskontrolle und Qualitätsverbesserung [14].

Qualitätsplanung

- Identifizieren Sie die Kunden, sowohl externe als auch interne
- Bestimmen Sie die Bedürfnisse dieser Kunden
- Legen Sie Qualitätsziele fest, die den Bedürfnissen von Kunden und Lieferanten gleichermaßen gerecht werden
- Entwickeln Sie ein Produkt, das auf diese Bedürfnisse reagieren kann
- Optimieren Sie die Produkteigenschaften, um unseren Bedürfnissen und den Bedürfnissen der Kunden gerecht zu werden
- Beweisen Sie die Prozessfähigkeit.

Qualitätskontrolle

- Wählen Sie Kontrollthemen aus
- Wählen Sie Messgrößen aus
- Legen Sie Messungen fest
- Überwachen Sie die tatsächliche Leistung
- Messen Sie die tatsächliche Leistung
- Interpretieren Sie die Unterschiede – tatsächlich gegenüber Standard
- Ergreifen Sie Korrekturmaßnahmen für Unterschiede.

Qualitätsverbesserung

- Identifizieren Sie spezifische Projekte zur Verbesserung
- Verbessern Sie den Prozess durch Projekte und halten Sie die Gewinne aufrecht
- Organisieren Sie die Diagnose zur Entdeckung von Ursachen
- Diagnostizieren Sie, um Ursachen zu finden

- Beweisen Sie, dass Abhilfemaßnahmen unter Betriebsbedingungen wirksam sind
- Stellen Sie eine Kontrolle bereit, um die Gewinne zu halten.

Neben diesem zog Juran auch Parallelen zur Qualität von Finanzprozessen. Nach seiner Auffassung beinhaltet der Finanzprozess die Budgetierung, Kostenkontrolle (oder Ausgabenkontrolle) und Kostenreduktion (oder Gewinnverbesserung). Der beste Weg zur finanziellen Verbesserung besteht darin, geeignete Geschäftsziele zu setzen und die Kosten zu senken. Dies kann durch Fusionen und Übernahmen geschehen und ist der neueste Trend, der heutzutage im Geschäftsbereich stattfindet. Dr. Joseph Juran, bekannt als Vater der Qualität, starb am 28. Februar 2008 im Alter von 103 Jahren.

13.4 Feigenbaums Qualitätsphilosophie

Dr. Armad V. Feigenbaum prägte das Konzept der Totalen Qualitätskontrolle (TQC) in seinem Buch TQC (1991), das erstmals 1951 veröffentlicht wurde. Das Buch wurde in viele Sprachen übersetzt, darunter Japanisch, Französisch und Spanisch. Feigenbaum ist Ehrenmitglied der ASQ und war für zwei aufeinanderfolgende Amtszeiten Präsident der ASQ. Nach seiner Auffassung sind die drei Schritte zur Qualität:

1. Qualitätsführerschaft
2. Moderne Qualitätstechnologie
3. Organisatorisches Engagement.

Dr. Feigenbaum betont das Konzept der TQC in allen Funktionen einer Organisation. TQC bedeutet sowohl Planung als auch Kontrolle. Er drängt darauf, ein Qualitätssystem zu schaffen, das technische und betriebswirtschaftliche Verfahren bereitstellt, die die Kundenzufriedenheit und eine wirtschaftliche COQ gewährleisten [5].

Dr. Feigenbaum ist mehr besorgt um die Organisationsstruktur und einen systemischen Ansatz zur Verbesserung der Qualität als um statistische Methoden. Er förderte das Management-Engagement über die Abteilungsgliederung und Prozesse zur Qualitätsverbesserung.

13.5 Ishikawas Qualitätsphilosophie

Ishikawa [13] entwickelte das Ursache-Wirkungs-Diagramm. Er arbeitete mit Deming durch die Union of Japanese Scientists and Engineers (JUSE). Die von ihm vorgeschlagene Qualitätsphilosophie umfasst folgende Punkte:

- Qualität zuerst, nicht kurzfristiger Gewinn
- Kundenorientierung, nicht Produzentenorientierung
- Der nächste Prozess ist Ihr Kunde, Abbau der Barrieren des Sektionalismus
- Verwendung von Fakten und Daten für Präsentationen, Nutzung statistischer Methoden
- Respekt für die Menschlichkeit als Managementphilosophie, vollständiges partizipatives Management
- Querfunktionsmanagement.

13.6 Taguchi-Qualitätsphilosophie

Der Mann, der die Qualitätsingenieurwesen (QE) und robustes Design in das moderne Zeitalter brachte, ist der berühmte Statistiker Dr. Genichi Taguchi (1. Januar 1924–2. Juni 2012) in den späten 1940er Jahren. Im Wesentlichen befasst sich QE mit Aktivitäten, die zum Zweck der Reduzierung der Variabilität in Produkt-/Prozessfunktion durchgeführt werden. Die von Taguchi entwickelten Methoden und Philosophien zur Optimierung von Produkt- und Prozessfunktion basieren auf ingenieurtechnischen Anliegen, nicht rein wissenschaftlichen oder statistischen. Sie erleichtern dem Ingenieur seine Suche nach der Antwort auf die Frage „wie" die Funktion aufrechtzuerhalten ist, nicht unbedingt „warum" die Funktion variiert. Das Ziel ist es, dem Ingenieur bei der Synthese von Phänomenen zu helfen, anstatt sie zu analysieren, damit eine robuste Produkt-/Prozessfunktion erreicht wird. Diese Methoden ermöglichen es dem Ingenieur, effizient und schnell die technologische Fähigkeit zu erlangen, die erforderlich ist, um ein Unternehmen in der heutigen Marktsituation rentabel und wettbewerbsfähig zu halten.

Laut Taguchi gibt es zwei Formen von QE: Off-Line und Online QE. Beide werden zur Reduzierung der Variabilität in der Produkt-/Prozessfunktion verwendet.

Off-Line QE: Hier werden Aktivitäten im Vorfeld eines Produkt- oder Prozessdesigns durchgeführt. Es geht darum, die Funktionalität eines technischen Systems durch Designstrategien zu optimieren. Dieses Konzept zwingt den Ingenieur dazu, sich darauf zu konzentrieren, „wie" Energie in eine ideale Funktion umzuleiten, anstatt sich auf spezifische kundenbezogene Probleme zu konzentrieren. Dies hilft dem Ingenieur, effizientere industrielle Forschung zur Verbesserung der technologischen Fähigkeit durchzuführen.

Online QE: Hier werden Aktivitäten in den Bereichen Fertigung und Kundendienst durchgeführt. Ihr Zweck ist es, das Verhalten von Produkt oder Prozess durch Kontrollmechanismen, Inspektion oder vorbeugende Wartung zu steuern. Das Ziel ist es, das Verhältnis zwischen Qualitätsüberwachung und den damit verbundenen Kosten auszugleichen.

Dr. Taguchi bezieht sich auf die Situation, in der das Design eines Produkts/Prozesses trotz einer Vielzahl von sich ändernden Kunden- und Fertigungsbedingungen eine konstante, hohe Leistung erbringt, auf einen Zustand, den er *Robustheit* nennt. Das Fehlen von Robustheit ist auf das Vorhandensein von Rauschen zurückzuführen, was auch Variabilität bedeutet. Faktoren, die Variationen verursachen, werden als Rauschfaktoren bezeichnet. Sie sind Faktoren, die entweder aus praktischer Sicht oder aus Kostengründen nicht kontrollierbar sind. Zum Beispiel würde in einem Spritzgussprozess die Umgebungstemperatur Chaos in der Prozessausgabe verursachen. In diesem Fall würde die Umgebungstemperatur als ein Rauschfaktor betrachtet, der Variabilität in der Ausgabe verursacht.

Rauschen und Rauschfaktoren können als äußere, innere und zwischen Produktgeräusche klassifiziert werden. Äußere Geräusche sind Bedingungen, die die Leistung von außen beeinflussen. Innere Geräusche sind Bedingungen, die die Variation in der Leistung verursachen, die intern zum Produkt- oder Prozessdesign gehören. Und schließlich beziehen sich zwischen Produktgeräusche auf die Variabilität in der Leistung, die in Produkten zu sehen ist, die genau gleich in der Fertigungsumgebung hergestellt wurden. Ein robustes Parameterdesign ist der beste Weg, um die Kontrollfaktoren in Anwesenheit von Rauschfaktoren zu verfolgen. Es erleichtert auch die Identifizierung von verschiedenen Faktoren und Faktorstufen, um Robustheit in einem Produkt/Prozess zu erreichen. Siehe auch Abschn. 10.7 für die detaillierte Analyse von Parameterdesigns.

Die folgenden Informationen über Taguchi sind über die Online-Bibliothek von Wikipedia zugänglich.

Karriere: Im Jahr 1950 trat er in das Electrical Communications Laboratory (ECL) der Nippon Telegraph and Telephone Corporation ein, zu einer Zeit, als die statistische Qualitätskontrolle in Japan unter dem Einfluss von W. Edwards Deming und der Japanese Union of Scientists and Engineers (JUSE) immer beliebter wurde. ECL war in einen Wettbewerb mit den Bell Labs um die Entwicklung von Kreuzschienen- und Telefonschaltsystemen verwickelt, und Taguchi verbrachte dort zwölf Jahre mit der Entwicklung von Methoden zur Verbesserung der Qualität und Zuverlässigkeit. Schon zu diesem Zeitpunkt wurde er in der japanischen Industrie weit herum konsultiert, wobei Toyota ein früher Anwender seiner Ideen war.

In den 1950er Jahren arbeitete er intensiv mit indischen Wissenschaftlern und Statistikern zusammen und war 1954–1955 Gastprofessor am Indian Statistical Institute, wo er mit C.R. Rao, Ronald Fisher und Walter A. Shewhart zusammenarbeitete. Während seiner Arbeit in der SQC-Einheit des ISI wurde er mit den orthogonalen Arrays von C.R. Rao bekannt gemacht – ein Thema, das ihm später ermöglichte, die Grundbausteine dessen zu entwickeln, was heute als Taguchi-Methoden bekannt ist.

Beiträge: Taguchi hat sehr einflussreiche Beiträge zur industriellen Statistik geleistet. Schlüsselelemente seiner Qualitätsphilosophie sind unter anderem:

1. Taguchi-Verlustfunktion, die den finanziellen Verlust für die Gesellschaft aufgrund schlechter Qualität misst;
2. Die Philosophie der *Off-Line-Qualitätskontrolle*, die Gestaltung von Produkten und Prozessen so, dass sie gegenüber Parametern, die außerhalb der Kontrolle des Designingenieurs liegen, unempfindlich („robust“) sind; und
3. Innovationen im statistischen Design von Experimenten, insbesondere die Verwendung eines äußeren Arrays für Faktoren, die im wirklichen Leben nicht kontrollierbar sind, aber im Experiment systematisch variiert werden.

Ehrungen: Taguchi hat eine Reihe von Ehrungen von verschiedenen Organisationen und Nationen erhalten. Einige davon sind

- Indigo-Band vom Kaiser von Japan
- Willard F. Rockwell-Medaille des Internationalen Technologie-Instituts
- Ehrenmitglied der Japanischen Gesellschaft für Qualitätskontrolle und der American Society for Quality
- Als Qualitäts-Guru vom Britischen Handels- und Industrieministerium geehrt (1990)
- Shewhart-Medaille der American Society for Quality (1995).

13.7 Standards für Managementsysteme

Wie zuvor beschrieben, wird die Deming’s PDCA-Praxis in mehreren Standards für Managementsysteme angewendet, um eine kontinuierliche Verbesserung zu erreichen. Diese Elemente haben ihre Grundlage in der Zielsetzungstheorie [15] und MBO [4]. Für das moderne Geschäft ist dieses Prinzip zu einem wirksamen Instrument für die Ausführung und Implementierung von Corporate Social Responsibility (CSR) geworden. CSR [7] wird als Rahmen für die Messung der Leistung einer Organisation gegenüber wirtschaftlichen, sozialen und ökologischen Parametern verwendet. Die für CSR relevantesten Standards sind ISO 14001, ISO 50001, OHSAS 18001, ISO 9001, SA 8000 und ISO 26000.

ISO ist die Internationale Organisation für Normung mit Sitz in Genf, Schweiz, und wurde 1947 gegründet. Die Ziele der ISO umfassen die Förderung von Standards in der Welt mit dem Ziel, den internationalen Austausch von Waren und Dienstleistungen zu erleichtern und die Zusammenarbeit im Bereich der intellektuellen, wissenschaftlichen, technologischen und wirtschaftlichen Aktivität einschließlich der Technologietransfers in Entwicklungsländer zu fördern. Sie zielt auch auf die Harmonisierung von Standards auf internationaler Ebene ab, um Handels- und technische Barrieren zu minimieren, das heißt, Unterschiede von Land zu Land zu beseitigen, Verwirrung in der Terminologie zu beseitigen und das Qualitätsbewusstsein zwischen Organisationen zu erhöhen.

ISO 9000 fördert ein dokumentiertes Qualitätssystem. Daher ist ein Qualitätssystemhandbuch wichtig für die Erlangung einer ISO-Zertifizierung. Die Geschäftsleitung muss eine schriftliche Erklärung ihrer Verpflichtung zur Qualität haben, und diese muss allen Mitarbeitern mitgeteilt und von ihnen verstanden werden. Die Geschäftsleitung muss die qualitätsbezogenen organisatorischen Verantwortlichkeiten und Beziehungen klar definieren. Ein Managementvertreter muss beauftragt werden, die Implementierung und kontinuierliche Verbesserung des Qualitätssystems zu überwachen. Gleichzeitig muss die Geschäftsleitung das System ständig auf etwaige Unterlassungen und Kommissionen überprüfen.

Ein ISO 9000-Unternehmen muss alle Prozesse identifizieren, die die Qualität des Produkts oder der Dienstleistung direkt beeinflussen, und sicherstellen, dass diese Prozesse unter kontrollierten Bedingungen durchgeführt werden, einschließlich der formellen Genehmigung von Prozessdesign und Ausrüstung, dokumentierten Arbeitsanweisungen, dokumentierten Qualitätskriterien, Entwicklung von Qualitätsplänen, die beschreiben, wie der Prozess überwacht werden soll, und Schaffung einer geeigneten Arbeitsumgebung (siehe Muralidharan und Syamsundar [18] für Details).

Die Norm ISO 14001 ist Teil der ISO 14000-Serie, die entwickelt wurde, um Organisationen eine Struktur für den Umgang mit Umweltauswirkungen zu bieten. ISO 14000:2004 legt die Kriterien für ein Umweltmanagementsystem (EMS) fest und kann zertifiziert werden. Es stellt keine Anforderungen an die Umweltleistung, sondern skizziert einen Rahmen, den ein Unternehmen oder eine Organisation zur Einrichtung eines wirksamen Umweltmanagementsystems befolgen kann. Es kann von jeder Organisation unabhängig von ihrer Tätigkeit oder Branche verwendet werden. Die Verwendung von ISO 14000:2004 kann dem Unternehmensmanagement und den Mitarbeitern sowie externen Stakeholdern die Gewissheit geben, dass die Umweltauswirkungen gemessen und verbessert werden.

ISO 50001 unterstützt Organisationen in allen Sektoren dabei, Energieressourcen vollständig zu nutzen, durch die Entwicklung eines Energiemanagementsystems (EnMS) und kann zertifiziert werden. Ein EnMS ist ein Satz von konsistenten oder miteinander in Beziehung stehenden Elementen zur Festlegung einer Energiepolitik und Energieziele sowie Prozesse und Verfahren zur Erreichung dieser Ziele. ISO 50001 basiert auf dem PDCA-Zyklus, der es erleichtert, das EnMS in andere Managementsysteme zu integrieren. Die Anforderungen an das EnMS sind unter den Überschriften: Energiepolitik, Planung, Implementierung und Betrieb, Überprüfung und Managementbewertung unterteilt. Die Themen unter jeder Überschrift sind die gleichen wie für ISO 14001, mit dem Unterschied, dass die Energiepolitik eine Aussage über die allgemeinen Zwecke und die Richtung in Bezug auf die Energieleistung ist und dass das System auf den Energieaspekten der Umweltaspekte basiert.

OHSAS 18001 (offiziell „BS OHSAS 18001:2007") ist eine international angewandte britische Norm für Managementsysteme für Gesundheit und Sicherheit am Arbeitsplatz. OHSAS fördert ein sicheres und gesundes Arbeitsumfeld, indem es einen Rahmen bietet, der es einer Organisation ermöglicht, ihre Gesundheits- und Sicherheitsrisiken zuverlässig zu identifizieren und zu kontrollieren und die

Gesamtleistung zu verbessern (BSI 2013). BS OHSAS 18001:2007 ist die gängigste Norm für OHSAS weltweit und sie hat eine Struktur, die gut mit anderen ISO-Normen übereinstimmt. Die Anforderungen sind unter den Überschriften: Politik und Planung; Gefahrenerkennung, Risikobewertung und Risikokontrolle; gesetzliche und andere Anforderungen; Ziele, Ziele und Managementprogramme; Implementierung und Betrieb; Überprüfung und Korrekturmaßnahmen; und Managementbewertung unterteilt.

Die Absicht von SA 8000 ist es, einen Durchschnitt auf der Grundlage internationaler Menschenrechtsnormen und nationaler Arbeitsgesetze zu bieten, der das Personal schützt und stärkt und zertifiziert werden kann. Die Anforderungen bezüglich der Themen sind wie folgt: Kinderarbeit; Zwangs- und Pflichtarbeit; Gesundheit und Sicherheit am Arbeitsplatz; Vereinigungsfreiheit und Recht auf Kollektivverhandlungen; Diskriminierung; Disziplinarpraktiken; Arbeitszeiten; Einhaltung von Gesetzen und Branchenstandards; und Vergütung (SAI 2012). Es gibt viele Ähnlichkeiten zu dem bereits für Managementsysteme und Standards beschriebenen. Das Managementsystem ist in folgende Bereiche unterteilt: Politik; Managementvertretung; SA 8000 Arbeitnehmervertretung; Managementbewertung; Planung und Implementierungskontrolle von Lieferanten/Subunternehmern und Zulieferern; Behandlung von Bedenken und Durchführung von Korrekturmaßnahmen; externe Kommunikation und Stakeholder-Management; Zugang zur Überprüfung; und Aufzeichnungen (SA 8000:2008).

ISO 26000:2010 bietet Anleitung, wie Unternehmen und Organisationen sozial verantwortlich handeln können. Dies bedeutet, auf ethische und transparente Weise zu handeln, die zur Gesundheit und zum Wohl der Gesellschaft beiträgt. ISO 26000 bietet Anleitung statt Anforderungen, daher kann es nicht zertifiziert werden, im Gegensatz zu den oben genannten Standards. Stattdessen hilft es zu klären, was soziale Verantwortung ist, hilft Unternehmen und Organisationen, Prinzipien in wirksame Maßnahmen umzusetzen, und teilt weltweit bewährte Praktiken im Zusammenhang mit sozialer Verantwortung. Es richtet sich an alle Arten von Organisationen, unabhängig von ihrer Tätigkeit, Größe oder ihrem Standort (ISO 2013). Der Standard basiert auf sieben grundlegenden Prinzipien: Rechenschaftspflicht, Transparenz, ethisches Verhalten, Respekt für Stakeholder-Interessen, Respekt für die Rechtsstaatlichkeit, Respekt für internationale Normen und Verhaltensweisen und Respekt für Menschenrechte (ISO 2010).

Darüber hinaus ist ISO 26000 ein umfassender Standard, der eine große Anzahl von Themen und Fragen zur sozialen Verantwortung abdeckt. Er umfasst auch die Zielbereiche in den zuvor beschriebenen Systemstandards. Daher würde ISO 26000 gut als Rahmen für die Erforschung der CSR-Praxis passen. Da die Globalisierung voranschreitet und große Unternehmen als globale Anbieter fungieren, haben diese Unternehmen zunehmend die Vorteile der Bereitstellung von CSR-Programmen an ihren verschiedenen Standorten erkannt [20].

13.8 Six Sigma Qualitätsphilosophie

In Kap. 1 haben wir eine detaillierte Diskussion über die Six Sigma Philosophie und ihre Relevanz für die moderne Qualitätsverbesserung. Die Implementierung von Six Sigma in Geschäftsorganisationen hat die Rolle der Statistik und der Statistiker im Prozess gestärkt. Einige dieser Themen wurden von Hahn et al. [9], Snee [19] und Hahn und Doganaksoy [8] diskutiert. Menschen befürworten die Verwendung von Six Sigma aus folgenden Gründen:

- *Philosophie*: Die philosophische Perspektive betrachtet alle Arbeiten als Prozesse, die definiert, gemessen, analysiert, verbessert und kontrolliert werden können (DMAIC).
- *Werkzeugsatz*: Six Sigma als Werkzeugsatz beinhaltet alle qualitativen und quantitativen Techniken, die vom Six Sigma Experten zur Prozessverbesserung verwendet werden.
- *Methodik*: Die methodische Sicht auf Six Sigma erkennt den zugrunde liegenden und rigorosen Ansatz bekannt als DMAIC. Es definiert die Schritte, die ein Six Sigma Praktiker befolgen soll, beginnend mit der Identifizierung des Problems und endend mit der Implementierung von dauerhaften Lösungen.
- *Metriken*: Einfach ausgedrückt bedeutet Six Sigma Qualitätsleistung 3,4 Fehler pro Million Möglichkeiten mit 1,5 Sigma Verschiebung im Prozessmittelwert.

Seit ihren Anfängen gab es drei Generationen von Six Sigma Implementierungen. Generation I Six Sigma konzentrierte sich auf die Reduzierung von Fehlern und die grundlegende Reduzierung von Variabilität, hauptsächlich in der Fertigung. Motorola ist ein klassisches Beispiel für Generation I Six Sigma. Bei Generation II Six Sigma lag der Schwerpunkt auf der Reduzierung von Variabilität und der Beseitigung von Fehlern mit gezielten Anstrengungen für Projekte und Aktivitäten, die die Geschäftsleistung durch verbessertes Produktdesign und Kostensenkung verbesserten. General Electric wird oft als der Anführer von Generation II Six Sigma klassifiziert. In Generation III hat Six Sigma den zusätzlichen Fokus, Wert für die gesamte Organisation und ihre Stakeholder zu schaffen. Wert schaffen kann viele Formen annehmen, wie z.B. die Erhöhung von Aktienpreisen und Dividenden, die Erhaltung oder Erweiterung von Arbeitsplätzen, die Erschließung neuer Märkte für Unternehmensprodukte/-dienstleistungen, die Entwicklung neuer Produkte/Dienstleistungen, die neue und breitere Märkte erreichen, und die Erhöhung der Kundenzufriedenheit über das gesamte Produktspektrum und die angebotenen Dienstleistungen. Caterpillar und Bank of America sind gute Beispiele für Unternehmen der Generation III Six Sigma, da ihre Implementierungen auf die Wertschöpfung für alle Stakeholder im weitesten Sinne ausgerichtet sind. Siehe Hahn et al. [10] und Montgomery und Woodall [16] für eine gute Diskussion über die Entwicklungen von Six Sigma.

Die Schlüsselelemente in einem DMAIC-Projekt sind Teamdisziplin, strukturierte Verwendung von Metriken und Werkzeugen und die Ausführung eines gut konzipierten Projektplans, der klare Ziele und Ziele hat. Wenn ein Prozess nicht verbessert werden kann, wie er derzeit konzipiert ist, dann wird der DMADV-Prozess verwendet, um einen Prozess grundlegend neu zu gestalten (siehe Kap. 1 für Details).

Im Allgemeinen war Six Sigma weit erfolgreicher als TQM. Es gibt mehrere Gründe dafür, vor allem der starke Fokus auf Projekte, die die finanzielle Leistung des Unternehmens positiv beeinflussen. Wenn Qualitätsverbesserungsprojekte zu echten Einsparungen, erweiterten Verkaufschancen oder dokumentierten Verbesserungen der Kundenzufriedenheit führen, zahlt das obere Management Aufmerksamkeit. Dann sind Geschäftsführer eher bereit, sich vollständig zu engagieren, die Ressourcen für die Ausbildung des Personals bereitzustellen und Six Sigma Positionen zu Vollzeitstellen zu machen, die als Sprungbrett zu höheren Verantwortungspositionen in der Organisation dienen. Das technische Ausbildungsniveau in Six Sigma ist im Allgemeinen tiefer und umfangreicher als in den typischen TQM-Programmen [11, 12].

13.9 Lean Six Sigma

Lean Six Sigma (LSS) modifiziert den DMAIC-Ansatz durch Betonung der Geschwindigkeit. Lean konzentriert sich auf die Straffung eines Prozesses durch Identifizierung und Entfernung von nicht wertschöpfenden Schritten. Ein verschlankter Produktionsprozess beseitigt Verschwendung. Zielmetriken sind null Wartezeit, null Lagerbestand, Planung nach Kundenanforderung, Reduzierung der Losgrößen zur Verbesserung des Flusses, Ausbalancierung der Linie und Reduzierung der Gesamtprozesszeit. Das Ziel von LSS besteht darin, Qualitätsprodukte zu produzieren, die die Kundenanforderungen so effizient und effektiv wie möglich erfüllen.

Die Betriebsphilosophie von Lean besteht darin, Verschwendung durch kontinuierliche Verbesserung zu beseitigen (siehe Womack und Jones [21]). Unter Verschwendung verstehen wir unnötig lange Zykluszeiten oder Wartezeiten zwischen wertschöpfenden Arbeitsschritten. Verschwendung kann auch Nacharbeit, Ausschuss und überschüssiges Inventar umfassen. Nacharbeit und Ausschuss sind oft das Ergebnis von übermäßiger Variabilität, so dass es eine offensichtliche Verbindung zwischen Six Sigma und Lean gibt. Wie wir wissen, ist ein Geschäftsprozess eine Reihe von miteinander verbundenen Teilprozessen. Die Werkzeuge und der Fokus von Six Sigma liegen auf der Behebung von Prozessen, während Lean sich auf die Verbindung zwischen den Prozessen konzentriert. Das zentrale Thema von Six Sigma ist die Reduzierung von Defekten. Die Ursachen der Defekte werden untersucht und die Verbesserungsbemühungen auf diese Ursachen konzentriert. Bei LSS liegt der Schwerpunkt indirekt darin, dass Defekte zu Verzögerungen führen können. George [6] gab eine gute Einführung, wie Lean und Six Sigma zusammenarbeiten. Laut Muir [17] lassen sich die beiden Philosophien wie folgt zusammenfassen: „Reduzieren Sie die Zeit, die benötigt wird, um ein fehlerfreies Produkt oder eine fehlerfreie Dienstleistung an den Kunden zu liefern.“ Es geht nicht darum, ob der Kunde es richtig oder schnell will, sondern beides.

Die wertschöpfenden Aktivitäten in einer Lean-Fertigung können durch

- Definition des Wertes aus der Perspektive des Kunden
- Identifizierung des Wertstroms
- Nur das herstellen, was der Kunde anfordert
- Den Fluss kontinuierlich in Bewegung halten und
- Den Prozess ständig verbessern.

Die wichtigen Metriken, die mit LSS verbunden sind, sind

- Prozesszykluseffizienz – die Fähigkeit des Prozesses, einen bestimmten Schritt in einer gegebenen Zeit abzuschließen.
- Prozesszykluszeit – die durchschnittliche Zeit, die ein bestimmter Schritt benötigt, um einen Artikel abzuschließen.
- Work in Progress – das Material, das in den Prozess eingegeben wurde, aber noch nicht das Ausgangsstadium erreicht hat. Dies beinhaltet das Material, das von den verschiedenen Schritten verarbeitet wird und das Material, das darauf wartet, von einem oder mehreren Schritten verarbeitet zu werden.
- Durchsatzrate – die Anzahl der Artikel oder die Menge des Materials, die in einer gegebenen Zeit aus dem Prozess ausgegeben wird.

Wie bereits diskutiert, geht die Six Sigma-Prozessverbesserung mit der Philosophie der DMAIC-Techniken einher. Bei LSS entwickelt es sich mit der Identifizierung der Probleme und endet mit dem Festhalten der Vorteile des Programms. Daher sind die in LSS befolgten Schritte R-DMAIC-S, wobei R für erkennen und S für aufrechterhalten steht. Es ist wichtig, die signifikanten Lücken in einem Geschäftsproblem durch Artikulation der Geschäftsstrategie zu identifizieren. Dies wird entscheiden, was das Management liefern möchte. Sobald ein Six Sigma-Projekt durch das DMAIC-Verfahren abgeschlossen ist, wird das Management in der Lage sein, die greifbaren Vorteile, die aus dem Projekt hervorgehen, und dessen unmittelbare Auswirkungen für die Beibehaltung ähnlicher Projekte zu bewerten.

Um das erforderliche Ziel zu erreichen, ist es notwendig, einen Prozessablauf zu etablieren. Ein perfekter Prozess hat einen kontinuierlichen Fluss, da Produkte, Dienstleistungen und Wissen kontinuierlich ohne Verzögerung von Schritt zu Schritt transformiert werden. Ein Fluss wird durch Eliminierung von Warteschlangen und Stopps und Verbesserung der Prozessflexibilität und -zuverlässigkeit erzeugt. Die anderen Aspekte der Etablierung des kontinuierlichen Flusses bestehen darin, die wertschöpfenden und nicht wertschöpfenden Aktivitäten in einem Prozess zu identifizieren. Alle Aktivitäten, die dem Kunden keinen Wert hinzufügen, sind per Definition „Verschwendung“. Die Kartierung aller Aktivitäten und Schritte nach ihrer Zeit des Auftretens, die erforderlich sind, um ein Produkt, eine Dienstleistung oder eine Fähigkeit zum Kunden zu bringen, wird als *Wertstrom-Mapping* (VSM) bezeichnet.

Durch die Implementierung von Lean wird also Verschwendung und ihre Ursachen angegangen. Verschwendung weist uns auf Probleme innerhalb des Systems hin. Lean konzentriert sich auch auf den effizienten Einsatz von Geräten und Personen und minimiert Probleme durch Standardisierung der Arbeit. Ein Lean-Kostenmodell besagt, dass gesunkene Kosten immer zu erhöhtem Gewinn führen. Daher unterscheiden sich die Werkzeuge für beide Philosophien je nach dem zu lösenden Geschäftsproblem. Die spezifischen Merkmale von LSS sind

- Geschwindigkeit und Flexibilität
- Beteiligung aller Mitarbeiter
- Positive Ergebnisse in kurzer Zeit
- Fokus auf kleinere Projekte
- Weniger wissenschaftlich: Oft Versuch und Irrtum.

Wenn alle drei Methoden wie Six Sigma, LSS und DFSS zu einer integriert werden, kann das Deming-System des tiefgreifenden Wissens erreicht werden. Die bisher diskutierten Qualitätsphilosophien haben ihre eigenen Vorzüge und Relevanz in der Qualitätsverbesserung und Prozess-/Produkt-/Dienstleistungsentwicklungen. Auch heute noch finden das Management diese Philosophien relevant und unerlässlich für alle Arten von Qualitätsverbesserungen und Dienstleistungen für die Kunden.

13.10 Relevanz für Manager

Qualitätsverbesserung ist nicht sofort, sondern kontinuierlich. Man sollte alle Arten von Verbesserungsprogrammen ausprobieren, um ein bestimmtes Niveau zu erreichen. Dieses Kapitel fasst einige der weit verbreiteten Qualitätsphilosophien zusammen, die in Industrien und Organisationen praktiziert werden. Dazu gehören Demings vierzehn gute Managementprinzipien, Crosbys Konzepte ohne Fehler, Jurans Qualitätstrilogie, Feigenbaums TQC, Taguchis Qualitätsingenieurwesen, Ishikawas Ursache-Wirkungs-Diagramm und Managementsystemstandards. Sie sind getestet und erprobt, einige von ihnen sind auch heute noch relevant.

Die meisten der oben genannten Qualitätsphilosophien arbeiten isoliert und fördern keine technischen Aspekte in den organisatorischen Aktivitäten. Das einzige Werkzeug, das den umfangreichen Einsatz statistischer Methoden befürwortet, ist die Six Sigma-Philosophie. Sie integriert alle oben genannten Qualitätsphilosophien und fördert einen strukturierten Problemlösungsansatz zur Reduzierung von Variationen in einem Prozess, im Prozess der Qualitätsverbesserung in Organisationen. Wir haben auch ein weiteres Verbesserungsprogramm namens LSS, das den DMAIC-Ansatz modifiziert, indem es Geschwindigkeit betont. Dies ist heutzutage beliebter als Six Sigma, wegen seiner geringeren Abhängigkeit von technischer Expertise. Da die Betriebsphilosophie von Lean darin besteht, Abfall durch kontinuierliche Verbesserung zu beseitigen, kann man LSS mit aller Leichtigkeit implementieren. Eine engagierte Implementierung eines SS-Projekts bringt jedoch immer einen unvergleichlichen ROI im Vergleich zu einem LSS-Projekt.

Übungen

13.1 Was ist TQM? Diskutieren Sie die Relevanz von TQM im neuen Managementzeitalter?

13.2 Diskutieren Sie die Qualitätsphilosophie von Edward Deming und nennen Sie die besten Managementprinzipien.

13.3 Diskutieren Sie Crosbys Qualitätsphilosophie im Bezug auf Qualitätsmanagement.

13.4 Diskutieren Sie die Bedeutung der „Qualitätstrilogie" von Juran, im Bezug auf die Verbesserung eines Fertigungsprozesses.

13.5 Was ist die Relevanz der Totalen Qualitätskontrolle (TQC) wie von Feigenbaum vorgeschlagen. Wie vergleicht sie sich mit TQM?

13.6 Unterscheiden Sie das Offline-Qualitätsingenieurwesen und das Online-Qualitätsingenieurwesen, wie von G. Taguchi vorgeschlagen. Wie sind sie mit dem Konzept des robusten Designs verbunden?

13.7 Diskutieren Sie verschiedene ISO-Standards und ihre Qualitätsversionen.

13.8 Diskutieren Sie, wie Six Sigma mit der TQM-Philosophie verbunden ist.

13.9 Führen Sie eine vergleichende Studie über Lean und Six Sigma-Philosophien durch.

13.10 Was sind die Merkmale von LSS?

Literatur

1. Ahmad, S., William, J.D., Charles, H.A.: Process performance in product development: measures and impacts. Eur. J. Innov. Manage. **7**(3), 205–217 (2004)
2. Crosby, P.: Quality is Free. McGraw-hill, New York (1979)
3. Deming, W.E.: Out of the Crisis. MIT Center for Advanced Engineering Study, Cambridge (1986)
4. Drucker, P.: The man who changed the world. *Bus. Rev. Wkly*. S. 49 (1997)
5. Feigenbaum, A.: Total quality control, 3. Aufl. revised, McGraw-Hill, New York (1991)
6. George, M.L.: Lean Six Sigma. McGraw-Hill, New York (2002)
7. Greening, D.W., Turban, T.B.: Corporate social performance as a competitive advantage in attracting a quality workforce. Bus. Soc. **39**, 254–280 (2000)
8. Hahn, G.J., Doganaksoy, N.: The Role of Statistics Business and Industry. Hoboken, NJ, Wiley (2008)
9. Hahn, G.J., Hill, W.J., Hoerl, R.W., Zinkgraf, S.A.: The impact of Six Sigma improvement: a glimpse into the future of statistics. Am. Stat. **53**(3), 208–215 (1999)
10. Hahn, G.J., Doganaksoy, N., Hoerl, R.W.: The evolution of Six Sigma. Qual. Eng. **12**(3), 28–34 (2000)
11. Harry, M., Schroeder, R.: Six Sigma: The Breakthrough Management Strategy Revolutionizing the World's Top Corporations. Doubleday, New York (2000)
12. Harter, D.E., Krishnan, M.S., Slaughter, S.A.: Effects of process maturity on quality, cycle time, and effort in software product development. Manage. Sci. **46**(4), 451–466 (2000)
13. Ishikawa, K.: What is Total Quality Control? Prentice-Hall, Upper Saddle River NJ (1985)
14. Juran, J.M., Gryna F.M., Jr.: Quality Planning and Analysis, 2nd edn. McGraw-Hill, New York (1980)
15. Locke, E., Gary, L.: New directions in goal-setting theory. Assoc. Psychol. Sci. **15**(5), 265–268 (2006)

16. Montgomery, D.C., Woodall, W.H.: An overview of Six Sigma. Int. Stat. Rev. **76**(3), 329–346 (2008)
17. Muir, A.: Lean Six Sigma Statistics. McGraw-Hill, New York (2006)
18. Muralidharan, K., Syamsunder, A.: Statistical Methods for Quality, Reliability and Maintainability. PHI India Ltd., New Delhi (2012)
19. Snee, R.: Why should statisticians pay attention to Six Sigma? An examination for their role in the Six Sigma methodology. Qual. Prog. **32**(9), 100–103 (1999)
20. Williams, H. E.: CSR activities through the PDCA cycle approach for emerging companies. Proceedings of Corporate Governance: Contemporary issues and Challenges in Indian economic environment, S. 216–229. Gujrat Technological University (2014)
21. Womack, J.P., Jones, D.T.: Lean Thinking: Banish Waste and Create Wealth in Your Organization. Simon and Schuster, New York (1996)

Kapitel 14
Marketing Six Sigma

Laut Pande et al. [16] ist eine Six Sigma-Organisation „*Eine Organisation, die aktiv daran arbeitet, die Themen und Praktiken von Six Sigma in ihre täglichen Managementaktivitäten zu integrieren und signifikante Verbesserungen in der Prozessleistung und Kundenzufriedenheit zeigt.*“ Das Ziel von Six Sigma ist es, die nicht wertschöpfenden Aktivitäten im Arbeitssystem zu entdecken. Obwohl es viele effektive Werkzeuge zur Verbesserung und Reduzierung von Verlusten im Prozess gibt, sind Six Sigma-Lösungen das beliebteste Werkzeug und wurden als weltweit führende Strategie zur Qualitätsverbesserung beurteilt [10]. Die Ziele eines Qualitätsverbesserungsprojekts mit Six Sigma könnten die Steigerung der finanziellen Vorteile, die Steigerung der betrieblichen Leistung und die Verbesserung des Unternehmensimages sein [1, 5, 22, 23].

Unternehmen, die Six Sigma erreichen, sollten die Ergebnisse in ihren Bilanzen und bei ihren Kunden sehen – und sollten ihre Bemühungen nicht überschätzen. Die Leistung im Vergleich zum Plan ist typischerweise die Definition von Erfolg in einem Unternehmen. Unternehmen messen den Erfolg anhand einer Vielzahl von Kennzahlen: Umsatz, Einkommen, Gewinn, Kundenzufriedenheit, Marktanteil, Return on Investment, Return on Assets usw. Unterm Strich bedeutet geplanter Erfolg, Ziele über die Zeit zu erreichen und aufrechtzuerhalten, in der Regel Wachstumsziele (siehe auch Muralidharan und Neha [15] für weitere Details). Laut Creveling et al. [3] finden Unternehmen, die Six Sigma-Werkzeuge, -Methoden und -Best Practices effektiv implementieren, die folgenden Vorteile:

- *Systematische Innovation*: Generieren und definieren von Ideen in Verbindung mit Marktmöglichkeiten auf strukturierte Weise
- *Besseres Risikomanagement*: Identifizieren kritischer Probleme frühzeitig im Kommerzialisierungsprozess, so dass Pläne entwickelt werden können, um das Risiko des Fortschritts zu mindern oder zu beseitigen

K. Muralidharan, *Six Sigma für organisatorische Exzellenz*,
https://doi.org/10.1007/978-81-322-4001-3_14

- *Höhere Rendite aus einem Projektportfolio*: Vermeiden Sie die Überlastung von Ressourcen mit zu vielen risikoarmen, geringen Gewinnprojekten durch einen diskriminierenden Auswahlprozess

Das Ziel eines Six Sigma-Projekts führt dazu, wie der Erfolg seiner Verbesserung bewertet wird [4, 6, 11, 17–20]. Der Wirtschaftsindex würde bestimmt werden, wenn das Projekt darauf abzielt, den finanziellen Nutzen zu erhöhen. Um Six Sigma auf das Marketing zuzuschneiden, sollte man mit einem Überblick darüber beginnen, wie es funktioniert. Es wurde festgestellt, dass Marketingfachleute ihre eigene Arbeit selten als prozessorientiert betrachten. Laut der American Marketing Association (AMA) ist Marketing „ein Satz von Prozessen zur Schaffung, Kommunikation und Lieferung von Wert für Kunden und … zur Verwaltung von Kundenbeziehungen auf eine Weise, die der Organisation und den Stakeholdern zugute kommt.“ Das American Heritage Dictionary beschreibt den Prozess als „eine Reihe von Aktionen, Veränderungen oder Funktionen, die ein Ergebnis bringen“, und laut Moorman und Rust [13] sollte die Marketingfunktion eine Schlüsselrolle bei der Verwaltung mehrerer wichtiger Verbindungen zwischen dem Kunden und kritischen Unternehmenselementen spielen, einschließlich der Verbindung des Kunden zu (i) dem Produkt, (ii) der Servicebereitstellung und (iii) der finanziellen Rechenschaftspflicht.

14.1 Was ist Six Sigma Marketing?

Laut Reidenbach [21] ist Six Sigma Marketing (SSM) ein faktenbasiertes, datengesteuertes, diszipliniertes Vorgehen zur Steigerung des Marktanteils, indem gezielten Produkt-/Märkten überlegener Wert geboten wird. Es ist um die folgenden Elemente organisiert:

- Kundenwert ist die treibende strategische Metrik. Es ersetzt den Schwerpunkt auf Kundenzufriedenheit, der sowohl von SS als auch vom Marketing angenommen wird, und bietet eine viel stärkere Verbindung zu Marktanteilsgewinnen und Umsatzsteigerungen
- SSM verfügt über einen einzigartigen Satz leistungsstarker Werkzeuge, die um die Idee des Kundenwerts herum entwickelt wurden, um die Bemühungen der Organisation sowohl auf die Akquisition neuer Kunden als auch auf die Bindung bestehender Kunden zu konzentrieren
- Es bemüht sich, das Marketing zu einem effektiveren und effizienteren Faktor innerhalb der Organisation zu machen
- Es verwendet ein flexibles Verfahren der DMAIC-Philosophie, das vom Kunden und den Marketingmitarbeitern verstanden wird
- Sein Ziel ist die Reduzierung von Fehlern
- SSM erweitert die traditionelle Sicht auf das Marketing, um nicht nur den Schwerpunkt auf Preis, Produkt, Promotion und Vertrieb zu legen, sondern auch auf Prozesse

SSM nimmt Elemente sowohl von SS als auch vom Marketing und verschmilzt sie zu einer leistungsstarken und fokussierten Disziplin, die darauf abzielt, den Marktanteil und die Umsatzerlöse des Unternehmens zu steigern. Es handelt sich um einen strukturierten Ansatz, der den Bedarf an effektiveren und effizienteren Marketingaktivitäten adressiert, um die Ziele der Wertversprechen zu niedrigeren Kosten zu erreichen.

Laut Webb und Gorman [24] machen traditionelle Ansätze zur Verwaltung, zum Marketing und zum Verkauf es den Managern schwer zu wissen, welche Änderungen sie vornehmen sollten. Daher verlassen sich Manager oft auf Bauchgefühl und Erfahrung anstelle von systematischem Denken und harten Daten. Unternehmen beginnen zu erkennen, dass Prozessverbesserungen genutzt werden können, um den Umsatz zu steigern. Dieser Fokus auf die Verbesserung des Verkaufsprozesses hat fünf zugrunde liegende Prämissen oder Prinzipien:

1. Schaffung von Wert für Kunden
2. Management auf der Grundlage von Daten und Fakten
3. Analyse von Ursache und Wirkung
4. Minimierung von Abfall, Fehlern und Defekten
5. Schaffung des Kontexts für Zusammenarbeit

Das Endergebnis aller Marketing- und Verkaufsaktivitäten ist eine Reihe von Kundenaktionen, die letztendlich zu Bestellungen führen. Diese Aktionen können und sollten in Bezug auf Rohmaterial-, Work-in-Progress- und Fertigwarenbestände gemessen werden. Bei der Gestaltung eines Verkaufsprozesses sollten Manager darauf abzielen,

- legitimen, überprüfbaren Wert für Kunden zu schaffen;
- die Ressourcen des Unternehmens, den Arbeitsfluss zwischen den Menschen und die Arbeitsschritte selbst zu organisieren; und
- mindestens einige der Aktionen zu messen, die Kunden unternehmen.

Ein prozessorientierter Ansatz ermöglicht es, Engpässe und ihre Auswirkungen zu identifizieren; so dass die Priorisierung von Verbesserungsmaßnahmen effektiver vorgenommen werden kann. Der Schlüssel zur Messung der richtigen Daten in einem Verkaufsprozess besteht darin, den vom Kunden in jedem Schritt wahrgenommenen Wert zu verstehen. Dies erleichtert das Verständnis des Kundenverhaltens, das eine Voraussetzung für die Lösung von Verkaufsproblemen ist. Eine *Kundenwertkartierung* (CVM) ist das beste Werkzeug dafür. Sie kann auch abschätzen, wie die Kunden die Produkte und Dienstleistungen bewerten. Ähnlich ist die vom Kunden entwickelte *Produktwertkartierung* (PVM), die die „Merkmale“, „Vorteile“ und „Na und?“ beschreibt. Die letzte Frage veranlasst einen dazu, zu artikulieren, warum die Vorteile für den Interessenten wichtig wären und ähnelt in der Absicht denen, die aus Kundenwertkarten abgeleitet werden.

Ein prozessorientierter Ansatz hilft Managern, ihre Initiativen durch folgende Maßnahmen umzusetzen:

- Bereitstellung von Basismaßen des Prozesses, die auf die Ursachen von Problemen hinweisen

- Berücksichtigung der erwarteten ROI von Entscheidungen, basierend auf erwarteten Kosten und Nutzen, wie sie aus zuverlässigen Daten über Verkaufsoperationen berechnet werden
- Ermöglicht Managern, die Produktionskapazität des Marketing- und Verkaufsprozesses oder von Teilprozessen vor und nach einer Entscheidung zu messen oder zumindest zu berücksichtigen
- Zeigt, wie eine Entscheidung über einen Bereich des Verkaufsprozesses andere Bereiche beeinflussen könnte

Angesichts des heutigen Drucks werden die meisten Manager eine Initiative, die ihre Geschäftsziele nicht unterstützt, nicht einmal in Betracht ziehen. Im Marketing und Verkauf ist das Hauptziel fast immer, den Umsatz zu steigern, in der Regel bei gleichzeitiger Steigerung der Gewinne. Laut Webb und Gorman [24] sind die vier grundlegenden Strategien zur Steigerung des Umsatzes

1. Verkaufen Sie mehr bestehende Produkte an bestehende Kunden
2. Verkaufen Sie mehr neue Produkte an bestehende Kunden
3. Verkaufen Sie mehr bestehende Produkte an neue Kunden
4. Verkaufen Sie mehr neue Produkte an neue Kunden

und die sechs wichtigsten Strategien zur Steigerung der Rentabilität sind

1. Reduzieren Sie die Kosten für die Gewinnung neuer Kunden
2. Reduzieren Sie die Kosten für die Betreuung bestehender Kunden
3. Steigern Sie die Kundenloyalität
4. Lassen Sie unrentable Kunden fallen oder steigern Sie deren Rentabilität
5. Erhöhen Sie die Preise, während Sie die Produktkosten beibehalten oder reduzieren
6. Verkaufen Sie mehr von den rentabelsten Produkten, weniger von den weniger rentablen

Daher kann die Verbesserung des SS-Prozesses in Vertriebs- und Marketingorganisationen auf drei grundlegende Weisen angewendet werden:

1. Verbesserung Ihrer Fähigkeit, Kunden auf ihrer Käuferreise zu unterstützen
2. Anwendung von Prozessverbesserungen auf Kunden in der Art und Weise, wie Sie Produkte an sie verkaufen
3. Bereitstellung von SS-Teams vor Ort für Kunden

Creveling et al. [3] betrachten das SS-Marketing als drei Prozessarenen des Marketings, die es einem Unternehmen ermöglichen, einen Zustand nachhaltigen Wachstums zu erreichen, wie folgt:

- *Strategischer Marketingprozess* – Erneuerung des Produkt- oder Dienstleistungsportfolios
- *TaktischerMarketingprozess* – Kommerzialisierung von Produkten oder Dienstleistungen
- *Operativer Marketingprozess* – Management der Produkt- oder Dienstleistungslinie nach dem Start

Die strategischen und taktischen Bereiche sind intern ausgerichtet und daher werden sie als *inbound* Marketingbereiche bezeichnet. Externe Daten sind entscheidend für eine erfolgreiche Portfoliodefinition und -entwicklung sowie Produktkommerzialisierung. Die Ausgabe dieser Prozesse ist jedoch für den internen Gebrauch bestimmt. Diese Prozessausgaben sind noch nicht für den externen Verbrauch bereit. Die Ausgaben, die für die Marktexposition in der Hauptsendezeit bereit sind, sind Teil des *outbound* Marketings. Die operativen Prozesse, die das Marketing, den Verkauf und die Unterstützung von Produkten nach dem Start betreffen, sind kundenorientierte Aktivitäten. Angesichts der unterschiedlichen Kunden von Inbound- und Outbound-Marketing unterscheiden sich die Anforderungen an jedes. Diese Anforderungen definieren letztendlich den Erfolg (oder Misserfolg) der Lieferungen.

Laut den Autoren beginnt der natürliche Ablauf der Marketingarbeit mit der strategischen Erneuerung der Angebotsportfolios, geht über die taktische Arbeit der Kommerzialisierung neuer Angebote und endet schließlich mit der operativen Arbeit des Managements der Produkt- und Dienstleistungslinien in der Verkaufs-, Support- und Serviceumgebung nach dem Start. Die Methode zur Leitung der strategischen Marketingarbeit wird IDEA (*Identifizieren, Definieren, Evaluieren, und Aktivieren*) genannt. Der Ansatz für die taktische Arbeit wird UAPL (*Verstehen, Analysieren, Planen und Starten*) genannt, und die Methode zur Leitung der operativen Marketingarbeit wird LMAD (*Starten, Verwalten, Anpassen und Einstellen*) genannt.

Die oben beschriebenen Methoden sind produktspezifisch und nützlich für die Kommerzialisierung der Projekte. Jeder dieser Prozesse weist unterschiedliche Phasen auf, in denen Aufgabensätze abgeschlossen werden. Jede Aufgabe kann durch ein oder mehrere Werkzeuge, Methoden oder Best Practices ermöglicht werden, die ein hohes Vertrauen geben, dass das Marketingteam die richtigen Daten entwickeln wird, um die Aufgabenanforderungen für jede Arbeitsphase zu erfüllen. Marketingprozesse und ihre Lieferungen müssen auf Effizienz, Stabilität und vor allem messbare Ergebnisse ausgelegt sein, daher die Bedeutung von Six Sigma. Daher gewährleisten die in den IDEA-, UAPL- und LMAD-Prozessen diskutierten Phasen messbare Ergebnisse, die die Anforderungen eines jeden Unternehmens erfüllen.

Der Nutzen der Integration von SS in den Marketingprozess beinhaltet bessere Informationen (Management durch Fakten), um bessere Entscheidungen zu treffen. Die Verwendung des robusteren Ansatzes reduziert die Unsicherheit, die im Marketing – einer kreativen, dynamischen Disziplin – inhärent ist. Eine Möglichkeit, das Wachstum im Laufe der Zeit aufrechtzuerhalten, besteht darin, sich auf die „führenden Indikatoren" Ihres gewünschten Ziels zu konzentrieren. Führende Indikatoren sind Faktoren, die dem Auftreten eines gewünschten Ergebnisses vorausgehen. Die anderen Indikatoren, die die führenden Indikatoren überwachen, sind die „nachlaufenden Indikatoren". Wir beschreiben diese Indikatoren unten etwas genauer.

14.2 Die führenden und nachlaufenden Indikatoren

Die *führenden Indikatoren* sind der Indikator, der dem Auftreten von etwas vorausgeht. Sie werden verwendet, um das bevorstehende Auftreten eines Ereignisses zu signalisieren. Durch das Verfolgen von führenden Indikatoren kann man sich auf das nachfolgende Ereignis vorbereiten oder es antizipieren und proaktiv sein. Zum Beispiel deuten der barometrische Druck und die Radarpositionen für die umliegende Region auf das kommende Wetter hin. Eine Möglichkeit, das Wachstum im Laufe der Zeit aufrechtzuerhalten, besteht darin, sich auf führende Indikatoren zu konzentrieren. Ein starker führender Indikator ist die Kundenzufriedenheit vor einer Verkaufstransaktion. Ein weiterer führender Indikator ist die Zufriedenheit des Vertriebskanals mit einem Produkt (oder Proben). Die führenden Indikatoren helfen zu antizipieren, ob Ihr Prozess im Ziel sein wird oder nicht.

Ein Indikator, der dem Auftreten von etwas folgt, wird als *nachlaufender Indikator* bezeichnet. Er wird verwendet, um die Leistung eines Auftretens oder eines Ereignisses zu bestimmen. Durch das Verfolgen von nachlaufenden Indikatoren reagiert man auf die Ergebnisse. Beispiele sind die Höchst- und Tiefsttemperaturen, der Niederschlag und die Luftfeuchtigkeit für einen bestimmten Tag. Nachlaufende Indikatoren können funktionale Leistungsmessungen wie die Stückherstellungskosten (UMC), Qualitätsmessungen wie Fehler pro Million Möglichkeiten (DPMO) und zeitbasierte Zuverlässigkeitsmessungen wie die mittlere Zeit zwischen Ausfällen (MTBF) umfassen.

Die führenden und nachlaufenden Indikatoren können auch in Bezug auf Ursache und Ausfall eines physischen Systems beschrieben werden. Zum Beispiel sind Fettleibigkeit und Herzinfarkte *nachlaufende Indikatoren*, da man nur darauf reagieren kann, nachdem sie erkannt wurden. Nahrung und Bewegung sind *führende Indikatoren*, die Ihnen sagen können, wann Sie Änderungen vornehmen müssen, um Fettleibigkeit und Herzinfarkte zu vermeiden. Warten Sie also nicht darauf, dass nachlaufende Indikatoren Sie erst dann zum Handeln erschrecken, wenn sie sich bis zu dem Punkt entwickelt haben, an dem Sie sie erkennen können. Das Messen von Grundlagen menschlichen Verhaltens und Entscheidungsfindung wird Sie auf einen Kurs bringen, der es Ihnen ermöglicht, Prozessausfälle zu verhindern. Daher muss das SS-Projekt Methoden zur Identifizierung dieser Indikatoren entwickeln und verhindern, dass die Indikatoren sich in irgendwelchen Prozessaktivitäten gegenseitig dominieren.

14.3 Messbasierte Schlüsselmarketingindikatoren

In Bezug auf eine Six-Sigma-Methodik spielen die *Schlüsselmarketingindikatoren* (KMI) eine sehr wichtige Rolle bei der Beurteilung der Gesamtleistung der Organisation. Sie bieten eine Reihe von Maßnahmen, anhand derer interne Manager und externe Investoren das Unternehmen und seine voraussichtliche Leistung kurz- und langfristig beurteilen können. Offensichtlich können KMIs nicht im Vakuum operieren. Man kann einen KMI nicht festlegen, ohne ein klares Verständnis dafür zu haben, was möglich ist – daher müssen wir in der Lage sein, obere und untere Grenzen des KMI in Bezug auf den Markt und die Leistung der Konkurrenz festzulegen. Dies bedeutet, dass ein Verständnis für Benchmarks unerlässlich ist, um KMIs nützlich zu machen, da sie den aktuellen Leistungsstand in einen Kontext setzen – sowohl für Start-ups als auch für etablierte Unternehmen – obwohl sie für letztere wichtiger sind. Benchmarks helfen auch dabei zu überprüfen, was andere erfolgreiche Organisationen als entscheidend für den Aufbau und die Aufrechterhaltung von Wettbewerbsvorteilen ansehen, da sie für jede Art von Wettbewerbsanalyse zentral sind. Der beste Weg, einen Wettbewerbsvorteil zu erzielen, besteht darin, messbasierte KMIs zu verwenden, da sie die aktuelle Leistung, Benchmark und Zielniveaus festlegen können. Für jedes Überwachungsmodul kann die Organisation dann feststellen, wie das aktuelle Leistungsniveau auf eine messbare und verständliche Weise ist. Diese aktuelle Leistung kann dann mit garantierten Ergebnissen vermarktet werden [2].

Da verschiedene Einzelpersonen und Organisationen jedem Informationspunkt unterschiedliche Schwerpunkte setzen werden, wird eine endgültige Liste dessen, was ein KMI ist und was nicht, von individuellen Entscheidungen abhängen und je nach Entwicklungsstadium des Unternehmens erheblich variieren. Start-up-Unternehmen müssen ihren Schwerpunkt auf strukturelle Faktoren legen und etablierte Unternehmen auf die betriebliche Leistung. Einige der entscheidenden messbasierten KMI sind wie folgt:

- *Bruttogewinn* ist ein Schlüsselmaß für den Erfolg der Organisation. Untersuchungen zeigen, dass Überlebensraten mit den Bruttogewinnmargen verbunden sind; Bruttogewinnmargen, die über denen der Konkurrenz liegen, liefern klare Beweise für einen Wettbewerbsvorteil.
- *Kapitalrendite* (ROC) ist ein weiteres Schlüsselmaß für den Erfolg der Organisation. Die Fähigkeit, Investitionen effektiv zu nutzen, ist zentral für eine effektive langfristige Entwicklung.
- *Z-Score* ist ein Maß für die Liquidität des Unternehmens und definiert eindeutig positive oder negative Trends.

Sowohl der Bruttogewinn als auch die Kapitalrendite sind Teil der modellbasierten Scorecard für Gesamtziele. Weitere Komponenten innerhalb des Finanzberichtsmoduls, die als KMIs betrachtet werden könnten, sind Faktoren wie das Verhältnis von Schulden zu Eigenkapital (DER), Projekterfolgsraten, Forderungsausfallraten und freier Cashflow (FCF). Die Einbeziehung von Zeit, Budget und Spezifikation in die Projektberichterstattung wäre auch eine natürliche Ergänzung in den messbasierten KMIs.

Zusätzlich zur Erstellung der Balanced Scorecard des Unternehmens, in der Bruttogewinn, Kapitalrendite und Z-Scores Standardelemente sind, unterstützt die Identifizierung von KMIs in jedem der operativen Bereiche oder Wissenszentren auch das Unternehmen bei der Planungsentwicklung. Diese KMIs werden sich im Laufe der Zeit ändern, aber ihre Erstellung als Teil der ursprünglichen Erstellung jedes Wissenszentrums wird ihren operativen Aktivitäten Fokus und Richtung geben. Einer der wertvollsten Beiträge, den die KMI-Analyse liefern kann, ist ein Verständnis für das wahre Wesen der Wettbewerbsumgebung.

Die KMIs sind ein wesentlicher Bestandteil jedes effektiven *Managementinformationssystems* (MIS). In einem dezentralisierten Planungssystem, das sich um Wissenszentren konzentriert, ist die Auswahl der Leistungsindikatoren der erste Schritt bei der Neubewertung des Informationssystems, um es wertvoller und relevanter für die Betriebseinheit zu machen, anstatt eines, das zentral bereitgestellt wird. Daher bestimmen die Auswahl der KPI, was diesen Teil des Unternehmens antreiben wird und welche Informationen gesammelt werden müssen, um ihn zu analysieren und zu verwalten. Solche Informationsbeschaffungs- oder Softwareauswahlmöglichkeiten schaffen Informationsnetzwerke, die relevant sind und Daten liefern, die speziell für betriebliche Zwecke verwendet werden und die Informationsüberlastung reduzieren. Das Informationssystem hilft auch dem Management, sich auf

- Aktionsplanung und Implementierung mit Schwerpunkt auf *Management by Objectives* (MOB), das eine standardisierte Rendite und detaillierte Projektsteuerung beinhalten wird
- Training als Teil eines unternehmensweiten Ansatzes zur Fokussierung von Personal und Management auf wesentliche betriebliche Anforderungen
- Geschäftsplanung als zentraler Bestandteil des Geschäftsplanentwurfs
- Identifizierung notwendiger Maßnahmen bei Änderungen im Management, Ausstiegsplanung, Überlebensplanung und Erholungsplanung
- Setzen von Prioritäten für die Investitionsbewertung und die Wahl des Schwerpunkts, der den Hauptstrategien innerhalb des goldenen Kreises, Konsolidierung (einschließlich Kostensenkung), Marktdurchdringung, Marktentwicklung und Produktentwicklung gegeben werden sollte

Wir diskutieren nun die Bedeutung von Lieferkettenmetriken im Marketing und legen den Schwerpunkt auf Prozessfähigkeit und Sigma-Level während und nach dem Start eines Six-Sigma-Projekts.

14.4 Bedeutung von Supply-Chain-Metriken im Marketing

Supply-Chain-Messungen oder -Metriken wie Lagerumschlag, Zykluszeit, DPMO und Füllrate werden verwendet, um die Leistung der Lieferkette zu verfolgen. Häufig verwendete Metriken für das Supply-Chain-Management können Ihnen helfen zu verstehen, wie Ihr Unternehmen über einen bestimmten Zeitraum hinweg arbeitet. Supply-Chain-Messungen können viele Bereiche abdecken, einschließlich Beschaffung, Produktion, Vertrieb, Lagerhaltung, Inventar, Transport und Kundenservice wie den Bereich Logistik [12, 25]. Eine gute Leistung in einem Teil der Lieferkette reicht jedoch nicht aus. Die Lösung besteht darin, sich auf die Schlüsselmetriken in jedem Bereich Ihrer Lieferkette zu konzentrieren. Das Verfolgen Ihrer Metriken ermöglicht es Ihnen, Ihre Leistung im Laufe der Zeit zu betrachten und leitet Sie an, wie Sie Ihre Lieferkette optimieren können. Es ermöglicht dem Management, Problemzonen zu identifizieren. Es ermöglicht auch den Vergleich mit anderen Unternehmen durch die Merkmale des Branchen-Benchmarking. Die Supply-Chain-Metriken verbessern die logistischen Abläufe auf folgende Weisen:

- Der erste Schritt besteht darin, die Metriken zu identifizieren, die Sie verwenden möchten. Verwenden Sie nicht jede verfügbare Metrik. Konzentrieren Sie sich stattdessen auf die wesentlichen Messungen, die für Ihr Geschäft notwendig sind. Diese können als Ihre KPIs betrachtet werden
- Als nächstes müssen Sie die Bedeutung dieser Metriken verstehen. Es reicht nicht aus, dass das Management diese Messungen einfach betrachtet; sie müssen auch die Bedeutung dahinter verstehen
- Der nächste Schritt besteht darin, die Mechanik hinter den Messungen zu erlernen. Was treibt sie in positive und negative Richtungen? Versuchen Sie, die verschiedenen Faktoren zu verstehen, die Ihre Ergebnisse beeinflussen
- Identifizieren Sie mit diesen Informationen die Schwachstellen oder Verbesserungsbereiche in Ihren aktuellen Prozessen
- Setzen Sie Ziele basierend auf diesen Verbesserungsbereichen. Die Ziele sollten aggressiv, aber dennoch erreichbar sein. Ziele können auf der Grundlage von Benchmarking gegen ähnliche Unternehmen gesetzt werden oder Ziele können gesetzt werden, um eine spezifische prozentuale Verbesserung gegenüber der bisherigen Leistung widerzuspiegeln
- Setzen Sie Korrekturmaßnahmen ein, um Ihre Prozesse zu verbessern. Stellen Sie sicher, dass diese Korrekturmaßnahmen andere Bereiche nicht negativ beeinflussen. Überprüfen Sie auch, ob alle betroffenen Bereiche ein klares Verständnis für die Änderungen haben
- Überwachen Sie Ihre Ergebnisse. Haben Ihre Korrekturmaßnahmen die gewünschten Ergebnisse erbracht? Wenn ja, welcher ist Ihr nächster Verbesserungsbereich? Wenn Sie nicht die gewünschten Ergebnisse erzielt haben, was ist schief gelaufen? Versuchen Sie, die Ursache Ihrer unerwünschten Ergebnisse zu identifizieren

Alle Six-Sigma-Projekte werden im Allgemeinen nach dem Sigma-Niveau des Prozesses oder Projekts vermarktet. Es ist nicht zwingend erforderlich, die Sigma-Skala dafür zu verwenden. Neben Sigma, DPMO und Ausbeute gibt es andere gültige Möglichkeiten, die Leistung eines Prozesses oder Produkts/Dienstleistung auszudrücken und zu messen. Man kann auch Methoden wie Kontrollkarten und Prozessfähigkeitsindikatoren für diesen Zweck verwenden.

Einige der „logistischen" Probleme, die Six-Sigma-Maßnahmen umgeben, sind wie folgt:

- Richtlinien für die effektive Anwendung von Six-Sigma-Maßnahmen in einer Organisation festlegen – um Konsistenz zu gewährleisten
- Six-Sigma-Maßnahmen sind nicht „statisch". Wenn sich die Kundenanforderungen ändern, wird auch die Sigma-Leistung ändern. Es wäre eine gute Idee, weiterhin mit der alten Anforderung zu rechnen, gleichzeitig mit der neuen Anforderung, zumindest für einige Zeit. Dies wird den Übergang reibungsloser gestalten, und das Projektteam wird fair für ihre Arbeit beurteilt
- Prioritäten setzen, was gemessen werden kann und sollte. Niemand sollte erwarten, dass genaue Sigma-Leistungsdaten für jeden Teil eines Unternehmens in kurzer Zeit vorliegen
- Sigma-Maßnahmen (oder jede andere Methode der Messung) werden an sich die Leistung nicht verbessern. Sie sind nur Zeugnisse oder Meilensteine, um zu zeigen, wo das Unternehmen auf seinem Weg zur Exzellenz steht. Um Verbesserungen herbeizuführen, müssen Analysemethoden und Werkzeuge verwendet werden

14.5 Bedeutung von Daten im Marketing

Die effektive Kontrolle der LMAD-Phasen hängt davon ab, was Sie messen und wie oft. Viele Geschäftsprozesse wurden entworfen und mit einer Messung ausgestattet, die mit Dingen beladen ist, die leicht und bequem zu messen sind. Oft sind leicht zu erhaltende Daten am wenigsten effektiv, um Ihnen etwas Grundlegendes darüber zu sagen, was wirklich in Ihren Marketing- und Verkaufsumgebungen vor sich geht. Leicht zu messende Daten sind fast immer ein nachlaufender Indikator für das, was gerade passiert ist. Ein nachlaufendes Maß ist eine Funktion davon, wie oft Sie Daten erheben und wann Sie dazu kommen, sie zu analysieren.

Um eine statistisch fundierte Entscheidung zu treffen, stellen Sie sicher, dass Sie die richtigen Daten sammeln und genug davon. Wenn Sie Attributdaten messen, müssen Sie große Mengen an Daten sammeln, um eine fundierte Entscheidung zu treffen. Wenn Sie kontinuierliche Daten messen, die typischerweise mit einer grundlegenden Dynamik verbunden sind, ist eine relativ kleine Stichprobe von Daten erforderlich, um eine Entscheidung zu treffen. Ein gutes Beispiel für ein schlechtes Maß für den Einfluss der Verkaufsleistungsleistung auf den Umsatz ist die Anzahl der Verkaufsprofis, die zur Interaktion mit Kunden entsandt werden. Die bloße Anzahl von Personen ist ein grobes Maß, das leicht zu quantifizieren ist, aber es kann keine Verhaltensbeziehungsdaten im Kontext menschlicher Interaktion liefern. Qualitative Beziehungsdynamikdaten sind einfach schwer zu sammeln, zu dokumentieren und zu kommunizieren, aber es ist ein Parameter, der für den Verkauf grundlegend ist. Wenn Sie die Daten bekommen können, wird eine grundlegende Ursache-Wirkungs-Beziehung gezeigt.

Daten sind das Ergebnis von Messungen während der Arbeit im Marketing und Verkauf. Daten werden durch die Durchführung von Aufgaben mit spezifischen

Werkzeugen, Methoden und Best Practices erzeugt und gesammelt. Daher sind die wichtigen Merkmale von Daten aus Sicht von Marketing und Verkauf wie folgt:

- Datenmerkmale
- Datenqualität
- Datenzuverlässigkeit
- Datenrelevanz

Mit der Reife von Lean und Six Sigma wird der Einfluss auf das Geschäft erweitern und vertiefen [5, 7–10, 14]. Sowohl Lean als auch SS können dazu beitragen, einen Wettbewerbsvorteil durch bessere Informationen und proaktiveres Management zu schaffen. In dieser Hinsicht prognostizieren Creveling et al. [3] die folgenden Geschäftstrends:

- Die Bildung von Marketing *Zentren der Exzellenz*, um kontinuierliche Verbesserung und die Standardisierung und „richtige Größe“ von Marketingwerkzeugen, Aufgaben und Lieferergebnissen zu fördern
- Erweitertes und vertieftes Verständnis seitens des Marketings hinsichtlich der besten Praktiken und Methoden zur Ausführung von Werkzeugen, Aufgaben und Arbeitsabläufen für Lieferergebnisse. Wenn Führungskräfte, die nachhaltiges Wachstum wollen, mit der richtigen Strukturierung (richtige Größe) der Marketingarbeit übereinstimmen, wird die Effizienz und Leistung der Marketingteams viel vorhersehbarer. Kritische Marketingfunktionen, die mit Rigor und Disziplin ausgeführt werden, produzieren Lieferergebnisse mit größerer Sicherheit
- Differenzierte Marketing-Workflows werden als strategische, taktische und operative Prozesse kategorisiert, ähnlich wie in F&E, Produktdesign und Produktions-/Service-Support-Engineering-Organisationen. Der Ansatz des Alleskönners wird sich in Richtung mehr Marketing-Spezialisierung bewegen, um eine Ausführungsexzellenz zu verbessern, die analytische Marketingwerkzeuge in ihre Best Practices integriert
- Six Sigma-Konzepte werden als Grundlage für eine universelle Marketingsprache dienen. Es wird mehr in die Anwendung seiner Konzepte und die Implementierung spezifischer, werkzeuggestützter Marketingaktivitäten investiert, um ein vorhersehbareres, erfolgreiches Wachstum zu erzielen
- Erhöhter Fokus auf die grundlegenden Marketingvariablen, die für das Kundenverhaltensdynamik kritisch sind ($y = f(x)$). Bessere Definition dessen, was eine echte Ursache-Wirkungs-Beziehung untermauert, und wie man kritische Marketingparameter misst und kontrolliert, die Probleme verhindern. Messung von Variablen, die auf bevorstehendes Versagen hinweisen, anstatt Versagen zu messen und darauf zu reagieren. Marketingteams werden aufhören, das zu messen, was leicht und bequem ist, wenn es nicht grundlegend für eine wahre Ursache-Wirkungs-Beziehung innerhalb und zwischen Marketingvariablen ist
- Ein Wechsel von DMAIC Six Sigma zur Problemlösung und Kostenkontrolle zu einem Phasen-Gate-Ansatz, der auf Problemprevention und Investition in richtig gestaltete Marketing-Workflows zur Ermöglichung von Wachstumsprojekten abzielt

- Wachsende Verantwortlichkeit von Marketingfachleuten für das Wachstum und, bei nachgewiesenem Erfolg, eine Neuausbalancierung von Marketing- und technischen/Ingenieurprofis in einem Unternehmen, damit das Marketing die erwarteten Aufgaben besser und vollständiger erfüllen kann. Dies wird das geplante Gleichgewicht zwischen der Marketing- und technischen Innovationsstrategie eines Unternehmens widerspiegeln
- Verbesserte Zusammenarbeit zwischen technischen und Marketingfachleuten in strategischen, taktischen und operativen Umgebungen
- Ein Wandel im Denken zu einer Plattform- und Moduldesign wird dem Marketing helfen, den Fluss von Produkt- und Serviceangeboten in einem ausgewogenen Portfolio-Deployment-Kontext zu entwerfen und zu überwachen. Dieser modulare Ansatz reduziert das Risiko einer einzelnen Einführung und verteilt das Risiko auf mehrere Einführungen
- Erhöhter Einsatz eines integrierten Sets von Scorecards zur Messung des Marketingrisikos zur Verbesserung der Entscheidungsfindung

Die Vorteile der Anwendung von Lean und Six Sigma im Marketing machen die Investition lohnenswert. Die Verwendung der Lean- und Six-Sigma-Ansätze gibt Entscheidungsträgern bessere Informationen und hilft, Unsicherheiten aus dem Marketing zu eliminieren. Unternehmen können Produktideen besser mit soliden Marktchancen abstimmen und ihr Angebotsportfolio besser ausbalancieren und verwalten, indem sie Lean und Six Sigma verwenden, um die Wahrscheinlichkeit des Markterfolgs erheblich zu erhöhen. Diese Ansätze bieten eine gemeinsame Struktur und Sprache, die die Kommunikation zwischen Marketing und Engineering während des taktischen Produktentwicklungs- und Vermarktungsprozesses erleichtern wird.

14.6 Six Sigma Marketing Wert Werkzeuge

SSM wird von der Prämisse angetrieben, Kunden und Märkten einen überlegenen Wert zu bieten – die beste Qualität zum wettbewerbsfähigsten Preis. Abgesehen von den üblichen DMAIC-Tools ist SSM von mehreren neuen und einzigartigen Werttools abhängig. Reidenbach [21] beschreibt die folgenden Wertsteigerungstools für das Marketing von SS:

- *Das Wettbewerbswertmodell.* Dieses Modell erfasst den VOM für jedes gezielte Produkt/Markt, in dem eine Organisation konkurrieren möchte. Ein Wettbewerbswertmodell liefert zwei kritische Informationen. Erstens identifiziert es klar den Trade-off zwischen Qualität und Preis, basierend darauf, wie der Markt diese beiden Wertkomponenten sieht. Zweitens identifiziert das Wertmodell die CTQs, die die Marktwertdefinition ausmachen und priorisiert sie hinsichtlich ihrer Bedeutung für den Markt. Dies beseitigt den Fokus auf einen relativ unwichtigen CTQ, der wenig Möglichkeit zur Verbesserung des Wettbewerbswertangebots einer Organisation bietet

- *Die Wettbewerbswertmatrix.* SSM handelt von Lücken – Wertlücken. Die Wettbewerbswertmatrix zeigt die Lücken zwischen Wettbewerbsprodukten, Marken und Dienstleistungen auf der Grundlage von zwei Schlüsseltreibern von Wert, Qualität und Preis, und wie der Markt jedes Wettbewerbsangebot bewertet. Die Wettbewerbswertmatrix bietet den ersten Schritt zur Wettbewerbsstrategie basierend auf diesen Lücken. Die Organisation kann wählen, zu führen, herauszufordern, zu folgen oder sich auf eine Nische zu konzentrieren
- *Die Wettbewerbsverwundbarkeitsmatrix.* Es handelt sich um ein leistungsstarkes Kundenakquisitionstool, das die niedrig hängenden Früchte identifiziert – jene Kunden, die nicht den Wert erhalten, der notwendig ist, um ihre Loyalität gegenüber einem Wettbewerber zu festigen – und was ist die Grundlage dieses schlechten Werts? Dieses Tool liefert detaillierte und umsetzbare Informationen, um diese Kunden zu geringen Akquisitionskosten zu lösen
- *Die Kundenloyalitätsmatrix.* Der Marktanteil ist eine Funktion von drei Faktoren: Kundenzufriedenheit, Kundenbindung und das erhöhte Kaufen von aktuellen Kunden. Wie loyal ist Ihre Kundenbasis? Wie anfällig sind sie für Abwanderung? Was sind die Qualitäts- oder Preisfaktoren, auf denen Ihre Leistung basiert, die sie vertreiben? Sind diese Faktoren systemisch (basierend auf einem Verkaufsproblem, einem Vertriebsproblem, einem Produktproblem, einem Prozessproblem, einem Preisproblem oder einem Qualitätsproblem)? Diese und andere Arten von Informationen sind aus der Kundenloyalitätsmatrix erhältlich

Webb und Gorman [24] betrachten Marketing und Vertrieb als Produktionsprozess. Ihrer Meinung nach haben Qualitäts- und Prozessverbesserungsmethoden ihre Wurzeln in der Fertigung, wo sie auf sehr offensichtliche und greifbare Weise Wert schaffen. Im Gegensatz dazu schafft der Vertrieb Wert durch Bereitstellung von Informationen und Lösung von Problemen, die beide immateriell sind. Darüber hinaus gibt es wenige Analogien zwischen Vertrieb und Fertigung:

- *Leads sind analog zu Rohstoffen in der Fertigung.* Werbung und Promotion erzeugen Leads, Personen, die möglicherweise die Produkte und Dienstleistungen des Unternehmens benötigen oder aktiv Informationen darüber suchen
- *Verkaufschancen sind analog zur Arbeit-im-Prozess in der Fertigung.* Vertriebsmitarbeiter qualifizieren Verkaufschancen, Personen, die einen Kauf in Betracht ziehen und die den Qualifikationskriterien des Unternehmens entsprechen
- *Kunden sind analog zu Fertigwaren.* Vertriebsmitarbeiter schließen Geschäfte mit Personen ab, die ihre Produkte und Dienstleistungen kaufen und somit Kunden werden

Daher ist ein kundenorientierter datenbasierter Ansatz für ein effektives Marketing unerlässlich. Um im Wettbewerb zu überleben, sollte ein Unternehmen kontinuierlich Aktivitäten fördern, die ihren Kunden durch ihren Verkaufsprozess Wert hinzufügen. Eine effektive Analyse erfordert das Lernen, was Interessenten und Kunden in jeder Phase des Marketing- und Verkaufsprozesses tun und welche Ergebnisse in diesen Phasen auftreten und warum. Dies erfordert die Sammlung von Daten darüber, was Marketing- und Vertriebsmitarbeiter tun und welche

Ergebnisse sie erzielen. Wir müssen Ursache und Wirkung ($y = f(x)$) erkennen und dann entscheiden, was geändert werden muss und wie es geändert werden kann, um das Ergebnis zu verbessern. Die Entwicklung eines richtigen Verkaufsprozesses kann dieses Problem in hohem Maße überwinden.

Der richtige Verkaufsprozess ist derjenige, der sowohl dem Kunden als auch dem Unternehmen den größten Wert hinzufügt. Der Verkaufsprozess, der dies erreichen wird, hängt von der Branche, dem Unternehmen und der Kundenbasis ab und wird sich ändern, wenn sich Märkte, Produkte und Geschäftsbedingungen entwickeln. Die meisten Unternehmen haben derzeit nicht den richtigen Verkaufsprozess, weil nur wenige von ihnen einen prozessorientierten Ansatz verfolgt haben. Zuerst sollte eine Einstellung zur Veränderung entwickelt werden. Um den Verkaufsprozess zu ändern, muss man den neuen Prozess zum Weg des geringsten Widerstands machen, insbesondere für Ihre Vertriebsmitarbeiter. Lassen Sie die Vertriebsmitarbeiter ihre eigenen harten Daten erstellen und das DMAIC-Tool zwischen Ihrem Prozess und Ihrem Problem spielen. Wenn Sie mehr lernen und Ihren Prozess und Ihr Problem klären, müssen Sie möglicherweise zwischen den Mess- und Analysephasen hin und her arbeiten. Wenn Sie versuchen, eine Theorie zu entwickeln und zu testen, wie eine Verbesserung erzielt werden kann, müssen Sie möglicherweise zwischen den Analyse- und Verbesserungsphasen hin und her gehen.

Die Prozessverbesserung, mit ihren Definitionen und Wertmaßen, kann dem Management helfen, einen Prozess oder Teile eines Prozesses einzuführen, der alle ehrlich hält, wenn es darum geht, Wert für Kunden hinzuzufügen. Die Förderung einer ausgefeilteren Lean-Fertigung ist eine weitere wertsteigernde Phase der Marketingaktivität. Die grundlegende Idee hinter Lean Manufacturing, wie sie von Toyota entwickelt und von Womack und Jones in *Die Maschine, die die Welt veränderte: Die Geschichte der Lean-Produktion* dokumentiert wurde, läuft darauf hinaus, mehr mit weniger zu tun und den Kunden genau das zu geben, was sie wollen. Die sechs grundlegenden Schritte von Lean, die in der Lieferkettenverwaltung weitgehend akzeptiert wurden, sind:

1. Implementierung grundlegender 5S-Hausordnungsprinzipien
2. Identifizierung des Kundenwerts und Kartierung des Wertstroms
3. Entfernung von Abfall, der alles ist, für das der Kunde nicht bezahlen würde
4. Reduzierung der Chargen auf die kleinstmögliche Größe und Sicherstellung reibungsloser Übergaben und Produktionsabläufe
5. Lassen Sie die Kunden das Produkt „ziehen“, anstatt es ihnen aufzudrängen und
6. Streben Sie nach Perfektion, indem Sie ständig Fehler, Fehler und Abfall reduzieren

Um einen Marketingprozess sinnvoll zu gestalten, muss man den gesunden Menschenverstand zur gängigen Praxis machen. Daran ist nichts Seltsames. Vieles an der Prozessverbesserung ist einfach kodifizierter gesunder Menschenverstand. Definieren Sie etwas, bevor Sie es messen. Messen Sie es, bevor Sie es analysieren. Analysieren Sie es, bevor Sie entscheiden, wie Sie es verbessern können. Verbessern Sie es und kontrollieren Sie es dann auf das neue Leistungsniveau. Six Sigma zielt darauf ab, den gesunden Menschenverstand zur gängigen Managementpraxis zu machen. Das Management mit Six Sigma mag für manche Menschen nicht so aufregend sein wie traditionelle Managementpraktiken. Das Management von Daten, Fakten, Messungen, Analysen und Experimenten minimiert die Politik, Machtkämpfe, Persönlichkeitskonflikte und das Drama des Organisationslebens. Es funktioniert besser, aber eine bloße Leistungsverbesserung spricht manche Menschen nicht an. Andere fürchten die Transparenz, die Daten und Fakten auf den Tisch bringen. Sich der Herrschaft der Daten zu unterwerfen, erfordert geistige Reife, Respekt vor der Realität und Hingabe an Standards ist nichts anderes als gesunder Menschenverstand.

14.7 Relevanz für Manager

Dies ist ein relativ neues und aufkommendes Konzept von Six Sigma. Nach Abschluss eines Six Sigma-Projekts verlagert sich der Fokus nun darauf, die Qualitätsverbesserung zu zeigen und das Sigma-Niveau des Projekts zu vermarkten. Dies ist das Wesen von SSM. Im Allgemeinen geht das Management nicht über die Festlegung eines Ziels oder die erfolgreiche Implementierung eines SS-Projekts hinaus. SSM ist ein faktenbasierter, datengesteuerter, disziplinierter Ansatz zur Steigerung des Marktanteils, indem gezielte Produktmärkte mit überlegenem Wert versorgt werden. Damit ein Geschäft nachhaltig ist, sollte man sich auf drei Aspekte von SSM konzentrieren, nämlich strategisches, taktisches und operatives Marketing. Sie erleichtern Effizienz, Stabilität und vor allem messbare Ergebnisse von Six Sigma. Der Vorteil der Integration von SS in den Marketingprozess beinhaltet bessere Informationen (Management durch Fakten), um bessere Entscheidungen zu treffen.

Wieder einmal bilden Daten den wesentlichen Teil von faktenbasierten Entscheidungen, ob es sich um Marketing oder Vertrieb handelt. Die Relevanz von Datenmerkmalen, Datenqualität, Datenzuverlässigkeit und Datenrelevanz ist ein wichtiges Merkmal von Marketing und Vertrieb. In diesem Kapitel haben wir auch viele Wertsteigerungstools für Marketing SS wie das Wettbewerbswertmodell, die Wettbewerbswertmatrix, die Wettbewerbsverletzlichkeitsmatrix und die Kundenloyalitätsmatrix diskutiert. Die Relevanz von Supply-Chain-Metriken im Marketing, messbasiertem KMI, führenden und nachlaufenden Indikatoren usw. wird auch in Bezug auf SSM hervorgehoben.

Übungen

14.1. Was sind die Ziele eines Six Sigma-Projekts?

14.2. Was ist SSM? Beschreiben Sie verschiedene Elemente, die mit einem SSM verbunden sind.

14.3. Nennen Sie verschiedene Schwerpunktbereiche von SSM und seine Vorteile.

14.4. Unterscheiden Sie zwischen CVM und PVM.
14.5. Beschreiben Sie, wie nachhaltige Geschäftspraktiken durch SSM erreicht werden.
14.6. Beschreiben Sie verschiedene Aspekte von IDEA, UAPL und LMAD als Marketingstrategien von Six Sigma.
14.7. Beschreiben Sie, wie die führenden und nachlaufenden Indikatoren die Effizienz von SSM fördern?
14.8. Nennen Sie einige der KMI, die zur Steigerung des Potenzials von SSM verwendet werden. Wie sind sie mit einem guten MIS verbunden?
14.9. Diskutieren Sie die Relevanz von Supply-Chain-Metriken im Marketing von Six Sigma.
14.10. Was sind die „logistischen" Probleme, die Six Sigma-Maßnahmen umgeben?
14.11. Was sind die wichtigsten Marketingwerttools, die in SSM verwendet werden?
14.12. Nennen Sie die Lean-Prinzipien, die im Supply-Chain-Management weitgehend akzeptiert sind.

Literatur

1. Chakravorty, S.S.: Six Sigma programs: an implementation model. Int. J. Prod. Econ. **119**, 1–16 (2009)
2. Cox, R.F., Issa, R.R., Ahrens, D.: Management's perception of key performance indicators for construction. J. Constr. Eng. Manage. **129**(2), 142–151 (2003)
3. Creveling, C.M., Hambleton, L., McCarthy, B.: Six Sigma for Marketing Processes: An Overview for Marketing Executives, Leaders and Managers. Pearson Education, Boston (2006)
4. General Electric: General Electric Company 1997 Annual Report (1997).
5. Hahn, G.J., Doganaksoy, N., Hoerl, R.W.: The evolution of Six Sigma. Qual. Eng. **12**(3), 317–326 (2000)
6. Hendricks, C.A., Kelbaugh, R.L.: Implementing Six Sigma at GE. Assoc. Qual. Participation **21**(4), 48–53 (1998)
7. Juran, J.M.: Juran on Planning for Quality. Free Press, New York (1988)
8. Kaplan, R.S., Norton, D.P.: The balanced scorecard—measures that drive performance. Harvard Bus. Rev. **70**(1), 71–79 (1992)
9. Kaplan, R.S., Norton, D.P.: Putting the balanced scorecard to work. Harvard Bus. Rev. **71**(5), 138–140 (1993)
10. Kumar, D.U., Nowicki, D.: On the optimal selection of process alternatives in Six Sigma implementation. J. Prod. Econ. **111**, 456–467 (2008)
11. LG Electronics: Six Sigma case studies for quality improvement, prepared for the national quality prize of Six Sigma for 2000 by LG Electronics/Digital Appliance Company (2000).
12. Mentzer, J.T.: Defining supply chain management. J. Bus. Logistics **22**(2), 1–25 (2001)
13. Moorman, C., Rust R.T.: The Role of Marketing. J. Mark. **63** (Special Issue 1999), 180–197 (1999)
14. Muir, A.: Lean Six Sigma Statistics. McGraw-Hill, New York (2006)
15. Muralidharan, K., Neha, R.: Six Sigma: some marketing essentials. Int. J. Mark. Hum. Resour. Manage. **4**(2), 1–12 (2013)

16. Pande, P., Neuman, R., Cavanagh, R.: The Six Sigma Way: How GE, Motorola, and Other Top Companies are Honing Their Performance. McGraw Hill Professional, New York (2000)
17. Park, S.H.: Six Sigma for quality and productivity promotion. Productivity series 32, The Asian productivity Organization (2003)
18. Pyzdek, T.: The six sigma handbook: a complete guide for green belts, black belts and managers at all levels. Tata McGraw-Hill, Noida (2010)
19. Pyzdek, T.: The Complete Guide to Six Sigma, S. 431. Quality Publishing, Tucson (1999)
20. Pyzdek, T.: Six Sigma and lean production. Qual. Digest, S. 14 (2000)
21. Reidenbach, R.E.: Six Sigma Marketing: From cutting costs to growing market share. ASQ Quality press, Milwaukee, Wisconsin (2009)
22. Su, C.T., Chou, C.-J.: A systematic methodology for creation of Six Sigma project: a case study of semiconductor foundry. Expert Syst. Appl. **34**, 2693–2703 (2008)
23. Wang, C.H., Hsu, Y.: Enhancing rubber component reliability by response model. J. Comput. Ind. Eng. **57**, 806–812 (2009)
24. Webb, M.J., Gorman, T.: Sales and Marketing the Six Sigma Way. Kaplan Publishing, Fort Lauderdale (2006)
25. Supply chain metric (n.d.). Retrived from http://www.supplychainmetric.com/

Kapitel 15
Grünes Six Sigma

15.1 Einführung

Jede Organisation muss ihre Prozesse zur Verbesserung des Managements, der Qualität und der Rendite (ROI) verbessern. Die Six Sigma-Philosophie ist ein auf Fakten basierender Managementansatz zur Reduzierung der Variation in einem Prozess und damit zur Verbesserung der Qualität [1, 3, 4, 7]. Im besten Fall verbessert Six Sigma die Art und Weise, wie Manager managen, indem es den Kontext festlegt, in dem und die Mittel, mit denen sie entscheiden können, was wichtig ist und was nicht, und was Aufmerksamkeit und Ressourcen erfordert und was nicht. Die Prozessverbesserung schafft Managementprinzipien wie Verantwortung, Autorität, Befehlskette und Kontrollspanne nicht ab. Sie ignoriert auch nicht Managementpraktiken wie Zielsetzung, Planung, Delegation und Kontrolle nach Plan. Stattdessen ermöglicht es auf allen Ebenen, sich an diese Prinzipien zu halten und diese Praktiken anzuwenden. Es tut dies, indem es sie auf den Kunden, auf den Zweck der Organisation und auf die Fakten einer Geschäftssituation konzentriert.

Die Zusammenarbeit zwischen Organisationen zur Minimierung der logistischen Auswirkungen der Nutzung von Arbeitskräften, der Bewegung von Produkten und der Materialflüsse führt letztendlich zur Maximierung der Ressourcen in der Organisation. Es handelt sich dabei um nichts anderes als die Grünung der Ausrichtung und Integration des Umweltmanagements innerhalb des Organisationsmanagements. Es grenzt die Umweltauswirkungen des Unternehmens und die Unternehmensgrenzen ab, innerhalb derer die Organisation funktioniert. Unabhängig vom Funktionsbereich muss jede Geschäftsorganisation innerhalb der Reichweite von Regierungsvorschriften und nachhaltigen Geschäftspraktiken arbeiten. Insbesondere eine Six Sigma-Organisation muss sich auf die Grünung des Geschäfts konzentrieren, nicht nur aus der Perspektive des

K. Muralidharan, *Six Sigma für organisatorische Exzellenz*,
https://doi.org/10.1007/978-81-322-4001-3_15

Endbenutzers, sondern auch aus der Perspektive der Umweltgefahren, die die allgemeine Art des Geschäfts beeinflussen.

Das Green Six Sigma (GSS) kann als qualitative und quantitative Bewertung der direkten und letztendlichen Umweltauswirkungen aller Prozesse und Produkte einer Organisation definiert werden. Die Aktivitäten beinhalten die systematische Nutzung von Infrastruktur und Arbeitskräften, den optimalen Einsatz von Technologie und die Rechenschaftspflicht für nachhaltige Geschäftspraktiken (siehe Refs. [5, 6]). Die Aktivitäten können weiter in zwei breite Kategorien eingeteilt werden: qualitative und quantitative Bewertung von Umweltauswirkungen.

Einige der spezifischen qualitativen Bewertungen, die besondere Aufmerksamkeit erfordern, sind wie folgt:

- Informationsquelle über Rohstoffe und Maschinen
- Stärke des Unternehmens in Bezug auf seine Größe, Arbeitskräfte, Maschinen und Methoden
- Große Durchbrüche in der Vergangenheit und Gegenwart
- Verfügbarkeit der vollständigen Informationen über Innovationen, die vom Unternehmen durchgeführt wurden
- Verfügbarkeit von umweltfreundlichen und nachhaltigen Entwicklungen, die vom Unternehmen durchgeführt wurden
- Angewandte Abfallentsorgungsschemata
- Energieeinsparungs- und Kraftstoffverbrauchsquellen
- Methoden zur Reduzierung von Lärmbelästigung
- Messung der Umweltleistung
- Prozesskontroll- und Qualitätskontrollmaßnahmen, die im Unternehmen praktiziert werden
- Gezahlte Steuern und unternehmensspezifische Verbindlichkeiten in Bezug auf Umweltfragen
- Reaktive und proaktive Wartungsaktivitäten

Neben den oben genannten qualitativen Informationen gibt es viele erwartete und unerwartete Umweltauswirkungen in einer Organisation, die auf einer quantitativen Skala gemessen werden können. Einige davon sind wie folgt:

- Anzahl der Zusammenarbeiten zwischen Unternehmen und Regierungen
- Anzahl der großen Unfälle und Katastrophen, die stattgefunden haben
- Anzahl der durchgeführten Projekte zu gesunden Geschäftspraktiken und nachhaltigen Geschäftspraktiken
- Anzahl der in Computerprogrammen und Software gemeldeten Fehler
- Anzahl der Schulungsprogramme zur Schulung der Mitarbeiter
- Menge und Grad der Treibhausgasemissionen (GHG)
- Menge des vom Unternehmen freigesetzten Kohlenstoffs
- Menge des an einem Tag produzierten und entsorgten Abfalls

Unternehmen, die an Six Sigma-Projekten beteiligt sind, sollten die oben genannten Informationen in vollem Umfang als Teil der grünen Aktivitäten in der Organisation aufrechterhalten. Die Regierungsstelle sollte dies als Compliance-

Frage betrachten und sicherstellen, dass es von jedem Unternehmen praktiziert und gefördert wird. Diese Frage sollte das erste Barometer für die Bewertung eines Six Sigma-Projekts sein, und daher ist die Verantwortung einer solchen Organisation sehr hoch bei der Erbringung der Dienstleistungen. Die Regierung sollte solche Organisationen fördern und belohnen, die ihren Gesamtbeitrag zur Natur und Gesellschaft betrachten. Dies wird das Konzept der grünen und sauberen Technologie fördern, das die Notwendigkeit der Stunde ist.

Die treibende Kraft von GSS kann alles sein, wie die Verbesserung der Öffentlichkeitsarbeit, die Verbesserung der Kundenbeziehungen, die Verbesserung der Investorenbeziehungen, die Verbesserung der Unternehmensbeziehungen, die Reduzierung der Logistikkosten, die Erfüllung der Kundenanforderungen, das Verständnis der Wettbewerber und die Einhaltung der Regierungsvorschriften. Eine Organisation muss daher die Herstellung von grünen Produkten fördern und grüne Methoden bei der Gestaltung ihres Produkts einbeziehen. Die beste Geschäftspraxis wird dann ein integraler Bestandteil einer solchen Organisation.

15.2 Grüne Six Sigma Tools und Techniken

Wie im vorherigen Abschnitt besprochen, arbeitet die SS-Philosophie mit einem strukturierten Problemlösungsansatz, der sich über Definieren, Messen, Analysieren, Verbessern und Kontrollieren erstreckt, kurz DMAIC-Tools zur Problemlösung. Ein GSS arbeitet ebenfalls nach demselben Prinzip, jedoch mit der Einbeziehung von Umweltbelangen in jeder Phase. Der grüne und saubere Einsatz von Technologie, Wissen und Infrastrukturmanagement wird ebenfalls in den Prozess einbezogen, wenn Verbesserungen vorgeschlagen werden. Bei der Identifizierung des GSS-Projekts und seiner Auswirkungen auf nachhaltige Themen müssen zwei grundlegende Fragen gestellt werden, die das Geschäft beeinflussen müssen. Sie lauten wie folgt:

- Wo liegt das Problem? Im Prozess oder im Produkt?
- Was verursacht genau das Problem? Die allgemeinen Merkmale des Problems? Oder die Eignung und Anpassungsfähigkeit des Problems?
- Wie wirken sich die Umweltprobleme auf das Ergebnis des Prozesses aus?
- Wie geht der Service-Mechanismus mit den grünen Themen um?
- Wie häufig sind Innovationen im Prozess erforderlich?
- Reagiert die Organisation zum ersten Mal auf Umweltprobleme?
- Wie häufig fordern Kunden grüne Verbesserungen in Produkten und Dienstleistungen?

Die Umweltprobleme und nachhaltigen Geschäftspraktiken sind das Ergebnis kontinuierlicher Verbesserung. Dies geschieht auch, wenn Innovationen in den Prozess einbezogen werden. Um den Prozess oder das Produkt grün und sauber zu gestalten, sollte das Unternehmen immer auf jene relevanten Aktivitäten fokussieren, die liefern und die Stimme des Kunden (VOC) in den Prozess einbeziehen können. Daher wird das Ziel des GSS-Projekts mit der Definition der Hypothese beginnen, wie zum Beispiel:

- Ob es irgendwelche Einflüsse von Umweltvorschriften auf die wirtschaftliche Leistung des Unternehmens gibt
- Ob es irgendwelche Einflüsse von Umweltvorschriften auf die Innovationsleistung des Unternehmens gibt
- Ob es irgendwelche Einflüsse der Innovationsleistung auf die wirtschaftliche Leistung des Unternehmens gibt

Die Hypothese kann prozessspezifisch, produktspezifisch, dienstleistungsspezifisch und bereichsspezifisch für das Projekt der Organisation sein. Ein guter Daten-Erfassungsplan hängt von diesen Aspekten ab. Ein Daten-Erfassungsplan sollte erstellt werden, der die benötigten Informationen und das erforderliche Datenformat spezifiziert und wer Zugriff auf die relevanten Aufzeichnungen hat oder hält. Bevor Daten von Lieferkettenpartnern angefordert werden, gilt es als gute Praxis, ihnen die Ziele des Projekts vorzustellen und zu erklären und hoffentlich ihre Zustimmung und aktive Unterstützung zu erhalten. Wenn Daten außerhalb der Organisation liegen, ist es nützlich, in allen beteiligten Unternehmen bestimmte Personen zu haben, damit sie den Daten-Erfassungsprozess intern koordinieren und verwalten können. Anstatt sich mehr auf die VOC zu konzentrieren, ist es besser, sich auf die Stimme des Prozesses (VOP) zu konzentrieren, um gute, von grünen Geschäftsthemen unterstützte Daten zu erhalten.

Das DMAIC-Prinzip von GSS funktioniert wie folgt: In der Messphase können die für die VOP geeigneten Daten in Abstimmung mit der VOC bewertet werden. Durch eine Prozessabbildung oder Zeitleiste kann man den Fluss der Eingaben (grüne Maßnahmen) von der Lieferantenseite zum Fluss der Ausgaben zum Kunden feststellen. Der gesamte physische Fluss berücksichtigt die allgemeinen Variationen (aufgrund von Materialien, Methoden, Maschinen, Menschen, Umwelt, Maßnahmen usw.), die in einem Prozess auftreten. Diese Variationen werden im Allgemeinen als zuweisbare Ursachen von Variationen und zufällige (oder zufällige) Ursachen von Variationen klassifiziert, während der Informationsfluss dazu beiträgt, die Zufallsursachen zu identifizieren, die die Umweltvariationen im Modell beeinflussen. Daher wird eines der Hauptziele von GSS darin bestehen, den Einfluss von Zufallsvariationen im Prozess zu bewältigen.

Insbesondere wird eine Messsystemanalyse von GSS die folgenden Aspekte umfassen:

- Identifizierung und Definition der verschiedenen Komponenten des Messfehlers
- Auflistung und Diskussion der Fehlerquellen in den in Prozessen verwendeten Messsystemen
- Auflistung der Parameter, die die Konsistenz der Messung beeinflussen
- Identifizierung von Zufallseffekten, die zur übermäßigen und redundanten Verwendung von Materialien beitragen
- Identifizierung von Faktoren, die die grünen Leistungsmaßnahmen beeinflussen

- Identifizierung der Prioritäten für die technische Toleranz und die Prozessfähigkeit des Prozesses
- Bewertung der Umweltbedingungen

Ein GSS-Projektmitarbeiter sollte immer umweltfreundliche Materialien, Arbeitsbedingungen und grüne Technologien in Betracht ziehen, um die Gesamtausführungszeit, Zykluszeit und Verschwendung von Materialien zu minimieren. Sie sollten jene Möglichkeiten identifizieren, bei denen Nacharbeit und Wiederholung der Aktivitäten gering sind, um übermäßigen Energieverbrauch zu vermeiden. Das Ziel sollte nicht nur auf die Minimierung der Infrastruktur beschränkt sein, sondern auch auf die Minimierung aller Arten von Verschmutzung (Lärm, Geräusche, Gas, Elektrizität usw.), die aus einer Aktivität entstehen.

Während der Analyse- und Kontrollphasen sollte darauf geachtet werden, die wichtigsten Eingabevariablen (X) einzuführen, die positiv zur grünen Umwelt beitragen werden. Die Variablen, die grüne Aspekte beeinflussen, sollten immer für Verbesserungsaktivitäten in Betracht gezogen werden. Ein solches Ergebnis wird lange anhalten und wird einen dauerhaften Einfluss auf die Qualität des Geschäfts haben.

15.3 Nachhaltigkeitsprobleme von Green Six Sigma

Damit ein Unternehmen eine starke Geschäftsführung aufrechterhalten kann, müssen Fachwissen und Technologie vorhanden sein. Insbesondere sollten die Personen, die an Six Sigma-Projekten arbeiten, vollständige Transparenz über die positiven und negativen Aspekte der Umweltprobleme bieten, die sie durch das Projekt angehen. Das Management sollte Umweltmanagementsysteme (EMS) als Reaktion auf neue Umweltvorschriften, die Unternehmen auferlegt werden, beachten. Das Umweltmanagement hat sowohl kurz- als auch langfristige Auswirkungen und beeinflusst die aktuelle Leistung und die langfristige Nachhaltigkeit von Unternehmen. Das Kohlenstoffmanagement ist ein relativ neuer Teil dieses Prozesses und gewinnt an Bedeutung angesichts der Bedrohung durch den Klimawandel [8]. Es ist wichtig, eine umfassende Umweltstrategie zu erstellen und die potenziellen Kompromisse zwischen ihren Bestandteilen zu verstehen. Daher ist EMS ein strukturierter Rahmen für die Verwaltung der erheblichen Auswirkungen einer Organisation auf die Umwelt. Diese Auswirkungen können Abfall, Emissionen, Energieverbrauch, Transport und Verbrauch von Materialien sowie zunehmend Klimafaktoren umfassen.

Es wird beobachtet, dass alle Projekte von einigen Agenturen auf Qualität und Standards zertifiziert sind. Im Allgemeinen werden die SS-Projekte durch SS-Organisationen oder Zertifizierungsstellen bewertet. Im Großen und Ganzen sind die meisten Unternehmen durch internationale Agenturen wie die Internationale Organisation für Normung (ISO), die American Society for Quality (ASQ), Quality

Councils (QC) oder *Normungsbüros* zertifiziert. Die beiden Organisationen, die in Indien für Qualitätsstandards verantwortlich sind, sind das Bureau of Indian Standards (BIS) und der Quality Council of India (QCI). Die Ziele der ISO umfassen die Förderung von Standards in der Welt, um den internationalen Austausch von Waren und Dienstleistungen zu erleichtern und die Zusammenarbeit in den Bereichen geistiges, wissenschaftliches, technologisches und wirtschaftliches Handeln einschließlich der Technologietransfers in Entwicklungsländer zu fördern. Es zielt auch auf die Harmonisierung von Standards auf internationaler Ebene ab, um Handels- und technische Barrieren zu minimieren. Das heißt, die Beseitigung von Unterschieden von Land zu Land, die Beseitigung von Terminologieverwirrungen und die Steigerung des Qualitätsbewusstseins sind die Ziele dieser Standards.

ISO 9000 fördert ein dokumentiertes Qualitätssystem. Daher ist ein Qualitätssystemhandbuch wichtig für die Erlangung der ISO-Zertifizierung. Das Management muss eine schriftliche Erklärung ihrer Verpflichtung zur Qualität haben, und diese muss allen Mitarbeitern mitgeteilt und von ihnen verstanden werden. Das Management muss die qualitätsbezogenen organisatorischen Verantwortlichkeiten und Beziehungen klar definieren. Ein Managementvertreter muss beauftragt werden, die Implementierung und kontinuierliche Verbesserung des Qualitätssystems zu überwachen. Gleichzeitig muss das obere Management das System ständig auf etwaige Auslassungen und Kommissionen überprüfen.

Ein ISO 9000-Unternehmen muss alle Prozesse identifizieren, die die Qualität des Produkts oder der Dienstleistung direkt beeinflussen, und sicherstellen, dass diese Prozesse unter kontrollierten Bedingungen durchgeführt werden, einschließlich formeller Genehmigung von Prozess, Design und Ausrüstung, dokumentierten Arbeitsanweisungen, dokumentierten Qualitätskriterien und Entwicklung von Qualitätsplänen, die beschreiben, wie der Prozess überwacht werden soll und eine geeignete Arbeitsumgebung geschaffen wird.

Neben ISO 9000 gibt es für Unternehmen, die eine Zertifizierung ihrer Umweltqualifikationen wünschen, eine Reihe internationaler Standards wie die ISO 14000-14001-Serie. Dies sind freiwillige Standards und Leitlinien für Unternehmen, die ihren Umwelteinfluss minimieren möchten. Diese Serie wurde im Jahr 1996 veröffentlicht und ist der einzige Standard in der ISO 14000-Serie, für den eine Zertifizierung durch eine externe Behörde verfügbar ist und der die Spezifikation von Anforderungen an das Umweltmanagementsystem eines Unternehmens betrifft.

Das Eco-Management and Audit Scheme (EMAS) ist ein weiterer freiwilliger europaweiter Standard, der von der Europäischen Union eingeführt und auf alle europäischen Länder angewendet wurde. Es wurde im April 1995 offiziell in das Vereinigte Königreich eingeführt. Laut dem Institute of Environmental Management Assessment (IEMA, 2008, online abgerufen: www.iemanet/ems/emas) besteht das Ziel von EMAS darin, „die Organisationen zu erkennen und zu belohnen, die über die Mindestanforderungen an die gesetzliche Konformität hinausgehen und ihre Umweltleistung kontinuierlich verbessern." Teilnehmende Organisationen müssen regelmäßig eine öffentliche Umwelterklärung erstellen, die von einem unabhängigen Umweltprüfer überprüft wird und über ihre Umweltleistung berichtet.

15.4 Vorteile von Green Six Sigma

Die Vorteile von GSS können wie folgt zusammengefasst werden:

- Verbessert nachhaltige Geschäftspraktiken
- Reduziert die Gesamtbetriebskosten und verbessert dadurch die Gewinne
- Reduziert die Emissionen von Treibhausgasen
- Fördert die Energieeinsparung in Unternehmen
- Reduziert eine große Menge an Abfällen
- Fördert kosteneffiziente Technologie und Rohstoffnutzung
- Verbessert die Sichtbarkeit von grünen Treibern
- Verbessert das Markenimage
- Verbessert die Kundenzufriedenheit
- Verbessert die Mitarbeiterzufriedenheit

15.5 Grünes Six Sigma: Einige Qualitätsrichtlinien

Wie bereits erwähnt, ist die Durchführung eines SS-Projekts eine hochverantwortliche Aufgabe. Die Umsetzung eines SS-Projekts in ein grünes Projekt erfordert eine koordinierte Anstrengung, die von der Geschäftsleitung und den Stakeholdern, einschließlich der Kunden, ausgeht. Um eine Roadmap für politische Entscheidungsträger zur Verbesserung der Effizienz und Qualität zu entwickeln, schlagen wir die folgenden Richtlinien für grüne Qualitätszertifizierungen vor. Diese Richtlinien werden dazu beitragen, die Effizienz der Umweltvorschriften zu verbessern und einzelnen Unternehmen dabei zu helfen, innovative Best Practices zur Einhaltung von Umweltvorschriften und zur Verbesserung der Leistung zu übernehmen. Diese Richtlinien basieren auf verschiedenen Kategorien wie Umweltvorschriften, nachhaltige Geschäftspraktiken, freiwillige Maßnahmen, Druck von Stakeholdern, Geschäftsinnovationen und Leistung (finanziell und umweltbezogen) und werden nachfolgend kurz dargestellt:

- Erstellen Sie Umweltmissionen und -visionen
- Setzen Sie einen definierten Standard für Umweltvorschriften durch wirtschaftliche Parameter
- Binden Sie die Kontrolle von Verschmutzung und Abfallreduktion in jeden Produktionsprozess ein
- Überprüfen Sie regelmäßig auf schädliche Emissionen und unnötigen Energieverbrauch
- Legen Sie Emissionsziele, Treibhausgase und Kohlenstoffbudgets für jedes SS-Projekt fest
- Implementieren Sie wirtschaftlich tragfähige Abfallressourcen für Sammlung und Entsorgung

- Implementieren Sie umweltfreundliche Praktiken wie Recycling und Wiederaufbereitung
- Dokumentieren Sie alle öffentlichen Umweltaussagen
- Dokumentieren und handeln Sie alle Verstöße gegen die Umweltkonformität
- Entwickeln Sie innovative Prozesse und IT-affine technische Kenntnisse
- Fördern Sie eigene Stromerzeugungsquellen
- Praktizieren Sie nachhaltige Geschäftspraktiken, um den Energieverbrauch zu senken
- Richten Sie ein klares Umweltmanagementsystem ein, um Daten und Verantwortlichkeiten zu sammeln
- Fördern Sie umweltfreundliche Fahrzeuge und Transportmittel für den Warenverkehr
- Bewerten Sie die Leistungen des Unternehmens in Bezug auf Energieeinsparung, Kosteneinsparung durch nachhaltige Geschäftspraktiken
- Bewerten Sie die Leistung des Unternehmens in Bezug auf das Wachstum und den Marktanteil nachhaltiger Praktiken
- Bewerten Sie die Produktreichweite und das geografische Gebiet, das durch nachhaltige Praktiken abgedeckt wird
- Weitere spezifische Methoden, die das Unternehmen zur Energiegewinnung und -einsparung anwendet

Die oben genannten Richtlinien sind möglicherweise nicht abschließend. Je nach Unternehmensumfeld können die Richtlinien überarbeitet oder angepasst werden. Studien haben gezeigt, dass Umweltleistung, finanzielle Leistung und Geschäftsinnovationen stark korreliert sind; vielmehr tragen Geschäftsinnovationen immer zur Umweltleistung und finanziellen Leistung bei. Daher sind die oben genannten Vorschriften für das Unternehmen sehr wichtig, um nachhaltig zu sein und die Qualität der Organisationen zu verbessern. Einige der oben genannten Richtlinien haben eine starke Basis quantitativer und qualitativer Merkmale und können daher jederzeit in der Organisation bewertet werden. Und es sollte für jede Qualitätszertifizierung obligatorisch gemacht werden.

15.6 Grünes Six Sigma: Auf dem Weg zur Exzellenz

Eine ausgezeichnete Organisation ist per Definition eine, die erfolgreich ihr integriertes Portfolio aus Anforderungen, Prozessen, Ergebnissen und Kompetenzen ausgearbeitet hat. Eine Organisation in Richtung solcher Exzellenz zu bewegen, erfordert Disziplin und Engagement. Es beinhaltet das Management von Innovation und Veränderung und einen systematischen Ansatz zur Bewertung und Gestaltung von Exzellenz in einem Unternehmen. Dies setzt ein klares Verständnis des Exzellenzkonzepts einer Organisation und seine Akzeptanz als Grundlage für die Integration und Synergisierung wesentlicher Prozesse in ein Gesamtschema voraus, das einerseits das Gleichgewicht hält und andererseits den Zusammenhang zwischen den Schlüsselvariablen Anforderungen, Prozessen, Ergebnissen und Kompetenzen. Es hilft, eine Organisation zu schaffen, die durch Unternehmensplanung, Positionsplanung und Kompetenzentwicklung soziale, organisatorische und personelle Anforderungen in einer Weise ausbalanciert, die nachhaltige Anpassung, Wachstum und Erfolg ermöglicht.

Für Exzellenz kann Six Sigma nicht als eine weitere eigenständige Aktivität behandelt werden. Es erfordert die Einhaltung einer ganzen Philosophie und nicht nur die Verwendung einiger Werkzeuge und Techniken zur Qualitätsverbesserung [2]. Six Sigma-Projekte müssen auf Prozess- und Produktverbesserungen abzielen, die sowohl auf finanzielle als auch auf operative Ziele direkte Auswirkungen haben. Die Integration von Umweltinitiativen und nachhaltigen Geschäftspraktiken in das Unternehmensmanagement kann zu erhöhtem Geschäft, verbesserter Geschäftsleistung und weiterer Verbesserung der Glaubwürdigkeit des Unternehmens bei den Stakeholdern führen. Die verstärkten Umweltbedenken erfordern Leistungsmess- und Berichtssysteme, die auf grüne Initiativen ausgerichtet sind. Ein effektives, ausgewogenes und dynamisches Leistungsmesssystem ist daher entscheidend für die Überwachung, Kontrolle und Verbesserung eines GSS. Dies wird durch eine systematische Implementierung von phasenweisen Werkzeugen und die Ausführung von DMAIC-Philosophien erreicht, die in vorherigen Kapiteln diskutiert wurden.

15.7 Relevanz für Manager

Dieses Kapitel stellt die besten Geschäftspraktiken vor, die durch die Implementierung von GSS erreicht werden können. GSS arbeitet auch nach dem gleichen Prinzip wie ein SS-Projekt, jedoch mit der Einbeziehung von Umweltbelangen in jeder Phase. Daher ist jedes Projekt verpflichtet, Disziplin und Engagement gegenüber ihrem Geschäftsergebnis unter Berücksichtigung von Umweltbelangen aufrechtzuerhalten. Das Kapitel richtet sich daher an Geschäftsorganisationen, die grüne Aktivitäten fördern, an Fachleute, die in SS-Projekten arbeiten, an Berater und Akademiker. Wir haben viele Werkzeuge und Techniken zur Implementierung von GSS-Projekten vorgeschlagen und verschiedene Qualitätsrichtlinien zur Förderung nachhaltiger Geschäftspraktiken in der Organisation vorgeschlagen. Wir empfehlen und hoffen, dass diese Richtlinien zu einem integralen Bestandteil jedes Projekts gemacht werden sollten.

Übungen

15.1. Was ist GSS? Nennen Sie die qualitativen und quantitativen Merkmale von GSS.

15.2. Was sind die Implementierungswerkzeuge und -techniken von SSM?

15.3. Was sind die Managementaspekte, die mit der Messsystemanalyse von GSS verbunden sind?

15.4. Beschreiben Sie einige der wichtigsten Nachhaltigkeitsprobleme von GSS.

15.5. Beschreiben Sie, wie sich GSS von einem LSS unterscheidet.
15.6. Was sind die Vorteile von GSS?
15.7. Nennen Sie einige der wichtigen Qualitätsrichtlinien von GSS.
15.8. Beschreiben Sie, wie GSS für organisatorische Exzellenz genutzt werden kann.

Literatur

1. Chaudhary, S.: The Power of Six Sigma. Dearborn Trade. A Kaplan Professional Company, Chicago (2001)
2. Dale, B.: Marginalization of quality: is there a case to answer. TQM Mag. **12**(4), 266–274 (2000)
3. Eckes, G.: Six Sigma for Everyone. Willey, New Jersey (2003)
4. Harry, M., Schroeder, R.: Six Sigma: The Breakthrough Management Strategy. Doubleday (A Division of Random House, Inc.), New York (1999)
5. Muralidharan, K.: Green statistics: some quality guidelines. Int. J. Ind. Eng. Res. **6**(9), 15–20 (2013)
6. Muralidharan, K., Ramanathan, R.: Green statistics: a management perspective. Indian Inst. Ind. Eng. J (2013) (to appear)
7. Pandey, P.S., Neuman, R.P., Cavanagh, R.P.: The Six Sigma Way. McGraw-Hill, New York (2000)
8. Walley, N., Whitehead, B.: It is not easy being green. Harvard Bus. Rev. **72**(3), 54–64 (1994)

Kapitel 16
Six Sigma: Einige Vor- und Nachteile

16.1 Einführung

Six Sigma ist eine Geschäftsstrategie, die darauf abzielt, Ursachen für Fehler oder Mängel oder Ausfälle in Geschäftsprozessen zu identifizieren und zu beseitigen, indem sie sich auf Ergebnisse konzentriert, die für Kunden von entscheidender Bedeutung sind [17, 18]. Es ist auch ein Qualitätsmaß, das nahezu die Beseitigung von Fehlern durch die Anwendung statistischer Methoden anstrebt. Es propagiert einen evidenzbasierten Entscheidungsansatz, indem es Werkzeuge und Techniken zur Messung und Überwachung von Prozessen auf Veränderungen in der Variation, d. h. Qualität, spezifiziert. Durch die Quantifizierung des finanziellen Ertrags aus Qualitätsverbesserungsprojekten hilft Six Sigma, die Auswirkungen solcher Projekte auf die Bilanz einer Organisation zu realisieren. Anfangs stieß diese Methodik aufgrund ihrer statistischen Komplexität bei Managern und Organisationen auf Skepsis. Nachdem jedoch mit dem System gearbeitet und es angepasst wurde, hat die Geschäftswelt nun das potenzielle Nutzen dieses Konzepts erkannt [7, 8, 10, 11, 14, 16].

Six Sigma als Problemlösungsphilosophie wurde als Alternative zu vielen bestehenden Qualitätsverbesserungsprogrammen anerkannt, um operative Exzellenz und nachhaltige Dienstleistungsqualität zu erreichen. Während der ursprüngliche Fokus von Six Sigma auf der Fertigung lag, wurde es heute in Bereichen wie Service, Gesundheitswesen und transaktionalen Prozessen usw. weitgehend akzeptiert. Es bietet einen rigorosen analytischen Rahmen und eine klare und konsistente Datenmanagement- und Analysefähigkeit für die Implementierung von Qualitätsprojekten [3, 5].

Es wird festgestellt, dass Six Sigma grundsätzlich auf linearen Systemen für seine Funktion abhängt, die in einem der früheren Kapitel diskutiert wird. Wenn Variation zufällig und episodisch in ein komplexes System eintreten kann, ist Six Sigma ein suboptimales Analysewerkzeug. Der DMAIC-Prozess beginnt mit

K. Muralidharan, *Six Sigma für organisatorische Exzellenz*,
https://doi.org/10.1007/978-81-322-4001-3_16

„definieren“, und komplexe Systeme sind im Allgemeinen schwer zu definieren. Die Definition von Messungen für Variablen sowie Attribute ist in transaktionalen und Dienstleistungsprozessen einfach, während sie in Dienstleistungs- und Gesundheitsversorgungssystemen völlig anders ist. Dies weist auf die Notwendigkeit eines klar definierten Messsystems für die bessere Implementierung von Six Sigma in Gesundheits-, wissenschaftlichen und akademischen Einrichtungen und vielen anderen Orten hin. Man kann sehen, dass die folgenden Aspekte der Six Sigma-Strategie in den früheren Qualitätsverbesserungsinitiativen nicht betont wurden:

- Die Six Sigma-Strategie legt einen klaren Fokus auf die Erzielung messbarer und quantifizierbarer finanzieller Renditen für die Bilanz einer Organisation.
- Die Six Sigma-Methodik zur Problemlösung integriert menschliche Elemente und Prozesselemente der Verbesserung.
- Die Six Sigma-Strategie betont die Bedeutung einer starken und leidenschaftlichen Führung, die für ihre erfolgreiche Umsetzung erforderlich ist.
- Six Sigma schafft eine Infrastruktur für verantwortliche und verantwortungsbewusste Beamte, die Champions, Master Black, Black Belts, Green Belts und Yellow Belts umfassen.
- Six Sigma-Methoden verwenden Werkzeuge und Techniken zur Behebung von Problemen in Geschäftsprozessen in einer sequenziellen und disziplinierten Weise. Jedes Werkzeug und jede Technik innerhalb der Six Sigma-Methodik hat eine Rolle zu spielen, und wann, wo, warum und wie diese Werkzeuge oder Techniken angewendet werden, entscheidet über den Erfolg und Misserfolg eines Six Sigma-Projekts.
- Six Sigma betont die Bedeutung von Daten und Entscheidungsfindung, basierend auf Fakten und Daten anstatt auf Annahmen. Six Sigma zwingt die Menschen, Messungen einzuführen. Messung muss als Teil des kulturellen Wandels betrachtet werden.
- Six Sigma verwendet das Konzept des statistischen Denkens und fördert die Anwendung bewährter statistischer Werkzeuge und Techniken zur Mängelreduktion durch Prozessvariabilitätsreduktionsmethoden.

Trotz einer formalen Methodik ist sie mit einer Reihe von Vor- und Nachteilen in gleicher Perspektive beladen. Wir diskutieren dieses Thema unten.

16.2 Six Sigma: Vorteile und Nachteile

Der Hauptvorteil von Six Sigma im Vergleich zu anderen Ansätzen zur Qualitätskontrolle besteht darin, dass Six Sigma kundenorientiert ist. Six Sigma befasst sich mit dem gesamten Prozess hinter der Produktion eines Artikels oder der Erbringung einer Dienstleistung, nicht nur mit dem Endergebnis. Es ist proaktiv statt reaktiv, da es bestimmt, wie Verbesserungen vorgenommen werden können, noch bevor Mängel oder Unzulänglichkeiten gefunden werden. Es ist besonders wertvoll für ein produzierendes Unternehmen, das Präzisionswaren herstellt, wie zum Beispiel Medizintechnik, wo Qualität die höchste Kundenpriorität ist und der Kunde erwartet, die Kosten des Six Sigma-Prozesses zu tragen. Selbst Unternehmen, die Six Sigma aufgrund von Kosten oder Praktikabilität nicht implementieren können, können von der Philosophie der Kundenzufriedenheit profitieren, die Six Sigma zugrunde liegt. Darüber hinaus werden Verbesserungen mit statistischen Verhältnissen gemessen, die empirisch modifiziert werden können, um finanzielle Ergebnisse widerzuspiegeln. Finanzielle Ergebnisse bedeuten eine Zunahme der Aktionäre, was einer Organisation und ihren Mitarbeitern weitere Vorteile bringt. Ein aktueller Trend zeigt, dass viele Unternehmen von Aktionären aufgefordert werden, das Six Sigma-System zu nutzen, bevor sie Aktien in ihrem Unternehmen kaufen.

Einige andere praktische Vorteile der Implementierung von Six Sigma sind die folgenden:

- Six Sigma zielt auf Variationen in den Prozessen ab und konzentriert sich auf die Prozessverbesserung statt auf das Endergebnis.
- Die Implementierung der Six Sigma-Methodik führt zu einer Steigerung der Rentabilität und einer Reduzierung der Kosten. Die erzielten Verbesserungen sind somit direkt mit den finanziellen Ergebnissen verbunden.
- Six Sigma setzt auf den effektiven Einsatz wissenschaftlicher Techniken und präziser Werkzeuge. Es handelt sich um eine zukunftsorientierte Methodik im Vergleich zu anderen Qualitätsprogrammen, da sie sich auf die Verhinderung von Defekten konzentriert, anstatt sie zu beheben.
- Six Sigma-Qualität bedeutet, 3,4 Fehler pro Million Möglichkeiten oder Produktproben zu haben. Es ist eine Herausforderung, diesen Qualitätsstandard zu erreichen, und das Erreichen von Six Sigma-Qualitätsstandards ist ein starkes Verkaufsargument für Unternehmen, die es erreichen.
- Six Sigma wird in fast jeder Geschäftskategorie erfolgreich implementiert, einschließlich Umsatzrendite, Kapitalrendite, Beschäftigungswachstum und Wachstum des Aktienwerts.
- Six Sigma erhöht die Transparenz der Informationen in der gesamten Organisation. Die Einführung von Six Sigma-Prozessverbesserungen führt zu einer kontinuierlichen Prozessverbesserung auf allen Ebenen einer Organisation. Sobald Six Sigma in der Unternehmenskultur verankert ist, werden die Geschäftsprozesse weiter verbessert. Darüber hinaus werden neue Probleme aufgrund der engen Überwachung der Six Sigma-Verbesserungen schnell erkannt und korrigiert.
- Six Sigma erfüllt das obere Management mit Leidenschaft und Hingabe. Die Ausbildung einiger Six Sigma-Black Belts schafft einen Kern von Prozessverbesserungsexperten, die Green Belts und Yellow Belts sowie neue Mitarbeiter auf allen Ebenen ausbilden werden.
- Six Sigma ist kundenorientiert und zielt daher darauf ab, durch Minimierung der Fehler maximale Zufriedenheit zu erreichen. Es zielt auf Kundenzufriedenheit und neue innovative Methoden ab, um die Kundenerwartungen zu übertreffen.

- Indem man sich auf die Verhinderung von Fehlern konzentriert, anstatt sie zu beheben, können Unternehmen erhebliche und anhaltende Einsparungen gegenüber früheren Nacharbeiten, Ausschuss und Rückgabekosten realisieren.
- Six Sigma ist datengetrieben. Es werden keine Änderungen vorgenommen, bis der aktuelle Prozess gründlich verstanden, dokumentiert und gemessen wurde. Der überarbeitete Prozess wird auf ähnliche Weise gemessen und überprüft. Wenn das Six Sigma-Projekt nicht das liefert, was beabsichtigt war, steht das Six Sigma-Team zur Verfügung, um neu entdeckte Probleme zu korrigieren oder zu untersuchen, was schief gelaufen ist.
- Wenn Six Sigma-Projekte gründlich dokumentiert sind, können die aus diesen Projekten gewonnenen Erkenntnisse leicht unter Experten geteilt und von anderen Mitarbeitern gesucht werden, die nach Ideen suchen, um ihre eigenen Standorte oder Montagelinien zu verbessern.
- Six Sigma achtet auf die gesamten Geschäftsprozesse, und die Schulung ist integraler Bestandteil des Managementsystems, bei dem der Top-Down-Ansatz sicherstellt, dass jede gute Sache kapitalisiert und jede schlechte Sache schnell entfernt wird.

Die Anwendung von Six Sigma auf alle Aspekte des Produktions- und Planungsprozesses kann zu Starrheit und Bürokratie führen, die Verzögerungen verursachen und die Kreativität ersticken können. Darüber hinaus kann seine Kundenorientierung zu Extremen geführt werden, bei denen interne Qualitätskontrollmaßnahmen, die für ein Unternehmen sinnvoll sind, nicht ergriffen werden, weil das übergeordnete Ziel besteht, die von Six Sigma vorgeschriebene Kundenzufriedenheit zu erreichen. Beispielsweise kann eine kostengünstige Maßnahme, die ein Risiko einer leicht höheren Fehlerquote birgt, zugunsten einer teureren Maßnahme abgelehnt werden, die dazu beiträgt, Six Sigma zu erreichen, die Rentabilität jedoch negativ beeinflusst. Die anderen Nachteile, die gegen die Philosophie sprechen können, sind wie folgt aufgeführt:

- Six Sigma ist eine Qualitätsinitiative, kein gezielter Prozess zur Kostenreduktion. Eine drastische Verbesserung der Qualität kann Geld sparen, indem fehlerhafte Produkte, teure Nacharbeiten und zurückgegebene Produkte eliminiert werden. Die Kosteneinsparungen sind jedoch ein Nebenprodukt der Prozessverbesserungen für Qualitätsverbesserungen. Six Sigma-Projekte können überhaupt keine Kosteneinsparungen erzielen. Die Verbesserung der Produktqualität kann Kapitalkosten und langfristige Gemeinkosten in Form von mehr Qualitätsmitarbeitern verursachen.
- Die Anwendbarkeit von Six Sigma wird von den Six Sigma-Kritikern diskutiert. Ihrer Meinung nach sollten Qualitätsstandards von der spezifischen Aufgabe abhängen, und das Messen von 3,4 Fehlern pro Million als Standard führt zu mehr Zeit, die in weniger rentablen Bereichen verbracht wird.
- Six Sigma-Qualitäten sind nicht gleichbedeutend mit schlanker Produktion. Das Hinzufügen neuer Qualitätskontrollen, verbesserter Testgeräte oder besserer Fertigungsgeräte mit engeren Toleranzen kann tatsächlich die Produktions-

flächen vergrößern, mehr Material verbrauchen oder mehr Ressourcen verbrauchen. Lean Six Sigma versucht, diese beiden Konzepte zu hybridisieren, erfordert jedoch viel mehr Daten und Analysen, um potenzielle Projekte und ihre Ergebnisse zu vergleichen.

- Six Sigma funktioniert nicht gut mit immateriellen Ergebnissen. Six Sigma-Projekte eignen sich am besten für physische Produkte, die nicht den Spezifikationen entsprechen, entweder zu groß oder zu klein sind. Sie können auf Geschäftsprozesse angewendet werden, die messbare Ergebnisse erzeugen, wie zum Beispiel die Anzahl der pro Stunde bearbeiteten Anrufe oder die Wartezeit des Kunden. Six Sigma-Projekte funktionieren nicht gut mit Zielen wie der Verbesserung der Kundenzufriedenheit oder der Steigerung der Mitarbeitermoral.
- Six Sigma legt den Schwerpunkt auf die Starrheit des Prozesses, die im Grunde genommen der Innovation widerspricht und die Kreativität tötet. Der innovative Ansatz impliziert Abweichungen in der Produktion, die Redundanz, die ungewöhnlichen Lösungen und die unzureichende Untersuchung, die den Six Sigma-Prinzipien entgegenstehen.
- Six Sigma kann als ein weiteres kontinuierliches Verbesserungsprogramm missverstanden werden. Es fördert somit das Outsourcing von Verbesserungsprojekten bei fehlender Rechenschaftspflicht.
- Bei der Umwandlung der theoretischen Konzepte in praktische Anwendungen gibt es viele Barrieren in Echtzeit, die gelöst werden müssen.
- Nicht alle Produkte oder Operationen müssen den Six Sigma-Qualitätsstandards entsprechen. Medizinische Hersteller und Luft- und Raumfahrtunternehmen sollten Six Sigma-Qualitätsstandards erfüllen, weil das Leben buchstäblich von der Zuverlässigkeit ihrer Produkte abhängt. Handys und Computer, die Six Sigma-Qualitätsstandards erfüllen, sind zuverlässiger als die Konkurrenz, können aber teurer sein.
- Für die Implementierung von Six Sigma ist das Engagement der Mitarbeiter und qualifiziertes Personal unerlässlich. Das Fehlen dieser kann den Erfolg eines Six Sigma-Projekts zunichte machen.
- Das Vertrauen der Mitarbeiter kann einen Schlag bekommen, wenn ein Six Sigma-Projekt nicht die erwarteten Renditen liefert.

Eine erfolgreiche Six Sigma-Organisation fällt nicht unter irgendeinen Management-Hype oder Kundenbewertung. Wenn das Management daran interessiert ist, ihre Prozesse zu verbessern, dann spielen die Größe und der finanzielle Status der Organisation kaum eine Rolle bei der Durchführung eines Six Sigma-Projekts. Tatsächlich ist es wahr, dass Six Sigma-Aktivitäten für viele kleine Geschäftsorganisationen extrem teuer sind, um ein Projekt zu implementieren. Die Mitarbeiter müssen eine Ausbildung von zertifizierten Six Sigma-Instituten erhalten, damit ein Unternehmen die Six Sigma-Zertifizierung erhält. Selbst wenn ein Unternehmen Six Sigma ohne formelle Zertifizierung implementieren möchte, ist eine grundlegende Schulung notwendig, um das System und seine Anwendung auf bestimmte Geschäftsprozesse zu verstehen. Viele kleine Unternehmen können sich jedoch eine solche Schulung auch für einen einzigen Mitarbeiter nicht leisten.

Darüber hinaus finden kleine Unternehmen, die agil und kreativ bleiben müssen, das Six Sigma-System der Prozessanalyse erstickend, bürokratisch und übermäßig zeitaufwendig. Dies ist eine ernsthafte Sorge für Six Sigma.

16.3 Six Sigma: Einschränkungen

Projekte, die zur Umsetzung ausgewählt werden, werden von Organisationen subjektiv statt objektiv ausgewählt, was bedeutet, dass Ziele möglicherweise fälschlicherweise als erreichbar und günstig angesehen werden, wenn sie tatsächlich schließlich eine Verschwendung von Ressourcen und Zeit sein könnten. Außerdem haben Forscher, die den Trend untersuchen, bemerkt, dass einige Personen, die sich selbst als „Experten" in der Six-Sigma-Methodik bezeichnen, die Techniken und komplexen Werkzeuge, die zur effektiven Implementierung des Qualitätskontrollprozesses in einer Organisation notwendig sind, tatsächlich nicht verstehen. Daher werden diese Unternehmen, die „Experten" einstellen, mit einer minderwertigen Version der Prinzipien behandelt, die ihrem Unternehmen nicht helfen, sondern nur eine verzerrte Perspektive dessen vermitteln, was es tun soll. Um dies weiterhin zu verhindern, muss die Six-Sigma-Gemeinschaft zusammenkommen und sich für strenge Ausbildungs- und Zertifizierungsstandards einsetzen, die für jede Organisation ausgestellt werden sollen. Eine solche Einschränkung stellt wirklich ein Hindernis für den Erfolg von Six Sigma dar. Einige andere wichtige Einschränkungen sind wie folgt angegeben [1, 11]:

- Die Herausforderung bei Six Sigma ist die Verfügbarkeit guter Daten. Schlechte Daten können in die falsche Richtung führen und Anstrengungen verschwenden.
- Die Annahme der Normalverteilung für die Anwendung des DMAIC-Tools existiert in komplexen transaktionalen Prozessen nicht mehr. Dies begrenzt den Anwendungsbereich auf einfache und lineare Systeme.
- Die richtige Auswahl und Priorisierung von Projekten ist einer der kritischen Erfolgsfaktoren eines Six-Sigma-Programms. Die Priorisierung von Projekten in vielen Organisationen basiert immer noch auf rein subjektiven Urteilen. Es stehen nur sehr wenige leistungsstarke Tools zur Priorisierung von Projekten zur Verfügung, und dies sollte in Zukunft ein großes Anliegen sein.
- Die Identifizierung von kritischen Qualitätsmerkmalen stellt auch eine Herausforderung für Service- und Transaktionsprozesse dar, aufgrund der schlechten Sichtbarkeit der Kundenanforderungen. Aufgrund dynamischer Marktanforderungen werden die heutigen CTQs morgen nicht unbedingt sinnvoll sein. Alle CTQs sollten zu jeder Zeit kritisch geprüft und bei Bedarf verfeinert werden. Es wurde sehr wenig Forschung zur Optimierung mehrerer CTQs in Six-Sigma-Projekten durchgeführt.
- Die Beziehung zwischen den Kosten schlechter Qualität (COPQ) und dem Qualitätsniveau des Six-Sigma-Prozesses erfordert mehr Rechtfertigung.

- Die Anlaufkosten für die Einführung von Six Sigma in eine Unternehmenskultur können eine erhebliche Investition darstellen. Dieses spezielle Merkmal könnte viele kleine und mittlere Unternehmen davon abhalten, die Einführung, Entwicklung und Implementierung der Six-Sigma-Strategie zu starten.
- Die Berechnung von Fehlerquoten oder Fehlerquoten basiert auf der Annahme der Normalverteilung. Die Berechnung von Fehlerquoten für nicht normale Situationen wird in der aktuellen Six-Sigma-Literatur noch nicht richtig behandelt.
- Die Annahme einer 1,5-Sigma-Verschiebung für alle Serviceprozesse ergibt nicht viel Sinn. Dieses spezielle Problem sollte der Hauptantrieb für zukünftige Forschungen sein, da eine kleine Verschiebung in Sigma zu fehlerhaften Defektberechnungen führen könnte.
- Die Anlaufkosten für die Einführung von Six Sigma in eine Unternehmenskultur können eine erhebliche Investition darstellen. Dieses spezielle Merkmal könnte viele kleine und mittlere Unternehmen davon abhalten, die Einführung, Entwicklung und Implementierung der Six-Sigma-Strategie zu starten.
- Viele Six-Sigma-Projekte beschränken sich nur auf technisches Know-how. Wenn dieses Know-how nicht mit der Expertise eines Statistikers integriert wird, kann ein Six-Sigma-Projekt jederzeit entgleisen. Dies geschieht in vielen Organisationen.
- Es gibt ein Überverkauf von Six Sigma durch zu viele Beratungsfirmen. Viele von ihnen behaupten, Expertise in Six Sigma zu haben, wenn sie die Werkzeuge, Techniken und die Six-Sigma-Roadmap kaum verstehen.
- Six Sigma kann leicht zu einer bürokratischen Übung ausarten, wenn der Fokus auf Themen wie der Anzahl der ausgebildeten Black Belts und Green Belts und der Anzahl der abgeschlossenen Projekte anstelle von Einsparungen liegt.
- Forschungen haben gezeigt, dass die von Black Belts entwickelten Fähigkeiten und Kenntnisse von Unternehmen zu Unternehmen unterschiedlich sind und in hohem Maße von der Zertifizierungsstelle abhängen. Black Belts glauben, sie kennen alle praktischen Aspekte fortgeschrittener Qualitätsverbesserungsmethoden wie Design of Experiments, robustes Design, Response Surface Methodology, statistische Prozesskontrolle und Zuverlässigkeit, wenn sie in Wirklichkeit nur an der Oberfläche gekratzt haben.

16.4 Six Sigma: Dos und Don'ts

Zwei der wichtigen Einflussfaktoren für den Erfolg eines Six Sigma-Projekts sind die Art des Projekts, an dem man beteiligt ist, und die Person, die für die Umsetzung des Projekts verantwortlich ist. Dies erfordert ein flexibles Umfeld für den Weg zur Exzellenz. Diese werden die Fragen zur Projektauswahl, Zielsetzung und Infrastrukturnutzung sowie Personaleinsatz klären. Man sollte sich positiv auf Aktivitäten konzentrieren, die direkt Wert für die Kunden hinzufügen, in hohem

Ansehen stehen und eine Mischung von Menschen einbeziehen. Eine gute Qualitätskultur ist das, was Sie durch diese einfachen Methoden etablieren werden. Es ist nichts falsch daran, wenn man gesunden Menschenverstand und Kreativität für die Vorhersage wahrscheinlicher Ursachen und Wirkungen einsetzt und dann geeignete Methoden zur Beseitigung von Variationen vorschlägt [14, 19].

Darüber hinaus wird erwartet, dass die folgenden positiven Aspekte des Projektmanagements ernst genommen werden, während man sich auf ein Six Sigma-Projekt vorbereitet:

- Stellen Sie sicher, dass die Durchführung von Six Sigma-Projekten notwendig ist
- Lassen Sie die Projektauswahl auf gültigen Kriterien basieren
- Bewerten Sie die Begründung hinter einem Projekt auf Konsensbasis
- Richten Sie Projekte nach den Schlüsselzielen aus, entsprechend dem Potenzial der Organisation
- Pilotieren Sie das Projekt, falls notwendig
- Herausfordern des Status quo und Aufstellen einer angemessenen Hypothese
- Hören Sie auf VOC und VOP und zielen Sie auf die Lösungen
- Formulieren Sie klar greifbare und nicht greifbare Ergebnisse
- Stärken Sie das Vertrauen innerhalb des Projektteams
- Denken Sie groß in Bezug auf Ergebnisse, Vorteile und Verbesserungsskala
- Vertrauen Sie auf Daten und Datenanalyse
- Setzen Sie Messprioritäten, die zu Ihren Ressourcen passen
- Praktizieren Sie kontinuierliche Verbesserung Ihrer Messungen
- Vermeiden Sie spontanen Gebrauch von Rechenmethoden
- Binden Sie den Eigentümer und die Stakeholder ein
- Entfesseln Sie das Potenzial aller
- Erstellen Sie Messberichte, die Informationen schnell und einfach vermitteln
- Fördern Sie Offenheit und etablieren Sie eine angemessene Kommunikation
- Seien Sie bereit, Ihren Plan auf der Grundlage des aktuellen Lernens zu überarbeiten
- Überwachen Sie die Verbesserung kontinuierlich
- Seien Sie mutig in der Berichterstattung und Korrektur der Mängel des Projekts
- Feiern Sie Erfolge

Die folgenden Punkte können als negative Aspekte eines Six Sigma-Projekts angesehen werden, die während der Durchführung des Projekts schaden können:

- Zu viele Projekte gleichzeitig in der Hand
- Versäumnis, die Gründe für die ausgewählten Projekte zu erklären
- Nicht genügend Zeit für ein laufendes Projekt zur Verfügung stellen, um Ergebnisse zu erzielen
- Gleichgültigkeit bei der Entscheidung über die Führung
- Ignorieren von Kundeninformationen
- Fokussierung auf isolierte Bereiche
- Überlastung des Prozesses mit Inputs und Outputs

- Betrachtung der Kernprozesse als unveränderlich
- Übertriebenes Vertrauen in die Lieferung des Outputs
- Übertraining und Übung
- Blindes Vertrauen in Ihre Messsysteme
- Erwartung, dass Daten Ihre Annahmen bestätigen
- Beginnen Sie, jedes Problem im Detail zu analysieren
- Verwirrung in Kontroll- und Spezifikationsgrenzen
- Lassen Sie Dokumente Staub sammeln
- Übertreibung der Gelegenheitszählungen
- Nicht Nutzung der Technologie

Die oben genannten Dos und Don'ts werden aus einer allgemeinen Perspektive dargestellt. Für phasenweise Dos und Don'ts eines Six Sigma-Projekts können die Leser auf Pande et al. verweisen [14]. Neben diesen sollte man auch die Checkliste am Ende jedes Kapitels beachten.

16.5 Six Sigma: Die Zukunft

Six Sigma wird nun als ein mächtiger Ansatz anerkannt, um Prozessverbesserungen und anhaltende Qualität in einer Geschäftsumgebung zu erreichen. Während der ursprüngliche Fokus von Six Sigma auf der Fertigung lag, wurde es heute in Bereichen wie Service, Gesundheitswesen und transaktionalen Prozessen usw. weitgehend akzeptiert [1]. In jüngster Zeit haben eine Reihe von Artikeln die Bedeutung von Six Sigma für Dienstleistungen und die Herausforderungen bei der Anwendung dieser Qualitätsverbesserungsmethode auf Serviceoperationen hervorgehoben [2, 4, 6, 9, 12, 13, 15]. Kumar et al. [12] entlarvt die sieben häufigsten Mythen über Six Sigma als:

- es ist eine Modeerscheinung
- es geht nur um Statistik
- es ist nur gut für Fertigungsprozesse
- es ist effektiv in großen Organisationen
- es ist das Gleiche wie TQM
- es erfordert eine starke Infrastruktur und umfangreiche Schulungen, und
- es ist nicht kosteneffektiv

Wenn Hersteller erkennen, dass sie ein Produkt verbessern müssen, indem sie Six Sigma implementieren oder aus dem Geschäft ausscheiden, können sie Fertigungsprozesse standardisieren. Prozessüberwachung und Datenerfassung werden eingerichtet. Da die Produktqualität verbessert wird, können strengere Qualitätsstandards übernommen oder der Prozess bleibt wie er ist, wird aber genau überwacht. Dennoch nimmt die Datenerfassung und -analyse Zeit, Ressourcen in Anspruch und die Kosten für die Erreichung hoher Qualität müssen gegen andere Geschäftsziele abgewogen werden. Dies sollte zu einer kontinuierlichen und laufenden Aktivität gemacht werden, um die Vorteile von Six Sigma zu erhalten. Allerdings bleibt die Begeisterung, mit der es beginnt, nicht lange bestehen, entweder wegen übermäßigem Selbstvertrauen des Erfolgs, harter Arbeit, die durch das Projekt erfahren wurde, oder aus anderen Gründen. Der Erfolg von Six Sigma beinhaltet auch den langfristigen Erfolg, die Initiierung neuer Projekte und die Bindung von Mitarbeitern und Kunden. Wenn kollektive Weisheit nicht vorherrscht, wird die Zukunft von Six Sigma in Gefahr sein.

Laut Snee [17] kann statistisches Denken als Denkprozesse definiert werden, die erkennen, dass Variation überall um uns herum ist und in allem, was wir tun, vorhanden ist. Alle Arbeiten sind eine Reihe von miteinander verbundenen Prozessen, und das Identifizieren, Charakterisieren, Quantifizieren, Kontrollieren und Reduzieren von Variationen bieten Möglichkeiten zur Verbesserung. Die oben genannten Prinzipien des statistischen Denkens innerhalb von Six Sigma sind robust, und daher ist es fair zu sagen, dass Six Sigma in den kommenden Jahren weiter wachsen wird.

Eine weitere wichtige Gefahr von Six Sigma besteht darin, dass es weitgehend von Ingenieuren und Managern mit begrenztem Wissen über statistische Methoden gefördert wird. Es ist wahr, dass Six Sigma die meisten statistischen Werkzeuge verwendet und dabei die Notwendigkeit von Statistikern vergisst, die besser liefern können. Zu viel Abhängigkeit von Black Belts und Master Black Belts kann Six Sigma nur zu einem Publicity-Stunt machen, anstatt zu einer sinnvollen Aktivität. Solange die Philosophie Hand in Hand mit der richtigen technischen Unterstützung geht, hat Six Sigma eine helle Zukunft.

Als Erinnerung sollte man auch verstehen, dass das Problem der Datenexplosion die Geschäftsorganisationen enorm bedroht. Dies hat den Weg für einen neuen Analysebereich geebnet, der als „Big Data Analytics" bezeichnet wird und nun gleichzeitig eine Herausforderung für die Datenerfassung und -analyse darstellt. Das Thema Qualität ist in diesem Bereich völlig fremd. Die Menschen sind nur mit den automatisierten Datenerfassungstools und der Umwandlung solcher Daten in Wissen und Informationen beschäftigt. Wahrscheinlich kann Six Sigma viele Aspekte der Qualitätsverbesserung bieten und den Prozess für eine „informationsjargonfreie" Implementierung beschleunigen.

Obwohl das Gesamtpaket als Teil des Evolutionsprozesses sich ändern kann, werden die Kernprinzipien von Six Sigma in der Zukunft weiter wachsen. Six Sigma hat einen großen Einfluss auf die Industrie gehabt, und doch hinkt die akademische Gemeinschaft in ihrem Verständnis dieser mächtigen Strategie hinterher. Es wird daher die Aufgabe der akademischen Bruderschaft sein, gut begründete Theorien zu liefern, um das Phänomen Six Sigma zu erklären. Mit anderen Worten, Six Sigma fehlt es an theoretischen Grundlagen, und daher ist es unsere Verantwortung als Akademiker, die Lücke zwischen der Theorie und Praxis von Six Sigma zu schließen [1]. Den Lesern wird auch empfohlen, Online-Ressourcen für viele interessante Artikel und Fakten über Six Sigma zu sehen. Einige der Quellen sind im Referenzabschnitt erwähnt.

16.6 Relevanz für Manager

Dieses Kapitel behandelt die Vor- und Nachteile der Six Sigma-Philosophie. Eine erschöpfende Darstellung von Vorteilen und Nachteilen, Einschränkungen, Missverständnissen und Dos und Don'ts von Six Sigma wird hier präsentiert. Die Fragen, die die Zukunft von Six Sigma betreffen, werden ebenfalls erläutert. Diese Fragen werden die Grundlage für die Akzeptanz und Anpassungsfähigkeit des Six Sigma-Konzepts bilden.

Literatur

1. Antony, J.: Pros and cons of Six Sigma: an academic perspective. TQM Mag. **16**(4), 303–306 (2004)
2. Antony, J.: Six Sigma for service processes. Bus. Process Manage. J. **12**(2), 234–248 (2006)
3. Antony, J., Banũelas, R.: Key ingredients for the effective implementation of Six Sigma program. Meas. Bus. Excell. **6**(4), 20–27 (2002)
4. Antony, J., Antony, F.J., Kumar, M., Cho, B.R.: Six sigma in service organizations: benefits, challenges and difficulties, common myths, empirical observations and success factors. Int. J. Qual. Reliab. Manage. **24**(3), 294–311 (2007)
5. Breyfogle III, F.W.: Implementing Six Sigma: smarter solutions using statistical methods. Wiley, New York (1999)
6. Chakrabarty, T., Tan, K.C.: The current state of six sigma application in services. Manag. Serv. Qual. **17**(2), 194–208 (2007)
7. Goh, T.N.: A strategic assessment of Six Sigma. Qual. Reliab. Eng. Int. **18**(2), 403–410 (2002)
8. Harry, M.J., Schroeder, R.: Six Sigma: the breakthrough management strategy revolutionizing the world's top corporations. Doubleday, New York (1999)
9. Hensley, R.L., Dobie, K.: Assessing readiness for six sigma in a service setting. Manag. Serv. Qual. **15**(1), 82–101 (2005)
10. Hoerl, R.W.: Six Sigma and the future of the quality profession. Qual. Prog. **31**(6), 35–42 (1998)
11. Hoerl, R.W.: Six Sigma black belts: what do they need to know? J. Qual. Technol. **33**(4), 391–406 (2001)
12. Kumar, M., Antony, J., Madu, C.N., Montgomery, D.C., Park, S.H.: Common myths of six sigma demystified. Int. J. Qual. Reliab. Manage. **25**(8), 878–895 (2008)
13. Nakhai, B., Neves, J.S.: The challenges of Six Sigma in improving service quality. Int. J. Qual. Reliab. Manage. **26**(7), 663–684 (2009)
14. Pande, P., Neuman, R., Cavanagh, R.: The Six Sigma way. McGraw-Hill, New York (2001)
15. Patton, F.: Does six sigma work in service industries? Qual. Prog. **38**(9), 55–60 (2005)
16. Pyzdek, T.: Six Sigma and lean production. Qual. Digest, S. 14 (2001)
17. Snee, R.D.: Statistical thinking and its contribution to total quality. Am. Stat. **44**(2), 116–121 (1990)
18. Snee, R.D.: Impact of Six Sigma on quality engineering. Qual. Eng. **12**(3), 9–14 (2000)
19. Snee, R.D., Hoerl, R.W.: Leading Six Sigma companies. FT Prentice-Hall, Upper Saddle River (2003)
20. http://www.improvementandinnovation.com/
21. http://www.smallbusiness.chron.com/

22. http://www.tamarawilhite.hubpages.com/
23. http://www.sixsigmaonline.org/
24. http://www.qualitygurus.com/
25. http://www.processexcellencenetwork.com/
26. http://www.dummies.com/

Kapitel 17
Six Sigma: Einige Fallstudien

17.1 Einführung

Das Ziel dieses Kapitels ist es, Studenten und Akademiker mit Geschäftsproblemen und Six Sigma-Projekten vertraut zu machen. Fallstudien sind aus mehreren Gründen wertvoll, da sie einem Erfahrungen mit organisatorischen Problemen bieten, die man wahrscheinlich noch nicht aus erster Hand erlebt hat. In relativ kurzer Zeit hat man die Möglichkeit, die Probleme vieler verschiedener Unternehmen zu schätzen und zu analysieren und zu verstehen, wie Manager versucht haben, sie zu bewältigen. In diesem Kapitel werden drei Fallstudien vorgestellt. Alle Fälle werden aus akademischer Perspektive präsentiert. Informationen für die Fallstudien wurden aus Unternehmensberatungen und persönlichen Kontakten gewonnen. Zum Zeitpunkt der Erstellung dieses Kapitels haben diese Organisationen erfolgreich mehrere Six Sigma-Projekte abgeschlossen. Die Vertraulichkeit über den Namen des Unternehmens und die Personen, die mit den Projekten verbunden sind, wird auf Anfrage gewahrt.

Die erste Fallstudie konzentriert sich auf ein Verbesserungsprojekt eines führenden Reifenherstellers in Indien. Laut dem vorgestellten Fall hat das Unternehmen Erfahrung mit der Implementierung von Six Sigma-Projekten in fast allen Arbeitsbereichen. Die zweite Organisation ist ein Elektrogerätehersteller und das Projekt zielt darauf ab, Fehler in einem Herstellungsprozess zu reduzieren. Der letzte Fall betrifft ein servicequalitätsbezogenes Projekt, das von einem nationalisierten führenden Bank- und Versicherungsunternehmen mit Hauptsitz in Bengaluru durchgeführt wurde. Die Theorie und Konzepte helfen aufzudecken, was in den untersuchten Unternehmen vor sich geht und ermöglichen es, die Lösungen zu bewerten, die bestimmte Unternehmen zur Bewältigung ihrer Probleme angenommen haben. Alle drei Projekte folgen streng dem DMAIC-Verfahren der Six Sigma-Projektphilosophie und werden in sequenzieller Form präsentiert. Einige

K. Muralidharan, *Six Sigma für organisatorische Exzellenz*,
https://doi.org/10.1007/978-81-322-4001-3_17

der technischen Begriffe und Abkürzungen sind unternehmensspezifisch und werden hier nicht weiter erläutert.

17.2 Fallstudie-1: Reduzierung des extruderspezifischen Stromverbrauchs in Duplex

Das vorgeschlagene Reifenherstellungsunternehmen verzeichnet einen hohen Stromverbrauch in einem seiner Extruder. Der spezifische Stromverbrauch (SPC) in Duplex verursacht viele Probleme bei der Stromverteilung für andere Werke und Standorte des Unternehmens. Durch eine Brainstorming-Sitzung hat das Think-Tank des Unternehmens ein Six Sigma-Projekt zur Reduzierung des Stromverbrauchs festgelegt. Das Team besteht aus vier Fachexperten, zwei Ingenieuren aus dem Betrieb und einem Ingenieur aus der Energie- und Planungsabteilung sowie vier Beamten auf Arbeitsebene. Einer der Ingenieure ist ein MBB, einer ist BB und die anderen beiden sind GB's. Nach der Abgrenzung des Projekts werden folgende Metriken für die Reduzierung des Stromverbrauchs im Duplex-Extruder erfasst.

Projekt-Baseline
„Der Stromverbrauch beträgt 0,247 kWh/kg im Duplex-Extruder."

Projektaussage
„Reduzierung des SPC kWh/kg im Duplex-Extruder von 0,247 auf 0,199 kWh/kg bis Februar 2014."

Ziel-/Zielaussage
„Das Projektziel war die Reduzierung des Stromverbrauchs im Duplex-Extruder von 0,247 auf 0,199 kWh/kg."

Weitere Details zum Projekt finden Sie in Tab. 17.1.

Die betriebliche Definition für Metriken wird in Tab. 17.2 gezeigt. Die Messung von SPC wird durch den Energiezähler überwacht und in kWh/kg gemessen.

Durch eine detaillierte C und E Analyse und FMEA Analyse konnte das Projektteam eine Reihe von CTQ Variablen identifizieren, die sowohl kontinuierliche als auch diskrete Variablen umfassen. Die erste C und E Analyse hat die folgenden Ursachen identifiziert:

- Mensch-Maschine-Leerlaufzustand, Mühle läuft während der Einrichtungszeit, Mühle läuft während der Größenwechselzeit, Lagerlader läuft nach Beendigung der Verbindung, übermäßige Nutzung von Maschinen
- Maschine – Geringe Auslastung der Maschinen, Leerlaufzustand der Linie, Kissenextruder TCU läuft im Leerlauf, Kissenkalender TCU läuft im Leerlauf, leerer Schraubenlauf im Leerlauf, Hauptextruder TCU läuft im Leerlauf, Mühlenförderer läuft im Leerlauf, hydraulischer Motor „ON" während des Leerlaufzustands der Maschine, Blander Bar läuft, wenn die Futtermühle star-

Tab. 17.1 Six Sigma Projektdefinitions-Arbeitsblatt

Schritt	S. Nr.	Element	Aktuell
Beschreiben Sie das Geschäftsproblem	1	Was ist das spezifische Problem, das den Erfolg Ihres Unternehmens beeinträchtigt?	Hoher Stromverbrauch im Extruderbereich
	2	Identifizieren Sie die für den Kunden kritische (CTX) Kategorie (Qualität, Lieferung oder Kosten), die mit diesem Problem verbunden ist	Kosten
	3	Nennen Sie die Geschäftskennzahl, die mit diesem Problem verbunden ist (bestehender Managementleistungs-indikator)?	Stromverbrauch und spezifischer Stromverbrauch
	4	Wann wurde das Problem erstmals beobachtet (Monat/Jahr angeben)?	April 2013–Sept 2013
	5	Wie viel? Wie groß ist das Ausmaß oder die Größe des Problems, gemessen an Ihrer Geschäftskennzahl?	Hoher Extruderverbrauch 13,406 kWh/Tag bei 66,073 kg Produktion
	6	Wie wissen Sie, dass dies ein Problem ist? Welches Ziel wird nicht erreicht?	Managementerwartung: 12,406 kWh/Tag
Geschäftsproblem eingrenzen	7	Was ist das Ausgangsprodukt oder die Dienstleistung, die dem Kunden im Zusammenhang mit dem Geschäftsproblem geliefert wird?	Reduzierung des Stromverbrauchs
	8	Nennen Sie den Geschäftsprozess, der das Produkt oder die Dienstleistung liefert. Denken Sie in Bezug auf einen Prozess, der abgebildet werden kann	Extruderleistung
	9	Identifizieren Sie den Umfang des Projekts in der obigen Prozesskarte	Gemäß Pareto
Prozesskennzahlen und Zielsetzung	10	Was ist falsch an den oben genannten Merkmalen (d. h., was ist der Defekt an dieser messbaren Eigenschaft, der eine Anforderung nicht erfüllt)?	Hoher Stromverbrauch des Extruders
	11	Nennen Sie die Hauptkennzahl, die den identifizierten Defekt misst. Die Hauptkennzahl wird verwendet, um den Erfolg des Six-Sigma-Projekts zu messen	Gemäß Pareto
	12	Einheit (UOM) der Hauptkennzahl	kWh/kg (SPC)

(Fortsetzung)

Tab. 17.1 (Fortsetzung)

Schritt	S. Nr.	Element	Aktuell
	13	Schätzen Sie das Basisleistungsniveau dieser Hauptkennzahl	0,247 Wh/kg (5027 kWh/Tag bei 20,366 kg)
	14	Können Sie die Berechtigung (beste kurzfristig beobachtete historische Leistung) dieser Hauptkennzahl abschätzen? Ja oder nein? Wenn ja, wie hoch ist das Berechtigungsleistungsniveau?	0,178 kWh/kg
	15	Vorgeschriebenes Ziel des Projekts (70 % Verbesserung von der Basislinie zur Berechtigung)	0,199 kWh/kg (4050 kWh/Tag bei 20,366 kg)
	16	S.M.A.R.T. Zielsetzung	Reduzierung des spezifischen Stromverbrauchs kWh/kg im Duplex-Extruder von 0,247 auf 0,199 kWh/kg bis zum 12. Februar 2014

Tab. 17.2 Betriebliche Definition von Metriken

Datenerfassung
Leistungsdaten in kWh – täglich um 6.30 Uhr werden die Stromverbrauchsdaten vom Energiezähler erfasst
Produktionsdaten in kg – tägliche Produktion aus SAP, Lauffläche in Stück und Seitenwand in Meter
Messmethode
Leistungsdaten in kWh – Die Stromverbrauchsdaten sind vom Energiezähler zu erfassen und über die Energiemanagement-Systemsoftware in den Haupt-PC zu übertragen. Die Genauigkeit muss überprüft werden
Produktionsdaten in kg – tägliche Produktion aus SAP, Lauffläche in Stück und Seitenwand in Meter. Die Genauigkeit muss überprüft werden
Berechnung der Metrik
Gesamtleistung in kWh/Produktion in kg, kWh/kg
Berichterstattung der Metrik
Die kumulative spezifische Leistung soll täglich verfolgt werden. Ein wöchentlicher Bericht soll an den Prozesseigner mit Kopie an MBB gesendet werden
Folgemetrik
Extruder-Auslastung

tet, Leerlaufzustand Markierungsförderer Gebläsemotor läuft, Tischheizung läuft im Leerlauf, und Kissenextruder Schraube läuft im Leerlauf nimmt hohen Strom

- Prozess – Linienstart im Voraus, lose Verbindung am Stromanschlusspanel, übermäßige Nutzung von Maschinen

Tab. 17.3 Zusammenfassung der FMEA von Variablen

S. Nr.	Eimerzuweisung	RPN und Schweregrad	Anzahl der *X*'s
1	Oberer Eimer	RPN – 301 bis 1000 oder Schweregrad >7	57
2	Mittlerer Eimer	RPN – 126 bis 300 und Schweregrad <7	82
3	Unterer Eimer	RPN – 1 bis 125 und Schweregrad <7	144

- Material – Überlastung der Mühle, längere Aufwärmzeiten
- Messen – Temperatur-Sollwert hoch eingestellt.

Die Zusammenfassung der Behandlung der identifizierten *X*'s, klassifiziert nach ihrer Wichtigkeit, ist in Tab. 17.3 dargestellt. Die mittleren Eimer *X*'s unterliegen einer sofortigen Maßnahme auf *X*, um RPN auf weniger als 125 zu reduzieren, und für den oberen Eimer wurden die Variablen einer grafischen und statistischen Analyse unterzogen.

Eine Anzahl von explorativen Datenanalysen wie Boxplot, Haupteffekt-Diagramm, Interaktionsdiagramm, ANOVA werden durchgeführt, um die signifikanten *X*'s zu identifizieren. Unter vielen dieser identifizierten *X*'s wurde die Variable *X* (=Linien Geschwindigkeit), gemessen in 10–15 mpm, als Ursache für ein ernstes Qualitätsproblem des Stromverbrauchs gefunden. Dies wurde später durch einen Zwei-Stichproben-*t*-Test für ein Signifikanzniveau von 5 % bestätigt. Bei weiterer Analyse und Überwachung wurde dieses Problem während der Kontrollphase des Projekts behoben.

Abbildung 17.1 zeigt den Boxplot der SPC vor und nach der Verbesserung. Die Abbildung zeigt deutlich die Verbesserung. Der durchschnittliche SPC beträgt nun 0.19276 kWh/kg, was laut Zielsetzung fast gleich ist. Die Sechserpack-Prozessfähigkeitsstudie von SPC ist in Abb. 17.2 dargestellt.

Dieses Projekt hat sowohl nicht-finanzielle Vorteile als auch organisatorische Vorteile gebracht. Dazu gehört die 100 %ige Erreichung der Reduzierung des Stromverbrauchs SPC (kWh/kg) wie geplant. Darüber hinaus hat das Projekt allen beteiligten Mitgliedern einen systematischen Ansatz zur Problemlösung und auch den Einsatz verschiedener Qualitätswerkzeuge näher gebracht. Es hat auch dazu beigetragen, das Lernen unter den Mitgliedern zu teilen und viele dazu inspiriert, Green Belts und Black Belts zu werden. Die Zusammenfassung der wichtigsten Änderungen, die zur Verbesserung beigetragen haben, ist in Tab. 17.4 dargestellt, um die Verbesserung aufrechtzuerhalten.

17.3 Fallstudie-2: Verbesserung der Produkt- und Servicequalität von CFL-Lampen

Diese Fallstudie handelt von der Qualitätsverbesserung von Produkten und Dienstleistungen eines Unternehmens, das verschiedene Lichtquellen herstellt. Das Unternehmen hat in Indien und im Ausland einen eigenen Ruf und eine eigene

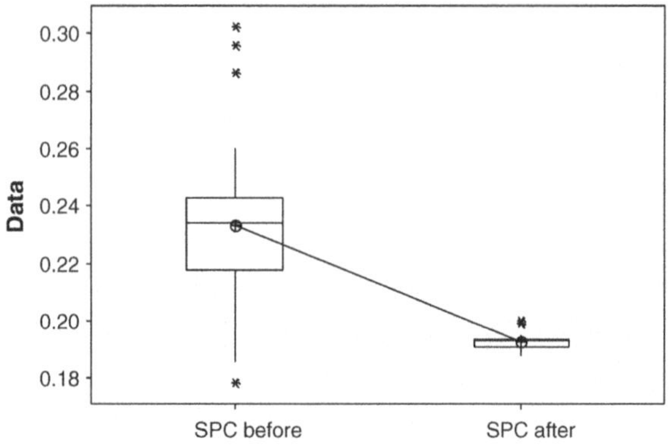

Abb. 17.1 SPC vor und nach der Verbesserung

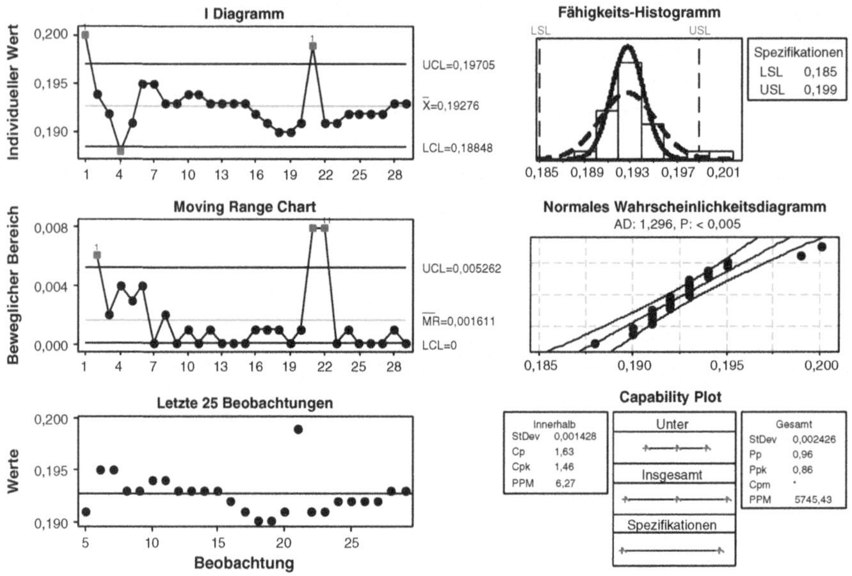

Abb. 17.2 Prozessfähigkeits-Sechserpack von SPC nach der Verbesserung

Marke. Das Unternehmen produziert eine Reihe von elektronischen Artikeln, einschließlich Transformatoren, Traktionskomponenten, Haushaltsgeräten und Generatoren. Die Organisation hat auch ihren Ruf in der Herstellung von röhrenförmigen Glasschalen für FTL- und CFL-Lampen erworben. Das Unternehmen hat eine Reihe von Produktionsstätten in verschiedenen Städten in ganz Indien. Das Management in verschiedenen Produktionsstätten steht vor dem gleichen Problem der Produkt- und Servicequalität bei Beleuchtungsprodukten. Einige kluge Beamte im Nagpur-Werk in Zusammenarbeit mit einem Six-Sigma-Berater haben

Tab. 17.4 Zusammenfassung der wichtigsten Änderungen zur Verbesserung

S. Nr.	Identifiziertes *X*	Frühere Praxis	Neue Praxis	Verantwortlichkeit	Vorteil (erreicht oder erwartet)
1	Keine Verriegelungen, um das Laufen der Zubehörteile im Leerlauf zu stoppen	Zubehör zieht Strom im Leerlaufzustand der Ausrüstung	Verriegelungen gegeben und separate Schaltervorschrift	Teammitglied und Ingenieurteam	Reduzierung des Stromverbrauchs SPC (kWh/kg)
2	Mangel an Linien Geschwindigkeitsoptimierung	Linien Geschwindigkeit (mpm) nicht optimiert	Überarbeitung der Linien Geschwindigkeitsspezifikation mit Hilfe der Technologie	Technischer Verantwortlicher	

sich dieser Herausforderung gestellt, um die Service- und Produktqualität zu verbessern.

Derzeit wird die durchschnittliche Ablehnungsrate für die letzten 6 Monate auf 15,980 ppm in diesem Werk geschätzt. Alle Arten von Lampen, die in dieser Einheit hergestellt werden, haben das gleiche Problem. Für dieses Projekt wurde die Teilenummer „15 W CFL–DF–2U“ für die Studie ausgewählt. Prozessstufen, an denen das Problem erkannt wird, sind Zementfüllung und Heißbasisierung. Das Unternehmen hat zwei Black-Belt-Ingenieure aus der Instandhaltungs- und Produktionsabteilung, einen Qualitätssicherungsprofi und zwei mittlere Führungskräfte eingestellt, um das Projekt durchzuführen. Die Gesamtaufsicht liegt bei einem MBB, der mit der Six-Sigma-Beratung zusammenarbeitet. Die Problemstellung lautet wie folgt:

Problemstellung

„Reduzierung von Glasrissen bei CFL (Kompaktleuchtstofflampen) während der Herstellung.“

Die Hauptbesorgnis des Managements besteht darin, die Ablehnung der oben genannten Lampeneinheit zu beheben. Es wurden viele ad-hoc-Kundenzufriedenheitsumfragen und Bewertungen durchgeführt, um die Situation zu verstehen, die sich tatsächlich als Qualitätsproblem für das Unternehmen herausstellte. Daher ist das Ziel des Projekts, weniger als 1000 ppm bei der Marktrückgabe und weniger als 2000 ppm beim Lebensdauertest zu erreichen. Dieses Ziel kann das aktuelle Qualitätsproblem bei der Ablehnung von CFL-Röhren angehen. Die Situation kann aus dem Pareto-Diagramm (siehe Abb. 17.3) ermittelt werden, das zeigt, dass etwa 74 % der Variationen auf elektronische Ausfälle und 14 % der Variationen auf Glasrisse zurückzuführen sind.

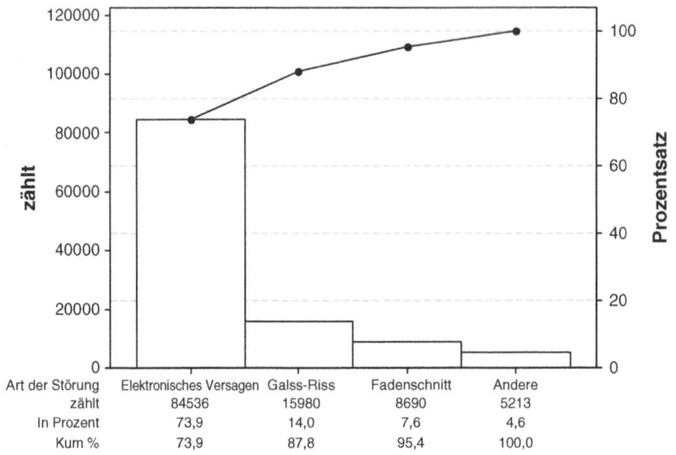

Abb. 17.3 Pareto-Diagramm für CFL-Ausfälle

Der Herstellungsprozess von Lampen im Allgemeinen umfasst Schneiden, Biegen, Waschen, Beschichten und Trocknen, Wischen und Bürsten, Backen, Versiegeln, Verschmelzen, Auspuff, Altern, Kappe (Zement) Füllen und Heißbasieren. Wie bereits erwähnt, ist das vorgeschlagene Projekt für das Zementfüllen und Heißbasieren identifiziert, da sie der Hauptgrund für Glasrisse sind. Die detaillierte Prozesskarte ist in Abb. 17.4 dargestellt, wobei die wertschöpfenden und nicht wertschöpfenden Aktivitäten richtig identifiziert werden.

Die Ursachen, die den Riss beeinflussen, wurden durch ein C- und E-Diagramm identifiziert. Ein detaillierter Prozess der FMEA wird ebenfalls durchgeführt, um die Ausfallmodi und potenziellen Ursachen zu identifizieren. Tab. 17.5 gibt die prägnanten Informationen über die Ursachen und Ausfallmodi für Risse.

Darüber hinaus hat das Projektteam die Ursachen und ihre Auswirkungen auf der Grundlage anderer statistischer Studien validiert, zusätzlich zur üblichen FMEA und C und E. Schließlich wurde festgestellt, dass das Zementgewicht und die Basisierung kritische Parameter für Glasrisse sind. Um die kritischen Parameter in der Basisierungsmaschine zu ermitteln, die für Glasrisse verantwortlich sind, wurde ein halb repliziertes DOE mit den wahrscheinlichen Parametern durchgeführt: Y_1 – Glasriss, X_1 – Gebläsegeschwindigkeit, und X_2 – Temperaturprofil in drei verschiedenen Zonen. Tab. 17.6 zeigt das Experiment des Designs.

Die Analyse versucht auch, die Auswirkungen einer lockeren Basis (Basing) zusammen mit dem Riss zu kontrollieren. Nach Durchführung der Analyse für Haupteffekte und Wechselwirkungseffekte wurde festgestellt, dass das Zementgewicht und die Zonentemperaturen sowohl für den Glasriss als auch für die lo-

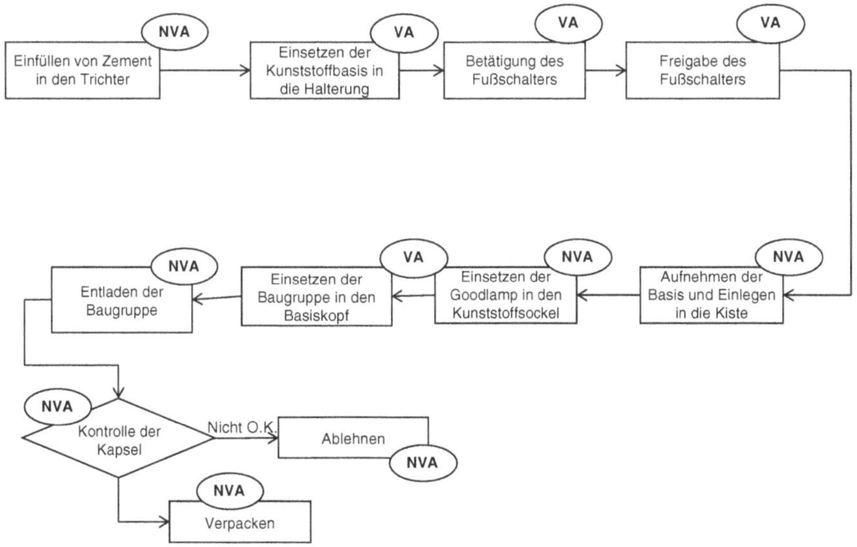

Abb. 17.4 Prozesskarte zur Rissidentifikation

ckere Basis kritisch sind. Weiterhin ergab die Optimierungsstudie zum Zementgewicht bei Glasriss und loser Basis folgende Schlussfolgerungen:

$$\text{Crack} = 11969 - 7224 * \text{cement weight} + 1187 * \text{cement weight}^2$$

$$\text{Loose base} = 71223 - 21279 * \text{cement weight} + 1539 * \text{cement weight}^2$$

Aus der ersten polynomen Gleichung geht hervor, dass mit zunehmendem Zementgewicht der Glasriss zunimmt (R-sq = 92,4 % und R-sq(adj) = 87,3 %). Es wird daher empfohlen, ein geringeres Zementgewicht zu halten; die zweite Gleichung zeigt jedoch, dass, wenn wir das Zementgewicht unter 4 g reduzieren, dann wird der Defekt der losen Kappe zunehmen (R-sq = 90,5 % und R-sq(adj) = 84,2 %). Wenn beide Gleichungen gleichzeitig betrachtet werden, kann das Zementgewicht auf einem optimalen Niveau von 4,5 g gehalten werden, an diesem Punkt sind beide Defekte auf einem niedrigeren Niveau (2000 PPM). Bei weiterer Untersuchung wurde festgestellt, dass mit abnehmender Temperatur die lose Basis zunimmt, was auf ein optimales Temperaturniveau von 160 °C hindeutet. Ein weiterer bedeutender Schluss ist, dass der neue Backprozess (Heißlufttyp) deutlich besser ist als der alte Backprozess (Elektroheizertyp) bei der Reduzierung der Risse.

Die Prozessfähigkeit des Prozesses für verschiedene Ursachen ist in Tab. 17.7 zusammengefasst. Als Kontrolle wurde beschlossen, alle 2 Stunden eine SPC durchzuführen, um die Verbesserung aufrechtzuerhalten. Es wurde auch beschlossen, digitale Auto-Temperaturregler in allen drei Zonen für eine genaue Prozesssteuerung zu installieren.

Tab. 17.5 FMEA von Glasriss

S. Nr.	Prozessfunktion (Schritt)	Mögliche Fehlermodi (Prozessfehler) (*Y*'s)	Mögliche Fehlereffekte (*Y*'s)	SEV	Mögliche Fehlerursachen (*X*'s)	OCC	Aktuelle Prozesskontrollen	DET	RPN
1	Kappenfüllung	Überschüssiger oder geringerer Zement in der Kappe	Glasriss	8	Zementgewicht	7	Waage	6	336
2	Grundierung	Ungleichmäßiges Backen		8	Temperaturprofil	6	Mit Anzeige	6	288
3	Grundierung	Direkte oder abgestrahlte Temperatur		8	Art des Backens	6	Elektrische Heizungen	6	288
4	Grundierung	Weniger oder übermäßige Expansion in der grundierten Kapsel		8	Zementexpansion	4	Mit Skala	6	192
5	Grundierung	Variation in der Blasgeschwindigkeit		8	Blasgeschwindigkeit	3	Mit Controller	2	48

Tab. 17.6 DOE-Tabelle für Glasriss

Std-Reihen-folge	Durch-lauf-reihen-folge	Mittel-punkt	Blöcke	Zone-1	Zone-2	Zone-3	Zement-gewicht	B3	Riss PPM	Lockere Basis in Stück/50	Ex-pansion
4	1	1	1	190	190	130	3	4	1000	32	169,3
5	2	1	1	130	130	190	3	3	1340	35	167,9
1	3	1	1	130	130	130	3	4	100	45	172,3
11	4	1	1	130	190	130	5,5	4	568	36	168,7
7	5	1	1	130	190	190	3	4	2500	28	184
10	6	1	1	190	130	130	5,5	4	357	33	179,4
14	7	1	1	190	130	190	5,5	3	5789	3	160,7
3	8	1	1	130	190	130	3	3	609	36	167,6
15	9	1	1	130	190	190	5,5	3	7860	2	165,8
12	10	1	1	190	190	130	5,5	3	8750	4	173,7
9	11	1	1	130	130	130	5,5	3	675	42	158,1
2	12	1	1	190	130	130	3	3	307	37	165,3
17	13	0	1	160	160	160	4,25	3,5	1089	4	173
8	14	1	1	190	190	190	3	3	3450	26	153,7
16	15	1	1	190	190	190	5,5	4	9887	2	152,8
6	16	1	1	190	130	190	3	4	507	30	161
13	17	1	1	130	130	190	5,5	4	348	36	162,5

Tab. 17.7 Prozessfähigkeit von Glasriss

Ursachen	C_{pk}	Kurzfristiges Sigma-Niveau
Zementgewicht	1,57	4,70
Temperatur: Zone-1	1,81	5,45
Temperatur: Zone-2	1,85	5,55
Temperatur: Zone-3	1,87	5,60

Das durchschnittliche Sigma-Niveau des Prozesses beträgt 5.325, was wirklich eine potenzielle Verbesserung darstellt. Beachten Sie auch, dass das Projekt statistisch stark ist, um die erwartete Verbesserung zu erreichen.

17.4 Fallstudie-3: Lösung von Kundenbeschwerden durch Neugestaltung des Debitkarten- und PIN-Ausgabeprozesses

Hier diskutieren wir einen Fall eines Six Sigma Verbesserungsprojekts zur Beschwerdelösung durch Serviceeffizienz. Der Fall bezieht sich auf eine verstaatlichte Bank, die sich dem Wohl der ländlichen Bevölkerung verschrieben hat. Die Bank bietet sowohl Einzelhandels- als auch Großhandelsbankdienstleistungen an und hat eine starke Kundenbasis, die sich über das ganze Land erstreckt. Alle Filialen sind online vernetzt und arbeiten in Echtzeit, und fördern daher den informationstechnologiebasierten Service, um vielfältige Kundenbedürfnisse zu erfüllen. Der Grund für das Projekt ist die Lösung der Kundenbeschwerden über ihren Debitkartenausgabeservice, der die Gesamtqualität ihres Service be-

Tab. 17.8 Daten zu Beschwerdearten

Nr.	Hauptbeschwerden für Januar–Juni 2014	Prozentsatz der insgesamt eingegangenen Beschwerden (%)
1	Verzögerung/Nichtlieferung von Debitkarte/PIN	13
2	Mit der Kontoaktivierung verbunden	9
3	Scheck, der bei der Filiale eingezahlt wurde, nicht gutgeschrieben/verzögert	7
4	Adressänderungsantrag bei der Filiale gestellt und nicht durchgeführt	6
5	Verzögerung bei der Kontoschließung	5
6	AQB-Gebühren/Rückbuchungsbezogen	4
7	Verzögerung/Nichterhalt des Willkommenspakets	3
8	Benachrichtigungen an Nicht-Kontoinhaber gesendet	3
9	Andere	50

einträchtigt. Tab. 17.8 zeigt die Daten zu den Beschwerdearten und ihrem prozentualen Beitrag, die über einen Zeitraum von sechs Monaten im vergangenen Jahr eingegangen sind.

Die Bank glaubt an einen ganzheitlichen Ansatz zur Bewältigung des Problems und hat die VOC-Technik zur Erfassung der Daten für die notwendige Verbesserung eingeführt. Diese Übungen führten zu den Schlussfolgerungen über hohe Bearbeitungszeiten (TAT) und hohe Erstmal-nicht-richtig (FTNR) Beschwerden. Die sofortige Aufmerksamkeit gilt nun der Reduzierung der Beschwerden zum Kartenverhältnis, das berechnet wird als

$$\text{Complaints to the card ratio} = \frac{\text{Total complaints received}}{\text{Number of cards issued}}$$

Abbildung 17.5 gibt die Metriken in Verbindung mit den Beschwerden an, die einen großen Teil des Problems bei der Beschwerdelösung angehen werden.

Die VOC-Informationen waren sehr effektiv bei der Klassifizierung der Kundenbeschwerden in zwei Kategorien: (1) die Beschwerdelösung, die auf Büroebene notwendig ist und (2) die Beschwerdelösung auf Kundenebene. Einige der durch die deskriptive Analyse identifizierten Probleme sind

- Kunde kann ohne Telefonidentifikationsnummer (TIN) keinen Antrag auf eine neue Karte stellen
- Kunde musste am selben Tag einen erneuten Ausgabeantrag stellen oder wurde zur Filiale weitergeleitet
- Mitarbeiter wissen nicht, welche Bearbeitungszeit dem Kunden zugesagt werden muss
- Nacharbeit in der Filiale und im Betrieb aufgrund von FTNR
- Verzögerung bei der Bearbeitung aufgrund von FTNR
- Kunde hat keine aktive Karte, falls die neue Karte nicht innerhalb von 10 Tagen geliefert wird, was zur Kartenverschluckung durch den Geldautomaten führt
- Karten werden aus verschiedenen Gründen, einschließlich der Leistung des Kurierdienstes, nicht geliefert
- SMS erreicht den Kunden, bevor die zurückgesendete Karte in der Filiale eintrifft, was zu Belästigungen des Kunden führt.

Abb. 17.5 Die Beschwerdemetriken

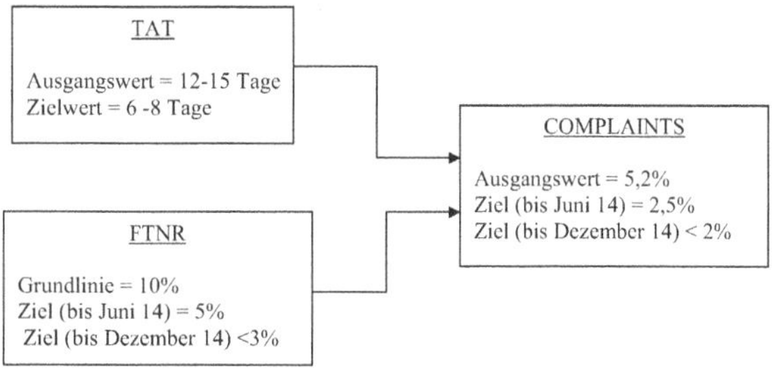

Die Ursachenanalyse führte jedoch zu den folgenden Gründen für die Unzufriedenheit der Kunden:

- *Personal* – Fehlerhaftes Ausfüllen von Formularen, Berechtigung nicht überprüft, Adresse nicht validiert zum Zeitpunkt des Ausfüllens des Formulars, mangelndes Bewusstsein für TAT, mangelndes Bewusstsein für Backend-Prozesse, Diskrepanz bei der Kommunikation der Adresse an Kurierjungen, etc.
- *Prozess und Richtlinie* – Auslieferung der Karte dauert zu lange, Anfrage per Telefon nicht möglich, alte Karte wird vor Ausstellung der neuen Karte deaktiviert, etc.
- *Messung* – Falsche TAT-Kommunikation an den Kunden, End-to-End-TAT nicht überwacht, falsche Beschwerdeangaben, etc.
- *System* – Kartenstatus wird nicht ordnungsgemäß überwacht, Kundenadresse wird nicht vollständig erfasst, alternative Kundenadresse wird nicht erfasst, Kartenweiterleitungsanfrage wird nicht erfasst, Systemaktualisierung wird nicht regelmäßig durchgeführt, etc.
- *Situation* – Adresse nicht verfügbar, Kundentür verschlossen, Adresse außerhalb des Liefergebiets, unvollständige Adresse, Kunde ist umgezogen, etc.

Bei weiterer Untersuchung stellte sich heraus, dass 75 % der FTNR-Gründe auf Disziplinprobleme des Personals zurückzuführen waren und einen einfacheren Prozess forderten. Interessanterweise sind 80 % der Gründe kundenabhängig und schwer zu kontrollieren. Die Zusammenfassung der Priorisierung der Ursachen und die Risikobewertung sind in Tab. 17.9 dargestellt.

Auf Grundlage des Risikobewertungsberichts hat die Geschäftsleitung schließlich die Herausforderung angenommen, jede Einzelperson persönlich zu kontaktieren, und eine Aufräumaktion wurde gestartet, um die Dinge in Ordnung zu bringen. Auf Büroebene wurden folgende Herausforderungen diskutiert:

- Systemverbesserung mit einfacher Navigation
- System zur Erfassung von Umleitungen verbessert
- Verschobene SMS bei zurückgegebenen Karten
- Überarbeitung der Kurier-SLA
- Etabliertes internes Training für Führungskräfte und untergeordnete Beamte.

Schließlich hat die Geschäftsleitung die folgenden Kontrollfaktoren implementiert, um die Verbesserung zu überwachen:

- Neugestaltung des Liefermechanismus
- Formularvereinfachung/vorherige Formularprüfung
- Neudefinition von E2E TAT und Entwicklung von TAT-Utility
- Neuausgabe über Telefonkanal
- Deaktivierung der alten Karte nach Lieferung der neuen Karte
- Einführung von Green PIN.

Als globale Serviceverbesserung hat die Bank gleichzeitig die Implementierung der KAIZEN-Konzepte und des 5S-Konzepts (Hauswirtschaft) zur Reduzierung der TAT an allen transaktionalen Standorten eingeleitet. Ein intensives Schulungs-

Tab. 17.9 Priorisierung der Ursachen

Prozessschritt	Mögliche Fehlermodi	Mögliche Auswirkungen	SEV (S)	Mögliche Ursachen	OCC (O)	Aktuelle Kontrollen	DET (D)	RPN
Hot Listing und Wiederausstellung	TIN nicht verfügbar	Kunde wird zur Filiale umgeleitet	8	Kunde vergisst TIN/niedrige TIN-Nutzung	7	Keine	10	560
	Wiederausstellung nicht am selben Tag platziert	Kunde wird zur Filiale umgeleitet	7	Kunde kann TIN am selben Tag nicht finden	7	Keine	10	490
				Kunde unsicher, ob er die Karte neu ausstellen möchte	4	Keine	10	280
Kartenupgrade in der Filiale	Anfrage nicht bearbeitet	Verzögerung bei der Kartenbearbeitung, Kundenbeschwerde	8	FTNR: vom Kunden gelieferte Details sind falsch oder unvollständig	8	FTNR durch Anruf beim Kunden beheben	5	320
Antragsbearbeitung durch das Backoffice	Antrag nicht bearbeitet	Verzögerung bei der Kartenbearbeitung, Kundenbeschwerde	8	FTNR: Falsches oder unvollständiges Formular von der Filiale ausgefüllt	5	FTNR-Korrektur durch Anruf beim Filialpersonal	4	160
Kartendruck und Prägung	Antrag nicht bearbeitet	Verzögerung bei der Kartenbearbeitung, Kundenbeschwerde	8	Mangel an Rohmaterialien	3	Lagerhaltung	5	120

(Fortsetzung)

Tab. 17.9 (Fortsetzung)

Prozessschritt	Mögliche Fehlermodi	Mögliche Auswirkungen	SEV (S)	Mögliche Ursachen	OCC (O)	Aktuelle Kontrollen	DET (D)	RPN
Kartenauslieferung	Karte nicht erhalten	Kunde ohne Karte/ nicht in der Lage zu transagieren	8	Rückkehr zum Ursprung aufgrund von Türschloss, falscher Adresse, Abwesenheit des Kunden	7	Karte zurück zum Ursprung	9	504
			9	Alte Karte deaktiviert	5	Karte zurück zum Ursprung	8	360
		Eingeloggte Beschwerden	9	Karte nicht innerhalb des zugesagten TAT erhalten	8	Karte zurück zum Ursprung	7	504
			9	Kunde hat falsche TAT kommuniziert	8	Karte zurück zum Ursprung	8	576

programm für Verkaufsvertreter und Führungskräfte ist für ständige Mitarbeiter sowohl in städtischen als auch in ländlichen Büros obligatorisch.

17.5 Relevanz für Manager

Dieses Kapitel ist für alle Manager, Six Sigma Fachleute, Akademiker und Studenten sehr wichtig, um das wirkliche Erwachen von Problemen und Lösungen in Geschäftsorganisationen zu verstehen. Alle drei Projekte sind einzigartig in ihrem Produkt und Service, und daher ist auch das Qualitätskonzept einzigartig. Da der Liefermechanismus und die Kundenbewertung in allen drei Projektbereichen unterschiedlich sind, wird auch der Ansatz zur Problemlösung unterschiedlich gesehen. Die vorgestellten Fälle sind alle praktisch relevant und eröffnen viele Verbesserungsbereiche für die Aufrechterhaltung von Qualität und Wachstum.

Anhang

Siehe Tab. A.1, A.2, A.3, A.4, A.5, A.6, A.7, A.8, A.9, A.10, A.11, A.12, A.13, A.14, A.15 und A.16.

K. Muralidharan, *Six Sigma für organisatorische Exzellenz*,
https://doi.org/10.1007/978-81-322-4001-3

Tab. A.1 Tabellen der Summen binomialer Wahrscheinlichkeiten $\Pr(x \leq K) = \sum_{x=0}^{K} \binom{n}{x} p^x (1-p)^{n-x}$

n = 2

K \ p	=.1	.2	.3	.4	.5	.6	.7	.8	.9
0	0,81	0,64	0,49	0,36	0,25	0,16	0,09	0,04	0,01
1	0,99	0,96	0,91	0,84	0,75	0,64	0,51	0,36	0,19
2	1,00	1,00	1,00	1,00	1,00	1,00	1,00	1,00	1,00

n = 3

K \ p	=.1	.2	.3	.4	.5	.6	.7	.8	.9
0	0,729	0,512	0,343	0,216	0,125	0,064	0,027	0,008	0,001
1	0,972	0,896	0,784	0,648	0,500	0,352	0,216	0,104	0,028
2	0,999	0,992	0,973	0,936	0,875	0,784	0,657	0,488	0,271
3	1,000	1,000	1,000	1,000	1,000	1,000	1,000	1,000	1,000

n = 4

K \ p	=.1	.2	.3	.4	.5	.6	.7	.8	.9
0	0,6561	0,4096	0,2401	0,1296	0,0625	0,0256	0,0081	0,0016	0,0001
1	0,9477	0,8192	0,6517	0,4752	0,3125	0,1792	0,0837	0,0272	0,0037
2	0,9963	0,9728	0,9163	0,8208	0,6875	0,5248	0,3483	0,1808	0,0523
3	0,9999	0,9984	0,9919	0,9744	0,9375	0,8704	0,7599	0,5904	0,3439
4	1,0000	1,0000	1,0000	1,0000	1,0000	1,0000	1,0000	1,0000	1,0000

n = 5

K \ p	=.1	.2	.3	.4	.5	.6	.7	.8	.9
0	0,59049	0,32768	0,16807	0,07776	0,03125	0,01024	0,00243	0,00032	0,00001
1	0,91854	0,73728	0,52822	0,33696	0,18750	0,08704	0,03078	0,00672	0,00046
2	0,99144	0,94208	0,83692	0,68256	0,50000	0,31744	0,16308	0,05792	0,00856
3	0,99954	0,99328	0,96922	0,91296	0,81250	0,66304	0,47178	0,26272	0,08146
4	0,99999	0,99968	0,99757	0,98976	0,96875	0,92224	0,83193	0,67232	0,40951
5	1,00000	1,00000	1,00000	1,00000	1,00000	1,00000	1,00000	1,00000	1,00000

n = 6

K \ p	=.1	.2	.3	.4	.5	.6	.7	.8	.9
0	0,53144	0,26214	0,11765	0,04666	0,01562	0,00410	0,00073	0,00006	0,00000
1	0,88574	0,65536	0,42018	0,23328	0,10938	0,04096	0,01094	0,00160	0,00006
2	0,98415	0,90112	0,74431	0,54432	0,34375	0,17920	0,07047	0,01696	0,00127
3	0,99873	0,98304	0,92953	0,82080	0,65625	0,45568	0,25569	0,09888	0,01585
4	0,99994	0,99840	0,98906	0,95904	0,89062	0,76672	0,57982	0,34464	0,11426
5	1,00000	0,99994	0,99927	0,99590	0,98438	0,95334	0,88235	0,73786	0,46856
6	1,00000	1,00000	1,00000	1,00000	1,00000	1,00000	1,00000	1,00000	1,00000

n = 7

K \ p	=.1	.2	.3	.4	.5	.6	.7	.8	.9
0	0,47830	0,20972	0,08235	0,02799	0,00781	0,00164	0,00022	0,00001	0,00000
1	0,85031	0,57672	0,32942	0,15863	0,06250	0,01884	0,00379	0,00037	0,00001
2	0,97431	0,85197	0,64707	0,41990	0,22656	0,09626	0,02880	0,00467	0,00018
3	0,99727	0,96666	0,87396	0,71021	0,50000	0,28979	0,12604	0,03334	0,00273
4	0,99982	0,99533	0,97120	0,90374	0,77344	0,58010	0,35293	0,14803	0,02569
5	0,99999	0,99963	0,99621	0,98116	0,93750	0,84137	0,67058	0,42328	0,14969
6	1,00000	0,99999	0,99978	0,99836	0,99219	0,97201	0,91765	0,79028	0,52170
7	1,00000	1,00000	1,00000	1,00000	1,00000	1,00000	1,00000	1,00000	1,00000

(Fortsetzung)

Tab. A.1 (Fortsetzung)

n = 8

K \ p =	.1	.2	.3	.4	.5	.6	.7	.8	.9
0	0,43047	0,16777	0,05765	0,01680	0,00391	0,00066	0,00007	0,00000	0,00000
1	0,81310	0,50332	0,25530	0,10638	0,03516	0,00852	0,00129	0,00008	0,00000
2	0,96191	0,79692	0,55177	0,31539	0,14453	0,04981	0,01129	0,00123	0,00002
3	0,99498	0,94372	0,80590	0,59409	0,36328	0,17367	0,05797	0,01041	0,00043
4	0,99957	0,98959	0,94203	0,82633	0,63672	0,40591	0,19410	0,05628	0,00502
5	0,99998	0,99877	0,98871	0,95019	0,85547	0,68461	0,44823	0,20308	0,03809
6	1,00000	0,99992	0,99871	0,99148	0,96484	0,89362	0,74470	0,49668	0,18690
7	1,00000	1,00000	0,99993	0,99934	0,99609	0,98320	0,94235	0,83223	0,56953
8	1,00000	1,00000	1,00000	1,00000	1,00000	1,00000	1,00000	1,00000	1,00000

n = 9

K \ p =	.1	.2	.3	.4	.5	.6	.7	.8	.9
0	0,38742	0,13422	0,04035	0,01008	0,00195	0,00026	0,00002	0,00000	0,00000
1	0,77484	0,43621	0,19600	0,07054	0,01953	0,00380	0,00043	0,00002	0,00000
2	0,94703	0,73820	0,46283	0,23179	0,08984	0,02503	0,00429	0,00031	0,00000
3	0,99167	0,91436	0,72966	0,48261	0,25391	0,09935	0,02529	0,00307	0,00006
4	0,99911	0,98042	0,90119	0,73343	0,50000	0,26657	0,09881	0,01958	0,00089
5	0,99994	0,99693	0,97471	0,90065	0,74609	0,51739	0,27034	0,08564	0,00833
6	1,00000	0,99969	0,99571	0,97497	0,91016	0,76821	0,53717	0,26180	0,05297
7	1,00000	0,99998	0,99957	0,99620	0,98047	0,92946	0,80400	0,56379	0,22516
8	1,00000	1,00000	0,99998	0,99974	0,99805	0,98992	0,95965	0,86578	0,61258
9	1,00000	1,00000	1,00000	1,00000	1,00000	1,00000	1,00000	1,00000	1,00000

n = 10

K \ p =	.1	.2	.3	.4	.5	.6	.7	.8	.9
0	0,34868	0,10737	0,02825	0,00605	0,00098	0,00010	0,00001	0,00000	0,00000
1	0,73610	0,37581	0,14931	0,04636	0,01074	0,00168	0,00014	0,00000	0,00000
2	0,92981	0,67780	0,38278	0,16729	0,05469	0,01229	0,00159	0,00008	0,00000
3	0,98720	0,87913	0,64961	0,38228	0,17188	0,05476	0,01059	0,00086	0,00001
4	0,99837	0,96721	0,84973	0,63310	0,37695	0,16624	0,04735	0,00637	0,00015
5	0,99985	0,99363	0,95265	0,83376	0,62305	0,36690	0,15027	0,03279	0,00163
6	0,99999	0,99914	0,98941	0,94524	0,82812	0,61772	0,35039	0,12087	0,01280
7	1,00000	0,99992	0,99841	0,98771	0,94531	0,83271	0,61722	0,32220	0,07019
8	1,00000	1,00000	0,99986	0,99832	0,98926	0,95364	0,85069	0,62419	0,26390
9	1,00000	1,00000	0,99999	0,99990	0,99902	0,99395	0,97175	0,89263	0,65132
10	1,00000	1,00000	1,00000	1,00000	1,00000	1,00000	1,00000	1,00000	1,00000

n = 11

K \ p =	.1	.2	.3	.4	.5	.6	.7	.8	.9
0	0,31381	0,08590	0,01977	0,00363	0,00049	0,00004	0,00000	0,00000	0,00000
1	0,69736	0,32212	0,11299	0,03023	0,00586	0,00073	0,00005	0,00000	0,00000
2	0,91044	0,61740	0,31274	0,11892	0,03271	0,00592	0,00058	0,00002	0,00000
3	0,98147	0,83886	0,56956	0,29628	0,11328	0,02928	0,00429	0,00024	0,00000
4	0,99725	0,94959	0,78970	0,53277	0,27441	0,09935	0,02162	0,00197	0,00002
5	0,99970	0,98835	0,92178	0,75350	0,50000	0,24650	0,07822	0,01165	0,00030
6	0,99998	0,99803	0,97838	0,90065	0,72559	0,46723	0,21030	0,05041	0,00275
7	1,00000	0,99976	0,99571	0,97072	0,88672	0,70372	0,43044	0,16114	0,01853
8	1,00000	0,99998	0,99942	0,99408	0,96729	0,88108	0,68726	0,38260	0,08956
9	1,00000	1,00000	0,99995	0,99927	0,99414	0,96977	0,88701	0,67788	0,30264
10	1,00000	1,00000	1,00000	0,99996	0,99951	0,99637	0,98023	0,91410	0,68619
11	1,00000	1,00000	1,00000	1,00000	1,00000	1,00000	1,00000	1,00000	1,00000

n = 12

K \ p =	.1	.2	.3	.4	.5	.6	.7	.8	.9
0	0,28243	0,06872	0,01384	0,00218	0,00024	0,00002	0,00000	0,00000	0,00000
1	0,65900	0,27488	0,08503	0,01959	0,00317	0,00032	0,00002	0,00000	0,00000
2	0,88913	0,55835	0,25282	0,08344	0,01929	0,00281	0,00021	0,00000	0,00000
3	0,97436	0,79457	0,49252	0,22534	0,07300	0,01527	0,00169	0,00006	0,00000
4	0,99567	0,92744	0,72366	0,43818	0,19385	0,05731	0,00949	0,00058	0,00000
5	0,99946	0,98059	0,88215	0,66521	0,38721	0,15821	0,03860	0,00390	0,00005
6	0,99995	0,99610	0,96140	0,84179	0,61279	0,33479	0,11785	0,01941	0,00054
7	1,00000	0,99942	0,99051	0,94269	0,80615	0,56182	0,27634	0,07256	0,00433
8	1,00000	0,99994	0,99831	0,98473	0,92700	0,77466	0,50748	0,20543	0,02564

(Fortsetzung)

Tab. A.1 (Fortsetzung)

9	1,00000	1,00000	0,99979	0,99719	0,98071	0,91656	0,74718	0,44165	0,11087
10	1,00000	1,00000	0,99998	0,99968	0,99683	0,98041	0,91497	0,72512	0,34100
11	1,00000	1,00000	1,00000	0,99998	0,99976	0,99782	0,98616	0,93128	0,71757
12	1,00000	1,00000	1,00000	1,00000	1,00000	1,00000	1,00000	1,00000	1,00000

n = 13

K \ p =	.1	.2	.3	.4	.5	.6	.7	.8	.9
0	0,25419	0,05498	0,00969	0,00131	0,00012	0,00001	0,00000	0,00000	0,00000
1	0,62134	0,23365	0,06367	0,01263	0,00171	0,00014	0,00000	0,00000	0,00000
2	0,86612	0,50165	0,20248	0,05790	0,01123	0,00132	0,00007	0,00000	0,00000
3	0,96584	0,74732	0,42061	0,16858	0,04614	0,00779	0,00065	0,00002	0,00000
4	0,99354	0,90087	0,65431	0,35304	0,13342	0,03208	0,00403	0,00017	0,00000
5	0,99908	0,96996	0,83460	0,57440	0,29053	0,09767	0,01822	0,00125	0,00001
6	0,99990	0,99300	0,93762	0,77116	0,50000	0,22884	0,06238	0,00700	0,00010
7	0,99999	0,99875	0,98178	0,90233	0,70947	0,42560	0,16540	0,03004	0,00092
8	1,00000	0,99983	0,99597	0,96792	0,86658	0,64696	0,34569	0,09913	0,00646
9	1,00000	0,99998	0,99935	0,99221	0,95386	0,83142	0,57939	0,25268	0,03416
10	1,00000	1,00000	0,99993	0,99868	0,98877	0,94210	0,79752	0,49835	0,13388
11	1,00000	1,00000	1,00000	0,99986	0,99829	0,98737	0,93633	0,76635	0,37866
12	1,00000	1,00000	1,00000	0,99999	0,99988	0,99869	0,99031	0,94502	0,74581
13	1,00000	1,00000	1,00000	1,00000	1,00000	1,00000	1,00000	1,00000	1,00000

n = 14

K \ p =	.1	.2	.3	.4	.5	.6	.7	.8	.9
0	0,22877	0,04398	0,00678	0,00078	0,00006	0,00000	0,00000	0,00000	0,00000
1	0,58463	0,19791	0,04748	0,00810	0,00092	0,00006	0,00000	0,00000	0,00000
2	0,84164	0,44805	0,16084	0,03979	0,00647	0,00061	0,00003	0,00000	0,00000
3	0,95587	0,69819	0,35517	0,12431	0,02869	0,00391	0,00025	0,00000	0,00000
4	0,99077	0,87016	0,58420	0,27926	0,08978	0,01751	0,00167	0,00005	0,00000
5	0,99853	0,95615	0,78052	0,48585	0,21198	0,05832	0,00829	0,00038	0,00000
6	0,99982	0,98839	0,90672	0,69245	0,39526	0,15014	0,03147	0,00240	0,00002
7	0,99998	0,99760	0,96853	0,84986	0,60474	0,30755	0,09328	0,01161	0,00018
8	1,00000	0,99962	0,99171	0,94168	0,78802	0,51415	0,21948	0,04385	0,00147
9	1,00000	0,99995	0,99833	0,98249	0,91022	0,72074	0,41580	0,12984	0,00923
10	1,00000	1,00000	0,99975	0,99609	0,97131	0,87569	0,64483	0,30181	0,04413
11	1,00000	1,00000	0,99997	0,99939	0,99353	0,96021	0,83916	0,55195	0,15836
12	1,00000	1,00000	1,00000	0,99994	0,99908	0,99190	0,95252	0,80209	0,41537
13	1,00000	1,00000	1,00000	1,00000	0,99994	0,99922	0,99322	0,95602	0,77123
14	1,00000	1,00000	1,00000	1,00000	1,00000	1,00000	1,00000	1,00000	1,00000

n = 15

K \ p =	.1	.2	.3	.4	.5	.6	.7	.8	.9
0	0,20589	0,03518	0,00475	0,00047	0,00003	0,00000	0,00000	0,00000	0,00000
1	0,54904	0,16713	0,03527	0,00517	0,00049	0,00003	0,00000	0,00000	0,00000
2	0,81594	0,39802	0,12683	0,02711	0,00369	0,00028	0,00001	0,00000	0,00000
3	0,94444	0,64816	0,29687	0,09050	0,01758	0,00193	0,00009	0,00000	0,00000
4	0,98728	0,83577	0,51549	0,21728	0,05923	0,00935	0,00067	0,00001	0,00000
5	0,99775	0,93895	0,72162	0,40322	0,15088	0,03383	0,00365	0,00011	0,00000
6	0,99969	0,98194	0,86886	0,60981	0,30362	0,09505	0,01524	0,00078	0,00000
7	0,99997	0,99576	0,94999	0,78690	0,50000	0,21310	0,05001	0,00424	0,00003
8	1,00000	0,99922	0,98476	0,90495	0,69638	0,39019	0,13114	0,01806	0,00031
9	1,00000	0,99989	0,99635	0,96617	0,84912	0,59678	0,27838	0,06105	0,00225
10	1,00000	0,99999	0,99933	0,99065	0,94077	0,78272	0,48451	0,16423	0,01272
11	1,00000	1,00000	0,99991	0,99807	0,98242	0,90950	0,70313	0,35184	0,05556
12	1,00000	1,00000	0,99999	0,99972	0,99631	0,97289	0,87317	0,60198	0,18406
13	1,00000	1,00000	1,00000	0,99997	0,99951	0,99483	0,96473	0,83287	0,45096
14	1,00000	1,00000	1,00000	1,00000	0,99997	0,99953	0,99525	0,96482	0,79411
15	1,00000	1,00000	1,00000	1,00000	1,00000	1,00000	1,00000	1,00000	1,00000

n = 16

K \ p =	.1	.2	.3	.4	.5	.6	.7	.8	.9
0	0,18530	0,02815	0,00332	0,00028	0,00002	0,00000	0,00000	0,00000	0,00000
1	0,51473	0,14074	0,02611	0,00329	0,00026	0,00001	0,00000	0,00000	0,00000
2	0,78925	0,35184	0,09936	0,01834	0,00209	0,00013	0,00000	0,00000	0,00000
3	0,93159	0,59813	0,24586	0,06515	0,01064	0,00094	0,00003	0,00000	0,00000
4	0,98300	0,79825	0,44990	0,16657	0,03841	0,00490	0,00027	0,00000	0,00000
5	0,99670	0,91831	0,65978	0,32884	0,10506	0,01914	0,00157	0,00003	0,00000
6	0,99950	0,97334	0,82469	0,52717	0,22725	0,05832	0,00713	0,00025	0,00000
7	0,99994	0,99300	0,92565	0,71606	0,40181	0,14227	0,02567	0,00148	0,00001

(Fortsetzung)

Tab. A.1 (Fortsetzung)

8	0,99999	0,99852	0,97433	0,85773	0,59819	0,28394	0,07435	0,00700	0,00006
9	1,00000	0,99975	0,99287	0,94168	0,77275	0,47283	0,17531	0,02666	0,00050
10	1,00000	0,99997	0,99843	0,98086	0,89494	0,67116	0,34022	0,08169	0,00330
11	1,00000	1,00000	0,99973	0,99510	0,96159	0,83343	0,55010	0,20175	0,01700
12	1,00000	1,00000	0,99997	0,99906	0,98936	0,93485	0,75414	0,40187	0,06841
13	1,00000	1,00000	1,00000	0,99987	0,99791	0,98166	0,90064	0,64816	0,21075
14	1,00000	1,00000	1,00000	0,99999	0,99974	0,99671	0,97389	0,85926	0,48527
15	1,00000	1,00000	1,00000	1,00000	0,99998	0,99972	0,99668	0,97185	0,81470
16	1,00000	1,00000	1,00000	1,00000	1,00000	1,00000	1,00000	1,00000	1,00000

n = 17

K \p P=	.1	.2	.3	.4	.5	.6	.7	.8	.9
0	0,16677	0,02252	0,00233	0,00017	0,00001	0,00000	0,00000	0,00000	0,00000
1	0,48179	0,11822	0,01928	0,00209	0,00014	0,00000	0,00000	0,00000	0,00000
2	0,76180	0,30962	0,07739	0,01232	0,00117	0,00006	0,00000	0,00000	0,00000
3	0,91736	0,54888	0,20191	0,04642	0,00636	0,00045	0,00001	0,00000	0,00000
4	0,97786	0,75822	0,38869	0,12600	0,02452	0,00252	0,00010	0,00000	0,00000
5	0,99533	0,89430	0,59682	0,26393	0,07173	0,01059	0,00066	0,00001	0,00000
6	0,99922	0,96234	0,77522	0,44784	0,16615	0,03481	0,00324	0,00008	0,00000
7	0,99989	0,98907	0,89536	0,64051	0,31453	0,09190	0,01269	0,00049	0,00000
8	0,99999	0,99742	0,95972	0,80106	0,50000	0,19894	0,04028	0,00258	0,00001
9	1,00000	0,99951	0,98731	0,90810	0,68547	0,35949	0,10464	0,01093	0,00011
10	1,00000	0,99992	0,99676	0,96519	0,83385	0,55216	0,22478	0,03766	0,00078
11	1,00000	0,99999	0,99934	0,98941	0,92827	0,73607	0,40318	0,10570	0,00467
12	1,00000	1,00000	0,99990	0,99748	0,97548	0,87400	0,61131	0,24178	0,02214
13	1,00000	1,00000	0,99999	0,99955	0,99364	0,95358	0,79809	0,45112	0,08264
14	1,00000	1,00000	1,00000	0,99994	0,99883	0,98768	0,92261	0,69038	0,23820
15	1,00000	1,00000	1,00000	1,00000	0,99986	0,99791	0,98072	0,88178	0,51821
16	1,00000	1,00000	1,00000	1,00000	0,99999	0,99983	0,99767	0,97748	0,83323
17	1,00000	1,00000	1,00000	1,00000	1,00000	1,00000	1,00000	1,00000	1,00000

n = 18

K \ p =	.1	.2	.3	.4	.5	.6	.7	.8	.9
0	0,15009	0,01801	0,00163	0,00010	0,00000	0,00000	0,00000	0,00000	0,00000
1	0,45028	0,09908	0,01419	0,00132	0,00007	0,00000	0,00000	0,00000	0,00000
2	0,73380	0,27134	0,05995	0,00823	0,00066	0,00003	0,00000	0,00000	0,00000
3	0,90180	0,50103	0,16455	0,03278	0,00377	0,00021	0,00000	0,00000	0,00000
4	0,97181	0,71635	0,33265	0,09417	0,01544	0,00128	0,00004	0,00000	0,00000
5	0,99358	0,86708	0,53438	0,20876	0,04813	0,00575	0,00027	0,00000	0,00000
6	0,99883	0,94873	0,72170	0,37428	0,11894	0,02028	0,00143	0,00002	0,00000
7	0,99983	0,98372	0,85932	0,56344	0,24034	0,05765	0,00607	0,00016	0,00000
8	0,99998	0,99575	0,94041	0,73684	0,40726	0,13471	0,02097	0,00091	0,00000
9	1,00000	0,99909	0,97903	0,86529	0,59274	0,26316	0,05959	0,00425	0,00002
10	1,00000	0,99984	0,99393	0,94235	0,75966	0,43656	0,14068	0,01628	0,00017
11	1,00000	0,99998	0,99857	0,97972	0,88106	0,62572	0,27830	0,05127	0,00117
12	1,00000	1,00000	0,99973	0,99425	0,95187	0,79124	0,46562	0,13292	0,00642
13	1,00000	1,00000	0,99996	0,99872	0,98456	0,90583	0,66735	0,28365	0,02819
14	1,00000	1,00000	1,00000	0,99979	0,99623	0,96722	0,83545	0,49897	0,09820
15	1,00000	1,00000	1,00000	0,99997	0,99934	0,99177	0,94005	0,72866	0,26620
16	1,00000	1,00000	1,00000	1,00000	0,99993	0,99868	0,98581	0,90092	0,54972
17	1,00000	1,00000	1,00000	1,00000	1,00000	0,99990	0,99837	0,98199	0,84991
18	1,00000	1,00000	1,00000	1,00000	1,00000	1,00000	1,00000	1,00000	1,00000

n = 19

K \ p =	.1	.2	.3	.4	.5	.6	.7	.8	.9
0	0,13509	0,01441	0,00114	0,00006	0,00000	0,00000	0,00000	0,00000	0,00000
1	0,42026	0,08287	0,01042	0,00083	0,00004	0,00000	0,00000	0,00000	0,00000
2	0,70544	0,23689	0,04622	0,00546	0,00036	0,00001	0,00000	0,00000	0,00000
3	0,88500	0,45509	0,13317	0,02296	0,00221	0,00010	0,00000	0,00000	0,00000
4	0,96481	0,67329	0,28222	0,06961	0,00961	0,00064	0,00001	0,00000	0,00000
5	0,99141	0,83694	0,47386	0,16292	0,03178	0,00307	0,00011	0,00000	0,00000
6	0,99830	0,93240	0,66550	0,30807	0,08353	0,01156	0,00062	0,00001	0,00000
7	0,99973	0,97672	0,81803	0,48778	0,17964	0,03523	0,00282	0,00005	0,00000
8	0,99996	0,99334	0,91608	0,66748	0,32380	0,08847	0,01054	0,00031	0,00000
9	1,00000	0,99842	0,96745	0,81391	0,50000	0,18609	0,03255	0,00158	0,00000
10	1,00000	0,99969	0,98946	0,91153	0,67620	0,33252	0,08392	0,00666	0,00004
11	1,00000	0,99995	0,99718	0,96477	0,82036	0,51222	0,18197	0,02328	0,00027
12	1,00000	0,99999	0,99938	0,98844	0,91647	0,69193	0,33450	0,06760	0,00170
13	1,00000	1,00000	0,99989	0,99693	0,96822	0,83708	0,52614	0,16306	0,00859
14	1,00000	1,00000	0,99999	0,99936	0,99039	0,93039	0,71778	0,32671	0,03519

(Fortsetzung)

Tab. A.1 (Fortsetzung)

15	1,00000	1,00000	1,00000	0,99990	0,99779	0,97704	0,86683	0,54491	0,11500
16	1,00000	1,00000	1,00000	0,99999	0,99964	0,99454	0,95378	0,76311	0,29456
17	1,00000	1,00000	1,00000	1,00000	0,99996	0,99917	0,98958	0,91713	0,57974
18	1,00000	1,00000	1,00000	1,00000	1,00000	0,99994	0,99886	0,98559	0,86491
19	1,00000	1,00000	1,00000	1,00000	1,00000	1,00000	1,00000	1,00000	1,00000

n = 20

K \ p =	.1	.2	.3	.4	.5	.6	.7	.8	.9
0	0,12158	0,01153	0,00080	0,00004	0,00000	0,00000	0,00000	0,00000	0,00000
1	0,39175	0,06918	0,00764	0,00052	0,00002	0,00000	0,00000	0,00000	0,00000
2	0,67693	0,20608	0,03548	0,00361	0,00020	0,00001	0,00000	0,00000	0,00000
3	0,86705	0,41145	0,10709	0,01596	0,00129	0,00005	0,00000	0,00000	0,00000
4	0,95683	0,62965	0,23751	0,05095	0,00591	0,00032	0,00001	0,00000	0,00000
5	0,98875	0,80421	0,41637	0,12560	0,02069	0,00161	0,00004	0,00000	0,00000
6	0,99761	0,91331	0,60801	0,25001	0,05766	0,00647	0,00026	0,00000	0,00000
7	0,99958	0,96786	0,77227	0,41589	0,13159	0,02103	0,00128	0,00002	0,00000
8	0,99994	0,99002	0,88667	0,59560	0,25172	0,05653	0,00514	0,00010	0,00000
9	0,99999	0,99741	0,95204	0,75534	0,41190	0,12752	0,01714	0,00056	0,00000
10	1,00000	0,99944	0,98286	0,87248	0,58810	0,24466	0,04796	0,00259	0,00001
11	1,00000	0,99990	0,99486	0,94347	0,74828	0,40440	0,11333	0,00998	0,00006
12	1,00000	0,99998	0,99872	0,97897	0,86841	0,58411	0,22773	0,03214	0,00042
13	1,00000	1,00000	0,99974	0,99353	0,94234	0,74999	0,39199	0,08669	0,00239
14	1,00000	1,00000	0,99996	0,99839	0,97931	0,87440	0,58363	0,19579	0,01125
15	1,00000	1,00000	0,99999	0,99968	0,99409	0,94905	0,76249	0,37035	0,04317
16	1,00000	1,00000	1,00000	0,99995	0,99871	0,98404	0,89291	0,58855	0,13295
17	1,00000	1,00000	1,00000	0,99999	0,99980	0,99639	0,96452	0,79392	0,32307
18	1,00000	1,00000	1,00000	1,00000	0,99998	0,99948	0,99236	0,93082	0,60825
19	1,00000	1,00000	1,00000	1,00000	1,00000	0,99996	0,99920	0,98847	0,87842
20	1,00000	1,00000	1,00000	1,00000	1,00000	1,00000	1,00000	1,00000	1,00000

(Fortsetzung)

Tab. A.2 Kumulative Poisson-Verteilungstabellen

					$\lambda = mean$						
X	0,01	0,05	0,1	0,2	0,3	0,4	0,5	0,6	0,7	0,8	0,9
0	0,990	0,951	0,905	0,819	0,741	0,670	0,607	0,549	0,497	0,449	0,407
1	1,000	0,999	0,995	0,982	0,963	0,938	0,910	0,878	0,844	0,809	0,772
2		1,000	1,000	0,999	0,996	0,992	0,986	0,977	0,966	0,953	0,937
3				1,000	1,000	0,999	0,998	0,997	0,994	0,991	0,987
4						1,000	1,000	1,000	0,999	0,999	0,998
5									1,000	1,000	1,000
X	1,0	1,1	1,2	1,3	1,4	1,5	1,6	1,7	1,8	1,9	2,0

(Fortsetzung)

Tab. A.2 (Fortsetzung)

0	0,368	0,333	0,301	0,273	0,247	0,223	0,202	0,183	0,165	0,150	0,135
1	0,736	0,699	0,663	0,627	0,592	0,558	0,525	0,493	0,463	0,434	0,406
2	0,920	0,900	0,879	0,857	0,833	0,809	0,783	0,757	0,731	0,704	0,677
3	0,981	0,974	0,966	0,957	0,946	0,934	0,921	0,907	0,891	0,875	0,857
4	0,996	0,995	0,992	0,989	0,986	0,981	0,976	0,970	0,964	0,956	0,947
5	0,999	0,999	0,998	0,998	0,997	0,996	0,994	0,992	0,990	0,987	0,983
6	1,000	1,000	1,000	1,000	0,999	0,999	0,999	0,998	0,997	0,997	0,995
7					1,000	1,000	1,000	1,000	0,999	0,999	0,999
8									1,000	1,000	1,000
X	2,2	2,4	2,6	2,8	3,0	3,5	4,0	4,5	5,0	5,5	6,0
0	0,111	0,091	0,074	0,061	0,050	0,030	0,018	0,011	0,007	0,004	0,002
1	0,355	0,308	0,267	0,231	0,199	0,136	0,092	0,061	0,040	0,027	0,017
2	0,623	0,570	0,518	0,469	0,423	0,321	0,238	0,174	0,125	0,088	0,062
3	0,819	0,779	0,736	0,692	0,647	0,537	0,433	0,342	0,265	0,202	0,151
4	0,928	0,904	0,877	0,848	0,815	0,725	0,629	0,532	0,440	0,358	0,285
5	0,975	0,964	0,951	0,935	0,916	0,858	0,785	0,703	0,616	0,529	0,446
6	0,993	0,988	0,983	0,976	0,966	0,935	0,889	0,831	0,762	0,686	0,606
7	0,998	0,997	0,995	0,992	0,988	0,973	0,949	0,913	0,867	0,809	0,744
8	1,000	0,999	0,999	0,998	0,996	0,990	0,979	0,960	0,932	0,894	0,847
9		1,000	1,000	0,999	0,999	0,997	0,992	0,983	0,968	0,946	0,916
10				1,000	1,000	0,999	0,997	0,993	0,986	0,975	0,957
11						1,000	0,999	0,998	0,995	0,989	0,980
12							1,000	0,999	0,998	0,996	0,991
13								1,000	0,999	0,998	0,996

(Fortsetzung)

Tab. A.2 (Fortsetzung)

14									1,000	0,999	0,999
15										1,000	0,999
16											1,000
X	6,5	7,0	7,5	8,0	9,0	10,0	12,0	14,0	16,0	18,0	20,0
0	0,002	0,001	0,001	0,000							
1	0,011	0,007	0,005	0,003	0,001						
2	0,043	0,030	0,020	0,014	0,006	0,003	0,001				
3	0,112	0,082	0,059	0,042	0,021	0,010	0,002				
4	0,224	0,173	0,132	0,100	0,055	0,029	0,008	0,002			
5	0,369	0,301	0,241	0,191	0,116	0,067	0,020	0,006	0,001		
6	0,527	0,450	0,378	0,313	0,207	0,130	0,046	0,014	0,004	0,001	
7	0,673	0,599	0,525	0,453	0,324	0,220	0,090	0,032	0,010	0,003	0,001
8	0,792	0,729	0,662	0,593	0,456	0,333	0,155	0,062	0,022	0,007	0,002
9	0,877	0,830	0,776	0,717	0,587	0,458	0,242	0,109	0,043	0,015	0,005
10	0,933	0,901	0,862	0,816	0,706	0,583	0,347	0,176	0,077	0,030	0,011
11	0,966	0,947	0,921	0,888	0,803	0,697	0,462	0,260	0,127	0,055	0,021
12	0,984	0,973	0,957	0,936	0,876	0,792	0,576	0,358	0,193	0,092	0,039
13	0,993	0,987	0,978	0,966	0,926	0,864	0,682	0,464	0,275	0,143	0,066
14	0,997	0,994	0,990	0,983	0,959	0,917	0,772	0,570	0,368	0,208	0,105
15	0,999	0,998	0,995	0,992	0,978	0,951	0,844	0,669	0,467	0,287	0,157
16	1,000	0,999	0,998	0,996	0,989	0,973	0,899	0,756	0,566	0,375	0,221
17		1,000	0,999	0,998	0,995	0,986	0,937	0,827	0,659	0,469	0,297
18			1,000	0,999	0,998	0,993	0,963	0,883	0,742	0,562	0,381
19				1,000	0,999	0,997	0,979	0,923	0,812	0,651	0,470

(Fortsetzung)

Tab. A.2 (Fortsetzung)

20	1,000	0,998	0,988	0,952	0,868	0,731	0,559
21		0,999	0,994	0,971	0,911	0,799	0,644
22		1,000	0,997	0,983	0,942	0,855	0,721
23			0,999	0,991	0,963	0,899	0,787
24			0,999	0,995	0,978	0,932	0,843
25			1,000	0,997	0,987	0,955	0,888
26				0,999	0,993	0,972	0,922
27				0,999	0,996	0,983	0,948
28				1,000	0,998	0,990	0,966
29					0,999	0,994	0,978
30					0,999	0,997	0,987
31					1,000	0,998	0,992
32						0,999	0,995
33						1,000	0,997
34							0,999
35							0,999
36							1,000

Tab. A.3 Kumulative Standardnormalverteilung

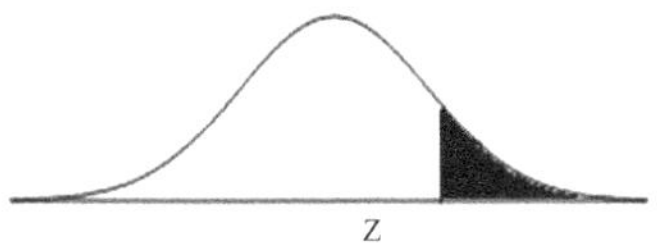

z	0	0,01	0,02	0,03	0,04	0,05	0,06	0,07	0,08	0,09
−3,40	0,0003	0,0003	0,0003	0,0003	0,0003	0,0003	0,0003	0,0003	0,0003	0,0002
−3,30	0,0005	0,0005	0,0005	0,0004	0,0004	0,0004	0,0004	0,0004	0,0004	0,0003
−3,20	0,0007	0,0007	0,0006	0,0006	0,0006	0,0006	0,0006	0,0005	0,0005	0,0005
−3,10	0,0010	0,0009	0,0009	0,0009	0,0008	0,0008	0,0008	0,0008	0,0007	0,0007
−3,00	0,0013	0,0013	0,0013	0,0012	0,0012	0,0011	0,0011	0,0011	0,0010	0,0010
−2,90	0,0019	0,0018	0,0018	0,0017	0,0016	0,0016	0,0015	0,0015	0,0014	0,0014
−2,80	0,0026	0,0025	0,0024	0,0023	0,0023	0,0022	0,0021	0,0021	0,0020	0,0019
−2,70	0,0035	0,0034	0,0033	0,0032	0,0031	0,0030	0,0029	0,0028	0,0027	0,0026
−2,60	0,0047	0,0045	0,0044	0,0043	0,0041	0,0040	0,0039	0,0038	0,0037	0,0036
−2,50	0,0062	0,0060	0,0059	0,0057	0,0055	0,0054	0,0052	0,0051	0,0049	0,0048
−2,40	0,0082	0,0080	0,0078	0,0075	0,0073	0,0071	0,0069	0,0068	0,0066	0,0064
−2,30	0,0107	0,0104	0,0102	0,0099	0,0096	0,0094	0,0091	0,0089	0,0087	0,0084
−2,20	0,0139	0,0136	0,0132	0,0129	0,0125	0,0122	0,0119	0,0116	0,0113	0,0110
−2,10	0,0179	0,0174	0,0170	0,0166	0,0162	0,0158	0,0154	0,0150	0,0146	0,0143
−2,00	0,0228	0,0222	0,0217	0,0212	0,0207	0,0202	0,0197	0,0192	0,0188	0,0183
−1,90	0,0287	0,0281	0,0274	0,0268	0,0262	0,0256	0,0250	0,0244	0,0239	0,0233
−1,80	0,0359	0,0351	0,0344	0,0336	0,0329	0,0322	0,0314	0,0307	0,0301	0,0294
−1,70	0,0446	0,0436	0,0427	0,0418	0,0409	0,0401	0,0392	0,0384	0,0375	0,0367
−1,60	0,0548	0,0537	0,0526	0,0516	0,0505	0,0495	0,0485	0,0475	0,0465	0,0455
−1,50	0,0668	0,0655	0,0643	0,0630	0,0618	0,0606	0,0594	0,0582	0,0571	0,0559
−1,40	0,0808	0,0793	0,0778	0,0764	0,0749	0,0735	0,0721	0,0708	0,0694	0,0681
−1,30	0,0968	0,0951	0,0934	0,0918	0,0901	0,0885	0,0869	0,0853	0,0838	0,0823

(Fortsetzung)

Tab. A.3 (Fortsetzung)

−1,20	0,1151	0,1131	0,1112	0,1093	0,1075	0,1056	0,1038	0,1020	0,1003	0,0985
−1,10	0,1357	0,1335	0,1314	0,1292	0,1271	0,1251	0,1230	0,1210	0,1190	0,1170
−1,00	0,1587	0,1562	0,1539	0,1515	0,1492	0,1469	0,1446	0,1423	0,1401	0,1379
−0,90	0,1841	0,1814	0,1788	0,1762	0,1736	0,1711	0,1685	0,1660	0,1635	0,1611
−0,80	0,2119	0,2090	0,2061	0,2033	0,2005	0,1977	0,1949	0,1922	0,1894	0,1867
−0,70	0,2420	0,2389	0,2358	0,2327	0,2296	0,2266	0,2236	0,2206	0,2177	0,2148
−0,60	0,2743	0,2709	0,2676	0,2643	0,2611	0,2578	0,2546	0,2514	0,2483	0,2451
−0,50	0,3085	0,3050	0,3015	0,2981	0,2946	0,2912	0,2877	0,2843	0,2810	0,2776
−0,40	0,3446	0,3409	0,3372	0,3336	0,3300	0,3264	0,3228	0,3192	0,3156	0,3121
−0,30	0,3821	0,3783	0,3745	0,3707	0,3669	0,3632	0,3594	0,3557	0,3520	0,3483
−0,20	0,4207	0,4168	0,4129	0,4090	0,4052	0,4013	0,3974	0,3936	0,3897	0,3859
−0,10	0,4602	0,4562	0,4522	0,4483	0,4443	0,4404	0,4364	0,4325	0,4286	0,4247
0,00	0,5000	0,4960	0,4920	0,4880	0,4840	0,4801	0,4761	0,4721	0,4681	0,4641
z	***0***	***0,01***	***0,02***	***0,03***	***0,04***	***0,05***	***0,06***	***0,07***	***0,08***	***0,09***
0,00	0,5000	0,5040	0,5080	0,5120	0,5160	0,5199	0,5239	0,5279	0,5319	0,5359
0,10	0,5398	0,5438	0,5478	0,5517	0,5557	0,5596	0,5636	0,5675	0,5714	0,5753
0,20	0,5793	0,5832	0,5871	0,5910	0,5948	0,5987	0,6026	0,6064	0,6103	0,6141
0,30	0,6179	0,6217	0,6255	0,6293	0,6331	0,6368	0,6406	0,6443	0,6480	0,6517
0,40	0,6554	0,6591	0,6628	0,6664	0,6700	0,6736	0,6772	0,6808	0,6844	0,6879
0,50	0,6915	0,6950	0,6985	0,7019	0,7054	0,7088	0,7123	0,7157	0,7190	0,7224
0,60	0,7257	0,7291	0,7324	0,7357	0,7389	0,7422	0,7454	0,7486	0,7517	0,7549
0,70	0,7580	0,7611	0,7642	0,7673	0,7704	0,7734	0,7764	0,7794	0,7823	0,7852
0,80	0,7881	0,7910	0,7939	0,7967	0,7995	0,8023	0,8051	0,8078	0,8106	0,8133
0,90	0,8159	0,8186	0,8212	0,8238	0,8264	0,8289	0,8315	0,8340	0,8365	0,8389
1,00	0,8413	0,8438	0,8461	0,8485	0,8508	0,8531	0,8554	0,8577	0,8599	0,8621
1,10	0,8643	0,8665	0,8686	0,8708	0,8729	0,8749	0,8770	0,8790	0,8810	0,8830
1,20	0,8849	0,8869	0,8888	0,8907	0,8925	0,8944	0,8962	0,8980	0,8997	0,9015
1,30	0,9032	0,9049	0,9066	0,9082	0,9099	0,9115	0,9131	0,9147	0,9162	0,9177
1,40	0,9192	0,9207	0,9222	0,9236	0,9251	0,9265	0,9279	0,9292	0,9306	0,9319
1,50	0,9332	0,9345	0,9357	0,9370	0,9382	0,9394	0,9406	0,9418	0,9429	0,9441
1,60	0,9452	0,9463	0,9474	0,9484	0,9495	0,9505	0,9515	0,9525	0,9535	0,9545
1,70	0,9554	0,9564	0,9573	0,9582	0,9591	0,9599	0,9608	0,9616	0,9625	0,9633
1,80	0,9641	0,9649	0,9656	0,9664	0,9671	0,9678	0,9686	0,9693	0,9699	0,9706
1,90	0,9713	0,9719	0,9726	0,9732	0,9738	0,9744	0,9750	0,9756	0,9761	0,9767
2,00	0,9772	0,9778	0,9783	0,9788	0,9793	0,9798	0,9803	0,9808	0,9812	0,9817
2,10	0,9821	0,9826	0,9830	0,9834	0,9838	0,9842	0,9846	0,9850	0,9854	0,9857
2,20	0,9861	0,9864	0,9868	0,9871	0,9875	0,9878	0,9881	0,9884	0,9887	0,9890
2,30	0,9893	0,9896	0,9898	0,9901	0,9904	0,9906	0,9909	0,9911	0,9913	0,9916
2,40	0,9918	0,9920	0,9922	0,9925	0,9927	0,9929	0,9931	0,9932	0,9934	0,9936
2,50	0,9938	0,9940	0,9941	0,9943	0,9945	0,9946	0,9948	0,9949	0,9951	0,9952

(Fortsetzung)

Tab. A.3 (Fortsetzung)

2,60	0,9953	0,9955	0,9956	0,9957	0,9959	0,9960	0,9961	0,9962	0,9963	0,9964
2,70	0,9965	0,9966	0,9967	0,9968	0,9969	0,9970	0,9971	0,9972	0,9973	0,9974
2,80	0,9974	0,9975	0,9976	0,9977	0,9977	0,9978	0,9979	0,9979	0,9980	0,9981
2,90	0,9981	0,9982	0,9982	0,9983	0,9984	0,9984	0,9985	0,9985	0,9986	0,9986
3,00	0,9987	0,9987	0,9987	0,9988	0,9988	0,9989	0,9989	0,9989	0,9990	0,9990
3,10	0,9990	0,9991	0,9991	0,9991	0,9992	0,9992	0,9992	0,9992	0,9993	0,9993
3,20	0,9993	0,9993	0,9994	0,9994	0,9994	0,9994	0,9994	0,9995	0,9995	0,9995
3,30	0,9995	0,9995	0,9995	0,9996	0,9996	0,9996	0,9996	0,9996	0,9996	0,9997
3,40	0,9997	0,9997	0,9997	0,9997	0,9997	0,9997	0,9997	0,9997	0,9997	0,9998

Tab. A.4 Chi-Quadrat-Werte für einen spezifizierten rechten Schwanzbereich

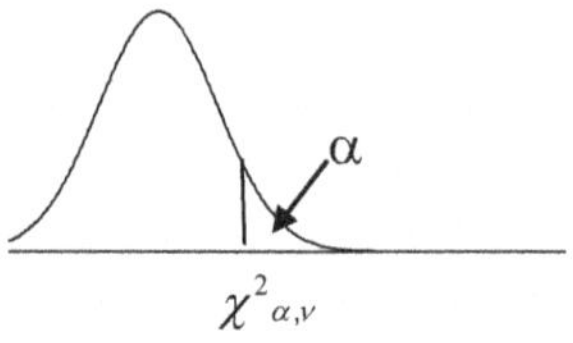

ν \ α	0,999	0,995	0,99	0,975	0,95	0,9	0,1	0,05	0,025	0,01	0,005	0,001
1	0,00	0,00	0,00	0,00	0,00	0,02	2,71	3,84	5,02	6,63	7,88	10,83
2	0,00	0,01	0,02	0,05	0,10	0,21	4,61	5,99	7,38	9,21	10,60	13,82
3	0,02	0,07	0,11	0,22	0,35	0,58	6,25	7,81	9,35	11,34	12,84	16,27
4	0,09	0,21	0,30	0,48	0,71	1,06	7,78	9,49	11,14	13,28	14,86	18,47
5	0,21	0,41	0,55	0,83	1,15	1,61	9,24	11,07	12,83	15,09	16,75	20,51
6	0,38	0,68	0,87	1,24	1,64	2,20	10,64	12,59	14,45	16,81	18,55	22,46

(Fortsetzung)

Tab. A.4 (Fortsetzung)

7	0,60	0,99	1,24	1,69	2,17	2,83	12,02	14,07	16,01	18,48	20,28	24,32
8	0,86	1,34	1,65	2,18	2,73	3,49	13,36	15,51	17,53	20,09	21,95	26,12
9	1,15	1,73	2,09	2,70	3,33	4,17	14,68	16,92	19,02	21,67	23,59	27,88
10	1,48	2,16	2,56	3,25	3,94	4,87	15,99	18,31	20,48	23,21	25,19	29,59
11	1,83	2,60	3,05	3,82	4,57	5,58	17,28	19,68	21,92	24,73	26,76	31,26
12	2,21	3,07	3,57	4,40	5,23	6,30	18,55	21,03	23,34	26,22	28,30	32,91
13	2,62	3,57	4,11	5,01	5,89	7,04	19,81	22,36	24,74	27,69	29,82	34,53
14	3,04	4,07	4,66	5,63	6,57	7,79	21,06	23,68	26,12	29,14	31,32	36,12
15	3,48	4,60	5,23	6,26	7,26	8,55	22,31	25,00	27,49	30,58	32,80	37,70
16	3,94	5,14	5,81	6,91	7,96	9,31	23,54	26,30	28,85	32,00	34,27	39,25
17	4,42	5,70	6,41	7,56	8,67	10,09	24,77	27,59	30,19	33,41	35,72	40,79
18	4,90	6,26	7,01	8,23	9,39	10,86	25,99	28,87	31,53	34,81	37,16	42,31
19	5,41	6,84	7,63	8,91	10,12	11,65	27,20	30,14	32,85	36,19	38,58	43,82
20	5,92	7,43	8,26	9,59	10,85	12,44	28,41	31,41	34,17	37,57	40,00	45,31
21	6,45	8,03	8,90	10,28	11,59	13,24	29,62	32,67	35,48	38,93	41,40	46,80
22	6,98	8,64	9,54	10,98	12,34	14,04	30,81	33,92	36,78	40,29	42,80	48,27
23	7,53	9,26	10,20	11,69	13,09	14,85	32,01	35,17	38,08	41,64	44,18	49,73
24	8,08	9,89	10,86	12,40	13,85	15,66	33,20	36,42	39,36	42,98	45,56	51,18
25	8,65	10,52	11,52	13,12	14,61	16,47	34,38	37,65	40,65	44,31	46,93	52,62
26	9,22	11,16	12,20	13,84	15,38	17,29	35,56	38,89	41,92	45,64	48,29	54,05
27	9,80	11,81	12,88	14,57	16,15	18,11	36,74	40,11	43,19	46,96	49,65	55,48

(Fortsetzung)

Tab. A.4 (Fortsetzung)

28	10,39	12,46	13,56	15,31	16,93	18,94	37,92	41,34	44,46	48,28	50,99	56,89
29	10,99	13,12	14,26	16,05	17,71	19,77	39,09	42,56	45,72	49,59	52,34	58,30
30	11,59	13,79	14,95	16,79	18,49	20,60	40,26	43,77	46,98	50,89	53,67	59,70
32	12,81	15,13	16,36	18,29	20,07	22,27	42,58	46,19	49,48	53,49	56,33	62,49
34	14,06	16,50	17,79	19,81	21,66	23,95	44,90	48,60	51,97	56,06	58,96	65,25
36	15,32	17,89	19,23	21,34	23,27	25,64	47,21	51,00	54,44	58,62	61,58	67,98
38	16,61	19,29	20,69	22,88	24,88	27,34	49,51	53,38	56,90	61,16	64,18	70,70
40	17,92	20,71	22,16	24,43	26,51	29,05	51,81	55,76	59,34	63,69	66,77	73,40
42	19,24	22,14	23,65	26,00	28,14	30,77	54,09	58,12	61,78	66,21	69,34	76,08
44	20,58	23,58	25,15	27,57	29,79	32,49	56,37	60,48	64,20	68,71	71,89	78,75
46	21,93	25,04	26,66	29,16	31,44	34,22	58,64	62,83	66,62	71,20	74,44	81,40
48	23,29	26,51	28,18	30,75	33,10	35,95	60,91	65,17	69,02	73,68	76,97	84,04
50	24,67	27,99	29,71	32,36	34,76	37,69	63,17	67,50	71,42	76,15	79,49	86,66
55	28,17	31,73	33,57	36,40	38,96	42,06	68,80	73,31	77,38	82,29	85,75	93,17
60	31,74	35,53	37,48	40,48	43,19	46,46	74,40	79,08	83,30	88,38	91,95	99,61
65	35,36	39,38	41,44	44,60	47,45	50,88	79,97	84,82	89,18	94,42	98,10	105,99
70	39,04	43,28	45,44	48,76	51,74	55,33	85,53	90,53	95,02	100,43	104,21	112,32
75	42,76	47,21	49,48	52,94	56,05	59,79	91,06	96,22	100,84	106,39	110,29	118,60
80	46,52	51,17	53,54	57,15	60,39	64,28	96,58	101,88	106,63	112,33	116,32	124,84
85	50,32	55,17	57,63	61,39	64,75	68,78	102,08	107,52	112,39	118,24	122,32	131,04
90	54,16	59,20	61,75	65,65	69,13	73,29	107,57	113,15	118,14	124,12	128,30	137,21

(Fortsetzung)

Tab. A.4 (Fortsetzung)

95	58,02	63,25	65,90	69,92	73,52	77,82	113,04	118,75	123,86	129,97	134,25	143,34
100	61,92	67,33	70,06	74,22	77,93	82,36	118,50	124,34	129,56	135,81	140,17	149,45

Tab. A.5 Werte von T für einen spezifizierten rechten Schwanzbereich

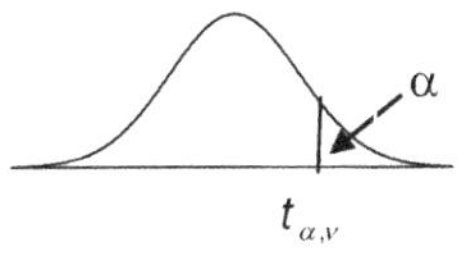

	Level of Significance α									
v	0,4	0,25	0,1	0,05	0,025	0,01	0,005	0,0025	0,001	0,0005
1	0,325	1,000	3,078	6,314	12,706	31,821	63,656	127,321	318,289	636,578
2	0,289	0,816	1,886	2,920	4,303	6,965	9,925	14,089	22,328	31,600
3	0,277	0,765	1,638	2,353	3,182	4,541	5,841	7,453	10,214	12,924
4	0,271	0,741	1,533	2,132	2,776	3,747	4,604	5,598	7,173	8,610
5	0,267	0,727	1,476	2,015	2,571	3,365	4,032	4,773	5,894	6,869
6	0,265	0,718	1,440	1,943	2,447	3,143	3,707	4,317	5,208	5,959

(Fortsetzung)

Tab. A.5 (Fortsetzung)

7	0,263	0,711	1,415	1,895	2,365	2,998	3,499	4,029	4,785	5,408
8	0,262	0,706	1,397	1,860	2,306	2,896	3,355	3,833	4,501	5,041
9	0,261	0,703	1,383	1,833	2,262	2,821	3,250	3,690	4,297	4,781
10	0,260	0,700	1,372	1,812	2,228	2,764	3,169	3,581	4,144	4,587
11	0,260	0,697	1,363	1,796	2,201	2,718	3,106	3,497	4,025	4,437
12	0,259	0,695	1,356	1,782	2,179	2,681	3,055	3,428	3,930	4,318
13	0,259	0,694	1,350	1,771	2,160	2,650	3,012	3,372	3,852	4,221
14	0,258	0,692	1,345	1,761	2,145	2,624	2,977	3,326	3,787	4,140
15	0,258	0,691	1,341	1,753	2,131	2,602	2,947	3,286	3,733	4,073
16	0,258	0,690	1,337	1,746	2,120	2,583	2,921	3,252	3,686	4,015
17	0,257	0,689	1,333	1,740	2,110	2,567	2,898	3,222	3,646	3,965
18	0,257	0,688	1,330	1,734	2,101	2,552	2,878	3,197	3,610	3,922
19	0,257	0,688	1,328	1,729	2,093	2,539	2,861	3,174	3,579	3,883
20	0,257	0,687	1,325	1,725	2,086	2,528	2,845	3,153	3,552	3,850
21	0,257	0,686	1,323	1,721	2,080	2,518	2,831	3,135	3,527	3,819
22	0,256	0,686	1,321	1,717	2,074	2,508	2,819	3,119	3,505	3,792
23	0,256	0,685	1,319	1,714	2,069	2,500	2,807	3,104	3,485	3,768
24	0,256	0,685	1,318	1,711	2,064	2,492	2,797	3,091	3,467	3,745
25	0,256	0,684	1,316	1,708	2,060	2,485	2,787	3,078	3,450	3,725
26	0,256	0,684	1,315	1,706	2,056	2,479	2,779	3,067	3,435	3,707
27	0,256	0,684	1,314	1,703	2,052	2,473	2,771	3,057	3,421	3,689
28	0,256	0,683	1,313	1,701	2,048	2,467	2,763	3,047	3,408	3,674
29	0,256	0,683	1,311	1,699	2,045	2,462	2,756	3,038	3,396	3,660
30	0,256	0,683	1,310	1,697	2,042	2,457	2,750	3,030	3,385	3,646
40	0,255	0,681	1,303	1,684	2,021	2,423	2,704	2,971	3,307	3,551
60	0,254	0,679	1,296	1,671	2,000	2,390	2,660	2,915	3,232	3,460
120	0,254	0,677	1,289	1,658	1,980	2,358	2,617	2,860	3,160	3,373
∞	0,253	0,674	1,282	1,645	1,960	2,326	2,576	2,807	3,090	3,291

Tab. A.6 Werte von F für einen spezifizierten rechten Schwanzbereich $F_{0,01(\nu_1,\nu_2)}$

	$\lambda = mean$										
X	0,01	0,05	0,1	0,2	0,3	0,4	0,5	0,6	0,7	0,8	0,9
0	0,990	0,951	0,905	0,819	0,741	0,670	0,607	0,549	0,497	0,449	0,407
1	1,000	0,999	0,995	0,982	0,963	0,938	0,910	0,878	0,844	0,809	0,772
2		1,000	1,000	0,999	0,996	0,992	0,986	0,977	0,966	0,953	0,937
3				1,000	1,000	0,999	0,998	0,997	0,994	0,991	0,987
4						1,000	1,000	1,000	0,999	0,999	0,998
5									1,000	1,000	1,000
X	1,0	1,1	1,2	1,3	1,4	1,5	1,6	1,7	1,8	1,9	2,0

(Fortsetzung)

Tab. A.6 (Fortsetzung)

df	ν_1																	
ν_2	1	2	3	4	5	6	7	8	9	10	12	15	20	24	30	40	60	120	∞
1	4052	4999	5404	5624	5764	5859	5928	5981	6022	6056	6107	6157	6209	6234	6260	6286	6313	6340	6366
2	98,5	99,0	99,2	99,3	99,3	99,3	99,4	99,4	99,4	99,4	99,4	99,4	99,4	99,5	99,5	99,5	99,5	99,5	99,5
3	34,1	30,8	29,5	28,7	28,2	27,9	27,7	27,5	27,3	27,2	27,1	26,9	26,7	26,6	26,5	26,4	26,3	26,2	26,1
4	21,2	18,0	16,7	16,0	15,5	15,2	15,0	14,8	14,7	14,5	14,4	14,2	14,0	13,9	13,8	13,7	13,7	13,6	13,5
5	16,3	13,3	12,1	11,4	11,0	10,7	10,5	10,3	10,2	10,1	9,89	9,72	9,55	9,47	9,38	9,29	9,20	9,11	9,02
6	13,7	10,9	9,78	9,15	8,75	8,47	8,26	8,10	7,98	7,87	7,72	7,56	7,40	7,31	7,23	7,14	7,06	6,97	6,88
7	12,2	9,55	8,45	7,85	7,46	7,19	6,99	6,84	6,72	6,62	6,47	6,31	6,16	6,07	5,99	5,91	5,82	5,74	5,65
8	11,3	8,65	7,59	7,01	6,63	6,37	6,18	6,03	5,91	5,81	5,67	5,52	5,36	5,28	5,20	5,12	5,03	4,95	4,86
9	10,6	8,02	6,99	6,42	6,06	5,80	5,61	5,47	5,35	5,26	5,11	4,96	4,81	4,73	4,65	4,57	4,48	4,40	4,31
10	10,0	7,56	6,55	5,99	5,64	5,39	5,20	5,06	4,94	4,85	4,71	4,56	4,41	4,33	4,25	4,17	4,08	4,00	3,91
11	9,65	7,21	6,22	5,67	5,32	5,07	4,89	4,74	4,63	4,54	4,40	4,25	4,10	4,02	3,94	3,86	3,78	3,69	3,60
12	9,33	6,93	5,95	5,41	5,06	4,82	4,64	4,50	4,39	4,30	4,16	4,01	3,86	3,78	3,70	3,62	3,54	3,45	3,36
13	9,07	6,70	5,74	5,21	4,86	4,62	4,44	4,30	4,19	4,10	3,96	3,82	3,66	3,59	3,51	3,43	3,34	3,25	3,17
14	8,86	6,51	5,56	5,04	4,69	4,46	4,28	4,14	4,03	3,94	3,80	3,66	3,51	3,43	3,35	3,27	3,18	3,09	3,00
15	8,68	6,36	5,42	4,89	4,56	4,32	4,14	4,00	3,89	3,80	3,67	3,52	3,37	3,29	3,21	3,13	3,05	2,96	2,87
16	8,53	6,23	5,29	4,77	4,44	4,20	4,03	3,89	3,78	3,69	3,55	3,41	3,26	3,18	3,10	3,02	2,93	2,84	2,75
17	8,40	6,11	5,19	4,67	4,34	4,10	3,93	3,79	3,68	3,59	3,46	3,31	3,16	3,08	3,00	2,92	2,83	2,75	2,65
18	8,29	6,01	5,09	4,58	4,25	4,01	3,84	3,71	3,60	3,51	3,37	3,23	3,08	3,00	2,92	2,84	2,75	2,66	2,57
19	8,18	5,93	5,01	4,50	4,17	3,94	3,77	3,63	3,52	3,43	3,30	3,15	3,00	2,92	2,84	2,76	2,67	2,58	2,49
20	8,10	5,85	4,94	4,43	4,10	3,87	3,70	3,56	3,46	3,37	3,23	3,09	2,94	2,86	2,78	2,69	2,61	2,52	2,42
21	8,02	5,78	4,87	4,37	4,04	3,81	3,64	3,51	3,40	3,31	3,17	3,03	2,88	2,80	2,72	2,64	2,55	2,46	2,36
22	7,95	5,72	4,82	4,31	3,99	3,76	3,59	3,45	3,35	3,26	3,12	2,98	2,83	2,75	2,67	2,58	2,50	2,40	2,31
23	7,88	5,66	4,76	4,26	3,94	3,71	3,54	3,41	3,30	3,21	3,07	2,93	2,78	2,70	2,62	2,54	2,45	2,35	2,26
24	7,82	5,61	4,72	4,22	3,90	3,67	3,50	3,36	3,26	3,17	3,03	2,89	2,74	2,66	2,58	2,49	2,40	2,31	2,21
25	7,77	5,57	4,68	4,18	3,85	3,63	3,46	3,32	3,22	3,13	2,99	2,85	2,70	2,62	2,54	2,45	2,36	2,27	2,17
26	7,72	5,53	4,64	4,14	3,82	3,59	3,42	3,29	3,18	3,09	2,96	2,81	2,66	2,58	2,50	2,42	2,33	2,23	2,13
27	7,68	5,49	4,60	4,11	3,78	3,56	3,39	3,26	3,15	3,06	2,93	2,78	2,63	2,55	2,47	2,38	2,29	2,20	2,10
28	7,64	5,45	4,57	4,07	3,75	3,53	3,36	3,23	3,12	3,03	2,90	2,75	2,60	2,52	2,44	2,35	2,26	2,17	2,06
29	7,60	5,42	4,54	4,04	3,73	3,50	3,33	3,20	3,09	3,00	2,87	2,73	2,57	2,49	2,41	2,33	2,23	2,14	2,03
30	7,56	5,39	4,51	4,02	3,70	3,47	3,30	3,17	3,07	2,98	2,84	2,70	2,55	2,47	2,39	2,30	2,21	2,11	2,01
40	7,31	5,18	4,31	3,83	3,51	3,29	3,12	2,99	2,89	2,80	2,66	2,52	2,37	2,29	2,20	2,11	2,02	1,92	1,80
60	7,08	4,98	4,13	3,65	3,34	3,12	2,95	2,82	2,72	2,63	2,50	2,35	2,20	2,12	2,03	1,94	1,84	1,73	1,60
120	6,85	4,79	3,95	3,48	3,17	2,96	2,79	2,66	2,56	2,47	2,34	2,19	2,03	1,95	1,86	1,76	1,66	1,53	1,38
∞	6,64	4,61	3,78	3,32	3,02	2,80	2,64	2,51	2,41	2,32	2,18	2,04	1,88	1,79	1,70	1,59	1,47	1,32	1,00

(Fortsetzung)

Tab. A.7 Werte von F für einen spezifizierten rechten Schwanzbereich $F_{0{,}025(\nu_1,\nu_2)}$

df	ν_1																		
ν_2	**1**	**2**	**3**	**4**	**5**	**6**	**7**	**8**	**9**	**10**	**12**	**15**	**20**	**24**	**30**	**40**	**60**	**120**	∞
1	648	799	864	900	922	937	948	957	963	969	977	985	993	997	1001	1006	1010	1014	1018
2	38,5	39,0	39,2	39,2	39,3	39,3	39,4	39,4	39,4	39,4	39,4	39,4	39,4	39,5	39,5	39,5	39,5	39,5	39,5
3	17,4	16,0	15,4	15,1	14,9	14,7	14,6	14,5	14,5	14,4	14,3	14,3	14,2	14,1	14,1	14,0	14,0	13,9	13,9
4	12,2	10,6	9,98	9,60	9,36	9,20	9,07	8,98	8,90	8,84	8,75	8,66	8,56	8,51	8,46	8,41	8,36	8,31	8,26
5	10,0	8,43	7,76	7,39	7,15	6,98	6,85	6,76	6,68	6,62	6,52	6,43	6,33	6,28	6,23	6,18	6,12	6,07	6,02
6	8,81	7,26	6,60	6,23	5,99	5,82	5,70	5,60	5,52	5,46	5,37	5,27	5,17	5,12	5,07	5,01	4,96	4,90	4,85
7	8,07	6,54	5,89	5,52	5,29	5,12	4,99	4,90	4,82	4,76	4,67	4,57	4,47	4,41	4,36	4,31	4,25	4,20	4,14
8	7,57	6,06	5,42	5,05	4,82	4,65	4,53	4,43	4,36	4,30	4,20	4,10	4,00	3,95	3,89	3,84	3,78	3,73	3,67
9	7,21	5,71	5,08	4,72	4,48	4,32	4,20	4,10	4,03	3,96	3,87	3,77	3,67	3,61	3,56	3,51	3,45	3,39	3,33
10	6,94	5,46	4,83	4,47	4,24	4,07	3,95	3,85	3,78	3,72	3,62	3,52	3,42	3,37	3,31	3,26	3,20	3,14	3,08
11	6,72	5,26	4,63	4,28	4,04	3,88	3,76	3,66	3,59	3,53	3,43	3,33	3,23	3,17	3,12	3,06	3,00	2,94	2,88
12	6,55	5,10	4,47	4,12	3,89	3,73	3,61	3,51	3,44	3,37	3,28	3,18	3,07	3,02	2,96	2,91	2,85	2,79	2,73
13	6,41	4,97	4,35	4,00	3,77	3,60	3,48	3,39	3,31	3,25	3,15	3,05	2,95	2,89	2,84	2,78	2,72	2,66	2,60
14	6,30	4,86	4,24	3,89	3,66	3,50	3,38	3,29	3,21	3,15	3,05	2,95	2,84	2,79	2,73	2,67	2,61	2,55	2,49
15	6,20	4,77	4,15	3,80	3,58	3,41	3,29	3,20	3,12	3,06	2,96	2,86	2,76	2,70	2,64	2,59	2,52	2,46	2,40
16	6,12	4,69	4,08	3,73	3,50	3,34	3,22	3,12	3,05	2,99	2,89	2,79	2,68	2,63	2,57	2,51	2,45	2,38	2,32
17	6,04	4,62	4,01	3,66	3,44	3,28	3,16	3,06	2,98	2,92	2,82	2,72	2,62	2,56	2,50	2,44	2,38	2,32	2,25
18	5,98	4,56	3,95	3,61	3,38	3,22	3,10	3,01	2,93	2,87	2,77	2,67	2,56	2,50	2,44	2,38	2,32	2,26	2,19
19	5,92	4,51	3,90	3,56	3,33	3,17	3,05	2,96	2,88	2,82	2,72	2,62	2,51	2,45	2,39	2,33	2,27	2,20	2,13
20	5,87	4,46	3,86	3,51	3,29	3,13	3,01	2,91	2,84	2,77	2,68	2,57	2,46	2,41	2,35	2,29	2,22	2,16	2,09
21	5,83	4,42	3,82	3,48	3,25	3,09	2,97	2,87	2,80	2,73	2,64	2,53	2,42	2,37	2,31	2,25	2,18	2,11	2,04
22	5,79	4,38	3,78	3,44	3,22	3,05	2,93	2,84	2,76	2,70	2,60	2,50	2,39	2,33	2,27	2,21	2,14	2,08	2,00
23	5,75	4,35	3,75	3,41	3,18	3,02	2,90	2,81	2,73	2,67	2,57	2,47	2,36	2,30	2,24	2,18	2,11	2,04	1,97
24	5,72	4,32	3,72	3,38	3,15	2,99	2,87	2,78	2,70	2,64	2,54	2,44	2,33	2,27	2,21	2,15	2,08	2,01	1,94
25	5,69	4,29	3,69	3,35	3,13	2,97	2,85	2,75	2,68	2,61	2,51	2,41	2,30	2,24	2,18	2,12	2,05	1,98	1,91
26	5,66	4,27	3,67	3,33	3,10	2,94	2,82	2,73	2,65	2,59	2,49	2,39	2,28	2,22	2,16	2,09	2,03	1,95	1,88
27	5,63	4,24	3,65	3,31	3,08	2,92	2,80	2,71	2,63	2,57	2,47	2,36	2,25	2,19	2,13	2,07	2,00	1,93	1,85
28	5,61	4,22	3,63	3,29	3,06	2,90	2,78	2,69	2,61	2,55	2,45	2,34	2,23	2,17	2,11	2,05	1,98	1,91	1,83
29	5,59	4,20	3,61	3,27	3,04	2,88	2,76	2,67	2,59	2,53	2,43	2,32	2,21	2,15	2,09	2,03	1,96	1,89	1,81
30	5,57	4,18	3,59	3,25	3,03	2,87	2,75	2,65	2,57	2,51	2,41	2,31	2,20	2,14	2,07	2,01	1,94	1,87	1,79
40	5,42	4,05	3,46	3,13	2,90	2,74	2,62	2,53	2,45	2,39	2,29	2,18	2,07	2,01	1,94	1,88	1,80	1,72	1,64
60	5,29	3,93	3,34	3,01	2,79	2,63	2,51	2,41	2,33	2,27	2,17	2,06	1,94	1,88	1,82	1,74	1,67	1,58	1,48
120	5,15	3,80	3,23	2,89	2,67	2,52	2,39	2,30	2,22	2,16	2,05	1,94	1,82	1,76	1,69	1,61	1,53	1,43	1,31
∞	5,02	3,69	3,12	2,79	2,57	2,41	2,29	2,19	2,11	2,05	1,94	1,83	1,71	1,64	1,57	1,48	1,39	1,27	1,00

Tab. A.8 Werte von F für einen spezifizierten rechten Schwanzbereich $F_{0{,}05(\nu_1,\nu_2)}$

df	ν_1																	
ν_2	1	2	3	4	5	6	7	8	9	10	12	15	20	24	30	40	60	120	∞
1	161	199	216	225	230	234	237	239	241	242	244	246	248	249	250	251	252	253	254
2	18,5	19,0	19,2	19,2	19,3	19,3	19,4	19,4	19,4	19,4	19,4	19,4	19,4	19,5	19,5	19,5	19,5	19,5	19,5
3	10,1	9,55	9,28	9,12	9,01	8,94	8,89	8,85	8,81	8,79	8,74	8,70	8,66	8,64	8,62	8,59	8,57	8,55	8,53
4	7,71	6,94	6,59	6,39	6,26	6,16	6,09	6,04	6,00	5,96	5,91	5,86	5,80	5,77	5,75	5,72	5,69	5,66	5,63
5	6,61	5,79	5,41	5,19	5,05	4,95	4,88	4,82	4,77	4,74	4,68	4,62	4,56	4,53	4,50	4,46	4,43	4,40	4,37
6	5,99	5,14	4,76	4,53	4,39	4,28	4,21	4,15	4,10	4,06	4,00	3,94	3,87	3,84	3,81	3,77	3,74	3,70	3,67
7	5,59	4,74	4,35	4,12	3,97	3,87	3,79	3,73	3,68	3,64	3,57	3,51	3,44	3,41	3,38	3,34	3,30	3,27	3,23
8	5,32	4,46	4,07	3,84	3,69	3,58	3,50	3,44	3,39	3,35	3,28	3,22	3,15	3,12	3,08	3,04	3,01	2,97	2,93
9	5,12	4,26	3,86	3,63	3,48	3,37	3,29	3,23	3,18	3,14	3,07	3,01	2,94	2,90	2,86	2,83	2,79	2,75	2,71
10	4,96	4,10	3,71	3,48	3,33	3,22	3,14	3,07	3,02	2,98	2,91	2,85	2,77	2,74	2,70	2,66	2,62	2,58	2,54
11	4,84	3,98	3,59	3,36	3,20	3,09	3,01	2,95	2,90	2,85	2,79	2,72	2,65	2,61	2,57	2,53	2,49	2,45	2,40
12	4,75	3,89	3,49	3,26	3,11	3,00	2,91	2,85	2,80	2,75	2,69	2,62	2,54	2,51	2,47	2,43	2,38	2,34	2,30
13	4,67	3,81	3,41	3,18	3,03	2,92	2,83	2,77	2,71	2,67	2,60	2,53	2,46	2,42	2,38	2,34	2,30	2,25	2,21
14	4,60	3,74	3,34	3,11	2,96	2,85	2,76	2,70	2,65	2,60	2,53	2,46	2,39	2,35	2,31	2,27	2,22	2,18	2,13
15	4,54	3,68	3,29	3,06	2,90	2,79	2,71	2,64	2,59	2,54	2,48	2,40	2,33	2,29	2,25	2,20	2,16	2,11	2,07
16	4,49	3,63	3,24	3,01	2,85	2,74	2,66	2,59	2,54	2,49	2,42	2,35	2,28	2,24	2,19	2,15	2,11	2,06	2,01
17	4,45	3,59	3,20	2,96	2,81	2,70	2,61	2,55	2,49	2,45	2,38	2,31	2,23	2,19	2,15	2,10	2,06	2,01	1,96
18	4,41	3,55	3,16	2,93	2,77	2,66	2,58	2,51	2,46	2,41	2,34	2,27	2,19	2,15	2,11	2,06	2,02	1,97	1,92
19	4,38	3,52	3,13	2,90	2,74	2,63	2,54	2,48	2,42	2,38	2,31	2,23	2,16	2,11	2,07	2,03	1,98	1,93	1,88
20	4,35	3,49	3,10	2,87	2,71	2,60	2,51	2,45	2,39	2,35	2,28	2,20	2,12	2,08	2,04	1,99	1,95	1,90	1,84
21	4,32	3,47	3,07	2,84	2,68	2,57	2,49	2,42	2,37	2,32	2,25	2,18	2,10	2,05	2,01	1,96	1,92	1,87	1,81
22	4,30	3,44	3,05	2,82	2,66	2,55	2,46	2,40	2,34	2,30	2,23	2,15	2,07	2,03	1,98	1,94	1,89	1,84	1,78
23	4,28	3,42	3,03	2,80	2,64	2,53	2,44	2,37	2,32	2,27	2,20	2,13	2,05	2,01	1,96	1,91	1,86	1,81	1,76
24	4,26	3,40	3,01	2,78	2,62	2,51	2,42	2,36	2,30	2,25	2,18	2,11	2,03	1,98	1,94	1,89	1,84	1,79	1,73
25	4,24	3,39	2,99	2,76	2,60	2,49	2,40	2,34	2,28	2,24	2,16	2,09	2,01	1,96	1,92	1,87	1,82	1,77	1,71
26	4,23	3,37	2,98	2,74	2,59	2,47	2,39	2,32	2,27	2,22	2,15	2,07	1,99	1,95	1,90	1,85	1,80	1,75	1,69
27	4,21	3,35	2,96	2,73	2,57	2,46	2,37	2,31	2,25	2,20	2,13	2,06	1,97	1,93	1,88	1,84	1,79	1,73	1,67
28	4,20	3,34	2,95	2,71	2,56	2,45	2,36	2,29	2,24	2,19	2,12	2,04	1,96	1,91	1,87	1,82	1,77	1,71	1,65
29	4,18	3,33	2,93	2,70	2,55	2,43	2,35	2,28	2,22	2,18	2,10	2,03	1,94	1,90	1,85	1,81	1,75	1,70	1,64
30	4,17	3,32	2,92	2,69	2,53	2,42	2,33	2,27	2,21	2,16	2,09	2,01	1,93	1,89	1,84	1,79	1,74	1,68	1,62
40	4,08	3,23	2,84	2,61	2,45	2,34	2,25	2,18	2,12	2,08	2,00	1,92	1,84	1,79	1,74	1,69	1,64	1,58	1,51
60	4,00	3,15	2,76	2,53	2,37	2,25	2,17	2,10	2,04	1,99	1,92	1,84	1,75	1,70	1,65	1,59	1,53	1,47	1,39
120	3,92	3,07	2,68	2,45	2,29	2,18	2,09	2,02	1,96	1,91	1,83	1,75	1,66	1,61	1,55	1,50	1,43	1,35	1,25
∞	3,84	3,00	2,60	2,37	2,21	2,10	2,01	1,94	1,88	1,83	1,75	1,67	1,57	1,52	1,46	1,39	1,32	1,22	1,00

Tab. A.9 Werte von F für einen spezifizierten rechten Schwanzbereich $F_{0,10(\nu_1,\nu_2)}$

df	ν_1																		
ν_2	1	2	3	4	5	6	7	8	9	10	12	15	20	24	30	40	60	120	∞
1	39,9	49,5	53,6	55,8	57,2	58,2	58,9	59,4	59,9	60,2	60,7	61,2	61,7	62,0	62,3	62,5	62,8	63,1	63,3
2	8,53	9,00	9,16	9,24	9,29	9,33	9,35	9,37	9,38	9,39	9,41	9,42	9,44	9,45	9,46	9,47	9,47	9,48	9,49
3	5, 54	5,46	5,39	5,34	5,31	5,28	5,27	5,25	5,24	5,23	5,22	5,20	5,18	5,18	5,17	5,16	5,15	5,14	5,13
4	4,54	4,32	4,19	4,11	4,05	4,01	3,98	3,95	3,94	3,92	3,90	3,87	3,84	3,83	3,82	3,80	3,79	3,78	3,76
5	4,06	3,78	3,62	3,52	3,45	3,40	3,37	3,34	3,32	3,30	3,27	3,24	3, 21	3,19	3,17	3,16	3,14	3,12	3,11
6	3,78	3,46	3,29	3,18	3,11	3,05	3,01	2,98	2,96	2,94	2,90	2,87	2,84	2,82	2,80	2,78	2,76	2,74	2,72
7	3,59	3,26	3,07	2,96	2,88	2,83	2,78	2,75	2,72	2,70	2,67	2,63	2,59	2,58	2,56	2,54	2,51	2,49	2,47
8	3,46	3,11	2,92	2,81	2,73	2,67	2,62	2,59	2,56	2,54	2,50	2,46	2,42	2,40	2,38	2,36	2,34	2,32	2,29
9	3,36	3,01	2,81	2,69	2,61	2,55	2,51	2,47	2,44	2,42	2,38	2,34	2,30	2,28	2,25	2,23	2,21	2,18	2,16
10	3,29	2,92	2,73	2,61	2,52	2,46	2,41	2,38	2,35	2,32	2,28	2,24	2,20	2,18	2,16	2,13	2,1 1	2,08	2,06
11	3,23	2,86	2,66	2,54	2,45	2,39	2,34	2,30	2,27	2,25	2,21	2,17	2,12	2,10	2,08	2,05	2,03	2,00	1,97
12	3,18	2,81	2,61	2,48	2,39	2,33	2,28	2,24	2,21	2,19	2,15	2,10	2,06	2,04	2,01	1,99	1,96	1,93	1,90
13	3,14	2,76	2,56	2,43	2,35	2,28	2,23	2,20	2, 16	2,14	2,10	2,05	2,01	1,98	1,96	1,93	1,90	1,88	1,85
14	3,10	2,73	2,52	2,39	2,31	2,24	2,19	2,15	2,12	2,10	2,05	2,01	1,96	1,94	1,91	1,89	1,86	1,83	1,80
15	3,07	2,70	2,49	2,36	2,27	2,21	2,16	2,12	2,09	2,06	2,02	1,97	1,92	1,90	1,87	1,85	1,82	1,79	1,76
16	3,05	2,67	2,46	2,33	2,24	2,18	2,13	2,09	2,06	2,03	1,99	1,94	1,89	1,87	1,84	1,81	1,78	1,75	1,72
17	3,03	2,64	2,44	2,31	2,22	2,15	2,10	2,06	2,03	2,00	1,96	1,91	1,86	1,84	1,81	1,78	1,75	1,72	1,69
18	3,01	2,62	2,42	2,29	2,20	2,13	2,08	2,04	2,00	1,98	1,93	1,89	1,84	1,81	1,78	1,75	1,72	1,69	1,66
19	2,99	2,61	2,40	2,27	2,18	2,11	2,06	2,02	1,98	1,96	1,91	1,86	1,81	1,79	1,76	1,73	1,70	1,67	1,63
20	2,97	2,59	2,38	2,25	2,16	2,09	2,04	2,00	1,96	1,94	1,89	1,84	1,79	1,77	1,74	1,71	1,68	1,64	1,61
21	2,96	2,57	2,36	2,2 3	2,14	2,08	2,02	1,98	1,95	1,92	1,87	1,83	1,78	1,75	1,72	1,69	1,66	1,62	1,59
22	2,95	2,56	2,35	2,22	2,13	2,06	2,01	1,97	1,93	1,90	1,86	1,81	1,76	1,73	1,70	1,67	1,64	1,60	1,57
23	2,94	2,55	2,34	2,21	2,11	2,05	1,99	1,95	1,92	1,89	1,84	1,80	1,74	1,72	1,69	1,66	1,62	1,59	1,55
24	2,93	2,54	2,33	2,19	2,10	2,04	1,98	1,94	1,91	1,88	1,83	1,78	1,73	1,70	1,67	1,64	1,61	1,57	1,53
25	2,92	2,53	2,32	2,18	2,09	2,02	1,97	1,93	1,89	1,87	1,82	1,77	1,72	1,69	1,66	1,63	1,59	1,56	1,52
26	2,91	2,52	2,31	2,17	2,08	2,01	1,96	1,92	1,88	1,86	1,81	1,76	1,71	1,68	1,65	1,61	1,58	1,54	1,50
27	2,90	2,51	2,30	2,17	2,07	2,00	1,95	1,91	1,87	1,85	1,80	1,75	1,70	1,67	1,64	1,60	1,57	1,53	1,49
28	2.89	2.50	2.29	2.16	2.06	2.00	1.94	1.90	1.87	1.84	1.79	1.74	1.69	1.66	1.63	1.59	1.56	1.52	1.4 8
29	2.89	2.50	2.28	2.15	2.06	1.99	1.93	1.89	1.86	1.83	1.78	1.73	1.68	1.65	1.62	1.58	1.55	1.51	1.47
30	2.88	2.49	2.28	2.14	2.05	1.98	1.93	1.88	1.85	1.82	1.77	1.72	1.67	1.64	1.61	1.57	1.54	1.50	1.46
40	2.84	2.44	2.23	2.09	2.00	1.93	1.87	1.83	1.79	1.76	1. 71	1.66	1.61	1.57	1.54	1.51	1.47	1.42	1.38
60	2.79	2.39	2.18	2.04	1.95	1.87	1.82	1.77	1.74	1.71	1.66	1.60	1.54	1.51	1.48	1.44	1.40	1.35	1.29
120	2.75	2.35	2.13	1.99	1.90	1.82	1.77	1.72	1.68	1.65	1.60	1.55	1.48	1.45	1.41	1.37	1.32	1.26	1.19
∞	2.71	2.30	2.08	1.94	1.85	1.77	1.72	1.67	1.63	1.60	1.55	1.49	1.42	1.38	1.34	1.30	1.24	1.17	1.00

Tab. A.10 Werte von F für einen spezifizierten rechten Schwanzbereich $F_{0.25(\nu_1,\nu_2)}$

df ν_2 \ ν_1	1	2	3	4	5	6	7	8	9	10	12	15	20	24	30	40	60	120	∞
1	5,83	7,50	8,20	8,58	8,82	8,98	9,10	9,19	9,26	9,32	9,41	9,49	9,58	9,63	9,67	9,71	9,76	9,80	9,85
2	2,57	3,00	3,15	3,23	3,28	3,31	3,34	3,35	3,37	3,38	3,39	3,41	3,43	3,43	3,44	3,45	3,46	3,47	3,48
3	2,02	2,28	2,36	2,39	2,41	2,42	2,43	2,44	2,44	2,44	2,45	2,46	2,46	2,46	2,47	2,47	2,47	2,47	2,47
4	1,81	2,00	2,05	2,06	2,07	2,08	2,08	2,08	2,08	2,08	2,08	2,08	2,08	2,08	2,08	2,08	2,08	2,08	2,08
5	1,69	1,85	1,88	1,89	1,89	1,89	1,89	1,89	1,89	1,89	1,89	1,89	1,88	1,88	1,88	1,88	1,87	1,87	1,87
6	1,62	1,76	1,78	1,79	1,79	1,78	1,78	1,78	1,77	1,77	1,77	1,76	1,76	1,75	1,75	1,75	1,74	1,74	1,74
7	1,57	1,70	1,72	1,72	1,71	1,71	1,70	1,70	1,69	1,69	1,68	1,68	1,67	1,67	1,66	1,66	1,65	1,65	1,65
8	1,54	1,66	1,67	1,66	1,66	1,65	1,64	1,64	1,63	1,63	1,62	1,62	1,61	1,60	1,60	1,59	1,59	1,58	1,58
9	1,51	1,62	1,63	1,63	1,62	1,61	1,60	1,60	1,59	1,59	1,58	1,57	1,56	1,56	1,55	1,54	1,54	1,53	1,53
10	1,49	1,60	1,60	1,59	1,59	1,58	1,57	1,56	1,56	1,55	1,54	1,53	1,52	1,52	1,51	1,51	1,50	1,49	1,48
11	1,47	1,58	1,58	1,57	1,56	1,55	1,54	1,53	1,53	1,52	1,51	1,50	1,49	1,49	1,48	1,47	1,47	1,46	1,45
12	1,46	1,56	1,56	1,55	1,54	1,53	1,52	1,51	1,51	1,50	1,49	1,48	1,47	1,46	1,45	1,45	1,44	1,43	1,42
13	1,45	1,55	1,55	1,53	1,52	1,51	1,50	1,49	1,49	1,48	1,47	1,46	1,45	1,44	1,43	1,42	1,42	1,41	1,40
14	1,44	1,53	1,53	1,52	1,51	1,50	1,49	1,48	1,47	1,46	1,45	1,44	1,43	1,42	1,41	1,41	1,40	1,39	1,38
15	1,43	1,52	1,52	1,51	1,49	1,48	1,47	1,46	1,46	1,45	1,44	1,43	1,41	1,41	1,40	1,39	1,38	1,37	1,36
16	1,42	1,51	1,51	1,50	1,48	1,47	1,46	1,45	1,44	1,44	1,43	1,41	1,40	1,39	1,38	1,37	1,36	1,35	1,34
17	1,42	1,51	1,50	1,49	1,47	1,46	1,45	1,44	1,43	1,43	1,41	1,40	1,39	1,38	1,37	1,36	1,35	1,34	1,33
18	1,41	1,50	1,49	1,48	1,46	1,45	1,44	1,43	1,42	1,42	1,40	1,39	1,38	1,37	1,36	1,35	1,34	1,33	1,32
19	1,41	1,49	1,49	1,47	1,46	1,44	1,43	1,42	1,41	1,41	1,40	1,38	1,37	1,36	1,35	1,34	1,33	1,32	1,30
20	1,40	1,49	1,48	1,47	1,45	1,44	1,43	1,42	1,41	1,40	1,39	1,37	1,36	1,35	1,34	1,33	1,32	1,31	1,29
21	1,40	1,48	1,48	1,46	1,44	1,43	1,42	1,41	1,40	1,39	1,38	1,37	1,35	1,34	1,33	1,32	1,31	1,30	1,28
22	1,40	1,48	1,47	1,45	1,44	1,42	1,41	1,40	1,39	1,39	1,37	1,36	1,34	1,33	1,32	1,31	1,30	1,29	1,28
23	1,39	1,47	1,47	1,45	1,43	1,42	1,41	1,40	1,39	1,38	1,37	1,35	1,34	1,33	1,32	1,31	1,30	1,28	1,27
24	1,39	1,47	1,46	1,44	1,43	1,41	1,40	1,39	1,38	1,38	1,36	1,35	1,33	1,32	1,31	1,30	1,29	1,28	1,26
25	1,39	1,47	1,46	1,44	1,42	1,41	1,40	1,39	1,38	1,37	1,36	1,34	1,33	1,32	1,31	1,29	1,28	1,27	1,25
26	1,38	1,46	1,45	1,44	1,42	1,41	1,39	1,38	1,37	1,37	1,35	1,34	1,32	1,31	1,30	1,29	1,28	1,26	1,25
27	1,38	1,46	1,45	1,43	1,42	1,40	1,39	1,38	1,37	1,36	1,35	1,33	1,32	1,31	1,30	1,28	1,27	1,26	1,24
28	1,38	1,46	1,45	1,43	1,41	1,40	1,39	1,38	1,37	1,36	1,34	1,33	1,31	1,30	1,29	1,28	1,27	1,25	1,24
29	1,38	1,45	1,45	1,43	1,41	1,40	1,38	1,37	1,36	1,35	1,34	1,32	1,31	1,30	1,29	1,27	1,26	1,25	1,23
30	1,38	1,45	1,44	1,42	1,41	1,39	1,38	1,37	1,36	1,35	1,34	1,32	1,30	1,29	1,28	1,27	1,26	1,24	1,23
40	1,36	1,44	1,42	1,40	1,39	1,37	1,36	1,35	1,34	1,33	1,31	1,30	1,28	1,26	1,25	1,24	1,22	1,21	1,19
60	1,35	1,42	1,41	1,38	1,37	1,35	1,33	1,32	1,31	1,30	1,29	1,27	1,25	1,24	1,22	1,21	1,19	1,17	1,15
120	1,34	1,40	1,39	1,37	1,35	1,33	1,31	1,30	1,29	1,28	1,26	1,24	1,22	1,21	1,19	1,18	1,16	1,13	1,10
∞	1,32	1,39	1,37	1,35	1,33	1,31	1,29	1,28	1,27	1,25	1,24	1,22	1,19	1,18	1,16	1,14	1,12	1,08	1,00

Tab. A.11 Kontrollkartenkoeffizienten für Variablen

Untergruppengröße n	Kontrollgrenzen für $\overline{X}$-Diagramm			Kontrollgrenzen für σ-Diagramm						Kontrollgrenzen für $\overline{R}$-Diagramm				
	A	A_2	A_3	c_4	B_3	B_4	B_5	B_6	d_2	d_3	D_1	D_2	D_3	D_4
2	2,121	1,880	2,659	0,7979	0	3,267	0	2,606	1,128	0,853	0	3,686	0	3,267
3	1,732	1,023	1,954	0,8862	0	2,568	0	2,276	1,693	0,888	0	4,358	0	2,575
4	1,500	0,729	1,628	0,9213	0	2,266	0	2,088	2,059	0,880	0	4,698	0	2,282
5	1,342	0,577	1,427	0,9400	0	2,089	0	1,964	2,326	0,864	0	4,918	0	2,115
6	1,225	0,483	1,287	0,9515	0,030	1,970	0,029	1,874	2,534	0,848	0	5,078	0	2,004
7	1,134	0,419	1,182	0,9594	0,118	1,882	0,113	1,806	2,704	0,833	0,204	5,204	0,076	1,924
8	1,061	0,373	1,099	0,9650	0,185	1,815	0,179	1,751	2,847	0,820	0,388	5,306	0,136	1,864
9	1,000	0,337	1,032	0,9693	0,239	1,761	0,232	1,707	2,970	0,808	0,547	5,393	0,184	1,816
10	0,949	0,308	0,975	0,9727	0,284	1,716	0,276	1,669	3,078	0,797	0,687	5,469	0,223	1,777
11	0,905	0,.285	0,927	0,9754	0,321	1,679	0,313	1,637	3,173	0,787	0,811	5,355	0,256	1,744
12	0,866	0,266	0,886	0,9776	0,354	1,646	0,346	1,610	3,258	0,778	0,922	5,594	0,283	1,717
13	0,832	0,249	0,850	0,9794	0,382	1,618	0,374	1,585	3,336	0,770	1,025	5,647	0,307	1,693
14	0,802	0,235	0,817	0,9810	0,406	1,594	0,399	1,563	3,407	0,763	1,118	5,696	0,328	1,672
15	0,775	0,223	0,789	0,9823	0,428	1,572	0,421	1,544	3,472	0,756	1,203	5,741	0,347	1,653
20	0,671	0,18	0,680	0,9869	0,510	1,490	0,504	1,470	3,735	0,729	1,549	5,921	0,415	1,585
25	0,600	0,153	0,606	0,9896	0,565	1,435	0,559	1,420	3,931	0,708	1,806	6,056	0,459	1,541

Für $n \geq 25$: Die Mengen werden approximiert als
$A = \frac{3}{\sqrt{n}}, A_3 = \frac{3}{c_4\sqrt{n}}, c_4 = \frac{4(n-1)}{4n-3}; B_3 = 1 - \frac{3}{c_4\sqrt{2(n-1)}}, B_4 = 1 + \frac{3}{c_4\sqrt{2(n-1)}}; B_5 = c_4 - \frac{3}{\sqrt{2(n-1)}}, B_4 = c_4 + \frac{3}{\sqrt{2(n-1)}}$

Tab. A.12 Prozessfähigkeit versus Sigma-Ebene

Leistungs-fähigkeits-index (C_{pk})	Prozess Sigma		DPMO	Leistungs-fähigkeits-index (C_{pk})	Prozess Sigma		DPMO
	kurzfristig	langfristig			kurzfristig	langfristig	
2,00	6,0	4,5	3,4	1,13	3,4	1,9	28716
1,97	5,9	4,4	5,4	1,10	3,3	1,8	35930
1,93	5,8	4,3	8,5	1,07	3,2	1,7	44565
1,90	5,7	4,2	13,4	1,03	3,1	1,6	54799
1,87	5,6	4,1	21	1,00	3,0	1,5	66807
1,,83	5,5	4,0	32	0,97	2,9	1,4	80757
1,80	5,4	3,9	48	0,93	2,8	1,3	96801
1,77	5,3	3,8	72	0,90	2,7	1,2	115070
1,73	5,2	3,7	108	0,87	2,6	1,1	135666
1,70	5,1	3,6	159	0,83	2,5	1,0	158655
1,67	5,0	3,5	233	0,80	2,4	0,9	184060
1,63	4,9	3,4	337	0,77	2,3	0,8	211855
1,60	4,8	3,3	483	0,73	2,2	0,7	241964
1,57	4,7	3,2	687	0,70	2,1	0,6	274253
1,53	4,6	3,1	968	0,67	2,0	0,5	308538
1,50	4,5	3,0	1350	0.63	1.9	0.4	344578
1.47	4,4	2,9	1866	0,60	1,8	0,3	382089
1,43	4,3	2,8	2555	0,57	1,7	0,2	420740
1,40	4,2	2,7	3467	0,53	1,6	0,1	460172
1,37	4,1	2,6	4661	0,50	1,5	0	500000
1,33	4,0	2,5	6210	0,47	1,4	−0,1	539828
1,30	3,9	2,4	8198	0,43	1,3	−0,2	579260
1,27	3,8	2,3	10724	0,40	1,2	−0,3	617911
1,23	3,7	2,2	13903	0,37	1,1	−0,4	655422
1,20	3,6	2,1	17864	0,33	1,0	−0,5	691462
1,17	3,5	2,0	22750	0,30			

Tab. A.13 Sigma-Wert gegenüber DPMO

Sigma-Wert	DPMO	Sigma-Wert	DPMO	Sigma-Wert	DPMO
0,00	933193	4,05	5386	5,05	193
0,50	841345	4,10	4661	5,10	159
0,75	773373	4,15	4024	5,15	131
1,00	691462	4,20	3467	5,20	108
1,25	598706	4,25	2980	5,25	89
1,50	500000	4,30	2555	5,30	72
1,75	401294	4,35	2186	5,35	59
2,00	308537	4,40	1866	5,40	48
2,25	226627	4,45	1589	5,45	39
2,50	158655	4,50	1350	5,50	32
2,75	105650	4,55	1144	5,55	25,6
3,00	66807	4,60	968	5,60	20,7
3,25	40059	4,65	816	5,65	16,6
3,50	22750	4,70	687	5,70	13,4
3,60	17865	4,75	577	5,75	10,7
3,70	13904	4,80	483	5,80	8,5
3,75	12225	4,85	404	5,85	6,8
3,80	10724	4,90	337	5,90	5,4
3,90	8198	4,95	280	5,95	4,3
4,00	6210	5,00	233	6,00	3,4

Hinweis Diese Tabelle enthält eine 1,5 Sigma-Verschiebung für alle aufgeführten Werte von Z.

Tab. A.14 Kritische Werte für den Vorzeichentest

Test	α		
Zwei-Schwanz	0,100	0,050	0,010
Einschwänzig	0,050	0,025	0,005
n			
5	0		
6	0	0	
7	0	0	
8	1	0	0
9	1	1	0
10	1	1	0
11	2	1	0
12	2	2	1
13	3	2	1
14	3	2	1
15	3	3	2
16	4	3	2
17	4	4	2
18	5	4	3
19	5	4	3
20	5	5	3
21	6	5	4
22	6	5	4
23	7	6	4
24	7	6	5
25	7	7	5
26	8	7	6
27	8	7	6
28	9	8	6
29	9	8	7
30	10	9	7

Die Werte von r_α, wo $P(r \leq r_\alpha) = \alpha$, unter H_0

Tab. A.15 Kritische Werte für den Wilcoxon-Vorzeichenrangtest

Test	α			
Zweiseitig	0,100	0,050	0,020	0,010
Einschwänzig	0,050	0,025	0,010	0,005
n				
4	0			
5	1	0		
6	2	1		
7	4	2	0	
8	6	4	1	
9	8	5	2	0
10	11	8	4	2
11	14	10	6	4
12	18	14	9	6
13	21	17	12	8
14	26	21	15	11
15	31	25	19	14
16	36	30	23	18
17	41	35	27	22
18	47	40	32	26
19	54	46	37	30
20	60	52	42	35
21	68	59	48	41
22	75	66	54	47
23	83	73	61	53
24	92	81	68	59
25	101	89	76	66

Die Werte von w_α, wo $P(w \leq w_\alpha) = \alpha$, unter H_0

Tab. A.16 Kritische Werte für den Mann-Whitney-Wilcoxon-Test

m	n									
	α	2	3	4	5	6	7	8	9	10
2	0,01	4	6	8	10	12	14	16	18	20
	0,025	4	6	8	10	12	14	15	17	19
	0,05	4	6	8	9	11	13	14	16	18
	0,10	4	5	7	8	10	12	13	15	16
3	0,01		9	12	15	18	20	20	25	28
	0,025		9	12	14	16	19	21	24	26
	0,05		8	11	13	15	18	20	22	25
	0,10		7	10	12	14	16	18	21	23
4	0,01			16	19	22	26	29	32	36
	0,025			15	18	21	24	27	31	34
	0,05			14	17	20	23	26	29	32
	0,10			12	15	18	21	24	26	29
5	0,01				23	27	31	35	39	43
	0,025				22	26	29	33	37	41
	0,05				20	24	28	31	35	38
	0,10				19	22	26	29	32	36
6	0,01					32	37	41	46	51
	0,025					30	35	39	43	48
	0,05					28	33	37	41	45
	0,10					26	30	34	38	42
7	0,01						42	48	53	58
	0,025						40	45	50	55
	0,05						37	42	47	52
	0,10						35	39	44	48
8	0,01							54	60	66
	0,025							50	56	62
	0,05							48	53	59
	0,10							44	49	55
9	0,01								66	73
	0,025								63	69
	0,05								59	65
	0,10								55	61
10	0,01									80
	0,025									76
	0,05									72
	0,10									67

Hinweis Die kritischen Werte für den unteren Schwanz können durch Symmetrie aus der Gleichung erhalten werden $u_{1-\alpha} = mn - u_\alpha$

Glossar

Affinitätsdiagramme Die Werkzeuge, die verwendet werden, um Informationen zu organisieren und Ordnung aus dem Chaos zu schaffen, das in einer Brainstorming-Sitzung entstehen kann

Antwortvariable Die Ausgabevariable, die die beobachteten Ergebnisse oder den Wert einer experimentellen Behandlung zeigt. Sie wird manchmal als die abhängige Variable bezeichnet

Arithmetisches Mittel Das am häufigsten verwendete Genauigkeitsmaß in Six Sigma-Projekten. Es wird definiert als das Verhältnis der Summe aller Beobachtungen zur Gesamtzahl der Beobachtungen

Auflösung Im Kontext des experimentellen Designs bezieht sich Auflösung auf das Niveau der Verwirrung in einem fraktionalen Faktoriellen Design

Balanced Scorecard Das Messinstrument, das zur Beurteilung des Erfüllungsgrades von strategischen Ergebnissen und der Wirksamkeit von Projekten verwendet wird

Baumdiagramm Auch als systematisches Diagramm bezeichnet und hilft dabei, ein Problem in Teilprobleme und Ursachen zu zerlegen

Behandlung Eine spezifische Einstellung oder Kombination von Faktorstufen für eine experimentelle Einheit

Bereich Es ist der Unterschied zwischen der größten und der kleinsten Zahl in der Menge der Beobachtungen

Bevölkerung Die gesamte Menge an Einheiten, die untersucht werden

Black Belt Eine Six Sigma-Rolle, die normalerweise einer Person zugeordnet ist, die in Vollzeit damit beauftragt ist, Green Belts zu schulen und zu betreuen, sowie Verbesserungsprojekte mit spezifizierten Methoden wie DMAIC; DMADV und für Six Sigma (DFSS) definierten Werkzeugen usw. zu leiten.

Brainstorming Eine nützliche und effektive Technik zur Ideengenerierung, die in der Regel in einer Gruppe durchgeführt wird, meistens vom Think Tank des Unternehmens. Diese Ideen werden dann auf ihre Durchführbarkeit und Umsetzung hin überprüft

K. Muralidharan, *Six Sigma für organisatorische Exzellenz*,
https://doi.org/10.1007/978-81-322-4001-3

Capability Maturity Model Integration Ein Rahmenwerk, das die Projektbestandteile organisiert, die bei der Erstellung von Modellen, Schulungsmaterialien und Bewertungsmethoden verwendet werden. Dieses Konzept wurde erstmals eingeführt und populär gemacht durch das Software Engineering Institute (SEI) der Carnegie Mellon University, Pittsburgh

Champions Champions sind Projektsponsoren, deren Rolle es ist, sicherzustellen, dass die richtigen Projekte identifiziert und bearbeitet werden, dass Teams gute Fortschritte machen und dass die für den erfolgreichen Projektabschluss erforderlichen Ressourcen vorhanden sind. Champions werden in der Regel von Projektmanagern in der Organisation geleitet

CPM Akronym für Critical Path Method, ermöglicht es, die kürzestmögliche Zeit zu finden, in der das Projekt abgeschlossen werden kann. Es ermöglicht eine kontinuierliche Überwachung des Zeitplans, was dem Projektmanager erlaubt, die kritischen Aktivitäten zu verfolgen, und alarmiert den Projektmanager über die Möglichkeit, dass nichtkritische Aktivitäten über ihren Gesamtschwimmzeit hinaus verzögert werden könnten, wodurch ein neuer kritischer Pfad entsteht und die Fertigstellung des Projekts verzögert wird

Critical-to-quality Sie beschreiben die Anforderungen an die Qualität im Allgemeinen, fehlen jedoch die Spezifität, um messbar zu sein

Dashboard *E*ine leicht zu lesende, oft einseitige, Echtzeit-Benutzeroberfläche, die eine grafische Darstellung des aktuellen Status (Schnappschuss) und historischer Trends der Schlüsselleistungsindikatoren einer Organisation zeigt, um sofortige und informierte Entscheidungen auf einen Blick zu ermöglichen

Defekte Die Gesamtzahl der Einheiten, die verschiedene Arten von Defekten enthalten

DMADV Der fünfstufige Ansatz (D-definieren, M-messen, A-analysieren, D-designen, V-validieren) zur Verbesserung eines Prozesses durch Neugestaltung

DMAIC Die fünfstufige (D-Definieren, M-Messen, A-Analysieren, I-Verbessern, C-Kontrollieren) Six Sigma Methodik zur Verbesserung eines Prozesses durch Reduzierung der Variation. Die Kennzeichen dieser Six Sigma Methodik sind statistische Methoden und ein starkes Engagement von Führungskräften und Projektmanagern

DMEDI Ein fünfstufiger (D-definieren, M-messen, E-erkunden, D-entwickeln, I-implementieren) Lean Six Sigma-Ansatz zur Neugestaltung eines Prozesses, um Effizienz oder Geschwindigkeit zu gewährleisten

DPMO Fehler pro Million Möglichkeiten (siehe auch Fehler)

DPU Fehler pro Einheit (siehe auch Fehler)

Erschöpfende Ereignisse Wenn zwei oder mehr Ereignisse zusammen den gesamten Stichprobenraum definieren, werden die Ereignisse als kollektiv erschöpfende Ereignisse bezeichnet

Ertrag Die Gesamtzahl der Einheiten, die korrekt durch die Prozessschritte behandelt wurden

Faktor Eine unabhängige Variable oder zuweisbare Ursache, die die Antworten beeinflussen kann und von der verschiedene Stufen im Experiment enthalten sind. Faktoren sind auch bekannt als erklärende Variablen, Prädiktorvariablen oder Eingabevariablen

Fehlermodi- und wirkungsanalyse Ein Satz von Richtlinien, ein Prozess und eine Form der Identifizierung und Priorisierung potenzieller Fehler und Probleme, um die Prozessverbesserung zu erleichtern

Fehlerbaum-Analyse Ein grafisches Mittel zur Bewertung der Beziehungen zwischen verschiedenen Teilen des Systems

Für Six Sigma konzipiert Eine Six Sigma-Anwendung von Werkzeugen für Produktentwicklungs- und Prozessgestaltungsbemühungen mit dem Ziel, die Six Sigma-Leistungsfähigkeit 'einzuplanen'. DFSS ist eine Methodik, mit der neue Produkte und Dienstleistungen entworfen und implementiert werden können

Gantt-Diagramm Eine Art von Balkendiagramm, das in der Prozess-/Projektplanung und -steuerung verwendet wird, um geplante Arbeit und abgeschlossene Arbeit in Bezug auf die Zeit darzustellen

Gelegenheit Ein Mehrwertmerkmal einer Einheit, das den vom Kunden vorgeschlagenen Spezifikationen entsprechen sollte

Gemeinsame Ursachenvariationen Die Variation als Summe der Vielzahl von Effekten einer komplexen Interaktion zufälliger oder gemeinsamer Ursachen. Sie ist zu allen Anlässen und Orten gemeinsam und in gewissem Maße immer vorhanden

Genauigkeit Der gemessene Wert, der wenig Abweichung vom tatsächlichen Wert hat

Gesamtqualitätsmanagement Eine Strategie zur Implementierung und Verwaltung von Qualitätsverbesserungsaktivitäten in Organisationen

Green Six Sigma Die qualitative und quantitative Bewertung der direkten und letztendlichen Umweltauswirkungen aller Prozesse und Produkte einer Organisation. Die Aktivitäten beinhalten die systematische Nutzung von Infrastruktur und Personal; optimale Nutzung von Technologie und Verantwortlichkeit für nachhaltige Geschäftspraktiken

GRPI-Modell Ein diagnostisches Managementwerkzeug zur Verwaltung eines Projekts. Abgekürzt für*Ziele und Verantwortlichkeiten-Prozesse und Verfahren-Zwischenmenschliche Beziehungen*

Gründgürtel Eine Six Sigma-Rolle, die mit einer Person verbunden ist, die ihre reguläre Position innerhalb des Unternehmens behält, aber in den Werkzeugen, Methoden und Fähigkeiten geschult ist, die notwendig sind, um Six Sigma-Verbesserungsprojekte entweder individuell oder als Teil größerer Teams durchzuführen

Gütegrad-Test Ein Test zur Beurteilung der Angemessenheit eines bestimmten Verteilungsmodells

Haus der Qualität Ein Werkzeug zur Darstellung der Beziehung zwischen Qualitätsmetriken. Die Matrix umfasst alle Aspekte von Qualitätsparametern, die über die technologischen Lösungen hinausgehen bis hin zu Managementanforderungen, die auf einem bestimmten Leistungsbarometer untergebracht sind

Histogramm Eine visuelle Darstellung der Häufigkeitsverteilung

ISO Eine Organisation, die für die Förderung von Standards in der Welt steht, um den internationalen Austausch von Waren und Dienstleistungen zu erleichtern und die Zusammenarbeit im Bereich der intellektuellen, wissenschaftlichen, technologischen und wirtschaftlichen Aktivitäten zu entwickeln, einschließlich der Technologietransfers in Entwicklungsländer

Kaizen Ein japanisches Managementkonzept der kontinuierlichen Verbesserung

Kanban Ein visuelles Signal für Überproduktion. Es beseitigt Abfälle auf kontrollierte Weise

Kappa Nützlich zur Messung sowohl der Intra-Rater- als auch der Inter-Rater-Übereinstimmung für nominale Daten

Konkordanzstudien Nominale Messstudien, die sich mit Wiederholbarkeit und Reproduzierbarkeit befassen

Kontrollkarten Ein Qualitätsinstrument zur Überwachung der Stabilität des Prozesses, zur Bestimmung, wann eine besondere Ursache vorliegt, und zur Entscheidung, wann geeignete Maßnahmen zu ergreifen sind

Korrelation Das Ausmaß der Beziehung zwischen zwei Variablen

Kosten der Qualität Die Kosten, die in einem Prozess anfallen, um sicherzustellen, dass der Qualitätsstandard erfüllt wird. Diese Kosten fügen dem Kunden des Prozesses keinen Wert hinzu, stellen jedoch sicher, dass eine hohe Qualität erreicht wird. Arten von COQ umfassen Inspektions- und Präventionskosten. COQ sollte so gering wie möglich gehalten werden, während ein hohes Qualitätsniveau aufrechterhalten wird

Kosten schlechter Qualität Die Kosten, die entstehen, wenn Prozesse scheitern. Diese Kosten beinhalten die Kosten für die Wiederholung des Prozesses, um ihn richtig zu machen, Kosten für die Erklärung an den Patienten, MD, Familie, was passiert ist und wie Sie das Problem beheben werden, übermäßige Kosten für Fehlverhalten, Beschwerdemanagement, Risikomanagement, Rechtskosten usw. Diese Kosten werden als interne Fehler und externe Fehler kategorisiert

Kritisch-für-den-Prozess Sie sind typischerweise die Schlüsselprozesseingabevariablen (oder unabhängige Variablen)

Kritisch-für-Kosten Sie ähneln den Kritisch-für-Qualitäten, befassen sich jedoch ausschließlich mit den Auswirkungen der Kosten auf den Kunden

Kritisch-für-Lieferung Sie repräsentieren jene Kunden, die ausdrückliche Bedürfnisse bezüglich der Lieferung angegeben haben

Kritisch-für-Sicherheit Es handelt sich um ausgedrückte Kundenbedürfnisse bezüglich der Sicherheit des Produkts oder Prozesses. Obwohl es identisch mit CTQ und CTC ist, wird es durch die Kundenpräferenz für Qualität identifiziert

Kunde Der Stakeholder, der die Ergebnisse nutzen, beeinflussen oder von ihnen betroffen sein möchte

Lean Ein Qualitätsverbesserungskonzept, das darauf abzielt, Abfall zu reduzieren und die Prozesslaufzeit zu verkürzen. Lean-Regeln beinhalten die Konzentration auf das Kundenziel, das Vermeiden von Stapelverarbeitung, wenn Kunden verzögert werden, Abfallbeseitigung und kontinuierlichen Fluss / "Pull". Lean ist generell nicht so effektiv als eigenständiger Ansatz, sondern wird eher in Six

Sigma integriert, aufgrund der robusteren Ausführungsmethode von Six Sigma, DMAIC

Lean Six Sigma Eine Qualitätsverbesserungstechnik zur Kostenreduzierung durch Eliminierung von Produkt- und Prozessabfall durch einen fokussierten Ansatz zur Beseitigung von nicht wertschöpfenden Aktivitäten. Siehe Lean oben

Mangel Jede Eigenschaft des Produkts, die nicht den Anforderungen des Kunden entspricht

Master Black Belt (MBB) Eine Six Sigma-Rolle, die normalerweise einer Person zugeordnet ist, die in Vollzeit damit beauftragt ist, Black Belts zu schulen und zu betreuen, sowie die Strategie zu leiten, um sicherzustellen, dass die gecharterten Verbesserungsprojekte die richtigen strategischen Projekte für die Organisation sind. Sie schreiben und entwickeln oft Schulungsmaterialien, sind stark in die Projektdefinition und -auswahl involviert und arbeiten eng mit Geschäftsführern zusammen, die als Champions bezeichnet werden

Matrix der Wettbewerbsverwundbarkeit Ein leistungsstarkes Werkzeug zur Kundengewinnung, das die leicht erreichbaren Kunden identifiziert - jene Kunden, die nicht den notwendigen Wert erhalten, um ihre Loyalität gegenüber einem Wettbewerber zu festigen - und die Grundlage dieses schlechten Werts

Matrixdiagramm Ein Diagramm zur Darstellung der An- oder Abwesenheit von Beziehungen zwischen gesammelten Elementpaaren in einer Problemsituation

Median Ein Genauigkeitsmaß, das die Verteilung in zwei gleiche Teile teilt

Mittlere Abweichung Auch als durchschnittliche Abweichung einer Zahlenmenge bezeichnet, wird durch das Verhältnis des absoluten Unterschieds der Beobachtungen vom Mittelwert zur Anzahl der Beobachtungen definiert

Modulare Funktionsbereitstellung Die Methode zur Festlegung von Kundenanforderungen und zur Identifizierung wichtiger Designanforderungen mit besonderem Schwerpunkt auf Modularität

Modus Eine Genauigkeitsmessung, die der am häufigsten vorkommende Wert in einem Datensatz ist

Nominalskala Es handelt sich um ein System zur Zuweisung von Zahlensymbolen zu Ereignissen, um diese zu kennzeichnen

Nicht-wertschöpfende Aktivitäten Die Aktivitäten, die im Allgemeinen keinen Wert zu den Prozessaktivitäten und Ausgaben beitragen

Nicht-wertschöpfende Kosten Gleich wie COPQ. Siehe COPQ-Definition oben

Oberes Spezifikationslimit Der größte zulässige Wert für Qualitätsmerkmale

Öko-Management und Audit Scheme Ein freiwilliger europaweiter Standard, der von der Europäischen Union eingeführt und auf alle europäischen Länder angewendet wurde. Das Ziel von EMAS ist es, 'die Organisationen zu erkennen und zu belohnen, die über die gesetzlichen Mindestanforderungen hinausgehen und ihre Umweltleistung kontinuierlich verbessern'

Pareto-Diagramm Ein Qualitätsinstrument, das zur Verständnis des Musters von Variationen in Attribut- oder kategorialen Datensätzen verwendet wird

PDCA Planen, Durchführen, Überprüfen, Handeln Zyklus der Verbesserung, der in den 1930er Jahren von Walter Shewart geschaffen und im Laufe der Jahre von Qualitätsführern wie Edwards Deming und Joseph Juran verbessert wurde. Die Auswirkung der effektiven Nutzung von PDCA-Konzepten in einer Organisation ist, dass die Kultur sich zu einer von hoher Kreativität, Experimentierfreudigkeit und Überwindung des Status quo entwickelt

PERT Akronym für Projekt- (oder Programm-) Evaluierungs- und Überprüfungstechnik. Es handelt sich um eine der am häufigsten verwendeten Techniken zur Projektmanagementkontrolle, die die kritische Pfadplanung erleichtert und das Projekt terminiert. Sie basiert auf der Darstellung der Aktivitäten in einem Projekt durch Kästchen (oder Knoten), die wesentliche, über das Projekt berechnete Informationen enthalten

Pfeildiagramm Ein Werkzeug zur Analyse der Reihenfolge der für die Fertigstellung eines Projekts notwendigen Aufgaben und zur Bestimmung der kritischen Aufgaben, die zur effizienten Durchführung des Projekts überwacht werden müssen. Auch als Aktivitätsnetzdiagramm bezeichnet

Poke Yoke Eine leistungsstarke Methode zur Beseitigung von Verschwendung und zur Kontrolle der für einen Prozess benötigten Bestände. Die Philosophie ermöglicht es, Qualität in den Prozess einzubauen und die Identifizierung der Ursachen eines bestimmten Problems zu vereinfachen

PRESS Fehlerquadratsumme der Vorhersage, und ist ein Maß dafür, wie gut das Modell für das Experiment voraussichtlich in einem neuen Experiment vorhersagen wird

Priorisierungsmatrix Eine Matrix zur Bewertung von Optionen durch einen systematischen Ansatz zur Identifizierung, Gewichtung und Anwendung von Kriterien auf die Optionen

Projektcharta Ein Dokument, das die Zwecke des Projekts darstellt

Prozessfähigkeit Die Bestimmung, ob ein Prozess, mit normaler Variation, in der Lage ist, die Anforderungen des Kunden zu erfüllen oder ein Maß für das Ausmaß, in dem ein Prozess die Anforderungen des Kunden erfüllt/nicht erfüllt, im Vergleich zur Verteilung des Prozesses

Präzision Der abgekürzte Bereich einer Schätzung einer Eigenschaft

Prozesskontrolle Die Inspektion der Artikel zur Analyse von Qualitätsproblemen und zur Verbesserung der Leistung des Produktionsprozesses

Prozessverbesserung Eine Strategie zur Entwicklung fokussierter Lösungen, um die Ursachen von Geschäftsleistungsproblemen zu beseitigen

Prozessmanagement Die Gesamtheit der definierten und dokumentierten Prozesse, die kontinuierlich überwacht werden, um sicherzustellen, dass Maßnahmen Rückmeldungen zum Ablauf und zur Funktion eines Prozesses liefern

Prozessleistung Eine Messung der tatsächlich erzielten Ergebnisse durch einen laufenden Prozess

Primärdaten Die Informationen, die frisch und zum ersten Mal gesammelt werden und somit ursprünglich im Charakter sind

Projekt Eine beauftragte Aktivität, die darauf abzielt, ein angegebenes Ergebnis in einer festgelegten Zeit zu erreichen. Ein Projekt kann in Größe und Dauer variieren und eine kleine Gruppe von Menschen oder große Zahlen in verschiedenen Teilen der Organisation betreffen. Ein Projekt beinhaltet viele Prozesse und jeder solcher Prozess schreitet mit spezifischen Zielen voran

Projektmanagement Ein dynamischer Prozess, der die geeigneten Ressourcen der Organisation in einer kontrollierten und strukturierten Weise nutzt, um einige klar definierte Ziele zu erreichen, die als strategische Bedürfnisse identifiziert wurden und innerhalb eines definierten Satzes von Einschränkungen durchgeführt werden

Projektcharta Eine schriftliche Erklärung des Zwecks und des erwarteten Ergebnisses des Projekts

Pugh-Analyse Eine Entscheidungsmatrix, wenn eine einzelne Option aus mehreren ausgewählt werden muss und mehrere Entscheidungen

Quality Function Deployment Die Technik zur Dokumentation der gesamten Designlogik. QFD ist eine Methode zur Übersetzung von Kundenanforderungen in ein geeignetes Unternehmensprogramm und technische Anforderungen in jeder Phase des Produktrealisierungszyklus

Quartilsabweichung Die Hälfte des Unterschieds zwischen dem dritten Quartil und dem ersten Quartil. Auch als Interquartilsabstand bezeichnet

Randomisierung Eine Technik zur Zuweisung von Behandlungen zu experimentellen Einheiten, so dass jede Einheit die gleiche Chance hat, eine bestimmte Behandlung zugewiesen zu bekommen, wodurch der Effekt von Variationen durch unkontrollierte Störfaktoren minimiert wird

Rauschfaktor Eine unabhängige Variable, die schwierig oder zu teuer ist, um sie als Teil der standardmäßigen experimentellen Bedingungen zu kontrollieren. Daher werden sie auch als Zufallsfaktoren bezeichnet

Redundanzen Aktivitäten, die an zwei Punkten im Prozess wiederholt werden, und können auch parallele Aktivitäten sein, die das gleiche Ergebnis duplizieren

Reproduzierbarkeit Die Menge an Variation*aufgrund*von Menschen (oder Bewertern), die die Messgeräte und Ausrüstung verwenden

Replikation Die Wiederholung der gleichen Behandlung in einer Anzahl von Parzellen, mit dem Ziel, eine Schätzung der Fehler-Varianz des Experiments zu erhalten. Jede Wiederholung des Experiments wird als Replikat bezeichnet. Replikation erhöht die Präzision der Schätzungen der Effekte in einem Experiment

Risikomanagement Eine Methode zur Verwaltung eines Projekts, die sich auf die Identifizierung und Kontrolle der Bereiche oder Ereignisse konzentriert, die das Potenzial haben, unerwünschte Änderungen zu erzeugen und zu unerwünschten Ergebnissen zu führen. Aufgrund der Komplexität der Risiken ist es unmöglich, einen universellen Prozess zur Verwaltung aller Risiken in einem Projekt abzuleiten

RIZ Akronym für Theorie des erfinderischen Problemlösens. Eine taktische Planung der Prozesse

Rückwärtslogistik Der Prozess der Planung, Implementierung und Kontrolle des effizienten, kosteneffektiven Flusses von Rohstoffen, Zwischenprodukten, Fertigwaren und zugehörigen Informationen vom Verbrauchsort zum Ursprungsort, zum Zweck der Wiedererlangung von Wert oder ordnungsgemäßer Entsorgung

Robustheit Die Situation, in der das Design eines Produkts/Prozesses trotz einer Vielzahl sich ändernder Kunden- und Herstellungsbedingungen eine konstante, hohe Leistung erbringt

Schätzer Jede Statistik, die verwendet wird, um den Wert eines unbekannten Parameters zu schätzen

Schätzung Der beobachtete Wert des Schätzers. (Siehe auch Schätzer)

Sekundärdaten Die Informationen, die bereits von einer anderen Agentur gesammelt und verarbeitet wurden

Signifikanzniveau Die Wahrscheinlichkeit, eine wahre Hypothese abzulehnen

Simulationsmethoden Eine Methode zur Lösung von Entscheidungsproblemen durch Entwerfen, Konstruieren und Manipulieren eines Modells des realen Systems

SIPOC-Diagramm Eine erweiterte Version des IPO (Input-Prozess-Output) Diagramms, bei dem die Lieferanten-Kunden-Schnittstelle für alle Verbesserungsaktivitäten der Organisation einbezogen wird

Six Sigma Eine disziplinierte, projektorientierte und methodische Vorgehensweise zur Beseitigung von Fehlern in jedem Prozess - von der Herstellung bis zur Transaktion und vom Produkt bis zur Dienstleistung. Technisch gesehen wird Six Sigma als datengetriebener Ansatz zur Reduzierung von Fehlern in einem Prozess oder zur Kostensenkung in einem Prozess oder Produkt beschrieben, gemessen an „sechs Standardabweichungen" zwischen dem Mittelwert und den nächsten Spezifikationsgrenzen

Six Sigma Marketing Ein faktenbasierter, datengesteuerter, disziplinierter Ansatz zur Steigerung des Marktanteils, indem gezielte Produktmärkte mit überlegenem Wert versorgt werden

SMART Eine Charakteristik einer Zielsetzung. Akronym für S-spezifisch; M-messbar und gemessen; A-vom Manager und seinem/ihrem Vorgesetzten vereinbart; R-Realistisch; dennoch anspruchsvoll; T-zeitlich festgelegt; Ergebnisse sollen bis zu einem definierten Datum erreicht werden

Spezielle Ursachenvariation Die Variationen, die relativ groß im Ausmaß und identifizierbar sind, auch als zuweisbare Ursachen der Variation bezeichnet

Sponsor Jemand, der für das Six Sigma-Projekt verantwortlich ist und daher der ernannte Hüter des Projekts im Auftrag der Organisation ist

Standardabweichung Die Quadratwurzel des Verhältnisses der Summe der Quadrate der Beobachtungen, die vom Mittelwert genommen wurden, zur Anzahl der Beobachtungen und wird durchσ bezeichnet

Standardbetriebsverfahren Standardarbeitsanweisungen, die jederzeit während der Durchführung eines Projekts verwendet werden

Standardfehler Die Standardabweichung der Stichprobenverteilung

Statistische Inferenz Der Prozess des Ziehens von Schlussfolgerungen über die Natur eines Systems auf der Grundlage von Daten, die zufälligen Schwankungen unterliegen

Statistische Prozesskontrolle Methoden zum Verstehen, Überwachen und Verbessern der Prozessleistung über die Zeit

Statistische Qualitätskontrolle Methoden zum Verstehen, Überwachen und Identifizieren von Prozessvariationen (gemeinsame Ursache und spezielle Ursache) über die Zeit und dadurch die Verbesserung der Qualität eines Prozesses

Stimme des Kunden oder Stimme des Klienten Ein kontinuierlicher Prozess zur Sammlung von Kundenmeinungen zur Qualität und kann Kundenbedürfnisse, Erwartungen, Zufriedenheit und Wahrnehmung einschließen

Stimme des Prozesses Der wesentliche Kanal zur Herstellung einer Kommunikationsverbindung zwischen den Kundenanforderungen und den Prozessparametern

SWOT-Analyse Akronym für Stärken-Schwächen-Chancen-Bedrohungen-Analyse. Der Zweck dieser Analyse besteht darin, Ideen zu generieren, die die aufkommenden Chancen erkunden, sich gegen die Bedrohungen absichern, während die Stärken und Schwächen der Organisation im Auge behalten werden

Taktzeit Die Zeit, die benötigt wird, um einen Zyklus eines Vorgangs in einem Prozess abzuschließen, einschließlich der tatsächlichen Arbeitszeit und Wartezeit

Taktzeit Das Verhältnis der verfügbaren Produktionszeit zur Rate der Kundennachfrage

Untere Spezifikationsgrenze Der kleinste zulässige Wert für Qualitätsmerkmale

Ursache-Wirkungs-Diagramm Auch genannt*Ishikava-Diagramm*oder*Fischgräten-Diagramm,*dient dazu, auf strukturierte Weise, die maximale Anzahl an Ideen bezüglich möglicher Ursachen für ein Problem mithilfe der Brainstorming-Technik zu generieren

Varianz Das Quadrat der Standardabweichung und wird durchσ^2dargestellt.

Varianzanalyse Eine statistische Methode zur Identifizierung von Variationen, die mit verschiedenen Komponenten verbunden sind

Variationskoeffizient Das Verhältnis von Standardabweichung zu Mittelwert, das als Maß für die Konsistenz verwendet wird

Verwirrung oder Aliasbildung Eine Design-Technik zur Anordnung eines vollständigen faktoriellen Experiments in Blöcken, wobei die Blockgröße kleiner ist als die Anzahl der Behandlungskombinationen in einer Wiederholung

Wahrscheinlichkeitsverteilung Eine Beschreibung der möglichen Werte einer Zufallsvariable und ihrer entsprechenden Auftretenswahrscheinlichkeiten

Wertschöpfende Aktivitäten Die Aktivitäten, die den Kunden einen Mehrwert bieten

Wertstrom Alle Aktivitäten, die erforderlich sind, um ein Produkt von der Konzeption bis zur Vermarktung zu bringen

Wertstrom-Mapping Die Zuordnung aller Aktivitäten und Prozessschritte nach ihrer Zeit des Auftretens, die erforderlich sind, um ein Produkt, eine Dienstleistung oder eine Fähigkeit zum Kunden zu bringen

Wettbewerbswertmatrix Eine Methode zur Darstellung der Lücken zwischen wettbewerbsfähigen Produkten, Marken und Dienstleistungen auf der Grundlage von zwei Schlüsseltreibern des Wertes, Qualität und Preis, und wie der Markt jedes wettbewerbsfähige Angebot bewertet

Wiederholbarkeit Die Menge an Variation aufgrund von Messgeräten und Ausrüstung

Ziel Ein gewünschtes Ergebnis, das in einer bestimmten Zeit erreicht werden soll

Zufallsstichprobe Das Verfahren, eine Stichprobe zufällig aus einer Population zu ziehen

Zufallsvariable Eine reellwertige Funktion, die jedem Ergebnis eines Zufallsexperiments zugeordnet ist

Zuverlässigkeitsfunktion (oder Überlebensfunktion) Die Wahrscheinlichkeit, dass ein Gerät seine beabsichtigte Funktion während eines festgelegten Zeitraums unter angegebenen Bedingungen erfüllt

Zusammenhangsdiagramm Ein Diagramm zur Identifizierung der Schlüsselfaktoren für die Aufnahme in ein Baumdiagramm